国家出版基金项目
NATIONAL PUBLICATION FOUNDATION

"十二五"
国家重点图书
出版规划项目

工程机械手册

HANDBOOK OF CONSTRUCTION MACHINERY

TUNNEL MACHINERY

隧道机械

主编　赵静一

副主编　龚国芳　郭锐　冯扶民　秦倩云

清华大学出版社
北　京

内 容 简 介

随着我国高铁、高速公路和城市地下工程等基础设施建设的发展,隧道工程成为重中之重,施工工法不断创新,隧道机械不断完善,新型机械不断研发并得到应用。

本书结合国内外隧道施工工程具体案例和典型产品分为 4 篇、共 9 章,详细介绍了隧道、隧道施工技术、隧道开挖设备、隧道支护施工设备、TBM(隧道掘进机)、圆形盾构机、异形盾构机、顶管机、隧道辅助施工机械的基本结构、工作原理、产品型号、技术参数、工作性能和国内外发展动向等方面的内容,满足广大隧道机械专业工作者对产品选型、应用和管理的需求。

本书内容与相关的隧道机械产品设计应用手册和介绍等书籍有一定的互补性,可以为隧道及地下工程、城市轨道交通及相关专业技术人员和高校师生全面了解和正确选用隧道机械提供技术指导,为隧道机械供应商提供帮助,也可以为隧道设计、隧道施工、隧道机械和相关工程技术人员和大专院校师生提供参考。

图书在版编目(CIP)数据

工程机械手册.隧道机械/赵静一主编.—北京:清华大学出版社,2018
ISBN 978-7-302-51001-7

Ⅰ. ①工… Ⅱ. ①赵… Ⅲ. ①工程机械—技术手册 ②隧道施工—施工机械—技术手册 Ⅳ. ①TH2-62 ②U455.3

中国版本图书馆 CIP 数据核字(2018)第 192449 号

责任编辑:秦 娜
封面设计:傅瑞学
责任校对:王淑云
责任印制:李红英

出版发行:清华大学出版社
 网 址:http://www.tup.com.cn, http://www.wqbook.com
 地 址:北京清华大学学研大厦 A 座 **邮 编:**100084
 社 总 机:010-62770175 **邮 购:**010-62786544
 投稿与读者服务:010-62776969, c-service@tup.tsinghua.edu.cn
 质量反馈:010-62772015, zhiliang@tup.tsinghua.edu.cn
印 装 者:北京雅昌艺术印刷有限公司
经 销:全国新华书店
开 本:185mm×260mm **印 张:**34.25 **插 页:**8 **字 数:**879 千字
版 次:2018 年 10 月第 1 版 **印 次:**2018 年 10 月第 1 次印刷
定 价:258.00 元

产品编号:054580-01

《工程机械手册》编写委员会

《工程机械手册——隧道机械》编委会

主　编

赵静一　燕山大学

副主编

龚国芳　浙江大学

郭　锐　燕山大学

秦倩云　天业通联（天津）有限公司

冯扶民　天业通联重工科技有限公司

编　委　（按姓氏笔画排序）

马文清　山西麦克雷斯液压有限公司

董胜利　江苏天明机械集团有限公司

王大江　天业通联重工科技有限公司

王兆强　上海工程大学

王金祥　天业通联重工科技有限公司

王金铂　青岛力克川液压机械有限公司

王林涛　大连理工大学

王建军　燕山大学

王　鑫　北京航空航天大学

石元奇　上海隧道股份有限公司

刘　文　燕山大学

刘永峰　北京建筑大学

刘　航　江苏天明机械集团有限公司

刘劲军　燕山大学

刘混举　太原理工大学

陈　馈　盾构及掘进技术国家重点实验室

杨成刚　唐山工业职业技术学院

杨　旭　天津大学

杨建伟　北京建筑大学

沈　伟　上海理工大学

吴晓明　燕山大学

郑永光　中铁工程装备集团有限公司

张　宇　天业通联重工科技有限公司

张齐生　燕山大学

张　斌　浙江大学

张鸿鹄　扬州市江都永坚有限公司

欧阳小平　浙江大学
周庆辉　北京建筑大学
祝　毅　浙江大学
姜亚先　河北途程隧道装备有限公司
郭铁虎　山西方盛液压机电设备有限公司
贾连辉　中铁工程装备集团有限公司
施　虎　西安交通大学
赵士明　唐山工业职业技术学院
覃艳明　秦皇岛优益重工科技有限公司
黄宴委　福州大学
谢海波　浙江大学
康绍鹏　秦皇岛燕大一华机电工程技术研究院有限公司
廉自生　太原理工大学
蔡　伟　燕山大学

编写办公室
主　任　李文雷
副主任　张启星　赵　晶　刘　航　刘昊轩　秦亚璐
工作人员　（按姓氏笔画排序）
丁志尹　于　航　王少晨　王立亚　王　昭　王建峰　王留根　石玉龙　司少朋
任文斌　冯　轩　孙永海　孙　浩　闫振洋　刘　贝　刘　杰　刘　鹤　刘赛起
李海龙　李玺龙　李鹏帅　杜冲冲　张子实　张梦哲　张立轩　张亚卿　张荣兵
张　驰　张瑞鑫　金志杰　杨少康　杨尚尚　茹　强　周金盛　赵伟哲

土石方工程、流动起重装卸工程、人货升降输送工程和各种建筑工程综合机械化施工，以及同上述相关的工业生产过程的机械化作业所需的机械设备统称工程机械。

工程机械的应用范围极广，大致涉及如下领域：

（1）交通运输（包括公路、铁路、桥梁、港口、机场）基础设施建设；

（2）能源领域（包括煤炭、石油、天然气、火电、水电、核电、输气管线）工程建设；

（3）原材料领域（包括黑色金属矿山、有色金属矿山、建材矿山、化工原料矿山）工程建设；

（4）农林基础设施（包括农田土壤改良、农田水利、农村筑养路、新农村建设与改造、林木采育与集材）建设；

（5）水利工程（包括江河堤坝建筑、湖河改造、防洪工程、河道清淤）建设；

（6）城市工程（包括城市道路、地铁工程、楼宇建设、工业和商业设施）建设；

（7）环境保护工程（包括园林绿化、垃圾清扫、储运与处理、污水收集及处理、大气污染防治）建设；

（8）大型工业运输车辆；

（9）建筑用电梯、扶梯及工业用货梯；

（10）国防工程建设等。

工程机械行业的发展历程大致可分为5个阶段。

第1阶段：萌芽时期（1949年以前）。工程机械最早应用于抗日战争时期滇缅公路建设。

第2阶段：工程机械创业时期（1949—1960年）。我国实施第一个和第二个五年计划

156项工程建设，需要大量工程机械，国内筹建了一批以维修为主、少量生产的工程机械中小型企业，但未形成独立的行业，没有建立专业化的工程机械制造厂，没有统一管理和规划，高等学校也未设立真正意义上的工程机械专业或学科，未建立研发的科研机构，各主管部委虽然建立了一些管理机构，但分散且规模很小。全行业此期间职工人数仅21772人，总产值2.8亿元人民币，生产企业仅20余家。

第3阶段：工程机械行业形成时期（1961—1978年）。成立了全国统一的工程机械行业管理机构：国务院和中央军委决定在第一机械工业部成立工程机械工业局（五局），并于1961年4月24日正式成立，由此对工程机械行业的发展进行统一规划，形成了独立的制造体系；建立了一批专业生产厂；高等学校建立了工程机械专业，培养相应的人才；建立了独立的研究所，制定全行业的标准化和技术情报交流体系。此时全国工程机械专业厂和兼并厂达380多个，固定资产35亿元人民币，工业总产值18.8亿元人民币，毛利润4.6亿元人民币，职工人数达34万人。

第4阶段：全面发展时期（1979—1998年）。这一时期，工程机械管理机构经过几次大变动，主要生产厂下放至各省、市、地区管理，全行业固定资产总额210亿元人民币，净值140亿元人民币。全行业有1008个厂家，销售总额350亿元人民币，其中1000万元销售额以上的厂家301家，总产值311.6亿元人民币，销售额331亿元人民币，利润14亿元人民币，税收31.3亿元人民币。

第5阶段：快速发展时期（1999—2012

年）。此阶段工程机械行业发展很快，成绩显著。全国有 1400 多家厂商，主机厂 710 家，11 家企业进入世界工程机械 50 强，30 多家企业上市 A 股和 H 股；销售总额已超过美国、德国、日本，位居世界第一。产值从 1999 年的 389 亿元人民币发展到 2010 年的 4367 亿元人民币，2012 年总产值近 5000 亿元人民币。进出口贸易有了很大进展，进出口贸易总额由 2001 年的 22.39 亿美元上升到 2010 年的 187.4 亿美元，增长 7.37 倍。其中，进口总额由 15.5 亿美元上升至 84 亿美元，增长 4.42 倍；出口总额由 6.89 亿美元增长到 103.4 亿美元，增长 14 倍。尽管由于我国经济结构的调整，近几年总产值有所下降，但出口仍然大幅上升，2015 年达到近 200 亿美元。我国工程机械出口至全世界 200 多个国家和地区，成为世界上工程机械生产大国。这期间工程机械的科技进步得到加强，工程机械的重型装备已经能够自主研发，如 1200～1600t 级全地面起重机，3600t 级履带式起重机，12t 级装载机，46t 级内燃机平衡重叉车，540 马力的推土机，直径 15m 地铁建设用的盾构机，900t 高铁建设用的提梁机、运梁车、架桥机先后问世。获奖增多，2010 年获机械工业科技进步奖 24 项，2011 年获机械工业科技进步奖 21 项；不少项目和产品获得国家科技进步奖，如静力压桩机，混凝土泵送技术，G50 装载机，1200t 级全地面起重机，3600t 级履带起重机，隧道施工中盾构机、喷浆机器人、液压顶升装置，1200t 级桥式起重机等都先后获得国家奖。国家也很重视工程机械研发机构的创立和建设，先后建立了国家技术中心 18 家，国家重点实验室 4 个，多项大型工程机械列入国家重大装备制造发展领域，

智能化工程机械列入国家科技规划先进制造领域。当然，我国只是工程机械产业大国，还不是强国，还需加倍努力，变"大"为"强"。

工程机械行业前些年的快速发展，一方面使我国工程机械自给率由 2010 年的 82.7% 提升到 2015 年的 92.6%，另一方面也使我国工程机械的现存保有量大幅增加。为使现有工程机械处于良好运转状态，发挥其效益，我们组织编写了一套 10 卷《工程机械手册》，以便工程机械用户合理选购工程机械、安全高效使用工程机械。各卷《工程机械手册》一般按概述，分类，典型产品结构、组成和工作原理，常用产品的技术性能表、选用原则和选用计算，安全使用、维护保养，常见故障和排除方法等六大部分撰写。

本次 10 卷分别是：桩工机械、混凝土机械与砂浆机械、港口机械、工程起重机械、挖掘机械、铲土运输机械、隧道机械、环卫与环保机械、路面与压实机械以及基础件。由于工程机械快速发展，已经形成了 18 大类、122 个组别、569 个品种、3000 多个基本型号的产品，在完成本次 10 卷的撰写工作后，将再次组织其他机种的后续撰写工作。

由于工程机械产品的更新换代很快，新品种不断涌现，加之我们技术水平和业务水平有限，将不可避免地出现遗漏、不足乃至错误，敬请读者在使用中给我们提出补充和修改意见，我们将会在修订中逐步完善。

《工程机械手册》编委会
2017 年 2 月

前 言

FOREWORD

隧道建设是国家重大战略实施与生态文明协调发展的必然选择,是实现城乡互动、区域互通、全球互联和军民互动的强力保障,意义重大。我国当前基础设施建设加强,铁路公路交通、水利水电、能源矿山、市政工程以及其他领域修建了大量的隧道(洞)工程,我国已经成为世界上修建隧道规模最大的国家。随着"一带一路"倡议的深入,世界范围内隧道建设规模越来越大,隧道机械将发挥越来越重要的作用。

传统的隧道建设只能采用明挖法、矿山法等传统工法,存在高风险、高污染、低效率等重大社会环境和经济问题。盾构法和TBM掘进法掘进速度可达到传统钻爆法的6倍,采用隧道掘进机施工能够大幅缩减工期。经过多年努力,我国隧道掘进机发展经过了起步阶段,已经基本完成技术积累,隧道掘进机技术已经比较成熟,成为目前隧道施工的主要工法。隧道掘进机技术含量高、单台设备价格昂贵、供货周期长,有很高的行业壁垒。我国隧道掘进机发展时间较短,该类型设备一度以进口为主。从隧道掘进机的发展历程来看,北方重工集团有限公司、中铁工程装备集团有限公司、天业通联重工股份有限公司、上海隧道股份有限公司等为代表的隧道机械制造企业,与浙江大学、同济大学、燕山大学、石家庄铁道大学、太原理工大学和盾构及掘进技术国家重点实验室等科研院所紧密合作,极大推动了我国隧道掘进机的发展,经过尝试探索阶段后,在刀盘、盾体、液压系统、主轴承等领域逐渐突破,进入高速发展期,隧道掘进机整机实现国产化,购置成本大幅降低。隧道掘进机核心部件

国产化,使用成本、维修成本降低,整机价格进一步下降,推动行业实现跨越式发展。伴随着国内地铁、隧道、水利、地下管廊等地下空间建设的快速发展,我国盾构机需求在2019年有望达到190亿元以上,2016—2019年复合增长率25%以上,同时"一带一路"倡议也将带来新的市场,为盾构机行业的发展提供广阔的空间。然而,软土盾构机的寿命仅6~10km,硬岩TBM寿命约20km,今后盾构机行业的重点是研发具备更长生命周期、更高可靠性和可维修性的产品。

但对隧道结构而言,异形断面具有空间利用率高、功能匹配性强等显著优点,可以减少土方开挖和空间浪费,降能耗、减成本、提效率。所以目前我国在建和规划的超过40000km的隧道里程中,异形隧道占70%以上,总投资超过10万亿元,广泛应用于国防、能源、交通、水利、城市立体开发等重大领域。中铁工程装备集团有限公司和浙江大学等单位开发的异形掘进机,是一种可实现异形隧道施工机械化、自动化、信息化作业的大国重器,已经成功占领了国际市场。

目前国内没有系统全面的隧道施工机械应用手册,各个施工单位、设计院以及各大院校在隧道施工设备资料收集与样本查询中遇到很多困难。在此之际,在《工程机械手册》编委会指导下,总结我国近年来自主开发的隧道机械各类产品、积累的相关成果和经验,编写以实用为主的《隧道机械》。

本书主要内容取材于编者科研团队和合作企业所完成的国家"863""973"、国家自然科学基金和企业委托科研项目实践中的相关成

果。另外,还参考了一些国内外企业的最新产品资料。本书涉及现在主流的隧道种类、施工技术,包含了从早期工法到现在先进工法的各种隧道开挖设备、支撑设备、TBM、盾构机以及相关的辅助设施等内容。本书是一部全面介绍隧道机械产品应用的实用手册,力争为读者提供一个完整的隧道及隧道机械的实用知识体系。

本书分为隧道及其施工技术,非全断面隧道施工机械,全断面隧道施工机械,其他机械及辅助设备4篇。内容涵盖了隧道机械的历史发展、各种隧道掘进设备以及辅助设备等多个方面。

第1篇隧道及其施工技术,首先阐述了我国隧道的发展历程及现状,然后按隧道的用途、长度、断面面积、隧道所处的地理位置、隧道埋置的深度和隧道所在的地质条件对隧道进行了详细的划分,并对隧道的基本结构进行了介绍。其中,对隧道施工技术和全断面隧道施工方法进行了重点介绍。

第2篇非全断面隧道施工机械,主要包含两部分,隧道开挖设备和隧道支护设备,具体涉及了每种设备的概述、分类、典型机种的结构与工作原理、常用产品性能指标、选用原则、维护保养等内容。

第3篇全断面隧道施工机械,包括全断面岩石掘进机(TBM)、盾构机和异形断面隧道盾构机。对上述全断面隧道机械从概述、分类、典型机种的结构与工作原理、常用性能指标、选用原则、维护保养和常见故障排除方法等七个方面进行了详细的阐述,并且介绍了国内外的应用实例,为施工单位和科研人员提供参考。

第4篇其他机械及辅助设备,介绍隧道施工中的一些常用辅助设备,这些设备在隧道施工过程中的施工技术特点及其结构特点有独特之处,并且这些设备在隧道施工中的作用同样巨大,其在使用过程中同样需要工程人员特别关注。顶管设备在管道铺设中的应用,防水板铺设机械、拱架安装设备、除尘设备、井下作业车以及装碴运输机械等在施工中的运用也极大地提高了工作效率和施工人员的安全性。

本书涉及各种工法的施工机械设备30余类,遵循突出实用性的原则,希望为业内人士提供合适的样本,提高资料收集效率。在为隧道施工单位以及设计科研人员介绍各种施工工法、施工机械选用的同时,也介绍了很多典型机械的工作原理,更便于施工单位人员对设备的理解与使用。此外,本书还介绍了隧道施工机械的维护与维修,可为相关设备研发设计单位提供借鉴。

不同的地质条件、不同的规模需要不同的施工工法,造成施工机械的多样性,而TBM和盾构更是需要根据隧道定制。基于各种原因,一些特殊的隧道施工机械和工法没有合适的资料,本书不能面面俱到,不能解决隧道施工设备选用的所有问题,但希望可以为读者提供解决问题的思路。

本书由燕山大学赵静一教授担任主编,浙江大学龚国芳教授、燕山大学郭锐副教授、秦皇岛天业通联重工科技有限公司的冯扶民总工和秦倩云总工任副主编。本书的编者中有来自相关企业和高校的技术人员和研究者,由于结构所限,只能介绍他们某些领域的部分成果,在此向他们致敬。

感谢浙江大学杨华勇院士、徐兵教授,燕山大学王永昌教授一直以来的大力支持,感谢编者团队的博士生、硕士生完成搜集、整理大量参考资料工作,特别感谢他们在电子文档录入、电子图表绘制等工作中付出的辛勤劳动。

感谢清华大学出版社,感谢《工程机械手册》主编石来德先生,在他们悉心指导和支持鼓励下,编者才能够顺利完成本书的编写任务。

由于本书内容涉及的隧道机械门类众多,机型各异,技术复杂,特别是许多根据新工法催生的新型隧道施工机械,技术复杂,编写难度巨大。鉴于编者水平所限、时间仓促,难免有疏漏和不当之处,望读者提出宝贵建议与意见。

编者
2018年9月

目　录

CONTENTS

第2篇　非全断面隧道施工机械

第3篇 全断面隧道施工机械

第1篇

隧道及其施工技术

我国正处于经济社会发展的重要时期,基础设施建设在国民经济中一直占有举足轻重的地位。我国将于几十年内在铁路公路交通、水利水电、能源矿山、市政工程以及其他领域修建大量的隧道(洞)工程。据统计,2008—2020年,仅铁路领域新建隧道将达到 1×10^4 km,届时,我国将成为世界上隧道修建规模和难度最大的国家。近年来,由于我国经济的迅速发展、城市人口的急剧增长以及复杂的国际局势和我国周边态势,为解决人口流动与就业点相对集中给交通、环境等带来的压力,满足国家环境和局势变化需求,修建各种各样的隧道及地下工程(如城市地铁、公路隧道、铁路隧道、水下隧道、市政管道、地下能源洞库等)成为必然趋势,这给隧道及其施工技术的发展建设带来了机遇和挑战。隧道及其施工技术的发展有利于国土资源的充分开发利用,最大化节约土地、利用空间,具有环保和节能优势,特别是在改变我国水资源条件及油气能源储备等方面,具有重要的作用。总而言之,隧道建设的快速发展时代已经到来,其规模越来越大,结构形式越来越丰富。隧道建设已成为我国现代化建设的重点方向之一。

第1章

隧　　道

1.1　隧道概述

1.1.1　隧道的发展历程

　　纵观世界公路隧道修建史,中国古人早在汉朝就开凿了世界上第一条人工隧道——石门隧道(图 1-1),之后历代陆续有用于交通、灌溉和军事用途的小规模土洞和岩洞出现,相续衍生于秦驰道、汉丝绸之路、唐宋御道以及明清官道的华夏交通网络中。直至 20 世纪上半叶中国公路的发展仍举步维艰,清朝末年和北洋政府时期是中国公路的萌芽阶段。中国第一条公路是 1908 年在广西南部边防兴建的龙州至那堪公路,长 30km,随后广东、湖南、福建、江苏等省相继修建公路,建有邕武公路、龙州至水口公路、长沙至湘潭公路等,至 1927 年全国公路通车里程仅 2.9×10^4 km,公路开始纳入国家建设规划阶段,至 1936 年公路通车里程约 1.173×10^5 km,公路发展缓慢,总里程增长至 1.3×10^5 km。截至新中国成立前夕,能通车的公路里程也仅为 7.5×10^4 km,全中国仅有十几座公路隧道用于低等级公路穿山越岭,最长不超过 200m,但铁路隧道有 200 多座,总延长近 90km,最长的约 4km,如滇缅铁路碧鸡关隧道、大转弯隧道、密马龙隧道等,但整体建设水平和质量较为落后,至今几乎全部废弃。

图 1-1　石门隧道(此石门为仿建)

新中国成立后,公路开始在中华大地迅速延伸,1950—1952年国民经济恢复时期新建公路3846km,全中国通车里程近1.3×10^5km。1953年第一个五年计划开始实施,这是中国公路的稳步发展阶段,通车里程增长了1倍,举世闻名的川藏、青藏公路于1954年通车。但在20世纪50年代中国仅有公路隧道30多座,总长约2500m,且单洞长度均较短,大约20世纪60年代在干线公路上修建了一些超过百米的隧道,主要用于低等级公路穿山越岭。国民经济调整时期,公路数量急剧猛增,成鹰、宝成、川黔、渝厦、福温、沈丹、滩石等国家干线公路相继建成,至1965年底中国公路通车里程已达5.14×10^5km。"文化大革命"期间,中国公路建设仍有发展,10年增长了1.0×10^5km,其中不乏打浦路水下隧道和挂壁公路郭亮隧道等亮点工程,分别长达2.761km和1.25km。到1978年,全中国公路通车总里程超过8.9×10^5km,次年公路隧道达375座,通车里程52km,隧道建设规模和数量有所增长,主要出现在省道和国道公路上,如河南5229省道的愚公洞隧道和向阳洞隧道等。

十一届三中全会以后,公路交通建设变得更为迫切,1985年中国公路总里程历史性地突破百万千米,但交通功能亟待改善,高速公路进入国人视野,隧道工程建设进入前所未有的高峰期。1984年,中国第一条高速公路——沈大高速公路开工,高速公路建设如火如荼,公路隧道工程越来越多,代表性工程有深圳梧桐山隧道、福建马尾隧道和甘肃七道梁隧道等。至1990年底,中国已建成十余座千米级隧道,福建鼓山隧道成为中国第一座现代化公路双线隧道(图1-2)。"九五"期间新建隧道504座,27.8万延米,高速公路总里程于1999年突破了1×10^4km,跃居世界第4位,至1993年公路隧道通车里程137km(683座),均以二级以下的短隧道为主,2000年达627km(1685座)。2001年末中国高速公路通车里程达到1.9×10^4km,跃居世界第2位,至2007年底已建成公路隧道总里程2555km,先后涌现出成渝高速中梁山隧道(3.16km)、沈海高速大溪岭隧道(4.116km)等一批特长或宽体扁坦隧道工程,面临的修建环境和地质条件越发艰难。

图1-2　福建鼓山隧道

进入21世纪以来,中国公路隧道年均增长率高达20%,且有逐年加快的趋势,仅2000—2010年的十年间,公路建设年均隧道里程就高达555km,隧道建设与营运技术得到了长足发展。我国先后建成了沪蓉高速华蓥山隧道(4.706km)、二广高速雁门关隧道(5.235km)、福银高速美菰林隧道(左线5.563km、右线5.580km)、沪渝高速方斗山隧道(7.605km)和秦岭终南山公路隧道(18.02km)等一批标志性特长隧道工程。其中,秦岭终南山公路隧道已成为中国目前运营最长的公路隧道(图1-3)。

目前,中国已成为世界上隧道工程建设规

图 1-3　秦岭终南山隧道

模最大、数量最多和难度最高的国家,这不仅体现在隧道长度、埋深和断面尺寸的增长上,建设难度和技术创新也达到了空前的高度,各种新材料、新工艺等不断涌现。随着中国公路交通路网不断向崇山峻岭、离岸深水延伸,越来越多的隧道工程将修建在高海拔、强风沙、高温高寒环境和高应力、强岩溶区域,包括越江跨海等水下隧道,亟须发展新材料、新工艺、新方法和新技术,为未来几十年公路隧道工程建设的持续发展提供重要的技术支撑。

1.1.2　隧道的建设现状

公路隧道的发展得益于高速公路的建设。2011 年以来,公路隧道年均净增已超过 1000km,截至 2017 年底,中国公路隧道总里程达到 15285.1km。2010—2013 年公路隧道总里程与座数增长率分别为 46.7% 和 35%,远超过公路本身的增长率。在很长时期内,公路隧道的建设规模和数量远不及铁路隧道。进入 21 世纪后,公、铁隧道建设速度稳步增长,于 2008 年左右均进入快速增长期,公路隧道建设里程于 2012 年超越铁路隧道,2018 年总里程超过 1.5×10^4 km,并且涌现出一大批具有开创性和示范功能的隧道工程。

在沈大高速公路扩建期间,2004 年建成的金州隧道成为中国第一座单洞四车道公路隧道,最大开挖宽度达 22.482m。深圳雅宝隧道和广州龙头山隧道分别是中国第一条双洞八车道公路隧道和最长大跨度高速公路隧道,后者的最大开挖面积达 229.4m²,于 2008 年建成通车。福建万石山—钟鼓山隧道是中国第一座地下立交互通隧道,由 7 条隧道组成隧道群,于 2008 年全部建成通车,这是地下立体互通设计理念的大胆尝试,在隧道扁平度和埋深方面均有了较大突破。福建的金鸡山隧道是当时跨径最大的高速公路双连拱隧道,单洞净跨 18.198m,连拱隧道总跨度达 41.498m,于 2010 年建成通车。福建弄尾隧道为单洞四车道,宽度达 21.9m,是中国开挖断面最宽的公路隧道,于 2011 年通车。西藏嘎隆拉隧道是中国最后一条通县公路——墨脱公路的控制性工程,其坡度达 4.1%,是中国坡度最大的公路隧道。四川雅克夏雪山隧道海拔 4300m,是中国目前已通车海拔最高的公路隧道,青海长拉山隧道则是世界上在建的海拔最高的隧道,出口海拔达 4493m。青海鄂拉山隧道是世界上在建的最长的高原冻土双洞公路隧道,知亥代隧道则是同类隧道中海拔最高的,海拔 4462m,这两座隧道分别于 2011 年和 2013 年开工建设。陕西的羊泉隧道和唐家源隧道分别是中国最长和断面最大的黄土隧道,前者长6.146km,后者最大断面达172.4m²。广东牛头山隧道横截面面积可达243.5m²,是中国横截面面积最大的单向四车道公路隧道,于2013年建成通车。河南红专路矩形顶管隧道断面高7.5m,宽10.4m,于2014年12月建成通车。华岩隧道全长7.1km,双向6车道,于2017年12月建成通车。镇西山隧道全长2.635km,宽9m,高5m,于2018年2月建成通车。上述工程的出现极大程度上刺激了中国隧道建设水平的飞速提高,在项目规划、勘测设计、施工建造以及运营管理多个方面取得了重大突破,使得公路隧道建设技术水平达到了前所未有的高度。图1-4所示为中国公路隧道。

图1-4 中国公路隧道

此外,水下隧道建设蓬勃发展,越来越多的城市交通急需修建大量的河底、湖底、江底和海底隧道。中国第一条水下隧道是1970年建成的上海打浦路越江隧道(图1-5)。2009年建成的浏阳河隧道是当时世界埋深最浅的河底隧道,暗挖段河床下覆土厚度仅14m,风险极高。厦门翔安隧道是中国第一条海底隧道,全长8.695km,于2010年建成通车。安徽的方兴湖隧道是中国目前最宽的湖底隧道,左右跨度净跨16.45m,于2012年主体竣工。江苏瘦西湖隧道主体盾构段长1.275km、直径14.5m,是世界上直径最大的单洞双层公路隧道,于2014年9月建成通车。此外,在武汉、南京、上海等地修建了大量江底隧道,引入了隧道掘进机(tunnel boring machine,TBM)、盾构机等施工设备,极大限度地促进了水下隧道建设和运营水平的提高。

中国水域面积辽阔,内陆水域面积达$1.747 \times 10^5 km^2$(长江、黄河、珠江等七大水系),辽东湾、渤海湾等海湾水域面积超过$0.5 \times 10^4 km^2$,越来越多的城市交通建设需要修建水下隧道。目前,运营最长的水下隧道是狮子洋隧道,长度为10.8km。中国正在规划未来30年内建设包括穿越渤海湾、琼州海峡、台湾海峡等在内的5条世界级海底隧道工程,近百座跨越江河湖泊的水下隧道即将投入建设。因此,中国水下隧道建设方兴未艾,任重道远。

公路和铁路是国民经济的重要命脉,由于它们特有的灵活性和优越性,其在运输方式上发挥着不可替代的作用。隧道是交通结构的重要组成部分之一,随着我国基础建设的发展、西部大开发战略的实施等,隧道的规模也越来越大,对隧道的施工技术要求也越来越高。

隧道工程具有以下特点:

(1)施工过程是在地层中挖出土石,形成符合设计轮廓尺寸的坑道;然后进行必要的初次支护和砌筑;最后进行永久衬砌,以控制坑道围岩变形,保证隧道长期的安全使用。

图 1-5 打浦路越江隧道

（2）整个工程埋设于地下。隧道是一个狭长的建筑物，一般有进口、出口两个工作面。

（3）隧道的施工速度比较慢，工期也比较长。

（4）需要开挖竖井、斜井、横洞等辅助工程来增加工作面，以加快隧道施工速度。

（5）隧道断面较小，工作场地狭长，有些工序只能顺序作业，有些工序可以沿隧道纵向开展，平行作业。因此，要求施工中加强管理、合理组织、避免相互干扰；洞内设备、管线路布置应周密考虑、妥善安排；隧道施工机械应当结构紧凑、坚固耐用。

（6）地下施工环境较差（甚至会恶化），须采取有效措施，使施工场地合乎卫生条件，并有足够的亮度，以保证施工人员的身体健康，提高劳动生产率。

（7）施工工地一般都位于偏远的深山峡谷之中，往往远离已有交通线，运输不便，供应困难。

（8）山岭隧道埋设于地下，一旦建成就难以更改。

隧道施工方法包括矿山法（传统的矿山法和新奥法）、掘进机法、沉管法、顶进法、明挖法等。矿山法多数情况下都需要采用钻眼爆破进行开挖，故又称为钻爆法；掘进机法包括隧道掘进机法和盾构掘进机法，前者应用于岩石地层，后者主要应用于土质围岩，主要适用于软土、流砂、淤泥等特殊地层；沉管法和顶进法用来修建水底隧道、城市市政隧道等；明挖法主要用来修建埋深很浅的山岭隧道或城市地铁隧道。

通过这些方法再配合相应的隧道开挖设备如液压凿岩台车、隧道支护设备和其他隧道施工机械，考虑地形地貌周边环境等因素才能完成对隧道的施工。

1.1.3 隧道的发展历史

隧道在狭义上定义为用作地下通道的工程建筑物。1970 年召开的世界经济合作与发展组织（OECD）隧道会议从技术方面给隧道下了定义：以任何方式修建，最终使用于地表以下的条形建筑物，其空洞内部净空断面在 $2m^2$ 以上者均为隧道。

隧道在我国的交通建设中有很重要的地位，它是交通线上的重要组成部分，是国家重要的基础设施。隧道建设是国家重大战略实施与生态文明协调发展的必然选择，是实现城乡互动、区域互通、全球互联、军民互动的强力保障，意义重大。快速通畅的交通网是经济发展的前提，随着我国国民经济的发展，低等级公路已不适应发展的需要，阻碍了国家和地区经济的发展，所以隧道发展是必要的。目前我国现有高速公路与我国人口、经济相比较，显然太少。经济要发展，交通必先行，为了解决好路面交通的规划和修建,隧道工程在其中起重要的作用。

所以为了国民经济更好更快的发展,科技技术更进一步,需要建设更多、标准更高的交通类隧道。解决城市交通拥堵问题的唯一途径是采用快捷、大运量的公共交通系统——地铁,城市的发展也要求地下空间的开发,隧道管沟化也成为各类市政措施的发展趋势,故城市隧道也是必要的。随着南水北调工程的实施和水电工程的大力发展,水力隧道也显得尤为重要。

追溯我国隧道施工的历史,首先要提到1890年在台湾基隆至新竹窄轨铁路上建成的216m长的狮球岭隧道(图1-6),这是我国最早修建的一条铁路隧道。1908年,由工程师詹天佑博士主持,在北京至张家口的铁路上用18个月的时间修建了长1.091km的八达岭隧道,在中国近代隧道修建史上写下了重要的一页。然而,大规模修建各种用途的隧道还是从新中国成立开始的。

图1-6 狮球岭隧道

在20世纪50年代初,为了避免修建长隧道,常常尽可能地采用迂回展线来克服地形障碍,使线路靠近地表。宝成铁路翻越秦岭的一段线路就是采用短小隧道群迂回展线的一个实例。在这段线路上有34座隧道,最长的秦岭隧道长度仅为2.363km。但是,根据当时的技术水平,修建这样一座长度在2km以上的隧道也并不是一件容易的事。由于在施工中首次使用了风动凿岩机和轨行式矿车,使得宝成铁路秦岭隧道的修建成为从"人力开挖"过渡到"半机械开挖"的标志。

隧道工程技术发展第二个阶段的代表性工程是60年代中期修建的成昆铁路。成昆铁路全长1085km,隧道占全线长度的31%。其中关村坝隧道和沙马拉打隧道长度均在6km以上。在这批隧道的施工中采用了轻型机具,分部开挖的"小型机械化"施工,修建速度达到了每月"百米成洞"的水平。我国修建长度10km以上的铁路隧道的实践是从中铁隧道集团修建14.295km长的双线隧道——大瑶山隧道开始的。在这座隧道的施工中,采用了液压凿岩台车、衬砌钢模板台车和高效能的装运机械等机械化配套作业,并实行全断面开挖。大瑶山隧道是我国山岭隧道采用重型机械综合机械化施工的开端,将隧道工程的修建技术和修建长大隧道的能力提高到了一个新的水平,缩短了同国际隧道施工先进水平的差距。

在此以后修建的许多长大隧道中,基本上都是按"大瑶山模式"施工的。由中铁隧道集团与中铁二局共同修建的南昆铁路上长度为9.392km的米花岭隧道,采用了门架式液压凿岩台车,创造了单月成洞502.2m的成绩。1999年8月,我国最长的铁路隧道——秦岭隧道贯通。40年前修建的2km长的秦岭隧道差不多是用人力艰难修成的。那时,手持式凿岩机和小型矿车几乎是仅有的施工机具。40年后的今天,在西康铁路上18.457km长的秦岭隧道的修建中使用了TBM现代隧道施工机械,实现了隧道施工工厂化。TBM法是一种投资大,但施工速度快、工期短的施工方法。与钻爆法相比,TBM法具有快速高效、优质安全的显著特点。瑞士弗莱娜(Vereina)隧道、中国台湾新武界引水隧道等工程均采用TBM法施工;连接英法两国的英吉利海峡隧道,隧道总长148km,采用11台双护盾式TBM施工,只用了3.5年就全部贯通,最高月进度达1.487km。用于18.46km的西康铁路秦岭隧道施工的敞开式TBM,最高月进度达528.1m。在6.113km长的西安至南京铁路磨沟岭隧道的施工中,敞开式TBM创造了最高日掘进达41.3m、最高月掘进达 573.9m 的国内新纪录。

随着科学技术的进步和生产管理水平的不断提高,隧道和地下工程的修筑技术和能力也在不断提高,修筑手段不断更新。我国隧道机械化施工经历了从手工作业、半机械化作业、部分机械化作业并逐步走上综合机械化配套的发展过程。从人工开挖到盾构与 TBM 的使用,我国目前隧道机械化施工的综合水平与 20 世纪 50 年代相比已经产生了质的飞跃。

隧道施工的发展史,也折射出我国机械工业的发展历程。总之,交通类隧道、城市隧道和水力隧道要协调、综合发展。

长 7.176km 的荷兰绿心隧道(图 1-7)采用 NFM 公司制造的 14.87m 泥水盾构施工。穿越的地层为泥炭土、黏土以及饱和砂层土。绿心隧道于 2001 年 11 月 2 日始发推进,于 2004 年 1 月 7 日贯通。

图 1-7 荷兰绿心隧道

德国易北河第四隧道距原有隧道 35～70m,全长 3.1km,其中 2.561km 采用 14.2m 泥水盾构施工。这条隧道于 1995 年开工,1997 年 11 月 27 日开始使用盾构施工,于 2003 年完工。隧道掘进从南岸始发井开始,开始的 500m 段为填筑土(由砂、砾石和无级配回填物质结合各种垃圾组成)。中间的 1km 为河下冰川物质层,由非常硬的黏土和砾石或砾岩混合而成。最后的 1km 为易北河北部填筑层,土的状况与河中段相类似。图 1-8 所示为易北河第四隧道纵剖面示意图。

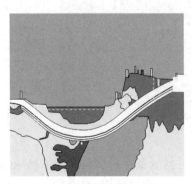

图 1-8 易北河第四隧道纵剖面示意图

1.2 隧道分类

隧道的划分方法有很多种,主要按隧道的用途、长度、断面面积,隧道所处的地理位置,隧道埋置的深度和隧道所在的地质条件来划分。

1.2.1 按照隧道的用途分类

1. 交通隧道

交通隧道是指提供运输的孔道和通道,主要有铁路隧道、公路隧道、地下隧道、地下铁道和人行地道。下面主要介绍铁路隧道和公路隧道。

1)铁路隧道

铁路隧道是修建在地下或水下并铺设铁路供机车车辆通行的建筑物。根据其所在位置可分为三大类:

(1)为缩短距离和避免大坡道而从山岭或丘陵下穿越的称为山岭隧道;

(2)为穿越河流或海峡而从河下或海底通过的称为水下隧道;

（3）为适应铁路通过大城市的需要而在城市地下穿越的称为城市隧道。

这三类隧道中修建最多的是山岭隧道（图1-9）。

图1-9　山岭隧道

中华人民共和国国务院令第430号颁布的《铁路运输安全保护条例》第十七条规定："任何单位和个人不得在铁路线路两侧距路堤坡脚、路堑坡顶、铁路桥梁外侧200m范围内，或者铁路车站及周围200m范围内，及铁路隧道上方中心线两侧各200m范围内，建造、设立生产、加工、储存和销售易燃、易爆或者放射性物品等危险物品的场所、仓库。但是，根据国家有关规定设立的为铁路运输工具补充燃料的设施及办理危险货物运输的除外。"第十八条规定："在铁路线路两侧路堤坡脚、路堑坡顶、铁路桥梁外侧起各1km范围内，及在铁路隧道上方中心线两侧各1km范围内，禁止从事采矿、采石及爆破作业。"

2）公路隧道

公路隧道是修筑在地下供汽车行驶的通道，一般还兼作管线和行人通道，如图1-10所示。

图1-10　公路隧道

公路隧道的主体建筑物一般由洞身、衬砌和洞门组成，在洞口容易坍塌的地段，还加建明洞。公路隧道的附属构筑物有防水和排水设施、通风和照明设施、交通信号设施以及应急设施等。设计公路隧道时通常先进行方案设计,然后进行隧道的平面和纵断面、净空、衬砌等具体设计。

公路、铁路隧道应遵守国家颁布的有关规范:

(1) 洞口开挖中应随时检查边坡和仰坡,如有滑动、开裂等现象,应适当放缓坡度,保证边、仰坡稳定和施工安全。

(2) 开挖进洞时,宜用钢支撑紧贴洞口开挖面进行支护,围岩差时可用超前管棚、锚杆、小管棚等支护围岩,支撑作业应紧跟开挖作业,稳妥前进。

(3) 洞门衬砌拱墙应与洞内相联的拱墙同时施工,连成整体。如系接长明洞,则应按设计要求采取加强连接措施,确保与已成的拱墙连接良好。

(4) 明洞拱背回填应对称分层夯实,每层厚度不得大于 0.3m,两侧回填的土面高差不得大于 0.5m。回填至拱顶齐平后,应立即分层满铺填筑至要求高度。

(5) 使用机械回填待拱圈混凝土强度达到设计强度且由人工夯实填至拱顶以上 1.0m 后方可进行。

(6) 岩石隧道的爆破应采用光面爆破或预裂爆破技术,施工中应提高钻眼效率和爆破效果,降低工料消耗。

(7) 全断面法适用于 I ~ III 类围岩,可采用深孔爆破,其深度可取 3~3.5m。

(8) 台阶法适用于 IV、V 类较软或节理发育的围岩;台阶分部开挖法适用于 II、III 类围岩或一般土质围岩地段;导坑法适用于 II、III 类围岩。一般环形开挖进尺不应过长,以 0.5~1.0m 为宜。

(9) I 类围岩必须按辅助施工方法的要求进行处理后方可开挖。

(10) 应严格控制欠挖。当岩层完整、岩石抗压强度大于 30MPa 并确认不影响衬砌结构稳定和强度时,允许岩石个别突出部分每 1m² 内不大于 0.1m² 欠挖,但其隆起量不得大于 5cm。拱、墙脚以上 1m 严禁欠挖。

(11) 当采用构件支撑时,如围岩压力较大,支撑可能沉落或局部支撑难以拆除时,应适当加大开挖断面,预留支撑沉落量保证衬砌设计厚度。预留支撑沉落量应根据围岩性质和围岩压力,在施工过程中根据测量结果进行调整。

(12) 爆破开挖一次进尺应根据围岩条件确定。开挖软弱围岩时,应控制在 1~2m 之内;开挖坚硬完整的围岩时,应根据周边炮眼的外插角及允许超挖量确定。

(13) 硬岩隧道全断面开挖,眼深为 3~3.5m 的深眼爆破时,单位体积岩石的耗药量可取 3~3.5kg/m³;采用半断面或台阶法开挖,眼深为 1~3m 的浅眼爆破时,单位耗药量可取 0.4~0.8kg/m³。

(14) 水泥砂浆锚杆孔径应大于杆体直径 15mm;其他型式锚杆孔径应符合设计要求。

(15) 喷射混凝土应采用硬质洁净的中砂或粗砂,细度模数宜大于 2.5,含水率一般为 5%~7%,使用前应过筛。

(16) 冬季施工时,喷射作业区的气温不应低于 5℃。在结冰的层面上不得喷射混凝土。混凝土强度未达到 6MPa 前,不得受冻。混合料应提前运进洞内。

(17) 采用钢架喷射混凝土时,格栅钢架的主筋材料应采用 II 级钢筋或 I 级钢筋,直径不小于 22mm,连系钢筋可根据具体情况选用。

(18) 构件支护构架的架设间距宜取 80~120cm,松软破碎地段可适当加密。

(19) 拱墙架的间距应根据衬砌地段的围岩情况、隧道宽度、衬砌厚度及模板长度确定,一般可取 1m,最大不应超过 1.5m。

(20) 二次衬砌混凝土强度达到 2.5MPa 时,方可拆模。

(21) 洞外路堑向隧道内为下坡时,路基边沟应做成反坡,向路堑外排水,并宜在洞口 3~5m 位置设置横向截水设施,拦截地表水流入洞内。

(22) 洞内有大面积渗漏水时,宜采用钻孔将水集中汇流引入排水沟。钻孔的位置、数量、孔径、深度、方向和渗水量等应作详细记录,以便在衬砌时确定拱墙背后排水设施的位置。

（23）衬砌背后或隧底设置盲沟时，沟内以石质坚硬、不易风化且尺寸不小于 15cm 的片石充填。盲沟纵坡不宜小于 1‰。

（24）一般可在衬砌背后压注水泥砂浆，如果衬砌表面仍有渗漏，可向衬砌体内压注水泥-水玻璃浆液；当这种浆液不能满足要求时，可采用其他化学浆液。

（25）根据止水带材质和止水部位可采用不同的接头方法。橡胶止水带的接头形式应采用搭接或复合接；塑料止水带的接头形式应采用搭接或对接。止水带的搭接宽度可取 10cm，冷黏或焊接的缝宽不小于 5cm。

（26）防水层可在拱部和边墙按环状铺设，并视材质采取相应的接合方法。塑料板用焊接，搭接宽度为 10cm，两侧焊缝宽应不小于 2.5cm；橡胶防水板黏接时，搭接宽为 10cm，黏缝宽不小于 5cm。

（27）隧道工作面风压应不小于 0.5MPa，水压不小于 0.3MPa。

（28）分风器、分水器与凿岩机间连接的胶皮管长度，不宜大于 10m，上导坑、马口、挖底地段不宜大于 15m。

（29）隧道照明，成洞段和不作业地段可用 220V，瓦斯地段不得超过 110V，一般作业地段不宜大于 36V，手提作业灯为 12～24V。

（30）隧道施工必须采用机械通风，通风方式应根据隧道长度、施工方法和设备条件等确定。长隧道应优先考虑混合通风方式。当主机通风不能保证隧道施工通风要求时，应设置局部通风系统，风机间隔串联或加设另一路风管增大风量。如有辅助坑道，应尽量利用坑道通风。

（31）当采用构件支撑时，其立柱斜度为斜井倾角的一半，最大不超过 9°。各排支撑间应用三道纵撑支稳。

（32）斜井运输时，井口轨道中心必须设置安全挡车器，并经常处于关闭状态，放车时方准打开。在挡车器下方 5～10m 及接近井底前 10m 处应各设一道防溜车装置。井底与通道连接处应设置安全索。车辆行驶时井内禁止人员通行与作业。

（33）竖井装碴宜用抓岩机。爆破的石碴宜大小均匀，以提高出碴效率。当竖井深度小于 40m 时，出碴也可采用三角架或龙门架作井架，但出碴时应有稳绳装置和其他保证安全的措施。

（34）超前锚杆或超前小导管支护与隧道纵向开挖轮廓线间的外插角宜为 5°～10°，长度应大于循环进尺，宜为 3～5m。

（35）超前小导管在安设前应检查其尺寸，钢管顶入钻孔长度不应小于管长的 90%。

（36）小导管注浆前应对开挖面及 5m 范围内的坑道喷射厚为 5～10cm 混凝土或用模筑混凝土封闭。

（37）可选用地面砂浆锚杆、超前锚杆或超前小导管支护，管棚钢架超前支护，超前小导管预注浆，超前围岩预注浆加固（周边劈裂预注浆、周边短孔预注浆）等，稳定开挖面，防止地表地层下沉。

（38）当围岩压力极大，其变形速率难以收敛时，应在上台阶或中央导坑的底部先行修筑临时混凝土仰拱，待变形基本收敛后开挖下部台阶，拆除临时仰拱，并尽快灌筑永久性衬砌和仰拱。

（39）遇到暗河或溶洞有水流时，宜排不宜堵。应在查明水源流向及其与隧道位置的关系后，用暗管、涵洞、小桥等设施宣泄水流或开凿泄水洞将水排出洞外。

（40）在岩溶区施工，个别溶洞处理耗时且困难时，可采取迂回导坑绕过溶洞，继续进行隧道前方施工，并同时处置溶洞，以节省时间，加快施工进度。绕行开挖中，应防止洞壁失稳。

（41）塌方规模较小时，应加固塌体两端洞身，并尽快喷射混凝土或锚喷联合支护封闭塌穴顶部和侧部，然后清碴。在保证安全的前提下，亦可在塌碴上架设施工临时支架，稳定顶部，然后清碴。临时支架待灌筑衬砌混凝土达到要求强度后方可拆除。

（42）在煤层或有瓦斯的岩层中，不允许打 40cm 以下的浅眼，任何炮眼最大抵抗线不得小于 30cm。

（43）用 12～15t 压路机碾压路面基层时，

每层压实厚度不宜超过15cm；用18～20t压路机时，每层压实厚度不超过20cm。当压实厚度超过上述规定时，应分层铺筑压实，每层最小压实厚度应为10cm。

（44）设备洞及横通道等处的施工宜采用锚喷支护，必要时应增设钢架支撑。支护应紧跟开挖。与正洞连接地段，支护应予以加强。

（45）临时工程施工应符合下列要求：①应在隧道开工前基本完成。②运输便道需引至洞口，满足使用期限运量和行车安全的要求，并经常养护，保证畅通。③风、水、电设施应靠近洞口，安装机械和管线应按有关规定布置，并及早架设。④临时房屋应结合季节和地区特点，选用定型、拼装或简易式建筑，并能适应施工人员工作和生活的需要。⑤严禁将临时房屋布置在受洪水、泥石流、滑坡及雪崩等自然灾害威胁的地段。临时房屋的周围应设有排水系统，并避开高压电线。生活用水的排放不得影响施工，并应防止产生次生灾害。

（46）当洞口可能出现地层滑坡、崩塌、偏压时，应采取下列相应的预防措施：①滑坡可采取地表锚杆、深基桩、挡墙、土袋或石笼等加固措施。②崩塌可采取喷射混凝土、地表锚杆、锚索、防落石棚、化学药液注浆加固等措施。③偏压可采取平衡压重填土、护坡挡墙或对偏压上方地层挖切等措施，以减轻偏压力。④开挖中对地层动态应进行监控测量，检查各种处理措施的可靠性。

（47）明洞衬砌施工应注意下列事项：①灌注混凝土前应复测中线和高程，衬砌不得侵入设计轮廓线。②拱圈应按断面要求制作定型挡头板、外模和骨架，并应采取防止走模的措施。③采取跳槽边墙浇筑拱圈时，应加强对拱脚的基底处理，保持拱脚稳定。当拱脚基底过深时，应先浇筑基础托梁，必要时加设锚杆使拱脚混凝土与岩壁连接牢固，防止拱脚基底松动沉落。④浇筑拱圈混凝土达到设计强度的70%以上时，方可拆除内外支模拱架。⑤各类棚洞的钢筋混凝土盖板梁宜采用预制构件，用吊装法架设，墙顶支座槽应用水泥砂浆填塞紧密。

2．水工隧道

水工隧道指在山体中或地下开凿的过水洞（图1-11），可用于灌溉、发电、供水、泄水、输水、施工导流和通航。水流在洞内具有自由水面的，称为无压隧道；水流充满整个断面，使洞壁承受一定水压力的，称为有压隧道。

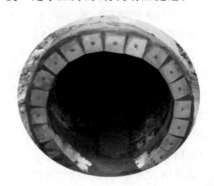

图1-11　水工隧道

发电隧道一般是有压的；灌溉、供水和泄水隧道可以是无压的，也可以是有压的；而渠道和运河上的隧道则是无压的。水工隧道主要由进水口、洞身和出口段组成。发电用的引水隧道在洞身后接压力水管，渠道上的输水隧道和通航隧道只有洞身段。闸门可设在进口、出口或洞内的适宜位置。出口设有消能防冲设施。为防止岩石坍塌和渗水等，洞身段常用锚喷（采用锚杆和喷射混凝土）或钢筋混凝土做成临时支护或永久性衬砌。洞身断面可为圆形、城门洞形或马蹄形，有压隧道多用圆形。进出口布置、洞线选择以及洞身断面的形状和尺寸，受地形、地质、地应力、枢纽布置、运用要求和施工条件等因素所制约，需要通过技术经济比较后确定。

水工隧道是水利工程和水力发电枢纽的一个重要组成部分，主要包括：

（1）引水隧道：把水引入水力电站发电机组，产生动力资源的隧道；

（2）尾水隧道：把发电机组产生的废水送出去的隧道；

（3）导流隧道（泄洪隧道）：疏导水流的隧道；

（4）排沙隧道：用于冲刷水库中的淤泥而

设置的隧道。

以上组成也可概括为引水隧道和泄水隧道两大类。

3. 市政隧道

市政隧道是修建在城市地下,用作敷设各种市政设施地下管线的隧道。由于在城市中进一步发展工业和提高居民文化生活条件的需要,供市政设施用的地下管线越来越多,如自来水、污水、暖气、热水、煤气、通信、供电等。管线系统的发展,需要大量建造市政隧道,以便从根本上解决各种市政设施的地下管线系统的经营水平问题。在布置地下的通道、管线、电缆时,应有严格的次序和系统,以免在检修和重建时要开挖街道和广场。

市政隧道按其本身的用途分为以下几种:

(1) 排水隧道;

(2) 供水隧道;

(3) 煤气隧道;

(4) 暖气、热水管线隧道;

(5) 电线和电缆隧道;

(6) 混合隧道。

排水隧道为排放含粪的家庭污水、工业废水、暴雨及融雪水等而设。供水、煤气、暖气和热水管线隧道往往建成为工作所需要的最小断面,在其中敷设相应的金属输送管或敷设带有绝热覆盖层的输送管。敷设电线和电缆的隧道通常也用来安置其他类型的地下管线,成为混合使用的隧道,这种隧道的断面宽大,便于电缆和管线的检修。

市政隧道可用明挖法、顶管法、盾构法或矿山法修建。市政隧道横断面的最小尺寸取决于施工条件,横断面的轮廓主要取决于施工方法。用顶管法和盾构法开挖时,断面一般为圆形或椭圆形;用明挖法时,断面为矩形;用矿山法时,断面为拱形。用盾构法开挖时,装配式衬砌多用混凝土块、钢筋混凝土块做成,很少采用金属管片,这是因为金属管片造价高,而且在有酸性水的情况下易受侵蚀。在有侵蚀性水的情况下,用混凝土块或钢筋混凝土块做成的衬砌,要加沥青保护覆盖层。用明挖法和矿山法时,常采用整体式衬砌。用顶管法时,则采用预制管段。

4. 矿山隧道

矿山隧道主要是为采矿服务的,主要有运输巷道、给水隧道和通风隧道。

5. 微型隧道

微型隧道通常被认为是无法保障人在里面安全地工作的,其主要应用领域在于铺设重力排水管道、电缆隧道、排污隧道以及地下通道,但应用比例还不大。在某些施工条件下,微型隧道可能是在交叉路口铺设排污管道的有效方法。微型隧道的施工技术主要有浅埋暗挖施工技术和非开挖铺管技术。图1-12所示为微型隧道施工图。

微型隧道非开挖施工技术又可分为以下几种:

(1) 先导式微型隧道工法;

(2) 螺旋排土式微型隧道工法;

(3) 水力排土式微型隧道工法;

(4) 气力排土式微型隧道工法;

(5) 其他机械排土式微型隧道工法;

(6) 土层挤密式微型隧道工法。

图 1-12　微型隧道施工图

1.2.2 按照隧道的长度分类

1. 铁路隧道的划分标准

(1) 特长隧道：全长 10000m 以上；

(2) 长隧道：全长 3000m 以上至 10000m，含 10000m；

(3) 中隧道：全长 500m 以上至 3000m，含 3000m；

(4) 短隧道：全长 500m 及以下。

2. 公路隧道的划分标准

(1) 特长隧道：全长 3000m 以上；

(2) 长隧道：全长 1000m 以上至 3000m，含 3000m；

(3) 中隧道：全长 500m 以上至 1000m，含 1000m；

(4) 短隧道：全长 500m 及以下。

1.2.3 其他分类方式

1. 按照隧道的横断面面积分类

按照国际隧道协会（ITA）的定义，隧道按其横断面面积大小可分为：微型断面隧道（$<900mm^2$）、极小断面隧道（$2\sim3m^2$）、小断面隧道（$3\sim10m^2$）、中等断面隧道（$10\sim50m^2$）、大断面隧道（$50\sim100m^2$）和特大断面隧道（$>100m^2$）。

2. 按照隧道所处的地理位置分类

按照隧道所处的地理位置，可以将隧道划分为山岭隧道、水底隧道和城市隧道。

3. 按照隧道埋置的深度分类

一般从岩体初始地应力特征、围岩压力及围岩稳定性的角度，将硬岩隧道划分为埋深小于 $(2\sim3)h_q$ 的浅埋隧道，埋深为 $(2\sim3)h_q\sim$ 500m 的深埋隧道和埋深大于 500m 的超深隧道三大类（h_q 指临界深度）。

4. 按照隧道所在的地质条件分类

根据隧道所在地区和与隧道有关的地质环境的各项因素的综合条件，可以将隧道划分为土质隧道和石质隧道。

1.3 隧道结构

隧道的结构构造由主体构造物和附属构造物两大类组成。主体构造物是为了保持储存岩体的稳定和行车安全而修建的人工永久建筑物，通常指洞身衬砌和洞门构造物。洞身衬砌的平纵、横断面的形状由道路隧道的几何设计确定，衬砌断面的轴线情况和厚度由衬砌计算决定。在山体坡面有发生崩塌和落石的可能时，往往需要接长洞身或修筑明洞。洞门的构造形式由多方面的因素决定，如岩石的稳定性、通风方式、照明状况、地形地貌以及环境条件等。附属构造物是主体构造物以外的其他建筑物，是为了运营管理、维修养护、给水排水、供蓄发电、通风、照明、通信、安全等而修建的构造物。

1.3.1 洞身衬砌

1. 衬砌结构的分类

山岭隧道的衬砌结构形式，主要是根据隧道所处的地质地形条件，考虑其结构受力的合理性、施工方法和施工技术水平因素来确定的。随着人们对隧道工程实践经验的积累，对围岩压力和衬砌结构所起作用的认识的发展，结构形式发生了很大的变化，出现了多种适应不同地质条件的结构类型，大致有下列几类。

1）直墙式衬砌

直墙式衬砌形式通常用于岩石地层垂直围岩压力为主要载荷，水平围岩压力很小的情况。对于道路隧道，直墙式衬砌结构的拱部可采用割圆拱、坦三心圆拱和尖三心圆拱。三心圆拱是指拱轴线由三段圆弧组成，其轴线形状比较平坦时称为坦三心圆拱，形状比较尖时称为尖三心圆拱，平时即为割圆拱。

2）曲墙式衬砌

通常在水平压力较大的围岩中，为了抵抗较大的水平压力把边墙也做成曲线形状。当地基条件较差时，为防止衬砌沉陷，抵御底鼓压力，使衬砌形成环状封闭结构，可以设置仰拱。

3）喷混凝土衬砌、喷锚衬砌以及复合式衬砌

这些衬砌与传统衬砌方法有本质上的区别。为了使喷混凝土结构的受力状态趋于合理化，要求使用光面爆破开挖，使洞室周边光滑平顺，成形准确，减少超欠挖，然后在适当的

时间喷混凝土,即为喷混凝土衬砌。根据实际情况,需要安装锚杆的则先装备锚杆,再喷混凝土,则为喷锚衬砌。如果以喷混凝土、锚杆或钢拱支架的一种或几种组合作为初次支护对围岩加固,维护围岩稳定防止松动,待初次支护的变形基本稳定后再进行现浇混凝土二次衬砌,即为复合式衬砌。图1-13所示为洞身衬砌图。为使衬砌的防水性能可靠,保持无渗透水,采用塑料板作复合式衬砌中间防水层是比较适宜的。

图1-13　洞身衬砌

4）圆形断面隧道

为了抵御膨胀性围岩压力,山岭隧道也可以采用圆形或近似圆形断面,因为需要较大的衬厚度,所以多半在施工时需要二次衬砌。对于水底隧道,由于水压比较大,采用矿山法施工时也多采用二次衬砌,或者采用铸铁制的方形节段。水底隧道广泛使用盾构法施工,其断面为全圆形,通常用预制的方形节段在现场拼装。此时,在顶棚以上的空间和路面板以下的空间可以用作通风管道,车行道两侧的空间可以设置人行道或自行车道,有剩余的空间还可以设置电缆管道等。水底隧道的另一种方法是沉管法,有双管和单管之分,其断面可以是圆形,也可以是矩形。

2．常用的永久性衬砌结构

在隧道及地下工程中,支护结构通常分为一次支护和永久支护。一次支护是为了保证施工安全、加固岩体和阻止围岩变形、坍塌而设置的临时支护措施,常用的支护形式有木支撑、型钢支撑、锚喷支护等,其中型钢支撑和锚喷支护一般作为永久支护的一部分,与永久支护共同作用。二次支护是为了保证隧道结构的净空和安全而设置的永久性衬砌结构。

公路隧道与铁路隧道、水工隧道相比,其使用目的有许多不同。公路隧道的使用目的和要求更具多样化,范围更广泛。道路行驶车辆有小汽车、大型卡车、民用及军用大型拖车、各种慢速机动车、非机动车等,在隧道内同一孔混合行驶,也有在多孔、多层内分道通过的,还有的采用专用隧道等。因此,设计隧道衬砌应与道路等级、交通功能及性质相适应,即与使用目的相适应,设计出相应的衬砌断面。

常用的永久性衬砌结构由整体式衬砌、复合式衬砌和锚喷衬砌3种。

1）整体式衬砌

整体式衬砌是传统的衬砌方式,在新奥法问世前,广泛地应用于隧道工程中,目前在山岭隧道中还有不少工程应用实例。该方法不考虑围岩的承载作用,主要根据衬砌的结构刚度抵御地层产生的变形,承受围岩的压力。整体式衬砌采用就地整体模筑混凝土衬砌,其方法是在隧道内树立模板、拱架,然后浇筑混凝土而成。它作为一种支护结构,是从外部支撑围岩的,适用于不同的地质条件,易于按需成形,且适合多种施工方法,因此在我国隧道中广泛应用。

2）复合式衬砌

复合式衬砌是目前隧道施工中使用最多的衬砌方式,由初期支护和二次支护组成。初期支护是限制围岩在施工过程中的变形,达到围岩的暂时稳定,二次支护是提供结构的安全储备或后期围岩的压力。复合衬砌的设计目前以工程类比为主,理论验算为辅。结合施工,通过测量、监控取得数据,不断修改和完善方案。复合衬砌设计和施工密切相关,应通过测量及时维护,并掌握好围岩和支护的形变和应力状态,以便最大限度地发挥由围岩和支护组成的承载结构的自承能力。

3）锚喷衬砌

锚喷衬砌是将锚喷支护作为隧道的永久

衬砌方式。按目前的施工水平,可将锚喷支护作为初期支护配合第二次模筑混凝土衬砌,此时喷射混凝土的作用为:局部稳定围岩表层已松动的岩块;保护和加固围岩表面,防止风化;与围岩形成表面较平整的整体支撑结构,确保营运安全。

在层状围岩中,其结构面或产状可能引起不稳定,开挖后表面张裂,岩层岩沿面滑移或受挠折断,可能引起坍塌。块状围岩受软弱结构面交叉截割,可能形成不稳定的危石。应加入锚杆支护,通过连接作用、组合原理保护和稳定围岩,并通过喷射混凝土表面封闭和支护的配合,使围岩和锚杆喷射混凝土形成一个稳定的承载结构。

在某些不良地质、大面积涌水地段和特殊地段,不宜采用锚喷衬砌作为永久衬砌。大面积涌水地段,喷射混凝土很难成形,即使成形,其强度和围岩的黏结力也无法保证,难以发挥锚喷支护应有的作用。不宜采用锚喷支护的作为永久支护的情况还包括:

(1) 对衬砌有特殊要求的隧道或地段,如洞口地段,要求衬砌内轮廓很平整;

(2) 辅助坑道或其他隧道与主隧道连接处及附近地段;

(3) 有很高防水要求的地段,围岩覆盖太薄,且其上已有建筑物,不能沉落或拆除等;

(4) 地下水有侵蚀,可能造成喷射混凝土和锚杆材料的腐蚀;

(5) 寒冷有冻害的地区等。

1.3.2　洞门构造物

一般隧道开挖是从两洞口或其中一个方向洞口进行,但因隧道的工期、经济、施工、地形、环境等条件的限制,有时要分为几个工程区段进行施工,多数情况下要设工作坑道。

工作坑道按坡度分为横洞、斜井、竖井和平行导坑。选择哪种形式,取决于地形、地质、工期、运输能力和当地条件。

1. 竖井

竖井的位置选择必须考虑地形、地质,与主坑道的衔接,完工后的处理等条件。特别是设在山谷部分的竖井多数延长短,要采取防止井口地表水和泥沙流入的措施。当存在平面位置稍偏离一点,即有可能产生大的地质变化情况时,必须重视地质调查。

竖井与主坑道的衔接方式有设置在主坑道的正上方和从不主坑道设置两种。若设置在主坑道的正上方,坑底设备必须设在主坑道内,而且在与主坑道的连接处理上会产生困难。一般在竖井深度较小时可设于主坑道上方,在山岭隧道则不设于主坑道上方比较合理。

竖井断面内部空间的确定要考虑搬运设备、作业通路和其他各种设备的大小和形状。断面形式普通为圆形,但深度小时也可采用矩形。最小断面尺寸为升降车、吊桶等搬运设备,通过竖井机械的最大尺寸是电梯,它是非常时期使用的出入井设备。给排水管道、压缩空气管路等的大小、配置,由竖井和联络通道的衔接部分的构造等来研究决定。

2. 斜井

确定斜井的位置时,考虑以下因素:洞口设置在地形简单、地质良好、用水量不大、能保证洞外装罐、卷扬机安装等洞外装备布置的用地需要;与主坑道连接要合适,长度尽可能短,能提供适合运输的坡度。在规划坡度和断面时,重要的是要注意不给主坑道的作业造成障碍和制约。

斜井坡度如果过陡,接近竖井,则在运输上不方便;如果过缓,则存在加长、延长的问题。因此,坡度是否适当,主要取决于主坑道开挖出碴的运输方式。若采用输送带方式时,坡度取决于碴石滑滚的条件,坡度一般标准在25%(约14°)以下。

3. 用于通风的竖井

公路隧道通风设备的规模取决于汽车排放的有害物质即对生理上有害的一氧化碳和行走上产生的视觉障碍的烟雾。因此,随着隧道长度和交通量的增加,所需通风设备的送风量也要增加。通风管道设在中间竖井中,并由它进行被污染气体和新鲜气体的交换处理。通风竖井横向通风时,最恰当的地点是在通风量的分区点上；纵向通风时，是在污染空气容许浓度界限的位置。另外，山岭隧道的竖井位置受地形、地质条件、周围环境条件、气象条件等制约，有必要将竖井选定在能够限制通风动力损失最低的位置上。

通风竖井的断面一般采用圆形，其大小由隧道所需的通风量来设定，管带内的风速一般为 20m/s 左右。但断面除按通风量设定外，同时要考虑通风竖井内的电缆布置。在延长较短的竖井设地面通风站时，应设置检查通道等空间。

1.3.3　明洞

明洞是用明挖法修建的隧道，一般设置在隧道的进、出口处，是隧道洞口或线路上能起到防护作用的重要建筑物，如图 1-14 所示。

明洞的设置应满足以下条件：

（1）洞顶覆盖薄，难以用钻爆法修建的地段；

（2）受塌方、落石、泥石流等威胁的地段；

（3）公路、铁路、沟渠等必须在铁路上方通过，又不宜修建立交桥、隧道或渡槽等的地段；

（4）为了减少隧道工程对环境的破坏，保护环境和景观，洞口需要延长。

明洞的结构类型常因地形、地质和危害程度不同而异，有多种形式，采用最多的为拱式明洞和棚式明洞。

图 1-14　隧道明洞

1）拱式明洞

拱式明洞的结构形式与一般隧道基本相似，也是由拱圆、边墙和仰拱或铺底组成。它的内轮廓也和隧道一致。但是，由于它周围是回填的土石，得不到可靠的围岩抗力的支撑，因而结构的截面尺寸要略大一些。

拱式明洞又分为路堑式拱形明洞、偏压直墙式拱形明洞、偏压斜墙式拱形明洞和半路堑单压式拱形明洞。

（1）路堑式拱形明洞：两侧都是高边坡的路堑，施工时先开挖路堑，然后在路堑内修建隧道衬砌结构，然后回填上面的覆土。

（2）偏压直墙式拱形明洞：适用于两侧边坡高差较大的不对称路堑。由于压力不对称，边墙设计为直墙，外侧边墙厚度大于内侧边墙厚度。

（3）偏压斜墙式拱形明洞：适用于地形倾斜，低侧处路堑外侧有较宽的地面，供回填土石，以增加明洞抵抗侧向压力的能力。

（4）半路堑式拱形明洞：一般用于傍山隧道的洞口或傍山线路上，一侧边坡陡立且有塌方、落石的可能，对行车安全有危险时，或隧道通过不良地质地段必须提供前进洞时，都宜修建半路堑单压式拱形明洞。

2）棚式明洞

当山坡侧压力不大，或因地质、地形限制，难以修建拱式明洞时，可采用棚式明洞。棚式明洞可分为盖板式棚洞、钢架式棚洞和悬臂式棚洞。

（1）盖板式棚洞：它是由内墙、外墙、钢筋混凝土盖板等组成的简单结构。一般上部用土石回填覆盖，以避免山体落石对明洞的冲击。这种结构内墙一般为重力式墩台结构，厚度较大，用以平衡山体的侧向压力，它的基础必须放在基岩或稳固的地基上。外墙不受侧向压力，仅承受梁和盖板的竖向载荷时，要求的地基承载力较小，故外墙较薄，或者根据落石的严重与否以及地质情况，采用立柱式或连拱式结构。当外侧基岩较浅，地基基础承载力较大时，可采用立柱式结构。

（2）刚架式棚洞：当地形狭窄、山坡陡峻、基岩埋置较深而上部地基稳定性较差时，为了使基础置于基岩上且减少基础工程量，可采用刚架式外墙，此种棚洞称为刚架式棚洞。刚架式棚洞主要由外侧刚架、内侧重力式墩台结构、横顶梁、底横撑及钢筋混凝土盖板组成，棚洞顶部施作防水层并用土石回填覆盖。

（3）悬臂式棚洞：稳固而陡峻的山坡，外侧地形难以满足一般棚洞的地基要求，在落石不太严重的情况下，可以修建悬臂式棚洞。一般悬臂式棚洞的内墙为重力式，上端接筑悬臂式横梁，其上铺盖板，在盖板的内侧设平衡重来维持结构受外荷载作用下的稳定性。

明洞虽然是在敞开的地面上施工修建，但由于圬工数量较大，而且上部需回填土石覆盖，所以整体造价比暗挖的隧道要贵。

1.3.4　附属结构

附属结构包括铁路隧道避车洞、公路隧道紧急停车带、防排水系统、通风措施、防尘措施和隧道内部装饰。

1．铁路隧道避车洞

当列车通过隧道时，为了保证在隧道内工作的检查、维修人员能避让行驶中的列车，以及存放必要的备用材料和一些小型养护维修机械，应在隧道全长范围内，在隧道两侧边墙上交错均匀设置避车洞。避车洞分为大避车洞和小避车洞。

大避车洞的主要作用是堆放材具，其净空尺寸为：宽 4m，凹入边墙深 2.4m，中心高 2.8m。在碎石道床的隧道内，每隔 300m 布置一个大避车洞。在混凝土宽枕道床或整体道床的隧道内，为使人员躲避行车方便，且路线维修工作量较小，每侧相隔 420m 布置一个大避车洞。

小避车洞的主要作用是躲避行人，其净空尺寸为：宽 2m，凹入边墙深 1m，中心高 2.2m。无论在碎石道床还是整体道床的隧道内，每侧边墙上应在大避车洞之间间隔 60m 布置一个小避车洞，双线隧道按每 30m 布置一个。如隧道附近有农村市镇，或曲线半径较小，视距较短时，小避车洞可适当加密。

2．公路隧道紧急停车带

公路隧道紧急停车带是为故障车辆离开主干道进行避让，以免发生交通事故，引起混乱，影响通行能力而专供紧急停车使用的停车

位置。较长的公路隧道内，需要设置紧急停车带作为避让车道，避免车辆抛锚长时间占据行车道。在长大隧道内，如果是两道并行，还需要在两洞之间设置行人横道和行车横道，作为紧急疏散和救援通道。尤其是在长大隧道中，故障车必须尽快离开干道，否则会引起阻塞，甚至导致交通事故。为使车辆能在发生火灾时避难，还应设置方向转换场。

3．防、排水系统

为了保证隧道内的正常运营，保持隧道内干燥无水是重要条件之一。但实际中，经常会有一些水渗入隧道内，而在养护维修过程中也会有残留的水，这使得隧道内不能始终保持干燥。水在铁路隧道内会使钢轨及扣件等腐蚀，从而缩短了设备的使用寿命。水在北方会冻结，给行车带来安全隐患。隧道内有水还可能导致漏电事故和金属的电蚀。因此隧道内的防、排水是隧道施工和运营中的一个重要问题。

隧道防、排水应根据水文地质条件、施工技术水平、工程防水等级、材料来源和成本等因地制宜，以达到防水可靠、排水通畅、基床底部无积水和经济合理的目的。新建和改建隧道的防排水，应以"防、排、截、堵相结合，因地制宜，综合治理"的原则，采用切实可靠的设计、施工措施，保障结构物和设备的正常使用和行车安全。

4．通风措施

隧道内的通风可分为施工期间的通风和运营期间的通风。隧道施工中，由于炸药爆炸、内燃机械等使用，开挖时地层中放出的有害气体，以及施工人员的呼吸等排出的气体，使得洞内空气十分污浊。所以在隧道施工过程中必须采取通风措施来降低隧道内有害气体的浓度，供给足够的新鲜空气，保障作业人员的身体健康。隧道施工过程中通常采用的通风方式为强制机械通风，较少采用自然通风。

5．防尘措施

隧道施工中，由于钻眼、爆破、装碴、喷射混凝土等原因，隧道内漂浮着大量粉尘。这些粉尘对施工人员的身体健康危害极大，特别是

粒径小于 $10\mu m$ 的粉尘,极易被人体吸入,沉积于支气管或肺泡表面。因此,隧道内防尘工作十分重要。目前隧道内主要采用湿式凿岩、机械通风、喷雾洒水和个人防护相结合的综合性防尘措施。

6. 隧道内部装饰

在公路隧道或城市地铁内,为了增加隧道内的美观,提高能见度,吸收噪声和改变隧道内的环境,内部装饰有时是非常必要的。内部装饰具有保持隧道内的亮度、减少衬砌对汽车尾气的吸收、防止衬砌的腐蚀、吸收噪声等作用。常见的内部装饰类型有粉刷、涂料、塑料装饰或粘贴各种装饰材料等。

第2章

隧道施工技术

隧道是道路工程结构的重要组成部分之一,随着中国"一带一路"倡议的开展,高铁和高等级公路已从沿海地区向西南、西北山岭区延伸,隧道规模也越来越大,原来隧道已远远不能满足日渐增长的行车要求,隧道的断面、长度规模越大,施工技术也越复杂,在学习借鉴国外经验的基础上,我国在隧道勘察设计、施工控制、工法演变、装备更新,以及运营管理方面都有了不少成果。现代隧道施工技术不仅仅是施工方法的进步和发展,也催生了隧道机械的革命性创新,拉动了我国隧道机械高端制造业的蓬勃发展,倒推了隧道工程的安全快速施工。

根据隧道穿越地层的不同和目前隧道施工方法的发展,隧道施工方法可按以下方式分类:

(1) 山岭隧道:矿山法(钻爆法)和掘进机法(TBM),其中矿山法又分为传统矿山法和新奥法。

(2) 浅埋及软土隧道:明挖法、盖挖法、浅埋暗挖法、盾构法和顶管法。

(3) 水底隧道:沉埋法和盾构法。

隧道施工方法应根据工程地质和水文地质条件、开挖断面大小、衬砌类型、埋深、隧道长度、工期要求及环境制约等因素综合研究确定。对地质条件变化较大的隧道,选用的施工方法应有较大的适应性,当需要变换施工方法时,以工序转换简单和较少影响施工进度为原则,一般不宜选用多种施工方法。

2.1 隧道施工技术的发展

隧道及地下工程施工时有下列特点:①受工程地质和水文地质条件的影响较大;②工作条件差、工作面少而狭窄、工作环境差;③暗挖法施工对地面影响较小,但埋置较浅时可能导致地面沉陷;④有大量废土、碎石须妥善处理。

隧道及地下建筑工程施工时,须先开挖出相应的空间,然后在其中修筑衬砌。施工方法的选择,应以地质、地形及环境条件,以及埋置深度为主要依据,其中对施工方法有决定性影响的是埋置深度。埋置较浅的工程,施工时先从地面挖基坑或堑壕,修筑衬砌之后再回填,这就是明挖法。当埋深超过一定限度后,明挖法不再适用,而要改用暗挖法,即不挖开地面,采用在地下挖洞的方式施工。矿山法和盾构法均属于暗挖法。

隧道及地下工程的施工方法最初是采用矿山开拓巷道的方法,故称为矿山法,此法应用范围很广。19世纪,为修筑水底隧道,研制了盾构机,经100多年的改进,盾构法成为在松软地层中常用的施工方法之一。为避免在水下施工,19世纪末又出现了沉管法,此法主要工序在地面上进行,优点显著,应用日益广泛。

在敷设管道或设置地道时,为了不影响地

面房屋和其他工程设施,用千斤顶将预制的管段或箱涵配合挖土向前顶进,这就是顶管法。用这种方法穿过街道、路堤等障碍物是很有效的。

用沉井法修筑地下建筑,具有占地面积小、挖土量少、施工方便、对周围设施影响较小等优点。近年来,沉井法已发展成一种在软土地层中修筑地下工业建筑物的方法。

城市中用明挖法施工,打设板桩时会产生很大噪声和振动,因此发明了减轻公害的地下连续墙法。它用专门机械开挖深槽,应用触变泥浆护壁,然后在槽中灌筑水下混凝土,以形成地下连续墙来挡土,或作为地下结构的一部分。此法的优点是产生的噪声和振动都很小。

地下工程的开挖工作繁重,施工机械化要求特别迫切。随着机械制造及冶炼技术的进步,20世纪50年代制造出用硬合金刀具直接破岩的隧道掘进机,实现了开挖工作的综合机械化,因此获得一定程度的推广。

随着岩体力学的发展,在结合现场经验的基础上,20世纪中叶创造了新奥法。此法的主旨是尽量利用围岩的自承能力,用喷锚支护控制围岩的变形及应力重分布,使其达到新的平衡。这样就把支护和围岩组成一个整体结构,而其中的主要承载部分是围岩。此法是在软弱围岩中施工的有效方法。

施工方法的发展,除了科技人员对地下工程受周围介质的复杂影响逐渐加深认识以外,还有赖于系列化、自动化施工机械和新材料的研制,使在开挖、运输和衬砌等作业中能综合运用,并形成新的施工方法,以缩短施工期限和保证工程质量。

在我国,20世纪80年代军都山铁路双线隧道进口段在黄土地层,首次应用新奥法(New Austrian tunnelling method,NATM)原理进行了浅埋暗挖施工。随后在北京地铁复兴门站折返段开发应用这种新技术并获得成功。在此基础上,20世纪90年代北京地铁复八线(又称1号线东段)一改北京地铁一、二期工程惯用的明挖大开槽法,全面推广浅埋暗挖法修建了长约13.5km的地铁区间段及西单、天安门西、

王府井和东单4座地下暗挖车站。复八线的成功建设,丰富与发展了地铁的修建方法,创造出一整套暗挖修建城市地铁工程的新技术、新工艺、新方法,这种新施工技术经过论证正式取名为"浅埋暗挖法"。经过不断发展和完善,浅埋暗挖法逐步成熟,中国大部分地铁隧道采用浅埋暗挖法,包括部分公路、铁路隧道,尤其是浅埋山岭隧道与水下隧道。

随着我国隧道建设事业的发展,原有的施工技术不断发展与提高的同时,新的施工方法也被应用到施工当中,施工技术水平得到不断提升,其中有些施工技术已经达到世界先进水平。另外,由于城市交通流量的增加导致城市道路拥挤不堪,加上城市环境的要求越来越严格,城市内封路施工已不现实了。因此,暗挖技术,如盾构法、浅埋暗挖法将是今后研究和实践的主攻方向。

2.2　隧道施工方法

不论是城市地下铁道施工还是高速铁路和公路的隧道施工,施工方法的选择应根据工程的性质、规模、地质和水文条件,以及地面和地下障碍物、施工设备、环保和工期要求等因素,经全面的技术经济比较后确定。

非全断面隧道施工方法是指隧道的横断面不能一次成形的施工方法。施工所需设备繁多,主要有开挖设备和支护设备及相关的辅助机械。非全断面隧道施工方法历史悠久,技术成熟,国内对相关的工艺、设备消化吸收彻底,并进行了拓展。目前应用较多的工法主要有以下几种:明挖法、暗挖法、沉埋管段法、浅埋暗挖法、顶管法等,不一而足,主要视地质情况和施工条件而定。安全、质量、经济、高效是最终目的。

全断面隧道施工方法是利用钻眼爆破法或全断面掘进机施工法,在整个设计断面上一次向前挖掘推进的施工方法。目前广泛使用的隧道全断面施工方法有传统的钻爆法(又称为矿山法)、全断面隧道掘进机施工法和二者的有机结合(混合法)施工法3种。采用钻爆法

时,在工作面的全部垂直面上打眼,然后同时爆破,使整个工作面推进一个进尺。

隧道掘进机施工法是用隧道掘进机切削破岩,开凿岩石隧道的施工方法,始于20世纪30年代。随着掘进机技术的迅速发展和机械性能的日益完善,隧道掘进机施工得到了快速发展。掘进机施工有着钻爆法施工不可比拟的优点。在世界科技飞速发展的今天,更使掘进机有了广阔的使用条件。虽然钻爆法仍是当前山岭隧道施工中最普遍采用的方法,而且掘进机也不能完全取代钻爆法施工,但用掘进机施工的隧道数量仍在不断上升。根据不同的隧道地质情况、断面形状、掘进距离、结构尺寸等参数,可以采用不同类别的全断面隧道掘进机,如硬岩掘进机、圆形盾构、异形盾构和顶管机来完成隧道建设工程。

2.2.1 明挖法

明挖法是指挖开地面,由上向下开挖土石方至设计标高后,自基底由下向上顺作施工,完成隧道主体结构,最后回填基坑或恢复地面的施工方法。

明挖法是各国城市地下隧道工程施工的首选方法,在地面交通和环境允许的地方通常采用明挖法施工。浅埋地铁车站和区间隧道经常采用明挖法,明挖法施工属于深基坑工程技术。由于地铁工程一般位于建筑物密集的城区,因此深基坑工程的主要技术难点在于对基坑周围原状土的保护,防止地表沉降,减少对既有建筑物的影响。

明挖法的优点是施工技术简单、快速、经济,常被作为首选方案。但其缺点也是明显的,如阻断交通时间较长,噪声与振动等对环境影响大。

明挖法施工程序一般可以分为4步:维护结构施工→内部土方开挖→工程结构施工→管线恢复及覆土。

上海地铁M8线黄兴路地铁车站位于上海市控江路、靖宇路交叉口东侧的控江路中心线下。该车站为地下2层岛式车站,长166.6m,标准段宽17.2m,南、北端头井宽21.4m。标准段为单柱双跨钢筋混凝土结构,端头井部分为双柱双跨结构,共有2个风井及3个出入口。车站主体采用地下连续墙作为基坑的维护结构,地下连续墙在标准段深26.8m,墙体厚0.6m,车站出入口、风井采用SMW桩作为基坑的维护结构。

1. 明挖法的关键施工技术工序

明挖法的施工工序包括降低地下水位、边坡支护、土方开挖、结构施工及防水工程等。其中,边坡支护是确保安全施工的关键技术,主要有:

(1) 放坡开挖技术:适用于地面开阔和地下地质条件较好的情况。基坑应自上而下分层、分段依次开挖,随挖随刷边坡,必要时采用水泥黏土护坡。

(2) 型钢支护技术:一般使用单排工字钢或钢板桩,基坑较深时可采用双排桩,由拉杆或连梁连接共同受力,也可采用多层钢横撑支护或单层、多层锚杆与型钢共同形成支护结构。

(3) 连续墙支护技术:一般采用钢丝绳和液压抓斗成槽,也可采用多头钻和切削轮式设备成槽。连续墙不仅能承受较大载荷,同时具有隔水效果,适用于软土和松散含水地层。

(4) 混凝土灌注桩支护技术:一般有人工挖孔或机械钻孔两种方式。钻孔中灌注普通混凝土和水下混凝土成桩。支护可采用双排桩加混凝土连梁,还可用桩加横撑或锚杆形成受力体系。

(5) 土钉墙支护技术:在原位土体中用机械钻孔或洛阳铲人工成孔,加入较密间距排列的钢筋或钢管,外注水泥砂浆或注浆,并喷射混凝土,使土体、钢筋、喷射混凝土板面结合成土钉支护体系。

(6) 锚杆(索)支护技术:在孔内放入钢筋或钢索后注浆,达到强度后与桩墙进行拉锚,并加预应力锚固后共同受力,适用于高边坡及受载大的场所。

(7) 混凝土和钢结构支撑支护方法:依据设计计算,在不同开挖位置上灌注混凝土内支撑体系和安装钢结构内支撑体系,与灌注桩或连续墙形成一个框架支护体系,承受侧向土压力,内支撑体系在做结构时要拆除,适用于高层建筑物密集区和软弱淤泥地层。

2. 明挖法基本类型

(1) 先墙后拱法:这是最常用的一种方法,适用于地形有利、地质条件较好的各种浅埋隧道和地下工程。其施工步骤是:先开挖基坑或堑壕,再以先边墙后拱圈(或顶板)的顺序施作衬砌和敷设防水层,最后进行洞顶回填。当地形和施工场地条件许可,边坡开挖后又能暂时稳定时,可采用带边坡的基坑或堑壕。当施工场地受限制,或边坡不稳定时,可采用直壁的基坑或堑壕,此时坑壁必须进行支护。

(2) 先拱后墙法:适用于破碎岩层和土层。其施工步骤是:从地面先开挖起拱线以上部分。按地质条件可开挖成敞开式基坑或支撑的直壁式基坑,接着修筑顶拱,然后在顶拱掩护下挖中槽,分段交错开挖马口,修筑边墙。

(3) 墙拱交替法:是上述两种方法的混合使用,边墙和顶拱的修筑相互交替进行,适用于不能单独采用先墙后拱法或先拱后墙法的特殊情况。其施工步骤是:先开挖外侧边墙部位土石方,修筑外侧边墙;开挖部分堑壕至起拱线,修筑顶拱;分段交错开挖余下的堑壕,修筑内侧边墙。在某些特定条件下,如城市中修建地铁,因街道狭窄,不允许长期封闭地面交通;附近有高层建筑物;水文地质条件复杂,不允许因开挖范围过大而引起沉陷等,可采用地下连续墙法施工。

(4) 地下连续墙:是区别于传统施工方法的一种较为先进的地下工程结构形式和施工工艺。其施工步骤是:在地面上用特殊的挖槽设备,沿着深开挖工程的周边(例如地下结构物的边墙),在泥浆护壁的情况下,开挖一条狭长的深槽,在槽内放置钢筋笼并浇筑水下混凝土,筑成一段钢筋混凝土墙段。然后将若干墙段连接成整体,形成一条连续的墙体。地下连续墙可供截水防渗或挡土承重之用。当新建或扩建地下工程由于四周邻街或与现有建筑物紧相连接,由于地基比较松软,打桩会影响邻近建筑物的安全和产生噪声;由于受环境条件的限制或由于水文地质和工程地质的复杂性,很难设置井点排水等,在这些场合,采用地下连续墙支护具有明显优越性。

为了保证施工正常而顺利地进行,有时还需要完成下列重要辅助工作:坑壁支护(直壁式基坑必须进行支护)。在岩石地层和一般黏土地层中,通常采用木支撑支护,有时可配合用锚杆支护。在不稳定含水松软地层中施工时,常用板桩支护,根据具体情况选用工字钢或钢板桩。当基坑较大,不便于架设横撑时,可用土层锚杆代替。施工防排水的目的是力求地表水和地下水不流入基坑中,以保持坑壁的稳定和创造良好的施工条件。在基坑开挖之前,必须在其周围开挖排水沟拦截地表水。在含水地层中施工时,根据水文地质条件,可选用集水坑水泵抽水、井点降水、钢板桩围堰、压浆堵水或冻结法等施工防排水方法。

2.2.2 盖挖法

盖挖法是由地面向下开挖至一定深度后,将顶部封闭,其余的下部工程在封闭的顶盖下施工。主体结构可以顺作,也可以逆作。在城市繁忙地带修建地铁车站时,往往占用道路,影响交通。当地铁车站设在主干道上,而交通不能中断,且需要确保一定交通流量要求时,可选用盖挖法。

1. 盖挖顺作法

盖挖顺作法是在地表作业完成挡土结构后,以定型的预制标准覆盖结构(包括纵、横梁和路面板)置于挡土结构上维持交通,往下反复进行开挖和加设横撑,直至设计标高。依序由下而上施工主体结构和防水措施,回填土并恢复管线或埋设新的管线。最后,视需要拆除挡上结构外露部分并恢复道路。在道路交通不能长期中断的情况下修建车站主体时,可考虑采用盖挖顺作法。

工程实例:深圳地铁一期工程华强路站位于深圳市最繁华的深南中路与华强路交叉口西侧,深南中路行车道下。该地区市政道路密集,车流量大,最高车流量达 3865 辆/h。车站主体为单柱双层双跨结构,车站全长 224.3m,

标准断面宽 18.9m,基坑深约 18.9m;西端盾构井处宽 22.5m,基坑深约 18.7m;南侧绿地内东西端各布置一个风道。主体结构施工工期为 2 年,其中围护结构及临时路面施工期为 7 个月。为保证深南中路在地铁站施工期间的正常行车,该路段主体结构施工采用盖挖顺作法施工方案。

2. 盖挖逆作法

盖挖逆作法是先在地表向下做基坑的维护结构和中间桩柱,和盖挖顺作法一样,基坑维护结构多采用地下连续墙或帷幕桩,中间支撑多利用主体结构本身的中间立柱以降低工程造价。随后即可开挖表层土体至主体结构顶板地面标高,利用未开挖的土体作为土模浇筑顶板。顶板可以作为一道强有力的横撑,防止维护结构向基坑内变形,待回填土后将道路复原,恢复交通。以后的工作都是在顶板覆盖下进行,即自上而下逐层开挖并建造主体结构直至底板。如果开挖面积较大、覆土较浅、周围沿线建筑物过于靠近,为尽量防止因开挖基坑而引起邻近建筑物的沉陷,或需及早恢复路面交通,但又缺乏定型覆盖结构,常采用盖挖逆作法施工。

工程实例:南京地铁南北线一期工程的区间隧道在地质条件和周围环境允许的情况下,以造价、工期、安全为目标,经过分析、比较,选择了全线区间施工方法。其中,三山街站位于秦淮河古河道部位,在粉土、粉细砂、淤泥质黏土土层中。因为是第一个车站,又位于十字路口,因此采用地下连续墙作围护结构。除入口结构采用顺作法外,其余均为盖挖逆作法。

3. 盖挖半逆作法

盖挖半逆作法与逆作法的区别仅在于顶板完成及恢复路面后,向下挖土至设计标高后先浇筑底板,再依次向上逐层浇筑侧墙、楼板。在半逆作法施工中,一般都必须设置横撑并施加预应力。

2.2.3　暗挖法

暗挖法是在特定条件下,不挖开地面,全部在地下进行开挖和修筑衬砌结构的隧道施工法。矿山法和盾构法等均属暗挖法。暗挖法主要包括钻爆法、盾构法、掘进机法、浅埋暗挖法、顶管法、沉管法等。随着地下空间和城市轨道交通的快速发展,隧道施工越来越多地受到周边环境、工程水文地质及交通的影响,当隧道工程位于繁华市中心且位于城市主干道正下方时,由于交通不容许中断,暗挖法成为一种必然选择。这里介绍几种暗挖法。

1. 分断面两次开挖法

该法是将断面分成两个分层(或部分),从上向下(或从下向上)或利用导坑在全长范围内或一个区段内逐个分层(部分)施工,开挖好一个分层(部分)再开挖另一个分层(部分)。适用于稳定岩层中断面较大、长度较短或者要求快速施工以便为另一隧道探清地质情况的隧道施工。

根据各分层(部分)施工顺序不同,分断面开挖法分为三种:

(1) 上半断面先行施工法:开挖面高度不大;不需笨重的钻架;遇松软地层时可迅速改变开挖方法;下分层开挖时运碴和钻孔可平行作业,进度快;下分层爆破有两个临空面,效率高、成本低。

(2) 下半断面先行施工法:在断面开挖完成后即可进行衬砌。上部断面可以站在碴堆上钻孔(水平孔)或从隧道地板向上钻垂直孔。在不采用对头施工的隧道中,下部掘通后,上部可从两个洞口组织钻孔和装岩作业。和上半断面先行施工法相比,这种方法的衬砌施工、排水、排碴都更方便。一般只在一定地质条件下及没有钻架或使用钻架不经济时使用。

(3) 先导洞后全断面扩挖法:该法先沿隧道的中线按全长开挖导洞,然后再扩挖至设计断面。导洞的位置根据具体条件确定,可位于隧道底板或顶板或中部(拱基线水平)。导洞可用掘进机或钻爆法挖掘。这种方法的优点是:可对隧道范围内的地质情况进行连续调查,以便对支护系统做修正和方便后续工程的进行;可正确评价扩大作业的时间和费用;有利于通风及涌水和瓦斯的预防与排放等。因此,目前该法被认为是一种能提高掘进速度的好方法。

2.台阶开挖法

该法是将隧道断面分成若干个(一般为2~3个)分层,各分层呈台阶状同时推进施工。其最大特点是缩小了断面高度,不需笨重的钻孔设备,适用于土质较好的隧道施工。

1)台阶开挖法分类

根据地层条件和机械配套情况,台阶开挖

法又可分为正台阶法和反台阶法等。

(1)正台阶法(图2-1):该法最上分层工作面超前施工,施工时先挖掘上部弧形断面(高一般为2~2.4m),然后逐一挖掘下面各部分。正台阶法能较早使支护闭合,有利于控制其结构变形及由此引起的地面沉降。施工时应注意以下几点:

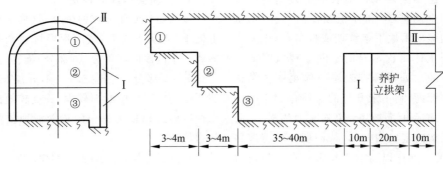

图 2-1　正台阶法

① 要根据具体条件合理确定上、下分层的错距,距离过大,上分层出碴困难,距离过小,上分层钻眼不便。在分层数目少、分层断面大、使用较大型的施工机械时或者有其他辅助坑道时,错距可适当加大。

② 在装碴、钻孔机械能力足够时,应尽量减少分层数,人工翻碴时,台阶数可多些。上部台阶断面钻眼可与下台阶翻碴工作同时作业。台阶较短(3~5m)时也可以采用上下分层同时钻眼、一次爆破的开挖法。

③ 要根据围岩稳定情况及永久衬砌的形式合理确定掘砌之间的协调关系。锚喷支护时施工比较灵活,现浇混凝土衬砌时,一般衬砌工作落后于下分层掘进一定距离(十几米或几十米)。

(2)反台阶法(图2-2):又叫上行分层施工法。该法施工能使工序减少,施工干扰小,下部断面可一次挖至设计宽度,空间大,便于出碴运输和布置管线,能节省大量材料,适用于围岩稳定、不需临时支护、无大型装碴设备的情况。

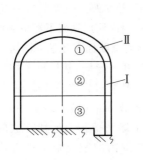
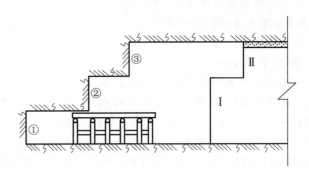

图 2-2　反台阶法

2)台阶法选用条件

台阶法是先开挖上半断面,待开挖至一定

长度后同时开挖下半断面,上、下半断面同时并进的施工方法(图2-3);按台阶长短分为长台阶、短台阶和超短台阶三种。近年来由于大断面隧道的设计，又有三台阶临时仰拱法，甚至多台阶法。至于施工中究竟应采用何种台阶法，要根据以下两个条件决定：

图 2-3　台阶法施工

（1）初期支护形成闭合断面的时间要求，围岩越差，闭合时间要求越短；

（2）上断面施工所用的开挖、支护、出碴等机械设备施工场地大小的要求。

在软弱围岩中应以前一条为主，兼顾后者，确保施工安全。在围岩条件较好时，主要是考虑如何更好地发挥机械效率，保证施工的经济性，故只要考虑后一条件。

3）台阶开挖法的优缺点

台阶开挖法的优点是具有足够的作业空间和较快的施工速度，灵活多变，适用面广。台阶开挖法虽然增加对围岩的扰动次数，但台阶有利于开挖面的稳定。尤其是上部开挖支护后，下部作业较为安全，应注意下部作业时对上部稳定性的影响。

4）台阶开挖时注意事项

（1）解决好上、下半断面作业的相互干扰问题。微台阶基本上是合为一个工作面进行同步掘进；长台阶基本上拉开，干扰较小；而短台阶干扰就较大，要注意作业组织。对于长度较短的隧道，可将上半断面贯通后，再进行下半断面施工。

（2）下部开挖时，应注意上部的稳定。若围岩稳定性较好，则可以分段顺序开挖；若围岩稳定性较差，则应缩短下部掘进循环进尺；若稳定性更差，则可以左右错开，或先拉中槽后挖边帮。

（3）下部边墙开挖后必须立即喷射混凝土，并按规定做初期支护。

（4）测量工作必须及时，以观察拱顶、拱脚和边墙中部位移值，当发现速率增大立即进行仰拱封闭。

3．环形开挖预留核心土法

（1）环形开挖预留核心土法适用于一般土质或易坍塌的软弱围岩、断面较大的隧道施工。一般情况下，将断面分成环形拱部、上部核心土、下部台阶等三部分。根据断面的大小，环形拱部又可分成几块交替开挖。

（2）环形开挖预留核心土法的施工作业流程：用人工或单臂掘进机开挖环形拱部，架立钢支撑，喷混凝土。在拱部初次支护保护下，为加快进度，宜采用挖掘机或单臂掘进机开挖核心土和下台阶，随时接长钢支撑和喷混凝土，封底。视初次支护的变形情况或施工步序，安排施工二次衬砌（图 2-4）。

图 2-4　环形开挖预留核心土法

（3）环形开挖预留核心土法应注意以下几点：

① 环形开挖进尺宜为 0.5～1.0m，核心土面积应不小于整个断面面积的 50%。

② 开挖后应及时施工锚喷支护、安装钢架支撑，相邻钢架必须用钢筋连接，并应按施工要求设计施工锁角锚杆。

③ 围岩地质条件差、自稳时间短时，开挖前应按设计要求进行超前支护。

④ 核心土与下台阶应在上台阶支护完成、喷射混凝土达到设计强度的 70% 后开挖。

4．单侧壁导坑法

单侧壁导坑法以岩体力学理论为基础，应

用新奥法指导施工,充分发挥围岩自承能力,运用光面爆破技术,及时进行锚喷初期支护,防止围岩松动,应用监控量测及时反馈信息,充分发挥围岩和初期支护的作用。

一般将断面分成侧壁导坑、上台阶、下台阶3块。一般侧壁导坑宽度不宜超过1/2洞宽,高度以到起拱线为宜,导坑分二次开挖和支护两步。在短隧道中可先挖通导坑然后再开挖台阶。上、下台阶的距离参照短台阶法或超短台阶法。

(1)施工顺序:①开挖侧壁导坑,并初次支护(锚杆加钢筋网或锚杆加钢支撑或钢支撑,喷射混凝土),应尽快使初次支护闭合;②开挖上台阶,拱部初次支护,一侧支承在导坑的初次支护上,另一侧支承在下台阶上;③开挖下台阶,进行另一侧边墙的初次支护,并尽快建造底部初次支护,使全断面闭合;④拆除导坑临空部分的初次支护;⑤施作内层衬砌。

(2)适用条件:适用于隧道跨度大,扁平率低,围岩较差,一般为Ⅱ类、Ⅲ类围岩,地表下沉需控制的隧道。

在高等级公路建设中,隧道,特别是长大隧道一般成为整个项目的控制工程,控制着整个工程的工期,隧道施工又有作业范围小、施工干扰大等特点,因此开挖又成为控制工期的关键。在钻爆法施工中,根据围岩条件有多种施工方法,如全断面法、台阶法、导坑法等。在扁平大跨度、岩层产状平缓、地质条件差、地下水丰富的隧道施工中,单侧壁导坑法不失为一种理想的开挖方法。

5.双侧壁导坑法

双侧壁导坑法又称眼镜工法(图2-5),是一项边开挖边支护的施工技术。其原理是:利用两个中隔壁把整个隧道大断面分成左、中、右3个小断面施工,左、右导洞先行,中间断面紧跟其后;初期支护仰拱成环后,拆除两侧导洞临时支撑,形成全断面。两侧导洞皆为倒鹅蛋形,有利于控制拱顶下沉。该方法主要适用于黏性土层、砂层、砂卵层等地层。

当隧道跨度很大,地表沉陷要求严格,围岩条件特别差,单侧壁导坑法难以控制围岩变形时,可采用双侧壁导坑法。双侧壁导坑法一般是将断面分成4块:左侧壁导坑、右侧壁导坑、上部核心土、下台阶。导坑尺寸拟定的原则同前,但宽度不宜超过断面最大跨度的1/3。左、右侧导坑错开的距离,应根据开挖一侧导坑所引起的围岩应力重分布的影响不致波及另一侧已成导坑的原则确定。

如图2-5所示,先开挖呈品字形布置的导坑①②,再在上导坑②扩大拱部③④,矸石从漏斗漏至①中的斗车内运出,挖完拱部围岩后即砌拱圈Ⅰ,在拱圈保护下开挖边墙部分⑤,并砌筑边墙Ⅱ。最后开挖核心部位⑥和⑦。施工顺序:开挖一侧导坑,并及时将初次支护闭合;相隔适当距离后开挖另一侧导坑,并建造初次支护;开挖上部核心土,建造拱部初次支护,拱脚支承在两侧壁导坑的初次支护上;开挖下台阶,建造底部的初次支护,使初次支护全断面闭合;拆除导坑临空部分的初次支护;施作内层衬砌。

(1)优点:工作面较多,施工干扰小,一般不需要支撑或需简单的支撑。保留核心有利于支撑和施工安全,出碴运输方便。两个下导坑可用装岩机装碴,拱部扩大的大量岩碴可经由漏斗漏至下导坑的斗车内运出。核心部分⑥及⑦可用大型机械全断面开挖,也可分台阶开挖。

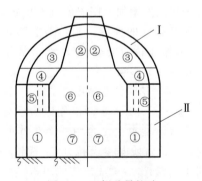

图2-5　双侧壁导坑法

(2)缺点:导坑较多,衬砌整体性差,核心爆破时会影响下导坑运输及其他工序,遇到地层条件变化时,更换其他施工方法较难,施工速度较慢,且成本较高。

(3)适用条件:适用于围岩较差的Ⅴ级围岩条件下的行车隧道开挖。在浅埋大跨度隧道施工时,能够控制地表下沉,保持掌子面的稳定,安全可靠。翔安隧道 A2 标陆域浅埋暗挖部分地段采用的就是双侧壁导坑法施工。

(4)注意事项:①侧导坑形状宜近似于椭圆形断面,导坑断面宽度宜为整个断面的 1/3。②土方开挖为人工开挖配合机械开挖,距离轮廓边缘线 30～40cm 设置修面层,必须采用人工开挖保证开挖轮廓线圆顺。③工序变化处的钢架(或临时钢架)应设锁脚钢管,且必须对锁脚钢管注浆,以确保钢架基础稳定。④各个洞室开挖后及时进行初支及临时支护,并尽早封闭成环。⑤开挖后拱部钢架与两侧壁钢架连接是难点,在两侧壁施工中,钢架位置应准

确定位,确保各部钢架架设后在同一垂直面内,避免钢架发生扭曲。⑥临时钢架的拆除应等洞身结构初期支护施工完毕并稳定后,方可进行。⑦根据监控测量信息,初支稳定后方可拆除临时支护,一次拆除长度不得大于 15m,以一次浇筑二衬长度为宜。

6.导坑施工法

1)中央下导坑施工法(漏斗棚架法)

中央下导坑位于隧道的中部并沿底板掘进,当导坑掘至预定位置后,再行开帮、挑顶,完成永久支护工作。中央下导坑施工法采用六部开挖法,又称漏斗棚架法,如图 2-6 所示。

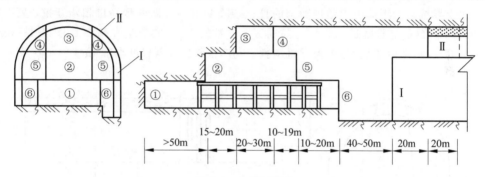

图 2-6 六部开挖法

下导坑①宜超前一定距离(一般超过 50m),随后架设漏斗棚架,向上拉槽②和挑顶③。②部和③部之间的距离一般为 15～20m,③部开挖完后立即进行刷帮,开挖④⑤⑥部。最后按先墙后拱的顺序浇筑衬砌。

该法除下导坑和左右两帮(①和③部)外,

其余各部位的岩碴均可由漏斗漏到棚下的斗车内,再运出洞外。围岩条件允许时,可将①部与②部合并、③部与④部合并、⑤部与⑥部合并,即成为三部开挖法,使工序大为简化。漏斗棚架结构如图 2-7 所示。

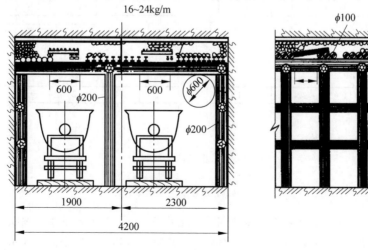

图 2-7 漏斗棚架结构

（1）优点：可容纳较多人员同时施工；可以小型机械为主，既可利用棚架作脚手架，棚架上石碴又可由漏斗口漏入车内，省力、速度快。

（2）缺点：需要几十米长的棚架，需用大量木材、钢轨；爆破易损坏棚架和风水管路；围岩暴露时间较长，对施工安全不利。

（3）施工顺序：先挑顶后开帮，在开帮的同时完成砌墙工作。

（4）适用条件：适用于围岩较稳定的隧道施工，一般为Ⅰ、Ⅱ级围岩石质隧道。

2）中央上导坑施工法（图2-8）

中央上导坑施工法适用于随挖随砌的Ⅲ、Ⅳ级围岩的岩石及土质隧道。导坑①超前开挖并架临时支撑，随后落底②，更换导坑支撑。

最后依次扩大两侧③，并立即进行砌筑。如岩质差、断面大，也可将导坑再分成几个小断面进行挖掘，先挖顶部后挖两帮并进行临时支撑，最后挖掉中间部分。土质隧道中间部分④可分三层进行。

中央上导坑施工法施工时为防止两侧内移，可在拱脚处架设横撑梁（也叫卡口梁），或在中上部设横撑（过河撑）。两侧墙⑤部、⑥部采用马口开挖，每侧开挖完成后立即砌墙。马口开挖分对开马口和错开马口两种，如图2-9所示（括号内数字为错开马口）。对开马口即两帮马口同时相对开挖，适用于石质较好的隧道；错开马口即两帮马口相错开挖，适用于石质松软、破碎的隧道。马口长度以4～8m为宜，松软破碎围岩可小于4m。

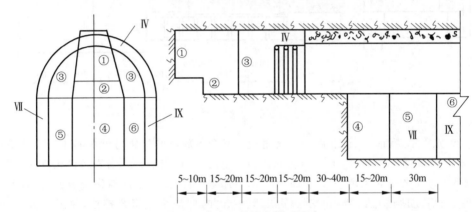

图2-8 中央上导坑先拱后墙法

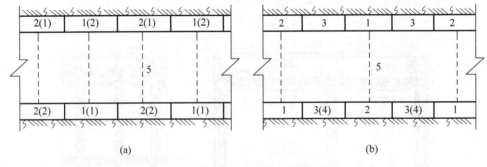

图2-9 三步或四步跳跃法

(a) 马口形式；(b) 三步（四步）跳跃法

1、2、3、4—马口开挖顺序；5—拱圈施工缝

在岩石条件较差时，也可采用三步或四步跳跃法，如图2-9所示（括号内数字为四步跳跃法）。对开马口可不必来回跳跃，不会打坏对面边墙、风水管路，脚手架等不必多次拆装，可

加快边墙施工速度。

中央上导坑施工法的特点是：拱圈衬砌及时，围岩暴露时间短；施工干扰大，进度慢；衬砌整体性差。故较适合于围岩稳定性差及长度较短（300m 以内）的隧道。

3）上下导坑施工法

（1）施工顺序：下导坑①超前上导坑②30～ 50m，对于短隧道或石质差的隧道，这一距离还可小一些。其他工序拉开的距离以互不干扰、尽量缩短工期为原则。两个导坑挖好后，先扩大上部断面，并把拱圈修筑好，然后在拱圈保护下开挖下部断面，最后修筑边墙，如图 2-10 所示。

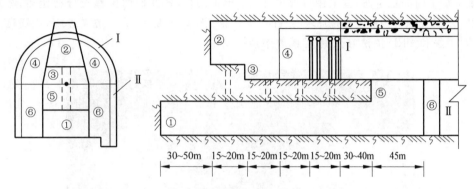

图 2-10   上下导坑先拱后墙法施工顺序图

（2）中部挖去后，开始挖砌边墙，应采取以下措施：

① 拱脚悬空后须加强临时支撑，围岩稳定性差时，拱脚应设置托梁。

② 拱圈是分段浇筑的，段与段之间有施工缝，为避免挖边墙时整段拱圈悬空，边墙应采用马口开挖。

③ 砌筑拱圈时适当加厚拱脚处的衬砌，使部分拱脚支撑在围岩上，以保证拱圈不下沉。

（3）优点：下部各工序均在拱圈保护下进行，施工安全；有两个导坑，通风、排水、运输、管线布置等条件较好；能拉开工作面，便于使用小型工具；适用范围广，遇到地质情况变化，变换施工方法较易。

（4）缺点：衬砌整体性差，马口开挖影响进度且有可能引起拱圈下沉；工序多，干扰大，施工管理不便；上导坑人工装碴劳动强度大。

（5）适用条件：该法适用于Ⅲ类及Ⅳ类围岩的石质或土质隧道施工。

7. 中隔壁法（CD 工法）和交叉中隔壁法（CRD 工法）

中隔壁法（center diaphragm，CD）和交叉中隔壁法（cross diaphragm，CRD），两者既有联系又有区别。它们都用于比较软弱地层中而且是大断面隧道的场合。前者是在用钢支撑和喷混凝土的隔壁分割进行开挖的方法；后者则是用隔壁和仰拱把断面上下、左右分割闭合进行开挖的方法，是在地质条件要求分部断面及时封闭的条件下采用的方法。因此，CRD 工法与 CD 工法唯一的区别是，在施工过程中每一步是否要求用临时仰拱封闭断面。

1）中隔壁法（CD 工法）

中隔壁法是在软弱围岩大跨度隧道中，先开挖隧道的一侧，并设计中间部位做中隔壁，然后再开挖另一侧的施工方法。主要应用于双线隧道Ⅳ级围岩深埋硬质岩地段以及老黄土隧道（Ⅳ级围岩）地段，地层较差和不稳定岩体，且地面沉降要求严格的地下工程施工。

CD 工法是将隧道分为左右两大部分进行开挖，先在隧道一侧采用台阶法自上而下分层开挖，待该侧初期支护完成，且喷射混凝土达到设计强度的 70% 以上时再分层开挖隧道的另一侧，其分部次数及支护形式与先开挖的一侧相同。

2）交叉中隔壁法（CRD 法）

当 CD 工法不能满足施工要求时，可在 CD

工法的基础上加设临时仰拱,即所谓的交叉中隔壁法(CRD工法)。交叉中隔壁法是在软弱围岩大跨隧道中,先开挖隧道一侧的一或二部分,施作部分中隔壁和横隔板,再开挖隧道另一侧的一或二部分,完成横隔板施工;然后再开挖最先施工一侧的最后部分,并延长中隔壁;最后开挖剩余部分的施工方法。采用短台阶法无法确保掌子面的稳定时,宜采用分部尺寸小的CRD法,该工法对控制变形是比较有利的。

CD工法和CRD工法在大跨度隧道中应用普遍,在施工中应严格遵守正台阶法的施工要点,尤其要考虑时空效应,每一步开挖必须快速,及时步步成环,工作面留核心土或用喷混凝土封闭,消除由于工作面应力松弛而增大沉降值的现象。

在CRD工法或CD工法中,一个关键问题是拆除中壁。一般来说,中壁拆除时期应在全断面闭合,各断面的位移充分稳定后,才能拆除。图2-11是CRD工法在大跨度隧道中的应用。

图2-11　CRD工法在大跨度隧道的应用

8. 中洞法、侧洞法和洞桩法(柱洞法)

当地层条件差、断面特大时,通常将隧道设计成多跨结构,跨与跨之间由梁、柱连接,一般采用中洞法、侧洞法及洞桩法(柱洞法)等施工,其核心思想是变大断面为中小断面,提高施工安全度。

1) 中洞法

中洞法施工就是先开挖中间部分(中洞),在中洞内施作梁、柱结构,然后再开挖两侧部分(侧洞),并逐渐将侧洞顶部荷载通过中洞初期支护转移到梁、柱结构上。由于中洞的跨度较大,施工中一般采用CD工法、CRD工法或双侧壁导洞法进行施工。其特点如下:

(1)工序复杂,但两侧洞对称施工,比较容易解决侧压力从中洞初期支护转移到梁柱上时的不平衡侧压力问题,施工引起的地面沉降较易控制。

(2)初期支护自上而下,每一步封闭成环,环环相扣。二次衬砌自下而上,施工质量容易得到保证。

(3)安全性好,先完成中墙和第一期底板,然后再进行开挖时,可将临时支撑和拱架都支撑于坑道中墙及第一期底板。

(4)灵活性好,可因地制宜地选择断面形状和尺寸。

(5)可操作性强、机械化程度低,挖土可采用简便挖掘机具人工开挖。

(6)工序间干扰较少,完成中洞后,左右两侧可同时施工。

(7)出土效率高,开挖上部断面时的大量石碴可通过上下导坑间一系列漏碴孔装车后从下导坑运出。

(8)造价低、经济性好。

2)侧洞法

侧洞法就是先开挖两侧部分(侧洞),在侧洞内做梁、柱结构,然后再开挖中间部分(中洞),并逐渐将中洞顶部荷载通过初期支护转移到梁、柱上。这种施工方法在处理中洞顶部荷载转移时,相对于中洞法要困难一些。由于两侧洞施工时,中洞上方土体经受多次扰动,会形成危及中洞的上小下大的梯形、三角形或楔形土体,该土体直接压在中洞上,如若不够谨慎,就可能发生坍塌。

3)洞桩法(柱洞法)

在总结隧道施工经验的基础上,我国设计人员提出了先做多个分离导洞,在小导洞内先做支护桩再加拱的暗挖技术,即洞桩法(pile beam arch,PBA),此施工方法已获国家专利,并被广大设计人员广泛采用。

洞桩法采用小导洞开挖,对地层不会产生大扰动,在小导洞内施作地下围护桩结构、桩顶冠梁结构和竖向承载柱结构,并进一步施作横向承载拱结构,一旦大弧拱扣拱完成,即形成竖向受力、传力大框架梁柱拱支护体系,在此支护体系的保护下可以安全完成站厅层、站台层的开挖以及后续的结构施工。

洞桩法首先在北京地铁复八线(又称北京地铁一号线东段)天安门西站应用,随后在北京地铁10号线,特别是经过立交桥的极度复杂的环境下应用,北京地铁4号线的海淀黄庄站、沈阳地铁1号线的青年大街站两座地下暗挖换乘车站均采用洞桩法施工。一般三跨双层车站采用6导洞或8导洞法施工,采用6导洞时,边桩可以用机械成孔,中桩人工挖孔,由于有桩做围护,再加上桩顶冠梁便成为一个很好的围护体系。又由于每个导洞断面较小(一般在20m²左右),且每个导洞相互之间有一定的距离,相互独立,相互之间影响较小,较好地缩小了对地层的扰动范围,很好地控制了地表沉降和地层塑性区的发展。实践证明,此工法引起的地层沉降最小,并且由于边桩的作用,对周围环境保护较好。

目前,各种方法均在摸索阶段,但从既有经验和理论分析上考虑,洞桩法在各方法中优点要明显一些,因为在摸索阶段最安全的方法在比选中无疑是最具优势的方法,洞桩法开挖阶段和侧洞法一样快速且更安全,而二次衬砌阶段又比中洞法转换简单。但洞桩法的不足之处是操作空间小,天、地梁施工难度大,另外洞桩法施工中,中间土体受力比较大,稳定性不好。

2.2.4 矿山法

矿山法(mine tunnelling method)指的是用开挖地下坑道的作业方式修建隧道的施工方法。矿山法是暗挖法的一种,主要用钻眼爆破方法开挖断面,修筑隧道及地下工程的施工方法。用矿山法施工时,将整个断面分部开挖至设计轮廓,并随之修筑衬砌。当地层松软时,可采用简便挖掘机具,并根据围岩稳定程度,在需要时边开挖边支护。分部开挖时,断面上最先开挖导坑,再由导坑向断面设计轮廓扩大开挖。分部开挖主要是为了减少对围岩的扰动,分部的大小和多少视地质条件、隧道断面尺寸、支护类型而定。在坚实、整体的岩层中,对中、小断面的隧道,可不分部而将全断面一次开挖。如遇松软、破碎地层,须分部开挖,并配合开挖及时设置临时支撑,以防止土石坍塌。喷锚支护的出现,使分部数目得以减少,并进而发展成新奥法。

1. 全断面法

全断面法是将整个断面一次挖出的施工方法,适用于较好岩层中的中、小型断面的隧道。此法能使用大型机械,如凿岩台车、大型装碴机、槽式列车或梭式矿车、模板台车和混凝土灌筑设备等进行综合机械化施工。全断面法以木或钢构件作为临时支撑,待隧道开挖成形后,逐步将临时支撑撤换下来,而代之以整体式厚衬砌作为永久性支护的施工方法。

1)木构件支撑、钢构件支撑

木构件支撑的耐久性差,对坑道形状的适应性差,支撑撤换既麻烦又不安全,且对围岩有所扰动,因此,目前已很少使用。钢构件支撑具有较好的耐久性和对坑道形状的适应性等优点,施工中可以不撤换,也更安全。国内隧道界将以钢构件作为临时支撑的矿山法称为"背板法"。

2) 钢木构件支撑

钢木构件支撑类似于地上的"荷载-结构"体系。它作为一种维持坑道稳定的措施,是很直观和有效的,也容易被施工人员理解和掌握。因此这种方法常被应用于不便采用喷锚支护的隧道。由于衬砌的设计工作状态与实际工作状态不一致,以及临时支撑存在的一些缺陷等,在一定程度上限制了它的发展和应用。

2. 蘑菇形法

蘑菇形法是综合先拱后墙法和漏斗棚架法的特点而形成的一种混合方案(图 2-12)。开挖 1～4 部后呈现形似蘑菇状的断面,故名蘑菇形法。在下导坑中设立漏斗棚架,供向上扩大开挖时装碴使用,同时当拱部地质条件较差时,为施工安全可先筑顶拱。该法具有容易改变为其他方法的优点,遇岩层差时改为单纯的先拱后墙法,岩层好时改为漏斗棚架法。在中国首先应用于岩层基本稳定的铁路隧道施工,以后又用来修筑大断面洞室,为减少设立模架作业及其所需材料,并加快施工进度创造有利条件。

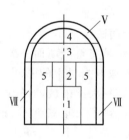

图 2-12　蘑菇形法

3. 爆破开挖法

隧道及地下工程施工的爆破与一般石方工程的爆破要求不同。为了便于装碴和不损坏附近的临时支撑或永久性衬砌,不使岩层爆得粉碎或碎落的岩块过大,又不使爆破时的岩块抛掷很远,故一般用松动爆破。由钻眼、装药、封口、起爆、排烟、临时支护和出碴等作业,组成一个爆破循环,其中钻眼和出碴占用大部分时间,应使之机械化,如采用凿岩机、装碴机、矿用牵引机车等。

为了提高爆破效果,避免超挖或欠挖,并使坑道的轮廓符合设计要求,除须根据岩层情况和坑道断面大小,选择炮眼的数目、直径、深度和装药量等参数之外,炮眼布置也是重要影响因素。

为了在爆破时开辟新的自由面(即临空面),不论在导坑开挖还是在全断面开挖时,通常在开挖面上布置位于中央的掏槽眼及其周围用以扩大爆破范围的辅助眼,以及控制开挖面轮廓的周边眼等三类炮眼,并按先掏槽后周边的次序先后起爆。掏槽眼的布置形式一般有直眼掏槽和斜眼掏槽两种。前者的炮眼轴线与开挖面垂直,可将几个掏槽眼布置成一字形、梅花形或螺旋形;斜眼掏槽的轴线则与开挖面斜交,并随地质构造的不同,布置成楔形、锥形或扇形。

爆破材料大多采用威力较低、价格较廉的硝铵炸药,有水时则用硝化甘油炸药。起爆时以往大多用火雷管作火花起爆;后来改用电雷管、毫秒雷管,用电起爆;近期又出现用导爆管的非电起爆。

爆破开挖时,为保证开挖面轮廓准确而平整,并控制对围岩的振动,近年来,在爆破技术上发展和应用了光面爆破、预裂爆破和毫秒爆破等新技术,达到了预期的爆破效果。

矿山法常用设备:芬兰 Normet 公司的喷浆台车、混凝土台车、高空作业车、炸药台车、撬毛台车,SADVIK 和 ATLAS 的凿岩台车。

2.2.5　新奥地利隧道施工法

20 世纪 60 年代以来,人们对开挖隧道过程中出现的围岩变形、松弛、崩塌等现象有了更深的认识,为提出新的、经济的隧道施工方法创造了前提。1963 年,新奥地利隧道施工法简称新奥法(New Austria tunneling methord,NATM)正式出台。

新奥法是应用岩体力学理论,以维护和利

用围岩的自承能力为基点,采用锚杆和喷射混凝土为主要支护手段,及时进行支护,控制围岩的变形和松弛,使围岩成为支护体系的组成部分,并通过对围岩和支护的量测、监控来指导隧道施工和地下工程设计施工的方法和原则。

Rabcewicz 最早把新奥法思想应用于奥地利阿尔卑斯山深埋硬岩隧道建设,采用柔性支护旨在充分利用"拱效应"——地层的自承能力;20 世纪 60 年代中期,Muller 把新奥法应用于城市地铁软岩(土)隧道,认为新奥法用于硬岩隧道和软岩(土)隧道开挖时应有所区别;1964—1969 年 Rabcewicz 提出了岩石压力下隧道稳定性的理论分析,强调采用薄层支护,并及时修筑仰拱以闭合衬砌的重要性,根据实验证实,衬砌应按剪切破坏进行设计计算。

中国在 20 世纪 70 年代引入新奥法,并得到迅速推广,取得了良好的技术经济效果,在软岩(土)隧道新奥法施工中,提出了既全面又科学的"管超前、严注浆、短开挖、强支护、快封闭、勤量测"的十八字诀,避免了照搬硬岩隧道新奥法经验的弯路。

以往,人们认为在地层中开挖坑道必然要引起围岩塌陷掉落,开挖的断面越大,塌陷的范围也越大。因此,传统的隧道结构设计方法是将围岩看成是必然要松弛塌落,而成为作用于支护结构上的荷载。传统的隧道施工方法是随挖随用钢材或木材支护,然后从上到下或从下到上砌筑刚性衬砌。

新奥法与传统的矿山法区别在于前者是把地层压力视作外力荷载;后者是把围岩和支护结构作为一个统一的受力体系,围岩是荷载的来源,又是支护结构体系的一部分,围岩和支护结构相互作用。

1. 新奥法的主要特点

(1) 充分保护围岩,减少对围岩的扰动。因为岩体是隧道结构体系中的主要承载单元,所以在施工中必须充分保护围岩,尽量减少对它的扰动。

(2) 充分发挥围岩的自承能力。为了充分发挥岩体的承载能力,应允许并控制岩体的变形。所谓允许变形,是指使围岩中能形成承载环;所谓控制变形,是指使岩体不致过度松弛而丧失或大大降低承载能力。在施工中应采用能与围岩密贴、及时砌筑又能随时加强的支护结构,如锚喷支护等。能通过调整支护结构的强度、刚度和参加工作的时间(包括底拱闭合时间)来控制岩体的变形。

(3) 尽快使支护结构闭合。为了改善支护结构的受力性能,施工中应尽快使之闭合,成为封闭的筒形结构。另外,隧道断面形状要尽可能地圆顺,避免拐角处的应力集中。

(4) 加强监测,根据监测数据指导施工。在施工阶段进行现场量测,及时提出量测信息(如坑道周边的位移或收敛、接触应力等)并及时反馈信息,用来指导施工和修改设计。

2. 新奥法的分类

新奥法施工,按其开挖断面的大小及位置,基本上可分为全断面法、台阶法、分步开挖法三大类及若干变化方案。下面重点介绍台阶法。

台阶法分为长台阶法、短台阶法和超短台阶法。采用何种台阶法,要根据以下条件决定:初次支护形成闭合断面的时间要求,围岩越差,闭合时间要求越短;上断面施工所用的开挖、支护、出碴等机械设备施工场地大小的要求。在软弱围岩中应以快封闭为主,兼顾后者,确保施工安全;在围岩条件较好时,主要考虑如何发挥机械效率,保证施工的经济性。

1) 长台阶法

长台阶法是将断面分成上半断面和下半断面两部分进行开挖,上、下断面相距较远,一般上台阶超前 50m 以上或大于 5 倍洞跨。施工时上、下部可配同类机械进行平行作业。当隧道长度较短时,可先将上半断面全部挖通后再进行下半断面施工,即为半断面法。

(1) 上半断面施工顺序:用两臂钻孔台车钻眼,装药爆破(地层较软时可用挖掘机开挖),安设锚杆和钢筋网(必要时加设钢支撑、喷射混凝土),用推铲机将石碴推运到台阶下,再由装载机装入车内运至洞外。根据支护结构形成闭合断面的时间要求,必要时在开挖上半断面后,可建筑临时底拱,形成上半断面的临时闭合结构,然后在开挖下断面时再将临时拱底挖掉。

(2)下半断面施工顺序:用两臂钻孔台车钻眼,装药爆破,装碴运至洞外,安设边墙锚杆(必要时)和喷混凝土,用反铲挖掘机开挖水沟,喷底部混凝土。

开挖下半断面时,其炮眼布置方式有两种:平行隧道轴线的水平眼、由上台阶向下钻进的竖直眼(插眼)。水平眼主要布置在设计断面轮廓线上。插眼的爆破效果较好,但爆破时石碴飞出较远,容易打坏机械设备。

待初次支护的变形稳定后,或根据施工组织所规定的日期敷设防水层(必要时)和建造内层衬砌。

2)短台阶法

短台阶法也是分成上、下两个断面进行开挖,只是两个断面相距较近,一般上台阶长度小于5倍但大于1~1.5倍洞跨。上、下断面采用平行作业,作业顺序和长台阶相同。

(1)优点:缩短支护结构闭合的时间,改善初次支护的受力条件,有利于控制隧道收敛速度和量值。

(2)缺点:上台阶出碴时对下半断面施工的干扰大,不能全部平行作业。

(3)适用条件:适用范围很广,Ⅰ~Ⅴ级围岩都能采用,尤其适用于Ⅳ、Ⅴ级围岩,是新奥法施工中主要采用的方法。

(4)采用短台阶法时应注意:初次支护全断面闭合要在距开挖面30m以内,或距开挖上半断面开始的30天内完成;初次支护变形、下沉显著时,要提前闭合,要研究在保证施工机械正常工作前提下台阶的最小长度。

3)超短台阶法

超短台阶法分成上、下两部分进行开挖,但上台阶仅超前3~5m,采用交替作业施工。

(1)施工顺序:用一台停在台阶下的长臂挖掘机开挖上半断面至一个进尺;安设拱部锚杆、钢筋网或钢支撑;喷拱部混凝土。用同一台机械开挖下半断面至一个进尺;安设边墙锚杆、钢筋网或接长钢支撑,喷边墙混凝土(必要时加喷拱部混凝土);开挖水沟,安设底部钢支撑,喷底部拱混凝土;灌注内层衬砌。

(2)优点:初次支护全断面闭合时间更短,有利于控制围岩变形,在城市隧道施工中能更有效地控制地表沉陷。

(3)缺点:上下断面相距太近,机械设备集中,作业之间相互干扰较大,生产效率较低,施工速度较慢。

(4)适用条件:膨胀性围岩和土质围岩、要求及早闭合断面,机械化程度不高的各级围岩地段。

(5)采用超短台阶法施工时应注意:在软弱围岩中施工时,必要时采用辅助施工措施,如向围岩中注浆或打入超前小导管,对开挖面进行预加固或预支护,或留核心土。

所有台阶法施工中,开挖下半断面时应注意:下半断面的开挖(又称落底)和封闭应在上半断面初次支护基本稳定后进行,或采取其他有效措施确保初次支护体系的稳定性(如扩大拱脚、打拱脚锚杆、加强纵向连接等,采用单侧落底或双侧交错落底,避免上部初次支护两侧拱脚同时悬空)。下部边墙开挖后立即喷射混凝土,并按规定做初次支护。测量工作必须及时,以观察拱顶、拱脚和边墙中部位移值,若发现位移速率增大,应立即进行底(仰)拱封闭。

3. 可能发生的问题及对策

根据围岩性质新奥法允许产生适量的变形,但又不能使围岩松动塌落。根据实践经验,将新奥法中出现的异常现象及应采取的措施列于表2-1中,措施A指进行比较简单的改变就可解决问题的措施,措施B指包括需要改变支护方法等比较大的变动才能解决问题的措施。

新奥法的施工工序如图2-13所示。

表 2-1　新奥法施工中可能发生的问题及其对策

施 工 步 骤	施工中的现象	措　　施　　A	措　　施　　B
开挖面及其附近	正面变得不稳定	(1) 缩短一次掘进进度 (2) 开挖时保留核心土 (3) 向正面喷射混凝土 (4) 用插板或并排钢管打入地层进行预支护	(1) 缩小开挖面积 (2) 在正面打锚杆 (3) 采取辅助施工措施对底层进行预加固
	开挖面顶部掉块增大	(1) 缩短开挖时间，提前喷射混凝土 (2) 采用插板或并排钢管 (3) 缩小一次开挖长度 (4) 开挖时暂时分部施工	(1) 加钢支撑 (2) 预加固地层
	开挖面出现涌水或者涌水量增加	(1) 加速混凝土硬化（增加速凝剂等） (2) 喷射混凝土前做好排水 (3) 加挂网格密的钢筋网 (4) 设排水片	(1) 采取排水方法（如排水钻孔、井点降水等） (2) 预加固围岩
	地基承载力不足，下沉增大	(1) 注意开挖时不要损害地基围岩 (2) 加厚底脚处喷射混凝土，增加支撑面积	(1) 增加锚杆 (2) 缩短台阶长度，及早闭合支护环 (3) 用喷射混凝土作临时底拱 (4) 预加固地层
	产生底鼓	及早喷射底拱混凝土	(1) 在底拱处打锚杆 (2) 缩短台阶长度，及早闭合支护环
喷混凝土	喷混凝土层脱离甚至塌落	(1) 开挖后尽快喷射混凝土 (2) 加钢筋网 (3) 解除涌水压力 (4) 加厚喷层	打锚杆或增加锚杆
	喷混凝土层中应力增大，产生裂缝和剪切破坏	(1) 加钢筋网 (2) 在喷混凝土层中增设纵向伸缩缝	(1) 增加锚杆（用比原来长的锚杆） (2) 加入钢支撑
锚杆	锚杆轴力增大，垫板松弛或锚杆断裂		(1) 增强锚杆（加长） (2) 采用承载力大的锚杆 (3) 为增大锚杆的变形能力，在锚杆垫板间夹入弹簧垫圈等
钢支撑	钢支撑中应力增大，产生屈服	松开接头处螺栓，凿开喷混凝土层，使之自由伸缩	(1) 增加锚杆 (2) 采用可伸缩的钢支撑，在喷射混凝土层中设纵向伸缩层
	净空位移量增大，位移速度变快	(1) 缩短从开挖到支护的时间 (2) 提前打锚杆 (3) 缩短台阶、底拱一次开挖的长度 (4) 当喷射混凝土开裂时，设纵向伸缩缝	(1) 增强锚杆 (2) 缩短台阶长度 (3) 在锚杆垫板间夹入弹簧垫圈等 (4) 采用超短台阶法或在上半断面建造临时底拱

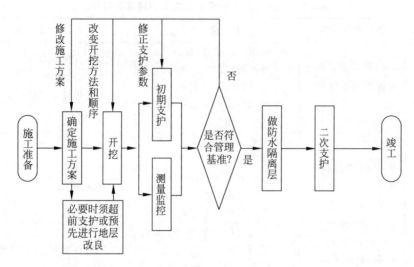

图 2-13　新奥法的施工工序

2.2.6　浅埋暗挖法（浅埋矿山法）

浅埋暗挖法即松散地层的新奥法施工,新奥法是充分利用围岩的自承能力和开挖面的空间约束作用,采用锚杆和喷射混凝土为主要支护手段,对围岩进行加固,约束围岩的松弛和变形,并通过对围岩和支护的量测、监控,指导地下工程的设计施工。浅埋暗挖法是针对埋置深度较浅、松散不稳定的上层和软弱破碎岩层施工而提出来的,如深圳地铁区间隧道大部分采用了浅埋暗挖法施工。

浅埋暗挖法是在距离地表较近的地下进行各种类型地下洞室暗挖施工的一种方法。其本质含义就是当开掘浅埋地段隧道时,依据其周围的环境条件而采用暗挖法的施工工艺。它的工艺程序借鉴了新奥法的工艺原理,即在开挖进程中选用若干种方法对围岩施以加固,并主要依托围岩本身的支撑力,开挖后迅速施以支护并形成闭环,与围岩共同承载大幅度变形带来的巨大应力。

浅埋暗挖法沿用了新奥法的基本原理,创建了信息化量测设计和施工的新理念;采用先柔后刚复合式衬砌新型支护结构体系,初期支护按全部承担基本荷载设计,二次模筑衬砌作为安全储备;初期支护和二次衬砌共同承担特殊荷载。

应用浅埋暗挖法设计和施工时,采用多种辅助施工工法,如超前支护,改善加固围岩,调动部分围岩的自承能力等。初期支护和围岩为暗洞隧道的主要受力结构,保护围岩是浅埋暗挖施工的关键技术,一定要高度重视。

浅埋暗挖法设计和施工,应用于第四纪软弱地层中的地下工程,严格控制施工诱发的地面移动变形、沉降量是关键,要求初期支护刚度大,支护及时;初期支护必须从上向下施工,二次模筑衬砌必须通过变位测量,在结构基本稳定后才能施工,而且必须从下向上施工,决不允许先拱后墙施工。

浅埋暗挖法施工的优点是灵活多变,对地面建筑、道路和地下管线影响不大,拆迁占地少,不扰民,不污染城市环境,施工成本(城市地下工程)较明挖法、盾构法低;缺点是施工速度慢,喷射混凝土粉尘多,劳动强度大,机械化程度不高,高水位地层结构防水比较困难。

浅埋暗挖法的施工技术特点:围岩变形波及地表;要求刚性支护或地层改良;通过试验段来指导设计和施工。

浅埋暗挖法施工隧道时,应根据工程特点、围岩情况、环境要求以及施工单位的自身条件等,选择适宜的开挖方法及掘进方式。施工中区间隧道常用的开挖方法是台阶法、CRD

工法、眼镜工法等；城市地铁车站、地下停车场等多跨隧道多采用柱洞法、侧洞法或中洞法等工法施工。

地下铁道是在城市区域内施工，对地表沉降的控制要求比较严格，所以更要强调地层的预支护和预加固，所采用的施工方法有超前小导管预注浆、开挖面深孔注浆、管棚超前支护。浅埋暗挖法的施工工艺可以概括为"管超前、严注浆、短开挖、强支护、快封闭、勤量测"18个字。

工程实例：北京地铁东单车站东南风道与车站主体结构正交，北侧在长安街下，中部及南侧穿过居民区，风道全长43.4m。采用浅埋暗挖洞桩法施工，在基本维持环境原状条件的情况下从地面居民生活区和人防设施下面顺利通过。

2.2.7 沉埋管段法（沉管法）

沉埋管段法又称预制管段沉放法，是修筑水底隧道的一种重要施工方法。修成的建筑物常称沉管隧道。其施工顺序为：在干坞将隧道管段分段预制，分段两端设临时止水头部；然后浮运至隧道轴线处，沉放在预先挖好的地槽内，完成管段间的水下连接；移去临时止水头部，回填基槽保护沉管，铺设隧道内部设施，从而形成一个完整的水下通道。

沉管隧道对地基要求较低，特别适用于软土地基、河床或海岸较浅，易于水上疏浚设施进行基槽开挖。由于其埋深小，包括连接段在内的隧道线路总长较采用暗挖法和盾构法修建的隧道明显缩短。沉管断面形状可圆可方，选择灵活。基槽开挖、管段预制、浮运沉放和内部铺装等各工序可平行作业，彼此干扰相对较少，并且管段预制质量容易控制。基于上述优点，在大江、大河及海洋等宽阔水域下构筑隧道，沉管法为最经济的水下穿越方案。

按照管身材料，沉管隧道可分为两类：钢壳沉管隧道（又可分为单层钢壳隧道和双层钢壳隧道）和钢筋混凝土沉管隧道。钢壳沉管隧道在北美采用的较多，而钢筋混凝土沉管隧道则在欧亚采用较多。

沉管隧道施工主要工序：管节预制→基槽开挖→管段浮运和沉放→对接作业→内部装饰。

纵观国内外，沉管隧道的管节均采用预制的方法，而巨型沉管预制最基本的前提就是需要合适的预制场所。由于管节的体积非常庞大，除少数较小的沉管在半潜驳船上预制外，绝大多数是在船坞（干坞）或船台进行预制再灌水起浮的，如韩国釜山隧道、土耳其博斯普鲁斯海峡沉管隧道，以及广州洲头咀过江隧道等。

1. 干坞修筑和管道制作

修建沉管水下隧道时，应先修筑专门的预制管段的场地，既能分节预制管段，又能在管段制成后灌水将其浮起，这个场地称为干坞。干坞一般由坞墙、坞底、坞首及坞门、排水系统、车道组成。干坞施工一般采用"干法"进行。

混凝土管段灌注需保证管段混凝土的匀质性和水密性。管段的防水措施有三种：结构物自身防水、结构物外侧防水和施工接缝防水。

2. 沉埋管段施工步骤

1）基槽开挖

基槽底宽一般比管段底宽大4～10m（即每边宽2～5m）；基槽深度＝管顶覆土厚度＋管段高度＋基础处理超挖深度。

开挖工作分两个阶段：粗挖与精挖。粗挖一般挖到离管底标高约1m处。精挖长度只需超前2～3节管段长度，应在临近管段沉放前再挖。挖到基槽底部标高后，应将槽底浮土与淤碴清掉。一般可用吸泥船疏浚，自航泥驳运泥。土层坚硬、水深超过20～25m时，可用抓斗挖泥船配小型吸泥船清槽与水下爆破，炮孔一般超深0.5m。粗挖也可用链斗式挖泥船，硬质土层可采用单斗挖泥船。

2）航道疏浚

航道的疏浚包括临时航道疏浚和管段浮运巷道的疏浚。临时航道疏浚要在基槽开挖以前完成，保证施工期间河道上航运安全。管段浮运巷道的疏浚是专门为管段从干坞到隧址浮运式设置的。管段出坞托运之前，浮运航道要疏浚好，浮运沿着河道的深槽，尽量减少疏浚河道的挖泥工作量。要有足够的水深，并根据河床地质情况考虑一定的富余水深（0.5m 左右），管段在低水位时也能安全托运。

　3) 管段的浮运和沉放

　管段的出坞是先在干坞内放水将管段浮起，然后再将其牵引出坞。出坞后的管段要向隧址浮运，当水面较宽、托运距离较长时，采用拖轮托运；当水面较窄时，可采用岸上设置绞车托运。管段的沉放方法一般有两种，一种是吊沉法，一种是拉沉法。采用吊沉法的较多。

　4) 管段的水下连接

　管段水下连接的施工方法有两种：一种是水下混凝土连接法，一种是水力压接法。

　采用水下混凝土连接法时接头两侧管段的端部安设平堰板（与管段同时制作），待管段沉放完后，在前后两块平堰板左右两侧水中安防圆弧形堰板，围成一个圆形钢围堰，同时在隧道衬砌的外边，用钢围堰把隧道内外隔开，最后往围堰内灌注水下混凝土，形成管段的连接。

　水力压接法就是利用作用在管段上的巨大水压力，使安装在管段前端面周边上的一圈胶垫发生压缩变形，形成一个水密封性相当可靠的管段接头。

　5) 基础处理

　在管段沉放之前，如基槽开挖不平整，会引起地基不均匀沉降，使沉管结构受到较大的局部应力而开裂。为使管段底面与地基之间的空隙充填密实，沉管隧道的基础处理需垫平基槽底部，方法主要有刮铺法（图 2-14）、喷砂法（图 2-15）、压注法和桩基法。

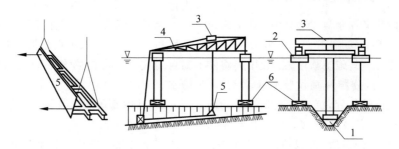

图 2-14　刮铺法

1—砂石垫层；2—驳船组；3—车架；4—桁架及轨道；5—刮板；6—锚块

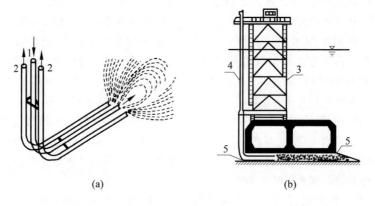

(a)　　　　　　　　　　　　　　　(b)

图 2-15　喷砂法

1—喷砂管；2—回吸管；3—喷砂台支架；4—喷管及吸管；5—临时支架

6) 覆土回填

回填工作是沉管隧道施工的最终工序,包括沉管侧面回填与管顶压石回填。沉管外侧下半段一般采用砂砾、碎石、矿碴等材料回填,上半段则可用普通土砂回填。

7) 沉埋管段法施工实例

港珠澳大桥工程于 2009 年 12 月 15 日开工,总投资超 700 亿元人民币,设计使用寿命 120 年,于 2016 年完成。大桥主体工程采用双向 6 车道的桥隧结合方案,全长约 29.6km,海底隧道长约 6km。大桥工程包括三项:海中桥隧工程;香港、珠海和澳门三地口岸;香港、珠海、澳门三地连接线。全长 55km 的港珠澳大桥是已建成的世界上最长的跨海大桥,该桥验收通车之后,从香港到珠江西岸的车程将从 3h 缩短至 0.5h,该桥主体工程包括桥、岛和总长 5664m 的海底沉管隧道,其中海底沉管隧道由 33 节巨型沉管对接而成。港珠澳大桥海底隧道整体呈 W 形,每节标准沉管长 180m,重约 80000t,最大沉放深度超过 45m,这是目前世界上综合难度最大的沉管隧道工程之一,其沉管隧道断面如图 2-16 所示。

图 2-16　港珠澳大桥沉管隧道横断面

2.2.8　顶管法

顶管法是一种不开挖或者少开挖的管道埋设施工技术。这种方法就是在工作坑内借助于顶进设备产生的顶力,克服管道与周围土壤的摩擦力,将管道按设计的坡度顶入土中,并将土方运走。一节管子完成顶入土层之后,再下第二节管子继续顶进。其原理是借助于主顶液压缸及管道间、中继间等推力,把工具管或掘进机从工作坑内穿过土层一直推进到接收坑内吊起。与此同时,也就把紧随工具管或掘进机后的管道埋设在两井之间,从而实现非开挖铺设地下管道。

顶管法施工是继盾构法施工之后发展起来的一种地下管道施工方法,它不需要开挖面层,并且能够穿越公路、铁道、河川、地面建筑物、地下构筑物以及各种地下管线等。

在顶管法施工中最为流行的有三种平衡理论:气压平衡理论、泥水平衡理论和土压平衡理论。

顶管法施工最突出的特点就是适应性问题。针对不同的地质情况、施工条件和设计要求,选用与之适应的顶管施工方式。如何正确地选择顶管机和配套辅助设备,对于顶管施工来说是非常关键的。

北京地铁 4 号线宣武门站与既有环线宣武门站呈十字交叉,车站施工中,在车站 K7+828.65~K7+856.05(长 27.4m)范围内,车站单层断面结构从环线地铁车站的下方穿过,环线车站结构底板与车站拱顶之间净距离为 1.9m。既有车站有 1 条变形缝位于双洞之间土体中央上方,土体宽 4.1m,变形缝处如产生较大的不均匀沉降,将危及行车安全。同时,既有车站结构及无缝钢轨的变形限制非常严格(结构变形≤30mm,轨距增宽≤6mm,轨距减窄≤2mm,单线两轨高差≤4mm)。在施工过程中以及施工完成后,保证既有结构的变形控制在限制标准内,保证既有线的正常行车,是本工程的难点。

管幕泥水平衡顶管施工技术是在始发井与接收井之间,利用小型顶管机顶进钢管到土体中,各单管间依靠锁口在钢管侧面相接形成管排,并在锁口空隙注入止水剂以达到止水要求,形成超前支护,然后再采用开挖方案或箱涵顶进方案进行地下构筑物施工的一种新型暗挖法施工技术。北京地铁4号线的施工,为管幕泥水平衡顶管施工技术在北京地区的应用提供借鉴。

2.2.9　隧道掘进机施工法

随着掘进机技术的迅速发展和机械性能的日益完善,隧道掘进机施工得到了很快发展。掘进机施工有着钻爆法施工不可比拟的优点。在欧美国家,由于劳动力昂贵,掘进机施工已成为施工方案比选时必须考虑的一种方案。大型隧道如英法海峡铁路三座平行的长约50km的隧道,用掘进机施工方法,使用了11台掘进机,用三年多时间修建完成。1997年4月,长度19km的瑞士费尔艾那隧道,约9.5km用掘进机施工贯通。瑞士建设的穿越阿尔卑斯山的新圣哥达(Gotthard)铁路隧道,长约57km,也采用掘进机施工。在美国,芝加哥 TARP 工程是一项庞大的污水排放和引水地下工程,有排水隧道约40km,全部采用掘进机施工。在中国,铁路隧道采用掘进机施工始于20世纪70年代,但由于机械性能较差,得不到发展。改革开放以来,在一些水利工程上引入了外商承包,他们采用了掘进机施工,如意大利 CMC 公司曾在甘肃引水入秦工程和山西万家寨引水工程中用掘进机施工引水隧道,获得成功。1997年底,我国西安至安康铁路秦岭特长隧道首次引入德国 WIPTH 公司 TB880E 型隧道掘进机。该铁路隧道长 18.5km,开挖直径8.8m,已于2000年初贯通。近几年随着科技发展的步伐加快,我国隧道掘进机技术不断发展完善,高速铁路公路隧道和城市地下工程施工中,采用各类隧道掘进机法施工将成为主流。

采用全断面隧道掘进机进行施工,其主要优势在于施工过程的安全性、高效性、舒适性。要达到上述目的,均要依靠掘进设备运行的高可靠性和较长的无故障工作时间来保证,靠设备的技术性能、产品质量、合理技术匹配来实现。目前广泛使用的隧道全断面施工方法有全断面隧道掘进机施工法、传统的钻爆法(又称为矿山法)和二者的有机结合(混合法)施工法3种。不同类别的全断面隧道掘进机的不同适用条件见表2-2。

表 2-2　全断面隧道掘进机的类别及适用地质条件

全断面隧道掘进机类型			适用地质条件
全断面岩石掘进机	敞开式全断面岩石掘进机		围岩的整体稳定性较好
	护盾式全断面隧道掘进机		整体稳定至破碎性围岩
	其他类型全断面岩石掘进机		—
盾构机	泥水加压式盾构		滞水砂层、河海底部等特殊的超软弱地层,承压水强度高的淤泥层、松散砂层,各种软土地层
	土压平衡式盾构	改良型土压平衡式盾构	地下压力很高、黏土含量低的砂土或砂砾石地层
		普通型土压平衡式盾构	淤泥层、砂层、黏土成分含量高的岩质,中、微风化的岩层
		有限范围气压式盾构	较少使用
混合式盾构机	多种组合,如土压平衡式盾构/敞开式盾构、泥水加压式盾构/敞开式盾构、土压平衡式盾构/泥水加压式盾构/敞开式盾构等		土、砂卵石、岩石等互层的混合类地层

2.2.10 全断面法(钻爆法)

全断面隧道施工方法是利用钻眼爆破法或全断面掘进机施工法,在整个设计断面上一次向前挖掘推进的施工方法。

按照隧道设计轮廓线一次爆破成形的施工方法叫全断面法。采用爆破法时,是在工作面的全部垂直面上打眼,然后同时爆破,使整个工作面推进一个进尺。从各种地下工程采用钻爆法的发展趋势看,全断面施工将是优先被考虑的施工方法。

1. 全断面法的施工顺序

(1) 用钻孔台车钻眼,然后装药、连接导火线;

(2) 退出钻孔台车,引爆炸药,开挖出整个隧道断面;

(3) 排除危石,安设拱部锚杆和喷第一层混凝土;

(4) 用装碴机将石碴装入矿车,运出洞外;

(5) 安设边墙锚杆和喷射混凝土;

(6) 必要时可喷拱部第二层混凝土和隧道底部混凝土;

(7) 开始下一轮循环;

(8) 在初次支护变形稳定后或按施工组织中规定日期,灌注内层衬砌。

采用全断面法施工时,可用钻孔台车钻孔,一次爆破成洞,通风排烟后,用大型装岩机及配套的运载车辆将矸石运出。矿山巷道断面较小,一般先登矸进行拱部锚喷支护,矸石出完后再进行墙部支护。隧道断面大,通常需进行两次支护,初次支护用钢拱架及锚喷,故多先墙后拱进行支护;二次支护一般配备有活动模板及衬砌台车灌筑且在后期进行。当采用锚喷支护时,一般由台车同时钻出锚杆孔。

2. 全断面法优缺点

(1) 优点:可最大限度地利用洞内作业空间,工作面宽敞,能使用大型高效设备,加快施工进度;断面一次挖成,施工组织与管理比较简单;能较好地发挥深孔爆破的优越性;通风、运输、排水等辅助工作及各种管线铺设工作均较便利。

(2) 缺点:大断面隧道施工时要使用笨重而昂贵的钻架;一次投资大;由于使用了大型机械,需要有相应的施工便道、组装场地、检修设备以及能源等;隧道较长、地质情况多变必须改换其他施工方法时需要较多时间;多台钻机同时工作时的噪声极大。

(3) 主要应用领域:该法主要用于围岩稳定、坚硬、完整、开挖后不需临时支护的Ⅰ、Ⅱ类围岩的石质巷(隧)道,以及高度不超过5m、断面面积不超过30m^{2}的中小型断面巷道。但近几年来,随着大型施工设备的不断出现以及施工机械化程度和施工技术的不断提高,全断面一次施工的隧道越来越多。其运输方式可采用有轨运输、无轨运输和混合运输三种。

3. 隧道全断面施工方法的影响因素

隧道施工方法钻爆法和掘进机法的选择主要考虑两个因素——施工速度和施工成本。影响这两个因素的主要条件是隧道所处环境、隧道穿越地层的地质特点、隧道的几何形状和尺寸及隧道施工的综合技术力量等。

1) 隧道所处环境的影响

隧道的设计及施工必须考虑隧道所处的环境,如城市地下隧道、河海地下隧道等的建设不宜采用钻爆法施工。以前由于受施工技术、施工手段等的限制,处在这样环境下的隧道建设受到较大影响。随着盾构技术的发展和进步,在这样环境下的隧道施工技术得到了极大提高。北京、上海和广州等地的隧道建设中广泛应用盾构技术就是很好的说明。

2) 隧道穿越地层的地质特点的影响

隧道所穿越地层的地质特点对全断面隧道掘进机的施工有着直接的影响,见表2-2。对于岩石地层,有时既可以采用钻爆法施工,也可以采用全断面岩石掘进机施工,对于这种情况,一般考虑下列因素。

(1) 全断面岩石掘进机施工的隧道一般为圆形,开挖直径在5~7m为最好,掘进长度为开挖直径的600~800倍以上为最经济(成洞成本可望低于钻爆法施工的成洞成本),围岩单轴抗压强度为50~100MPa为最宜(可充分发挥TBM的施工速度)。一般情况下,采用钻爆法施工的准备时间为 100 天左右,而采用 TBM 施工的准备时间约为 300 天。

(2)如果隧道穿越的地层中含有较多的断层破碎带、暗河、涌水、岩爆等,采用全断面岩石掘进机施工要经常停机来处理这些不利地层,必将严重影响其施工进度,则不宜采用全断面岩石掘进机施工。

3)隧道几何形状和尺寸的影响

引输水隧道多为圆形断面,当尺寸适中、其他条件许可时,可直接采用全断面隧道掘进机施工;当断面尺寸较大时,也可以考虑二次成洞,即先用一台直径较小的全断面隧道掘进机开挖导洞,然后再用扩孔机扩大到所需要的尺寸。

对于铁路公路用隧道,由于多为马蹄形或城门洞形,若采用一台大直径的全断面隧道掘进机施工,会存在较大超挖量,如图 2-17 所示。

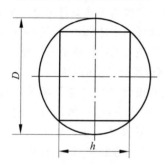

图 2-17 大直径隧道掘进机开挖面积与
实际使用面积对比示意图

若设超挖量为 ε,则

$$\varepsilon = \frac{S_{成洞} - S_{使用}}{S_{使用}} = \frac{S_{成洞}}{S_{使用}} - 1 \quad (2-1)$$

式中,$S_{成洞}$——隧道掘进机实际开挖面积,m^2;
$S_{使用}$——实际使用面积,m^2。

采用全断面岩石掘进机一次成洞的最小超挖量远超过采用钻爆法的超挖量(钻爆法的超挖量约为 20%)。因此,在一些国家的公路铁路隧道施工中,常采用混合法施工,即先用一台直径较小的全断面隧道掘进机开挖一个导洞,再用钻爆法扩挖成洞。使用这种方法可以有多种形式,如单导洞法(图 2-18)、双导洞法(图 2-19)等。

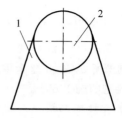

图 2-18 混合施工法——单导洞法
1—钻爆法开挖区;2—掘进机开挖的单导洞

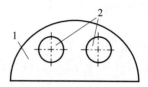

图 2-19 混合法施工——双导洞法
1—钻爆法开挖区;2—掘进机开挖的双导洞

采用混合法施工,由于先开挖一个导洞,因此具有以下优点:

(1)实时获取地质资料,便于制订相关计划;

(2)可节约约 35% 的爆破费用;

(3)降低爆破对地质地层的扰动;

(4)减少通风量,降低风险。

在隧道的全断面施工方法中,由于全断面隧道掘进机施工与钻爆法施工相比各有优缺点。因此,在施工环境允许的情况下,两者将长期并存。

4)综合技术力量的影响

隧道施工的综合技术力量包括隧道施工的主体设备以及使用这些主体设备的施工队伍的综合素质等。在中国,由于全断面岩石掘进机生产制造技术尚不过关,加上全断面岩石掘进机又属高科技产品,国内尚缺乏熟练的、成熟的施工队伍,因此,国内岩石隧道的全断面开挖还基本上采用传统的钻爆法。

20 世纪末到 21 世纪初,由于我国基础建设规模的扩大,特别是地下工程建设的需求量增大,从国外引进了一些全断面隧道掘进机,从而使我国的隧道施工水平得到了较快的发展。在不久的将来,这一领域的施工水平也一定能赶上国际先进水平。

据了解,在国外的隧道施工中,根据隧道穿越地质和隧道自身的几何条件,业主都希望设计方和施工方能较好配合,选择较好的施工方案。由于隧道所处环境、隧道穿越地层的地质特点、隧道的几何形状和尺寸、隧道施工的综合技术力量等都是影响隧道施工方案的重要因素,希望我国从事地下开挖的技术人员对此进行广泛的深入研究,提高隧道施工水平。

2.3　隧道全断面开挖法施工工艺

全断面开挖法(full face excavation method)就是按照设计轮廓一次爆破成形,然后修建衬砌的施工方法。这种方法是先将洞室一次开挖成形,然后再衬砌。在围岩很稳定、无塌方掉块危险或断面尺寸较小时,适合全断面开挖。全断面开挖法又称全断面掘进法,按巷(隧)道设计开挖断面,一次开挖到位的施工方法。其开挖方式是前述多种隧道施工工法的综合运用,主要有三种:即新奥地利全断面开挖法、护板全断面开挖法和掘进机护板全断面开挖法。

全断面开挖法的优点是施工场地开阔、出碴方便、掘进速度快。全断面开挖又可分为全断面一次掘进法和导洞全断面开挖法两种。

施工顺序:全断面开挖法施工操作比较简单,主要工序为使用移动式钻孔台车,全断面一次钻孔,并进行装药连线;然后将钻孔台车后退到50m以外的安全地点,再起爆;一次爆破成形,出碴后钻孔台车再推移至开挖面就位,开始下一个钻爆作业循环。同时,施作初期支护,铺设防水隔离层(或不铺设),进行二次筑模衬砌。该流程突出两点:增加机械手进行复喷作业,先初喷后复喷,以利于稳定地层和加快施工进度;铺底混凝土必须提前施作,且滞后不超过200m。当地层岩质较差时铺底应紧跟施作,这是确保施工安全和质量的重要做法。

适用条件:①Ⅰ~Ⅳ级围岩,在用于Ⅳ级围岩时,围岩应具备从全断面开挖到初期支护前这段时间内,保持其自身稳定的条件。②有钻孔台车或自制作业台架及高效率装运机械设备。③隧道长度或施工区段长度不宜太短,根据经验一般不应小于1km,否则采用大型机械化施工经济性较差。

长期实践中各施工单位都在传统隧道工法上有所更新,使传统工法更切合实际,下面介绍几种全断面开挖法常用且有效的施工工艺。

2.3.1　全断面开挖法施工工艺

全断面开挖是一次开挖成形的施工工艺,其施工工艺循环作业必须根据隧道断面、围岩地质条件、机械设备能力、爆破振动限制、循环作业时间等情况合理确定。全断面法施工工艺流程如图2-20所示。

1. 工艺主要说明及要求

适用范围:铁路客运专线隧道的Ⅰ、Ⅱ级围岩地段,Ⅲ级围岩单线隧道,采取有效的预加固措施后的Ⅲ级围岩双线隧道。

作业内容:施工测量、多功能台架就位、钻孔、装药、起爆、通风、出碴、支护。

在Ⅱ级围岩地段采用多功能台架凿岩机钻孔,进行全断面开挖。用侧式装载机装碴,自卸汽车运输至弃碴场,锚杆台车进行全断面锚杆安装、钢筋网挂设和喷混凝土施工。钻爆采用光面爆破技术,喷混凝土采用湿喷技术。

测量放线:测放中线、水平、所有炮眼位置;

多功能台架就位钻孔爆破:多功能台架就位、全断面钻孔、装药、爆破;

排烟:爆破后,利用通风机排除炮烟;

出碴:用侧式装载机装碴,自卸汽车运输至弃碴场;

初期支护:采用混凝土湿喷机在素喷一层混凝土封闭围岩后,局部打设锚杆;

初期支护完毕,进入下一开挖循环。

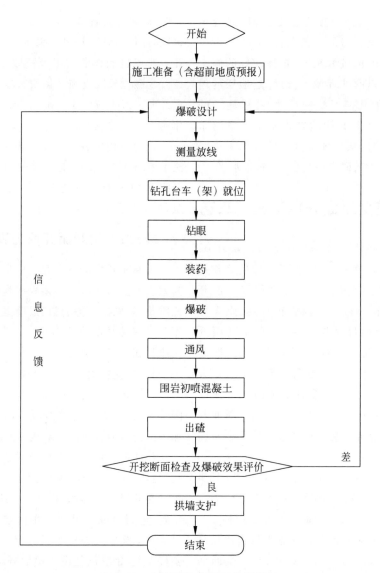

图 2-20 全断面法施工工艺流程图

2. 全断面开挖法优缺点

全断面开挖法优点：①工序少，开挖断面与作业空间大、相互干扰相对减少，便于施工组织管理。②全断面开挖有较大的作业空间，有利于采用大型配套机械化作业，减少人力，提高施工速度。③全断面一次成形，对围岩的扰动次数减少，对隧道的围岩稳定有利。

缺点：由于开挖面较大，围岩稳定性降低，且每个循环工作量较大。

3. 所采用的隧道机械

全断面开挖法三条主要作业线上都采用隧道机械化施工。

开挖作业线：钻孔台车、装药台车、装载机配合自卸汽车（无轨运输）、装碴机配合矿车及电瓶车或内燃机车（有轨运输）。

锚喷作业线：混凝土喷射机、混凝土喷射机械手、锚喷作业平台、进料运输设备及锚杆灌浆设备。

模筑衬砌作业线：混凝土拌合机具、混凝土输送车及输送泵、防水层作业平台、衬砌钢模台车。

2.3.2 台阶法施工工艺

台阶开挖是先开挖上半断面,待开挖至一定长度后同时开挖下半断面,上、下半断面同时并进的施工工艺,工艺流程图如图 2-21 所示。

1. 工艺主要说明及要求

台阶长度必须根据隧道断面跨度、围岩地质条件、初期支护形成闭合断面的时间要求、上部施工所需空间大小等因素来确定。

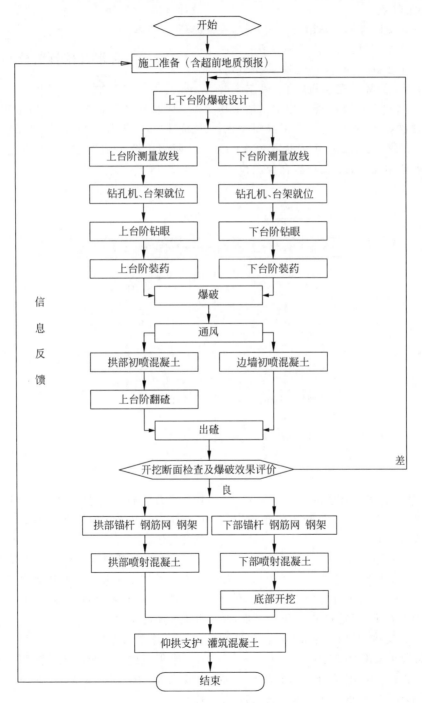

图 2-21　台阶法施工工艺流程图

适用范围：铁路客运单线，双线隧道Ⅲ、Ⅳ级围岩地段，采用了有效预加固措施后的Ⅴ级围岩隧道。

作业内容：施工测量、多功能台架就位、钻孔、装药、起爆、通风、出碴、支护。

2. 施工特点

在Ⅲ～Ⅳ级围岩地段采用台阶法开挖，在每一开挖循环中，利用风动凿岩机钻孔；出碴时，用挖装机装碴，自卸汽车运输至弃碴场；上、下台阶均采用风动凿岩机钻孔，人工安装锚杆及钢筋网挂设和喷混凝土施工。钻爆均采用光面爆破技术，喷混凝土采用湿喷技术。测量放线：测放中线、水平、所有炮眼位置；多功能台架就位钻孔爆破：多功能台架就位、上

下断面钻孔、装药、爆破；排烟：爆破后，利用通风机排除炮烟；出碴：采用挖装机装碴，自卸汽车运输至弃碴场；初期支护：利用混凝土湿喷机在初喷一层混凝土封闭围岩后，相继施工上下部锚杆、挂网和喷混凝土作业，达到设计要求；初期支护完毕，进入下一开挖循环。

2.3.3 环形开挖预留核心土法施工工艺

环形开挖预留核心土法是先开挖上部导坑成环形，并进行支护，再分部开挖中部核心土、两侧边墙的施工方法。其工艺流程图如图2-22所示。

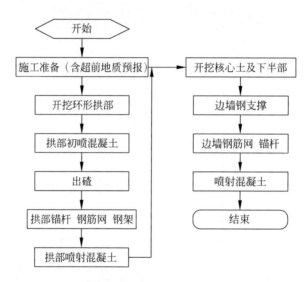

图2-22 环形开挖预留核心土法施工工艺流程图

1. 工艺主要说明及要求

适用范围：常适用于Ⅵ级围岩单线，Ⅵ、Ⅴ级围岩双线隧道。

在Ⅴ级围岩地段曾采用此方法开挖，在每一开挖循环中，人工结合挖掘机开挖环形拱部，架立钢支撑，挂钢筋网，喷射混凝土。在拱部初期支护保护下，开挖核心土和下半部，随即接长边墙钢支撑，挂网喷射混凝土，并进行封底。喷混凝土采用湿喷技术。

初期支护完毕后，进入下一开挖循环。环形开挖每循环开挖长度宜为0.5～1.0m。开

挖后应及时施作喷锚支护、安设钢架支撑，每两榀钢架间宜采用连接钢筋连接，并应加锁脚锚杆。

采用环形开挖预留核心土法开挖时，核心土面积不应小于整个开挖断面的50%；当围岩条件较差、自稳时间较短时，开挖前应在拱部设计超前支护。

2. 施工特点

环形开挖预留核心土法施工开挖工作面稳定性好，施工较安全；但施工干扰大，工效低。

2.3.4　双侧壁导坑法施工工艺

双侧壁导坑法是先开挖隧道两侧的导坑并进行初期支护,再分部开挖剩余部分的施工工艺,其工艺流程图如图 2-23 所示。

1. 工艺主要说明及要求

适用范围:V 级围岩深埋段、Ⅳ 级围岩浅埋段和不良地质洞口工程的双线隧道。

施工时,先开挖隧道两侧壁导坑,及时施作初期支护,再根据地质条件、断面大小,采用台阶法开挖隧道拱部及下台阶和仰拱;侧壁导坑形状应近于椭圆形断面,导坑断面宜为整个断面的 1/3,导坑跨度不应大于隧道宽度的 1/3;左右导坑施工时,前后错开距离不宜大于 15m;导坑与中间土体同时施工时,导坑应超前 30～50m;导坑开挖后应及时进行初期支护,并尽早封闭成环;初期支护完毕,进入下一开挖循环。

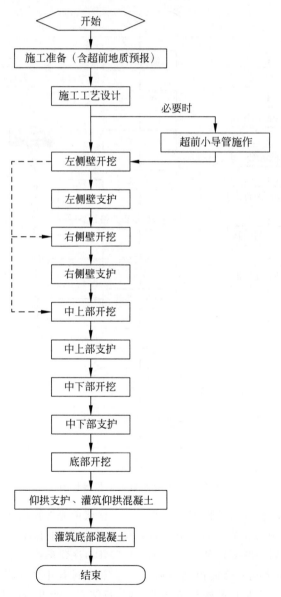

图 2-23　双侧壁导坑法施工工艺流程图

2. 施工特点

双侧壁导坑法具有控制地表沉陷好、施工安全等优点；但进度慢、成本高。因此，此方法较适用于断面跨度大、地表沉陷要求严格、围岩条件特别差的隧道。

2.3.5 超前大管棚施工工艺

大管棚是一种隧道的支护形式，指利用钢拱架沿开挖轮廓线以较小的外插角，向开挖面前方打入钢管构成的棚架来形成对开挖面前方围岩的预支护，其工艺流程图如图2-24所示。

1. 工艺主要说明及要求

超前大管棚采用水平地质钻机钻孔，钢管采用钻机推进器顶进，高压注浆泵注浆。导向钢管的安装要精确定位，使钢管位置与方向准确无误。导向钢管与钢架焊为整体，灌筑导向墙，导向墙完成后喷射混凝土封闭周围仰坡面，以防止浆液从周围仰坡渗漏。

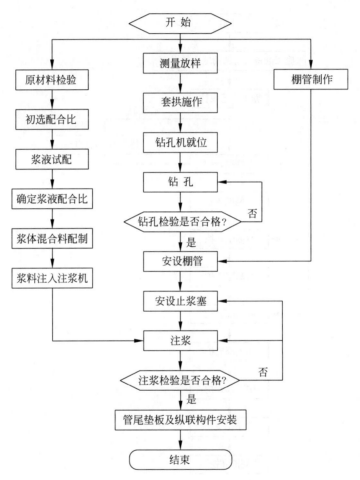

图 2-24 大管棚施工工艺流程图

管棚钢管由机械顶进，钢管节段间用丝扣连接，顶进时，采用6m和3m节长的管节交替使用，以保证隧道纵向同一断面内的接头数不大于50%，管壁上钻注浆孔。管棚顶到位后，钢管与导向管间隙用速凝水泥等材料堵塞严密，以防注浆时冒浆。

注浆前先将孔内泥砂清理干净，再进行注浆。浆液采用水泥砂浆，注浆压力0.5～1.5MPa，注浆参数根据现场试验予以调整。

施工过程中为了防止注浆过程中发生串浆，每钻完一个孔，随即安设该孔的钢管并注浆，然后再进行下一个孔的施工。管棚封堵塞设有进浆孔和排气孔,当排气孔流出浆液后,关闭排气孔,继续注浆,达到设计注浆量或注浆压力时,方可停止注浆。

管棚所用钢管的品种、规格及钢管中心间距和管棚的长度等必须符合设计要求。

2．施工特点

管棚整体刚度较大,对围岩变形的限制能力较强,且能提前承受早期围岩压力。短管棚一次超前量少,基本上与开挖作业交替进行,占用循环时间较多,但钻孔安装及顶入安装较

容易。长管棚一次超前量大,虽然增加了单次钻孔及打入长钢管的作业时间,但减少了安装钢管的次数,减少了与开挖作业之间的干扰。

2.3.6　超前小导管施工工艺

超前小导管是隧道施工的一种工艺方法,指在开挖前,沿开挖面的拱部外周插入直径为38～70mm的钢管,压注浆液,待浆液硬化后,拱部周围岩体就形成了有一定厚度的加固圈的超前支护。其施工工艺流程如图 2-25 所示。

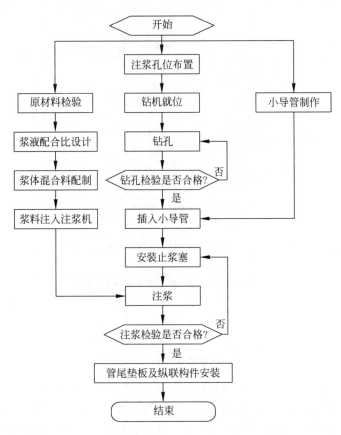

图 2-25　小导管施工工艺流程图

1．工艺主要说明及要求

小导管前端加工成尖锥状,管壁上出浆孔位置及大小按设计要求进行加工。按照设计要求在开挖面上准确画出本循环需设的小导管的位置。采用风钻进行钻孔,超前小导管外插角严格按照设计要求施作,尾部与钢架焊接在一起,超前小导管与线路中线方向大致平行。

钢管由专用顶头顶进,顶进钻孔长度不小于管长的 90%,钢管顶进时要注意保护管口不受损变形,以便与注浆管路连接。注浆前要先检查导管孔口是否达到密闭标准,以防漏浆。钢管尾端外露足够长度,并与钢支撑焊接在一起。

采用注浆机注浆,浆液根据设计要求进行

配制,注浆压力为 0.5～1.0MPa,按单管达到设计要求注浆量作为结束标准。注浆结束后将管口封堵,以防浆液倒流管外。

2.施工特点

浆液被压注到岩体裂隙中并硬化后,不仅会将岩块及颗粒胶结为整体起到了加固作用,而且填塞了裂隙,阻隔了地下水向坑道渗流的通道,起到了堵水作用。因此,超前小导管施工不仅适用于软弱破碎围岩,也适用于含水的软弱破碎围岩。

2.3.7　喷射混凝土施工工艺

喷射混凝土施工工艺流程如图 2-26 所示。喷射混凝土前要先处理危石,检查开挖断面净空尺寸,如有欠挖及时处理。在不良地质地段,要设专人观察围岩变化情况,当受喷面有涌水、淋水、集中出水点时,应先进行引排水处理。施工机具布置要在无危石的安全地带。喷射前应设置控制喷射混凝土厚度的标志;检查水、电、风管路,检查施工机械设备的运行情况。

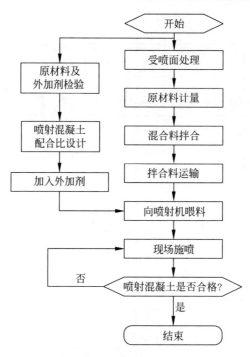

图 2-26　湿喷混凝土施工工艺流程图

喷射前先用高压水冲洗受喷面,当受喷面遇水易泥化时,应采用高压风吹净岩面。喷射混凝土所用的拌合料采用自动计量搅拌站严格按照施工配合比配料,搅拌时间不小于 2min。拌合料在运输过程中必须保持混凝土的均匀性,不漏浆、不失水、不分层、不离析。喷射前如果混凝土发生离析或坍落度过低,应进行二次拌制,二次拌制过程中可添加适量减水剂,严禁加水。

喷射作业分段、分片、分层,由下而上按顺序进行。有较大凹洼处,要先喷射填平。速凝剂要掺量准确、添加均匀。喷嘴与岩面要保持垂直,距受喷面 1.5～2.0m,垂直受喷面做反复缓慢的螺旋形运动,以保证混凝土喷射密实,开挖后及时初喷,出碴后及时复喷。

2.3.8　锚杆施工工艺

锚杆施工工艺流程如图 2-27 所示。在隧道施工过程中,设计拱部采用 ϕ25mm 反循环锚杆,边墙采用 ϕ22mm 砂浆锚杆。按照设计要求用红油漆在基岩面进行布孔。

开挖初喷后,利用人工手持风钻在简易台架上进行钻孔,钻孔结束后开始安装锚杆,杆体插入锚杆孔时注意保持位置居中,锚杆杆体

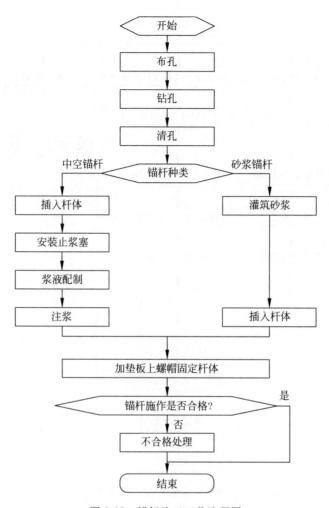

图 2-27　锚杆施工工艺流程图

露出岩面长度不能大于喷层厚度。有水地段要先引出孔内的水或在附近另行钻孔再安装锚杆。

用注浆机向锚杆孔内注浆。砂浆要饱满密实并添加适量的膨胀剂。锚杆垫板与孔口混凝土要紧密贴合。要随时检查锚杆头的变形情况,垫板螺帽要紧固。待注浆完毕后,复喷混凝土至设计厚度。

2.3.9　钢架(加钢筋网)支护施工工艺

钢架(加钢筋网)支护施工工艺流程如图 2-28 所示。

适用范围:在双线或单线隧道Ⅳ、Ⅴ级围岩较差地段,在喷锚支护基础上采用格栅钢架或型钢钢架(加钢筋网)支护措施。

作业内容:钢架和钢筋网的加工、运输和架设,喷射混凝土。钢架和钢筋网均在钢筋加工厂集中加工,在加工过程中必须严格按设计要求制作,做好样台、放线、复核并标上号码标记,确保制作精度。钢架加工完毕后应进行试拼,试拼合格后用运输汽车运至施工现场。钢筋网与钢架连接牢固,喷射混凝土时钢筋网不得晃动,钢筋网之间搭接应牢固,且搭接长度不小于1~2个网格。

钢架安设应在开挖后尽快完成。架立拱架时要先准确测量出中线、水平点及里程,保证拱架安装的精度符合设计开挖轮廓的要求。

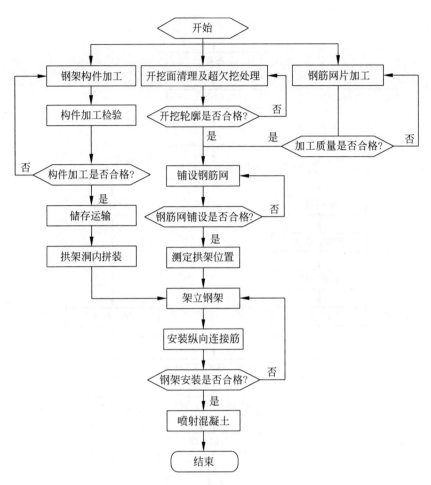

图 2-28　钢架(加钢筋网)支护施工工艺流程图

拱架应安放在坚实的基底上,如基底较软,应采取措施予以加固。各节钢架间以螺栓连接,连接板应密贴。沿钢架外缘每隔 2m 应用钢楔或混凝土预制块顶紧。钢架间距、横向位置和高度与设计要求位置的偏差不得超过规范要求。钢架拱脚架设直径为 22mm 的锁脚锚杆,锚杆长度不小于 3.5m,数量为 2~4 根。下半部开挖后应及时架立钢架与上半部钢架连接,封闭成环。钢架与初喷层的间隙应采用同级混凝土喷射密实。钢架与径向锚杆、钢筋网及连接筋应焊接成整体,以增强其联合支护的效应,钢架保护层厚度不得小于 4cm。

2.3.10　帷幕注浆施工工艺

为了加固地层及保护地下水资源,在围岩破碎、富水、易坍塌地段以及可能引起地表浅层地下水位严重下降地段,需采用帷幕注浆加固止水。帷幕注浆的基本方法是在预计的开挖松弛范围内形成一个止水环。其工艺流程如图 2-29 所示。

1. 工艺主要说明及要求

注浆材料主要依据地质条件和注浆目的进行选择,一般优先采用水泥浆液,必要时采用水泥、水玻璃双液浆。为改善水泥浆的性能,在注浆时可掺入适量的外加剂,如速凝剂、早强剂、悬浮材料等。

注浆方式采用分段前进式。为防止未注浆段地下水涌向工作面及注浆时跑浆,注浆起始处掌子面应喷射混凝土,做成止水浆墙,厚度不小于 20cm,每个注浆段中止处均应保证有不小于 3m 的止水盘(第一环节注浆止水盘长度不小于 5m)。

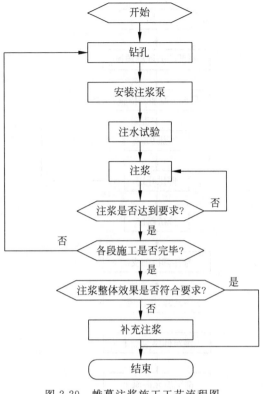

图 2-29　帷幕注浆施工工艺流程图

注浆量的大小根据不同地层按下式计算：

$$Q = An\alpha(1 + \beta) \qquad (2-2)$$

式中，Q——总注浆量，m^3；

A——注浆范围岩层体积，m^3。

$n\alpha(1 + \beta)$——填充率，不同岩层填充率见表 2-3。

表 2-3　岩层填充率

项　　目	地质条件	填充率/%
土质地层	黏土质地层	20～40
	砂质地层	40～60
	砂砾质地层	约 60
岩石地层	一般破碎岩层	1～2
	断层破碎带	5
	火成岩类	≤1

2．施工注意事项

待每个环节注浆完毕后，可钻 2～3 个检查孔检查注浆效果，如未达到预期效果，应以小导管压注一定比例的水泥浆、水玻璃浆补充注浆，小导管可采用 $\phi 42mm$ 的热轧钢管，壁厚

3.5mm。

所有注浆参数，包括注浆范围、浆液配比、胶凝时间、注浆孔数、注浆孔位、注浆顺序、注浆压力等均应通过试验进行必要调整，以便符合现场情况，达到预期压注效果。

施工中应根据地质情况对单孔注浆浆液扩散半径进行调整，在洞内施工时要注意施工安全，注浆的同时防止对环境造成污染。

2.3.11　隧道二次衬砌防排水施工工艺

隧道工程要求结构具有良好的防水、排水性能。施工中应采取防水、排水措施，创造良好的施工环境。其施工工艺流程如图 2-30 所示。

2.3.12　仰拱及仰拱填充施工工艺

本工艺适用于隧道工程仰拱先行法施工，施工工艺流程如图 2-31 所示。

作业内容：基底地质勘察及承载力试验，基底预加固，仰拱开挖，安放栈桥，隧底清理，立模，仰拱及填充混凝土浇筑。

基底超前预报：对地质有疑问或地质变化反复无常时，基底开挖前应进行勘探和承载力试验，确认底部没有空腔、溶洞、溶槽，确认基底承载力符合设计要求。

基底超前预加固：当承载力不能满足设计要求或底部有空腔、溶洞、溶槽时，应在仰拱开挖前或下道开挖面开挖前先进行基底超前预加固，然后再开挖仰拱部分，以确保安全和避免超挖。

仰拱超前拱墙衬砌的距离宜保持 3～4 个二次衬砌循环作业长度。仰拱开挖后不得暴露过久，应立即进行仰拱初期支护及仰拱二次衬砌施工。仰拱和填充应分开灌筑，仰拱施工缝和变形缝应作防水处理。填充混凝土强度达到 2.5MPa 后允许行人通行，填充混凝土强度达到设计强度的 75% 后允许车辆通行。

仰拱施工完成后，对于仍存在漏水的施工缝应进行开槽注浆处理，注浆完成后在施工缝

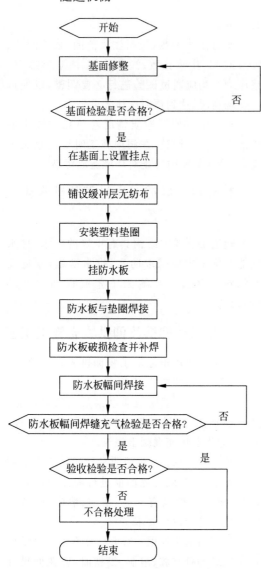

图 2-30　防水层防水施工工艺流程图

处安放遇水膨胀止水条,最后用混凝土封闭。在围岩变化处和软硬不均匀处,要按设计要求认真设置沉降缝,避免运营阶段出现不均匀沉降而导致结构混凝土开裂。

2.3.13　拱墙衬砌施工工艺

隧道拱墙衬砌施工工艺适用于铁路隧道二次混凝土施工,工序安排在灌筑仰拱混凝土和仰拱填充后,拱墙衬砌采用整体式衬砌台车衬砌。其施工工艺流程如图 2-32 所示。

1. 工艺主要说明及要求

一般情况下,二次衬砌应在围岩和初期支

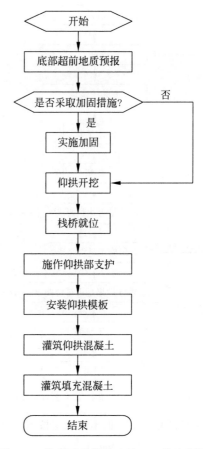

图 2-31　仰拱及仰拱填充施工工艺流程图

护变形基本稳定后施作。所谓变形基本稳定,是指隧道周边位移速度有明显减缓趋势,拱脚水平位移相对净空变化速度小于 0.2mm/d,拱顶相对下沉速度小于 0.15mm/d。但软弱围岩及断层破碎带处,由于其围岩自稳能力差,初期支护难以使其达到完全稳定,故根据支护情况及量测信息,为确保洞体稳定及施工安全,要及时进行二次衬砌,必要时紧跟开挖面。二次衬砌采用全断面法一次衬砌,使用专门定制的液压衬砌台车,自动计量配料系统配料,搅拌站进行拌合,运输采用专门的混凝土搅拌运输车,入模采用混凝土输送泵泵送。按封顶工艺施作,确保拱顶混凝土密实。在灌注前,应除去防水层表面灰粉并洒水润湿。灌注混凝土应振捣密实,防止收缩开裂,振捣时不应破坏防水层。二次衬砌填充注浆时要预留注浆孔。

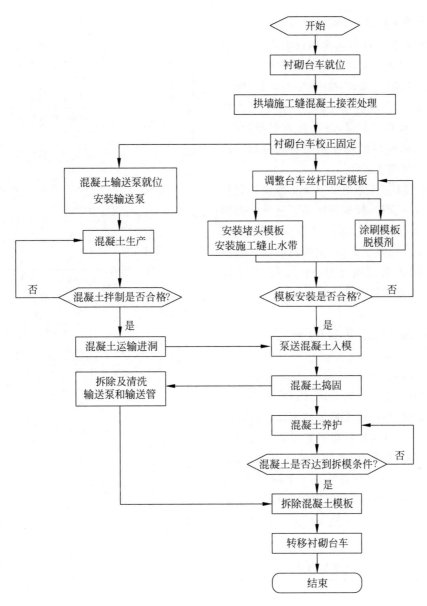

图 2-32　拱墙衬砌施工工艺流程图

混凝土的养护和拆模条件应符合下列要求：

（1）混凝土灌注后根据气候条件，12h 内即应进行养护，养护时间应满足混凝土强度要求；

（2）二次衬砌拆模时，混凝土强度应达到 2.5MPa。

2．施工步骤

（1）复检钢筋：台车就位前按照测放的隧道中线及标高对已安扎好的钢筋再次进行结构尺寸检查，检查钢筋位置是否正确，保护层能否满足要求，环向主筋内外面是否已安设混凝土保护层浆垫块，符合要求后衬砌台车就位。

（2）立模（台车就位）：根据放线位置移动台车就位，然后按要求检查台车位置、尺寸、方向、标高、坡度、稳定性，符合要求后安设好挡头模板、接头止水带及止水胶条和拱部注浆管，经监理工程师检验合格和签证后方可灌筑边拱混凝土。

（3）混凝土灌筑：灌筑边拱混凝土时应由下向上对称灌筑。拱部先采取退出式浇注，最后用压入式封顶。混凝土用附着式振捣器和插入式振捣器联合捣固，安排专人负责，保证混凝土内部密实，外部光滑。注意保护好预埋于混凝土内部的注浆管，防止其歪斜和倾倒，以确保二次衬砌后回填注浆能顺利进行。混凝土灌筑必须连续进行。

（4）拆模养护：当边拱混凝土强度达到规范要求时方可拆模，拆模时间不可过早。拆模后及时进行洒水养护，养护时间不少于 7 天。衬砌外观要目测平顺光滑，无蜂窝麻面。断面尺寸及中线、高程用钢尺配合经纬仪、水平仪测量，内轮廓必须符合设计要求。

2.4 隧道施工机械的分类

随着我国经济建设的发展，长短隧道不断增多，新的施工工艺不断出现，因此，必须选择符合工艺要求、加快施工进度的机械。但隧道施工场地狭窄，许多机械都在有限的空间内工作，工艺过程衔接紧密，机械之间相互制约，因此，选用的机械必须精炼。基于上述等原因，对隧道施工使用的机械，必须进行科学、细致地选型配套，以保证完成施工任务。隧道施工机械分类见表 2-4。

表 2-4 隧道施工机械分类

隧道开挖机械	风镐	
	风钻	
	液压凿岩机	手持式液压凿岩机
		支腿式液压凿岩机
		机载式液压凿岩机
	液压破碎锤	全液压式液压破碎锤
		氮爆式液压破碎锤
		液气联合式液压破碎锤
	液压凿岩台车	双臂隧道开挖凿岩台车
		深孔凿岩台车
		掘进凿岩台车
	悬臂式掘进机	
	水平定向钻机	

续表

隧道支护机械	混凝土喷射机	泵送型湿式混凝土喷射机
		气送型湿式混凝土喷射机
	喷浆机器人	
	锚杆台车	煤矿用锚杆台车
		液压锚杆台机
		锚杆凿岩台车
	衬砌台车	全液压衬砌台车
		网架式衬砌台车
		多功能组合式混凝土衬砌台车
隧道掘进机械	全断面岩石掘进机	敞开式 TBM	水平支撑型 TBM
			X 形支撑式 TBM
		护盾式 TBM	单护盾 TBM
			双护盾 TBM
			混合型盾构
	隧道盾构机	压气式盾构
		土压平衡式盾构
		加水土压盾构
		泥浆式盾构
		加泥式土压平衡盾构
	异形盾构	非圆断面	矩形盾构
			类矩形盾构
			马蹄形盾构
			椭圆盾构
			偏心盾构
		复圆断面	双圆盾构
			多圆盾构
	顶管机	泥水平衡式顶管机	不等边多边形偏心破碎顶管机
		土压平衡式顶管机	大刀盘土压平衡顶管机
			单刀盘土压平衡顶管机
		矩形顶管机	
		岩石顶管机	
其他机械及辅助机械		防水板铺设台车
	拱架安装设备	钢拱架安装机
		高空作业平台车
	隧道施工除尘设备	降尘喷雾炮
		多功能喷雾抑尘车
	井下作业车	巷道轮式重载液压动车组
	装碴运输机械	挖斗装碴机
		挖掘装载机
		扒碴机

参 考 文 献

[1] 杨华勇,龚国芳.盾构掘进机及其液压技术的应用[J].液压气动与密封,2004(1):27-29.

[2] 《中国公路学报》编辑部.中国隧道工程学术研究综述·2015[N].中国公路学报,2015,28(5):1-65.

[3] 程卫军.隧道工程机械的现状和发展趋势[J].科技与生活,2012(8):208-209.

[4] 胡国良,龚国芳,杨华勇,等.盾构掘进机推进液压系统压力流量复合控制分析[J].煤炭学报,2006,31(1):125-128.

[5] 洪开荣.我国隧道及地下工程发展现状与展望[J].隧道建设,2015,35(2):95-107.

[6] 习仲伟.我国交通隧道工程及施工技术进展[J].北京工业大学学报,2015,32(2):141-146.

[7] 王建宇.关于我国隧道工程的技术进步[J].中国铁道科学,2001,22(1):72-77.

[8] 胡国良,龚国芳,杨华勇.盾构掘进机土压平衡的实现[J].浙江大学学报:工学版,2006,40(5):874-877.

[9] 胡国良,龚国芳,杨华勇.基于压力流量复合控制的盾构推进液压系统[J].机械工程学报,2006,42(6):124-127.

[10] 李侃,杨国祥.上海城市外环线越江沉管隧道干坞方案论证//隧道和地下工程第10届科技动态报告会文集[C].成都:西南交通大学出版社,2000.

[11] 铁道部第二勘测设计院.铁路工程设计技术手册[M].北京:中国铁道出版社,1995.

[12] 王梦恕.中国隧道与地下工程修建技术[M].北京:人民交通出版社,2011.

[13] 贺长俊,蒋中庸,刘昌用,等.浅埋暗挖法隧道施工技术的发展[J].市政技术,2009,27(3):274-279.

[14] 李术才,刘斌,孙怀凤,等.隧道施工超前地质预报研究现状及发展趋势[N].岩石力学与工程学报,2014,33(6):1090-1113.

[15] 庄欠伟,龚国芳,杨华勇.盾构机推进系统分析[J].液压与气动,2004(4):11-13.

[16] 胡国良.盾构模拟试验平台电液控制系统关键技术研究[D].杭州:浙江大学,2006.

[17] 宋汉甫.浅埋暗挖洞桩法施工发展综述及探讨[J].中国水运,2008,8(8):221-223.

[18] 刘雪冬.炭质泥岩地层大变形偏压隧道施工技术[J].隧道建设,2015,35(S2):131-137.

[19] 郑久强,龚国芳,胡国良,等.盾构刀盘液压驱动系统[J].液压气动与密封,2005(4):31-32.

[20] 胡国良,龚国芳,杨华勇,等.盾构模拟试验平台液压推进系统设计[J].机床与液压,2005(2):92-94.

[21] 马辉,刘仁智,陈寿根,等.当前铁路隧道施工亟待解决的若干技术问题[J].现代隧道技术,2011(5):1-6.

[22] 邢彤,龚国芳,胡国良,等.盾构刀盘驱动液压系统设计[J].液压与气动,2005(4):22-24.

[23] 焦国良.天津地铁大断面隧道施工技术与支护措施研究[D].成都:成都理工大学,2012.

[24] 郑俊杰,包德勇,龚彦峰,等.铁路隧道下穿既有高速公路隧道施工控制技术研究[J].铁道工程学报,2006(8):80-85.

第2篇

非全断面隧道施工机械

非全断面隧道施工方法是指隧道的横断面不能一次成形的施工方法。该工法历史悠久、技术成熟，但施工中所需设备繁多，主要包括开挖设备和支护设备及相关的辅助机械。随着隧道种类的增加以及相应工法的创新，对施工设备的种类和性能指标要求越来越高，以满足不同隧道（洞）开挖和支护的工况需求。鉴于是隧道机械手册，所以对于隧道施工中曾经普遍采用的爆破法和气体膨胀法的相关材料和设备略去。本篇共包含两章：第3章隧道开挖设备具体讲述了风镐、风钻、液压凿岩机、液压破碎锤、液压凿岩台车、悬臂式掘进机或水平定向钻机等设备的概述、分类、典型机种的结构与工作原理、常用产品性能指标、选用原则、维护保养等方面的内容。第4章隧道支护设备主要介绍了国内外典型的产品，包括混凝土喷射机、喷浆机器人、锚杆台车、衬砌台车四大类隧道施工支护设备。根据隧道的类型和工法具体阐述了各类开挖设备和支护设备的简介、发展、类型以及典型产品和选用原则等。

第3章

隧道开挖设备

由于隧道的类型不同,使用的施工机械也不同,相互间的差异很大,有的隧道需要用专用的机械设备,有的隧道用一般土石方机械就可以施工。隧道施工机械至今已经经历了四代的发展:第一代钢钎、大锤;第二代手持凿岩机;第三代凿岩台车;第四代隧道掘进机。本章介绍几种使用比较广泛的隧道开挖设备。

3.1 风镐

3.1.1 概述

1. 定义

风镐是气动凿岩设备中的一种,是以压缩空气为动力,利用冲击作用破碎坚硬物体的手持施工机具,要求结构紧凑,携用轻便,如图 3-1 所示。

图 3-1 手持风镐

2. 功用

风镐主要用于破碎混凝土、破碎冻土、破冰;道路修整、刨坑、开沟;开采软岩石、采煤等。更换附件后可用于装卸履带销等需要进行冲击的施工作业。在同类产品中风镐更灵

活轻便,适用于全方位工作,尤其适合在狭小作业空间、向上或登高作业。

3. 发展历程及历史沿革

1829 年出现了多级空气压缩机,为气压传动的发展创造了条件。自 1844 年第一台气动凿岩机研制成功,并试用于隧道工程,至今已有 170 多年的历史。1871 年风镐开始用于采矿。气动凿岩机成为地下矿山主要的凿岩设备,目前我国大部分地下矿山一直在使用。虽然其在结构性能上不断改进,产品不断更新换代,凿岩速度不断提高,但始终被凿岩效率低,能量消耗大,噪声、粉尘污染严重等问题所困扰。在国外有些发达国家已不再使用气动凿岩设备,而改用液压凿岩设备。

4. 国内外概况

1) 国内概况

新中国成立前,除东北个别矿山使用过日本产手持式气动凿岩机外,所有采掘作业全部为人工铁锤、钢钎凿岩。新中国成立初,我国还不能轧制中空钎钢,钨储量虽然位于世界之首,但还不会用它来制作硬质合金和碳化钨钎头,矿山根本没有湿式凿岩,工人劳动条件恶劣。之后,中国共产党领导全国人民进行着广泛的经济建设,很快改变了这种落后状况。

1949 年,东北机械七厂首次仿制了日本的R-39 型气动凿岩机,标志着凿岩机械气动工具专业已经在我国开始萌芽。1950 年,我国已自行轧制出首批中空钎钢,同年又仿制了 887 台

日本 5-49 型气动凿岩机。1951 年,我国生产出了首批凿岩机用硬质合金钎头。1955 年 1 月 21 日,我国第一座生产凿岩机械与气动工具产品的专业生产厂——沈阳风动工具厂竣工验收并投产,当年产量达到了 21432 台/625t 产品,工业总产值达 650 万元。至 1960 年 10 月,我国已有 6 个凿岩机械与气动工具专业生产厂。1958 年,上海汛华机器厂(即现在上海风动工具厂)开始生产气铲、捣固机、凿岩机等产品;1959 年,洛阳风动工具厂建成并开始生产 G10 型气镐;同年南京战斗机械厂(即现在南京工程机械厂)也开始生产气动工具;同年,蚌埠风动工具厂、天津市风动工具厂也相继建成,生产气动工具和凿岩机;1960 年 10 月,在通化市汽车修配厂的基础上扩建成通化风动工具厂;1961 年 9 月 9 日,行业技术归口研究所——沈阳风动工具研究所(现天水凿岩机械气动工具研究所)成立。此时,凿岩机械气动工具行业在我国已经形成。

经过 1963 年开始的三年国民经济调整,在毛泽东同志"开发矿业""大打矿山之仗"的伟大号召鼓舞下,采矿行业得到了较快发展。到 1977 年又有 13 个专业生产厂相继成立,此时行业生产厂已有 20 家,行业工作逐年增多,标志着凿岩机械气动工具行业已经形成并有了较快发展。

截至 1999 年底,我国已有凿岩机械与气动工具专业、兼生产厂和相关科研单位与高等院校近百家,参加中国工程机械工业协会凿岩机械与气动工具分会的有 47 家。能够向国民经济各部门提供 2 大类、40 个小类、71 个系列、近 700 个品种规格的产品。产品的动力源已不再是行业初步形成期的气动一种,而是气动、液压、电动和内燃等多种,产品结构趋于合理,服务领域不断拓展,近 80% 的企业都能开发设计产品,产品制造工艺水平及产品实物质量和外观质量都有大幅度的提高,产品的适用性、可靠性和经济性也都有了明显的提高。30% 的企业具有较先进的产品出厂检验条件,其测试设备仪器和检测方法满足《凿岩机械与气动工具性能试验方法》(GB/T 5621—2008)标准的要求,其余企业的 93% 采用代用测试方法和测试设备仪器进行等效出厂检验,100% 的产品均有标准。产品的质量从几十克到十几吨甚至几十吨,不同功能、不同用途、不同结构、不同动力源、不同行走和操作方式,标准通用的和特殊专用的产品可大面积、多方位地满足国民经济建设的需要。

2) 国外概况

近 20 年来,风动凿岩机发展速度很快,从低频到高频,从手持到气腿,后又把单台和多台凿岩机放在台车上,效率显著提高。高频气腿凿岩机的钻进速度目前已达 600mm/min 以上。

瑞典 Atlas Copco 公司生产的凿岩机采用菱形截面的摇动阀配气,操作手柄集中控制。他们对消声减振问题比较重视,手柄上装有橡胶和塑料可防振,气缸装有特别消声器,据称,可达到 75% 的消声效果。采用铝镁合金的柄体和高级合金钢及青铜的元件,热处理和制造工艺水平较高,结构设计合理,故机器和零件寿命较长,振动、噪声较小,钻进速度高,工作平稳。在高频式凿岩机上采用来复棒与活塞合为一体的结构形式,并镀铬抛光。除此之外,结构上并没有特殊的改进和提高。

芬兰 Tempella 公司生产的凿岩机也具有独特风格,机器没有单独的配气阀,而是靠活塞配气,充分利用了压缩空气的膨胀功。已经完成凿岩机的减振消声研究试制工作,产品已投放市场。

日本凿岩机在 20 世纪 60 年代发展较快,几家公司同时生产。其特点是大部分属于中频的,冲击功较大,产品较先进。近年来在消声和减振上颇下功夫,结构和效率并无提高。

据 1970 年 9 月在瑞典召开的第五届凿岩技术会议报道,目前掘进钻眼有向小直径、低冲击能量,但冲击频率较高的高速轻便凿岩机发展的趋势。

为了改进凿岩机的结构,德国出现了两种趋向:一种是活塞质量和直径不变,增加活塞速度和冲击次数;另一种是活塞速度和冲击次数不变,增大活塞直径和质量。德国 Krupp 公司制造了一种冲击旋转式风动凿岩机,其活塞直径为170mm,冲程32mm,冲击次数5500次/min,压力7MPa。

目前,国外凿岩机制造厂商致力于冲击频率调节、自动控制和劳动者保护的研究。

3.1.2 风镐的分类

1. G10风镐

G10气镐是用压缩空气为动力的工具,压缩空气由管状分配阀轮流分配于缸体两端,使锤体进行反复冲击运动,冲击镐钎尾部,使镐钎打入岩石或矿层中,致使分裂成块。

G10风镐适用于截断层,打碎软矿石,开采黏土,摧毁坚固或冻结层,破冰及其他之用,如图3-2所示。

图3-2 G10风镐

2. G20风镐

G20风镐采用目前国际流行的压柄式启闭装置设计,整机具有质量轻、冲击功率大、结构简单、操作灵活、维护保养方便等特点。广泛适用于岩石破碎、路面破碎、房屋拆迁、市政建设等作业场合,是理想的气动工具,如图3-3所示。

图3-3 G20风镐

3. G90风镐

G90风镐属于重型气镐,采用独特的材质、特殊的工艺、标准的零部件,具有运行简单、功率大、效率高、操作简便、舒适等特点。在正确的润滑下每个风镐可直接用于生产,可保持连续作业。G90风镐适用于水泥、柏油、石子路面的作业与维修,如图3-4所示。常用G系列风镐参数见表3-1。

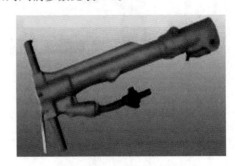

图3-4 G90风镐

表3-1 常用G系列风镐参数

型号	质量/kg	缸体直径/mm	锤体行程/mm	工作气压/MPa	耗气量/(L/s)	气管内径/mm
G7	7.2	35	120	0.63	20	19
G9	9.5	37	130	0.63	25	19
G10	10.6	38	155	0.63	20	19
G15	12	42	160	0.63	26.5	16
G20	20	40	170	0.63	27	19
G35	20	45	160	0.63	22.5	19
G90	42	67	148	0.63	41	19

3.1.3 风镐典型机种的结构与工作原理

下面以 G7 风镐为例,介绍风镐的结构和工作原理。

1. 结构

G7 风镐是采用日本最新技术开发的新产品,是以压缩空气为动力的破碎工具,是风镐的典型机种,具有结构合理、性能稳定、高效节能、快速轻便、持久耐用、返修率极低等特点。G7 风镐是市政工程、工矿企业、道路施工、采矿工程最理想的工具,图 3-5 中各序号对应的零件名称见表 3-2。

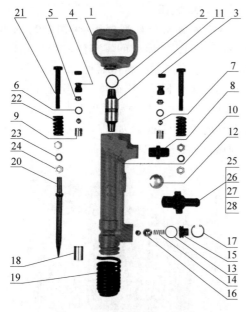

图 3-5　G7 风镐结构示意图

表 3-2　G7 风镐零件名称及数量

序号	零件名称	单台数量
1	柄体	1
2	O 形密封圈	1
3	弹性胶垫	2
4	导气套	2
5	阀盖	2
6	O 形密封圈	2
7	钢球	3
8	锥管接头	1
9	阀座	2

续表

序号	零件名称	单台数量
10	缸体	1
11	锤体	1
12	排气罩	1
13	O 形密封圈	1
14	阀门弹簧	1
15	盖	1
16	钢球	1
17	孔用弹性挡圈	1
18	衬套	1
19	头部弹簧	1
20	镐钎	1
21	螺栓	2
22	弹簧	2
23	弹簧垫圈	2
24	六角螺母	4
25	管接套	1
26	蝶型螺母	1
27	锥形胶管接头	1
28	喉箍	1

2. 工作原理

风镐由配气机构、冲击机构和镐钎等组成。冲击机构是一个厚壁气缸,内有一冲击锤可沿气缸内壁作往复运动。镐钎的尾部插入气缸的前端,气缸后端装有配气阀箱。

在气缸壁的四周有许多纵向气孔,压缩柱塞阀的弹簧而接通气路。这些气孔一端通配气阀,推压手柄套筒;另一端通入气缸。各气孔的长度根据冲击锤的运动要求配置,以便轮流进气或排气,柱塞阀在螺旋弹簧作用下处于切断气路的常闭状态,使冲击锤在气缸内有规律地往复运动。冲击锤向前运动时,锤头打击钎尾;冲击锤向后运动时,气缸内的气体封闭在配气阀箱内,形成柔性缓冲垫层,待重新配气后再向前冲击。风镐的启动装置位于手柄套筒内。

3.1.4 风镐的使用及注意事项

1. 操作规程

1) 工作前的检查

(1) 检查工作面安全情况,做到敲帮问顶。

（2）检查风量,吹净胶风管内的污物。

（3）检查胶管接头滤风网和风镐头部的固定钢套内是否清洁。

（4）检查风镐钎尾端和钢套是否偏斜,间隙是否合适。

（5）先将风镐钎尾擦洗干净,然后插入风镐内,用弹簧固定。

2）工作中使用规范

（1）风镐持续使用时要随时加油。加油时,将油倒入胶接管内,风镐倒下或压紧,防止冲击风镐伤人。

（2）风管接头与连接管应随时注意,一旦发现松动脱落,应及时扭紧。高压直通必须用U形卡子卡紧,不能用铁丝代替。

（3）保持风管完好,勿使风管蜷曲或被矸石及其他物件打坏而造成漏风。

（4）应避免风镐钎被岩石卡住。风镐钎插入岩层深度时必须在风镐的弹簧之下,防止使用风镐边打边撬岩。

（5）风镐出故障时,及时送机修房置换或修理,不得在工作地点任意打开和拆散。

2．日常维护

（1）风镐正常工作气压为 0.5MPa,正常工作时,每隔 2h 加润滑油一次。注油时,先卸掉气管接头,倾斜放置风镐,按压镐柄,由连接管处注入。

（2）风镐使用期间,每星期至少拆卸两次,用清洁的煤油清洗、吹干,并涂以润滑油,再进行装配。发现零件磨损和失灵时,应及时更换,严禁风镐带病工作。

（3）风镐累计使用时间达到 8h 以上时,要对风镐进行清洗。

（4）风镐闲置超过一个星期时,要对风镐注油保养。

（5）及时打磨毛口镐钎。

3．注意事项

（1）风镐使用前要对风镐注油进行润滑。

（2）风镐使用时,备用风镐不少于 3 个,每个风镐持续工作时间不得超过 2.4h。

（3）操作时握住镐柄向凿击方向紧压,使镐钎有力抵住钎套。

（4）选用气管内径应为 16mm,长度最好不超过 12m,并保证管内清洁,气管接头连接牢固可靠。

（5）操作时,勿使镐钎全部插入破碎物体,防止空击。

（6）镐钎卡入钛坨时不可猛力摇动风镐,避免机体受损。

（7）操作时要合理选用镐钎。根据钛坨硬度不同,选用不同镐钎,钛坨越硬,镐钎越短,并注意检查钎尾发热情况,防止镐钎卡死。

（8）镐钎毛口时要及时处理,不可使用毛口镐钎作业。

3.2 风钻

3.2.1 概述

1．定义

风钻也叫凿岩机,是开凿岩石用的风动工具,利用压缩空气使活塞作往复运动,冲击钎子,如图 3-6 所示。

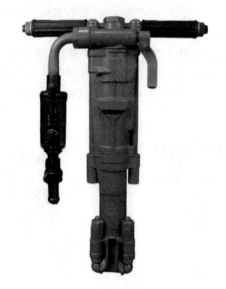

图 3-6 手持凿岩机

2．功用

风钻主要用于矿山开采、巷道掘进及各种凿岩作业,是冶金、煤炭、铁路、交通、水利、基建和国防石方工程中的重要机具。

3.2.2　风钻的分类

风钻按质量分为 3 种：①轻型凿岩机（<10kg）；②中型凿岩机（10～22kg）；③重型凿岩机（>22kg）。

现常用 Y 系列风钻，其技术参数见表 3-3。

表 3-3　Y 系列风钻技术参数

型号	质量/kg	机长/mm	缸体直径/mm	活塞行程/mm	工作气压/MPa	气管内径/mm	水管内径/mm	钎尾规格/mm×mm
Y8	8	594	65	54	0.45	19	13	B22×108
Y18	18	600	65	54	0.45	19	13	B22×108
Y19	19	604	65	54	0.45	19	13	B22×108
Y20	20	610	65	54	0.45	19	13	B22×108
Y26	26	618	65	54	0.45	19	13	B22×108

Y8 型小型凿岩机是一种质量只有 8kg，使用非常方便的手持式凿岩机械。可以用来凿岩石、凿混凝土、凿墙壁、凿砖墙、凿土墙，甚至可以凿城墙，具有耗气量小、噪声小、体积小、效率高、方便灵活、经济适用等优点，是采石工业和建筑行业的常用设备，如图 3-7 所示。

Y18 型手持式凿岩机具有体积小、质量轻、耗气量少等优点，既可以进行干式凿岩，也可以进行湿式凿岩，适用于小矿山、采石场、山区筑路、水利建设等工程施工中，在表层钻凿垂直向下或倾斜爆破孔或二次爆破钻孔，如图 3-8 所示。

图 3-7　Y8 风钻

图 3-8　Y18 风钻

Y26 手持式凿岩机主要用于矿山、铁路、水利及石方工程中的钻凿炮孔及二次爆破等作业，可对中硬或坚硬岩石进行干式、湿式凿岩，向下钻凿垂直或倾斜炮孔，如图 3-9 所示。

图 3-9　Y26 风钻

3.2.3　风钻典型机种的结构与工作原理

Y19 手持式凿岩机（图 3-10）是 Y 系列风钻的典型机种，其技术规格参数见表 3-4。

图 3-10　Y19 手持式凿岩机

表3-4　Y19手持式凿岩机技术规格

产品型号		Y19
质量		19kg
机身长度(长×宽×高)		600mm×534mm×157mm
气压0.4MPa时	凿岩耗气量	≤37L/s
	凿岩冲击频率	≥28Hz
	冲击能	≥28J
	空转转速	≥180r/min
气压0.5MPa时	凿岩耗气量	≤43L/s
	凿岩冲击频率	≥35Hz
	冲击能	≥40J
	空转转速	≥200r/min
缸径		65mm
活塞行程		54mm
使用气压		0.4～0.5MPa
气管内径		19mm
水管内径		13mm
钎尾规格		22mm×108mm
钻孔直径		34～45mm

风钻是按冲击破碎原理进行工作的。工作时活塞做高频往复运动,不断地冲击钎尾。在冲击力的作用下,呈尖楔状的钎头将岩石压碎并凿入一定的深度,形成一道凹痕。活塞退回后,钎子转过一定角度,活塞向前运动,再次冲击钎尾时又形成一道新的凹痕。两道凹痕之间的扇形岩块被由钎头上产生的水平分力剪碎。活塞不断冲击钎尾,并从钎子的中心孔连续输入压缩空气,将岩碴排出孔外,即形成一定深度的圆形钻孔。风钻适用于无电源、无气源的施工场地。

3.2.4　风钻的使用及注意事项

1. 操作规程

(1) 从压风机平台上将风钻搬运到底面。

(2) 安装好支腿、钻杆、钻头。

(3) 连接好风管并做加强连接,防止风管脱落。

(4) 打开压风机出风风管,查看管路有无漏风。

(5) 扳动支腿扳机,使支腿升起、再降下,反复升降3次确定滑动完好,支起支腿。

(6) 扳动开钻扳机,使风钻钻杆转动,转动3圈后,确定凿岩机正常,准备对孔。

(7) 对孔作业时,一人操作凿岩机、一人手扶钻杆,将钻头对准孔位。

① 扶钻杆的工人严禁戴手套抓扶钻杆,可以用橡胶皮套包裹钻杆操作。

② 操作凿岩机的工人两脚要站稳,确定脚下所站处牢固、稳当方可操作凿岩机。

(8) 扳动开钻扳机的工人,使凿岩机进入正常转速,开始作业。

① 处理残孔、废孔时,要求在残孔的孔直径10倍平行距离处打一平行孔。

② 出现卡孔时要反复开动凿岩机,上提钻杆,不可强提、硬提、硬别,防止损坏钻杆或遗失钻头。

③ 每打完一个孔都要求测量钻孔深度,每个孔都要求保证质量,以减少成本。

④ 一个孔作业完毕后,操作凿岩机的两人要前后呼应,确定周围无妨碍物且两人站稳后,方可将凿岩机移动到下一个作业点。

⑤ 钻孔结束后关闭放风阀,将钻杆提出眼孔。

⑥ 将支腿收起,放倒凿岩机和支腿,两人配合将凿岩机移至下一个作业点。

⑦ 关闭空压机放风阀,脚下要站稳,防止跌落。

⑧ 每一次操作凿岩机作业时,肢体不要接触转动部位,防止铰伤。

⑨ 作业过程中要带好防护用品,防止孔中吹出碴子伤害面部和眼睛。

⑩ 刚从孔中拔出的钻杆,不要用手去抓,防止烫伤。

⑪ 作业过程中如发生风管爆裂,将凿岩机和支腿长牢靠后,关闭压风机风量输出阀门,两人一同接橡胶管。接橡胶管时要防止铁丝扎伤手掌、钢丝钳夹伤手指。

2. 日常维护

(1) 每天检查作业中凿岩机使用情况,发现问题及时报告班长,通知相关人员来检修处理。

（2）凿岩机每天作业前都要加油，保持运转正常。

（3）所用油品为柴机油 CD-40 或 68# 机械油。

（4）设备无跑、冒、滴、漏等现象。

（5）配合修理工检修车辆、柴油机、凿岩机和空压机，检修时严禁烟火。

3. 注意事项

（1）凿岩前检查各部件（包括凿岩机、支架或凿岩台车）的完整性和转动情况，加注必要的润滑油，检查风路、水路是否畅通，各连接接头是否牢固。

（2）在工作面附近敲帮问顶，即检查工作面附近顶板及两帮有无活石、松石，并作必要的处理。

（3）工作面不平整的炮眼位置，要事先捣平才允许凿岩，防止打滑或炮眼移位。

（4）严禁打干眼，要坚持湿式凿岩，操作时先开水、后开风，停钻时先关风、后关水。开眼时先低速运转，待钻进一定深度后再全速钻进。

（5）钻眼时扶钎人员不准戴手套。

（6）使用气腿钻眼时要注意站立姿势和位置，绝不能靠身体加压，更不能站立在凿岩机前方的钎杆下，以防断钎伤人。

（7）凿岩中发现声音不正常、排粉出水不正常时，应停机检查，找出原因并消除后才能继续钻进。

（8）退出凿岩机或更换钎杆时，凿岩机可慢速运转，注意凿岩机钢钎位置，避免钎杆自动脱落伤人，并及时关闭气路。

（9）使用气腿式凿岩机凿岩时要把顶尖顶牢，防止顶尖打滑伤人。

（10）使用向上式凿岩机收缩支架时须扶住钎杆，以防钎杆落下伤人。

3.3　液压凿岩机

3.3.1　概述

1. 定义

液压凿岩机是用高压油作为动力推动活塞冲击钎子，附有独立回转机构的一种凿岩机

械，如图 3-11 所示。由阀控制（也有无阀的）活塞往复运动。具有钻速快（比风动凿岩机高 2 倍以上）、冲击功高、扭矩大、频率高、可调性好、能耗低（为风动凿岩机的 1/3 左右）、效率高等优点；便于自动化和计算机控制，卡钻事故少，钻具寿命长，使工作环境大为改善。

图 3-11　液压凿岩机

2. 功用

通常，液压凿岩机具有冲击机构和回转机构，其凿岩作业是冲击、回转、推进与岩孔冲洗功能的综合。液压凿岩机冲击机构由压力液体的作用产生冲击能量，通过钎具（钎尾、连接套、钎杆钻头或镜钎）以应力波形式传递给岩石，从而达到破碎岩石的目的。液压冲击机构的冲击能量以冲击功能（kW）表示，它包含冲击能（J）与冲击频率（Hz）两个参数。一般来说，液压冲击机构输出的冲击功率越大，凿岩能力越强，即凿孔速度越高或破岩效果越好。

3. 发展历程及历史沿革

自 1861 年气动凿岩机开始应用以来，经过不断改进、完善，各类气动凿岩机在矿山、铁路、公路、水电、煤炭和建筑工程施工中发挥了巨大的作用。进入 20 世纪后，随着各类工程在岩石断面上掘进的工作量日益增加，对生产效率的要求越来越高，气动凿岩机的钻凿能力与生产发展需要之间的矛盾日益加剧。生产的发展迫切要求用效率高、生产能力大的新型凿岩机来取代气动凿岩机。

20 世纪 20 年代，英国人多尔曼在斯塔福德制造出第一台液压凿岩机。大约 40 年之后，另一位英国人萨特立夫也制成了一台液压凿岩机。不久，美国 Gardner-Denver 公司根据尤布科斯专利制成了 MP-Ⅲ型液压凿岩机。以上几种液压凿岩机都因一些关键的技术问题没能很好地解决，所以未能在生产中得到推广

应用。

1970年,法国蒙塔贝特(Montabert)公司首先研制成功第一代可用于生产的H50型液压凿岩机,开始在世界范围内应用。由于液压凿岩机和气动凿岩机相比具有明显的优越性(表3-5),瑞典、英国、美国、德国、芬兰、奥地利、瑞士和日本等国陆续研制出各种型号的液压凿岩机,使液压凿岩机技术和生产有了很大发展。

表3-5　液压凿岩机和气动凿岩机的比较

比较性能	气动凿岩机	液压凿岩机
能量利用率	10%	30%～40%
噪声	液压凿岩机比气动凿岩机降低10～15dB(A)	
排气油雾	有	无
凿岩效率	液压凿岩机比气动凿岩机提高1倍以上	
主要零部件寿命	短	长
钎具消耗	多	少
工作介质	压缩空气	液压油、乳化液
介质压力/MPa	0.4～0.5	14～20
每米炮孔成本比	1:0.77	
实现自动化的难易程度	困难	容易
使用维护	方便	较困难

4．国内外概况

1)国内概况

(1)国外液压凿岩机在国内的应用

20世纪80年代中后期,随着地下矿山采矿方法的改进,大量进口的无轨开采设备开始进入我国,包括各种型号的液压凿岩机及其配套钻车。

金川公司二矿区二期工程由中国和瑞典合作设计,从国外引进了全液压凿岩台车(Atlas Copco公司产品)、天井牙轮钻机、铲运机等无轨机械化配套设备,基本实现全液压凿岩、机械化装药、无轨运输,使矿山生产能力达到了2200kt/a。

白银公司小铁山矿在其技改项目中采用4台法国水星-14液压凿岩台车(装配HYD200型液压凿岩机),并配套引进了美国Wagner铲运机、芬兰Tamrock公司的Robolt型锚杆台车、瑞典Atlas Copco公司的装药车等成套采掘设备,承担矿山绝大部分采掘作业,气动凿岩设备仅用于辅助凿岩。

山东三山岛金矿20世纪80年代从法国Eimco-Secoma公司引进了4台水星-14和2台冥王星-17全液压凿岩钻车,装配HYD200/HYD300型液压凿岩机,并与其他无轨设备配套使用,在水平分层充填法采场全部取代了风动凿岩设备。

上海梅山矿业公司于1994年引进瑞典Atlas Copco公司的SimbaH252型液压凿岩钻车3台,用于中深孔凿岩,引进Boomer281型液压凿岩钻车4台,用于平巷掘进凿岩,两种钻车均装配Cop1238型液压凿岩机。经过与气动凿岩设备对比实验取得了节能70%以上的经济效益指标。上海梅山矿业公司于2000年引进瑞典SimbaH1354型液压凿岩钻车配Cop1850型液压凿岩机,更新替代气动大孔径钻机,实现了采矿与掘进凿岩液压化。

液压凿岩设备在铁路施工中也被广泛应用。大秦线军都山双线隧道引进瑞典Atlas Copco公司的H286型四臂液压凿岩钻车,配Cop1238ME型液压凿岩机,与无轨装运设备配套,曾在1985年10月创下100m²断面月进尺316m的纪录。

龙滩水电工程是我国西部大开发的十大标志性工程和西电东送的战略性项目之一。工程左岸地下引水发电系统由引水隧道、地下厂房及尾水隧道三大系统构成,庞大的地下洞室群设计石方洞挖300万m³,其中长388.5m、宽28.5m、高76.4m的地下厂房是目前世界上规模最大的地下厂房。2台Atlas Copco生产的Rocket-Boomer353E型三臂液压凿岩钻车(三臂全液压火箭式凿岩钻车)和1台AMV21SGBC-CC型全电脑三臂液压凿岩钻车用于地下隧道岩石开挖钻孔和锚杆钻孔,3个BUT35G型全液压可伸缩式钻臂装配Cop1838ME型液压凿岩机。AMV21SGBC-CC型全电脑三臂液压钻车的性能与Rocket-Boomer353E型大致相同,但由于增加了车载电脑,具有更高的人机对话功能,并能在凿岩过程中自动修整凿石参数,自动记录钻孔数据,可以对岩层进行分析,从而及时调整爆破参数。在龙滩地下洞室群岩体为硬岩的大断面、长隧道施工中,三臂液压凿岩钻车显示出作业安全、噪声污染少、机械化程度高、钻进速度快等优点。

(2) 我国自主研发历程

1980年由长沙矿冶研究院、株洲东方工具厂等单位研制成功的我国第一台用于生产的液压凿岩机YYG80C,装配于CGJ2Y型全液压钻车上,在湘东钨矿进行了工业试验并通过了部级技术鉴定,由此拉开了国内研制液压凿岩机的序幕。相继有北京科技大学、中南大学、长沙矿冶研究院、马鞍山矿山研究院、中国矿业大学、煤炭科学院建井研究所、沈阳风动工具厂、天水风动工具厂、衢州凿岩机厂和宣化风动工具厂等10多个单位开发研制液压凿岩机和配套钻车,到了20世纪90年代末期,我国先后有YYG80、TYYG20、YYGJ145(仿Cop1038H)、YYT30、YYG30、GGT70、YYG80A、YYG90、YYG250A、CYY20(仿法国RPH200)、YYG90A和DZYG38B(仿Cop1238ME)等12种机型通过了国家鉴定。其中冲击能在150J以下的5种,其余的7种冲击能均在150～250J之间。可钻孔径大部分在40～50mm,只有YYG250A、YYGJ145、TYYG20和DZYG38B型液压凿岩机可钻孔径大于50mm,最大可达120mm。其中已形成量产的主要有YYG80、YYT30和YYG90A 3种机型。12种型号中除3种为仿制国外当时市场销售的机型外,其余都是我国自行研制的。

由中南大学研究设计,广东有色冶金机械厂制造的CGJ25-2Y型全液压钻车,装配2台YYG90型液压凿岩机,1988年在汝城钨矿使用时,与铲插式装岩机、搭接式梭车组成掘进机械化作业线,创造了在2.4m×2.6m断面中月进尺250m,掘进工效稳步超过每工班1m的好成绩,1991年在桓仁铜锌矿创造过单台单班进尺5.4～6m的好成绩。

与法国水星系列液压钻车配套的HYD200型和HYD300型液压凿岩机由莲花山有色冶金机械厂引进法国Eimco-Secoma公司技术生产,其国产化率已达95%,主要部件——冲击活塞寿命可达20000m以上,各项指标均已达到国外同类机型的水平,已形成批量生产,在焦家金矿、三山岛金矿及部分煤矿得到推广应用。

天水风动工具厂生产的CTJY12-3型全液压轮胎式掘井钻车配置3台YYGJ145型大功率液压凿岩机、3个AB741型液压钻臂和AT1541型液压推进器及1个AF321型液压工作平台,是当时我国最大的地下掘进钻车。

为了填补国产露天全液压钻机的空白,宣化采掘机械厂与中南大学等单位合作,于1987年研制了KZL-120型露天液压钻机,装配广东有色冶金机械厂制造的YYG250A型重型液压凿岩机,由贵阳钢厂提供钎具,可钻孔径为56～120mm,爆破孔最大孔深可达25m;当孔径为89mm时,在坚硬的岩石($f=12\sim14$)上凿孔速度可达1.2m/min。

庞大的市场需求促使一些单位开展了对轻型液压凿岩机的大量需求研制。例如,长沙矿冶研究院等10多家科研单位和企业曾经研制过多个型号的支腿式液压凿岩机,但大都没有成功。其主要原因是:①这些产品大多不合理地采用了内回转结构,从结构设计上就不满足液压凿岩机高频率、大扭矩的需要;②在材料选择和制造工艺方面仍受气动凿岩机的影响,达不到液压凿岩机的性能要求。

2) 国外概况

目前在国外,液压凿岩机已经成为导轨式凿岩机产品的主流。20世纪90年代,先进国家的岩石开挖工程采用的液压凿岩设备占凿岩设备总量的80%以上。其中,瑞典Atlas Copco、芬兰Tamrock、法国Secoma等公司的液压凿岩机及配套产品在世界上具有代表性。前两者的液压凿岩设备销售量占世界销售总量的一半以上。

目前国外的液压凿岩机正向重型、大功率和自动化方向发展。超重型大功率液压凿岩机已能钻凿直径为180～275mm的炮孔,凿岩速度是牙轮或潜孔钻机的2～4倍,而能耗仅为潜孔钻机的1/4。可以完成自动移位和定位、自动开孔、自动防卡钎、自动凿岩、自动退钎等凿岩循环,并可遥控的全自动液压凿岩机械已较多应用于隧道开挖。液压凿岩机器人技术和产品也在20世纪80年代开始开发。日本东洋公司的AD系列、法国Montabert公司的Robofore系列、瑞典Atlas Copco公司的系列以及芬兰Tamrock公司的Datamatic系列凿岩机器人都已问世。

3.3.2　液压凿岩机的分类

液压凿岩机可分为手持式液压凿岩机、支腿式液压凿岩机、机载式液压凿岩机三种,如图3-12~图3-14所示;也可以按结构分为有阀型和无阀型两种,如图3-15所示。

图3-12　手持式液压凿岩机

图3-13　支腿式液压凿岩机

图3-14　机载式液压凿岩机

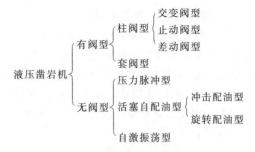

图3-15　液压凿岩机按结构分类

3.3.3　液压凿岩机的典型结构与工作原理

1. 液压凿岩机的工作原理

液压式凿岩机采用冲击式凿岩作业,包括冲击、推进、回转、冲洗四个动作,如图3-16所示。

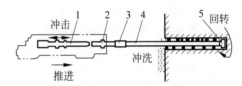

图3-16　冲击式凿岩作业原理
1—活塞;2—钎尾;3—接钎套;4—钎杆;5—钎头

冲击主要是推动缸体内活塞作反复运动,不断冲击钎尾端部。钎尾端部受冲击后以压应力波形式传递给岩石,使岩石破碎。根据岩石破碎学理论,每次冲击作用在钻头上的力必须大于一定值,才能使岩石破碎,也即单次冲击能不低于要求的最低冲击能。冲击功率是单次冲击能与冲击频率的乘积,针对不同的岩石性质,两者需要进行匹配达到最优的凿岩效果。

推进主要是推动凿岩机和钎具压向岩石工作面,保持钎头与孔底岩石良好接触。为使活塞在冲程时,钎头始终与岩石接触,轴向推力必须大于一定值。

回转主要是在每次冲击后使钎头旋转一个角度到新的位置,进行新的破碎凿岩。回转性能对凿孔速度影响较小,但是与轴推力的交互作用对凿孔速度影响较大。

2．液压凿岩机的基本结构

液压凿岩机主要由冲击机构、回转机构、供水排粉装置及防尘系统等部分组成，其凿岩作业是冲击、回转、推进与岩孔冲洗功能的综合。图 3-17 所示是瑞典 Atlas Copco 公司的 COP2150/COP2550 型液压凿岩机的基本结构。

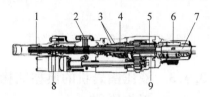

图 3-17 COP2150/COP2550 型液压凿岩机的结构
1—冲击活塞；2—活塞行程调节器；3—缓冲塞；4—缓冲活塞；5—回转机构；6—不锈钢冲洗头；7—钎尾；8—液压马达；9—齿轮箱

目前各生产厂家的液压凿岩机结构都不尽相同，各有特点。如有带行程调节装置的，也有无此装置的；有采用中心供水的，也有采用旁侧供水的；缸体内有带缸套的，也有无缸套的。为了防止深孔凿岩时钎杆卡在岩孔内拔不出来，国外有几种新型液压凿岩机在供水装置前面还设有反冲装置。下面介绍液压凿岩机的一些基本结构。

1）冲击机构

液压冲击机构由缸体、活塞、配流阀、蓄能器及前后支撑套与密封装置等组成，是冲击作功的关键部件，它的性能直接决定了液压凿岩机整机的性能。

（1）活塞

活塞是传递冲击能量的主要零件，其形状对破岩效果有较大影响。由波动力学理论可知，活塞直径与钎尾直径越接近越好，且在总长度上直径变化越小越好。通过对气动和液压凿岩机两种活塞的效果比较发现，液压凿岩机的活塞只比气动凿岩机的活塞重 19%，可是输出功率却提高了 1 倍，而钎杆内的应力峰值则减小了 20%。因此，双面回油型液压凿岩机的活塞断面变化最小且细长，是最理想的活塞形状。

（2）配流阀

液压凿岩机的配流阀有多种形式，概括起来有套阀和芯阀两大类，芯阀按形状又可分为柱状阀和筒状阀。套阀只有一个零件，结构简单，其结构受活塞的制约，只能制成三通阀。而芯阀是一个部件，由多个零件组成，结构较为复杂，可制成三通或四通阀。三通阀适用于单面回油的机型，而双面回油型液压凿岩机则必须采用四通阀。

（3）蓄能器

液压冲击机构的活塞只在冲程时才对钎尾做功，回程时不对外做功，为了充分利用回程能量，需配备高压蓄能器储存回程能量，并利用它提供冲程时所需的峰值流量，以减小液压泵的排量。此外，由于阀芯高频换向引起压力冲击和流量脉动，也需配置蓄能器，以保证机器工作的可靠性，提高各部件的寿命。目前，国内外各种有阀型液压凿岩机都配有一个或两个高压蓄能器，有的液压凿岩机为了减少回油的脉动，还设有回油蓄能器。因液压凿岩机的冲击频率高，故都采用反应灵敏、动作快的隔膜式蓄能器。

（4）缸体

缸体是液压凿岩机的主要零件，体积和质量都较大，结构复杂，孔道和油槽多，要求加工精度高。为解决此问题，各种液压凿岩机采取了不同的办法。有的加前后缸套，以利于油路和沉割槽的加工，且维修时便于更换；有的不加衬套，为便于加工，把缸体分为几段；而轻型液压凿岩机大多采用整体式缸体。

（5）活塞导向套

活塞的前后两端都有导向套支承，其结构有整体式和复合式两种。前者加工简单，后者性能优良。目前国内多采用整体式，少数采用复合式。

2）回转机构

回转机构主要用于转动钎具和接卸钎杆。在液压凿岩机中，因输出扭矩较大，所以主要采用独立外回转机构，该机构由液压马达驱动一套齿轮装置并带动钎尾作独立的回转运动。因摆线液压马达体积小、扭矩大、效率高，故液压凿岩机回转机构普遍采用这种马达。

3）供水装置

液压凿岩机大都采用压力水作为冲洗介

质,其供水装置的作用就是供给冲洗水以排除岩孔内的岩碴,它有中心供水式和旁侧供水式两种。

中心供水式装置与一般气动凿岩机中心供水方式相同,压力水从凿岩机后部的注水孔通过水针从活塞中间孔穿过,进入前部钎尾来冲洗钻孔。这种供水方式的优点是结构紧凑,机头部分体积小,但密封比较困难。

旁侧供水装置是液压凿岩机广泛采用的结构。冲洗水通过凿岩机前部的供水套进入钎尾的进水孔去冲洗钻孔。这种供水方式由于水路短,易于实现密封,且即使发生漏水也不会影响凿岩机内部的正常润滑,其缺点是机头部分增加了长度。

3. 凿岩机液压系统的工作原理

下面以重型液压凿岩机为例,介绍液压系统的工作原理,如图 3-18 所示。

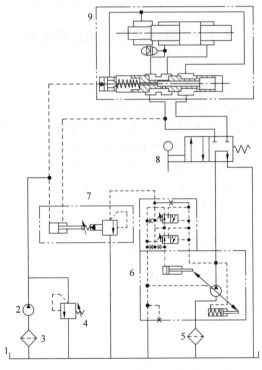

图 3-18 重型液压凿岩机液压驱动系统图

1—油箱;2—齿轮泵;3—滤油器;4—溢流阀;5—过滤器;6—恒压变量泵;7—溢流阀(带压力补偿);8—两位四通换向阀;9—重型液压凿岩机

(1)泵的启动:泵处于卸荷状态时,启动驱动电机。

(2)冲击工作:调整溢流阀 4 和滑阀式两位四通换向阀 8 使其冲击器在低能低频下试工作一段时间,等冲击状态稳定后,调整溢流阀 4 和两位四通换向阀 8 增大冲击器的先导压力和输入流量,使其冲击器的冲击能和冲击频率逐步提高,达到额定工况。

(3)冲击能的调节:重型液压凿岩机配流阀先导压力越大,凿岩机的冲击能就越大。调节溢流阀 4,增大此溢流阀的设定值就可提高先导压力值,凿岩机的冲击能就会增大;反之,冲击能减小。由于溢流阀 4 的值可以随意调整,因此凿岩机的冲击能也可以无级调节,而与其输入流量无关。

(4)冲击频率的调节:重型液压凿岩机的冲击频率由输入凿岩机的液压油流量来决定,输入的流量越大,凿岩机的冲击频率就越大;反之,冲击频率就小。于是,可以通过调节手动滑阀式两位四通换向阀 8 来调节液压泵对冲击器的供油流量。

3.3.4 液压凿岩机常用产品的性能指标

1. LHD 23 M 型液压凿岩机(逆时针旋转)

LHD 23 M 型液压凿岩机如图 3-19 所示,技术参数见表 3-6,具有如下特点:

①扭矩限制器可防止操作员反冲;②可选逆时针旋转;③提供冲击和双向旋转单独操作的架式钻机机型。

图 3-19 LHD 23 M 型液压凿岩机

表 3-6 LHD 23 M 型液压凿岩机（逆时针旋转）
技术参数

技 术 参 数	参 数 值
包括软管在内的质量	26kg
声压级（点声源至受声点的距离为/m）	104dB(A)
自重	28.5kg
油流量	20~25L/min
工作压力	10~14MPa
最大背压	1.5MPa
冲击速度	2550m/s
转速	320~400r/min
扭矩	65N·m
EHTMA 级	C
六角柄尺寸	22mm×108mm
振动级 3 轴向加速度	11.7m/s²
保证的声压级	115dB(A)

表 3-7 荡山牌 YYT26 型支腿式全液压凿岩机
技术参数

技 术 参 数	参 数 值
钎杆尺寸	22mm×108mm
水排碴	√
气排碴	√
质量	26kg
总长度	600mm
活塞小头直径	24mm
活塞大头直径	30mm
液压油流量	32~35L/min
液压油压力	15~17.5MPa
冲击功	60~65J
冲击频率	60~65Hz
扭矩	60~65N·m
旋转速度	250~300r/min
凿孔直径	32~46mm
排碴水压	0.1~0.3MPa

2．YYT26 型支腿式全液压凿岩机

YYT26 型支腿式液压凿岩机如图 3-20 所示，技术参数见表 3-7，其特点是持久耐用，掘进高效，操作简单，排碴性能与气排相当。

图 3-20 YYT26 型支腿式全液压凿岩机

3.3.5 液压凿岩机的选用原则及计算

液压钻车的钻进能力主要取决于凿岩机的选型。本书对比的凿岩机有 DP15 型、COP1838 型、HLX5 型、HC109 型，它们的主要技术参数见表 3-8。影响凿岩机能力的主要参数为冲击功率、冲击频率、工作压力和回转扭矩。经过测算和估算，不同岩石硬度系数所选的凿岩机的主要参数见表 3-9。

表 3-8 几种凿岩机的主要技术参数

凿岩机型号 技术参数	DP15	COP1838	HLX5	HC109
冲击功率/kW	15	20	20	18.8
冲击频率/Hz	70	60	69	47
冲击工作压力/MPa	20	21	22.5	15
回转扭矩/(N·m)	360	660~1000	400	610
回转转速/(r/min)	375	0~310/0~190	—	110~220
回转工作压力/MPa	17.5	21	17.5	15
冲洗水压力/MPa	0.8~0.2	—	1~2	1.2
噪声/dB	79/102	<106	<98	<105
钻孔直径/mm	25~70	38~64	43~64	43~102

表 3-9　凿岩机选择主要参数

硬度系数 f	冲击功率/kW	冲击压力/MPa	回转速度/(r/min)	回转扭矩/(N·m)	钻孔直径/mm
5～8	15～18	18	400～350	350～400	25～70
8～13	18～20	20	350～300	400～600	25～70
13～15	20～22	20	300～250	600～800	25～70
15～20	22	20	250～200	800	25～70

3.3.6　液压凿岩机的使用及维护

1. 液压凿岩机使用注意事项

（1）在启动前检查蓄能器的充气压力是否正常；检查冲洗水压和润滑空气压力是否正确；检查润滑器里是否有足够的润滑油，供油量是否合适；检查油泵电机的回转方向。

（2）凿岩时应该把推进器摆到凿岩位置，使其前端抵到岩石上，小心操作让凿岩机向前移动，使钻头接触岩石；开孔时先轻轻让凿岩机推进，当钎杆在岩中就位后再操作至全开位置。

（3）凿岩机若不能顺利开孔，则应先操作凿岩机后退，再让凿岩机前移，重新开孔。

（4）更换钎头时，应将钻头轻抵岩石，让液压凿岩机马达反转，即可实现机动卸钎头。

（5）液压元件的检修只能在极端清洁的条件下进行，连接机构拆下后，一定要用清洁紧配的堵头立即塞上。液压系统机构修理后的凿岩机重新使用之前，必须把液压油循环地泵入油路，以清洗液压系统的构件。

（6）定期检查润滑器的油位和供油量；定期对回转机构的齿轮加注耐高温油脂；定期检查润滑油箱中的油位，清除油箱内的污物和杂质。

（7）若要长期存放，应用紧配的保护堵头将所有的油口塞住，彻底清洗机器并放掉蓄能器里的气体。凿岩机应在干燥清洁的地方存放。

（8）现在的液压凿岩机大多带有缓冲装置，部分重型液压凿岩机还带有反冲装置。缓冲装置主要用于吸收钻杆反弹时的能量，防止钻杆反弹带动相关部件与机体形成刚性撞击，有利于提高钻杆及机体的寿命。而反冲装置是为了在出现卡钻的情况下给钻杆以反向的冲击作用力，将钻杆从炮眼中反打抽出。

2. 液压凿岩机主要零部件损坏的原因及分析

1）蓄能器端盖出现裂纹

蓄能器端盖产生裂纹（图 3-21）有以下 3 个方面的原因。

（1）检查蓄能器压力的方法不当。对蓄能器压力的检查不能过于频繁，这是因为检查时容易造成蓄能器气囊中氮气泄漏。蓄能器在充气压力低的情况下运行，将导致液压油产生的冲击力过大。该冲击力作用在蓄能器端盖上，可导致蓄能器端盖产生裂纹。

（2）未更换充氮压力阀。蓄能器大修时应更换充氮压力阀，这是因为旧的充氮压力阀经过长期频繁开、闭，其密封面会产生磨损。充氮压力阀密封面磨损后可造成蓄能器气囊中氮气泄漏，进而导致蓄能器端盖产生裂纹。

（3）蓄能器端盖拧紧力过大。未按规定力矩拧紧蓄能器端盖，可造成其内部产生附加应力，导致其产生早期裂纹。

图 3-21　蓄能器端盖产生的裂纹

2）冲洗头破裂

冲洗头由高强度耐腐蚀钢材制作而成，其作用是使水封保持在正确位置并支承止动环。冲洗头破裂部位如图 3-22 所示，其破裂原因有以下 3 个方面。

（1）操作失误。经过对多起冲洗头破裂案

例进行分析后得出结论,导致冲洗头破裂的主要原因是液压凿岩机在无推进力的情况下操作冲击动作,特别是高冲击或反向推进(反打)时,容易造成冲洗头破裂。

(2)冲洗头被腐蚀。由于制作冲洗头的材料不能兼具高强度和良好的耐腐蚀性,如果所使用的冲洗水具有酸碱腐蚀性,冲洗头就会被腐蚀。这种腐蚀作用可使冲洗头产生裂纹。

(3)前端被腐蚀。凿岩机前端内部安装了冲洗头,如果前端被腐蚀,冲洗头会向前位移。冲洗头向前位移后,凿岩产生的反冲力经止动环传递到连接板处,造成应力集中在前端连接板处的孔口周围。因为连接板是连接冲洗头的部件,应力集中容易造成冲洗头产生破裂。

图 3-22　冲洗头破裂

3)前端出现裂纹

液压凿岩机前端内部装有前导套和冲洗头,承受着由钎尾传递过来的所有载荷。裂纹部位如图 3-23 所示,其破裂原因有以下 3 个方面。

(1)操作失误。凿岩机在低推进、无推进或者反向推进(反打)的情况下,操作其长时间进行冲击作业,此时冲击活塞的冲击力通过止动环和冲洗头传递到前端,可造成前端产生裂纹。

(2)前端内部腐蚀。前端内部若产生腐蚀,液压凿岩机作业时在其腐蚀部位会产生应力集中,导致前端产生裂纹。该裂纹会随着时间延伸,直到完全断裂。

(3)冲洗水腐蚀。如果液压凿岩机使用的是具有腐蚀性的冲洗水,会造成前端产生腐蚀,其腐蚀部位会形成应力集中,导致前端产生裂纹。

图 3-23　前端裂纹

4)冲击活塞导承区域损坏

冲击活塞最常见的问题是导承区域损坏,造成活塞与导向套卡死。冲击活塞导承区域损坏如图 3-24 所示,其损坏原因有以下 3 个方面。

(1)存在污染物。冲击活塞导承区域存在污染物的损害包括:①液压油受到污染后造成冲击活塞与导向套之间接触不好;②密封室与后端盖或冲击活塞导向套之间有污染物,导致冲击活塞对中性不好。上述损害会造成活塞局部表面温度急剧升高,导致冲击活塞表面产生微小热裂纹。这种裂纹不断向冲击活塞内部扩展,最终导致冲击活塞断裂。

(2)螺栓拧紧力不均衡。凿岩机两侧的螺栓损坏或者拧紧力不均衡,后端盖螺栓拧紧力不均衡(在规定的保养期螺栓没有重新紧固),可造成凿岩机各部件连接同轴度降低,冲击活塞的冲击力不沿直线传递,最终可导致冲击活塞导承区域与导向套卡死或损坏。

(3)啮合面腐蚀。导向套与活塞啮合面腐蚀,造成活塞冲击作业时摩擦加剧,导致冲击活塞导承区域及导向套过早损坏。

图 3-24　冲击活塞导承区域损坏

5)冲击活塞气蚀

液压凿岩机的冲击活塞承受脉冲力,冲击活塞前、后驱动区域的表面以及活塞密封区域经常会产生气蚀。冲击活塞产生气蚀情况如

图 3-25 所示,气蚀原因有以下两个方面。

(1) 推进压力过低。液压凿岩机长时间在低推进压力下运行,可导致冲击活塞气蚀。推进压力过低时,迫使缓冲活塞向前运动,冲击活塞的冲击位置靠前,使冲击活塞的行程变长,冲击频率降低。因换向阀的换向时间没有改变,这样冲击活塞的换向与换向阀的换向时间不相匹配,造成瞬时高压,可导致冲击活塞气蚀。

(2) 液压凿岩机频繁反向推进(反打)、蓄能器气囊中的氮气压力过低或过高以及蓄能器损坏,都将加速冲击活塞的气蚀磨损。例如蓄能器氮气压力过低时,使缓冲活塞缓冲能力降低,冲击活塞脉冲得不到缓冲,使液压油压力剧增,可造成冲击活塞气蚀。

图 3-25 冲击活塞气蚀

6) 冲击活塞密封面损坏

冲击活塞密封面损坏情况如图 3-26 所示。冲击活塞密封面损坏通常原因是活塞密封区域与缸体之间咬死。由于这部分的钢制部件之间发生咬死可能导致冲击活塞被卡住,所以在冲击活塞完全断裂之前就停止了冲击。冲击活塞咬死可能有以下两种原因:①液压油中有杂质,或者杂质从凿岩机外部进入到冲击活塞密封面和缸体之间。②侧螺栓拧紧力矩错误,导致对中性不好,或冲击活塞导向套磨损。

图 3-26 冲击活塞密封面损坏

7) 冲击活塞冲击端面损坏

冲击活塞冲击端面损坏情况如图 3-27 所示,通常由以下原因引起。

(1) 盐腐蚀。如果液压凿岩机置于盐性环境里一段时间,即使没有运行,金属也会受到盐性侵蚀,疲劳强度将会比正常情况降低 2/3,活塞正常冲击几个小时后就会损坏。

(2) 腐蚀损坏。如果在凿岩机运行时有腐蚀性液体进入冲击活塞表面和钎尾处,冲击活塞冲击端面将会形成腐蚀凹槽。凹槽会引发疲劳裂纹,最终导致冲击活塞断裂。如果冲击活塞损坏不是很严重,可以对冲击活塞进行研磨。

图 3-27 冲击活塞冲击端面损坏

8) 旋转轴承磨损严重

凿岩机旋转轴承磨损情况如图 3-28 所示。旋转轴承预紧力应适当,如果预紧力太小,轴承滚珠将会偏离滚道并造成轴承损坏。带有简单缓冲活塞的凿岩机(如 COP 1032/1238/1440 型凿岩机)对旋转轴承预紧力过小尤为敏感。这些凿岩机的缓冲活塞击打在旋转衬套上,带来的振动引起轴承滚珠偏离其滚道,并导致轴承罩畸形,最终导致旋转轴承破裂。

图 3-28 凿岩机旋转轴承磨损

如果轴承预紧力过大,会使作用在轴承上的摩擦力过大,从而导致轴承过早磨损。组装旋转轴承时必须进行轴承预紧力测试。

9）旋转衬套损坏

旋转衬套将冲击的反作用力从钎尾传递到缓冲活塞上，其损坏情况如图 3-29 所示。导致旋转衬套损坏通常有两个原因。

（1）润滑不足。充分的润滑是旋转衬套保持良好性能的必要条件。高推进力和大孔径凿孔要加强润滑。旋转衬套端面周围变色是润滑不足造成的，润滑严重不足时可导致旋转衬套破裂，还会对凿岩机其他零部件造成损坏。

（2）疲劳损坏。旋转衬套是易损件，一般在冲击条件下工作 400h 后应更换，以防止由于旋转衬套疲劳损坏给其他零件带来损坏。

图 3-29　旋转衬套损坏

10）侧螺栓损坏

侧螺栓用于将凿岩机的各个部件组装在一起，其损坏情况如图 3-30 所示。侧螺栓承受着凿岩过程中由于严重振动而产生的冲击力。为了避免疲劳失效，侧螺栓必须按工艺要求拧紧。造成侧螺栓损坏有以下两个原因。

（1）在规定的间隔期内没有检查螺栓紧固力矩。

（2）螺母和螺栓之间有杂质，或螺纹腐蚀而导致卡死。

在螺纹腐蚀情况下，即使按照拧紧力矩拧紧侧螺栓，也不会产生足够的紧固力。螺纹上的压痕、腐蚀点可导致裂纹，这种裂纹可能导致侧螺栓疲劳失效。

侧螺栓严重锈蚀或者有裂纹应该更换。每次大修都应更换侧螺栓、螺母和垫片，以防止继发性损坏，不能将新旧螺栓混用。

图 3-30　侧螺栓损坏

11）止动环损坏

凿岩机最常见的损坏原因是由剧烈的反打、低推进力或者无推进力引起的。当活塞驱动钎尾到达其前面位置时，活塞会有一些剩余的冲击力，这些剩余的冲击力将作用在止动环上。反打、低推进力或者无推进力会造成止动环加速磨损。止动环损坏情况如图 3-31 所示。

更换钎尾时必须检查止动环，损坏或者磨损超过 1mm 时就应更换。止动环是易损件，为了避免因止动环疲劳损坏造成相关部件（如缓冲活塞、钎尾）损坏，一般每冲击 400h 就需更换新止动环。

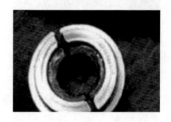

图 3-31　止动环损坏

12）驱动套磨损

驱动套（三棱套）最常见的故障就是过早磨损。其磨损情况如图 3-32 所示。驱动套磨损通常由以下 4 个原因引起。

（1）没有润滑或者润滑不够。

（2）润滑油的型号不对。

（3）钻孔的孔径比凿岩机设计的尺寸大。

（4）驱动套过热。

驱动套过热可导致钎尾花键区域破裂。此外，驱动套内部齿条损坏、前端导向套磨损严重，均会引起驱动套开裂。驱动套和旋转衬套间隙过大也会引起驱动套开裂。

图 3-32　驱动套磨损

13）缓冲活塞气蚀

有时缓冲活塞经短时间运行就会发生严重气蚀，如图 3-33 所示。蓄能器膜片破损或者充氮压力不正确会造成流量波动，从而导致缓冲活塞产生气蚀。

图 3-33　缓冲活塞气蚀

3. 液压凿岩机的日常维护

1）每日或 10 冲击小时的检查

日检在凿岩机的使用过程中占有很重要的地位，许多故障往往都是由于每日（台班）的例行保养跟不上才出现的，归纳起来有以下 3 个方面。

（1）检查推进车上固定凿岩机的螺栓紧固情况。如发现松动，要及时紧固，其紧固扭矩为 250N·m。螺栓松动会造成凿岩机在推进梁上的抖动加大，以致对钎尾和连接套造成损坏。

（2）检查钎尾的润滑情况。每次凿岩结束后，应及时检查机头部分是否有润滑油从出油口排出来，如有，则说明润滑正常；反之，则须进一步作检查。先检查油雾器出油管是否有折弯或堵塞的现象，然后检查油雾器中的油位是否正常，不足时要及时添加。油雾润滑不良会造成钎尾及连接套的磨损加剧，甚至出现高温烧结现象。

（3）检查水冲洗盖的紧固情况。如有泄漏或松动，则应紧固连接螺栓，否则会降低凿岩机的水冲洗效果，引起卡钎等故障。

2）每周或 70 冲击小时的检查

（1）取下冲洗盖，检查钎尾及连接套、冲洗衬套的磨损情况。在凿岩机的诸多部件中，钎尾、连接套及冲洗衬套等属于易损件，因为它们既要承受来自活塞杆的横向冲击力，又要承受钻杆的径向力，故出现疲劳和损坏的可能性较大。相对而言，其磨损的速度也比其他元件快。如更换不及时，会造成钻杆的旋转力矩下降、冲击行程缩短、冲击功率下降等。所以，必须及时检查和更换。

（2）对蓄能器进行检查。凿岩机在周期性循环的液压油路中，利用蓄能器可将压力油储存起来，使冲击活塞在较小流量的油液作用下获得较高的运动速度，而且在需要保压时，可利用蓄能器储存的压力油补偿油路上的泄漏损失。另外，蓄能器还可以吸收脉动压力和冲击压力，大大减少压力脉动对系统和元件的影响。因此，蓄能器在凿岩机的使用中占有重要的地位，须给予足够重视。在常规的例行保养中要检查以下内容：①用压力表测蓄能器的压力，其高压侧为 5MPa，低压侧为 0.4MPa，不足时应补充油液。②检查蓄能器的注气阀是否有泄漏或破损，蓄能器的紧固螺栓是否松动。其紧固扭矩应为 150N·m，如不足会引起泄漏。另外，凿岩机在日常使用过程中出现下列现象时，须停机检查蓄能器：①冲击功率突然下降并持续降下去，此状况表明蓄能器高压侧的膜片已损坏，须立即停机检修。②凿岩机的液压管路出现明显的抖动，此现象表明蓄能器低压侧的膜片已损坏，须立即停机检修。

3）每工作 500 冲击小时的检查

当凿岩机工作已达到 500 冲击小时时，要对凿岩机进行开机检查与维护，除了严格按照说明书的要求进行拆解和安装外，特别要注意以下几点。

（1）水密封的更换。水密封的作用是防止冲洗水通过机头流进机身内的液压油路中，这种密封带有方向性,在安装时决不能装反,否则水将轻易地通过水密封进入液压系统内,对整个系统造成污染。其正确的安装方法应是将密封的唇口朝里。

在使用过程中还要强调以下两点:①凿岩机不工作时应将机头朝下,这样可防止机头中的水向机身渗漏。②凿岩过程中要正确地调整水压,水压过高会损坏水密封,一般水压最高为1.5MPa。

(2)蓄能器的安装。由于蓄能器在凿岩过程中的重要地位,安装时要注意以下几点:①高、低压侧不能装反。②只能充氮气,不能盲目地用空气或其他气体代替,以免引起爆炸等事故。③检查蓄能器上螺纹的磨损程度,以免引起泄漏。

4)其他注意事项

凿岩机在使用过程中,为了更好地发挥其性能,还须注意以下事项。

(1)根据现场的岩石地质情况及时调整冲击压力和旋转压力。如果这两个压力调整不当,一方面会影响凿岩机功率的发挥,另一方面会影响钎尾和冲击活塞的使用寿命。一般在Ⅳ类围岩的地质情况下,全功率时冲击压力为15MPa,旋转压力为16.5MPa;半功率(开孔)时冲击压力为9MPa,旋转压力为16.5MPa。

(2)选用合适的钻头尺寸。现场施工中,有些用户认为钻头尺寸大一点更能发挥凿岩效率,其实这是个认识误区。如果选用的尺寸超过了所推荐的最大尺寸,会出现旋转马达发烫、钎尾连接套磨损加剧、系统温度升高等情况,不仅不会提高效率,反而会对凿岩机和整个系统造成损坏。对于HL500型凿岩机,建议使用钻头的直径尺寸为64~76mm。

正确的使用和维护对凿岩机是非常重要的。据统计,由于工作压力调节不正确、钎尾润滑不良、蓄能器充气压力不足等引起的故障至少占机器故障总数的50%以上。因此,只有彻底地掌握其相关的使用和维护知识并按章办事,才能保证凿岩机安全、高效地发挥功能。

3.4 液压破碎锤

3.4.1 概述

1. 定义

液压破碎锤是一种冲击振动机具,又称破碎器、碎石器,是在风动锤的基础上发展起来的,自20世纪60年代发明第一台液压破碎锤以来,经过近60年的研究和发展,已经形成为一个庞大的产业。

液压破碎锤是以液压泵为动力源,液压油为工作介质,由液压能转换为机械冲击能的破碎工具。液压破碎锤可以分为手持式与机载式两大类。手持式可以广泛代替风镐作业;机载式与各类液压主机配套,主要与液压挖掘机、装载机、钢厂拆炉机等配套使用,广泛应用于冶金、矿山、铁路、公路、建筑、市政工程、房屋开发等领域,对岩石、混凝土、钢包、炉碴、冻土、冰块、水泥路面、桥墩、楼房等坚硬物进行开采、破碎、拆除等作业。还可以通过变换钎杆,用于铆接、除锈、振捣、夯实、打桩等作业中,获得令人惊叹的高效破碎作业效果,应用领域十分广泛。由于其载体设备的多样性、工作的灵活性及其对劳动生产率的提高所发挥的有效作用,液压破碎锤越来越受到矿山和施工部门的重视,推广前景十分看好,其实物如图3-34所示。

图3-34 液压破碎锤

2. 功用

(1)矿山开采:开山,开矿,格筛破碎,二次破碎；

（2）冶金：钢包，炉碴清理，拆炉解体，设备基础拆除；

（3）铁路：开山，隧道掘进，道桥拆毁，路基夯实；

（4）公路：高速公路修补，水泥路面破碎，基础开挖；

（5）市政园林：混凝土破碎，水、电、气工程施工，旧城改造；

（6）建筑：旧建筑拆除，钢筋混凝土破碎；

（7）船舶：船体除蚌，除锈；

（8）其他：破冰，破冻土，砂型振捣。

3. 发展历程及历史沿革

液压破碎锤的发展始于 20 世纪 60 年代。1963 年德国克虏伯公司（该公司液压破碎锤产品线 2002 年被阿特拉斯·科普科集团公司收购）第一个申请了液压振动设备专利；1967 年生产出世界上第一台车载液压破碎锤并在汉诺威展览会上首次展出。随后许多公司在液压振动设备的发展、设计和测试方面投入了大量的工作，破碎锤得到了长足的发展。

由于车载液压破碎锤可以高效地完成碎石、拆除、公路修补、冻土挖掘、二次破碎等艰苦工作，欧洲和美国的各种车载破碎锤纷纷面世，如 Atlas Copco、Rammer、Montabert、Indeco 等公司都开始研制车载破碎锤。1960 年，日本的 Kada 凿岩公司引进并生产了日本第一台车载气动破碎锤，随后日本液压破碎锤的发展也开始起步，20 世纪 70 年代逐渐发展起来，1973 年甲南公司引进当时德国克虏伯公司的技术开始生产液压破碎锤，接着 Furukawa、NPK、Toku 等公司也相继推出液压破碎锤。20 世纪 80 年代，韩国的破碎锤也继日本之后有了长足的进步，自 1986 年韩国水山公司推出了液压破碎锤之后，相继出现了很多品牌。

4. 国内外概况

1）国内概况

我国液压破碎锤的发展现状总的可概括为：起步晚，发展缓慢。开发研制工作起步于 20 世纪 70 年代，"六五"期间，已列为重点科技项目，1984 年已有液压破碎锤研制项目通过了部级鉴定。从 20 世纪 80 年代初至今，我国的许多单位参与了液压破碎锤产品的研制开发。科研院所有长沙矿山研究院、长沙矿冶研究院、北京科技大学、中南大学等，制造厂有嘉兴冶金机械厂、宣化采掘机械厂、上海建筑机械厂、通化风动工具厂、长治液压件厂、沈阳风动工具厂、岳阳机床厂、哈尔滨液压机械厂、佛山纺织机械厂、马鞍山惊天公司、湖南山河公司等 20 多个单位，有多种型号的液压锤通过技术鉴定。但时至今日，大多数厂家因为产品不能适销对路、质量差等问题，已停产了原来产品的生产。目前长治液压件厂一直坚持生产液压锤，沈阳风动工具厂与日本古河公司生产日本古河 G 系列液压锤，马鞍山惊天公司、湖南山河公司在 21 世纪初开始生产自己商标的液压锤，但规模仍然较小。

最初，我国液压破碎锤制造基本上是从仿制或引进技术开始的，缺乏原始创作。引进的技术往往不是最好的，选择被仿产品有时也不是很恰当，消化吸收能力又不是很强，缺乏继发性创新，并且仿制速度不快。当引进产品或被仿产品在国外已被淘汰，新一代产品已面市时，我们下大力气引进或仿制的产品自然免不了消亡的命运。到 20 世纪 90 年代中期，我国液压破碎锤市场迎来了新的发展时期，液压破碎锤开始在城市建设、道路改造、采石场等领域中普及使用，而且发展迅速。但是由于我国液压破碎锤行业起步晚，没有相关技术研发部门，主要以韩国、日本破碎锤为模本组装，市场较为混乱、品牌众多。

我国现有的液压破碎锤制造厂的数量较 20 世纪已经增加了很多，但大都是中小型企业，其中小型企业占大多数。唯一的一家大型企业是山河智能公司，但是液压破碎锤只是山河智能公司很小的一类产品，另一家较大规模的企业是长治液压公司，但是这两家企业的液压破碎锤在市场上的影响力都不是很大。液压破碎锤整机制造企业中，已经不乏年产超过千台的公司，但是大多数企业产量还不大，还缺乏像德国克虏伯公司、芬兰锐马公司、日本古河公司、韩国水山公司那样的龙头企业。有些企业的液压破碎锤只有型号,根本就没有品牌。而有的液压破碎锤制造厂,既没有品牌,也没有型号,只是简单的代工(OEM)。更有甚者,鱼目混珠,假冒别人的品牌,欺骗消费者。这里所谓的国产破碎锤,基本是模仿国外破碎锤而加工制造的,模仿也是一个重要的发展阶段,还要继续加强消化吸收,精细加工,要在产品的质量、性能与可靠性上,赶上甚至超过被模仿的产品。但是我们不能仅仅停留在模仿这个阶段,要继续发展。液压破碎锤研发工作有以下4个研究方向:

(1) 理论分析研究;

(2) 加工工艺研究;

(3) 材料与热处理研究;

(4) 检测试验研究。

我国液压破碎锤产品在这4个研究方向都有很多工作要做,尤其是(1)(4)两项,非常欠缺,亟待加强。

2) 国外概况

20世纪60年代末期,德国克虏伯公司研制出世界上第一台液压破碎器,当时主要用在城市施工工程。1970年法国Montabert公司首先研制成第1代可用于生产的凿岩机。随后瑞典、英国、美国、德国、芬兰、奥地利、瑞士和日本等国陆续研制出各种型号的液压凿岩机、液压碎石机,并相继投入市场,先后成长发展起一批在该领域中具有强大实力的世界著名企业,如德国克虏伯公司,法国Montabert公司,瑞典阿特拉斯·柯普克公司,芬兰锐马公司,汤姆洛克公司,美国史丹利公司,英格索兰公司,日本古河公司,韩国水山公司等,在世界范围内形成了工程机械行业中的一个新兴产业,生产了数百种液压破碎锤的系列产品,品种繁多、规格齐全,一些先进的产品已经历了好几代的更新。在不断推出新产品的同时,一些大企业为了更好地占领市场,开始了重组和兼并,如英格索兰公司兼并了Montabert公司,锐马公司与汤姆洛克公司合并,阿特拉斯·柯普克公司兼并了克虏伯公司。

德国克虏伯公司基于交变应力波破碎理论,于1999年研制出一种高能效新型破碎锤,

对样机测试发现打软岩的效果很好,打硬岩却不理想,克虏伯公司对此结果不满意,并向同行公开了图纸。此项技术得到同行继续开发,并逐渐应用成熟,2009年欧洲正式推出第一台高频破碎器,由于其优异的产品特性和卓越的破碎效能,很快在欧洲市场引起高度重视,并被市场快速接受,其使用场合与应用领域逐步拓展扩大。目前在国外具有代表性的生产厂商有:西班牙的XCENTRIC、TABE公司,意大利的SOCOMEC公司,日本的FURUKAWA公司,韩国的SEUNGWOO、GB、DAEDONG公司。

5. 发展趋势

从20世纪60年代德国克虏伯公司生产出第一台液压破碎锤以来,液压破碎锤经历了近60年的发展,已经从当初结构复杂、功能单一的形式发展到现在的产品多样化、功能多样化的形式。具体可以归纳为以下几个方面的新发展。

1) 结构形式多样化

现在市场上有纯液压静压驱动型破碎锤、气液联合型破碎锤和氮气爆炸式破碎锤,可以根据需要选择合适的型号。从与承载机的装配上看,有侧板装配形式和箱体式装配形式两种。侧板装配形式的破碎锤,其附加功能一般较箱体形式的要少,且冲击能档次一般是中小型,大冲击能的破碎锤现在一般采用箱体式结构,因为箱体式结构便于采取隔声措施,以降低大冲击能破碎锤工作时的噪声。

2) 产品系列化

根据工作对象的不同,可以选用同一系列不同型号的破碎锤。对于小块、硬度较低的岩石,选用冲击能小的破碎锤;而对于大块、硬度高的岩石,选用冲击能大的破碎锤,这样就可以充分发挥系统的功能,提高能量的利用效率。当然,对于不同的工作对象,还可以选用不同零部件,如对于硬度不同、韧性不同的破碎对象,可以选用不同的钎杆,来达到有效破碎的目的。世界上比较有影响的几家破碎设备生产厂家如克虏伯公司、锐马公司、日本古河公司、卡特彼勒公司等,都是对某一种结构形式的破碎锤进行系列化生产,多的一种系列

有十几种型号。

3）功能多样化、结构柔性化

这一点是破碎锤近年来最显著的变化。现在的破碎锤为了适应现代施工要求，已经从功能单一的破碎设备发展到具有多种附加功能的多功能破碎设备。除了具备破碎功能外，对于大型的破碎锤，可以利用其安装外壳实现简单的搬移功能，从而方便作业。有些破碎锤同时具备陆上和水下作业功能；有的具有自动润滑功能；有的具有防空打功能。现代破碎锤功能的多样化，正是通过其结构配置的柔性化来实现的。以上多种附加功能都可以通过选购相应的功能装置进行配置，使破碎锤在功能上也具有了很大的柔性。

4）智能化

随着液压技术、电子技术、控制技术在工程机械上的不断应用和发展，破碎锤也向着智能化方向发展。通过液压控制技术和电子控制技术，破碎锤能够根据作业对象的不同，自动调节冲击能和冲击频率。破碎锤实现自动调频、调能是破碎锤技术上的一个重大突破，也是破碎锤性能提升和发展的重要方向。

5）环保化

随着人们环境保护意识的增强，对于各种机械的环保要求逐渐提高。欧洲的噪声法规要求破碎锤的制造商必须公布其产品的噪声水平，并要求不能超过某一限值。各主机制造商们不断提高降低噪声和振动的要求。阿特拉斯·柯普克公司所有的产品都是静音的，振动较之以前的产品有了大幅度的下降。山猫公司推出的80系列，汤姆洛克公司推出的新一代中型破碎锤，也都装有减振静音装置。

6）便捷的售后服务

任何产品生产出来后，最终都要走向市场，经受市场的严格检验。在信息化、网络化的服务型社会，产品的售后服务和技术支持是一个不可忽视的重要环节，完善的售后服务和可靠的技术支持也同样是提高产品竞争力的重要手段。国外的几家大公司在这方面都做得非常出色。

3.4.2 液压破碎锤的分类及常见型号

1. 液压破碎锤的分类

根据操作方式不同，液压破碎锤可以分为手持式与机载式两大类型。手持式小型破碎锤质量一般在30kg以下，由人工手持操作，由专用液压泵站提供动力，可以广泛替代风镐作业。机载式大中型破碎锤直接安装在液压挖掘机、液压装载机等主机的臂架上，利用主机动力系统、控制系统以及臂架运动系统工作。机载式破碎锤根据主机是否行走又分固定式和移动式两种类型。

根据工作原理不同，液压破碎锤可以分为全液压式、液气联合式与氮爆式三大类型。全液压式完全依靠液压油推动活塞工作，无初始轴推力。液气联合式依靠液压油和后部压缩氮气膨胀推动活塞工作，目前绝大部分液压破碎锤属于该类产品。氮爆式则完全靠后部氮气室压缩氮气瞬间膨胀推动活塞作功，氮爆锤的活塞形状简单，加工工艺性能好，不设置高压隔膜蓄能器，可以减少加工成本。

根据配流阀结构的不同，液压破碎锤可以分为内置阀式和外置阀式两种类型。内置阀式液压破碎锤的配流阀与缸体合二为一，结构紧凑，通过合理配置参数取消蓄能锤，配制封闭式外壳，可成为静音型破碎锤。外置阀式液压破碎锤的配流阀独立在缸体之外，结构简单，维修更换方便。

此外还有其他多种分类方式，如根据反馈方式不同，可以分为行程反馈式和压力反馈式液压破碎器；根据噪声大小，可以分为低噪声型和标准型液压破碎器；根据外壳形式，可以分为三角形和塔形液压破碎器；根据外壳结构，可以分为夹板式和箱框式破碎器。另外还可以根据钎杆直径进行分类等。

2. 液压破碎锤的型号

液压锤的型号一般由字母和数字组合而成，型号中的字母大多数表示公司的名称，型号中的数字表示特征值，目前市场上主要厂家的产品型号的含义如下。

1) 液压破碎锤型号中的数字表示适用挖掘机的机重(质量)

例如,GB170型号中GB是韩国工兵公司的缩写(General Breaker),数字170表示此型号液压破碎锤适用于机重为170kN(17t)左右的挖掘机,即适用于13~20t质量的挖掘机。以此类推,GB220型和GB290型分别表示工兵公司的产品,适用于挖掘机的质量分别是22t和29t的液压破碎锤。再如,KB1500表示韩国工马公司的液压破碎锤,适用挖掘机质量为15t;SG1200表示韩国广林公司的液压破碎锤,适用挖掘机质量是12t;F1、F2是日本古河公司F系列液压破碎锤,适用挖掘机质量是1t和2t。图3-35所示为GBT130液压破碎锤实物。

2) 液压破碎锤型号中的数字表示适用挖掘机的斗容

例如,SB50型号中的SB表示韩国水山公司生产的液压破碎锤(Soosan Hydraulic Breaker),数字50表示适用挖掘机斗容为0.45~0.6m³,即0.5m³左右,如图3-36所示。以此类推,SB60、SB80分别表示水山公司液压破碎锤,适用挖掘机的斗容分别是0.6m³和0.8m³。再如,GT50、GT100、GT190表示马鞍山惊天液压公司(GIANT)生产的液压破碎锤,适用挖掘机斗容分别为0.5m³、1m³和1.9m³;而D60、D70分别表示大农(Danong)公司的产品,适用挖掘机斗容为0.6m³和0.7m³。

3) 液压破碎锤型号中的数字表示液压破碎锤的质量

例如,IMI260、IMI400型号中的IMI表示意大利意得龙(IDROMECCANICA)公司的产品,数字260和400表示液压破碎锤的质量分别为260kg和400kg,此质量包含机架质量;型号SWH1000中的SWH表示湖南山河公司生产的液压破碎锤,1000表示裸锤质量为1000kg(不含机架质量);型号YC70,YC750中的YC表示液压破碎锤,70和750表示使用质量分别为70kg和750kg。使用质量是一个外来术语,也可译为操作质量,也有称为工作质量的,没有操作质量或工作质量的确切定义;按照字面定义理解为工作时的总质量,包含了锤体质量、机架质量和连接锤质量以及胶管质量。山河SWHB160型液压破碎锤如图3-37所示。

4) 液压破碎锤型号中的数字表示液压破碎锤的钎杆直径

液压破碎锤钎杆是液压破碎锤直接破碎岩石或混凝土的工具,又称为凿杆,也有称为工具的,本书统一称为钎杆。例如,液压破碎锤型号KrB68中,KrB表示韩国高力公司(Koory Breaker)生产的液压破碎锤,数字68表示液压破碎锤的钎杆直径为68mm。以此类推,KrB85、KrB125型液压破碎锤的钎杆直径分别是85mm和125mm。H120、H130是卡特彼勒公司生产的液压破碎锤,其钎杆直径分别为120mm和130mm。韩国高力公司生产的液压破碎锤如图3-38所示。

5) 液压破碎锤型号中的数字表示液压破碎锤的冲击能

例如,型号CB370中的CB表示凯斯公司

图3-35　GBT130型液压破碎锤

图3-36　SB50型液压破碎锤

图3-37　SWHB160型液压破碎锤

图3-38　高力公司生产的液压破碎锤

(Case Breaker)生产的液压破碎锤,数字 370 表示冲击能为 370J 左右。以此类推,CB620、CB2850 表示液压破碎锤的冲击能分别为 620J 和 2850J 的凯斯公司液压破碎锤。再如,PCY300、PCY500 型号中的 PCY 表示通化风动工具厂生产的液压破碎锤,数字 300 和 500 表示冲击能分别为 300J 和 500J。型号 YC2000 中的 YC 表示广东佛山纺织机械厂生产的液压破碎锤,数字 2000 表示冲击能为 2000J。

6) 液压破碎锤型号中的数字仅表示液压破碎锤大小的序列号

一些液压破碎锤型号中的数字无确切的含义,只是厂商给出的一个设计系列号,以区别不同的液压破碎锤。它们共同的特点是型号中数字越大,则质量越大,钎杆直径越大,冲击能越大。例如,S21、E61、G100 均是芬兰锐马公司液压破碎锤型号,S 系列是小型液压破碎锤,E 系列是中型液压破碎锤,G 系列是大型液压破碎锤。型号中的数字是液压破碎锤的序号,没有特殊意义。与此类似,市场上还有 HM60-HM230、HM350-HM780 和 HM960-HM4000,分别表示德国克虏伯公司的小、中、大型液压破碎锤,数字仅是序号而已。锐马公司生产的液压破碎锤如图 3-39 所示。

图 3-39　锐马公司生产的液压破碎锤

3.4.3　液压破碎锤典型机种的结构与工作原理

1. 液压破碎锤的结构

德国克虏伯公司的液压破碎锤就是全液压做功的典型代表,此外还有美国卡特彼勒公司的液压破碎锤、美国蒙特贝特公司的液压破碎锤、芬兰锐马公司的液压破碎锤都是全液压做功。下面以德国克虏伯公司的液压破碎锤为例,介绍这种液压破碎锤的结构特点和最新的研究进展。

这种液压破碎锤通过活塞与柱形配流阀的运动相互控制对方油路的通断,从而实现活塞的高速往复冲击运动。它还配备有一个高压蓄能器,能够起到补油、稳压和缓冲作用。这类产品在大的结构原理上没有太大的差别,主要区别在于特殊的小结构上,而这些小结构在提高产品性能方面却起着非常重要的作用,这些小结构设计的好坏对能否提高产品竞争力有重要影响。

1) 变频装置

变频装置使液压破碎锤运行更合理、更完美,同时使操作更加简便,有手动与自动变频装置两种。根据作业对象的不同,采用不同的冲击频率和冲击能,可以提高能量的利用率和生产效率。

2) 高压气体输送接口

适合不同连接尺寸的高压气体输送接口,可接入高压气体,从而使破碎锤具备水下作业的功能。

3) 自动润滑装置

自动润滑装置直接装在液压锤的外壳上,操作极其简便,并使润滑油的消耗量最经济。

4) 低噪声结构设计

液压锤锤体与外壳之间填有隔声材料,实现了锤体与外壳之间的无声接触,同时还提供可选购的超静音结构,大大降低了液压锤的工作噪声。

5) 超防尘装置

在破碎锤的前缸套中装有特殊的超防尘装置,能够有效地防止灰尘进入锤体,提高了内部耐磨衬套的使用寿命。

6) 减振系统

整个锤体悬置于带预应力的弹性橡胶块上,防止破碎锤在工作过程中对承载机械的损害。

7) 特殊的耐磨材料

在承受高应力的部位采用了高标准的抗磨损材料,提高了缸套的使用寿命。特殊材料制成的钎杆,经过特殊的热处理工艺,使性能提高,可靠性增加。

2．液压破碎锤的分类

1）全液压式液压破碎锤

全液压式液压破碎锤简称全液锤,其结构与工作原理如图 3-40 所示。

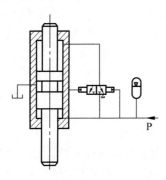

图 3-40 全液锤的结构与工作原理示意图

全液锤活塞前腔常通高压油,当三通阀左右位接通时,后腔接通回油,在前腔压力油作用下,活塞回程,当回程到一定位置时,反馈至三通阀,使三通阀接通左位,后腔接通高压油,此时前后腔皆为高压油。但因后端面积大于活塞前端面积,活塞为冲程。活塞的回程运动和冲程运动皆为液压力的作用,故称为全液压作用式。全液锤的活塞顶部不设氮气室,因此液压锤启动前所需的挖掘机的下压力最小,仅靠液压锤自身的重量就够了。全液锤的活塞冲程中,活塞后腔所需的流量很大,系统供油不能满足冲程时的流量需要,所以一般需在锤体上设置高压蓄能器,以补充活塞冲程时的峰值流量。全液锤在回程运动时,因为没有氮气室的阻力,因此活塞回程速度较快,一般需要设置顺序阀以控制冲击频率。高压蓄能器、顺序阀的设置,使得全液锤的结构较为复杂,加工难度也较大。

大多数的全液锤的结构与工作原理都如图 3-40 所示,但也有少数液压破碎锤是活塞上腔常高压,而下腔变换油压。

2）氮气爆发式液压破碎锤

氮气爆发式液压破碎锤简称氮爆锤,其结构与工作原理如图 3-41 所示。

氮爆锤活塞顶部设置有氮气室,也就是活塞式蓄能器。活塞上腔常通回油,活塞下腔由

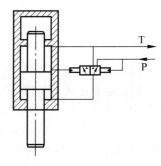

图 3-41 氮爆锤的结构与工作原理示意图

控制阀进行切换,回程时通高压油,冲程时通回油。活塞回程运动时,高压油进入活塞下腔,推动活塞上移,同时活塞顶部压缩氮气室里的氮气,氮气压力上升,液压能转换为气压能而被存储。活塞冲程时,下腔的油路已被切换,从接通高压油转换为接通回油,氮气压力作用于活塞顶部,氮气膨胀做功,同时氮气压力下降,直至回程开始时的最低氮气压力,又开始另一次回程运动。

氮爆锤的优点是活塞形状简单,刚体结构简单,没有纵向的孔道,加工工艺性好,不设置高压隔膜蓄能器,也降低了加工成本。但氮爆锤的缺点也是显而易见的。从工作原理上讲,在活塞冲程阶段,油泵的供油是无路可走的,此时的高压油只能由胶管膨胀来吸收或从高压溢流阀溢出,必然造成液压系统的压力冲击,对油泵、管路造成不利影响,同时引起系统发热。氮爆锤的活塞冲击动作完全靠氮气膨胀实现,为了达到一定的冲击能以满足破碎作业的需要,必然要求氮气充气压力较高,一般大于 2MPa。液压锤开始工作前,挖掘机必须将液压锤压紧,否则液压锤不能启动,而较高的氮气室充气压力,必然造成挖掘机下压困难,甚至使挖掘机机身抬起,一旦启动后,挖掘机又落下,造成振动,对挖掘机有损害。氮爆式液压锤的上述缺点限制了它的使用范围,对小型液压锤,这些缺点的影响尚不明显,而对大型液压锤,这些缺点的影响是严重的。

3）氮气液压联合作用式液压破碎锤

氮气液压联合作用式液压破碎锤,简称气液锤,其结构与工作原理如图 3-42 所示。

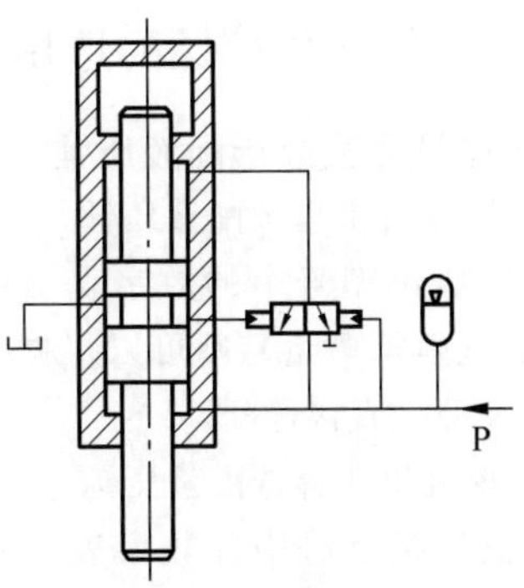

图 3-42　气液锤的结构与工作原理示意图

气液锤的工作原理和全液锤几乎完全一致，但在活塞顶部设置了一个氮气室。气液锤的活塞回程运动是靠液压作用实现的，冲程运动则是靠液压力和氮气膨胀力联合作用实现的。气液锤的活塞顶部都设有氮气室，氮气室充气压力比氮爆式小，一般小于 1.6MPa。小型气液锤都不设置隔膜式高压蓄能器，而大中型液压锤一般要设置隔膜式高压蓄能器。气液锤综合了氮爆锤与全液锤的优点，气液锤所需的挖掘机的下压力比氮爆式小，而比全液锤大。回程时，气液锤的活塞阻力比氮爆锤小，比全液锤大，活塞回程速度比氮爆锤大，比全液锤小，无须专设顺序阀来控制冲击频率。冲程时气液锤的瞬时最大流量比全液锤小，也没有氮爆锤的高压油封闭无出路的现象，因此气液锤的压力脉动比全液锤和氮爆锤都小一些。

当前市场上大多数液压锤都是气液锤。韩国的液压锤几乎都是气液锤，较著名的品牌有水山（SB）、工兵（GB）、工马（KOMAC）、广林（SG）、韩宇（HANWOON）和大运（DAEWOON）等。美国史坦利公司（STANTLEY）、加拿大 BTI 公司（原来的 TELEDYNE 公司）的液压锤，日本东空、东阳、岗田等品牌液压锤，中国马鞍山惊天公司目前销售的液压锤都属于气液锤。

3．液压破碎锤的结构性能

现在市场上气液结构的破碎锤主要有韩国的 JB 液压破碎锤、大运破碎锤、世进（SJ）破碎锤、广林（SG）破碎锤、工兵（GB）破碎锤、工马（KOMAC）破碎锤，日本的古河液压破碎锤，中国的惊天液压破碎锤。这种形式的破碎锤

中，以日本古河公司的产品最具代表性和先进性。下面详细介绍它的结构性能。

（1）古河公司全新的 F 系列破碎锤，有 17 种型号可与自重 1～70t 的各型挖掘机匹配。

（2）对全系列的破碎锤提供标准的安全阀，如果操作压力超过 21～22MPa，液压破碎锤的安全阀会自动启动，保护破碎机免受损坏。

（3）提供标准的防尘装置。经过特别设计的防尘装置能防止尘埃（如岩尘）进入前端罩。前、后端罩均备有空气过滤器及空气防逆阀，能降低活塞运动时引起的抽气作用，发挥自动防尘的功效。

（4）提供可选购的自动加注润滑油装置。标准机内管道可直接注油至前盖及推力套管部分，确保钎杆和套管更持久耐用。此外，可拆除注油嘴并安装专用管路装置，让操作员在驾驶室内利用遥控自动加注润滑油，也可以通过定时器自动加注润滑油。

（5）具有冲击频率调整装置。有手动和遥控两种形式，其中手动变频为标准配置，遥控变频为选购装置。

（6）具有活塞空打防护装置，能够有效地防止和解决空打问题。

（7）可进行道中作业。破碎锤设计的空气压缩管道能防止水、尘埃、泥及砂石进入破碎机主机部分；机架末端装有洒水喷嘴，能冲掉散布于矿井中的灰尘。

3.4.4　液压破碎锤常用产品性能指标

1．瑞典 Atlas Copco 公司 MB1500 型液压破碎锤

MB1500 型液压破碎锤如图 3-43 所示，其技术参数见表 3-10。

1）功能和特点

①Vibro Silenced Plus 系统；②自动润滑；③启动选择；④自动控制；⑤能量回收；⑥冲击室通风。

2）应用

①拆除；②基础工程；③隧道开挖；④沟渠开挖；⑤水下工作；⑥减小采石场孤石尺寸。

图 3-43　MB1500 型液压破碎锤

表 3-10　MB1500 型液压破碎锤技术参数

技 术 参 数	参 数 值
底盘质量	17~29t
自重	1500kg
油流量	120~155L/min
工作压力	16~18MPa
冲击速度	330~680m/s
作业工具直径	135mm
工具的作业长度	630mm
最大液压输入功率	46kW
保证的声功率级	120dB(A)
声压级(点声源至受声点距离 10m)	91dB(A)

2. 山河 SWHB160 型液压破碎锤

山河 SWHB160 型液压破碎锤具有高破碎效率、低作业成本、高可靠性等性能,被广泛应用于城建、采矿、冶炼、交通、水电等工程施工,其技术参数见表 3-11。

表 3-11　山河 SWHB160 液压破碎锤技术参数

技 术 参 数	参 数 值
总质量:三角形/塔形	2850kg/2990kg
全长:三角形/塔形	3080mm/3350mm
宽度:三角形/塔形	625mm/725mm
工作压力	16.5~18.5MPa
工作流量	200~310L/min
钎杆直径	160mm
打击频率/bpm	300~450
配用车质量	32~45t

3.4.5　液压破碎锤的选用原则

1. 根据型号直接选配液压锤

1) 按挖掘机机重选配液压锤

如果液压锤型号中的数字表示了适用挖掘机的机重(整机质量),则可以根据挖掘机机重与液压锤型号直接选配。

2) 按挖掘机斗容选配液压锤

如果液压锤型号中的数字表示了适用挖掘机的斗容,则可以根据挖掘机斗容与液压锤型号直接选配。斗容与液压锤重量有如下关系式:

$$W_h \approx (0.6 \sim 0.8)(W_b + \rho V) \quad (3\text{-}1)$$

式中,W_h——液压锤重量,N,$W_h = W_1 + W_2 + W_3$,其中 W_1 为液压锤锤体(裸锤)重量,W_2 为钎杆重量,W_3 为液压锤机架重量;

W_b——挖掘机铲斗自身重量,N;

ρ——砂土密度,$\rho = 1600\text{N/m}^3$;

V——挖掘机铲斗斗容,m^3。

2. 根据型号间接选配液压锤

如果液压锤型号中的数字表示液压锤的质量,或是表示液压锤钎杆直径,或是表示液压锤的冲击能,一般是根据制造商提供的选型指南表或是同行的经验进行挖掘机的选配。

锤重与钎杆直径这两个参数可以简便地、直接地检验与测量,检测得到的数据是可靠的、稳定的,不随条件与工况的变化而变化,是直接参数、精确参数、硬参数。

如果液压锤型号中的数字表示液压锤的冲击能,直接表明了液压锤的破碎能力,间接表明了所需承载机械的大小。值得注意的是,冲击能的检测是一件非常困难的事,需要各种仪器设备。冲击能不能直接测量,往往要通过电量的测量进行转换,需要专业人员进行采样、标定、计算。冲击能是一个不可靠的参数、检测方法、设备和环境条件不同,检测的结果也不同,甚至相差甚大;冲击能也是一个不稳定的参数,液压锤加工质量不同,工作状况不同,测得的结果也不同,甚至相差甚大;冲击能还是一个间接参数、模糊参数、软参数。因此,用户对于液压锤样本或说明书中所标明的冲击能数字,千万不可轻信,只能作为参考,它们往往是夸大的,没有可靠的试验依据。

美国建筑工业制造商协会(CIMA)所属的机载式破碎锤制造商分会(MBMB)已经制定了液压锤冲击能(IE)测试方法的统一标准,CIMA测试方法对所测液压锤发给冲击能认证书。芬兰的锐马液压锤、美国的 CAT 液压锤、加拿大的 BTI 液压锤和韩国的水山液压锤已获 IE 认证。

3. 液压锤与挖掘机的动力匹配

前面两种选用原则都是液压锤与挖掘机重量的匹配,考虑的是液压锤作业时反作用力要与挖掘机的下压力平衡。除此种考虑外,液压锤所需的油液压力和流量也要与挖掘机供油压力和流量相匹配。所幸的是,目前生产的挖掘机液压泵的流量与压力都能满足液压锤的需要。但是如果超出过多,对液压锤与挖掘机都是有害的,需要调压和选择适当的流量。如果液压泵的压力与流量不足,则液压锤的破碎能力也不足,甚至根本不能工作。

3.4.6 液压破碎锤的使用及维护

1. 液压破碎锤的正确使用方法

正确的操作将有助于破碎工作的快速进行,并大大提高破碎锤的使用寿命。当操作不当时,会使打击的力量无法全然发挥;同时,破碎锤打击力量会反振至破碎锤本体、护板及工程机本身的操作臂等,导致上述部位的损坏。

当操作的幅度过大,导致工程机械前部已举起时,可能会因石块破碎导致工程机械瞬间前倾,使得破碎锤的本体或护板猛力撞击石块而产生损伤。在进行打击工作时,应确认每次操作均为正确的加载;当破碎锤不使用时,应予较完整的检查及维护。

(1)当运行破碎工作时,请确认钎杆着点的方向与击破物的表面为垂直方向,并尽可能随时保持垂直;如与击破物的表面为倾斜状,则钎杆有可能自表面滑开,从而导致钎杆损坏并影响活塞。在破碎时,请先选择适当的打击点,并确认钎杆确实稳固后再进行打击。

(2)当发现油管松动时,立即停止作业。当破碎锤高压或低压软管有过度松动的现象时,请立即停止作业并即时检查及修理。宜同时检查其他地方是否有漏油情形发生,操作员应随时注意打击点的状况。

(3)避免让破碎锤在无目标物状况下空击。当岩石或目标物已击碎时,请立即停止破碎锤的打击动作,持续漫无目标的冲击只会造成前体及主体螺丝松动及受损,更甚者损及工程机械体。

(4)勿以破碎锤推动重物或大石块。工作时勿以护板作为推动重物的工具,这样会造成护板螺丝、钎杆破裂及损伤破碎锤,甚至会使吊臂断裂。

(5)勿将钎杆摇晃使用。破碎作业进行时,如企图将钎杆摇晃使用,主体螺丝与钎杆均会有破裂的可能。

(6)勿将打击动作连续操作 1min 以上。当在同一定点连续打击 1min 以上而未能将目标物击破时,请改变打击的选定点再行尝试。试图在同一定点不断打击只会造成钎杆的过度损耗。

(7)当目标物为较大或较硬的石块时,请选择从边缘处进行破碎作业。不论再大及再硬的石块,从边缘开始打击通常是较容易击破的方式。

(8)操作破碎锤时请选择适当的引擎速度进行破碎作业。通常不当的提升引擎的速度至超过工作所需要的速度时,并不能加强打击力的强度;相反会使液压油温度快速上升,使润滑能力及工作能力下降而损及活塞及气阀。

(9)勿在水中或泥泞地中进行破碎作业。除了钎杆之外,破碎锤的其他部分均不宜浸入水中或泥泞中。活塞及其他功能相近的零件会因此而堆积泥迹,使破碎锤提早损耗。

(10)勿使破碎锤坠落在坚硬的岩石上。当破碎锤快速坠下重击在坚硬石块表面时会引起过度的冲击伤害,甚至会造成破碎锤或工程机械体零件损坏。

(11)勿在工程机械体的液压缸全伸或全缩时进行作业。当工程机械体液压缸全伸或全缩时,若进行打击作业,会使打击振动回振至液压缸体而严重损伤工程机械。

（12）勿以破碎锤作为吊起重物的工具。以破碎锤或钎杆吊起重物不仅会引起机械损伤,同时也是一项很危险的作业方式。

（13）请将机械先行暖机再进行作业。在进行破碎打击作业之前,请预先将工程机械暖机 10min,尤其在冬季,此项程序将有助于作业顺利进行。

2. 液压破碎锤的维护保养

由于破碎锤的工作条件十分恶劣,正确的保养可减少机器发生故障,延长机器的使用寿命。在对液压破碎锤进行维护保养时,除了要及时对主机进行保养外,还应注意以下几点。

（1）外观检查。检查有关螺栓是否松动,各连接销轴是否过度磨损;检查钎杆与其衬套的间隙是否正常,其间是否有油液渗出,如有油液渗出说明低压油封已损坏,应请专业人员更换。

（2）润滑。在作业前及每次连续作业 2~3h 后,应对工作装置的润滑点进行润滑。

（3）更换液压油。液压油质的变化因工作环境的不同而有差异,判断油液好坏的简单方法是观察油质的颜色,当油质转劣的情况极为严重时,应将油液放掉,并在清洗油箱、滤油器后再注入新油。

（4）破碎锤主体为一套包含液压循环系统的精密部件,一般无专用设备的工厂不要自行拆解,必须作委托维修。

3.5 液压凿岩台车

3.5.1 概述

1. 定义

凿岩台车是将一台或几台凿岩机连同推进器安装在特制的钻臂上,并配以底盘,进行凿岩作业的设备。凿岩台车主要由凿岩机、钻臂(凿岩机的承托、定位和推进机构)、钢结构的车架、行走机构以及其他必要的附属设备组成。合理应用凿岩台车是提高采掘速度的重要途径。台车行走机构有轨道式、履带式、轮辐式、挖掘式四种。国产凿岩台车以轨道式及轮胎式居多。

液压凿岩台车是以高压液压油为工作介质的强力钻岩设备,潜孔钻车,它具有体积小、质量轻、钻速快、振动小、噪声低、耗能少、操作灵活方便、故障率低、使用寿命长、工人劳动强度低等优点,可广泛用于大理石、花岗岩、金属矿、煤矿及非金属矿的开采工作中,也可用于地质勘探、坑探、巷道掘进以及采石、水电、铁路、港口、基地、基建、国防工程中钻凿炮眼,还可用于城市拆除旧建筑物实现控制爆破,其工作效率是风钻的 5~10 倍,能耗却只有风钻的 1/3。履带式液压凿岩台车是取代风钻的理想工具。

液压凿岩台车不同于其他类型的凿岩台车,具有以下特点。

（1）以单一的高压液压油为动力介质,与钎杆、钻头配套后,可钻凿水平、垂直、倾斜等多方位爆破孔、预裂孔和锚索(杆)孔。

（2）采用柴油机提供动力,启动维护方便,性能更可靠。液压马达有多种可换性。

（3）设备性能先进,凿岩效率高。在普氏 7.6 度花岗岩上钻 $\phi40mm$ 的孔时,钻孔速度为 $1m/min$。

（4）无须把凿岩机从挖掘钻车上拆下,便可把凿岩机作 $360°$ 的转装,每步 $22.4°$,安装臂长度可改变(纵向钻岩)。

（5）爬坡能力大,对崎岖不平的路面适应性强,凿岩作业稳定性好,使用寿命加倍,综合性能高,使用成本低。

2. 功用

我国正处于社会经济大发展的重要时期,国民经济结构中基础设施建设一直占有举足轻重的地位。近些年来,在工程建设的众多技术领域中隧道和地下工程技术十分突出。从最近几年的建设规模和速度来看,铁路隧道和公路隧道分别以每年约 300km 和 150km 的建设速度增长。正在规划、设计和建设中的南水北调、西气东输和水电工程、LPG 工程,也为隧道和地下工程事业的发展带来了新的、更大的机遇。从隧道和地下工程的数量、规模和建设速度来看，我国堪称世界之最。在这些隧道中，中硬岩隧道占相当大的比例。采用的主要钻眼方法有人工手持风枪配简易台架钻眼法、凿岩台车钻眼法和隧道掘进机法。凿岩台车钻眼法在我国于20世纪80年代的长大隧道施工中被广泛应用，但90年代以后，人工手持风枪配简易台架钻眼法又再次广泛应用。对隧道施工而言，开挖是施工成败的关键。人工手持风枪配简易台架钻眼法成本较低，但是工人劳动强度大、劳动环境恶劣、施工效率较低；凿岩台车有钻孔速度快、能缩短非钻孔时间、自动化程度高、施工安全、施工质量高、隧道开挖作业工作环境较好、施工作业的机械化水平较高、能实施超前钻孔技术等优点。

在交通道路、地下建筑、地下资源开采等工程项目中，隧道开凿是一项重要内容。钻孔爆破法是隧道开凿的传统施工方法，迄今为止，在国内外隧道施工中仍占据主要的地位。这种施工方法由钻炮孔（通常3～5m深）、填装炸药、控制爆破、通风排气、运出碎石等一系列过程构成。高效的隧道开凿要求爆炸轮廓与目标轮廓尽量接近，爆炸对周围岩石的损伤尽可能小，这就要求有适合于实际岩石条件的设计精巧的钻孔方案、正确的钻车导航、精确的钻孔、准确的炸药用量、正确的爆破时间顺序等。

液压凿岩台车是钻爆法隧道施工的必备工程装备，其主要作用是钻炮孔，有时也用于钻锚孔。凿岩台车与其他工程装备一样，在不断的工程实践中、在用户不断的高要求中逐渐成熟和完善，其蕴含的技术水平也与科学技术的进步相适应，随时代在不断发展。

凿岩台车的种类很多，按驱动方式不同，可分为液压凿岩台车和气动凿岩台车；按用途不同，可分为露天凿岩台车和井下凿岩台车；按行走机构不同，可分为轨轮式凿岩台车、轮胎式凿岩台车和履带式凿岩台车；按安装凿岩机的台数不同，可分为单臂凿岩台车、两臂凿岩台车和多臂凿岩台车。

液压凿岩是硬岩凿岩技术发展的重大成

就之一，由于液压凿岩台车具有自动化程度高、能耗低、污染少、经济和社会效益明显等优点，近几年使用液压凿岩台车来打眼装药的数量也越来越多。尤其在一些大型水电、矿山等大断面的岩石掘进开挖工程中，为了提高作业效率，保证工程进度，液压凿岩机及凿岩台车有着不可替代的作用。

例如，BOOMER282型液压凿岩台车是一种高性能、装备完善的双臂隧道开挖凿岩台车，用于中型隧道和采矿作业，其实物如图3-44所示，技术参数见表3-12。

图3-44　BOOMER282型液压凿岩台车

表3-12　BOOMER282型液压凿岩台车技术参数

技术参数	参数值
穿孔覆盖面积	可达45m²
钻臂	2×BUT28
凿岩机	2×COP1238ME
钻进系统	DCS12
长度	11820mm（配备BMH2843推进器）
最小/最大高度	2300mm/3000mm
质量	17500kg

图3-45为液压凿岩台车的液压系统总图，主要由转向制动液压系统、支腿液压系统、凿岩机DCS12系统、钻臂及其变幅液压系统等组成。每个凿岩机和钻臂配一套泵和一个控制盘；凿岩机（COP1238）的冲击机构，推进以及定位由A10V71压力补偿轴向柱塞泵供油；C40齿轮泵仅用于凿岩机的旋转马达。

3．国内概况

为了填补国产露天全液压钻机的空白，宣化采掘机械厂与中南大学等单位合作，于1987年研制了KZL-120型露天液压钻机，装配广东

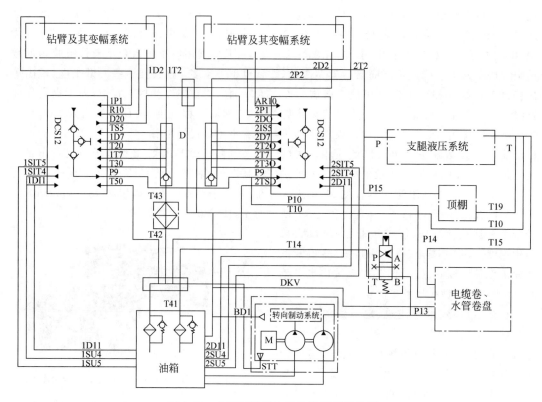

图 3-45　全液压凿岩台车的液压系统总图

有色冶金机械厂制造的 YYG250A 型重型液压凿岩机,由贵阳钢厂提供钎具,可 4 钻孔径为 56～120mm,爆破孔最大孔深可达 25m;当孔径为 89mm 时,在坚硬的岩石($f=12\sim14$)上凿孔速度可达 1.2m/min。

综上所述,我国液压凿岩机的发展走的是一条自主研发与引进消化国外先进技术相结合的道路,经过几十年的发展与探索已经初步形成了自己的产品规格与系列,达到了一定水平。但大多数厂家生产的液压凿岩机稳定性指标均在 500m 左右(不拆机检修),而世界先进水平的瑞典产品则规定为 6000m。国内只有中国地质大学生产的 DZYG38B 型液压凿岩机样机的工业性试验才能达到这一世界水平的指标。

因此,国内液压凿岩机与国际先进水平尚存在很大差距,引进机型尚未完全国产化,其关键零部件仍依赖进口。我国在有使用条件的矿山(梅山、镜铁山)、煤矿、采石场、隧道工程中逐年引进大量的液压凿岩机及配套钻车。目前我国一些矿山、交通隧道、水电等大型工程所用液压凿岩设备的首选仍然是瑞典 AtlasCopco、芬兰 Tamrock(现属 Sandvik)等国外大型知名公司的产品。

我国 20 世纪 80—90 年代研制并通过国家鉴定的 12 种液压凿岩机除 3 种为测绘仿制国外当时市场销售的机型外,其余都是我国自行研制的。它们在结构上一般采用独立转钎机构,活塞运动行程可调,有防空打缓冲装置;其配流机构普遍采用有阀式,芯阀及套阀均有。不论采用何种配流阀,按配流方式又有双面回油和单面回油两种,它们各有特点,根据各研制单位的传统决定。由于它们利用高压液体驱动,采用与钎尾直径接近的细长活塞,冲击能高,且改善了活塞对钎杆的能量传递,可获得较同级别气动凿岩机高 1～2 倍的凿岩速度,钎具寿命也相应延长 50％～100％,操作工人的作业条件也明显改善。

瑞典和法国等国早在20世纪70年代末就对使用液压凿岩设备与气动凿岩设备的能耗和每米炮孔的成本作过对比,它们的比值分别为1∶3.85和1∶1.3。近几年,我国在铁道、水电及矿山部门使用的统计资料和对比数字也证实了这一点。从上述可以看出,我国的液压凿岩已达到了一定水平。

国内的液压凿岩机与国际先进水平尚存在很大差距,且引进产品现在尚未完全国产化,其关键零部件仍依赖进口。

究其原因主要有如下几个问题没有完全解决好:

一是高速、高压下的密封结构和支承活塞运动的前、后导向套的结构;

二是活塞、钎尾、导向套和密封材料的选择与应用,以及材料热处理和高精度加工;

三是蓄能器隔膜的材料及寿命等。从而导致零件寿命低,密封不可靠,内外泄漏严重,以及活塞研缸和导向套咬合等故障,造成国产液压凿岩机可靠性指标下降。

我国20世纪80—90年代共研制鉴定了10种型号全液压钻车。它们是:CGJ2Y、CSJ2、CTJY10-2、YCT1、LC10-2B(仿CTH10.2F)、CTJY12-3(仿H170)、CGJS.2YB、CGJ25.2Y、CGJ450-2Y和KZL120。除其中两种为参照国外产品外,其余8种均为结合我国国情研制的:YCT1为轮胎行走的采矿深孔钻车,KZL120为履带式露天钻车,其余均为掘进钻车。三种轨轮行走的小断面钻车已销售20余台,是目前完全自行研制液压钻车销售推广最多的。投入小批量生产的是YCT1型采矿钻车。这些钻车的液压系统大都设计合理,既保证了液压凿岩机效能的充分发挥,又满足了采掘工艺凿岩作业的需要;钻臂和推进器等部件布置合理,外形新颖美观,运转可靠,操作灵活方便。尤其是井下掘进钻车上的液压钻臂工作范围大,如同多功能的机械手,可灵活地上下仰俯,左右摆动,并可伸缩,钻臂上的凿岩机推进器导轨也可灵活地上下仰俯,左右摆动和

伸缩,有的还可翻转180°,使凿岩机紧靠周边;有的导轨除可翻转外还可在既定轴线的条件下,再固定外倾一个小角度,便于钻边孔,更好地控制开挖规格;钻臂上的凿岩机可以在纵横平面上自动平移,最大限度地消除钻孔死区。为了填补国产露天全液压钻机的空白,宣化采掘机械厂与中南大学等单位合作,生产的设备仍配用KQ150型潜孔钻机底盘,动力采用电力驱动,行走速度慢,结构复杂,功率消耗大。随后,中南大学在KZL.120型基础上又开发了内燃驱动的履带式露天全液压钻车,其零部件全部采用国产件和近年来引进技术生产的配套件。此外由天水风动工具厂引进的Atlas Copco公司技术生产的TROC712H和TROCS12H型履带式露天全液压钻车1989年接受用户订货。在隧道凿岩机器人研究方面,北京科技大学于1993年完成了钻孔过程计算机控制寻优的实验室研究,而中南大学早在1986年就进行了学习再现式凿岩机器人的实验室研究工作,实现了钎杆定位、凿孔(轻打、重钻)、自动防卡钎、退钎等工作的计算机控制。近几年又完成了凿岩机器人运动学及动力学模型、孔序规划、车体定位控制等一系列的研究成果。这些成果不是照搬国外技术,不但在机构上有创新,而且形成了有特色的自成体系的理论研究和设计方法,力求改变在众多的重点工程中,几乎是国外设备一统天下的局面,填补了我国全液压自动化钻车研究的空白。

1998年上半年,国内包括两名院士在内的专家学者两次云集长沙,对中南大学隧道凿岩机器人的研究成果进行评审,获准列入国家"863"计划,并进入实用化和产业化阶段。综上所述,国产全液压钻车的各项技术性能都能基本满足各工程部门施工的需要。但由于种种原因,对于凿岩设备的发展缺乏统一规划,规格品种少,已开发的产品中品种多有重复,力量和资金分散,没有获得应有的投入效果。加之产品"三化"程度低、产品质量和可靠性不够稳定,就整体上说仍与国外同类先进全液压

钻车存在着一定差距,因而亟待进一步加大发展力度。

尽管我国已进行了多种型号的液压凿岩设备的技术引进,但品种不齐,规格不全,且大都停留在仿制的水平,远远不能满足我国工程部门的需求,加之我国的经济实力也不宜大量购买进口设备。因而,有必要进一步加快消化吸收引进技术的步伐,研制满足工程需要的性能先进和工作可靠的新型液压凿岩设备,以提高国产化水平,并大大降低工程投资。为此,结合我国实际情况,在消化引进技术,研制发展各施工部门所需各种功能的无轨全液压凿岩设备的同时,进一步开发有轨的全液压凿岩设备,解决量大面广的中小矿山的迫切需要,实属刻不容缓的任务。

首先,因为我国是发展中国家,经济实力还较薄弱,因此研制方向应符合我国国情,其操作功能和配套设备应优先考虑其实用性。就我国目前绝大部分操作工人的技术水平和经济实力而言,应根据市场需要选准方向,优先研制操作简单方便和价格低廉的全液压凿岩钻车。如全液压露天钻车的发展重点应该放在相当于 Atlas Copco 公司的 ROC712HC 型钻车上。这种钻车的主要特点是:内装有空压机,机重 10t 左右,通过配用直径 32、38 和六角 45mm 的钎杆,可以钻直径 48～115mm 的孔,基本上满足各种露天施工的要求。

其次,应优先考虑产品的可靠性。一些关键部件特别是液压元件的选型完全可以采用进口产品,从而提高国产全液压钻车的产品质量和可靠性,降低设备的故障率。同时。加强对液压凿岩机活塞、钎尾和钎具的材质及热处理工艺研究,为使用部门提供经久耐用的优质液压凿岩机和钎具,以降低钻孔的成本,也有利于提高用户对国产液压凿岩设备的信任度。

再次,开展产品零部件的"三化工作"。各研制单位必须遵循行业的统一规划,开展钻臂、推进器、底盘及操作系统等主要部件的"三化"工作,以便有利于发展系列产品和变型产品,从而扩大产品市场覆盖面,缩短产品的研制周期,降低产品的研制费用,确保产品的质量。对于引进产品,实现"三化"也可以加速产品配套件的国产化进程。因此,各研制单位应从长计议,携手合作,组织强有力的技术力量去开展这方面的工作,并积极采用国际标准。

最后,加快我国隧道凿岩机器人的研制步伐。我国有关部委院校及科研院所已建立起一支从事液压凿岩设备研制的队伍,在液压凿岩设备的研究与开发方面已积累了丰富的理论和实践经验,尤其是在恶劣条件下的控制器设计、计算机应用和系统集成方面获得了许多成功的经验,为隧道凿岩机器人的研制提供了可靠的保证。同时还可以从国外隧道凿岩机器人相当成熟的技术中得到有价值的借鉴和启发。

4. 国外概况

国外的液压凿岩台车技术日趋成熟,产品不断完善,品种规格齐全,使用日益广泛。现在世界上凿岩台车生产厂家竞争的核心产品是全液压凿岩机,而台车的作用是使液压凿岩机的优越性得以充分发挥。世界著名公司液压凿岩台车的研发情况如下:

1970 年,法国蒙塔贝特公司制造出世界上第一台液压凿岩机 H50 型,将其装配在液压台车上用于矿山钻孔,取得了延续钻孔 14000m 的优异成绩;同年,法国塞科马公司生产出 RPH35 型液压凿岩机。1973 年,瑞典阿特拉斯·科普柯公司研制出 COP1038HD 型掘进用液压凿岩机,随后又生产了 COP1238 型液压凿岩机。1986 年,阿特拉斯·科普柯公司推出了第二代 COP1440 和 COP1550 型等新型高速液压凿岩机,它们的凿岩效率比 COP1238 提高了 1 倍。最新推出的 COP4050 型重型液压凿岩机,其冲击功率高达 40kW。与之配套的 SimbaH4000 系列全液压钻车,用于地下深孔采矿凿岩,钻凿孔径 89～127mm,达到了传统的潜孔冲击器的工作范围。1977 年,日本东洋工业公司研制出 TH-350 型液压凿岩机,1979年将液压凿岩机安装在 THCJ-2-AD 型液压钻车上,试验采用计算机控制、无人操作的全自动化凿岩作业。1977 年,日本古河矿业公司推出 HD100 中型和 HD200 重型液压凿岩机,曾把液压凿岩机安装在有 9 个钻臂的大型液压钻车上,取得了满意的效果。无论是井下或露天,掘进或采矿,都有相应的液压凿岩机供选用。例如,芬兰 Tararock 公司 20 世纪 80 年代初生产的液压凿岩机只有 3 个系列,目前该公司的产品已发展到 7 个系列,从小型手持式到超重型,品种规格齐全。在发展回转-冲击式产品的同时,适用于软岩上钻孔的纯回转液压凿岩机也得到相应的发展。尤其是瑞典 Atlas Copco 公司能够灵活地根据用户的某些特殊要求,在基型产品上稍加改进,就可以组装成专用产品,产品上的配套部件可随不同地区和国家的不同环境而改变,并有很多供选用的附件,如集尘器、卷扬机、行走和凿岩控制摇臂、低冲击压力机构、机械换钎机构、炮孔角度测量仪等。目前国外各公司推出的一般都是第二代、第三代甚至第四代产品。

在轻型产品的研制中,大量采用塑料件来减轻整机的质量。液压凿岩机的外壳等多采用精密铸造,从而使机器的结构紧凑、布局合理、外形也较美观。各公司液压凿岩设备的钻臂、推进器和操作系统等主要部件都已实现标准化和系列化,适用范围广,零件通用率高,可根据用户的不同要求组装成各种型式的钻车,实现了品种的多样化,同时缩短了产品设计周期,产品更新换代快。

随着液压控制和电子技术的发展和应用,凿岩循环已实现自动化,即自动开孔、防卡钎、自动停机、自动退钎、台车和钻壁自动移位、定位以及遥控操作系统等,这种全自动钻车称为凿岩机器人。由于这类凿岩机器人主要用于隧道的开挖,故又将它称为隧道凿岩机器人。先后有挪威、日本、法国、美国、英国、德国、芬兰、瑞典及苏联等国家的许多厂家积极参与了

这项工作。仅挪威就有 Bever 公司、电子公司、Furuholmen 公司、AWV 公司和工程合同公司等众多的公司参与竞争,其中工程合同公司率先从 1972 年开始进行这项研究,1978 年即拿出基本可使用的隧道凿岩机器人样机。Bever 公司开发的软件最为出色,该公司开发的 Bever 全自动数据导向系统(包括专用的配套控制硬件)已为多个国家的隧道凿岩机器人生产厂家所采用。日本东洋公司也早在 1982 年开始研制成 AD 系列两臂和四臂凿岩机器人。法国 Montabert 公司在 20 世纪 80 年代已推出 6 种 Robofore 型凿岩机器人。瑞典 Atlas Copco 公司和芬兰 Tamrock 公司生产的液压凿岩设备占全世界产量的一半以上,尽管它们不是凿岩机器人的率先研制者,但凭借它们在这个领域中的实力,也先后在 1985 年和 1987 年研制成功 RobotBoom 系列和 Datamatic 系列凿岩机器人。这类凿岩机器人装备有两级分布式计算机管理和控制系统,可完成离线编制炮孔布置程序,编制炮孔表、钻孔顺序表,其信息可存储、打印以及传输到钻臂控制系统,分别控制每个钻臂动作,以保证钻臂定位准确、控制炮孔布置及炮孔精度,显示器可显示钻臂方向、炮孔布置状况、凿岩速度和进尺等。控制方式一般有两种:一是自动控制;二是遥控操作控制。

随着凿岩台车应用越来越广泛,人们对凿岩台车提出了一系列要求,如要求其零件的通用性高,以便根据用户的不同要求进行组装;产品的更新换代要快,设计周期要短。目前世界上各大公司液压凿岩台车的钻臂、推进器和操作系统等主要部件都向着标准化和系统化方向发展。国外大型台车有定型和非定型两类,都有各自的应用场所。定型台车的工作断面规格、钻臂及其布置,凿岩机、推进器配套规格,钻臂安装基座构件形式,钻车底盘等均是定型的,当定型钻车不能满足工程现场的要求(主要是工作断面、凿岩生产率和臂数不足)时,则采用专门设计的非定型钻车。

它的主要工作部件如钻臂、凿岩机、推进器等与定型钻车都是通用的,不同之处在于根据用户对掘进尺寸、形状、掘进速度等不同的要求选配钻臂数、钻臂在断面的布置、安装基座构件形式、底盘形式、举升工作平面数量、液压系统等。

　　凿岩台车的另一个多样化的发展趋势是大型化和小型化。在30m² 及其以上的大断面隧道作业中采用多钻臂大型台车,如日本古河矿业公司设计制作的9钻臂大型液压台车,台车上装有8台HD100型和1台HD200型液压凿岩机。在工作面上9钻臂凿岩机同时钻孔,能够有效地加快工程进度。我国衡广复线大瑶山铁路隧道断面为85m²,采用日本三井造船艾姆克公司设计制造的7钻臂轨轮行走龙门式大型台车,台车上安装了7台法国RPH400型液压凿岩机,台车质量达113t,钻孔深度可达3.5m。为了在断面为4~10m² 的掘进巷道

中进行凿岩工作,法国、瑞典、英国、芬兰等国先后推出了小型自行台车,钻孔深度为2m左右,最深可达3.9m。小型液压台车上仅安装一个钻臂,不采用复杂的自控系统,操作简单方便。如法国的微型德尔利CMM500HE型台车仅为0.8m,高度不超过1.9m;法国塞科马ATH12-1FD4型台车仅为1.3m,质量为3~5t,一般不超过7t。小型台车扩大了液压凿岩机的使用范围,提高了井下采掘工程的台车化水平、工作效率及作业安全性。

3.5.2　液压凿岩台车典型产品的结构组成及工作原理

1. 液压凿岩台车的总体结构和工作原理

　　根据平巷掘进作业和钻孔布置的要求,以CGJ-2Y型全液压凿岩台车为例,说明液压凿岩台车的结构组成和工作原理,如图3-46所示。

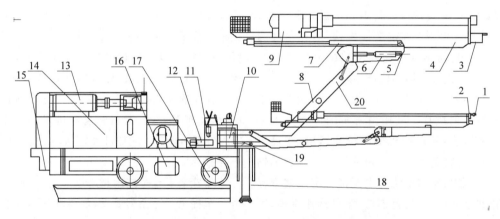

图 3-46　CGJ-2Y 型全液压凿岩台车结构示意图

1—钎具;2—托钎器;3—顶尖;4—推进器;5—托架;6—摆角液压缸;7—补偿液压缸;8—钻臂;9—凿岩机;
10—转柱;11—操作台;12—摆臂液压缸;13—电动机;14—电气柜;15—后支腿;16—滤油器;
17—行走装置;18—前支腿;19—支臂液压缸;20—俯仰液压缸

　　凿岩台车钻臂8的运动方式为直角坐标式。利用摆臂液压缸12可使转柱套及铰接在其上的钻臂8与支臂液压缸19绕转柱10的轴线左右摆动。利用支臂液压缸19可使钻臂8绕铰点上下摆动,从而使用托架5铰接在钻臂8前端的推进器4作上下左右的摆动。推进器4亦可借助俯仰液压缸20和摆角液压缸6作

俯仰和左右摆动运动。推进器4可使安装在推进器滑架上的液压凿岩机9前进或后退。凿岩时,推进器4将给凿岩机9以足够的推进力,借助由支臂液压缸19、推进器4、俯仰液压缸20和摆角液压缸6以及相应的液压控制系统等组成的液压平移机构,可以获得相互平行的钻孔。单独控制俯仰液压缸20和摆角液压缸6

时,可钻凿具有一定角度的倾斜孔。通过翻转液压缸使推进器4绕液压缸的轴心线翻转,以便获得靠近巷道两侧和底部的钻孔。通过上述各机构的相互配合,即可在巷道断面内的任意部位钻凿各种方向的钻孔。在推进器4的前方安有钎杆托架2和顶尖3,借以保持推进器工作时的稳定性。补偿液压缸7可使顶尖3始终与工作面保持接触。在台车车体上还布置着油箱与油泵站、操作台、车架与行走装置,以及液压、供电、供水、供气等系统。为使车体在工作时保持平衡与稳定,在车体上还装有前、后支腿18与15。

2. 液压凿岩台车的工作机构

液压凿岩台车的工作机构主要由推进器、钻臂、回转机构、平移机构组成,如图3-47所示。

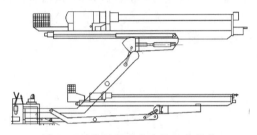

图3-47 液压凿岩台车的工作机构

1) 推进器

推进器主要有钢绳活塞式、风马达活塞式、气动螺旋副式3种。推进器的作用是在准备开孔时,使凿岩机能迅速驶向(或退离)工作面,并在凿岩时给凿岩机一定的轴推力。推进器的运转应是可逆的,推进器产生的轴推力和推进速度应能任意调节,以便使凿岩机在最优轴推力状态下工作。钢绳活塞式推进器如图3-48所示。

2) 钻臂

钻臂是支撑凿岩机的工作臂。钻臂的结构和尺寸、钻臂动作的灵活性和可靠性等,都将影响台车的适用范围及其生产能力。

(1) 液压凿岩台车钻臂具有以下特点和性能要求:

① 能将液压凿岩机送至隧道掌子面的各个炮孔位置且盲区越小越好,这就对其长度提出了要求。

② 要求钻臂能将凿岩机准确迅速地定位到隧道掌子面各炮孔位置,节省定位时间,提高生产效率,因此对其灵活轻巧提出了要求。

③ 要求钻臂在凿岩过程中剧烈的凿岩冲击反力的作用下能保持稳定性,不会在凿岩冲击反力的激励下产生过大的位移响应而影响正常的凿孔过程和成孔质量。

(2) 按照动作原理,钻臂可分为直角坐标钻臂、极坐标钻臂和复合坐标钻臂三种形式。

① 直角坐标钻臂。直角坐标钻臂具有钻臂的升降和水平摆动、托架(推进器)的俯仰和水平摆动及推进器的补偿运动等基本动作。CGJ-2Y型凿岩台车为直角坐标钻臂,这些动作分别由支臂液压缸19、摆臂液压缸12、俯仰液压缸20、托架摆角液压缸6和补偿液压缸7来实现,如图3-46所示。

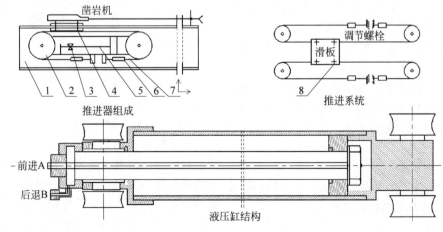

图3-48 钢绳活塞式推进器

1—滑架;2—导向滑轮;3—液压缸;4—滑板;5—活塞杆;6—调节螺栓;7—钢索;8—U形螺栓

直角坐标钻臂的优点是简单,易设计、生产和操作;缺点是不够灵活、直观,有死角,在实际生产中已基本被淘汰。

②极坐标钻臂。如图3-49所示,极坐标钻臂是指钻臂2可以围绕安装在车架前端的某一水平轴线旋转360°。支臂液压缸3改变钻臂与水平面的夹角。按布孔的要求,只需使钻臂2升降和旋转,托架4俯仰和推进器5补偿即可实现。

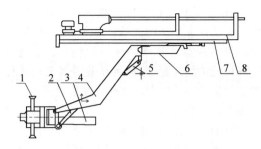

图3-50 复合坐标钻臂

1—齿轮液压缸;2—支臂液压缸;3—摆臂液压缸;4—主钻臂;5—俯仰液压缸;6—副钻臂;7—托架;8—伸缩式推进器

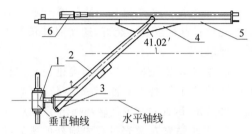

图3-49 极坐标钻臂

1—回转机构;2—钻臂;3—支臂液压缸;4—托架;5—推进器;6—凿岩机

极坐标钻臂的结构和操作程序较直角坐标钻臂均有所简化,液压缸数亦有所减少。这种钻臂可用以钻凿直线掏槽孔,亦可在贴近顶板、底板和侧壁处钻孔,从而大大地减少凿岩盲区。但仍存在一定盲区,操作时直观性较差,司机看不到钎杆的运转情况,不易及时发现和处理凿岩时发生的故障。

③复合坐标钻臂。复合坐标钻臂既能在直角坐标内自由运动,又能绕某一轴旋转360°,如图3-50所示。有主、副两个钻臂4和6。借助齿轮液压缸1、支臂液压缸2、摆臂液压缸3和俯仰液压缸5等的调幅动作,可以钻出所需的钻孔,克服凿岩盲区。

复合坐标钻臂综合了直角坐标钻臂和极坐标钻臂的特点,既能钻凿正面孔,又能钻凿两侧任意方向的孔和垂直向上的锚杆孔及采矿用孔。

3)回转机构

回转机构主要可分为摆动式转柱、螺旋副式转柱、极坐标钻臂回转机构3种。

(1)摆动式转柱

摆动式转柱主要用于直角坐标钻臂

(图3-51),其结构特点是在转柱轴3外面有一个可转动的转柱套2。钻臂下端部和支臂液压缸下铰分别铰接于转柱套2上。当摆臂液压缸1伸缩时,使转柱套2绕轴线转动,从而带动钻臂左右摆动。摆动式转柱结构简单、工作可靠、维修方便。

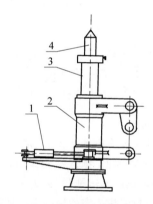

图3-51 摆动式转柱

1—摆臂液压缸;2—转柱套;3—转柱轴;4—稳车顶杆

(2)螺旋副式转柱

螺旋副式转柱主要用于极坐标钻臂,其结构特点是转柱本身即是一个内部带有螺旋副的液压缸,如图3-52所示。

(3)极坐标钻臂回转机构

极坐标钻臂回转机构采用齿条传动活塞液压缸结构。如图3-53所示,由轴齿轮5、活塞杆齿条6、液压缸2、液压锁1和回转机构外壳等构成。钻臂借助连接器与中空齿轮5相连,当向液压缸一侧供油时,随着活塞的移动,通过齿条使齿轮转动,从而带动钻臂转动。为平

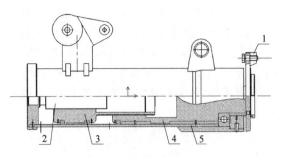

图 3-52　螺旋副式转柱

1—车架；2—螺杆；3—移动螺母活塞；4—轴头(固定)；
5—转柱套(缸体)

衡齿轮的受力状态和提高其运转的稳定性，多采用双缸结构。

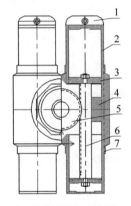

图 3-53　极坐标钻臂回转机构

1—液压锁；2—液压缸(固定)；3—活塞(移动)；4—衬套；5—齿轮；6—齿条；7—导套

极坐标钻臂回转机构的主要特点是结构紧凑，外形尺寸小，运转工作平稳而灵活，钻臂可绕自身轴线旋转360°，主要用于复合坐标钻臂。

4）平移机构

在台车中常用的平移机构有机械式平移机构和液压平移机构两大类。属于机械式平移机构的包括剪式、平面四连杆式和空间四连杆式等；属于液压平移机构的包括无平移引导液压缸式和有平移引导液压缸式等。剪式平移机构因外形尺寸较大、机构繁冗和凿岩盲区较大，已被淘汰。

（1）平面四连杆式平移机构

常用的有内四连杆式和外四连杆式两种，两者工作原理相同，只是因四连杆机构安装在钻臂的内部或外部而有所区别。

内四连杆式平移机构如图 3-54 所示。当钻平行孔时，只需将俯仰液压缸 3 处于中间位置即可。此时，因 $AB=CD$、$BC=AD$，构成四边形 $ABCD$ 的四个连杆实质上是一个平行四边形杆件系统。其中 AB 杆垂直于车架，CD 杆垂直于推进器水平轴线。当通过支臂液压缸 4 使钻臂升降时，AB 杆与 CD 杆始终保持平行，使推进器的轴线亦始终保持平行状态，从而获得一组相互平行的钻孔。当钻倾斜孔时，只需向俯仰液压缸 3 的任一侧输入压力油，使连杆 2 伸长或缩短，即可获得相对应的向上或向下的倾斜钻孔。

（2）空间四连杆平移机构

如图 3-55 所示，棱柱形体的空间四连杆平移机构是由 MP、NQ、OR 三根相互平行而长度相等的连杆，通过球铰与两个三角形端面相连接构成的，该棱柱体即是钻臂。当钻臂在支臂

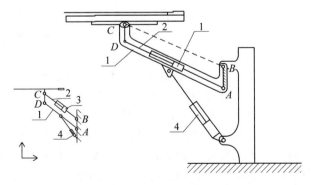

图 3-54　内四连杆式平移机构

1—钻臂；2—连杆；3—俯仰液压缸；4—支臂液压缸

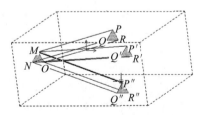

图 3-55　空间四连杆平移机构

液压缸作用下升降时,利用棱柱体的两个三角形端面始终保持平行的原理,铰接的活动端使推进器始终在垂直平面与水平平面内平移。

（3）有平移引导液压缸的液压平移机构

有平移引导液压缸的液压平移机构如图 3-56 所示,其原理是使平移引导液压缸 2 与俯仰液压缸 5 作并联连接。当钻臂 1 在支臂液

压缸 4 的作用下升起（落下）一个角度 $\Delta\alpha$ 时,平移引导液压缸 2 的活塞杆即被拉出（缩回）。此时,引导液压缸 2 某腔中的压力油经油路排入与俯仰液压缸 5 相连通的腔中,并使后者的活塞杆缩回（伸出）,从而使推进器下俯（上仰）$\Delta\alpha$ 角。

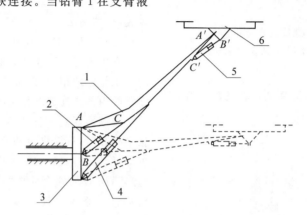

图 3-56　有平移引导液压缸的液压平移机构
1—钻臂；2—平移引导液压缸；3—回转支座；4—支臂液压缸；5—俯仰液压缸；6—托架

（4）无平移引导液压缸的液压平移机构

无平移引导液压缸的液压平移机构如图 3-57 所示,其工作原理是在设计时,严格控制支臂液压缸 3 在钻臂和回转支座上的安装尺寸,与俯仰液压缸 4 在钻臂和托架上的安装尺寸之间保持一定的比例,并通过相应的油路系统实现。

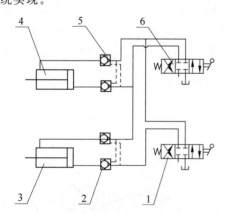

图 3-57　无平移引导液压缸的液压平移机构
1—控制阀；2—液压锁；3—支臂液压缸；4—俯仰液压缸；5—液压锁；6—控制阀

与机械式平移机构相比,液压平移机构的

优点是结构简单、尺寸小、质量轻和工作可靠,且适用于各种不同结构的大、中和小型钻臂,平移精度较高。

3.5.3　液压凿岩台车常用设备参数简介

1. 阿特拉斯·科普柯中深孔凿岩台车

阿特拉斯·科普柯中深孔凿岩台车用于地下采矿中的生产型钻孔。为各种应用领域提供最佳的中深孔凿岩台车,功能包括多种给进长度、定位配置、凿岩机和丰富的可选项目。电脑台车控制系统（RCS）可提供不同的自动化级别,产品型号和性能见表 3-13。

2. 阿特拉斯·科普柯掘进凿岩台车

阿特拉斯·科普柯掘进凿岩台车用于在地下采矿和隧道开挖时钻进爆破孔。该类设备最多可配备 4 个钻臂,断面面积为 $6\sim206\mathrm{m}^2$。台车配有可靠的液压直控型系统（DCS）或计算机化台车控制系统,可增设不同的自动化级别。台车具有 $16\sim30\mathrm{kW}$ 的冲击功率,产品型号和性能见表 3-14。

表 3-13　阿特拉斯·科普柯中深孔凿岩台车型号和性能

型　号	外　　形	主　要　性　能
Simba1254		Simba1254 是一款中深孔凿岩台车,适用于中小型巷道,钻孔直径为 51～89mm,可以在巷道及帮壁上打环形炮孔组及上向或下向平行孔。储杆器可容纳 17＋1 根钻杆,机械化钻孔深度可达 32m。视线内遥控器确保较高的机动性,摆臂和滑台机构确保较宽的凿岩范围
Simba1354		Simba1354 是一款中深孔凿岩台车,适用于中小型矿山,钻孔直径为 51～89cm,可以在顶板和帮壁上打上向或下向平行孔和扇形孔。它配备了高性能的顶锤式凿岩机,为用户提供了持续的中深孔凿岩解决方案。储杆器可安装 17＋1 根钻杆,机械钻孔深度可达 32m。摆臂和滑台机构确保较宽的凿岩范围
Simba364		Simba364 是一款适用于中小型巷道的中深孔凿岩台车,钻孔直径为 90～165mm,可以打环形炮孔组,在帮壁上打间距为 1.5m 的平行孔及间距达 3m 的上向或下向平行孔。它配有大孔径的高性能潜孔锤(ITH),可提供持续而精准的中深孔凿岩解决方案。它配备了高扭矩回转马达和高效冲击锤,钻孔既深又直。储杆器最多可安装 27＋1 根钻杆,钻孔深度可达 51m。视线内遥控器确保较高的机动性
SimbaE7C		SimbaE7C 是一款适用于大中型巷道的中深孔凿岩台车,钻孔直径为 98～178mm,可打环形炮孔组及最大间距为 4m 的上向或下向平行孔。它配备了高性能的顶锤式凿岩机和悬臂式钻孔装置,支臂式凿岩机构可获得最大的灵活性和凿岩断面。它配置了可容纳 17＋1 根钻杆的储杆器,钻孔深度可达 32m;或配置可容纳 27＋1 根钻杆的储杆器,钻孔深度可达 51m。台车控制系统可确保高精准度、高生产率,且符合人机工程学设计原理

续表

型号	外　形	主要性能
SimbaE7C-ITH		SimbaE7C-ITH 是一款适用于大中型巷道的深孔凿岩台车,钻孔直径为 95～178mm,可打环形炮孔组及最大间距为 5.9m 的上向或下向平行孔。它配备了高性能的气动潜孔锤,支臂式凿岩机构可获得最大的灵活性和凿岩断面。储杆器最多可安装 27＋1 根钻杆,钻孔深度可达 51m。台车控制系统可确保高精准度、高生产率,且符合人机工程学设计原理
SimbaM4		SimbaM4 是用于大中型浅矿床开采的深孔凿岩台车,也可用于中深孔采矿以及直径为 51～178mm 的大中型矿井。这款台车可根据需求,搭配各种钻头、凿岩机和潜孔锤一起使用。在舒适的驾驶室内,台车操作员视野清晰而且更加安全。SimbaM4 的钻探装置安装在一个滑台臂上,以便于安装并确保稳定、精确地钻探。它可搭载各种顶锤和潜孔锤,以最好地满足作业需求,优化设备性能、钻孔质量和钻钢经济性。智能 SimbaM4 采用了备受赞誉的台车控制系统,并可配备智能的自动化单孔或多孔钻探功能。借助远程控制功能,可以从一个或多个远程位置来操作 SimbaM4
SimbaME7C		SimbaME7C 是一款大中型中深孔凿岩石车,钻孔直径为 51～89mm,可打环形炮孔组及最大间距为 6.4m 的上向或下向平行孔。COP1838ME20kW 凿岩机,实现高可用性、高生产力。支臂式凿岩机构,在进行深孔凿岩或打锚杆孔时,可获得最大的灵活性和凿岩断面。储杆器可安装 17＋1 根钻杆,钻孔深度可达 32m

表 3-14　阿特拉斯·科普柯掘进凿岩台车型号和性能

型号	外　形	主要性能
Boomer282		Boomer282 是一款双臂液压掘进凿岩台车,适用于中小型隧道和矿山巷道掘进,断面面积为 45m²。这种钻机配有直接液压控制系统,非常可靠耐用;配备了两根灵活的 BUT28 钻臂和 COP 凿岩机,工作效率非常高;具有防卡钎功能,提高了钻杆的使用寿命。低排放柴油发动机性能好、污染小。BUT28 重型钻臂可实现直接、快速和轻松定位。COP1638HD＋或 COP1838HD＋凿岩机适用于各种岩石条件,二者均配有一个双缓冲减振系统,从而延长了使用寿命

续表

型号	外形	主要性能
BoomerE		BoomerE 是一款先进的液压掘进凿岩台车,适用于大中型矿山与隧道开挖,断面面积最大可达 $112m^2$。钻进过程由备受赞誉的、使用计算机处理的台车控制系统通过智能功能实现控制,可确保高精度钻进、高生产率、最长运行时间和较低运行成本。这种钻机配有两个结实灵活的 BUT45 钻臂和高效的 COP 凿岩机,从而最大限度地提高生产率。BoomerE 系列具有优化、紧凑的设计,适用于各种应用,也可以进入相对较小的隧道
BoomerK41		BoomerK41 是一款液压掘进凿岩台车,适用于窄矿脉开采。这种钻机配有直接控制系统,非常可靠耐用;配备了强壮的 BUT4B 钻臂和 COP 凿岩机,工作效率非常高;具有防卡钎功能,提高了钻杆的使用寿命。BUT4B 重型钻臂可实现直接、快速、轻松定位。COP1238K 凿岩机采用缓冲系统,延长了机器的使用寿命
BoomerM		BoomerM 是一款先进的液压掘进凿岩台车,适用于小中型矿山与隧道开挖,断面面积最大可达 $65m^2$。BoomerM 系列为岩石锚杆半机械化安装提供了安全的钻臂锚固功能,是适用于采矿和建筑业的独特系列
BoomerM1L		BoomerM1L 是一款非常坚固耐用的液压掘进凿岩台车,适用于中低高度的应用,断面面积可达 $36m^2$。这款钻机配有直接液压控制系统,十分可靠耐用。BoomerM1L 配备了结实的 BUT29 钻臂和 COP 凿岩机,从而提高了生产率。最低行走高度为 2200mm
BoomerS1D		BoomerS1D 是一款现代单臂液压掘进凿岩台车,适用于小型矿山和隧道,断面面积为 $31m^2$。这种钻机配有直接液压控制系统,非常可靠耐用;配备了灵活的 BUT29 钻臂和 COP 凿岩机,工作效率非常高

续表

型 号	外 形	主 要 性 能
BoomerXE3C		BoomerXE3C是一款现代液压凿岩台车,适用于大型隧道开挖,断面面积最大可达198m²。这款钻机配备超大断面覆盖控制台,在较宽的隧道中实现更大的凿岩断面。钻进过程由使用计算机处理的台车控制系统RCS5通过智能功能实现控制,可确保实现高精度钻进、高生产率、更长运行时间和较低运行成本。这种钻机配有3根结实灵活的BUT45钻臂和COP凿岩机,从而提高了生产率
BoomerE3C		BoomerE3C是一种现代液压掘进凿岩台车,适用于大型隧道开挖,断面面积最大可达137m²。钻进过程由使用计算机处理的台车控制系统RCS5通过智能功能实现控制,可确保实现高精度钻进、高生产率、更长运行时间和较低运行成本。这种钻机配有3根结实灵活的BUT45钻臂和COP3038凿岩机,从而最大程度地提高生产率
BoomerXE4C		BoomerXE4C是一款四臂现代凿岩台车,适用于生产率要求极高的大型隧道开挖。这款钻机配超大断面覆盖控制台,断面面积可达206m²。钻进过程由使用计算机处理的台车控制系统RCS5通过智能功能实现控制,可确保实现高精度钻进、高生产率、更长运行时间和较低运行成本的目标。这种钻机配有4根灵活的BUT45钻臂和COP3038凿岩机,从而可实现出色的生产率

3.5.4 液压凿岩台车主要技术参数的选择

1. 生产率

凿岩台车的生产率应满足矿井掘进生产的需要,一般用每班钻孔长度表示:

$$L = \frac{KvTn}{100} \qquad (3\text{-}2)$$

式中,L——凿岩台车的生产率,m/班;

n——一台凿岩台车上同时工作的凿岩机台数,也等于支臂的数量;

T——每班工作时间,min;

v——技术钻进速度,cm/min;

K——时间利用系数,为凿岩台车的纯工作时间与每个掘进循环中凿岩工作时间的比值,可参考表3-15确定。

表 3-15 时间利用系数 K

推进器行程/mm	1000	1500	2000	2500
时间利用系数 K	0.5	0.6	0.7	0.8

2. 凿岩机型式

应选用带有导轨的气动或液压凿岩机和台车配套,以提高凿岩效能。目前,我国推广使用的有 YT-23、YT-30 等型号的液压凿岩台车。

3. 支臂数量

支臂用以支承凿岩台车,每条支臂上安装一台凿岩机,所以凿岩台车的台数即等于支臂的数量。支臂的数量可按下式确定:

$$n = \frac{100zh}{KTv} \qquad (3\text{-}3)$$

式中,z——工作面所需的炮眼数;

h——工作面炮眼的平均深度,m;

k,T,v——同前。

4．推进器

推进器用来使凿岩台车移近或退出工作面,并提供凿岩工作时所需的轴推力。

1）推进器类型

推进器类型主要由炮眼深度 h 决定。当 $h \leqslant 2500\text{mm}$ 时,应选用结构简单、外形尺寸小、动作平稳可靠的螺旋式推进器;当 $h > 2500\text{mm}$ 时,应选行程较大的链式推进器或液压缸-钢丝绳式推进器。

2）推进器行程

选择推进器行程时应考虑以下两种情况。

（1）用一根钎杆一次钻成炮眼全深时,推进器的推进行程 H 由炮眼深度 h 决定,即

$$H \geqslant h + h' \tag{3-4}$$

式中,h'——凿岩机回程时钎头至顶尖的距离,一般为 $50 \sim 100\text{mm}$。

（2）接钎凿岩时,推进器的行程应不小于接钎长度,即

$$H \geqslant h_j + h' \tag{3-5}$$

式中,h_j——接钎长度,mm。

5．推进力

推进器的推进力应能在一定范围内调节,以满足最优轴推力的需要。平巷掘进时的推进力为

$$P = K_b R_b \tag{3-6}$$

式中,K_b——备用系数,一般为 $1.1 \sim 1.3$;

R_b——最优轴推力,N。

凿岩机在最优轴推力下工作,才能获得最佳凿岩效能。工作时应经常调节推进速度和推进力,以保持凿岩机始终在最优轴推力下工作。各种机型凿岩机的最优轴推力可由试验确定,也可向生产厂家咨询。

6．推进器平动机构

推进器平动机构用来保证支臂在改变位置时,推进器始终和初始位置保持平行,钻凿出平行炮眼,实现直线掏槽法作业。其选用方法如下。

（1）当使用强度不大的轻型支臂时,可选择结构简单、制造容易、动作可靠的四连杆式平动机构。

（2）当支臂较长或使用伸缩支臂和旋转支臂时,应选用尺寸小、质量轻的液压自动平行机构。

（3）在要求炮孔平行精度高的场合,可采用电液自动平行机构,通过角定位伺服控制系统控制支臂液压缸和俯仰液压缸的伸缩量,来实现推进器托盘的自动平行位移。

7．行走机构

台车的行走机构用来使台车在巷道中调动,常用的有以下3种。

（1）轮胎式行走机构,其特点是调动灵活,结构简单,质量轻,操作方便,翻越轨道时不会受损,也不会轧坏水管或电缆;但轮胎寿命短,需经常更换,维修费用高,台车高度大。在大断面巷道中使用的大型台车可采用此种行走机构。

（2）轨轮式行走机构,其特点是结构简单,工作可靠,轨轮寿命长,台车高度小;但调动不灵活,会增加辅助作业的时间。在小断面和采用轨道运输的巷道中应采用此种行走机构。

（3）履带式行走机构,其特点是牵引力大,机动性好,对底板的比压小,机器的工作稳定性好,同履带式装载机相配合可组成高度机械化作业线;但机器的高度尺寸和质量较大。多在中等以上的巷道断面中使用。

8．外形尺寸及通过弯道的曲率半径

台车的外形尺寸受到巷道断面的限制,主要取决于运输状态时的最小工作空间尺寸。对于单轨运输巷道,在运输状态时要保证台车和两侧壁间有一定的安全距离。人行道侧为 0.7m,另一侧为 $0.15 \sim 0.2\text{m}$;在双轨运输巷道中,台车与另一轨道上的运输车辆的距离应保持在 $0.15 \sim 0.2\text{m}$ 的安全距离。台车的运行高度应比电机车架线低 250mm。选用台车时,还应根据本地矿井的情况,使台车允许通过的最小曲率半径小于工作巷道的最小弯道半径,以使所选用的台车能顺利调动、正常工作。

3.5.5　液压凿岩台车的故障

1．前期故障

前期故障,即由于设计不周密等引起的故障,主要反映在以下几个方面。

1）新车无法定位

新车刚到位时，钻臂端千斤顶支腿控制采用左端横向和纵向联动，右端横向和纵向联动，联动的支腿液压缸同时伸出、同时缩回。这样，当纵向支腿触地后，系统压力油通过安全阀卸压回油，定位操作被迫中止。如果将联动方式改为左右端的横向联动和左右端的纵向联动，或者将联动控制改为单独控制，凿岩台车就可以实现定位。

2）安全阀灵敏度不高引起的故障

定位系统钻臂端千斤顶支腿可纵向伸缩，也可横向伸缩，正确的定位方法是：钻孔前先横向伸出，后纵向伸出；钻孔完成后，先纵向缩回，后横向缩回。如果操作顺序有误，由于定位系统所依的安全阀灵敏度不高，就会使得定位压力骤增，出现使用初期的"定位爆管、漏油"等故障，既浪费，又耽误隧道作业时间。

3）误操作引起的故障

虽然定位泵停止了工作，但定位系统仍有压力，如果误碰或误操作控制手柄，将可能产生故障，甚至造成事故。只要对液压系统进行适当改进，就可实现误操作过载保护，在爆管前泄油，定位系统得到保护，并可提高台车钻孔时定位系统的可靠性，消除事故隐患。

4）压力油路过滤系统不完善引起的故障

当 NH178 凿岩台车过滤器堵塞时，压力油不回油箱，而是继续进入压力油路过滤系统，这样就很容易引起系统失控，使用初期常出现的推进液压缸失控就是这个原因。对压力油路过滤系统改进即可减少系统失控故障。

2. 使用性故障

使用性故障就是工人在使用设备的过程中不熟悉设备的工作原理，使用不当，设备常常带病工作，使得设备长期失去许多应有的安全保护措施，智能控制功能不完善引起的故障。故障出现后对设备损害很大。常见的使用性故障有以下几种。

1）水路引起的故障

如果蓄水池等水源不干净，机内水滤网就会堵塞破损，若不及时检查更换，砂石进入后会引起增压水泵叶片打碎或加速磨损，这样，工作水压下降，水控气阀打不开，全车气路控制部分不能工作。如果想继续工作，就必须改变气路，拔掉气管，使得气路不受水压控制，台车低水压工作。由于水控气阀不动作，断水时就不能停钻，必然发生卡钎、旋转马达受阻、油压急剧升高现象，这时，防卡钎阀再不动作，就不能泄压回油，定会发生钻杆钻头卡死、液压油管破裂、系统漏油或油温升高现象。水路中，液压油散热器循环不良也会引起油温升高。

2）压力表损坏引起的故障

九路压力表分别对三个臂的防卡钎压力、定位压力、推进返回压力起着监测作用。三个冲击压力表可以监测三个臂的冲击压力，如果这些压力表损坏后不及时更换，就会出现下述问题：

（1）由于液压元件磨损，压力油泄漏，使得液压系统失去控制，不能正常工作；

（2）为了工作盲目调高压力，经常会出现油管爆裂、漏油。

在施工现场发现：三个臂的推进压力为正常压力的 1.2～1.5 倍；三个臂的推进返回压力为正常压力的 2～2.4 倍；三个臂的冲击压力也偏高；防卡钎没能协调工作，初卡钎时不返回，经常爆管、漏油，这些都是压力表损坏后调高压力，勉强工作造成的故障。同时，这也是钻头、钻杆超耗的原因之一。

3）回油系统故障

回油过滤器在回油系统中起过滤杂质和散热冷却作用。回油过滤器的工作情况通过感应器传到配电柜的报警电路，回油警示灯亮时，提示更换回油过滤器。如果感应器损坏后没有及时更换，回油过滤器的工作情况就会恶化。首先是堵塞引起回油压力增高、散热差，再不更换回油过滤器，就会引发液压元件磨损泄漏，液压管路爆裂。

4）电路引起的故障

凿岩台车采用高压供电，低压控制。电路出现故障后勉强工作就会失去平衡，电器元件发热间接影响液压油温，如充电器损坏不修理就会引起控制变压器发热，而脉冲发生器损坏就会引起润滑油不工作,磨损凿岩机,引起漏油、升温等问题。

3. 油料选用不当引起的液压系统故障

液压油、液压油管在凿岩台车的使用中,对凿岩台车的性能影响非常大。如果不按标号、特性选用合格的液压油,那么液压油的机械杂质含量就偏高,含有水分,抗磨性不好;如果选用的液压油管是伪劣产品,特别是超过保质期的积压产品,使用时就会出现内层脱落,有的接头加工粗糙,残屑就会进入液压系统。这些都会引起油路不畅,造成液压缸、马达早期磨损,液压阀堵塞或磨损,最终导致内泄外漏、压力不足、控制失灵,要想工作只能是调高压力、强制钻孔,为液压系统埋下故障隐患。

同时,液压系统在组装时带入系统的固有杂质,及使用过程中产生的氧化物和维修装配时外界侵入的粉尘、水、空气等污染物,都会直接或间接地引起各种故障,只要加强系统的污染控制,保持系统清洁,就可以减少和避免故障发生。

3.6　悬臂式掘进机

3.6.1　概述

1. 定义

悬臂式掘进机是一种综合掘进设备,集截割、行走、装运、喷雾灭尘于一体,包含多种机构,具有多重功能。悬臂式掘进机作业线主要由主机与后配套设备组成。主机把岩石截割破落下来,转运机构把破碎的岩碴转运至机器尾部卸下,由后配套转载机、运输机运走。悬臂式掘进机的截割臂可以上下、左右自由摆动,能截割任意形状的巷道断面,截割出的表面精确、平整,便于支护。悬臂式掘进机的履带式行走机构使机器调动灵活,便于转弯、爬坡,对复杂地质条件适应性强。悬臂式掘进机主要用于采煤准备巷道的掘进,适用于掘进破碎煤岩硬度 $f=4\sim12$、断面 $6\sim50\mathrm{m}^2$ 的煤或半煤岩巷道,也可用于其他巷道施工,断面形状任意。一般来说,悬臂式掘进机的质量为 20～

120t,最大截割功率已达 300kW,能截割岩石的最大单向抗压强度可达 170MPa,实物如图 3-58 所示。

图 3-58　悬臂式掘进机

掘进机法掘进巷道与传统的钻爆法相比具有许多优点。

(1) 速度快、成本低。用悬臂式掘进机掘进巷道,可以使掘进速度提高 1～2 倍,效率平均提高 1～2 倍,进齿成本降低 30%～50%。

(2) 安全性好。由于不需打眼放炮,围岩不易被破坏,既有利于巷道支护,又可减少冒顶和瓦斯突出的危险,大大提高了工作面的安全性。

(3) 有利于回采工作面的准备。

(4) 工程量小。利用钻爆法施工,巷道超挖量可达 20%,利用悬臂式掘进机施工,巷道超挖量可小到 5%,从而减少了支护作业的充填量,降低成本,提高效率。

(5) 改善了劳动条件,减少了工作人员的数量。

2. 特点

悬臂式掘进机的发展是紧紧围绕着矿井生产的实际条件、现场的需要及设计、制造的工艺水平变化而不断进行的,主要有以下几个特点。

1) 截割功率不断提高

为适应更大范围的截割条件,悬臂式掘进机的截割功率不断提高,由最初的 100kW 以下的轻型机型增加到现在的 132～200kW 的中型机型,重型机型可达 200kW 以上。掘进供电电压等级的升高也为大功率、长距离掘进提供了有利条件。截割功率的提高使可截割煤岩的抗压强度也随之增加,可达 100MPa 以上。新型掘进机截割头的转速普遍降低以增大扭矩,一般为 20～30r/min,其截割力常达 100～200kN。整机的功率配比合理是这一阶段发展的主线。

2)在行走、装载、截割设计方面不断发展

(1)液压发展方向

早期的悬臂式掘进机的装载机构和行走机构的传动绝大多数采用液压方式,这是因为装载时,大块的煤和矸石卡、绊造成对装载部的冲击;行走部要实现无级调速,便于调动并要有过载保护等功能以及节省安装空间的要求。而液压传动具有控制简单,易于实现自动化;操作简便省力,可以方便实现过载保护;易于实现无级调速,调速范围大;液压马达与电机相比质量轻、体积小等优点,可以满足装载、行走的要求。早期的电气设备在使用可靠性、元器件的质量及性能上都较低,且元器件体积较大,不易实现上述要求,从而制约了它的发展。行走、装载甚至截割液压传动成为这一时期的主流发展方向。

(2)电动发展方向

液压传动方式虽然发展较快,但由于煤矿井下工作条件恶劣,粉尘大、空气潮湿,油脂极易被污染,因此对油脂污染很敏感的液压件极易损坏。液压件成本高、故障诊断困难等原因使其发展应用减缓,这一时期电子技术的高速发展为电动发展提供了有利条件,大容量集成化、变频调速、PLC 控制等一些新技术不断应用到掘进机的设计制造上,使得监控、监测的自动化程度极大提高。电子产品质量好、体积小、功能齐全的优势使电动发展迅速,成为另一主要发展方向。

液压与电动都有优、缺点,但随着科技的进步,它们的缺点在不断地被弥补、改进,目前悬臂式掘进机在电、液两方面发展速度很快,在装载、行走、截割方面都采用液压传动的如 EBJ-160SH 型等,也有全部采用电动方式的如 AM-50 型等,而大多数的机型还是采用电液混合方式。总之,在今后很长一段时间内这两种方式将相互融汇、取长补短、共同发展。

3)电控系统不断发展

早期掘进机的控制、操作回路一般都通过操作安装在隔爆型主令箱上的按钮或手把开关来控制传统的交流中间继电器电路,进而通过继电器接点来实现对主回路交流接触器的二次控制。随着控制技术的发展,操作回路逐渐以本安型的先导回路(包括单回路和多回路)来代替隔爆型主令箱,这也是为了适应各类保护传感器的应用和选型的需要。而可编程控制器 PLC 的应用更是使掘进机的控制技术和可靠性上了一个台阶。近年,体积小、功耗低、可靠性高的光电耦合元件作为隔离和转换器件在本安型控制先导回路中得到了广泛应用并取得了良好效果,体现了目前掘进机电控技术的发展趋势。

此外,一些发达国家的掘进机电控系统,除了可以完成常规的控制以外,还具有遥控、程控功能,增设了掘进断面自动控制和掘进定向功能,使掘进机按照预定方案作业时能大大提高其自动化程度和掘进效率。同国外相比,我国的电控技术仍有一定的差距,主要表现在以下几个方面:

(1)基础元器件质量差;

(2)电子保护插件内部元件质量差,电路设计有缺陷,抗干扰能力、抗振动性能差等造成插件工作不可靠;

(3)电控箱设计水平和制造工艺都远远落后于国外的产品;

(4)电控箱抗振性能差。

4)截割效率不断提高

截割效率是悬臂式掘进机性能优劣的一个重要衡量参数,在掘进截割机理没有发生实质性的突破时,它在很大程度上取决于截割头性能的优劣,所以很多设计仍着眼于截割头性能的改进和优化设计,主要是截割头形式的改变和截齿合理排列及性能的提高。

悬臂式掘进机的截割头最早是纵向圆锥形的,德国和奥地利发展了横向双锥形,这两种截割头的布置方式较为普遍,此外还有一些特殊的截割头形式,如圆柱滚筒形。

纵轴式截割头的优点是截割较深,截割效

率高；缺点是稳定性差,装运效果差。

横轴式截割头的优点是稳定性好,装载效果好；缺点是在进刀时其截割方向几乎与推进方向重合,所以必须给予较大的推进力,这就需要相应增加行走功率,而且截割深度最大不能超过截头直径的2/3,截割深度较小,截割时的粉尘大再加上其内喷雾布置比较复杂,灭尘效果不好。

5)提高机组的稳定性并实现矮型化

提高机组稳定性的有效方法主要有两种：增加机组质量和降低机组高度。新机型的质量都较过去有很大的增加,并且为了适应岩巷的掘进也必须增加自重。在增加自重的同时,新机型在设计上还应尽量实现简化和紧凑化,降低机组高度,一方面可以降低机组的重心,增加稳定性；另一方面也是为了适应低矮巷道的掘进。随着我国低矮煤层的开发,矮型化机组的应用前景还是十分广阔的。矮型化机组的另一个优点是可以充分利用节省出来的空间进行工作面内除尘器的布置,降低粉尘浓度。

近年来悬臂式掘进机发展还有以下几个特点：向重型化发展,从半煤硬岩型向全岩型方向发展,主辅机一体化,实行紧凑化设计,实现自动控制及远程遥控,适应大坡度,增强除尘效果。

(1)向重型化发展：目前我国已有进口的机重为100t的横轴式掘进机,机重为115t的掘进机也将引进,其目的是增加主机的稳定性。

(2)从半煤硬岩型向全岩型方向发展：为了能真正截割半煤硬岩,特别是全岩,尤其是在无法采用炮掘的场合(上面是采空区,道路下、建筑下、水体下掘进)进行半煤硬岩和全岩硬岩的掘进。要在破岩方法和效率、减振防振上下工夫,目的是提高掘进效率。

(3)主辅机一体化：目前以掘锚一体化、掘钻一体化为主,在破碎顶板的情况下,还产生了机载超前临时支护机的掘护一体化的需求。据统计,巷道支护占40%~50%的掘进作业时间。为了提高掘进速度,应根据巷道支护的要求,在掘进机上装备锚杆钻机、超前临时支护装置等,以提高工作效率。

(4)实行紧凑化设计,降低机器高度。如奥地利AM65型、德国ET110型的机高都低于1.5m。我国南方地区的巷道宽度只有1.8m,也要通过使用结构紧凑的掘进机实现掘进作业。

(5)掘进机的自动控制及远程遥控：掘进机的自动控制及远程遥控的最终目标是实现井下自动化无人值守机掘工作面。

(6)增强除尘效果：内、外喷雾系统齐全,有效抑制粉尘,改善工人操作环境。

3.国内概况

我国悬臂式掘进机的发展主要经历了三个阶段。

第一阶段：20世纪60年代初到70年代末。这一阶段主要以引进国外掘进机为主,也定型生产了几种机型,在引进的同时进行消化、吸收,为我国悬臂式掘进机第二阶段的发展打下了良好的技术基础。这一阶段掘进机的主要特点是：使用范围越来越广,截割能力逐步提高,有截割夹岩和过断层的能力。

第二阶段：20世纪70年代末到80年代末。这一阶段,我国与国外合作生产了几种悬臂式掘进机并逐步实现了国产化,其典型的代表是与奥地利、日本合作生产的AM50型及S100型。通过对国外先进技术的引进、消化、吸收,推动了我国综掘机械化的发展。但当时引进的掘进机技术属于70年代的水平,设备功率小、机重轻、破岩能力低、可靠性差,仅适合在条件较好的煤巷中使用,加之国产机制造缺陷,在使用中暴露了很多问题。其后,我国自行设计制造了几种悬臂式掘进机,其典型代表是EMA-30型及EBJ-100型。这一阶段悬臂式掘进机的特点是：可靠性较高,已能适应我国煤巷掘进的需要；半煤岩巷的掘进技术已达到相当的水平；出现了重型机。

第三阶段：20世纪80年代末至今。这一阶段,重型机型大批出现,悬臂式掘进机的设计与制造水平已相当先进,可以根据矿井生产的不同要求实现部分个性化设计,代表机型较多,主要有 EBJ 型、EL 型及 EBH 型。这一阶段悬臂式掘进机的特点是:设计水平较为先进,可靠性大幅提高,功能更加完善,功率更大,一些高新技术已用于机组的自动化控制并逐步发展全岩巷的掘进。

经过 50 多年的消化吸收和自主研发,目前,我国悬臂式掘进机的设计、生产、使用达到了较高的水平,已具有年产 1000 余台的掘进机加工制造能力,研制生产了 20 多种型号的掘进机,其截割功率从 30~200kW,初步形成系列化产品。尤其是近年来,我国相继开发了以 EBJ-120TP 型掘进机为代表的替代机型,在整体技术性能方面达到了国际先进水平。基本能够满足国内半煤岩掘进机市场的需求。半煤岩掘进机以中型和重型机为主,能截割岩石硬度为 $f=6 \sim 8$,截割功率在 120kW 以上,机重在 35t 以上。煤矿现用主流半煤岩巷悬臂式掘进机以煤炭科学研究总院太原研究院生产的 EBJ-120TP 型、EBZ160TY 型及佳木斯煤机厂生产的 S150J 型三种机型为主,占半煤岩掘进机使用量的 80% 以上。然而,目前国内岩巷施工仍以钻爆法为主,重型悬臂式掘进机用于大断面岩巷的掘进还处于试验阶段,但国内煤炭生产逐步朝向高产、高效、安全方向发展,煤矿技术设备正在向重型化、大型化、强力化、大功率和机电一体化发展,新集能源股份公司、新汶矿业集团、淮南矿业集团及平顶山煤业集团公司等企业先后引进了德国 WAV300 型、奥地利 AHM105 型、英国 MK3 型重型悬臂式掘进机。全岩巷重型悬臂式掘进机代表了岩巷掘进技术今后的发展方向。

虽然我国掘进机行业发展速度很快,并且技术成熟,但随着煤矿生产工艺的改进以及高产、高效矿井的建设,它已不能满足需要,主要表现在以下几方面。

(1)杆支护的成功推广与应用提高了巷道支护的可靠性,但目前存在掘进、支护不能同步作业的问题。据统计,巷道支护要占用 40%~50% 的掘进作业时间,这就使得掘进机的开机率大大降低,不能有效提高掘进速度。

(2)有机型偏向于中、重型,虽然有些掘进机实现了矮型化设计,但整体尺寸仍不能有效缩减,对低矮巷道的适应性还较差。

(3)喷雾除尘系统使用的可靠性和适应性较差,而外置机载除尘系统还比较困难。

(4)所用元器件的可靠性还不高,不能适应截割硬煤岩产生的振动及井下恶劣的工作条件。

(5)提高截割效率方面的设计和设备配套还不完善。

(6)电子元器件的选型面窄,电子保护插件的可靠性不高,电控技术还不能适应通用性、灵活性、可扩展性、准确性及响应速度快速的需要。

虽然三一重型装备有限公司推出了国内第一台 EBZ200H 型硬岩掘进机,但国产重型掘进机与国外先进设备的差距除总体性能参数偏低外,在基础研究方面也比较薄弱。适合我国煤矿地质条件的截割、装运及行走部载荷谱没有建立,没有完整的设计理论依据,计算机动态仿真等方面还处于空白。在元器件可靠性、控制技术、截割方式、除尘系统等核心技术方面与国际最高水平还存在较大差距。

4. 国外概况

具有旋转截割机构的悬臂式掘进机技术在 20 世纪 30 年代由美国人研发,在采矿业得到了重大发展。各国相继投入了大量的人力、物力及财力,展开了大规模的悬臂式掘进机的技术开发和研制工作,经过各国的不懈努力,先后研制了 80 多种机型,并在煤及半煤岩巷道的掘进中得到了广泛的应用,对煤炭工业的发展起到了举足轻重的作用。

迄今为止,国外悬臂式掘进机的发展大致经历了以下四个阶段。

第一阶段:20 世纪 30 年代末期到 60 年代中期。悬臂式掘进机从无到有,逐渐发展成为将截割、装运、行走等功能集于一体的联合机组,并在煤巷掘进中获得了成功的应用。在这个阶段应用的机组为第一代机型,其特点是:机器质量在 15t 左右,截割功率 30kW 左右,主要用于软煤巷道掘进,代表机型有苏联的 JIK-3 和匈牙利的 F 系列等。

第二阶段：20 世纪 60 年代中期到 70 年代末期。煤巷掘进机发展迅速，机器的性能不断得到提高，大量的掘进机被用于煤巷掘进中。这个阶段的机型为第二代机型，其特点是：煤巷掘进技术日趋完善成熟，适用范围扩大，部分截割功率大的机型有过断层和截割夹矸的能力，可截割硬度 $f<6$ 的煤岩，机重在 $20\sim40$t，截割功率在 $55\sim100$kW，代表机型有 RH25、AM-50、MRH-S100-41、EMLA30 等。

第三阶段：20 世纪 70 年代末期到 80 年代后期。掘进机适用范围进一步扩大，半煤岩重型掘进机不断涌现，技术逐渐成熟。煤巷掘进机的功能更加齐全，可靠性大幅度提高。这个阶段的机型为第三代机型，其特点是：机器质量增大，一般在 50t 左右，截割功率为 $150\sim200$kW，可截割硬度 $f=8\sim10$ 的煤岩，代表机型有 AM-75、LH-1300、E169、E134、S125 等。

第四阶段：20 世纪 80 年代后期到现在。掘进机技术仍在不断发展，计算机控制、正常运行监控、故障诊断及其他高新技术逐渐被采用。这个阶段的机型特点是：机器质量进一步增加，一般 70t 以上，截割功率也在增大，一般都在 200kW 以上，可截割硬度 $f>10$ 的煤岩，代表机型有 AM-85、AM-105、ET480、T3.20、S200、S300 等。

悬臂式掘进机技术的发展除取决于实际生产需要外，还受基础工业发展水平及技术可行性的影响。随着工业技术水平的提高和在悬臂式掘进机技术开发方面经验的积累，国外的发展趋势可以概括为以下几点：

（1）矮型化。在加大机重、截割功率和提高截割硬度的前提下，发展机身较低的机型，提高工作稳定性，也可以适用于比较低矮的巷道掘进。

（2）中、重型化。目前世界上有代表性的生产厂家生产的掘进机从轻型逐渐向中、重型发展，多数掘进机的截割功率达到 $40\sim350$kW，有的已到 400kW，机重在 40t 以上。

（3）主要元器件系列化。掘进机发展过程中只需改变主机形式，而不改变基本元器件。此外采用组件结构设计，掘进机工作机构可根据需要装配横轴式或纵轴式截割头。

（4）应用高科技技术。借助计算机进行优化设计，使机型简洁、可靠性高，逐步使用模块化设计。掘进机自动控制系统更加完善，利用计算机进行机器工况监测和故障诊断等。

（5）附件化。保留必要的截、装、运、行主要组成功能，将降尘、辅助支护等部分以附件形式出现。这样可根据需要选择装配各种附加件，给设计、制造、使用都带来了方便。

（6）掘进破岩方式的多元化。破岩方式既有机械截割破岩又有冲击破岩，最近又开发了一种水力掘进技术等。

3.6.2 悬臂式掘进机行业标准及分类

1．行业标准使用范围

悬臂式掘进机行业标准规定了掘进机的型式与参数要求、试验方法、检验规则以及标志、包装、运输、储存等内容，适用于含有瓦斯、煤尘或其他爆炸性混合气体中作业的悬臂式掘进机（以下简称掘进机），也适用于其他工程巷道中作业的掘进机。

2．规范性引用文件

《悬臂式掘进机行业标准》（MT/T 238—2006）引用以下标准规范。凡是注日期的标准规范，仅其注日期的版本适用于《悬臂式掘进机行业标准》。凡是不注日期的标准规范，以最新版本（包括所有的修改单）适用于《悬臂式掘进机行业标准》。

《包装储运图示标志》	（GB/T 191—2016）
《爆炸性气体环境用电气设备第 1 部分 通用要求》	（GB 3836.1—2010）
《爆炸性气体环境用电气设备第 2 部分 隔爆型"d"》	（GB 3836.2—2010）
《爆炸性气体环境用电气设备第 4 部分 本质安全型"i"》	（GB 3836.4—2010）
《工业产品使用说明书 总则》	（GB/T 9969—2008）

《矿用高强度圆环链》 　　　　　　　　　　　　　（GB/T 12718—2009）

《矿用橡套软电缆　第 2 部分：额定电压 1.9/3.3kV 及以下
采煤机软电缆》 　　　　　　　　　　　　　　　　（GB/T 12972.2—2008）

　　　　　　　　　　　　　　　　　　　（GB/T 13306—1991）《标牌》

《机电产品包装通用技术条件》 　　　　　　　　　（GB/T 13384—2008）

《矿用产品安全标志标识》 　　　　　　　　　　　（AQ 1043—2007）

《煤矿用低浓度载体催化式甲烷传感器》 　　　　　（AQ 6203—2006）

《矿用圆环链用开口式连接环》 　　　　　　　　　（MT/T 71—1997）

《液压支架用软管及软管总成检验规范》 　　　　　（MT/T 98—2006）

《煤矿用防爆灯具》 　　　　　　　　　　　　　　（MT 221—2005）

《悬臂式掘进机　第 3 部分：通用技术条件》 　　　（MT/T 238.3—2006）

《悬臂式掘进机传动齿轮箱检验规范》 　　　　　　（MT/T 291.1—1998）

《悬臂式掘进机液压缸检验规范》 　　　　　　　　（MT/T 291.2—1995）

《煤矿用隔爆型电铃》 　　　　　　　　　　　　　（MT 428—2008）

《悬臂式掘进机液压缸内径活塞杆及销轴直径系列》 （MT/T 472—1996）

《悬臂式掘进机回转支承型式基本参数和技术要求》 （MT/T 475—1996）

《YBU 系列掘进机用隔爆型三相异步电动机》 　　 （MT/T 477—2011）

《悬臂式掘进机履带机构型式与参数》 　　　　　　（MT/T 577—1996）

《悬臂式掘进机履带板及其销轴》 　　　　　　　　（MT/T 579—1996）

《煤矿用隔爆型控制按钮》 　　　　　　　　　　　（MT 624—2007）

《煤矿用电缆　第 2 部分：额定电压 1.9/3.3kV 及以下采煤机
软电缆》 　　　　　　　　　　　　　　　　　　　（MT 818.2—2009）

《悬臂式掘进机圆环刮板链及驱动链的系列与参数》 （MT/T 928—2004）

《悬臂式掘进机电气控制设备》 　　　　　　　　　（MT/T 971—2005）

《CXH4-4/12E 矿用本安型操作箱》 　　　　　　　（Q/02TXD005—2009）

《KJZ-400/1140(600)E-4 矿用隔爆兼本质安全型组合开关箱》 （Q/02TXD014—2009）

3. 技术要求

1) 基本要求

悬臂式掘进机外形尺寸的制造偏差,应符合图 3-59 中标注的公差要求。

2) 基本结构

悬臂式掘进机基本组成部分包括截割机构、装运机构、本体部、行走部、后支承、液压系统、电气系统、水系统等。基本结构形式：截割机构为纵轴式,行走机构为履带式,装载机构为星轮式接中间刮板输送机。

MT/T 238.3—2006 中 4.2.3 适用于本标准；

MT/T 238.3—2006 中 4.2.4 适用于本标准；

MT/T 238.3—2006 中 4.2.5 适用于本标准；

MT/T 238.3—2006 中 4.2.6 适用于本标准。

(1) MT/T 238.3—2006 中 4.1.3 适用于

本标准；

(2) MT/T 238.3—2006 中 4.1.4 适用于本标准；

(3) 电气系统的供电电压根据设计要求为 AC1140/660V 的电压等级,频率为 50Hz；

(4) 掘进机的传动齿轮箱应满足 MT/T 291.1—1998 标准的要求；

(5) 掘进机的液压缸应满足 MT/T 291.2—1995 标准的要求；

(6) 掘进机的液压缸内径活塞杆及销轴应满足 MT/T 472—1996 标准的要求；

(7) 掘进机的回转支承应满足 MT/T 475—1996 标准的要求；

(8) 掘进机的履带机构应满足 MT/T 577—1996 标准的要求；

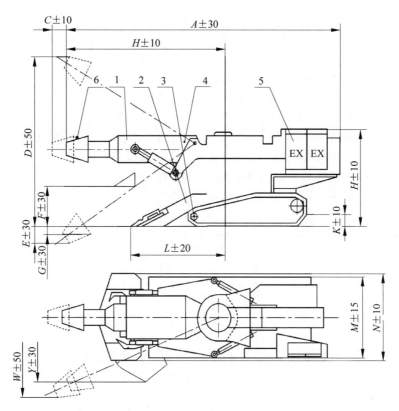

图 3-59 掘进机简图

1—截割机构；2—装运机构；3—行走机构；4—液压系统；5—电气系统；6—除尘喷雾系统

（9）掘进机的套筒刮板链应满足 MT/T 578—1996 标准的要求；

（10）掘进机的履带机板及其销轴应满足 MT/T 579—1996 标准的要求；

（11）掘进机的支重轮应满足 MT/T 676—1997 标准的要求；

（12）掘进机的机载喷雾泵站应满足 MT/T 777—1998 标准的要求；

（13）掘进机的履带行走机构应满足 MT/T 910—2002 标准的要求；

（14）掘进机的装载机构应满足 MT/T 922—2002 标准的要求；

（15）掘进机的圆环刮板链及驱动链应满足 MT/T 924—2004 标准的要求；

（16）掘进机的电气控制设备应满足 MT/T 971—2005 标准的要求；

（17）掘进机整机应符合 MT/T 238.3—2006 及《煤矿安全规程》的要求。

3）设计、试验

截割机构、装运机构、行走机构齿轮箱的传动机械强度安全系数应不小于 2.5，刮板链的静强度安全系数不应小于 4.0，使用的矿用高强度圆环链应符合《矿用高强度圆环链》（GB/T 12718—2009）标准规定。

MT/T 238.3—2006 中 4.3.2 适用于本标准。

受动载和振动较强的元器件重要连接螺栓，应有可靠的防松装置，锁紧扭矩值为减速箱与电机间 882N·m，回转台与回转轴承间 882N·m，行走部与本体连接 1200N·m。

MT/T 238.3—2006 中 4.3.4 适用于本标准；

MT/T 238.3—2006 中 4.3.5 适用于本标准；

MT/T 238.3—2006 中 4.3.6 适用于本标准；

MT/T 238.3—2006 中 4.3.7 适用于本标准。

4）安全保护

掘进机电气设备的设计、制造和使用，应符合下面标准和现行文件的规定：GB3836.1、

GB3836.2、GB3836.4 和《煤矿安全规程》。

    MT/T 238.3—2006 中 4.4.2 适用于本标准。

    MT/T 238.3—2006 中 4.4.3 适用于本标准。

    MT/T 238.3—2006 中 4.4.4 适用于本标准。

    MT/T 238.3—2006 中 4.4.5 适用于本标准。

    MT/T 238.3—2006 中 4.4.6 适用于本标准。

    MT/T 238.3—2006 中 4.4.7 适用于本标准。

    MT/T 238.3—2006 中 4.4.8 适用于本标准。

    MT/T 238.3—2006 中 4.4.9 适用于本标准。

    MT/T 238.3—2006 中 4.4.10 适用于本标准。

    MT/T 238.3—2006 中 4.4.11 适用于本标准。

    MT/T 238.3—2006 中"4.5 使用性能"适用于本标准。

    5）防爆要求

    掘进机配套本安产品应通过本安联机检验。

4．试验方法

    掘进机试验项目、内容、方法及要求见表 3-16。

表 3-16　掘进机试验项目、内容、方法及要求

序号	试验项目		内容和方法	要求
1	掘进机外形尺寸		按图 3-59 要求的尺寸进行测量	符合图 3-59 偏差的要求
2	掘进机质量		整机称重或分部件称重累计	(45±2.25)t
3	掘进机重心		测量重心方法为《悬臂式掘进机　第 3 部分：通用技术条件》(MT/T 238.3—2006) 中第 5.1.11 条的方法	纵向和横向误差≤25mm
4	掘进机调整尺寸	悬臂左右摆动行程	测定液压缸的伸出、确定纵轴，将悬臂置于掘进机纵轴线重合位置，测量左右摆动行程	左侧和右侧摆动行程差≤30mm
		星轮和铲板间隙	测调星轮臂下平面与铲板表面的间隙	间隙应为 2.0～5.5mm 且不允许有局部摩擦
		中间刮板输送机链条	使用机尾调整装置调节刮板链条的张紧度	应保证铲板摆动时，链轮仍能正确啮合、平稳运转
		履带链悬垂度	将掘进机架起，转动链轮，张紧上链，测调下链的悬垂度	一般应为 50～70mm
5	掘进机装配质量	检测悬臂滑道配合的情况	检测滑道配合间隙，目检接合面接触情况	用塞尺检测配合间隙值，要求 0.1～0.4mm
		检查截齿和齿座的配合	用任意三个截齿在任意三齿座中装拆，检查配合松紧度和互换性	松紧适度，有互换性，拆装方便
		检查管道电缆的敷设质量	目检油管、水管、电缆敷设质量和防护措施	管道电缆的敷设平直、整齐、无干涉、拆装方便
		检查重要螺栓扭矩	用扭力扳手检测受动载或振动较大的重要紧固螺栓扭矩值	伸缩部与减速箱、减速箱与电机扭矩 882N·m，回转台与回转轴承扭矩 882N·m，行走部与本体扭矩 1200N·m
		检查标志、标牌	目检标志、标牌的制造、安装质量	指示明确、清晰、正确
		检查各保护装置标志、标牌	目检甲烷传感器、急停按钮	指示明确、清晰、正确
		检查油漆质量	目检油漆表面的均匀性、皱皮、污浊度、擦伤等状况	油漆表面应均匀，无明显的皱皮、擦伤、露底、污浊等现象

续表

序号	试验项目		内容和方法	要求
6	空载试验前检查	检查油位	观察油标或用探尺检查各齿轮箱和液压系统油箱的油位	油标或用探尺检查各齿轮箱和液压系统油箱的油位应达到70%以上
		检查操作手柄及按钮	各电气、机械、液压操作手柄及按钮动作是否灵活可靠,所在位置是否正确	各手柄应操作灵活,居于中位或启动前应居于的位置
		调定液压系统溢流阀	启动油泵,操作液压系统和各回路操作阀,使回路中某液压缸至极限位置(液压马达应使其制动),观察系统和各回路的溢流阀开启时的压力值	前泵压力值18MPa,流量204L/min;后泵压力值18MPa,流量204L/min
		调定除尘喷雾系统压力	分别关闭内、外喷雾系统的出水管阀门,观察减压阀出口的压力值	内喷雾≥3MPa,外喷雾≥1.5MPa
		检查掘进机前照明灯和尾灯	通电或按下照明按钮	前、后尾灯亮
		检查掘进机启动报警装置	按下掘进机启动按钮,按下报警警铃	掘进机截割电机启动时伴有8~10s预警铃声直至截割电机启动警铃响
7	截割机构空载试验	空运转试验	开动截割机构电动机,将悬臂置于水平位置、上下极限位置,各运转不少于30min,在水平位置再反向运转10min	测录各个位置功率变化情况,最大空载功率不大于额定功率的15%,即24kW,电动机、齿轮箱等运转平稳,无异常声响及过热现象
		悬臂摆动时间试验	将悬臂分别置于水平位置、上和下极限位置,从一侧极端到另一侧极端摆动,全行程分别不少于3次	测录各行程所需时间,计算平均值: 水平(22±1)s; 上极限(22±1)s; 下极限(22±1)s
8	装运机构空载试验	空运转试验	刮板链张紧适度,将铲板置于上、中、下位置,在三个位置上每次正向运转5min,正向运转共15min;反向运转5min,反向运转共15min	在各工况下运转正常,无卡阻现象和撞击声,运转灵活,工作平稳并测录各位置液压马达压力值:(3±1)MPa
		铲板灵活性试验	在空运转试验中,铲板作上下运动全行程各不少于5次	运动灵活,无卡阻现象及撞击声
		悬臂与装载机构安全试验	铲板置于正常工作位置(卧底状态),悬臂置于卧底位置,开动装载机构,横向摆动悬臂	两者不发生干涉
		星轮堵转试验	用硬木卡住星轮,开动星轮,使离合器打滑,试验5次	液压马达驱动

续表

序号	试验项目		内容和方法	要求
9	行走机构空载试验	空运转试验	履带链张紧适度,将掘进机架起来,正、反向各运转 30min	马达回路压力(12±3)MPa,主、从动链轮应传动平稳,不得有振动、冲击现象
		行驶试验	在水泥、煤矸石混合制作的路面上(以下试验均按此路面)前进、后退各行驶 25m,并记录时间	平均速度为 0~6.5m/min;跑偏量应<1.25m
		转向试验	原地转向 90°,左、右各转 3 次	转向灵活,无脱链、卡链及异常声响
		功率测定	分别在行驶试验和转向试验中测定	分别测录 4 种工况下的功率:前进≤55kW,后退≤55kW;左转≤70kW,右转≤70kW;
		通过转弯半径测定	用标杆标出巷道宽度,测定掘进机转向 90°时的通过转弯半径	通过转弯半径≥6m
		最大牵引力试验	将掘进机与牵引杆相连接,使牵引杆作用线与地面平行,并通过掘进机重心,向前开动直至履带打滑	测录牵引力≥270kN,且牵引全过程驱动装置功率应<30kW
		爬坡试验	在设计的最大坡度开动掘进机前进、后退各 3 次	测录全过程驱动装置功率,其值≤21kW
		制动装置	在设计的最大坡度上制动,然后用牵引杆施加外力,使掘进机下滑	爬坡±18°时测录打滑时外力的临界值,其值≥260kN
10	液压系统空载试验	空运转试验	换向阀手柄置于中间位置,系统空运转 48min,然后操作各手柄,分别动作均不少于 10 次,总运转时间不少于 60min	运转正常,变量油泵外壳温度不大于 80℃,液压系统采用多路换向阀,空载功率不大于电机额定功率 75kW 的 15%,即 11.25kW
		耐压试验	在液压系统运转中,油箱油温达 50℃时做耐压试验,试验压力为 22.5MPa,保压均为 3min;各液压缸回路耐压试验在液压缸两极限位置进行,液压马达回路耐压试验应将液压马达回油管堵塞	液压系统中不得有渗漏及损坏现象
		液压缸空载试验	开动油泵,操作液压操作阀,各液压缸全行程往复动作均不少于 3 次	测录各液压缸动作过程中的空载压力:升降液压缸:伸出≤14MPa,缩回≤15MPa;回转液压缸:伸出≤12MPa,缩回≤12MPa;铲板液压缸:伸出≤11MPa,缩回≤18MPa;后支承液压缸:伸出≤10MPa,缩回≤16MPa;伸缩液压缸:伸出≤6MPa,缩回≤8MPa
		密封性能试验	将悬臂置于水平位置,铲板居正中的上极限位置,分别测量液压缸活塞杆收缩或伸长量;将起重液压缸行程全部伸出,顶起机器,分别测量其收缩量	在同一温度下,12h 液压缸活塞杆收缩或伸长量≤5mm

续表

序号	试验项目	内容和方法	要求
11	电气系统空载试验	在以上各机构空载试验过程中,观察电气系统的操作功能,动作的灵敏性、可靠性、准确性,电动机的性能和工作平稳性等	各控制手柄、按钮灵活可靠,标牌指示内容应与实际功能和动作一致,各电动机工作正常
12	除尘喷雾系统耐压及喷雾效果试验	接通除尘喷雾系统,用节流装置调节系统至额定压力的1.5倍,保压3min;随后接通喷嘴再将压力调至额定值,旋转截割头,试验喷雾效果	不得有渗漏和损坏现象,喷嘴无堵塞,喷雾均匀
13	密封性能检查	运转中检查各齿轮箱轴密封盖出轴密封、箱体结合面等;检查放油堵、放水堵;检查液压系统,除尘喷雾系统各元件及管路	不得有渗漏和松动现象
14	空载噪声测定	分别开动截割机构、装运机构、行走机构,在司机座位处分别进行测定噪声;全部开动,在司机座位处,高度为800mm,半径为500mm的范围内测量噪声	噪声值不超过:截割机构85dB(A);装运机构93dB(A);行走机构90dB(A)(液压马达驱动);综合噪声95dB(A)

5. 检验规则

MT/T 238.3—2006中"6.1检验条件及抽样"适用于本标准。

出厂检验的试验项目:只进行本标准表3.5.1中的序号1及序号4～13各项;其中序号8项及序号9项均只进行前3项的内容。

型式检验的试验项目:按本标准表3.5.1规定的全部项目进行试验。

MT/T 238.3—2006中"6.3检验结果判定"适用于本标准。

6. 标志、包装、运输及储存

产品标牌应符合《标牌》(GB/T 13306—1991),《矿用产品安全标志标识》(AQ 1043—2007)的规定;产品的包装储运应符合《机电产品包装通用技术条件》(GB 13384—2008),《包装储运图示标志》(GB/T 191—2016)的规定;产品的说明书应符合标准《工业产品使用说明书总则》(GB/T 9969—2008)的规定。

1) 产品标牌应标明的内容

检验合格的掘进机,须在明显的位置固定产品标牌,标牌应标明下列内容:

①型号及名称;②外形尺寸;③质量;④截割机构功率;⑤总功率;⑥供电电压;⑦制造厂名称;⑧制造编号;⑨出厂日期;⑩煤矿安全标志证号。

2) 包装箱外壁应标明的内容

掘进机检验合格后方可包装。包装质量必须保证掘进机在运输储存过程中不受机械损伤,不丢失,传动部件及电气部件的包装必须防潮、防尘。除尘喷雾系统的管路、阀、水冷电动机等,在包装前必须把水放净。

包装箱外壁应清晰标明下列内容:

①型号及名称;②质量;③包装箱外型尺寸;④起吊位置;⑤制造厂名称;⑥收货单位名称、地址及到站站名;⑦运输注意事项及必要的标志;⑧装箱日期。

产品可根据用户要求,采取整机包装或解体包装。

3) 附件及技术要求

制造厂随同产品应提供下列附件及技术文件:①产品合格证及检验结果;②外购件应附合格证;③备件及工具明细表;④使用维护

说明书、零部件图册或必要的图样资料；⑤产品装箱单；⑥掘进机安全标志准用证。

掘进机下列部件应有安全标志准用证：

①电动机；②矿用高强度圆环链、连接环、开口环；③防爆开关、电气控制箱；④防爆照明设备，包括蜂鸣器、前后照明灯；⑤胶管及胶管总成及金属聚合物制品；⑥甲烷断电仪，安全生产监控设备；⑦电缆；⑧通信信号装置。

备件储存时，对易生锈的备件应采取防锈措施。工业橡胶、塑料制品应在温度5～35℃的室内储存。电控元件和液压元件应在相对湿度不大于70%和温度5～35℃的室内储存。产品在运输、储存过程中应保持清洁，不得与酸、碱物质接触。传动零部件、电控元件不应受剧烈振动撞击。

7. 型号编制和分类

1）型号编制

悬臂式掘进机产品型号编制如图3-60所示。

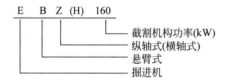

图3-60　悬臂式掘进机型号编制

2）分类

（1）按质量分：特轻型悬臂式掘进机；轻型悬臂式掘进机；中型悬臂式掘进机；重型悬臂式掘进机。

（2）按工作机构截割煤岩的方式分：纵轴式悬臂式掘进机；横轴式悬臂式掘进机。其中，纵轴式分为无伸缩和有（内）伸缩两种，横轴式分为无伸缩和有（外）伸缩两种。

（3）按掘进对象分：煤巷悬臂式掘进机；煤岩巷悬臂式掘进机；全岩巷悬臂式掘进机。

（4）按机器的驱动形式分：电力驱动悬臂式掘进机；电液驱动悬臂式掘进机。

3）特点

（1）可靠性高

① 以可靠为第一目标，液压泵、EPEC工程机械控制系统、所有轴承、主要液压阀及附

件、密封件、电气元器件均采用可靠性高的产品。

② 截割振动小，有提高机器稳定性的支撑装置，工作稳定性好。

③ 内、外喷雾齐全，能有效抑制粉尘。

④ 采用先进的加工设备、管理模式以及检验手段，从多个层面保证产品质量。

⑤ 振源减振优先，关键处重点减振。

⑥ 有紧固就有防松，在关键连接处采用减摩材料，用材料弹性变形产生的轴向力进行防松，或采用专利特性螺纹进行防松。

⑦ 防松到过程、细节，螺栓能用多时不用少。

⑧ 元器件能少用的一律少用，以减少可能的故障点。

⑨ 高科技研发（采用数字化设计：利用软件进行静态载荷仿真、动态载荷仿真、流体流动仿真、温度场仿真、模拟装配、静态干涉检查、动作演示、动态干涉检查等），设计安全系数取标准值的最大值。在结构允许情况下，将安全系数放到最大（水压试验压力为标准值的1.2倍）。

⑩ 把隐患消灭在出厂以前，严格控制质量（自检、互检、专检；首检、巡检、终检；关重零部件编号；对供方的质保系统进行认证），进行高严酷度的试验（截割头水道试压、电控箱箱体试压、液压缸试压台、振动试验台、减速电动机和减速器空载试验台、喇叭口冲水及电缆抽拉测试、截割部负荷试验台、掘进机整机加载振动试验台、各种不同硬度的假岩壁）。

⑪ 充分考虑恶劣环境下的防护。

⑫ 充分研究国内与国外原材料及基础零部件制造工艺上的差距并消除（电动机、截割头、钢材）。

⑬ 铸钢件P、S等有害杂质含量控制在国家标准要求的80%以下。

⑭ 重要的基础零部件应采用可靠度较高的产品。

⑮ 减速器软件化自主设计，质量标准远远高于行业水平，减速器噪声不大于72dB（A）。

⑯ 紧固件采用达克罗防锈，尽量采用螺栓

（钉）螺母连接,避免采用螺栓和内螺纹连接。不能避免时,应将内螺纹放在较易拆卸的部件上。

（2）作业效率高

① 可实现各液压缸动作速度及行走速度的手工无级调速,在重载情况下（如遇到硬岩）时可通过慢速进给降低截割载荷,切断硬岩,减少停机。

② 开发窄机身掘进机、掘锚一体机、掘钻一体机、掘护一体机,减少掘进循环过程中的辅助时间。

③ 深入研究破岩机理和方法,自主开发专利软件,提高破岩效率,降低镐齿消耗率。

④ 集运料（一运、星轮马达）可同时开到最快速度。

⑤ 截割头升降和回转可同时进行。

⑥ 防止卡料及回带料。

⑦ 提高稀料装载、大倾角下行掘进装载效率。

⑧ 截割头采用国际一流技术,设计单刀力大,截齿布置合理,破岩过断层能力强。

（3）智能化程度高

① 采用智能电液系统,在遇到岩石硬度变化很大时,系统可自动调整截割头掘进速度,以确保全程机掘而不需要炮掘,同时降低能耗,提高安全保护能力。

② 可选配油温油位自动保护,水量水压自动保护,防截割臂撞星轮和压大块料时损坏星轮马达,回转角度提醒显示,星轮卡料、一运卡料、二运闷车语音和显示提示。

③ 具备齐全的保护、故障诊断和专家帮助处理系统。

（4）适用范围广

① 输入电压为 1140V/660V 双电压。

② 预留锚杆泵站接口,如用户需要可选配进口双联齿轮泵,本体部右后侧预留锚杆泵站安装位置,液压系统预留锚杆泵站吸油口,电气系统可为锚杆泵站提供动力,安装与拆卸方便。

③ 一运与星轮马达标配为国产马达,如用户需要可选配性能优良的进口马达,显著提高马达使用寿命,大大减少维修时间和停机时间,提高本机使用寿命。

④ 液压泵站标配为进口名牌双联变量泵,但也可根据用户需要采用国产优质高压齿轮泵,该泵为定量泵,输出压力高,耐污染能力强,坚固耐用,同行业使用这种泵很广泛。但相对变量泵,它的发热量大,能量损失大,同时配套使用的分配齿轮箱内的齿轮油温度高,不易控制。

⑤ 为适应不同用户、不同矿井的使用需要,掘进机还可选配窄铲板,与标配的宽铲板可以互换,只有侧铲板不同,驱动装置、连接板等其他零部件完全相同。用户可根据需要选配一种铲板或两种铲板都选购,以增大本机的适用范围。

（5）结构合理,可维修性好

① 缩短维护保养时的准备时间,维护频次高的元器件放在最易接近处。

② 技术上没有差异的,尽可能采用行业的通用件。

③ 在满足井下搬运维护的条件下,部件尽可能不拆装。

④ 需要经常打开的盖板,尽量设计成分开的。

⑤ 润滑脂加注点分处集中外置。

⑥ 需要经常检查的部位留有观察孔、观察盖,方便随时查看。

⑦ 经常拆卸的铰点销轴采用阶梯销轴。

⑧ 六接点压力表,方便检查各点压力。

4）型号汇总

卡特重工掘进机：EBZ30,EBZ35;

南京晨光掘进机：EBJ-132A,EBJ-132B,EBZ120,ELMB-75A,ELMB-75C;

佳木斯煤矿机械掘进机：EBZ300,EBZ200MJ,EBH200,EBZ230,EBZ200M,EBZ150,EBZ135,EBZ120,EBZ55,EBZ132Z,EBZ100,EBZ100A,EBZ100E,ZMX75;

石家庄中煤制造掘进机：EBZ5,EBZ755,EBZ100,EBZ100A,EBZ132,EBZ160;

三一重型装备掘进机：EBZ100 标准型,EBZ120 标准型,EBZ132 加强型,EBZ132 标准型,EBZ132 窄机身型,EBZ160C,EBZ160CD,

EBZ160 加强型,EBZ160 大坡度型,EBZ160 定量型,EBZ160 标准型,EBZ200H 硬岩型,EBZ200基本型,EBZ200 标准型,EBZ318,EBZ260H,EBZ200C;

石家庄煤矿机械厂掘进机:EBH300,EBZ55,EBZ55(A),EBZ75,EBZ100,EBZ135,EBZ150,EBZ160,EBZ160 岩石,EBZ200,EBZ200 岩石;

太原煤炭科学研究院掘进机:EBJ120TP,EBZ50TY,EBZ132TY,EBZ150TY,EBZ160TY,EBZ220TY,EBH300TY,EBZ132 掘采一体机;

上海普昱掘进机:EBZ90PY;

上海创立矿山设备有限公司掘进机:EBZ315,EBZ220,EBZ160,EBZ132,EBZ100,EBZ55;

上海天地科技股份有限公司掘进机:EBZ-132SH,EBZ-110SH;

辽源煤机厂掘进机:EBJ120,EBJ120S,EBZ160;

鞍山强力重工有限公司掘进机:红旗EBZ160H,EBZ200,EBZ135,EBZ160;

北方交通集团掘进机:KFM-EBZ100,KFM-EBZ132,KFM-EBZ160,KFM-EBZ160A,KFM-EBZ220,KFM-EBZ260;

内蒙古北方重工集团掘进机:EBH-90G,

EBH-132,EBH-132C;

凯盛重工有限公司(原淮南煤矿机械厂)掘进机:EBZ255,EBZ160A,EBH120,AM50,EBH132,EBZ160HN;

西安煤矿机械有限公司掘进机:EBZ125-XK。

3.6.3 悬臂式掘进机典型产品的结构组成及工作原理

1. 悬臂式掘进机的组成

悬臂式掘进机由 10 个部分组成,即"五部一机四个系统":截割部、铲板部、本体部、行走部、后支承部、第一运输机、电气系统、液压系统、水系统、润滑系统。EBH315 型掘进机如图 3-61 所示,EBZ160 标准型掘进机结构组成如图 3-62 所示。

图 3-61　EBH315 型掘进机

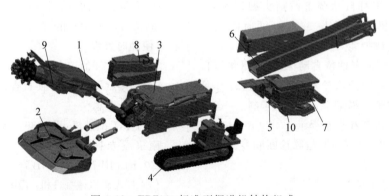

图 3-62　EBZ160 标准型掘进机结构组成
1—截割部;2—铲板部;3—本体部;4—行走部;5—后支承部;6—第一运输机;
7—电气系统;8—液压系统;9—水系统;10—润滑系统

悬臂式掘进机要同时实现剥离煤岩、装载运出、机器本身的行走调动以及喷雾除尘等功能,即集截割、装载、运输、行走于一身。它主要由截割机构、装载机构、运输机构、行走机构、机架及回转台、液压系统、电气系统、冷却

灭尘供水系统以及操作控制系统等组成。

1)截割部

截割部的主要功能如下:

①直接对煤岩进行破碎。②辅助支护。在架棚子支护、挖柱窝时,用托梁器托起横梁;

锚杆支护时，截割部处于水平状态，工人可以站在上面作业。③协助装货。④在特殊情况下可以参与自救。⑤有伸缩功能的掘进机在坡度较大的下山巷道后退时可以用伸缩功能来协助后退。

截割部是掘进机工作的核心机构，主要由伸缩部、截割减速器、左右截割头、连接销、高强度连接螺栓等零部件组成，如图3-63所示。

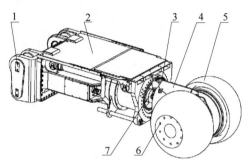

图 3-63　截割部

1—连接销；2—伸缩部；3—连接螺栓；4—截割减速器；5—截割头；6—连接螺栓；7—弹性联轴器

截割头为圆锥台形，在其圆周螺旋分布着镐形截齿。截割头通过花键套和高强度螺栓与截割头轴相连。伸缩部位于截割头和截割减速器中间，通过伸缩液压缸使截割头具有伸缩功能。截割减速器是两级行星齿轮传动，它和伸缩部用高强度螺栓相连。截割电动机为双速水冷电动机，使截割头获得2种转数，它与截割减速器通过定位销及高强度螺栓相连。连接销轴将整个截割机构连接到机架回转台上，通过液压缸实现截割头的上下、左右及伸缩运动。截割头通过M24高强度螺栓和渐开线花键连接到截割减速器上，截割减速器通过M24高强度螺栓与伸缩部连接到一起，伸缩部内电动机的动力经弹性联轴器传递给截割减速器。伸缩部内藏式大功率截割电动机在伸缩液压缸的作用下，能够使截割头前伸500mm。截割电动机扭矩，通过大传动比的截割减速器，将动力输出到左右两侧截割头上。高效率的截割头设计使破岩能力得以充分发挥。

（1）伸缩部

如图3-64所示，截割伸缩部主要由支承座、托链、固定护板、悬臂、伸缩液压缸、截割电动机、移动护板、托管板、前端板等9个部分组成，伸缩行程为500mm。其工作原理为：伸缩机构的后端支承座1与掘进机的回转台连接，前端通过前端板9与截割减速器连接。当掘进机伸缩时，通过伸缩液压缸5推动前端板9，前端板9与截割电动机6通过螺栓连接在一起，并带动截割电动机一起伸缩，截割电动机伸缩过程中通过固定在悬臂4上的4个导向键导向。其中，托链2的一端固定在悬臂4上，另一端连接在截割电动机6上，伸缩时与截割电动机一起移动。托链4用于储存伸缩时所需的电缆、油管、水管等管路。

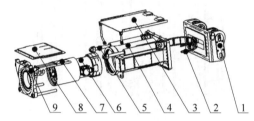

图 3-64　伸缩部

1—支承座；2—托链；3—固定护板；4—悬臂；5—伸缩液压缸；6—截割电动机；7—移动护板；8—托管板；9—前端板

（2）截割减速器

截割减速器由一级斜齿轮、一级伞齿轮，两个二级行星轮系组成，动力由斜齿轮输入，行星轮系输出，可通过合理的设计方案，使减速器传动比最大化的同时，体积和重量最小化。截割减速器采用强制润滑冷却系统，使减速器在各种工作姿态下，各级齿轮、轴承都能得到良好的润滑和冷却，如图3-65所示。截割减速器的密封选取高品质的密封件，使输入轴、输出轴区域的齿轮润滑油与粉尘充分隔离。采用高技术的减速器透气塞，防止粉尘通过透气塞孔污染齿轮润滑油。采用特殊的耐磨材料对减速器外壳进行全面保护。选用可靠的起吊点，方便减速器的安装、维护。

2）铲板部

铲板部有三个功能：①装货。②当截割头钻进后即将进行摆动之前，铲板与支承器落地，有利于机组的稳定，截割臂左右摆动时机组

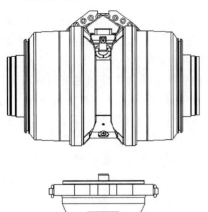
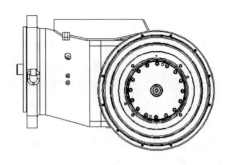
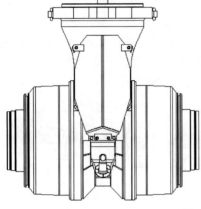

图 3-65　截割减速器

不摆尾。③与支承器配合可以进行自救。

　　铲板驱动采用成熟的低速大扭矩马达驱动装置，两侧分别驱动，取消了铲板减速器和中间轴装置，降低故障率。铲板上部装料装置为弧形星轮，星轮和低速大扭矩马达直接连接为一体，便于传动装置的装拆和故障检修。

　　装载部位于机器前端的下方，主要作用是将被截割机构分离和破碎下来的煤岩碴集中装载到运输机械上。装载机构主要由铲板和左右对称的收集装置组成。根据收集装置结构的不同，装载机构可分为刮板式、螺旋式、耙爪式和星轮式。星轮式运转平稳、结构简单、故障率低，目前使用最多。

　　（1）单双环形刮板中链式单环形是利用一组环形刮板链直接将岩石装到机体后面的转载机上。双环形由两排并列、转向相反的刮板链组成。若刮板链能左右张开或收拢，就能调节装载宽度，但结构复杂。环形刮板链式装载机构制造简单，但由于单向装载，在装载边易形成岩石堆积，从而会造成卡链和断链。同时，由于刮板链易磨损，功率消耗大，使用效果较差。

　　（2）螺旋式是横轴式掘进机上使用的一种装载机构，它利用左右两个截割头上旋向相反的螺旋叶片将岩石向中间推入输送机构。由于截割头形状缺陷，这种机构目前使用很少。

　　（3）耙爪式是利用一对交替动作的耙爪不断地耙取物料并装入转载运输机构。这种方式结构简单、工作可靠、外形尺寸小、装载效果好，目前应用很普遍。但这种装载机构宽度受限制。为扩大装载宽度，可使铲板连同整个耙爪机构一起水平摆动，或设计成双耙爪机构，以扩大装载范围。

　　（4）星轮式比耙爪式简单，强度高，工作可靠，但装大块物料的能力较差。通常，应选择耙爪式装载机构，但考虑装载宽度问题，可选择双耙爪机构，也可设计成耙爪与星轮可互换的装载机构。

　　装载机构结构如图3-66所示，主要由铲板及左右对称的驱动装置组成，通过低速大扭矩液压马达直接驱动三爪星轮转动，从而达到装载煤岩的目的。该机构具有运转平稳、连续装煤、工作可靠、事故率低等特点。

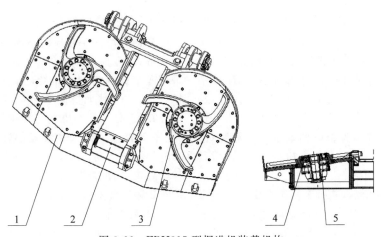

图 3-66　EBH315 型掘进机装载机构

1—铲板体；2—改向链轮组；3—三爪星轮；4—驱动装置；5—液压马达

装载机构安装于机器的前端,通过一对销轴铰接于主机架上,在铲板液压缸的作用下,铲板绕销轴上下摆动,可向上抬起 300mm,向下卧底 300mm。当机器截割煤岩时,应使铲板前端紧贴底板,以增加机器的截割稳定性。刮板输送机前置的设计,可使截割的煤岩直接落在输送机上,从而大大提高了装运能力。

3)运输机构

运输机构主要为刮板输送机,刮板输送机结构如图 3-67 所示,主要由机前部、机后部、边双链刮板、张紧装置、驱动装置和液压马达等组成。

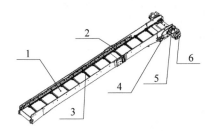

图 3-67　EBH315 型掘进机刮板输送机

1—机前部；2—机后部；3—边双链刮板；4—张紧装置；5—驱动装置；6—液压马达

刮板输送机位于机器中部,前端与主机架和铲板铰接,后部托在机架上。刮板输送机采用低速大扭矩液压马达驱动,在液压回路上设有安全阀,即使有大的岩块卡在龙门上也不会造成机器的损坏。刮板链条的张紧是通过在输送机尾部的张紧液压缸来实现的。

4)本体部

本体部是机器的主机架,其他部分都与其相连接固定。本体部中的回转架在回转液压缸的推动下能带动截割部左右摆动。本体的右侧装有液压系统的泵站,左侧装有操作台,前面上部装有截割部,下面装有铲板部及第一运输机,在其左右侧下部分别装有行走部、后支承部。掘进机的转载机构有两种布置方式：①作为机器的一部分；②为机器的配套设备。目前,多采用胶带输送机。

胶带转载机构的传动方式有 3 种：①用液压马达直接或通过减速器驱动机尾主动卷筒；②由电动卷筒驱动主动卷筒；③利用电动机通过减速器驱动主动卷筒。

为使卸载端做上下、左右摆动,一般将转载机构机尾安装在掘进机尾部的回转台托架上,可用人力或液压缸使其绕回转台中心摆动,达到摆角要求；同时,通过升降液压缸使其绕机尾铰接中心做升降动作,以达到卸载的调节范围。

转载机构多采用单机驱动,可用电动机或液压马达。

5)行走部

行走部的功能是带动机器前进、后退或转弯。

行走部用两台液压马达驱动,通过行星减速器构驱动链轮及履带实现行走。马达采用马达、制动刹车阀、减速器集成结构,具有二挡行走速度,可有效提高工作效率,降低故障率。

履带架与本体的连接采用先进机型制造工艺成熟的键、螺栓连接方式,强度与可靠性有了保证。EBH315 型掘进机采用支重轮履带式行走机构。左、右履带行走机构对称布置,分别驱动,各由 14 条高强度螺栓(M36×2、10.9 级)与机架相连接。每个行走机构均由液压马达提供动力经行走减速器→驱动链轮→履带链,驱动履带行走。现以左行走机构为例,说明其结构组成及传动系统。

如图 3-68 所示,左行走机构主要由导向张紧装置、履带架、履带链、行走减速器、行走液压马达、支重轮等组成。制动器集成在行走减速器内部,为常闭式,当机器行走时,泵站向行走液压马达供油的同时,向减速器内制动器提供压力油,使制动器解除制动。

根据机器行走方式的不同,行走机构可分为履带式、迈步式和组合式 3 种,现代掘进机多采用履带式。它支承机器的自重和牵引转载机行走,工作时承受截割机构的反力、倾覆力矩及动荷载。行走机构主要由引导轮、支重轮、驱动轮、履带、张紧装置、驱动减速器和履带悬架组成。动力多由马达通过行走减速器传递给履带,完成履带的运动。履带的张紧与缓冲靠张紧装置中的液压缸和缓冲弹簧来实现。

6) 后支承部

后支承部如图 3-69 所示,有三个功能:第一是牵引第二运输机随主机一起前进或后退,另外两个功能与铲板部的后两个功能相同。

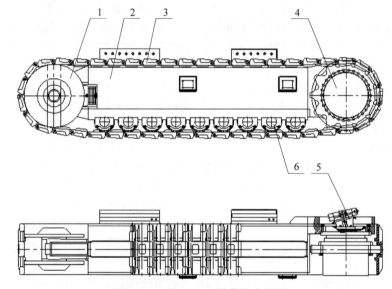

图 3-68　EBH315 左履带行走机构

1—导向张紧装置;2—履带架;3—履带链;4—行走减速器;5—行走液压马达;6—支重轮

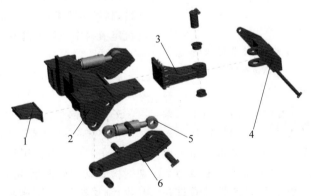

图 3-69　后支承部结构图

1—支架;2—架体;3—连接架;4—回转台;5—升降缸;6—支承腿

后支承用来减少截割时机体的振动,以防止机体横向滑动。在后支承的两边分别装有升降支承器的液压缸,后支承的支架用高强度螺栓、键与本体相连。电控箱、泵站电动机、锚杆电动机等都固定在后支承上,并且连接第二运输机。后支承各部件均设计为箱形组焊件结构,结构合理,可靠性高。

7) 电气系统

电气系统相当于人的神经,同液压系统一起使掘进机各机械部分联动,完成掘进工作。

电气系统主要由操作箱、电控箱、截割电动机、油泵电动机、锚杆电动机、矿用隔爆型压扣控制按钮、防爆电铃、照明灯、防爆电缆等组成。

8) 液压系统

液压系统在掘进机上非常重要,大多数机型除截割头旋转单独由一个截割电动机驱动外,其余动作都是靠液压系统来实现的。这种掘进机定义为"全液压掘进机"。

液压系统由泵站、操作台、液压缸、液压马达、油箱以及相互连接的配管组成,主要实现以下功能:

(1) 机器行走;

(2) 截割头的上、下、左、右移动及伸缩;

(3) 星轮的转动;

(4) 第一运输机的驱动;

(5) 铲板的升降;

(6) 后支承部的升降;

(7) 提高锚杆钻机接口等功能。

9) 水系统

水在掘进机上有两个功能,一是冷却,冷却液压油和截割电动机;二是喷雾,除尘系统由内外喷雾装置组成,用来向工作面喷雾,除去截割时产生的粉尘。除尘系统还有冷却截割电动机和液压系统的功能。

外喷雾降尘是在工作机构的悬臂上装设喷嘴,向截割头喷射压力水,将截割头包围。这种方式结构简单、工作可靠、使用寿命长。但由于喷嘴距粉尘源较远,粉尘容易扩散,除尘效果较差。

内喷雾降尘喷嘴在截割头上按螺旋线布置,压力水对着截齿喷射。由于喷嘴距截齿

近,除尘效果好、耗水量少,冲淡瓦斯、冷却截齿和扑灭火花的效果也较好。但喷嘴容易堵塞和损坏,供水管路复杂,活动连接处密封较困难。为提高除尘效果,一般采用内外喷雾相结合的方式。

水系统的外来水经过滤器和球阀后分4条分路:第一分路是外喷雾将水直接喷出;第二分路经过减压阀(1.5MPa),到油冷却器和截割电机后进入外喷雾;第三分路经冷却器减压阀(3MPa)后进入内喷雾系统喷出,起到灭尘和冷却截齿的作用,内喷雾的动力源是液压马达;第四分路是外来水经过滤器、球阀进入油箱蛇形管后进入外喷雾。

10) 润滑系统

掘进机的运动环节多,所以润滑点就多。润滑对于掘进机非常重要,它对掘进机的关键部位进行油、脂的补充,是对掘进机的维护,使掘进机良好地运转。

11) 断面自动控制系统

悬臂式掘进机截割头在空间的行走轨迹决定截割断面形状,由截割臂相对于掘进机机体的垂直摆动、水平摆动以及截割头的伸缩实现。垂直摆动与水平摆动是两个独立的液压控制系统,既可以单独实现截割头垂直或水平运动,也可以实现复合运动,从而完成任意断面形状截割。

截割臂的垂直摆动由一对同步升降液压缸完成。如图3-70(a)所示,同步升降液压缸分别与掘进机的机架和截割臂进行铰接,在机器中心线对称布置。升降液压缸行程改变时,截割臂将绕其与机架的铰接点在垂直面内摆动。当升降液压缸伸长时,截割臂向巷道上方摆动;反之亦然。

截割臂的水平摆动依靠水平回转工作台回转实现。如图3-70(b)所示机架整体安装在水平回转工作台上,回转台由对称布置的水平回转液压缸推动。活塞杆与水平回转工作台相连,缸筒与机架相连。工作时一侧液压缸伸长,另一侧由于刚性连接相应缩短,液压缸一伸一缩,推动回转工作台带动截割臂绕水平回转中心左右摆动。

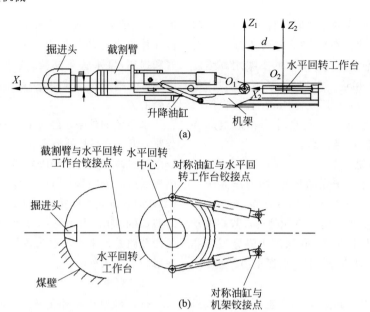

图 3-70　掘进机截割臂水平摆动机构

(a) 垂直摆动机构；(b) 水平摆动机构

建立截割臂与垂直摆动工作台铰接点 O_1 及水平回转工作台中心 O_2 为原点的两个直角坐标系 $(O_1\text{-}X_1Y_1Z_1)$ $(O_2\text{-}X_2Y_2Z_2)$，对截割头空间位置进行运动学分析。

截割头中心在巷道断面投影上的位置坐标为 (y,z)，通过分析确定截割头空间位置坐标与液压缸伸缩量之间及摆角之间的几何关系式，该控制系统传递函数关系式为

$$y = f_1(l_1, l_2, \Delta_1), \quad z = f_2(l_1, l_2, \Delta_1) \quad (3\text{-}7)$$

或者

$$y = f_3(\alpha_1, \beta_1 \Delta_1), \quad z = f_4(\alpha_1, \beta_1 \Delta_1) \quad (3\text{-}8)$$

式中，l_1, l_2, Δ_1 为控制系统所要控制的水平回转液压缸、升降液压缸及截割头伸缩液压缸的行程；α_1, β_1 为控制系统所要控制的截割臂水平及垂直摆角。通过几何关系式比较得出：直接测截割臂的摆角更为简便。

因此确定断面自动成形控制策略为：倾角传感器测量截割臂垂直倾角，测速传感器测量截割臂水平摆角，行程传感器测量截割头伸缩量，计算得到截割头空间位置坐标。可编程控制器对截割头空间位置检测装置采集的信号进行处理，控制截割头在巷道规定范围内按设定轨迹运动，截割出规整断面，避免超挖和欠挖现象。自动成形控制框图如图 3-71 所示。

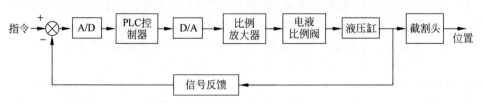

图 3-71　自动成形控制框图

掘进断面通常为矩形、梯形或半圆拱形等3 种标准形状。因截割对象（煤与岩石等）的软硬和分布的随机性，掘进机截割路径的选择原则是：利于钻进开切、装载转运和顶板维护，使截割阻力小，截割比能耗低，工作效率高。

一般正确的截割方式是：较均匀的中硬煤层，先扫底，自下而上横向截割；硬煤层，先扫底，自上而下横向截割；层理发达的软煤层，采用中心开钻，四边刷帮等。

本书介绍的掘进机主要采取矩形自下而上

截割,截割路径设定如图 3-72 所示,H 为截割断面高度、B 为截割断面宽度、d 为截割距,断面初始截割前要对这 3 个断面参数值进行设定。

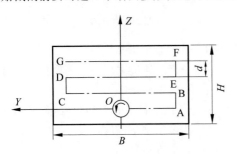

图 3-72　截割路径设定示意图

巷道断面形状及尺寸不尽相同,但截割工艺具有相似性,对于不同机型改动相应参数即可实现断面自动控制,具有一定通用性。

3.6.4　悬臂式掘进机常用产品性能指标

表 3-17 列举了我国通过自主研制开发的、已形成较大批量并具有市场潜力的悬臂式掘进机产品的主要技术参数。

表 3-17　我国煤矿常用的几种自主开发的悬臂式掘进机主要技术参数

技术参数＼型号	EL-90 型 (EBJ-110 型)	EBZ-75 型	ELMB-75 型 (ELMB-75A/B 型)	EBJ-132A 型	EBJ-160HN 型
掘进断面积/m²	8~22	4.7~16	7~14	8~24	9~24
最大掘进高度/m	3.8	3.8	3.6	4.5	4.2
最大掘进宽度/m	5.3	5.6	5	5.7	6.6
截割煤岩硬度/MPa	≤60	≤60	≤50	60~80	80~100
适用掘进坡度/(°)	±16	±16	±12	±16	±16
卧底深度/mm	355	310	180	200	250
总装机功率/kW	145.8(165.8)	150	120(130)	242	314
截割功率/kW	90(110)	75	75	132	160
机重/t	37.2	35	21.5	43	50
地隙/mm	230	250	180	200	250
截割方式	纵轴式	横轴式	纵轴式	纵轴式	纵轴式
外形尺寸(长×宽×高)/(m×m×m)	8.7×2.8×2.0	7.7×1.6×1.65	7.9×1.7×1.7	9.3×2.4×1.5	10.3×2.7×1.5

3.6.5　悬臂式掘进机主要技术参数的选择

目前,随着掘进机械化水平的提高,掘进机在煤矿中得到越来越多的应用。由于煤矿地质条件相差较大,对所用机器的性能要求不一,要想充分发挥掘进机的效能,必须合理地选择技术参数。

1．技术生产能力

技术生产能力是指掘进机在单位时间内所能破碎的煤岩量,主要由截割头实现,可按下式计算:

$$Q = KSv \quad (3-9)$$

式中,Q——技术生产能力,m³/min。

S——截割头的轴截面面积,m²,对于纵轴式截割头,$S=(d_1+d_2)h/2$,其中 d_1,d_2 分别为截割头小端和大端直径,m;h 为截割头切入煤岩的深度,m。

v——截割头的牵引(摆动)速度,m/min。

K——煤岩松散系数,一般取 1.5。

2．截割功率与基本参数的确定

掘进机的截割功率对其截割能力和使用效果有重要影响。煤岩的强度、构成、黏结性、研磨性及层理和节理的发育状况等都影响截割功率。由于影响因素复杂和对煤岩的可截割性研究不够，目前难以精确计算，多用能耗法和类比法估算。

1) 能耗法

按试验得到的截割比能耗计算：

$$N = 60 H_w v_h LD \tag{3-10}$$

式中，N——截割功率，kW；

H_w——比能耗，kW·h/m³（根据德国艾克霍夫公司试验资料，对 $f=1\sim2.2$ 的煤，取 $H_w=0.3\sim1.0$，对 $f=4\sim6$ 的砂岩或砂质页岩，取 $H_w=5\sim7.5$）；

v_h——截割头的摆动速度，m/min；

L——截割深度，m；

D——截割头平均直径，m。

2) 类比法

根据所截割煤岩的硬度、轴抗压强度和研磨性系数，参考现有机型的参数和现行技术条件选取截割功率、最大工作坡度、可掘断面、机高、机重等基本参数，见表 3-18。

表 3-18　掘进机基本参数选择表

技术参数	特轻型	轻型	中型	重型
煤岩最大单向抗压强度/MPa	≤50	≤60	≤85	≤100
岩石研磨性系数	10	10	15	15
截割功率/kW	≤30	55~75	90~110	132~200
机高/m	<1.4	<1.6	<1.8	<2.0
机重/t	≤15	≤25	≤35	≤50
可掘断面/m²	5~8.5	7~14	8~20	10~28
适应最大坡度/(°)	<16	<16	<16	<16

3．装载生产率和装载机构的驱动功率

目前，绝大多数机型采用耙爪式装载机构，其生产率为

$$Q' = znV \tag{3-11}$$

式中，Q'——生产率，m³/s；

z——耙爪个数；

n——耙爪的装载频率，Hz；

V——耙爪每次扒料体积，m³。

$$V = \frac{1}{2} Bdh_p \tag{3-12}$$

式中，B——铲板前沿宽度，m；

d——耙爪轨迹宽度，一般等于曲柄圆盘的直径，m；

h_p——扒取料层的平均高度，通常取 $1\sim2$ 倍耙爪高度，m。

耙爪驱动功率为

$$N_1 = \frac{An}{9554\eta_1} \tag{3-13}$$

式中，N_1——耙爪驱动功率，kW；

η_1——耙爪传动装置的效率；

A——耙爪装载行程做的功，N·m。

$$A = WL_p + (S_p + 0.2L_p)GK_1 \tag{3-14}$$

式中，L_p——耙爪划过料堆的路程，m；

S_p——物料在铲板上的滑行路程，m；

K_1——堵塞系数，取 $K_1=2$；

G——耙爪推移的物料重量，N；

W——耙爪的扒料阻力，N。

若装载机构为单独驱动，由前面计算出的耙爪装载行程做的功 A，即可作为选取耙爪驱动功率的依据。多数情况下，装载机构与中间刮板输送机是用同一台电动机或液压马达驱动的，确定耙爪驱动功率时还应加上刮板机的驱动功率。

中间刮板机的驱动功率为

$$N_2 = \frac{Tv_1K_2}{1020\eta_2} \tag{3-15}$$

式中，N_2——中间刮板机的驱动功率；

v_1——刮板机链速，0.8~0.9m/s；

K_2——驱动功率备用系数，一般取 $K_2=1.2\sim1.5$；

η_2——传动齿轮效率，取 $\eta_2=0.8\sim0.83$；

T——刮板机主动链轮上的牵引力，N。

$$T = 1.1(W_z' + W_k') \tag{3-16}$$

式中，W_z'——重段的运行阻力，N；

W_k'——空段的运行阻力，N。

此时，装载机构的驱动功率为

$$N' = N_1 + N_2 \qquad (3\text{-}17)$$

4. 接地比压和机器的重心

1）接地比压

为适应巷道底板条件的要求，履带公称接地比压一般应不大于 0.14MPa，其计算公式为

$$q = \frac{G_1}{2L_1 b} \qquad (3\text{-}18)$$

式中，q——履带公称接地比压，MPa；

G_1——掘进机重量，N；

L_1——单边履带接地长度，mm；

b——履带板宽度，mm。

悬臂式掘进机行业标准规定：单边履带接地长度 L_1 与两条履带中心距 B_1 的比值一般不大于 0.6，两履带板中心距与履带板宽度的比值一般为 3.5～4.5。

2）重心

为保证不出现零比压和增加机器的工作稳定性，在机器总体设计时，在纵向，应使机器重心居于单边履带接地长度 L_1 的中心稍偏前，且小于 $L_1/6$ 的范围内，并应在回转台中心之后。在横向，重心偏离机器纵轴线的距离应尽量小。

5. 履带牵引力

悬臂式掘进机行业标准规定：履带牵引力应能满足拖挂转载机的设计爬越坡度，并具有在设计坡道上转向的能力，机器爬越上下山的坡度应不小于 16°。在各种行走阻力中，主要应考虑在设计坡道上的行走和转向阻力，其余阻力可不计。

1）行走阻力 R_1

爬坡时，行走阻力为

$$R_1 = G_1 f_1 \cos\theta + G_1 \sin\theta \qquad (3\text{-}19)$$

式中，R_1——行走阻力，N；

θ——坡角，（°）；

f_1——滚动阻力系数，煤底板 $f_1 = 0.08\sim$ 0.1，碎石路面 $f_1 = 0.06\sim0.07$。

2）转向阻力 R_2

转向时，掘进机的悬臂应置于中间位置，使两条履带载荷相同，转向阻力矩在两条履带上形成同样大小的转向阻力：

$$R_2 = \frac{M_r}{B_1/2} = \frac{G_1 L_1 \mu}{4B_1}\left(1 - \frac{4e^2}{L_1^2}\right)^2 \qquad (3\text{-}20)$$

式中，R_2——转向阻力，N；

M_r——每条履带的转向阻力矩，N·mm；

e——机器重心偏离机器纵轴线的距离，mm；

μ——转向阻力系数，煤底板 $\mu = 0.6$，页岩底板 $\mu = 0.96$，碎石底板 $\mu = 0.8\sim0.9$，黏土底板 $\mu = 1.0$。

3）每条履带的综合阻力 R

$$\begin{aligned} R &= \frac{1}{2}R_1 + R_2 \\ &= \frac{1}{2}(G_1 f_1 \cos\theta + G_1 \sin\theta) + \\ &\quad \frac{G_1 L_1 \mu}{4B_1}\left(1 - \frac{4e^2}{L_1^2}\right)^2 \end{aligned} \qquad (3\text{-}21)$$

每条履带的牵引力 $R_q > R$，可取

$$R_q = \frac{1}{2}G_1 + \frac{G_1 L_1 \mu}{4B_1}\left(1 - \frac{4e^2}{L_1^2}\right)^2 \qquad (3\text{-}22)$$

4）每条履带所需驱动功率 P

$$P = \frac{R_q v_2}{61200\eta_3 \eta_4} K_3 \qquad (3\text{-}23)$$

式中，P——驱动功率，kW；

v_2——履带行走速度，m/min；

η_3——行走减速器效率；

η_4——履带传动效率，取 $\eta_4 = 0.75\sim0.85$；

K_3——工作条件补偿系数，取 $K_3 = 1.1\sim1.2$。

对于悬臂不可伸缩的机型，掏槽时要借助履带的推力，应按爬坡掏槽工况分析计算，同在设计坡道上的转向工况相比较后，取其较大值作为确定履带牵引力和驱动功率的依据。

3.6.6 悬臂式掘进机操作与安装维护

1. 悬臂式掘进机操作须知

（1）只有经过培训合格后，被授权操作的司机才能操作掘进机；

（2）在操作悬臂式掘进机前，需通读说明书内容，熟知所有仪表和控制手柄（按钮）的位置和操作方法；

（3）启动油泵电机前，应检查各液压阀和供水阀的操作手柄，必须处于中位置；

（4）截割头必须在旋转情况下才能贴靠工

作面；

（5）截割时要根据煤或岩石的硬度，掌握好截割头的截割深度和截割厚度，截割头进入截割时应点动操作手柄，缓慢进入煤壁截割，以免发生扎刀及冲击振动；

（6）机器向前行走时，应注意扫底并清除机体两侧的浮煤，扫底时应避免底板出现台阶，防止掘进机爬高；

（7）调动机器前进或后退时，必须收起后支撑，抬起铲板；

（8）截割部工作时，若遇闷车现象应立即脱离截割或停机，防止截割电动机长期过载；

（9）对大块掉落煤岩，应采用适当方法破碎后再进行装载，若大块煤岩被龙门卡住时，应立即停车，进行人工破碎，不能用刮板机强拉；

（10）液压系统和供水系统的压力不允许随意调整，若需要调整时应由经培训的专业人员调整；

（11）注意观察油箱上的液位液温计，当液位低于工作油位或油温超过规定值（70℃）时，应停机加油或降温；

（12）开始截割前，必须保证冷却水从喷嘴喷出；

（13）机器工作过程中若遇到非正常声响或异常现象，应立即停机查明原因，排除故障后方可开机；

（14）在操作机器工作时，若有电缆或油管被压，出现漏电或漏油现象时须立即停车并及时进行维修；

（15）电控箱装卸、搬运过程中避免强烈振动，必须轻放，严禁翻滚；

（16）定期检查各开关手柄、按钮是否灵活、可靠，动静触头是否良好，按触器等电气元件是否正常；

（17）油泵启动前，蜂鸣器报警延时 3s 后无故障正常启动，提醒非工作人员注意人身安全。

2. 悬臂式掘进机安装调试

掘进机的重量及体积较大，下井前应根据井下实际装运条件，视机器的具体结构、重量和尺寸，最小限度地将其分解成若干部分，以便运输、起重和安装。在机器设计和制造的开始就应考虑到向井下运输时的分解情况。

1）掘进机拆卸及井下运输注意事项

（1）拆装前，必须在地面对所有操作方式进行试运转，确认运转正常。

（2）拆卸人员应根据随机技术文件熟悉机器的结构，详细了解各部位连接关系，并准备好起重运输设备和工具，确保拆卸安全。

（3）根据所要通过的巷道断面尺寸（高和宽），确定其设备的分解程度。

（4）机器各部件下井的运输顺序尽量与井下安装顺序一致，避免频繁搬运。

（5）对于液压系统及配管部分，必须采取防尘措施。

（6）所有未涂油漆的加工面，特别是连接表面，下井前应涂上润滑脂；拆后形成的外露连接面应包扎保护以防碰坏。

（7）小零件（销子、垫圈、螺母、螺栓、U 形卡等）应与相应的分解部分一起运送。

（8）下井前，应在地面仔细检查各部件，发现问题要及时处理。

（9）应充分考虑到用台车运送时，台车的承重能力、运送中货物的窜动，以及用钢丝绳固定时防止设备损坏及划伤。

（10）为了保证电气元件可靠的工作，电控箱运输时必须装设在掘进机的减振器上。

2）掘进机井下组装注意事项

安装前作好准备工作，应根据机器的最大尺寸和部件的最大重量准备一个安装场地，该场地要求平整、坚实，巷道中铺轨、供电、照明、通风、支护良好。在安装巷道的中顶部装设满足要求的起吊设备（＞30t），在安装巷道的一端安装绞车，两个千斤顶及其他必要的安装工具。安装前应擦洗干净零部件连接的结合面，认真检查机器的零部件，如有损坏应在安装前修复。

（1）用枕木先将前、后机架垫高 400mm，并连接到一起，保证连接螺栓锁紧扭矩达到要求值 980N·m。

（2）分别将左、右履带行走机构与机架连接在一起，连接螺栓紧固力矩达到要求值 1670N·m。

（3）安装装载部及其升降液压缸；安装刮板输送机及刮板链；安装油箱；安装电控箱；安装截割机构及升降液压缸；安装液压操作台；安装液压泵站；铺设液压管路及电缆；安装护板。

（4）按机器相应的润滑表及润滑图要求润滑各部位。

（5）对机器进行调试、调整。

（6）试车，按规定的操作程序启动电动机并操作液压系统工作，进行空运转。试车时应注意：①检查各部分有无异常声响，检查减速器和油箱的温升情况；②检查各减速器对口面和伸出轴处是否漏油；③试运转的初始阶段，应注意把空气从液压系统中排出，检查液压系统是否漏油；④油箱及各减速器内的油位是否符合要求；⑤各部件的动作是否灵活可靠等。

3）掘进机装配注意事项

（1）液压系统和供水系统各管路和接头必须擦拭干净后方可安装。

（2）安装各连接螺栓和销轴时，螺栓和销轴上应涂少量油脂，防止锈蚀后无法拆卸；各连接螺栓必须拧紧，重要连接部位的螺栓拧紧力矩应按规定的拧紧力矩进行紧固。

（3）安装完毕按注油要求加润滑油和液压油。

（4）安装完毕必须严格检查螺栓是否拧紧；油管、水管连接是否正确；必要的管卡是否齐全；电动机进线端子的连接是否正确等。

（5）检查刮板输送机链轮组，应保证链轮组件对中，刮板链的松紧程度合适。

（6）安装完毕后，对电控箱的主要部位再进行一次检查。

4）机器的井下调试

掘进机在安装完毕后，必须对各部件的运行作必要的调试，主要调试内容如下。

（1）对电控箱主要部位检查

① 用手关合接触器几次，检查有无卡住现象；

② 进出电缆连接是否牢固和符合要求；

③ 凡进线装置中未使用的孔，应当用压盘、钢质压板和橡胶垫圈可靠的密封；

④ 箱体上的紧固螺栓和弹簧垫圈是否坚固齐全。各隔爆法兰结合面是否符合要求；

⑤ 箱体的外观是否完好。

（2）查电机电缆端子连接的正确性

① 从司机位置看，截割头应顺时针方向旋转；

② 泵站电机轴转向应符合油泵转向要求。

（3）检查液压系统安装的正确性

各液压零部件和管路的连接应符合标记所示；管路应铺设整齐，固定可靠，连接处拧紧不漏；

对照操作台的操作指示牌，操作每一个手柄，观察各执行元件动作的正确性，发现有误及时调整。

（4）检查喷雾、冷却系统安装的正确性

喷雾及冷却系统各零部件连接应正确，无泄漏现象，喷雾应畅通、正常。冷却电机及油箱的水压达到规定值1.5MPa。

5）机器的调整

机器安装和使用过程中，需要对行走部履带链张紧、刮板输送机刮板链的张紧及液压系统的压力，供水系统的压力作常规检查，发现与要求不符时应及时作适当的调整，调整方法如下。

（1）行走部履带链的张紧

行走部履带链的松紧调节采用液压缸张紧装置进行调节，具体方法如下。

① 将铲板和后支撑腿落底并撑起机器，使两侧履带机构悬空；

② 使用黄油枪向张紧液压缸（张紧行程200mm）压入润滑脂，当下链距履带架底板悬垂量为 50～100mm 时为宜，最大不得超过150mm，否则应拆除一块履带板；

③ 在张紧液压缸活塞杆上装入适量垫板及一块锁板，并锁紧；

④ 拧松注油嘴下的六方接头，泄掉液压缸内压力后再拧紧该螺栓；

⑤ 抬起铲板及后支撑腿，使机器落地。

（2）输送机刮板链的张紧调整

输送机刮板链的张紧是通过安装在输送机尾部的张紧液压缸来调整。刮板链条应有一定的垂度，垂度太大，刮板有可能卡在链道内,有时还会发生跳、卡链现象;垂度太小将增加链条张力和运行阻力,加剧零部件的磨损,降低使用寿命。具体调整方法如下。

① 操作铲板升降液压缸手柄,使铲板紧贴底板;

② 使用黄油枪向张紧液压缸单向阀压注油脂(张紧行程200mm),并均匀调整左右张紧液压缸,使传动链轮回链最大下垂度不大于70mm,张紧度应保证铲板摆动时,链轮仍能正确啮合,平稳运转;

③ 在张紧液压缸活塞杆上装适量垫板,使张紧液压缸体受力;

④ 拧松螺栓,泄掉液压缸内压力后,再拧紧该螺栓,使张紧液压缸活塞不承受张紧力;

⑤ 当用张紧液压缸调整不能得到预想的效果时,可取掉两根链条的两个链环,再调至正常的张紧程度。

(3) 液压系统各回路压力的调整

① 液压缸回路,工作压力为 25MPa,其调节方法为:操作五联液控手柄中操控液压缸的手柄和四向液控手柄,使其相应的液压缸动作到极限位置(注意:不要松开手把)。此时,慢慢调节两联柱塞泵后泵中的压力限制阀调压螺钉,同时观看压力表,使该回路的工作压力达到规定值后锁紧调压螺钉。

② 装载、行走,工作压力为 25MPa。回路工作压力由装在三联柱塞泵的前泵的压力限制阀调定。回路压力的具体调节方法是:用方木将耙爪卡住,操作七联液控手柄中装载回路

手柄和两联液控手柄向马达供油,慢慢调节柱塞泵上的调压螺钉,同时观看压力表,使系统压力达到规定值,然后锁紧调压螺钉。

③ 输送机,工作压力 25MPa。回路工作压力由装在三联柱塞泵的后泵的压力限制阀调定。回路压力的具体调节方法是:用方木将链条卡住,操作七联液控手柄中输送机回路手柄向马达供油,慢慢调节柱塞泵上的调压螺钉,同时观看压力表,使系统压力达到规定值,然后锁紧调压螺钉。

在生产过程中不应随意调节工作压力,需要调整时应由经培训专业人员进行。否则,会因为系统压力过高,而引起油管及其他液压元件的损坏,甚至造成安全事故。所有溢流阀在进行压力调整前都必须先松开,然后再进行调整工作,调整时应使压力逐渐升高至所需要调整值,切忌由高往低调整,避免造成系统元件或机器零部件的损坏。

6) 检修及维护保养

减少机器停机时间最有效的办法就是及时和规范的维护,维护好的机器工作可靠性高,使用寿命长,操作也更有效。下述检修计划是悬臂式掘进机维护的建议,除了相关建议的检修外,用户可在允许的范围内对建议进行修改,以适应各自的不同情况。

(1) 机器的润滑应按照相应的润滑图及润滑表,对需要每班润滑的部位加注相应牌号的润滑油,如表3-19所示为EBH315型掘进机润滑表。

表 3-19　EBH315 型掘进机润滑表

序号	润滑点名称	加油点数量	润滑油名称	润滑周期	加油方式	润滑目的
1	截割减速器	2	N320 重负荷工业齿轮油(GB 5903—2011)	1次/半年	透气塞	减速器
2	改向链轮组	1	N68 机械油(GB 443—1989)	1次/月	螺钉 M8	轴承、浮封
3	装载驱动装置	2×2	N68 机械油(GB 443—1989)	1次/周	螺栓 M22×1.5	轴承2盘、浮封
4	导向张紧装置	2×2	N68 机械油(GB 443—1989)	1次/月	螺栓 M10×1	轴承2盘、浮封
5	行走减速器	2×1	N220 重负荷工业齿轮油(GB 5903—2011)	1次/半年	接头座	减速器

续表

序号	润滑点名称	加油点数量	润滑油名称	润滑周期	加油方式	润滑目的
6	截割升降销轴	2×2	2♯通用锂基润滑脂(GB/T 7324—2010)	1次/周	油杯 M10×1	销轴
7	铲板升降销轴	2×2	2♯通用锂基润滑脂(GB/T 7324—2010)	1次/周	油杯 M10×1	销轴
8	后支撑腿升降销轴	2×1	2♯通用锂基润滑脂(GB/T 7324—2010)	1次/周	油杯 M10×1	销轴
9	后支撑铰接销轴	4×2	2♯通用锂基润滑脂(GB/T 7324—2010)	1次/周	油杯 M10×1	销轴
10	后支撑滑靴销轴	2×2	2♯通用锂基润滑脂(GB/T 7324—2010)	1次/周	油杯 M10×1	销轴
11	所有液压缸销轴	30	2♯通用锂基润滑脂(GB/T 7324—2010)	1次/周	油杯 M10×1	销轴
12	截割升降销轴	2×1	2♯通用锂基润滑脂(GB/T 7324—2010)	集中润滑	集中润滑	销轴
13	截割升降液压缸销轴	2×2	2♯通用锂基润滑脂(GB/T 7324—2010)	集中润滑	集中润滑	销轴
14	铲板升降销轴	2×1	2♯通用锂基润滑脂(GB/T 7324—2010)	集中润滑	集中润滑	销轴
15	铲板升降液压缸销轴	2×2	2♯通用锂基润滑脂(GB/T 7324—2010)	集中润滑	集中润滑	销轴
16	后支撑摆动液压缸销轴	2×1	2♯通用锂基润滑脂(GB/T 7324—2010)	集中润滑	集中润滑	销轴
17	后支撑滑靴销轴	2×1	2♯通用锂基润滑脂(GB/T 7324—2010)	集中润滑	集中润滑	销轴
18	后支撑铰接销轴	4×1	2♯通用锂基润滑脂(GB/T 7324—2010)	集中润滑	集中润滑	销轴
19	后支撑升降液压缸销轴	2×2	2♯通用锂基润滑脂(GB/T 7324—2010)	集中润滑	集中润滑	销轴
20	电动机后法兰	8	2♯通用锂基润滑脂(GB/T 7324—2010)	集中润滑	集中润滑	滑轨
21	悬臂筒	4	2♯通用锂基润滑脂(GB/T 7324—2010)	集中润滑	集中润滑	滑轨
22	刮板输送机驱动装置	2	2♯通用锂基润滑脂(GB/T 7324—2010)	集中润滑	集中润滑	马达侧2盘、另侧轴承1盘
23	回转体	4	2♯通用锂基润滑脂(GB/T 7324—2010)	集中润滑	集中润滑	摩擦副
24	回转台	10	2♯通用锂基润滑脂(GB/T 7324—2010)	集中润滑	集中润滑	回转轴承

注:《工业闭式齿轮油》(GB 5903—2011)表中简称(GB 5903—2011);

　　《L-AN全损耗系统用油》(GB 443—1989)表中简称(GB 443—1989);

　　《通用锂基润滑油》(GB/T 7324—2010)表中简称(GB/T 7324—2010)。

（2）检查油箱的油位,油量不足应及时补加液压油;油液如严重污染或变质,应及时更换。

（3）检查各减速箱润滑油池内的润滑油是否充足、污染或变质,不足应及时添加,污染或变质应及时更换。检查各减速箱有无异常振动、噪声和温升等现象,找出原因,及时排除。

（4）检查液压系统及外喷雾冷却系统的工作压力是否正常,并及时调整。

（5）检查液压系统及外喷雾冷却系统的管路、接头、阀和液压缸等是否泄漏并及时排除。

（6）检查油泵、液压马达等有无异常噪声、温升和泄漏等,并及时排除。

（7）检查截割头截齿是否完整,齿座有无脱焊现象,喷雾喷嘴是否堵塞等,并及时更换或疏通。

（8）检查各重要连接部位的螺栓,若有松动必须拧紧,参照螺栓紧固力矩表 3-20。

（9）检查左右履带链条的张紧程度,并适时调整。

（10）检查输送机刮板链的张紧程度,并及时调整。

表 3-20　螺栓紧固力矩表

螺栓规格	强度等级	紧固力矩值/(N·m)
M12	10.9	107
	8.8	76
M16	10.9	265
	8.8	175
M20	10.9	520
	8.8	352
M24	10.9	980
	8.8	600
M30	10.9	1670
	8.8	1100

（11）在机器运行过程中可以参照掘进机常见故障原因及处理方法进行故障维护,详情见表 3-21。

表 3-21　掘进机常见故障及处理方法

部件部位	故障现象	故障原因	处理方法
截割部	截割头堵转或电动机温升过高	过负荷,截割部减速器或电动机内部损坏	减小截割头的切深或切厚,检修内部
	截齿损耗量过大	钻入深度过大,截割头移动速度太快	降低钻进速度,及时更换补齐截齿,保持截齿转动
	截割振动过大	截割岩石硬度>120MPa;截齿磨损严重、缺齿;悬臂液压缸铰轴处磨损严重;回转台紧固螺栓松动	减少钻进速度或截深;更换补齐截齿;更换铰轴套;紧固螺栓;铲板落底,使用后支承
装运部	刮板链不动	链条太松,两边链条张紧后长短不等造成卡链,或煤岩异物卡链	调整紧链卡阻,检查液压系统及元件
	转盘转速快慢不均或不能移动	液压系统及元件故障	更换液压系统元件
	断链	链条节距不等;刮板链过松或过紧;链轮中卡住岩石或异物,链环过度磨损	拆检更换链条,正确调整张力,排除卡阻
行走部	驱动链轮不转	液压系统故障;液压马达损坏;减速器内部损坏;制动器打不开	排除液压系统故障;检查减速器内部
	履带速度过低	液压系统流量不足	检查液压油箱油位、油泵、马达及溢流阀
	驱动链轮转动而履带跳链	链条过松	调整液压张紧液压缸以得到合适的张紧力
	履带断链	履带板或销轴损坏	更换履带板或销轴

续表

部件部位		故障现象	故障原因	处理方法
液压系统	系统	系统流量不足或系统压力不足	油泵内部零件磨损严重,油泵效率下降或内部损坏;溢流阀工作不良;油位过低,油温过高;吸油过滤器或油管堵塞;油管破裂或接头漏油	检查泵的性能,更换损坏零件,调整溢流阀;油箱加油检查油温过高原因并进行相应处理;更换过滤器;清理油箱;检查油管和接头
		系统温升过高,油箱发热	冷却供水不足;油箱内油量不足、油污染严重;溢流阀封闭不严;回油过滤器脏;油泵有故障	检查冷却器,油箱加油或换油;清洗有关溢流阀及过滤器;检查油泵内部并更换有关零件
		各执行机构爬行	有关部位润滑不良,摩擦阻力增大;系统吸入空气,压力脉动较大或系统压力过低;吸油口密封不严或油箱排气孔堵塞,液压缸平衡阀背压过低	改变润滑情况,清除脏物;检查油箱油位并补加相同牌号的油液;检查溢流阀并调整压力值;排除系统内空气并更换密封件;检查吸油管及其卡箍
	元件	油泵吸不上油或流量不足	油温过低,油泵旋转方向不对;漏气,吸油滤油器堵塞;吸油管路进气,油泵损坏	提高油温,更正油泵旋向;拧紧或更换吸油管卡箍,更换吸油管;清洗或更换吸油滤油器滤网;换泵
		油泵压力上不去	溢流阀调定压力不符合要求;压力表损坏或堵塞;油泵损坏;溢流阀故障	调整溢流阀压力;更换或清洗压力表;检修油泵;清洗检修溢流阀
		产生噪声	吸油管及吸油滤油器堵塞;油液黏度过高;吸油管吸入空气;电动机、油泵三者安装不当	清洗吸油管及吸油滤油器使吸油畅通;更换吸油管密封圈;更换同牌号的液压油;调整三者的安装位置
		严重发热	轴向间隙过大或密封环损坏,引起内泄漏;压力太高	拆检,调整间隙及压力,更换密封环
		溢流阀压力上不去或达不到规定值	调整弹簧变形;锁紧螺母松动;密封圈损坏;阀内阻尼孔有污物	更换调压弹簧;拧紧锁紧螺母;更换密封圈;清洗有关零件
		多路换向阀滑阀不能复位;定位装置不能复位	复位、定位弹簧变形;定位套损坏;阀体与阀杆间隙内有污物挤塞;阀杆生锈;阀上操作机构不灵活;连接螺栓拧得太紧,使阀体产生变形	更换定位、复位弹簧;清洗阀体内部;调整阀上操作机构;重新拧紧连接螺栓;更换定位套
		外泄漏	阀体两端O形密封圈损坏;各阀体接触面间O形密封圈损坏;连接各阀片的螺栓松动	更换O形密封圈;拧紧螺栓
		滑阀在中位时工作机构明显下降	阀体与滑阀间磨损间隙增大;滑阀位置不对中;锥形阀处磨损或被污物堵住	修复或更换阀芯;使滑阀位置保持中立;更换锥形阀或清除污物
		执行机构速度过低或压力上不去	各阀间的泄漏大;滑阀行程不对;安全阀泄漏大	拧紧连接螺栓;更换密封件;检查安全阀
		油箱发热	溢流阀长时溢流;油量不足;冷却水未接通	检查溢流阀是否失灵;加油;检查有无冷却水
		滤油器不畅	油液污染严重;使用时间过长	更换相同牌号的液压油;清洗或更换滤芯
供水系统		压力脉动大;管道跳动;噪声大	进水系统有残余空气;进液过滤器阻塞引起吸液不足	检查系统;放尽空气;清洗过滤器,清除杂物

3.7 水平定向钻机

3.7.1 概述

1. 定义

水平定向钻机是在不开挖地表面的条件下,铺设多种地下公用设施(管道、电缆等)的一种施工机械,广泛应用于供水、电力、电信、天然气、煤气、石油等管线铺设施工中,适用于砂土、黏土、卵石等地况,我国大部分非硬岩地区都可施工。工作环境温度为 $-15 \sim 45℃$。图 3-73 为水平定向钻机工作示意图。

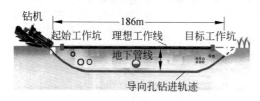

图 3-73　水平定向钻机工作示意图

水平定向钻进技术是将石油工业的定向钻进技术和传统的管线施工方法结合在一起的一项施工新技术,在十几年间获得了飞速发展,成为发达国家中的新兴产业。目前其发展趋势正朝着大型化和微型化、适应硬岩作业、自备锚固系统、钻杆自动堆放与提取、钻杆连接自动润滑、配置防触电系统等自动化作业功能、超深度导向监控、应用范围广等特征发展。该设备一般适用于管径 $\phi300 \sim 1200mm$ 的钢管、PE 管,最大铺管长度可达 1500m,适用于软土到硬岩多种土壤条件,应用前景广阔。

2. 特点

与传统大开挖埋管施工方式相比,水平定向钻进技术具有以下特点。

1) 优点

(1) 不会阻碍交通,不会破坏绿地、植被,不会影响周围商店、医院、学校和居民的正常生活和工作秩序,解决了传统开挖施工对居民生活的干扰以及对交通、环境、周边建筑物基础的破坏和不良影响。

(2) 穿越精度高,易于调整敷设方向和埋深,管线弧形敷设距离长,完全可以满足设计

要求埋深,并且可以使管线绕过地下的障碍物。

(3) 城市管网埋深一般达到 3m 以下。采用水平定向钻机穿越,对周围环境没有影响,不破坏地貌和环境,适应环保的各项要求。

(4) 没有水上、水下作业,不影响江河通航,不损坏江河两侧堤坝及河床结构,施工不受季节限制,施工周期短、人员少、成功率高、安全可靠。

(5) 进出场地速度快,施工场地可以灵活调整,尤其在城市施工时可以充分显示出其优越性,并且施工占地少,工程造价低,施工速度快。

(6) 大型河流穿越时,由于管线埋在地层以下 $9 \sim 18m$,地层内部的氧及其他腐蚀性物质很少,所以起到自然防腐和保温的功用,可以保证管线运行时间更长。

2) 缺点

(1) 由于水平定向钻机施工是一项新的生产工艺技术,目前我国尚无统一的技术标准和施工验收规范,造成对工程设计、施工质量的把控没有官方依据。一旦发生质量事故,对责任方的认定也造成一定难度。

(2) 由于采用定向扩孔拖拉,施工结束时,管材与回扩孔之间的空隙处理,不能像开槽敷设施工那样进行回填夯实。因此,对管材沉降要求比较高的工程在实际使用中存在着一定的风险。

3. 国内概况

我国水平定向钻机技术的发展历程主要经历了三个阶段,目前水平定向钻机产品整体水平相对落后。

第一阶段为技术引进期,时间介于 20 世纪 80 年代中期至 90 年代中期。在这一时期,我国的水平定向钻机产业出现并有了一定的基础和发展,建立了自己的装备设计、研制基地,并开发出一定数量和规格的水平定向钻机。

第二阶段为研发期,即 20 世纪 90 年代中期以后。在这一时期,原地矿部、建设部、冶金部等一些相关单位,在一些小型水平定向钻机的自主研发方面取得了一些突破和可喜的成绩。当时国内生产的主要产品有中国地质科

学院勘探技术研究所生产的 GBS-5、GBS-8、GBS-10 型拖式非开挖定向钻机,GB5-12、GB5-20、GB5-40 型自行走非开挖定向钻机;连云港黄海机械厂与首钢地质勘察院共同开发的 FDP-12、FDP-15 型水平定向钻机(拖式)等;北京派普莱非开挖技术有限公司开发的 DDW80、DDW100、DDW180 型水平定向钻机(拖式)。这些水平定向钻机的整机技术性能无法与外国产品抗衡,但价格低廉,在国内仍占有一定的市场。

这一时期国内水平定向钻机已采用液压控制,但其自动化程度较低,辅助工作时间较长,工作效率低,且钻杆采用摩擦焊结构,经常出现钻杆在地下工作时焊缝处断裂现象,出现严重的施工质量事故,影响了施工单位的经济效益。故国内所用产品以进口为主。

第三阶段为发展期与进口期,即"十五"期间,国内大、中、小水平定向钻机的系列产品有了很大的发展,出现了如中联重科股份有限公司、徐州工程机械集团有限公司、深圳钻通工程机械有限公司、廊坊市诺地非开挖技术研究开发中心、北京土行孙工程机械有限公司、江苏地龙重型机械有限公司、连云港黄海勘探技术有限公司等制造公司,产品回拖力一般在 350kN 以内,控制系统为液控,绝大部分型号为拖式。中联重科股份有限公司收购了 POWERMOLE 公司,该公司产品型号为 KSD15 和 KSD25,回拖力 150250kN,产品在国内硬岩施工工程中有一定的地位;廊坊华元机电工程有限公司的产品型号为 HY-3000、HY-2000、HY-1300、HY-800,回拖力在 800~3000kN;深圳钻通工程机械有限公司的产品型号为 ZT-8、ZT-10、ZT-15、ZT-20,拖式、液控,钻杆手工装卸;徐州工程机械集团有限公司自行研制的 ZD1245、ZD1550、ZD2070 等系列产品,在参考国外多种同类产品的基础上,大胆采用世界一流的技术,如国内首次采用机电液集成 PLC 控制、电液比例控制、防触电报警等先进技术,进行综合的产品开发,成功地填补了国内该类产品的空白。常用的水平定向钻机如图 3-74 所示。

图 3-74 水平定向钻机

由于我国在非开挖技术领域起步晚,国产设备与国外先进的设备相比,还存在很多不足,主要表现在以下几个方面。

(1) 国外产品多具有全自动功能,如钻杆装卸存取装置、钻杆自动润滑、自动锚固、防触电报警系统等,电子探测技术、电子导向发射和接收系统也达到了很高的水平;国内生产的钻机普遍存在系统配置低,技术含量和自动化程度低,质量和可靠性较差等缺点。

(2) 国产钻机的产品不仅系列化程度低,适应范围还小;国外定向钻机产品不仅规格全,还配套各种不同类型的钻具,能适应在不同地质条件下各种管径的工程施工。

(3) 国内生产的大多为中小型定向钻机,而对于大型非开挖施工,由于工程大,为保证施工的可靠性,主要还是依赖进口产品。

(4) 国外大部分厂家(如美国的威猛公司、沟神公司、凯斯公司等)的产品具有钻岩功能,配有各种不同的钻岩钻具及附件;国产的水平定向钻机在穿越较大的距离时(如黄河、长江等)就明显体现出国内定向钻机的技术欠缺。

(5) 国外生产厂商非常重视非开挖施工工艺的研究,配有许多与施工工艺有关的产品,如泥浆、钻进规划软件等,所有这些不仅对工程施工的成功与否影响很大,对定向钻机的设计也有深远影响;国内大多数厂家局限于机器设备自身的研究,没有与实际的施工工艺相结合。

4. 国外概况

水平定向钻机起始于 20 世纪 70 年代末期,随着该技术与装备的不断改进和完善,于 80 年代中期在发达国家逐渐为人们认可和接受,从而得以迅速发展,并以其独特的技术优势和广阔的市场前景得到了世界各国的重视。例如,美国政府在1994年的财政年度批准了总投资为2.8亿美元的"先进的钻探和掘进技术国家计划",并把此项技术列入城市技术设施和建筑业发展规划中,以增强美国在该领域内的技术领先和市场竞争优势。英国的曼彻斯特工业大学、德国的波鸿大学等先后设立了非开挖技术专业和研究机构,从而使非开挖技术成为企业参与、政府支持、社会提倡的一个新的应用技术领域,在十几年间获得了飞速发展,成为一个新兴的产业。据了解,目前国外有30多家水平定向钻机制造商,还有几十家公司提供相关辅助设备和机具材料供应服务。国外水平定向钻机典型的生产厂家有美国的沟神公司、威猛公司和凯斯公司等。

沟神(Ditch Witch)公司是世界上生产非开挖定向钻机较早的公司,其产品具有先进的控制技术和良好的通信设备,技术性能先进、操作性能良好,目前生产的产品系列有JT520、JT920、JT1720、JT2720、JT4020、JT7020。其中,JT2720/JT2720M 和 JT4020/JT4020M 型定向钻机是沟神公司在我国销售的主导产品。沟神公司每年的非开挖技术产品销售收入就达7.8亿美元,取得了良好的经济和社会效益。

威猛(Vermeer)公司目前生产的产品系列有 DT×11A、D10×15A、D16×20A、D24×26、D24×40、D33×44、D40×40、D50×40、D80×120 等规格。

凯斯(CASE)公司生产的凯斯6010、凯斯6030 等5种型号的60系列产品,产品性能先进,尤其是在PLC控制、自动更换钻杆等方面有其独特的先进性和优越性。其中,凯斯6030型定向钻机是在我国销售的主导产品,主轴最大转矩为5423N·m,三速旋转,最大进给力与回拖力均为136kN,满载钻杆整机重量78kN,可满足一般施工工程的需要。典型的施工工程有上海信息港工程、黄浦江工程等。

另外,国外生产水平定向钻机的公司还有美国的 AUGERS 公司、INGERSOLL-RAND 公司,德国的FLOWTEX公司、HUTTE公司,英国的POWER-MOLE公司、STEVEVICK公司,瑞士的 TERRA 公司,加拿大的 UTILX 公司和意大利的 TECNIWELL 公司等。

目前,国外水平定向钻机产品大都具有以下几个技术特点:

(1)主轴驱动齿轮箱采用高强度钢体结构,传动转矩大,性能可靠;

(2)采用全自动的钻杆装卸存取装置;

(3)具有大流量的泥浆供应系统和流量自动控制装置;

(4)先进的液压负载反馈、多种电气逻辑控制系统、高质量的PLC电子电路系统确保长时间工作的可靠性;

(5)采用高强度整体式钻杆以及钻进和回拖钻具;

(6)具有快速锚固定位装置;

(7)具有先进的电子导向发射和接收系统。

总之,国外水平定向钻机的产品规格齐全,品种较多;地层适应性强,自动化程度高;结构紧凑,工艺适应性强;均为履带底盘驱动,机动性能好;设计体现了以人为本的设计理念,功能齐全;回拖力可达 50～700kN,转矩可达 1200～40000N·m,应用范围广;功率匹配合理、可靠;技术含量高,尤其是在PLC控制、自动更换钻杆等方面有其独特的先进性和优越性。目前国外水平定向钻机正朝着大型化、微型化、硬岩作业、机械自动化(含自备式锚固系统、钻杆自动堆放与提取、钻杆连接自动润滑、防触电系统等自动化作业功能)、超深度导向监控等方向发展。

3.7.2 水平定向钻机典型产品的结构组成及工作原理

1.结构组成

1)新型泥浆搅拌装置

新型搅拌装置结构简单,分为以下几大系统。

(1)汽油机泵与搅拌罐连接系统。由汽油机泵、软管、Y形过滤器、弯头等组成。其特点为汽油机泵不断地将泥浆液通过Y形过滤器不停地搅拌。

(2)罐顶部喷管系统。由内外丝接头、喷

管、圆柱连接体、弯头、过滤罩、三通、管道内文丘里喷嘴、垫圈、锁紧螺母、塑料管、内衬喷嘴组成。内外丝接头固定在喷管上，喷管固定在三通上，弯头、过滤罩固定在圆柱连接体上，圆柱连接体固定在三通上，内衬喷嘴固定在管道内文丘里喷嘴上，管道内文丘里喷嘴、弯头固定在塑料管上，垫圈、锁紧螺母固定在搅拌罐上。其特点为：一方面对搅拌罐内的混合液不断搅拌，另一方面在系统循环的同时通过罐顶部喷管系统内的文丘里喷嘴形成负压，经进料塑料软管将膨润土自动吸入搅拌罐内，迅速完成搅拌罐内泥浆的配比要求。

（3）下部喷管系统。由罐内文丘里喷嘴、加强筋、罐内喷嘴、内锁紧螺母、软垫圈、外锁紧螺母、弯头、水管、外垫圈组成。其特点为：罐内文丘里喷嘴焊在加强筋上，由大小头、直圆管、管径扩大管组成，罐内喷嘴一端焊在加强筋上，另一端固定在内锁紧螺母上，其头端为大小头，内锁紧螺母、软垫圈、外锁紧螺母、外垫圈固定在搅拌罐上，水管固定在弯头上，弯头固定在外锁紧螺母上。

2）底盘

水平定向钻机的底盘是指机体与行走机构相连接的部件，它把机体的重量传给行走机构，并缓和地面传给机体的冲击，保证水平定向钻机行驶的平稳性和工作的稳定性；它是水平定向钻机的骨架，用来安装所有的总成和部件，使整机成为一个整体。水平定向钻机的底盘主要包括车架及行走装置两部分。

（1）车架。车架为框架焊接结构，上面有发动机、油水散热器、燃油及液压油箱、操作装置等。车架后端有两个蛙式支腿或两个垂直的支腿，可有效降低支腿部分的重量及简化结构。水平定向钻机工作时支腿支起，可增强整车的稳定性。

（2）行走装置。底盘的行走装置主要包括驱动轮、导向轮、支重轮、托链轮、履带总成、履带张紧装置及行走减速器、纵梁等，左、右纵梁分别整体焊接后，与中间整体框架式车架用高强度螺栓连接成为一个整体车架。行走减速器目前一般用进口的内藏式行星减速器（包括

马达）或两点式变量马达减速器，行走时能够实现行走快慢双速，输出扭矩大，结构紧凑。

3）发动机系统

水平定向钻机的发动机系统一般包括发动机、散热器、空滤器、消声器、燃油箱等。一般水平定向钻机设计时发动机选用美国迪尔（John Deere）公司的增压水冷发动机或美国康明斯公司的增压中冷发动机。为了适应不同用户的需求，也可选用国内东风汽车股份有限公司的康明斯发动机及广西玉柴机器集团等厂的发动机。其水散热器、空滤器等附件选用国产配套件，燃油箱自制。

4）动力头

水平定向钻机的动力头一般由高速马达、减速器驱动动力头、钻杆等组成。动力头有以下功能：①驱动钻杆钻头回转；②承受钻进、回拖过程中产生的反力；③是泥浆进入钻杆的通道。目前国内水平定向钻机的动力头结构基本一样，不同点在于减速器的选型不一样，因为同吨位的水平定向钻机选不到完全相同的减速器，所以各厂家的减速比和性能参数有所变动。目前，动力头的传动方式主要有链传动和齿轮传动，如凯斯钻机的动力头的传动方式为链传动。其优点是结构简单、制造容易；缺点是传动平稳性差、寿命短、输出扭矩小。沟神钻机的动力头的传动方式为齿轮传动，其优点是传动平稳、使用寿命长、输出扭矩大；缺点是制造要求精度高。另外，动力头推拉装置是动力头回拉或进给运动的执行机构，一般由一对低速大扭矩马达驱动一对减速器，由减速器驱动链轮链条机构，由链轮链条机构向动力头提供进给力或回拉力。动力头推拉装置目前各厂家不同，如沟神公司的链轮链条机构，优点是工作速度快、工作平稳、结构紧凑、成本适中；缺点是链轮链条受力较大。凯斯公司的链轮链条倍力机构，优点是链条受力是推拉的一半，工作平稳；缺点是工作速度慢，结构尺寸大，成本高。中国地质科学院勘探技术研究所的双液压缸机构，优点是回拖力大于钻进力，成本较低；缺点是结构尺寸太大，工作的平稳性差，使用寿命低，不能用于自动化要求高和

自行走的机型等。

5) 钻杆装卸机构

目前水平定向钻机的钻杆装卸机构一般由钻杆、钻杆箱、钻杆起落、能伸出缩回的梭臂、钻杆列数自动选择装置等组成。国内外各厂家的结构不尽相同，主要在钻杆的存取、输送上有差别。有的采用人工存取钻杆、装卸钻杆，这种作业方式不仅效率低，而且增加了操作人员的劳动强度。有的采用四连杆机构存取钻杆，但它们普遍利用弹簧的回缩力作为夹紧力，经常出现钻杆脱落等事故，工作不可靠，不但影响作业效率，而且可能引起已钻孔的坍塌、埋钻等重大事故。有的采用旋转结构输送钻杆，可较方便地装卸钻杆，减轻操作者的劳动强度，提高工作效率，有的采用柔性进给装置，协调性较高。需对钻杆的升降、梭臂的伸缩、动力头的位置、装卸完成的检测等功能进行逻辑控制，实现多动作间的自动切换，控制系统采用先进的 PLC 控制；总之，上述的动作过程及逻辑控制基本相似，以沟神公司的产品最为先进，该公司产品的液压抓手、梭臂液压止动、丝扣油自动涂抹、列数自动选择装置等功能，已作为钻杆存取的速度、可靠性、效率方面的行业标准。

6) 虎钳

水平定向钻的虎钳位于钻机的前部，由前、后虎钳组成。前、后虎钳都可由液压缸径向推动卡瓦来夹持钻杆，且后虎钳可在液压缸的作用下与前虎钳产生相对旋转，前后配合以便钻杆拆卸。除沟神公司外，各厂家的虎钳结构相似，沟神公司的整个虎钳是装在浮动支撑座上的，以保护虎钳在钻杆装卸时免受冲击。

7) 锚固装置

水平定向钻机的锚固装置在作业时对整机起稳定、锚固作用，位于整机的前端。目前各厂家普遍采用的是螺旋钻进机构，用低速大扭矩马达驱动螺旋杆，用液压缸施加推、拉力进行钻进或钻出，各厂家在具体结构上略有差别。另外，水平定向钻机锚固装置在配合整机外形的设计上，一般采用两种方案：①地锚阀放在锚固装置上，其特点是结构布置方便，布

管容易；②地锚阀另行放置，如放在发动机罩内等，这种方案彻底改变了主机的造型和外观。

8) 导向系统

目前水平定向钻机的导向系统有手持式跟踪系统和有缆式导向系统两种。前者经济、使用方便，但要操作人员直接到达钻头上方的地面，易受地形、电磁干扰及探测深度的限制，多在中小型钻机上使用；后者可跨越任意地形，不受电磁干扰，但复杂、使用麻烦、效率低、价格高。目前国内市场上主要有美国 DCI 公司的 Digitrak 导向装置，英国雷迪公司的 RD386 型导向仪等，其中 DCI 公司的产品应用最为广泛，精度和数据处理速度更快，技术较为先进，用户反应较好。

9) 泥浆系统

水平定向钻机的泥浆系统由随车泥浆系统与泥浆搅拌系统组成。随车泥浆系统将泥浆加压，通过动力头、钻杆、钻头打入孔内，以稳定孔壁，降低回转扭矩、拉管阻力，冷却钻头，发射探头，清除钻进产生的土屑等。泥浆搅拌系统用于泥浆混配、搅拌、向随车泥浆系统提供泥浆。搅拌系统应具有搅拌快速均匀、提供大流量泥浆、可调节泥浆配比、搅拌与输送同时进行等功能，搅拌系统装置包括料斗、汽油机泵、搅拌罐、车载泥浆泵、相关管路等。

2. 工作原理

水平定向钻机可用于新建管线铺设、旧管线更换、旧管线修复等多种施工条件下，在此只介绍最具有代表性的管线铺设中的水平定向钻进法的工作原理。

水平定向钻进的施工过程包括：现场勘察、导向孔轨迹设计、地表导向、钻进导向孔、扩孔、回拉铺管，如图 3-75 所示。

1) 现场勘察

除了其他机械施工前常做的例行勘察，比如地表测量等，水平定向钻进前还需要做地下勘察，除查阅有关部门的档案，了解人防工事等基础设施的位置外，还应通过金属探测器勘查以进一步验证。

目前国内外地下管线探测的主要设备有管线探测仪、探地雷达、全球定位系统、陀螺仪等。

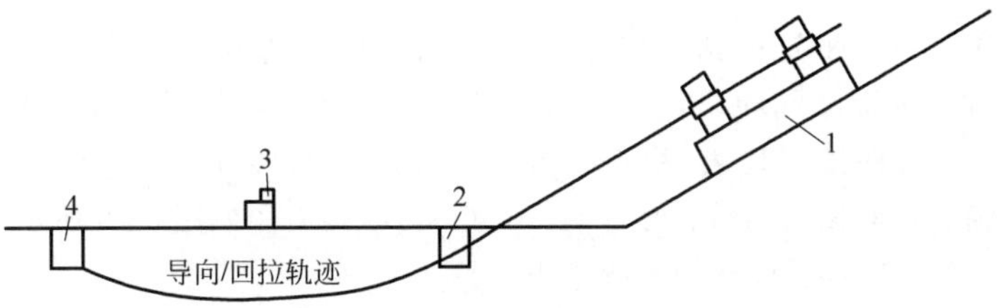

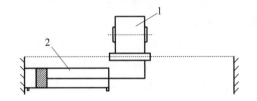

图 3-75　水平定向钻进示意图
1—水平定向钻机；2—起点井；3—地表导向仪；4—终点井

2）导向孔轨迹设计

根据勘察的结果设计施工的轨迹。导向孔一般由三段组成：第一段是钻杆进入铺管位置的过渡段；第二段即管线的设计位置；第三段为钻杆钻出地表的过渡段。

3）地表导向

设计好导向孔轨迹后，在施工过程中为保证位置精确，通常采用地表导向设备，它利用放置在钻头附近的探头发射信号，通过地表导向仪器随时测出钻头位置、深度、顶角、工具面向角等参数，与钻机配合及时调整钻孔方向，实现有目标的引导式钻进。

4）钻进导向孔

钻进过程为：动力站提供回转力等动力，在钻机给进机构的作用下，钻杆向前钻进，钻进过程中，钻头处喷钻进泥浆。由于单根钻杆长度有限，故设计有钻杆的存放/提取和夹持/拧卸系统，使钻杆连续不断地给进。

（1）动力站。水平定向钻机的钻进和回拖时所需扭矩较大，转速较低，动力源一般为低、中速液压马达。

（2）给进机构。钻机的给进与回拖机构通常设计为一体。由于钻机工作过程一般采取一钻到底的工作模式，很少中途更换钻头，因此钻机均具有较长的给进行程。给进/回拖机构依据传力机构和机件的不同，有多种结构形式：单液压缸给进/回拖机构、液压缸-链条（钢丝绳）给进/回拖机构、液压马达-链条给进/回拖机构、液压马达-齿轮齿条给进/回拖机构等。图 3-76 所示为单液压缸给进/回拖机构简图。

图 3-76　单液压缸给进/回拖机构简图
1—动力头；2—液压缸

（3）钻杆。钻杆为直柱形，通过螺纹连接在头尾部。最前面的钻杆采用带有斜面的非对称式钻头，工作原理为：当钻头匀速回转时，由于钻头所受土层压力方向沿圆周均匀变化，因此轨迹基本为直向钻进；而当钻杆只给进不回转时，钻头斜面受土层压力较大，轨迹通常为顺钻头斜面方向，从而达到改变轨迹的效果，如图 3-77 所示。

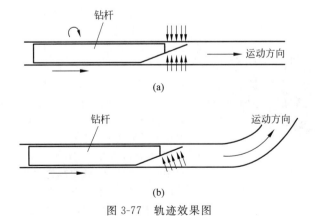

图 3-77　轨迹效果图
(a) 直线钻进（钻杆回转前进）；(b) 导向钻进（钻杆前进）

（4）钻进泥浆。在水平定向钻进施工中，钻进泥浆由钻杆顶部的泥浆孔喷出，主要有冷却孔底钻具、携带钻屑并排到地表、稳定孔壁和降低钻进时所需扭矩和回拉力等作用。

（5）钻杆存放/提取和夹持/拧卸系统。由于先导孔长度远大于单根钻杆长度，故施工过程需要多跟钻杆连续钻进，前、后钻杆间的续接工作即由钻杆存放/提取和夹持/拧卸系统完成。存放/提取系统由机械手和存储仓等组成。夹持/拧卸系统的主体结构为同一轴心的前后双夹持器、回转器，其工作过程为：机械手将下一根钻杆导入夹持系统中，此时前夹持器夹紧前杆，后夹持器在夹紧后杆的同时顺螺纹方向旋转，将后杆头旋入前杆尾部，完成夹持过程。拧卸过程与夹持相反，不再叙述。

5）扩孔

扩孔的作用为给下一步的铺管提供较大的铺设空间。当铺设的管线较细时，在扩孔的同时回拉铺管；当管线直径较大时，应进行多次逐级扩孔。扩孔过程为在终点将钻头卸下，接上反向扩孔钻头（扩孔器）和分动器（扩孔和铺管同时进行时使用），再次旋转回拉钻杆，进行扩孔。

（1）反向扩孔钻头。反向扩孔钻头在不同的底层及不同工作管径有多种结构形式，常用的有翼片式刮刀钻头、镶齿切削式钻头、节齿钻头、牙轮钻头等，均为类锥形结构，锥头朝向扩孔方向，锥壁上布有刮刀、牙轮等排除土层结构，结构简图如图3-78所示。

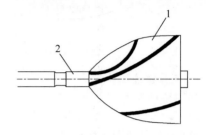

图3-78　反向扩孔钻头结构简图
1—扩孔钻头；2—钻杆

（2）分动器。分动器放置在反向扩孔钻头和铺设的管线头之间，可实现反向扩孔钻头旋转的同时管线不回转。

6）回拉铺管

扩孔钻进完成时，在回拉钻杆后接上待铺设的管线进行铺管。当扩孔钻头及所铺管线到达钻机一侧地表时，铺管工作宣告完成。

3.7.3　水平定向钻机常用设备性能简介

水平定向钻机常用设备性能简介见表3-22。

表3-22　水平定向钻机性能简介

公司名称	实　物	产品性能简介
美国奥格（American Augers）公司		该公司是美国 Astec 公司的子公司，可提供 5 种型号的水平定向钻机：DD-65 MiniMax、DD1215、DD3238、DD-6 和 DD-8 型。该系列钻机的给进或回拖力为 2.72～36.2kN，回转扭矩为 678～18300N·m，可在大多数地层中钻进 DD-65MiniMax 型钻机是一种高度机动的钻机，可以进入不同条件的施工现场，而不需要牺牲其工作效率 DD-1215 是一种紧凑型钻机，具有一系列创造性的特点，包括双速给进的齿轮齿条给进机构，以方便独立操作 DD-3238 型钻机可为承包商提供大型钻机所具有的动力和特点，而且还具有机动性和灵活性，可适应在任何环境中的任何施工条件 DD-6 型钻机为自行式水平定向钻机，是在这一级别钻机中唯一能进行河流穿越的钻机 DD-8 型钻机由 230hp(1hp=0.7356kW)的卡特彼勒柴油发动机驱动，用于处理现场施工条件困难的工程

续表

公司名称	实　物	产品性能简介
美国 CME（Central Mine Equipment）公司		CME-50DD 型定向钻机采用具有高低速两种工作模式的齿轮齿条给进机构 在低速模式下，钻机的回拖力为 22.7kN，在高速时为 11.4kN；在低速（75r/min）时回转扭矩为 12245N·m，在高速（150r/min）时为 6122N·m；钻机的入射角在 0～22°之间
美国沟神公司		可以提供 10 种具有不同钻进能力的钻机 在小型钻机中，可提供：JT520 紧凑型钻机和 JT921 自行式钻机，前者的回拖力为 22.2kN，回转扭矩为 678N·m；后者的回拖力为 40kN，具有更好的机动性，易于操作和维护，并且比同类钻机的长度短 300mm，因而具有较高的给进速度 在较大型钻机系列中，可提供：JT1220 Mach 1 型钻机，回拖力为 53.4kN，回转扭矩为 1900N·m；JT2020 Mach 1 型钻机，回拖力为 90kN，在这个系列中具有最大的功率尺寸比；JT2720 Mach 1-Tier 2 型钻机，回拖力为 120kN，适应全地层施工的钻机为 Jet2720 All System；JT4020 Mach 1 型钻机，回拖力为 178kN，回转扭矩为 6780N·m，主轴转速可达 250r/min；JT8020 Mach 1 型钻机，特点在于采用 6 缸的柴油发电机，功率为 195kW，可以提供施工时所需要的功率和扭矩，以达到最大的钻井液排量和孔底钻具生产效率
德国海瑞克（Herrenknecht）公司		在隧道掘进机、盾构机和微型隧道掘进机方面最著名。最近几年，该公司将其隧道掘进机的开发经验转向水平定向钻机。目前，该公司可提供大型和巨型的水平定向钻机，其回拖力可达 60～600kN，钻机型号有 HK60、HK100、HK150、HK200、HK250、HK400 和 HK600。 钻机的设计可以适用于极其广泛的工作条件。钻机采用模块式设计，由三大部分组成，最大部件的质量为 20t，可在现场快速组装 钻机有三种结构形式：拖车式、履带式和框架式。框架式钻机是最经济的钻机结构形式，最主要的特点是质量轻，这就意味着可用标准的吊车将它装在拖车上
美国 HRE 公司		可提供 6 个标准型号的钻机，包括：HRE180、HRE360、HRE460、HRE720、HRE920 和 HRE1100，钻机的回拖力为 81～501kN，回转扭矩为 393000～124700N·m

公司名称	实　　　物	产品性能简介
瑞士 Terra 公司		可提供地表和坑道作业两种类型的水平定向钻机。在地表作业系列钻机中,共有 3 种型号: (1) Terra-Jet 2513 D 型钻机,回拖力可达 14kN,最大扭矩达 2500N·m,最大铺管直径为 420mm,最大钻进长度为 200m; (2) Terra-Jet 4514 D 型钻机,回拖力可达 14kN,最大扭矩 4500N·m,最大铺管直径为 520mm,最大钻进长度为 300m; (3) Terra-Jet 6015 D 型钻机,回拖力可达 15kN,最大扭矩达 6000N·m,最大铺管直径为 650mm,最大钻进长度为 400m 小型钻机均在坑道作业,共有 4 种型号: (1) Terra-Jet MJ 1400 型钻机,回拖力为 8kN,最大扭矩达 1400N·m,最大铺管直径为 260mm,最大钻进长度为 50m; (2) Terra-Jet MJ 1600 型钻机,回拖力也是 8kN,最大扭矩达 1600N·m,最大铺管直径为 300mm,最大钻进长度为 50m; (3) Terra-Jet JVU/LV 1400 型钻机,回拖力为 8kN,最大扭矩为 1400N·m,最大铺管直径为 260mm,最大钻进长度为 120m; (4) Terra-Jet 2608 E 型钻机,回拖力为 8kN,最大扭矩达 2600N·m,最大铺管直径为 420mm,最大钻进长度为 150m。由于底盘设计的原因,该型钻机也可用于从地表钻进
德国 Tracto- Technik 公司		可提供从工作坑或井内和从地表钻进的钻机。从工作坑或井内钻进的钻机称为 Grundopit,共有 4 种型号,包括标准型、动力型、紧凑型和井中型。标准型和动力型钻机的回拖力均为 60/40kN,但是标准型钻机的最大扭矩为 600N·m,而动力型钻机的最大扭矩为 1000N·m。紧凑型钻机的回拖力和回转扭矩分别为 45kN 和 1000N·m;而可在井内工作的钻机回拖力和回转扭矩分别为 40kN 和 1000N·m。 从地表开始钻进的钻机称为 Grundodrill,可提供 3 个系列的钻机,分别是 X、N 和 S 系列。 在 X 系列中,有 3 种型号,分别为 7Xplus TD、10X TD 和 13X TD。该系列钻机的回拖力和回转扭矩从 100kN 和 1700N·m 到 125kN 和 4000N·m。 在 N 系列中的 15N 型钻机,它可以根据具体客户的要求来制造。在同样的底盘上,可以有基本型和变型钻机,具有不同的配置。 在 S 系列中有 10S TD 和 20D TD 两种型号。10S TD 型钻机的回拖力为 100kN,最大扭矩为 3000 N·m,可以铺设的管线最大直径为 355mm,最大长度可超过 250m。20D TD 钻机的回拖力为 200kN,最大扭矩为 10000 N·m,可以铺设的管线最大直径为 600mm,最大长度可超过 500m

续表

公司名称	实　物	产品性能简介
美国威猛公司		可提供 12 种型号的 Navigator 系列水平定向钻机,施工能力大小不同,从小口径管线铺设的 D6×6 到用于在极其困难地层中铺设大口径、长距离管线的 D330×500 大型钻机。 整个系列包括:D6×6、D7×11Ⅱ、D10×14、D16×20A w/Rod Loader、D20×22、D24×40Ⅱ、D36×50Ⅱ(使用 3m 钻杆)、D36×50Ⅱ(使用 4.5m 钻杆)、D80×100Ⅱ、D100×120Ⅱ、D200×300 和 D330×500 型。在该系列钻机中,回拖力从小型钻机的 2.5kN 到大型钻机的 150kN;最大扭矩从 746N·m 到 67791N·m。 在威猛钻机中进行的最大改进是在 D24×40Ⅱ和 D36×50DR SeriesⅡ型钻机中增加了司钻室。隔声和全天候的司钻室可提供 360°的视野,使钻机操作手可以很容易地监控钻机的所有作业。独立的空调可使钻机操作手调节司钻室内的温度,在各种天气条件下都可保持舒适的工作环境,包括下雪、下雨或夏天炎热的天气。全长铰接的门可让操作手方便进入,而着色的玻璃则可阻挡太阳的光线和热量
德国维尔特(Wirth)公司		可提供的水平定向钻机系列为 Power Bore,共有 5 种型号,分别为 Power Bore30、Power Bore50、Power Bore70、Power Bore150 和 Power Bore250。Power Bore 系列钻机的回拖力为 340～2550kN,所有钻机均采用液压缸给进。高速回转时,最大扭矩为 10510～35000N·m,低速回转时,最大扭矩为 21510～70000N·m

3.7.4　水平定向钻机施工造价构成及主要影响因素

由于水平定向钻机施工的应用范围较广,因此涉及的专业工程计价依据也较多。市政定额、交通定额和石油天然气定额中均有相关的定额子目。由于施工工艺不同,计价的方法和内容均有所不同,但涉及报价时所需考虑的计价要素基本类似。下面以石油天然气工程报价为例简要介绍。

石油天然气工程水平定向钻机施工报价主要包括管线预制、定向钻机穿越、土石方工程、“三通一平”、泥浆处理等费用,有的还包括了过渡段管线敷设及其他零星工程。招标文件及图纸一般只标明或说明定向钻机穿越的

材质、规格及穿越的长度,预算人员还需要根据水平定向钻机施工组织设计和施工方案,结合施工现场的实际情况计算分部、分项工程量,以保证报价的准确性和合理性。

1. 水平定向钻机穿越主要工程量

1)安装部分

(1)接桩测量放线:按设计图纸(自然地面入土点到出土点)计算穿越长度,套用相应专业定额。

(2)钻机安拆、调试:不分土质,套用相应专业定额,分大、中、小 3 种钻机。

(3)钻具安拆:导向孔、扩孔、回拖的钻具安拆,不分土质,按钻机类型和穿越管径划分,套用相应专业定额。

(4)钻导向孔:按土质、钻机类型和穿越

长度套用相应专业定额。

(5)预扩孔:按土质、钻机类型套用相应专业定额。

(6)管线回拖:按土质、钻机类型套用相应专业定额。

(7)穿越管段的预制安装:根据实际穿越管段的材质,按施工图的设计要求进行预制、安装、防腐并套用相应定额。

2)土建部分

(1)预制场地的土石方工程:管线作业带平整、穿越预制管段发送沟开挖回填、发送沟恢复地貌等的费用。

(2)钻机场地土石方工程:钻机场地平整、钻机工地泥浆池开挖及回填、恢复地貌等的费用。

(3)连头土石方工程:连头操作坑开挖及回填,连头操作坑井点降水、打支撑桩、恢复地貌等的费用。

3)其他项目

(1)HSE管理系统的费用:健康费、安全费、环保费等。

(2)施工设备的场外运输、设备进退场、施工调遣费用等。

(3)施工便道:如果施工场地距公路有一段距离,修筑便道等的费用。

2. 影响水平定向钻机施工报价的主要因素

1)定向钻机的穿越长度和管径

到目前为止,定向钻机穿越的最大长度是杭州—宁波天然气输气管道钱塘江穿越工程,管径为813mm,穿越长度为2454.15m。穿越的最大管径是西二线东段渭河主河槽穿越工程,管径为1219mm,穿越长度为1240m。定向钻机穿越长度、管径的选择与穿越使用的钻机型号、穿越预制管段发送沟开挖回填有直接关系。

2)穿越地段的地质情况

适合水平定向钻机施工的地质条件主要有3类:Ⅰ类土质,包括黏土层、亚黏土层和细土层;Ⅱ类土质,地表为黏土层、中粗砂层、砂层、细砂层,中间带有胶泥黏土层及亚黏土层、粗砂层、砾径小于30mm含量在20%的砾石层;Ⅲ类土质,硬度在30MPa以下的岩石层及砂岩层。地质情况直接影响施工的成败,水平定向钻机施工过程中常见的问题是成孔难、控向难,而且容易出现孔壁塌方、卡钻、钻杆断裂甚至回拖管段和钻具滞留在孔内等状况。因此,水平定向钻机施工报价尤其是长距离大口径管穿越工程报价时,必须认真分析地质情况,拟定合理的施工方案,以降低报价风险。

3)穿越使用的钻机型号及钻具的配备情况

水平定向钻机的施工成本与采用的钻机及钻具有直接关系。拉力、扭矩较大的钻机可以加快施工进度、降低穿越时的风险,但由此产生的钻机台班费用也较高。因此选择合理的钻机及钻具直接影响到报价的高低。

4)施工现场环境条件

由于水平定向钻机施工包括发送和接受两个场地,施工现场的两侧都需要布置设备,为缩减成本,应尽可能利用原有的道路或直接利用管线作业带。报价时要考虑临时借地、临时便桥便道、作业带清扫、管线连头是否需要降水、道路使用以及运输车辆的过路过桥等费用。

3.7.5　水平定向钻机的保养

钻机的保养主要是对液压系统、发动机、橡胶履带等的保养。

1. 液压系统的保养方法

(1)严格按照使用要求定期更换液压系统的滤芯。液压元器件对油液的污染比较敏感,不清洁的油液会加速元器件的磨损,降低其使用寿命,严重的甚至会导致钻机动作失控,给施工单位造成严重的经济损失。

(2)定期更换液压油。不能因为液压油价格昂贵就延长其使用周期,不同品牌的液压油绝不允许混用。

2. 发动机的保养方法

(1)根据使用环境及条件选用合适的机油及燃油、冷却液,并按规定的量添加。

(2)启动时先将油门置于略高于怠速的位置,各操作阀置于中位,使发动机启动时不带外载荷。然后启动发动机,每次不得超过30s,连续两次启动的时间间隔要大于2min。

(3)冷启动时发动机要缓慢加速,以确保轴承得到足够的润滑并使油压稳定。

(4)发动机在转速为1000r/min条件下运转3～5min后,才可以将其逐步加载运转,严禁柴油机启动后立即加速加载运转。

(5)柴油机怠速运转的时间不允许太长(小于5min),否则会损坏柴油机。因为怠速运转时燃烧室温度低,燃油不能充分燃烧,易引起结炭,堵塞喷油器喷嘴,卡住活塞环和气门。

(6)柴油机在低于最大扭矩的转速下,全油门持续运转时间不应超过1min。

(7)柴油机在全负荷工作后,在停车前应逐渐降低柴油机转速,并须怠速运转3～5min,使柴油机逐渐、均匀地冷却下来。除非迫不得已,不得使用发动机急停操作装置,即不要让柴油机在高负荷运行中快速停车,否则有可能会因为发动机过热而出现严重故障。

3. 橡胶履带的保养方法

(1)行走装置在使用前必须调整好橡胶履带的张力。如果在使用过程中发现履带变松或履带下垂量增大,必须及时调整橡胶履带的张力。调整方法为:用加油泵与黄油枪向张紧装置打入适量黄油,直至橡胶履带达到张紧标准为止。

(2)在砾石路、带较多尖锐棱角的石头路、台阶等路面凹凸起伏较大的路况,禁止使用橡胶履带。因为这种路面可能使橡胶履带的花纹扭曲破坏。如果必须在这样的条件下使用,应避免急转弯且要用极低速度行驶。操作人员应小心行驶,因为此类路面会产生振动和冲击,不仅容易脱轮,还容易损伤甚至撕裂履带。要尽量避免橡胶履带与水泥墙等硬质处摩擦,否则易使橡胶履带的边缘产生裂纹。

(3)操作人员在操作钻机转弯时应低速分次转弯,操作动作要缓慢柔和,行走时左、右履带的行走速度要细微调节并逐渐改变,防止急速启动与停止。

(4)橡胶履带应避免与盐或盐雾接触,否则会影响到橡胶与金属加强芯的黏着力,接触盐类物质后应尽早用水冲洗干净。橡胶履带还应避免与燃油、机油或液压油接触,如果接触了应立即擦掉,否则不仅会降低履带的附着牵引力,还会减少履带的使用寿命。

第4章

隧道支护施工设备

公路隧道的开挖,打破了地层结构的最初应力平衡,造成围岩应力的释放以及开挖后洞室的变形,过量变形会导致岩石松动,更严重的情况就是坍塌。在开挖成形后的洞室周边,施作钢、混凝土等支撑物,向洞室周边提供抗力,控制围岩变形,这种开挖后的隧道内支撑体系,称为隧道洞身支护。隧道洞身支护可以简单分为两种:自支护与人工支护。自支护的意思是围岩本体所具有的抵抗外力的能力,而人工支护可以解释为在围岩自支护能力不足的情况下,采用的人工干预的支护方法。目前隧道施工的人工支护一般又分为两大类:初期支护(一次支护和超前预支护)和二次衬砌支护。

初期支护一般由锚杆、喷射混凝土、钢架、钢筋网等多种措施进行组合,形成最后的初期支护措施。在公路隧道施工过程中,当遇到自支护能力不好的围岩时,有必要采取合适的预支护措施,包括超前锚杆、超前小导管注浆、超前小钢管、管棚、围岩注浆等。应视具体地质情况,综合经济因素进行分析,选用合适的单个或多个组合的支护措施,如图4-1所示。

比较常用的二次衬砌支护的形式有以下三种:整体式衬砌支护、复合式衬砌支护和

图 4-1　隧道初期支护

喷锚衬砌支护。在选择二次衬砌支护形式时,应充分考虑围岩等级情况、作业能力、开挖作业方法等各方面因素的适应性,如图4-2所示。

图 4-2　隧道二次支护

4.1　混凝土喷射机

4.1.1　概述

1.定义及功用

混凝土喷射机(shotcrete machine,concrete sprayer)是地下工程、岩土工程、市政工程等领域内广泛使用的一种施工设备。它利用压缩空气将混凝土沿管道连续输送,并喷射到施工面上,分干式喷射机和湿式喷射机两类,前者由气力输送干拌合料,在喷嘴处与压力水混合后喷出;后者由气力或混凝土泵输送混凝土混合物,经喷嘴喷出。

采用混凝土喷射技术,可以提高混凝土的使用率,有效地节约钢材、木材等材料,同时也可以提高施工效率,有效降低工程费用。因此在各种工程应用中,越来越普遍地采用混凝土喷射机。

目前在喷射混凝土作业中,绝大多数是使用转子式混凝土喷射机,因为这种喷射机结构简单、工作性能可靠、外形小、质量轻、维修和操作方便。据统计,目前我国各行业投入使用的转子式混凝土喷射机近 10 万台,每年更新数千台,使用量很大,是我国喷射混凝土作业中的关键设备,如图 4-3 所示。

图 4-3　转子式混凝土喷射机

2.发展历史及现状

1) 国内混凝土喷射机的发展历史及现状

从 20 世纪 60 年代开始,我国的隧道支护主要采用混凝土喷射技术,进行干喷或者湿喷作业。目前,干喷混凝土仍然是我国隧道主要的初期支护方式之一,但是由于干喷作业粉尘颗粒污染严重,随着人们环保意识的逐步提高,今后的干喷作业将受到环保条件的限制,推行更多的将是湿喷法施工。近年来,随着隧道建设的发展,湿喷机和湿喷技术的研究也相应受到重视,在引进和吸收国外技术的基础上,国内湿喷机的研制水平也得到很大提高。

鹤壁矿务局六矿在 20 世纪 60 年代末研制出了混凝土湿式喷射机,1975 年该设备定型为 HLF 型混凝土喷射机。随后又在 HLF 型的基础上研发了 012 型混凝土喷射机。国内其他单位也相继研发出了各种机型,如焦作矿务局李封煤矿的 JS2 型湿喷机等,应用在我国各地的工程建筑施工当中,在保证工程如期完工的同时,还有效地降低了施工作业工人的劳动强度。铁道部科学研究院西南分院开发出的转子-活塞型新型湿式喷射机,三一重工股份有限公司自主研发的 HPS30 型柱塞泵式混凝土湿喷机等,对隧道支护工艺的提高起到了至关重要的作用。

综合来看,混凝土喷射机在国外已经经历了近 60 年的发展,从最初简单的固定喷射头到现在智能化、自动化,混凝土喷射机功能越来越完善,能够适应各种恶劣的工作环境,同时工作效率也有了很大的提高。随着技术的发展,装备制造工艺大幅提高,混凝土喷射机的制造也取得了很大的进步。

这里以中联 SPB7-G 型湿喷机为例,对国内大型先进湿喷机的主要技术参数进行介绍,见表 4-1。

表 4-1　SPB7-G 型混凝土湿喷机主要技术参数

名　　称		数值/规格
整机性能	主液压缸缸径/杆径/行程	80mm/55mm/400mm
	输送缸缸径	120mm
	分配阀形式	S 管阀
	最大理论输送量	$7m^3/h$
	最大理论出口压力	6MPa
	输送胶管公称内径	51mm
	坍落度允许范围	8～20cm
	泵送料斗容积	150L
	上料高度	940mm
	最大骨料粒径	20mm
	细集料细度模数	≥0.45mm
	机旁粉尘率	$<10mg/cm^3$
	回弹率(标准工艺条件下)	平均<20%
	最大理论输送距离	水平 240m
		垂直 130m
	总质量	(1800±90)kg
	外形尺寸/(长×宽×高)	2976mm×1210mm×1435mm(1±1%)
动力系统	电机型号	YBK2-180M-4 煤矿井下用隔爆型三相异步电动机
	电机额定功率	18.5kW
	电机额定电压	380V/660V
	电机额定电流(380V/660V)	36.5A/21.1A
	电机额定转速	1470r/min
	电机启动方式	Y-△
液压系统	液压系统形式	开式回路
	油泵组	A10V045DFLR＋G5-10-5-A15S-R
	泵送油压	(19±0.5)MPa
	料斗搅拌油压	(12±0.5)/MPa
	液压油箱有效容积	(100±25)/L
压缩空气	系统风压	(0.6～0.7)MPa
	工作风压	0.5MPa
	耗风量	约 $10m^3/min$
速凝剂泵配料系统	液体速凝剂掺量	0～6%
	驱动方式	液压
	功率	0.55kW

2) 国外混凝土喷射机的发展历史及现状

国外对喷射混凝土支护设备的研究和应用较早。从 20 世纪 40 年代开始,西方国家已经着手开始研制混凝土喷射机,当时德国的 BSM 公司研制出双罐式喷射机。到了 50 年代,美国艾姆科公司研制成湿式混凝土喷射机。60 年代,湿喷技术已经开始在西方国家推行,各类湿式混凝土喷射机相继研发出来,并投入到使用中,以瑞士为例,当时的建设工程中有一半以上的支护工程采用的都是湿式喷射技术(表 4-2)。20 世纪 80 年代,喷射混凝土技术被广泛地应用在地下工程的混凝土灌注中,因此出现了专门的喷射混凝土的工业机器人。

表 4-2　部分发达国家喷射混凝土作业中
干喷与湿喷所占比例　%

国家	湿喷	干喷
法国	60	40
意大利	90	10
日本	80	20
挪威	99	1
瑞士	65	35
美国	60	40

　　20 世纪 90 年代中期,随着湿式喷射技术的推广,混凝土喷射机械手得到广泛的应用。到了 2000 年,出现了第一台由计算机控制的喷浆机器人,它通过编程完成自动化喷浆,并且能够对其工作进行记录存档。通过计算机的控制,危险区域不再有工人作业,替代他们的是先进的自动化混凝土喷射机械手。

　　现代的混凝土喷射机还采用了激光测量技术。通过激光测量,计算机智能分析后,精确找到最佳喷射位置,进而提高了工程的整体施工水平。

　　这里以中联 CIFA-CSS3 型湿喷机为例,对国外大型先进湿喷机械进行介绍。中联 CIFA-CSS3 型湿喷机是目前比较先进的大型湿喷机械,最大理论喷射速度为 30m/h,拥有柴油机及电动机的双驱动源,并且可远距离遥控湿喷作业。CIFA-CSS3 型湿喷机由混凝土输送系统、外加剂计量系统、底盘行驶系统和压缩空气系统四大系统构成,其显著特点如下。

　　(1) 拥有三段折叠式大臂,作业半径可达 17m,最小打开高度为 3.2m,向下作业深度可达 5.5m。

　　(2) 使用双转台,上转台可以在垂直方向 180°转动,下转台可以在水平方向 180°转动,使隧道侧向湿喷作业更加容易。

　　(3) 臂座可沿水平纵向移动 3.7m,并且能够按施工要求保持与开挖轮廓面的距离,有利于混凝土回弹量的下降。

　　3) 今后混凝土喷射机的发展趋势

　　今后混凝土喷射机总的发展方向是优化设备结构性能,提高设备的可靠性、耐久性和适应性;向环保型、实用型和潮湿型发展;不断降低粉尘浓度,减少回弹率,提高一次喷层厚度,增加喷射混凝土强度;完善配套设备,实现综合机械化配套的喷射混凝土的施工作业线和自动化水平。

　　(1) 在技术方面,其开发研制正朝着环保、实用、潮湿型发展。环保性主要体现在采用湿喷技术,从而降低喷射时作业环境的粉尘浓度,使其达到国家环境卫生标准。这就要求喷射机提高潮喷和湿喷程度,一方面加强对湿喷技术基本理论和混凝土在喷射机械中的使用性能方面的研究;另一方面主要是对液体速凝剂等混凝土拌合时添加辅料及其设备和添加方式进行深入研发,加强与混凝土喷射机相配套的液体速凝剂的添加设备、上料装置等的研制工作,进一步提高相关配套设施的性能。

　　(2) 在机械功能方面,主要是开发性能好、结构紧凑、功能多样化的混凝土喷射机。现在大多数建筑工程所使用的混凝土喷射机普遍存在体积较大、功能简单、效率低、维修率高的问题,特别是当其在险道、矿井中使用时,因为空间狭小、工况恶劣,混凝土喷射机的优势不能充分发挥,受制于空间环境,难以高效作业。因此,提高混凝土喷射机的作业能力,同时尽可能减小机身尺寸和重量,增加各种作业中的功能,实现混凝土喷射机的智能化等,是研究的主要任务。

　　(3) 在干喷机方面,以转子型喷射机经济实用为研究的重点,进一步降低粉尘浓度,减少回弹率,提高喷层强度、混合料的水灰比和密封的程度,橡胶密封采用浮动支承紧贴转子以减少漏风。喷枪加水充分,混合料在软管中悬浮输送,防止黏管、堵管。改进转子料杯、料腔结构形状,上、下加套对潮湿料不黏、不堵的高分子聚酯树脂套。增加电子堵塞报警装置,及时发现堵塞,便于处理。提高零部件的通用性,便于装卸维修,增加橡胶密封件寿命。

　　(4) 在湿喷机方面,风动式湿喷机以转子式喷射机为主,泵送式湿喷机以挤压泵湿喷机和螺杆泵湿喷机为研究重点,不断提高易损件,如挤压胶管和橡胶密封件的寿命,加强湿喷技术基础理论与混凝土可泵性的研究,以及对液体速凝剂、早强性水泥、易溶性粉状速凝剂及其添加方式的研究。

(5)在配套设备的研制方面,上料装置、喷射机械手、速凝剂添加装置过去虽有研究,并有样机下井,但由于煤矿巷道断面较小,配套设备难以布置或与其他作业发生干扰,因而使得已形成的作业线无法付诸使用。要根据不同作业条件,研制由简单实用搅拌、输送上料机具和电子遥控的喷射机械手组成的机械化、自动化的喷射作业线,改善作业环境,减轻工人的劳动强度,大幅度提高劳动生产率。

3.混凝土喷射机的优点

工程中使用的混凝土喷射机主要有以下几个优点。

(1)生产能力大。混凝土喷射机的工作性能稳定,管料输送距离长、耐磨损。工作的压力较高,有着很高的工作效率,并且有较好的喷射质量。

(2)操作省力简单。混凝土喷射机到达施工现场后,配合以配套的上料机械(如混凝土搅拌车等)及电源后即可施工,机械化程度较高。有些混凝土喷射机实现了数字电控,操作较为简便。现代设计中采用了人机工程设计,使操作者的操作环境较为舒适。

(3)经济效益显著。使用喷射机喷射混凝土,材料消耗大大降低,运输过程也变得简便,而且施工效率有很大提高,从而节约了材料和时间等,降低了工程成本。

4.1.2 混凝土喷射机的分类

按混凝土拌合料的加水方法不同,混凝土喷射机可分为干式、湿式和介于两者之间的半湿式三种。

1.干式混凝土喷射机

干式喷射混凝土是国内发展较早、使用较广的一种喷射混凝土工艺,其工作原理为:将水泥、粗细骨料和速凝剂,通过人工或机械干式混合均匀后,用压缩空气在输送管内呈稀薄流态输送到喷嘴,在喷嘴前按规定水灰比加入

压力水,与干混合料迅速混合为混凝土后,由喷嘴喷射到井巷围岩壁面上,实现喷射混凝土支护。干式混凝土喷射机简称干喷机,具有输送距离长、工作风压低、喷头脉冲小、工艺设备简单、对渗水岩面适应性好以及混合料可以存放较长时间等特点,在矿山井巷喷射混凝土支护中占主导地位。其缺点是粉尘太大,喷出料回弹量损失较大,且要用高标号水泥。国内生产的混凝土喷射机大多为干式。

下面介绍几种典型的干式混凝土喷射机的技术性能。

(1)ZPV型喷射机:采用防黏料旋转体,以橡胶或聚氨酯作料腔,料腔每转1周在工作气压和大气压差作用下能产生抖动,可有效地解决料腔堵塞问题;下料斗筛网配有风力振器,落料通畅无阻;粉状速凝剂自动添加装置既可增加混凝土一次喷层厚度,改善快速支护特性,又能减少回弹量,降低支护成本;根据作业现场需要,及时调节喷射量;粉尘浓度低,回弹少,性能可靠,操作易行,维护方便。

(2)PC-5B型喷射机:采用FNZ-41型防黏料转子,转子不易黏接、堵塞,有利于潮喷作业,改善作业环境,提高工效。具有体积小,质量轻,易损件寿命长,使用维修方便。1996年在新集煤矿喷射混凝土,取得了粉尘浓度低、回弹少的效果。

(3)PZ-5B型喷射机:采用直通料腔的转子,在料腔内用高分子复合材料制成圆柱形套筒直接压固在钢衬板上,料路通畅,不易黏结,可使用水灰比为0.35的潮料;出料弯头改为斜槽旋流式塑胶软体弯头,制成既耐磨又不黏的橡胶牛角弯管内衬,防止黏结与堵塞;采用涡旋气流输送原理,克服黏附、堵管、脉冲和离析问题,喷射效果好,回弹率低;新型胶种的橡胶密封板可提高密封性和耐磨性,可喷$400m^3$混凝土;喷枪具有磁化功能,产生的磁化水可增加水与混合料的亲合力,减少灰尘产生。该机是目前较先进的机型。

(4)TSJ-I型喷射机:是中铁隧道集团有限公司和洛阳机车车辆厂开发公司共同研制的一种混凝土喷射机,工作能力大、喷射效率高、体

积小、质量轻、维护操作方便。该机采用双出料口，喷射效率就提高了2倍；采用内部附有耐磨橡胶套的圆孔直通式料腔，减少了拌合料在料腔中的黏附；通过提高橡胶摩擦板用橡胶硬度，增强了密封效果，从而减少粉尘浓度。

（5）TP5.5型喷射机：是淮南矿业集团机械公司在ZPG-2型和转V型喷射机的基础上进行改进设计生产的，具有喷射能力强、供料连续均匀、喷量稳定、粉尘浓度低、使用维护方便等优点。该机采用梯形、圆角、多料腔结构的旋转衬板，出料连续、均匀，减少了回弹量，降低了粉尘浓度；设有堵管报警装置，提高了安全可靠性；旋转衬板材料采用耐磨性好、硬度高的高铬白口铁，大大提高了使用寿命。国内外部分厂家干式混凝土喷射机性能参数见表4-3。

表4-3　国内外部分厂家的干式混凝土喷射机性能参数

生产厂家	型号	喷射能力/(m³/h)	骨料最大尺寸/mm	软管直径/mm	压缩空气压缩量/(m³/min)	压送距离/m	外形尺寸/(mm×mm×mm)	工作类型
瑞士ALIVA公司	ALIVA260	9	25	70	12～14	200/50	1650×850×1550	转子式
德国BSM公司	BSM-650	6	25	50	14	300/100	1900×1200×1850	双罐式
德国TORKRET公司	S3	8	25	50	12	400/100	1830×870×1650	双罐式
日本德卡公司	改良-1	6	20	—		150/80	1400×750×1850	转子式
美国REE公司	LASC-1	7.7	25	50			1530×690×1400	转子式
美国EIMCO公司	EIMCO-61	8	19	50	17	—	875×680×1250	转子式
中国冶金部建筑研究院	冶建-65	4	25	50	6-8	300/180	1650×850×1630	双罐式
中国长沙矿山研究院	SP-2	4～5	25	50	5～10	200/60	1250×750×1435	转子式
中国煤炭科学研究院	HI. P-701	2～3	25	5	5	10/4	1500×730×750	螺旋式
中国徐州矿山机械厂	PH-30	2～8	25	10	10	250/100	1500×1000×1700	转子式
中国扬州机械厂	HPH6	2～6	30	10	10	20	1500×1000×1600	转子式

2. 湿式混凝土喷射机

从20世纪60年代起，湿喷技术开始在发达国家中逐渐推行，各种湿式混凝土喷射机（简称湿喷机）也陆续开发出来。湿喷技术与干喷技术的主要区别在于足量（按水灰比要求应加的量）拌合水的加入时机不同。湿式喷射混凝土是在进入输料管前混合料中已加了足量的拌合水，输料管中输送的是全湿混凝土；干式喷射混凝土是在输料管中输送未加入拌合水的干料（地面自然湿度拌合料或烘干料），在喷嘴前再加足够量的拌合水，与干混合料迅速混合为全湿混凝土后输送至喷嘴处，掺加速凝剂后形成料束喷至施工面。

由于进入湿式混凝土喷射机的是已加水

的混凝土拌合料,因而喷射中粉尘含量低,回弹量也减少,是理想的喷射方式。但是湿料易于在料管路中凝结,造成堵塞,清洗麻烦,因而未能推广使用。国内外部分厂家的湿式混凝土喷射机性能参数见表4-4。

表 4-4　国内外部分厂家湿式混凝土喷射机性能参数

生产厂家	型号	喷射能力/(m³/h)	骨料最大尺寸/mm	软管直径/mm	压缩空气压缩量/(m³/min)	压送距离/m	外形尺寸/(mm×mm×mm)	机重/kg
美国EIMCO公司	EIMCOF-2	4	20	50	14	200/30	1650×8500×1550	1360
德国BSM公司	BSM-903	4	16	50	12	50/30	3500×1000×1700	1800
德国普芝梅斯特公司	先锋139	7	8	50	1.5	200/60	1830×870×1650	880
日本极东株式会社	PC08-60M	8/20	25	152	6	200	1530×690×1400	3300
日本德卡公司	改良-1	6	25	50	12	100/25	1650×850×1630	1700
英国COMPERN ASS公司	208	6	25	50	12	200/80	1250×750×1435	1200
中国焦作建筑机械厂	HSP-5	5	30	50	10	80/25	1500×730×750	1000
中国江都工程机械厂	JSP-5/10A	6	20	76	8	50/20	1500×1000×1700	3200

3. 半湿式混凝土喷射机

半湿式混凝土喷射机也称为潮式混凝土喷射机,是指混凝土拌合料为含水率5%～8%的潮料(按体积计)。这种料喷射时粉尘减少,比湿料黏结性小,不黏罐,是干式和湿式的改良方式。国内潮式混凝土喷射机经过多年的研制和发展,产品种类丰富多样,产量已达到较大的规模。现在潮式混凝土喷射机已经是用于煤炭、水电、铁路及城市地铁、高层建筑地基护坡等支护工程中喷射混凝土施工中广泛使用的关键设备。

1) 潮式混凝土喷射机技术发展情况

潮式混凝土喷射机简称潮喷机,其工作原理是利用压缩空气或其他动力,将按一定比例配合的潮湿混合料通过管道输送至喷嘴处,高速喷射到受喷面上凝结硬化,从而形成混凝土支护层。经过多年的技术发展,转子式结构成为潮式喷射机的主要形式。转子式混凝土喷射机的工作过程为:预拌后的混合料经筛网落入料斗,再由拨料盘拨至转子料杯,随着转子的转动进入气路系统。在压缩空气作用下混合料经摩擦板、出料弯头、输送管路至喷嘴处,与水混合后高速喷出,利用惯性力冲击受喷面并紧密黏结一起。

转子式结构的潮式混凝土喷射机,从出料口相对于转子位于上方还是下方可分为上出料和下出料两种;按其料腔的结构形式可分为U形和I形。

目前多数潮式混凝土喷射机在正常工作时,粉尘和回弹等技术指标基本可以达到粉尘

浓度低于 $50mg/m^3$、回弹率低于 30％，但都依然无法达到锚杆喷射混凝土支护技术规范规定的粉尘浓度低于 $10mg/m^3$ 的要求。

2）潮式混凝土喷射机典型产品介绍

目前国内市场中，潮式转子式混凝土喷射机占混凝土喷射机产品的绝大多数，其主要特点是价格低廉、工作性能可靠、结构简单、外形小巧、质量轻、维修和操作方便。2010 年国家安监总局颁布指令，禁止煤矿使用干式混凝土喷射机，从而促进了潮式混凝土喷射机在煤矿的应用。目前国内煤矿已全面推广使用潮式混凝土喷射机，通常每个岩巷掘进迎头配有 $1\sim2$ 台。现在市场中比较常见的潮式混凝土喷射机产品有如图 4-4 所示的几种形式。

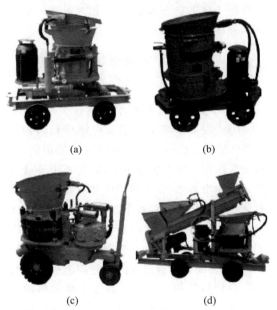

图 4-4　常见的潮式混凝土喷射机

(a)下出料 PCI 型；(b)上出料 PCU 型；

(c)气动下出料 PCI 型；(d)配料上料式 PCI 型

下出料 PCI 型潮式混凝土喷射机的生产公司主要分布在山东、河南、安徽，上出料PCU 型潮式混凝土喷射机的生产公司主要分布在江苏和河南。随着市场竞争的加剧，各公司已逐步研发和生产出多种形式的潮式混凝土喷射机。PCI 型和 PCU 型各有优点。PCI型潮式混凝土喷射机易损、易耗件多，单机需配备 2 件摩擦板、2 件衬板，整机价格低廉。

PCU 型潮式混凝土喷射机易损件少，单机只有 1 件摩擦板、1 件衬板，整机质量稍大，整机价格高。

PC6B 型潮式混凝土喷射机是由南京石诚井巷装备有限责任公司研制的。其中部设计为敞开式结构，不但整体结构更加简单，且便于拆装和维修；该机衬板上的进风和出料孔均为扇形，增大了物料在孔与孔之间的接触面积，可降低回弹和粉尘；采用防黏式料杯及弹性复合防黏弯头，解决了黏料问题。

3）潮式混凝土喷射机产品存在的问题

人工上料是目前潮式混凝土喷射机普遍存在的问题，主要表现在以下几个方面。

（1）工人劳动强度大，效率低，混合料配比不够精确。

（2）施工时现场粉尘浓度大，环境恶劣，严重影响工人的身心健康。

（3）易损件消耗大、寿命较短。如摩擦板的耐磨材料利用率较低，摩擦板内衬有钢板、加强筋等，无法重复利用，材料浪费严重。

为了促进潮式混凝土喷射机的发展，应开展适应复杂施工条件使用的多样化及节能、环保潮式混凝土喷射机研究。

4）潮式混凝土喷射机的研究方向

目前潮式混凝土喷射机的技术已经相当成熟，在多公司、多产品形式竞争的情况下，基本满足了市场需求，但依然存在较多的共性技术弊端问题。对潮式混凝土喷射机技术研究方向的分析，主要从以下几个方面进行。

（1）降低回弹率

回弹多是潮式喷射混凝土的常见问题，往往由工人不严格执行喷射施工工艺或条件复杂难以执行，混合料混合不均匀及混合料配比不合适导致。煤矿工人在喷射侧帮时混凝土的回弹率基本可以控制在小于 30％，甚至可以达到小于 10％。工人在喷射拱顶时，由于巷道高度通常超过 3m，回弹率基本都超过 30％，主要是由于喷嘴出口到受喷面的距离远超过 1m，喷射混凝土的堆积效果大幅降低所致。所以应进行一定的技术研究，如设计开发简便的操作平台或便捷的喷射机械手等，控制喷嘴出口到受喷面的距离在 0.8～1m 的范围内, 以便满足施工工艺的要求, 有效降低混凝土的回弹率。

（2）降尘

喷射混凝土产生的粉尘主要包括机旁粉尘和喷嘴粉尘。机旁粉尘的产生主要有两个来源: 一是余气口排出的余料产生的粉尘; 二是摩擦板磨损后, 摩擦板和衬板结合面没有适当压紧而产生的粉尘, 此时的粉尘往往可以超过 $500mg/m^3$, 会严重影响工人的健康。对转子式混凝土喷射机旁的粉尘, 可通过改进设计喷射机的排气口、改变摩擦板的压紧结构、提高摩擦板的耐磨性等方法予以适当降低。由于喷嘴处产生的粉尘主要是因为混合料与水混合不均匀、混合时间较短、水量添加不匹配以及喷嘴到受喷面的距离超过 1m 等因素导致的, 因此应研究高气压、高流速条件下混合料和水混合的机理, 设计喷嘴结构, 提高混合料与水混合的均匀性; 设计加水剂量能直观、可控的配套装置, 以便工人控制加水量, 使水量更加准确, 以保证混凝土水灰比; 通过一定的技术途径, 实现喷嘴到受喷面的距离可控以及开发便捷的喷射机配套除尘设备等, 实现降尘。

（3）降低工人的劳动强度

目前, 国内煤矿常见的喷射混凝土混合料拌制流程是: 砂子、石子骨料在井上地面直接按比例拌制, 然后装车运到施工面; 通过人工按比例配制水泥和砂石, 并进行简单拌合, 然后上到喷射机料斗再进行搅拌喷射。

人工拌制混合料的方式无法保证混合料配比的可靠和均匀, 同时增大了工人的劳动强度, 井下工人拌制混合料一般有两种方式: 一种是在矿车内水泥与砂石一边简单拌制一边上料, 这种方法无法拌制均匀。另外一种是砂石从矿车卸载到地面, 工人在地面进行水泥、砂石的均匀拌制, 此种方式物料拌制稍均匀, 但工人的劳动强度较大。为了提高混合料的均匀性、降低工人的劳动强度, 需要设计开发具有可靠配比作用和均匀搅拌功能的混凝土

喷射机配套装置; 或者研究可从矿车直接上料至喷射机, 具有自动配比、拌料、上料的装置, 并提高装置的自动化水平; 或者设计集中输送、搅拌装置等。

湿喷技术现已得到一定的发展, 但其全面推广应用依然存在着较大的问题, 主要是其技术较复杂, 配套施工工艺烦琐, 设备维护人员须有较高的技术能力。在煤矿等复杂巷道条件下, 湿喷技术和湿式混凝土喷射机尚较难广泛应用。目前, 潮式混凝土喷射机依然是锚喷支护工程应用的主要产品。潮喷技术和各型产品虽然存在一定的缺陷, 但综合施工成本等考量还是利大于弊。通过沿寻上述研究方向不断地进行技术研究, 可以较大限度地克服潮式混凝土喷射机技术的不足, 同时可进一步促进潮喷技术的发展和产品的丰富、完善。

4.1.3 混凝土喷射机的典型结构及工作原理

1. 干式混凝土喷射机

干式混凝土喷射机的工作原理和结构特征是: 带有衬板的转子以一定的转速旋转, 面结合板压在衬板上固定不动, 结合板上连接有进风管和出料弯头, 当转子中装有物料的各个料杯转动到与进风管和出料弯头相通时, 在压气的作用下, 物料通过出料弯头和输料管输送到喷嘴, 并在喷嘴处加水喷射出去。在此过程中, 由结合板和衬板组成的密封副起到了密封压气和物料的作用。干式混凝土喷射机的主要优点是输送距离长、设备简单、耐用。但由于干拌合混凝土是在喷嘴外与水混合, 故而施工粉尘和回弹率均较大。干喷作业产生的粉尘危害工人健康, 尤其是窄小巷道工程施工中, 粉尘污染更为严重。

2. 泵送型湿式混凝土喷射机

泵送型湿式混凝土喷射机的优点是输送距离长, 缺点是较笨重、生产率低, 故而应用范围不大。图 4-5 为豫龙公司生产的液压泵送型湿式混凝土喷射机。

图 4-5 泵送型湿式混凝土喷射机

1)柱塞泵式湿喷机

柱塞泵式湿喷机是将柱塞式混凝土泵作为湿式混凝土喷射机的基本机体,在输送管出口装以喷嘴并在此通入压缩空气,将混凝土喷射出去。这类湿喷机一般较笨重,但输送距离长,在二滩、小浪底等一些大型水利工程中使用过的瑞士 MEYNADIER 公司的 Robojet041型混凝土喷射机就是这种机型。图 4-6 所示为柱塞泵式湿喷机工作原理示意图。

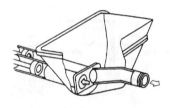

图 4-6 柱塞泵式湿喷机工作原理示意图

2)螺杆泵式湿喷机

螺杆泵式湿喷机是以螺杆与定子套相互啮合时接角空间容积的变化来输送物料的。这种类型的有德国 UELMAT 公司的 SB-3 型湿喷机。我国有关单位也曾进行过研制。马鞍山矿山研究院开发了 WSP 型湿喷机,在张家洼矿山公司小官庄铁矿进行工业试验,喷射混凝土 180m³。结果表明:粉尘浓度小于 7.5mg/m³,回弹率为 12%~14%,混凝土搅拌均匀,出料连续,无脉冲,保证了喷射混凝土强度。我国又相继开发了 WSP-2 型湿喷机、WSP-3 型湿喷机。其中,WSP-3 型湿喷机集上料、搅拌、速凝剂添加及喷射等功能于一体,依靠螺杆泵转子与定子相互接触的空间来输送混凝土,设有风力助推机构,改善了供水系统,

简化了速凝剂添加机构,提高了转子寿命。该机在安庆铜矿、开阳磷矿使用,取得良好效果。该机型的主要缺点是生产率低,螺杆和定子套的磨损较严重。螺杆泵式湿喷机工作原理如图 4-7 所示。

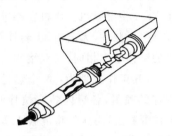

图 4-7 螺杆泵式湿喷机工作原理示意图

3)软管挤压泵式湿喷机

软管挤压泵式湿喷机由搅拌斗、泵送软管、泵体和输料管等部件组成。泵体为圆筒形,中部的行星传动机构带动两个滚轮转动,连续挤压泵送管内的湿料,使之进入输料管压送出去。南京煤研所开发的 JSP-5/10 型湿喷机和北京军区工程兵部工程人防处开发的 QPJ-5 型湿喷机,均利用挤压辊滚动将与其贴合的挤压胶管压扁,并在自身弹性恢复力的作用下产生负压,将料斗中的湿料吸入管内,同时前面被压缩的胶管体积不断缩小,产生挤压力,使混凝土沿输料管运动,达到泵送的目的。机器反向回转时可清洗管道。这两种类型的设备生产能力大、效率高、结构简单、操作方便、工作平稳、无脉冲;但输送距离较短,软管容易磨损,速凝剂添加装置复杂。日本极东公司生产的 PC08-60M 型、CHALLENGE 型混凝土喷射机也属此类型湿喷机。据报道,这类喷射机曾在国外应用较广,但近年来已很少使用,其主要问题是挤压管寿命短。图 4-8 所示为软管挤压泵式湿喷机工作原理示意图。

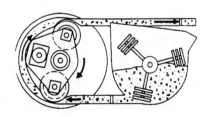

图 4-8 软管挤压泵式湿喷机工作原理示意图

4) 风送罐式湿喷机

风送罐式湿喷机,首先在20世纪50年代由美国 EiMco 公司研制成功。我国研制成功的这类机型有 PS 型、LSP-Ⅱ型、SP-77 型及 HLF 型喷射机。在 HLF 型基础上,鹤壁矿务局开发了 YS-1 型湿喷机。该机在鹤壁四矿使用,效果较好,无脉冲、无离析、出料连续均匀。这些机型的结构基本相同,以双罐式加喂料螺旋使用较多,其工作原理为:两个输送罐交替工作实现连续喷射,各罐内装有搅拌叶片,将混合料拌成混凝土,用压气将混凝土压入软管经喷嘴喷射到岩面上。该类型设备可输送骨料粒径 25mm 的混凝土,生产能力 2.3~6m³/h,风压 0.3~0.4MPa,水平输送距离 30~100m。但普遍存在机体庞大、设备笨重、上料高度高、维修操作复杂、容易堵管和产生脉冲等缺点,限制了其使用。

5) 风送转子式湿喷机

在转子式干喷机的基础上,山东煤炭技术研究所开发了 ZSP-1 型湿喷机。该机采用三级搅拌,机内水化,旋转体料腔为开腔结构,从根本上解决了湿式喷射混凝土的黏结问题。其优点是结构简单、操作方便、喷射效率高。生产使用表明,该机型粉尘浓度 15mg/m³,回弹率 13.6%,取得了明显的双降效果。

6) 螺旋式湿喷机

攀枝花冶金矿山公司井巷公司开发的 LHP-78 型螺旋式湿喷机,用螺旋叶片把搅拌好的混凝土挤成圆柱状再进入混合室,由散料器分散后用压气送入输送管而喷射到岩石上。其特点是采用混凝土自料密封,结构简单、机矮体轻,但存在螺旋叶片磨损快,对混凝土水灰比要求严格的缺点。

7) 活塞泵式湿喷机

我国煤炭系统从德国引进 USI-139 型湿喷机在四川煤矿建设第五工程处使用,获得粉尘少、回弹率低的双降效果。上海煤研所开发的 SHP-1 型湿喷机,采用液压传动,浓密流静压输送的双缸活塞泵结构。该机的主要特点是:料流均匀,不发生脉冲,减少离析,保证喷射质量;粉尘浓度低,一般为 10mg/m³;由于控制了喷射速度,搅拌充分,液体速凝剂在喷枪里呈喷雾状与混凝土均匀混合而减少了回弹率(一般为 11.8%)。但存在机型大、活塞泵磨损快、难以清洗的问题。该机在福建邵武煤矿使用效果较好。

3. 气送式湿式混凝土喷射机

气送式湿式混凝土喷射机是利用压缩空气将物料在软管中以"稀薄流"的形式输送至喷嘴直接喷出。图 4-9 所示为英国 COMPERNASS-208 型喷射机原理图。该机为并排的两个罐,一个喷射,一个备料。罐的底部各有一个横卧的螺输送器,喷射罐内通入压缩空气,湿拌合料经螺旋送进输料管,在喷嘴处,通过气环引入的压缩空气使拌合料喷射出去。这种喷射机的缺点是向罐内加料比较麻烦,罐的清理不方便,且上料高度大,比较笨重。

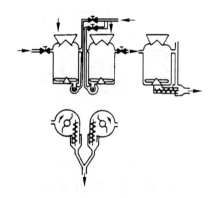

图 4-9 气送式湿式混凝土喷射机工作原理示意图

1) 日本德斯古马恩型湿式混凝土喷射机

日本德斯古马恩型湿式混凝土喷射机为竖立的两个罐,上罐拌料,下罐喷射,上、下罐均有密封阀门,交替开启、关闭,以实现连续喷射。下罐底部有一横卧螺旋,驱动湿拌合料至料管内喷射出去。这种湿式混凝土喷射机的缺点是上料高度大,比较笨重。

2) 瑞士阿瓦 280 型湿式混凝土喷射机

瑞士阿瓦 280 型湿式混凝土喷射机为转子结构,采用液压驱动装置,负荷变量泵通过液压马达带动转子转动,转速可调,从而使喷射量可调。采用液压式转子转动,转速可调,从而使喷射量可调。采用液压式转子压紧机构,压紧力可调。工作时料斗中的湿拌合料落入转子料孔,经旋转180°后料孔与压缩空气进气口相通,湿拌合料遂以悬浮状态被压至出料管,经在喷嘴混合室与液体速凝剂快速充分混合后,从喷嘴高速喷出。该机的缺点是设备投资较大,维护工作量大,由于自重达到2t多,故机动性差。

3) 双罐式湿式混凝土喷射机

双罐式湿式混凝土喷射机有两个并列的罐,罐顶有钟形门,罐底有搅拌叶片,罐内装搅拌好的混凝土。当罐内通入压缩空气后,混凝土落下,由搅拌叶片送至螺旋给料器,在其出口处由压缩空气沿输送管将混凝土吹至喷嘴。

4) 鼓轮式湿式混凝土喷射机

鼓轮式湿式混凝土喷射机以陕西建工局机具研究所开发的GHP-250型为代表,由料斗、鼓轮、传动机构和电动机组成,在圆形鼓轮圆周上均布8个V形槽。鼓轮低速回转,料斗中的干拌合料经条筛落入V形槽,当充满拌合料的V形槽转至下方时,拌合料进入吹送室,由此被压缩空气沿输送管吹送至喷嘴。CHP-250型鼓轮式湿式混凝土喷射机结构简单,机身宽度小,移动灵活,风压稳定,喷枪连续出料,易于控制水灰比;可降低回弹率、提高混凝土强度;能输送含水率4%～6%的潮湿物料,对降低粉尘浓度有利;上料高度低,人工上料方便,改善了工人的劳动强度。缺点是两半壳体和鼓轮间隙调整麻烦,衬板易于磨损。

4．SPZ-6型湿式混凝土喷射机

SPZ-6型湿式混凝土喷射机是我国在消化吸收国外先进技术的基础上开发研制成功的。整机设计合理,性能先进,填补了国内空白,达到了国内先进水平。

1) 工作原理

SPZ-6型湿式混凝土喷射机为转子式结构,主要由传动系统、给料系统、压紧机构、气路系统、输料系统及行走机构等组成。

当电动机启动后,经减速器通过输出轴带动转子旋转,混凝土拌合料经料斗落入旋转的转子料孔内,转子转过180°后,其料孔与压缩空气一次进气口相通,形成了完整的吹料通道。压缩空气迫使混凝土料进入输料管,同时在出料弯头处的二次进气孔加入压缩空气促使混凝土料以悬浮状流体沿输送管输送,混凝土料在喷头处的混合室与液体速凝剂混合后,经喷嘴高速喷射到欲支护的工作面。随着转子连续旋转,转子上8个均布的料孔就不断地与出料孔和压缩空气进气孔相通,如此不断循环,完成连续喷射,如图4-10所示。

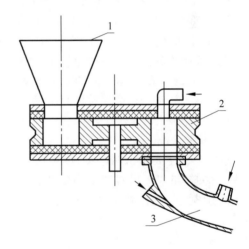

图4-10　SPZ-6型湿式混凝土喷射机工作原理示意图
1—进料斗；2—转子；3—出料弯头

2) 结构特点

(1) 传动系统

SPZ-6型湿式混凝土喷射机采用电动-机械传动方式。电动机通过联轴器直接与减速箱输入轴相连,经四级减速将动力传递到减速箱输出轴,从而带动转子旋转。电动机功率为7.5kW,转速为1440r/min,减速箱总传动比为179.6。减速箱的输出轴与转子靠方孔直接连接,便于下橡胶衬板的更换和维修。

(2) 给料系统

给料系统主要由料斗,上、下橡胶衬板和

转子等组成。料斗由钢板制成漏斗形,由上、下两部分构成,可快速拆装,使用方便。转子为本机关键部件,设计时采用立式直通料孔结构,以扇形料腔代替传统的圆形料腔,使料孔容积效能最大,提高了转子截面的利用率。此外,适当加大了转子直径、减小了转子高度,并使料孔横断面上小下大,以利于湿料在料腔内的流动。该结构与活塞泵式结构相比,具有结构简单、维修方便、出料均匀等优点。橡胶衬板是最主要的易损件,其寿命直接影响整机的使用,设计采用金属骨架上整体浇铸耐磨、耐热橡胶,既保证了密封性,又增加了摩擦面积,减小了比压,延长了使用寿命。

(3)压紧机构

转子和上、下橡胶衬板之间夹紧力的大小直接影响整机的使用性能和橡胶衬板的使用寿命,为此采用液压压紧机构。这种压紧方式与传统的靠螺栓联接压紧的结构相比,具有夹紧迅速、压紧力可调、压紧力均匀合理等特点,有利于提高工效和延长橡胶衬板的使用寿命,为操作者带来极大的方便。

(4)输料系统

输料系统主要由出料弯头、输料管、快速接头、喷头等组成。出料弯头由螺栓固定在转子底座上,进气管固定在转子盖板上,在转子上、下两面与转子盖和转子底座之间有橡胶衬板,由压紧机构根据要求压紧,以保证工作时转子的结合面处不漏气。输料管为2in(1in=25.4mm)喷砂管经快速接头与出料口相接,另在出料弯头上设有两个辅助进气孔以增加吹料能力。在喷头上有一混合室以保证液体速凝剂与混凝土料均匀混合后经喷嘴射出。

(5)行走机构

行走机构由4个轮胎组成。前部为2个直径380mm的充气轮胎,轮距为440mm,安装在可转向的牵引机构上;后轮为2个直径为450mm的充气轮胎,轮距为760mm,直接安装在减速箱体上,结构十分紧凑。

(6)速凝剂添加机构

SPZ-6型湿式混凝土喷射机安装有大容量的

速凝剂储存装置,一次装填可保证连续工作2h。为满足不同的现场工作要求,该机设计有液体速凝剂和粉状速凝剂两种添加机构可供选用。

液体速凝剂添加机构的工作原理如图4-11所示。速凝剂添加量由可调计量泵进行精确控制,然后由压气输送至喷头混合腔。使用计量泵对液体速凝剂的添加进行控制的好处在于:一方面减少了价格较贵的液体速凝剂的损耗,降低了喷射混凝土的施工成本;另一方面,由于液体速凝剂的添加量易于精确调控,避免了速凝剂添加比例过高,提高了喷射混凝土强度。

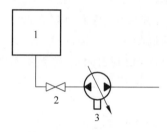

图4-11　液体速凝剂添加机构工作原理示意图
1—速凝剂罐;2—截止阀;3—计量泵

粉状速凝剂添加机构的工作原理如图4-12所示。该机构采用叶轮搅拌装置和螺旋计量装置对速凝剂进行输送和计量,由干燥处理后的压气输送至喷头混合腔。

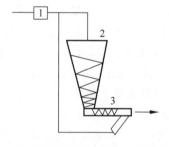

图4-12　粉状速凝剂添加机构工作原理示意图
1—干燥装置;2—速凝剂罐;3—添加计量装置

4.1.4 湿式混凝土喷射机的主要优点及存在的问题

1. 湿式混凝土喷射机的主要优点

随着人们环保意识的增强以及对喷射混凝土质量要求的提高,已有越来越多的湿式混凝土喷射机投入使用。近几年来，国内一些单位也开始开发研制出几种湿式混凝土喷射机，但生产规模尚有待于扩大。

表4-5对比了干喷和湿喷两种施工工法的性能。可见，湿喷机的优势如下。

表 4-5　干喷与湿喷性能比较

项目	喷射位置	干喷	湿喷
一次喷射厚度/mm	拱顶位置	50~70	90~100
	边墙位置	100~120	180~200
回弹损失	拱顶位置	40%~60%	13%~15%
	边墙位置	17%~25%	9%~15%
喷头处粉尘浓度/(mg/m³)	拱顶位置	30.5	1.9
	边墙位置	23.5	2.0
喷射性能/MPa	抗压强度	23.8	30.9
	与墙面黏结强度	1.65	2.7

（1）回弹率低。湿喷喷射出的混凝土速度低，通过速凝剂的作用，混凝土很容易黏到受喷面上，回弹很少。使用经验表明，湿喷的回弹率和干喷的回弹率相比一般要降低10%以上，这样对节约原材料消耗及降低人工成本都起到直接作用。对于全国的煤矿来讲，按井下一年开掘巷道1000km计算，回弹率如果每降低1%，每年可节约混凝土综合成本150万元。若回弹率降低10%，则每年可节约1500万元，其经济效益相当可观。再加上由于湿喷混凝土强度高、工程质量好、维护周期长，其带来的社会效益和经济利益是不可低估的。

（2）粉尘污染低。干喷的最大问题是粉尘浓度大，一般会达到50100mg/m³，严重超过国家标准规定的粉尘浓度，对环境造成污染，给操作人员的健康带来极大的伤害。而湿喷作业是降低粉尘最有效的途径，产生的粉尘基本控制在国家标准以内，极大地减少了对操作人员身体的危害，作业环境明显改善。

（3）生产效率高。由于干喷的反弹率大而且粉尘浓度高，一般干喷技术的喷射量限制在5m³/h以内。而湿喷技术凭借其优势，喷射量可达到40m³/h，甚至更高。

（4）支护效果好。由于湿喷时混凝土、空气和速凝剂的配比固定不变，混凝土与压缩空气接触的时间长，混凝土混合较为充分，喷射混凝土的品质可以得到很大提高。但是干喷

时拌合物和水的输出量不稳定，混凝土水灰比很难控制，只有根据施工工人的经验来调节，人为因素对喷射质量有很大的影响。

（5）混凝土强度高。干喷由于搅拌不均匀，水量难以控制，其喷射工程的质量难以保持稳定。而湿喷的混凝土配比准确、搅拌均匀、性能稳定，强度与干喷强度相比有明显提高，保证了喷射层的可靠性及安全性，对于保证工程质量的长久性尤为重要，同时又相对为社会创造了经济效益。

（6）混凝土配比易于控制。施工时，湿喷的混凝土按生产工艺生产后运至湿喷机进行喷射，其配比完全处于受控状态，从而保证了混凝土的质量。干（潮）喷的混凝土质量不易控制，特别是混凝土的水灰比带有随意性，是由喷射手根据经验及肉眼观察进行调节的，混凝土的品质在很大程度上取决于喷射手操作正确与否。

（7）施工时的粉尘浓度低。潮喷喷嘴旁粉尘浓度为60mg/m³，干喷喷嘴旁粉尘浓度比潮喷粉尘浓度更高。喷混凝土施工时，往往由于粉尘浓度及其他原因，造成隧道内能见度低，客观上使操作人员只讲喷射数量，而忽视喷射质量，使喷混凝土的质量，不稳定，浪费很大。

（8）设备材料磨损小。干喷机结构简单、体积小、清洗方便，但结合板的磨损大；湿喷机的构造较复杂，体积大，需要较大动力设备的

牵引,但结合板的磨损小。

上述湿喷机优于干喷机的特点可以从一些工程施工中的统计数字得以印证:1986年9—11月,连云港市某国防工程利用湿喷机进行地下巷道支护,巷道宽5.7m、高3.7m、喷层厚度8～10cm、全长380m,累计喷射混凝土680m³。竣工后经有关方面评定,工程质量好,平均回弹率为10.8%,比干喷降低了50%～60%,粉尘浓度12.4mg/m³,比干喷减少了80%以上,混凝土抗压强度不小于32MPa,黏结强度大于0.82MPa。上述指标在相同条件下,采用干喷工艺无论如何也达不到。随后该机又在江苏省人防841工程、大丰市三里闸修补工程、浙江省新安江水电站工程中应用,均获得成功,并取得满意效果。从经济效益上分析,湿喷不仅提高了工程质量,而且喷射物料损失降低52%。仅此一项节约水泥每立方米混凝土为53kg,单方造价降价10%。

2. 湿式混凝土喷射机需要解决的问题

湿式混凝土喷射机技术在国外已普遍采用,尤其在西欧的工程施工中几乎全用湿式混凝土喷射机。在我国随着人们环保意识的增强以及对混凝土工程质量要求的提高,越来越多的湿式混凝土喷射机被采用在一些国际招标的大型水利工程中,如小浪底工程、三峡工程等。

虽然湿式混凝土喷射机在工程中的应用越来越多,但存在的一些问题对其推广应用造成了一定的阻碍,以致在我国目前主要的喷射混凝土作业方式仍是干喷。

阻碍湿式混凝土喷射机在我国推广使用的因素主要有以下几个方面。

(1)湿式混凝土喷射机多采用液体速凝剂,进口及合资产品售价较高,达6000～8000元/t,而国产液体速凝剂尚无生产。与之相比,相对应的干喷粉状速凝剂售价低,约1000元/t。

(2)劳动力成本低及人们的环保意识尚待提高。

(3)湿式混凝土喷射机,设备较为复杂,操作及维修不及干喷机方便。

(4)使用湿式混凝土喷射机械作业时,设备投资较高。

为了加快湿式混凝土喷射机在我国的应用,已有单位利用压力平衡法用粉状速凝剂取代液体速凝剂,直接向风管中加入定量添加粉状速凝剂的装置,为在国内推广应用湿喷机技术创造了条件。随着人们环保意识的加强以及对喷射机施工质量的更高要求,湿式混凝土喷射机必将越来越多地取代干喷机而成为喷射机作业的主要机具。

3. 湿式混凝土喷射机的技术改进

1)改进后湿式混凝土喷射机的特点

(1)防尘效果好。采用改进后的密封装置可以做到不扬尘,大大改善了工人的劳动条件,提高了劳动生产率。

(2)增加防黏结高弹性橡胶料腔。可有效解决混凝土易黏结的问题,减少了清除混凝土黏结的次数,提高了劳动效率。

(3)运用耐磨橡胶垫。橡胶垫的耐磨性提高1倍以上,减少了橡胶垫的更换次数,降低了使用成本。

(4)将原动传动轴由整体改为三部分组成,解决了不易拆卸、维修难的问题。

2)改进前后湿式混凝土喷射机的区别

(1)原湿式混凝土喷射机旋转体由耐磨铸铁铸造而成,未经处理,生锈后易黏结。改进后将喷射腔进行喷涂防锈处理,大大降低了黏结的可能性。

(2)原湿式混凝土喷射机旋转体直接与出料口接触,密封不严;进料口无密封装置。改进后增加了一层耐磨橡胶垫并在进料口加密封垫,如图4-13所示。

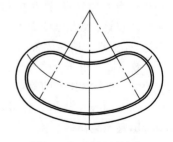

图4-13　进料口密封垫

(3)原湿式混凝土喷射机旋转体和喷射口无高弹性橡胶腔。改进后在旋转体上和喷射口增加了高弹性橡胶料,如图 4-14 所示。湿式混凝土喷射机工作时形成高压空气腔,高弹性橡胶腔在空气的压力下被压缩,旋转体不停转动,当旋转体上的高弹性橡胶腔转过压力区后,压力消失,高弹性橡胶腔上的混凝土受到挤压而散落下来,自动清除了混凝土黏结。同时为了便于维修和更换旋转体上的高弹性橡胶料腔,将整体 12 个腔分割成 4 件,每件 3 个腔。同样道理,在出料口增加了高弹性橡胶料腔,如图 4-15 所示。

(4)原湿式混凝土喷射机传动轴为整体结构,清理旋转体上的工作腔或更换高弹性橡胶料腔时,须将上座体和筛体同时卸掉。改进后将整轴分为三部分,中间加一连接轴,通过方形螺母、连接轴、销轴将两轴连在一起,拆卸时只需拆掉连接轴就可以将中座体抬起,省时又省力,如图 4-16 所示。

通过增加橡胶密封垫、高弹性橡胶腔,以及将传动轴改为分体连接式结构,有效地解决了扬尘和混凝土黏结及拆卸不便的问题,从一些使用现场来看,取得了良好的效果。

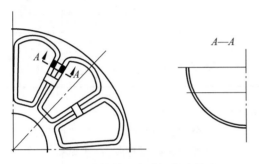

图 4-14 旋转体用高弹性橡胶料腔

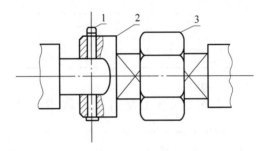

图 4-16 分体连接式传动轴
1—销轴;2—连接轴;3—方形螺母

4.1.5 混凝土喷射机常用装备的性能指标及选用原则

表 4-6 列举了现在主流的混凝土喷射机的主要参数。

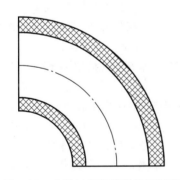

图 4-15 出料口用高弹性橡胶料腔

表 4-6 主流混凝土喷射机的技术参数

型号 参数	HSP 型防爆 矿用喷浆机	HSP-7 型	HSP-6 型	HSP-5 型	JPS6IH 型
生产能力/(m³/h)	4~5	4~5	6	4~5	4~6
最大输送距离 (水平/垂直)/m	30/20	30/20	30/20	30/20	60/10
输料管内径/mm	51	51	51	51	57
最大骨料粒径/mm	15	15	15	15	≤15
工作风压/MPa	0.3~0.6	0.3~0.6	0.4~0.6	0.3~0.6	0.2~0.4
耗风量/(m³/min)	10~15	10~15	8~10	10~15	≥10
转子体直径/mm	438	480	438	438	—

续表

型号 参数	HSP 型防爆 矿用喷浆机	HSP-7 型	HSP-6 型	HSP-5 型	JPS6IH 型
回弹率/%	≤10	≤10	≤10	≤10	≤10
液体速凝剂 添加量/%	0.3～0.7	0.3～0.7	0.3～0.7	0.3～0.7	—
主电动机型号	Y132m-6- 5.5kW	Y160m-6- 7.5kW	Y132m-6- 5.5kW	Y132m-6- 5.5kW	Y160m- 6-7.5kW
振动电动机 功率/kW	0.37	0.37	0.37	0.37	—
速凝剂计量泵	气动	气动	气动	气动	—
电压等级/V	380	380	380	380	380
外形尺寸/(mm× mm×mm)	1280×700× 1280	2000×800× 1300	—	1280×700× 1280	—
整机质量/kg	700	800	—	700	1500

4.1.6　混凝土喷射机的选用计算

影响生产能力的因素有：输入电压波动、配用主电机输入转速、减速增扭减速器传动比、转子体料腔的大小。生产能力的大小与其影响因素有如下关系：

$$V = kni\pi R^2 L \qquad (4\text{-}1)$$

式中，V——生产能力，m^3/h；

　　　k——转子体料腔数；

　　　n——配用主电机输入转数；

　　　i——减速器总传动比；

　　　R——转子体料腔半径，m；

　　　L——转子体料腔长度，m。

4.1.7　混凝土喷射机的使用规则

（1）喷射机采用干喷（或潮喷）作业时应按出厂说明书规定的配合比配料，风源应是符合要求的稳压源，电源、水源、加料设备等均应配套。

（2）管道安装应正确，连接处应紧固密封。当管道通过道路时，应设置在地槽内并加盖保护。

（3）喷射机内部应保持干燥和清洁，加入的干料配合比和步骤应符合喷射机性能要求，不得使用结块的水泥和未经筛选的砂石。

（4）作业前重点检查项目应符合下列要求：

①　安全阀灵敏可靠；

②　电源线无破裂现象，接线牢靠；

③　各部密封件密封良好，对橡胶结合板和旋转板出现的明显沟槽及时修复；

④　压力表指针在上、下限之间，根据输送距离调整上限压力的极限值；

⑤　喷枪水环（包括双水环）的孔眼保持畅通。

（5）启动前，应先接通风、水、电，开启进气阀逐步达到额定压力，再启动电动机空载运转，确认一切正常后方可投料作业。

（6）机械操作和喷射操作人员应有联系信号，送风、加料、停料、停风以及发生堵塞时及时联系，密切配合。

（7）在喷嘴前方严禁站人，操作人员应始终站在已喷射过的混凝土支护面以内。

（8）作业中，当暂停时间超过 1h 时，应将仓内及输料管内的干混合料全部喷出。

（9）发生堵管时，应先停止喂料，对堵塞部位进行敲击，迫使物料松散，然后用压缩空气吹通。此时，操作人员应紧握喷嘴，严禁甩动管道伤人。当管道中有压力时，不得拆卸管接头。

（10）转移作业面时，供风、供水系统应随之移动，输料软管不得随地拖拉和弯折。

（11）停机时，应先停止加料，然后再关闭电动机，停送压缩空气。

（12）作业后，应将仓内和输料软管内的干混合料全部喷出，并应将喷嘴拆下清洗干净，清除机身内外黏附的混凝土料及杂物。同时应清理输料管，并应使密封件处于放松状态。

4.1.8 典型混凝土喷射机组——TTPJ3012A 机组的结构组成

TTPJ3012A 机组的工作原理是利用压缩空气，将按一定级配和水灰比拌合好的混凝土料，通过输送管及喷射机的喷嘴，以很高的速度喷射出去，从而在受喷面上形成混凝土支护层。其型号说明见图 4-17。

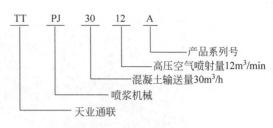

图 4-17 TTPJ3012A 机组型号说明

下面对 TTPJ3012A 机组的主要组成部分进行说明。

1. 底盘

底盘主要由车架、支腿、动力及传动系统等构成，其上合理布置了驾驶室、混凝土输送泵、空气压缩机组、速凝剂泵、电控柜、电缆卷筒、高压水泵等几部分。底盘布置如图 4-18 所示。

图 4-18 底盘

2. 车架

车架采用碳素结构钢和低合金结构钢焊接而成，车架主结构由两根纵梁和若干横梁组成，如图 4-19 所示。

为了防止车架受扭和提高整车的驱动性能，车架与两驱动桥的连接采用了三点支撑的连接形式。车架与后车桥一端刚性固定于车桥上，形成两点支撑；一端与前车桥铰接，形成一点支撑。三点支撑结构有效防止了车架受扭。4 个车轮与地面同时接触，保证了地面对整车的附着力，增强了整机的驱动性能。

3. 支腿

伸缩支腿的主要作用为在喷射臂工作时，支腿扩桥伸出，支撑在地面上使前轮离地，后支腿伸出辅助支撑，后轮胎不离地。液压支腿能保证底盘在承受喷射机械手施喷及料斗进料的动负荷时具有足够的稳定性，如图 4-20 所示。

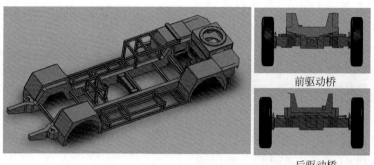

前驱动桥

后驱动桥

图 4-19 车架

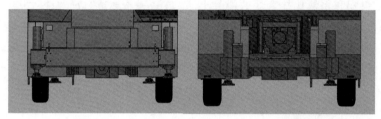

前支腿　　　　　　　　　　　后支腿

图 4-20 支腿

4. 驾驶室

驾驶室内部布置有一转向盘,转向盘通过转向柱与液压转向器相连,控制驱动桥的转向;右侧为电控油门踏板,控制发动机转速;左侧为刹车踏板,控制整车的行车制动。驾驶室面板置于驾驶室前上方,这样可减少隧道中灰尘、水、污垢等的积落,方便驾驶员的操作,如图 4-21 所示。

图 4-21 驾驶室

5. 动力系统

本机采用电动机动力和发动机动力的双动力系统来满足工作需要。

电动机动力系统由一台防护等级为 IP55 的 55kW 电动机串一组四联液压泵组成,可为混凝土系统、喷浆机、S 管摆动及料斗搅拌提供动力。其输出转速为 1480r/min。

发动机采用康明斯公司生产的四缸直列式水冷四冲程涡轮增压柴油机,输出功率 93kW,输出扭矩 475N·m。它可为本机提供行驶动力,驱动行走液压系统并为喷浆臂提供临时辅助液压动力。

6. 传动系统

柴油发动机通过弹性联轴器驱动液压泵,液压泵通过液压油路驱动行走马达旋转,行走马达与变速箱相连,变速箱为前后双端输出,通过传动轴与前后驱动桥连接,带动驱动桥内的齿轮旋转,从而实现整车的行走。整车传动系统布置如图 4-22 所示。

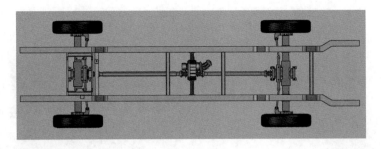

图 4-22　传动系统

7．喷浆机械臂

喷射机械臂采用全液压伸缩和回转喷射臂，有线遥控操作，主要由回转连接座、工作臂、喷射机构、送料管道和动力系统组成，如图 4-23 所示。

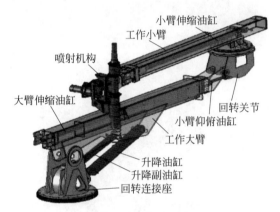

图 4-23　喷浆机械臂

8．连接座

连接座的回转采用液压马达＋减速器＋外齿圈回转轴承的传动形式实现，其外形见图 4-24。工作时，连接座带动工作臂进行 0～270°的转动。结构采用钢板焊接并在液压缸耳板处设计肋板并留出工作孔和管道通过孔。在连接座外部设计有外罩，确保啮合齿轮、回转轴承和液压马达不受混凝土和灰尘的污染。

9．大臂

大臂可完成－23°～67°的俯仰。大臂的伸缩由液压缸带动内箱型臂在外箱型臂中滑移来实现。大臂的外箱型臂前端和内箱型臂的后端设计有滑块，并且前端的滑块设计了螺栓调整机构以保证内、外箱型臂滑动时的间隙。所有滑块处都设计有相同尺寸的薄板，用于滑块磨损后的补偿。前端滑块处设计有脂润滑和挡碴板。大臂结构如图 4-25 所示。

10．小臂

小臂的伸缩和结构与大臂设计基本相同，伸缩行程为 2000mm。小臂的俯仰液压缸和大臂的小液压缸保持联动，保证小臂工作时能够保持水平状态，完成－67°～23°的俯仰。小臂外形如图 4-26 所示。

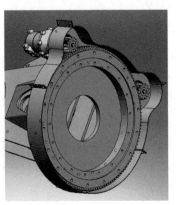
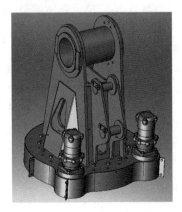

图 4-24　连接座

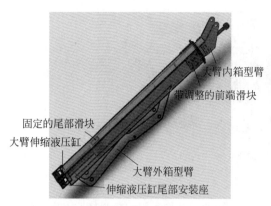

图 4-25　大臂

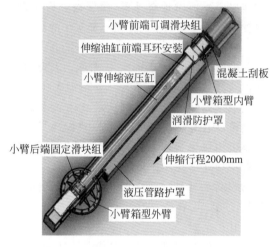

图 4-26　小臂

11．旋转关节

大臂和小臂通过回转关节连接，关节能够完成水平−180°～180°的转动。小臂的俯仰由连接在关节座上的液压缸实现。旋转关节如图 4-27 所示。

12．喷射头

喷射头的三个动作分别采用两个摆动液压缸实现，其 X 轴的 360°转动（仅限 1 周）和 Y 轴的 240°摆动，以及液压马达驱动偏心盘实现连续转动和 8°的摆动，使喷嘴能在不同的工作位置时，以最佳的姿态进行喷浆作业，能有效降低回弹率。喷射头外形如图 4-28 所示。

13．混凝土输送泵

1）组成结构

图 4-29 为混凝土输送泵的主要组成部分，

包括：① 弯管；②S-摆管阀；③混凝土泵缸；④混凝土泵活塞；⑤冷却水箱；⑥液压缸。

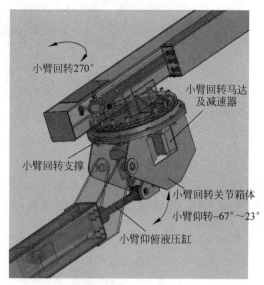

图 4-27　旋转关节

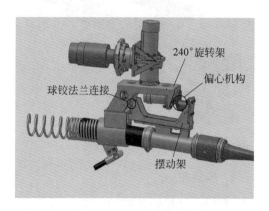

图 4-28　喷射头

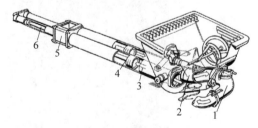

图 4-29　混凝土输送泵组成结构示意图
1—弯管；2—S-摆管阀；3—混凝土泵缸；4—混凝土泵活塞；5—冷却水箱；6—液压缸

2）技术规格

（1）型式：液压驱动活塞式混凝土输送

泵,自动快速切换的 S-摆管阀,料斗配备振动格筛及底开式卸料闸门。

（2）型号:BSJG04.06.03.01T。

（3）驱动系统:闭式液压回路,从液压泵到泵送液压缸之间无中间液压控制阀组,液压泵直接向泵送液压缸供油,减小高压油的流动阻力,使液压缸启动柔和,从而降低输送管路的振动和磨损,减少发热,提高能量利用率。

（4）混凝土泵缸:缸径 $\phi200$mm;行程 1000mm。

（5）液压缸:缸径 $\phi100$mm;杆径 $\phi65$mm;行程 1000mm。

（6）输送阀:厚壁 S-摆管阀,配置耐磨眼镜板,自动补偿磨损,蓄能器加速的双液压缸驱动。

（7）理论泵送能力:4~30m³/h。

（8）最大输送压力:8MPa。

（9）料斗:配置电振动格筛及底开式卸料闸门;容量 0.6m³。

（10）振动器:电动振动器,安装在格筛上;电动机功率 0.18kW,转速 3000r/min。

（11）集中润滑:手动集中润滑保证 S-摆管阀摆动轴、输出端和驱动液压缸连接球铰,以及搅动轴承的润滑密封保养。

（12）骨料最大粒径:16mm。

3）泵送原理

本产品对物料的输送是通过双作用轴向柱塞作轴向往复运动实现的。两个混凝土活塞分别与两个主液压缸活塞杆连接,一缸前进时另一缸后退。混凝土缸出口与料斗接通,S-摆管阀一端接出料口,另一端通过花键轴与摆臂连接,在摆动液压缸作用下,左右摆动。

泵送混凝土时,在分配缸作用下,S 管与混凝土缸 1 连通,混凝土缸 2 与料斗连通。同时在主液压缸作用下,混凝土活塞 1 前进,混凝土活塞 2 后退,此时混凝土活塞 1 将混凝土送入 S 管泵出,混凝土活塞 2 将料斗内的混凝土吸入混凝土缸。当混凝土活塞 2 后退至行程终端时,触发水箱盖上的接近开关,摆动液压缸换向,同时主液压缸换向,使 S 管与混凝土缸 2 连通,混凝土缸 1 与料斗连通,此时活塞 1 后退,

活塞 2 前进。如此循环,实现连续泵送,这就是通常说的正泵状态。

还有一种情况,当输送工作发生故障时（如管道阻塞）,常需要将已经进入输送管内的物料回抽到料斗里去,这种情况称为反泵状态。系统也专门设计了反泵操作,此时的情况与正泵相反。

4）搅拌机构

搅拌机构的作用是使混凝土进入料斗后有一个继续搅拌防止离析的过程,同时通过特定的搅拌叶片将料斗两侧的物料推送到中部以便于物料的吸入。

14. 空气压缩机

1）设备配置

设备名称:空气压缩机（图 4-30）;

规格型号:PSK55;

排气压力:0.7MPa;

FAD 容积流量:12m³/min;

环境温度:0~42℃;

整机外形尺寸:1580mm × 840mm × 1355mm。

图 4-30　空气压缩机

2）空气压缩机系统运行控制说明

空气压缩机控制系统配备微计算机控制系统,全自动智能化运行,对排气压力、温度等现场数据进行检测,通过进气阀流量控制将排气压力控制在所预置的压力上限与下限之间,从而输出一个稳定的压力。当长时间不用气时,自动停机,恢复用气又可再次启动,从而既可输出一个稳定的压力,又可达到节能的效果。在运行过程中可对各种现场故障进行显示及处理,最大限度地保证了压缩机的可靠运

行,提高了其使用寿命。

（1）采用微计算机智能化控制系统,稳定可靠;

（2）采用传感系统,有停机保护功能,如电气故障和排气温度过高等,其余报警指示;

（3）能自动过载保护;

（4）空气压缩机和冷干机可实现单独启动;

（5）可对各种现场故障进行显示;

（6）可对历史故障的种类、发生时间进行存储及显示;

（7）可对运行时间、加载时间、减荷时间、各过滤器使用时间进行累计并长期存储;

（8）运行中可随时调看各预置参数和累计时间;

（9）提供远程控制的接口;

（10）用户可对各参数按需要进行修改并长期保存;

（11）具有设备样本所描述的其他控制功能。

空气压缩机配置的显示和保护功能见表4-7。

表4-7　空气压缩机的显示和保护功能表

序号	描　述	显　示	报　警	停　机
1	紧急停机按钮			☆
2	主马达过载/过温			☆
3	排气压力过高		☆	☆
4	油温过高		☆	☆
5	更换空气过滤器滤芯		☆	
6	更换油分离器滤芯		☆	
7	更换油过滤器		☆	
8	排气温度	☆		
9	排气压力	☆		
10	总运行时间	☆		
11	负载运行时间	☆		
12	定期提示维修保养时间	☆		
13	运行前自动检查	☆		
14	故障显示	☆		
15	空载时间	☆		
16	负载时间	☆		
17	待机时间	☆		
18	空转时间	☆		
19	断电后自动重新启动	☆		
20	不能启动	☆		
21	停机	☆		
22	紧急制动	☆		

15. 速凝剂泵

设备配置如图4-31所示。

（1）型式：电动凸轮转子软管泵;

（2）型号：DL18;

（3）电动机：变频电动机1.1kW;

（4）输出能力：30～670L/h;

（5）输出压力：1MPa。

16. 蠕动泵

蠕动泵的工作原理建立在构成软管的弹性材料（橡胶）受压变形后恢复原始形状的能力上。带辊子的转子旋转,软管被辊子压缩后贴合,位于辊子后部的软管产生真空,吸入物

图 4-31 速凝剂泵

料,如图 4-32 所示。两个辊子间的物料在软管内从吸入端送至排出端,然后在第二个辊子的挤压下,从泵的出口排放至外界管路,其流量依软管孔径及泵转子的转速而定。

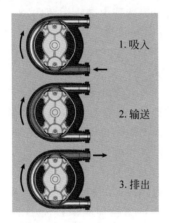

1. 吸入

2. 输送

3. 排出

图 4-32 蠕动泵工作原理

17. 液压系统

混凝土喷射机组的液压系统主要由喷射臂液压系统、混凝土泵送液压系统、行走液压系统、辅助液压系统(包括电缆卷筒回路、支腿顶升及伸缩回路、车桥摆动回路、搅拌回路、冷却液压系统)等组成。

1) 喷射臂液压系统

喷射臂共有 9 个动作:大臂回转、大臂伸缩、大臂俯仰、小臂回转、小臂伸缩、小臂俯仰、喷嘴回转、喷嘴摆动和喷嘴旋转。此 9 个动作由轴向柱塞变量泵提供动力,液压泵提供的压力油经力士乐的 M4 系列比例多路阀来控制,构成负载敏感系统。M4 系列比例多路阀重复精度高,滞环低,且具有压力补偿和压力保护功能。

压力补偿功能由比例多路阀中的压力补偿器来实现,可保证在负载不同的情况下,流向执行元件的流量仍保持不变。比例多路阀安装 2 次安全阀及 LS 溢流阀,来确定每联的最高负载压力,可在负载有压力波动时实现对系统主要元件的压力保护功能。

另外,在喷射臂液压系统回路中的各执行元件前安装有平衡阀。平衡阀可防止执行机构失速运行,因而可消除执行机构里的气穴和失控现象。此外,在管路爆裂的情况下,直接装在执行器上的平衡阀还会防止负载的失控动作,起到保证负载安全作用。

2) 混凝土泵送液压系统

混凝土泵送液压系统分泵送系统、S 管摆动系统和搅拌系统,泵送系统采用闭式系统,S 管摆动系统为开式液压系统。

泵送系统采用液控(HD)的混凝土专用的快速换向 A4VG125 型柱塞泵。泵送系统的混凝土控制阀块中,减压阀将补油泵的压力减至 0.6～1.8MPa,作为主油泵的控制压力,当压力为 1.8MPa 时,泵送能力最大。三位四通阀可控制泵的高低压切换,恒功率阀可根据高压腔的压力大小相应地改变控制压力,实现功率调节,防止电机过载。

为了避免 A4VG125 型柱塞泵在换向过程中低压侧吸空,低压侧装有蓄能器的补油阀块。蓄能器由来自摆动回路的液压油经减压后加载。如果泵送混凝土时低压侧压力降低(高压侧压缩,低压侧回油不足),低压侧所缺压力油就由蓄能器补充,以保证对变量泵的充分供油。另外,在 A4VG125 型柱塞泵上安装的冲洗阀,通过将闭式系统中一部分油泄出来避免在某些情况下出现回路油温过高的情况。

摆动系统中,摆动液压缸由力士乐的 A10VO28 型液压泵通过蓄能器供油。液压泵采用带恒压调节的变量泵,当蓄能器加载并达到调定的压力值后,泵回摆至接近零流量,但压力保持不变。蓄能器可使摆动液压缸快速换向,并减小系统的冲击。

搅拌系统由齿轮泵、单向阀、溢流阀、电磁

换向阀和双向液压马达组成,其压力由溢流阀控制。当换向阀阀芯处于中位时,压力油直接流回油箱,液压马达不转。当换向阀阀芯处于左位时,压力油从右侧进入液压马达,马达正传;反之,则马达反转。

3) 行走液压系统

行走液压系统包括行走回路、行车制动回路、转向回路、驻车制动及变速箱换挡回路。

行走回路是由 A4VG71 型变量泵及 A2FM90 型行走马达构成的闭式液压系统,采用 DA 控制,可实现变量泵的排量无级可调。行走马达上带有冲洗和补油阀,可将回路低压侧的液压油泄入马达壳体内,然后与壳体泄油一起流入油箱,避免回路油温过热。从回路流走的油液必须由补油泵补充。

行车制动的控制阀为 MICO 公司生产的调节制动阀。该阀是闭心式滑阀设计,最高输出压力可达到 20MPa,在制动系统中配置了与之匹配的蓄能器及充液阀,可以提供正常行车制动和失去动力时的紧急制动。当制动阀处于自由状态时,制动油口和油箱口相通。踏动制动阀,回油箱口对制动口关闭。继续踏动踏板,压力口对制动口打开。再输入更大的踏板力将继续增加制动口的压力,直到踏板力与液压反馈力平衡为止。松开踏板,踏板上的作用力消失,阀重新回到自由状态。

液压转向系统采用 Eaton 公司生产的 Xcel45 系列转向器。该转向器自带以下液压阀:

入口单向阀——防止当液压缸里的冲击压力高于转向器入口压力时油倒流所产生的对转向盘的冲击;

负荷传感安全阀——限制负荷传感转向回路的最高压力,保护转向回路;

人力转向单向阀——将转向器由动力转向状态转换为人力转向状态;

液压缸双向过载阀——保护由于路面冲击产生的液压缸高压对管路和液压缸可能产生的破坏;

液压缸双向补油阀——防止液压缸由于路面冲击产生的负压带来的吸空现象。

在转向器至转向液压缸之间的回路中安装转向控制阀组,通过改变转向控制阀组中各电磁铁得电的逻辑关系,可保证无论设备前进还是后退,喷浆机转向均按驾驶员操作来动作,并能使设备实现前八字、半八字和蟹行转向的功能。

驻车制动及变速箱换挡回路的压力油来自行走闭式泵的补油回路,油液经由一个两位三通电磁换向阀实现设备的驻车制动功能,经由两位四通电磁换向阀来控制变速箱的换挡动作。

4) 辅助液压系统

辅助液压系统包括电缆卷筒回路、支腿顶升及伸缩回路和车桥摆动回路。

电缆卷筒回路由减压溢流阀、两位两通换向阀、调速阀及卷筒马达组成。压力油经减压溢流阀减压,在两位两通换向阀得电换向后,流经调速阀进入卷筒马达来驱动马达工作。调速阀可调节卷筒的工作速度(注:支腿回路、车桥摆动回路、电缆卷筒回路工作时,恒压变量阀组中换向阀得电,将负载敏感泵变为恒压泵)。

支腿顶升及伸缩回路为喷浆机支腿的动作提供动力,它的动作通过油路块上安装的 3个三位四通电磁换向阀来控制。在顶升液压缸上全部安装有液压锁,使喷浆机在支腿抬起或固定时都能保持支腿位置不变。

车桥摆动回路由 2 个单向阀及 1 个两位四通阀组成。在喷浆机行驶时,电磁铁得电阀芯处于右位,使整车由四点悬挂变为三点悬挂,避免行驶过程中车身受扭变形。

为防止液压系统发热,在回路中安装有德国 HYDAC 公司生产的 OK-ELD 系列冷却器。该冷却器是专门为工程机械设计开发的,由散热板、内置直流电动机的风扇装置、壳体等几部分组成。其结构紧凑、便于安装,尺寸性能比高,冷却效率高。另外通过安装的控制附件,可使冷却器在需要的时候工作或停止工作。

TTPJ3012A 机组液压系统中使用的主要液压元件见表 4-8。

表 4-8　TTPJ3012A 机组主要液压元件明细表

序号	名　　称	型　　号	压力/MPa	排量/(mL/r)	厂家	产地
1	发动机闭泵	A4VG71	40	71	Rexroth	德国
2	发动机开泵	A10VO45	28	63	Rexroth	德国
3	电动机闭泵	A4VG125	40	125	Rexroth	德国
4	电动机开泵 1	A11VO60	35	60	Rexroth	德国
5	电动机开泵 2	A10VO28	28	28	Rexroth	德国
6	齿轮泵	AZPF-11-016	28	16	Rexroth	德国
7	行走马达	A2FM90	40	90	Rexroth	德国
8	比例多路阀	M4-12-2X/J250Y	35		Rexroth	德国
9	制动阀	06-466-184	15		MICO	美国
10	转向器	XCE145-320	21		EATON	美国
11	冷却器	OK-ELD4.5H			HYDAC	德国
12	回转马达	151B4025	25	400	SAUER	美国
13	喷嘴旋转马达	1510095	25		SAUER	美国
14	喷头 240°摆动液压缸	L10-5.5	28		HELAC	德国
15	喷头 360°摆动液压缸	L30-17	28		HELAC	德国
16	各螺纹插装阀	—	21		SAUER/IH	美国/英国

18. 电气系统原理及特点

整车采用双动力源控制系统,行驶时采用内燃机驱动,处于工作状态时采用外动力源,内燃机和外动力源不可同时启用。外动力电源电压:380(1±10％)V;电源频率:(50±1)Hz。

整车的电气系统采用可编程控制器(PLC)控制,控制器选用的是德国力士乐公司生产的 20 系列 RC6-9/20 型控制、RCE12-4/22 型 I/O 扩展模块,控制器和 I/O 扩展模块、显示器之间通过 CAN 总线通信,为控制器的编程输入、故障诊断以及控制器之间的数据交换提供了方便。控制器输出 PWM 控制液压比例阀以实现臂架动作的无级调速;混凝土流量增减、添加剂流量增减均采用 PID 调节。在显示器上可进行混凝土、添加剂配比的调节;可显示混凝土、添加剂的理论值以及实际的流量值。整车若有故障,此显示器均有报警提示,以便于操作者查找故障所在。为了适应隧道的工作环境,此设备分为本地控制和遥控器控制两种。为防止信号受到干扰,遥控器采用的是有线遥控,可进行臂架伸缩、俯仰、回转、自动喷射、混凝土增减、速凝剂增减等操作。

整车共有三种转向模式:前轮转向、后轮转向、四轮转向。之所以采用多种转向模式,是为了适应隧道狭小的行驶空间。

整车低压产品均采用施耐德公司生产的产品。为了适应隧道作业工况,确保其安全、可靠性,电气元件均安装在具有防护等级为 IP55 的电控箱内,防止电气元件受潮、落尘。主要电气元件明细见表 4-9。

表 4-9　主要电气元件明细表

序号	产品名称	型号	数量	厂家	备注
1	控制器	RC6-9/20	1	REXROTH	
2	I/O 扩展模块	RCE12-4/22	2	REXROTH	
3	显示器	DI3	1	REXROTH	
4	电磁流量计	7ME6310-1VF13-1AA1	1	西门子	
5	变频器	CIMR-G7B43P7	1	安川	
6	接触器		若干	施耐德	
7	继电器		若干	施耐德	
8	按钮		若干	施耐德	
9	指示灯		若干	施耐德	
10	限位开关	XCKT2121P16	2	施耐德	
11	转向柱控制手柄	01.0820.0000	1	COBO	
12	脚踏板	H80FCL-S	1	思博	

4.1.9　典型混凝土喷射机组——TTPJ3012A 的安全防护及管理措施

1. 安全防护用品

为了确保生命财产的安全,在工作区域内的人员应该使用表 4-10 中列出的防护用品。

表 4-10　安全防护用品表

名称	标识	作用
安全帽		防止落物(例如混凝土或管道突然爆裂)对头部产生的伤害
防尘口罩和护面罩		防止建筑粉尘(如水泥、外加剂等)进入呼吸道对身体造成伤害
护目镜		用以保护眼睛免受混凝土泥浆或其他物质颗粒的伤害
护耳罩		防止设备周围的噪声对耳朵的伤害

续表

名　称	标　识	作　用
防护手套		用以防护手被腐蚀性或化学物质灼伤,机械性伤害,如压伤或被刀割伤
防护靴		用以防止落物或钉子对脚的伤害
安全带		用以防止在脚手架、桥梁或类似结构上工作时从高空跌落

2. 管理措施

建立每台喷射机组的管、用、养、修技术档案,包括:

(1) 用户手册,电液系统图,零件手册;

(2) 喷射机组交接文件和调动记录;

(3) 供方技术服务报告;

(4) 人员培训、考核档案;

(5) 运转记录,日常保养记录,定期检查记录;

(6) 异常和故障报告,维修记录;

(7) 工作液更换记录,零配件消耗记录等。

注意:详细、正确的技术档案,是设备管、用、养、修的依据和记录,有利于控制材料和零件库存、减少故障发生、提高设备完好率和出勤率。同时在发生故障时,技术档案是判断故障、确定维修方法的重要依据。

4.1.10 典型混凝土喷射机组——TTPJ3012A 的操作说明

1. 施喷前的操作

1) 开机

在接收喷射机组后,操作、维修和有关管理人员必须详细阅读机组使用手册、完全熟悉设备,以避免损坏设备和防止发生事故。每次使用喷射机组,操作人员应该对处于作业区域和危险区域内人员的安全负责,并确保设备在运行中是完全安全的。

2) 试运转

喷射机组在开始工作前,应作性能检查和空载试运转。

3) 工作液

检查水位、液压油位和燃油位,不足时添加。

提醒:当检查工作液位时,喷射机组应保持水平,喷射臂和液压支腿必须收回。混凝土泵运转前,水箱中必须加满水。

4) 驾驶室控制面板

驾驶室控制面板布置及符号说明分别见图4-33和表4-11。

5) 电控柜控制面板

电控柜控制面板布置及符号功能分别见图4-34和表4-12。

6) 有线遥控

有线遥控器控制面板布置及符号说明分别见图4-35和表4-13。

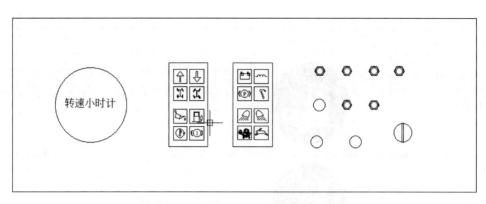

图 4-33　驾驶室控制面板布置示意图

表 4-11　驾驶室符号说明

符　号	说　明	符　号	说　明
↑	前进挡指示灯		手控油门指示灯
↓	后退挡指示灯		蓄能器压力不足报警
	前照明灯指示		发动机水温高报警
	后照明灯指示		发动机油位低报警
	前轮转向指示灯	P	驻车制动
	八字转向指示灯		发动机机油压力低报警
	低速指示	− ＋	充电指示灯
	高速指示		预热指示

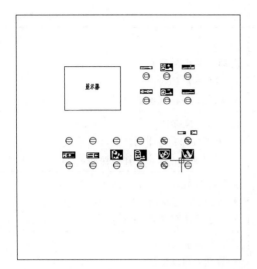 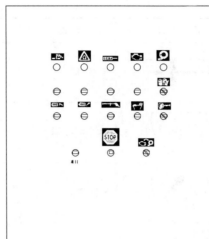

图 4-34　电控柜控制面板布置示意图

表 4-12　电控柜符号说明

符　　号	说　　明	功　　能
○○○	遥控本机选择旋钮	选择操作模式： • 旋钮左旋选择遥控器操作模式 • 旋钮右旋选择本机操作模式
	自动喷射启动	启动自动喷射： • 启动供风 • 3s 后启动速凝剂输送 • 1s 后启动混凝土输送
	自动喷射停止	停止自动喷射： • 停止速凝剂和混凝土输送 • 10s 后停止供风
+	速凝剂添加	在本机模式下,每按一次按钮,速凝剂的输送量增加 0.5%
—	速凝剂减少	在本机模式下,每按一次按钮,速凝剂的输送量减少 0.5%
+	混凝土增加	在本机模式下,每按一次按钮,混凝土输送量增加 0.5m³/h
—	混凝土减少	在本机模式下,每按一次按钮,混凝土输送量减少 0.5m³/h
	泵输送	启动或停止泵送： • 绿色：启动泵送 • 红色：停止泵送

续表

符　号	说　明	功　能
	泵反抽	启动或停止泵反抽： • 绿色：启动泵反抽 • 红色：停止泵反抽
	料斗搅拌器	控制料斗搅拌器： • 上部旋钮：料斗搅拌器启停 • 下部旋钮：料斗搅拌器换向
	S管摆动	左摆或右摆S管： • 左旋：S管左摆 • 右旋：S管右摆
	供风启停	启动或停止供风： • 绿色：启动供风 • 红色：停止供风
	速凝剂泵启停	启动或停止速凝剂泵： • 绿色：启动速凝剂泵 • 红色：停止速凝剂泵

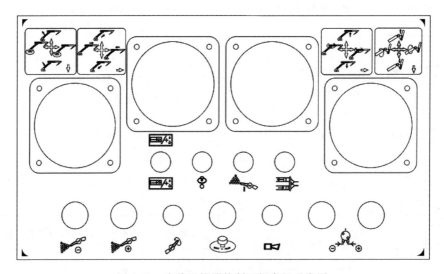

图 4-35　有线遥控器控制面板布置示意图

表 4-13　有线遥控器符号说明

符　号	说　明	功　能
	混凝土减少	在遥控器操作模式下，每按一次，混凝土的输送量减少 0.5m³/h
	混凝土增加	在遥控器操作模式下，每按一次，混凝土的输送量增加 0.5m³/h

续表

符　号	说　明	功　能
	速凝剂增减	速凝剂增减按钮,增加或减少速凝剂输送量: • 按左键一次,速凝剂量减少 0.5% • 按右键一次,速凝剂量增加 0.5%
	大臂伸出	联动杆向前推:大臂伸出
	大臂缩回	联动杆向后拉:大臂缩回
	小臂缩回	联动杆向左移:小臂缩回
	小臂伸出	联动杆向右移:小臂伸出
	小臂下俯	联动杆向前推:小臂下俯
	小臂上仰	联动杆向后拉:小臂上仰
	小臂左回转	联动杆向左移:小臂左回转
	小臂右回转	联动杆向右移:小臂右回转
	大臂下俯	联动杆向前推:大臂下附
	大臂上仰	联动杆向后拉:大臂上仰

续表

符 号	说 明	功 能
	大臂左回转	联动杆向左移：大臂左回转
	大臂右回转	联动杆向右移：大臂右回转
	喷头向下	联动杆向前推：喷头向下
	喷头向上	联动杆向后拉：喷头向上
	喷头右回转	联动杆向右移：喷头右回转
	喷头左回转	联动杆向左移：喷头左回转
	喇叭	向前推：喇叭响，发出警告
	S管摆动	S管摆动： • 向左拨开关：S管左摆 • 向右拨开关：S管右摆
	自动喷射	向前推，启动自动喷射模式： • 压缩空气输出 • 3s后速凝剂输出 • 1s后混凝土输出 向后拉，停止自动喷射模式： • 停止混凝土、速凝剂输送 • 10s后供风停止输送
	混凝土输送	向前推：泵输送
	混凝土反抽	向后拉：泵反抽
	急停复位	向前推：急停按钮复位

续表

符 号	说 明	功 能
	急停	需紧急停车时按下,旋转紧急停机按钮可弹起,再拨动急停复位按钮完全复位,整机恢复到可运行状态
	喷嘴摆动	按钮向前推:喷嘴摆动

TTPJ3012A 喷射机组正常施喷时采用有线遥控。在应急情况下可以采用在机器上控制机构操作(本机操控)。在遥控器与喷射机组连接前,先按下遥控器上的应急停机按钮,再把遥控器上所有控制杆和开关拨到中位或"0"位。检查并确认无误后,才允许把遥控器电缆插头与主机遥控插座连接。

注意事项

(1) 若遥控器上某个控制件停留在动作位置,只要遥控器打开,喷射臂或泵就会立即动作,此动作可能在操作人员的意料之外而具有危险性。为避免意外动作的危险性,在遥控器与主机连接以前,应先按下遥控器上的应急停机按钮,并把遥控器上所有控制杆和开关拨到中位或"0"位。这是保证不发生意外危险动作的必要措施。

(2) 携带遥控器时不得随意触动遥控器上的控制件。不要损坏遥控器控制电缆,否则会使控制功能紊乱。当设备处于待喷射状态时,不准取下遥控器。如果出现异常情况,应立即按下应急停机按钮,拔下遥控器插头并保管好遥控器。

(3) 在喷射机组或喷射臂要做任何动作前,须鸣号警告周围人员。

(4) 操控喷射臂的人员应使自己站在能观察到喷射臂全部活动范围的位置后再开始操作喷射臂。

(5) 受条件限制、有观察不到的喷射臂活动范围时,须事先指定人员站在适当位置负责观察喷射臂的运动,并用规定的手语向操作员发出操控指令。

7) 操作模式

本喷射机组有两种操作模式:①发动机动力模式;②外电源动力模式。

(1) 发动机动力模式

动力模式选择开关在"内燃动力"位置1,机组的内燃机可以启动。"内燃动力模式"指示灯亮。内燃动力模式下,可以运转的部件有:

① 整机可行走,行驶灯光可启用。

② 电缆卷筒可运转。

③ 液压支腿可动作。

④ 喷射臂可动作,喷射臂动作速度取决于内燃机的转速,可将手动油门打开以提高内燃机的转速。

内燃动力模式下,不能运转的部件有:

① 混凝土泵、搅动器、振动器不能运转。

② 添加剂计量泵、空气压缩机、高压水泵不能运转。

③ 喷射臂工作灯不能启用。

④ 混凝土喷射作业不能进行。

(2) 外电源动力模式

动力模式选择开关在"外电源动力"位置2时,"错相指示灯"应在纠正动力电缆接线相位后熄灭,"外电源工作"指示灯亮。

外电源动力模式下,可以运转的部件有:

① 喷射臂可全功能运转,喷射臂工作灯及其他灯光可以启用。

② 混凝土泵、搅动器、振动器可全功能运转。

③ 添加剂计量泵、空气压缩机、高压水泵可运转。

④ 混凝土喷射作业可全功能实施。

外电源动力模式下,不能和不允许运转的部件有:

① 整机不能移动,同时严禁以外部动力拖动或推动方式移动整机。此时以任何方式强

制移动整机都会导致重大事故。

②电缆卷筒不允许运转。

③在动力电缆已经连接外电源的情况下，不能牵引移动整机或驱动电缆盘，否则有可能损坏电缆，造成重大事故。

8）应急停机

在正常情况下不要使用应急停机按钮停机，以免过早损坏。应急停机按钮只允许在紧急状况下使用。

应急停机按钮的良好状态是安全运行喷射机组的重要保证。一旦应急停机按钮损坏了，设备就会处于不安全状态。

注意：如果应急停机按钮失灵了，在有危险时就不能迅速停机，设备在运转中将会很危险。所以在设备投入工作之前，必须先检查应急停机按钮的性能和喷射臂阀组手柄的位置。具体步骤如下：

（1）按下应急停机按钮，按钮起作用并锁定；

（2）顺时针旋转应急停机按钮，按钮解锁并弹起，解除应急停机状态；

（3）启动混凝土输送泵；

（4）做一个喷射臂的动作；

（5）按下应急停机按钮，混凝土输送泵和喷射臂同时停机；

（6）在遥控器和机器上，用同样方法检查所有的应急停机按钮；

需要特别强调的是：

（1）当应急停机时，虽然设备电器全被关闭了，所有电动液压阀也关闭了，但不能解决和消除因液压系统泄漏而导致的喷射臂下沉，而且停止供油会使喷射臂因漏油造成的失控下沉更快、更危险。所以假如喷射臂出现失控动作，不可以通过按应急停机按钮来处理。此时应按正常操作停止喷射，再把喷射臂移动到有支撑的停放位置处理漏油下沉故障。

（2）应急停机按钮按下时，蓄能器内仍有压力，S阀管仍有可能摆动，搅动器仍有可能转动。

9）喷射臂操作

开始喷射作业前要检查喷射臂液压控制阀组，确保在喷射臂液压控制阀组的操控性能完全正常有效的条件下开始施喷作业。检查方法如下。

（1）按遥控器与主机连接程序连接好遥控器。

（2）在遥控器上用各喷射臂操作手柄逐一做喷射臂的各单项动作，同时观察喷射臂相对应的动作。在遥控操作手柄回复中位时，喷射臂相对应的动作要停止。

10）喷射机组运行模式

喷射机组有多种运行模式，实际工作中要针对具体情况分别或结合使用，见表4-14。

表4-14　喷射机组运行模式及操作规程

材料或动作	动力模式	运行模式	操作规程
添加剂		泵送添加剂	在电控柜上按下添加剂泵送按钮
压缩空气		喷出压缩空气	在电控柜上按下压缩空气输送按钮
混凝土		泵送混凝土	在电控柜上按下混凝土泵送按钮或在遥控器上打开泵送开关
反抽		反抽管道内的混凝土	在电控柜上按下反抽按钮或在遥控器上打开泵送开关
压缩空气＋添加剂	电动运行模式	添加剂＋压缩空气混合喷出	分步操作；先连接压缩空气
混凝土＋添加剂		混凝土＋添加剂混合泵出	分步操作；先连接添加剂
压缩空气＋混凝土		混凝土＋压缩空气混合喷出	分步操作；先连接压缩空气
压缩空气＋混凝土＋添加剂		实际喷射混凝土	在电控柜上按下混凝土自动喷射键，或用遥控器自动喷射开关，或分步按顺序操作

注意事项

（1）凡下一个要运行的模式不包含上一个运行模式时，应先停止上一模式的运行。

（2）凡是包含压缩空气的运行模式，无论使用外供气源还是随机空气压缩机，都应先接通压缩空气。随机装有空气压缩机时，应先在电控柜上启动空气压缩机。

2．支腿的操作

为防止机组倾翻，支腿没有正确支承妥当前，喷射臂不得举升和展开。机组就位后应保持横向和纵向水平。横向和纵向允许的最大倾斜角是3°。倾斜角超过3°会造成喷射臂回转机构超负荷，并危及机组的稳定性。

如果在喷射臂运动时有某个支腿抬离地面，应重新调整位置和支撑点，确保所有支腿始终保持稳定地支撑在地面上。使用支腿支承机组时，应逐个伸出支腿，使机组轮胎稍抬离地面。在准备让机组就位前，操作人员必须熟悉安全规则，并按照启动机组的规程操作。

按以下步序操作支腿：

（1）检查准备施喷的区域，选好机组施喷和停放位置；

（2）机组移动到预定位置后，拉上驻车制动；

（3）选择内燃动力模式；

（4）在遥控器上或支腿控制阀组上选定支腿运行功能。

注意：支腿动作只许一个一个单独操作，不允许与其他动作同时执行。

3．喷射臂的运作

1）准备工作

（1）在运行喷射臂前必须仔细阅读安全规则，并按开机步骤完成开机准备。

（2）在整机没有可靠就位前，不得开始使用喷射臂。

（3）操作过程中，操作手必须能够观测到整个工作范围。如果观测有困难，应安排助手

协助观测并用规定的手语来指挥喷射臂的操作。

2）伸展和收拢喷射臂

（1）喷射臂伸展的程序

① 把喷射大臂提升到足够的高度，提升时防止大臂、电缆和管路被其他机件挂住；

② 将喷射大臂回转180°到机组的前方，展开（转动）喷射大臂。

③ 展开小臂；

④ 伸缩大、小臂；

⑤ 喷射。

（2）喷射臂收拢的程序

① 把喷头转到适当位置；

② 收缩喷射大、小臂的伸缩节；

③ 折拢小臂；

④ 大臂回转到停放、行驶位置。

（3）注意事项

① 必须严格按照喷射臂伸缩和收拢的程序操作，否则会导致喷射臂及其附属构件损坏。

② 在收折小臂前，先把喷头回转到适当位置，避免在喷射臂回收安放的过程中损坏喷头、管路和液压元件等。

③ 收缩大臂时，应让大臂保持向上的某个角度，然后让整套喷射臂回转到停机、行驶方位。回转时注意不要让喷射臂及其附件碰撞机组上任何机件。

④ 喷射臂下降时速度应缓慢、动作应轻柔，不要碰撞和挤压任何机件、管路、线缆。喷射臂应在支架上稳妥就位停放。

3）行驶

机组行驶时喷射臂的最佳安全位置：在窄小隧道内有限空间中不可能把喷射臂移动到最佳安全位置情况下，收折喷射臂并降低重心。

4）喷射臂动作失控

（1）可能造成喷射臂在运转中动作失控的因素

① 遥控器控制线路有故障；

② 喷射臂液压控制阀组有故障；

③ 喷射臂液压缸液压锁泄漏，管路或接头不密封；

④ 液压缸密封件失效；

⑤ 液压系统内有空气；

⑥ 液压油油温太低；

⑦ 液压油箱缺油。

在上述某些情况下，虽仍能在遥控器上操作喷射臂，但操作人员必须立即停止工作，排除故障后再继续施喷。无论什么情况下，如果不能控制喷射臂的动作，必须立即停止工作，在技术人员的帮助下查找故障原因。在不能控制喷射臂的动作时，禁止先按应急停机按钮停机。如果按下应急停机按钮，将无法控制喷射臂的失控动作。

（2）喷射臂动作失控后需要进行的操作

① 立即尝试向相反方向移动，使喷射臂离开危险区域，移到能够掌握、控制的区域，控制住喷射臂；

② 若喷射臂从危险区域移到能够掌握、控制的区域后仍不能消除失控动作，则要先把喷射臂移到能够安全停放处，放在可靠的支承物上后，才允许按下应急停机按钮。

5）喷射臂晃动

如果在喷射过程中喷射臂颠动摇晃得厉害，则必须作下述调整：检查支腿支撑情况并按要求纠正；混凝土泵端（后桥端）轮胎应轻触地面。如果进行上述调整后喷射臂仍然颠晃，则应进行以下操作：

（1）适当减小喷射量；

（2）稍移动和改变喷射臂的位置和喷射状态（例如：缩短小臂、伸长大臂以达到同样距离和高度；回转大臂、摆直小臂以达到同样角度，等等）；

（3）避免混凝土泵吸入空气。

6）喷射臂和支腿液压缸自动下沉

液压系统正常运转时产生的热量会使液压油温升高。系统正常运转时，液压油的平均温度为 60～70℃。当液压油冷却后，液压油的体积会有所减小，致使喷射臂的液压缸和支腿液压缸在承载情况下会有一点收缩，喷射臂和支腿会稍许下沉。喷射臂和支腿的下沉量取决于液压缸的伸展范围、负荷大小和液压油温的变化范围。因此，在工作中断且喷射臂仍处于伸展状态时，操作人员不得远离机组并应随时观察喷射臂和支腿状况。在操作时，也需观察喷射臂和支腿情况，必要时调整喷射臂液压缸和支撑液压缸。

7）远离高压输电线路

靠近非绝缘高压电线，机组会受到高压电源产生的感应电压的影响甚至破坏，因而喷射机组必须对高压电线保持足够的安全距离，在安全区域作业。对非绝缘高压电线的安全距离，见表 4-15。

注意：禁止在高压线路附近作业！施工单位和当地有具体规定者，遵照单位和当地规定，但不得低于本标准。

表 4-15　非绝缘高压电线的安全距离

额定电压 /kV	安全 距离/m	额定电压 /kV	安全 距离/m
<1	1	220～380	5
1～110	3	不明电压	5
110～220	4	—	—

8）避开危险区域

在喷射臂的操作过程中，喷射臂动作的最大覆盖范围是危险区域，如图 4-36 所示。在喷射臂的活动范围内，可能有输料管路零件脱落或混凝土落下，有造成人身伤害的危险。

操作人员应该在安全区域内操作，并密切观察危险区域内的情况。如果有人进入了危险区域，操作人员应立即给出警告。警告无效时，要立即停止工作并按下应急停机按钮。

同时，喷射臂失控的可能更增加了危险区域内人员受伤害的风险。

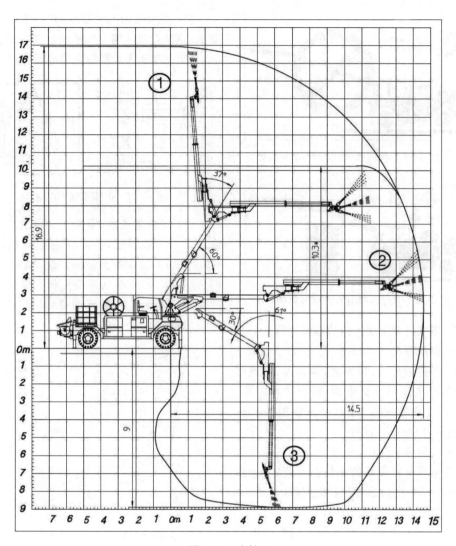

图 4-36 喷射图

9）禁止违规运作

下列动作（举例）将会增大喷射臂的负荷甚至造成喷射臂严重变形，应严格禁止，以免造成人身伤害事故：

（1）用喷射臂吊运货物（图 4-37）；

图 4-37 禁止用喷射臂吊运货物

（2）人员爬上喷射臂（图 4-38）；

图 4-38 禁止人员爬上喷射臂

（3）后悬同时展开大小臂行驶（图 4-39）；

（4）用喷射臂推移障碍物（图 4-40）；

（5）喷射臂撞上障碍物；

图 4-39　禁止后悬同时展开的大、小臂行驶

图 4-40　禁止用喷射臂推移障碍物

（6）用喷射臂去拽困住的输料软管。

10）使用限制

（1）恶劣的天气，如大风、暴风雪、低温都将使喷射臂的使用受到限制，甚至操作困难。在恶劣天气和暴风雪时，应停止使用喷射机组，把喷射臂移至运输位置。

（2）喷射臂不宜在−15℃以下的气温中工作。在低温环境对设备的钢结构有危害（金属的冷脆性）；整个系统的密封都会损坏。

（3）常规混凝土不允许在 0℃ 以下施工。混凝土养生时段环境温度过低对结构强度有影响，必须使用专用抗低温外加剂，否则不能达到设计强度。

11）不正确和不允许的使用方式

（1）在喷射臂和喷射头上加接输送管（图 4-41）。

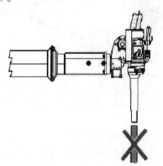

图 4-41　在喷射臂和喷射头上加接输送管

（2）把喷嘴插入混凝土（图 4-42）。插入混凝土的喷嘴，在压缩空气喷出时造成混凝土飞溅，会伤及周围人员和污染周围环境。

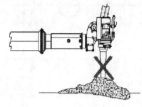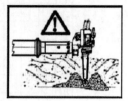

图 4-42　把喷嘴插入混凝土

（3）正常泵送时，混凝土量降到搅动轴高度以下。正常泵送时，料斗内应充满混凝土（图 4-43（a））。混凝土量降到搅动轴高度以下时（图 4-43（b）），继续泵送会使混凝土泵空吸和空气进入输送管路，进而造成堵管或喷射流不稳定，此时应暂停泵送。

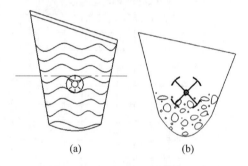

（a）　　　　　　　（b）

图 4-43　正常泵送时混凝土量

4．混凝土泵送

开始泵送前，需执行以下操作。

（1）将机组调制到开始工作状态。

（2）使机组正确就位。

（3）检查机组所有功能。

（4）将喷射臂展开、移动到工作位置。

1）对人员的要求

从事喷射混凝土的有关技术管理、混凝土备料和施工管理、操作的人员等应熟悉以下内容：

（1）混凝土材料成分对喷射作业和质量的影响；

（2）现拌混凝土的特性；

（3）泵送作业中现拌混凝土的可泵送性和工作条件；

（4）出现故障时的原因查找和故障排除；

（5）"技术规格"中的说明及安全操作规则。

2）泵送准备

开始泵送混凝土前的准备如下。

（1）对混凝土泵加注黄油润滑。

（2）对易黏附混凝土的机件涂抹脱离剂或油液，为使机体易黏附混凝土的部位在施喷后便于清理，喷射臂、料斗等表面可涂抹平时收集的废液压油、废机油等。

（3）润滑输料管路。用水泥浆在开始泵送前润滑输送管路。具体操作方法如下：

① 卸下喷嘴，将海绵球从清洗口放进输料管；

② 向料斗里加入半料斗水和1包水泥；

③ 启动搅动器，在料斗内搅匀水泥浆；

④ 把水泥浆缓慢泵入输料管。

当两个海绵球和水泥浆从出口流出时，用水泥浆润滑输送管路的过程全部完成。

提醒：如果输料管是新的或长期未使用，第一次泵送必须使用水泥浆。否则，容易在开始泵送时出现堵管，也会加快输料管的磨损。

3）开始泵送

从混凝土泵料斗开始泵送混凝土到喷嘴稳定地喷出混凝土，称为"开始泵送"时段，是随后能否顺利施喷的关键阶段。输送管路的预润滑恰当与否，是保证顺利实现"开始泵送"的关键。

4）泵送

混凝土的可泵送性（合理配比及和易性）是保证顺利泵送的重要前提。

（1）在混凝土搅拌输送车准备向混凝土泵料斗卸料前，搅拌罐车应以最快转速搅动罐内混凝土3～8min（根据该罐车等待时间的长短），以确保混凝土的和易性。

（2）若有必要，加入混凝土添加剂（减水剂、泵送剂等）后再搅拌4min。

（3）将混凝土从搅拌罐车送入料斗。

（4）启动搅动器。

（5）开始泵送。

提醒：开始时设定较小的输送量，泵送几个立方米以后，再陆续提高输送量。

5）泵送间断

应尽量避免泵送-喷射过程中断。混凝土在输送过程中受振动影响会产生离析，在输送中断时间里也可能开始初凝。如果必须中断泵送，应作以下处理。

（1）不要让输料管内持续处于高压下。

（2）用反抽（2～3个行程）降低管道内压力。停泵后，在较短的时间间隔内做一两次反抽和正泵，移动一下管道里的混凝土。

（3）保水性（即脱水趋势）差的混凝土，禁止中断泵送。因为这种混凝土更容易离析。当重新泵送时，必须先反抽，直到利用摆管阀的摆动和搅动器充分搅动料斗内混凝土后，再开始正常泵送。

（4）若长时间中断，应将混凝土反抽回料斗。在重新泵送之前，须在料斗内再次充分搅动混凝土后再正常泵送。

注意：禁止泵送已经离析或结块的混凝土，以免造成堵管。长时间中断泵送，处于展开的喷射臂可能会因液压油液冷却而下沉。操作人员必须保证在这段时间内在设备旁边，并随时观察和必要时采取保证安全的措施。

6）可能的故障

即使完全遵照操作规程运行，仍可能会遇到一些故障。

（1）堵管

造成堵管的原因如下：

① 输料管太干燥或润滑不够；

② S-摆管阀漏浆；

③ 输料管泄漏；

④ 在摆管阀或输料管里有以前残留硬化的混凝土；

⑤ 混凝土配比或骨料级配不合理；

⑥ 混凝土离析；

⑦ 混凝土已经开始初凝。

注意：如果发生堵管，须立即将混凝土反抽回料斗并搅动重新混合。当混凝土泵缸和S-摆管阀自动转换正常时，可小心地转到缓慢泵送，确认泵送正常不再堵管后再转入正常泵送速度继续施喷。

（2）过热

高负荷长时间连续运转会导致液压油温度升高。液压油温度一旦升到80℃时，就要给混凝土泵水箱换注常温清水，通过冷却液压缸和混凝土缸活塞杆来降低液压油温度。如果温度持续升高，就要给水箱连续换水。混凝土泵液压缸是液压负荷最大的部件，发热量也最大，可以用常温水直接喷淋液压缸来冷却。但要注意：不允许用水冲液压油箱，防止水进入油箱而对液压泵造成损坏。禁用海水或含盐分的水冷却，防止造成混凝土泵和活塞杆等锈蚀。

液压系统装有过热-断电保护装置，当液压油温度升至90℃时，混凝土泵会自动停止运行。一旦发现停机，要进行以下操作。

① 检查液压油散热器工作是否正常。

② 降低泵送量。

③ 检查油温过高的原因并解决。

油温过高，混凝土泵自动停止运行后，重新启动时应按以下步骤操作。

① 按混凝土泵停机按钮。因为液压油散热器必须保持运转，所以散热器电动机不允许停止。

② 将混凝土泵水箱里换注清水。如果不能立即查出油温过高的原因，必须等待液压油冷却下来。

③ 本次作业完成后必须查明液压油温度升高的原因，排除该故障后方可按正常泵送量运行。

5. 清理残留和黏附混凝土

在喷射作业后或可能中断30～40min以上时，应立即在现场按说明书规定清洗喷射附件、输料管和混凝土泵，否则残留的混凝土会造成以下危害。

（1）施喷后残留在料斗内的混凝土，凝固后会减小料斗有效容积，降低泵送效率；并会阻碍摆管阀和搅动器的运行，损坏摆管阀和搅动器。

（2）残留在混凝土泵缸内的少量混凝土凝固后，会阻碍活塞运动，造成活塞及缸壁急剧磨损；若残留混凝土稍多，凝固后使混凝土泵不能运作。

（3）残留在摆管阀和输料管内的混凝土，将造成管径减小、输送阻力增大，以致堵管。

（4）残留在磨耗环上的混凝土也会削弱其密封性能、加大磨耗环和磨耗板的磨损；各密封环与环槽间残留的混凝土会破坏密封、降低使用寿命。

（5）残留在变流器里的混凝土会阻塞压缩空气和速凝剂的正常输入，破坏喷射作业。

（6）残留混凝土造成的设备运转故障未排除就强行启动而设备不能正常运转时，操作人员可能误认为电控系统或液压系统的过障，从而导致错误检修，造成电控系统和液压系统的人为故障和损坏。

（7）残留混凝土造成的设备运转故障未排除就强行启动，还可能造成动力系统超负荷运转，造成液压元件和电器的损坏。

上述所有残留混凝土凝固后的清理都比初凝前清理困难、耗时和费力，清理凝固混凝土时还可能破坏零件。

要保证喷射设备的正常工作性能，要在下次喷射作业时顺利进行，减少不必要的损耗，延长各零部件的使用寿命，每一次施喷作业后立即彻底检查和清洗料斗、混凝土泵缸、摆管阀、输料管、变流器和所有密封件的工作是极为重要、必不可少的保养作业。

如果喷射作业仅仅是暂时中断，并在初凝前能够再次施喷，则可以不做清洁保养作业。中断时间若可能使混凝土超过初凝时间，应立即执行清理作业。

在设备刚投入使用的4周内，只能使用压力不超过5MPa的冷水冲洗设备表面喷漆部分。禁止使用带有腐蚀性的清洗液。经过一段时间待漆膜完全固化后，才可以使用喷气或其他的清洗手段。

禁止用海水或含盐分的水清洗。如果设备上沾有海水，必须立即用清水冲洗。

因遥控器没有水密保护，在清洗作业前，先保管好遥控器。清洗时若需使设备动作，请在电控柜上操作。

为便于清洗喷射臂、料斗及其他易被混凝土弄脏的部件，可以事先用废油涂抹在机件上。

残余混凝土可用于不重要的无强度要求的项目，也可以用作回填料等再循环使用。我们推荐使用"残碴回收垫"，铺在料斗下，打开料斗排料口，收集残余混凝土，并使用起重机转移到废料堆场。如果不利用混凝土，也可用钢筋弯成一个吊钩后插入混凝土，混凝土一旦凝固后，可用起重机吊运至另外的地方。

1）压缩空气清洗

采用压缩空气清洗输送管路会增加意外事故。所以在清洗时必须由专家操作或在专家监督指导下，完全了解和遵守安全规则，再进行空气清洗操作。

为确保安全，建议用户不要使用压缩空气清洗输送管路。

对于使用压缩空气时采用错误的操作导致人身和设备的伤害，供方和生产厂家不负任何责任。

2）高压清洗水泵

高压清洗水泵提供加压水清洗机组，见表4-16。

使用高压清洗水泵清洗机组各部位残留混凝土时，工作人员应穿戴以下劳动防护用品：安全帽、防护靴、护耳罩、防护手套、护目镜。

表4-16　高压清洗水泵表

在准备用清洗水枪冲洗S-摆管阀的磨耗环和密封环前，在S-摆管阀外部比划需要的伸入深度，用胶带做出标记，便于清洗时掌握

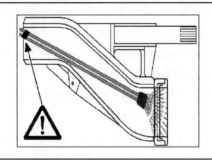

（1）启动水泵前

启动水泵前检查水泵润滑油位。检查水温，水温应在5～60℃。检查水箱水位，加满水箱。加水时，打开进水过滤器下的排放阀，使管路中的空气排出。

应确保水泵不会干运转，水泵无水干运转会损坏！若使用清洗剂，应先了解其成分、性质和适用范围。不得使用有腐蚀作用的清洗剂。

连接水泵水枪间的高压水管时应检查是否有霜冻。若水泵发现有霜冻，应使用热水浇

淋水泵。

（2）启动水泵

在机组电控柜上启动水泵。用水枪扳机喷水，直到水管内空气排净、喷出稳定的水柱。在喷枪上可以变换喷出压力水柱或水雾。用输出压力调节器调节压力，调到压力表显示输出压力为12～15MPa。此时松开喷枪扳机、停止喷水，压力表显示无压力，显示整个水泵系统运转正常。

由于常用清洗作业用不着很高的压力，没必要把水泵的最大输出压力调到200bar。若

喷枪扳机开动后输出压力不能自动切换到设定输出压力,适当调小输出压力。

在上述准备工作没有完成前,不要使用高压水泵进行清洗作业。

(3) 清洗作业

清洗时,喷射水流不要垂直对准清洗面。应斜着冲洗,喷嘴到目标面的距离约 30cm 用大流量高压水冲洗摆管阀、磨耗环和密封环是最好的方法。在清洗时,要把水管从摆管阀出口伸进摆管阀内冲洗位置。不许对着电器元件直接喷水。

液压系统停止运转后,蓄能器仍有可能处于充压状态,摆管阀仍有可能突然摆动,会对器具和人员造成伤害。在水枪管伸进摆管阀前,必须停止混凝土泵运转,液压系统和蓄能器也必须完全泄压,并切断液压系统动力电源。

在摆管阀外部量好高压清洗水枪允许伸进摆管阀的长度,水枪喷嘴应定位于密封环前,残留在磨耗环和密封环之间的混凝土会被水冲出来。如果使用过清洗剂,作业后应使用清水冲洗整个系统,在机组电控柜上停止高压水泵运转。在确认系统完全泄压后,卸下水管和喷水枪,妥善保管。

在清洗系统内仍有压力时,或高压水泵仍在运转时,不得拆卸水管和喷水枪。

在寒冷气候有霜冻危险时,清洗作业结束,水泵停机后,应打开进水过滤器下的排放阀,排尽系统内的剩水。

3) 清洗混凝土系统(图 4-44)

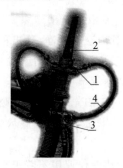

图 4-44　清洗混凝土系统
1—变流器;2—喷嘴;3—Y 形接头;4—分流管

喷射作业后清洗混凝土泵的料斗、混凝土泵缸和 S-摆管阀是重要的日常保养作业,应按照以下程序进行。

(1) 清洗喷射头

由于从变流器处输入速凝剂,该处若有混凝土残留,很快会凝固,必须在停止喷射后立即清理。

确保在混凝土和速凝剂停喷后,压缩空气继续喷 10~20s;降低喷射臂,把喷射头调整到便于操作的高度和位置;关闭混凝土泵、速凝剂输送装置、空压机和喷射臂;卸开喷射头上变流器 1 接头;从变流器中抽出喷嘴 2,清洗变流器 1,疏通并清理注入口;变流器 1 内有注入套的,清洗并疏通注入套上各注入小孔;清洗和检查密封环;清洗喷嘴 2;冲洗分流管 4;清洗 Y 形接头 3。

(2) 清洗混凝土泵

打开料斗筛格时,搅动器停止运转,蓄能器压力释放,摆管阀停止摆动,混凝土泵活塞到终端后停止运动,混凝土泵停机。

启动混凝土泵的开关,重新恢复泵的工作。

在清洗混凝土泵的过程中,禁止通过筛格插入任何清洗工具。当摆管阀摆动时,这些工具可能被毁坏;同时也可能对人员造成伤害。

(3) 排出残留混凝土(图 4-45)

① 在卸料门下放置一张旧帆布回收混凝土。

② 打开料斗泄料门,排出残留混凝土。

③ 启动反抽,混凝土从输料管和缸内进入料斗,接着从泄料门排出。在反抽时,适当举高喷射臂,可利用混凝土的重力帮助管道内混凝土排出。在混凝土泵缓慢反抽时,用高压水冲洗摆管阀和混凝土泵缸。

④ 卸打开料斗出料口弯管。

⑤ 使混凝土泵低速反抽。

⑥ 从摆管阀出口端,用带有深度标记的水管冲洗摆管阀;水管伸入摆管阀时以不超过密封环的深度标记为限。超出此长度,水枪喷

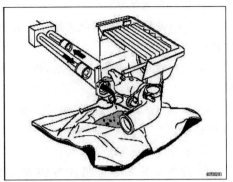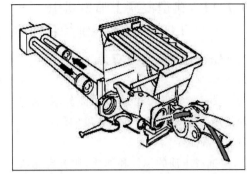

图 4-45　排出残留混凝土

嘴可能被摆管阀切断。

⑦ 冲洗到流出清水,两个泵缸已交替清洗;仔细冲洗料斗;冲洗所有与混凝土有直接接触的部件。

4) 清洗输送管道

采用不同的清洗工具,可有多种不同的管道清洗方法。

在工地采用的清洗机组混凝土输送管路的方法,简单易行而有效。说明如下:在输送管路内的混凝土大部分已经用混凝土泵反抽的方法排除后,关闭料斗卸料门;降低喷射小臂,卸下喷嘴,把留在喷射头上的输送管出口对着墙脚;不得把输料管出口对着有人或可能有人员通行的地方。

(1) 拆卸 90°弯管两端的管接头,移开 90°弯管;

(2) 从 45°弯管进口塞入湿水泥口袋纸团和 DN150 清洗球;

(3) 安装好 90°弯管两端的管接头;

(4) 在料斗内注入清水,并保持料斗有足够的供水;

(5) 启动混凝土泵,向输送管道泵送清水;

(6) 在纸团和清洗球从喷射头关口被泵出后,继续泵送至流出的水不再浑浊,管道清洗完成,正常情况下,混凝土泵提供的压力足以推动清洗球和纸团刮干净管壁黏附的混凝土。

5) 其他部件的清洗

由于喷射混凝土时不可避免的反弹,会有砂浆黏附在活塞杆、液压马达输出轴、销孔销轴、阀杆以及各运动件的露出部位和结合部,砂浆凝固后会对运动件和密封件造成磨损。

喷射头和它的液压马达受混凝土粘染最严重,凝固后的混凝土不仅增大液压马达的负荷,并很快破坏液压马达的密封件。例如,刷动液压马达密封件和偏心轴及轴承的损坏,都是受未清除掉的砂浆破坏造成的。

喷射臂伸缩滑道也是受混凝土粘染严重的部位,混凝土内含有的水泥和添加剂对油漆的破坏性很大。

完成上述的清洗作业后,必须接着清理其他部位的黏附混凝土。

喷射头上各运动部件必须仔细清理干净后涂油保护。在气候有霜冻可能时,工作结束后,输料管、水箱和水泵内的水都必须完全排空,以免霜冻造成机件冻裂。

在喷射机组长时间不用的情况下,如周末或隔夜休息时,即使在常温下,也必须排空水箱,并打开水箱排水口。

防爆:高度雾化的防腐剂等很容易引起爆炸,喷涂防腐剂时应远离火源火星。

防毒:挥发到空气中的清洁剂、溶解剂和防腐剂对人的肺部有损害,工作时必须配备呼吸保护装置。

清洗所有密封件和密封位置,安装密封件前需要先润滑;用喷水枪清洗设备的其他部分;清洗后对钢结构使用防腐剂和隔离剂。

4.1.11 典型混凝土喷射机组——TTPJ3012A 的维护和保养

1. 混凝土泵的维护和保养

1) 维修保养

为使设备始终保持正常工作状态,要求按不同的使用阶段对其实施不同程度的保养。

(1) 日常保养

① 检查液压油的油位和油质,如有乳化或浑浊现象,应立即更换;

② 保证润滑油箱有足够的润滑脂,手动润滑点每台班加油 1 次;

③ 水箱内加满水,保证无砂浆渗入,否则应检查混凝土活塞的密封性;

④ 检查截割环与眼镜板的间隙是否正常;

⑤ 检查各电器元件工作是否正常;

⑥ 冷却器外部清洗干净,不得有污物;

⑦ 检查液压系统各管路有无渗油和漏油现象,保证各压力表和真空度表的示值在正常范围内;

⑧ 保证物料输送管路各接头密封良好。

(2) 运行 50h 后的保养(1500~2500m³)

① 进行日常保养;

② 保证所有紧固件连接牢固;

③ 确认滤芯过滤情况是否正常。

(3) 运行 100h 后的保养(3000~5000m³)

① 运行日常保养;

② 检查截割环和眼镜板的磨损情况,必要时更换;

③ 检查混凝土活塞密封环磨损情况,必要时更换。

(4) 运行 500h 后的保养(15000~25000m³)

① 进行日常保养;

② 检查 S 管及分配机构各轴承的磨损情况;

③ 检查搅拌机构各轴承及搅拌叶片的磨损情况;

④ 检查液压油质,必要时应彻底换油,加新油前应清洗油箱;

⑤ 检查蓄能器气压是否足够,否则对蓄能器充气(10~11MPa);

(5) 运行 800h 后的保养(24000~40000m³)

① 进行日常保养;

② 检查输送缸磨损情况,镀铬层磨损严重者应更换;

③ 检查机器各参数性能,并作适当调整。

2) 常见故障及原因分析

混凝土泵常见故障及原因分析见表 4-17。

表 4-17 混凝土泵常见故障及原因分析

故 障	可 能 原 因
电机启动不转,且伴有嗡嗡声	电源缺相
电机不能启动	电源电压偏低
	空气开关未合上
	电源保险丝烧坏
	交流接触器动作不正常
	Y-△启动(或软启动器)故障
	带载启动
按泵送启动按钮后主液压缸活塞杆不动作	泵送启动按钮接线脱落
	电液换向阀的先导阀阀芯卡死,电磁铁线圈烧坏
	溢流阀故障

续表

故　　障	可　能　原　因
主液压缸无换向	接近开关故障或安装时错位
	接近开关与感应套之间的间隙太大(间隙一般为 3～4mm)或没有接近
	接近开关底面被黄油或其他异物黏住
	电液换向阀故障(如电磁铁线圈烧坏)
泵送压力不高	主液压缸内部密封件损坏
	主油泵故障
	溢流阀故障
主液压缸行程缩短	主液压缸活塞内泄量过大
	主液压缸单向阀损坏
泵送时两个混凝土缸的输送量不一致	截割环或眼睛板的堆焊处损坏
	混凝土活塞密封圈磨损严重
油温太高	冷却器风扇未转动
	冷却器外部太脏
	系统压力太高
	液压油的黏度太高
输送管出料不连续,出料少	混凝土活塞密封圈磨损严重
	截割环与眼睛板的堆焊处损坏
	S管内部堵塞
	被输送物料的吸入性能差
S管不摆动	电液换向阀的先导阀阀芯卡死,电磁铁线圈烧坏
	恒压泵故障
	溢流阀故障
	被输送物料差,停机时间长,使换向阻力加大
S管摆动无力	蓄能器气压不足
	摆动液压缸中密封件损坏
	溢流阀故障
	分配缸点动频率过快
S管摆动不到位	摆动液压缸两端的尼龙轴承磨损
	料斗内有杂物阻挡
	混凝土质量不佳
S管摆臂处漏浆	S管轴承座密封件损坏,轴承处磨损
搅拌轴不转	液压马达损坏
	齿轮泵损坏
	搅拌叶片卡住
搅拌轴转动无力	系统压力过低
混凝土缸润滑点无润滑油	润滑泵故障
	润滑油路堵塞
	润滑脂黏度太大

3）主要电气及液压元件故障判断

（1）电磁铁

电磁铁故障判断方法如下：接通控制电源，取掉电磁铁端部的橡皮套，用手将电磁铁的阀芯向里推，然后旋转对应操作按钮（例如旋转分配缸点动旋钮），推进去的小阀芯应跳出来。若跳不出来，说明该电磁铁对面的电磁铁烧坏。

（2）接近开关

本机有两个接近开关，装在水箱盖上的两个定位槽上，其作用相当于行程开关，控制主液压缸和 S 管分配阀换向，主要故障形式有：

① 底面黏油污，造成感应不灵；

② 间隙太大，造成感应不灵；

③ 水箱水温太高（40℃），造成误动作，分配阀乱动；

④ 完全损坏，不感应，或始终处于接通状态。

接近开关故障判断方法如下：接通控制电源，取出水箱盖，使接近开关底面朝天，用螺丝刀或扳手等金属件交替地靠近开关底面，接近开关指示灯应有相应的指示，且 PLC 有相应的输入指示灯，否则接近开关损坏。

（3）蓄能器

蓄能器的主要作用是用来补充 S 管分配阀换向得以在瞬间完成。其主要故障形式有：蓄能器气囊内气压不够或气囊破损，造成 S 管分配阀摆不动或摆动无力。

蓄能器故障可以通过操作与拆检两种方法判定。

操作判定：正常情况下，蓄能器气囊内的气压在每次换向时，压力只降 4～6MPa，若降得太多（如从 19MPa 降到 5MPa），往往是由于气囊内气压不足或破损造成的。

拆检判定：拆下蓄能器充气单向阀上的防护螺母，用小内六角扳手或铁丝顶充气单向阀，应顶不动。若顶得动，蓄能器内气囊气压肯定不够或破损。

如果蓄能器气囊中压力不足，则需要补充氮气，方法如下。

① 拧下蓄能器充气阀保护螺帽，把充气工具压力表的一端接氮气瓶，另一端接蓄能器。从氮气瓶输出的氮气必须通过减压阀。

② 慢慢打开氮气瓶气阀，当压力表指示值达到规定值（10～11MPa）时，即关闭氮气瓶气阀，保持 20min 左右，看压力是否下跌。

③ 拆开充气工具接蓄能器端的接头，卸下充气工具。

④ 拧紧蓄能器充气阀保护螺帽。

注意：蓄能器充入的只是氮气，充气压力必须符合规定要求。

（4）混凝土输送管

混凝土输送管一旦堵塞，可先采用反泵操作，一般反泵 3～4 个行程，再正泵，堵管即可排除。若该操作反复 3～4 遍仍不能排除，则只有找出堵塞位置，清管排除。

拆管前应先反泵，释放输送管内压力，以免拆管时混凝土喷溅伤人。然后要找出堵塞位置，可一边正反泵交替操作，一边沿输送管敲打。堵塞的地方声音沉闷，且没有混凝土流动的嚓嚓声。找出位置后，拆开清理即可。一般直管堵塞可能性小，弯管可能性大，最末端弯管易堵塞。

2. 空气压缩机的维护和保养

空气压缩机的维修保养项目与周期见表 4-18。

表 4-18　空气压缩机的维修保养项目与周期

保养周期	运行时间/h	保养项目
每班	8	开机前和运行中检查油位
		检查排气温度和排气压力
		观察故障报警项目，发现故障应停车维修
		记录运行参数及维护保养项目

续表

保养周期	运行时间/h	保 养 项 目
每周	1500～2500	检查油、气泄漏情况,若有泄漏应检修
		清洁机组外部
每3个月	2000～4000	检查安全阀
		检查冷却器,必要时应清洗
		检查或更换空气滤清器滤芯
每年	4000～5000	校验安全阀
		检查所有软管及软管接头
		检查弹性联轴器、密封件
		更换空气滤清器滤芯
		更换油过滤器及油气分离器滤芯
		更换压缩机油
		按要求补充或更换主电机润滑油脂

进行空气压缩机的保养和维修之前,应停机并切断机组电源。关闭供气阀,释放机组系统压力。

1) 维修保养周期

空气压缩机维修时应更换所有已损坏的密封件,如垫片、O形圈、垫圈等。

(1) 检查安全阀有无漏气现象。

(2) 在多尘地区工作时,保养周期应缩短。

(3) 若油气分离器滤芯压差高报警时,应立即更换油气分离器滤芯。

(4) 参考电机制造商贴在主电机上的使用说明标签。应注意加油脂的时间、油脂牌号和加油量。

2) 润滑油规格及使用保养

本设备所配空气压缩机强烈推荐使用以下三种不同牌号的锡压牌专用油:XYSL046CA、XYSL046CB、XYSL046MA压缩机油。

注意:严禁将不同型号和不同牌号的润滑油混合使用,混合用油会造成黏性沉积物,使油路系统堵塞,导致压缩机体严重损坏。

压缩机油在使用中应定期取样,观察颜色和清洁度,并定时观察油品颜色和清洁度,定时分析油品黏度、酸值、正戊烷不溶物等油品的理化性能。如不合格应及时换油。

润滑油应按规定及时更换,否则油品的品质下降,润滑性能不佳,易造成高温停机现象。同时因为油品燃点下降,也易形成油品自燃导致压缩机烧毁的事故。压缩机在更换润滑油时,必须按以下规范进行操作。

(1) 放油。放油前要注意以下几点:换油前应确保机组气路系统的压力为零;停车后立即放油的应注意不要被高温油烫伤;温度低且长时间停车后放油的,应先启动压缩机,待润滑油加热后再进行换油操作。

放油顺序如下:

① 将油气分离器的润滑油放尽。

② 将油冷却器的润滑油放尽。

③ 将断油阀的死堵拆开,将阀芯顶开后将润滑油放尽。

④ 将单向阀上的死堵拆开后放尽润滑油(放油时盘动主机)。

⑤ 将齿轮箱上的死堵拆开后放尽润滑油。

(2) 更换油过滤器。更换油过滤器时,先清洗油过滤器座,并在新滤芯的橡胶密封圈上涂上一薄层油,旋紧至垫圈与座相接触后再旋半圈即可。

(3) 用清洗剂将死堵和连接螺纹擦干净。

(4) 死堵安装时螺纹表面涂乐泰242胶水。

(5) 加新润滑油至最高液位,在开车前还应向主机内倒入新的润滑油1～2L,并用手盘动压缩机联轴器数圈。

压缩机在使用2年后,最好用润滑油做一次油"系统清洗"工作,其做法是当更换新润滑油时,让压缩机运转6～8h后,立即放油再更换润滑油,使原本系统中残存的各种有机成分被清洗干净,再度更换的润滑油可有较长的使用寿命。放出的润滑油按规定方法处理之前,必须妥善保管。任何情况下润滑油不得倒入下水道中或倒在地面上,以免对环境造成污染。

3) 调整和维修

(1) 空气滤清器

① 停机并切断电源,释放机组系统压力;

② 打开空气滤清器后盖拆下空气滤芯,清洁空气滤清器壳体和密封垫圈;

③ 重新安装好新的空气滤芯和密封垫圈;

④ 再安装好空气滤清器后盖。

(2) 油气分离器滤芯

① 停机并切断电源,释放机组系统压力;

② 拆开与油气分离器平盖相连接的管路,拆下油分平盖;

③ 取出油气分离器滤芯和O形圈,检查O形圈是否损坏,如有损坏必须更换;

④ 清洁与油气分离器滤芯贴合的油分平盖和油分筒体结合面;

⑤ 放置好O形圈,装好油分滤芯和油气分离器平盖;

⑥ 接好与油分平盖相连接的管路;

⑦ 更换油气分离器滤芯时,注意检查油气分离器内部是否积碳,如积碳过多则须清理。

(3) 稳压调节器

当采用无级调节方式时,通过稳压调节器来调节压力设定值。稳压调节器集成于进气控制器上。

管网压力低于设定压力时,控制气源被稳压调节器切断,此时进气控制器活塞阀芯处于全开状态,压缩机负载运行;管网压力高于设定压力时,控制气源从油气分离器中通过稳压调节器进入进气控制器,逐渐关闭进气控制器活塞阀芯。

稳压调节器的设定方法如下:

① 松开稳压调节器锁紧螺母;

② 旋动调节螺钉手柄;

③ 调节设定压力(顺时针旋转设定压力升高,逆时针旋转设定压力降低);

④ 设定好后拧紧锁紧螺母,锁紧力矩 ≤4.1N·m。

(4) 电机过载继电器

热继电器在电流超过额定值时动作,控制相应接触器断电以切断电机电源。热继电器出厂一般设定好了整定值,其常见故障及排除方法见表 4-19。

表 4-19 热继电器常见故障及排除方法

故　障	原　因	排 除 方 法
无法启动	保险丝烧毁	由电气人员检查更换
	保护继电器动作	
	启动继电器故障	
	电压太低	
	电动机故障	
	欠相保护继电器动作	
	压缩机主机故障	拨动联轴器,若无法转动时,请联络相应厂家用户服务部
运转电流高,压缩机自行跳闸	电压太低	请电气人员检查更换
	排气压力太高	检查排气压力设定值
	润滑油规格不准确	检查油牌号,使用推荐用油
	油气分离器滤芯堵塞	更换油气分离器滤芯
	压缩机主机故障	拨动联轴器,若无法转动时,请联络相应厂家用户服务部

续表

故　　障	原　　因	排 除 方 法
运转电流低于 正常值	空气消耗量太大(压力在设定 值以下运转)	检查消耗量,必要时增加压缩机
	空气滤清器滤芯堵塞	清洁或更换
	进气控制器动作不良	检查或更换
排气温度低于 正常值	长期低负荷	增加空气消耗量
	恒温阀阀芯动作失灵	拆下检查或更换
	热电阻损坏失灵	拆下检查或更换
压缩机不加载	气管路上压力超过额定负荷 压力,超过卸载压力设定值	不必采取措施,气管路上的压力低于加载压力设定 值时,压缩机会自动加载
	电磁阀失灵或串气	拆下检查,必要时更换
	油气分离器与进气控制器间 的控制管路上有泄漏	检查管路及连接处,若有泄漏则需修补
	进气控制器上放空阀漏气	拆下检查,更换零件、清除垃圾
	进气控制器动作不良	拆下检查并清洗
压缩机无法空载	加载压力、卸载压力设定错误	重新设定该两项参数,保证卸载压力与加载压力之 差至少为 0.05MPa
	电磁阀上的压力平衡管松动、 压瘪、漏气	更换
	电磁阀失灵、漏气或反装	拆下检查,必要时更换
压缩机超载	无油或油位太低	检查,必要时加油,但不允许加油过多
	油过滤器阻塞	更换油过滤器
	断油阀失灵,阀芯卡死	拆下检查
	油气分离器滤芯堵塞或阻力 过大	拆下检查或更换
	油冷却器表面被堵塞	检查,必要时清洗
	热电阻损坏失灵	拆下检查或更换
	环境温度高	增加机房通风,降低室温
	温度控制阀失灵	拆下检查或更换
压缩空气中含 油量高,润滑油 添加周期缩短	油位过高	检查油位,卸除压力后排油至正常位置
	油气分离器滤芯失效	拆下检查或更换
	泡沫过多	更换推荐牌号的油
	油气分离器滤芯回油管接头 处限流孔阻塞	清洗限流孔
	用油不对	换成推荐牌号的油
噪声增高	进气端轴承损坏	拆下更换
	排气端轴承损坏	
	电机轴承损坏	

续表

故　　障	原　　因	排　除　方　法
排气量、压力低于规定值	耗气量超过排气量	检查相连接的设备,清除泄漏点或减少用气量
	空气滤清器滤芯阻塞	拆下检查,必要时应清洗或更换滤芯
	安全阀泄漏	拆下检查,如修理后仍不密封则更换
	压缩机效率降低	与制造厂联系,协商后检查压缩机
	油气分离器与减荷阀间的控制管路上有泄漏	检查管路及连接处,若有泄漏则需修补
	进气控制器放空阀漏气	拆下检查,更换零件或清除垃圾
	油气分离器滤芯阻塞	拆下检查,必要时应更换
	溢流阀漏气	拆下检查,更换零件或清除垃圾
停机后空气油雾从空气滤清器中喷出	压缩机单向阀泄漏或损坏	拆下检查,如有必要则更换,并应同时更换空气滤清器滤芯
	负载停机	检查进气控制器是否卡死
	停机时进气控制器放空阀不放空	检查阀芯是否卡死
停机后空气滤清器中喷油	断油阀堵塞	拆下检查清洗,更换空气滤清器滤芯
加载后安全阀马上泄放	安全阀失灵	拆下检查并更换损坏的零部件
	供气阀门未打开	打开供气阀门
压缩机运转正常,停机后启动困难	使用油牌号不对或用混合油	清洁油系统后彻底换油
	油质黏、结焦	清洁油系统后彻底换油
	轴封严重漏气	拆下更换
	进气控制器压力平衡管松动、压瘪、漏气	检查或更换
卸荷后压力继续上升	轴封严重漏气	拆下更换
	压力平衡管松动、压瘪、漏气	更换
	电磁阀漏气	更换
	电磁阀反装	重新正确安装(看电磁阀底部标记A相对接线是否正确)
	电磁阀有垃圾堵塞	清理电磁阀中垃圾
空、负载频繁	管路泄漏	检查泄漏位置并修复
	电磁阀漏气或串气	检查并更换
	加、卸载压力设定错误	重新设定该两项参数,保证卸载压力与加载压力之差至少为0.1MPa
	稳压调节器失灵	检查并更换
	空气消耗量不稳定	配用储气罐或增大储气罐容量
	机组外供气管路中装设有止回阀,而控制气取压点未从液气分离器上移至止回阀后	将控制气取压点从液气分离器上移至止回阀后,并把液气分离器上的取压点管口用螺塞旋紧

3. 速凝剂泵的维护和保养

如果设备每天连续使用8h,每周使用5天,应定期对速凝剂泵进行如下检查:

(1)泵在抽入和排出口的软管是否漏水(每周检查一次);

(2)泵壳上的端盖是否漏水(每月检查一次);

(3)泵壳上的驱动电机连接处是否漏水

（每月检查一次）；

（4）端盖的装配螺钉是否紧固（每月检查一次）；

（5）泵及驱动器内的润滑油面高度（每月检查一次）；

（6）地面的固定是否牢固（每年检查

一次）；

（7）电机电流及传动装置通风口是否干净（每个月检查一次）；

（8）电源线路的状况是否良好（每年检查一次）。

速凝剂泵常见故障及排除方法见表4-20。

表4-20　速凝剂泵常见故障及排除方法

故障现象	故障原因	排除方法
泵不能自吸或自吸困难	吸入端有空气进入	检查泵及连接件间的密封性
	吸入管路状态不佳，尤其是柔性管路（软管）存在收缩或内部阻隔	采用强化软管，避免压头损失
	堵塞	清理吸入端连接管路，简便方法是反向运转泵，确保过滤器未堵塞
	泵转速不够	黏性或干物质浓度大的液体需要大传输直径并降低泵的转速
	吸入端压头损失	降低吸入端高度，或改造管路路线
	泵长期不使用	泵长期不用时将软管从泵上拆下
泵滴漏	密封不好	更换密封圈
泵可吸入不排出物料	管路堵塞	进行清理循环，可反向运转泵
	压力过高，排出口连接管路不合适	直径要小于等于泵出口直径
	排出管路压头损失过大	重新安装管路，避免急转弯及T形连接
	黏度和（或）浓度过大	泵尺寸过小和（或）泵转速过高
泵出口泄漏	密封不好	检查泵/接头的连接，避免在泵的出口处及附近出现急转弯
	排出口连接尺寸过大	参照并严格遵守厂家推荐的各种泵的最小直径
排出口连接振动	泵回路布管不合理	采用柔性软管连接泵和管路，可使用减振器

4．保养周期

TTPJ3012A机组各主要部件的保养周期见表4-21。

表4-21　保养周期表

编号	部件总成	保养维修作业	运转小时/间隔周期						
			每日	50	100	250	500	1000	其他
1.4.1 日常									
1	所有安全措施	目测和功能检测	•						
2	电线、动力电缆	目测检查	•						
3	水箱	加注满干净水	•						
4	灯光	开启后目测检查	•						
5	所有紧固件	检查和拧紧		•					
6	所有每日注脂点	加注润滑脂	•						

续表

编号	部件总成	保养维修作业	运转小时/间隔周期						
			每日	50	100	250	500	1000	其他
1.4.2	混凝土泵		每日	50	100	250	500	1000	其他
7	整机	喷射作业后或长时间中断喷射时彻底清理料斗、振动器、泵缸、S管、输出口等以及外部残留混凝土	•						
8		检查水箱水质,换干净水并加满	•						
9		清洁、检查所有与混凝土接触零件的磨损情况	•						
10	料斗	检查振动器紧固件和电缆	•						
11		检查搅动叶片紧固件	•						
12	S管	检查摆动轴端和出口端密封件		▲	•				
13		检查摆动液压缸密封情况	•						
14	泵缸	根据水箱水质判定活塞磨损情况	•						
15		根据水箱水质判定液压缸密封情况	•						
16		检查混凝土缸壁磨损情况					•		
17		检查液压缸电磁感应器功能	▲	•					
18	输送管路	检查和调整管箍密封并紧固	•						
19		检查管壁厚度并旋转角度安装		•					
1.4.3	喷射臂		每日	50	100	250	500	1000	其他
20	整体	彻底清除黏附混凝土	•						
21		检查大、小臂刮片,若磨损则更换	•						
22	喷射头	清洁、检查刷动马达、油管和偏心回转机构	•						
23		清洁、检查240°、360°摆动液压缸及油管	•						
24	小臂回转机构	清除混凝土,加注润滑脂	•						
25	各销轴轴套	加注润滑脂		•					
26	臂座回转机构	清洁并检查齿轮齿圈磨损情况		•					
27		齿轮齿圈加注润滑脂		•					
1.4.4	液压系统		每日	50	100	250	500	1000	其他
28	液压件	目测检查油管、接头有无损坏、漏油	•						
29		目测检查液压马达密封情况	•						
30		检查液压缸及马达定位件和紧固件		•					
31		检查、试验各控制阀组	▲	•					

续表

编号	部件总成	保养维修作业	运转小时/间隔周期						
32	过滤器	检查过滤器是否堵塞	•						
33		更换过滤器滤芯						•	必要时
34	液压系统	检查液压油箱油位	•						
35		清洁散热器		•					
36		更换液压油						•	必要时
37	电动机	清理检查电动机和散热风扇						•	
38		检查联轴器						3000h	

编号	部件总成	1.4.5 速凝剂系统	每日	50	100	250	500	1000	其他
39	输送管路	检查管路连接	•						
40	速凝剂泵	检查润滑油液位,必要时加注	•						
41		检查泵管,泵送压力不能建立时更换泵管						•	

编号	部件总成	1.4.6 空气压缩机	每日	25	50	250	500	1000	1500	3000	5000
42	整机	外部清洁	•								
43		检查是否有漏油漏气	•								
44		检查和清洁散热器	•								
45		检查联轴器							•		
46	压缩机	检查压缩机油位	•								
47		清理空气进气滤芯(1)		•							
48		更换空气进气滤芯					•				
49		清洁散热器		•							
50		检查油气分离滤芯						•			
51		更换压缩机油(2)					•	•			
52		更换压缩机油滤芯(2)					•	•			
53		更换油气分离滤芯(3)						•			
54		所有轴承加注润滑脂(4)									•

编号	部件总成	1.4.7 电控系统	每日	25	50	250	500	1000	1500	3000	5000
55	接入电源	检查接地线,必要时检查接地电阻	每次接入交流电源								
56	遥控器	检查遥控器、遥控电缆、插头和插座功能	•								
57	电控柜	检查电控柜接地线			•						
58		内部清洁除尘			•						

编号	部件总成	1.4.8 底盘	每日	25	50	250	500	1000	1500	3000	5000
59	内燃机	检查机油油位	•								
60		检查冷却液液位	•								
61		检查和清洁散热器		•							
62		检查散热器固定情况并调整			▲	•					
63		检查或更换空气滤芯	•			需要时					
64		更换机油滤芯			▲	•					
65		更换机油			▲	需要时					
66		更换燃油滤芯			▲	需要时					
67		更换冷却液						•			

续表

编号	部件总成	保养维修作业	运转小时/间隔周期					
68	传动变速箱	检查润滑液			•			
69		更换润滑油				•		
70	制动系统	检查油管、接头	•					
71		检查行车制动功能	◆		•			
72		检查驻车制动功能	◆		•			
73	转向系统	检查油管、接头盒转向液压缸密封	•					
74		检查转向功能	◆		•			
75	轮胎	检查充气压力,必要时充气	•					
76		检查和拧紧轮胎螺栓	•					

▲调试开机后第1周以内由供方技术服务人员执行;◆首次强制执行。

说明:

(1) 保养维修作业的间隔周期应根据运转环境条件缩短或延长。

(2) 按照隧道施工的运转环境,首次更换压缩机油和滤芯的时间不大于250h,此后,运转500~1000h后更换。换油时务必遵守环保法规。

(3) 油气分离器滤芯的实际更换时间取决于空气压缩机输出能力和油气分离效果是否下降并超过设定限度。首次更换后,每运转1000~1500h更换一次。

(4) 为使空气压缩机保持良好工况,应重视轴承的运转状况。每3000h或每年使用合适的检测手段(超声波检测、温度检测)检查轴承状况。

4.2 喷浆机器人

4.2.1 概述

1. 概述

喷浆即喷混凝土,是矿山巷道、各类隧道、地下建筑和高层建筑基坑等施工中广泛采用的支护方法。作为新奥法的一项重要背景技术,喷浆支护在我国已经被广泛使用。同国际上的情况一样,除了长期困扰着人们的粉尘污染问题一直没有得到很好的解决外,喷浆技术还存在着其他不足:

(1) 喷浆作业时,混凝土回弹率高达30%~50%,即大量混凝土弹落回地面,造成材料的严重浪费;

(2) 施工现场的空气中粉尘严重超标,作业人员的健康严重受损;

(3) 混凝土结构疏密不一,喷层质量不能保证;

(4) 喷浆作业效率低,特别是大断面隧道,人工喷浆需搭脚手架,影响工程速度且费工、费料;

(5) 工程质量无法控制。

各国的研究指出,解决上述问题的主要措施之一是采用机械手或机器人喷浆。喷浆机器人可用于一切需要喷射混凝土的工程,特别是铁路公路隧道、水电水利建设、地铁、矿山巷道和各种地下建筑等的施工与支护。它既可用于湿喷,也可用于干喷。机器人采用液压驱动,本体可根据用户要求安装在轨道式、胶轮式或履带式等运载机械上。该移动机械既可用其自身动力驱动,也可用机器人的液压系统驱动。

因此,国外从20世纪60年代初开始采用机械手喷浆。我国从20世纪60年代中后期起,煤炭部、铁道部、水利部、地矿部和冶金部都有不少单位研制机械手,这些研究持续到1990年前后,取得较好成绩的单位主要有铁道部隧道局(与洛阳工学院合作)、冶金部与马鞍山矿山研究院、中国地质科学院地质研究所等。但由于种种原因,虽经过20多年的努力,也未形成过关的产品。存在的主要问题是结构不合理、自动化水平低和可靠性差,主要表现为操作复杂、动作不适应地下工程的恶劣环境。现国内采用的喷浆机械手全是进口的，性价比较低，且维修和配件供应均很困难。

2. 喷浆作业原则及其对喷浆机器人的要求

喷浆分为干喷和湿喷两种。干喷是干的水泥、砂子、石子和速凝剂按一定比例送到转子式搅拌机内搅拌，在搅拌机出料口被高压风吹到送料管内，该管长几米至20多米不等。送料管出口装着喷枪（也称喷嘴），要求喷枪与受喷面始终保持垂直，喷枪口距离受喷面以80～20cm为最好。喷枪的入口处设有环形喷水器，能连续向枪内喷水。水与混凝土就在这1m左右的运动中混合，大部分变成混凝土浆，小部分仍是干的。靠着高压风赋予的冲击力，混凝土撞到受喷面上后，一部分黏着在受喷面上，一部分又弹落回来。回弹量的多少（即回弹率）主要和喷枪与受喷面之间的角度及距离有关，即喷浆的最佳工艺原则是喷枪始终与受喷面保持垂直、喷枪口与受喷面保持（100±20）cm的距离。在此工况下，最有利于减少回弹率。

湿喷是将加水搅拌好的混凝土借助高压风的力量通过送料管送入喷枪喷射到受喷面上，它同样应遵循上述最佳工艺原则。湿喷的原理也有几种，有的是靠混凝土泵将浆液送至喷枪入口，有的是靠湿式喷浆机（转子式的湿式搅拌机）和高压风将浆液送至喷枪入口，它们都比较复杂，造价很贵，但回弹率和粉尘均较小。二者相比，湿喷的效果明显优于干喷，故国家正在淘汰干喷，推行湿喷。由于湿喷时整个料管充满混凝土，很重，人工很难抱得动喷枪，所以更需用机器人和机械手。这意味着，使用喷浆机器人将是大势所趋。

4.2.2　机器人的本体设计种类

1. 大型喷浆机器人的本体设计

1998年，"大型喷浆机器人产品化样机"项目立项之初，考虑到铁路公路隧道、水工隧道、地铁等大型隧道高度多数在8～13m，故第一台大型喷浆机器人的最大作业高度定为13m，

用于开挖高度为8～13m范围的各种隧道的喷浆作业。

这种大型喷浆机器人有8个自由度：腰部转动、大臂俯仰、大臂伸缩、小臂俯仰、水平臂伸缩、水平臂摆动、手腕转动、枪杆姿态调整等。

此外喷枪还能借助偏心轴沿圆锥面做360°转动，使得喷枪口划过的轨迹为一个圆圈，如图4-46所示。该机器人安装在一个工程车底盘或梭式矿车底盘上，以实现机器人可在有轨或无轨的隧道中行走。

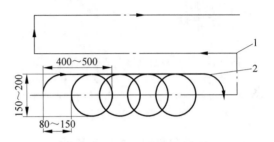

图4-46　喷枪运动轨迹
1—喷枪的移动轨迹；2—喷枪口的移动轨迹

大型喷浆机器人设计成图4-47所示结构的理由是，大臂俯仰与大臂伸缩能够协调动作，即当大臂俯仰时，大臂中的伸缩臂能根据需要相应地伸缩，以保证大臂俯仰时，大臂末端的运动轨迹仍是一条垂直于地面的直线，这样能方便地实现图4-46轨迹2中向上的直线段，尤其是在作业过程中能方便直观地实现点到点或沿垂直线的运动。腰部转动是为了能够把喷枪调整到与受喷面之间有合理的距离，同时也有利于扩大机器人的工作空间。小臂伸缩能实现图4-46所示的喷浆轨迹中主要的水平段。在大臂仰俯过程中，小臂应始终保持与地面平行；在腰部转动过程中，小臂应始终保持与受喷面平行。这两个"始终平行"是靠液压系统中的平衡液压缸自动实现的，这种功能由两组液压四连杆机构完成。手腕转动是为了使喷枪在喷拱部时能保持与受喷面垂直，并实现图4-46的竖直线段。喷枪姿态调整机构的作用是在遇到凹坑时能调整喷枪的角度，使之仍与受喷面垂直。

此外,喷枪能沿圆锥面转动,实现喷枪在空中画圆的动作。

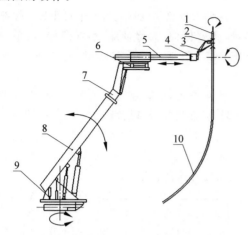

图 4-47　大型喷浆机器人结构原理示意图
1—喷枪;2—偏心轴;3—枪杆姿态调整机构;
4—手腕;5—水平臂;6—小臂;7—大臂中的伸
缩臂;8—大臂;9—腰部;10—料管

2. 中型喷浆机器人的本体设计

由于国家提出"西部大开发"的战略,铁路公路建设成了当务之急。铁路公路隧道施工任务大量增多,而开挖高度以 8～10m 居多,为适应这一市场需求,就要为这类用户专门设计一种喷浆机器人,其最大作业高度为 10m 或稍多一些。为了与作业高度 13m 的大型喷浆机器人相区别,将其命名为"中型喷浆机器人",但实际上它的尺寸是很大的,工作隧道也是大隧道,因此本质上仍属于大型喷浆机器人的范畴。

中型喷浆机器人本体的结构如图 4-48 所示。它有 5 个自由度:大臂俯仰、小臂水平摆动、手腕转动、水平臂伸缩、喷枪姿态调整。此外喷枪能够 360° 连续转动,并借助偏心轴的作用在转动过程中喷枪口能在空中完成画圆动作。显然,图 4-48 的结构与图 4-47 不同,且自由度比图 4-47 的少,但同样能实现图 4-47 的作业轨迹,而且更容易,这是因为:①大臂采用三重(机械)四连杆机构,当在液压缸 2 的驱动下大臂做俯仰运动时,大臂末端的运动轨迹为垂直于地面的直线,与大型机器人(图 4-47)3 个自由度同时运动的结果相似。②小臂采用

平行四连杆机构,当小臂摆动时,保证了喷枪的姿态不变,而图 4-47 的大型喷浆机器人结构则需 2 个自由度同时动作。其余的 3 个自由度与大型喷浆机器人类似,不再重复。

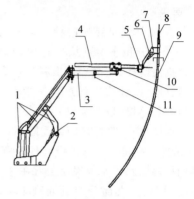

图 4-48　中型喷浆机器人结构原理
1—大臂三重四连杆机构;2—大臂液压缸;3—小臂四连杆机构;4—水平伸缩臂;5—手腕转动机构;6—喷枪调姿液压缸;7—喷枪画圆机构;8—喷嘴;9—送料管;10—马达;11—小臂液压缸

3. 小型喷浆机器人的本体设计

小型喷浆机器人是承担煤炭部重点项目、国家自然科学基金项目和两个 863 项目的成果——喷浆机器人产品化样机。它是以煤矿井下为背景研制的,同时也可用于其他矿山和小断面的隧道及水工隧道。该成果是后来研发大断面隧道喷浆机器人的技术基础。它有 6 个自由度,大臂由四连杆组件和平衡拉杆组件构成的三重四连杆机构组成,在液压缸的驱动下做俯仰运动。采用三重四连杆机构能同时实现以下功能。

(1)大臂末端的轨迹为一垂直于轨道平面的直线,小臂水平平动能保持喷枪的姿态。

(2)小臂四连杆在液压马达的驱动下可在水平面内做±50°的摆动。由于小臂四连杆做成平行四边形结构,故摆动时其末端做平动运动,从而保证喷枪在运动过程中与壁面垂直的姿态不变。

(3)液压马达及蜗轮蜗杆机构构成手腕,手腕转动带动枪杆在隧道横断面的拱部摆动,摆动时喷枪与受喷面的垂直距离基本不变。

（4）液压马达驱动喷枪做±50°的摆动，以调整喷枪的姿态，这样可在遇到大凹坑时保证喷枪垂直于受喷面。

（5）借助于偏心轴液压马达驱动喷枪沿圆锥面做360°连续转动，实现喷枪口在空间画圆运动。

显然，依靠上述自由度，机器人能实现要求的运动姿态和运动轨迹。

4.2.3　喷浆机器人的典型结构及工作原理

1. 整体结构

喷浆机器人是国家高技术研究发展计划（即国家 863 计划）的研究成果，具有全新的机械结构和先进的控制系统，在同类产品中居国际领先水平，是国家重点推广项目。目前已有大、中、小三种型号，喷浆机器人的典型形式之一如图 4-49 所示。它一般由机器人、混凝土泵（或喷浆机）、速凝剂泵和底盘等四部分组成。机器人有 6 个自由度：大臂俯仰、小臂左右摆动、水平伸缩臂伸缩、手腕转动、喷枪摆动和喷枪画圆。机器人能实现作业需要的各种动作和运动轨迹，并在整个作业过程中喷枪与受喷面保持垂直和最佳距离。其动作原理与结构特点如下。

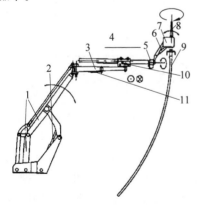

图 4-49　喷浆机器人示意图

1—大臂（四连杆机构）；2—大臂液压缸；3—小臂（四连杆机构）；4—水平伸缩臂；5—手腕（转动机构）；6—喷枪调姿液压缸；7—喷枪画圆机构；8—喷嘴；9—送料管；10—水平伸缩臂液压缸；11—小臂液压缸

（1）大臂 1 在液压缸 2 的驱动下做俯仰运动。

（2）小臂 3 做水平摆动。由于小臂采用四连杆机构，故摆动时其末端做平动运动，从而使得固定于其末端的水平伸缩臂 4 与受喷面的相对距离和姿态不变。

（3）水平伸缩臂 4 能在与隧道轴线平行的方向进给，使得喷枪做水平移动并保持姿态不变。

（4）手腕 5 可完成喷枪沿拱部画弧，同时保证喷枪与受喷面垂直。

（5）液压缸 6 可调整喷枪的姿态，从而在遇到大凹坑时，仍能调整喷枪与受喷面垂直。

（6）借助于喷枪画圆机构 7，可使喷枪沿锥面运动，从而使喷枪口画出一个 360°的连续圆。

2. 机械结构

以"更好满足喷浆工艺要求原则"对整机进行机电一体化设计，突破现有同类设备均为关节型的局限，给出了全新的机构与电控系统，达到了在满足喷浆工艺前提下的操作简单、动作灵活、适应地下恶劣环境的目标。具体表现在以下两个方面。

（1）将多个四连杆机构巧妙组合成三重四连杆机构的大臂。该臂只需一个液压缸驱动（也即只需一个操作动作），既能实现大臂俯仰时其末端为垂直于地面的直线，又能实现小臂上下平动并保持其姿态不变等喷浆工艺对轨迹和姿态的最主要要求，而国外同类设备却需要至少 3 个动作。

（2）小臂采用平行四连杆机构，当其摆动时能自动保持喷枪姿态不变，而国外同类设备却至少需要 3 个动作。

3. 控制机构

（1）将主从控制与全自动轨迹控制融合为一体，并可实现平滑转换的混合控制，这是国外机器人追求的目标之一。

（2）在"示教再现"功能上，给出"特征点和特征参数示教"，即本系统既能逐点连续示教，又能根据隧道专家的经验和数据选择有特征性的点示教，这就克服了"示教再现"在非结构环境遇到的难题。

（3）将容错、电磁兼容、故障诊断、散热与冷却，以及三防（防潮、防蚀、防霉变）技术融合于系统，而操作器着重考虑了人性化和直观性设计，生产出国内第一批在地下恶劣环境中使用的加固兼"傻瓜型"机器人控制系统。

4.2.4 喷浆机器人常用装备的性能指标

现在我国市场上喷浆机器人的主要参数见表 4-22。

表 4-22 我国市场上喷浆机器人的主要参数

型 号		RDPTQ1 型		RDPTQ2 型	RDPT3 型
		RDPT10105 普通型	RDPT0110 加强型		
自由度/轴		6	6	6	6
手腕类型		连接手腕	连接手腕	中空手腕	中空手腕
最大承载能力/kg		5	10	10	10
最大行程	JT1　旋转	±170°	±170°	±145°	±145°
	JT2　下部手臂	+135°～-90°	+135°～-90°	+135°～-90°	+135°～-90°
	JT3　上部手臂	+168°～-80°	+168°～-80°	+90°～-80°	+90°～-80°
	JT4　旋转 1	±185°	±185°	±720°	±720°
	JT5　手腕俯仰	±120°	±120°	±720°	±720°
	JT6　旋转 2	±360°	±360°	±410°	±410°
最大直线补偿速度/(m/s)		2.0	2.0	2.0	2.0
重复定位精度/mm		±0.2	±0.2	±0.5	±0.5
最大覆盖范围/mm		1300	1300	2000	2700
力矩/(N·m)	JT4	7.5	32	30.5	30.5
	JT5	7.5	19.8	25.5	25.5
	JT6	2.5	8.6	7.5	7.5
惯性力矩 /(kg·m²)	JT4	0.15	0.97	1.2	1.2
	JT5	0.15	0.4	0.8	0.8
	JT6	0.05	0.1	0.1	0.1
质量/kg		210	220	460	590
周围环境温度/℃		0～45	0～45	0～45	0～45
本体颜色		RAL2008	RAL2008	RAL2008	RAL208

4.2.5 国产喷浆机器人产品工况和系统设计

1. 产品性能

国内喷浆机器人与国外同类产品相比，其显著优点如下：

（1）机构简单；

（2）在完成同样作业的前提下，机器人所做的动作最少，因而操作简单；

（3）自动化水平高，很多作业由机器人自身去完成，因而对操作者的要求不高，更容易为操作者掌握。

喷浆的作业场所，除地下洞室、高层建筑基坑等因用途不同而开挖的形状不同外，各种铁路公路隧道、地铁、矿山巷道、水利和水电的涵洞等，其拱部或为半圆拱、或为圆弧拱，还有三心拱等，两帮或为直帮、或为斜帮。根据喷浆工艺，最基本的原则有两条，一是保持喷枪与受喷面垂直，二是保持喷枪口与受喷面距离在 1m 左右，即前述的"最佳工艺原则"。喷浆是由帮的根部开始的,喷枪一边画着圆圈,一边在水平方向移动。移动到设定位置时喷枪向上抬起20cm左右,边画圆边反向平移,按此过程依次进行,直至帮与拱部的交接处。轮到喷拱部,喷枪转过一定角度(转过的角度值与拱的曲率半径有关),与受喷面垂直,也即喷枪移动的轨迹如图4-46所示。喷枪移动的速度与喷浆机(即搅拌机)或混凝土泵的单位时间内排料量有关,也与一次喷层厚度有关。被喷射混凝土的表面往往凹凸不平,如不甚悬殊,则可不考虑;若过于悬殊,特别是出现大的凹坑时,喷枪还要及时调整姿态,以保证与受喷面垂直。

目前,尽管各国设计的喷浆机械手五花八门,但都有一个特点,那就是基本上都属于关节型机械手的范畴。这可能是受到最流行的、通用型的关节型工业机器人的影响。1988年煤炭部的项目“喷浆机器人实验室样机”和1992年国家自然科学基金项目“井下机器人结构和控制方式的研究”中,第一轮的喷浆机器人实验室样机也是关节型的。实践证明,关节型机器人虽然通用性强,但用于喷浆却操作过于复杂,很不合理。其根源在于关节型机器人实现喷浆作业需要的直线轨迹要多个关节同时动作,因此将关节型机器人用于专门喷浆机器人是不合理的。

喷浆机器人的两种功能即自动轨迹控制和遥控主从控制均能很好地在工程实践中实现,与在实验室的性能类似。试验表明,复喷时,巷道岩壁的凹凸程度已不甚悬殊,采用以自动轨迹控制为主,遥控主从控制为辅的作业安排是比较合适的,这样,工作效率高,均匀性也好。试验中发现,复喷时,凹坑已很浅,原设计的喷枪姿态调整机械已意义不大,一些辅助功能不够完善,例如无自动跟踪照明等,可以不要。特别值得一提的是,机器人的电控系统可行性是令人满意的,其核心部分——计算机控制系统从未出过故障。存在的问题主要是操作器上的按键密封性不好,有时因粉尘进入缝隙而卡住。

2. 工作情况

喷浆机器人具有6个自由度,可根据现场需要安装于汽车上或有轨底盘车上;既可以与湿喷机相配套,也可以与干喷机相配套。依靠这6个自由度,就可实现图4-50和图4-46所示的喷枪作业所需的任何运动轨迹。现以典型的喷浆作业过程为例简述之。

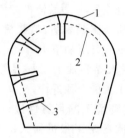

图4-50　喷枪的瞬间位置及姿态
1—受喷面;2—喷枪口运动轨迹
在隧道断面上的投影;3—喷枪

底盘车一般不在隧道中央,因此,只能依靠小臂摆动把小臂末端摆至隧道的纵向对称面上。为减少回弹,喷浆是由下而上进行的,故开始时,小臂末端位于对称面的最下方,使得喷枪口至受喷面的距离保持在1m左右,这就做好了作业准备。喷浆开始后,喷枪即转动,喷枪口画着圆圈,喷射物在受喷面上画出一串旋线,形成一条20cm宽的喷射带。机器人水平伸缩臂在水平方向上一边伸缩,喷枪一边画着圆圈,当移至设定距离后,靠大臂的仰启动作抬高20cm,如此往复,直至喷到帮与拱的交界线处。此后,小臂末端一直处于拱部圆弧面的中心线上,依靠喷枪转动一个设定的角度和机器人底盘车在隧道的平移,喷枪口在画圆的过程中也在拱部受喷面上形成20cm宽的喷射带并与帮的喷射带紧密相接。喷拱部的过程与喷帮的过程类似,依次进行,直至拱顶。到达拱顶后,或返回至起始位置进行第二次喷射,或转至对面的帮底(与前述过程类似)对另半面进行喷浆。

喷浆机器人在设计和制造中充分考虑了抵抗恶劣环境的要求,如电控系统按国家军用全加固标准制造,液压系统采用国际名牌元器件,确保高可靠、长寿命。

喷浆机器人自动化水平高,具有全自动控制和遥控主从控制两种控制方式。在全自动控制方式下,机器人按照喷混凝土工艺的要求自动地操作喷枪进行作业,并始终保持喷枪具有最佳的姿态和运动轨迹。在遥控主从控制方式下,操作者手持遥控器指挥机器人作业,遥控器按"傻瓜型"设计,遥控器上的手柄与机器人有直观的对应关系,一看就懂得如何操作。

理论分析及实践表明,喷浆机器人的结构设计是合理的,实施后获得了十分满意的结果,受到机器人界和地下工程界的专家、工程技术人员和工人的一致好评。

3. 恶劣环境下的可靠性设计

可靠性问题是工程机器人的最关键问题之一,也是我国机器人产品普遍存在的弱点和难点,恶劣环境下的机器人可靠性问题则更难。喷浆机器人工作环境恶劣,车载控制系统要经受严寒、湿热、暴晒、淋雨、灰尘及机械振动、噪声等的影响,因此对控制系统进行抵抗恶劣环境设计是确保机器人长期可靠运行的关键,主要包括热设计、抗振动和抗冲击设计、"三防"设计和抗干扰设计等。

1) 控制系统热设计

控制系统的热设计主要针对器件、印制板和机箱。选择系统器件时,从器件失效率与环境温度的关系入手,选择可靠性高的军品器件。印制板采用4层板,元件面设计有导热铜条和散热金属(铜)层。为抗潮湿和酸雾的侵蚀,机箱采用全封闭双层机箱,内层与外层之间为冷板结构,发热元器件跨骑在导热条上,导热条将发热元器件的大部分热量传导至印制板两侧金属楔形块,再经楔形导轨传到机箱的冷板结构,冷却气流穿过冷板将热量带走。由于冷板机箱散热面积较大,冷却效果较佳,并因为冷却气流不与机箱内部接触,冷却气流中的杂质、灰尘和水汽对控制系统没有危害,容易达到"三防"要求。

2) 控制系统"三防"设计

由于湿热、酸雾、霉菌3种环境因素对电子产品有较大影响,为了使控制系统适应恶劣的工作环境,采用了如下"三防"措施。

(1) 防潮。所有插接件及其器件按 MIL-I-46058 进行保护涂覆;机箱铝制件均按 MIL-C-

5541 镀铬;机箱外表面按 MIL-E-5556 油漆。

(2) 防酸雾和灰尘。全部控制器件密封在机箱体内,采用热传导散热,冷却气流不与内部空气发生交换,因此可以避免酸雾和尘埃在器件上的积存。

(3) 防霉变。控制系统中采用非霉菌营养的材料。

3) 控制系统抗振动和抗冲击设计

采用的主要技术有隔离技术、去耦技术、阻尼技术和刚性化技术。

4) 控制系统抗干扰设计

对于工作在恶劣环境的机器人,控制系统进行抗干扰设计是非常必要的。喷浆机器人的控制系统电路广泛采用了滤波、屏蔽、隔离等措施;在软件设计中采用了指令复执、程序卷回、软件陷阱、存储器故障诊断等措施,极大地减少了噪声、振动、电磁、电网波动等对控制系统的影响。

4. 液压驱动系统设计

由于液压驱动具有功率重量比大、力矩惯量比大、易实现直线驱动和直接驱动、易于实现防爆等优点,被广泛应用在惯性大、承重大、需要防爆的工作场合。根据喷浆的环境,从技术、经济、体积、适应性、防爆性等方面综合考虑,喷浆机器人选用了液压驱动系统。该系统由液压站、液压缸及控制油路等组成,其原理见图 4-51。机器人的6个自由度分别由液压缸13、液压缸16、马达6、液压缸7、马达5和液压缸21来控制。

大型隧道喷浆机器人纵向进给装置(小臂)在工作过程中要自动保持与巷道中线的平行关系,为实现这种运动,有两种方案可供选择:一是采用伺服控制系统;二是采用同步液压缸联动机构。为了不增加控制部分的成本与复杂性,宜用第二个方案,即液压缸23的上腔与液压缸24的上腔连接,液压缸23的下腔与液压缸24的下腔连接,组成闭合回路。这样,当液压缸23伸长时,液压缸24缩短;而当液压缸23缩短时,液压缸24伸长。为了便于该机构的实现,液压缸23与液压缸24的直径应该相等。

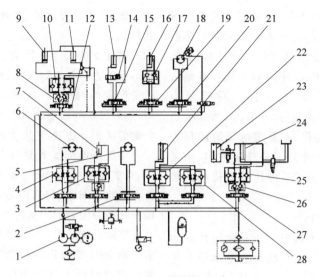

图 4-51　液压系统原理图

1—双联泵；2,15,19,20—比例方向阀；3,4,10,22,25,28—节流阀；5—手腕转动马达；6—喷枪
转动马达；7—喷枪摆动液压缸；8,17,26—双向液控单向阀；9,11—平衡液压缸；12,27—电磁换
向阀；13—大臂俯仰液压缸；14—平衡阀；16—大臂伸缩液压缸；18—底盘转动马达；21—小臂纵
向进给液压缸；23,24—同步联动液压缸

在大臂起落过程中,纵向进给装置必须自动与水平面始终保持平行。为了实现这一功能,且不增加控制部分的成本和难度,本方案选择了平衡液压缸联动机构。即液压缸 11 的上腔与液压缸 9 的上腔连接,液压缸 11 的下腔与液压缸 9 的下腔连接,组成闭合回路。这样,当液压缸 11 伸长时,液压缸 9 缩短;而当液压缸 11 缩短时,液压缸 9 伸长。液压缸 11 的作用只是为了准确控制液压缸 9 的进、回油量。为生产和安装的方便,取液压缸 11 的行程长与液压缸 9 的行程长相等。然后,通过优化设计确定机构的结构尺寸。除此之外,本系统还重点考虑了以下问题。

(1) 大臂起落液压缸由比例方向阀 15 进行伺服控制。为了防止大臂超速下降,还设置了平衡阀 14,从而使大臂起落更平稳,冲击更小。

(2) 为了满足执行元件往返速度的要求,在大臂伸缩回路、喷嘴转动回路和喷嘴调姿回路等采用了节流和单向阀(Parker 公司的 FM 系列产品)实现双向节流调速。

(3) 在平衡液压缸联动机构和同步液压缸联动机构两个回路中,分别采用了两个双向液控单向阀 8 和 26(Parker 公司的 CPOM 系列产品)控制的封闭回路,这样在电磁换向阀 12、27 不动作时,实现了两组液压缸的精确联动。

液压系统的工作控制方式有全自动控制方式与主从控制方式。为全自动控制方式时,液压系统在计算机的控制下,根据工作面的几何尺寸,按照设定的程序及喷浆工艺过程,可自动按顺序完成各操作动作;为主从控制方式时,液压系统按照操作器发出的信号,可任意完成各动作的人工操作。

5. 节能设计

由于喷浆机器人的液压系统是一种机载系统,所以系统的结构必须简单、紧凑;系统的发热与散热问题应易于解决;系统的总功率应该尽可能降低。由于在实际工作中,各关节并不是同时工作的,除了水平伸缩臂的水平伸缩与喷枪转动同时工作外,其他各关节的动作都是独立完成的,而且大臂的起落是间歇工作,每次间歇的时间超过 15s。综合考虑这些因素,选择油泵时,应按照水平伸缩臂伸缩和喷枪转动两个液压马达同时工作所需要的最大流量来确定工作油泵的流量,而对其富裕的流量用囊式蓄能器存储,并用来驱动大臂的起落或小臂的摆动。按照绝热过程设计计算,蓄能器的充气压力 15MPa,容积 16L。选择的油泵为 PV2R13 型双联泵,后泵的公称排量为 6mL/h,前泵的公称排量为 76mL/h,所配电机转速 1470r/min。这样,本系统的能源能得到充分的利用,发热也降到了最低限度,整个系统配置紧凑、合理,实现了液压动力机构的最佳匹配问题。

6. 液压 CAD 设计

喷浆机器人液压系统中所有液压控制阀均采用了板式连接,将阀、压力表等集中安装在两块液压集成块上,装配、调试、更换、维修及保养均很方便。阀块采用了三维实体造型 CAD 软件 CA-TIA 5 进行设计。利用 CAD 软件不仅可以自动设计液压集成块,还能逐一检查块中复杂孔系的连通关系和间隔壁厚,并能打印出校验结果。这样,可以及时发现设计中存在的问题,因而极大地提高了设计效率,保证了设计质量,提高了材料利用率。在设计液压系统时,将设计对象的各种工况输入计算机,运用 CAD 系统进行应力与流场的有限元分析,评选出最优方案,并预测其可靠性和压力范围,这样无须在实验室内进行大量的样机试验和分析。同时,为了提高产品质量的可靠性,还运用了动力学仿真软件 ADAMS 进行仿真分析,预测了元件和系统的动态特性问题。

4.3 锚杆台车

4.3.1 概述

1. 锚杆支护简介

锚杆支护是指在边坡、岩土深基坑等地表工程及隧道、采场等地下硐室施工中采用的一种加固支护方式。用金属件、木件、聚合物件或其他材料制成杆柱,打入地表岩体或硐室周围岩体预先钻好的孔中,利用其头部、杆体的特殊构造和尾部托板(亦可不用),或依赖于黏结作用将围岩与稳定岩体结合在一起而产生

悬吊效果、组合梁效果、补强效果,以达到支护的目的。

锚杆支护是通过围岩内部的锚杆改变围岩本身的力学状态,在巷道周围形成一个整体而又稳定的岩石带,利用锚杆与围岩共同作用,达到维护巷道稳定的目的。它是一种积极防御的支护方法,是矿山支护的重大变革。

锚杆不但支护效果好,且用料省、施工简单、有利于机械化操作、施工速度快。但是锚杆不能封闭围岩,防止围岩风化;不能防止各锚杆之间裂隙岩石的剥落。

在隧道施工中,工作面开挖后应立即进行必要的支护,约束围岩的松弛和变形。喷射混凝土配以锚杆的支护方法,可以主动加固围岩,控制围岩变形,防止围岩的松动破坏和坍落,使喷锚在与围岩共同变形的过程中保持围岩的稳定性,是隧道施工中初期支护的主要手段。锚杆支护可将表面可能坍落的岩块悬吊在稳定的岩层上。在分层岩体上打入锚杆后,可以提高岩层的整体抗弯能力。

与构件支撑、灌注混凝土衬砌或其他衬砌结构比较,喷锚结构是一种变"被动"为"主动"的支护形式,锚杆支护是有利于加快隧道掘进速度、提高支护效果、降低支护劳动强度和减少支护材料消耗的先进技术。

锚杆孔钻进是锚杆支护施工的重要环节,锚杆支护的发展需要大量锚杆台车作保证。锚杆台车包括锚杆钻机和配套钻具(钻杆、钻头等)。

2. 锚杆的功用

锚杆是当代煤矿中巷道支护的最基本的组成部分,可将巷道的围岩加固在一起,使围岩自身支护自身。现在锚杆不仅用于矿山,也用于工程技术中,对边坡、隧道、坝体进行主体加固。

组成锚杆必须具备几个因素:①抗拉强度高于岩土体的杆体;②杆体一端可以和岩土体紧密接触形成摩擦(或黏结)阻力;③杆体位于岩土体外部的另一端能够形成对岩土体的径向阻力。锚杆作为深入地层的受拉构件,它一端与工程构筑物连接,另一端深入地层中,整

根锚杆分为自由段和锚固段。自由段是指将锚杆头处的拉力传至锚固体的区域,其功能是对锚杆施加预应力;锚固段是指水泥浆体将预应力筋与土层黏结的区域,其功能是将锚固体与土层的黏结摩擦作用增大,增加锚固体的承压作用,将自由段的拉力传至土体深处。

锚杆是岩土体加固的杆件体系结构。通过锚杆杆体的纵向拉力作用,克服岩土体抗拉能力远远低于抗压能力的缺点。表面上看是限制了岩土体脱离原体,宏观上看是增加了岩土体的黏聚性。从力学观点上看主要是提高了围岩体的黏聚力 c 和内摩擦角 φ,其实质上锚杆位于岩土体内与岩土体形成一个新的复合体。这个复合体中的锚杆是解决围岩体抗拉能力低的关键,从而使得岩土体自身的承载能力大大加强。

常用的锚杆如下。

(1) 木锚杆。我国使用的木锚杆有两种,即普通木锚杆和压缩木锚杆。

(2) 钢筋或钢丝绳砂浆锚杆。以水泥砂浆作为锚杆与围岩的黏结剂。

(3) 倒楔式金属锚杆。这种锚杆曾经是使用最为广泛的锚杆形式之一。由于它加工简单,安装方便,具有一定的锚固力,因此在一定范围内还在使用。

(4) 管缝式锚杆。这种锚杆是一种全长摩擦锚固式锚杆,具有安装简单、锚固可靠、初锚力大、长时锚固力随围岩移动而增长等特点。

(5) 树脂锚杆。用树脂作为锚杆的黏结剂,成本较高。

(6) 快硬膨胀水泥锚杆。采用普通硅酸盐水泥或矿碴硅酸盐水泥加入外加剂而成,具有速凝、早强、减水、膨胀等特点。

(7) 双快水泥锚杆。这种锚杆是由成品早强水泥和双快水泥按一定比例混合而成的,具有快硬、快凝、早强的特点。

3. 锚杆支护理论的发展

1) 悬吊理论

1952—1962 年路易斯阿·帕内科(Louis A Panek)等发表了悬吊理论。悬吊理论认为锚杆支护的作用就是将巷道顶板较软弱岩层悬吊在上部稳固的岩层上。对于回采巷道揭露的层状岩体,直接顶板均有弯曲下沉变形趋势,如果使用锚杆及时将其挤压,并悬吊在老顶上,直接顶板就不会与老顶离层乃至脱落。锚杆的悬吊作用主要取决于所悬吊岩层的厚度、层数及岩层弯曲时相对的刚度与弹性模量,还受锚杆长度、密度及强度等因素的影响。这一理论提出的较早,满足其前提条件时有一定的实用价值。但是大量的工程实践证明,即使巷道上部没有稳固的岩层,锚杆亦能发挥支护作用。例如,在全煤巷道中,锚杆锚固在煤层中也能达到支护的目的,说明这一理论有局限性。

2) 组合梁理论

组合梁理论认为巷道顶板中存在着若干分层的层状顶板,可看作是由巷道两帮作为支点的一种梁,这种岩梁支承其上部的岩层载荷。使用锚杆将各层"装订"成一个整体的组合梁,防止岩石沿层面滑动,避免各岩层出现离层现象。在上覆岩层荷载作用下,这种较厚的组合梁相比单纯的迭加梁,其最大弯曲应变和应力大大减小,挠度亦减小。而且各层间摩擦阻力越大,整体强度越大,补强效果越好。但是,这种理论在处理岩层沿巷道纵向有裂缝梁的连续性问题和梁的抗弯强度问题时有一定的局限性。

3) 组合拱理论

组合拱理论是由兰氏(T. A. Lang)和彭德(Pender)通过光弹试验提出来的。组合拱原理认为,在拱形巷道围岩的破裂区中,安装预应力锚杆时,在杆体两端将形成圆锥形分布的压应力,如果沿巷道周边布置的锚杆间距足够小,各个锚杆的压应力维体相互交错,这样使巷道周围的岩层形成一种连续的组合拱(带)。这个组合拱可承受上部岩石的径向载荷,如同碹体起到岩层补强的作用,承载外围的压力。组合拱理论的不足是缺乏对被加固岩体本身力学行为的进一步探讨,与实际情况有一定差距,在分析过程中没有深入探索围岩-支护的相互作用。

4) 水平应力理论

澳大利亚学者盖尔(W. J. Gale)在 20 世纪

90 年代初提出了最大水平应力理论。该理论认为,矿井岩层的水平应力一般是垂直应力的 1.3～2.0 倍。而且水平应力具有方向性,最大水平应力一般为最小水平应力的 1.5～2.5 倍。巷道顶底板的稳定性主要受水平应力影响,且有三个特点:①与最大水平应力平行的巷道受水平应力影响最小,顶底板稳定性最好;②与最大水平应力呈锐角相交的巷道,其顶板变形破坏偏向巷道某一帮;③与最大水平应力垂直的巷道,顶底板稳定性最差。

最大水平应力理论,论述了巷道围岩水平应力对巷道稳定性的影响,以及锚杆支护所起的作用。在最大水平应力作用下,巷道顶底板岩层发生剪切破坏,因而会出现错动与松动引起层间膨胀,造成围岩变形。锚杆所起的作用是约束其沿轴向岩层膨胀和垂直于轴向的岩层剪切错动,因此要求具有强度大、刚度大、抗剪阻力大的高强锚杆支护系统。

4. 国内锚杆的现状及发展趋势

我国锚杆钻机的研究起步较晚,20 世纪 60 年代开始研制第 1 代电动锚杆钻机。由于我国锚杆支护技术推广应用缓慢,锚杆钻机技术也一直处于缓慢发展和低水平重复的状态。20 世纪 90 年代以后,随着锚杆支护技术的大力推广,锚杆钻机技术才取得长足的发展。但是我国锚杆钻机的总体水平与国外先进水平相比仍有较大的差距,这也是我国发展锚杆支护技术急需解决的迫切任务。

从 20 世纪 60 年代起,我国在引进英国维克托锚杆钻机的基础上,开发研制了系列电动锚杆钻机。到了 20 世纪 70 年代,又在 7665 型和 ZY24 型气动凿岩机的基础上,研制了 YSP45 型伸缩式顶板凿岩机。随着岩巷大量使用砂浆锚杆,1976 年成功研制了我国第 1 台机械化锚杆钻孔安装机,1981 年又成功研制了 CGM-40 型全液钻车。在 20 世纪 80 年代,用于半煤岩顶板锚杆支护的 MZ 系列、QYM 型单体锚杆机、YMJ-1 型小断面岩巷风动锚杆机相继研制成功。1987 年开始引进澳大利亚气动锚杆钻机,并定点 3 家工厂进行小批量生产。1990 年以后,我国单体锚杆钻机在吸收国外锚杆钻机技术的基础上已有了一定的发展。目前锚杆钻机生产厂家主要是生产气动顶板锚杆钻机、气动边帮锚杆钻机,这两种锚杆钻机已经形成系列化产品。这些产品不但具备了钻锚杆孔的功能,还具备了搅拌树脂、快速安装锚杆的功能。我国还研制成功了悬臂式掘进机配套的机载锚杆钻机,目前又正在加紧研究带锚杆钻机的连续采煤机和掘锚一体化机组。随着煤矿专用锚杆钻机的不断发展,从现有的机型种类来看,只能是基本上满足需要,还存在不少问题需要进一步提高与完善。

1) 我国锚杆钻机存在的主要问题

(1) 锚杆钻机的品种过多,可靠性差。目前我国已经开发了多种型号的锚杆钻机,但适于井下使用且可靠性好的并不多,很多产品难以在井下连续使用。有的厂家为了追求高利润,盲目改进锚杆钻机性能,派生出多个锚杆钻机的型号,其实性能没有实质上的改进,有的甚至导致锚杆钻机性能下降。

(2) 锚杆钻机的生产制造标准不够规范,各厂家的锚杆钻机零部件互换性差。随着锚杆钻机技术的发展,我国制定了一系列锚杆钻机的标准,但标准中对钻机零部件的连接部分尺寸统一规定不够,再加上锚杆钻机的零部件缺乏专业化生产,一些厂家为了各自利益,一些零部件做得五花八门,致使市场上的锚杆钻机零部件通用性极差。

(3) 锚杆钻机技术近年来处于停滞状态,产品性能提升缓慢。国内锚杆钻机技术是基于国外锚杆钻机技术发展而来的。目前几乎所有的锚杆钻机都是在对国外锚杆钻机测绘的基础上对其形状和尺寸稍加改动,没有实质性的突破。而仅仅改变形状和尺寸又导致锚杆钻机品种繁多、零配件通用性差,使煤矿使用锚杆钻机的成本在无形中增加。

(4) 高新技术应用力度不够,锚杆钻机技术向大型掘锚技术装备上发展不够。随着我国高新技术的发展,锚杆支护装备应用高新技术的力度不够,研究与生产自动化程度高、机械化程度高的掘锚装备力度不够。国内尚无像国外一些采掘装备公司那样生产符合我国国情的大型掘锚装备。目前我国煤矿使用的大型掘锚装备都是从国外进口的。

随着煤矿专用锚杆钻机的不断发展,从现有的机型种类来看,只能是基本上满足现在的需要。锚杆钻机的发展已经阻碍了我国煤矿建设高产高效矿井的步伐,因此,必须加快锚杆钻机技术的研究。

2) 我国锚杆钻机的发展方向

(1)进一步规范现有锚杆钻机的品种,加强现有锚杆钻机生产管理。针对目前我国锚杆钻机品种繁多的情况,必须进一步加强规范现有锚杆钻机型号,将锚杆钻机的主参数范围化,形成少数几个系列。同一系列的锚杆钻机主要部件接口统一化,通过加强对锚杆钻机产品和生产厂家的强制管理,逐步使锚杆钻机的主要零配件系列化和通用化。另外要进一步加强锚杆钻机特别是气动锚杆钻机零部件的专用化生产,提高其零配件的质量,从而提高单体锚杆钻机整体质量水平。

(2)进一步研究特殊条件使用的钻机,使得锚杆钻机技术更全面。目前我国锚杆钻机普遍使用的是顶板锚杆钻机和煤帮锚杆钻机,其适应的巷道条件为硬度 $f < 6$ 的岩石顶板和中低位煤巷帮。虽然有几种高位煤帮钻机,但使用效果并不理想。因此需要进一步研究高位煤帮钻机、处理地鼓钻机、硬岩钻机和软岩钻机等其他特殊钻机,使锚杆钻机整体技术水平上一个台阶。

(3)进一步将其他领域的新材料、新工艺等高新技术应用于锚杆钻机上,推动锚杆钻机技术的发展。随着我国科学技术的不断发展,其他领域的高新技术不断涌现,应将这些新技术应用于锚杆钻机的设计开发上,锚杆钻机性能更优良,锚杆钻机技术得到进一步发展。

(4)进一步加快我国大型掘锚机组等快速掘进设备的研制开发。建立我国煤矿大型掘锚装备产研基地,使我国煤矿大型掘锚技术与装备不再依靠进口,生产出适合我国煤矿国情的大型掘锚装备,为我国煤矿建设高产高效矿井提供有力保障。

国内锚杆钻机的研制经历了30多年的历程,曾先后研制成功机械支腿式电动锚杆钻机、钻车式锚杆钻机、支腿与导轨式液压锚杆钻机、支腿式气动式锚杆钻机、非机械传动支腿式电动锚杆钻机、机载式锚杆钻机和双级气腿凿岩机等。

到目前为止,我国已开发了30多种型号不同类型的锚杆钻机,但适用且可靠性较好的只有三四种产品,当前正式投入使用的仅占已开发产品总数的10%左右。

5. 国外锚杆的现状及发展趋势

早在20世纪40年代,国外已将锚杆支护技术应用于巷道支护工程。随着锚杆支护技术的发展,锚杆钻机作为锚杆支护的主要施工机具,就成为该项技术发展的重点。经过几十年的研究与攻关,锚杆钻机已从当初的功能单一、技术含量低、可靠性差、安全性差、笨重发展到今天的功能齐全、可靠性好、安全性好、自动化水平高的新型钻机。

在锚杆支护技术应用初期,国外在锚杆支护施工中采用普通凿岩机械钻凿锚杆孔,人工安装锚杆,用扳手拧紧螺母。到20世纪50年代初,美国、瑞典等西方国家已广泛应用伸缩式气动凿岩机钻凿顶板锚杆孔,同时,美国已研制成功钻车式锚杆钻机并在支护工程中推广使用。国外仅用了10年左右时间就实现了锚杆支护的机械化。20世纪50年代末,随着锚杆支护理论及设计方法的不断完善,英国等国家率先将锚杆支护技术应用于煤矿巷道支护。为适应煤矿巷道断面面积较小的特点,英国、波兰等国研发了单体电动式锚杆钻机和液压回转式锚杆钻机。

20世纪70年代,为适应大断面巷道锚杆支护快速施工,美国的英格索兰、法国的赛克马、瑞典的阿特拉斯等凿岩设备公司陆续推出了功能多、机械化程度高的台车式锚杆钻装机。该类钻机既能钻锚杆孔,又能安装锚杆,基本实现了锚杆孔施工、锚杆安装的机械化。20世纪80年代至90年代,澳大利亚成功研制了轻型支腿式气动锚杆钻机,并在澳大利亚、英国、中国、波兰和印度等国的煤矿得到广泛应用。该型钻机切削动力采用风马达,推进支腿用高强度玻璃纤维和碳素纤维缠绕而成,具有动力单一、质量轻、输出转矩大的特点,不仅用于锚杆、锚索孔的施工,还可用于搅拌树脂锚杆和拧紧螺母,仍是当前世界单体锚杆钻机的主要机型。

20 世纪 90 年代,在澳大利亚各大采矿设备公司推出轻型单体锚杆钻机的同时,美国的杰弗里公司、乔伊公司,英国的安德森公司,奥地利的奥钢铁公司等又相继研制了与连续式采煤机、掘进机相配套的机载式锚杆钻装机,实现了采掘锚一体化作业。新一代的锚杆钻装机不仅采用了新材料、新工艺,而且应用了计算机控制技术,使锚杆施工实现了高度的机械化和智能化,使其性能更先进、使用更方便、施工更安全。

纵观国外锚杆钻装设备的发展历程,国外锚杆钻机的发展始终与锚杆支护理论不断完善与发展紧密相联,相互依存,相互促进。同时,国外锚杆钻机的研究不断采用新材料、新工艺,紧密结合国情而开发的每一代产品都能代表当时的世界领先水平。国外锚杆钻机的发展趋势是一方面不断完善改进现已普遍使用的单体锚杆钻机,使其更可靠,更适应现场需要;另一方面不断加强对掘锚一体化快速掘进装备的研究(目前已经推广使用了多款快速掘锚装备)。国外锚杆钻机的研究与开发将会从这两个方面开展,而且后者为今后发展重点。

4.3.2 锚杆的种类

1. 管缝式锚杆

管缝式锚杆是一种全长锚固,主动加固围岩的新型锚杆,其立体部分是一根纵向开缝的高强度钢管,当安装于比管径稍小的钻孔时,可立即在全长范围内对孔壁施加径向压力和阻止围岩下滑的摩擦力,加上锚杆托盘托板的承托力,从而使围岩处于三向受力状态。在爆破振动围岩锚移等情况下,后期锚固力有明显增大,当围岩发生显著位移时,锚杆并不失去其支护抗力,管缝式锚杆比涨壳式锚杆有更好的特性。

1) 管缝式锚杆的主要技术性能和规格

(1) 初始锚固力:30~70kN;

(2) 管环拉脱荷载:80~100kN;

(3) 锚杆管抗拉断能力:120~130kN;

(4) 耐腐蚀性能比 A3 钢高 20%~30%,利于长期使用。

2) 管缝式锚杆的规格

(1) 外径(mm):$\phi 30, \phi 33, \phi 40, \phi 43(\pm 0.5)$;

(2) 长度(mm):1200,1500,1800,2000,2500(还可以根据客户需要的规格生产);

(3) 材质:16Mn,20MnSi。

2. 自旋锚杆

自旋锚杆是螺旋锚杆的一种,如果合理使用能成为顶级锚杆。

螺旋锚杆是 20 世纪初期开发的软土层锚杆之一,因为这种锚杆施工简单、快速,被广泛应用在一些野外工程或岩土体的辅助锚固上。在长期的研究实践中,西安科技大学惠兴田教授对传统螺旋锚杆进行了深入分析,并在 1999 年发明了一种新型的螺旋式锚杆——自旋锚杆。自旋锚杆摒弃了传统螺旋锚杆的大锚叶结构,采用中空连续小旋丝结构,采用不同的施工工艺就使得自旋锚杆的应用发生了根本性变化,从而派生出一个功能齐全的全能体系。以下是各种类别自旋锚杆简述。

(1) 自攻旋进锚杆:在钻孔中自攻旋进安装不使用锚固剂就能达到 70kN 锚固力。

创新点:不使用锚固剂的全长锚固锚杆。

优点:成本低,施工速度快。

缺点:安装要求钻孔精确,各项参数配合恰当,施工中难以达到要求。

(2) 自攻挤压旋进锚杆:在土层中无需钻孔直接挤压旋进安装,锚固力 20kN/m。

创新点:不钻眼,不注浆的全长锚固锚杆。

优点:挤压强化土体结构使土体承载力大大提高,施工速度快,锚固及时。

缺点:钻机扭矩要求大,适应性受限,个别情况下单位锚固力小。

(3) 自旋注浆锚杆:在钻孔中安装结束后利用自旋锚杆注浆就成为具有初锚力的自旋注浆锚杆。

创新点：具有初锚力且是全长锚固的注浆锚杆。

优点：具有一定初锚力，适用于各种松软岩土体。

缺点：注浆程序占用时间，施工环境差，速度受限制。

（4）自旋树脂锚杆：在钻孔中安装的同时，自旋锚杆将树脂药卷搅拌成具有初锚力的自旋树脂锚杆。

创新点：药卷搅拌结束立即施加预应力的树脂锚杆。

优点：锚固可靠，适用性广。

缺点：锚杆安装需要专用钻具。

（5）自钻自锚固锚杆：在自旋锚杆中空内放入钻杆，使钻眼安装一次完成，是具有初锚力的自钻锚杆。

创新点：钻眼安装一次完成且具有初锚力的自钻锚杆。

优点：有一定的初锚力，安装快速，适用于任何岩土层。

缺点：安装需要专用钻具。

（6）自旋喷浆锚杆：在土层中边喷浆边钻进，安装锚注一次完成，锚固力 35kN。

创新点：钻眼安装和注浆一次完成的土层锚杆。

优点：适用于松散岩土体。

缺点：不能用于岩体破碎带松散体。

4.3.3　锚杆台车的组成及支护作用机理分析

1. 锚杆台车的组成

锚杆台车是在隧道施工中用于围岩支护的专用设备。在需要锚杆支护的地方用锚杆台车进行钻孔、注浆、插入锚杆，全套工序均由锚杆台车完成。图 4-52 所示为锚杆台车外貌图。

锚杆台车由台车底盘、大臂、锚杆机头等组成。

锚杆台车底盘为自行式底盘，和凿岩台车的底盘相同，为增加台车的机动性，采用轮胎式底盘、全液压驱动、液压转向，具有机动灵活、操作轻便等特点。

图 4-52　锚杆台车

大臂结构通常是矩形箱结构，具有升降、摆动、伸缩、转动等功能。大臂内、外套管之间可由摩擦块调整。大臂的动作均由液压系统控制。大臂上各个液压缸均装有插入式自动平衡限速阀起保护作用，当大臂受到强大外力作用时，自动打开油口卸荷。

锚杆机头由凿岩机及其推进器、锚杆推进器、注浆或喷射导架、定位器、三状态定位液压缸、锚杆夹持架等部件组成，可完成从钻孔、注浆到锚杆安装全过程的工作。更换少数部件即可安装涨壳式锚杆。

2. 锚杆支护作用机理分析

传统的锚杆支护理论有悬吊、组合梁、加固拱等理论，在生产实践中起积极作用，但具有一定的局限性。本书在井下实测、数值计算等研究成果的基础上，针对复杂困难巷道围岩条件，提出高预应力、强力锚杆一次支护理论，其要点如下。

（1）锚杆支护的主要作用是控制锚固区围岩的离层、滑动、裂隙张开、新裂纹产生等扩容变形与破坏，尽量使围岩处于受压状态，抑制围岩弯曲变形、拉伸与剪切破坏的出现，最大限度地保持锚固区围岩的完整性，提高锚固区围岩的整体强度和稳定性。

（2）在锚固区内形成刚度较大的次生承载结构，阻止锚固区外岩层离层，改善围岩深部的应力状态。

（3）锚杆支护系统的刚度十分重要，特别是锚杆预应力起着决定性作用。根据巷道围岩条件确定合理的锚杆预应力是支护设计的关键。当然，较高的预应力要求锚杆具有较高的强度。

（4）锚杆预应力的扩散对支护效果同样重要。单根锚杆预应力的作用范围很有限，必须通过托板、钢带和金属网等构件将预应力扩散到离锚杆更远的围岩中。钢带、金属网等护表构件在预应力支护系统中发挥重要的作用。

（5）在复杂困难巷道中，应采用高预应力、强力锚杆组合支护系统，同时要求支护系统有一定的延伸量。"高预应力"要求锚杆的预应力达到杆体屈服强度的 30%～50%；"强力锚杆"要求杆体有较大的破断强度。

（6）锚索的作用主要有两方面：一是将锚杆形成的次生承载结构与深部围岩相连，提高次生承载结构的稳定性；二是锚索施加较大预紧力，挤紧和压密岩层中的层理、节理裂隙等不连续面，增加不连续面之间的抗剪力，从而提高围岩的整体强度。

（7）锚杆支护应尽量一次支护就能有效控制围岩变形与破坏，避免二次支护和巷道维修。

4.3.4 典型锚杆钻车的结构与工作原理

1. CMM25-4 型煤矿用锚杆钻车

CMM25-4 型煤矿用锚杆钻车是与连续采煤机配套作业的高效机械化快速支护装备，可实现巷道快速锚护作业，是目前巷道支护先进技术的代表，是煤矿巷道支护技术的发展方向。该机主要具备支护效率高、安全可靠性好、整机适应性优等特点。

1）型号和含义

CMM25-4 型煤矿用锚杆钻车的型号及含义见表 4-23。

表 4-23　CMM25-4 型煤矿用锚杆钻车的型号及含义

CM	M	25	4
钻车	锚杆支护用	适用工作范围（m³）	钻臂数量

2）适用范围

（1）周围空气中的甲烷、煤层气、硫化氢、二氧化碳不超过《煤矿安全规程》中所规定的安全含量的矿井。

（2）适应巷道高度 2500～5100mm，适应巷道宽度 ≥4400mm，适应岩石抗压强度 $f \leqslant 7$。

3）使用环境条件

（1）海拔不超过 1000m（86～106kPa）。

（2）周围环境温度 −5～+40℃。

（3）周围空气相对湿度不大于 95%（+25℃）。

（4）无破坏绝缘的气体或蒸汽。

（5）无长期连续滴水。

4）总体参数

CMM25-4 型煤矿用锚杆钻车总体参数见表 4-24。

表 4-24　CMM25-4 型煤矿用锚杆钻车总体参数

名　　称	数值/规格	名　　称	数值/规格
长×宽×高	6270mm×3400mm×2330mm	转弯半径	3500mm（巷道宽 4400mm 时）
装机功率	110kW	机重	≤43t
钻机额定转速	手动 490r/min，自动 600r/min	钻杆进给长度	2600mm
钻机进给速度	0.5～20r/min	钻孔直径	27mm
适应岩石抗压强度 f	7	锚钻横向间距	950～1100mm
除尘方式	干/湿式，干式为主	液压系统额定压力	3MPa
接地比压	0.16MPa	行走速度	0～25m/min
履带接地长度	2500mm	卷电缆方式	液控自动
电缆储存量	175m（25mm²）	空缆保护长度	4m
卷电缆速度	0～25m/min		

5）主要机构

CMM25-4 型煤矿用锚杆钻车由底盘、临时支护、滑轨、钻架、工作台、前后连杆、卷电缆装置、液压系统、电气系统、除尘系统组件等 10 部分组成,如图 4-53 所示。

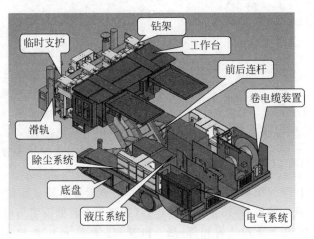

图 4-53　CMM25-4 型煤矿用锚杆钻车的组成

底盘由左、右履带架和机架组成,与工作台、前连杆、后连杆组成平行四边形机构。

工作台与机架中间连接平台升降液压缸,当平台升降液压缸被液压系统驱动升降时,工作台可上下移动至任何位置。工作台是人员操作的平台,其上配有可以升降的顶棚,以保护操作人员不受巷道顶板煤层的威胁。

滑轨组件由左、右滑轨和固定滑轨组成。固定滑轨固定在工作台伸出的 2 根主梁上,2 个钻架在固定滑轨上连接,可实现固定位置处±5°范围内的支护,另 2 个钻架分别在左、右滑轨上连接,可通过滑轨的侧移延伸实现 1075mm 长度范围、-5°～100°空间面积内的支护。

钻架为主要工作机构,靠长、短进给液压缸的两级进给和钻箱的旋转实现钻孔和安装锚杆作业。钻架主要由支撑柱组件、框架、滑架、链传动装置、钻箱、导向连接板、前导向压板、后导向压板、短进给液压缸、长进给液压缸等部件组成。

6）工作系统

（1）液压系统

CMM25-4 型煤矿用锚杆钻车的液压系统为开式变量系统,主要由 2 个泵站、2 个行走马达、4 个钻箱马达、1 个卷缆马达、液压缸和控制阀及阀块组成,完成较为复杂的锚钻、行走、除尘、卷电缆和加油等动作控制。

（2）电气系统

CMM25-4 型煤矿用锚杆钻车的电气系统由 2 台 55kW 电机、隔爆兼本质安全型电气控制箱、工作台隔爆型低压电缆接线盒、工作台隔爆型电气控制箱和矿用隔爆型卷电缆等五大部件组成。

系统由 PLC 逻辑控制,实现电动机的启、停及各种保护和语音报警功能。

电气附属件包括前、后投光灯,机身左、右侧荧光灯,顶棚和电控箱区域照明荧光灯,工作台左右急停、走廊急停、机尾急停按钮,油温、油位传感器,行走、锚钻压力传感器。

（3）除尘系统

CMM25-4 型煤矿用锚杆钻车的除尘系统主要由钻箱、旋流器、除尘箱、滤芯、风机、消声器以及风管等辅助件组成。其具体工作流程为:粉尘→钻箱→旋流器→除尘箱(沉降室→滤芯)→风机→消声器→大气。工作原理如图 4-54 所示。

打孔作业时由于钻头旋转,切屑产生的粉尘在风机负压作用下,经过空心钻杆和钻箱空心轴进入第一级除尘器——旋流器。旋流器

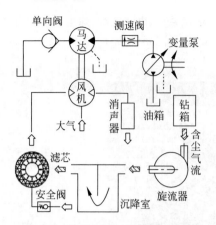

图 4-54　除尘系统工作原理示意图

为旋风式除尘器,由内、外筒组成,含尘空气沿着外筒体的切线方向进入旋流器,由于气旋作用,粗颗粒粉尘边旋转边下降到外筒底部,通过旋流器液压缸开启腔体底盖排出机外。细粉尘通过内筒螺旋叶片向上进入第二级除尘器——重力沉降室。内筒底锥部在外筒腔体上方形成反射屏,阻挡了外筒内的粉尘被气流卷起形成二次扬尘。进入沉降室的含尘气流在内部迷宫式隔板作用下,大量粉尘被沉淀至箱体底部,底部落灰需人工定期清理。在风机负压作用下,含尘气流被吸入第三级除尘器——过滤室,该室配置有滤筒式滤芯,过滤精度高,能将细微颗粒的粉尘沉降,底部落灰需人工定期清理。经三级过滤后气流被吸入风机,从风机出风口排至消声器,经噪声处理后直接排入大气。在除尘箱出口处连接有安全阀,防止含尘气体在箱体内部淤积导致系统瘫痪,保护风机。

7) 使用和操作

CMM25-4 型煤矿用锚杆钻车的操作分电气系统操作和液压系统操作两个部分,基本程序是电气系统启动以后通过液压控制阀的操作来实现机器的行走、钻锚等功能。

电气系统操作由主电气控制操作箱和指令电气控制箱控制;液压系统操作主要是对多路换向控制阀的操作控制。

(1) 电气部分的操作

① 开机操作注意事项

a. 检查主令电气控制箱、指令电气控制箱和接线盒的螺栓是否都处于紧固状态,缺失的要补齐。

b. 检查主令电气控制箱、指令电气控制箱的开关是否都处于"0"位。

c. 按下主令电气控制箱总急停按钮 SB1,把隔离开关 GK 由"分"的位置扳到"合"的位置,拔出主令电气控制箱总急停按钮 SB1,系统通电,显示器开始工作,照明灯、荧光灯亮。

d. 检查电压表显示,看供电电压是否正常,若供电电压超过 1250V,请检查配电中心供电情况,并根据实际工况调整变压器抽头,以保护电控箱内元器件。

e. 查看显示器显示的本车电气系统状态(具体显示内容见说明书电气系统原理部分的报警、显示单元),并根据显示内容做相应处理。

② 主电气控制箱按钮介绍

a. 隔离开关 GK:装在电控箱内右侧,是控制电控系统的总电源开关,合上时电控系统通电,断开时电控系统断电。

b. 转换开关 SA1~SA3:装在主令电气控制箱内右侧,其中 SA1、SA2 分别控制 2 台泵站电机的启停;SA3 控制前灯、后灯照明。

c. 主令电气控制箱总急停按钮 SB1:装在主令电气控制箱内右侧,在紧急情况下切断系统控制回路供电。

③ 指令电气控制箱按钮介绍

a. 转换开关 SB2~SB4:装在指令电气控制箱上,SB2、SB4 分别远程控制 2 台泵站电机的启动,SB3 控制泵站电机的停止。

b. 油泵急停按钮 SB5:装在操作箱上,用于在紧急情况下远程切断 PLC 主控单元的 1♯、2♯ 油泵的输出。按下油泵急停按钮后,电控系统只停止油泵,其他功能正常。

④ 油泵电机的启动与停止

a. 主令电气控制箱的控制:把转换开关 SA1 转到"启"的位置,当蜂鸣器响起的时候即可松手,开关自动回到"0"位,约 1s 后,1♯ 油泵电机启动;把转换开关 SA1 转到"停"的位置,1♯ 油泵电机即停止。2♯ 油泵电机的启动、停止方式同上,只是控制转换开关为 SA2。

b. 指令电气控制箱远程控制：按下转换开关 SB2，当蜂鸣器响起的时候即可松手，开关自动弹起，约 1s 后 1♯ 油泵电机启动；按下转换开关 SB4，当蜂鸣器响起的时候即可松手，开关自动弹起，约 1s 后 2♯ 油泵电机启动；按下转换开关 SB3，1♯、2♯ 油泵电机同时停止（如果此时 2 台电机同时运行的话）。

（2）液压部分的操作

① 锚钻操作

a. 将平台先导控制的手动换向阀切换到锚钻位置（参考铭牌操作）。

b. 先将急停阀手柄拔出，再将旋转调速阀手动调至 0 挡（或调小，使自动进给的速度变慢）。

c. 手动操作使支撑柱顶板（或夹钳机构）接触到巷道顶板。

d. 调整钻架角度及位置等，然后手动进给操作使钻杆头与钻孔位置对中，调整完毕后启动自动旋转并开启风机。

e. 启动自动进给，同时调节调速阀挡位，结合实际工况及设备运行情况确定调速阀挡位。

f. 当锚杆进给到要求的深度后，碰到碰撞螺栓，碰撞阀换向，钻箱自动下落，旋流器门开启，煤灰自动排出；钻架下落到位后，旋流器的门自动关闭，整个锚钻过程结束。

g. 对于顶板条件不好的巷道，必须使用临时支护液压缸。

② 行走操作

a. 操作前应保证前后稳定液压缸、顶棚、左右踏板、钻架、临时支护液压缸等处于完全收回状态。如不符，手动操作收回。

b. 将平台先导控制阀组的手动换向阀切换到行走位置，通过切换过道行走阀组上的手动换向阀来选择使用过道或平台的先导手柄控制行走。

c. 同时操作卷电缆装置收放电缆（行走的方向参照铭牌）。

d. 行走速度可以无级调整，根据操作手柄推动的位置不同，速度也发生相应变化，手柄推到最大，速度也达到最大。

③ 卷电缆操作

卷电缆操作是与行走操作相结合的，卷电缆速度随行走速度伺服变化。

锚杆机前进时，卷电缆手柄一定要切换到放松位置，卷电缆滚筒自动排缆；整机后退时，卷电缆手柄切换到拉紧位置，卷电缆滚筒由马达带动收缆。

卷电缆装置本身带有空缆保护和满缆保护装置，行走时如果有异常停机发生，请检查以上保护。

④ 其他操作

a. 顶棚升降操作：可以在过道和工作台两处操作。

b. 工作台升降操作：操作工作台左侧操作阀组相应的先导控制手柄，来控制平台升降液压缸的伸缩。

c. 侧护梁及工作台踏板操作：侧护梁及右踏板的操作手柄位于工作台处，依据铭牌操作。为了安全操作，将左踏板的操作手柄安装在工作台的左侧，依据铭牌操作。

d. 前、后稳定液压缸及临时支护操作：操作手柄位于六联阀处，操作时依据铭牌先将前稳定液压缸完全伸出，再伸出后稳定液压缸。临时支护的操作阀位于工作台左侧操作站上，依据铭牌内容操作即可。

8）检修与维护保养

（1）检修须知

① 操作人员必须经过培训，合格后方可进行操作。该车以电为动力，在所有调整、检修或更换部件之前，一定要确保切断电源。

② 液压管路中有高压油，所以在断开液压管或接头前，一定要停机并释放掉压力。

③ 工作台是由液压缸支撑的，任何情况下工作台下面严禁站人。

④ 如果需要稳定液压缸支撑起来作业的，如更换履带，必须另设其他足够的垫块配合液压缸支撑，否则机器下面不许停留人员。

（2）使用油品

CMM25-4 煤矿用锚杆钻车使用的油品见表 4-25。

表 4-25　CMM25-4 型煤矿用锚杆钻车使用的油品

名称	规　格
液压油	L-HM 68 抗磨液压油
齿轮油	工业闭式齿轮油（GB 5903—2011）L-CKD 一等品，黏度等级 220
润滑脂	通用锂基润滑脂（GB/T 7324—2010）3 号
机油	美孚 1 号

（3）机器维护

① 履带张紧

a. 支起钻车：利用稳定液压缸支起钻车，支护步骤参考液压系统部分。b. 张紧：从油杯向导向张紧装置的液压缸注入黄油。c. 抽出锁板：拧下锁紧螺钉，抽出锁板。d. 插入调整垫片：选择合适的调整垫片并插入，选择调整垫片时，应优先选用较厚的调整垫片。e. 插入锁板：插入锁板组件并拧上锁紧螺钉。f. 收起稳定液压缸。

② 钻箱

钻箱是锚钻作业的进给导向机构，钻箱是旋转作业的源动件，二者共同完成了锚钻作业的主要动作及功能。

钻箱的日常维护是维持锚钻作业正常运转的关键，主要内容有：a. 定期加注润滑脂和齿轮油。b. 如果主轴不转可能是锁紧盘没有将钻套背死，调节方法如下：用专用扳手分别夹持钻套及锁紧盘，反向旋动锁紧盘同时正向旋动钻套，将二者背死。c. 定期清理钻套、锁紧盘、加油堵板、配液板、碰撞阀、黄油嘴、箱体等处的淤泥和落灰等。d. 判断碰撞阀是否损坏。e. 如果钻箱温升过高、发热严重，可以选用黏稠度低的齿轮油。

③ 除尘箱

a. 定期清理旋流器下料斗及除尘箱中沉降室和过滤室的粉尘。

b. 用以下方法清理除尘滤芯上的粉尘：用鼓风机吹拭滤芯表面；用手轻轻拍打滤芯表面；除尘滤芯上的粉尘没有必要完全清理干净，因为滤芯表面附着的残余粉尘能帮助滤芯形成更为精密的滤饼，能够维持滤芯保持高效工作状态；每次清理除尘滤芯时要检查除尘夹盘上的 O 形密封圈是否完好，如果损坏要及时更换；安装滤芯的螺柱如果变形会导致夹盘不能对中安装，O 形圈无法密封，拆装时应注意。

④ 旋流器更换密封条

a. 将已经损坏的密封条从密封槽内取出，必要时使用螺丝刀及尖嘴钳子。b. 将密封槽清理干净。c. 将 1∶1 混合好的 AB 胶均匀涂抹在密封槽和密封条上。d. 将密封条压入密封槽，使外露下表面与筒体面均匀平行，待 5～10min 密封胶凝固后即可使用。e. 必要时用刀片削改密封条形状成楔形以方便装入。

⑤ 钻架

钻架是锚钻作业的主要工作机构，钻架的日常维护非常重要，应予以高度重视。维护工作主要包括间隙调整、导轨面和链条的润滑、链传动调节。

a. 间隙调整

Ⅰ. 导向连接板间隙调节

导向连接板的耐磨条和耐磨板与滑架靠弹簧及螺堵组成的防松机构压在一起，当耐磨条和耐磨板被磨损导致间隙变大后，弹簧会自动伸长把耐磨条压到导轨上，但是当磨损量太大时弹簧预紧力不足，则需要调节，具体步骤如下：调整螺堵的旋入量，调整时要左右、上下交叉、逐步调节，不可一次调死，使得两个耐磨条的耐磨面均匀接触到滑架的导轨上，并且导向间隙左右均匀；依据判断准则判定，如果不合适返回第 1 步继续操作；把 12 个螺堵逆时针拧紧。

Ⅱ. 前、后导向压板间隙调整

前导向压板调节：将左右两个前导向压板的四个薄螺母旋松；调节螺钉旋入量，使两个耐磨条的耐磨面完全压紧到滑架的导轨面上，调整时要左右、上下交叉、逐步调节，不可一次调死；逆时针旋转螺钉 60°～90°（1/6～1/4 周）；拧紧薄螺母。

后导向压板调节：将左右两个后导向压板的四个螺母和螺钉旋松；调节顶丝的旋入量，使得两个耐磨条的耐磨面完全压紧到套筒的导轨面上，调整时要左右、上下交叉、逐步调节，不可一次调死；逆时针旋转螺钉 60°～90°

（1/6～1/4 周）；拧紧左旋螺堵。

b. 导轨面和链条的润滑

为了减小各导向耐磨条、导轨面及链传动装置的磨损，润滑顶板会定期定量向这些部位喷出少量液压油，对它们进行润滑。

c. 链传动调节

为了使钻箱平稳运动，传动装置的链子必须张紧。调解撑杆的长度可以调解链子的松紧程度。链传动装置的调节方法如下：停机情况下，把钻箱托起，令链条自由悬垂，先逆时针将锁紧螺母 2 旋松，再顺时针调节锁紧螺母 1，直至侧移量小于 5mm，最后将锁紧螺母 2 拧紧。

9）润滑

CMM25-4 型煤矿用锚杆钻车的润滑周期和加油方式见表 4-26。

表 4-26　CMM25-4 型煤矿用锚杆钻车的润滑周期和加油方式

序号	润滑部位	数量	润滑油（脂）类型	润滑周期	加油方式	目的
1	排线架	3	3♯通用锂基润滑脂（GB/T 7324—2010）	1 次/周	油杯 M10×1	传动轴、导向轴
2	卷电缆滚筒链条	2	68 抗磨液压油（GB 1118.1—2011）	1 次/周	倾浇	传动链条
3	行走导向轮	1×2	3♯通用锂基润滑脂（GB/T 7324—2010）	视履带松紧情况定	油杯 M10×1	履带张紧
4	行走导向轮	4×2	N320 中负荷工业齿轮油（GB 5903—2011）	1 次/3 月	螺塞 M10	传动轴、轴承
5	行走减速器	2	N320 中负荷工业齿轮油（GB 5903—2011）	1 次/3 月	螺塞，更换	传动
6	风机	2	N320 中负荷工业齿轮油（GB 5903—2011）	1 次/3 月	螺塞，更换	齿轮
7	风机	2×4	3♯通用锂基润滑脂（GB/T 7324—2010）	1 次/月	油杯 M8×1	轴承
8	钻箱	1×4	N320 中负荷工业齿轮油（GB 5903—2011）	1 次/月	螺塞，加注或更换	齿轮、轴承
9	钻箱	4×4	3♯通用锂基润滑脂（GB/T 7324—2010）	1 次/3 天	油杯 M8×1	油封
10	左、右伸缩滑道	2	3♯通用锂基润滑脂（GB/T 7324—2010）	1 次/周	涂抹	滑动
11	顶棚升降滑道	2	3♯通用锂基润滑脂（GB/T 7324—2010）	1 次/周	涂抹	滑动
12	钻架	4×4	3♯通用锂基润滑脂（GB/T 7324—2010）	1 次/周	涂抹	滑动
13	长进给液压缸	2	3♯通用锂基润滑脂（GB/T 7324—2010）	1 次/周	油杯 M8×1	销轴
14	链传动装置	4	3♯通用锂基润滑脂（GB/T 7324—2010）	1 次/周	油杯 M8×1	销轴
15	支撑柱液压缸	4	3♯通用锂基润滑脂（GB/T 7324—2010）	1 次/周	油杯 M10×1	销轴
16	平台升降液压缸	2×2	3♯通用锂基润滑脂（GB/T 7324—2010）	1 次/周	油杯 M8×1	销轴

序号	润滑部位	数量	润滑油（脂）类型	润滑周期	加油方式	目的
17	前连杆	4	3♯通用锂基润滑脂 (GB/T 7324—2010)	1次/周	油杯 M8×1	销轴
18	后连杆	4	3♯通用锂基润滑脂 (GB/T 7324—2010)	1次/周	油杯 M8×1	销轴
19	凸轮机构	1×4	3♯通用锂基润滑脂 (GB/T 7324—2010)	1次/周	油杯 M8×1	销轴
20	钻架	2×4	3♯通用锂基润滑脂 (GB/T 7324—2010)	1次/周	油杯 M10×1	销轴
21	旋流器	4×4	3♯通用锂基润滑脂 (GB/T 7324—2010)	1次/周	油杯 M10×1	销轴

10）定期保养与维护

CMM25-4 型煤矿用锚杆钻车的定期保养与维护项目见表 4-27。

11）机器常见故障诊断及排除方法

（1）液压故障诊断及排除方法

CMM25-4 型煤矿用锚杆钻车液压故障诊断及排除方法见表 4-28。

（2）电气故障诊断及排除方法

CMM25-4 型煤矿用锚杆钻车电气故障诊断及排除方法见表 4-29。

表 4-27　CMM25-4 型煤矿用锚杆钻车定期保养与维护项目

序号	内容	周期	操作	备注
1	履带张紧	1周/次	检查并调节	
2	旋流器下料斗、沉降室及过滤室积灰	1班/次	清理	
3	旋流器、除尘箱密封	1班/次	检查并更换	及时更换
4	旋流器、除尘箱、钻箱、连接管、风管等处淤泥和落灰	1月/次	清理	随时检查
5	钻架间隙	3天/次	检查并调节	视松紧程度而定
6	钻架润滑情况	1班/次	检查并调节	
7	链传动张紧	1周/次	检查并调节	
8	钻套、锁紧盘、加油堵板、配液板、碰撞阀、黄油嘴、箱体等处的淤泥和落灰	1班/次	清理	
9	回油滤芯	1周/次	更换	第一个月
10	回油滤芯	3月/次	更换	一个月后
11	高压过滤器	1天/次	检查发讯器	
12	空气滤清器	1周/次	检查	
13	节流滤油器滤网	1周/次	冲洗滤网	
14	平台 LS 阀块过滤网	1周/次	冲洗滤网	
15	液位计	3次/班	检查	
16	胶管、接头和阀块密封面	—	随时检查	
17	灯、急停开关、传感器、报警器	1班/次	随时检查	
18	电缆磨损、线头松动	1班/次	检查并更换	
19	卷电缆装置	1班/次	检查并调节	
20	电控箱内状况	1月/次	检查并调节	

表 4-28   CMM25-4 型煤矿用锚杆钻车液压故障诊断及排除方法

故 障 现 象	故 障 原 因 分 析	排 除 方 法
钻箱自动旋转、锚杆进给突然下落或停止	碰撞阀泄漏或密封失效	更换碰撞阀
钻架自动下落	长、短进给液压缸抗衡阀泄漏或损坏	调整或更换液压缸抗衡阀
支撑柱液压缸自动下落	安全阀泄漏或损坏	调整或更换安全阀
	液压缸抗衡阀泄漏或损坏	调整或更换抗衡阀
锚杆自动旋转仍继续,钻箱突然自动降落	液控换向阀泄漏	更换液控换向阀
锚杆自动旋转停止,操作手柄自动旋转开启,停止操作旋转也停止	碰撞阀泄漏或密封失效	首先考虑碰撞阀与安装碰撞阀的配液板,如损坏或密封失效则更换碰撞阀
	阻尼孔堵塞	检查阻尼孔是否堵塞
锚杆自动进给持续停止,操作手柄自动进给开启,停止操作进给也停止	阻尼孔堵塞	检查阻尼孔是否堵塞
系统压力在机器不动作时,持续高压,动作是正常,发热严重	LS 反馈节流孔堵塞	拆开节流孔冲洗或更换
系统压力升不起来,整机动作无力但还正常	LS 反馈节流孔偏大	更换较小的节流孔
	LS 的安全阀有异物卡死	清洗或更换 LS 安全阀
碰撞阀撞击后,架子下落一段不再下落	单向阀被杂物卡死	清洗或更换单向阀
锚杆自动旋转开启后,再开启自动进给,进给速度缓慢甚至不进给	调节调速阀效果不明显则调速阀损坏	更换一个调速阀

表 4-29   CMM25-4 型煤矿用锚杆钻车电气故障诊断及排除方法

故 障 现 象	故 障 原 因	排 除 方 法
相序错或电源缺相	判断:电机不能正常启动 原因:1.供电电源相序错;2.供电电源缺相	1. 改变供电电源相序; 2. 把电缆虚接的地方接好或更换电缆
油泵接触器两相接点粘连	判断:用摇表检查相应电机回路的接触器是否粘连 原因:1.接触器两相触头粘连;2.有两个电流互感器在接触器未吸合时有信号输出	1. 更换接触器;2.检查电流互感器是否正常,更换电流互感器
油泵接触器接点粘连	判断:1.用摇表检查相应电机回路的接触器是否粘连;2.若经过检查接触器没有粘连,则检测综合保护器的粘连保护是否工作正常(正常时漏电保护对应 PLC 的发光二极管亮) 原因:1.控制电机启动的接触器触头粘连;2.可能是综合保护器的粘连保护误动作	1. 更换接触器;2. 更换综合保护器
油泵回路漏电闭锁	判断:1.用摇表检查电机是否漏电;2.用摇表检查电缆是否漏电;3.检查接线腔内接线是否紧固 原因:1.电机漏电;2.电缆漏电;3.接线腔内接线有松动的地方	1. 更换相应的电机;2.查清漏电位置,更换相应的电缆;3.紧固接线松动的地方
油泵接触器未吸合	判断:1.检查接触器线包通电后是否能可靠吸合;2.用万用表测量辅助节点和 PLC 连接的控制线是否有断路、虚接的地方 原因:1.接触器线包损坏;2.辅助节点和 PLC 连接的控制线断路或虚接	1. 更换接触器;2. 查清控制线断路或虚接的位置,更换控制线或把虚接的位置重新接好

续表

故 障 现 象	故 障 原 因	排 除 方 法
油泵回路缺相或某相电流传感器及其线路故障	判断：1.检查供电电缆和电机电缆是否有破损、断裂的地方；2.检查接线是否有虚接的地方；3.电流传感器是否有故障或线路有断路、虚接的地方 原因：1.电机三相电断相，接触器断开；2.电流传感器损坏或接线有虚接的地方	1.更换电缆； 2.更换电流传感器； 3.查清虚接的位置，把虚接的位置重新接好
油泵回路过流	判断：检查电机上是否有机械障碍。如果没有，则可能是电机故障 原因：电机电流超过额定电流8倍的时间达到0.4s以上，过流保护动作，接触器断开	排除电机的异常情况
油泵回路过载	判断：检查电机上是否有机械障碍。如果没有，则可能是电机故障 原因：电机过载，实际电流是额定电流的1.2～7倍，保护动作可以从10min到5s不等，接触器断开	排除电机的异常情况
油泵回路过热	判断：用测温计检查电机的温度是否超出了正常工作的范围 原因：电机过热，接触器断开	当电机的热敏电阻下降到7kΩ以下时，可以继续启动电机
油泵回路过热误动作	判断：1.检测综合保护器的过热保护是否工作正常（正常时过热保护对应PLC的发光二极管亮）； 2.检查过热保护的连接线是否有虚接的地方 原因：当电机还未启动时，综合保护器出现过热保护信号	1.更换综合保护器； 2.查清虚接的位置，把虚接的位置重新接好
粘连保护误动作	判断：1.检测综合保护器的粘连保护是否工作正常（正常时粘连保护对应PLC的发光二极管亮）； 2.检查粘连保护的连接线是否有虚接的地方 原因：在电机启动前，综合保护器出现粘连保护信号	1.更换综合保护器； 2.查清虚接的位置，把虚接的位置接好
漏电保护误动作	判断：1.检测综合保护器的漏电闭锁保护是否工作正常（正常时漏电保护对应PLC的发光二极管亮）； 2.检查漏电闭锁保护的连接线是否有虚接的地方 原因：在电机启动前，综合保护器出现漏电闭锁保护信号	1.更换综合保护器； 2.查清虚接的位置，把虚接的位置接好
127V回路漏电断电复位	判断：1.用摇表检查127V各回路用电设备是否漏电；2.用摇表检查各电缆是否漏电；3.检查接线腔内接线是否紧固 原因：1.某个用电设备漏电；2.电缆漏电；3.接线腔内有松动的地方	1.更换相应的用电设备； 2.查清漏电位置，更换相应的电缆； 3.紧固接线松动的地方
传感器故障或其线路故障（包括油温、行走、锚钻）	判断：1.用万用表检测传感器是否能够发出正常信号；2.检查传感器连接电缆是否有破损、挤压、断裂的地方 原因：1.传感器损坏；2.电缆有破损、挤压、断裂的地方	1.更换相应的传感器； 2.更换相应的电缆

续表

故障现象	故障原因	排除方法
油泵启动按钮非正常操作闭合或线路故障	判断:1.检查启动按钮能否灵活动作;2.检查连接按钮的电缆是否完好 原因:1.启动按钮机构损坏;2.电缆有破损、挤压、断裂的地方	1.更换相应的传感器; 2.更换相应的电缆
油泵停止按钮非正常操作打开或其线路故障	判断:1.检查停止按钮能否灵活动作;2.检查连接按钮的电缆是否完好 原因:1.停止按钮机构损坏;2.电缆有破损、挤压、断裂的地方	1.更换相应的传感器; 2.更换相应的电缆
操作箱停止按钮非正常操作打开或其线路故障	判断:1.检查停止按钮能否灵活动作;2.检查连接按钮的电缆是否完好; 原因:1.停止按钮机构损坏;2.电缆有破损、挤压、断裂的地方	1.更换相应的传感器; 2.更换相应的电缆

2. MZ3 型锚杆钻车

1) 概述

MZ3 型锚杆钻车是按巷道宽度 5.5～6.0m、高 4.5m 与掘进机配合作业的条件要求进行设计的,如图 4-55 所示。

图 4-55 MZ3 型锚杆钻车

为了保证钻车能从掘进机侧面通过,钻车最大宽度 1.6m;为保证锚杆安装时的操作方便,设有可升降操作平台,操作平台上方装有防护顶棚。

钻车前部安装 2 台顶板锚杆钻机,可左右、前后倾斜角度,可向两侧滑动,覆盖更大的作业空间,以满足垂直锚杆安装作业的要求。

同时两钻机可升降,钻车一次定位最多可打 6 根顶板锚杆;钻车后部安装 1 台侧帮锚杆钻机,与顶板钻机相差两排锚杆间距的距离;钻机可向两侧各转 120°,侧帮钻机随操作平台升降的同时自身可升降,以保证完成全部侧帮锚杆的安装。

作业过程中钻车行走距离较远,电缆拖拽不方便,为此在后部安装了电缆卷筒;在泵站和电控箱上方设有物料箱托盘,用来存放锚杆等物料,以便于操作。

2) 主要技术参数

MZ3 型锚杆钻车的主要技术参数见表 4-30。

表 4-30 MZ3 型锚杆钻车主要技术参数

序号	名称	数值/规格
1	型号	MZ3
2	机身长	4.65m
3	机身高	2.9m
4	机身宽	1.6m
5	机身质量	16t
6	接地比压	0.1MPa
7	爬坡能力	±16°
8	行走速度	10m/min
9	系统压力	14MPa
10	供电电压	AC1140V/660V
11	整机功率	45.2kW
12	锚杆机数量	3
13	锚镐范围	3.7～4.5m
14	巷道宽度	5.5～6.0m
15	巷电缆长度	30m

3) 主要组成部分

MZ3 型锚杆钻车主要由以下部分组成:
①顶板锚杆机;②侧帮锚杆机;③升降平台;

④本体部；⑤行走部；⑥顶棚；⑦后支撑部；⑧电气系统；⑨液压系统。

（1）顶板锚杆机

顶板锚杆机的作用：①钻机通过伸缩臂、横梁与框架连接并且能够自由升降，以增加打锚杆的高度；②伸缩臂可以在横梁内伸缩，以增加钻机打锚杆的横向距离；③顶板锚杆部分通过下面的液压缸可以在本体部上左右平移，以增大打锚杆的范围。

顶板锚杆机的性能参数见表4-31，主要结构参数见表4-32。

表4-31　MZ3型锚杆钻车顶板锚杆机性能参数

名　称	数　值
外形尺寸	2265mm×1600mm×876mm
锚杆钻机数量	2
钻机横向伸出距离	500mm
钻机摆动角度	10°/15°
横梁升降距离	660mm
钻机行程	1020mm
钻机自身滑动距离	300mm
一次最大钻孔深度	2430mm

表4-32　MZ3型锚杆钻车顶板锚杆机主要结构参数

名称	外形尺寸/(mm×mm×mm)	单机质量/kg
底梁	1600×450×325	371
伸缩臂	1110×275×120	80
框架	1244×158×1946	218
横梁	1100×425×190	230
顶板锚杆钻机	机长1815mm，顶支撑行程1020mm，一次最大钻孔深度2430mm	475

（2）侧帮锚杆机

侧帮锚杆机的作用：①连接架与底架通过滑道连接，锚杆可以升降。②在摆动液压缸的带动下，锚杆钻机可以绕轴摆动，摆动液压缸扭矩大、转动速度慢，便于锚杆机准确定位。

侧帮锚杆机的性能参数见表4-33，主要结构参数见表4-34。

表4-33　MZ3型锚杆钻车侧帮锚杆机性能参数

名　称	数　值
外形尺寸	1855mm×450mm×863mm
总质量	800kg
锚杆钻机数量	1
钻机旋转角度	±120°
升降距离	350mm
钻机行程	800mm
钻机自身滑动距离	300mm
一次最大钻孔深度	2000mm

表4-34　MZ3型锚杆钻车侧帮锚杆机主要结构参数

名称	外形尺寸/(mm×mm×mm)	单机质量/kg
底座	803×450×420	177
连接架	1022×300×215	87
侧帮锚杆钻机	机长1615mm，顶支撑行程800mm，一次最大钻孔深度2000mm	430

（3）升降平台

升降平台：①平台由三个升降液压缸共同作用，使平台平稳升降。②平台两侧各有一可伸缩的小平台，以增加操作者的工作空间。③平台上开有多个孔洞，利于台面污物清理。④平台上设有爬梯、脚凳，方便操作者上下升降平台。

升降平台参数见表4-35，主要结构参数见表4-36。

表4-35　MZ3型锚杆钻车升降平台的性能参数

名　称	数　值
外形尺寸	2260mm×1600mm×874mm
总质量	1682kg
升降行程	900mm
小平台的有效面积	800mm×500mm
小平台伸出距离	500mm

表4-36　MZ3型锚杆钻车升降平台主要结构参数

名称	外形尺寸/(mm×mm×mm)	单机质量/kg
立柱	890×300×300	129
平台	2260×1600×170	888

（4）本体部

本体部的作用是连接行走部、升降平台、顶板锚杆机和后支撑部。顶板锚杆机在前部滑道上左右滑动,如图4-56所示。

图4-56　MZ3型锚杆钻车本体部

本体部外形尺寸为2836mm×1600mm×575mm,总质量为2082kg。

（5）行走部

行走部的履带板宽度380mm；制动形式为内置式一体式多片制动器；接地比压为0.1MPa；行走速度为0～10m/min；爬坡能力±16°,如图4-57所示。行走部的主要结构部件见表4-37。

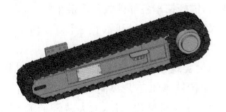

图4-57　MZ3型锚杆钻车行走部

表4-37　MZ3型锚杆钻车行走部主要结构部件

续表

名　　称	外　　形
履带架	
张紧轮组	
张紧液压缸	
驱动轮	
液压马达	
减速器	
履带	

（6）顶棚

顶棚安装在升降平台上，自身可升降，行程700mm。可以防止煤巷顶的煤掉落，对操作者起到保护作用，如图4-58所示。顶棚的外形尺寸为1938mm×1600mm×1250mm；质量为279kg。

图 4-58　MZ3 型锚杆钻车顶棚

（7）后支撑部

后支撑部前面与本体架相连，上面放置油箱、泵站等，如图4-59所示。其外形尺寸为1529mm×1230mm×540mm；总质量为747kg。

图 4-59　MZ3 型锚杆钻车后支撑部

（8）电气系统

电气系统主要由电动机和开关箱组成。电动机采用 DEB-45 型矿用隔爆型三相异步电动机，其型式为隔爆、风冷、F级绝缘；额定电压为 AC1140V/660V；额定功率为45kW；额定电流为50A；额定频率为50Hz；额定转速为1470r/min；接线方式为 Y/△。

开关箱采用 KXB8-150/1140（660）V 型矿用隔爆型开关箱，其防爆型式为 Exd I；额定电压为 AC1140V/660V；额定功率为45kW；额定电流为50A；额定频率为50Hz。

（9）液压系统

液压系统主要由操作系统、泵站、液压缸三部分构成。系统压力为 14MPa；液压泵为齿轮泵；油泵电机功率为45kW；油箱容积为580L。

3. CMM2-18 型液压锚杆钻车

CMM2-18 型液压锚杆钻车是我国根据当前煤矿掘进工艺技术发展需要，自行开发设计的一种新型巷道支护专业设备。该机与掘进机配套使用，实现了巷道顶板、侧帮锚杆及锚索支护机械化作业，是改变目前巷道掘进工艺的一种先进的支护设备。该设备及施工工艺已获得国家专利，目前国际上尚无与掘进机配套使用的同类产品。

1）工作原理

CMM2-18 型液压锚杆钻车由行走部、机体部、前后钻机部、前后钻臂升降机构、前后连接横梁、前支撑部、铲板部、液压系统、动力部、工作平台等组成。

掘进机割煤时，两台锚杆钻车靠一侧煤帮停放，掘进机割煤一个循环进尺并完成装煤后，掘进机后退并紧靠另一侧煤帮，让出锚杆钻车前行通道（≥1800mm），两台锚杆钻车顺序前移至工作位置，左、右机各靠一侧煤帮。其工作顺序如下。

（1）锚杆钻车前行至支护作业位置。

（2）将护网挂于前支撑部横梁上，前支撑部升起撑紧顶板，铲板部撑紧底板，工人进行铺联网作业。

（3）钻机打孔—安装锚杆（或锚索）—锁紧锚杆（两台钻机实现对顶、帮锚杆同时作业）。

（4）完成一个循环进尺全部锚杆（锚索）支护作业后，锚杆钻车各部件收回至最小状态，顺序后退至煤帮一侧，掘进机开始下一个割煤循环。

2）主要特点

（1）实现顶帮锚杆、锚索支护全部机械化作业，比传统施工工艺提高工效 50% 左右。

（2）采用机械化操作，大大减轻了工人劳动强度；湿式钻孔方式可减少粉尘，改善了工人作业环境；有可以升降的工作平台，人员操作方便。

（3）实现了机械临时支护，人员始终在临时支护或永久支护下作业，大大提高了工人作业安全性。

（4）钻机液压锁紧锚杆，能确保锚杆预紧力，有利于支护工程质量的管理。

（5）整机全部采用液压控制，前后两台钻机采用独立的液压系统；整机结构合理、紧凑；各部件强度可靠；配套液压元件采用进口或国内名牌厂家的产品；操作维护方便，运行安全可靠，技术成熟稳定。

4. CLM-1 型锚杆台车

为了解决地下矿山平巷、斜坡道、采场及地下工程中锚杆支护凿岩机械化问题，北京矿冶研究总院、宣化风动机械厂和符山铁矿共同研制了 CLM-1 型履带式风动自行锚杆凿岩台车。1982 年 11 月冶金部组织和通过了技术鉴定。其主要技术规格见表 4-38。

表 4-38　CLM-1 型锚杆凿岩台车技术规格

名　　称	参数/规格
凿孔深度	1.8m
孔径	36～46mm
推进力	0～6kN
配用凿岩机型号	YGP-28
推进器摆角	±41.5°
推进器仰俯角	±120°
钻臂摆角	±40°
钻臂回转角	±180°
钻臂长度	2000mm
履带宽度	250mm
爬坡能力	18°
行走速度	0～5km/h
液压系统工作压力	7MPa
行走时外形尺寸 （长×宽×高）	带司机棚 4880mm×1800mm×2170mm
	无司机棚 4880mm×1800mm×1500mm
总质量	约 3.7t

1）使用条件

CLM-1 型锚杆台车是打锚杆孔的凿岩台车，配备一台凿岩机，适用于在宽度不小于 2.8m，高度 2.8～3.5m，坡度小于 18°的无轨巷道、采场、地下硐室中钻凿深度为 1.8m 的顶板及侧帮锚杆孔（包括扇形孔及部分平行孔）。它能根据锚杆支护的要求，打出所需方向和角度的孔。由于工人在离凿孔位置 3m 以外的司机棚下操作，作业条件较为安全。除了打锚杆孔外，它还能用于某些采矿法采场或巷道中挑顶、扩帮、打漏斗口时的凿岩。

2）结构特点

CLM-1 型锚杆台车由推进器、钻臂、底盘、液压系统和气水系统五大部分组成。

（1）推进器

推进器是一种气马达-丝杠式的凿岩推进装置。它由 1hp($\approx$0.7356kW)的柱塞式气马达带动一根梯形螺纹长丝杠旋转，推动螺母并通过丝母将推力传递到跑床上，在跑床上安装凿岩机。跑床与滑道间有易于更换的尼龙垫以减少跑床及滑道的磨损。为了减少岩粉进入滑道与尼龙垫间的空隙，在跑床前端内部还嵌入两块橡胶块，能起到阻止部分岩粉进入的作用。

扶钎器是气动的，气缸的内径是 50mm。在扶钎器上与钎杆接触的部分是经过淬火的两个半圆衬瓦，用开口销固定在摇臂上，更换比较方便。

推进器的前后两端都有一个与补偿液压缸活塞杆耳环连接的液压缸耳座。当使用液压缸耳座时可使台车用于打台车前方的孔。

（2）钻臂

钻臂由钻臂回转机构、摆角液压缸、钻臂支承液压缸、臂体、推进器仰俯液压缸、推进器摆角液压缸和补偿液压缸等组成，通过它们的运动完成推进器的变幅动作。其运动方式是复合坐标式，由直角坐标式钻臂的根部加回转机构组成，克服了直角坐标式钻臂用于打锚杆孔时不能打侧帮孔和极坐标式钻臂不能打顶板及侧帮平行孔的缺点。而这种复合坐标式钻臂无论在顶板还是在侧帮，几乎任何角度的锚杆孔均可钻凿。

当补偿液压缸活塞杆上耳环与靠近 1hp 气马达的液压缸耳座连接时，用于打顶板及侧帮锚杆孔。钻臂回转机构是四缸两轴线式齿轮齿条式回转机构。两个液压缸共同推动齿轮旋转，最大转角是 ±180°，齿轮模数是 8。

（3）底盘

底盘包括履带架、车架、行走一次减速箱、行走二次减速箱、司机椅、司机棚等部分。在车架部分与钻臂回转机构底座连接的地方是车架体，左、右大梁和车架体可共同绕同一回转轴（驱动链轮轴）旋转。左右两个浮动液压缸的前、后耳环分别连在左、右大梁和车架体上。由于左、右履带架分别与左、右大梁相连接，通过浮动液压缸的伸缩就可以使履带与水平面相对浮动±7°,这就可以提高在不平路面条件下的通过能力。左、右履带架分别用两个8hp的气马达驱动,在马达与驱动链轮之间有一次减速箱(2K-H行星减速,减速比是6)和二次减速箱(直齿圆柱齿轮减速,减速比是3.4)。司机棚是可拆卸的,在不需带司机棚的条件下可以不必安装。

(4)液压系统

液压系统采用单泵供油的开式循环系统。用2.8hp的气马达带动排量为12L/min的叶片油泵,压力油进入七联多路换向阀,通过它分别控制钻臂及底盘部分的各个液压缸。在补偿液压缸的回路上,装有活塞式蓄能器,即使在凿岩过程中关闭油泵也能保持一定的压力。在钻臂支承液压缸、摆臂液压缸、回转液压缸、补偿液压缸及推进器仰俯角液压缸控制回路上还装有双向液控单向阀,以提高凿岩时钻臂的稳定性。

(5)气水系统

与总进气管直接连在一起的是一个注油器。除两个行走气马达的操作利用马达本身所带的手动换向阀外,其余气马达、凿岩机及扶钎器气缸的动作均由一个四联圆柱转阀控制,操作比较集中。

为了便于工人清除台车上的岩粉等污物,车上备有清扫风管及水管各1条。

3)试验情况

CLM-1型锚杆台车的第三轮样机(1台)于1982年5—9月在符山铁矿二采区水平巷道中进行了工业试验。凿岩近9km,巷道宽4m、高3.2m,矿岩是磁铁矿,$f=8\sim10$,孔径38～42mm,孔深1.8m。第一个月平均台时效率12.92m,平均纯凿岩速度为331mm/min,最高月凿孔2900个。

每班一般可打43～50个孔,一部台车每班配2名工人(实际1人即可操作),工效比气腿式凿岩机高1.3倍,作业安全,劳动条件大为改善。同时,由于台车动作灵活,能根据实际需要打出不同角度的孔,因而提高了锚杆支护质量。

试验中也暴露了台车结构上存在的一些问题,都已作了相应的改进。一是对扶钎器进行了改进,将原来的手动扶钎器改成气动扶钎器。二是在跑床上增加了防止岩粉进入尼龙垫与滑道间隙的橡胶块,丝母的结构和材质也作了改进,提高了这些易损件的寿命。三是解决了注油器供油量满足不了凿岩机需要的问题,在定型时增加了一个注油器,单独给凿岩机供油。此外,考虑到一些矿山的需要,增设了司机棚,以保证操作工人的安全。

4.4 衬砌台车

4.4.1 概述

1. 衬砌台车的定义及简介

隧道衬砌台车是一种用于隧道混凝土的二次衬砌施工作业,从而达到所需尺寸和表面形状的隧道施工机械,它采用钢材制造而成,具有一定的形状、刚度和强度,如图4-60所示。

隧道衬砌台车施工不仅可以有效提高隧道混凝土二次衬砌的质量和效率,同时还可避免隧道施工中的大量干扰因素,提高隧道工程的施工机械化程度,并降低工作人员的劳动强度。

图4-60 混凝土二次衬砌作业

目前,隧道衬砌施工由过去的手工操作走向综合机械化,提高隧道衬砌质量和工作效率是施工的最大需要。衬砌台车是铁路、公路隧道混凝土衬砌一次成形设备,根据用户提供的隧道断面设计制造,能保证边开挖、边衬砌,其门架净空高度和宽度能保证有轨和无轨运输车辆通行。整机行走采用电机-机械驱动;模板采用全液压操作,利用液压缸支(收)模机械锁定;在台车架上部和模板之间留有空间供安装隧道通风管道用;对于有瓦斯的隧道衬砌,产品电气系统按照瓦斯隧道防爆规范要求进行设计和安装,确保使用安全。根据隧道工程的不同,衬砌台车分为边顶拱式、直墙变截面边顶拱式、渐变面式、全圆针梁式、全圆穿行式等。根据用户的实际需要,可机动选择全液压自行式、全液压拖动式、机械式钢模板、简易式组合模板等形式,台车长度可视隧道长短及施工工期选择 6m、7.5m、9m、10.5m、12m 等。衬砌模板台车如图 4-61 所示。

图 4-61 衬砌模板台车

混凝土二次衬砌是隧道施工中的重要工序,特别是在水利水电工程中,对二次衬砌的防水抗渗等级要求高,施工质量要求严格。并且水利水电输水隧道因地质条件和供水需求不同,经常在同一隧道不同部位其洞径和洞形设计各不相同,在二次衬砌混凝土施工时,会给施工企业造成模板购置加工成本高、效益下降的现实问题。传统的施工方法主要采用人工架设模板或施工单位自行设计简易衬砌设备,不仅施工效率低,成本高,而且衬砌质量差,甚至不符合验收标准。为了高质量、高速度地发展我国铁路、公路建设及水电站的建设,在我国固有的丘陵多山的地貌条件下,开凿数量众多、质量一流的山岭隧道是必不可少的施工建设。

在隧道施工中的一个重要工序是隧道混凝土的二次衬砌。由于隧道工程质量要求高、工期短,众多隧道工程都要求用整体钢模衬砌台车进行二次衬砌施工。采用钢模衬砌台车施工,既可以满足隧道混凝土的二次衬砌高质量和高效率的要求,同时可以避免隧道施工中的干扰,减少人力物力,降低职工的劳动强度,提高隧道施工的机械化程度。

国外从 20 世纪 50 年代开始研制使用模板台车,主要用在大型水电隧道、铁路、公路和城市地铁中,日本、意大利、美国、英国等均大量使用。80 年代以来,除少部分隧道外,不同的洞形(圆形、马蹄形等)、不同的断面尺寸基本上都使用模板台车,混凝土浇筑实现了机械化。国外大型隧道混凝土衬砌浇筑多使用模板台车,浇筑速度快、工期短。如曼格拉工程,隧道直径 9.15m,每个工作面配两套 9m 长模板台车,平均月进尺 118.3m,最高周进尺达 73.2m,最高月进尺达 170.4m;苏联英古里电站引水隧道内径 9.5m(分两次开挖),顶拱混凝土月进尺为 60m,边墙混凝土月进尺为 120m,边顶拱浇筑时月进尺为 120m,底部反拱混凝土浇筑时月进尺达 300m。

最早在我国使用模板台车进行隧道混凝土二次衬砌施工的,当属水电行业,时间是 1953 年。尽管这台模板台车还只是用机械方法把模板和脚手架连接起来,既不能自动行走,也无现在的液压驱动和控制装置,但从手工衬砌到机械作业,这无疑是我国隧道建设史上的一次飞跃!在铁路、公路隧道衬砌施工中使用模板台车相对较晚,1982 年我国首次从日本引进模板台车用于衡广复线上的大瑶山隧道衬砌施工。布鲁格电站项目建设中,每移动一次浇筑 15m,平均月进尺 167m,最高月进尺 270m,浇筑的混凝土砌衬质量好。

隧道衬砌模板台车由一部台车和数套钢模板组成。模板以型钢为骨架,上铺钢板形成外壳,并设有收拢机构,通过安装在台车上的电动液压装置,进行立模与拆模作业。模板与台车各自为独立系统,每段衬砌灌注混凝土完毕后,台车可与模板脱离,衬砌混凝土由模板结构支撑。台车将后面另一段已灌混凝土可以拆模的模板收拢后,由电瓶车牵引,穿过安装好的模板后,到达前方预灌注段进行立模作业。钢模台车适用于曲线半径不小于 400m、衬砌厚度不大于 45cm、使用先墙后拱法进行衬砌施工的单线隧道。该台车衬砌作业快速、高效、优质、安全,并节省人力、钢材、木料,减轻工人劳动强度。

衬砌模板台车由钢模板、台车和液压系统三大部分组成,如图 4-62 所示。

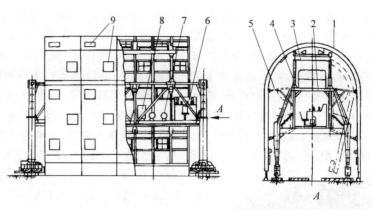

图 4-62 衬砌模板台车示意图

1—模板；2—台车；3—托架；4-垂直液压缸；5—侧向液压缸；6—液压操作台；
7—电动机；8—油箱；9—作业窗

2. 衬砌台车的使用步骤

衬砌台车的使用步骤为：测量放线，轨道铺设，定位、调整，台车就位，固定后升降液压调整，衬砌台车支撑固定，堵头封堵，混凝土浇筑，脱模，台车前移、模板清理、混凝土养护，做好观测标记等。

1) 测量放线

按巷道开挖时预留中心线（每组 20m）采用极坐标法进行支模台车的定位及高程控制。在支模台车支护前，测量人员利用巷道中心线，放好隧道中心线及台车中心线，待隧道中心线与台车中心线完全重合时即开始固定台车，等台车固定好后再次检查台车中心线是否符合设计、规范要求。

2) 轨道铺设

轨道铺设分为已施工底板（仰拱）和未施工底板（仰拱）两种情况。对于已施工底板的隧道，可以直接在两侧底板混凝土面上按 700mm 间距铺设短枕木；对于未施工底板的隧道，在隧道开挖底板两侧，采用洞碴或碎石铺一层 300～500mm 厚、800～1000mm 宽找平层作简易道床，再铺设短枕木（$L = 600 \sim 800mm$）。轨道宜采用 50kg 重轨（可利用旧轨道），轨距按台车行走轮间距测量放线确定。轨道坡度与隧硐纵深坡度相同，两侧轨面标高尽可能保证一致，控制两侧行走轨道的铺设高差不大于 1‰，否则将造成丝杠千斤顶和顶升液压缸变形。

3) 定位、调整

在未进行模板台车衬砌前，应提前在该段隧道两侧施工二次衬砌的混凝土矮边墙，矮边墙高度应高于模板台车墙部钢模板最下沿 100～200mm。台车利用外力推至作业点后，利用卡轨器固定，防止位移。当在坡度较大的隧道内衬砌时，在定位立模时必须安装卡轨器，旋紧基础丝杠千斤顶、门架顶拱模板、顶地千斤顶，同时采用其他措施加固下模板拱脚位置，使门架受力尽可能小，防止跑模和门架变形。在施工矮边墙时可以预埋加固用锚杆，也可以按 1500mm 间距在台车两侧打锚杆，固定台车底部框架中的主纵向大梁、下部框架纵向大梁的锁脚锚杆。采用楔形锚杆与药卷相结合的锚固方式，锚杆直径 25mm，锚固深度不小于 1.5m。锚固剂必须使用药卷，锚杆安装前须对钻孔进行清孔，锚固剂应填充饱满密实，确保锚杆达到足够的抗拉力。台车定位后，首先按测量所放中心、腰线进行拱板调整，利用框架上部安装的液压千斤顶和调节丝杠，上下、左右调整拱板，使其达到设计中心和标高，并固定和支撑牢固；然后再按测量所放中心、腰线进墙板调整，使其满足设计要求，并用丝杠等支撑固定。台车拱板及墙板定位时应在设计净空尺寸基础上放大 30～50mm 作为预留变形量，以防止模板受压变形而减少隧道净空尺寸。

4) 台车就位

衬砌模板台车的长度一般为 6～12m,衬砌标高从隧道两侧边沟盖板顶计算。由于台车结构采用整体式一次拼装成形,长度较长,质量较大(一般达 50t 左右),所以稳定性较好,但同时就位也要特别细心。要求就位前必须对台车行走的地面进行整平压实(有混凝土垫层就没必要),保证地面承载力均衡并符合要求,否则台车使用过程中由于受力不均会引起结构变形甚至破坏,乃至台车倾覆。就位时地面上按照 0.5m 间距摆放 200mm×200mm 枕木,枕木上平放工字钢轨道(接头用专用夹板夹持牢固)。将台车翼板收拢,启动地面行走系统将台车缓慢地沿着轨道行进,到达指定位置后刹车制动(一般与上一次混凝土施工缝相叠 100mm),进入固定升降阶段。

5) 固定后升降液压调整

衬砌台车水平方向固定后,根据设计给定的净空标高(一般可比设计扩大 50mm 轮廓,防止混凝土浇筑过程中的台车变形引起收敛而侵入隧道设计净空)进行水平高度定位。高度定位时要注意与上一次混凝土衔接部位的松紧程度,做到松紧合适。过紧容易引起与上一次混凝土接头处周边顶裂(混凝土在两侧泵送时液态的混凝土挤压台车引起台车向上浮起,而混凝土灌顶时液态的混凝土挤压台车又使台车两翼扩张外挤);过松会造成施工缝漏浆,接头台、台阶偏大,平整度很难保证。

6) 衬砌台车支撑固定

台车液压支撑系统基本到位后,应辅以钢制丝杠支撑进一步加固,防止液压支撑系统在混凝土浇筑过程中由于液体回缩而引起模板台车轻度收缩,以影响混凝土浇筑外观质量。钢制丝杠支撑系统构件应与操作人员行走平台分开设置,不能合用,否则操作设备振动会引起台车位移变形。

7) 堵头封堵

台车堵头板拼装应紧密牢固。堵头板采用木板,根据实际尺寸下料拼装,与台车间采用钢筋焊接牢固。

8) 混凝土浇筑

混凝土利用输送泵直接从台车各进料口入模。墙部浇注时,应注意两侧依次分层下料,避免单侧集中下料压力过大造成跑模、台车变形等事故发生。利用更换进料口的时间,开启振动器或在进料口插入振动器进行搅拌。两侧墙体浇注高度全部达到起拱线以上时,把输送泵前端软管与台车拱顶进料口连接,进行拱部浇注。混凝土浇筑过程中要随时利用进料仓口观察进料情况,发现异常及时解决。

9) 脱模

待混凝土达到初期强度后(设计强度的 70% 以上)开始脱模。先拆除堵头模板和台车框架底部的锚杆,再松开墙部液压或机械支撑,使模板与混凝土彻底分开。最后拆除拱顶支撑,放开液压缸开关,利用台车自重使其与拱顶混凝土脱离,必要时可采用手葫芦拉动拱顶模板使其与混凝土脱离。台车脱模时应满足以下要求。

(1) 不承受外荷载的拱、墙,混凝土强度应达到 5.0MPa,或在拆模时混凝土表面和棱角不被损坏并能承受自重。

(2) 承受围岩压力较大的拱、墙,封顶和封口的混凝土应达到设计强度的 100%。

(3) 承受围岩压力较小的拱、墙,封顶和封口的混凝土应达到设计强度的 70%。

(4) 脱模时的混凝土强度根据现场同条件养护试块的抗压强度确定。

(5) 脱模顺序为先边模、后顶模。先将各支承丝杠松动并解除靠模板一端的丝扣,然后依次将侧向、竖向各液压杆收缩,使模板脱离混凝土面。

10) 台车前移、模板清理、混凝土养护

利用铺设好的轨道把台车向前移动到下一循环作业点,进行模板清理并刷涂脱模剂,进入下一个作业循环。脱模后即对刚浇注的混凝土进行检查,如发现局部有缺陷(接头漏浆错台、局部蜂窝麻面等),必须及时处理,同时按规范要求作好混凝土养护工作。

11) 做好观测标记

衬砌模板台车自身重,且要承受近 200m³

混凝土的自身重量以及操作人员、设备动载，所以混凝土灌注时，台车会存在不同程度的移位变形。如果台车结构受力好、强度刚度高、定位支撑又到位，则台车变形就很小，反之则较大，所以同时进行动态的观测必不可少。由于疏忽，一旦出现台车变形，应及时停止灌注混凝土或减缓灌注速度，加强支撑，以保证混凝土灌注质量、台车本身的结构和施工人员的安全。

3. 衬砌台车的研究现状

1996年以前，传统的隧道二次衬砌由单片的工字钢曲梁和散片的钢模拼合组成。混凝土施工时分次拆模、制模，人工多次灌注混凝土，施工过程中接头多、错缝多、渗漏水等现象较严重，而且工效极低。传统施工12m混凝土需要36h以上，而采用整体式衬砌模板台车，配合液压混凝土输送泵，完全克服了传统工艺的所有缺点，浇灌出来的混凝土内实外光，平整度好，不渗水，而且工效提高，施工12m混凝土只需10h就足够了。

混凝土衬砌台车是隧道施工过程中二次衬砌不可或缺的非标产品，主要有简易衬砌台车、全液压自动行走衬砌台车和网架式衬砌台车三种。全液压衬砌台车又可分为边顶拱式、全圆针梁式、底模针梁式、全圆穿行式等。在水工隧道和桥梁施工中还普遍用到提升滑模、顶升滑模和翻模等。全圆式衬砌台车常用于水工隧道施工中，不允许隧道有混凝土施工纵向接缝，在水工隧道跨度较大时一般使用全圆穿行式；边顶拱式衬砌台车应用最为普遍，常用于公路、铁路隧道及地下洞室的混凝土二次衬砌施工。

4. 衬砌台车的结构组成

目前，在我国隧道机械行业中，模板台车的设计方案及内部结构各有不同，但就其使用角度来看，一般的衬砌模板台车本质上大同小异，主要分为以下几个模块。

1) 门架总成

门架总成主要由门架横梁、门架立柱、下纵梁、上纵梁、门架斜撑组成，各部分通过螺栓连接组合成门架总体，各横梁及立柱之间通过

连接梁和斜拉杆连接。

端门架支承于行走轮架上，门架都螺接在下纵梁上，下纵梁底面装有基础千斤顶。衬砌时，混凝土载荷通过模板传递至门架上，并分别通过行走轮和基础千斤顶传递到钢轨-地面。由于门架为台车主要承重体，一般型钢无法满足其强度和刚度要求，因此需采用钢板组焊成箱型梁。同时为了保证整个门架的强度、刚度和稳定性，在立柱与横梁之间增加了门架斜撑，这样既能保证立柱的压杆稳定性，又能在侧向压力作用下使门架有足够的刚度。门架斜撑大体分为单斜撑、双斜撑、三角斜撑和双横梁斜撑四种形式，制作时根据台车的力学要求及客户要求选择合适的斜撑形式。

2) 托架总成

托架也称上部台架，主要承受二次衬砌时浇筑的混凝土和模板的自重。托架下部通过液压缸和支承千斤顶(上顶升设计时)或平移轮机构(下顶升设计时)传力于门架部分。整个托架和模板连接成为一个刚性受力整体，视不同的工程及客户的需要，分别有不同的结构设计。

3) 模板总成

每套模板长8m，由4个2m长的拼接段组成，分为基脚模板、折叠模板、边墙模板、拱脚模板、拱腰模板和加宽块等11块，还有基脚千斤顶、基脚斜撑、堵头块、收拢铰、连接铰等配件。各模板块间均用螺栓对接。钢拱架用18号工字钢和槽钢弯制而成，表面铺焊6mm厚钢板。每套模板设有作业窗40个，以便灌注和捣实混凝土。在每套模板前端有堵头挡板，灌注时分节使用。

曲线加宽块模板最大的加宽值为800mm。使用时根据隧道曲线设计的加宽断面要求，只需换装相应加宽值的加宽块即可。但在曲线外侧，每8m长的衬砌灌注段由于内外弧长之差，在相邻灌注段的模板接头处须增加楔形辅助弯头模块，主要由左、右边模和左、右顶模组成。螺栓将数块顶模和边模连接，顶模与侧模的连接一般采用铰接形式，从而可使边模相对于顶模作绕销轴转动动作，达到台车部件调节

和脱模效果。立模时,顶升液压缸将顶模升至要求高度,再操作侧向液压缸将边模调节到位,然后调整侧向丝杠千斤顶和顶地千斤顶,至此完成立模工序。脱模时按相反操作即可。

模板是直接衬砌隧道混凝土的工作部件,其外表质量和外形尺寸精度直接决定混凝土衬砌质量。因此,要特别重视对模板部分的加工制作,采用专用拼装焊接胎模,以保证整体外形尺寸的精度,尽量减少焊接变形,保证外表面光滑、无凹凸等。同时,为控制相邻模板的错台,采用过盈配合的稳定销将弧板固定为一体加工,从而有效控制错台问题。

4) 调节系统

调节系统主要由平移滚轮机构、平移液压缸及相关液压控制系统组成。平移滚轮机构支承在门架横梁上,上部与上纵梁相连,能过平移液压缸的伸缩推动上纵梁作平移调整,达到调节模板竖向定位及脱模的目的。平移液压缸的最大调整量为 100mm,工作油压约为 16MPa。

5) 液压系统

台车液压系统由液压站、液压缸和控制油路组成,四个顶升液压缸分设于台车四角,既能同步升降,也可单缸调整,完成对顶模的立模、脱模与模板的上下对位。侧向液压缸分设于台车左右两侧,通过活塞杆的伸缩完成边模的立模、脱模与模板的左、右对位。平移液压缸共 2 个(大台车 4 个),用来推动模板的整体左、右移动,使模板能相对于门架左、右平动,从而实现模板中心与隧道中心对位。台车和液压系统采用三位四通手动换向阀进行换向来实现伸缩。左右两侧液压缸各采用 1 个换向阀控制,使其同侧同步伸缩;4 个顶升液压缸各采用 1 个换向阀来控制其动作,并利用双向液控单向阀对液压缸进行锁闭,以免因泄压而导致台车下降;平移液压缸则各用一个换向阀操作即可。

6) 行走系统

行走系统由主动和被动两部分组成,共四套装置,分别安于四端门架下方。台车行走时由前面两套主动行走机构提供动力,行走电

动机带动减速器,再通过链传动带动主动行走机构来驱动台车行走,后面两个被动行走机构随动而行。行走系统一般配置有卡轨器,以保证台车不会自动滑行,尤其在坡度较大的地方。

7) 操作平台

操作平台是工作人员操作台车和放机具的地方,分前后两端工作平台和台车两侧纵向间的走道及操作平台。工作平台一般位于门架之上,分上下两层,以翼状分居台车前后两侧。液压系统控制平台及电器控制平台安装于台车前侧第一层工作平台之上。操作台车时,调试人员在搭配好木板或栅格的操作平台上完成台车行走、调试、立模、脱模等工作。浇注混凝土时,工作人员可在操作平台上观察混凝土的浇注情况及台车的工作状况,工作平台周围设有护栏,以保证工作人员的安全。

8) 支撑系统

支撑系统的作用是支撑整个模板系统与承受衬砌时压力,防止模板变形与向内收缩。支撑系统主要有上下纵梁、立柱、门架横梁、纵向连接件、八字支撑、拱部横梁、拱部小立柱、丝杠、液压缸、平移机构、行走机构等部件。除上下纵梁、纵向连接件、八字支撑、行走机构等少数部件与普通台车相同外,其他都要进行改进。

(1) 立柱。单线铁路隧道净空都较小,现大多采用无轨运输施工,因此台车轨距要求较大。为了便于安装侧向液压缸与丝杠,立柱均设计为 H 形。小断面时丝杠与液压缸均安装在中间竖板上。加宽后液压缸与丝杠的长度不够,因此立柱靠模板一侧必须设计有可拆装、可调长短的支座,以满足不同加宽要求。

(2) 门架横梁。断面加宽时,模板均要向外侧移动,因此平移小车的轨道比普通台车要长。此外,当台车要求加宽较大尺寸时,平移小车有可能超过立柱靠模板一侧,门架横梁必须加长。

(3) 平移拉杆。台车的加宽均是设计在顶模中间,加宽时两平移小车之间的距离是变化的,平移拉杆的长度必须是可调整的。在加宽中要利用平移液压缸将模板分开,平移拉杆上还要设计液压缸安装销孔。若平移采用双液

压缸,则可以省掉平移拉杆。

(4)拱部横梁。拱部横梁要设计成段,长度调节可采用加长节丝杠。

(5)拱部小立柱。两端拱部小立柱上设计有液压缸安装铰耳,以便安装加宽液压缸。

(6)支撑丝杠。支撑丝杠由螺杆、螺母及钢管组成。在尺寸许可的条件下应尽可能使螺杆长度加大。当加宽梯度较大时,可设计另配螺母与钢管以满足加长要求。

模板台车采用整体移动的钢结构,一次性完成相当于台车长度的隧道二次衬砌施工。台车整体行走采用机械驱动;模板采用液压及机械操作,利用液压支(收)模、机械锁定并支撑牢固。

同隧道衬砌理论中的内轮廓面相似,隧道衬砌台车的外轮廓面也是通过对模板两侧的开挖仓面进行封堵,从而与已开挖面一起形成了一个封闭的环形仓,并通过混凝土的浇注最终达到隧道衬砌的目的。而其中台车则主要通过实现立模、收模以及调整模板中心偏差等操作步骤,并通过丝杠将架体和模板连成整体,从而最终满足混凝土浇注的要求。

4.4.2 衬砌台车的种类及工作原理

台车体为桁架结构,立柱和横梁采用箱形截面结构,其他部件为型钢组合构造。台车分为上、下两层平台,平台两侧均设有可翻转的脚手架平台,便于衬砌施工作业。

台车行走装置为轮轨式,设有顶机装置,可用电瓶车或机车顶推牵引;还设有制动器和卡轨器,使台车停止和固定时能安全稳妥。轨道应专门铺设。

1. 简易衬砌台车

如图 4-63 所示,简易衬砌台车一般由模架、排架、调幅机构、移动机构等部分组成,通常为钢拱架式。该类衬砌台车一般用于短隧道施工,普遍采用标准组合钢模板,可不设自动行走,采用外动力拖动,脱立模板全部为人工操作,劳动强度大。衬砌施工速度较慢,但台车造价低廉,设计时也可考虑在其中间留出装运车辆通行的过道。

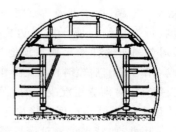

图 4-63 简易衬砌台车

2. 全液压衬砌台车

如图 4-64 所示,全液压自动行走衬砌台车主要用于中长隧道施工中,适用于施工进度、混凝土表面质量要求较高的工程。此类混凝土衬砌台车通常设计为整体钢模板、液压缸脱立模,施工中靠丝杠千斤顶支撑,电动减速器自动行走或液压缸步进式自动行走,全部采用混凝土输送泵灌注,多数衬砌台车为此类台车。使用此类混凝土衬砌台车时,应注意两侧行走钢轨的铺设高差不大于 1‰,否则将造成丝杠千斤顶和顶升液压缸变形。台车的作业程序如图 4-65 所示。

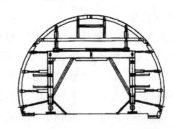

图 4-64 全液压自动行走衬砌台车

全液压衬砌模板台车如图 4-66 所示。该车由基础车、臂架、拱架、模板、控制系统、混凝土浇注系统等组成。台车转移运输时,将模板拱架收拢,以便运行。施工实例已表明该台车大大改善了一次衬砌的作业环境,减少了支护,缩短了作业周期。

1) 关键技术

(1) 台车结构型式

台车可采用液压式和机械式。液压式对台车架刚性要求低,结构型式灵活,质量轻,加工要求和施工中铺设轨道的标高要求低,使用方便,但对液压缸自锁性要求高,衬砌中液压缸不允许回缩。机械式则相反,由于一个电动

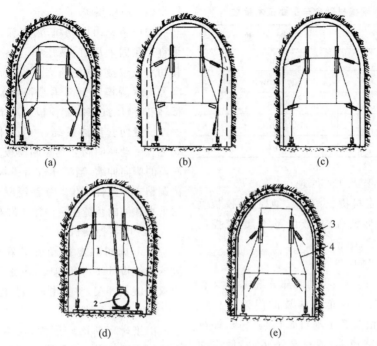

图 4-65 台车作业程序示意图

(a)模板收拢,移动穿行;(b)垂直液压缸顶升,拱模就位;(c)侧向液压缸撑开,
边模就位;(d)浇灌混凝土;(e)台车脱离模板

1—混凝土导管;2—混凝土搅拌输送机;3—钢模;4—台车

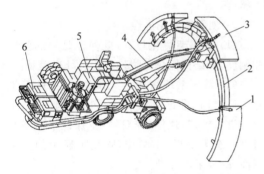

图 4-66 全液压衬砌模板台车组成示意图

1—侧模板;2—拱架;3—顶模板;4—臂架;5—基
础车;6—混凝土泵车

机要驱动数个丝杠传动,对各传动轴同轴度要求高,且台车架必须有较大的刚度,结构尺寸准确,因结构较重、加工要求高,而且因丝杠是同步动作(不像液压传动,各液压缸可同步,也可单独动作),因此当轨道标高误差(各点不在同标高)较大时将直接影响模板位置,从而影响衬砌质量。

对液压缸采取液压锁和平衡阀等措施,使液压缸自锁;同时配套采用丝杠机构进行机械锁定,并加强模板的支承,保证了模板在衬砌时不回缩、不变形。实践证明,衬砌台车采用液压式较合理,是发展方向。

(2)钢模

钢模是台车的工作装置,其外表质量和外形尺寸精度直接决定混凝土衬砌质量,同时,它又是加工难度最大的部件,因此要制定合理的加工、焊接工艺,设计并加工专用拼装焊接胎模,以保证整体外形尺寸的准确度,尽量减少焊接变形,保证外表面光滑,无凹凸等缺陷。为控制相邻模板的错台,采用过盈配合的稳定销将相邻模板的连接板固定为一体,可有效控制由于螺栓孔的间隙造成的相邻模板的错台问题,保证混凝土衬砌质量。

2)主要技术参数

钢模衬砌台车的整机外形尺寸要根据施工断面图进行设计,行走方式采用自行式(拖式),其主要技术参数见表 4-39。

表 4-39　钢模衬砌台车主要技术参数

名　　称	参　　数
一次衬砌长度	6m、9m、12m
行驶速度	11.8km/h
液压系统压力	16MPa
垂直升降量	300mm
侧向伸缩量	300mm

3）主要结构及工作原理

台车由行走机构、台车架、钢模板、模板垂直升降和侧向伸缩机构、液压系统、电气控制系统 6 部分组成。

（1）行走机构

行走机构由主动、被动两部分组成，共 4 套装置，分别安装于台车架两端的门架立柱下端。整机行走由 2 套主动行走机构完成，即行走电动机带动减速器，通过链条传动，使主动轮驱动整机行走，被动轮随动。行走传动机构带有液压推杆制动器，以保证整机在坡道上仍能安全驻车。

（2）台车架

台车架由端门架、中间门架、上下纵梁、斜拉杆、支承杆等组成，各部分通过螺栓连为一体，两端门架支承于行走轮架上，中门架下端装有支承螺杆，衬砌施工时，混凝土载荷通过模板传递到 4 个门架上，并分别通过行走轮和支承丝杠传至轨道-地面。在行走状态下，螺杆应缩回，门架上部前段装有操作平台，放置液压及电气装置。

（3）模板

模板是直接衬砌混凝土的工作部件，由螺栓连为一体的数块顶模和侧模组成，顶模与侧模采用铰接，侧模可相对顶模绕销轴转动。支模时，顶部液压缸将顶模伸到位，再操作侧向液压缸，将侧模伸到位，调整顶部、侧部支承丝杠，完成支模；收模时，按上述相反顺序实施。不需拆模板，采用衬砌台车可提高衬砌质量和施工效率，降低劳动强度。另外，在顶模上安装有数台附着式振动器，供混凝土振捣用。每块模板上有工作窗口，用于灌注混凝土。

（4）液压系统

液压系统由电动机、液压泵、手动换向阀、垂直及侧向液压缸、液压锁、油箱及管路组成，其功用是快捷、方便地完成支、脱模，即顶模升降和支承侧模。上部垂直液压缸控制拱顶模板，侧向液压缸控制侧模板。油泵由电机驱动，一般设置两套供油系统，以保证作业的绝对可靠性。手动换向阀分别控制模板垂直升降和两侧模的侧向伸缩，当液压缸将模板支承到位后，再调整支承丝杠到位。灌注混凝土对模板产生的垂直和侧向载荷主要由液压缸和丝杠承载。

（5）电器控制机构

行走机构的电控箱安装在前防护栏上。液压系统设计了专用电盒，电磁阀的启动开关为双向旋钮开关，整个电控为强电控制。

（6）辅助系统

由于衬砌断面跨度大，仅用四个主缸，两组侧缸支撑整体，模板刚度不足，易使模板受弯、扭变形，因此，台车设计时采用了六组侧模机械千斤顶和两组顶模机械千斤顶，辅助液压缸支撑整体模板，改善模板受力情况，确保施工精度。

4）创新性和先进性

（1）台车架优化设计，既保证足够的强度和刚度，又结构简单，质量减轻，且外形美观。

（2）液压系统采用了液压锁、平衡阀等措施，对液压缸进行液压锁定，同时配套采用了丝杠机械锁定，这样的"双锁定"保证了模板在衬砌状态不变形、不移位，强化了模板的支承刚性，减轻了模板结构重量。

（3）电气系统有全防爆式和不防爆式两种，可用于瓦斯隧道和普通隧道的衬砌施工，这在衬砌台车设备中具有创新性。

3. 网架式衬砌台车

如图 4-67 所示，网架式衬砌台车在结构上与传统衬砌台车相比作了较大改动。传统衬砌台车在施工中台车门架是受力件，所承受的侧压力较大，随门架的刚度大小产生不等变形，且不宜在有较大横坡和纵坡的隧道内直接工作，对工作环境要求较高，否则将造成台车整体变形和损坏。而网架式衬砌台车门架在施工中为不受力件,其模板的支撑件为边模拱脚的顶地丝杠千斤顶,门架只在脱立模、行走过程中才受力,且所受之力垂直向下,没有侧压力,只需按台车自重设计使门架具有足够的刚度就不会变形。在有坡道的隧道中施工或行走时,不论是横坡还是纵坡,都可以通过门架下部的顶升液压缸进行高度调节,使台车整体处于水平状态,不存在前倾力和侧倾力,保证了台车的整体平稳性。因台车完全取消了支撑用的丝杠千斤顶,台车定位简单,能非常快地调整到衬砌几何位置,节约了大量的人力物力,提高了工效,缩短了工作循环周期,相应地节约了工程成本。

图4-67 网架式衬砌台车

为保证顶拱模板的刚度和强度,上部台架设计成网架式杆件结构,受力最好,模板不会在衬砌过程中变形移位。在整个台车中最薄弱的环节是下模板和下模支撑斜杆,因此在设计下模板时应充分计算下模板的受力大小,尽可能加宽弧板宽度和厚度,支撑斜杆必须通过压杆稳定计算,保证斜杆有足够的刚度和强度,不至于在使用中发生变形弯曲,导致跑模。在计算过程中应充分考虑混凝土的衬砌厚度、坍落度、灌注速度、骨料大小以及是否为钢筋混凝土等因素的影响。下模拱脚顶地丝杠千斤顶是主要受力件,整个模板在衬砌圆心中线以下时,完全靠它支撑,因此在设计时应考虑其结构形式和刚度大小。在使用中,该千斤顶必须牢牢顶紧于地面,不允许有松动现象,如有必要,可用其他件进行加固,作为辅助支撑,防止跑模和台车向下移位。应注意的是,作为台车纵向定位的卡轨器和基础丝杠千斤顶必须拧紧、卡牢和顶牢钢轨,特别是在坡道上衬砌时更应注意。

该类衬砌台车主要用于大跨度隧道和地下洞室施工。如果采用传统式全液压衬砌台车,则门架设计难以满足使用要求,造成门架变形损坏,首先是门架横梁扭曲变形,最终导致跑模。如果加高横梁,加大立柱、下纵梁、端面斜支撑截面,则造成不必要的浪费。而采用网架式衬砌台车可以解决以上问题。由于该类衬砌台车为大跨度施工,设计时应考虑其可操作性,工作梯和工作走道应能方便到达每一个工作位置。

4.多功能组合式混凝土衬砌台车

1) 工作原理

多功能组合式混凝土衬砌台车是现浇混凝土和钢筋混凝土工程中一项全新的施工设备,其工作原理是:在固定长度台车模板内迅速浇注混凝土,其间配合钢筋绑扎,安置预埋件等;在新浇混凝土达到脱模强度时,由液压系统控制实现脱模,并由行走系统实现台车的整体移动,以完成该工作段结构的施工。

2) 基本构造

多功能组合式混凝土衬砌台车由3个主要部分和2个辅助部分组成。3个主要部分包括模板系统,液压支、脱模系统和电动行走系统;2个辅助部分包括自动测量系统和振捣系统。台车具有足够的刚度、强度和整体稳定性,能够确保工程结构的几何尺寸和形状,且操作运行灵活可靠,易于控制。

(1) 模板系统

模板系统由模板、立柱、拱架、门架组成,其主要功能为结构骨架和成形。

门架由下纵梁、上纵梁、下横梁、上横梁及剪刀撑等通过螺栓连接而成,主要起结构骨架作用,固定立柱和拱架,且承受侧向压力和竖直载荷。门架采用H型钢等加工而成,具有负荷能力大、强度高、刚度大和稳定性好等特点。门架的尺寸可以通过调节门架各构件长度(高度)来改变,以适用于不同断面混凝土施工。

立柱采用H型钢加工,可根据侧墙起拱高度,采用单根或多根对接,且固定在门形架上,主要承受侧墙模板传递来的侧向压力。

拱架由拱梁、弧形梁、弹簧钢带、圆钢变弧三角支撑、变弧正反丝螺杆等连接而成。拱架与门架是台车的主要承重结构。弧形梁采用弹簧钢板制作,适用于不同断面、不同跨度、不同弧度的坑道,满足刚度和稳定性要求。

（2）液压支、脱模系统

液压支、脱模系统的作用是支模、脱模并提供水平方向和竖直方向的支撑动力。其工作原理是通过液压油传递压力于千斤顶,通过千斤顶的伸、缩使模板和立柱整体内外移动,达到支、脱模的目的。该系统主要由千斤顶、液压泵、输油管和液压控制装置等组成。按功能分为两部分,即侧墙支、脱模液压系统与拱顶模板支、脱模液压系统。台车的所有液压系统由一个泵站控制,各千斤顶可以单独伸缩进行工作,也可以全部同步伸缩工作。

（3）电动行走系统

电动行走系统主要由车轮轨道、驱动电机、减速器及钢轮组成,采用 380V 交流电。电动机与减速器连接,通过齿轮啮合驱动车轮,从而实现台车行走。车轮分成 4 组,每组 4 个车轮,轨道选用轻轨,最大行走速度约 2.4m/min。配以液压推杆制动器,保证整机在坡道上能安全驻车。

（4）自动测量系统

台车原有的测量方法是由专业测量队完成的,既占用劳动力资源,机械化程度又低。多功能组合式混凝土衬砌台车上配备了一套自动化测量系统,主要由经纬仪和水准仪等设备组成。施工就位和移动过程中,台车测量系统能够自动完成水平、轴线两个方向的定位与测量,测量误差可控制在 ±5mm 范围之内,定位准确可靠,大大提高了施工作业效率。

3）主要特点

（1）相对于传统的被复模具是一次历史性变革,整个台车的结构是一种创新。采用组合式结构,可以实现坑道工程中不同断面之间的转换,并适应其断面变化范围大的需要,具有部件数量少、单个构件质量轻、利于人工搬运、组装方便等特点。设备拆装工作均可在坑道内通过人工完成,解决了设备在坑道内不易运输的难题,提高了施工效率。

（2）通过变更门架尺寸,调整支、脱模液压缸和双向轴向调节液压缸,采用变功能模板等综合措施,实现了变断面功能,不必因工程断面改变而更换整套设备,节省了工程投资,缩短了施工周期。

（3）拱顶模板功能的变化技术满足了实际工程中不同断面的需求,能够适应多种断面和不同高度的机械化被复作业,是对关键技术的一次创新,适应了国防工程的需要。

（4）机械化的液压控制支、脱模系统,使模板定位和调整更趋于精确,减少了模板拼缝、漏浆、跑模的现象,保证了脱模后混凝土被复的良好外观,免除了重复繁杂的人工修补作业。

（5）具有施工机械化程度高、操作简便、施工周期短、速度快、效益高等特点。先进的振捣系统、测量系统和行走系统,大大提高了各作业流程的机械化水平和整体施工质量,改善了工作环境,降低了劳动强度和人员数量,大幅降低了施工费用。

（6）台车构造简单,各施工工序流程控制集中于控制面板,使被复施工便于协调和掌控,操作简明快捷,凸显整体机械化水平。整车造价仅为地方同类产品的 1/3~1/2。

5. 针梁式衬砌台车

针梁式衬砌台车主要由三大部分组成:模板组、针梁、驱动装置。其原理为:由模板组提供衬砌模面,当模板组就位并完成这一个浇筑段后,模板组就向另一个工作面转移。先由驱动装置提供动力,针梁就可以向前(向后)移动。这时模板组嵌在混凝土内,而针梁相当于一辆导轨车在模板里滑行换位;然后固定针梁,移动模板组。这时,针梁相当于简支梁,而包裹住它的模板组相当于一辆车,在针梁导轨上滑行,从而实现模板的转移。圆筒形的全断面模板组分为 4 块,每块之间用活动铰连接。模板在支撑调解机构的操作下收启,以便脱离混凝土衬砌面,并且保证有足够的间隙使模板组表面和混凝土面上发生摩擦。

驱动装置实际为一双向同步卷扬机构,它固定在模板组里,通过针梁两端的转向滑轮由钢丝绳传输动力。针梁模板台车是靠针梁与模板组之间的相对位移来实现工作面的转移,全断面一次衬砌成形,衬砌表面光滑,成形好,特别适用于圆形长隧道快速施工。从针梁模板台车的实际使用情况看,它的应用洞径范围为4~10m;超出10m的洞径,其针梁结构重量增长很快,使得其经济性下降;而小于4m的洞径采用针梁模板台车,结构布置较为困难,操作空间狭小,因此也不常见。针梁模板台车在推广应用的过程中,水电十四局、葛洲坝集团公司、水电六局对其结构均作了专门改进,使之或更先进,或更经济。

6. 整体式与分体式衬砌模板台车

城门洞形、马蹄形的导流洞、泄洪洞、尾水洞等,用模板台车衬砌居多。洞宽10m以内,一般考虑整体式模板台车(图4-68),即模板与台车一体,机械行走,全液压立模,边墙顶拱一次衬砌。如洞轴线较长,亦可采用分体式模板台车,即模板与台车分体,台车穿行。如紧水滩导流洞,该洞宽15m,边顶拱采用桁架式可变曲率模板台车,下部高边墙采用模板台车,因台车用液压缸撑开收拢边墙板犹如张开的蝴蝶翅膀,故名蝴蝶模台车。

图4-68　整体式模板台车

模板台车往往结构庞大,造价不菲。如天生桥一级水电站导流洞采用修正马蹄形断面,洞宽13.5m,设计的整体式液压模板台车一次衬砌长度12m,质量200t。又如大朝山水电站导流洞为城门洞形,15m×18m,模板一次衬砌长度12m,采用全液压(含行走系统),单套质

量达250t。根据目前的造价计,其价格都在200万~300万元,其费用需在混凝土单位中摊销往往是困难的。

因此,这就引发了几个问题:

(1)必须千方百计降低台车重及制造成本,这对于衬砌长度短的隧道施工尤为重要。水电六局在吉林安图县境内承担的两江电站泄洪洞,洞身长300m,其中有压段长130.1m,断面为标准城门洞形,段长108.6m,衬砌半径4.4m,边墙高4.4m,一般衬厚0.6m。显然,采用先进的模板台车在成本上难以消化,因此设计了结构简单、易于加工、适应性强、造价较低的钢木混合桁架式轻型模板台车。

(2)为使模板台车实现二次或多次应用,应加强洞型与断面尺寸的规范化、标准化设计。模板台车的设计应向标准化、积木化方向发展。单台模板台车设计应考虑其应用的洞室尺寸有一定的覆盖范围,以便稍作修改,就可获得二次使用的机会。

(3)组建模板台车专业公司,应全面考虑模板台车的系列化、标准化、积木化、工具化,从而可以将我国水电行业隧道模板台车技术提高到一个新的水平。

7. 穿行式模板台车

穿行式模板台车如图4-69所示,通常由模板、台车与外部支撑三大部分组成。其原理是:台车穿行至第一段模板顶收缩边顶模,台车背负边顶模穿行至第二段模板上;其悬伸吊梁收拢第一段模板的车穿行至末段模板上,将第一段模板的底模送出安装就位,使台车穿行至(新的位置)第一段模板的底模上;再用千斤顶将边模撑开、安装就位。如此循环,完成拆除与安装。

模板沿轴线方向的长度可根据洞轴线、施工工期、混凝土供料、钢筋绑扎综合能力进行组合分块,底模、顶模通常为1块,边模2块。边顶模用活动铰连接,根据洞宽及台车结构布置可设计为1块,亦可为2块。底模上设有台车行走的轨道。台车为门式结构,一般布置有台车机械行走系统、千斤顶操作系统、悬伸吊梁车行走系统。外部支撑用于模板的安装固

定,并承担混凝土浇筑时的施工荷载。

图 4-69　穿行式模板台车

8. 钢模台车

1) 组成

钢模台车主要由台车骨架、钢模板、行走装置、侧向螺杆、竖向千斤顶、支撑系统及门架等组成,如图 4-70 所示。

图 4-70　钢模台车

台车骨架采用槽钢焊接而成。钢模板分为顶模和侧模,厚度均为 3mm,模板之间采用螺栓连接,背面采用槽钢加固,使用过程中不再拆开,以减少拆装的工作量,提高劳动效率。顶模的调整依靠支腿下的千斤顶完成;侧模内模板通过侧向螺杆与台车骨架连接,以调整丝杠来支撑侧墙内模;侧模外模既要考虑其自身的支撑与架设,又要考虑与内模的连接与加固,还要能单独行走。因此,外模的拆装、架设和行走由门架在轨道上完成,与内模板的加固采用内部螺栓对拉。行走装置的动力系统是电动机,依靠齿轮传动,完成行走。每孔不少于 4 台电动机,以保证台车行走灵活、同步运行。

2) 主要技术参数

为保证模板的刚度,不致出现局部变形、扭曲,增长使用周期,模板的厚度不低于 3mm。钢模板应结合严密,相邻模板高差≤2mm,混凝土表面平整度≤5mm。台车所装配电动机的功率不小于 2.2kW。千斤顶配备数量以能满足实际需要为标准,伸缩范围 0~200mm。

3) 运行原理及应用技术

在施工完成的输水箱涵底板上将台车整体移动至待浇筑仓位,经测量位置达到要求时,锁定行走装置。调节下部千斤顶,使顶模达到设计标高,并使台车外形中心线与箱涵中心线重合后,进行支撑加固。旋紧侧模丝杠,推动内侧模板到指定位置,内侧模与顶模之间采用销轴连接。外侧模板靠门架在轨道上行走来整体移动,与内侧模板的连接也是采用对拉螺栓。为减轻对拉螺栓的承载,可在外膜底部用方木支顶。再次确认箱涵位置、尺寸、标高的准确性,无异议时开始安装端头模板。由于端头模板面积较小,采用拼装的小型钢模板。台车的各丝杠和对拉螺栓由专人操作,以便掌握合适的力度,防止模板和骨架变形。丝杠的操作顺序应从上到下进行,并要注意保证钢筋的保护层达到设计要求。混凝土浇筑完成,当强度达到要求时即可拆模。首先撤掉端头模板,松开外侧模板的对拉螺栓,启动门架,移开外侧整体模板。收回侧模丝杠,使模板离开混凝土墙体 150~200mm,放下下部千斤顶和支撑,使顶模脱离混凝土顶面 100~150mm,拆除所有的楔铁和锁定,使走向轮着地。经全面完成并检查无误后,方可开始移动台车。在拆模时,丝杠的松动顺序与装模时相反,应从下到上进行。模板经重新整理和打磨后,又可投入到下一段的混凝土浇筑。

需注意以下问题:

(1) 台车在安装前,须有测量人员按轴线放出箱涵的准确位置,待台车到位后再进行一次复测,使之与设计相符合。

(2) 安装完成后,认真检查侧模与顶模、外模之间的支撑与连接是否牢固、稳定,使之成为一个整体。

(3) 侧模底部的支撑不得完全由千斤顶承担,要有槽钢或方木等坚固的支撑物,千斤顶只限用于调整位置、标高。

4.4.3　衬砌台车的受力分析

1. 台车构造及主要技术条件

1）台车构造

衬砌台车由顶模板总成、侧模板、联系纵梁、液压缸和机械千斤顶、门架总成、主从行走机构、门架支承千斤顶等组成,如图 4-71 所示。

2）衬砌台车工作划分

根据台车受力部位的不同,把台车的工作划分为两个阶段,即下侧部砌筑阶段与上侧与顶部砌筑阶段。

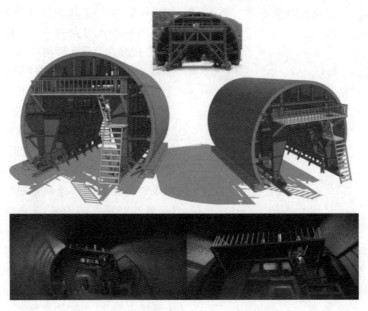

图 4-71　衬砌台车的构造及工作示意图

3）主要技术条件

台车一个工作循环的理论衬砌长度 $L \geqslant 6000\mathrm{mm}$;大衬砌厚度(包括超挖回填厚度)$\delta \approx 800\mathrm{mm}$;轨距 $d \geqslant 3500\mathrm{mm}$;成拱跨度 $f \geqslant 4000\mathrm{mm}$;轨道中心误差 $x \leqslant 5\mathrm{mm}$;浇筑面上升速度 $\leqslant 4\mathrm{m/h}$。

4）下侧部砌筑阶段的受力分析

这个阶段的受力情况如图 4-72 所示。箭头区域为工作过程中模板受到的挤压力,根据流体力学原理,h_0 范围的挤压力仅为侧向力,计算公式为

$$F_{h_0} = \frac{L\rho\left[(h_1 + h_0)^2 - h_1^2\right]}{2}$$
$$= L\rho(h_0^2 + 2h_0 h_1) \qquad (4\text{-}2)$$

式中,L——理论衬砌长度,m;

　　　ρ——混凝土密度,$\mathrm{kg/m^3}$;

　　　h_1——浇筑面与断面为曲线模部分下点的高差,m;

　　　h_0——直线模部分的高度,m。

设 α_0 为曲线模水平半径与下点半径的夹角,α_1 为曲线模水平半径与浇筑面半径的夹角,则 $\alpha_0 \sim 0$ 范围的挤压力计算公式如下:

侧向力

$$F_{h_1} = L\rho R^2 \int_{\alpha_0}^{\alpha_1} (\sin\alpha_0 - \sin\alpha)\mathrm{d}(\sin\alpha_0 - \sin\alpha)$$
$$(\alpha \leqslant 0) \qquad (4\text{-}3)$$

竖向力

$$F_V = \int^{\alpha_1} (\sin\alpha_0 - \sin\alpha)\mathrm{dcos}\alpha$$
$$(\alpha \leqslant 0) \qquad (4\text{-}4)$$

砌筑面处于角 α_1 时模板的全部侧向力为

$$F_V = F_{h_0} + F_{h_1} \qquad (4\text{-}5)$$

整理式(4-3)可得到

$$L\rho R^2 (\sin2\alpha_0 - \sin2\alpha_1)/2 = (L\rho h_{12})/2$$
$$(4\text{-}6)$$

侧向总的受力为

$$F_H = F_{h_0} + F_{h_1} = L\rho (h_0 + h_1)^2/2$$

$$(4-7)$$

可见侧向力与断面曲线的变化无关。

而这个阶段的竖向力表现为对模板的抬升,若 α_0 的绝对值不大,在计算主梁所受弯矩时可不予考虑,但在模板自重较小,支撑千斤顶无向下倾角的情况,仍可能导致跑模。图4-72示意的是 $\alpha_0 = 0$ 的极限情况。

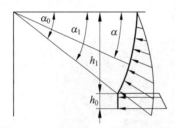

图4-72　下侧部砌筑阶段台车受力示意图

4.4.4　衬砌台车的问题剖析及使用

衬砌台车为整体封闭式结构,它的应用使隧道二衬施工质量有了很大的保证和提高。但台车作业空间小,仅在翼板和顶板按三角形形状布置了4~5个矩形窗口(每一水平方向上),为混凝土泵送入口及操作人员观察和振动设备使用,因此,操作过程中也会存在由于管理上的疏忽,质量达不到理想效果。所以,为了提高脱膜后的内实外光的效果,必须注意以下几个问题。

1. 衬砌台车混凝土灌注应对称施工

二次衬砌在两侧灌注时应对称交替进行,防止由于液态的混凝土单边侧压力过高而挤压整个台车(严重的会引起台车倾覆),以保证混凝土质量和整个台车的安全。一般情况下,单侧灌注高度不到1m时就应改灌另一侧,交替进行。同时边墙灌注时混凝土坍落度不宜超过180mm,混凝土过稀则侧压力会增大。一般只要混凝土能顺利泵入流动,控制在140mm左右为宜。

2. 衬砌台车混凝土灌注应防止单窗灌注

衬砌台车在每一水平位置均设置了4~5个矩形窗口,作为混凝土灌注施工窗口,因此要求混凝土灌注时应勤倒管、换位灌注。现场

施工中操作工人怕麻烦,往往在水平方向将混凝土入口管摆放于中心窗口,任混凝土自由流淌到两边缘,造成混凝土骨料堆积在中间,而两侧骨料较少,从而引起混凝土强度不均,灌注窗口下出现蜂窝麻面。

垂直方向上不但存在上述方向的问题,要加以杜绝,另一方面更应该注意混凝土灌注高度落差问题。过高灌入,容易引起混凝土离析、骨料分离,严重影响工程质量。操作人员偷懒,减少换位倒管,往往"居高临下",是造成这一结果的隐患,施工中应杜绝,加强管理。

3. 衬砌台车拱顶混凝土的灌注

拱顶混凝土的灌注与侧墙的施工有些差别,侧墙混凝土基本上可以通过观察、勤振捣得以改善混凝土施工质量,而拱顶较难控制。拱顶的混凝土入口应根据纵坡合理选择窗口(一般选择低标高处窗口往高处灌),加强观察,若高处混凝土已经饱满,一般混凝土就基本密实。但应控制灌注的压力,压力值应大于侧墙灌注的压力值,但不宜过大、过高,过高会引起台车模板凹陷度开裂;过低则会产生混凝土泵送不到位、不饱满和堵管现象。

4. 衬砌台车混凝土施工中的振捣

由于衬砌台车作业空间狭小,振捣操作较为困难。操作人员只能将头和手伸入窗口,采用甩入振动棒头方法逐层振捣,尤其是钢筋密集时更难以操作和控制。为改善振捣质量,衬砌台车腹板下都装有附着式振捣器,要及时开动振捣。

插入式振捣主要用于侧墙,要求尽量将混凝土及时赶至边角,然后逐层振捣。要掌握振捣频率,不要过振和漏振,否则会引起混凝土蜂窝麻面和离析。

由于衬砌台车拱部空间狭小,所以附着式振捣器主要用于拱部混凝土的振捣。相应拱部混凝土坍落度也相对于侧墙大一些(最大时可达220mm)。拱部振捣时应先观察,以防止拱部混凝土厚度不均。

通过多年的施工经验和对问题的剖析,总结以下几条,以保证和提高隧道衬砌混凝土的施工质量,并提高工效。

（1）衬砌台车在加工制作时，要求本身硬件结构合理，强度刚度好，以保证混凝土施工过程本身结构变形控制在最小范围。

（2）衬砌台车软件系统（液压部分）、行走系统简单实效，升降系统稳定性好。行走系统行走稳定、控制简便，液压提升和位移调整准确、操作灵活，可以大大节约台车的定位时间。

（3）衬砌台车在混凝土灌注时，一定要保证对称施工，并控制每次的灌注高度，这样才能既保证混凝土灌注质量，又保证台车本身的结构安全。

（4）加强对操作工人的现场管理，增强质量意识。衬砌台车施工在很大程度已经减轻了工人的劳动强度，提高了混凝土施工质量，但是如果忽略或放松了对工人的现场管理，对施工质量仍然会带来很大影响，甚至造成不必要的质量事故。

5. 搭接错台

搭接错台是台车使用过程中最常见的问题之一。一般衬砌成形后错台在 3mm 之内的为正常现象，超出此范围则需要进行修补处理。由于造成错台的原因较多，处理时需根据具体工况酌情处理。

1）原因分析

产生搭接错台的原因很多，主要有以下几方面。

（1）台车模板及接头处混凝土表面存在泥浆杂物，造成该处凸出，致使模板不能紧贴混凝土面而出现错台。

（2）台车制造时前后断面尺寸存在误差，或者安装人员不熟练造成前、后端断面局部尺寸不一致，最终造成衬砌施工时出现前后段的错台。

（3）台车支撑刚度不够，在混凝土压力作用下致使台车模板向内收敛变形，造成衬砌环接缝错台。

（4）台车与衬砌混凝土搭接过长，因曲线外侧支顶、接缝不严、漏浆过多而出现错台。

（5）受隧道曲线段影响，造成台车中线与隧道中线不在同一轴线上而出现错台。

2）处理方法

（1）台车就位前，将混凝土与台车搭接部位表面彻底清理干净，使台车与混凝土表面尽量紧贴。

（2）检查台车前后断面尺寸，及时消除制造与安装误差。

（3）台车模板与已施工衬砌的混凝土搭接长度以 80～100mm 为宜。若太短，台车搭接时混凝土受力易造成裂缝，致使出现漏浆情况；若过长，则接缝密封不严也易出现漏浆现象。

（4）施工衬砌之前，将所有的支撑丝杠全部紧固到位，保证台车整体受力。

（5）放慢台车底部高 3～4m 处的混凝土灌注速度并控制混凝土塌落度。

（6）加强台车支撑，即在原设计台车两端各增加支撑丝杠，同时加强搭接部位支撑，要求支撑紧密。

（7）中线位置要求准确设定，使台车中线与隧道中线尽量保持一致。

6. 台车模板与骨架错位

由于部分台车没有采取相应的预防台车模板与骨架错位的措施，台车在使用过程中经常会出现模板与骨架挪位现象（特别是在一些有纵坡的隧道内施工时），再加上一线操作工人责任心不强，不能及时采取相应处理措施，往往导致支撑丝杠穿不上，顶升主液压缸偏斜，以致台车在使用过程中发生液压缸易损坏、门架扭曲变形甚至跑模现象。

1）原因分析

（1）由于在浇注过程中，台车模板受力不均衡导致模板往一侧发生轻微位移，长期使用的积累或纵坡的存在加剧了模板与骨架之间的错位。

（2）台车在安装过程中，由于安装人员的疏忽导致了模板与骨架的错位。

2）处理方法

先用手拉葫芦将模板与骨架之间的错位校正，然后再在通梁上增设纵向八字撑；在有纵坡或坡度较大的隧道内使用的台车还应在台梁和门梁之间增设抗倾丝杠，且不宜少于4个，以防止模板与骨架之间再次发生错位现象。

7. 台车上浮

部分台车由于在设计的时候没有充分考虑到台车在衬砌使用过程中产生的上浮力，台车的抗浮措施不到位，从而导致台车在使用过程中出现上浮现象，造成衬砌环接缝以及曲墙底部与条形基础的接缝处出现错台和漏浆现象。

1）原因分析

在隧道二次衬砌施工中，当浇注拱部以下部分的混凝土时，由于混凝土呈塑性状态，产生的水平侧压力和向上的浮力直接挤压、顶抬圆弧段模板。模板与台车门架是通过铰式连接的，模板的上浮势必带动台车的上浮，这种现象尤其是在混凝土浇注速度较快时更为明显。

2）处理方法

为了克服混凝土产生的上浮力，采取的办法是在台车顶部施加向下的压力，达到抵消上浮力的目的。可在台车顶部与围岩之间设置支撑，即在台车顶部的前、后部位各支撑呈辐射状的 2～3 个顶力为 300～500kN 的机械千斤顶。浇注时要充分利用台车工作窗，分层浇注，落差应小于 2m，以减小浮力。另外，控制浇注混凝土速度在 6m/h 以内，同时保证两侧混凝土交替均衡地浇注。

8. 台车其他问题

在台车使用的过程中还可能出现其他一些问题，比如台车打垮，模板板缝及工作窗拼缝的间隙和错台过大等。但只要工人在施工过程中严格按照操作规程操作，时刻仔细观察台车各个部位的受力变形情况，及时紧固主要连接螺栓及所有防松丝杠；在台车每环衬砌脱模之后全面检查、及时整修，避免变形累积，就不会给衬砌质量带来大的影响。

参 考 文 献

[1] 甘海仁.我国凿岩机械现状[J].矿山机械, 2006,34(6):28-33.

[2] 边文.国外凿岩机械及风动工具发展概况 [J].工程机械,1973(3):48-54.

[3] 李军.液压凿岩机的发展与应用[J].有色金 属(矿山部分),2008,60(3):36-38.

[4] 田文元.轻型独立回转液压凿岩机的研究 [D].沈阳:东北大学,2005.

[5] 林义忠,黄光永,唐忠盛,等.液压凿岩机主要 研究现状概述[J].液压气动与密封,2014 (2):1-2.

[6] 鹿志新,李叶林,周志鸿.我国液压凿岩机产 品发展现状与建议[J].凿岩机械气动工具, 2013(3):1-5.

[7] 潘景升,闻德生,吕世君,等.液压劈裂机在铁 矿开采中的应用[J].机械工程师,2001(11): 57-59.

[8] 祈世亮.液压劈裂机在隧道孤石处理中的应 用研究[J].隧道建设,2010,30(1):110-113.

[9] 周志鸿,许同乐,高丽稳,等.液压破碎锤工作 原理与结构类型分析[J].矿山机械, 2005(10):39-40.

[10] 周志鸿,马飞.中国液压破碎锤行业的进步 与不足[J].工程机械,2010,41(1):49-54.

[11] 许剑,严世榕.液压破碎锤的发展与应用 [J].机电技术,2009,32(b10):32-35.

[12] 许同乐,夏明堂.液压破碎锤的发展与研究 状况[J].机械工程师,2005(6):20-21.

[13] 司癸卯,李晓宁.液压破碎锤的发展现状及 研究[J].筑路机械与施工机械化,2009,26 (7):76-77.

[14] 张定军.国内液压破碎锤的现状及分类[J]. 现代冶金,2008,36(3):4-6.

[15] 朱建新,邹湘伏,陈欠根,等.国内外液压破 碎锤研究开发现状及其发展趋势[J].凿岩 机械气动工具,2001(4):33-38.

[16] 薛尚文,焦志鑫,洪啸虎,等.水平定向钻机 作业原理概述[J].机械制造与自动化, 2013,42(2):20-21.

[17] OLOFSSON S. Blasting technology face drilling [M]. 3rd Edition. London: Macmillan,2004.

[18] YANG S Y, OU Y B, GUO Y, et al. Analysis and optimization of the working parameters of the impact mechanism of hydraulic rock drill based on a numerical simulation [J]. International Journal of Precision Engineering & Manufacturing, 2017,18(7):971-977.

[19] KARL K. Tunnelling capacities and tunnelling equipment factors [M]. Osio: Norwegian Tunnelling Society,1988.

[20] 何清华.隧道凿岩机器人[M].长沙:中南 大学出版社,2005.

[21] 王恒升,何清华,邓春萍.凿岩台车自动化控 制系统的发展、现状及展望[J].测控技术, 2007,26(3):1-4.

[22] 林宏武,吴志虎.浅谈矿山钻机的配置及选 型[J].矿山机械,2008,36(5):25-26.

[23] 谢梦飞.国外液压凿岩设备的发展与应用 [J].工程设计与研究,1993,12(82):22-27.

[24] 陶驰东.采掘机械(修订版)[M].北京:煤 炭工业出版社,1993.

[25] 田国祥,刘会林.悬臂式掘进机技术设计规 范化的探讨[J].煤矿机电,1996(1):15-17.

[26] 中华人民共和国能源部行业标准.悬臂式掘 进机通用技术条件:MT 238—1991[S].北 京:中国标准出版社,1991.

[27] 李朋伟.基于多臂凿岩台车和湿喷机组的公 路隧道施工机械化作业模式研究[D].重 庆:重庆交通大学,2014.

[28] 闻庆权,孙鹏飞.CIFA CSS-3 型混凝土湿喷 机械手在隧道施工中的应用[J].建设机械 技术与管理,2014(1):87-90.

[29] 刘瑞波.隧道施工机械选型技术分析[J].科 技视界,2012(18):289-290.

[30] 王道远,冯卫星.隧道施工技术[M].北京: 中国水利水电出版社,2014.

[31] 李峰.全智能电脑凿岩台车在隧道机械化施 工中的应用优势[J].科技创新与应用,

2012(17)：190-190.

[32] 黄成光.公路隧道施工[M].北京：人民交通出版社,2001.

[33] 马井雨,马忠诚.国内喷射混凝土用喷射机的发展概述[J].混凝土,2012(9)：142-144.

[34] 马宝祥.湿式混凝土喷射机的发展及应用[J].2000(9)：50-51.

[35] 刘运启,王丽芳,张芳.混凝土喷射机防尘和防黏结的改进[J].江苏煤炭,2003(4)：28-29.

[36] 许天恩.混凝土喷射机现状和发展趋势[J].煤炭科学技术,1997,25(9)：30-31.

[37] 王小宝.湿式混凝土喷射机的类型及发展[J].工程机械,2004(11)：48-49.

[38] 陈恢翰.提高转子式混凝土喷射机使用寿命技术途径[J].建井技术,2003(8)：36-37.

[39] 范广勤,曾康生,徐龙仓.喷射粉煤灰混凝土支护的试验研究[J].建井技术,1993(2)：66-67.

[40] 易恭猷,韩立军,张仁水.高强度喷射混凝土的研究[J].煤炭科学技术,1993,21(2)：40-42.

[41] 王方荣.浅析我国混凝土喷射技术及装备[J].建井技术,1996,79(5)：45-46.

[42] 杨福真,王小宝.SPZ-6型湿式混凝土喷射机的研制[J].矿冶,1998,7(4)：12-15.

[43] 王秀山.孔祥利,董文昕.HSP6型混凝土湿喷机的结构设计[J].2003(10)：60-62.

[44] 松柏.JSH-S6型湿式混凝土喷射机[J].建井技术,2014(35)：6-7.

[45] 袁和生.煤矿巷道锚杆支护技术[M].北京：煤炭工业出版社,1997.

[46] 沈树林.浅谈锚杆钻机的研制现状[J].淮南职业技术学院学报,2004(1)：56-57.

[47] 牛宝生.采掘锚、掘锚一体化快速掘进成巷技术[J].煤炭工程,2003(11)：9-12.

[48] 邹敢.浅谈锚杆钻机的发展现状[J].凿岩机械气动工具,2006(3)：52-55.

[49] 徐锁庚.国内外锚杆钻机的现状及发展趋势[J].煤矿机械,2007,11：1-3.

[50] 王金华.我国煤巷锚杆支护技术的新发展[J].煤炭学报,2007(2)：113-118.

[51] 戴保民,陈炳祥,赵胜利.大跨度变截面衬砌台车设计、制造与应用[J].西部探矿工程,2003(7)：147-148.

[52] 邓满林.变截面隧道衬砌台车设计与使用[J].山西建筑,2008,34(1)：343-344.

[53] 孔庆海,张传凌,郝建斌.衬砌台车在煤矿斜井衬砌中的改进与应用[J].能源技术与管理,2013,38(4)：140-141.

[54] 张开鹏,蒋玉龙,曾雪芳.桥梁加固的发展与展望[J].公路,2005(8)：299-301.

[55] 张立学.整体式衬砌台车在公路隧道施工中的应用[J].山西建筑,2003(5)：249-250.

[56] 连卫东.混凝土衬砌台车的设计与使用[J].公路与汽运,2004(3)：105-107.

[57] 肖调清,李之涛.双线隧道大模板衬砌台车施工技术[J].铁道标准设计,2002(11)：34-35.

[58] 陈鹏,雷升祥,薛新广.在隧道施工中大型模板衬砌台车的安装方法[J].现代隧道技术,2002(4)：17-20.

[59] 汪俊波,贾述岗,苗大成,等.自行式液压隧道衬砌台车施工技术[J].烟台职业技术学院学报,2010,16(2)：65-69.

[60] 曾珍云,屈永强.衬砌台车在隧道工程中的应用技术[J].科学之友,2007(2)：29-30.

第3篇

全断面隧道施工机械

全断面隧道施工方法是采用全断面一次开挖成形,按整个设计掘进断面一次向前挖掘推进的施工方法。本篇介绍了两种典型的应用最为广泛的全断面隧道施工机械,隧道掘进机和盾构机。

隧道掘进机(tunnel boring machine,TBM)是一种用机械破碎岩石、出碴与支护,实行连续作业的综合设备。随着水利水电、铁路、交通、矿山、城市建设等隧道与地下工程施工的发展,世界各国日益重视地下空间的开发利用,把地下空间当成一种新的国土资源,并称为地下产业。在地下空间的开发利用中,TBM隧道施工技术凭借着高效、优质、安全、经济、对岩体扰动小、有利于环境保护和降低劳动强度等优点,成为隧道掘进快速施工的优先选择。

TBM掘进技术经过近半个世纪的发展完善,目前已日臻成熟。关于TBM的分类,欧美国家与日本略有不同。欧美国家将所有的隧道掘进机均称为TBM,而日本将适用于软弱地层(土质、砂砾质)的隧道掘进机称为盾构掘进机,适于岩石的称为TBM。TBM的型式按不同功能、要求目前已是种类繁多。为了方便TBM在工程中的选用,本篇第5章对TBM的结构、原理和典型产品的应用进行了介绍,为TBM的实际工程应用提供参考。

盾构机又称为盾构掘进机,简称为盾构,其定义为:用于土质隧道暗挖施工,具有金属外壳,壳内装有整机及部分辅助设备,在盾壳掩护下进行土体开挖、土碴排运、整机推进、管片拼装等作业,通过刀具截割土体,而使隧道一次成形的机器。盾构技术已广泛应用于软土层的地铁、隧道、市政管道等工程领域。盾构施工对所要修建的隧道进行量体裁衣,具有高可靠性、高效率等特点。盾构的分类方式繁多,不同的盾构有不同的功用和特点,本篇第6章对盾构机进行了详细的介绍,第7章介绍了异形盾构设备。

第5章

全断面岩石掘进机

5.1 概述

5.1.1 定义

掘进机的技术名称在我国过去很不统一，各行业均冠以习惯称呼，铁道和交通部门称为隧道掘进机，煤炭部门称为巷道掘进机，水电部门又称为隧道掘进机。国家标准(GB 4052—1983)统一称为全断面岩石掘进机(full face rock tunneling boring machine)，简称掘进机或TBM。TBM的定义是：一种靠旋转并推进刀盘，通过盘形滚刀破碎岩石而使隧道全断面一次成形的机器。

TBM是1846年由意大利人 Maus 发明的。1851年，美国工程师 Charles Wilson 设计了世界上第一台可连续掘进的 TBM，但由于设计上存在难以克服的滚刀问题和其他困难，使之难以与当时刚诞生的钻爆法相媲美而无用武之地。1881年，压缩空气驱动的 TBM 由英国人 Colonel Beaumont 发明，用于掘进英吉利海峡探测隧道。1956年，美国的 James Robbins 仿照100年前 Charles Wilson 的设计，只采用滚刀，解决了第一台 TBM 的刀具问题，获得了成功。1973年，双护盾 TBM 由意大利 SELI 公司 Robbins 公司联合设计制造。

广义上掘进机包含全断面掘进机和部分断面掘进机，全断面掘进机包括全断面岩石掘进机和盾构机(软土掘进机)。在中国，将用于岩石地层的称为 TBM，用于软土地层的称为盾构机，二者的异同点如下：

(1) 掘进系统是类似的，都是采用刀盘机械破碎岩石或土体。

(2) 走行系统类似，都是在位于基础上的轨道上走行，不同的是盾构轨道安装在管片上，而 TBM 一般安装在预制仰拱块上。

(3) 反力提供机理不同，TBM 依靠撑靴撑在隧道侧面上提供反力，盾构机依靠反力架及管片提供反力。

(4) 衬砌施工方式不同，盾构采用预制管片加壁后注浆，TBM 采用管棚、超前导管、锚杆、喷混凝土为初次支护，常规方法作为二次衬砌。

相对于盾构机，TBM 因其对设备的可靠性和长寿命要求极高，被称为工程机械的"航空母舰"和"掘进机之王"。但习惯上通常所说的掘进机是专指全断面硬岩掘进机。

全断面硬岩隧道掘进机是利用旋转刀盘上的滚刀挤压剪切破岩，通过旋转刀盘上的铲斗齿拾起石碴，落入主机皮带机上向后输送，再通过牵引矿碴车或隧道连续皮带机运碴到洞外。它集大型化、自动化、高速化、流程化、精密化、计算机化于一体，将隧道施工的掘进、换步、支护、运输、保养、维修等多种工序放在同一时间内平行作业，各工序相互配套、相互影响、紧密衔接。由于广泛应用计算机、遥控、激光制导等先进电子信息技术对施工过程进行全面指导和监控,现代 TBM 掘进过程始终处于最佳状态。相对于传统钻爆法,TBM 具有高效、快速、优质、安全等优点,其掘进速度一般是前者的 4～10 倍。此外,采用 TBM 还有利于环境保护和节省劳动力,提高施工效率,整体上比较经济。TBM 运行状态是否正常,与保养维护工作的到位与否密切相关。任何疏忽大意和不负责任,都将导致设备严重故障,耽误工程进度,降低 TBM 工时利用率,影响 TBM 运行寿命。

5.1.2　TBM 的功用

TBM 的应用范围主要有水工隧道、城市污水隧道、地下铁道、公路隧道、铁路隧道和电缆隧道等。其中应用最多的是水工隧道和污水隧道,这主要是因为这类隧道的断面多为圆形。TBM 的直径为 1.8～11.93m,但使用最多的是 3～6m 直径范围。开挖地层的抗压强度范围为 3～385MPa,但大多数介于 50～150MPa 之间。

在软弱地层中,中、小直径 TBM 的施工技术是大家公认的。而在坚硬地层中,中、小直径 TBM 在技术上是否成熟呢?从收集到的抗压强度大于 200MPa 的 174 个工程实例来看,开挖直径大于 6m 的仅有 37 例,而直径在 6m 以下的中、小直径 TBM 占绝大多数,共有 137 例。由此可见,中、小直径 TBM 在坚硬地层中的应用已十分广泛,技术上已没有风险。此外,在坚硬岩石(如花岗岩)中,小隧道中,TBM 的开挖成本在不断下降,到 1986 年,TBM 的开挖成本与钻爆法已十分接近。

综上所述,在坚硬地层中用中、小直径 TBM 的开挖隧道在技术上已经成熟,且在经济上也与钻爆法持平,是一种很有竞争力的施工方法。

在中等软岩地层中,不仅中、小直径 TBM 的应用大获成功,就是直径很大的 TBM 近些年来也有不少成功的应用实例,其技术趋于成熟。近 20 年来,直径在 8m 以上的 TBM 已成功地应用于 20 座隧道的施工中,其中直径最大的达 11.93m。开挖的地层为石灰岩、砂岩、页岩、黏土岩等中等的软岩地层。最大平均日掘进速度高达 19.8m。在应用的地域分布方面,北美、欧洲和亚洲均有成功应用的实例。这从一个侧面反映了在中等软岩地层中,大断面 TBM 施工技术日渐普及。但就其应用的数量而言,发达国家仍旧占有优势。例如,在直径大于 8m 的 20 座 TBM 施工的隧道中,美国占 11 座,居世界各国之首;瑞士占 6 座,紧随美国之后列第二;法国、中国、巴基斯坦各 1 座。尽管如此,发展中国家毕竟已开始起步,这是大直径 TBM 在中等软岩地层中施工技术日趋成熟的一个标志。

5.1.3　TBM 的发展历程和历史沿革

世界上第一台 TBM 自从 1851 年由美国人 Charles Wilson 发明以来,历经 160 余年的不断发展,已经集施工速度快、适应地层广、安全、可靠、经济等诸多优点于一身,在世界各国的隧道施工中表现出了非凡的优势。

第一台能较为顺利地进行掘进的 TBM 是由英国的 Colonel Beaumont 于 1880 年研制成功的,其直径为 2.13m。这台 TBM 曾用于英国 Mersey 河下一座隧道的开挖,并达到了周进尺约 3.5m 的速度。Beaumont 的另外一台 TBM 则于 1882 年用在当时建议修建的英法海峡隧道中。这台 TBM 先后从两岸掘进,在海下各开挖了 1.6km 长的导洞。该机采用了安在转动头上的截割工具进行开挖,其动力由压缩空气提供。它在白垩纪地层中,每天平均掘进距离仅 1.5m,在此后的 70 年间,仅设计和制造了约 15 台 TBM。

TBM 真正进入实用阶段的时间是 20 世纪 50 年代中期。当时美国西雅图的 James S. Robbins 进入 TBM 制造领域,Robbins 公司生产的 TBM 于 1954 年首次成功应用于美国南达科他州的 Dahe 坝的隧道工程中。该机与 1955 年生产的另一台 TBM 配合掘进的总长度为 6750m,施工过程中最好的日进度为 42m,最好的周进度达 190m。当 Robbins 公司的 TBM 应用于多伦多的一座污水隧道的施工时,其施工效率得到了世界的承认。这台机器是第一台完全装有旋转盘形滚刀的 TBM,其直径为

3.7m,最高掘进速度可达 3m/h。TBM 在该工程中的成功应用引起了世界隧道工程界的广泛注意,并激起了世界各国研发 TBM 的热情。与此同时,其他机械生产制造商也开始寻求进入 TBM 制造领域的机会。此后,一项项 TBM 技术难题被攻破,TBM 技术得到了迅猛的发展,应用也日益普遍。

1) TBM 技术的发展

从 Robbins 公司 TBM 的成功应用到现在为止的 60 多年时间里,TBM 在技术上的进步主要表现在以下几个方面:

(1) TBM 类型的多样化。第一台 TBM 为敞开式,而现在除了敞开式外,还有单护盾、双护盾、三护盾等类型。承包商可根据工程的具体地质情况选用合适的 TBM。

(2) 滚刀直径不断增大,效率不断提高。大直径滚刀不仅可以提高刀圈的寿命,使换刀次数减少,并且能在较坚硬的岩石条件下获得较高的掘进速度。最早的 TBM 滚刀直径为 304mm,而目前的滚刀直径可达 483mm。每把滚刀允许承受的推力也从 90kN 提高到 314kN,从而使 TBM 能开挖较硬的地层,并使 TBM 的效率大大提高。

(3) TBM 直径不断加大。第一台能顺利进行掘进的 TBM 直径仅 2.13m,1979 年首次达到 9m,而目前 TBM 的直径可达 11.93m。

(4) 从固定直径到可变直径。最早的 TBM 的开挖直径是固定的,只能用来开挖直径相同的隧道,而现在 TBM 的直径可在一定范围内变化。如 Atlas Copco 公司的 Jarva MK27 型 TBM 经改装后,其直径可在 6.4~12.4m 之间变化。

(5) 辅助设备的配备。最早的 TBM 不具备任何辅助设备,而目前的 TBM 可配备锚杆、喷射混凝土、注浆等施工设备,能及时处理不良地层状况下出现的问题,防止 TBM 发生故障。

(6) TBM 生产厂家不断增多。现在能生产 TBM 的厂家已有 30 多家,其中最著名的有 Robbins、Atlas Copco 和 Wirth(Robbins 和 Atlas Copco 已经于 1994 年合并)三家公司。

(7) TBM 的应用日益增多。统计数据表明,

上述三大公司在过去 40 多年间共生产了 760 台 TBM(占世界 TBM 数量的绝大多数),其中 20 世纪 50 年代仅为 10 台,60 年代 72 台,70 年代 289 台,80 年代 390 台,呈大幅度增长趋势。

2) TBM 的分类

TBM 根据支护形式分为以下三种类型:敞开式 TBM,双护盾 TBM,单护盾 TBM。

(1) 敞开式 TBM

敞开式 TBM(图 5-1)结构简单,常用于纯质岩,其主要特点是使用内、外凯氏(Kelly)机架。内凯氏机架的前面安装刀盘及刀盘驱动,后面安装后支撑。外凯氏机架是 2 个独立的总成,前、后外凯氏机架上装有 X 形支撑靴,外凯氏机架连同支撑靴一起能沿内凯氏机架作纵向滑动,支撑靴将外凯氏机架牢牢地固定在掘进后的隧道内壁上,以承受刀盘扭矩和掘进时的反力。前、后外凯氏机架上各有其独立的推进液压缸,后外凯氏机架的推进液压缸将推力传到内凯氏机架上。掘进循环结束时,内凯氏机架的后支撑伸出,支撑到隧道底部上,外凯氏机架的支撑靴缩回,推进液压缸推动外凯氏机架向前移动,为下一循环的掘进做准备。

图 5-1　敞开式 TBM

2014 年 12 月 27 日,拥有自主知识产权的国产首台大直径全断面硬岩隧道掘进机(敞开式 TBM),在湖南长沙中国铁建重工集团总装车间顺利下线。它的成功研制打破了国外的长期垄断,填补了我国大直径全断面硬岩隧道掘进机的空白。

(2) 双护盾 TBM

双护盾 TBM(图 5-2)又称伸缩护盾 TBM,

由主机、连接皮带桥、后配套三大部分组成。主机主要由装有刀盘的前盾、装有支撑装置的后盾、连接前后盾的伸缩部分及安装管片的盾尾组成。

图 5-2 双护盾 TBM

双护盾 TBM 前部用护盾掩护,机体被后护盾掩护,适用于易破碎的硬岩或软岩及地质条件较复杂的岩层。掘进、支护、出碴等施工工序并行连续作业,是机、电、液、光、气等系统集成的工厂化流水线隧道施工装备,具有掘进速度快、利于环保、综合效益高等优点,可实现传统钻爆法难以实现的复杂地理地貌深埋长隧道的施工。

(3)单护盾 TBM

单护盾 TBM(图 5-3)适用于不稳定及不良地质段。在软弱围岩地层中掘进时,洞壁不能提供足够的支撑反力。这时,不再使用支撑靴与主推进系统,伸缩护盾处于收缩位置,单护盾 TBM 就相当于一台简单的盾构机,刀盘的推力由辅助推进液压缸支撑在管片上提供,TBM 掘进与管片安装不能同步。作业循环为:掘进→辅助液压缸回收→安装管片→再掘进。

图 5-3 单护盾 TBM

单护盾 TBM 掘进和拼装管片只能顺次施工,无法边掘进边拼装管片,主要适用于复杂地质条件的隧道,人员及设备完全在护盾的保护下工作,安全性好,设备造价较双护盾低。

我国应用 TBM 开挖隧道的案例较多,比较有名的如西康铁路秦岭Ⅰ线隧道、山西万家寨引黄入晋工程、辽宁大伙房水库一期输水隧道、甘肃引大入秦工程、四川锦屏二级水电站引水隧道等,这些工程采用的 TBM 大多为敞开式和双护盾式,虽然开挖过程中经历的地质条件复杂多变,但是经过相应的技术处理,均表现出了很好的适应性。基于 TBM 开挖的成熟技术和我国基建交通领域快速发展的良好机遇,TBM 必将得到更广泛的应用。

5.1.4 TBM 国内外发展现状

1. 国内使用 TBM 的现状

国内采用 TBM 施工的隧道主要是万家寨引黄工程和秦岭Ⅰ线隧道,以及其后的磨沟岭隧道和桃花铺Ⅰ线隧道。其中万家寨引黄工程颇具代表性。

万家寨引黄工程由万家寨水利枢纽、总干、南干、连接段、北干等部分组成。分两期施工:一期工程建设总干线、南干线、连接段和部分机组的安装。二期工程建设北干线和南干泵站剩余机组的安装。总干线的 6#、7#、8# 洞全长约 22km,于 1993 年 3 月由意大利的 CMC 公司中标承建,使用 1 台全断面双护盾 TBM 施工,开挖直径 6.125m,成洞直径 5.46m。于 1994 年 7 月至 1997 年 9 月历时 3 年 2 个月贯通。南干线的 4#、5#、6#、7# 隧道全长约 90km,由意大利的 Impregil 公司和 CMC 公司,以及中国水电四局组成的万龙联营体中标承建,用 4 台全断面双护盾 TBM 对该工程全线进行施工。南干线 4#、5#、6#、7# 隧道地质条件主要为灰岩(前 57km)和砂岩、泥页岩互层(后 33km)。6# 隧道有溶洞、地下水和局部软弱层。7# 隧道有地下水、煤层、膨胀岩和摩天岭大断层,其影响带约长 300m。隧道开挖直径 4.82~4.94m,成洞直径 4.20~4.30m。南干线 4#、5#、6#、7# 隧道于

1997 年 9 月至 2001 年 5 月历时 3 年 8 个月贯通。连接段 7♯隧道长 13.5km,采用 1 台全断面双护盾 TBM 施工,由意大利的 CMC 公司中标承建。隧道地质条件为灰岩、泥质灰岩和泥质白云岩,地下水位低于洞线。隧道开挖直径 4.819m,成洞直径 4.14m。该隧道创造了最高日掘进 113m 和最高月掘进 1645m 的纪录。

2017 年 8 月 22 日,国产首台大直径敞开式 TBM"长春号"掘进机在位于吉林市的吉林省引松工程第二标段成功贯通。掘进期间,"长春号"施工月平均进尺 661.59m,刷新了国内敞开式 TBM 施工新记录,并开创了 TBM 同类断面施工之最,施工水平达到国际领先,打破了国外同类技术的长期垄断。

综上所述,山西省万家寨引黄工程总计采用 6 台 TBM 进行无压引水隧道的施工,其掘进总长度为 125.5km。掘进方向的掌握是依靠安装在机头上的激光导向系统产生的激光束反映到光目标上,再反映到测斜仪上,为操作人员提供刀头和前护盾的位置信息,该信息与理论轴线的差异可以精确到毫米。根据掘进的速度及进尺每隔 100m 左右向前移动一次激光机。

2. 国外使用 TBM 的现状

英吉利海峡隧道和日本东京湾跨海公路是颇具代表性的两大 TBM 施工的工程。

英吉利海峡隧道全长 49.2km,海下 37km,共有 3 条平行的隧道,其中 2 条单线铁路隧道,内径 7.6m,相距 30m,中间隧道作为服务隧道,用作通风、维修及整体安全,而在施工期间则作为超前地质预报。直径为 4.8m。英国海岸掘进总长为 92.4km,而法国海岸仅 57.6km,有 11 台 TBM 同时开挖隧道。导向问题是关键,因为不仅自英吉利海峡两岸起挖通的隧道应精密会合,而且要遵循拱楔块制造及安放要求的尺寸。隧道掘进机的位置一直由计算机按每隔 187m 安设的测量标志网计算。首先利用人造卫星测定了 10 多个地面标志点的位置,最后一个标志点上有激光装置对准隧道掘进机上的固定目标,随时向操作员指出掘进机的位置是否与存储于机上计算机内的理论轨迹相符。程序计算出修正的轨迹,依此轨迹,决定

出在衬砌环圈上千斤顶的推力。在地下经过约 20km 的进尺后,所得的在会合点的理论精确度约 25cm,即两个开挖段之间的偏差为 50cm。这正是服务隧道在海下会合点的偏差。英国一侧的服务隧道在地下经 8km 后出地面时仅有 4mm 的误差。地下两半截隧道的会合按以下方法进行:当还剩下 100m 待挖时,即停机并打一探测孔以检验是否在一条线上,然后以人工挖一人行孔以便两侧通信。由于掘进机的直径大于已经衬砌的隧道,它们既不能后退又不能向前出去。法国一侧的掘进机,回收其最大的部分而让其钢外壳留在隧道的拱圈内,用气焊枪割下能割的部分。英国一侧的掘进机在偏离前进轴线的隧道侧边挖掘了它们自己的"坟墓",就地遗弃,埋在混凝土中。

日本东京湾跨海公路西端连接产业区域的神奈川县川崎市,东端连接自然田园区域的叶县木更津市,全长 15.1km。该工程于 1989 年 5 月正式开工,1997 年 12 月竣工并投入营运,与周围的海岸高速公路、外环公路等形成公路网,大幅度改善了首都圈的交通状态。该隧道全部采用泥水加压式盾构掘进机,分别由日立造船株式会社、川崎重工业株式会社、三菱重工、三井造船株式会社、小松制作所、石川岛播磨重工业公司、日本建机株式会社等制造。掘进机外径 14.14m,主机长 13.5m;前仓和中仓的板厚为 70mm,尾仓的板厚为 80mm 或 40mm;盾构掘进千斤顶 48 只,推进速度 45mm/min。为了便于与对方掘进机对接,设置了探查钻孔和冻结管等装置。整个掘进作业全面纳入计算机管理,主要由 3 个大的系统来承担,即①盾构掘进综合管理系统;②掘进方向自动控制系统;③掘进面前方探查与控制系统。另外,为保证隧道平纵线形的正确性,在洞外测量、竖井导入测量、洞内测量、掘进控制测量等方面均采用了先进技术。盾构机从隧道两侧掘进,对接的精度非常重要。当初从机械误差及测量误差考虑,预计对接时错位误差为 200mm,但在两台盾构机到达相对面距离为 50m 处时错位误差为 180mm,经过调整,对接时仅为 5mm。

3. TBM 的制造、设计和研发现状

1) TBM 的制造现状

虽然说近些年来 TBM 技术在我国的运用和发展有着快速的进步,但还远远不能满足国家规模宏大、高速增长的工程建设需求。以目前的国情和国内基建行业的现状分析,TBM 技术的运用和发展还有着较多的制约因素。

(1) 我国地域广阔,所处地壳受到欧亚大陆板块、太平洋板块、印度洋板块相互运动的集中影响,地形、地质、地貌十分复杂。在隧道工程设计中人们对地层认识的不确定性往往是 TBM 技术使用的最大障碍。然而现有的 TBM 技术对地层的适应能力和对突发灾害的防御能力仍有较大差距,也限制了它的使用范围。在工程地质和水文地质较为困难的条件下使用 TBM 技术,其设备及关键部件仍需要依赖从国外进口,价格昂贵,税费很高。面临国内建筑行业低价竞标的局面,使得采用 TBM 施工的承包商亏多盈少,积极性受挫。这种状况不利于 TBM 技术的使用和发展。

(2) 国内在 TBM 技术研发方面力量显然不足,缺乏此类高素质科技人才。具有研发能力的大型国企技术人才流失严重,受种种条件限制,对技术研发工作的支持力度也不够。目前国内 TBM 技术研发还处于模仿期,而且进步缓慢。虽然有国家"863"计划支持,但是国内 TBM 技术研发力量分散,各自为战,技术壁垒甚多,以至于被境外厂商分割利用,不利于国内 TBM 技术向更高层次发展。

(3) 国内隧道及地下工程建筑市场产业化程度很低,TBM 设备的研发和制造很少有形成较大规模生产的企业。没有规模就没有效益,没有效益就没有积极性。多数企业在技术研发组织形式上因循守旧,与当前的市场经济形势不能很好地融合,因此实际研发成果微薄。

(4) 高投入。就目前的市场行情看,一般用于地铁区间隧道施工的土压式盾构机采购价格为 3000 万～5000 万元人民币,使用泥水式盾构机的投入是土压式的 1.5 倍左右。同样直径的 TBM 设备则更加昂贵,动辄上亿元。加上预制衬砌管片、特殊专用材料和较高能耗

所增加的费用,采用 TBM 法修筑隧道的工程成本往往要高于使用钻爆或其他机械开挖、现场模注混凝土衬砌的方法。据粗算,在最顺利的情况下地铁区间盾构隧道的建筑成本价也在每延米 3.3 万元以上。

(5) 高科技。常用的 TBM 设备是个相当复杂的大型机械系统。它的部件成千上万,集机、电、液、气、自动监测、自动控制和电子计算机技术等为一体,几乎容纳了近代机械工程所有的科技进步成果。为了能够使 TBM 设备对复杂地层具有更好的适应能力和便于施工人员操作,有关科技工作者仍在不断地努力着。事实上,科技含量更高的机械设备,其工作性能也更加完备。从某种意义上讲,简陋就意味着增加风险。采用 TBM 技术的关键是要"因地制宜"。由于 TBM 的制作和运用技术含量较高,因此对制造和使用人员的素质,尤其是对个人技术素质要求较高。

(6) 高风险。大量的隧道工程实践证明,采用 TBM 施工的风险主要表现在技术方案失败和成本费用失控两个方面,由它所带来的风险后果会远远大于其他的施工方法。其风险源主要有 3 个:①隧道建设工作者对地层情况的了解程度和认识深度;②TBM 设备的性能指标和质量状况;③施工现场操作人员的素质水平。因此在使用 TBM 技术时,风险管理不仅是十分必要的,而且是全方位、全过程的。从工程规划、可行性研究、勘测设计、合同采购、施工组织到现场操作的各个阶段,以及与工程有关的人员、设备、物料和环境等各个方面都存在着风险管理的具体内容。要尽可能地利用一切风险控制手段,规避风险、化解风险、转移风险,将使用 TBM 技术的较大风险降低到可以接受的程度。笼统地说,它是怎样才能保证预制的大型机械设备系统在特定的地层下能够如愿工作的问题。这与工程规划、勘测设计、设备采购、施工组织和现场操作等各个环节密切相关,不可或缺。尽管在施工现场上多数时间设备问题显得十分突出,甚至弄得人们手忙脚乱,然而决定 TBM 技术运用成败的关键却是人、地、机三者之间的契合程度。

TBM 设备及其部件的研发和制造在我国已经形成了初步的能力和规模,这将为 TBM 技术在我国的运用和发展提供更加坚实的基础。如在上海、广州、大连、沈阳、德阳、新乡等地都已经生产和组装过盾构机或 TBM。国家"863"计划中的隧道掘进机项目落户上海隧道股份有限公司和中铁隧道集团公司,并给以资金支持。上海和新乡的工厂及其合作单位已经可以批量生产、组装盾构机或 TBM 设备。

2) TBM 的设计现状

(1) 目前对刀盘、刀具的结构形式、适用材料及制作工艺的研究比较充分,成果很多。譬如,为解决在软、硬交互的地层中掘进,采用切刀和滚刀联合配置的方式;以不同的盘面开口率来对应不同岩性和结构的地层;使用泡沫添加剂或膨润土改善碴土的和易性及流动性。在国外,有用反向旋转的组合刀盘来克服大直径盾构在泥层中掘进时"结饼"难题的。但是,现在已有的刀盘、刀具技术仍不能满足所有工程的需要,在很多情况下,它仍是 TBM 掘进施工的控制因素。例如成都地铁区间盾构隧道所面临的砂卵石地层问题,刀盘和刀具的磨损十分严重,所增加的工程费用使得施工方难以承受。类似成都这样的砂卵石地层,现用的刀盘、切刀和滚刀形式都不能很好地适应,应予改进和创新。比如,在刀盘和刀具的设计上能否采取中间突破、而后逐圈剥离的方式。

(2) 在碴土中注入人工合成的发泡剂或天然黏性物质可以显著地改善 TBM 工况,因此加大这方面的技术研究力度同其他研究课题一样十分重要。而且在碴土中注入添加剂会起到成本相对低廉、操作方便易行、利于系统维护和延长设备寿命的良好效果。但是,目前可供采用的添加剂品种太少,质量没有保证,其研究开发的商业前景可期。在添加剂的研制和使用中要顾及到它对环境和机械设备的影响。例如,在增加土壤黏性的制剂中可能会含有较多成分的碱性物质,它对环境的污染和对机械的侵蚀不容忽视。

(3) 降低 TBM 制造及运用成本的技术研究。从目前我国建筑市场的基本状况来看,使用 TBM 技术所面临的成本压力较大。首先是设备昂贵,使用中难以完全摊销;再就是电力、材料和构件等成本费用较高;还有,施工标段划分偏小或设置上的不合理,增大了设备拆装及转运工作量,并使得 TBM 机械效率不能够得到充分利用,甚至影响设备的使用周期和使用寿命。因此开展这方面的研究工作,较大幅度地降低 TBM 制造和运用成本十分重要。

(4) 采用硬岩掘进机(即 TBM)进行大断面隧道施工,在临时支护费用不会明显加大施工成本的情况下,可以先用较小直径的掘进机进行局部开挖,而后再使用钻爆的方法扩大至设计尺寸。在国外这种做法并不少见,而在国内似乎还没有先例。这样做可以大幅度地降低设备制造、采购和使用成本;同时掘进机施工的技术风险也可以大大降低。单就隧道开挖施工的能耗来说,掘进机刀盘扭矩要消耗掘进机总功率的 70% 以上,然而刀盘扭矩与刀盘直径尺寸的 3 次方成正比,所以小直径的掘进机节能优势尤其突出。在小直径掘进机开挖通过以后,再采用钻爆法扩大开挖,其成本费用较之使用全断面掘进机可以降低很多。同时比较全断面爆破开挖的方法,扩大开挖的隧道断面成形的质量会更好,爆破施工对围岩的扰动和破坏降低。

(5) TBM 隧道衬砌管片设计受力计算有多种模式,较为流行的如铰接环、等效环、梁-弹组合等。由于这些计算模型与实际情形均有不同程度的差异,所以 TBM 隧道结构设计的合理性就存在着疑点。其中有个很重要的因素被忽视了,那就是衬砌管片环背后由于灌浆填充而形成的环外固结层的作用。环外固结层对管片环的稳定至关重要,两者紧密贴合共同形成了隧道的承力结构,并达到了新的稳定状态。国外有许多 TBM 隧道在管片安装和灌浆填充完成之后即抽取连接螺栓,其结构依然能够保持稳定,就是这个道理。因此,对 TBM 隧道结构的受力机制应该进一步深入探讨,只有弄明白了它的形成机理,建立起较为切合实际的计算模型,进行数理分析,才能够得到相对正确的结果,进而使隧道预制管片技术的运用更加完善。

（6）从某种角度来看，管片衬砌本身是一个不稳定结构。所以，在各向地应力相差悬殊、稳定性较差的地层里使用管片衬砌要特别小心。TBM 施工同步灌浆设备和砂石充填设备的技术性能必须得到充分保证。尾盾的结构和灌浆管路的布设应能使浆液达到管片背部的任何位置。在同步注浆完成之后应认真实施二次补充注浆，以确保衬砌结构的质量。

（7）在一些盾构隧道工程现场看到，衬砌管片施工质量存在的问题较多，主要是接缝超限、边角破损和环片裂缝。其形成原因较为复杂也不尽相同，有的是管片设计和制作的问题，有的是机械设备的问题，有的是施工操作的问题，还有一些是因为地层变动造成的。总之，这里存在着大量的技术课题有待研究和解决。

3）TBM 的研发现状

（1）自 Simon 首次提出 TBM 盘形滚刀破岩机制以来，目前主要有 3 种不同理论：由楔块作用引起的剪切破坏；楔块作用导致径向张拉裂纹的生成，进而引起岩石破碎；盘刀楔入并滚压岩石时，岩体破坏为几种机制的结合，有裂缝扩展张拉破坏、剪切破坏及挤压破坏，往往一种为主，其他为辅。这 3 种理论均假定岩体是均质各向同性的，而自然界中的岩石内部往往存在微裂纹、节理、破碎、渗水以及残余应力等，这些因素对岩石的破坏有重要的影响。然而采用经典的力学理论很难对这些复杂情况进行分析，复杂岩石试件的制备和室内试验研究将耗费大量资金。为此，水资源与水电工程科学国家重点实验室进行了基于颗粒流模型的 TBM 滚刀破岩过程数值模拟研究。

（2）当今流行的隧道围岩分级（或称分类）方法，大多数仍是针对隧道围岩稳定性等级的划分而提出的，难以满足 TBM 施工条件下的隧道施工需要。TBM 施工条件下的隧道围岩分级主要针对工程岩体的可掘进性，即根据围岩的主要地质因素与 TBM 工作效率的关系来划分。因此，纯粹套用以评估围岩稳定性为主的隧道围岩分级方法来进行 TBM 施工条件下的隧道围岩等级划分显然是不恰当的。目前，国内外尚未有一个公认的 TBM 施工条件下的隧道围岩分级方法，因此中铁西南科学研究院进行了 TBM 施工隧道围岩分级方法研究。

（3）滚刀破岩过程中，结构面对裂纹扩展具有显著的控制性作用，并阻隔损伤向结构面下的岩石中渗透；随着结构面与滚刀侵入方向夹角的减小，结构面将引导裂纹向岩石深部扩展，而当夹角较大时，结构面则会引导裂纹横向扩展，易导致大块岩碴的形成。中国地质大学（武汉）岩土钻掘与防护教育部工程研究中心对 TBM 滚刀破岩过程影响因素进行了数值模拟研究。

（4）由于实际 TBM 刀盘的直径较大（直径 6m 以上），采用等比例实物刀盘进行相关试验研究代价较大且难实现，因此进行 TBM 刀盘缩尺模型研究有助于刀盘结构优化和延寿设计等研究的开展。依据相似理论，可以建立 TBM 刀盘的材料、几何、载荷和动力等特征量相似参数集合，依据 TBM 刀盘实际掘进过程中的各项参数及多点冲击分布载荷特点，获取 TBM 刀盘缩尺试验平台的设计参数，构建一套具有多种刀盘分体结构和刀具布置方式的 TBM 刀盘缩尺试验平台。大连理工大学对 TBM 刀盘缩尺试验台设计及其静动态特性进行了分析。

（5）在对实际工况合理简化的基础上，从岩土细观角度出发，采用颗粒离散元法建立滚刀侵入岩体的二维模拟模型，研究双滚刀作用下岩体的动态响应机制，找出滚刀侵入过程中岩体裂纹、贯入度及切削力三者的关系。在此基础上，通过数值模拟对常见切深下滚刀最优刀间距问题进行分析，得到不同切深下比能耗与刀间距的规律，并通过试验对双滚刀破岩过程中岩体动态特性以及最优刀间距问题进行验证，最后以工程实例验证研究结论。研究表明：仿真过程中，切削力随贯入度的变化与岩体的跃进破碎特性一致，岩体破坏服从格里菲斯理论；较小切深下岩体为剪切破坏，较大切深下岩体发生拉应力破坏。中南大学对 TBM 滚刀破岩动态特性与最优刀间距进行了研究。

（6）为研究切削顺序对全断面岩石掘进机破岩机理的影响，基于二维离散单元法，利用离散元仿真软件建立无围压条件下 2 把 TBM

刀具同时、顺次切削节理不发育岩石的仿真模拟。中南大学进行了2种切削顺序下TBM刀具破岩机理的数值研究。

（7）为了研究节理岩石的破碎模式，建立了TBM刀具侵入节理岩石的2D离散单元模型，设计出两组0～15MPa围压下切削仿真试验。中南大学高性能复杂制造国家重点实验室进行了TBM刀具作用下节理岩石破碎模式研究。

（8）针对地下施工中TBM刀具磨损更换频繁且缺乏有效方法对其状态进行评估问题，将声发射技术用于TBM刀具检测，以TBM模态掘进试验台为对象，采集不同磨损程度的滚刀声发射信号，研究声发射单特征参量及多特征参量对滚刀磨损状态趋势评估影响，提出基于改进CRITIC声发射多特征融合刀具状态评估新方法。陕西铁路工程职业技术学院进行了基于改进CRITIC法的TBM刀具声发射信号的研究。

（9）为了提高TBM刀具在不同地质工况下的适应能力以及破岩效率，针对岩土介质在刀具载荷作用下呈现的复杂应力场，考虑岩土介质的裂隙、节理及围压的耦合作用，基于离散元法，依次建立了单一特定地层下单刀截割含倾斜节理岩石、双刀截割节理不发育岩石以及含水平节理岩石的2D离散单元模型，观察到岩石在不同围压、节理参数、刀间距和截割顺序下微裂纹的演化过程，并根据裂纹扩展方向和破碎块的形成规则的不同，中南大学进行了不同地质工况条件下TBM刀具破岩模式研究。

（10）针对TBM电机驱动系统脱困扭矩不足、欠负载工作效率低等问题，提出基于液压变压器（HT）的二次调节系统协同变频电机的刀盘混合驱动方案。通过分析液压变压器的工作原理并建立数学模型，基于直径为2.5m TBM试验台的性能要求，在AMESIM软件平台上搭建液压变压器超级元件模型并进行二次调节系统的性能验证。采用插值查表法反算控制角度，实时控制变压器在蓄能器充放时的输入输出压力稳定，引入变比例系数PID闭环控制，提高压力控制精度。浙江大学进行了

基于液压变压器的TBM刀盘混合驱动系统。

（11）在TBM装备掘进过程中，总推力的影响因素多且复杂，主要包括施工地质条件、装备结构特征、装备掘进状态等核心参量。从分析装备与地质间相互作用的力学特征入手，通过求解滚刀与岩石接触弧线上岩石单元体的极限应力状态，建立能反映地质、操作等关键参量影响的刀盘破岩力计算表达式。在刀盘载荷分析基础上，补充考虑装备护盾、后续设备等部件上作用的载荷分量，建立TBM装备掘进总推力预测模型，并结合我国两个典型工程案例对所建模型进行分析与验证。进一步引入单位贯入度对应总推力值，作为讨论TBM载荷地质适应性的指标，近似剥离操作参数的影响，分析载荷与地质参数间的内在相关关系。天津大学天津市现代工程力学重点实验室进行了基于力学分析的TBM掘进总推力预测模型研究。

（12）为研究TBM边缘滚刀布置规律，根据刀盘实际破岩情况和刀盘设计技术要求，提出了边缘滚刀布置的基本原则，确定了边缘滚刀布置的优化目标和约束条件，建立了TBM边缘滚刀多目标优化布置数学模型，分析其目标函数及约束条件函数，并利用遗传算法进行求解。中南大学机电工程学院进行了全断面岩石掘进机边缘滚刀优化布置研究。

（13）中国科学院武汉岩土力学研究所进行了不同TBM掘进速率下洞室围岩开挖扰动区研究。

（14）根据TBM施工进度将围岩分为施工条件好、施工条件较好、施工条件较差和施工条件差4个等级。利用模糊数学方法，中国科学院地质与地球物理研究所进行了基于模糊数学的TBM施工岩体质量分级研究。

（15）推进速度是TBM的重要设计参数。其值过小将降低机械的掘进效率；过大将引起刀盘的大幅振动，导致连接螺栓超常松动，引起主轴承塑性变形与断裂，严重影响施工安全。为确定推进速度的临界值，引入非线性弹簧单元模拟破岩过程中滚刀与岩石的相互作用。天津大学机械工程学院进行了基于动力

稳定性的全断面岩石隧道掘进机刀盘临界推进速度研究。

（16）采用离散元 PFC 建立滚刀破岩数值力学模型，通过滚刀破岩裂缝数量、宽度、深度及延伸长度来判断不同形状尺寸滚刀的破岩效果。以滚刀受力与贯入度关系曲线多峰值跃进特征，以及以两滚刀裂缝贯通为基准，得出不同岩性条件下合理的贯入度及与其匹配的最优滚刀间距。西南交通大学交通隧道工程教育部重点实验室进行了 TBM 滚刀受力及其间距优化研究。

（17）以重庆轨道交通 5 号线冉家坝站—大龙山站区间及大龙山站—大石坝站区间为背景，针对 2 条重叠小净距隧道的特点，中铁第四勘察设计院集团有限公司进行了复合式 TBM 重叠隧道施工控制技术研究。

（18）中铁第一勘察设计院集团有限公司进行了敞开式 TBM 施工铁路隧道仰拱预制块关键设计参数研究。

（19）广州市盾建地下工程有限公司进行了 TBM 盘形滚刀重复破碎与二次磨损规律研究。

（20）中南大学高性能复杂制造国家重点实验室进行了基础振动下 TBM 推进液压系统工作特性研究。

（21）大连理工大学机械工程学院进行了 TBM 刀盘自动装配系统开发。

（22）中铁第一勘察设计院集团有限公司进行了城市轨道交通 TBM 拆卸洞室设计及安全性研究。

（23）北方重工集团叠断面掘进机工程研究中心进行了 TBM 滚刀刀圈磨损机理研究。

（24）石家庄铁道大学进行了掘进工时利用率动态优化系统研究。

4. TBM 的研发趋势

（1）TBM 基本性能提高。刀具负载能力、刀盘推力、转速与力矩、有效掘进比率、掘进速度不断提高。

（2）系列化、标准化。TBM 设计和制造的周期缩短，设备的售后服务及维护更加方便。目前的设计制造周期一般为 8～10 个月。

（3）形式多样化。TBM 的断面直径范围增大，能适应各种断面隧道掘进；椭圆形、矩形、马蹄形、双圆和三圆形等异形断面的掘进机也逐渐出现并发展。

（4）施工技术提高。在衬砌技术方面，现在的 TBM 管片衬砌存在接缝多、错台大等问题，虽然通过增加导向杆、连接销等辅助件在很大程度上限制了错台，但接缝问题很难从根本上得到解决。TBM 挤压混凝土与钢纤维技术可能是未来 TBM 衬砌技术的发展方向，TBM 掘进技术与现浇混凝土技术的结合，最终会从根本上解决管片接缝问题。

（5）自动化程度提高。目前人们已经能够在办公室控制掘进机操作，可以预测，未来的 TBM 在施工中能真正做到"运筹于帷幄之中，决胜于千里之外"，以及无纸化操作。

（6）适用范围增大，地质适应能力增强。TBM 结构形式从初期的敞开式，发展为单护盾、双护盾甚至三护盾等形式；从初期的仅适应在均质的岩石中作业，发展到适应复杂地质（穿越破碎带、断层）的隧道掘进作业；从单纯的掘进机，发展为集超前钻探、超前灌浆、超前支护等技术为一体的综合装备，极大地增强了适应复杂地质情况的能力。根据中国产业洞察网的研究分析，未来 TBM 行业企业应向维修服务转型，不光是整机制造，还有维修、翻新、租赁、再制造等模式，这样才能适应市场的需求。

5.2 敞开式 TBM 的结构及原理

5.2.1 水平支撑结构与 X 形支撑结构的不同点

1. 水平支撑型 TBM 的结构特点

单对水平支撑 TBM 的主要结构近似于一个简支梁结构，与刀盘处固接面积大且稳定，可以消除施工中刀盘的振动；掘进时由撑靴提供推进液压缸的推进反力，可以优化撑靴液压缸的受力；运用撑靴液压缸及其浮动支撑结构、鞍架扭矩支撑液压缸、推进液压缸可以实

现上下左右及周向的调姿导向；推进及撑靴液
压缸的数量相对其他机型较少，可以减少型材
及维护成本；刀盘内变速机构直接相连，可以
简化结构，提高可靠性。图 5-4 所示为敞开式
水平支撑；图 5-5 所示为某典型敞开式水平支
撑内部结构。

图 5-4　敞开式水平支撑

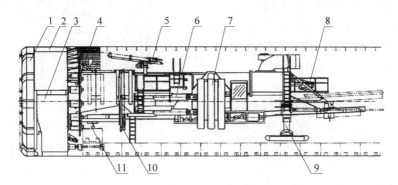

图 5-5　某典型敞开式水平支撑内部结构

1—刀盘部件；2—顶护盾；3—刀盘支撑壳体；4—刀盘回转传动机构；5—超前钻机；

6—推进液压缸；7—水平支撑；8—出碴皮带机；9—后下支撑；10—锚杆钻机；11—仰拱安装机

2．X 形支撑型 TBM 的特点

图 5-6 所示 TBM 采用了敞开式双 X 形支
撑。这种支撑增强了整机定向性和稳定性，避
免了侧滑现象；刀盘回转机构后置，留出了机
头后的空间，使前 X 形支撑靠近刀头，整机重
心位于前后 X 形支撑之间，避免了机头下沉，
并便于布置环梁安装机构、锚杆钻机等附属设
备，适用于掘进硬岩。图 5-7 所示为某典型敞
开式双 X 形内部支撑。

图 5-6　敞开式双 X 形支撑

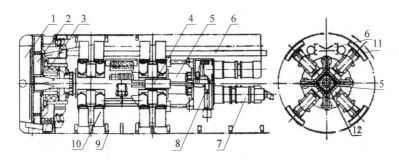

图 5-7　某典型敞开式双 X 形内部支撑

1—刀盘部件；2—刀盘支撑壳体；3—刀盘轴承；4—推进液压缸；5—机架；6—皮带机；

7—刀盘回转传动机构；8—后下支撑；9—钢环梁；10—前 X 形支撑；11—支撑板；12—传动轴

5.2.2 敞开式 TBM 的结构组成及工作原理

1. 敞开式 TBM 的结构组成

国内外各掘进机公司生产的支撑式全断面岩石掘进机,其结构形式虽有一些差别,但工作原理基本相同,整机由 11 部分组成:刀盘部件,刀盘轴承与刀盘密封,刀盘支撑壳体,机架,支撑及推进系统,刀盘回转机构,前、后下支撑及调向机构,出碴设备,激光导向装置,除尘装置和附属设备等,分述如下。

1) 刀盘部件

刀盘部件由刀盘、铲斗及刀具组成。刀盘可分为平面、锥面和球面三类,都是焊接拼装构件,利用刀盘轴承支撑在刀盘支撑壳体上。刀盘上装有刀具数十把,刀盘外缘装有铲斗 6～12 个,铲斗将已经破碎的岩碴从隧道底部铲起,随刀盘转动提升到顶部倾入溜碴槽,再由出碴运输带排卸到运碴车辆内。刀盘转速一般为 3～8r/min。刀具用以破碎岩石,常用刀具为盘形滚刀,近 10 年来刀盘结构作了改进,各公司产品都可在刀盘背面换刀,方便了刀具装卸和维护。某型掘进机靠刀盘后左右两侧各附一刀具(刀具是一对相对布置的锥形球齿滚刀),在圆形断面基础上扩挖两侧,从而实现了非圆形断面开挖。在中硬以下岩石中,盘形滚刀的寿命可达到掘进 400～500m。

2) 刀盘轴承与刀盘密封

刀盘轴承俗称大轴承,承受掘进机刀盘推力、倾覆力矩和刀盘质量,一般为双列圆锥轴承,使用寿命可达 10000～15000h。除变更施工场地需拆卸检查外,一般不作检查。刀盘密封俗称大密封,可防止灰尘侵入刀盘轴承、大齿圈,防止润滑油外泄。它用人造橡胶制成直条,截取其所需长度黏接而成。其密封的唇口内有镀铬弹簧钢片压在凸缘光滑面上而保持密封,具体结构如图 5-8 所示。

3) 刀盘支撑壳体

刀盘支撑壳体是重型焊接构件,其上安装刀盘轴承。刀盘轴承外圈套在刀盘上,内圈与刀盘支撑壳体相连。对刀盘回转驱动电机前

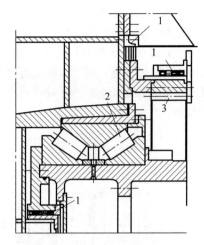

图 5-8 刀盘密封结构
1—刀盘密封;2—刀盘轴承;3—大齿圈

置的掘进机,行星齿轮减速器构套入壳体内并与刀盘回转驱动电机连接。在壳体顶部安装有顶护盾,防止碎石下坠及稳定机器前部(图 5-9)。Robbins 机型壳体两侧装有侧向支撑装置,由液压缸锁紧洞壁,起稳定刀盘和水平调向的作用,如图 5-10 所示。

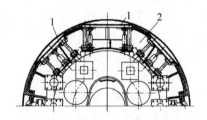

图 5-9 壳体顶部安装的护顶盾
1—顶护盾;2—挡尘板

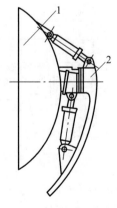

图 5-10 侧向支撑装置
1—刀盘支撑壳体;2—前侧支撑

4）机架

机架是机器的主体，分内、外机架两部分。内机架是掘进过程中可移动的部分，是钢板焊接箱形结构。其前端与刀盘支撑壳体相连，末端与司机室连接。外机架是掘进过程中机架不动的部分。机架用于连接主要部件及传递破岩的反扭矩。

5）支撑及推进系统

支撑和推进都采用液压系统，水平支撑或X形支撑鞍座架即外机架设在内机架滑道上，可沿内机架前后滑动。当掘进时，水平支撑板或X形支撑板用液压缸撑紧洞壁，以承受推进液压缸的反作用力，当推进液压缸伸长或缩短时，机体便向前推进或后退。

6）刀盘回转机构

刀盘回转机构的驱动方式有电力驱动和液压驱动两类，一般掘进机均为电力驱动。电力驱动的传动机构是由多组电动机、空气离合器、行星齿轮减速器、末级传动等组成。根据驱动电机布置位置不同又可分3类，即驱动电机前置式、中置式和后置式。

7）前、后下支撑及调向机构

前下支撑与刀盘支撑壳体连接成一体，支撑机器前部重量，以保持机器运转时的平衡。后下支撑装在内机架的后面。前、后下支撑的伸缩均由液压缸控制，当支撑系统缩回或停止掘进时，即放下前、后下支撑以支撑机体重量。当掘进时，前、后下支撑必须缩回，离开洞壁。后下支撑也是机器垂直方向的调向装置；水平方向的调向靠支撑液压缸左、右侧液压力不同来完成。Robbins机型侧向支撑装置左、右液压缸侧压力的调整也能起到辅助水平调向作用。

8）出碴设备

由刀盘铲斗—溜槽—运输带排卸岩碴，运输带一般采用皮带运输机。

9）激光导向装置

激光导向装置由激光发生器，金属小孔板，前、后接收靶组成，如图5-11所示。根据光点在靶上的位置指示掘进方向。前、后靶均是一块边长约为300mm的正方形有机玻璃板，上面刻着坐标方格，分别装在机头刀盘支撑壳体上和操作室外侧。这种简单实用的定向机构已能保证掘进方向的精确控制。

10）除尘装置

刀盘中心引进水管，通过回转接头，水管沿刀盘辐射布置并设有喷嘴喷水降尘。刀盘支撑壳体上装有防尘圈，岩粉由防尘圈密封在工作面内，防尘圈上方设吸风管，把岩粉吸出。在机尾装有一组除尘器，将大颗粒粉尘由此沉淀清除。

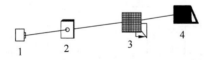

图 5-11　敞开式掘进机激光导向装置

1—激光源；2—金属小孔板；3—后靶（透明有机玻璃）；4—前靶（有机玻璃背面涂红漆）

11）附属设备

附属设备包括运刀机构、环梁安装机构、仰拱预制块吊机、锚杆钻机、超前钻机、通风系统、通信系统、数据处理系统、导向系统、瓦斯监察仪等，可根据用户需要选择配置。

2．敞开式TBM的工作原理

1）敞开式TBM刀具破岩原理

利用支撑机构撑紧洞壁以承受向前推进的反作用力及反扭矩的TBM，适用于岩石整体性较好的隧道。在施工对应较完整、有一定自稳性的围岩时，能充分发挥出优势，特别是在硬岩、中硬岩掘进中，强大的支撑系统为刀盘提供了足够的推力。如遇有局部破碎带及松软夹层岩石，则TBM可由所附带的辅助钻孔灌浆设备，预先固结周边一圈岩石，然后再开挖。这种掘进机适合洞径在2～9m之间，最优选择为3～7m，3m以下及9m以上使用这类掘进机一次成洞开挖的数量逐渐减少。因隧道直径小于3m，掘进机在洞内周围的空间小，会对通风、排水、电源进洞、出碴、衬砌造成干扰和困难。另外,目前,我国机械加工部件的外形尺寸比国外同类优质产品大,使得国产掘进机最小刀盘直径不能小于3m。当洞径大于9m时,掘进进尺受到边刀允许速度小于2.5m/s的制约。边刀滚压速度大于2.5m/s时,岩石强度大,由于裂缝在岩石中的生长和传播没有充分时间从起点向外扩散,破碎量停止增加,所以掘进机直径加大,则刀盘的转速相应要减少,这种掘进效率的损失,无法予以补偿。

岩石被截割下来,主要依靠带刀具的刀盘、刀盘驱动及推进系统。当刀盘被推至岩石面后,通过推进液压缸将刀圈切入岩石,再通过刀盘驱动系统使得刀盘转动破坏岩石。当岩石不能承受刀圈的挤压力及剪切力时,岩石即被截割下来。掘进机利用其刀盘强大的推力和扭矩,将岩石破碎的同时,通过3个皮带机将岩碴装入编组矿车运出洞外,同时利用其后配套设备完成仰拱块安装、轨道铺设、初期锚喷支护、钢支撑安装、软弱地层预注浆、通风、除尘、降温等工作。掘进机在硬岩中施工的主要特点是在掘进的过程中,破岩、出碴、支护等各个工序都是连续同时进行,任何一个工序或环节出现问题或不能连续工作,都将使整个系统停止运转。图5-12所示为刀具破岩原理示意图。

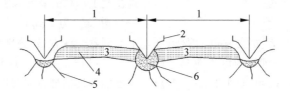

图 5-12 刀具破岩原理示意图

1—刀间距;2—盘形滚刀;3—碎片;4—切削区;5—径向裂纹;6—破碎区

2)敞开式 TBM 的工作循环原理

敞开式 TBM 的工作循环如图 5-13 所示。

(1)掘进一个行程(图 5-13(a)、(b)):支撑板撑紧洞壁—前、后下支撑回缩—刀盘旋转—推进液压缸推进刀盘。

(2)支撑板及外机架拉回行程(图 5-13(c)、(d)):前、后下支撑落地—支撑板回缩—推进液压缸拉回支撑板及外机架。

(3)准备下一次掘进行程(图 5-13(e))。

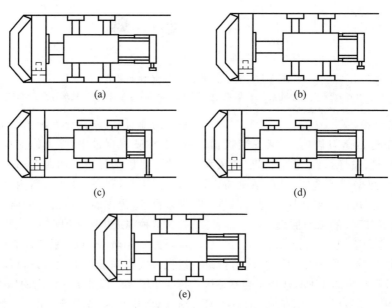

(a)　　　　　　　　　　(b)

(c)　　　　　　　　　　(d)

(e)

图 5-13 敞开式 TBM 工作循环示意图

3）敞开式 TBM 的后配套

后配套是配合主机运行及施工要求在主机后拖挂 10 多辆平台车上的一系列配套设备，与主机一起向前移动，主要是电、液、风、水供应设备，生活间和配合施工要求的辅助设备。例如秦岭铁路隧道采用德国维尔特 TB850/1000E 型支撑式 TBM 施工，岩石为特硬的花岗岩、片麻岩，衬砌用喷射混凝土层。后配套的具体设备如下：

（1）变压器；

（2）卷筒（电缆、照明、激光、水管）；

（3）应急发电机、配电箱、冷却器；

（4）液压泵站系统；

（5）润滑油泵系统；

（6）空压机及储气罐；

（7）水泵站及供水系统；

（8）注浆设备，完成隧道固结灌浆和防渗漏帷幕灌浆；

（9）混凝土喷射设备及机械手，完成洞壁喷射混凝土衬砌；

（10）出碴皮带机转运系统；

（11）坡道平台及双向交叉道叉；

（12）休息室、医疗室、厕所；

（13）电视监视系统。

表 5-1 为 TB880E 型掘进机的主要技术参数；表 5-2 为部分液压缸的技术参数。

表 5-1　TB880E 型掘进机的主要技术参数

参 数 名 称	技 术 参 数
掘进直径	8800mm
外形尺寸	22m×8.8m×8.8m
掘进速度	1.0m/h（岩石饱和抗压强度 260MPa 时）
刀盘驱动	
刀盘功率	3440kW
刀圈直径	432mm
刀盘转速	2.7r/min　5.4r/min
最大推力	21000kN
额定推力	17750kN
扭矩	5500kN·m
换步行程	1800mm
支撑系统最大支举力	60000kN
支撑系统	
支撑靴数量	16
额定支撑力	60000kN
接地压力	1.4～2.8MPa
支撑缸数	32
支撑缸径×杆径×行程	275mm×200mm×800mm
油压	32MPa
主机重	7800kN
刀盘重	1300kN

表 5-2　部分液压缸的技术参数

序号	名称	速度/(m/s)	缸径/mm	杆径/mm	数量
1	前支撑液压缸	12	300	200	4
2	上支撑液压缸	12	275	200	16
3	下支撑液压缸	12	275	200	16
4	后支撑液压缸	12	300	200	8
5	推进液压缸	36	320	240	8

5.2.3　敞开式 TBM 的选用原则

选型时，首先要从工程地质与水文地质条件、隧道设计、工程特征等三方面考虑，选择合适的 TBM 类别；然后根据 TBM 的特点确定具体机型和技术特征。

1. 主要机型及特点

目前市场上敞开式 TBM 的主要机型及特点如表 5-3 所示。

表 5-3　目前市场上敞开式 TBM 主要机型及特点

项　　　目	型　　　1	型　　　2	型　　　3	型　　　4
刀盘结构	(1)球面 (2)平面	平面	锥面	(1)锥面 (2)平面
刀盘回转机构布置位置	单对水平支撑,浮动	(1)双对 X 形支撑 (2)双对水平支撑	(1)单对水平支撑,浮动;(2)双对水平支撑,前铰接,后浮动	双对 X 形支撑
刀盘轴承	三轴式双列圆锥滚子轴承	双列圆锥滚子轴承	径向滚子调心轴承＋平面止推滚子轴承	三轴式
前支撑	落洞底,掘进时承受掘进机前部重量	浮动,掘进时回缩,不承受掘进机重量	浮动,掘进时回缩,不承受掘进机重量	浮动,掘进时回缩,不承受掘进机重量
推进系统	推进液压缸支撑,在水平支撑靴板与内机架上水平面内有一夹角	推进液压缸支撑,在内、外机架上	推进液压缸支撑,在水平支撑靴板与内机架上水平面内有一夹角	两组推进液压缸支撑,在外凯氏机架与内凯氏机架及导向壳体凸缘上
支护设备	钢丝网安装机,锚杆钻机,圈梁安装机,超前钻,混凝土喷射系统	锚杆钻机,圈梁安装机,超前钻,混凝土喷射系统	锚杆钻机,圈梁安装机,超前钻,混凝土喷射系统	锚杆钻机,圈梁安装机,超前钻,混凝土喷射系统
刀具	430mm 或 480mm 盘形滚刀任选	盘形滚刀,扩孔刀	盘形滚刀,扩孔刀	盘形滚刀,扩孔刀,割刀;润滑油中装入 1％异味剂
步进装置	掘进机前中部各装随机带步进滚轮小车,在预铺轨道上牵引步进	—	—	前后下支撑,两对 X 形支撑下部两腿支撑各装随机带步进靴架

2．支撑形式的选择依据

1) 水平单支撑主梁式结构的优点

(1) 只有一对水平浮动支撑,结构简单,换步快,可提高掘进速度。

(2) 转弯半径小,转向灵活。对岩质均匀、单轴抗压强度 40～100MPa、洞内转向的工程,此型结构有突出优势。

(3) 利用水平浮动支撑、推进液压缸、斜液压缸、侧支撑进行水平、垂直调向,操作方便并可在掘进中调向。

(4) 刀盘表面焊接有耐磨合金板,可提高耐磨性;装刀凹槽作了特殊处理,可防止产生裂缝。

2) 水平单支撑主梁式结构的缺点

(1) 单对水平浮动支撑,驱动电机与回转传动系统位置靠前,致使整机重心位置靠前,远离水平支撑,在进行掘进作业时机头的振动强烈。某些中小型支撑式 TBM 采用了球面刀盘定心、增加前支撑两项措施来弥补上述不足;对大直径 TBM,也可以采用平面刀盘。因前支撑不是基准点,前支撑落洞底将随洞底岩石破碎、松软而下沉,整机又是悬臂支撑,所以定向性、稳定性差,一旦机头下沉,较难纠正。

(2) 单对水平支撑,支撑力不足,抗扭矩能力低,易发生侧滚。

(3) 遇到软弱围岩时,由于撑靴与岩壁接触面积有限,使接触比压较大,岩壁易塌陷。

(4) 推进液压缸轴线与主梁中心线间存在一定夹角,使一部分推进力损失。

3) X 形支撑式结构的优点

(1) 两对 X 形支撑,回转电机及传动系中置或后置,整机重心在两对 X 形支撑之间,定向性、稳定性好,避免了侧滚与机头下沉现象。

(2) 维尔特机型的两对 X 形支撑,如 TB880E TBM 有 8 块支撑板,每板 4 个液压缸,共 32 个液压缸,针对岩石软硬不同,支撑力的大小可以调节;调节支撑液压缸的压力和行程可以调正方向。

(3) 回转电机及传动系中置或后置,留出刀盘后部空间,使前 X 形支撑前置,增加整机的定向性与稳定性;使圈梁安装机、锚杆钻机、混凝土喷射机前置,能及时支护已开挖部分。

(4) 安装扩孔刀 2～3 把,便于随机扩孔及预防意外卡紧时自身脱困。

(5) 前、后推进液压缸分别支撑在外凯氏机架与导向壳体及内凯氏机架突盘上,位置平等,无侧向分力,推力集中。

(6) 维尔特盾构机刀具润滑油内含 1% 带刺激性奇臭的异味剂(Molyvon),一旦滚刀轴承损坏、密封失效,异味剂就会溢出,提醒操作人员及时维修、更换。

(7) 维尔特盾构机机型随机带有一套步进装置,步进方便灵活。

4) X 形支撑式结构的缺点

(1) 两对 X 形支撑,结构复杂,液压元件多,价格偏高,一旦遇到故障,维护较困难;转弯半径较大,转向欠灵活。

(2) 多轴驱动,占用空间大,直径 4m 以下 TBM 更显突出。

(3) 掘进中不能调向,只能换步时调向。

(4) 液压缸活塞杆受弯矩的不利影响,影响液压缸寿命。

5.3　护盾式 TBM 典型产品的结构组成及工作原理

5.3.1　单护盾 TBM

1. 重庆地铁单护盾 TBM 的产品结构

1) 刀盘

TBM 要求刀盘满足硬岩条件下的破岩与出碴要求,同时又要保证在软硬不均地质条件以及软土情况下正常掘进与出碴,这就需要其既有硬岩掘进机刀盘的结构强度与破岩能力,又兼具土压平衡复合式 TBM 机刀盘的开口率与碴土改良系统。

重庆地铁地质条件相对比较单一,主要为砂岩、砂质泥岩及两者互层,局部夹页岩,岩体完整性及整体性好,区间隧道基本走行于岩石地层内,隧道所经地层变化不大,并且单机一次掘进长度达 3.5km,是地铁施工中很少遇到的,因此要求刀盘强度、刚度及耐磨性等方面都具有良好的性能和满足一次性掘进 3.5km 的要求。以下为针对本地质所作的刀盘工况分析。

硬岩条件下,破岩后大多数石碴落于洞底,通过刀盘周边的铲斗收集并随刀盘转动从顶部卸落到刀盘内,通过皮带机或者螺旋输送机运送,只有少量较细碎的石碴通过刀盘刀孔等部位的开口进入刀盘内;软土条件下,碴土被切削后,在刀盘推力作用下,大多数弃土通过刀盘上刮刀、滚刀等部位的开口进入刀盘内,很少有弃土坠落到隧道底部。两种围岩状况下弃碴进入刀盘的方式是不同的,为了确保软土以及上软下硬等地层条件下顺利出碴,就要求刀盘开口率设计合理,既能适应硬岩条件下的顺利掘进,又能适应软岩条件下的掘进要求。

硬岩条件下破岩,要求刀盘上合理安装盘形滚刀,保持合理的刀间距,以利于在相应的推力、扭矩下顺利掘进。随着围岩硬度与抗压强度的降低,要求盘形滚刀的刀间距及刀盘开口率相应加大,但通常情况下刀盘完成制造后,其开口率是固定的,这就要求应用于本工程的 TBM 的刀盘开口率与盘形滚刀的刀间距可变,计划采用的解决方案是应用于硬岩掘进机的盘形滚刀和广泛应用于土压平衡 TBM 机上的刮刀可以相互替换,并且操作简便。

岩土等被地下水浸泡变软,其岩土强度明显下降并出现软化现象,会将刀盘及滚刀"糊死",或结成"泥饼"不能顺利排出,影响施工进度。为此采取了以下措施:

(1)刀盘设计为可以向刀盘土仓以及刀盘前方注入添加剂,如泡沫、膨润土、聚合物、水等,根据不同的围岩条件注入相应的添加剂,以改善碴土的流塑性,利于碴土进入土仓。特别是注入到刀盘前面板部位的添加剂,其目的主要是防止形成泥饼,因此其压力、安装角度等必须合理设计。

(2)刀盘内设置有类似土压平衡的 TBM 刀盘所具有的碴土搅拌装置,以保证碴土得到充分搅拌,易于碴土顺利通过螺旋输送机传送到皮带机上。

(3)改进掘进操作技术,在此类围岩条件下严格控制水的注入,适时停止刀盘喷水,减少砂岩等遇水软化。

根据以上分析,为本工程设计的刀盘结构如图 5-14 所示。刀盘直径为 6.28m,总质量72.5t,开口率为 21%,表面设有耐磨层结构。中部位置有两个入孔,内部装有 1 把扩孔刀,可实现径向 25mm 的扩挖。刀盘可双向旋转,采用敞开式开挖时正转出碴。刀盘前部设有12 个喷水嘴,通过旋转接头与主机水系统相

连,喷水嘴和管路均采用耐腐蚀材料制造。刀盘内部设有泡沫及膨润土添加机构。

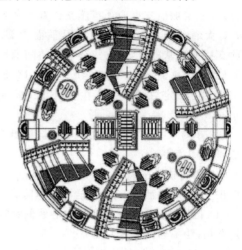

图 5-14 刀盘结构示意图

在刀盘的不同半径位置上安装有不同的刀具。刀具以盘形滚刀为主,辅以刮刀,滚刀刀圈工作可靠并且采用嵌入式轴承和金属密封。刀盘上装有正滚刀 30 把,中心刀 4 把(双刃),刮刀 62 把,铲刀 8 把,扩孔刀座 1 个(扩孔时安装滚刀或刮刀)。滚刀全部采用 17 英寸刀具。

2)刀盘驱动

硬岩中掘进要求刀盘具有较高的转速、较大的推力和扭矩,而软岩和土层中掘进时要求刀盘保持较低的转速、较小的推力,因此要求 TBM 的刀盘转速无级可调,驱动功率可以随时便捷调整。驱动系统采用驱动功率 5×187kW 液压泵带动 14 台变量液压马达驱动。刀盘驱动可以实现正转、反转、瞬间大扭矩脱困、过载保护等功能。驱动系统最大扭矩为 5190kN·m,刀盘脱困扭矩达6480kN·m。

主轴承采用大直径的三列滚子轴承,其寿命设计与预期的隧道施工工期相匹配。轴承的密封系统采用三道唇形密封,防止外界的污染和润滑油的漏损。密封腔还有若干迷宫,能够防止碴石进入造成密封损伤。迷宫中利用自动润滑脂泵进行润滑,润滑脂不断通过迷宫向外挤出,带出可能进入迷宫的细

小碴石。

3) 护盾

护盾由前盾、中盾、盾尾组成,盾体钢结构的最大载荷为 25t/m²。护盾采用 Q345B 低合金钢材料,抗拉强度为 470～630MPa,屈服强度为 345MPa,满足隧道施工要求。

(1) 前盾

前盾又称切口环,外直径 6250mm,长度 2065mm,盾壳厚度 60mm。它里面装有支撑主轴承、主驱动和螺旋机的钢结构。压力隔板将前体的土仓和主舱分离开。隔板上面的门可以让作业人员进出土仓进行保养、检查以及刀具更换工作。此外,隔板上开有一定数量的功能口,可以作为碴土改良材料的注入口,及压力作业修理时输电线的接线盒接头。水、膨润土或泡沫被输送至土仓,通过焊接在刀盘上的 4 个搅拌棒使土仓内的碴土充分搅拌。保养和修理时,螺旋机缩回后通过液压系统关闭前舱门,从而关闭螺旋机的进碴口,保证安全。

前盾在前部切口环外周边堆焊 5mm 厚的耐磨层,以增加耐磨性。为了改善碴土的流动性,土压舱内隔墙上设有 4 个固定搅拌棒,刀盘旋转时带动的碴土会被这 4 个搅拌棒搅拌,增加碴土的搅拌性。其中 2 个搅拌棒注泡沫,另 2 个注膨润土,搅拌棒有效搅拌长度 550mm。搅拌棒中间有一个直径为 50mm 的材料注入通孔,在搅拌棒的表面堆焊网状耐磨条,可增加耐磨性。

人闸内部压力隔板上部设有直径为 600mm 的前舱门孔和一个前舱门。工作人员通过前舱门进入土仓、检查、更换刀具及处理舱内问题。

土仓内上下左右配置了 5 个具有高灵敏度的压力传感器,通过自动土压系统中的 PLC 能将土仓内的土压力传送到主控室内的显示屏,并且能自动地与设定的土压力进行比较,调节螺旋机的转速。土压过高过低都会报警,操作人员能很好地控制土压平衡,减少地面沉降。

(2) 中盾

中盾又称支撑环,直径为 6240mm,半径方向比前盾小 5mm,中盾长度为 2795mm,盾壳厚度为 40mm。中盾与前盾通过高强度螺栓连接,中盾和盾尾之间采用铰接液压缸连接,中盾和尾盾之间设计有两道密封,一道橡胶圈密封,一道紧急气囊密封。在橡胶密封之间设置挡环,端部设置压紧块,铰接部位设有三种注入口,分别注入油脂、聚氨酯(紧急时注入)、压缩空气(紧急气囊)。沿中盾盾壳圆周上半部 180°,设计 8 个超前注浆孔,可对地质进行超前钻探,注浆加固。

(3) 盾尾

盾尾由铰接密封环和壳体组成,壳体直径 6230mm,半径方向比中盾小 5mm,盾尾长度 3803mm,壳体厚度 25mm。所有管片背后注浆及盾尾油脂管路都布置在盾壳内侧。为了增强盾壳的刚度,内置加强筋板。相对于其他将管路嵌入壳体内的设计,这种设计增强了盾壳的承载能力;相对于其他将管路外置于壳体外的设计,这种设计可减少盾体前进阻力及始发通过洞门时对洞门密封的阻力。每根注浆管分为两段对接布置,利于管路保护、清洗、维修和更换。注浆管共 8 根,其中 4 根备用。盾尾油脂管数量 12 根,通向两个尾室密封室。

尾刷密封由三排焊接在壳体上的密封刷组成,防止注浆材料和水漏进盾体内部,在土压平衡时还有保持其各自压力的作用。三排密封刷组形成两个环形空间,中间密封腔室一直充满油脂,盾尾油脂由后配套上的油脂泵注入,环形密封腔空间各由 6 根油脂管注入,可承受 0.6MPa 以上的工作压力。

设计盾尾间隙为 30mm,满足安装管片及调向要求。在施工过程中,盾尾可能发生变形,在曲线段掘进,盾尾空隙可能不等。盾尾变形或调向时,即使盾尾间隙达到设计值的 2 倍时,盾尾密封也能承受注浆压力和地下水压力。采用的盾尾密封具有良好的弹性,盾尾密封由弹性钢板保护。

盾尾尾部有一排止浆板(钢板束),与密封刷一起组成盾尾密封系统。耐磨钢板制成的止浆板可以防止砂浆填充到盾体前部,也可以防止盾体前部的泥浆影响注浆效果。

4）刀盘轴承

刀盘轴承（即 TBM 主轴承）是 TBM 最关键的部件之一，旋转的刀盘经过刀盘轴承安装在主机结构上。全断面掘进机主轴承多采用适合低速重载环境下的回转支撑，且根据具体的工程环境，主轴承多为多排、多列的圆柱滚子组合形式轴承。回转支撑是一种同时承受较大的轴向力、径向力和倾覆力矩综合载荷作用的大尺寸组合轴承。回转支撑在近 40 年来发展迅速且在工程机械领域发挥了重要作用，已经广泛应用于挖掘起重机械、采掘建筑机械、船舶港口机械等大型回转装置上。掘进机主机是掘进机完成掘进施工的核心部件，主要由刀盘、法兰盘、主驱动轴承、主驱动壳体和前盾体组成。在平稳掘进过程中，主驱动系统在前端刀盘载荷与后部驱动系统载荷的共同作用下保持准平衡状态，这个过程中最重要的一个传递载荷部件就是主轴承。主轴承通过驱动系统和齿轮组提供给刀盘向前推进、转向纠偏和旋转切削所需的推力、扭矩和倾覆力矩，同时通过螺栓和法兰盘连接刀盘，并承受刀盘的自重。

TBM 刀盘轴承一般有三种结构形式，即单列圆柱滚子轴承、双列圆锥滚子轴承和三列（轴向-径向-轴向）圆柱滚子轴承。由于双列圆锥滚子轴承制造工艺复杂，轴承和密封装置整体尺寸较大，存在滑动摩擦，不能分段制造，运输也比较困难，所以当前主要发展方向是采用三列（轴向-径向-轴向）圆柱滚子轴承替代圆锥滚子轴承的设计方案，以提高其承载力和延长寿命，对于大直径 TBM 设计更是如此。

由于 TBM 刀盘轴承制造周期长（6 个月左右），计算方程式和制造工艺复杂，针对隧道工程专项设计、专业制造的厂家为数不多，成本高，而且在施工过程中难以在洞内拆换。洞内如果更换，考虑到扩挖工程和锚固吊点，累计时间至少超过 4 个月，而且还需相当仔细小心，必须具备相当的技术、装备和环境。在 TBM 选型设计中，TBM 刀盘轴承的设计尺寸、制造质量、掘进参数控制和使用寿命、润滑状况和监控应该成为最重要的考核因素。

（1）刀盘轴承的啮合方式

刀盘轴承的啮合方式有两种，一种是掘进机主轴承驱动模式，采用中心太阳轮齿圈，周边围绕驱动小齿轮带动大齿圈旋转模式，也称为外啮合方式，其好处是运行时的磨损颗粒不易在啮合齿面停留，减少大齿圈磨粒。另一种是内啮合方式，即大尺寸齿圈向内包容驱动小齿轮，该方式的结构尺寸相对较大，刚性较好，受到用户偏爱。

（2）刀盘轴承的润滑系统

刀盘轴承和驱动装置采取强制循环润滑系统进行润滑。此系统与刀盘驱动系统互相联锁，并比其提前启动。如果润滑状况不正常，驱动系统将自动停止运转或被阻止启动。

润滑系统的油箱置于刀盘轴承下面，刀盘护盾的底板上。利用齿轮泵把油从这里经由过滤器和油-水热交换器输送到刀盘轴承和齿轮的各个部分。油箱内安装有传感器，用来监测润滑油输送管路上的油压、油流量、滤油器的污染程度和油温。

（3）刀盘轴承的密封与润滑

考虑到 TBM 恶劣的作业环境，刀盘轴承的密封分内密封（刀盘轴承内圈处）和外密封（刀盘轴承外圈处）两种。主驱动密封采用三道唇型密封，保护刀盘轴承和驱动总成，三个唇形密封圈连同两道隔圈组成严密的防护阵线。两道隔圈四周分布有小孔，润滑油和压缩空气从这些小孔喷出呈雾状以润滑三道密封圈的唇口，确保密封圈的使用寿命。在密封之间通常充填均匀进给的极压性能良好的润滑脂，最靠里一道密封空腔则注入带压轻质油液，直接阻挡唇口外污物进入，同时保护润滑油腔免受异物污染。外面两道密封空腔则挤满润滑脂，阻挡刀盘破岩时岩粉的侵入。与唇形密封唇口接触的表面是经过硬化和磨削处理的耐磨环，有些轴承在密封两侧充填不同压力的气压，促使唇边压紧耐磨环，保持密贴。在正常使用条件下，耐磨环经久耐用。目前，有些厂家对此作了改进，将耐磨环靠近迷宫密封一端加装轴向可调整螺栓，可以通过调整螺栓螺距,移动耐磨环轴向位置。如果耐磨环出现剧烈磨损,可以调整轴向位移,避开唇口与耐磨环原始位置,重新恢复密贴状态。这样的调整在合适的时机随时可以进行,避免了刀盘与主机洞内的分离,节省大量工程时间。

TBM 主机的润滑方式主要有两种模式:①浸油润滑;②强制润滑。大齿圈浸泡在主轴承直径 1/3 高度的润滑油腔内,大齿圈携带润滑油旋转,使齿面残留一部分润滑油;保证齿轮啮合时润滑状态不至于产生胶合。为保证大齿圈慢速转到上半圆时润滑油完全漏损,通过润滑油泵,强制性提供压力润滑,输送油液到均布的、通向轴承滚子的润滑点位置,齿面润滑点以及驱动小齿轮两端支撑的轴承位置。刀盘轴承和齿轮驱动的润滑油应分开,防止齿轮摩擦副所产生的较大颗粒磨屑进入刀盘轴承的润滑系统中。高精度滤芯和磁性滤网保证了润滑油的清洁度。定期打开磁性滤芯,可以及时观察轴承磨损状态,收集累积的磨粒,据此判断磨损速率。通常检查频率以 50 个掘进循环比较理想。磁性滤芯形式如图 5-15 和图 5-16 所示。

图 5-15　磁性滤芯形式之一

图 5-16　磁芯滤芯形式之二

两个密封唇边朝向灰尘一侧,一个密封唇边朝向轴承润滑油一边。两个外密封形成的空腔连续不断地填满润滑脂,润滑脂在外部密封的第一个密封下面蠕动,并填充唇形密封前面的迷宫式密封。中间唇形密封和朝向润滑油的唇形密封之间的区域连续不断地被润滑油冲刷,这样可保证密封的润滑。从润滑油循环系统中过滤器取出的油样可用来检查密封系统的状况。由于密封圈的直径较大,在粘制密封圈时长度余量必须严格控制。长度过短,粘制后直径偏小,安装后容易胀裂或减小唇口压力;过长则粘制后直径偏大,安装后容易松动(外围)或起皱折(内圈),从而降低密封效果,甚至失效。

由于密封圈的直径较大,在安装时应多人多点同步装入,避免扭曲和不同步使密封圈拉伸变形。除了密封圈密封外,根据需要还可增设机械式的迷宫密封圈。安装时迷宫槽内充满油脂,使用时还要不断注入油脂以防粉尘和水分通过密封圈浸入刀盘轴承。

主轴承的内外密封检查,可在必要时进入主梁内的刀盘旋转部位进行观察,根据润滑油的泄漏情况随时取样分析。主轴承密封的损坏,可以间接通过油液铁谱仪和污染度的检测,观察油中密封材料颗粒数量、形状和大小的变化。此外,通过润滑系统的回油过滤器可以检查、分析磨损产物的来源和磨损严重程度。定期检查唇形密封系统中的润滑脂,检验固定一侧密封件的状况,当密封损坏、润滑油(脂)大量溢出时,应及早报告。主轴承密封是橡胶制品,在高温下容易变质老化。在与密封最接近的部位安装有温度传感器,可随时监测密封处的温度,规定每班检查并记录主轴承密封温度。

(4) 刀盘轴承润滑系统的分类

刀盘轴承润滑系统一般可分为三类:

① 强制式机油润滑系统。由液压马达、机油泵、滤油器、散热器及监测系统(油压、油温、流量、警示器)等组成。如掘进机刀盘轴承及末级传动(大齿圈及小齿轮组),刀盘轴承润滑油与末级传动齿轮箱润滑油分开,防止齿轮啮

合传动生成的磨粒进入刀盘轴承。

② 油脂润滑系统。自动注入黄油脂,如 TBM 刀盘轴承密封前迷宫式密封,内外机架滑动副密封等处的润滑。

③ 飞溅式润滑。TBM 行星减速器齿轮箱采用飞溅润滑。润滑系统与刀盘驱动系统进行联锁,当润滑系统出现故障时,刀盘立即自动停止回转,可及时检查并处理故障,避免事故发生。

5) 推进系统

推进系统有 12 根推进液压缸,根据隧道管片衬砌设计沿盾体内壁平均布置推进液压缸。以 TBM 掘进方向控制为目的将推进液压缸分成 4 个区,每个区分配一个液压缸安装延伸传感器。每个区的压力水平可以通过操作室控制面板上的电位计人工调整。液压缸的速度也可以从控制面板上持续调整。

每组推进液压缸配置靴板,靴板与液压缸球头和球套连接。靴板附有一层聚亚安醋板,将力均匀地分散在管片接触面上,防止压力过大,对混凝土管片造成损坏。球头和球套以靴板为中心而非以液压缸轴为中心,确保推进力的反力均匀地作用在靴板上,然后传递到管片上。

投入本项目施工的两台单护盾 TBM 后配套采用门架式结构,分别有 10 节台车。后配套

台车上安装有主操控室、出碴皮带、除尘系统、新鲜风系统、润滑系统、膨润土系统、通风系统、排水系统、注浆系统等。主机主梁与后配套通过铰接装置连接,可实现主梁与后配套台车之间的相互移动。

6) 激光导向系统

(1) TBM 激光导向系统的基本组成和工作原理

TBM 激光导向系统主要由激光测量单元、后视棱镜和前视棱镜(激光靶)单元、测倾仪单元、控制单元、数据传输等单元组成。为便于清晰描述激光导向系统的组成,本书以 PPS TBM 的激光导向系统为例加以说明,如图 5-17 所示。该系统由可以自动瞄准目标的全站仪、后视棱镜、可自动打开和关闭的前视棱镜、纵向横向测倾仪、数据传输系统、工业用 PC 机和办公用 PC 机(可选设备)以及与之相应的数据、图形处理软件等组成。全站仪安置在事先测定出其空间位置的洞壁上,后视棱镜安置在控制点上,随着掘进的推进,它们的位置不断向前移动。前视棱镜(激光靶)、纵向横向测倾仪、工业用 PC 机安装在 TBM 上,办公用 PC 机放置在洞外办公室内。千斤顶用来支撑机身和调整掘进机的姿态与掘进方向。

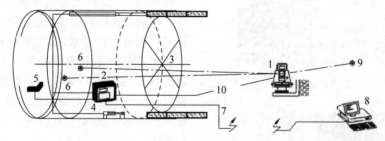

图 5-17　PPS TBM 激光导向系统原理示意图
1—自动瞄准全站仪;2—工业用 PC 机;3—净空测量(可选件);
4—千斤顶数据传输;5—纵向横向测倾仪;6—自动打开和关闭的前视棱镜;
7—数据传输;8—办公用 PC 机(可选件);9—后视棱镜;10—无线数据链路

在开挖前,先用常规的测量方法准确测定安置全站仪测站点的平面坐标(或三维坐标)、后视棱镜的三维坐标以及棱镜高度,并

使 TBM 设备按设计要求安装就位,再测定其实际位置,将实际位置和隧道中线的设计位置输入计算机,计算机屏幕实时显示 TBM

掘进机的姿态、掘进方向以及与设计方向的偏差等。

在开挖过程中,带有自动瞄准的全站仪不断自动搜寻前视棱镜,两前视棱镜分别按照程序设计的先后顺序自动打开或关闭(遮挡),还定期瞄准后视镜。全站仪不断测定仪器对应于各棱镜的距离、竖直角,以及后视棱镜、测站与前视棱镜间的水平角,自动计算出前视棱镜的三维坐标,并将其坐标信息无线传输到工业用 PC 机。纵向、横向测倾仪也不断测量刀盘的纵向、横向倾斜角度,通过数据传输电缆将这些信息传输给工业用 PC 机。前视棱镜的三维坐标,刀盘的纵向、横向倾斜角度,千斤顶的承载参数等数据不断输入工业用 PC 机,计算机将接收到的这些数据进行处理并与设计数据进行比较,可在屏幕上实时显示 TBM 的掘进状态、掘进偏差和下一步的预测位置等,操作人员通过调整 TBM 的掘进姿态,使掘进方向与设计方向保持一致。

(2) TBM 激光导向系统的基本功能

不同厂家生产制造的 TBM 掘进机的激光导向系统的特点各有不同,但基本功能都包括数据输入输出、数据处理与存储、自动监测、数据传输抗强电干扰等主要功能。

① 数据输入与输出功能。在 TBM 激光导向系统的工业用 PC 机上利用键盘、有线和无线数据传输系统可将 TBM 的实际位置,设计位置,纵向、横向倾斜角度,修正指令等信息输入导向系统。软件系统将按照操作人员的指令对这些数据进行处理,施工隧道中线的纵向、横向偏差,掘进机的掘进姿态等可用表格和图形形式在计算机屏幕上加以显示。实测数据和程序处理的结果还可通过传输电缆传送到洞外的办公用 PC 机上,并进行处理、显示或打印。

② 数据处理与存储功能。TBM 激光导向系统中的软件系统自动处理测得的两前视棱镜的三维坐标,纵向、横向倾斜角度等数据,得到 TBM 的空间位置和一系列参数,并能将这些数据与设计值比较得到偏差参数,还可根据操作人员的指令和输入数据,结合当前的实测数据进行处理,得到修正参数,并自动将这些处理结果存储和输出。

③ 自动监测功能。TBM 激光导向系统均具有自动监测功能。在隧道掘进过程中,全站仪不断自动瞄准 TBM 上两前视棱镜,定期瞄准后视棱镜,测定前视棱镜相对于置镜点(测站)和后视点的位置参数,系统中的软件不断处理这些数据,并结合两前视棱镜相对 TBM 的位置关系以及后视点和测站点的三维坐标,自动计算出 TBM 精确的三维空间位置和掘进方向,找出与设计位置的偏差。纵向横向测倾仪自动测量 TBM 的纵向、横向倾斜角度,随时监测掘进姿态的偏差。由于全站仪通常安置在刚刚掘进的洞壁上,洞壁可能还不稳定,置镜点存有潜在的位移。全站仪定期瞄准后视棱镜,测定两点间的距离和竖直角,用以检查测站点的稳定性。如果测站点出现位移,软件系统处理后提出警示,测量人员可通过常规测量方法进行检测,并使用指令修正测站点参数,确保隧道的精确掘进。

④ 数据传输抗强电干扰的功能。TBM 导向系统使用专门的数据传输电缆,能避免在与强动力电缆共享线路空间的恶劣环境中数据传输系统被强电干扰,保证了传输电缆正常传输数据。

7) 配套设备

TBM 主机内有大量的电气控制线路,为方便主司机和其他维护作业人员检查主机的掘进状态,在主控制室有一台工业电脑,其利用 PLC 系统对主机是否正常运行进行监测和控制,主要功能包括:

(1) PLC 系统与操作室的工业计算机连接,工业计算机实时显示当前掘进机的状态(电流、电压、推力、液压缸压力等)。计算机中装有自动控制程序,可根据地质情况自动选择掘进参数。

(2) 可以通过电话线将掘进机数据传输到地面,通过地面监控电脑对掘进机状态实时监控,将数据存储在电脑中。

(3) 根据工作情况,可以对系统工作能力进行微调,这种方式在硬岩条件下对施工有极大的作用。

（4）在供电监测到有害气体时，通过 PLC 控制可实现三级警报措施。

（5）所有的系统均设有安全保护，包括短路保护、互锁保护，防止设备的错误操作。如果主要系统由于安全原因，需要设置预先报警系统和悬挂遥控面板，则可以集成一个固定的系统。紧急的安全电路独立于 PLC 系统。

（6）主控制室控制盘的工业电脑能给出关于不同故障及其状况的各种信号。除了电气控制外，为了方便司机对整台机器的控制和监测，组装人员将导向系统显示器和注浆站控制器均安装到主控制室内，这样既方便了监测，又节省了人力。

8）液压系统

TBM 液压系统采用工业级的液压件，所有液压缸均按 2 倍的安全系数设计。根据工作需要，采用高压油泵和低压大流量油泵。高压油泵应用于盾体稳定器、推进系统等机构；低压大流量油泵应用于皮带机和快速缩回系统的所有液压缸。所有液压设备都安装在后配套系统上。油箱安装在后配套拖车上、泵装置的上方，油箱有油位和温度指示器、冷却回路以及过滤回路（过滤精度 $5\mu m$），带有过滤器（$5\mu m$）的通气阀。最大的压力为 35MPa，过滤管路为永久管路。装在泵上方的油箱配备有过滤回路、过滤阀、油位指示器、温度指示器、冷却回路和空气滤清器。过滤回路是一个持续运行的回路。

滤清器装有可视堵塞指示器，如果达到警报起始限度，相应回路会停止，控制台上会有故障显示。液压回路通过热交换器和一个水回路进行冷却。压力和流量可从操作室里显示。为便于添加液压油，配置 1 台气动加油泵。

9）出碴系统

（1）主机皮带机

主机皮带机安装在主梁上部，前端位于溜碴槽下部。主机部分安装皮带机，负责将弃碴从刀盘区域输送到设备桥皮带机上。刀盘破岩产生的弃碴，由刮碴斗随刀盘旋转运输到隧道顶部倾卸，经溜碴槽卸落在主机的皮带

机上。

（2）后配套皮带输送机

后配套皮带输送机采用固定式皮带输送机，由进料口、分布在 1～6 号台车上的中间段及 7 号台车的卸料口组成，皮带总长 45.8m，皮带宽度 762mm，输送能力为 344m³/h，总安装功率 60kW，液压可调驱动，皮带速度为 0～106m/min。后配套皮带输送机安装有刮碴板、喷水嘴、防跑偏装置及张紧装置等，并具有良好的耐磨特性和防滑特性。

10）电气系统

（1）高压开关柜

从洞外高压配电站接到 TBM 高压配电系统上，供电电压为 10kV，经变压器变压后，二级动力交流电压为 690V/380V/220V。

高压开关柜集成在箱式变压器中，具有漏电、短路、超温保护、零序保护、速断保护或报警等自动保护功能及通、断电显示功能，并具有可靠的接地保护装置。高压开关柜采用著名厂家成熟产品。高压开关柜与变压器进行了相应的联锁，当变压器过流、温度超过设定温度时，高压开关的脱扣线圈将动作，保护变压器。

（2）变压器

投入本工程施工的 2 台单护盾 TBM 各配置了 2 台变压器，整机容量为 1800kV·A。同时考虑到相应的配套设备用电功率，因此，每台复合式 TBM 需要供电接口容量为 1800kV·A。变压器放置在后配套拖车上，为全浸入式（硅油），带电容器以调节输入电压的变化。

变压器的高压保护借助于变压器配置的温度传感器、电流互感器及高压开关柜的断路器等。变压器的低压保护借助于标准断路器（非插入式、非马达驱动）或保险丝。变压器的设计满足隧道内潮湿的工作环境要求，具有防爆性，内部安装空调，并配有运行温度监控报警装置及气体监控报警装置。

（3）配电柜

配电柜位于后配套拖车上，按照欧洲标准进行设计，其防护等级为 IP55。配电柜按系统分成由总线相连的若干独立部分。配电柜配

有水冷式散热器,配电柜下部的进线口处设置有密封盖板,侧面的进线口(如果有)装有防水盖。为防止人员的直接接触,所有带电连接线、屏蔽母线和端子都用有机玻璃封住。一个绝缘测试器连续不断地显示着绝缘值,并在出现第一个故障时给出报警信号,当绝缘值超出允许值时给出第二个故障报警,同时由各引出线的开关装置切断电路。

11)通风制冷系统

通风系统布置在后配套的尾部,包括一个45kW新鲜风接力送风系统,并和TBM的除尘抽风系统搭接,系统包括风机、消声器和可以存储100m柔性风筒的储风筒。

12)除尘系统

除尘系统由风管、自清洁干式除尘器和除尘风机,以及电气控制柜组成。除尘系统将掘进施工过程中的灰尘作吸附作处理。

13)供水和排水系统

洞外清水经铺设于洞壁的水管、TBM尾部水管卷筒送至清水箱,再由两台45kW清水泵加压后分配到各用水点。

排水泵安装在盾体内用于盾体排水,排水泵的功率为75kW。根据水位的高低自动开泵关泵,脏水被抽到拖车上的污水箱中。

反坡工况下,则利用反坡排水系统强制排水,利用水泵直接将废水抽排到洞外或者工作井中。

14)应急发电机

后配套随机配置了一台容量为280kV·A的备用应急发电机,当主电源停电或发生高压供电故障时,可以启动应急发电机为通风机、应急照明、排水泵、部分辅助设备、PLC系统提供应急的电力供应。如果在应急情况下需要完成支护工作所涉及的用电设备的总功率共计216kW,发电机的功率因数取0.8,则实际所需功率为270kW。另外,在TBM上配置了蓄电池,在停电并且不允许应急发电机启动或应急发电机无法启动时能够为照明提供电源,供电时间不少于2h。

15)风、水、电延伸系统

通风系统中布置了一台可以储存100m柔性风筒的储风筒,供水水管卷筒和排水水管卷筒可以储存100m水管,高压电缆卷筒可以卷100m高压电缆。随着TBM向前掘进移动,风管、水管、电缆在卷筒上旋转自动延伸,每掘进100m,增加100m新的水管、100m新的电缆和更换100m风筒的储风筒。风、水、电延伸系统均设有自动延伸机构。

16)衬砌管片安装系统

(1)管片设计

本标段TBM施工段,采用预制混凝土管片作为永久衬砌结构。管片分为标准衬砌管片、左转弯衬砌管片和右转弯衬砌管片,每一环衬砌管片采用5+1的形式拼装,即每环管片由6块管片组成,分别为封顶管片1块、标准块管片3块、邻接管片左右各1块。管片之间采用螺栓连接,环向相邻2个管片采用错缝连接,每个接缝由2个螺栓连接,纵向共10个螺栓连接。每块管片环宽1.5m,厚度0.3m,隧道内净空直径为5.4m,所以隧道管片的外径等于5.4m+0.3m+0.3m=6m。管片安装器及管片安装过程介绍如下。

(2)管片安装器

管片安装器的安装方式为轴线中心回转式,采用液压驱动和机械液压抓举,由平移机构、回转机构、举升机构、举重钳、管路支架、工作平台等部分组成,具有6个自由度,可以实现锁紧、平移、回转、升降、仰俯、横摇和偏转7种动作。

管片安装器所有动作控制方式为无线控制和固定式控制盒控制,无线控制和固定式控制之间互锁,使操作更迅速、更准确、更安全。其安装功率为40kW,提升重量为管片重量的2倍。

(3)管片安装过程

在掘进过程中要安装的管片由机车编组运送过来,放置在管片输送小车上。在完成掘进循环后,一部分推进液压缸回缩,为第一块管片留出足够的空间。其余推进液压缸和已经装好的管片仍保持接触,以防止TBM后退。管片安装器抓起管片并将其放在应放的位置,在此位置它可以和上一管片用螺栓连接起来。在管片安装器夹头放开管片之前，一定要保证已回缩的推进液压缸再次顶紧管片，以防止管片意外移动。其余管片的安装方法与此相同，直至完成整个管片环。每环管片质量约为15t，安装完成每环管片时间约45min。

2. 重庆地铁单护盾TBM的掘进原理

单护盾掘进机主要由护盾、刀盘部件及驱动机构、刀盘支撑壳体、刀盘轴承及密封、推进系统、激光导向机构、出碴系统、通风除尘系统和衬砌管片安装系统等组成。为避免在隧道覆盖层较厚或围岩收缩挤压作用较大时护盾被挤住，护盾沿隧道轴线方向的长度应尽可能短，这样可使机器调整方向更为容易。

单护盾TMB主要适应于比较破碎、围岩的抗压强度低、岩石仅仅能自稳不能为TBM的掘进提供反力的地层，由盾尾推进液压缸支撑在已拼装的预制衬砌块上或钢圈梁上，以推进刀盘破岩前进。

TBM在软弱围岩地层中掘进时，支撑系统与主推进系统不再使用，伸缩护盾处于收缩位置。刀盘掘进时的反扭矩由盾壳与围岩的摩擦力提供，此时TBM作业循环为：

掘进作业：回转刀盘→伸出辅助推进缸→撑在管片上掘进，将整个掘进机向前推进一个行程。

换步作业：刀盘停止回转→收缩辅助推进缸→安装混凝土管片。

单护盾掘进机只有一个护盾，大多用于软岩和破碎地层，由于没有撑靴支撑，掘进时掘进机的前推力靠护盾尾部的推进液压缸支撑在管片上获得，即掘进机的前进要靠管片作为支撑以获得前进的推力。机器的作业和管片的安装是在护盾的保护下进行的。由于单护盾的掘进须靠衬砌管片来承受支撑力，因此在安装管片时必须停止掘进，掘进和管片安装不能同步进行，因而掘进速度受到了限制。

虽然盾构机有许多种，但是与单护盾掘进机比较，相近的盾构机只有土压平衡盾构机（EPB）。

单护盾掘进机与盾构机的共同点：都只有一个护盾；都有大刀盘，刀盘上都装有一些盘形滚刀和一些刮刀；推进力都靠尾部的一圈液压缸顶推混凝土衬砌管片来获得。

单护盾掘进机与盾构机的区别点：土压平衡式盾构机的开挖室或压力平衡室是封闭的，能保持住一定的水压力和土压力，而单护盾掘进机没有压力平衡室；刀盘上的刀具也有差别，掘进机安装的盘形滚刀较多，辅之以刮刀，但盾构机则反之，一般安装割刀和刮刀，只在有可能遇到较硬地层时才安装盘形滚刀；土压平衡式盾构机出碴是螺旋输送机在压力平衡的条件下进行的，而掘进机出碴是由皮带式输送机在常压下进行的，刀具切削原理如图5-18所示。

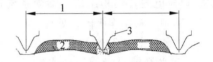

图5-18　刀具切削原理示意图
1—刀间距；2—碎片；3—盘形滚刀

3. 重庆地铁单护盾TBM的掘进性能

施工队分别为两个掘进班和一个技术部（又称维护班），两个掘进班白天、晚上轮流掘进。通过对每天的掘进数据的记录和统计，获取掘进数据如下：Ⅲ类围岩掘进环数有93环，Ⅳ类围岩掘进环数有1318环，Ⅴ类围岩掘进环数有28环。其中，TBM每环掘进行程为1.5m。在整理数据过程中，办公室有远程数据接收，电脑自动将TBM在掘进过程中每环的所有掘进参数都做了详细记录，将每环管片掘进的重要参数归纳计算出来，最后整理出所有管片环号掘进时的掘进参数，并计算出平均掘进速度，再根据地质参数，通过SPSS、MATLAB、EXCEL等软件对数据进行处理分析，最后得到TBM掘进性能与掘进参数以及地质参数的关系。

TBM掘进性能和掘进参数、地质参数间的关系从以下三方面来分析：①从平均掘进参数与地质参数的关系分析出大体的变化趋势；②Ⅳ类围岩类别下，不同的掘进参数可以得到不同的掘进性能,通过建模分析两者之间的关系;③Ⅲ类围岩类别下,不同的掘进参数可以得到不同的掘进性能,同样通过建模来分析研究两者之间的关系。以下分别从这三个方面来分析 TBM 掘进性能与掘进参数和地质参数之间的关系。要研究掘进速度与地质参数间的关系,就要计算出纯掘进速度,纯掘进速度是贯入度和刀盘转速的乘积,其单位为 mm/

min。这样,只要知道了贯入度和刀盘转速,就可以计算出 TBM 的纯掘进速度。根据岩石单轴抗压强度的不同将岩石分为 4 类,分别是 5MPa、6.1MPa、10.2MPa 和 32.8MPa,根据岩石单轴抗压强度的不同对管片环数分段取样,计算并得到平均纯掘进速度,再分析岩石单轴抗压强度和平均纯掘进速度的关系,如表 5-4~表 5-6 所示。

表 5-4　平均掘进速度与地质参数间的关系

分段取样(管片环号)	单轴抗压强度/MPa	平均掘进速度/(mm/min)	样本个数	各围岩平均掘进速度/(mm/min)
Ⅳ(522~601)	5.0	37.0	10	37.0
Ⅳ(602~1165)	6.1	35.0	10	35.0
Ⅳ(1~56)	10.2	22.5	10	
Ⅳ(79~139)	10.2	27.2	10	
Ⅳ(140~168)	10.2	31.0	10	
Ⅳ(169~298)	10.2	23.9	10	29.0
Ⅳ(317~375)	10.2	31.4	10	
Ⅳ(396~441)	10.2	27.8	10	
Ⅳ(479~521)	10.2	39.4	10	
Ⅲ(57~78)	32.8	26.5	10	
Ⅲ(299~316)	32.8	23.8	10	
Ⅲ(376~395)	32.8	30.1	10	26.1
Ⅲ(442~478)	32.8	24.1	10	

表 5-5　平均贯入度与地质参数间的关系

分段取样(管片环数)	围岩类别	平均贯入度/(mm/10击)	样本个数	各围岩平均贯入度/(mm/10击)
57~78	Ⅲ	7.1	20	
299~316	Ⅲ	5.9	20	6.9
376~395	Ⅲ	7.7	20	
79~139	Ⅳ	7.7	20	
169~298	Ⅳ	7.5	20	7.7
396~441	Ⅳ	8.1	20	
140~168	Ⅴ	9.0	20	9.0

表 5-6　平均推力与地质参数间的关系

分段取样(管片环数)	围岩类别	平均推力/kN	样本个数	各围岩平均推力/kN
57~78	Ⅲ	6528	21	6060
299~316	Ⅲ	6443	17	
376~395	Ⅲ	5214	19	
169~298	Ⅳ	5150	81	5151
317~375	Ⅳ	5341	58	
396~441	Ⅳ	4875	45	
140~168	Ⅴ	4515	17	4515

　　从表 5-4~表 5-6 可以看出,随着围岩类别从Ⅲ类到Ⅳ类再到Ⅴ类围岩的变化,TBM 平均推力呈现出线性减小的趋势。上述是在贯入度递增的情况下得出的,如果贯入度相同,平均推力差别更大,会以乘幂递减的趋势变化。从上面的数据和结论可以看出,平均掘进速度、平均贯入度和平均推力都随围岩类别的变化呈现线性变化的趋势,而平均掘进速度与岩石单轴抗压强度之间呈现的是乘幂减小的关系趋势,从总体上来说,掘进参数的平均值与地质参数间有着良好的相关性。

4. 常用单护盾 TBM 的性能指标

　　以具有土压平衡功能的 ZTT7570 型双模式单护盾 TBM 为例,其技术参数见表 5-7。

表 5-7　ZTT7570 型具有土压平衡功能的单护盾 TBM 技术参数

	设备类型	双模式单护盾 TBM	具有土压平衡功能
综述	设备型号	ZTT7570	
	地层土质种类	详见地质报告	
	管片内径	6600mm	
	管片外径	7300mm	
	管片宽度	1500mm	
	管片分块	7	
	纵向连接螺栓数量	18	
	开挖直径	7640mm	
	前盾直径	7570mm	
	盾体长度	9m	
	最小设计曲线半径	500m	
	设计坡度	12%	
刀盘	刀盘结构及刀具	双模式	
	刀盘开挖直径	7640mm	
	旋转方向	双向旋转	
	滚刀数量	49	
	超挖滚刀数量	1	
	主要结构材质	Q345C	
	超挖刀数量	1	

续表

主驱动	驱动形式	变频电机驱动	
	主驱动盾体偏心量	15mm	
	驱动电机数量	8	
	转速	0～6.4r/min	
	额定扭矩	8300kN·m(2.9r/min时)	
	高速扭矩	3500kN·m(6.4r/min时)	
	主驱动功率	315kW×8＝2520kW	
	主轴承形式	3排圆柱滚子轴承	轴向预紧式
	主轴承直径	4200mm	
	主轴承设计使用寿命	＞15000h	
	主驱动密封设计承压能力	0.5MPa	
	主轴承密封形式	内外各4道密封	
	主轴承密封润滑方式	集中自动润滑	
回转接头	水通道数量	8	模式转换需更换
	液压通道数量	2	
盾体	形式	直筒式	
	前盾直径	7570mm	Q345B
	径向孔数量	12个	
	中盾直径	7555mm	Q345B
	径向孔数量	12	
	超前注浆管数量	14	
	液压稳定器数量	4	前盾、中盾各两个
	盾尾直径	7540mm	50mm，Q460D
	钢丝刷密封数量	3	
	盾尾止浆板数量	1	加强型
	盾尾密封允许承压能力	0.3MPa	
	盾尾间隙	30mm	
	注脂管数量	2×6	
	同步注浆管数量	2×6	
	土压传感器数量	7	土压平衡模式使用
推进系统	固定方式	浮动支撑	可调节液压缸倾角
	额定总推力/压力	48850kN/30MPa	
	最大总推力/压力	57000kN/35MPa	
	推进液压缸规格	240/200-2300	推进液压缸倾斜可调
	推进液压缸数量	18对	
	推进系统设计最大速度	160mm/min	
	位移传感器数量	4	
	推进液压缸分区数量	4	
人舱	舱室数量	2	
	容量	3人(主舱)＋2人(副舱)	
	舱门数量	3	
盾尾密封油脂系统	泵站形式	气动林肯泵	

续表

油脂集中润滑系统	泵站形式	气动补油＋电动注入	
HBW 油脂密封系统	泵站形式	气动	
螺旋输送机	数量	1	
	驱动方式	液压驱动	周边驱动
	减速器数量	2	
	减速器厂家	Zollern	
	输送机壳体内径	720mm	
	最大脱困扭矩	220kN·m	
	最大转速	21r/min	无级调速
	最大能力（理论）	280m³/h	
	节距	630mm	
	通过的卵石粒径	263mm	
	伸缩结构形式	无	
	密封润滑方式	集中自动润滑	
主机皮带机	驱动类型	液压驱动	
	数量	1	
	皮带宽度	1000mm	
后配套皮带机	驱动类型	电机驱动	
	数量	1	
	皮带宽度	1000mm	
同步注浆系统	盾尾上管路布置形式	内置式	
	注浆泵数量	3	双柱塞泵
	注浆泵型号	施维英 KSP12	
泡沫系统	单路单泵路数	8	
	泡沫发生器数量	8	
	控制模式	自动/手动	
膨润土系统	挤压软管泵数量	2	
管片拼装机	额定抓举能力	150kN	
	最大转动扭矩	600kN·m	
	类型	6 个自由度，机械抓紧	
	驱动方式	液压驱动	
	移动行程（隧道轴向）	2300mm	满足更换三道盾尾刷
	旋转角度	±200°	
	旋转速度	0～1.2r/min（可调）	
	控制方式	1 无线＋1 有线控制	
管片吊机	形式	双梁式	
	驱动形式	电驱	
	起吊质量	15t	
	控制方式	遥控	
管片小车	承载管片数量	7	
	负载管片承重能力	40t	
	控制方式	遥控	

续表

管片卸载器	后部卸载器数量	1	
	前部卸载器数量	1	
物料转运车	轨道运转车数量	3	2管片车＋1平板车
	物料托运方式	双向电动卷筒	
导向系统	形式	棱镜式	
	测量精度	2mm	
监视系统	摄像头数量	6	
	显示屏数量	1	
后配套	拖车数量	1设备桥＋14拖车＋1卸料桥	
	拖车结构	框形封闭结构	
	拖车内净空	1800mm	卸载区域3000mm
	后配套拖车行走方式	轨行式	
水循环系统	水管规格	2×DN150	
	水管卷筒水管长度	2×30m	
	内循环冷却系统	2路	
	刀盘喷水系统	和泡沫系统共用	
	延伸水管数量	3路	
排污系统	形式	多级离心泵	
	能力	$100m^3/h$	
	扬程	150m	
	备用污水泵数量	1	
盾体内排污	离心泵数量	1(1台备用)	
	排污能力	$100m^3/h$,扬程25m	
压缩空气系统	空压机数量	3	
	空压机流量	$48m^3/min$	
	储气罐	$2×2m^3$	
通风除尘系统	主通风方式	压入式通风	
	风管直径	2000mm	
	二次通风	$17m^3/s$	
	二次通风管径	800mm	
	干式除尘器	$600m^3/min$	
	除尘风管	800mm	
有害气体检测系统	便携式2套、固定式2套	O_2、CO_2、CO、CH_4、H_2S	
供电系统	初次电压	10kV/50Hz	
	二次电压	400V/690V	
	变压器形式	集成干式变压器	
	变压器总容量	约5700kV·A	
	电缆托盘容量	不小于1000m	
消防	消防设备组成	灭火器、水帘等	
控制和通信系统	可编程控制器PLC型号	西门子S7-400	
	显示器数量	2	
	数据采集系统数量	1	
	语音通信方式	6部电话	
	远程通信方式	光纤传输	

备选系统	双液注浆系统	12m³/h	
	豆砾石充填系统	15m³/h	
	回填注浆	12m³/h	
	地质钻机数量	1 台	
	超前钻机数量	1 台	
	超前地质预报系统型号	BEAM 系统	
功率配置	刀盘驱动系统功率	2520kW	690V
	螺旋输送机液压系统功率	250kW	
	推进液压系统功率	90kW	
	管片安装机液压系统功率	75kW	
	辅助液压系统功率	45kW	
	液压油过滤系统	15kW	
	集中润滑系统	11kW	
	同步注浆系统	90kW	
	砂浆搅拌器	11kW	
	通风除尘系统	90kW	
	二次通风系统	55kW	
	隧道回水、排污系统	2×132kW	
	盾体排污系统	35kW	
	后配套皮带机	160kW	
	豆砾石系统	11kW	
	物料卷扬系统	11kW	
	空压机	220kW	
	泡沫系统	22kW	
	膨润土系统	7.5kW	
	回填注浆系统	37kW	
	内循环冷却系统	15kW	
	管片一次卸载吊车	30kW	
	连接桥管片吊车	22kW	
	豆砾石吊机	22kW	
	超前钻	18.5kW	
	地质钻	55kW	
	其他备用	200kW	
	装机功率	约 4600kW	

5.3.2 双护盾 TBM

双护盾 TBM 主要由装有刀盘及刀盘驱动装置的前护盾,装有支撑装置的后护盾(支撑护盾),连接前、后护盾的伸缩部分和安装预制混凝土管片的尾盾组成。

1. 刀盘

全断面岩石掘进机刀盘在掘进过程中沿掘进轴线向前作直线运动,同时又环绕掘进机轴线作回转运动,刀盘上点的轨迹是典型的螺旋运动。刀盘回转运动的特点是在掘进过程中,刀盘顺着铲斗铲起岩石碎碴的方向进行单向回转,一般按顺时针方向旋转,通过盘形滚刀破碎岩石,切削下的岩碴通过铲斗导入溜碴槽后由皮带机运出。刀盘一般设计为平面状,随着刀盘直径加大,采取分块设计,便于刀盘运至洞室附近组装。刀盘内设有溜碴槽,可将石碴转至皮带机上。皮带机安装在护盾轴线的中部,以便石碴能够通过护盾中间开口,直接卸到皮带机上。

刀盘的设计特性包括:把刀盘设计成平面状,紧闭掌子面的形状可防止软弱围岩出现问题,刀盘上有直径 600mm 左右的人孔方便工作人员进入隧道掌子面。铲碴斗的尺寸和形状要确保高的掘进速度和降低刀盘边部的磨损。刀盘上装有旋转喷水嘴用来降尘。刀盘可逆转,但只能单方向排碴。

刀盘采用重钢结构制造,材料选用 St52-3 等合金钢。刀盘是掘进机中几何尺寸最大、单件质量最重的部件,因此它是装拆掘进机时选择起重设备和运输设备的主要依据。根据 TBM 制造、运输和拆装要求,刀盘可以拆分成几块(2~7 块),最后在施工现场拼接成一个整体,如图 5-19 所示。

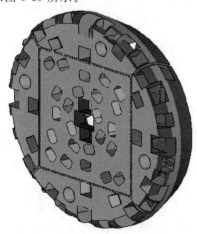

图 5-19　刀盘分块形状示意图

刀盘的厚度和焊缝尺寸考虑到了动载荷的影响,所有连接法兰都经过机加工,并用高强液压张紧螺栓连接。法兰用剪切键和定位销固定,中部大块与刀盘驱动装置(和刀盘轴承)连接。牢固的结构和稳定性可以确保刀盘推力均匀作用于刀盘轴承上。刀盘外部分块通过法兰连接到中心块的圆形结构上,并由方形法兰相互连接。

刀盘的最大直径必须小于刀盘开挖直径,否则刀盘将卡死,无法回转。刀盘的最大直径必须满足要求:

$$\Delta_{\text{刀盘max}} \leqslant \Delta_{\text{理论开挖直径}} - 2\Delta \qquad (5\text{-}1)$$

其中,Δ 为最外一把边刀的允许最大磨损量在刀盘正面的投影值。一般边刀磨损量为 12.7~15mm,其投影值略小于此数。

通常刀盘的最大直径设计在铲斗唇口处。一般铲斗唇口的最外缘离洞壁留有 25mm 左右间隙。此间隙过大不利于岩碴清除,间隙过小容易造成铲斗直接刮削洞壁而损坏。因此,刀盘的最大直径一般比理论开挖直径小 50mm 左右。

根据刀盘的功能,TBM 刀盘钢结构上必然有如下构件:

(1) 按一定顺序排列并焊接在刀盘上用以安装刀具的刀座。

(2) 目前均采用刀盘背面换刀工艺,因此刀具背面除了焊有刀具序号外,还在相关位置上焊有便于吊装刀具的吊耳。

(3) 大直径刀盘还必须焊有供人爬上爬下的踩脚点和把手点。

(4) 必要时刀盘正面适当位置焊有导碴板,引导岩碴导入铲斗。

(5) 刀盘四周布置有相应数量的铲斗,铲斗唇口下装有可更换的铲齿或铲碴板。

(6) 刀盘正面布置有喷水孔。如有需要,喷水孔上可装有防护罩,既保护喷嘴不被粉尘堵塞和不被岩碴砸坏,又便于清洗,保证连续喷出水雾。刀盘破岩产生的大量热量通过水雾喷射进行冷却,在降尘的同时又起到保护刀圈的作用。

(7) 刀盘上配置有人孔通道。掘进时,人孔通道用盖板封盖；停机时，封盖可在刀盘后面开启，便于人员和物件通过。

（8）刀盘正面焊有耐磨材料，以免刀盘长时间在岩石中运转磨损。

（9）刀盘背面必须有与大轴承回转件相连接的精加工部分及其螺孔位。

（10）刀盘背面有安装水管的位置，且该位置不会轻易地使水管受到岩碴撞击。

刀盘由刀盘轴承支撑，通过液压张紧膨胀螺栓与刀盘轴承的旋转部件相连，以控制要求的预紧力。刀盘轴承俗称大轴承，承受掘进机的刀盘推力、倾覆力矩和刀盘重力，其形式一般为双列圆锥轴承或三轴式（二轴向、一径向）滚柱轴承，使用寿命可达 15000～20000h，除变更施工场地需拆卸检查外，一般不作检查。典型的三轴式滚柱轴承中最大的一组滚珠承受推力，第二组滚柱承受径向力，第三组滚柱承受倾覆力矩产生的荷载和反向推力。刀盘密

封俗称大密封，可防止灰尘侵入刀盘轴承、大齿圈，并防止润滑油外泄。它是由人造橡胶制成的直条，截取密封所需长度黏接而成。其密封的唇口内包含有镀铬弹簧钢片，压在凸缘光滑面上以保持密封。

刀盘轴承和驱动组件由三重密封保护，唇式密封由迷宫密封保护，油脂润滑系统不断自动压注黄油以净化迷宫密封。

盘形滚刀通过刀座安装在刀盘上，刀座通过两个楔块和螺栓固定，与刀盘融为一体并凹入刀盘中，仅允许滚刀部分露出刀盘表面，这是为了防止在破碎岩层开挖时，大块岩石卡住刀盘。该结构简单，安装方便可靠，便于换刀。

2. 盾体

盾体主要由前盾、伸缩盾、撑紧盾、尾盾组成，采用锥形设计，为焊接结构件，并在底部增加耐磨条保护，盾体结构见图 5-20。

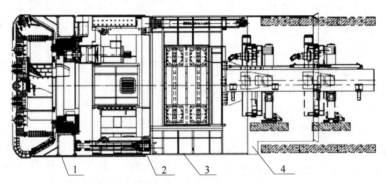

图 5-20　盾体结构示意图
1—前盾；2—伸缩盾；3—撑紧盾；4—尾盾

1）前盾

前盾主要由盾体及主驱动组成，承载刀盘向前掘进时的支撑反力和掘削转矩。在前盾的上半部分增添稳定器液压缸，可解决掘进中盾体的振动问题，保持平稳运行。

刀盘驱动系统负责实现掘进过程中对岩石的切削，要求能够提供足够大的转矩，转速可双向调节，且同步性能要好，否则对掘进机工作有很大的影响。刀盘主要采用电机或液压马达实现驱动。刀盘驱动时，每台电机的驱动扭矩是否相同，将决定整个刀盘能否正常运

行。因此，各电机间的负载是否均衡在驱动刀盘系统中至关重要。

2）伸缩盾

伸缩盾安装于前盾尾壳中，连接前盾和撑紧盾，可在尾壳中通过主推液压缸前后移动，实现 TBM 和管片衬砌同时移动。在伸缩盾前半部分设有 4 个观察口，可观察围岩及清理堆积在盾体前的岩碴；用两根扭矩梁横穿伸缩盾，将刀盘掘进中产生的转矩传递至扭矩梁，通过转矩液压缸消除转矩，这对保证隧道正常掘进有重要的意义。

推进系统由主推进和辅助推进液压系统组成,用来完成整个掘进过程的推进任务,使得整台掘进机不断前进。同时,掘进机的转向及纠偏也需要推进系统的配合来实现。推进系统的推力由很多因素决定,如盘形滚刀的形状、承载力、地质条件等。在硬岩中掘进时,由于摩擦力较小,在高速小扭矩下工作;在较软或破碎的围岩中掘进时,由于摩擦力较大,在低速大扭矩下工作。为了使推进系统能够发挥其最大最好的优势,在不同地质条件下提供适合的推进力对整机的掘进有重要的影响。推进结构如图 5-21 所示。

图 5-21 刀盘推进结构

3) 撑紧盾

撑紧盾又称支撑盾,通过撑靴液压缸推动前盾掘进;撑紧力无级可调,可根据洞壁情况进行调整。为应对复杂岩层情况,在撑紧盾外壁周围设有超前钻孔位置,可以超前钻孔、注浆,对不良地质进行超前加固,并对 TBM 前方围岩进行超前探测。

撑靴系统是配合主推进系统一起使用的,在主推进系统向前掘进时,支撑护盾及其后面的设备固定不动,这时需要撑靴系统的撑靴撑紧洞壁,撑靴与洞壁之间的摩擦力为提供掘进机前进的推进力及前盾与地面之间的摩擦力之和。在不同的地质条件下,可以随时对撑靴进行调整,以应对不同的情况。撑靴的支撑结构有多种形式,包括 X 形、水平形和一对或两对支撑。因此,在 TBM 驱动系统中撑靴系统同样对整机的掘进有重要的影响。

4) 尾盾

尾盾安装于撑紧盾后部,主要用于管片拼装机的安装及运行,可保护管片区域人员,并在尾盾后添加由弹簧钢板制成的密封,防止回填材料及浆液进入尾盾内部。

(1) 管片拼装机机构构型分析

管片拼装机是盾构机的重要组成部分,在掘进完成后,它负责将预制好的管片安装到刚开挖的隧道表面,形成衬砌,以此来支撑刚开挖的隧道表面。管片拼装的质量将直接对地下水土的渗透和表面沉降产生影响。

管片是一块预先铸好的混凝土环状砌块,首先由电瓶小车从隧道外运入,然后由管片拼装辅助小车将其移动到管片拼装机的正下方,最后靠管片拼装机将其拼装成管片衬砌护环(1 环管片衬砌约由 6 块管片组成)。1 环管片安装后,拧紧管片间的连接螺栓。

要完成管片的拼装,管片必须有 6 个方向的运动:纵向直线运动(沿隧道轴线),径向直线运动(沿隧道断面方向),圆周方向回转运动(绕隧道轴线),以及实现管片姿态调整的 3 个方向的运动(摆动、倾侧及回转)。相应的管片拼装机有 6 个自由度,如图 5-22 所示。这 6 个自由度分别由电液比例多路阀通过连接液压马达或液压缸来实现。

管片安装机安装在盾体中心位置,在盾尾运行,主要由平移机构、回转机构、升降机构等组成,如图 5-23 所示,实现平移、回转、升降、偏转、俯仰、横摇 6 个动作。其中,旋转盘体 2、升降液压缸 10 和提升横梁 5 形成一个二自由度的五杆机构(并联),其他机构则为串联形式。

提升横梁 5 与旋转平台 7 间通过中心球关节轴承 6 连接,俯仰液压缸 9 的一端铰接在提升横梁 5 上,另一端铰接在旋转平台 7 上,这样

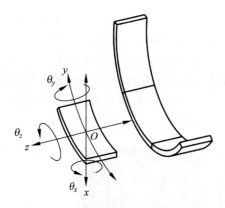

图 5-22　管片拼装机的 6 个自由度

俯仰液压缸的伸缩可推动旋转平台前后摆动（俯仰）。同理，偏转液压缸 8 的一端与提升横梁 5 铰接，另一端与旋转平台 7 铰接，因而它的伸缩可推动旋转平台在水平面内旋转（偏转），如图 5-24 所示。

（2）管片拼装机工作原理分析

管片拼装机进行管片安装时，先粗定位（管片的运动控制），即用举重钳或真空吸盘抓住管片，升降液压缸将其升降，平移机构将提起的管片移到拼装的横断面位置，回转机构再将该管片旋转到相应的径向位置，然后再用偏转液压缸、仰俯液压缸和提升液压缸的不同步伸缩进行微调定位（管片的姿态控制），最后完成安装。管片拼装的作业过程如下：

① 管片的供给。管片运送小车将管片运至管片卸载站，小车旋转平台旋转 90°，卸载站的升降架顶起管片，小车退出。用起吊机将管片放在管片供给装置（喂片机）上，管片供给装置使管片沿着导架向前方移动，直到管片拼装机可夹持或吸取到管片的位置。

② 管片定位。管片定位大体分为粗定位和微调定位两个阶段。粗定位是将管片粗略地移动到预先确定的位置上；微调定位是使待装管片的螺栓孔与已装管片的螺栓孔对合。螺栓连接管片的螺栓孔沿环间和块间全部对齐后，再把螺栓按一定的力矩进行连接，即完成一块管片的拼装。然后，反复进行这一系列的作业，直到拼装完一环。

以 X6.34m 型盾构机为例，1 环管片由 6 块管片组成，如图 5-25 所示，管片拼装顺序为 $A—B—F—C—E—D$。盾构机掘进过程中，拼装机在完成 1 环继续安装时，会退回 1 块管片宽度的距离，由此可确定拼装机平移距离 d_1，升降液压缸伸长距离加上管片拼装机固有的径向长度，达到管片一环的径向距离，因此可确定升降液压缸的伸长距离 d_2，d_3。但在管片拼装过程中，仅仅靠这三个动作还无法精确定位。

由于重力等外部原因，管片的位置可能与预先估计的位置存在偏差。假设拼装图 5-25 中 F 管片，此时 $\theta_1 = 74.5°$，如图 5-26（a）所示，管片与预期位置的三个方向都存在微小偏差，可先改变两升降液压缸的行程差，使所形成的五杆机构产生摆动，调整隧道轴向的微小转角 θ_s，如图 5-26（b）所示；接着控制俯仰液压缸的

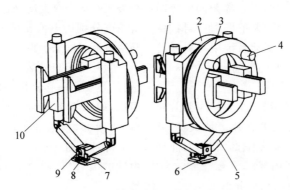

图 5-23　管片安装机结构组成

1—行走梁；2—旋转盘体；3—移动盘体；4—液压马达；5—提升横梁；
6—中心球关节轴承；7—旋转平台；8—偏转液压缸；9—俯仰液压缸；10—升降液压缸

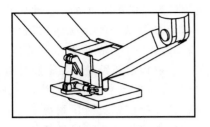

图 5-24　转动平台结构图

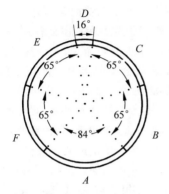

图 5-25　管片布置示意图

伸缩量,使管片产生环向的偏转,如图 5-26(c)所示;最后调整偏转液压缸的位移,使管片绕径向偏转 B_x,如图 5-26(d)所示。至此管片的微调完成,可使待装管片的螺栓孔与已装管片的螺栓孔对合,一片管片的安装定位完成。

3. 后配套系统

TBM 的后配套系统是在主机后面为掘进机提供服务的、安装在门架式平台车上的各种设备组成的综合系统,是液压和电力供应装置的存放场所。也负责将衬砌管片、注浆材料、泥浆或膨润土浆等材料运送到掘进机作业区,同时其上还布置有延伸电缆、风管、轨道安装设备和操作空间。对于岩石地层,该系统还可以保障有效的运送和施作锚杆、钢拱、钢丝网及很厚的混凝土层的喷射等。

掘进机后配套系统由主机后面的连接桥及连接桥后部的若干平台车构成,主要由动力设备、洞内出碴及物料运输设备和辅助施工设施三部分组成。

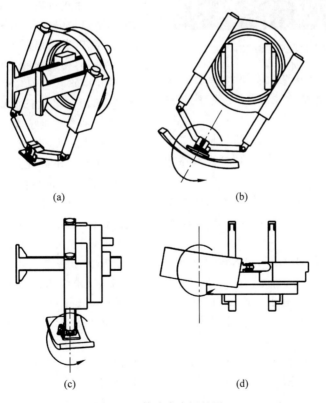

(a)

(b)

(c)

(d)

图 5-26　管片姿态调整图

4. 动力设备

1) 掘进机液压独立泵站系统

掘进机属于大型复杂的隧道施工机械,可采用三种不同的传动方式:机械传动、液压传动和电气传动。因液压传动除了具有远距离传递能量和运动的功能,又具有体积小、单位功率质量轻、可方便进行无级调速等独特优点,所以是当今掘进机重要的传动方式。除掘进时刀盘回转外,液压系统几乎控制了绝大部分的运动,包括用液压缸实现的直线运动和用马达实现的转动,如图 5-27 所示。

图 5-27 掘进机液压独立泵站系统

掘进机主液压系统装机功率大,元件数量多,工作压力高,电控、液控关系复杂,一般具有如下特点:

(1) 配置较完备的过滤装置,包括空气过滤器、加油过滤器、吸油过滤器、回油过滤器和压油过滤器。

(2) 测压点布置较齐全,各主要阀块上预留了测压点,为系统故障诊断提供了便利条件。

(3) 模块化布置的集成阀块大量减少了管路数量和长度。

(4) 管路中多处配有手动截止阀,便于故障检查,实现强制锁定,减少液压阀更换时的漏油,可实现特定功能。

(5) 结合不同工况实现双泵合流。如掘进机换步时,实现推进液压缸快速收回。

(6) 主要执行机构的液压系统实现电控或电液控制,操作性能良好。

掘进机为完成不同的功能,整个液压系统又由一些单独的液压子系统组成,它们分别是:推进、支撑、刀盘辅助驱动等液压系统;钢拱架安装机构液压系统;各个胶带输送机液压系统;矿车拖动装置液压系统;掘进机前部锚杆钻机和超前钻机液压系统;掘进机后部锚杆钻机和超前钻机液压系统;卸碴机液压系统。

液压泵是液压系统的动力来源,泵的性能好、功能多、负载敏感好、恒功率、待命压力大,就会使整个系统的寿命长、效率高、故障少,这样液压系统就会高效可靠。液压泵的主要类型及特点如下:

(1) 定量泵:排量不可调,泵转速一定,只能采用节流调速;有溢流损失,系统效率较低。

(2) 变量泵:排量可调,泵转速一定,流量可调,可用于容积调速;容积-节流调速;泵流量和系统需要相适应,无溢流损失,系统效率较高。

(3) 三片式齿轮泵:排量不可调,只能节流调速,节流损失较大,效率较低;价格便宜。

(4) 高压齿轮泵:端面泄漏量大,侧板补偿,弹性变形,初始密封。

(5) LRDS 变量泵:较复杂、较贵,采用节流调速,适用于多执行机构,泵流量和系统需要相适应,系统性能好,效率高。

2) 掘进机供电系统

TBM 的工作过程是一个大量消耗电能,并将电能转化成机械能,且不断做功的过程。掘进机的用电特点是:耗电量大、负荷波动大、电动机单机功率大。因此,使用 TBM 进行隧道施工时,首先必须保证有足够大的电源容量;另外,由于掘进机是在阴暗潮湿的山洞中工作,潮湿、粉尘和振动等恶劣的工作环境对供电系统提出了更高的要求。

掘进机是机、电、液一体化的大型机械,其特点决定了工作动力只能是电能,再通过相应转换设备把电能转变成机械能或液压动力供给各种配套设备。所以供电系统的性能直接影响到掘进机能否正常运转和施工掘进效率。图 5-28 所示为某掘进机供电系统。

图 5-28　掘进机供电系统

由于掘进机通常适用于掘进长距离隧道，电力输送能耗大，为减少供电线路损耗和压降，普遍采用高压进洞，通过掘进机上的变压器将高压电转变成不同等级的低压电，以供各种不同用电设备的需求。

我国目前大多采用 10kV 的高压进洞，国外承包商采用的电压更高一些。随着机器直径的加大和掘进长度的增加，高压进洞电压已高达 20kV 以上。

掘进机的供电系统主要包括高压电路、低压电路、控制电路（含 PLC 和激光导向电源）、照明电路和应急发电线路等。

高压电路由高压电缆、高压快速接头、电缆卷筒、高压开关柜和变压器组成。外界输入电压为 10kV，经工地变电所后，通过电缆输送给洞内掘进机。

低压电路具有三个电压等级，供不同类型电气设备使用。

（1）低压 690V，主要供给大容量用电设备，如刀盘电动机、空压机、液压泵、制冷装置和除尘装置等。随着变频调速技术的发展和成熟，为了更好地适应长大隧道不同地质条件的要求，近代掘进机刀盘的驱动已逐渐采用变频调速驱动。

（2）低压 400V，主要供给喷混凝土、注浆、抽水、排水、辅助通风和后配套上其他设备使用。

（3）低压 230V，主要作为控制和照明电源。PLC 控制器和激光导向仪需要 24V 直流电源，要通过整流变压器把 230V 整流变换后使用。

为保障外接线路断电时应急所需，后配套上装有应急发电机组。虽然此时不需掘进机正常掘进，但为保障安全及为随后的正常掘进创造条件，应立即恢复洞内通风、照明等。应急发电可恢复以下设施供电：掘进机上各处的照明；操作台上的仪表板和转换器；排水泵；后配套上的辅助风机；PLC 和其他控制电路；高压电缆卷筒。以上设备采用手动开关接通应急发电机主导线进行启动。为了防止电机超载，用户必须依次启动。

TBM 供电系统总体结构由洞外供电系统和 TBM 本机供电系统两部分组成。TBM 本机供电系统由洞外供电系统提供 10kV/20kV 中压电源作为 TBM 本机变电柜主变压器的一次侧输入。经变电站输出多路多种电压类型的低压电源提供给各种类型的用电设备使用。另外，还必须设计后备应急发电子系统，以保证 TBM 中不允许长期停工的设备在外部电力供应中断后能够继续工作。

TBM 本机供电系统主要包括以下几部分：

（1）刀盘电动机供电子系统。TBM 刀盘驱动电动机的功率很大，一般采用 690V 电压供电，因此，TBM 本机供电系统必须提供符合刀盘驱动电动机要求的 690V 交流电源。

（2）常规动力设备供电子系统。TBM 掘进机使用了很多常规动力设备，如通风机、浊水泵、注浆泵等，TBM 本机供电系统必须提供常规动力设备所需的 400V 交流电源。

（3）照明及安全保障设备用电供电子系统提供 TBM 全机的照明用电，为 220V 交流电源。另外，涉及人员安全与设备安全的安全保障用电也由此部分提供，比如电动机、抽水泵等。当外部电力网供电出现故障时，必须保证照明及安全保障设备用电供应正常。安全保障设备用电一般为 400V 交流电源。

（4）TBM 直流电源及控制电源子系统。TBM 提供 PLC 控制系统、传感器等各种弱电设备电源，一般为 24V 直流电源。TBM 设备中继电保护控制电路所用的控制电源一般为

220V 交流电源。

（5）后备应急发电子系统。TBM 本机应急发电在电力网供电故障时提供必要的电力供应，主要包括照明及安全保障设备用电，直流电源及控制电源。

Robbins 公司的应急发电设施可以接入液压主泵站，并提供高压电断电时各液压缸的收回动作所需用电。大伙房设备在转场期间，附近高压配电所转场拆建，没有可利用的资源，我们大胆采用应急发电机提供主液压油泵运转，一边维护保养和整修，一边继续利用主泵站驱动主推力液压缸动作，实现步进，在 80 天内成功步进 2500m，节省了大量时间，争取到了工程的主动。

发电机设备装在后配套系统上面，由柴油机和带控制柜的发电机组成。IT 系统在发生接地故障时，由于不具备故障电流返回电源的通路，其故障电流仅为非故障相的对地电容电流，其值甚小，因此，对地故障电压很低，不至于引发事故。所以，当发生一个接地故障时，不需切断电源而使供电中断。此系统各设备之间也不会发生电磁干扰，而且在发生一相接地时，设备仍可继续运行，但需装设单相接地保护，以便在发生一相接地故障时发出报警信号。因此，作为对连续供电要求极高，且有易燃、易爆危险的隧道施工机械 TBM，应采用 IT 系统接地方式。

我国《供电营业规则》规定："用户应在提高用电自然功率因数的基础上，按有关标准设计和安装无功补偿设备，并做到随其负荷和电压变动及时投入或切除，防止无功电力倒送。"所以，TBM 供电系统必须设计相应的无功补偿系统。

并联电容器方式使用专门用于无功补偿的电力电容器，具有安装简单、运行维护方便、有功损耗小、组装灵活和扩容方便等优点，因此 TBM 供电系统普遍采用并联电容器方式用于无功补偿。但该方法具有损坏后不易维修，以及从电网中切除后有危险的残余电压等缺点。

并联电力电容器在供电系统中的装设位置，有高压集中补偿、低压集中补偿和个别就地补偿三种方式：

（1）高压集中补偿：将高压电容器组集中装设在 6～10kV 母线上。这种补偿方式只能补偿 6～10kV 母线前线路上的无功功率，而母线后的配电线路的无功功率得不到补偿，所以经济效果一般。但初期投资较少，便于集中维护，可对高压侧的无功功率进行有效补偿，以满足总功率因数的要求。

（2）低压集中补偿：将低压电容器组集中装设在变电站的低压母线上。这种补偿方式能补偿变电站低压母线前的变压器和所有有关高压系统的无功功率，因此，其补偿效果比高压集中补偿方式好。它能减少变压器的视在功率，可使主变压器容量选得较小，因此比较经济；而且这种补偿的低压电容器柜一般可装在低压配电室内，运行维护安全方便。因此，这种补偿方式应用相当普遍。

（3）个别就地补偿：个别（单独）就地补偿，就是将并联电容器组装设在需进行无功补偿的各个用电设备近旁。

这种补偿方式能够补偿安装部位以前的所有高低压线路和电力变压器的无功功率，因此，其补偿范围最大，补偿效果最好，应予优先采用。但这种补偿方式总的投资较大，且电容器组在被补偿的设备停止运用时，它也将一并被切除，因此，其利用率较低。

综合考虑补偿效果及实际使用需求与设备投资，TBM 供电系统一般采用低压集中补偿方式。

5. 洞内出碴及物料运输设备

掘进机掘进时，需要及时出碴并补给必要的物料，故后配套系统必须配备出碴及物料运输设备。通过这些设备，把开挖出的大量碴石及时运出，并把隧道支护、隧道延伸所需的材料和刀具等维修器材运到工作地点，主要有仰拱块、钢轨、喷射混凝土拌合料、水管、风管、临时支护料具和机械零配件等，这些主要由仰拱块车、平板车、水泥罐车运输。

1）装碴设备

装碴设备应选用能在隧道开挖断面内发

挥高效率的机械设备,其装碴能力应与每次开挖土石方量及运输车辆的容量相适应。装碴作业应符合下列要求:①机械装碴作业应严格按操作堆积进行,并不得损坏已有的支护及临时设备。②在台阶或棚架上向下扒碴时,碴堆应稳定,防止滑坍伤人。

卸碴作业应符合下列要求:①应根据弃碴场地形条件、弃碴情况、车辆类型,妥善布置卸碴线,卸碴应在布置的卸碴线上依次进行。②卸碴宜采用自动卸碴或机械卸碴设备,卸碴时有专人指挥卸碴、平整。③卸碴场地应修筑永久排水设施和其他防护工程,确保地表径流不致冲蚀弃碴堆。

2) 运输方式

运输方式应根据隧道长度、开挖方法、机具设备运量大小等选用。隧道施工时,应根据施工安排编制运输计划,统一调度,确保车辆运输安全,提高运输效率。运输时,洞外应根据需要设置调车、编组、出碴、设备整修等作业线路。洞内自卸车运输时,运输道路宜铺设简易路面。道路的宽度及行车速度应符合下列要求:

(1) 凌晨车道净宽不得小于车宽加 2m,并应隔适当距离设置错车道;双车道净宽不得小于 2 倍车宽加 2.5m;会车视距宜为 40m。

(2) 在施工作业地段和错车时行车速度不应大于 10km/h;成洞地段不宜大于 20km/h。

(3) 运输线路或道路应设专人按标准要求进行维修和养护,使其经常处于平整、畅通。线路或道路两侧的废碴和余料应随时清除。

运输车辆的性能必须良好,操作时应严格听从指挥人员的安排,按照规定路线有序行走,严禁碰撞隧道;清碴人员清理前,必须检查是否有可能坠落的石块,确保无坠落物后再行施工;应对所有施工人员进行安全教育,施工人员在洞内作业时需小心来往土石方车,确保人身安全;土石方车装运需认真到位,严禁出现装运的石碴掉落现象;认真做好保洁工作,派专人对地面污物及时清理。

3) 运输设备

运输设备一般有矿车有轨出碴及进料与连续胶带机出碴和轻轨进料两种类型。

运输系统的设计选型依据首先要考虑的是与掘进机的生产能力相匹配,其次须从技术经济角度分析,选用技术上可靠、经济上合理的方案。设备的具体规格、数量一般应根据隧道的布置、长度、直径、坡度、掘进速度、单位时间出碴量、成本等综合考虑确定。对于长大隧道,由于断面大,通常在隧道内和后配套平台车上采用双轨布置,一个掘进循环出碴量由一列出碴列车全部运走。对于小型隧道,往往在洞内和平台车上布置单股道,为了解决洞内错车,在隧道一定距离内设置固定式双轨道岔平台(California 道岔系统),而在掘进机尾部则拖挂一节移动式道岔平台。

应根据每次掘进循环的出碴量及碴车的容量,确定碴车编组数量,采用低排放柴油机车牵引运输。

掘进机上的胶带运输系统由三部分组成:主机胶带机、连接桥胶带机、拖动式带卸料斗小车的胶带机(洞外转载皮带机另行考虑)。胶带由液压张紧系统拉紧并通过滚筒调偏装置可将胶带调整到中央位置。所有胶带机都是液压驱动,其运行速度可由电位器在一定范围内调节。胶带机带有运行速度传感器控测,一旦某个胶带不能达到设定的最低速度,相应的控测器会切断胶带运转。每台胶带机都装有切断开关。为便于检修,每台胶带机都设有点动控制按钮,利用机上的辅助控制台操作胶带前后缓动。

TBM 掘进时,石碴依次由主机胶带机、连接桥胶带机输送到后配套胶带输送机上,由卸碴机将石碴卸到碴车内。卸碴机的移动速度要合理,应逐个使碴车装满,至一个作业循环完成,正好装满一列车。碴车并行停放在后配套下层拖车上,一列碴车装满时,利用卸碴机的翻板液压缸,翻转挡碴板,将岩碴转换到另一列碴车,实现连续的无缝对接和顺利转碴。

出碴与掘进同时进行。出碴流程为:岩碴经铲斗→主机胶带输送机→连接桥胶带输送机→后配套系统胶带输送机→双向溜碴槽(可在一定距离内移动,装碴时碴车不必移动)→碴车→洞外翻车机翻碴→汽车倒运至弃碴场。

为完成 TBM 各部位及材料的起重需求，掘进机上还设有以下材料运输设备：

（1）仰拱吊机，主要完成主机后部设备桥下部仰拱块的铺设。

（2）下部材料吊机，主要完成自洞外运进的除仰拱块外的其他辅助料，如钢轨、拱架、油脂桶、网片、锚杆等的起吊。

（3）起升平台，主要用于设备桥处上下材料的起升运输，像主机上部使用的材料均可由该设备起运到设备桥上部平台。

（4）上部材料吊机，主要完成由起升平台倒运到设备桥上部的材料的二次吊运、摆放。

在连接桥承载架下面安装有两个独立的吊机系统。前面的吊机用于钢筋混凝土仰拱块吊运和铺设；第二台吊机用于材料吊运和铺设仰拱块上面的轨道。两台吊机在相隔一定间距的平行吊机轨道上运行，都用悬挂式控制盒手动操作，控制盒电缆的长度足以使操作人员站在危险区之外进行操作。

吊机的行走通过液压马达和齿条驱动。采用红外避障，避免在同一轨道上行走的两台吊机发生碰撞。前端部和尾部用行程限位开关进行限位，通过启动反向运动可解除互锁。还有一个升降平台用来提升隧道安装材料。仰拱块在平板车（材料车）上纵向放置运输，并支承在一个转动台上。在转运区松开锁紧装置，手动转动仰拱块使其与隧道轴线成 90°。驱动仰拱块上面的运输吊机，并用三个吊链将其从车上吊起，然后向前运输到铺设位置。

吊运设备大部分采用市场上能够买到的优质产品，少量特殊起吊设备可专门设计制造。

6．隧道支护设备

针对复杂多变的地质水文条件，采用何种支护结构形式，是掘进机施工中影响掘进速度的重要因素。在敞开式掘进机施工中，大部分隧道采用喷锚、钢拱架支撑、仰拱块底部锁口或几种组合的初期支护结构方式。如西康铁路秦岭隧道 I 线掘进机施工，其初期支护采取底部预制仰拱块加钢拱或再加喷锚的支护方式。

为了适应这类支护需要，需要在掘进机主机和后配套的不同部位安装相应的支护设备，如锚杆钻机、地质超前钻机、钢拱架安装机、仰拱块吊机、喷混凝土泵和注浆泵等。因隧道空间狭窄，掘进机上预留空间小，所以在选择这些设备时既要考虑其功能，还要满足结构紧凑、质量轻、便于操作和检修的要求。尤其是隧道坡度较大时还需考虑其爬升能力。

1）锚杆钻机

在隧道施工中，工作面开挖后应立即进行必要的支护，约束围岩的松弛和变形。喷射混凝土配以锚杆的支护方法，可以主动加固围岩，控制围岩变形，防止围岩的松动破坏和坍落，使喷锚在与围岩共同变形的过程中保持围岩的稳定性，是隧道施工中初期支护的主要手段。锚杆支护将表面可能坍落的岩块悬吊在稳定的岩层上。在分层岩体上打入锚杆后，可提高岩层的整体抗弯能力。与构件支撑、灌筑混凝土衬砌或其他衬砌结构比较，喷锚结构是一种变"被动"为"主动"的支护形式，在节省劳动力、材料，缩短工期，降低造价方面都有显著的优越性。采用喷锚支护的施工程序一般为先喷混凝土后打锚杆，锚杆杆体露出岩面的长度不应大于喷层厚度。喷锚机械包括锚杆台车、混凝土喷射机和悬臂式喷嘴遥控操作器（机械手）等。

锚杆钻机是在隧道施工中用于围岩支护的专用设备。在需要锚杆支护的地方用锚杆台车进行钻孔、注浆、插入锚杆，全套工序均由锚杆钻机完成。锚杆钻机由台车底盘、大臂、锚杆钻机头等组成，如图 5-29 所示。

图 5-29　锚杆钻机

（1）台车底盘。锚杆台车的底盘为自行式底盘，和凿岩台车底盘相同，为增加台车的机动性，采用轮胎式底盘，全液压驱动，液压转向，具有机动灵活、操作轻便等特点。

（2）大臂。大臂结构通常为矩形箱式结构，具有升降、摆动、伸缩、转动等功能。大臂内、外套管之间可用摩擦块调整。大臂的动作均由液压系统控制。大臂上各个液压缸均装有插入式自动平衡限速阀起保护作用，当大臂受到强大外力作用时，将自动打开油口卸荷。

（3）锚杆机头。锚杆机头由凿岩机及其推进器、锚杆推进器、锚杆夹持器、转动定位器、三状态定位液压缸等部件组成，可完成从钻孔、注浆到锚杆安装全过程的工作。

① 凿岩机及其推进器。凿岩机使用全液压凿岩机，带有双向液压马达，水和压气双重冲洗系统，所有液压油管对称地布置在凿岩机后部。凿岩机推进器为链式，由两根槽钢背靠背焊接而成，由液压马达驱动链条提供动力。凿岩机装在推进器上，具有自动停止、快速退回的功能。导管可上升、下降和左右摆动，利于找位。锚杆机头上的抓杆器向右摆动抓住锚杆，然后夹紧，随着锚杆机头的转动，自动地将锚杆从夹持器上抓出。锚杆推进器配有马达。

② 锚杆推进器。打注浆锚杆时锚杆无需旋转，马达不工作；打树脂卷锚杆时，旋转马达使锚杆边旋转边前进，到顶后等待片刻，旋转马达反向旋转给锚杆施加预应力。锚杆推进器与凿岩机推进器一样，只是无自动停止功能。

③ 锚杆夹持器。锚杆夹持器采用圆盘式结构，每次可夹持 8 根锚杆，由液压马达驱动，可自动定位。

④ 转动定位器。转动定位器由一个带蓄能器的液压缸及橡胶头组成。安装锚杆时，锚杆机头围绕定位器转动，其顶紧力保持恒定。定位器与蓄能器在工作时处于闭锁状态，以确保定位稳定。

⑤ 三状态定位液压缸。三状态定位液压缸由一个缸体两个活塞杆组成。活塞杆全部

回收时，锚杆机头处于打锚杆孔位置；一端活塞杆伸出时，锚杆机头处于注浆或喷树脂卷位置；活塞杆全部伸出时，锚杆机头处于放置锚杆位置。凿岩机液压系统可完成钻机冲击、钻杆旋转、钻机推进三个动作，具有半功率开孔、全功率钻进、自动防卡钎、自动计时、自动洗孔、自动停止等功能。

掘进机上设置 4 台锚杆钻机，布置在主机头、尾，左右对称布置。钻机钻径 $\phi38mm$，钻深最长 3.5m。钻机安装在外机架上（掘进时外机架不动，内机架移动），具有液压阀浮动控制机能，机器前进，钻机跟随，可实现边掘进边钻孔的同步作业。另外，外机架上设置轨道，钻机可前后移动 2m 进行钻孔。

2）圈梁（钢拱架或环梁）安装机

在掘进机头部设置有钢拱安装机（图 5-30），以便在遇到软弱破碎地层时，在洞壁一定间距内安装钢拱架。拱架由 16 号工字钢弯制几节而成。拼装时，由拱架安装器齿圈携带拱架弧段旋转到安装位置，依次将连接法兰进行栓接，构成全圆后利用竖直、横向和前后三对液压缸的伸出，将全圆钢架托举并运送到支撑位置，紧贴洞壁，最后由下部液压张紧器撑紧在洞壁上，装上短弧段拱架后螺栓锁紧。

图 5-30　圈梁（钢拱架或环梁）安装机

按照施工组织设计方案要求，根据围岩软弱、破碎程度的不同，拱架在洞壁上的间距可以调整，最短间距可以达到 30cm，但要注意不能让撑靴压溃拱架，以免失稳。

3）超前钻机

现实中大多数的隧道都有一定的软岩地质段，并且还有可能遇到各种非常恶劣的地质情况，如地质破碎带、断裂带、卵石堆积层等，在遇到这些地质情况时就必须对围岩进行超

前支护,防止围岩坍塌,然后才能进行掘进作业。目前采用的超前支护方法主要有超前锚杆或超前管棚和超前预注浆,这些方法都必须先进行超前钻孔作业。为了解决这个问题,在TBM的辅助设备中配备了由Tamrock公司生产的HL500S型超前地质钻机,实现超前钻孔作业,如图5-31所示。因此能否熟练掌握超前钻孔技术直接关系到TBM能否顺利、快速通过各种恶劣地质段。

图 5-31　超前钻机

　　液压钻机安装在推进梁上,并可在推进梁上前后运动进行钻孔作业。推进梁安装在有导轨的弧形梁上,弧形梁固定在平台上。在推进梁的支撑架,有一液压行走马达,使推进梁和钻机一齐沿弧形梁作圆弧运动,这样可在岩壁上半部83°夹角的范围内进行钻孔作业。在推进梁上有一仰俯液压缸,可以调节钻孔的仰俯角度(孔和岩壁的夹角),调节范围在0~8°之间。液压钻机可安装偏心钻具跟管钻孔,也可安装球齿形钻头跟管钻孔。

　　(1)布置孔位:当发现地质情况恶化,需要超前支护时,首先在所需钻孔处布置孔位,打若干个孔,并安装管棚,进行超前预注浆,孔的间距一般在300~500mm之间,根据地质情况具体确定。岩石越破碎,孔的间距应越小,以达到支护效果。

　　(2)选择孔与岩壁的夹角:理论上孔与岩壁的夹角越小,支护效果就越好。因为夹角大时随着孔深的增加,孔距岩壁的距离越远,支护完毕进行掘进时围岩坍塌量就越大,需要回填的混凝土量就越多,影响支护效果,也不经济。但夹角太小又会因钻孔过程中的"掉头"

现象造成孔侵入隧道净空,从而造成废孔,同时受后部钢拱架的影响也难以将夹角选得很小。经验表明,夹角选在5°~6°比较合适。

　　(3)孔深的选择:钻孔应尽可能深,但一方面受钻机性能的限制,另一方面受孔与岩壁夹角的影响,无法将孔钻得很深,每次钻孔深度一般在16~20m比较合适。

　　(4)不同地质情况钻孔方法的选择:超前钻系统为用户提供了两种超前钻孔方法以满足不同地质情况下的钻孔作业——跟管法和普通钻孔法。当岩石情况稍好、不易出现塌孔现象时可采用普通钻孔法,只需要在钻杆前安装球齿形钻头即可进行钻孔作业,钻孔速度较快。但当遇到卵石土堆积层、砂石堆积层、云母风化层等恶劣地质时,因很易卡钻和塌孔,使钻孔或以后的注浆工作无法进行,这时必须采用有偏心钻头的跟管法钻孔作业。跟管法钻孔方法是在先导钻头后部有一个偏心扩孔钻头,它把孔进一步扩大,使跟管顺利进入孔中,在钻机进孔的同时也推动跟管前进,及时把成孔保护起来以便下一步的注浆作业。

　　(5)操作中的注意事项:

　　① 开孔前应在岩面凿一个垂直于钻孔方向的小断面,并先用半冲击的方式进行钻孔,控制推进速度,直至钻头完全按预定方向进入岩石,再进行全冲击钻孔作业,这样可以有效地防止钻孔过程中的"掉头"现象,防止孔侵入隧道净空。

　　② 在钻孔过程中要时刻注意液压系统参数的变化,发现异常现象应及时处理。在正常进孔时,回转压力一般不应超过810MPa,否则就有可能出现卡钻现象,这时应停止进孔,钻机后退一段距离再向前进孔,反复几次,直至回转压力正常方可断续进孔。在施钻过程中要时常注意冲洗水的情况,如果发现孔中出水量减少,钻机钎尾连接套处漏水、压力增大,同时进孔速度减慢,有可能是出现了钻杆冲洗水堵塞。这时应停止钻孔,退出钻杆,检查钻头喷水情况,确认无误后方可继续钻孔。跟管法钻孔时在退钻过程中不可正转钻机,否则偏心钻头就有可能卡死在跟管中无法退出。跟管

法钻孔过程中进孔速度不宜过快,应控制在0.14m/min,推力应控制在710MPa以下,防止碴粒过大卡在导向杆和跟管之间,使钻杆无法旋转,堵塞排水及排碴通道。

在超前钻使用初期,当钻孔结束拆卸钻杆时出现了钻杆和连接套咬合过紧无法拆卸的现象,严重影响超前钻的可操作性。后经仔细检查,发现钻杆和连接套之间采用波形螺纹连接方式,这种连接方式密封性好,但受力后拆卸非常困难。另一方面连接套的内螺纹不连续,在中间部位有一台阶,使连接套和钻杆旋紧后两根钻杆的端面仍不能相互接触,钻杆之间全部载荷都必须通过连接套传递,大大增加了螺纹承受的载荷。

钻孔作业完毕需拆卸钻具时,依次打开钻机的冲击、反转、推进开关,在孔底冲击3~4s,减少螺纹的预紧力。严格控制系统的冲击、推进和旋转压力分别在1510MPa、810MPa、810MPa以下,不使钻杆受力过大。这些措施成功地解决了钻杆拆卸问题,把每根钻杆的拆卸时间都控制在1~2min之间。

前方围岩特别破碎,为了超周边前固结围岩,不得已条件下需要利用超前钻机超前钻探、注浆或采用管棚法加固地层,通常在掘进机头部配置多功能超前液压钻机。钻地质超前孔时,钻径64mm,深度达30m;用作管棚钻孔时,钻径102mm(适应ϕ89mm管棚),孔深为20m。超前钻和主机头部锚杆钻机共用一套液压泵站。超前钻置于外机架之上,打孔时,掘进机停转,以小外插角伸到刀盘前面进行作业。

超前钻机钻孔效率低下,裂隙围岩极易卡钻杆或断钻杆,注浆不慎容易回灌,甚至将刀具固结,对于特别破碎岩体,使用效果极差。往往固结完毕,掘进机前行,顶部孤零零露出钻杆,周边没有混凝土浆液痕迹,如图5-31所示。

隧道支护设备中,混凝土喷射设备和衬砌模板台车与第2篇第4章介绍的隧道支护设备的原理、结构、使用和维护相同,不再赘述。

7. 通风及其他辅助系统

1) 通风系统

(1) 通风方式

在没有任何通风支洞或竖井的情况下,TBM施工所用的计算模型是比较简单的。首先是通风方式的确定,一般的通风方式就是压入式、抽出式和混合式三种,后来又发展出一种抽压式。不同的通风方式一方面使洞室内的空气处于不同的受压状态,另一方面由于正负压带和高低压区的分布部分不同,使地下巷道各处的漏风情况也不一样。如煤矿由于存在瓦斯的问题,着重考虑的是空气的受压状态;而在冶金矿山和水工洞室不存在瓦斯问题,着重考虑的是如何有利于减少漏风。

抽出式通风低压区在回风段,高压区在入风段,适用于回风段漏风系数较大而入风段漏风系数较小的情况。但很难控制工作面与地表之间的漏风。压入式通风低压区在入风段,高压区在回风段,适用于入风段漏风系数较大而回风段漏风系数较小的情况。但如无专用的入风井巷,所使用的入风井巷往往不太可靠且漏风较大,这也限制了压入式通风的应用。混合式通风则高压区在入风段和回风段,低压区在需风段,适用于各通风巷道漏风系数均较大且需要对需风段漏风加以控制的情况。它使风压分布均匀,避免出现集中高压区,尽量减少漏风总量。

如果将抽出式或压入式主扇从井口移进至靠近需风段的地方,这种通风方式可称为抽压式。抽压式通风,低压区在入风段和回风段,高压区在需风段,适用于入风段和回风段漏风系数均较大而需风段漏风系数较小的情况。在TBM施工中一般使用压入式通风,但是当隧道的长度很长的时候,也会使用混合式通风的方式。

洞口集中式通风系统通风距离较长,对通风设备的性能要求较高。隔断串联及间隔串联风机布置分散,且风机置于洞内,对通风系统管理不便,噪声的影响也不容忽视,通风系统有负压区段,风管必须是刚性的。隔断串联由于射流作用,风管隔断处风流有卷吸现象。间隔串联由于风机间相互影响,在系统中负荷不一致,导致系统的通风效率降低。另外,压入式通风的缺点是污染空气需经过全洞才能排出洞外。

利用平行导坑做通风巷道,是长隧道施工通风的一种方案。当没有平行导坑的隧道采用大断面开挖时,则可在成洞地段一侧隔出一条纵向风墙代替大直径风管,但纵向风墙建筑费用太高,维护较困难,同时又增加了管理工作,所以采用时要慎重考虑材料种类和结构形式以减少漏风损失。

一次通风系统一般采用送风式供风。最大优点是新鲜空气经过管道直接送到开挖面,空气质量好,且不需要经常移动通风机,只需接长通风管即可。为便于安装和储存,一般采用由化纤增强塑胶布制成的软通风管。主风机安装在隧道外面,风机接口的前 100m 一般采用硬质风筒或负压风筒,然后接用软风筒。因为 TBM 施工隧道多为长隧道,风机功率比较大,采用硬质风筒或负压风筒过渡,启动一开始可以减弱对软风筒的瞬间冲击。洞外新鲜的空气通过风筒一直送到 TBM 后配套的尾部。二次通风系统由二次风机和除尘风机组成,在 TBM 后配套的尾部通过二次风机再把新鲜的空气通过硬风筒送到 TBM 主机的最前端。在 TBM 主机的前端通过除尘风机回风,除尘风机吸风口伸入 TBM 刀盘内部。TBM 主机和后配套区的风筒都是采用硬质的,固定在后配套台车顶部一侧,每节长度和后配套台车长度一致,每节硬风筒之间柔性连接,直径一般为 800~1200mm。

(2)需风量

TBM 施工的需风量主要考虑的因素是稀释柴油机车尾气、围岩有害气体、作业人员呼吸、除尘、降低设备和后配套作业区温度。

一次通风系统是指洞外风机至后配套尾部的区域,通风量主要从两个方面来考虑,一是按照隧道施工期间的运输车辆(功率)的尾气排放量来计算,一般按照 $4m^3/min \cdot kW$ 来计算用风量。二是按照隧道内最小风速来计算用风量,隧道施工时,洞内风速不得小于 0.5m/s,粉尘才不会逆风扩散。综合以上两方面考虑,取最大值作为一次通风系统的用风量。

二次通风系统是指在后配套的尾部通过风机把洞外输送进来的新鲜空气通过硬风筒送到 TBM 的最前端。后配套系统的整个作业区域一般长度为 150~250m。二次通风系统的用风量主要从三个方面考虑:一是满足作业人员呼吸,根据施工作业人员的数量计算用风量,一般采用的是每人 $3m^3/min$ 的标准来计算。二是除尘系统需要的风量,除尘系统指除尘风机从刀盘内抽出的风量,以控制 TBM 主机区域的粉尘,一般按照隧道断面减去设备挤占空间,剩余的环行间隙作为过流断面,最小风速按照 3m/s 来计算。三是降低设备和后配套作业区温度需要的冷却风量。TBM 施工作业通常按照总装机功率来计算用风量,一般以 1000kVA 需要 $2.5m^3/s$ 的风量考虑。二次通风系统的用风量为这三方面之和,同时要保证一次通风系统的供风量大于二次通风系统的用风量。

(3)通风设备

通风设备主要有风机、风筒、风筒储存器和除尘器。

① 风机。TBM 施工的隧道大多为长隧道,送风的距离长,需要的风量大。这就需要配置大功率的风机,以满足大风量、高风压的需要。在 TBM 施工通风中,要靠多级风机来实现高风压,为了保证作业区域风量不变,随着掘进开挖的逐步增加,风机的功率也要逐步增加,一般都是通过调节启动级数以及变频器控制来实现。

② 风筒。为了满足大风量、长距离供风的要求,TBM 施工通风用的风筒基本上都是大直径软风筒。直径多为 1500~3000mm,其直径的大小取决于供风量的大小、供风距离的长短,但也受到隧道施工断面尺寸的影响。施工生产中,风筒一般悬挂在隧道的正顶部。每节长度多为 100m,接头主要采用尼龙拉链连接,安装方便快捷。风筒的采购主要考虑摩擦系

数、最大工作压力、百米漏风率。经验值是摩擦系数不大于 0.014，百米漏风率不大于 1%。TBM 主机和后配套上的硬风筒之间由柔性软连接相连，用钢环连接器连接接头。

③ 风筒储存器。风筒储存器是 TBM 施工通风中满足连续掘进开挖的专用配套设备，一般安装在后配套最后一节台车上。TBM 掘进开挖时，后配套台车向前移动，风筒不断从风筒储存器中拉出，拉出的风筒由人工悬挂于隧道的顶部，实现连续不间断供风。当风筒储存器中的风筒用完后，再更换一个事先装满风筒的储存器。

④ 除尘器。除尘器在 TBM 施工中常用的有两种设备：干式除尘器和湿式除尘器。干式除尘器是袋式过滤除尘设备，当风机从刀盘抽气时，净气箱就会生成负压，过滤箱也会生成负压（过滤箱和净气箱相连），过滤箱中装的过滤袋内也生成负压，在负压（压差）的作用下，过滤袋外的含粉尘空气进入滤袋，粉尘被阻隔在滤袋表面，达到净化空气的目的。干式除尘器结构紧凑，过滤速度快。湿式除尘器内部设置过滤板，在过滤板来流方向上布置喷雾器形成水帘，使粉尘湿润滞留在过滤板上，通过过滤板的空气被净化，由排风口排出。滞留在过滤板上的湿润灰尘在自重下随水流下滑，从排污口排出。湿式除尘器对亲水性粉尘的除尘效果极好。

一般通风系统里只是考虑除尘风机除尘，除尘风机从刀盘把灰尘吸入风机降尘后排出干净空气。TBM 实际施工作业中，会产生大量的石粉灰尘，围岩越坚硬，产生的灰尘越严重。TBM 开挖的碴是由皮带输送出去的，皮带运行会产生石粉灰尘。在实际的施工生产中，为了改善作业区空气质量，必须采取有效措施降低石粉灰尘的产生。主要办法有两个：一是 TBM 配有一个喷水系统，将水喷至隧道表面、刀具和皮带输送机上，以抑制石粉灰尘。刀盘工作面上的喷水管道用焊接在管道上的角钢来保护，以防损坏，并至少每天检查一次角钢和喷嘴，以确保其结构完整性。如发现破损处，应在继续掘进之前修复。二是在 TBM

上的皮带卸料口加装喷水系统，目的是把皮带上的石碴湿润，避免皮带运行产生扬尘。TBM 喷水系统在隧道掘进和皮带出碴系统的使用中，较好地克服了通风除尘系统所遇到的困难，并具有防尘、灭火，不占用电源，安全可靠，安装操作方便，维修简单，快捷，灵活，节能等优点，是一种既经济实用又效果良好的防尘措施，并在实践中取得了极佳的降尘效果。

（4）主要特征

掘进机施工通风系统的主要特征如下：

① 通风量大。按国内钻爆法施工要求，全断面开挖风速应不小于 0.15m/s，坑道内不小于 0.25m/s。而大直径掘进机，要求风速为 0.5m/s，这对于秦岭隧道（开挖断面 60.8m³）来说，开挖面风量就需要 30m³/s。例如按隧道开挖长度 9250m 计，采用 ϕ2.2m 软质风管，平均百米漏风率按 1% 计算，则洞口所需风量高达 60m³/s。

② 采用大直径风管。掘进机进行长距离掘进，需要相应长度的通风软管，其沿程通风阻力也会相应增加。由流体力学的基本理论可知，通风阻力和通风机消耗的功率与风管直径的 5 次方成反比。因此，要降低阻力和电能消耗，增加通风距离，最有效的技术手段就是采用大直径风管。秦岭隧道采用了 ϕ2.2m 的大直径风管。风管接头少，每节风管长度长，减少了漏风量。秦岭隧道掘进机施工通风管每节长 100m。

③ 风管随掘进机掘进同步延伸。通常在通风管末端串接储风管筒，筒内压缩储存一定长度的软风管，实现风管同步跟进。

罗宾斯通风软管采用加拿大 ABC 公司生产的化纤材料，抗拉强度非常高，300m 一节，接头采用拉链扣合，几乎不漏风，通风效果非常好。隧道施工时注意不要伤及软风管，保持走向笔直，减少曲折，悬挂点牢靠，维护工作量很少。

2）降温系统

在 TBM 施工中，其热源主要来源于掘进机械本身及传送、运输机械，另外还可能有围岩自身的散热，这些因素导致施工工作面的温度增加,随着掘进长度的增加甚至危及到施工人员的人身安全。同时,TBM 是利用刀盘的旋转摩擦来切削岩石的,所以岩石在摩擦切削后由石碴带走了大量的热量,使得石碴的温度升高,明显高于岩石的初温。如果不能及时得到降温,在出碴的过程中,石碴的热量会大量散失到隧道的空气中,升高整个施工隧道的温度,导致整个隧道施工环境恶化。因此对施工工作面的降温是十分必要的。

对 TBM 施工中的散热降温部分,首先分析 TBM 施工中的主要热源,包括主机及其他设备的散热、石碴沿程运输散热、施工工人的人体散热和可能存在的围岩散热几个部分。根据刀盘驱动器功率的 70% 都被石碴吸收,确定出石碴温度,计算出冷却石碴水的温度。用冷水对机械部分进行降温计算,包括冷却驱动电动机、减速器和液压油的冷却器及其他。

由于隧道本身是很长的,一般都是超长隧道,超过 10km,所以当用钢管输送冷水超过一定距离以后,由于管内外的温差,管外的热流会流入管内造成冷水温度的增加,从而使得管内的冷水被加热,不利于冷水的最后降温效果。

按我国隧道施工劳动卫生标准,洞内气温不宜超过 28℃。对于深埋的长、大隧道,随着掘进距离的延伸及埋深的增加,洞内环境温度会逐渐增高从而超过上述标准。因此在掘进机机头和后配套部分区段内安装两套空调制冷机组,将通风系统的新鲜空气经制冷降温后通向掘进机尾部各处,为该区段内作业人员提供良好的作业环境,但总体热平衡保持不变。

空调制冷机组主要由蒸发器及其连接风管、辅助风机、压缩机及冷凝器、电气控制柜四部分组成。

空调制冷机组工作时,空气通过蒸发器与液态的制冷剂进行热交换,空气冷却后温度降低,制冷剂吸热后气化,通过压缩机、冷凝器(水冷却)由气态转变成液态,再经膨胀阀进入蒸发器,形成一个完整的制冷循环。

3) 除尘系统

(1) 除尘方法

掘进机掘进时,刀具在破碎岩石的同时会产生大量粉尘,这是掘进机粉尘污染的源头。若不经过除尘会对操作人员和其他设备构成严重危害。为了有效去除这些粉尘,主要采用一堵二疏的方法:

① 在刀盘上均匀布置几十个喷嘴,喷水可以形成环状水雾,与较大颗粒粉尘结合沉降,可去除一部分粉尘。

② 头部机架紧贴洞壁处设置一圈挡尘板,挡尘板可以封堵掘进机头部顶护盾、侧护盾、下支撑封闭不到的部位。挡尘板外侧有橡胶圈与洞壁相接,既起密封作用,又可避免被洞壁磨损。

③ 在掘进机机头上部两侧顶护盾下方开有排风口,与排风管相接,由高效抽风机将中小颗粒粉尘从风管中抽出,送入设在连接桥或后配套拖车上的水幕式除尘器中,足量的水膜能在水膜除尘器上除去中小颗粒的粉尘。

刀具破岩产生大量岩粉,洞内清除岩粉是个非常突出的问题,关系到人身、设备的安全。洞内工作人员长期吸入超量岩粉易患矽肺病,严重威胁施工人员的健康;机电液压等设备如被岩粉侵蚀,会影响使用寿命,甚至发生突发事故,造成重大经济损失;洞内粉尘增多,会使激光靶光点散斑,掘进机掘进调向困难,因此洞内除尘是个必须十分重视的问题。

(2) 除尘装置

掘进机的除尘装置如下:

① 挡尘板。一般在掘进机刀盘后的支承壳体上装有一圈挡尘板。挡尘板由钢板和一圈橡胶板组成,橡胶板与洞壁紧贴密封,把岩粉挡在掌子面与挡尘板之间。

② 刀盘内水管与喷嘴。刀盘中心通过回转接头引进橡胶水管,水管上分布若干喷嘴,破岩时,喷嘴喷出雾状水灭尘并冷却刀具。

③ 除尘器。由布置在挡尘板上方的吸尘管经真空泵吸出尚未被喷雾沉淀的粉尘至除尘器。除尘器有干式与湿式两种。

a. 干式除尘器:一般岩粉进入若干袋筒(毛织袋)过滤,袋筒由一套打击机构振动集尘,粉尘靠自重从袋筒内降落到集尘室,干净的空气经袋筒过滤后排入洞内。

b. 湿式除尘器：岩粉由吸尘管进入直径扩大的集尘室，集尘室内设若干水管和喷嘴及格栅滤网，粉尘经集尘室时流速骤然降低，大颗粒粉尘因自重降落，喷嘴喷出雾状水灭尘，再经滤网除尘，干净的空气排入洞内。

④ 出碴皮带机进料口设置水管和喷嘴。岩碴经铲斗、溜槽和皮带机出碴，在皮带机进料口设置一批水管和喷嘴，经喷嘴喷出雾状水再次灭尘。经皮带机运出的岩碴，基本上已无粉尘污染。

除尘机主要由吸尘风机、喷雾嘴、吸尘网板、集水片和水泵等组成。机头周围粉尘通过吸尘风机时，先在入口处与喷成雾状的水珠混合变成湿式粉尘，通过特殊设计的网板，将粉尘从气流中分离出来。一部分残留的湿式粉尘再通过集水片跌落下来形成污泥，经过专设通道流出底部，再经过两道滤材过滤后相对干净的空气通过除尘器尾部风管排出。吸尘机底部安置循环用水泵和污泥槽，槽内装有喷嘴，能自动清洗槽底污泥，最后由污泥槽出口处的大口径阀门排出。

4) 供排水系统

掘进机供排水系统由进水、排水两个独立的部分组成。掘进机正常工作时，需从洞外通过输水管道提供一定数量的清水，供主机配套设备冷却和掘岩时除尘之用。秦岭隧道使用的 TB880E 敞开式 TBM，其最大用水量约为 $75\text{m}^3/\text{h}$，其中绝大部分用于各种机电液压设备的冷却，如主电动机冷却耗水 140L/min，推进缸等液压系统冷却耗水 150L/min，制冷装置用水 2×235L/min，传动系统润滑油冷却需水 70L/min 等。

而除尘用水主要消耗在刀具切岩时的喷雾降尘（同时还给刀具降温）和湿式除尘机喷嘴上。为了节约用水，刀盘喷雾的水用的是机器设备冷却后的二级水，仅需在管道中增设一台增压水泵，将水压提高到 1MPa，供几十个喷嘴同时使用。

掘进机上配有两个水箱：一个是供水水箱，供刀盘与钻机冷却和除尘用；另一个是污水箱，用来收集冷却系统排出的水及反坡地段掘进工作面底部抽排上来的积水。离心泵把水从污水箱中泵出，经管子排到后配套系统的隧道仰拱水沟内。

掘进机供水系统主要由以下主要部分组成：

(1) 跟随主机同步推进的水管卷筒。

(2) 在后配套后部平台上设置的一套水箱。

(3) 水箱出口处增设的一台大流量离心式水泵，将水输送到各用水处。

(4) 供水系统的各种阀门、开关和测量仪表。

除尘、冷却、清洗是三个作用不同、压力也不同的回路，应独立配置，互不干涉。除尘、清洗用水是不回收的，直接通过排水系统排出洞外（在缺水地区，可附加系统回收再利用）。内循环冷却用水回到后配套水箱，供软水循环使用。

排水系统主要根据隧道坡度和隧道最大涌水量设置。在掘进上坡时，可采用隧道排水沟自流方式排水。在掘进下坡时，必须配置抽水量大于最大涌水量的排水泵。隧道中每隔一定距离设置一集水坑。排水泵应设置两台，一台工作另一台备用，避免排水泵发生故障，造成掘进机整机泡在涌水中的大事故。

5) 供气系统

为了给主机和后配套上相关设备提供压缩空气，在后配套中部门架台车上布置独立的空气压缩机和储气筒。

供气系统主要供给混凝土喷射机作业及风动工具用气，包括以下用气设备和部位：混凝土喷射泵、润滑脂泵、锚杆钻机、超前钻机、刀盘部、后配套上简易修理间。

6) 安全系统

掘进机全长超过 100m，上面设置了各种机电设备，为了保证施工人员和机电设备的安全，机上设置了一套完整的、具有各种保护功能的安全系统。该系统通常由人身安全保护、主机安全保护和火情报警系统三大部分组成。

(1) 人身安全保护系统

① 高压主电路开关接地保护；

② 洞内高压电缆漏电保护；

③ 司机室和刀盘支撑架处设置紧急停机开关,可切断主机供电电源;

④ 照明和出线开关接地保护;

⑤ 甲烷或其他有害气体的检测和报警,可对掘进作业区进行大气中甲烷的相对浓度、含氧量及空气流速的监测。

(2) 主机安全保护系统

① 主机联锁。即主机内各种机电设备需按程序启动,并且要达到规定的性能要求后才能运转,运转期间某个部分出现问题,主机就会停转。主机联锁的项目有:

a. 主轴承润滑油流减速器输出和小齿轮润滑油流刀盘电动机冷却水流量;

b. 点动离合器啮合;

c. 电动机过载;

d. 胶带输送机速度;

e. 胶带输送机液压马达压力;

f. 刀盘转速;

g. 密封润滑油流量;

h. 支撑缸压力;

i. 驱动装置离合器压力;

j. 后下支承和水平支撑联动保护等。

② 主机显示。除上述联锁的各项要显示外,还需增加下列各项显示:

a. 电动机温度;

b. 减速器温度;

c. 变压器温度和压力;

d. 润滑油箱油面;

e. 液压油箱油面和油温;

f. 拖拉杆(拖拉后配套)液压缸压力等。

(3) 火情报警系统

火情报警系统用来监测可能危及 TBM 各段的火灾。

电气设备的火情报警系统安装在相关开关柜附近,由传感器按照"差别-最大原理"进行工作。这些传感器会在温度迅速变化或温度高于 60℃时做出反应。一旦浓度超出报警范围,会迅速切断主电路,防止产生火花。

火情报警系统以可视和蜂鸣信号报告火情,警报可在中央控制单元加以确认。哪个传感器做出反应,将在控制台故障显示屏上显示

出清楚的信息。声响报警(蜂音器)报警后可以关掉。

灭火器安置在邻近各火情危险点的区域,并根据可能的火情类型选择灭火剂的类型和灭火能力。

7) 卷筒

为保障掘进机上各类设备的正常运行,需从洞外连续供应电、水、气等,而掘进机正常掘进向前推进时,就需要供应管线同步前进。所以在掘进机上装有几种不同的卷筒:高压电缆卷筒,供水、排水卷筒,供气卷筒,有线通信线卷筒。将供应管线卷在筒上,随着掘进机的推进,卷筒会自行放出管线,待放到一定长度后,卷筒回收软管线。留下的空隙由各类固定管线替代,随后又进入下一个放线、回收循环过程。

8) 视频监视系统

为监视掘进机主机和后配套出碴系统的工作状况,在主机和后配套的主要部位上共设置了若干电视摄像头,并将信号传递到司机室的几个屏幕上显示。这些摄像头安装在以下部位:

(1) 主机底部;

(2) 主机卸碴处;

(3) 装料处;

(4) 主机胶带卸碴至桥式胶带处;

(5) 桥式胶带卸碴至装碴胶带机处;

(6) 后配套系统尾部处。

装在控制台上部的是两台全屏幕监视器以及一台几个监视图像可选择切换的监视器。

9) 通信系统

为了使掘进机上各岗位的人员及时交换信息,掘进机装备有独立的电话通信系统,主要包括:若干个全天候的电话机及一个自动专用交换机。在有害气体危及的区域安装的所有电话,将根据气体报警极限值Ⅱ(停机),由交换机自动断开。隧道无线通信包括若干个转发器和若干个无线移动手机。

10) 其他辅助设施

长大隧道掘进机掘进时,为便于作业人员在洞内正常的活动和小型的维修工作,通常在

后配套尾部平台上设置一些辅助设施，主要有：

（1）生活服务设施。设置生活服务间，一间是供施工人员用餐、休息和开会用的休息室；另一间是简易医疗室，安置急救床位一个，并设置了卫生间。

（2）小型维修间。设置几个工作间，可简单维修盘形滚刀和其他机电液设备。

8. 双护盾 TBM 刀具

TBM 利用盘形滚刀刀圈的刀刃楔入岩体表面来破碎岩石，刀圈同时在岩面滚动连续破岩，推动刀盘，实现隧道掘进施工。盘形滚刀作为 TBM 的专用破岩工具，它的技术性能是 TBM 最重要的性能之一，施工中是否能正确使用刀具，直接影响着隧道掘进速度和施工成本。盘形滚刀最适用的岩石条件为 30～180MPa，现在已有用于高达 350MPa 及以上岩石的滚刀。本章主要以 TB803E 型掘进机为例来介绍盘形滚刀的情况。

刀具由轴、端盖、金属浮动密封、轴承、刀圈、档圈、刀体、压板、加油螺栓等部分组成，如图 5-32 所示。有的结构中两轴承间采用隔圈形式，其中刀圈、轴承、浮动密封是刀具的关键件。刀圈在均匀加热到 150～200℃ 后热套在刀体上。刀具，包括刀具在刀盘上的布置，对硬岩掘进来说与机型选择是同等重要的。因为 TBM 开挖的经济性在很大程度上取决于掘进速度、刀具消耗和由于换刀造成的停机时间。

图 5-32　803E 盘形滚刀实物照片

目前，TBM 上使用的刀具基本上是盘型滚刀和带碳化钨刀头的圆盘刀。根据刀具是前装还是背装，使用不同的刀座和安装方式。由于安装位置的不同以及结构和使用部位的不同，刀具分为中心刀、正滚刀和边刀三种，另外还有不参与掘进的扩孔刀。

TB803E 型掘进机的刀盘有 6 把中心刀、50 把正滚刀、3 把边刀和 1 把扩孔刀，合计共有 60 把刀具。采用定轴式 17 英寸盘形滚刀，平均刀间距 75mm 左右，每个刀具的承载能力为 250kN。

1）中心刀

（1）中心刀的结构

由于安装位置的限制，中心刀的结构和在刀盘上的安装具有很多特点，如图 5-33 所示。中心刀在刀盘上安装横向排列，中心刀的厚度是中心刀刀间距的 2 倍，为 168mm。中心刀使用 TIMKEN 的 H924010（NP618948）-H924045 重型大锥角圆锥滚子轴承，轴承窄，宽度为 52mm。滑动密封为单滑动环，作为静环安装在刀盖上，滑动密封的另一个面在刀体的侧面，这就要求刀体侧面的密封带不仅要硬度高，而且还要精度高，又因为维修比较困难，中心刀刀体也因此易于报废。目前已更换本身不带滑动密封的刀体。

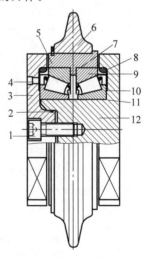

图 5-33　中心刀结构

1—内六角螺栓；2—O 形圈；3—端盖；4—油堵；5—刀体；6—刀圈；7—O 形圈；8—浮动密封；9—轴承外圈；10—轴承内圈；11—隔离圈；12—带轴端盖

（2）中心刀安装、装配的主要技术标准及要求

① 每把刀的装配误差为±0.1mm，6把刀的整体装配误差为±(0.3～0.6)mm。

② 紧固后，楔形块的端面不能高于夹紧块端面。

③ 检查中心刀喷水座是否完好。

④ 每次更换新中心刀要同时更换 1# 和 2# 正滚刀，以保护中心刀。中心刀的安装如图 5-34 所示。

⑤ 中心刀支架（支承脚）与端盖接触面的间隙控制在 0.03mm，夹块安装前需检查螺纹是否完好。

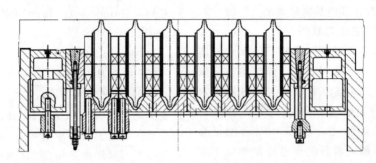

图 5-34　中心刀安装示意图

2）正滚刀与边刀

（1）正滚刀与边刀的结构

正滚刀与边刀的结构基本相同，不同点首先在于边刀刀刃的斜角较大，而且不对称，另外边刀刀圈在刀体上的位置按正滚刀图中方向向左偏移了约42mm，这是边刀与洞壁位置关系要求的。正滚刀与边刀结构分别如图 5-35 和图 5-36 所示。

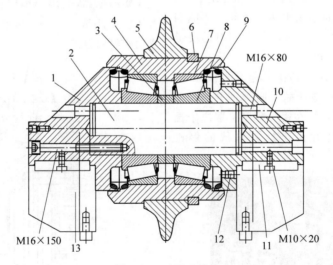

图 5-35　正滚刀结构

1—端盖；2—刀轴；3—隔离圈；4—刀体；5—刀圈；6—挡圈；
7—轴承外圈；8—轴承内圈；9—浮动密封；10—有油孔端盖；
11—平键；12—油堵；13—托架

（2）正滚刀的安装

正滚刀的安装如图 5-37 所示，需要注意以下几点：

① 托架与端盖接触面的装配要求。

② 刀座与托架的装配要求。

③ 刀座与刀孔的装配要求。

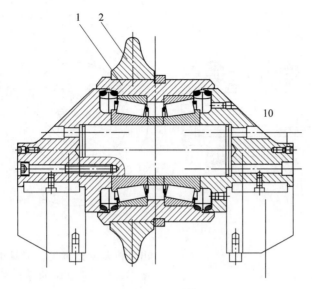

图 5-36　边刀结构
1—刀体；2—刀盘

④ 刀具安装时挡圈必须朝中心刀方向。

⑤ 在挡圈外侧焊一段直径为 10mm（约 100mm 长）的钢筋，以防挡圈脱落。

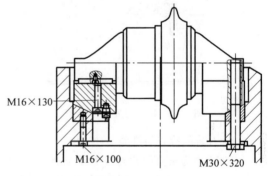

图 5-38　边刀安装示意图

③ 控制掘进速度。

3）扩孔刀

（1）扩孔刀的结构

扩孔刀只在更换边刀时使用，超挖洞室，使边刀能够顺利安装。扩孔刀的刀圈、刀体是一体的，如图 5-39 所示。

（2）扩孔刀的安装

扩孔刀的安装如图 5-40 所示。其扩挖深度应在 50mm，扩孔的推进速度低于 15%；刀圈的极限磨损量为 25mm。扩孔刀在掘进中要注意经常检查液压缸、油管是否破损，否则油管外表破损极易使油管破裂，油液迅速外泄导致设备失效。

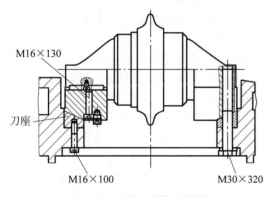

图 5-37　正滚刀安装示意图

（3）边刀的安装

边刀的安装如图 5-38 所示。边刀刀圈的磨损极限为 15～20mm。在一般情况下三把边刀应同时更换，并更换边刀的保护刀；特殊情况下如更换一把边刀时，与其他两把边刀刀圈磨损量差不得大于 5mm。更换边刀后需注意以下问题，以保证边刀不受损坏：

① 三个掘进循环后必须查检刀具螺栓；

② 不许调向；

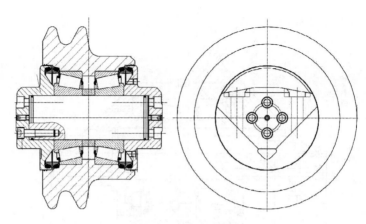

图 5-39　扩孔刀结构

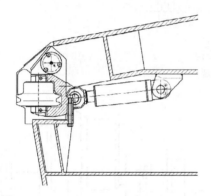

图 5-40　扩孔刀安装示意图

4）刀具的检查与维修

TBM 作为长大隧道施工最有效的大型综合机械，使用刀盘直接接触掌子面进行破岩，因此安装在刀盘上的刀具的使用和维修情况直接影响了隧道施工的进程。同时，刀具的消耗也是 TBM 施工成本中所占比例最大的项目之一，要从维修刀具可靠性来提高掘进速度，从降低消耗来降低掘进成本。刀具的检修必须根据施工中出现的各种情况，具体问题，具体分析，区别对待。

刀具经检查维修后，要实现安装后在掘进过程中不出现因检修不当产生的故障，造成停机更换的情况。从统计角度讲，维修刀具产生故障的比例不应超过 5%，以减少对 TBM 利用率和掘进速度的影响。通过对刀具的检查与维修，分析刀具及其零件的生产质量、前期检修的质量、刀具安装存在的问题、地质变化和TBM 操作等因素对刀具损坏的影响，及时提出分析及反馈意见。刀具维修中，不可盲目更换零部件，对损坏的零件要修复，既要保证维修刀具的质量，又要严格零件报废条件，作到物尽其用、节约成本。

刀具拆卸检查与维修中的注意事项如下：

（1）对解体拆卸的刀具零件应进行仔细清洗，留用零件按刀号成组保存；端面浮封环成对保存；拆卸轴承时，应检查标记，按标记成对保存；新轴承在检测隔离环厚度后，应作配对标记，或成对存放。

（2）对留用待装零件，应仔细去除毛刺后方可组装；刀轴与刀盖孔进行试装后再进入组装。

（3）一套轴承中报废一件（内圈或外圈）则全套报废；一把刀具中，两套轴承应同时更换。

（4）拆卸刀具应更换所有橡胶圈。

（5）加入的润滑油、异味剂不可超量。

（6）对扭矩大的刀具（新刀、旧刀），一定要拆卸检查原因，禁止用刀具跑合来降低扭矩。

（7）安装和拆卸时一般不使用锤击。

（8）正、边刀组装后，对刀盖上的 M16、M24 螺孔用丝攻（二攻）进行清理，攻入深度要达到使用要求；

（9）刀具检查维修过程的重点环节是维修前的检查与维修程序的制定，刀具解体时的检查，轴承的检查及更换，扭矩的调整，滑动密封的检查与更换，因而检修过程必须予以高度重视。

5.3.3 双护盾 TBM 的掘进原理及选型计算

1. 双护盾 TBM 的掘进原理

双护盾 TBM 的一般结构主要由装有刀盘及刀盘驱动装置的前护盾，装有支撑装置的后护盾（支撑护盾），连接前、后护盾的伸缩部分和安装预制混凝土管片的尾盾组成。

双护盾 TBM 是在整机外围设置与机器直径一致的圆筒形护盾结构，以利于掘进松软破碎或复杂岩层的全断面岩石掘进机。

双护盾 TBM 在遇到软岩时，软岩不能承受支撑板的压应力，由盾尾推进液压缸支撑在已拼装的预制衬砌块上或钢圈梁上以推进刀盘破岩前进；遇到硬岩时，与敞开式 TBM 的工作原理一样，靠支撑板撑紧洞壁，由主推进液压缸推进刀盘破岩前进。

双护盾 TBM 与敞开式 TBM 完全不同的是，双护盾掘进机没有主梁和后支撑。其刀盘支撑用高强度螺栓与上、下刀盘支撑体组成了掘进机机头。与机头相连的是前护盾，紧随其后的是伸缩套、后护盾、尾护盾等结构件。

前护盾用厚度大于 40mm 的优质钢板卷制而成，既有防止隧道岩碴掉落保护刀盘驱动系统、推进缸和人身安全的作用，也具有可以增大机头与隧道底部接触面积而降低接地比压以利于掘进机通过软弱岩或破碎岩的作用。

伸缩套用厚度大于 30mm 的优质钢板卷制而成，其外径小于前护盾的内径，四周设置有钢制的观察窗。掘进时，后护盾固定、前护盾伸出，前、后护盾之间有一伸缩套可以保护推进缸和人员安全。另外，通过伸缩套的观察窗口可对局部洞壁进行观察。伸缩套通过液压缸与后护盾相连接，必要时可伸出液压缸将伸缩套移入前护盾内腔以便直接露出洞壁空间，对洞壁进行处理。

后护盾也是用厚度大于 40mm 的优质钢板卷制而成，其结构比前护盾要复杂得多。后护盾前端主要与推进缸相连，同时还与伸缩套液压缸相连接。后护盾中部装有水平支撑机构，与水平支撑靴板的外圆一致，构成了一个完整的盾壳。后护盾四周有成对布置的辅助推进缸的孔位；后部与混凝土管片安装机构相接。后护盾后部盾壳四周留有斜孔，以配合超前钻作业。

双护盾 TBM 与敞开式 TBM 一样，在能够自稳的岩石中使用的还是推进缸和水平支撑。

双护盾掘进机的推进缸按 V 形成对布置，V 形夹角一般为 60°。由于 V 形布置除有轴向推力外，还有垂直轴向的分力，此分力起抗扭纠偏的作用，同时通过对不同位置的 V 形液压缸输入不同压力、流量的油流，可起到左右、仰头低头调向的作用，这样双护盾就可以不单独设置调向、纠偏系统，而通过控制调节 V 形液压缸来实现推进、调向、纠偏功能。V 形推进缸通过球铰与机头及后护盾连接，传递机头的推力和扭矩。V 形推进缸必须配置防转机构。

根据空间布置的可能，双护盾 TBM 只有水平形式的支撑，没有 X 形支撑。水平支撑机构由上下各两只水平缸和左右各一块水平支撑靴板组成，而不设置敞开式 TBM 的水平支撑架。水平支撑靴板侧板上有导向孔，两侧辅助液压缸体从导向孔中通过，将水平支撑与后护盾连成一体，并将后护盾的推力、扭矩传递给水平支撑，最后传递给洞壁。

辅助推进缸只有在水平支撑不能撑紧洞壁进行作业时使用。此时，水平支撑缸缩回至水平支撑靴板外圆与后护盾外圆一致。V 形推进缸全部收缩到位，前、后盾连成一体，完全处于单护盾掘进机工作状态。辅助推进缸均是成对布置，每两个缸配一块尼龙靴板，这样可以防止液压缸回转。尼龙靴板压在混凝土管片上产生软接触而避免管片的损坏。

TBM 在围岩稳定性较好的地层中掘进时，撑靴紧撑洞壁为主推进液压缸提供反力，使 TBM 向前推进，刀盘的反扭矩由两个位于支撑盾的反扭矩液压缸提供，掘进与管片安装同步进行。双护盾 TBM 在良好地层和不良地层的工作方式是不同的。

1) 在良好地层中掘进机工作原理

(1) 推进作业：伸出水平支撑缸，撑紧洞壁→启动胶带机→回转刀盘→伸出 V 形推进缸,将刀头及护盾向前推进一个行程实现掘进作业。

(2)换步作业:当 V 形推进缸推满一行程后,进行换步作业。刀盘停止回转→收缩水平支撑离开洞壁→收缩 V 形推进缸,将掘进机后护盾前移一个行程。

不断重复上述动作,实现不断掘进。在此工况下,混凝土管片安装与掘进可同步进行,成洞速度很快。

2)在不良地层中掘进机工作原理

当在自稳不能支撑岩石中掘进时,V 形缸处于全收缩状态,并将支撑靴板收缩到与后护盾外圆一致,前、后护盾联成一体,就如单护盾掘进机一样掘进。掘进工作原理如下:

(1)掘进作业:回转刀盘→伸出辅助推进缸,撑在管片上掘进,将整个掘进机向前推进一个行程。

(2)换步作业:刀盘停止回转→收缩辅助推进缸→安装混凝土管片。

重复上述动作实现掘进。此时管片安装与掘进不能同时进行,成洞速度将变慢。

由此可见,在不良地层条件下掘进时,不使用支撑靴板,前护盾与后护盾之间没有相对运动,其工作和单护盾掘进机一样。机器的掘进和衬砌管片的铺设不能同时进行,因而总的掘进速度会有所降。

在不良地层中还可以采用另一种工作方式:机器掘进时,副推进液压缸闭锁,即后护盾的位置相对不动,用主推进液压缸推动前护盾向前,此时机器的反推力和反扭矩由副推进液压缸承受。这种工作方式可能发生的问题是:可伸缩护盾在松散地层条件下可能因碴石卡在接缝处而被卡死。为减少这种危险,可将伸缩范围限制在几厘米,并在每次伸缩后将护盾向前移。这种工作方式可以减少护盾的移动长度,同时也减少了用以克服掘进机护盾滑动摩擦的推力。

2.常用双护盾 TBM 性能指标

以 NFM 公司生产的直径为 4.94m 的双护盾 TBM 为例,其主要技术参数见表 5-8。

表 5-8 双护盾 TBM 主要技术参数

项　　目	技术参数
刀盘直径	4.94m
主机+后配套总长	245m
前盾外径	4.94m
后盾外径	4.854m
滚刀数(直径 432mm)	33
主推进液压缸推力	8×2000kN=16000kN
副推进液压缸推力	14×1850kN=25900kN
刀盘驱动功率	6×250kW=1500kW
刀盘转速	0~9r/min
刀盘最大扭矩	2600kN·m(4.5r/min 时)
转速最大时刀盘扭矩	1300kN·m(9r/min 时)
刀盘脱困扭矩	3900kN·m
推进液压缸行程	0.7m
辅助推进液压缸行程	2.3m
总支撑力	30000kN
主推进系统功率	37kW
辅助推进系统功率	110kW
支撑系统功率	110kW
高压电压	15kV
低压电压	690V/400V/50Hz
变压器功率	1×2000kV·A 1×800kV·A
皮带机输送能力	488t/h

3.双护盾 TBM 特点及选用计算

1)使用双护盾 TBM 的优点

(1)安全、高效、快速

双护盾 TBM 按照硬岩掘进机配上一个软岩盾构功能进行设计,配置有前、后护盾,在前、后护盾之间设计有伸缩盾,后护盾配置有一套支撑靴。在地质条件良好时,通过支撑靴支撑洞壁来提供推进反力,掘进和安装管片可同时进行,有较快的进度。如引大入秦工程 30A 隧道使用双护盾 TBM 施工时,最高月进尺达 1300m;在引黄入晋工程使用双护盾 TBM 施工时,最高月进尺达 1637m;在英吉利海峡隧道使用双护盾 TBM 施工时,最高月进尺达 1487m。双护盾 TBM 施工使隧道掘进、衬砌、出碴、运输作业完全在护盾的保护下得以连续一次完成。TBM 机组实质上是一个移动式地下作业车间,管片在盾尾内安装,盾构前进后,开挖的围岩使用高精度管片衬砌而不被暴露,从而保持了隧道壁围岩稳定;豆砾石的喷灌、注浆、通风、供电等辅助作业也实施了平行作业,充分利用了洞内空间。双护盾 TBM实现了安全、高效、快速施工。

(2) 对不良地质地段具有较强的适应性

对富水地段,采用以红外探测为主、超前地质钻探为辅的综合超前地质预报方法进行涌水预报。对涌水可实施堵、排结合的防水技术,TBM 主机区域配置潜水泵,将水抽至位于TBM 后配套台车上的污水箱内。同时 TBM配置有超前钻机,可以利用超前钻机钻孔,利用注浆设备进行超前地层加固堵水。

对断层破碎带,双护盾 TBM 能采用单护盾模式掘进。同时可利用 TSP203 系统对断层破碎带进行超前地质预报,利用红外探水仪和TBM 配置的超前钻机探水。利用 TBM 配置的超前钻机和注浆设备对地层进行超前加固,同时刀盘面板预留注浆孔的设计满足对掌子面加固的需要。

对深埋隧道,因地质构造复杂,在深埋条件下,不可避免地会引起围岩应力的强烈集中和围岩的应力型破坏。双护盾 TBM 掘进时,因掌子面较圆顺,对岩体的损伤可以降低至很低的程度,保护了围岩的原始状态,不易发生应力集中。

对岩爆地段,由于 TBM 刀盘设有喷水装置,在预测的地应力高、易发生岩爆地段,利用TBM 配置的超前钻机钻孔,在钻孔中注水湿化岩石,喷水对掌子面岩石能起到软化的作用,提前将应力释放。同时,通过管片安装、豆砾石回填和水泥浆灌注,使 TBM 能快速支护并通过岩爆地段。

对岩溶地段,先停机,然后通过机头上的人孔对岩溶情况进行观察。首先对底部进行豆砾石或混凝土回填并使其密实;当填至开挖直径高程时,边前进边安装管片,对两边管片上开凿人孔两侧及顶拱进行填筑灌浆或填筑混凝土,使岩溶部分都用混凝土填密实,同时和安装的管片结合成整体。为了预防因岩溶造成 TMB 机头下沉的情况,双护盾 TBM 应配

有超前钻探设备。而对于一些小溶洞的处理,可在 TBM 通过后,向管片与围岩间回填豆砾石,再通过灌浆固结即可。对规模较大的溶洞,因管片接缝不易闭合,应使用钢板将安装的管片进行纵向连接。

对膨胀岩及软岩塑性变形地段,由于双护盾 TBM 刀盘的偏心布置及刀盘设置的超挖刀,能增大 TBM 开挖直径,为 TBM 在围岩变形量小的情况下快速通过围岩变形地段预留了变形量。在围岩变形量大时,可利用 TBM配置的超前钻机和注浆设备加固地层。同时双护盾 TBM 的高强度结构设计和足够的推力储备及扭矩储备能保证 TBM 不易被变形的围岩卡住。

对塌方地段,由于双护盾 TBM 采用了封闭式的刀盘设计,能有效地支撑掌子面,防止围岩发生大面积坍塌。TBM 撑靴压力能根据地质条件调整,以免支撑力过大而破坏洞壁岩石。同时,双护盾 TBM 的高强度结构设计和足够的推力储备及扭矩储备能保证 TBM 不易被坍塌的围岩卡住。

对瓦斯地层,双护盾 TBM 配置有地质预报仪和超前钻机,能根据需要对可能的瓦斯聚集煤层采用超前钻探,检验其浓度,并对聚集的瓦斯采取打孔卸压的方法卸压并稀释。TBM 配置有瓦斯监测系统,监测器采集的数据与 TBM 数据采集系统相连,并输入 PLC 控制系统。当瓦斯浓度达到一级警报临界值时,瓦斯警报器发出警报;当瓦斯浓度达到二级警报临界值时,TBM 自动停止工作,并启动防爆应急设备,通过通风机对瓦斯气体进行稀释。

(3) 实现了工厂化作业

双护盾 TBM 施工时,由刀盘开挖地层,在护盾的保护下完成隧道掘进、出碴、管片拼装等作业而形成隧道,具有机械化程度高、施工工序连续的特点。隧道衬砌采用管片衬砌技术,管片采用工厂化预制生产,运到现场进行装配施工,预制钢筋混凝土具有质量好、精度高的特点,与传统的现浇混凝土隧道衬砌方法相比,施工进度快,施工周期短,无须支模、绑筋、浇筑、养护、拆模等工艺。避免了湿作业,

施工现场噪声小,减少了环境污染。由于采用了管片,避免了水土流失。隧道衬砌的装配式施工,不仅实现了隧道施工的工厂化,且更方便隧道运营后的更换与维修。

(4) 自动化、信息化程度高

双护盾 TBM 采用了计算机控制、遥控、传感器、激光导向、测量、超前地质探测、通信技术,是集机、光、电、气、液、传感、信息技术于一体的隧道施工成套设备,具有自动化程度高、对周围地层影响小、有利于环境保护的优点。施工中用人少,又降低了劳动强度,降低了材料消耗。双护盾 TBM 具有施工数据采集功能、TBM 姿态管理功能,施工数据管理功能、施工数据实时远传功能,实现了信息化施工。

2) 使用双护盾 TBM 的缺点

(1) 开挖中遇到不稳定或稳定性差的围岩时,会发生局部围岩松动塌落,需采用超前钻探,提前了解前方地层情况并采取预防措施。

(2) 在深埋软岩隧道施工时,高地应力可能引起软岩塑性变形,易卡住护盾,施工前需准确勘探地质,并先行释放地应力,施工成本较高。

(3) 对深埋软岩隧道,地应力较大,由于 TBM 掘进的表面比较光滑,因此地应力不容易释放,与钻爆法相比,更容易诱发岩爆。且双盾构 TBM 施工采用刚性管片支护,这与高应力条件下的支护原则是不相符的,相对于柔性支护来说,更容易受损。

(4) 在通过膨胀岩时,由于膨胀岩的膨胀、收缩、崩解、软化等一系列不良的工程特性,在进行管片的结构设计时,应充分考虑围岩膨胀力对管片可能施加的荷载,确保衬砌结构安全。还应注意管片的止水防渗,防止膨胀岩因含水量损失而发生崩解或软化,造成 TBM 下沉事故。

(5) 在断层破碎带,因松散岩层对 TBM 护盾的压力较大,易发生卡机事故;在岩溶地段,易发生 TBM 机头下沉事故,施工中应采取相应对策。

(6) 在隧道中有突泥、涌水、岩溶时,应慎重选择 TBM。岩溶及突水、突泥在灰岩地区十分突出,我国天生桥二级引水洞曾因隧道岩溶、突水、突泥影响工期达 2 年之久。

(7) 由于隧道管片接缝多,所以在不良地质洞段的不漏水性和运行安全性,还是个较薄弱的环节。

(8) 由于护盾将围岩隔绝,只能从护盾侧面的观察窗了解围岩情况,不能系统地进行施工地质描述,也难以进行收敛变形量测。

(9) 双护盾 TBM 属岩石隧道掘进机,不适宜在软土地层施工。在软土中掘进时,土体黏结在刀具上,不能顺利从出碴漏斗排出。

3) 推进系统推力计算

(1) 主推进系统的推力 F_1

采用双护盾掘进模式时,双护盾 TBM 的推力计算如下:

$$F_1 = kF_N N \qquad (5\text{-}2)$$

式中,F_1——主推进系统的推力,kN;

　　N——TBM 配置的滚刀数量;

　　F_N——滚刀额定承载能力,单刃滚刀为 250kN,双刃滚刀为 500kN;

　　k——储备系数,考虑高地应力可能引起的软岩塑性变形对施工的影响,一般预留 50% 的能力储备,因此储备系数 $k=1.5$。

(2) 辅助推进系统的推力

在围岩较破碎地段,TBM 采用双护盾模式掘进,TBM 辅助推进系统的推力包括以下几项:

刀盘推力 F_t(单位:kN)

$$F_t = F_N N \qquad (5\text{-}3)$$

式中,N——TBM 配置的滚刀数量;

　　F_N——滚刀额定承载能力,kN。

主机与地层的摩擦阻力 F_f(单位:kN)

$$F_f = \mu W g \qquad (5\text{-}4)$$

式中,W——双护盾 TBM 主机质量,t;

　　μ——护盾与地层的摩擦系数,一般取 $\mu=0.1\sim0.3$。

(3) 后配套设备的牵引力 F_{NL}

TBM 采用单护盾模式掘进时,后配套随 TBM 主机一起前移,牵引后配套的力按以下经验公式进行计算:

$$F_{NL} = \mu_b W_b g \qquad (5\text{-}5)$$

式中,μ_b——后配套与钢轨的摩擦系数;

W_b——后配套的质量,t。

(4)盾尾密封与管片之间的摩擦力 F_s

$$F_s = \mu_s W_s g \qquad (5\text{-}6)$$

式中,F_s——盾尾密封与管片之间的摩擦力,kN;

μ_s——盾尾内表面与管片外表面的摩擦系数;

W_s——作用于盾尾部分的质量(计算时,取 2 环管片的质量),t。

辅助推进系统所需推力 F_2:

$$F_2 = k(F_t + F_f + F_{NL} + F_s) \qquad (5\text{-}7)$$

4)推进系统功率计算

(1)主推进系统的功率 W_1

$$W_1 = F_1 v_1 \qquad (5\text{-}8)$$

式中,W_1——主推进系统的功率,kW;

F_1——主推进系统的总推力,kN;

v_1——主推进系统最大掘进速度,m/s。

(2)辅助推进系统的功率 W_2

$$W_2 = F_2 v_2 \qquad (5\text{-}9)$$

式中,W_2——辅助推进系统的功率,kW;

F_2——辅助推进系统的总推力,kN;

v_2——辅助推进系统最大掘进速度,m/s。

5)刀盘扭矩计算

根据经验公式,刀盘扭矩按下式计算:

$$T = \alpha D_2^2 \qquad (5\text{-}10)$$

式中,T——刀盘扭矩;

α——扭矩系数,一般取 $\alpha = 45\% \sim 60\%$;

D_2——刀盘直径,mm。

6)刀盘驱动功率计算

$$W = T\omega/\eta \qquad (5\text{-}11)$$

式中,W——刀盘驱动功率,kW;

ω——刀盘的角速度,rad/s;

η——传动效率。

7)支撑靴的支撑力计算

双护盾模式掘进时,依靠支撑靴与洞壁的摩擦力提供反力。支撑靴的支撑力:

$$F = F_1/\mu_1 \qquad (5\text{-}12)$$

式中,F——支撑靴的支承力,kN;

F_1——主推进系统的推力,kN;

μ_1——支撑靴与洞壁的摩擦系数。

TBM 刀盘总推进力的大小决定了 TBM 的掘进效率,是 TBM 最重要的参数之一。它不仅与盘形滚刀的几何形状、尺寸、滚刀轴承、主轴承、刀盘转速等因素有关,而且受切深、地质条件等因素影响。TBM 在硬岩中掘进时,刀盘转速较快,但所要求的驱动转矩较小,总推进力较大;TBM 在较软或破碎的围岩中掘进时,需要的总推进力较小。合理地确定 TBM 刀盘的总推进力,既可保证 TBM 有较高的掘进效率,又能满足 TBM 在各种不同地质条件下的掘进性能,同时可以优化 TBM 的结构和总装机功率,对 TBM 的设计和使用都是十分重要的,目前国内外的资料和文献对此介绍不多。

按盘形滚刀载荷进行计算,由滚刀破岩原理可知,刀盘的推力用来压碎刀前岩石,并使滚刀产生侧向剪力。因此,每把盘形滚刀所需要的推压力分为压碎刀前岩石所需要的推压力和产生侧向剪力所需要的推压力两部分。

压碎刀前岩石所需要的推压力在图 5-41 所示的极限状态下,两把盘形滚刀正好全部压碎刀前岩石,相邻槽道滚刀破岩极限状况。

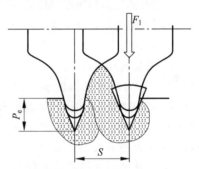

图 5-41 刀前岩石处理极限状态下的推压力

所需要的推压力为

$$F_1 = \sigma_b A_c = \sigma_b r^2 \tan\theta(\phi - \sin\phi\cos\phi) = 208.3\text{kN}$$

式中,σ_b——岩石的单轴抗压强度,MPa;

A_c——滚刀压入岩石处的接触面积,mm²,

$A_c = r^2 \tan(\phi - \sin\varphi\cos\varphi)\phi$

$= \arccos[(r - P_e)/r] = 23.5°$;

r——盘形滚刀的半径,mm;

P_e——盘形滚刀切入工作面的深度,mm;

θ——盘形滚刀的刀尖角,一般为 30°(或 40°)。

产生侧向剪力所需要的推压力如图 5-42 所示。盘形滚刀对岩石的侧向剪力为

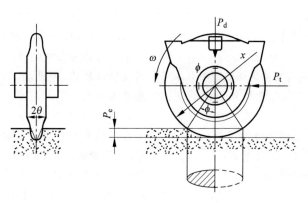

图 5-42　推压力计算示意图

$$f_s = \tau r \phi (S - 2P_e \tan\theta)$$

式中，f_s——盘形滚刀对岩石的侧向剪力，kN。

S——盘形滚刀相邻切槽距离，mm，$S = D/z$，$D = 8000\text{mm}$，$z = 54$。

此侧向剪力是刀刃通过破碎区作用到岩石上的，产生 f_s 所需要的推压力为

$$F_2 = 2\tau r \phi (S - 2P_e \tan\theta)\cot\theta = 2f_s\cot\theta$$

式中，τ——岩石的抗剪切强度，MPa，一般为岩石单轴抗压强度 σ_b 的 $1/10 \sim 1/20$，MPa；

F_2——所需推压力，kN。

刀盘总推进力的计算当所要求的压入深度 P_e（大于 1/2 刃高）一定时，即可以求出每把盘形滚刀所需要的推压力，然后根据盘形滚刀的数量，求出刀盘所需要的总推力。需要指出的是，为达到最佳破岩效果所需要的最佳切槽间距，会因滚刀磨损和岩石硬度变化而变化，这时可通过调整推力来改变最佳切槽间距，使之与滚刀间距相适应，以保持最佳的掘进条件。计算出刀盘总推进力 P 后，再根据刀盘上中心刀、正刀、边刀的布置和分布情况，乘以适当的系数（$0.7 \sim 0.8$），就是 TBM 推进液压缸的总推进力。

TBM 刀盘总推进力的简易算法。设计和选用 TBM 时，也常按经验公式估算推进液压缸的总推力。TBM 向前掘进时，所需要的刀盘总推进力主要取决于滚刀载荷 F_{s1}，TBM 刀头在机架上向前移动的滑动摩擦力 F_{s2} 和 TBM 牵引后配套设备所需要的牵引力 F_{s3}。在

估算刀盘推力时，也可以根据每把盘形滚刀能够承受的最大轴向载荷（滚刀轴承所能承受的载荷），近似求出刀盘的驱动载荷。

（1）每把盘形滚刀能够承受的最大轴向载荷 F_{s1} 为装在刀盘上盘形滚刀所能承受的总载荷，即

$$F_{s1} = P_d n$$

式中，P_d——每把盘形滚刀所能承受的最大轴向载荷，kN，Robbins 公司用 19″ 滚刀，$P_d = 311\text{kN}$；

n——刀头上所安装的盘形滚刀的总数，Robbins 公司的 MB264-311 型 TBM，$n = 54$。

（2）TBM 刀头在机架上向前移动的滑动摩擦力为

$$F_{s2} = 9.8\mu(W + 0.8F_F)$$

式中，W——TBM 前面部分的总质量，t，Robbins 公司 MB264-311 型 TBM，$W = 710\text{t}$；

F_F——总支撑力，kN，Robbins 公司 MB264-311 型 TBM，$F_F = 5000\text{kN}$；

μ——TBM 外表面与隧道壁之间的摩擦系数，一般取 $\mu = 0.3$。

（3）TBM 牵引后配套设备所需要的牵引力为

$$F_{s3} = \mu' W_b$$

式中，W_b——TBM 后配套系统的总质量，t；

μ'——后配套系统的滚轮与轨道之间的摩擦系数，一般取 $\mu' = 0.2$。

这样，TBM 向前掘进时所需要的总推进力为

$$F_s = F_{s1} + F_{s2} + F_{s3}$$

TBM 向前掘进时刀盘的总推进力由 8 个推进液压缸提供,其总推进力应大于 F_s,并具有一个适当的调节范围才能满足 TBM 的掘进需要。

5.4　TBM 设备选型

5.4.1　TBM 设备选型原则

TBM 选型应包括三方面内容:①长隧道采用钻爆法施工与采用 TBM 法施工之间的选择;②支撑式(敞开式)TBM 与双护盾(伸缩式)TBM 之间的选择;③同类 TBM 之间结构、参数比较选型。以上三方面内容在 TBM 选型时并非是截然分开的,往往最初阶段在选择采用钻爆法施工与采用 TBM 法施工时,就考虑了支撑式 TBM 与双护盾 TBM 之间的选择和同类 TBM 之间结构、参数比较选型,进入阶段不同,考虑问题的深度也就不同。为了便于分析,以下分别进行探讨。

(1) 长隧道采用钻爆法施工与 TBM 法施工之间的选择

选择时要充分了解 TBM 法与钻爆法的相互特点,从工程地质与水文地质、地形与地貌、隧道设计、工程特征及资金筹集等方面进行综合分析比较。对不宜采用 TBM 法施工的工程要尽量避免盲目采用,以免决策失误而造成无法弥补的巨大损失。

对 TBM 法与钻爆法的施工特点进行比较时,需要考虑掘进速度、围岩质量、经济核算、安全保障及环境保护等因素。TBM 法比钻爆法具有明显的快速、优质、经济、安全及环保等优点,如设计、工期、资金等条件许可,一般长隧道施工应优选 TBM 法。

以下情况慎用或不宜采用 TBM 法:

① 非圆形断面隧道一般不宜采用,除非 TBM 带有特殊可靠的辅助开挖装置;

② 无法筹集到购买 TBM 及后配套设备的高昂资金;

③ 从签定 TBM 采购订单到设备运到工地的间隔时间一般为 1 年左右,对急于开工的隧道工程无法采用 TBM;

④ 对 1km 以下短隧道采用 TBM 法,TBM 及后配套一次性投入费用昂贵,对短隧道群频繁装拆转移工地也很不经济,应慎用;

⑤ 工程地质与水文地质条件极差,如溶洞多又大,断层多又宽,渗水、涌水、泥石流,长距离破碎带等组合岩层,采用 TBM 法的风险极大时,应慎用。

(2) 支撑式 TBM 与双护盾 TBM 之间的选择

当长隧道施工已经确定采用 TBM 法后,下一步就要选择采用哪一类 TBM。TBM 可分为支撑式、单护盾式、双护盾式和扩孔式等,单护盾式和扩孔式 TBM 国内尚未采用,对其了解也少,一般是在支撑式 TBM 与双护盾 TBM 之间选择。主要根据工程地质与水文地质条件、隧道设计要求、支护与衬砌形式和管片制作技术及模具成本等方面综合分析后确定。

支撑式 TBM 适用于岩石整体较完整,有较好的自稳性,只需要有顶护盾就可以进行安全施工的工程。如遇有局部不稳定的围岩,由 TBM 所附带的辅助设备,可打锚杆、加钢丝网、喷混凝土、架圈梁等方法加固,以保持洞壁稳定;当遇到局部地段有特软围岩及破碎带,则 TBM 可由所附带的超前钻及灌浆设备,预先固结前方上部周边一圈岩石,待围岩强度达到能自稳后再进行安全掘进。掘进过程中可直接观测到隧道壁岩性变化,便于地质图描绘。永久性的衬砌待全线贯通后集中进行。

双护盾 TBM 是 20 世纪 70 年代在支撑式 TBM、单护盾 TBM 及盾构机的基础上发展起来的,主要适应于通过复杂岩层,人员及设备在护盾的保护下进行工作,安全性较支撑式 TBM 为好。当岩石软硬兼有,又有断层及破碎带时,双护盾 TBM 能充分发挥其优势。遇软岩时,若软岩不能承受支撑板的压应力,则可由盾尾副推进液压缸支撑在已拼装的预制衬砌管片上以推进刀盘破岩前进;遇硬岩时,则靠支撑板撑紧洞壁,由主推进液压缸推进刀盘破岩前进。预制钢筋混凝土衬砌管片在盾尾的保护下,由管片拼装机进行拼装,实现边掘进边衬砌,隧道贯通衬砌也完成,不过掘进与衬砌是交替进行的,不能同时并举。这种边掘进边衬砌的方式见不到洞壁岩性的变化,不能进行地质图描绘。

单护盾 TBM 的优势在于盾体短,能快速通过挤压收敛地层段。从经济角度看,单护盾比双护盾便宜,可以节约施工成本。所以当隧道以软弱围岩为主,抗压强度较低时,宜采用单护盾 TBM。

确定 TBM 类型后,下一步就要进行同一类不同品牌的 TBM 结构比较及特征分析,根据工程地质与水文地质条件、隧道设计和工程特征确定 TBM 的结构及主要参数,并进行设备选择。

5.4.2 TBM 设备选型需考虑的因素

在引黄工程使用的双护盾全断面岩石掘进机中,每台都结合各隧道段的地质情况完成掘进机的设计、制造。在长隧道选线中,业主做了大量的前期地质勘探工作,但是由于受技术、经济条件的制约,地质勘探不可能做到十分详尽,造成了对地质结构了解的局限性,常常在施工中遭遇未预见的地质灾害(如涌水、岩溶、瓦斯、断层破碎带、膨胀岩、高地应力、围岩大变形等),造成掘进施工受阻或停工。在进行 TBM 选型时,需要充分考虑以上可能碰到的不利情况。TBM 对工程的适应性从技术和经济两个角度来说,并非所有地质情况的工程都适宜掘进机的施工。因此,是否选用掘进机施工,选用何种类型的掘进机,以及如何确定主要技术参数和进行系统配置,需考虑以下几个方面的问题。

1. 地质因素分析

主要从工程的地质条件是否适宜掘进机和影响开挖效率的因素加以考虑,并根据不同的地质情况选择合适类型的掘进机,这需要承包商详细阅读、分析业主提供的有关地质资料。

2. 掘进性能的要求

选用掘进机时,需要根据工期、工程地质、工程设计和施工工艺等多种因素的要求,对掘进性能提出相应的要求。衡量掘进性能的指标主要为纯掘进速率、完好率、利用率和刀具消耗等。

3. 主要技术参数的选择

影响掘进机耐久性和性能的主要关键零部件为刀盘、刀具、刀盘轴承、刀盘驱动系统、主机体、推进系统和支撑系统等。

一般情况下,整条隧道地质情况都差的作业条件下应使用单护盾 TBM;在良好地质条件中则使用敞开式 TBM;双护盾 TBM 常用于复杂地层的长隧道开挖,一般适用于中厚埋深、中高强度、地质稳定性基本良好的隧道,对各种不良地质和岩石强度变化有较好适应性。双护盾 TBM 掘进过程中如遇到软岩,也可改为单护盾掘进方式,也就是通常所说的双护盾 TBM 适应能力强的一个方面。

4. 刀盘对地质的适应性

引黄工程隧道穿越地质条件复杂、围岩强度变化大,要求 TBM 刀盘设计和刀具配置既能适应最大饱和抗压强度为 160MPa 的硬岩掘进,又能适应饱和抗压强度为 5MPa 的软岩掘进,且刀盘和刀具应具有高的耐磨性能,以减少刀具更换的频次,实现连续快速掘进。

5. 变频电机驱动对地质的适应性

刀盘驱动方式对 TBM 施工非常重要,变频驱动具有可靠性高、传动效率高、能耗经济、针对不同的围岩具有良好的调速性能和破岩能力等优点,已在 TBM 上得到广泛的应用。刀盘可以双向旋转,顺时针旋转掘进出碴,在换刀和脱困时可以逆时针旋转。在硬岩区,地质稳定、均匀的地层采用高转速,以获得较高的掘进速度;在软岩区,地质不均、不稳定地层采用低转速,以获得较高的扭矩,同时可以更好地保护刀具,保持掘进的连续性。

6. 良好的操作性

TBM 的操作设计充分考虑到减轻操作者的劳动强度,提高操作者的劳动效率。主司机在主控室内可以完成 TBM 掘进的主要操作,如启动泵站、推进、调向、换步、刀盘转动、油脂系统的注入控制等。TBM 的主要状态参数,如各种油压、油温、气压力、TBM 姿态等也直接反馈到主控室内。

7. 长距离掘进适应性

引黄工程 TBM 连续掘进距离长,约为 20km,保证 TBM 具有良好的可靠性、使用性能和配套系统是工程成功的关键,所选的 TBM 具有以下优点以满足长距离施工:

(1) TBM 关键部件设计寿命满足工程需要。主轴承设计寿命和主驱动组件设计寿命都大于 15000h,可连续掘进 20km 以上,以满足工程需要。

(2) 技术先进性。TBM 上大量采用变频、液压、控制、导向等领域的新技术,其控制系统的底端全部由 PLC 可编程控制器直接控制,上端由上位机进行总体控制。TBM 还可以通过网络系统由洞外技术部门或 TBM 制造商进行远程监控、调试及控制。TBM 的数据采集系统可以记录 TBM 操作全过程的所有参数。整机液压系统大量采用了比例控制、恒压控制、功率限制等先进的液压控制技术。TBM 电气、液压系统部件全部采用国际知名品牌,保证良好的质量和使用性能,增加了可靠性。

(3) 精确的方向控制能力。长距离施工需要 TBM 具有良好的方向控制能力,以保证线路方向误差控制在规定的范围内。TBM 方向的控制包括两个方面:一是 TBM 本身能够自动纠偏;二是采用先进的激光导向技术降低方向控制误差。TBM 主推进液压缸和辅助推进液压缸均分为 4 组,能分区域单独控制,使 TBM 具有良好的转向和纠偏性能。TBM 上所装备的 PPS 导向系统能精确反映 TBM 主机的方位和姿态,使主司机能精确地控制 TBM 掘进方向。

8. 不良地质地段掘进适应性

富水地段掘进适应性。引黄工程隧道穿过多个水文地质单元和含水层,预测隧道涌水量较大,涌水灾害较严重。TBM 必须具备保证顺利通过涌水及高水压地段的能力。因此所选 TBM 必须具有以下特点并保证涌水及高水压地段施工的顺利进行:

(1) 地质预报。涌水预报采用红外探测为

主、超前地质钻探为辅的综合超前地质预报方法。TBM 配置 1 台可 360° 范围内工作的液压驱动冲击式超前钻机,钻机钻孔直径 64～76mm,孔深达 80m,用于超前地质预报工作。

(2) 堵、排结合防水。由于隧道部分施工段涌水量大,仅靠水泵排水无法保障施工顺利进行,需采用堵、排结合的方式防水。TBM 主机区域配置 2 台流量为 100m³/h 的 100WQ100-25-11 型潜水泵,将水抽至位于 TBM 后配套台车上的污水箱内,后配套布置 2 台流量为 200m³/h 的 IS150-125-250 型水泵(其中 1 台备用),分别与回水管和污水箱连接,紧急情况下可供排水使用。同时 TBM 配置超前钻机,可以利用超前钻机钻孔,利用注浆设备进行超前地层加固堵水。

(3) 设备配置。TBM 配置具有良好防水性能的电气设备,以保证 TBM 在涌水及高水压地段电气设备完好,从而保证设备的正常运转。

9. 断层破碎带掘进适应性

断层破碎带是隧道围岩失稳和出现地质灾害的突出地段,容易引起塌方、大量涌水,甚至突发性涌水,因此 TBM 对断层破碎带的掘进适应性尤为重要。引黄工程隧道穿过多条大断裂带,断裂带及其影响带宽的达数百米,窄的也有数十米。为保障施工顺畅,TBM 做了针对性的设计:

(1) 单护盾掘进模式。TBM 具有双护盾和单护盾掘进模式,在断层破碎带掘进时,TBM 能采用单护盾模式掘进,保障施工安全。

(2) 超前地层加固。利用 TSP203 系统对断层破碎带进行超前地质预报,利用红外探水仪和 TBM 配置的超前钻机探水。利用 TBM 配置的超前钻机和注浆设备对地层进行超前加固,同时刀盘面板预留注浆孔的设计能满足对掌子面加固的需要。

(3) TBM 结构设计可保证导洞向前开挖。若断层破碎带及其影响带宽度大,单靠超前地层加固等措施已不满足施工要求时,可以将盾尾内第二环管片拆除,从盾尾处采用钻爆法开挖导洞,绕过 TBM 主机向前开挖,TBM 步进

通过。管片安装机设计时其行程满足拆除盾尾内第二环管片。

10．软岩塑性变形地段掘进适应性

在隧道埋深较大、质地软弱、地应力较大的岩层中，易发生围岩塑性变形，所选 TBM 具有以下特点能满足施工条件：

（1）刀盘设计与布置。TBM 刀盘轴线偏心 20mm 布置，同时刀盘设置超挖刀，能增大 TBM 开挖直径，为 TBM 在围岩变形量小的情况下快速通过围岩变形地段预留了变形量。

（2）地层加固。若超前地质预报显示围岩变形量大，TBM 不能正常通过，则需先停机，利用 TBM 配置的超前钻机和注浆设备加固地层后再通过。

（3）高强度的结构设计，足够的能力储备。TBM 高强度的结构设计和足够的推力、扭矩等能力储备能保证 TBM 不易被变形的围岩损坏或卡住。

11．塌方地段掘进适应性

针对引黄工程隧道将穿越易塌方地段，TBM 采用以下设计：

（1）封闭式的刀盘设计。TBM 刀盘采用封闭式设计，能有效地支撑掌子面，防止围岩发生大面积的坍塌。

（2）高强度的结构设计，足够的能力储备。TBM 高强度的结构设计和足够的推力、扭矩等功能储备能保证 TBM 不易被坍塌的围岩损坏或卡住。

（3）撑靴压力可调。TBM 撑靴压力能根据地质条件调整，以免支撑力过大而破坏洞壁岩石。

12．瓦斯地层掘进适应性

针对引黄工程隧道将穿越瓦斯地层，TBM 采用以下设计：

（1）超前探测及卸压。TBM 配置地质预报仪和超前钻机，能根据需要对可能的瓦斯聚集煤层采用超前钻探，检验其浓度，并对聚集的瓦斯采取打孔卸压的方法卸压并稀释。

（2）瓦斯监测系统。根据瓦斯气体涌出的规律，TBM 配置瓦斯监测系统，分别在主机皮带机进碴口、伸缩盾顶部、主机皮带机卸碴、

除尘风机出口和主机皮带机卸碴口 5 处设置瓦斯监测器，监测瓦斯和氧气浓度。监测器采集的数据与 TBM 数据采集系统相连，并输入 PLC 控制系统。当瓦斯浓度达到一级警报临界值时，瓦斯警报器将发出警报；当瓦斯浓度达到二级警报临界值时，TBM 停止工作，只有防爆应急设备处于工作状态。

（3）通风能力。TBM 二次通风机 480m³/h 的通风能力充分考虑了对瓦斯气体的稀释能力。

（4）配置防爆应急设备。TBM 配置的应急设备：二次风机、水泵、应急发电机、应急照明灯等全部为防爆设备，同时隧道内配置的通风机也为防爆风机。

5.5　TBM 的安全使用、维修和常见故障排除方法

5.5.1　TBM 的安全使用

1．TBM 通过各种不良地层的施工方法

长隧道穿越的地层中，不良地质条件不可避免，且往往对 TBM 施工有着直接的不良影响，关系到 TBM 施工的成败，在 TBM 施工前应充分考虑其通过各种可能不良地质条件洞段的施工方法。下面结合引黄工程Ⅳ标施工的实际情况，说明遇到不良地质情况时的一般处理办法。

1）不良地质条件洞段

在 TBM 施工的工程中，当遇到不良地质条件洞段的程度较严重时，有时需借助钻爆法脱困。即通过辅助方法开挖人行通道，以便操作人员能通过刀盘左右或上面的通道进入掌子面，并对掌子面前方的岩石进行预处理和开挖。

2）溶洞

TBM 通过溶洞的施工方法通常为：先对溶洞底部松散岩体进行回填封堵和灌浆，再用素混凝土回填至隧道底以下约 0.5m，用钢筋混凝土做 TBM 通过的持力层基础。同时要考虑到溶洞可能与隧道轴线交叉，造成 TBM 在一边无支撑无法掘进的情况，用素混凝土将溶

洞回填至 TBM 开挖洞段底板高层以上,再用 TBM 掘进通过。

3）大范围破碎带

如果 TBM 在隧道掘进施工中,通过区域性大断层及大范围的破碎带时,拱顶可能发生坍塌,且大块岩体可能将刀盘和护盾卡住而被迫停机。此时应采用固结掌子面、超前灌浆、开挖上导洞对拱顶岩层进行加固、清理刀盘前方塌落岩石等措施进行施工。

4）土洞段

当 TBM 掘进到土洞段时,可能因土体稳定性差出现 TBM 机头下沉的现象。如果出现机头下沉,操作手应将机头向上抬起掘进,使 TBM 保持向上掘进的趋势。这时可降低刀盘转速,减小掘进推力。如采用双护盾掘进机,可将前后支撑收回,采用单护盾掘进方式,靠辅助推力缸抵住已安装好的管片环来推进 TBM 前行。如果土洞段自稳能力不好,可使用超前探钻钻孔进行超前支护。若进行超前灌浆后仍不能通过,则必须采用人工超前开挖和支护的方法使 TBM 通过。另外,在土洞施工时需要及时多次清理刀盘,更换铲刀,以提高掘进效率。

2.TBM 作业安全管理规定

1）确保作业人员安全

（1）洞内作业人员必须佩戴安全帽,持上岗证。

（2）栏杆必须牢固可靠。

（3）TBM 启动时确保没有施工人员处在危险之中。

（4）TBM 掘进、出碴期间作业人员必须配戴口罩或防尘面罩。

（5）进行喷锚作业人员必须佩带眼罩或防护面罩。

（6）TBM 通道楼梯面摩擦效果一定要好。

（7）各单项设备须设置警示标志,且要保持警示牌字迹清晰。

（8）进入刀盘作业必须填写进出刀盘记录,并且挂上刀盘作业警示牌。

2）文明施工

（1）喷锚大车底脚不得有杂物。

（2）操作平台上工具、材料分类摆放整齐。

（3）生产、生活垃圾必须及时清理,并统一处理。

3）电焊作业按规范执行

（1）氧气、乙炔瓶摆放间距在 5m 以上,与其他易燃物品间距在 10m 以上。

（2）电焊机摆放平稳,使用前检查电焊机的电源线绝缘情况,确认其性能是否良好。

4）刀盘作业按规范执行

（1）进入刀盘作业,由组长或组长指定的人对刀盘作业人员进行安全检查。

（2）进入刀盘前必须首先将点动开关按入,切断司机室对刀盘的控制。

（3）进入刀盘前一号皮带机的移动操作要指定专人负责,并对其操作手柄进行锁定或挂"勿动"指示牌,防止他人扳动。

（4）由刀盘进入掌子面作业,应经负责人同意,并应两人进入相互配合,进入后首先检查掌子面是否有脱松的危石,并及时处理。

5）喷锚作业按规范执行

（1）喷混凝土时,手不得进入料斗。

（2）喷混凝土时,禁止施工人员站在料管接头附近（特别是输料管前端）。

（3）接触速凝剂时必须戴橡胶手套。

（4）检修剂泵及管路时,必须停泵,并关上闸阀,停几分钟后进行检修工作。

（5）当剂管在喷头被堵时,疏通管路一定要小心,防止管中高压剂液喷出伤人。

（6）若剂液不慎溅到皮肤要及时用水冲洗,严重时送医院治疗。

（7）严禁将喷嘴对准施工人员。

（8）工作完毕后将吊链升至最高位,并使吊机复位。

（9）没有喷锚手的示意,禁止开机输料。

6）遵守 TBM 维修有关规定

（1）维修期间,机器必须处于关机状态,并要进行安全保护,避免再启动。

（2）维修时,机器零部件要置于平整稳固的支撑面上,防止滚动和毁坏。

（3）高空维修要利用梯子或安装好的工作平台,或使用安全合适的爬升装置,禁止使用机器零部件作为爬升装置进行维修工作。作业时要系好安全带和安全绳索。

(4)用高压水喷射清洗设备之前,要盖住或用胶带封住所有开口,防止水或清洗剂侵入开口,特别是不能危及电动机、电气开关和控制柜。

(5)清理完毕后检查所有的燃料、电机油和液压管是否泄漏,连接是否松动,有无擦伤和损坏,发现有任何损伤立即进行修理。如果维修工作需要拆除安全保护装置,完成维修工作后要立即重新装配和检查这些安全保护装置。

7)安全操作用电系统

(1)TBM输电电缆须架起,挂在洞壁。

(2)主机底部电源线必须有防护措施,防止塌方石块掉落时砸断、砸伤电缆形成漏电,造成人员、机械伤害。

(3)照明灯必须固定牢靠,密封效果要好。

(4)电缆、水管、氧气乙炔管线布设必须合理规范,不得阻碍交通。

(5)非专职电气人员,不得操作电气设备。

(6)操作高压电气主回路时,必须戴绝缘手套、穿绝缘鞋,并站在绝缘板上。

(7)低压电气设备应加装触电、漏电保护器。

(8)电气设备外漏的转动和传动部分必须加装遮拦式防护装置。

(9)检修、搬迁电气设备时,应切断电源,并悬挂"有人工作,不准送电"的警示牌。

(10)带电工作时,必须制定安全措施,在专职安全员的监护下进行,此外还需使用绝缘可靠的保护工具。

(11)TBM电气系统必须使用指定额定电流的原件保险丝,若电力供应出现问题,则会立即关机。

(12)有关电气系统或设备方面的工作,必须由有经验的电器工程师来进行,或在电气工程师的指导和监督下由受过专业培训的人员来承担。

(13)对机器和设备进行检查维修时,如指定进行电器绝缘,应首先检查被绝缘的装置有无电压,然后短路接地,同时绝缘临近带电的部件。

(14)带电作业时,应启动应急停电装置或启动主断路器,并在作业区设置安全警告标志。

(15)在高压元件上作业时,必须绝缘后将输电线接地,将元件短路,例如电容器等,用接地棒将元件短路。

8)安全操作材料吊机

(1)吊铺钢轨时,主动与操作室配合,在拖拉后配套之前,放下前坡道,停止铺设中间两根钢轨。

(2)严禁用升降平台运人,严禁在平台下面停留。

(3)往升降平台上搬运材料时,为避免平台误上升,需用钥匙锁定,使上部控制功能暂时失效。

(4)要经常检查吊机制动是否完好,吊绳是否损伤。

(5)定期对吊具进行维修、保养,及时更换损坏部件。

(6)起吊刀具及其他工具时,要有专人操作和指挥,拴挂一定要可靠。起吊导轨时起吊操作应慢起慢落,重物下不能有人,起吊重物严禁超载。

(7)禁止使用吊机沿轨道方向拖拉重物,只可在竖直方向起吊重物。

9)熟悉设备

TBM内工作的相关人员应十分熟悉设备上的所有安全保障设备,以便在可能发生危险时能利用这些设备来避免和消除危险。

10)处置紧急故障或事故

发生紧急故障或事故的状态下应立即按下紧急状态停止按钮,防止或停止事故的继续发生。任何时候只要按动主控室控制面板上的紧急停止按钮,就可停止所有正在运转的设备,并切断主电源供应(除紧急照明电源外)。另外,部分锁定开关,如维修保养开关也在控制室的控制面板上,其余控制盒上的紧急停止按钮只能切断本系统的能源供应。

11)熟悉TBM上所有的警示灯、警报器

在工作区域的所有人员应十分熟悉TBM上所有的警示灯、警报器所表示的设备状态的含义。警示灯和警报器的作用不单表示系统故障,也能警示工作人员注意机器的运转情况,从而防止事故的发生。

12) 其他

(1) 严禁一切泵类设备空转(液压泵、油脂泵、砂浆泵、水泵)。

(2) 禁止移动、缠绕、损坏安全保障设备。

(3) 禁止改变控制系统的程序。

5.5.2　TBM 的维修

1. 维修检测对象的选择

由于 TBM 配置的设备数量多,关联性强,任何一套单独设备出现故障都将不同程度地影响 TBM 的掘进进度,同时也会增加工程成本(TBM 为系统化的集成设备,单独每个环节的故障均会影响到 TBM 的正常掘进)。关键部位的损坏会导致整台 TBM 处于停滞甚至瘫痪状态,从而影响整个工程的进展,同时也会大大增加工程成本。可能影响到正常开挖的主要故障相关设备包括机械、液压、电气、后配套系统、TBM 皮带机、岩石支护设备、导向设备、水冷系统、润滑系统、除尘系统等。

TBM 故障诊断的特点和难点:

(1) 主机庞大、动力部件众多,振源各异,振动信号频域宽广,各部件的固有频率和相应的故障特征频率有可能产生相互重叠。

(2) 价值昂贵,重 80 多吨,一旦进洞掘进,就不允许在洞内解体检查。主轴承的工作情况只有通过监测反映。

(3) 低速重载决定了对滚动轴承监测的难度:8 个推进液压缸施加 2100t 轴向推力,32 个撑靴液压缸要承受 800 多吨的主机负载,主轴承承受巨大的径向和轴向荷载。

(4) 刀盘上配置了 71 把盘形滚刀,掘进时石质不均,载荷剧烈波动,转速也随之波动,信号随机波动也不可避免,增加了故障特征信号的提取和分离难度。

(5) 主轴承处工作环境比较危险,不便靠近,不便进行信号采集。

(6) 对结构参数不了解,轴承零件的特征频率难以确定,也不便于故障信号的分析。

为此,须将几种监测手段综合运用,各取所长,相互弥补。如工业内窥镜进行滚子磨损监测、润滑油温度监测、润滑油磨损分析、在线实时监测等。为了准确判断异常情况的发生时段或预测即将出现的故障,须对相关设备的相关参数进行不间断的监测。在进行状态监测时,根据设备的重要程度和系统故障对工程的影响程度,确定监测对象以 TBM 驱动系统为主,即 TBM 主轴承、减速箱、主电机,辅之以液压系统(含各操作系统液压独立泵站)、皮带驱动机构(含连续皮带机驱动)、通风系统,可以兼顾机车。为了给监测诊断方式的选定提供依据,根据实际情况,对监测诊断受控设备实行 ABC 分级管理,A 级为关键设备,B 级为重要设备,C 级为一般设备。根据设备重要程度的不同,规定不同的监测诊断方式,见表 5-9。

表 5-9　设备监测诊断等级划分

等级划分	重要程度	测定方式	管理方法
A 级	关键设备	在线连续监测	利用 TBM 本身配备的在线监测功能连续监测控制,若出现异常,离线精密诊断
B 级	重要设备	离线精密诊断	离线定期监测,实行趋向管理,若出现异常运动,实行精密诊断
C 级	一般设备	简易监测诊断	离线简易监测,若出现异常状态,开始进行趋向管理

将 TBM 监测对象按监测等级分类,结合监测技术可以得到如表 5-10 所示的 TBM 状态监控表。监测方案只是针对 TBM 的原则性的诊断方案,当 TBM 选型确定后,针对具体型号的 TBM,还应研究制定具体的、具有针对性的监测方案。

表 5-10　TBM 状态监控表

TBM 监控对象	监测等级	监测技术
主轴承	A	振动测试,油液分析,工业内窥镜
主电机	A	振动测试,温度测试
主变速箱	A	振动测试,油液分析,温度测试
主机液压系统	A	油液分析,温度测试
主梁	A	应变测试
除尘通风系统	A	振动测试,温度测试
皮带运输机	A	振动测试,油液分析,温度测试
仰拱吊机,材料吊机,混凝土输送泵及喷射机械手,拖拉系统,空气压缩机,水泵电机,牵引机车,翻碴台	B	油液分析,温度测试
其他设备	C	各种方法组合使用

2. TBM 主要监测内容

TBM 作为目前世界上先进的大型施工设备,本身具有一套较完整的监测系统,具有在线监测功能。该系统利用各种传感器(位移传感器、流量传感器、温度传感器等)或摄像机对 TBM 关键部件(位)或系统进行实时监测,然后将信息传至操作室,TBM 主司机根据操作室内各种元件、仪表及监视屏提供的信息,能准确了解 TBM 的状态,从而采取相应的措施进行控制。如刀盘扭矩、转速,主电机电压、电流,推进液压缸位移、压力,各润滑系统油位、温度,各液压系统压力、流量等,通过 PLC 控制反馈给操作主司机,有效地实现了对 TBM 的监测。但由于设备结构庞大,系统繁多复杂,设备本身具备的在线监测功能只能对各重点关键设备的部分参数进行监测,仅此也已占用了 PLC 接口的上千个点位,其他关键设备参数需要配备专业检测技术人员进行离线监测。TBM 状态监测系统主要监测内容见表 5-11。

表 5-11　TBM 主要监测内容

监测部件(位)或系统名称	监测内容	终端显示
1~8 号液压动力站液压系统	油位,油温,1 号泵、3 号泵、7 号泵、8 号泵的过滤器及回油过滤器	操作室内发光按钮,按钮,数字仪表,Megelis[①] 和 WDAS[②] 终端显示
9~10 号液压动力站液压系统	油温,油位,回油过滤器	操作室内数字仪表,Megelis 和 WDAS 终端显示
13 号、14 号液压动力站液压系统(1 号、2 号锚杆钻机)	油温,油位,回油过滤器	操作室内数字仪表,Megelis 和 WDAS 终端显示
刀盘	转速与掘进中的振动	操作室内发光按钮
刀盘主驱动 8 个电动机	电流,温度	操作室内仪表,Megelis 和 WDAS 终端显示
8 个主离合器	压力	操作室内数字仪表,Megelis 和 WDAS 终端显示
8 个制动器	压力	操作室内发光二极管
主轴承油润滑系统	压力,温度,油位,过滤器	操作室内仪表,数字仪表,发光按钮,Megelis 和 WDAS 终端显示

续表

监测部件(位)或系统名称	监 测 内 容	终 端 显 示
脂润滑系统	脉冲信号	操作室内发光二极管,Megelis 和 WDAS 终端显示
水冷却系统,刀盘驱动	流量	操作室内发光二极管,Megelis 和 WDAS 终端显示
刀盘护盾,夹紧缸	压力	操作室内发光二极管,发光按钮
后支承各液压缸	压力	操作室内发光二极管
外机架 1、2 各液压缸	压力	操作室内发光二极管,数字仪表
仰拱块吊机	压力	操作室内发光二极管
除尘系统	水泵,电动机	操作室内发光按钮,Megelis 和 WDAS 终端显示
通风系统	电动机	操作室内发光按钮,Megelis 和 WDAS 终端显示
1~3 号胶带输送机	状态	Megelis 和 WDAS 终端显示
视频监视系统	TBM 下方,装料区,卸料区,1 号与 2 号胶带机衔接处,2 号与 3 号胶带机衔接处,后配套系统后部	Megelis 和 WDAS 终端显示

① Megelis 指视频监控系统;

② WDAS 指数据采集系统。

3．TBM 监测诊断常用技术

TBM 可供采用的监测诊断技术包括运转参数(振动、噪声、温度、应力、压力、流量、转速、扭矩、速度等)诊断,几何参数(位移、间隙、变形、磨损量等)测量,无损检测,油液分析,超声检测,激光监测,声发射,红外分析,镜检技术等。

4．TBM 维修

1) TBM 维修模式简介

TBM 现场可以采用多种维修保养模式和运作机制,对 TBM"优先实行状态监测、按需维修、按需保养,同时,根据现场实际情况和能力,多种维修保养模式并存、灵活结合,按照维修费用最小的原则进行测算和取舍,决定采用的最佳维修方式"。

(1) 大力推行状态维修,积极创造条件,加大状态监测力度,使零部件的维修模式逐步过渡到以状态监测为基础的先进模式。

(2) 设备状态监测和维修人员应与有关领导加强沟通,及时反映设备运转异常迹象、严重程度以及部件维修进程,施工掘进的决策者应积极支持维修人员的工作,创造条件、合理安排维修时间,杜绝设备带故障运行。

(3) 积极引进国内先进、工地容易实施且投资不大的先进维修技术和工艺(例如引进皮带硫化工艺和新型金属耐磨胶黏接工艺),维修技术水平适当超前,但不过分追求先进性,强调适用、实用,掌握多种维修技能,逐步实现自主维修。

(4) 对不同设备和零件维修类别进行合理分类,根据设备的实际情况,多种维修方式并存,采用相应的规范化维修策略。

(5) 在维修换件过程中,应注意数据和经验的积累,逐步形成易损件产品的开发、研制能力。在保证质量和满足工程需要的前提下,逐步实现原装配件的本地化生产,达到降低成本,增收节资的目的。

2) 维修对策

(1) 定期更换和修理

零件在使用期间发生故障是有规律的,可

以通过统计求得,对这些零件得出比较合理的使用寿命。因此,在寿命结束前定期更换或修理零件,可以更大限度地利用零件,在很大程度上减少突发故障的发生,确保设备较长的开动时间。例如拖拉装置的拖拉链、链轮、变速箱离合器的摩擦片,随着链节距的变长和自由间隙的变大,达到预期的磨损限度,就要定期更换。这是一种有效的预防性措施。

设备维修可以按其修理内容及工作量划分为若干个不同的修理类别,根据零件磨损的原理确定每个修理类别之间的修理间隔,并把各个不同修理类别按上述确定的关系组成一个系统,从而形成一个建立在零件平均磨损基础上的定时修理体系。这种预防性计划维修能防止和减少紧急故障发生,使掘进和修理工作均能有计划地进行。

但在实际执行中,修理间隔的尺度把握有一定的难度。磨损规律的摸索,需要时间和经验的积累。即使是同类型设备,每一台具体设备的情况也不尽相同。在同一修理类别上不同设备的修理内容及修理量不应相同,修理间隔亦不同。

该方式由于保险系数较高,对于 TBM 重要的流程作业环节而言,虽然会造成过剩维修,增加一定的维修费用和累积停机时间,但是可以通过合理的安排和调度,将维修计划进行维修内容和维修时间的局部分解。在不影响施工掘进的前提下,可以在维修工班期间进行长周期下的短安排,并通过长期的摸索,逐步缩短维修时间,达到较高的 TBM 利用率。

(2)定期检查

这种方式是通过检查手段了解设备目前的状态,发现存在的缺陷和隐患,然后有针对性地安排修理计划,保证设备有高的有效利用率。

该方式的关键在于检查,妥善安排好要检查设备的种类、频率、部位和技术要求,形成一个总体的、预防性的定期检查计划表。检查后必须安排近期的维修计划进行修复,这种修复是以检查为依据,比之根据磨损规律或统计经验积累得出的定期维修更贴近设备的实际情况,突出了设备运转状况的个性,针对性更强,因而所安排的修理计划接近于设备目前的状况和设备缺陷所需要的。

该方式的优点是明显的,维修方式先进、费用少、效率高,对于 TB880E 多数通过检查确定维修计划的零部件,可以广泛采用。但是基于 TBM 的重要工作地位、复杂多变的工况和其他诸多因素,该方式不适宜安排长期的维修计划,只能随时进行资源的平衡。

(3)使用备用设备或部件切换维修

这种方式是在某一设备(部件)发生故障或发现了故障征兆等情况下开动备用设备,把有故障的设备(部件)进行停机修理,然后使其处于备用状态。

对掘进机备用设备的停机切换修理有三种方式:定期停机切换修理;检查到故障的征兆或检查出缺陷时停机切换修理;运行到发生故障时停机切换修理。这几种方式对掘进的影响都较小,都不会因紧急停机故障而影响掘进。只是在修理内容、修理量和修理费用上有较大区别。

这种方式在减少停机损失和现场修理量,把紧急修理变为正常修理上效果明显,在人力、技术、质量、费用上都有较大好处。因此,在 TBM 掘进施工中得到大量应用。

(4)按设备的状态进行维修。

这种方式是在设备出现了明显的劣化后实施维修,而状态的劣化是由被监测的设备状态参数变化反映出来的。

该方式要求对设备进行各种参数测量,随时反映设备实际状态。测量的参数可以在足够的提前期间发出警报,以便采取适当的维修措施。这种预防维修方式的维修作业一般没有固定的间隔期,维修人员根据检测数据的变化趋势作出判断,再确定设备的维修计划。

因此,对每一台设备都应有一套监测或状态检查方法。检查可以是定期的,也可以是连续的。检查手段可以是多种多样的。只有数据表明必须进行维修时才安排维修。而且,由于故障状态是可以预知的,维修是周密计划和有准备的,可以大大提高维修效率,减少维修停机时间。

状态维修的初期检测仪器的投入仅占总设备投资的1%，最高不超过5%，与随机故障停机损失比较是微不足道的。采用该方式比较成功的作业，可以因此而减少故障停机维修时间及维修费用，产值可增加0.5%～3%，其经济效益很可观。

（5）主动改善维修

重要设备及零部件采用加强监测、主动（改善）维修策略。即在恢复设备原有技术性能状态的前提下，给现场维修技术人员一定的灵活性，不必太拘泥于图纸，充分调动现场维修技术人员的主观能动性，把主动维修和改善维修的思想融合到规范化维修的体系之中。如主机内外机架之间的弧形滑块以及刀盘喷水管路的改造，刀盘清碴小皮带机由电机驱动改为液压马达驱动等。

（6）强制性维修

对一些关键性的零部件，由于其损坏将造成巨大的停机损失，或者零件所处的位置难以拆卸，只能在其他部件分解时才能拆除，如单独进行这类零件的更换也将带来巨大的停产损失，宜采用强制性维修方式。即在摸索一些经验及规律后，利用掘进施工的整备工班、正常作业（换刀）中的停机空隙或计划中的较长维修时期内，来强制性地修理或更换这些零件，以防止非计划的停产损失。这样的维修费用虽然多一些，但多出来的费用与停产损失相比只占很小的比例。

这种方式对掘进机上的关键设备，特别是一些利用率很高，从掘进工班拿不出时间来停机检修，而又需要保证其长期正常运转的设备更为有效。

（7）事后维修

当人们对磨损发生的规律尚不能认识时，只能在故障发生后再进行修理。

该方式的缺点是停机时间长，停机造成的生产损失大，尤其在设备对生产的影响较大时更为显著。但该方式的维修费用低，对管理的要求也低，不需要为各种预防性措施付出代价，而仅是修复损坏了的部分。因此，TBM流程作业环节上的关键零部件不能采用该方式，但对一些非重要生产设备或利用率不高的零部件（例如皮带输送机上的皮带托辊、输送带、低值易损件等），可以等掘进终了，下一个维修工班再进行维修更换。

对于不同维修模式的选择，取决于企业的维修成本和总效益，应积累足够的统计资料，按照维修费用最小的原则进行测算和取舍，决定所采用的最佳维修方式或维修方式组合。

表5-12是通过对TBM使用、维修、保养情况的长期跟踪调查和实践，归纳出的TBM各总成（零部件）的维修对策表。

表5-12　TBM各总成（零部件）的维修对策

所属系统	零部件名称	失效形式	维修对策
驱动系统	主电机轴承,旋转接头	破损	(1)
	离合器总成	磨损	(3)(6)
	变速箱	高温,磨损,泄漏	(6)
	液压辅助驱动	制动失效	(1)
	主轴承脂润滑系统	堵管	(3)(7)
	冷却系统	水垢,水压低	(3)(4)
	主轴承迷宫密封	不出脂	(1)(3)(4)
	主轴承零部件	磨损	(1)(3)(6)
	主轴承油润滑系统	高温,油劣化	(6)
皮带输送系统	托辊,皮带挡板,滚筒	磨损,轴承损坏	(1)(2)
	皮带	穿透,破损	(1)(6)(7)
	驱动辊变速箱及马达	磨损	(1)(3)(5)

续表

所属系统	零部件名称	失效形式	维修对策
材料输送系统	仰拱吊机	变速箱破损,接头漏油	(1)(3)(5)
	下部材料吊机	接头漏油	(1)(3)
	上部材料吊机及升降平台	油路和传感器故障	(1)(3)
	料车拖拉系统	链条,链轮	(1)(3)
		液压系统故障	(6)
主机及独立辅助泵站	液压系统	参数变化,泄漏	(6)
锚杆钻机	液压系统及机件	破损	—

5. 设备维修流程

1) 设备故障理论

设备在使用过程中突然丧失了能力,即称为设备故障。设备的维修工作是建立在设备故障理论基础上的。这种理论认为,一台设备在整个使用期内,故障率的变化发展过程形成三个时期:初始故障期、偶发故障期、磨损故障期。

(1)初始故障期

这段时间内,故障发生的原因多属设计、制造的缺陷,零部件装配得不好,搬运安装时马虎,操作者不适应等。这个时期故障率的趋势是随着设备的调整,操作者的逐步适应和熟练,呈下降态势。对设备使用者来说,要认真地进行安装和调试,严格验收,通过试运转以降低故障率。重点是仔细研究操作方法,协助制造厂做好故障分析,并将设备情况反馈给制造厂。对制造厂来说,要加强全面质量管理。

(2)偶发故障期

这一时期属于设备正常运转时期,故障率最低,故障发生经常是由于操作者疏忽和错误造成的。因此,重点是正确地操作,并做好日常维护保养。

(3)磨损故障期

这一时期,由于设备的磨损、化学腐蚀、性能变化使故障率逐渐上升。为了降低故障率,需要把部分将达到使用寿命极限的零部件予以更换。因此,重点是进行预防维修和改善维修。

在上述三个时期中,都可以实施提高设备可靠性、维修性方面的结构改进,这是降低所有故障的有效措施。

2) 设备维修流程图

在检查的过程中,当发现设备运转不正常时,或PLC显示屏记录设备故障时,或有掘进班遗留问题时,则应对故障进行处理。设备维修流程如图5-43所示。

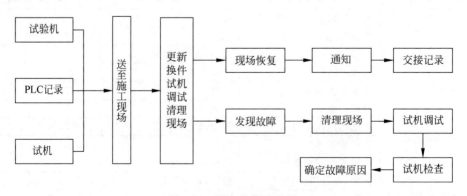

图 5-43　设备维修流程图

TBM 施工的一个重要特点是各个环节的连续性。在施工过程中，与 TBM 施工相关的其他环节必须同步进行，其中任何一个环节的滞后都会导致 TBM 的系统施工停止，所以对 TBM 各系统的维修尤为重要。

6. TBM 常用维修技术的特点及应用范围

1) 维修前的准备

TBM 在维修前应进行有关准备工作，包括技术准备、组织准备。这些工作必须依照维修设备(部件)的结构特点、技术性能要求、需要修复或更换零部件的情况，以及其他具体条件，依照一定的计划、方法和步骤进行。

（1）技术准备

技术准备主要是为维修提供技术依据，也是保证维修质量、缩短维修时间、降低维修费用的重要因素。维修前应周密计划，寻找维修对象的相关图纸和维修参数；在充分了解掘进工班故障处理记录和故障现象以及设备技术状态的基础上，制定维修内容和维修方案，并提出维修后要保证的各项技术性能要求。

图纸内容尽可能包括主要技术数据、原理图、系统图、总图、重要部件装配图、备件图等。在确定维修工作类别时要按工作量大小、内容和要求，明确各自任务和分工。

（2）组织准备

维修工作的组织形式和方法是否恰当，会直接影响维修质量、生产效率和费用成本。技术室主管工程师应担当重要的角色，努力做好组织、协调、督促、检查和落实工作。必须根据需要，结合掘进队的维修力量、维修设备条件、技术水平、维修对象的技术含量，以及配件、材料供应的及时与否、工程任务的紧迫程度来综合衡量、分析比较，因时度势，集中维修与分散维修相结合，选取更合理更适用的组织形式和方法。

2) 维修方法分类

（1）单机维修

单机维修指一台故障设备除个别专业维修外，其余工作全部由一组维修人员在一个工作地点(工作台、后配套修理间或修理车间)来完成。这种方法是将所需要维修的零件从设备上拆下，进行清洗、检验、分类，更换不可修的零件，修复损坏件，修复完毕再装复在设备上。由于各零部件、总成的损坏程度和维修工作量不平衡，所需时间也不一致，因而采用此法，常影响维修工作的连续性，停修时间较长。但是，单机维修生产组织简单，各组之间一般不需协调配合。

对掘进影响不大、短时期内能够快速修复的小型设备，可以使用单机维修法。但须注意，维修任务一旦确认，负责维修的人员应加强责任心，负责到底，而且维修工具和维修场地应维持原样，不得中途变更，以免遗漏；维修人员如有变更，一定要做好技术交底和记录。

（2）部件维修

部件维修指一台设备按部件或总成分别由若干维修小组在不同工作地点同时进行维修，每个维修小组只完成一部分维修工作。该方法缩短了维修时间，专业化程度较高，易掌握，容易保证维修质量，设备利用率也高，便于组织流水作业，但要求各小组具有很好的协调、配合能力。

（3）零部件或总成维修

零部件或总成维修指对于有缺陷的零部件甚至总成，采用更换新件的方法进行维修，然后装配成整体，及时投入使用。在相对空闲的时间，将换下的零件和总成另行安排修理，修复后的零件经检验合格后补充到备件库，以备下次使用。

此法的好处是大大加快了维修速度，节省了维修时间并提高了掘进效率，也有利于设备的合理使用。在备件库存有富余、对掘进施工有重大影响的情况下，以及维修量大、换件频繁的场合，多准备一些库存是大有好处的。同时，维修人员应及时通知库房或备件订购人员，根据损坏件的更换周期和磨损规律，确定合理的备件数量，提前做好备件计划。

3) 针对 TBM 不同工作部分的维修

（1）机械结构件的维修方法

机械结构件的维修一般采用整形，更换板材、管材和型钢等方法。对于损坏严重的零部件，要用新零部件代替受损零部件；对于重要的结构部件,如刀盘、护盾等,应先探明伤处,再决定维修工艺,最后除锈喷漆。

（2）液压设备及元件的维修方法

液压设备及元件要有针对性地维修。一般采用专业设备检测评估,根据受损程度制订相应的维修方案。对于液压软管的维修,原则上必须更换全新的,实际工作中可视情况而定。液压缸活塞杆的维修可以经过镀层、焊补、打磨、重新电镀、磨光等工序进行修复,而活塞一般更换密封或重新加工即可恢复。对于损坏严重的元件,必须新做,进行更换。

（3）电气维修方法

电气部分的维修大致可以分为四个部分:一是对电气柜的维修;二是对电气设备的维修;三是对控制系统的维修;四是对高压供电设备的维修。电气部分的维修同样是在检查定位的基础上,通过更换受损的元件以达到恢复使用功能的作用。TBM的电气元件一般包括传感器、测量元件、继电器、接触器、空气开关、熔断器、电容器、电机轴承等。常见的维修方法是更换电缆和制作电缆接头。目前我国国内的TBM的控制系统所使用的软件是在引进国外软件基础上,结合我国国内自主开发的硬件设备,这种方式在使用后取得了不错的效果。

4）TBM常用维修技术的特点及适用场合

（1）镶套法

镶套法可恢复零件的名义尺寸,恢复质量较好;但降低零件强度,加工较复杂,精度要求较高,成本较高。适用于磨损量较大场合,如气缸、壳体、轴承孔、轴颈等部位。

（2）修理尺寸法

修理尺寸法工艺简单,修复质量好,生产率高,成本较低;但改变了零件尺寸和重量,需供应相应尺寸配件,配合关系复杂,零件互换性差。发动机上的重要配合件,如气缸和活塞、曲轴和轴瓦、凸轮轴和轴套、活塞销和铜套等多采用修理尺寸法维修。

（3）压力加工法

压力加工法不需要附加的金属消耗,不需要特殊设备,成本较低,修复质量较高;但修复

次数不能过多,并且劳动强度较大,加热温度不易掌握,零件强度有所降低。适用于设计时留有一定"多余金属",以补偿磨损的零件,如气门、活塞销等。

（4）堆焊法

① 手工电弧堆焊:设备简单,适应性强,灵活机动,采用耐磨合金堆焊能获得高质量的堆焊层,可焊补铸铁;但生产效率低,劳动强度大,变形大,加工余量大,成本较高,修复质量主要取决于焊条和工人的技术水平。大多用于磨损表面的堆焊及自动堆焊难以施焊的表面。

② 埋弧堆焊:质量好,力学性能较高,气孔、裂纹等缺陷较少,热影响小,变形较小,生产率高,成本低;但需要专用焊丝,低碳,锰硅含量较高,飞溅较多,设备较复杂,需要CO_2气体供应系统。埋弧堆焊应用较广,可堆焊各种轴颈、内孔、平面和立面,尤其适用于堆焊小直径零件,铸铁件等。

③ 振动堆焊:热影响小,变形小,结合强度较高,可获得需要的硬度,焊后不需热处理,工艺较简单,生产率高,成本低;但疲劳强度较低,硬度不均匀,易出现气孔和裂纹,噪声较大,飞溅较多。机械设备的大部分圆柱形零件都能堆焊,可焊内孔、花键、螺纹等。

④ 等离子堆焊:弧柱温度高,热量集中,可堆焊难熔金属,零件变形小,堆焊质量好,耐磨性能好,能延长零件寿命,可节约贵重金属;但设备复杂。

⑤ 粉末堆焊:制粉工艺较复杂,目前制备惰性气体的单位较少,对安全保护要求较高。可用于耐高温、耐磨损、耐腐蚀及其他特殊性能要求的表面堆焊,如气门和重要的轴类零件。

（5）电镀

① 镀铬:镀层强度高、耐磨性好、结合强度较高、质量好、无热影响;但工艺较复杂,生产率低,成本高,沉积速度较慢,镀层厚度有限制,污染严重,对安全保护要求严格。适用于修复质量要求较高,耐磨损和修复尺寸不大的精密零件,如轴承、柱塞、活塞销等。

② 镀铁：镀层沉积速度高，电流效率高，耐磨性能好，结合强度较高，无热影响，生产率高；但工艺较复杂，对合金钢零件结合强度不稳定，镀层的耐腐蚀、耐高温性能差。适用于修复各种过盈配合零件和一般的轴颈及内孔，如曲轴等。

（6）电刷镀

基体金属性质不受影响，不变形，不用镀槽，设备轻便、简单，零件尺寸不受限制，工艺灵活，操作方便，镀后不需加工，生产率高；但不适宜大面积、大厚度、低性能的镀层，更不适合于大批量生产。适用于面积小、厚度小、高性能镀层，局部不解体，现场维修，修补槽镀产品的缺陷，以及各种轴类、机体、模具、轴承、键槽、密封表面等的修复。

（7）黏接

黏接用来部分代替焊接、铆接、过盈连接和螺栓连接等传统工艺。如今，还广泛应用于铸造缺陷的修补，零件磨损、划伤的修复，渗漏、泄漏紧急修补和带压堵漏。对受腐蚀、气蚀、冲蚀损坏设备的修复，轴类、箱体裂纹和断裂的修复具有显著的效果，工艺简单易行，不须复杂设备，适应性强，修复质量好，无热影响，节约金属，成本低，易推广。但黏接强度和耐高温性能尚不够理想。

（8）焊接技术

焊接技术主要应用在金属母材上，常用的有电弧焊、氩弧焊、CO_2 保护焊、氧气-乙炔焊、激光焊接、电渣压力焊等多种方式，塑料等非金属材料亦可进行焊接。而天山冷焊技术作为黏接技术的发展，具有黏接技术大部分优点，如应力分布均匀、耐腐蚀，容易做到密封、绝缘、隔热等。作为一种现代的表面修复和强化技术，与传统的堆焊、电镀、电刷镀、热喷涂相比，天山冷焊技术工艺简便，不需专门设备，只需将配置好的可赛新复合材料涂敷于清理好的零件表面，常温固化，固化前任意塑造，固化后具有超金属的耐磨性、耐腐蚀性，或具有橡胶一样的强韧性，可以进行车、铣、钻、磨等各类机加工。

运用冷焊技术，可"冷焊"各种不同的材料，如金属、陶瓷、塑料、水泥制品、橡胶制品等。冷焊涂层厚度可以从几十微米到几十毫米，均具有良好的结合强度，而电镀、刷镀、热喷涂等工艺很难保证大厚度涂层不脱落。冷焊技术除能对一般零件进行修复外，还适用于以下特殊材料和特殊工况零件的修复：

① 难以或无法焊接的材料制成的零件，如铸铁、硬化钢板、铸铝、铝合金、塑料和有橡胶涂层的金属零件，用天山冷焊修复很理想。

② 薄壁零件，用热修复方法（如堆焊）修复时容易变形和产生裂纹，用天山冷焊修复可避免这些问题。

③ 结构形状复杂的零件，如内外沟槽、内孔等部位磨损后难以焊补，采用天山冷焊法十分方便。

④ 某些特殊工况和特殊部位的零部件，如燃气罐、储油箱、井下设备等（具有爆炸危险）失效零件的修复，采用天山冷焊工艺最为可靠。

⑤ 须现场修复的零部件，如拆卸困难的大型零部件，油、气泄漏的管道，以及某些缺少热修复条件却又急于修复的零部件，天山冷焊法工艺既可提高工作效率，又可缩短维修周期和停机时间。

秦岭桃花铺工程期间，采用天山冷焊法成功修复了液压泵站联轴器夹块脱落、搅拌站罐体轴承密封严重磨损、液压马达花键轴与结合套严重磨损等故障，大伙房锚杆钻机冲击活塞顶部掉块修补，坚持到工程结束未再出现同样故障，修复效果良好。

5）维修验收的关键

（1）机械部件的验收关键

① 检查设备的结构件是否齐全有效，标识是否清楚有序，是否存在部件变形和缺失现象。

② 检查外观是否整洁，喷漆是否均匀美观，有无花漆现象，是否达到国家一级的防腐要求，结构形位尺寸是否符合机械标准。

③ 检查焊接是否密合，有无夹渣气泡等缺陷。

（2）液压设备的验收关键

① 检查是否漏油，布管是否整齐。

② 检查油位是否超过规定的范围,滤芯和呼吸器是否有效运行。

③ 检查压力油管和回油管是否有序排列,有无清楚、规范的标识。

④ 检查泵站的连接是否牢固。

⑤ 确定液压油表是否处于良好状态,有无显示错误,液压阀及液压执行元件是否齐全,是否符合规定要求。

(3)电气设备的验收关键

① 检查配电柜外观是否美观,内部元件是否齐全有效,编码是否清楚有序。

② 检查电气线路布置是否规范有序,连接是否准确、牢固,电气线路有无清楚、规范的标识。

③ 检查电动元件的绝缘性能和防护性能是否符合等级要求。

④ 检查照明设备的布置是否合理,是否符合国家电器的相关要求。

(4)设备功能的验收关键

对于整体的验收工作,目的是为了确保设备可以有效地工作,其各项功能能够有效发挥。因此在检验维修设备的功能时要注意以下几点:①确保传动部件、离合器符合扭矩传动要求,减速器、联轴器润滑效果良好,无泄漏和异常声响,传动可靠。②确保水管齐全有效,在连接时不存在泄漏现象。③确保压力元件的质量符合国家标准,保证整个水系统正常运行。④确保压缩空气系统符合国家动力设备标准,仪表应鉴定合格后才可使用。⑤确保储气罐符合国家压力容器标准,压缩空气管路布置合理,连接牢固,没有漏气问题,管路开关有效可靠。⑥确保起重设备及吊具符合国家标准,维修现场安全装置齐全有效。⑦确保通风设备符合通风设计要求,管路固定牢固,没有漏风和破损现象,也不会与其他设备互相干涉。

6)对维修中存在问题的分类处理

维修期间难免会存在一些无法回避的问题。将这些问题大致分为两类:一是因为供货需求没有办法送往工厂组装但是并不影响调试的故障,如耐磨板方面的问题,可以在拆机时就开始装配,在运输前完成装配工作。二是必须通过工地组装才能彻底解决的故障,如轨线系统、通风系统、水系统调试等问题,就只能通过工地组装的方式才能彻底解决。

7)TBM 绿色维修保养

TBM 绿色维修保养概括为 TBM 设备在维修保养过程中,符合特定的环境保护要求,对生态环境无危害或者是危害性较小,资源利用率最高、能源消耗最低的现代维修与保养方式。TBM 绿色维修与维护过程中,优先考虑到设备的环境属性,将其作为维修的出发点,在满足减少污染、节能和降耗的同时,保持设备应有的可靠性、维修性和经济性。

(1)TBM 绿色维修与传统维修的比较

TBM 传统维修的研究内容是故障诊断、维修工艺、维修时间、维修质量控制;维修的目标和因素是诊断设备故障,通过维修作业排除故障,恢复设备的原有功能和属性。维修人员的环境意识薄弱,较少考虑到维修效率和经济性;维修工艺较少考虑作业过程对维修人员健康的影响;故障诊断仪器和维修工具采用一般的常规仪器和工具,维修配件也为一般加工工艺配件;作业方式为现场解体的常规作业方式,维修管理也为常规的维修管理方式。

TBM 绿色维修的研究内容是在整合传统维修内容的前提下,考虑从设备的选购质量控制到报废后的回收处理等全生命周期技术。维修的目标是在完成基本维修功能的同时,并行考虑环境 E、能耗 R、维修时间 T、维修费用 C、维修质量 Q 等属性的最优化,即"绿色度"最高;要求维修人员有较强的环境意识,并考虑维修效率和经济性;维修工艺要求作业中不产生毒副作用及保证产生较少的维修废弃物,少污染或不污染环境,保护人员健康;故障诊断仪器和维修工具采用绿色故障诊断仪器,维修配件也为绿色制造技术生产的配件;作业方式为虚拟维修、模块化作业;维修管理是做维修记录并增加了维修环保监察。

概括来说,TBM 绿色维修是将传统维修管理简化为由维修准则、组织管理、维修方式、经济性分析、作业管理和配件管理等所组成的环面,考虑到环境因素、环境准则、能源准则、技术准则、生命周期成本、人员健康和拆卸性、回收性等构成的并行环面,由这两个相互关联的环面组成的共同体。

(2) TBM绿色维修的具体实施对策

对于庞大的隧道掘进机,在维修过程中存在着噪声污染、粉尘污染、油液污染、废弃物污染、振动污染等,这些不良工作环境给生产环境和员工的健康构成了危险。减少或消除对环境和员工的影响,实施TBM绿色维修,具体应从下面几个方面着手。

① TBM绿色维修过程中油污及废弃物污染的控制对策

a. 维修过程中严格执行清洁操作规程,杜绝乱拆乱放,对遗留、泼洒在地面的油污用锯末等物覆盖、清扫,防止油污流到水源里和残留在工作现场。

b. 收集修理机械时排出的废油、废件、旧电瓶等废弃物并集中交到材料库,由材料管理员妥善处理,禁止将废油排放到下水道或直接倒在隧道中。

② TBM绿色维修过程中噪声污染的控制对策

a. 在TBM设计阶段,选用噪声较小的材料制造和改进传动装置,例如在锚杆钻机上的固定和控制钻杆的固定环上内镶耐磨橡胶减少噪声;提高回转件的动平衡,减少机械振动,避免振动部件与容易辐射噪声的部件直接连接,采用软连接、铆接和焊接等方式来降低噪声。

b. 加强设备管理,及时维护和润滑设备,避免设备运行不正常时产生噪声。

c. 在锚杆钻机、风机等噪声较大的设备上采用吸声、隔声、消声,给维修操作人员戴耳机等方式来降低噪声影响。

d. 在产生噪声的设备及附近维修保养作业时,事先做好充分准备,备齐所需备件和工具,尽量减少维修作业人员在强噪声下的工作时间。

(3) 实施TBM绿色管理与维修保养的关键技术

提高设备的可靠性和维修性,提高资源利用率,实施TBM绿色管理、TBM绿色维修保养技术,可以采取以下策略。

① 管理对策

a. 加强TBM绿色设备管理和TBM绿色维修保养技术的研究,逐步向TBM绿色维修管理现代化靠拢。

b. 加强TBM人员培训,加强TBM设备管理与维修保养人员的绿色技术思想,开展设备管理与修理技能培训,保证维修保养行业应有的技术水平,尤其提高TBM设备操作人员和TBM维修保养人员对TBM设备绿色管理和绿色维修的认识。同时,也让管理与维修保养人员学会自我保护,在维修保养作业中,自觉地节能、降耗,采用绿色材料、绿色配件,体现以人为本和可持续发展的绿色维修思想。

c. 将TBM设备职能部门的维修管理同整个企业的绿色管理相结合,实施全过程、全员、全方位的现代化生产维修管理。

② 技术对策

对TBM设备,引入绿色维修新工艺,加强维修保养作业环境污染治理,回收再利用维修废弃物,研究维修人机工程学,探讨绿色故障诊断的应用,优化维修资源。

③ 建立TBM绿色管理与维修保养组织

TBM绿色维修保养组织是在传统的TBM设备管理维修体系的基础上,增设TBM现场环保员和企业环保监察员,对TBM设备管理与维修保养进行监督、统计、考核、指导和评价,以便更好地掌握TBM整体状况,优化维修资源,提高TBM的综合效率。

绿色、高效、节能是21世纪的主题,TBM绿色管理与绿色维修保养正是顺应时代要求,保持可持续发展的一种现代化设备管理与维修思想。四川锦屏二级水电站一号引水隧道TBM401-319实施了TBM绿色管理与绿色维修保养,使TBM设备管理与维修保养工作制度化、条例化,使保养人员心情舒畅,提高了设备维修质量和使用效率,为TBM掘进提供了良好的前提条件。同时,也减低或杜绝了设备管理与维修保养作业过程中所产生的有害物质对生产环境和工作人员的影响;确保TBM

施工现场拥有良好的工作环境；保证了工作人员的身心健康；有效改善了 TBM 施工脏、乱、差的社会形象，保证 TBM 施工各项工作顺利进行。同时企业在 TBM 绿色管理与维修保养过程中不仅产生了经济效益，也派生了社会效益、环境效益，最终形成企业的综合效益，使中铁十八局在锦屏和 TBM 施工领域里树立了良好的社会形象，并获得了市场和同行的青睐。

7. 维修工艺的性能指标

1）基本要求

（1）修复后能保持或恢复零件原有技术要求，包括尺寸、几何形状、相互位置精度、表面粗糙度、硬度及其他力学性能。

（2）修复后必须保持或恢复足够的强度和刚度，满足使用要求。

（3）修复后其耐用程度至少应维持一个修理间隔期。

（4）修复的成本要低于新件的制造成本，不要单纯为了追求配件国产化而不惜代价。

（5）维修技术标准必须符合国家的安全、环保法规，应遵从国家或行业颁布的有关标准规定，同时不应违背设备说明书或制造图纸上标明的技术要求。

（6）维修技术标准应简明扼要地表述设备各部位的运行技术管理值和检修技术管理值，如温度、压力、流量、电流、电压、尺寸公差等允许值及检查方法。在依照有关标准的同时，可参考国内外同类设备或使用性质相类似设备的检修技术管理值。

（7）设备维修技术标准中描述严格程度的用词说明：

① 必须遵守的条文，用词采用"必须""不得"；

② 无特殊情况必须遵守的，用词可采用"应"与"不应"；

③ 表示允许稍有选择，条件许可时首先应这样做的条文，用词采用"宜""不宜"；

④ 表示多数情况下均应这样做，但硬性规定有困难的条文，用词采用"一般应""应尽量"。

2）修复工艺的选择原则

合理选择修复工艺是维修中的一个重要问题，特别是对于一种零件存在多种损坏形式或可用多种工艺维修的情况下，选择最佳修复工艺显得更加必要。在选择和确定合理的修复工艺时，要保证质量、降低成本、缩短维修周期，还要从技术经济观点出发，结合本单位的实际生产条件综合选择。因此，需考虑以下原则。

（1）适应性原则

适应性原则是针对具体的零件选择修复方法，考虑采用该修复方法后，零件是否能达到技术要求，考察该修复方法是否可行。

① 修复工艺及适应的工况

喷涂工艺在零件材质上的适用范围较宽，碳素钢、合金钢、铸铁和绝大部分有色金属及其合金零件都能喷涂，只有少数的有色金属及其合金喷涂比较困难。例如紫铜，由于导热系数很大，当粉末熔滴撞击紫铜表面时，接触温度迅速降低，两种基本不能形成结合，常导致喷涂失败。另外，以钨为主要成分的材料喷涂也较困难。

喷焊工艺对材质的适应性较复杂。通常把金属材料按喷焊的难易程度分成四类：容易喷焊的金属，例如低碳钢、含碳量小于 0.4% 的中碳钢、铬镍基不锈钢、灰铸铁等，这些金属不经特殊处理就可以喷焊；需要特殊处理（如喷焊前预热，重熔后须缓冷）后才可喷焊的材质，例如含碳量大于 0.4% 的中高碳钢等；重熔后需要等温退火的材料，例如含铬量 11% 以上的马氏体不锈钢等；目前还不适于进行喷焊加工的材质，例如铝、镁及其合金、青铜、黄铜等。

为此，必须充分了解被修复零件的损坏情况和对修复的要求，才能选择合适的修复方法。

零件的损坏情况包括：损坏部位和范围，损坏的程度，如磨损量大小、腐蚀面积、断裂程度等。

零件的工作条件主要指：载荷性质和大小，相对运动速度，润滑条件，工作温度和周围介质的性质等。

零件的技术要求包括：零件材料的成分，热处理要求，加工精度和表面质量，以及其他质量要求等。例如对磨损的轴类零件,根据磨损的程度、部位、零件的工作条件和技术要求,提出所需的修复层厚度、硬度和耐磨性、结合强度、允许受热温度、机械加工及热处理等要求。满足这些要求后,还要对各种修复工艺修复层的性能和特点作综合分析和比较,找出适合的修复方法,才能达到最佳的修复效果。

② 各种修复工艺所能提供的覆盖层厚度

每个机械零件磨损损伤的情况不同,修复时要补偿的覆盖层厚度也不一样。因此,在选择修复工艺时,必须了解各种工艺修复所能达到的覆盖层厚度。下面推荐几种主要修复工艺能达到的覆盖层厚度(其数据来源于专门试验研究和长期积累的经验),见表 5-13。

表 5-13　各种修复工艺能达到的覆盖层厚度

mm

工 艺 名 称	覆盖层厚度
镀铬	0.1～0.3
镀铁	0.1～5
电刷镀	0.1～1
喷涂	0.2～3
喷焊	0.5～5
电弧振动堆焊	1～2.5
等离子堆焊	0.25～6
埋弧堆焊厚度不限;手工耐磨堆焊厚度不限	

③ 覆盖层的机械性能

覆盖层的强度、硬度,覆盖层与基体的结合强度,以及机械零件修理后表面强度的变化情况等都是评价修理质量的重要指标,也是选择修复工艺的重要依据。

铬镀层硬度可高达 HV800～1200,其与钢、镍、铜等机械零件表面的结合强度可高于其本身晶格间的结合强度;铁镀层硬度可达 HV500～800,与基体金属的结合强度为 200～350MPa;喷涂层的硬度范围为 HB150～450,喷涂层与工件基体的抗拉强度为 20～30MPa,抗剪强度为 30～40MPa;喷焊层的硬度范围是 HRC25～65,喷焊层与工件基体的抗拉强度为 400MPa 左右。

在考虑覆盖层机械性能时,也要考虑与其相关的其他问题。如果修复后覆盖层硬度较高,虽有利于提高耐磨性,但加工困难;如果修复后覆盖层硬度不均匀,则会导致加工表面不光滑。

机械零件连接面的耐磨性不仅与表面硬度有关,而且与表面金相组织、表面吸附润滑油能力以及两表面的配合情况有关。如采用镀铬、镀铁、金属喷涂及振动电弧堆焊等修复工艺,均可以获得多孔隙的覆盖层,这些孔隙中储存的润滑油能使机械零件即使在短时间内缺油也不会发生表面研伤现象。

(2) 同一性原则

同一性原则是指一个零件不同的损坏部位所选用的修复方法应尽可能少。对同一个零件而言,修复方法选择越多,零件的往返周转越多,工艺流程越长,将增加修复工时和修复成本。

(3) 耐久性原则

通常在确定适合零件的一种以上的修复工艺后,还要具体分析哪种工艺最经济,材料消耗最少,成本最低。例如,修复零件的被磨损表面,可以有电弧堆焊、热喷涂、电镀等多种修复方法,一般是以成本最低为原则来选取。但这是不全面的,因为还没有考虑零件修复后的使用寿命。因此,评价零件修复方法的另一个原则是零件修复后的耐久性,即零件的使用寿命。

(4) 下次修复的便利性及经济性原则

多数机械零件不只是修复一次,因此要考虑到下次修复的便利性。例如,专业修理厂在修复机械零件时应采用标准尺寸修理法及其相应的工艺,不宜采用修理尺寸法,以免送修理厂再修复时造成互换配件等方面的不方便。

在保证机械零件修复工艺合理的前提下,应考虑到所选择修复工艺的经济性。但单纯用修复成本衡量经济性是不合理的,还须考虑用某工艺修复后机械零件的使用寿命。因此,必须两方面结合起来考虑、综合评价。同时还应注意尽量组织批量修复,这有利于降低修复成本,提高修复质量。

一般情况下,衡量机械零件修复的经济性,通常只要旧件修复后的单位使用寿命修复费用低于新件的单位使用寿命的制造费用,即可认为修复是经济的。

在实际生产中,还必须考虑到会出现因备品、配件短缺而停机、停产使经济蒙受损失的情况。即使是所采用的修复工艺使修复旧件的单位使用寿命所需的费用较大,但从整体的经济方面考虑还是可取的,应尽快采取修复措施,将旧件修复利用。

(5) 生产可行原则

许多修复工艺需配置相应的工艺设备及技术人员,也涉及整个维修组织管理和维修生产进度。所以选择修复工艺要结合企业现有的修复用装备状况和修复水平。还应注意不断更新现有修复工艺技术,通过学习、开发和引进,并结合实际采用较先进的修复工艺。

总之,零件修复方法的选择不能只从一个方面考虑,而应综合分析比较,从中确定最优方案,达到工艺合理、经济划算、效率提高、生产可能的目标。

5.5.3　TBM 常见故障及排除方法

1. 主轴承润滑系统污染

主轴承在隧道掘进工程中的地位特别重要,良好润滑是主轴承正常工作的重要保障,清洁又是润滑系统正常运转的基础。主轴承润滑系统一旦污染,将会导致停机检修,严重延误工期,增加施工成本,如辽宁大伙房输水隧道 TBM 主轴承严重磨损,导致掘进机主轴承被整体更换,工期延误半年,损失巨大。

1) 污染原因分析及应对措施

从主轴承结构方面讲,若主轴承密封系统的润滑监控及保护功能不完善,将导致主轴承润滑脂和齿轮润滑油在润滑密封时的实际效果不理想。若主轴承润滑回油系统故障,润滑流量和供脂次数不足,将导致润滑主轴承腔室形成负压,吸引杂物从密封圈进入主轴承腔室内,造成润滑系统运行不良。在主轴承密封的齿轮油润滑工作中,如没有有效监测和检查(压力表显示故障)工作状态,或是未通过外接压力表监测,则不能及时了解此系统是否已经设定为系统需要的压力值。润滑压力的缺失将导致润滑不良,高温、黏温特性的交互作用使轴承胶合概率大大增加,滚道产生磨粒脱落、划伤、凹坑等,陷入恶性循环,造成整体轴承报废。

现场施工缺乏对主轴承润滑系统相关设备的有效监控,环境变化时未对设备进行有效调整,没有及时根据现场条件变化进行相应掘进参数的调整,这些都可能造成主轴承润滑系统的污染。

由主轴承剖面结构分析,污染源头入侵途径可能有以下几方面:

(1) 主轴承与刀盘连接面,如液压张紧螺栓随掘进过程松动,脏污极有可能由此长驱直入。更换密封时若涉及上述螺栓,应采取防范措施,严密封堵。

(2) 刀盘张紧螺栓孔也是岩粉进入润滑油腔的可能途径,建议将内孔用硅胶封堵。

(3) 唇形密封迷宫出口处,紧邻溜碴槽底部,最容易进入岩粉。若唇口圆周焊接紧贴唇口的小间隙 L 形防尘护圈,可以有效阻挡岩粉进入。

水对 TBM 设备影响比较大,刀盘飞溅的射流水很容易通过唇形密封迷宫开口处进入主轴承腔室,水与润滑油混合物导致润滑油运动黏度急剧下降,并附带氧化、锈蚀、穴蚀等损伤作用,最终造成主轴承润滑系统污染。润滑油水分含量严重超标可能有三处:刀盘连接处(螺栓松动导致结合面开缝)、液压张紧螺栓孔、唇形密封油脂溢出处。TBM 掘进时产生大量热量,同样会产生冷凝水效应,会沉积在润滑油腔底部,为此,可利用停机阶段,在润滑油腔最底部设置截止阀,定期排出冷凝水。通过磁性过滤器肉眼观察,也能直观判断是否含水。

2) 主轴承润滑系统的维护保养

正确及时地维护保养是减少维修工作量的必要条件,使用设备过程中应首先加强维护保养,其次是出现故障及时维修。从维护保养角度,做好日常主轴承润滑系统运行是否正常的检查、判断工作。

（1）定期检查主轴承润滑油油位是否异常，如果波动过大，则应分析波动原因，找到故障和泄漏源头，不能轻易加油。

（2）观察内外唇形密封唇口位置是否有足量润滑油脂挤出，若不足，则应立即启动油脂泵连续泵直到挤出为止，否则不得启动 TBM 掘进。

（3）利用停机空隙，测量主轴承轴向间隙，推算轴向滚子与滚道磨损情况。

（4）运行中密切关注启动油脂泵工作状况和脉冲计数次数，发现压力过高时，表示油脂分配阀堵塞，应立即停机拆解分配阀，彻底清洗阀件；若次数低于设定值，则应联想到气路压力，调整到增长压力即可。

（5）为避免拆检清洗油脂分配阀浪费宝贵掘进时间，可采用备用部件切换修理法，组合同种型号分配阀，并连在一侧位置，故障发生时，利用分配阀两端的截止阀关闭故障回路，开通备用回路，空余时间清洗故障部件。

（6）运行中还应密切观察润滑油路各控制阀、流量计的指示参数，若严重偏离设定范围，维修中就要联想到阀体和泵体的磨损，相关的密封也应及时更换，必要时进行修理。

（7）为观察润滑油中磨粒的形貌，每隔50个掘进循环，拆解一次磁性回油过滤器，收集清理磁环、磁柱的铁磁性磨粒，累积数量多了，也可推测轴承磨损速率，还可观察到非铁磁性磨粒（青铜保持架）的损坏情况，间接推断保持架磨损的严重程度。及时更换出现报警的各类过滤器，勤更换、勤保养。

2．刀具异常损坏

滚刀是硬岩 TBM 破岩的主要工具，是 TBM 最主要的易损件。据相关统计，用于刀具的费用约占整个掘进费用的 1/3，用于刀具检查、更换的时间约占整个施工时间的 1/3。刀具异常损坏在刀具更换中占有较大比例，其损坏表现形式主要有刀圈偏磨、刀圈卷刃、挡圈断裂或脱落等，其原因不能一概而论，要根据地质条件和当时情况具体分析。

1）刀圈偏磨

如图 5-44 所示，刀圈偏磨是刀圈不能在刀体上转动而使刀圈顶的某一段圆周固定地与岩面摩擦，在刀圈外圆某一弦的方向发生磨损。刀圈偏磨的根本原因是轴承损坏，其原因主要有以下几点：

（1）当岩性为中软岩（例如砂岩）时，破岩后成细腻状岩粉，如果刀具轴承浮动密封环质量不过关，细腻的岩粉极有可能进入刀具轴承密封内，楔入刀体内圆锥轴承滚子、滚道、保持架之间，造成轴承旋转不畅，进而出现大量偏磨现象。

（2）在硬岩中掘进时，不少刀具会发生崩刃现象，崩刃的碎块极有可能卡在相邻刀具与掌子面之间，导致被卡刀体失圆，失圆的刀体造成刀具轴承变形，轴承在掘进过程中卡滞不转，刀具的刀圈就会出现局部磨平的偏磨现象。

图 5-44　刀圈偏磨

（3）如果掘进参数选择不当，如推力过大、掘进速率过大，破岩时会产生温度过高，刀具轴承润滑油泄漏的现象，恶性循环的结果会导致轴承异常损坏，同样会出现严重偏磨现象。

2）刀圈卷刃

如图 5-45 所示，刀圈出现卷刃现象可能与刀圈韧性有余、硬度不足有关。材质的硬度与韧性是一对矛盾，不好调和，刀具厂家目前还做不到根据岩石情况及时调整刀圈金相成分。如果对既定目标的岩性有足够了解，可以采购不同性能的刀具作为储备，必要时拿出来进行实验性掘进，也许会有改善。根据了解，国内各厂家均做不到这一步，进口刀具也只是有几种刀圈形式可供选择。

若刀盘喷水功能不正常，刀圈在掘进过程

中不能及时降温,也容易出现刀圈卷刃。维护保养中,喷水孔应及时疏通,保证掘进中始终有高压水雾状喷射。

图 5-45 刀圈卷刃

3)挡圈断裂或脱落

挡圈断裂或脱落主要是由于挡圈焊接不牢,刀具在组装时安装不到位所致。另外,在TBM掘进时,刀盘转速太大也可造成这种现象。发现有挡圈掉落时,刀具工应在刀盘内部对它们进行补装,不需要从刀盘上拆卸下来维修。如果发现刀圈已经脱落或错位,就需要马上进行更换。如图 5-46 所示,采用两根钢筋对挡圈进行搭焊,操作简单方便,可有效增加挡圈的承载强度,大大减少挡圈脱落的现象。

图 5-46 挡圈脱落保护示意图

3. 隧道施工通风问题

良好的运行环境是保障作业人员人身安全和 TBM 安全运行的前提条件。隧道施工中,由于掘进、出碴、喷射混凝土、内燃机和运输车辆的排气,洞内氧气含量少,开挖时地层中放出岩尘与各种有害气体,使洞内狭窄空间的空气非常污浊,对人体健康和设备安全影响较大。隧道通风系统的作用是把洞外新鲜空气送入洞内,排除有害气体,降低粉尘浓度,改善作业环境,同时带走隧道内大量的热。隧道

通风系统工作过程中遇到的主要问题及对策如下:

(1)对于长距离隧道,随着掘进里程延长,串联风机依次启动,转速提高,风压增加,风机底座振动问题逐渐明显,需定期观测振动情况,防止因底座高频振动将接线盒的电缆外皮磨破,导致短路烧损风机。在风机底座安置橡胶垫,可有效减小振动。

(2)长距离启动风机需要根据距离的加长,随时调整变频驱动的延时时间,便于新风充盈风管,避免新风锤击效应,撕破风管。

(3)风机前部上方应加遮雨棚,防止雨水吸入风管。辽宁大伙房工程施工时期,未设置此装置,洞内风管明显可见积水,风筒挂钩承重达到临界点,导致 1km 风管坠落事故。处理时,见到鼓包,可用铁丝磨尖、扎小眼的方法泄水,切忌割开大口泄水,造成沿途严重漏风。

(4)隧道风管的悬挂尽量平直光顺,若弯折较多,累积的压力损失加剧,到达主机的新风就少,造成无谓的损失。应强调风管延伸时的直线悬挂工艺要点,最好采用激光束准确安装。

一次通风系统的出风口与二次风机的距离不应过大,否则会降低通风效率,浪费资源,如图 5-47 所示。在完整的通风系统设计时,应把二者之间的距离控制在合理范围内。

图 5-47 一次通风系统出风口与二次
风机距离过大

4. 运输管理问题

TBM 隧道施工掘进速度快,且要求掘进、出碴、支护并行作业,所需物料应及时从洞外运抵施工区域。随着掘进延伸,运输距离变远,行车时间随之增长,若运输调度出现纰漏,错车等待更增加物料运输时间,甚至酿成事

故。若物料运输不能满足掘进要求,将严重影响 TBM 快速施工的优势,延误工期。

1) 加强列车运行组织与调度

行车时遵循一个基本原则:可能的情况下,进车线与出车线严格区分,只有二次衬砌与辅助洞室开挖洞段才允许进、出车线共用,但需严格执行单线运行制度。

(1) 车辆调度合理与否直接关系 TBM 的掘进效率、辅助洞室施工速度以及二次衬砌施工进度,因而必须统一服从洞口现场行车调度指挥。

(2) 洞内、洞外及时沟通,大量施工用料应提前计划,合理、分批次装运。零星用料和急需配件等用品,也由调度安排,合理搭载,一般不派专车,以缓解洞内运输矛盾。

(3) 行车调度应兼顾全局,统筹安排,层次分明,分清轻重缓急,抓主要矛盾。

正常情况下,以左线作为进车线,右线作为出车线;衬砌台车浇筑混凝土时,输送泵一律停放于进车线,前方材料运行到该位置时,通过道岔过渡到右线(出车线,此区段为单线通行段)通行,待通过二次衬砌施工段之后,再通过道岔回到左线(进车线)运行。

辅助洞室施工段,左、右两侧都存在施工的可能,当左侧辅助洞室完成开挖出碴时,右线轨道分时段单向通行,前后两端通过道岔实现过渡;同样,右侧辅助洞室完成开挖出碴时,左线轨道分时段单向通行。

2) 运输调度规章制度

(1) 加强线路信号管理,确保信号准确无误。

(2) 提高扳道员工的素质和责任心,确保不出差错。

(3) 严格限制行车速度,列车通过道岔时运行速度不能超过 5km/h,其他洞段最高速度不能超过 15km/h。

(4) 运输线路每班由 3 名线路工负责巡视、维修,发现问题及时解决。机车司机和调度员采用无线通信系统保持联系。在列车编组的过程中,编组场的调车员严密注视前后道路情况,用无线通信系统和机车司机保持联系。列车在进入和离开后配套时应鸣笛,且减速慢行。

(5) 机车和车辆的保养至关重要,要根据维护保养手册制定切实可行的保养计划。

(6) 运输安全非常关键,要加强在施工生产中对运输系统作业人员的管理:

① 机车司机、调车员等相关作业人员必须经过培训,考试合格后持证上岗。

② 严禁非专职人员开车、调车,机车司机与调车员应熟悉所有线路的状况和道岔位置,熟练掌握警示标志的意义。

③ 交接班机车司机均应仔细检查信号、挂钩、制动等装置是否完好,调车员发现问题及时与机车司机取得联系,立即启动相应的应急预案。

④ 机车在运行中严禁司机、调车员将身体任何部分伸出限界外,列车必须连接良好、制动可靠。列车在通过道口、洞内临时施工地段、进出洞时都必须减速鸣笛示警。

⑤ 运输作业需要的通信及信号器材配备齐全,运输过程中司机应精力集中,随时检查车辆速度、道路状况、通视状况,有情况及时与调度员联系。

⑥ 运输调度员随时与洞内沟通信息,做到调车快速方便,作好车辆运输记录。

(7) 对于轨道及附属设施的主要安全措施如下:

① 车辆严格按规定行车线路行驶,设专人对整个运输系统轨道进行养护。在运输线路进行轨道养护的其他作业时,设专职防护人员和作业标志,封闭线路要限时作业。

② 洞内成洞地段、视线良好准行 15km/h,还需要 TBM 后配套、全设备状态良好,否则不得使用。

5.6　TBM 应用实例

5.6.1　TBM 的国外应用实例

1. 英吉利海峡隧道

英吉利海峡隧道(Channel Tunnel)又称英法海底隧道或欧洲隧道(Eurotunnel),是一条把英国英伦三岛接往法国的铁路隧道,于 1994

年 5 月 6 日开通。它由三条长 51km 的平行隧道组成,总长度 153km,其中海底段的隧道长度为 3×38km,是世界第二长的海底隧道及海底段世界最长的铁路隧道。

两条铁路隧道衬砌后的直径为 7.6m,开挖洞径为 8.36～8.78m;中间一条后勤服务隧道衬砌后的直径为 4.8m,开挖洞径为 5.38～5.77m。从 1986 年 2 月 12 日法、英两国签订关于隧道连接的坎特布利条约(Treaty of Canterbury)到 1994 年 5 月 7 日正式通车,历时 8 年多,耗资约 100 亿英镑(约 150 亿美元),也是世界上规模最大的利用私人资本建造的工程项目。

它们从英国海岸的莎士比亚崖和法国海岸的桑洁滩两个掘进基地开始,分别沿三条隧道的两个方向开挖,共有 12 个开挖面,其中 6 个面向陆地方向掘进,另 6 个面向海峡方向掘进。TBM 在该项工程中发挥了巨大作用,TBM 根据支护形式分为三种类型。

1) 敞开式 TBM,常用于纯质岩

敞开式掘进机适用于透水性较小的地层;封闭式掘进机适用于透水性较强的地层,其掘进头能承受 11bar(1bar=0.9869 标准大气压)的静水压力。

敞开式 TBM 的主要特点是使用内外凯氏(kelly)机架。内凯氏机架的前面安装刀盘及刀盘驱动,后面安装后支撑。外凯氏机架是 2 个独立的总成,前后外凯氏机架上装有 X 形支撑靴,外凯氏机架连同支撑靴一起能沿内凯氏机架作纵向滑动,支撑靴将外凯氏机架牢牢地固定在掘进后的隧道内壁上,以承受刀盘扭矩和掘进时的反力。

前后外凯氏机架上各有其独立的推进液压缸,后外凯氏机架的推进液压缸将推力传到内凯氏机架上。掘进循环结束时,内凯氏的后支撑伸出,支撑到隧道底部,外凯氏的支撑靴缩回,推进液压缸推动外凯氏机架向前移动,为下一循环的掘进作准备。

2) 双护盾式 TBM,常用于混合地层

双护盾式 TBM 又称伸缩护盾式 TBM,由主机、连接皮带桥、后配套三大部分组成。主机主要由装有刀盘的前盾、装有支撑装置的后盾、连接

前后盾的伸缩部分及安装管片的盾尾组成。

3) 单护盾式 TBM,常用于劣质地层及地下水位较高的地层

单护盾掘进模式适用于不稳定及不良地质地段。在松软围岩地层中掘进时,洞壁不能提供足够的支撑反力。这时,不再使用支撑靴与主推进系统,伸缩护盾处于收缩位置,双护盾 TBM 就相当于一台简单的盾构。刀盘的推力由辅助推进液压缸支撑在管片上提供,TBM 掘进与管片安装不能同步,作业循环为:掘进→辅助液压缸回收→安装管片→再掘进。

最大的一台掘进机直径 8.78m,全长约 250m,重达 1200t,合同运行寿命 20000h,价值超过 1000 万英镑。它能完成掘进、钢筋混凝土衬砌块的安装、灌浆以及施工轨道敷设等一连串工序,实际就像一条自动化作业线。

最高掘进纪录为 428m/周,英国一处隧道工程的 6 台掘进机平均掘进速度为 150m/周。整个掘进工作按计划完成,只用了 3.5 年时间。由于欧洲隧道工程每延误一天工期,仅贷款利息就要支付约 200 万英镑,因而施工速度至关重要。当工期对经济效益有重大影响而掘进工作面又受限制的情况下,采用隧道掘进机能发挥很好的作用。

英吉利海峡隧道工程是当时规模最大、最宏伟的海底铁路隧道工程,它充分展示了现代盾构工法在建造大型跨海隧道工程的巨大成功,并使隧道施工技术水平和盾构装备能力得到迅速提升,把盾构机的适用范围推向一个新阶段。英吉利海峡隧道施工现场如图 5-48 所示。

图 5-48　英吉利海峡隧道施工现场

2. 阿尔卑斯山脉贝乐多纳隧道

阿尔卑斯山脉贝乐多纳隧道长 18.4km；开挖直径 5.88m；地质条件：花岗岩、片麻岩、泥灰岩；掘进设备：WIRTH 型硬岩掘进机，功率为 720kW；工作效率：最高日进尺 36.6m，最高月进尺 625m。施工现场如图 5-49 所示。

图 5-49　阿尔卑斯山脉贝乐多纳隧道施工现场

3. 日本大阪商街公园地铁车站工程

日本大阪商街公园地铁车站(Osaka Business Park)是大阪市地铁 7 号线工程中施工难度最大的一个车站，处在地下 32m 左右，因此也是大阪市地铁中最深的一个车站。这座车站总长 155m，位于 IMP 摩天大楼及盾构法施工的大断面下水道隧道(弁天下水道干线)的正下方，处在深度大、水压高的易塌方地层中。该车站采用了世界上首次在实际工程中应用的三连体泥水加压式 MF 盾构施工法，TBM 规格为：高 7.8m×长 17.3m×宽 9.7mm，施工现场如图 5-50 所示。

图 5-50　日本大阪商街公园地铁车站工程施工现场

车站的结构形式分为两大部分，即工作井和隧道部分。隧道长 107m，该工区的地质条件为冲积层和洪积层，隧道覆土 27m，水头压力 0.15MPa，盾构拱顶部为洪积砂土(均匀系数 3~5)，下半部分为黏土层。

4. 瑞士大直径(10m 以上)隧道

瑞士在 1965 年采用的第一台掘进机直径为 3.5m，但仅隔 5 年即从 1970 年起使用直径大于 10m 的掘进机[包括全断面掘进机、隧道扩挖机(tunnel enlargement machines)、混合型盾构机(mixsheld)]修建 10 座双线铁路及双车道公路隧道，总长 35km 左右。

瑞士用的大直径掘进机是 Rubbins，Wirth 及 Herrenknecht 公司制造的，后援系统(即后配套)主要由 Rowa 公司提供。全断面掘进机除 Heitersberg 隧道为带拱部保护的敞开式掘进机外，其余均采用护盾式掘进机。10 座隧道中有 5 座用全断面掘进机施工。隧道扩挖先用小直径掘进机开挖导洞，然后分两次或一次扩挖成隧道。10 座隧道中有 4 座用隧道扩挖机施工。混合型盾构机用于隧道地质条件变化不定，既有涌水松软岩层，又有干燥硬岩的情况，在涌水松软岩层中作泥浆盾构机使用，在干燥硬岩中作掘进机使用。10 座隧道中仅有 1 座用混合型盾构机施工。

各工点用掘进机掘进的隧道长度为 2.6~7.1km，相当于每台掘进机平均掘进 4.5km。20 世纪 60 年代后期以来，长 16.5km 的 Gotthard 公路隧道及每孔长 9.3km 的 Seelisberg 双孔隧道，原规定要考虑采用掘进机施工。后因 Gotthard 隧道通过的结晶岩抗压强度很高，超过了当时掘进机的能力而未采用。而 1974—1975 年修建的 Seelisberg 隧道却因通过的是抗压强度为 60MN/m 的泥灰岩，从经济考虑未用掘进机施工，而采用了一台中 12m 美国制造的 MEMCO 型盾构机施工，掘进速度每工作日达 13.6m。

Bozberg 双孔双车道高速公路隧道长 3700m，位于瑞士巴塞尔到苏黎世的 N3 国道上，略低于 1871—1875 年修建的长 2500m 的老铁路隧道，且在其东边约 500m 处近似平行通过。因而，老铁路隧道为该隧道施工提供了该地区的地质和水文地质的详细资料。隧道覆盖层厚度最大为220m,南洞门端1/3长度隧道穿越褶皱的Falten侏罗纪地层,主要由软硬白云质灰岩、泥灰岩、无水石膏和页岩的断层带组成。北洞门端2/3长度隧道穿过平坦的Tafer侏罗纪地层,主要是石灰岩、石灰黏土、泥灰岩和砂岩。

隧道线路中有三条竖曲线和三条平面曲线,但曲线半径较大,因此掘进机施工条件不佳。Bozberg隧道采用一台Robbins/Herrenknecht公司制造的硬岩掘进机施工。该掘进机刀盘由Robbins公司制造,其余如护盾、安装臂、液压驱动装置、电气设备及后援系统均由Herrenknecht公司制造。掘进机的性能参数为:直径11.87m(可开挖到11.93m);长度7.78m(加上后援系统共长65m);质量1130t(加上后援系统总质量1930t);刀盘由73把直径为430mm的滚刀组成;总推力1800t(40台45t的千斤顶);转速0~4r/min;驱动功率3200kW;扭矩7000kN·m;行程1.5m(在每转推进13mm及转速4r/min时,30min即可推进约1.5m)。

这台掘进机在Bozberg隧道的西孔隧道的南洞口露天组装,1990年5月2日开始掘进,1991年9月5日到达北洞口。然后对掘进机部分解体,运往东孔隧道南洞门进行掘进,并于1993年6月3日到达东孔隧道北洞门。掘进机的平均速度约为12m/d,弃碴用Kiruna卡车运走。掘进机后部设一条长70m的高架单轨轨道运送管片,这样可在后援部分下方高出仰拱2.4m回填层上铺设临时运输轨道。管片衬砌环(2块底部弓形块、2块侧面弓形块、1块拱顶弓形块及底部一块小的楔形封底砌块)宽1.25m,厚40cm,质量9t。当掘进机行程结束后,安装管片衬砌环,该作业需时30min。因此,如按每工作日两班,每班作业9h,则理论掘进功效每工作日可超过20m。考虑到施工中不可避免地会发生故障,故把每工作日的掘进工效定为10~15m。

原计划1993年底完成东、西两孔隧道的掘进工作,然后进行洞内其他作业,在1995年底正式通车。这样每孔隧道的掘进时间为18个月,即要求平均掘进速度为205m/月,按每月20个工作日计算,每工作日应掘进10.25m。这个速度在出现意外故障和突发事件时也能保持。

实施结果为,西孔隧道两班制的掘进速度曾达到20m/d,而且两班制时只有1.5班进行掘进作业。而东孔隧道的掘进速度曾达到每班16m、每周100m。因此,由于不担心掘进速度,东孔隧道最终实行一班制,仍比原计划提前3个月掘进完毕。Bozberg隧道施工中的最高日进尺为25m,相当于每天开挖出2700m³的岩石。在东孔隧道最后1km掘进时,每工作日掘进速度达16.6m,这对长隧道来讲已是较好的平均成绩。

掘进中曾因主轴承损坏而停工11周。由于Bozberg隧道覆盖层薄,可通过一个浅竖井更换直径为6m、质量为60t的主轴承,更换前对备用轴承进行了技术校正。掘进机停工对平均掘进速度影响较大,该隧道平均进度为每工作日10.9m,如无更换主轴承耗时11周的影响,平均进度则为每工作日13.2m。该隧道通过狭窄断层带时(这段断层带为软弱泥灰岩和喀斯特化的石灰岩),因地层承载力太低,无法承受600t的护盾式掘进机,而使掘进机低头400mm。为纠正低头现象,把掘进机中的安装机具向护盾后方移动作为平衡块使用,另外把后援部分作为刀盘上半部的制动块使用,然后让刀盘挤压护盾下面软岩底部,开动下部推进千斤顶,使刀盘稍微向上抬,同时向护盾下注浆。这样就可在花费较小的情况下,防止掘进机在软岩中发生低头现象,从而使掘进机保持在设计的高程位置上。

重型掘进机在通过软岩段时发生低头现象是不足为奇的,可像该隧道一样按具体情况采用各种不同措施来纠正。隧道用的砌块在南洞口预制,为缩短脱模时间进行蒸汽养护。该隧道总共需要3万块砌块,平均每个砌块需要混凝土3.5m³和钢筋85~110kg/m²。预制厂按两班18h工作预制砌块80个。隧道南段因地下水有腐蚀性,采用抗硫酸盐水泥制造砌块。随着掘进机前进,安设外层砌块,并在底部铺设临时行车路面。1991年4月,在西孔隧道掘进到平坦的 Taier 侏罗纪地层时发现了不寻常的风化沉积岩,而且出现了涌水,分析表明涌水中硫酸盐含量高达 20g/L,且氯化物含量也很高,这种情况出乎意料。考虑到硫酸盐会使混凝土破坏,氯化物会腐蚀钢筋,影响砌块寿命,故须研究:水从何来、水量多大、涌水是暂时的还是长久的、水的腐蚀性程度、砌块抗腐蚀的程度,在已衬砌地段和未开挖衬砌地段应采取何种措施等问题。到1991年9月,西孔隧道贯通后几周弄清了这些问题,整个隧道处于涌水地段,涌水量小(总共 10L/min),但却持久涌出,腐蚀性程度较高。现有砌块不久将失去承载能力,如不采取措施,今后维修困难且耗资巨大。因此唯一的方法是使现有砌块只作为外层衬砌,全部铺设防水层后再现浇混凝土内层衬砌。对 Bozberg 隧道,采取了两个措施:对已开挖衬砌的西孔隧道,因底部已有路面,故要在底部铺设防水层须破坏原有路面,这样保留原有砌块作外层衬砌,加铺全环防水层再现浇内层衬砌,使隧道净空断面减小了,行车道宽度仅 7.5m,比设计宽度减小0.25m;对东孔隧道,则改用厚 29cm 的砌块作外层衬砌,铺设全环防水层后再现浇厚 41cm的内层衬砌。东孔隧道用的厚 29cm 的砌块,其厚度不能再小了,否则就无足够强度承受掘进机前进的推力。

5. Russelin 隧道

Russelin 隧道也是在复杂地质条件下采用掘进机施工的实例。隧道通过磨砾岩、石灰岩和含泥量达 50%～85% 的泥灰岩,预计会遇到的最大困难是:岩层出现高地应力,部分会强烈膨胀的矿物。隧道施工不久,遇到了未料到的松散地层,再加上此时覆盖层薄,隧道拱顶发生坍塌,地面先扩展为一个局部洼地,最后造成隧道顶部坍塌,使出碴量大增而影响了施工效率。在拱顶用钢管作超前支撑的办法处理坍塌段,但是非常费时。

施工进入覆盖层 200～300m 的严重裂隙段时,碰到了一个罕见的情况:隧道掌子面向掘进机刀盘前方突出达 3m,掘进机工作时刀盘几乎只是周边与岩石接触,破碎的岩块妨碍

了正常的切削过程,同时将岩块装入料斗并用运输机运输也非常困难。为了继续掘进,必须采用特殊措施稳定隧道掌子面,因此决定在将来的第二孔隧道轴线(相距 40m)上开挖一个平行于主隧道的前探导坑来探测前方情况。但是,开挖过程中发现直接在掘进机刀盘外采取支护加固断层带,比从 40m 外的前探导坑来加固断层带更加经济。

另外,Russelin 隧道在通过狭窄断层带时,也因断层带承载力低导致掘进机发生低头现象。

6. Grauhol 隧道

Grauhol 双线高速铁路隧道位于瑞士伯尔尼附近,长 6294m,从施工角度来看其地质条件非常困难。1987 年招标时要求东洞口471m、西洞口 275m 采用明挖法施工,其余部分用普通盾构机和降低地下水位从两个方向进行暗挖法施工,但允许投标者提出新的方案。由于隧道所处地带是瑞士国内重要的水资源地带,从保护水资源及环境的角度出发,不能降低地下水位。最后接受了只从东口采用混合型盾构机的施工方案。

采用混合型盾构机的原因是它可以避免地面破坏造成地下水位下降,适用于在既有涌水的软弱岩层又有干燥的硬岩隧道中掘进。采用 Herrenknecht 公司生产的混合型盾构机,它在软弱地层中作为泥浆盾构机工作,而在干燥硬岩中又作为敞开式隧道掘进机使用。该混合型盾构机的技术参数为:质量 350t(加上7 节后续部分总质量 1800t);刀盘外径11.6m;最大开挖直径 11.68m;长度 10.4m(后续 7 节共长 220m);刀盘速度 0～2.7r/min;最大扭矩 13000kN·m;刀盘功率 1250kW(12 个电动液压马达);主轴承外径 5.6m,质量 24.5t(SKF-RKS);推力 8.640t,24 对液压缸;行程2.5m;12 个液压缸,长度均为 1800mm,行程为650mm;滚刀 76 把,直径 430mm(ICCpalmieri),108 个粗齿;水压保护最大为 0.4MPa;漂石碎石机开口尺寸 1.1m×1.2m;运输机速度3.2m/s,宽 800mm,540t/h(最大值),总功率4550kW;泥浆循环容积 1300m³/h;总的压缩

空气供给量 190m³/min。

混合型盾构机作为泥浆盾构机使用时是闭胸式盾构机,是根据双室原理设计的,工作时用泥浆支护工作面形成不透水的密封膜防止地下水浸入,维修时用压气支护便于检修。原估计在隧道西端软岩中会出现大涌水(水压可达 0.4MPa)及直径达 1.2m 的漂石,因此在盾构机内设置了一台大型碎石机,将其先破碎成 40~50cm 再破碎成 15cm,然后通过设在底部的直径为 350mm 的管道,用泵将岩块与泥浆送至紧接其后的第三、四节后援部分进行第一次分离,分离后的泥浆如符合要求即送回工作面使用,否则送到洞口进行第二次分离。第二次分离开始时只用带式过滤池,结果含水量在 50% 以上,超过了合同规定的 30%,因而必须采用离心机分离。泥浆通过稠化剂及散凝作用后,通过带式过滤池的是含各种粒径的粉砂和黏土。离心机能处理比通过带式过滤池密度更低的泥浆。

混合型盾构机通过干燥硬岩时则作为敞开式掘进机使用,此时泥浆管道运输停用,碴石则通过穿过中心开口的运输机运到一条由 REI 提供的可伸缩的 Gurvoduc 型运输机上运到洞外。此时碎石机只需将大的漂石破碎为 400mm 的粒径即可。

该混合型盾构机刀盘上有 6 个径向臂,臂上配有圆盘式滚刀和粗齿锯。球形滑动轴承由三列径向/推力圆柱滚动轴承组成,从而使刀盘与盾构机之间构成无弯矩连接,刀头就可完成倾斜切削。刀盘由 12 个周边小齿轮驱动,这样盾构机中心部分可自由地排除弃碴。整个混合型盾构机用一套计算机系统监控各机构的工作状况,以求获得最佳效果。两种掘进方式的转换,要耗用一天时间。后援设备共有 7 节拖车,其第一节拖车上装有 ROWA 公司的砌块安装机和向砌块后部灌浆的设备,所有砌块安装机提升及拼装都是用真空吸附提升设备完成的。砌块起到最初支护及最后衬砌的作用。一环由 6 块 10t 重的钢筋混凝土砌块(每块宽 1800mm、厚 400mm、长 5760mm)及一块拱部楔形块组成,相邻衬砌

环错开半块砌块长度设置。砌块由 Wayss-Freytag 设计,在现场制造公差要求为 ±1mm,并采用 Phoenix 型防水垫圈。现场预制砌块的能力为每班 26 块,用蒸汽养护以缩短脱模时间。为满足临时运输便道的要求,衬砌环安好后,马上铺设直径为 350mm 的纵向排水管及砂砾石路面。用泥浆管道出碴时,黏土会黏结在刀盘及切削机具上,砂及粉尘在悬浮液中会严重磨损机具,因此要经常更换圆盘刀及扩孔刀。这种维修作业是在压气支护下进行的。压气支护对地层的影响不同于泥浆支护。尤其在透水性大的地层中,采用压气支护时,空气可能大量损失而带来危险。因此应从外部加固地层或采用特殊的支护注浆。总之,在维修期间应随时检查压缩空气的损失情况,以确保安全。

施工计划是这样安排的:1988—1989 年施工东端 471m 明挖段后,1991 年初用混合型盾构机掘进,1992 年与西端 275m 明挖段贯通,确保 1994 年年中运营。实际上 1989 年 11 月就用混合型盾构机进行施工了,这样掘进 5548m 隧道总共计划用时 38 个月。计划在中部硬岩段 1750m 的日进尺为 10m。在两端软岩段 379m 的日进尺为 7m,这样以每个月20个工作日计算,36 个月即可完成掘进,剩下 2 个月开始掘进、贯通及混合型盾构机的两次转换。在几乎所有较大型隧道中往往掘进到全长的 1/3 时才能达到平均掘进工效(速度),以后又会高于平均掘进速度。

5.6.2 TBM 的国内应用实例

1. 广西天生桥水电站引水隧道

广西南盘江天生桥二级(坝索)水电站位于贵州安龙和广西隆林界河南盘江下游天然落差最集中的河段上,从坝索坝址至厂房河段长约 14.5km。电站坝址以上的流域面积 50194km²,大约占全流域面积的 89.4%。本工程为大型低坝引水式水电工程,以发电为单一开发目标。电站的主要建筑物由首部枢纽、引水系统和发电厂房 3 部分组成。

首部枢纽布置在天生桥峡谷出口的坝索

处，由左、右非溢流重力坝段，河床溢流坝段和冲沙闸组成，坝轴线全长 469.96m。大坝为碾压混凝土重力坝，最大坝高 60.7m，坝顶长 471m。坝身进水口后接引水系统，整个引水系统由进口明管、引水隧道、调压井及压力管道组成。

首部进水口共 6 个，每个隧道 2 个，孔口尺寸为 6m×9m(宽×高)，经 15.4m 的渐变段变为内径 8.7m 的圆形断面与其后的 3 条坝后引水明管衔接。进口明管内径均为 8.7m，平均长度约 175m，采用钢筋混凝土圆形结构，壁厚 1.5m。引水明管之间的中心距为 17m。

引水隧道共 3 条，平均长 9776.2m(从进口至隧道末端，含引水明管)，其中隧道部分平均长 9603.578m。引水隧道洞径为：钻爆法开挖段衬砌内径 8.7m，TBM 开挖段衬砌内径 9.8m。3 条引水隧道平行布置，隧道中心距在灰岩地区为 40m，在砂页岩地区为 50m。进口底板高程为 622m，调压井底部处高程为 592m。

隧道直径在中间部分由 8.7m 内径变为 9.8m 内径，然后在隧道Ⅱ号施工支洞附近又从 9.8m 内径变为 8.7m 内径，后在施工过程中为赶工期，在Ⅱ、Ⅲ号隧道处增设了部分内径 9m 及 9.6m 的衬砌断面；隧道末端由长 24m 的渐变段从内径 8.7m 变为 10m×5.5m 的方圆形断面后接调压井。

隧道采用混凝土或钢筋混凝土衬砌，3 个调压井分别位于 3 条隧道末端，每个调压井下部还有一分岔段，由 10m×5.5m 的方圆形断面分岔为 2 个 4.5m×5.5m(宽×高)的矩形断面，分岔后接压力钢管的闸门室，再接 2 条压力钢管。调压井为带上室阻抗式圆形结构布置形式，上室为 10m×10m(宽×高)、长 160m、坡度为 0.01 的隧道，井顶高程 680m，井筒衬砌后内径为 21m，井底高程 600m，阻抗孔直径 3.1m。

压力钢管由上平段、上弯段、竖管段、下弯段和下平段组成，平均长度为 600m，直径 5.7m，进厂房前直径变为 4.2m。压力钢管承受最大内水压力 2.7MPa。

引水隧道长 9.58km，采用 2 台分别于 1978 年和 1979 年生产的 353-196 型和 353-197 型敞开式 Robbins 硬岩 TBM，直径为 10.8m，曾用于美国芝加哥 TARP 工程。施工现场如图 5-51 所示。

图 5-51　广西天生桥水电站引水隧道施工现场

2. 西安—安康铁路秦岭线隧道

秦岭隧道曾是中国最长的铁路隧道,位于西安安康铁路青岔车站和营盘车站之间,由两座基本平行的单线隧道组成,两线间距为30m。其中Ⅰ线隧道全长18460m,Ⅱ线隧道全长18456m。隧道通过地区岩性主要为混合片麻岩、混合花岗岩、含绿色矿物混合花岗岩;洞身穿过13条断层。隧道北洞口高程约870m,南洞口高程约1025m,隧道两端高差约155m。卫星拍摄的秦岭隧道位置图中,Ⅰ、Ⅱ线隧道纵坡基本相同,由西安端进洞后约14.7km范围为11‰上坡,然后以3.2km、3‰的下坡出洞。隧道最大埋深约1600m,埋深超过1000m地段长约3.8km。秦岭隧道穿越地段地质条件十分复杂,经多种手段测试,施工时有高地应力、岩爆、地墊、断裂带涌水、围岩失稳等不良地质灾害发生,工程建设任务十分艰巨。

秦岭隧道Ⅰ、Ⅱ线均为单线电气化铁路隧道,全部采用支承块式整体道床,超长无缝线路。Ⅰ线(左线)隧道使用2台8.8m敞开式TBM由隧道两端相向施工。Ⅱ线隧道(右线),采用新奥法施工,初期支护为锚喷,二次支护为马蹄形带仰拱的模筑混凝土复合衬砌。Ⅱ线平行导坑于1995年1月18日开工,平导单口平均月进度为200~250m,平导比Ⅰ线隧道提前10个月贯通。

秦岭隧道地质复杂、工程巨大,在设计、施工、运营安全和维修管理方面都有许多技术难关,且Ⅰ线隧道采用掘进机施工,在我国铁路隧道施工中尚属首次,为此有6类24项部重点科研项目立项研究,均取得了不俗的成果。

秦岭特长隧道的修建,使我国隧道工程建设从整体上提高到一个新的技术水平。秦岭隧道1995年1月18日正式开工,1999年9月6日全部贯通,2000年8月18日西康铁路开通运营。施工现场如图5-52所示。

图 5-52 西安—安康铁路秦岭线隧道施工现场

3. 西安—南京铁路磨沟岭隧道

磨沟岭属于秦岭山脉,地处陕西南部。起伏连绵的群山阻断了地域交通,制约了西部经济的发展。在这里,中铁隧道集团采用当今国际最先进的隧道施工机械TBM和最先进的TBM工法,经过18个月的奋战,于2002年1月顺利贯通了西安—南京铁路磨沟岭隧道,并创造了日掘进41.3m、月掘进573.9m的铁路隧道单口独头掘进全国最高纪录,成为全线贯通的第一座长大隧道,是我国采用TBM修建软弱地质隧道的第一个成功范例,使我国隧道施工在组织方法、施工技术、施工手段、专业化队伍建设上实现了新的超越。

2000年3月,TBM这一庞然大物被拆卸装进上百个集装箱,陆续抵达磨沟岭隧道工地开始组装。作为技术回访,国外厂家的技术专家来到工地,表示可提供技术服务,但是,中铁隧道集团的技术人员为进一步掌握TBM的组装技术决心自己动手,在新工地将这个庞然大物重新组合起来。

6月24日,TBM在磨沟岭隧道组装成功。中铁隧道集团仅用3个月的时间就完成了外国专家预计要6个月才能组装完成的工作量,并于7月9日一次试掘进成功,由此拉开了TBM进军磨沟岭隧道的序幕。西安—南京铁路磨沟岭隧道施工现场如图5-53所示。

图5-53　西安—南京铁路磨沟岭隧道施工现场

4. 引大入秦总干渠30A和38号隧道

引大入秦工程是将大通河水引入秦王川的一项大型跨流域调水工程。总干渠全长86.9km,其中隧道33座,共长75.11km。其他建筑物有倒虹吸2座、渡槽9座以及渠系建筑物和明渠等工程。设计引水流量32m³/s,加大流量为36m³/s,总灌溉面积5.73万 m²。

1987年,甘肃省利用世界银行贷款对引大入秦总干渠的30A隧道、39号隧道、38号隧道、小磨沟倒虹吸、毛家沙沟倒虹吸实行竞争性国际招标。30A隧道是最长的隧道,位于甘肃省永登县水磨沟至大沙沟之间,由于地形复杂、地面沟谷交错,单洞长达10km以上,给施工带来了一定的难度。

1) 30A隧道的工程特点及地质条件

30A隧道是一条软硬岩性不均的长隧道,地层自进口至出口依次为:前震旦系结晶灰岩、板岩夹千枚岩,该段长1680m,岩石抗压强度26～133.7MPa,软化系数0.77～0.9;第三系含漂石砾岩、砂砾岩、泥质粉砂岩及砂岩,长9790m,岩石单轴抗压强度(天然状态)为2.79～

15.29MPa,软化系数小于0.35,是30A隧道穿过的主要地层;出口段约150m,属第三系黄土。30A隧道长达11649m,施工时洞内通风、运输均较困难。沿洞轴线的地表是高山沟谷,没有开挖斜井或竖井实现分段施工的地形条件。隧道进口位置处在陡峭的半山坡上,难以布置洞口平台及施工场地设施。因此,只能独头掘进,别无选择。

2) 施工方法的选择

1988年9月,CMC华水公司用双护盾TBM开挖30A隧道。38号隧道方案一举中标,该联营体的外方为意大利CMC公司、SELI公司和TREVI公司;中方为水电十局。该工程中最具挑战性的项目是30A隧道,具有如下困难:①洞长超过10km;②地质条件复杂,软硬岩性不均;③沿洞线的地表是高山沟。

这条隧道的开挖唯有掘进机独头掘进可行,但选择何种TBM、何种衬砌形式是工程实施成功的关键。在确定方案时,作了以下考虑:

(1) 隧道长度超过10km,采用TBM施工是合适的。

(2) 该引水洞为无压自流隧道,隧道衬砌可采用预制管片结合豆砾石回填灌浆。

(3) 隧道地质条件复杂,软硬岩性不均,有较多、较大的断层破碎带,为保证隧道开挖及时支护,宜选择双护盾TBM,这种机型较敞开式TBM有较多的灵活性,不仅能开挖坚硬岩石,而且能顺利安全地通过不良地段,如断层破碎带溶洞等,非常适用于软、硬交错的地质条件。

(4) 与双护盾TBM配套的衬砌系统是预制管片衬砌,能实现安全、高速掘进。

因此,最终确定的施工方案是双护盾TBM开挖预制管片衬砌,豆砾石回填灌浆,显然,这是最佳选择。

引大入秦干渠30A隧道总长16.6km,1台Robbins 1811-256型双护盾TBM,直径为5.54m。

图5-54为引大入秦总干渠30A和38号隧道施工现场。

图 5-54　引大入秦总干渠 30A 和 38 号
隧道施工现场

5. 万家寨引黄工程总干线隧道

万家寨引黄工程总干线隧道挖掘均采用双护盾 TBM，其工作阶段可分为两个：

第一阶段，刀盘旋转破岩。前护盾由中部盾构机内的主推力液压缸向前推进一个行程，0.6～0.8m（1/2 管片宽度），而后护盾由抓紧装置系统稳固在洞壁岩石上，同时传送机将挖掘的石碴装入吊车。在后护盾的安装室进行吊运和安装管片，同时在已安装好的管片衬砌背后充填豆砾石并灌浆。

第二阶段，第一阶段结束时马上开始。此时刀盘已停止运转，前护盾由辅助抓着器支托，后护盾由反掘进液压缸作用向前拖动0.6～0.8m，后配套设备相应地被连接在机头上的一套特殊牵引设备向前引进。当后配套设备向前运行时，通风管、电缆、水管、轨道等设备均由相应装置自动延伸，至此，完成一个循环。

中部盾构机具有可伸缩的特点，保证整个运转周期内临时支撑所掘进的隧道断面。当遇到松软岩石时，抓着系统不能为刀盘掘进提供足够的反作用力，则借助后护盾内的一套辅助推力液压缸，使其作用在已安装好的衬砌管片上。

引黄工程各阶段的 TBM 施工中均采用了六边形预制管片衬砌。管片形状为拱形六边形预制混凝土构件，其宽度一般为 TBM 的两个冲程（总干线管片宽 1.6m，南干线管片宽1.4m，连接段 7 洞管片宽 1.2m），管片安装在

TBM 的后护盾内进行衬砌，与开挖同步，管片结合形式为拼装咬合，4 片拼为一环。管片为预制构件，洞外制作，掘进与安装同步进行，保证了隧道的快速施工。

管片与围岩之间为回填灌浆加固圈。由于这种衬砌接缝量很大，为使山岩压力均匀传递，同时增加衬砌的整体性，在管片与围岩之间还充填了豆砾石，并进行水泥灌浆。

万家寨引黄工程的 TBM 施工从时间上可分为三个阶段：

第一阶段 1993—1999 年，总干线 6、7、8 隧道施工。该隧道总长 21.5km，投入了 1 台 Robbins 205-277 型双护盾 TBM，直径 6.125m。其施工现场如图 5-55 所示。

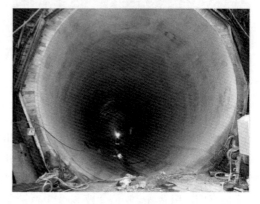

图 5-55　万家寨引黄总干隧道施工现场

第二阶段 1999—2001 年，南干线 4、5、6、7 隧道施工。该隧道总长约 90km，投入了 3 台 Robbins 双护盾 TBM，直径 4.82～4.92m。其施工现场如图 5-56 所示。

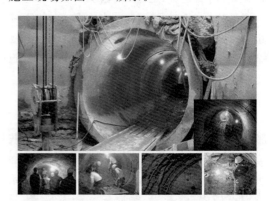

图 5-56　万家寨引黄总干 4、5、6、7 隧道施工现场

第三阶段 2000—2001 年,连接段 7 隧道施工,该隧道长 13.52km,投入了 1 台 Robbins 双护盾 155-274 型 TBM,直径为 4.82m。其施工现场如图 5-57 所示。

图 5-57　万家寨引黄工程连接段Ⅴ标 7 隧道施工现场

6. 昆明市掌鸠河引水供水工程Ⅰ标——上公山隧道

昆明市掌鸠河引水供水工程包括水源、输水和净配水三项工程,总投资 39.41 亿元,日供水量 60 万 t。水源工程云龙水库大坝为黏土心墙堆石坝,坝高 78m,总库容 4.84 亿 m³。输水工程北起云龙水库,南接昆明市第七自来水厂,途径禄劝县、富民县、西山区,总长 97.7km,包括 16 条隧道,12 条沟埋管,4 座倒虹吸。输水工程设计流量 8m³/s,校核流量 10m³/s。

输水Ⅰ标包括首部复合工程(含电站、预加氯车间、旁通管和地埋钢管结构)、康乐隧道、上公山隧道以及和尚田沟埋管工程。全长 21.767km,其中上公山隧道长 13.769km。Ⅰ标工程于 2002 年 6 月 15 日开工,2003 年 4 月 30 日 TBM 正式掘进。

由于地质原因和工程工期要求,根据专家咨询意见,TBM 实际施工 7.568km,于 2005 年 11 月 25 日完成 TBM 的拆卸工作,剩余洞段全部采用常规钻爆法开挖。其施工现场如图 5-58 所示。

上公山隧道区域内主要岩层为薄层状板岩、泥质、砂质板岩,局部为中层至厚层变质石英砂岩,中层至厚层状隐晶质细晶白云岩、

图 5-58　昆明市掌鸠河引水供水工程Ⅰ标
——上公山隧道施工现场

云质灰岩、硅质白云岩。工程区地质构造复杂,构造线方向 NE-NEE 和 NNE 为主,构造形迹主要表现为褶皱和断裂。

招标文件中隧道围岩类型以Ⅱ、Ⅲ、Ⅳ类为主,只有在隧道进出口有Ⅴ类围岩。实际在 TBM 掘进段揭露的围岩以Ⅳ、Ⅴ类为主。隧道覆盖厚度最大为 350m,最小为 25m。TBM 所掘进的洞段(约 7500m)主要为板岩,遇到大小断层 39 条,宽度 5～50m,总长度达 690m,占该段长度的 9.2%。

1) 设备选型

上公山隧道埋深较大、围岩较破碎、断层裂隙发育、地下水丰富,因此要求 TBM 在掘进过程中有导向和方向修正、方向控制和监测、进行超前钻探和预灌浆以及安全保护等功能。

为此,选用了由美国 Robbins 公司生产,中国第二重型机械集团组装的直径为 3.65m 的全封闭式双护盾 TBM 掘进机。该双护盾掘进机为新一代全断面掘进机,是集机械、电气、液压、自动控制于一体的用于地下隧道工程开挖的智能化大型成套施工设备,其换步行程为 1.1m,主机长度为 12m,含连接桥及后配套整机总长度为 362m。

该机直径小,拥有的内部空间也小,在设计上采用了许多不同于常规的结构措施,如主推进缸一般是 V 形布置,直接可通过推进缸的不同伸缩调向,而该机只采用直列布置,另加

扭力臂和扭力缸来调向。

该机根据轴向受力情况,主轴采用了非对称圆锥滚子轴承,最大限度地发挥了轴承的能力。为适应西南地区地质不确定性大、破碎地带较多等特点,该机采取了许多特殊的设计,如脱困力矩和脱困推进力都特别大,用于脱困的辅助推进缸的液压系统压力最高可达50MPa,这些都充分体现了新一代掘进机地质适应能力更强的特点。

2) 涌水处理

涌水的处理主要有引排和封堵两种处理方案。在上公山隧道 TBM 施工中,监理工程师针对地下水较丰富的实际情况,参照设计勘察钻孔地下水资料,批准承包商采用了下述处理方法:

(1)掘进前,打超前钻孔,探测钻孔出水量、水压和涌水点里程等。如水量不大,排水过程中水压减小,则在加强排水系统的情况下继续掘进;如水量较大,排水过程中水压不减,为避免排水设施跟不上,则采用注浆堵水等处理后再掘进。

(2)掘进后,从预留的管片灌浆孔打排水孔,排出工作面的涌水和注浆后的剩余水,以避免围岩水压过高无法排出而压坏已衬砌管片。

实际施工中采用上述方案排水取得了很好的效果。但在涌水加流砂洞段,由于涌水和流砂量较大,处理效果不理想,常常需要采取常规开挖的施工方式。

5.6.3 TBM 工程故障典型案例

TBM 工厂化生产,生产环节多,链式系统中任何一个环节发生故障,都将导致 TBM 施工停顿,甚至严重滞后工期。由于潮湿和振动,各类传感器故障较多出现。往往设备故障处理停机时间一长,刚刚修复等待启动时,设备的其他毛病又接踵而至。连续运行的机器各类毛病不多,停机时间越长,出现的问题越多。

1. 秦岭隧道工程 TB880E 型变速箱故障

秦岭隧道工程中使用的 7 号变速箱取样分析的铁谱、光谱结果见表 5-14,根据变速箱运转状况良好时,油样分析正常值拟合的三线值拟合系数详见表 5-15 和表 5-16。

由表 5-14 看出,1998 年 8 月 28 日和 1998 年 9 月 23 日两次检测数据与以往相比差异很大。由表 5-15 和表 5-16 拟合系数计算公式的推算和实测值比较,计算结果见表 5-17。

由表 5-15 分析,两次检测数据严重超标者居多,主要磨损元素浓度($\mu g/g$)呈快速增长趋势,而且揭示灰尘迹象的硅、铝成分同时剧增,揭示水迹象的钙浓度($\mu g/g$)也伴随增高;实验室立即对油品进行理化指标中黏度、闪点、水含量和综合污染度进行测试,结果发现,直读铁谱读数偏大的油品,污染度也大。所有迹象说明该变速箱磨损加剧、侵入了灰尘和水,从而可以判定其运转异常。

表 5-14 (TBM)7 号变速箱部分铁谱、光谱检测数据

取样日期	t/h	$D_l/$ (%/mL)	$D_s/$ (%/mL)	10000 Y_{PLP}	元素浓度 $\omega/(\mu g/g)$						
					Fe	Si	Al	Mg	Cr	Ni	Ca
1998-8-20	882	13.3	807	2090	0.26	0	0	0	0	0	11.49
1998-8-28	943	8480	5557	2080	454	228	72.2	34.4	6.61	4.47	0.6
1998-9-23	1071	31900	14900	3630	1138.6	648.9	186	91.85	19.58	11.22	135.7
1998-10-2	1181	13.3	807	2090	0.26	0	0	0	0	0	11.49
1999-2-9	1743	880	591	1960	48.8	3.69	0.65	0.19	0.73	0.61	0
1999-2-26	1883	2560	1320	3190	85.3	3.58	0.76	0.38	1.05	0.86	0
1999-2-28	1895	13.3	8.7	2090	0.26	0	0	0	0	0	11.49

续表

| 取样日期 | 元素浓度 $\omega/(\mu g/g)$ | | | | | | | | | | |
	t/h	$D_l/$ $(\%/mL)$	$D_s/$ $(\%/mL)$	10000 Y_{PLP}	Fe	Si	Al	Mg	Cr	Ni	Ca
1999-3-20	2044	188	101	3010	20	1.82	0.33	0.15	0.4	0.42	0
1999-4-23	2223	496	283	2730	37.7	1.96	0.36	0	0.5	0.17	0

表 5-15　变速箱部分光谱分析三线值拟合系数

| 元　　素 | 正常线 | | 警告线 | | 危险线 | |
	a	b	a	b	a	b
Fe	0.0600	47.0230	0.0750	58.777	0.1480	76.6500
Cr	0.0008	0.6554	0.0010	0.8186	0.0010	1.1772
Si	0.0009	7.3805	0.0011	9.2263	0.0011	12.4889
Cu	0.0001	0.2977	0.0002	0.3715	0.0002	0.5177
Al	0.0025	3.4800	0.0031	4.3500	0.0031	6.3327

注：表中 a、b 为拟合线 $Y=aX+b$ 的系数。

表 5-16　变速箱部分铁谱分析三线值拟合系数

参　　数	正　常　线	警　告　线	危　险　线
Y_{PLP}	0.333	0.417	0.482
I_s	381332	476665	595063

表 5-17　变速箱诊断标准与 7 号变速箱实测值对比评价

| 项　　目 | | 正常线 | 警告线 | 危险线 | 实测值 | | 评　　价 |
					943h	1071h	
元素浓度 $\omega/(\mu g/g)$	Fe	103.603	129.502	216.214	454	1138.6	超过危险限
	Cr	1.410	1.762	2.120	6.61	19.580	同上
	Si	8.229	10.264	13.526	228	648.9	同上
	Cu	0.392	0.560	0.706	0.98	294	同上
	Al	5.838	7.273	9.256	72.2	186	同上
Y_{PLP}		0.333	0.417	0.482	0.208	0.363	增长很快,应关注

由于当时现场判断经验不足,未引起足够重视,加之分析结果汇总稍晚,1998 年 10 月 2 日报警时,7 号变速箱已于 1998 年 9 月 29 日严重损坏,错过了预报最佳时机。

后经拆检发现,该变速箱各齿轮已完全破碎,经与外商共同探讨,查找原因,判定有两个方面:一是设计方面存在缺陷,变速箱一级行星齿轮结构不合理,易导致卡簧脱落,进而造成齿轮及其他结构件的异常损坏,这是主要原因;二是现场在润滑油的使用过程中监测与控制不严,缺乏行之有效的措施。虽然油液铁谱与光谱分析未能避免事故的发生,但原因不在方法本身,并且有力地证实了油液铁谱与光谱分析诊断标准的准确性,从而引起了现场的高度重视。

此间,由分析结果发现 6 号变速箱也存在类似迹象,现场立即采取措施,对之进行彻底清理、冲洗及换油,避免了该变速箱的进一步损坏。

1999 年 1 月更换所有变速箱一级行星齿

轮后,现场坚持勤检测并及时根据检测分析结果采取相应措施的工作方法,控制所有变速箱的油液铁谱与光谱各项指标处于正常范围内,有力地保证了施工顺利进行。在秦岭隧道贯通后,抽样对3号变速箱进行了解体检查,发现内部完好。

主轴承油润滑系统在1998年9月的一次取样分析中发现铁、铜、硅、钙等浓度($\mu g/g$)偏高,且水含量(体积分数)超标。分析原因,是系统中侵入了水,从而加剧了磨损,导致各磨损元素浓度偏高。据此采取换油及消除水侵入途径的措施后,运转正常,避免了更大损失的发生。在秦岭隧道施工中,油液铁谱与光谱分析方法多次成功预报了各类故障征兆,为现场决策提供了科学依据,避免了更大损失的发生,为TBM正常运转起到了保驾护航的作用。

2. 锦屏二级水电站工程TBM掘进机润滑系统故障案例

锦屏二级水电站位于四川省雅砻江干流锦屏大河湾上,利用雅砻江150km锦屏大河湾的天然落差,截弯取直开挖隧道引水发电。锦屏二级水电站采用美国Robbins公司生产的TBM-319型掘进机,是当时亚洲最大直径的全断面硬岩隧道掘进机,与传统钻爆发施工相比具有快速、安全、高效等特点。

锦屏二级水电站引水隧道C4标段掘进机主轴承润滑系统在掘进过程的多次油样分析过程中,出现润滑油运动黏度逐次下降的异常现象,导致数次停机更换润滑油,耗费了大量的人力、物力和时间,必须从根本上彻底解决问题。按照常理,类似现象的原因是外界水分进入系统,使原有黏稠的润滑油冲淡,但水分分析结果排除了此类原因,引起了大家的困惑。

经过多种油样分析手段的验证和细致地分析,找到了故障原因,采取相应措施,使得主轴承迅速恢复了正常运转。

1)异常的发现

1号TBM自2008年9月18日试掘进以来,至2008年12月2日刀盘运转时间累计运行66.4h(即主轴承润滑油用时数),提取主轴承润滑油样,检测显示其运动黏度为151.5mm^2/s,

偏离该油198~254mm^2/s的合格范围,经油质分析仪检测到油液中含有轻质油成分。随即清洗主轴承润滑泵站油箱,更换润滑油液,换油后100h,对主轴承润滑油进行了8次连续跟踪监测,发现油液的运动黏度在不含水的情况下呈现急剧递减规律,用油质分析仪检测到油液中还含有轻质油成分。将检测结果反映给厂商,并未得到及时答复。2009年3月12日又一次更换主轴承润滑油液,同样的事情再次发生,短短一周,油用时数不足50h,油液的运动黏度指标大大跌出正常范围,仍检测到该油液中含有轻质油。主轴承润滑系统频频报警。

2)主轴承润滑系统异常分析

(1)运动黏度降低的危害

锦屏1号TBM主轴承润滑系统油箱容量约3000L,选用美孚220系列润滑油。润滑油的作用就是在包容的轴承、齿圈等摩擦表面形成极压保护油膜,形成正常运转条件下的润滑和减磨能力,如果油液运动黏度超出范围,则油液在循环过程中将不能在轴承和齿圈等摩擦表面形成极压保护油膜,重压下轮齿啮合面新鲜金属形成点对点的接触、熔化,会对轴承、齿圈等造成点蚀或胶合。久之主轴承磨损会加剧,减少主轴承有效工作寿命,将会严重影响掘进施工。

由油液的黏温特性知道,随着温度升高,油液的黏度呈现急剧降低趋势,在抵御外部杂质入侵的各道唇形密封系统之间,密封性能降低,导致不同密封介质的互窜改性,后果很严重。

(2)主轴承润滑唇形密封结构分析

TBM主轴承的使用时间和效率往往决定掘进机的使用寿命和效率。TBM-319型掘进机主轴承自重100t,为双向滚子轴承,以高频淬火预紧螺栓与刀盘连接,变频电机通过主轴承驱动自重达320t的刀盘。主轴承密封系统为内外2组唇形密封,每组唇形密封由3道密封构成。

TBM主轴承及密封组件由主推进轴承、主驱动齿圈和内、外唇形密封组件构成(图5-59)。在三道唇形密封的第一、二道密封之间,第二、三道密封之间,充填美孚46号抗磨液压油,第三道唇形密封与润滑油箱包容的空间充填美孚220号主轴承润滑油,每道唇口的一边在微小液压油压力作用下维持唇口唇边与耐磨环面紧贴,保证唇口的密封效果。而在第一道唇形密封外边,则由水作为介质充填。各道关口均有介质充填,确保密封效果,阻止岩面岩粉入侵和污染。

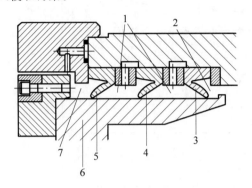

图 5-59　唇形密封结构示意图

1—填充46号液压油;2—主轴承润滑油;3—第三道密封;4—第二道密封;5—第一道密封;6—耐磨环;7—水冲刷

（3）润滑系统故障排查

TBM-319 型掘进机完成组装后向主轴承中加注 VG220 润滑油约 4300L;在主轴承运转 60h 后进行了第一次检测,润滑油运动黏度为 156mm²/s 且样品含有轻质油成分,偏离运动黏度的正常范围（185～235mm²/s）,咨询制造商后回复主轴承在磨合期内为正常。此后加大了对主轴承润滑油的监测力度,先后对主轴承进行了两次换油,期间进行了多次检测,结果见表 5-18。

两次换油前经检测其运动黏度均正常,分别为 206.3mm²/s 和 218.4mm²/s。而使用润滑油后运动黏度先期呈均匀下降趋势,经过一段时间的运行后出现突降。这些数据说明主轴承润滑确实存在问题,以第二次换油为例,具体情况如图 5-60 所示。

表 5-18　主轴承润滑油运动黏度检测结果

第二次换油		第三次换油	
用油时间/h	运动黏度/(mm²/s)	用油时间/h	运动黏度/(mm²/s)
6.0	198.4	3.3	205.7
13.0	197.3	22.7	177.3
20.4	197.1	29.5	172.9
31.4	197.3	32.1	170.9
37.8	196.2	33.2	169.8
55.2	194.7	80.2	138.5
86.1	194.7		
101.4	191.4		
139.5	192.1		
187.5	152.4		

图 5-60 中,运动黏度实际值严重偏离理论值,当超出正常范围时将导致主轴承出现润滑不良、表面磨损的情况,使主轴承的寿命大大缩短,甚至报废;而频繁更换主轴承润滑油也会导致大量人力、物力和时间的浪费,所以查明原因、解决问题刻不容缓。

（4）污染成因分析和对策

鉴于主轴承多次换油,油液运动黏度异常递减,油液中含有轻质油等现象,推测存在以下几种可能:

① 在加注新油的过程中,不小心加错油。

② 轴承唇形密封内液压油压力设定或密封安装存在问题,密封内的 46 号液压油经唇形密封混入主轴承润滑系统。主轴承的密封分为内密封和外密封 2 组,每组密封由 3 道唇形密封圈组成,排列顺序为小、小、大。TBM-319 型掘进机主轴承每 2 道唇形密封之间的液压油压力为 34MPa,适量的液压油顺着前两道唇形密封向刀盘方向流出,起到了清洗和润滑的作用。理论上只会有极少量的液压油反向流入主

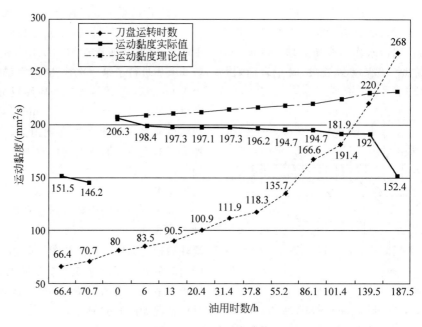

图 5-60　运动黏度曲线

轴承内部,但不会对主轴承内部润滑油黏度产生任何影响。如压力设置不当或安装不当,将破坏这种平衡关系,导致图 5-60 所示情况的发生。

③ 加油时错将轻质油与 VG220 润滑油混合。在第二次换油后加强了对加油各个环节的监控,从出库开始跟踪,对不同油品分区域摆放,由专业人员加油并记录。第三次加满油后对主轴承内部、管路中及主油箱内油样分别检查,确定所有部位油的运动黏度相同。

④ 主轴承唇形密封损坏,轻质油(液压油)流入主轴承。根据以往经验及相关资料,当主轴承密封损坏后,在油样中必然能检测到构成

密封圈的橡胶等组成物质,而对样品重复检测及送到专业机构的检测过程中并未发现此类物质。

经过对加油的全部过程、加油人员、加油记录的详细调查,排除了加错油的可能性。咨询油品供应商,根据以往经验可以明确推断:进口油品是知名品牌,有长期信誉保证,油品生产过程中各项指标控制严格,经得起考核和检验,第三种可能性几乎也可以排除。此外,厂商否决了唇形密封 46 号液压油混入的可能。为查明真相,尽快解决问题,对所取油样再次进行铁谱和光谱的检测分析,分析结果见表 5-19。

表 5-19　主轴承润滑油新油报告

测 试 项 目	运动黏度/ (mm²/s) (40℃)	运动黏度/ (mm²/s) (100℃)	黏度指数	倾点/℃	总酸值 (mg/g)	烧结负荷 (PD/N)
测试结果	219.3	18.82	96	—18	0.69	3089

根据表 5-19 的数据可知,该新油符合工业齿轮油质量标准。由此可以排除是油液本身的质量问题所导致运动黏度下降的可能性。通过铁谱分析,主轴承系统磨损情况基本正常。

根据组分分析,可以确定是外界轻质组分污染。主轴承润滑系统是独立润滑体系,油液中存在外界轻质组分污染的唯一可能性,只有填充于第二道与第三道唇形密封之间的 46 号

液压油,经第三道唇形密封混入润滑系统所致。

经多方磋商,征得厂商的同意,将第一、二道之间,第二、三道唇形密封之间的充填介质,统一由美孚 46 号液压油更改为与主轴承润滑系统同型号润滑油。原有供油设施不变,密封原理依然,仍然保持唇口密封效果。

3) 改进后的效果

2009 年 4 月 7 日,对 TBM 主轴承润滑系统和密封进行了换油处理,截至 2009 年 7 月,换油后的油用时数已达 220 余小时,期间跟踪监测了 8 次,主轴承润滑油运动黏度正常且平稳,润滑效果良好。

此案例在国内同类型设备施工中罕见。通过对油液的连续跟踪监测,检测到了主轴承润滑油的黏度在不含水的情况下呈反常的急剧递减,根据唇形密封结构和工作原理,查清了润滑系统被严重污染的真正原因,使主轴承润滑和密封得以改进和优化,为 TBM 的维护保养和监测同行提供了借鉴和经验。事实说明,熟悉结构和工作原理,采用油样分析先进手段和连续的跟踪监测,可以及时作出合理的推断,发现并找到故障。

多年实践经验证明,设备运行参数控制在正常许可工作范围,保证关键部件润滑系统运行良好,避免长时段、大负荷连续运行,规范检测、维护得当、理智操作、善待设备,最终的回报必定令人欣慰。

4) 主轴承润滑系统需要监控和检测的内容

(1) 润滑系统的监控

事实证明,润滑正常的主轴承工作寿命可以大大延长。秦岭隧道主轴承一直进行规范的保养和有效的监控,严把油液精细过滤关,发现污染后及时更换滤芯,减少油液金属磨粒含量,相应减少磨料磨损发生概率,施工期间未出现过重大故障。工程后期对主轴承进行解体检查发现,内部零件光亮如新,油液清澈透亮,滚道表面完好无损,几乎没有麻坑。经咨询、估计再施工十几公里毫无问题。

保证主轴承唇形密封内部油脂的足量供应,能有效杜绝外界粉尘的直接入侵。应保证油脂泵气压正常和正常的脉冲次数,尤其在环境温度较低的场合,润滑脂较稠,沿管路泵送困难,会导致油脂泵压力异常增高,进而由于脉冲次数减少而报警。可采用在油脂桶加热、保温措施,手动控温,或频繁更换稠度不一的油脂牌号,始终保持油脂管路运行通畅。

(2) 运行温度的控制

TBM 掘进期间,润滑油温度长期处于较高水平,润滑系统产生的热量使温度迅速上升,如果不能及时散热,高温会使润滑油运动黏度急剧下降,导致摩擦副之间油膜瞬间破裂,使新鲜金属短暂接触,接触面间发生胶合或点蚀,久之必然加重轮齿的异常磨损。因此工作中应时时关注润滑油运行温度,一旦异常,立即检查润滑油冷却效果,检查冷却系统水温、流量等参数,必要时解体散热器,清洗内部管路水垢或堵塞的泥沙。一般润滑油正常工作温度控制在 55℃ 以下,超过 65℃,PLC 控制系统会自动联锁停机。

(3) 油品理化指标的控制

掘进期间需要紧密跟踪、定期抽取油样进行油品的理化指标分析,其中最重要的指标是油液的含水量、运动黏度和污染度(清洁度)。通常含水量控制在 1% 以内,如果油色乳白,可以明确判断系统进水,需查明进水原因和泄漏部位,多数问题都是密封失效引发的故障。清洁度监测需要购置专用设备,按照 ISO 4406 国际标准观测污染数据,据此决定是否换油。如果设备停机时间较长,可以在设备最低油位处设置闸阀或旋钮开关。一般润滑油静置较长时间后油、水会分离,大部分水分会沉积到最低位置,将其放出一部分,可减少润滑油中含水量,有条件换油时应彻底更换。变速箱的进水问题可用同法处理。

主轴承润滑油运动黏度一般控制在标称牌号的 -10% ~ +15% 之间,有些专业轴承厂家严格规定,对于使用 VG460 牌号润滑油的主轴承,润滑油运动黏度不得低于 $310 \text{mm}^2/\text{s}$。

为减小润滑系统油液中金属磨粒的浓度,目前多数厂商在润滑油回油管路中设置了磁性过滤器,通过强磁场将油液正常磨损的细微磨粒吸附住。维护保养过程中应定期拆检磁性过滤器,擦除磁铁(或磁柱)上铁磁性磨粒,同时观察过滤物的品种,将其收集积累后也能大致判断主轴承磨损速率。一般每掘进50环检查清理一次。

(4)运行载荷的控制。

主轴承控制在合适的载荷区段工作,对主轴承的寿命影响很大,遇到岩石较硬场合,掘进机推进速率可适当降低,也可减小贯入度(刀盘每转切深),通过密切观察操作室仪表盘温度参数的变化,始终保持主轴承运行温度在合理的工作范围。

(5)其他

有些主轴承厂家为了保持几道唇形密封之间的密封状态,采用不同的油压控制唇边的方向,使之紧贴耐磨环,达到密封效果,因此控制唇边两侧不同的油压也是主轴承运行中需要关注的问题。

其次,为保证主轴承润滑油腔内空气干燥,设置一套专门装置去除腔内水分,抑制润滑油内部凝结水分的倾向。

轴承损坏通常并非疲劳所致,而是由磨损、腐蚀、密封损坏等原因造成的,掘进机制造厂对主轴承专业制造厂提出的设计制造要求不尽相同,因而设计理念不同(包括轴承的受力情况、边界条件、润滑条件、热处理要求),各轴承厂的造价也大不一样。轴承寿命还取决于负荷类型、转速、精度、刚性、轴承周边条件及保持架设计、内部游隙、噪声、润滑条件、轴向位移及制造工艺等多项因素,使用者关注的重点,应该放在润滑条件的充分保障和合理使用掘进参数上。

5)如何维护和保养主轴承润滑系统

(1)定期检查主轴承润滑油油位是否异常,如果波动过大,则应分析波动原因,找到故障和泄漏源头,不能轻易加油。

(2)每班进入刀盘,观察内外唇形密封唇口位置是否有足量润滑油脂挤出,若不足,则立即启动油脂泵连续泵脂到挤出为止,否则不得启动TBM掘进。

(3)每季度利用停机空隙,测量主轴承轴向间隙,推算轴向滚子与滚道磨损情况。

(4)运行中密切关注启动油脂泵工作状况和脉冲计数次数,如果压力过高,则预示着油脂分配阀堵塞,应立即停机拆解分配阀,彻底清洗阀件;如果发现泵脂次数低于设定值,则应联想到气路压力异常,调整到设定压力即可。

(5)为避免旧机拆检清洗,浪费宝贵掘进时间,可采用备用部件切换修理法。即组合同样型号分配阀,并联在一侧位置,故障发生时,利用分配阀两端的截止阀切断故障回路,开通备用回路,空余时间清洗故障部件,效果良好。

(6)运行中还应密切观察润滑油路各控制阀、流量计的指示参数,若严重偏离设定范围,则要联想到阀体和泵体的磨损,必要时更换、修理,相关的密封也应及时更换。

(7)为观察润滑油中磨粒的形貌,每隔50个掘进循环拆解一次磁性回油过滤器,收集清理磁环、磁柱的铁磁性磨粒,累积数量多了,也可推测轴承磨损速率,还可观察到非铁磁性磨粒(青铜保持架)的损坏情况,间接推断保持架磨损的严重程度。及时更换出现报警的各类过滤器,勤更换、勤保养。为避免前述润滑油路堵塞,定期带压(气路、油路)强制冲洗进回油路,杜绝大磨粒堵塞孔道,确保油路畅通、润滑良好。

掘进机在高温环境运行时特别要注意,在主轴承润滑油冷却系统断水情况下,主轴承空载运行5min,润滑油实测温度即可达到报警限值。掘进时主轴承大负荷推进,集聚了大量的热量,需要通过润滑油的及时有效冷却,维持润滑油油温在正常范围,油液的运动黏度在合理工作范围。必要时应采取有力措施,附加额外手段,强制降温,也能取得较为满意的效果。

3. 辽宁省大伙房工程 TMB264-311 型掘进机故障

辽宁省大伙房水库输水工程特长隧道主洞长85.32km,开挖洞径8.00m,属大断面特长隧道。隧道底坡为1/2380,进口与出口高差35.85m,埋深大多为100~300m。在工程总体布置上充分利用天然地形,在适当的位置共布置了 14 条施工支洞。这样既简化了施工期的通风、出碴问题,又保证了工程运营期间的补气和维修工作。

隧道施工采用以 TBM 掘进机为主、钻爆法为辅的联合施工方式。进水口端前 24.58km 为钻爆法施工标段,该段共布置了 7 个施工支洞,由 4 个施工标段组成。出水口端后 60.84km,除有 2km 采用钻爆法施工外,其余为 TBM 法施工标段,主要采用 3 台 TBM 施工,每台 TBM 的掘进长度控制在 18.2km。其中 TBM 1 标段长 22.7966km,为顺坡掘进,施工过程中要进行 1 次设备转场,采用 1 台美国 Robbins 公司制造的 TBM 进行施工;TBM 2 标段长 19.5392km,为逆坡掘进,施工过程中要进行 2 次设备转场,采用 1 台德国 Wirth 公司制造的 TBM 进行施

工;TBM 3 标段长 18.5942km,为逆坡掘进,施工过程中要进行 1 次设备转场,采用 1 台美国 Robbins 公司制造的 TBM 进行施工。主体工程于 2003 年 9 月开工,2009 年 4 月 12 日全线高精度贯通,2009 年 9 月初步通水,工程总投资概算批准为 52.18 亿元。该工程是目前世界上隧道(道)连续开挖和 TBM 单机掘进距离最长的地下工程之一。

本工程所采用的 TBM264-311 型掘进机施工至今已累计掘进 12200m,设备总体运行状况良好,由施工影响因素分析饼图(图 5-61)看出,设备故障造成的延误只占掘进施工时间的 13.2%。总体而言,设备故障频繁出现的时间段均在施工后期,基本符合设备运行规律。掘进以来出现的故障及成因分析如下。

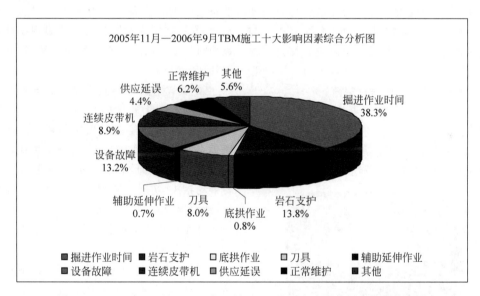

图 5-61 2005 年 11 月—2006 年 9 月 TBM 施工十大影响因素综合分析图

1) 右侧撑靴脱落

撑靴作为 TBM 设备上的发力点,掘进时为刀盘提供掘进推力,并将推力和扭矩的反力传递给洞壁,借助球顶铰均匀地支撑在洞壁上,避免引起集中载荷破坏洞壁。但施工过程中由于操作不当、地质条件不同等原因,导致洞壁出现塌腔;水平液压缸和推进液压缸继续工作导致撑靴掉落。

2006 年 4 月 18 日 20∶32,右侧撑靴球座

与撑靴钢杆连接螺栓(M30×150、12.9 级)12 枚全部断裂,造成撑靴与撑靴液压缸分离,撑靴脱落下坠约 40cm。

此次事故的主要原因是初期组装时未按设计要求组装,图纸中该部位连接螺栓应是 20 个,现场检查却只有 12 个,撑靴连接强度不足导致故障发生。由此联想到左侧撑靴连接螺栓数量可能与此类似,也对其进行了拆解检查。通过断裂螺栓观察,发现螺纹表面并没有

按要求涂抹螺栓锁固剂（乐泰胶），致使部分螺栓松动，也不排除安装时螺栓扭矩是否拧到位的因素。此外，由受力分析可知，该部位水平撑靴液压缸与推进液压缸以及撑靴的球铰连接形式存在构造缺陷，撑靴球座与下部推进缸支撑点有一偏心矩，当撑靴撑紧洞壁时，相对位置稳固没有偏转，一旦撑靴脱离洞壁，撑靴容易产生较大偏心扭转。4月17日遇到的不良地质对此影响也很大，右侧撑靴部位发生岩体坍塌，形成了一个深达2m的塌腔，不利于撑靴支撑，围岩松动使撑靴脱离洞壁，非均匀受压极易引起撑靴连接螺栓剪切破坏，属于设计问题。撑靴掉落，岩石所能提供的支撑力不均，在撑靴与围岩接触面无法提供有效的摩擦力供主机向前推进，操作手继续向外伸出推进液压缸，主机受力形式由以撑靴鞍架部分为支点推动刀盘，改变为以刀盘为支点将撑靴鞍架部分向掘进反方向推进。此时水平液压缸与撑靴紧密连接，水平液压缸与撑靴连接处螺栓将承受巨大剪切力。该剪切力达到一定数量级螺栓将被剪断，进而撑靴掉落。

采用混凝土回填密实再垫砂袋支撑，靠近撑靴下侧岩石较完整，该受力条件使撑点上下两侧受力不均造成撑靴偏心受压而引发事故。撑靴偏心位置如图5-62所示。

图5-62　撑靴偏心位置示意图

事故发生后，技术人员和外国专家紧急到现场查看，分析原因，商讨对策。现场立即订购12.9级螺栓备件，次日上午在木奇刀具车间找到该型号螺栓。由于撑靴和连带下沉的两个推进液压缸合计质量达20t，加之工作面狭窄，提升难度非常大，现场做了大量撑靴提升前的准备工作。4月22日5：30撑靴安装完

毕，TBM为此停机81h，比预计一周的恢复时间提前了许多。

（1）取出断裂螺栓方法

在TBM撑靴时，其连接螺栓已断裂。当断裂的螺栓无法取出或采用错误的方法强行取出时，将损坏螺栓孔的丝扣，严重影响撑靴再次安装质量。为此，建议采用以下三种方法取出断裂螺栓。

① 反丝锥法。首先在断裂螺栓中心钻取直径8mm的左右光孔，再使用直径为螺栓直径50%～70%的反丝锥扩孔，扩孔后使用反向螺纹螺栓拧入其中。当撑靴连接螺栓断裂后，其原始紧固作用力已有部分释放，因此断裂的螺栓会随着反丝螺栓的逐步紧固而逐渐松动，并最终从螺栓孔中取出。该方法须准备相应的丝锥、螺栓、拧纹的技术工人，洞外应长期准备相应的备品备件。当螺栓施加的原始扭矩较大时，使用反丝锥法经常会出现反锥螺栓被拧断却仍无法取出断裂螺栓的情况，必须改用其他方法。

② 点焊钢筋法和磁力钻法。当断裂螺栓所施加的预应力较大时，可取一台磁力钻机，根据断裂螺栓直径选取相应的钻头。其工作原理为：通电后磁力钻底部变化的电流产生磁场，可吸附在撑靴结构上，磁力钻电机高速运转带动钻头，实现对断裂螺栓钻孔。钻孔结束后，断裂螺栓仅剩一环形外圈，用铁锤适度敲击就可使其从螺栓孔中脱落。

（2）安装工序

首先，使用两个10t手动葫芦分别将球帽端盖与球座吊至水平液压缸位置，使用两个20t手动葫芦将掉落的撑靴吊起至水平液压缸位置，起吊过程中撑靴与推进液压缸相连。其次，将球帽端盖贴紧水平液压缸，将球座紧固在水平液压缸上。最后，通过螺栓将垫片及球帽端盖与撑靴装配在一起。

（3）遇到类似事件时的处置方法

① 事故发生后的应急反应。撑靴出现掉落事故时，首先要继续伸出水平液压缸，使掉落的撑靴通过与洞壁的摩擦力暂时固定在洞壁上。

②维持撑靴不掉落洞底。采用焊接钢架的方法,通过水平液压缸持续将撑靴压在洞壁上,同时安装与焊接支撑架。当支撑架焊接完毕后,可通过钢丝绳将撑靴上各吊点吊起,缩回水平液压缸,靠钢丝绳的拉力确保撑靴定位。另外,为确保撑靴暂时压在洞壁上,施工人员需紧急调配砂子,将砂子堆放在撑靴下方,形成一个与水平面夹角45°~60°的斜坡,斜坡顶端位于撑靴下端,可逐步缩回水平液压缸,让撑靴滑落在斜坡上,撑靴底部支撑在土坡上,面板斜靠在洞壁,使撑靴重心处于较高位置,为再次安装提供便利。

2) 润滑系统污染报警

2005年9月19日10:00,TBM掘进中润滑油滤芯污染指示传感器频繁报警,现场工作人员不敢大意,立即从润滑油箱提取油样观察,发现油色呈微红的虾酱色,疑似异样成分,现场立即彻底放掉残存润滑油,加入清洁液压油进行运转中清洗。加注润滑油后,更换了所有滤芯,再次运行,故障现象依旧,决定:

(1) 迅速派人赴营口福斯公司实验室进行精密油样分析,判明污染成分。

(2) 利用工地实验室进行油样理化指标分析,分析油液黏度、含水量和污染度。分析表明,油液黏度偏高,同时含水量大。污染物致密无法过滤,可以肯定有异物进入。当即决定打开主梁内大轴承监视孔盖,观察大齿圈内腔污染情况。

与此同时,营口实验室来电话告知,油液黏度、水分超标,经过干馏和傅里叶红外光谱分析证实,确定油中红色异物为粉尘。大齿圈监视孔盖打开过程中发现,监视孔外围的周边积存了大量泥沙和水,而且孔板固定螺栓拆卸时已经松动,说明此处螺栓由于长期振动造成松动致使密封不严,粉尘和水由此进入,确定无疑。

经化验可知,该油样中水分的含量为13.5%,试验方法遵照《石油产品水含量的测定蒸馏法》(GB/T 260—2016),杂质的含量为9.5%(试验方法为将试样摇晃均匀,称取2.5g样品,用石油醚稀释,并在滤纸上过滤,其在滤纸上残留的杂质质量除以2.5再乘100%即为杂质含量)。化验结果及对比分析如图5-63~图5-65所示。

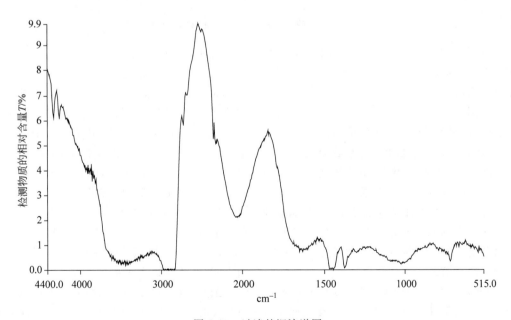

图 5-63　过滤的沉淀谱图

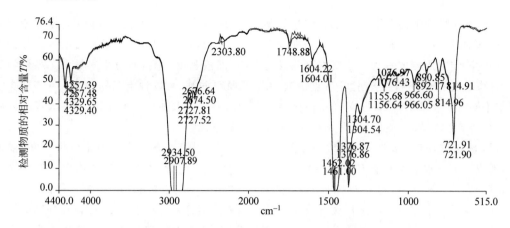

图 5-64　脱水过滤后的油样与标准谱图对比

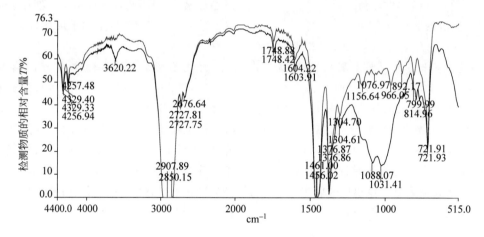

图 5-65　脱水后的油样与标准谱图对比

从图 5-63 中可以看出,过滤后的油样与标准谱图完全重合,产生变化的原因是由于混入了其他物质。

从图 5-64 可以看出,在 1580cm^{-1} 左右没有吸收峰,因此排除了混入润滑脂的可能。

从图 5-65 可以看出,过滤后的沉淀的谱图,该物质的透光率很差(由于该物质含有石油醚、水分以及其他无机物质)。

综合以上几点并结合现场情况,造成该油样变化较大的原因是由于混入了较多的粉末和水分造成的。原因判明后,当晚进行了妥善处理并恢复掘进。

TBM 首段掘进后期,屡次发生润滑系统滤芯污染报警,打开回油磁滤芯检查发现大量黄色漆皮,系大齿圈内腔表面漆皮脱落,说明刷漆工艺不当或油漆品种选择不当,导致滤芯和润滑油的大量更换和浪费。

3)主电机屡次烧损

2006 年 2 月至转场前,TBM 主电机频繁故障,最少时仅 5 台电机工作,严重影响掘进速度,表象是电机烧损,掘进中发现操作室显示电机高温,往往来不及采取措施,电机就冒烟烧损。为此,现场能够应对的办法有三:

(1)专人跟踪监测电机振动和运行温度;

(2)TBM 操作工程师严格控制掘进参数,限制电机工作电流、刀盘转速和贯入度;

(3)告知制造商及时维修电机,现场派人通力配合,及时拆检电机。

虽然经过几次改进,现场工作人员也按照吩咐及时给电机加注润滑脂,但至贯通前效果不明显。转场时对电机两端轴承的支承法兰进行了结构强化,可以防止电机轴承烧损时殃及转子,造成扫膛以致损毁整个定子线圈,运转至今效果良好。

4)皮带屡次损伤

TBM 主机皮带屡次划伤导致整条皮带更换。每次皮带划伤,维修人员都及时进入主机主梁内,仔细寻找造成皮带划伤的元凶和损伤原因。对于轻微的划伤,在划伤处进行修补,钉门字形扒钉,掘进中派专人严密观察,损伤后及时修补。

转场中对主梁内皮带机沿途进行了彻底观察,发现皮带机头部接碴斗的两侧挡板有很大磨损缺口,掘进中碎石可能由此进入下层皮带导致碎石卡在滚筒和皮带之间,最终造成皮带的贯通伤。同时对皮带下部的回程刮碴板进行了修复,使其密贴下层皮带,有效防止了皮带的损伤。

5)减速箱内腔进水

TBM 掘进初期就发现减速箱油位计油色略白且混浊,进水迹象明显,油液理化指标检测也证实确实有水进入。为维持掘进速度,现场只能频繁跟踪检测油液的水分和黏度,指标一旦超标,及时更换齿轮油。拆检变速箱发现,冷却水通往齿轮箱油腔的丝堵密封不严。转场时按计划检修了除一号、三号之外的所有减速箱,同时,对所有减速箱的呼吸器接头进行了改造和更换,使得减速箱内外空气压差保持在一个平衡水准,有效防止了高低温差造成的水分凝结,基本杜绝了进水现象。

6)除尘风机过滤效果不佳

TBM 首段掘进发现,掘进时后配套除尘风管尾段以外烟尘弥漫,隧道沿途经常因烟尘大影响激光导向的观测效果,人员施工作业环境恶劣。对此现场施工人员采纳了 Robbins 公司专家的建议,在除尘风机尾部增设了两处喷水界面,同时加强了喷水嘴的每日清洗和风管积尘的清理,利用 TBM 转场机会,又对沿途风道进行了彻底封闭,堵死了漏风的空隙,在除尘器腔内隔板前部增设了厚度 4mm 的喷胶棉,加强了过滤功能,除尘效果明显。

7)储带仓皮带右后张紧液压缸无杆腔端板撕脱

TBM 累计掘进至 12200m,当连续皮带骤停时,连续皮带机储带仓工作区段发出一声巨响,经检查发现,储带仓皮带右后方位的张紧液压缸无杆腔端板撕脱,大量油液溢出。由撕裂的断口观察,撕裂断口周边约 1/3 弧段呈现 1.5mm 宽度的橙红色锈斑,其余断口晶粒新鲜发亮,断口呈脆性断裂特征。由此分析,端板由于频繁受力,之前早有疲劳微观裂纹,随着掘进距离的延长,皮带张紧荷载增加,加之皮带机频繁骤停,造成液压脉动,促成了撕裂事故的发生。

将液压缸拆卸,利用气割把无杆腔端头板割除,并留出焊接坡口,同时加工一块 40mm 厚度的 45 钢钢板,一个端面车成凸缘,另一个端面圆周开坡口彻底清洗缸筒内部,然后小心装配端头板,采用预热焊接工艺,将端板规范焊接后安装恢复,使用后未再出现类似问题。为防止其他液压缸出现类似现象,已提前加工同样端板备用。

8)主机皮带机驱动马达屡次磨损

临近首段贯通,TBM 主机皮带机尾轮的驱动马达油液频繁外漏,用机械故障诊断仪监听,能够明显分辨轴承滚珠磨损声音,拆检发现斜轴式柱塞马达两端轴承内外圈磨损严重,滚珠失圆,更换新轴承不久同样情况频繁出现。分析原因,主机皮带轴向方向受力过大,平日维护时频繁调偏过多,而且人员不确定,润滑脂张紧缸注入过量油脂,导致尾轮两侧的张紧液压缸张紧程度不一,甚至张紧力过大,马达轴向载荷长期处于高负荷状态,加速了轴向柱塞马达的磨损(图 5-66)。更换新马达后,加强了皮带张紧维护的定人管理,此类故障再未发生。

9)VFD 变频器烧损

掘进初期,后配套变频柜发现 1 号 VFD 变频器失灵,打开检查,变频器明显有烧损发黑痕迹。

(1)故障分析

① 地下隧道开挖过程中经常会遇到含水岩

图 5-66　驱动马达磨损

层,渗水、滴水、涌水经常发生,洞内渗水严重,变频柜底板留有加工孔洞,电气柜紧挨三号皮带机,每日维护时大量高压水冲洗地面,泥浆水溅入变频柜内,变频器进水或受潮就会烧损电路板。

② TBM 掘进初期,除尘风机除尘效果欠佳,来自刀盘和喷射混凝土的灰尘较大,灰尘阻塞散热风道就会造成散热不良,造成 IGBT 高温烧毁。

（2）变频器的维护与保养

更换变频器后,维护保养着重注意以下方面:

① 变频柜的防护等级达到 IP55 以上,进出线孔均使用硅酮密封胶密封,防止水流进变频柜内。

② 经常检查变频柜内是否有水,如果发现有水或水痕要立即查找原因,及时处理。

③ 变频柜内安装自动控温型(0～40℃)加热器,防止长时间停机后变频器内部凝露。

④ 每月清扫一次变频柜内的灰尘,检查变频器散热器上的灰尘是否阻塞风道,如果有灰尘阻塞风道要立即清理。

⑤ 对于水冷型变频器经常检查冷却液的污染程度,循环泵各处的压力、流量情况并作好记录,当冷却系统运行参数发生较大改变时要及时查找原因,及时处理。处理之后,变频柜防潮效果良好(图 5-67)。

10) 故障隐患

掘进中发现,由于积碴、落石和喷射散落的混凝土,大量堆积在 TBM 主机、连接桥和后配套沿途,容易造成皮带托滚的早期严重磨损,还影响电气线缆、液压管路的工作稳定性

图 5-67　变频器防潮效果

和安全,对此都进行了妥善包裹、防护和加焊铁板遮盖,例如,锚杆钻机、主机主梁两侧电缆槽、主液压管路、传感器线路、连接桥区段皮带桥底部增设三角溜碴槽。

此外,在连接桥上方增设遮护平台,大大减轻了连接桥上方每日的石碴和混凝土清理工作量;主机上方摒弃了无用的吊机,改为平台,增加了存放料空间;改进了主机前部上方圆形钢架的安装机构,使施工人员增加了安全感,钢架安装效率大大提高。此外,后配套尾部增设了清碴槽、混凝土罐车提升、安放装置的液压化改造,变频柜和电缆卷筒、油桶上方等处的遮护。类似的改进之处还有很多,改进后的装置更加人性化。

4. 新疆中天山工程 TB880E 型 TBM 主轴承故障

1) 主轴承密封洞内更换案例

TB880E 型 TBM 为敞开式全断面硬岩隧道掘进机,1997 年从德国引进,在西康铁路秦岭隧道和西南铁路桃花铺一号隧道两项工程中已经累计完成了 12km 的掘进,闲置近 5 年后,于 2007 年 10 月运抵新疆南疆铁路吐库二线中天山隧道现场组装调试,并于 12 月 3 日开

始掘进。中天山隧道全长 22.452km,TBM 掘进长度计划为 13.5km,开挖直径 8.8m。

2008 年 3 月 9 日早晨,累计掘进长度 909m,例行维护保养时发现,主轴承润滑油的油位下降约 12cm(约相当于 200L),且外唇形密封油脂溢出部位有润滑油滴漏。3 月 8 日早 9:00 至 9 日早 9:00 掘进 30.6m,该日进尺对于 TB880E 型 TBM 来说是比较高的,即便如此,TBM 并非 24h 连续运转,中间整备保养、停机例行检查(如刀具等)等占用时间也比较长。以往检查时未发现油位以及溢脂口部位异常,且油脂泵送频率以及消耗量正常。

(1)故障排查

针对出现漏油的严重故障,经分析引发渗漏油的原因可能有密封圈损坏、油脂润滑密封故障、装配故障及其他通道故障等,现场进行了以下的故障排查工作:

① 油样分析。油样分析分 3 种,一是对所漏的油进行理化指标分析,分析所漏油的主要成分,以判断主轴承 3 道密封中哪道密封出了问题;二是对主轴承冲洗油箱液压油污染度进行分析,同时进行必要的铁谱和光谱分析,依此判断主轴承密封圈的损坏程度;三是对主轴承润滑油箱齿轮油污染度进行分析,并进行必要的铁谱和光谱分析,依此判断主轴承密封圈的损坏程度。鉴于 TB880E 型 TBM 主轴承润滑及密封设计的特殊性,应首先判断所漏的油是冲洗用的液压油 B20,还是主轴承润滑用的齿轮油 CLP460。如果仅仅是 B20,就有可能是外面的两道密封损坏,而最里面的密封完好;如果 CLP460 含量高,就有可能是最里面的密封损坏。现场取样进行了简单的黏度指标分析,断定为 CLP460 齿轮油渗漏。同时在现场及乌鲁木齐等地油水检测中心进行光谱、铁谱分析,结果发现不仅油质发生了变化,油样中还含有大量的 SiO_2 颗粒,说明主轴承在很短的掘进时间内被严重污染,由此可以初步断定密封出现了问题。

② 润滑脂检查。针对出现的问题,判断可能是外面两道密封的润滑脂量不充分。因为外面两道密封的润滑脂还具有阻止齿轮油渗出的作用,并且在组装过程中的确存在内密封润滑脂出脂不畅的情况,于是集中力量进行了润滑脂注脂的改进,使注脂频次改为 14 次/min,远高于设计的 7 次/min,出脂量明显提高。经过一个班 8h 的专门注脂之后,再进行试掘进,第一个循环没有问题,第二个循环又出现了漏油现象。根据这一现象判定,主轴承漏油与润滑脂的密封没有因果关系。

③ 其他通道检查。基于由简到繁的思想,尽可能排除低级错误引发的大故障,防止拆卸主轴承密封圈带来的麻烦,所以首先检查其他通道是否存在密封损坏而导致漏油。如图 5-68 所示,排查密封 A,假设密封 A 损坏,则有可能齿轮油通过通道 B 经迷宫式密封漏油,于是在主轴承驱动组件 C 处钻孔,然后进行注脂以封闭该通道。又经过一个班 8h 的专门注脂之后进行试掘进,第一个循环没有问题,第二个循环还是出现了漏油现象。因此可以排除是通道的问题。

④ 组装质量问题。本次组装严格按照设备生产厂 Wirth 公司提供的安装方法和程序进行,因为该设备在秦岭隧道施工时按照厂家最初的方法安装没出现此问题;在桃花铺隧道施工时进行了第一次维修,更换了密封,进行了密封和隔离圈位置的变动;而本次组装同样也是更换密封,即第二次维修,进行密封和隔离圈位置的变动。因此怀疑是密封组装过程中存在问题,或是没有按照图纸要求进行安装,但同样方法安装的外密封却一切正常。经反复确认,排除了组装过程引发漏油的问题。

⑤ 主轴承密封问题。对以上故障点进行排查后,初步断定是主轴承密封问题,但经现场维修、组装主轴承的人员对其中关键部件,如主轴承密封中耐磨环 D(图 5-69)、密封圈和隔离圈的确认,发现其中的耐磨环 D 是原装进口的,三道密封也是新进口的,唯有隔离圈是委托国内厂家进行加工的,又经过从西安到工地几千公里的运输,是否会由于隔离圈的问题引发一系列的故障呢?3 月 9 日中午开始对内、外迷宫密封强制注脂,两个部位溢脂口均有油脂溢出,内密封部位正常,外密封部位溢

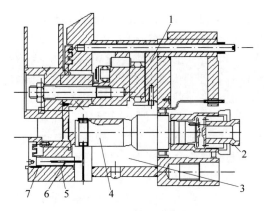

图 5-68　主轴承耐磨环

1— 主轴承内圈；2—驱动轴；3—润滑腔；4—驱动轮；
5—通道 C；6—密封 A；7—通道 B

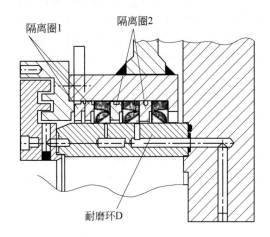

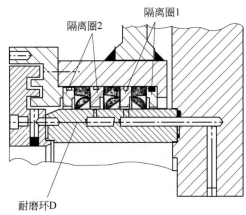

图 5-69　主轴承密封故障排查示意图

出的油脂中混有大量润滑油；3 月 10 日早晨
再次提取油脂样品，外密封部位溢出的油脂中
仍然混有大量润滑油。由此，初步断定主轴承
的外唇形密封或者相关部位有损坏，但这种状

况下尚无法确定主轴承故障的具体原因，也无
法制定解决措施。为准确判定损坏原因、制定
排除故障措施，经集体研究确定的方案为：将
刀盘从主轴承上脱离，解体迷宫密封，打开唇
形密封，检查其状况，判定原因、制定对策并付
诸实施，其流程如图 5-70 所示。实现上述方案
的关键有三点：一是刀盘顺利脱离主轴承；二
是刀盘脱离主轴承后始终保持其位置和状态
不变；三是确保故障处理完成之后能够顺利将
刀盘安装到主轴承上。而上述三个关键点集
中到一点就是确保刀盘自固定在掌子面到故
障排除后再与主机对接期间，能持续固定不动
地保持在掌子面上。

（2）刀盘在掌子面的固定

① 固定方案

TB880E 型 TBM 刀盘总质量 150t，包含所
有盘形滚刀，其边缘为锥面，最大直径 8.8m，
内部共分为 8 个相对独立的空间，每个空间内
都有一组用以铲起石碴的刮碴斗。如此庞然
大物竖直固定在掌子面并持续保持其位置、状
态不变，必须制定万无一失的方案。经研究确
定的方案为：刀盘旋转到适当的位置，拆除刮
板，从顶部两侧空间内刮碴斗位置向洞壁钻
孔，安装锚杆固定刀盘；下部适当位置的两个
空间内，从刮碴斗位置向洞壁钻孔，安装锚杆
固定刀盘；同时刀盘底部以钢板叠加，予以支
垫。刀盘固定方案如图 5-71 所示。

② 准备工作

刀盘后退 1.8m，清理刀盘内部、下部的虚
碴以及杂物，清理刀盘与掌子面之间的虚碴，
冲洗刀盘上的虚碴，以防止刀盘脱离机架后下
沉和影响锚杆及支垫钢板的焊接质量，同时为
后序工作创造有利的工作环境。

人工测量 TBM 主机机架的滚动角，机架
与隧道设计中线的偏差距离和高程，把机架调
整到合适的角度与高度，控制刀盘拆装前后的
精确角度，监控刀盘脱离后机架的变形。机具
与人员就位。

③ 刀盘脱离与固定

a. 锚杆布孔和标记螺栓

主机把刀盘推到掌子面，旋转刀盘，使顶部

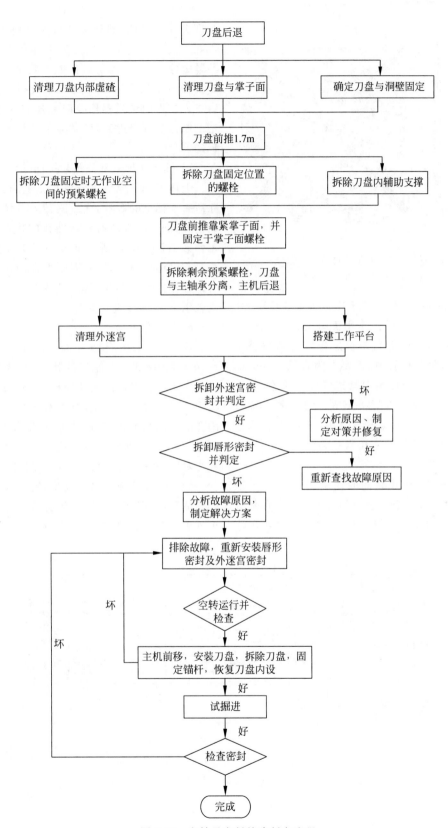

图 5-70　主轴承密封故障判定流程

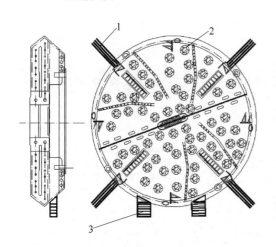

图 5-71 刀盘在掌子面固定示意图
1—锚；2—刀盘边；3—支撑

两个刀盘刮碴斗分别位于中线左右 1.19m，作为锚杆作用面。锚杆作用面分为左上、右上、左下、右下四处，刀盘定位后以红色喷漆精确标出锚杆钻孔位置，标识要求为直径 40mm 的圆，轮廓清晰，角度与刀盘边缘保持垂直，有利于以后锚杆与刀盘焊接牢固。刀盘固定锚杆共计 32 根，每个固定位置 8 根，分为两排，每排 4 根，要求四角处的钻孔紧贴刀盘边缘，其他 4 点均匀布置。

刀盘与主轴承之间的连接螺栓为 M64 液压预紧螺栓，由于安装位置不同，始终有部分螺栓被封闭在刀盘与主轴承之间，无法一次性

全部拆除。因此，螺栓需要分两次拆卸，首先拆除刀盘固定于掌子面时无拆除作业空间的预紧螺栓，待刀盘固定后再拆除剩余部分。确定锚杆钻孔位置后及时用红漆清晰地标记所有进入视野的预紧螺栓并记录其数量，未做标记的螺栓第一步拆卸，已做标记的螺栓第二步拆卸。

b. 拆卸无标记部分预紧螺栓

上述工作完成后旋转刀盘至适当位置，拆除所有未标记的螺栓，之后旋转刀盘恢复到起始位置，处于呈现所有标记钻孔的状态。该项工作必须认真核对所拆下的预紧螺栓数量为总量与已标记数量之差，否则刀盘固定后将会有部分螺栓无法拆除，从而导致刀盘不能脱离主轴承。

c. 钻孔清孔

经计算，钻头规格为 38mm，钻孔深度为 2.5m，尽量做到钻孔呈发散状，以扩大锚杆的受力作用面。刀盘内钻孔完毕后，在刀盘后方适当位置钻对照孔 3 组，要求对照孔与刀盘锚固孔两处围岩状况基本相同，且钻孔角度、深度保持一致，以便安装对照锚杆。刀盘固定锚杆与对照锚杆位置关系参见图 5-72。

为了保证钻杆的锚固效果，装入锚固剂前必须清孔，并保证钻孔深度约为 2.5m，检查结果见表 5-20，同时检查、清理对照孔。

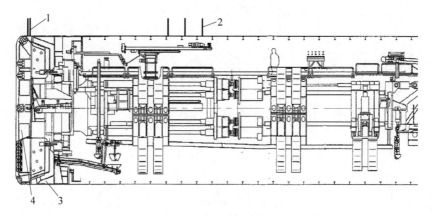

图 5-72 刀盘固定锚杆与对照锚杆位置关系
1—刀盘固定锚杆；2—对照锚杆；3—护盾；4—刀盘

表 5-20　钻孔深度检查结果

位置	序号	孔深/m	位置	序号	孔深/m	位置	序号	孔深/m	位置	序号	孔深/m
左上	1	2.35	右上	1	2.50	左下	1	2.38	右下	1	2.25
	2	2.36		2	2.46		2	2.50		2	2.34
	3	2.48		3	2.48		3	2.43		3	2.45
	4	2.50		4	2.53		4	2.36		4	2.32
	5	2.36		5	2.48		5	2.47		5	2.41
	6	2.46		6	2.38		6	2.50		6	2.50
	7	2.32		7	2.51		7	2.36		7	2.45
	8	2.43		8	2.47		8	2.48		8	2.36

d. 安装锚杆与对照锚杆抗拔试验

用锚固剂锚固 22mm 无锈砂浆锚杆,锚杆长度 3m,安装顺序为左上方、右上方、左下方、右下方。同时安装对照锚杆,第一组对照锚杆和右上部锚杆的最后一根同时安装,第二组对照锚杆和右下方的最后一根锚杆同时安装,第三组对照锚杆延后第二组 3h 安装。

第三组对照锚杆安装完毕 3h 后做抗拔试验。刀盘总重约 150t,为保险起见,按照所有刀盘重量都由上部锚杆承担,则要求单根锚杆抗拔力不应小于 10t。如果第三组锚杆达不到要求,则顺次进行第二组、第一组对照锚杆抗拔试验。

3 月 13 日 23:40,试验人员开始对第三组对照锚杆做抗拔试验,抗拉拔力为 15.96t,安全系数为 1.6,满足刀盘固定需要。

e. 固定刀盘

锚杆抗拔力达到要求后,在刀盘底部的中线两侧支垫钢板,防止刀盘下沉。支垫前再次检查确认底部已清理干净,使钢板直接作用在底部的新鲜岩石上。钢板以 40mm 厚为主,外形尺寸 40cm×25cm,由下而上逐层焊接堆叠,最后采用自制的楔形机构将刀盘垫实,并与刀盘焊接成一个整体,以保证其稳定性。刀盘底部支垫钢板实际效果如图 5-73 所示。

刀盘底部支垫完成后用钢板分别锁定 4 组刀盘固定锚杆,最后把四处焊接在锚杆上的钢板都焊接到刀盘上。具体做法为:每组 8 根锚杆先用 20mm 厚钢板围成矩形进行焊接,然后根据锚杆的间距,在预先准备好的 40mm 厚钢

支垫钢板

图 5-73　刀盘底部支垫钢板

板上按间距钻孔并装配到锚杆上,锚杆最后用立筋钢板搭焊到底部钢板上,搭焊长度不少于 10cm,钢板与刀盘最后焊接成一体。刀盘固定锚杆实施效果参见图 5-74(为标明锚固位置,图片中尚未焊接锁定钢板)。

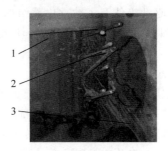

图 5-74　刀盘固定锚杆
1—护盾;2—锚杆;3—刀盘

刀盘内工作空间狭小,温度高、通风效果差,作业过程中必须注意安全,并做好通风降温降尘工作。

(3) 故障原因分析

刀盘固定并再次检查确认后,拆除剩余的预紧螺栓,机架后退 1.8m,实现刀盘与机架的分离,使外迷宫密封完全外露,能清楚看到漏油的痕迹。拆检结果如下:

外迷宫螺栓扭矩正常，没有任何松动、断裂现象。唇形密封损坏状况为：第一道密封中存在明显的油脂和润滑油的混合物，并且夹杂有碎石、铁屑；第二道密封中有少量油脂和润滑油的混合物，少量碎石和铁屑；第三道密封

从唇腰部位有 14 个破口，润滑油从破口处漏出。贴近第三道密封的两个隔环都有转动的迹象，均已磨损，密封背面将结合面磨出沟槽，并有大量的铁屑。密封损坏状况如图 5-75 所示。

图 5-75　密封损坏

针对这些迹象，经集体讨论分析后确认：外密封装配存在问题，造成局部翻转，牵动密封、隔环产生不必要的转动，致使外密封撕裂。

（4）故障处理方案及实施

① 故障处理方案

根据上述确认的故障原因，并结合损坏情况，确定处理方案为：隔环磨痕打磨处理后重新使用；外边的两道唇形密封状况完好可继续使用；最里边的第三道密封更换新件。由于发现较早，驱动组件及主轴承内部结构未损伤，组装后以液压油冲洗干净重新注入润滑油即可。

② 方案实施

按照既定方案逐步实施：a. 打磨处理所有磨损部位；b. 清理干净密封安装部位；c. 安装唇形密封及外迷宫密封；d. 试运转 4～6h，观察密封情况；e. 确认密封正常后，拆开外密封，检查隔环、密封有无相对转动；f. 确认正常后，重新安装唇形密封与迷宫密封，并注脂观察；g. 安装完成后，注脂正常，主轴承运转正常，实现与刀盘的对接，开始试掘进。

③ 实施效果

从发现故障开始，现场技术人员知难而进，工作安排有条不紊，不等不靠，积极查找故障原因并因地制宜地制定解决方案，经过 12 天的紧张工作，截至 3 月 20 日，顺利排除故障，开始试掘进，其间主轴承密封状态均保持良好。

2）主轴承内密封故障案例

2007 年 12 月 7 日，发现主轴承内迷宫密封的出脂口溢出的油脂异常，黏稠度明显降低，疑似混有渗出的齿轮油。

（1）故障排查与原因分析

为准确判定故障原因、制定解决方案，分步骤对故障进行了全面分析与排查。

① 第一步故障排查

由于溢出的油脂中含有齿轮油，可以认定唇形密封必然存在变形或者损坏，其可能原因有以下两个方面：

a. 注脂量不足。措施：停机时强制集中注脂；掘进过程中调整注脂脉冲次数，由原来的 6 次/min 调整为 9 次/min，以保证油脂充满唇形密封的空隙，实现其密封与润滑作用。

b. 部分油脂分配阀堵塞，导致油脂注入不均匀，部分区域无油脂。措施：拆检所有的油脂分配阀，清理后重新安装，但油脂分配阀至注脂点之间的管路不连接，启动油脂泵，检查分配阀出脂情况；在确认分配阀正常的情况下，连接管路再次启动油脂泵，以确认进入主轴承注脂口之前油路畅通。

集中注脂后检查出脂口，全范围内均有油脂溢出，之后启动刀盘，空载运转 1h 后检查发现油脂溢出基本正常。

此时，现场认为故障已经排除，继续始发掘进施工。由于始发阶段需要进行的掘进之

外的工作量较大,掘进时间很短,掘进速度很慢。12 日早晨,例行检查时再次发现内迷宫密封部位溢脂异常,已明显看出有齿轮油渗出,这种情况比较严重,需要立即进行进一步的故障排查。

② 第二步故障排查

根据此时的故障现象,溢出物为油脂和齿轮油的糊状混合物,呈流淌状。从比较有利的方面分析,可能原因是环境温度很低,对油脂桶采取了加热措施,温度控制不当造成桶内油脂温度偏高,同时主轴承齿轮油冷却效果不佳,主轴承内油脂周边环境温度过高,导致油脂高温乳化,丧失密封性能。

从不利的方面分析,主轴承的唇形密封变形或者损坏。

针对第一种可能,采取如下措施:继续集中注脂,直到溢脂正常为止,同时检查确认冷却器工作正常后继续掘进,并密切观察溢脂情况。处理完毕,故障消失,但 12 月 15 日再次出现漏油现象,并且很严重,由此断定,内唇形密封必定存在明显故障。

③ 故障原因分析

经主要技术人员共同研究,一致认定唇形密封已经严重变形或者损坏,但是导致唇形密封失效的原因尚无法完全确认,可能的原因如下:

a. 唇形密封本身存在质量问题。

b. 唇形密封安装质量存在问题,安装方向有误或者安装时存在扭曲。

c. 石碴从迷宫密封进入到唇形密封,导致唇形密封失效。

d. 主轴承齿轮油污染,颗粒状硬物进入唇形密封区域,导致密封失效。

e. 加工的隔环质量存在问题,造成唇形密封意外损伤。

(2) 故障排除方案

针对上述可能原因,必须进一步确认并有针对性地排除,方可恢复主轴承的性能。但在隧道内进行修复,工作难度相当大且不容易保证维修质量,并且将占用较长时间。

经研究,为彻底解决内密封的问题,恢复主轴承的状态与可靠寿命,确保中天山隧道13.5km 掘进施工顺利完成,必须将主轴承拆解方可确认真正的故障原因、制定解决措施,参见图 5-76。具体方案如下:

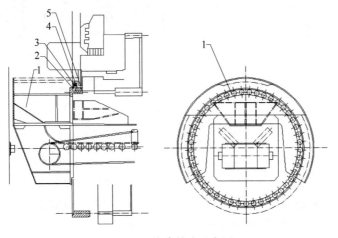

图 5-76　故障排除示意图

1—溜碴槽;2—外密封圈;3—内迷宫密封;4—唇形密封;5—隔环

① 洞内解体并拆卸溜碴槽 1;

② 拆卸外密封圈 2 和内迷宫密封 3 以及唇形密封 4 与隔环 5,确认故障因素和原因,并进一步制定解决措施;

③ 故障排除;

④ 试运转后安装溜碴槽。

溜碴槽、内迷宫密封的实际安装位置如图 5-77 所示。

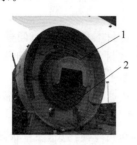

图 5-77　溜碴槽、迷宫密封位置
1—溜碴槽；2—内迷宫密封

（3）方案实施

① 拆卸溜碴槽

由于刀盘内空间很小，无法整体拆除溜碴槽为后续维修工作提供必要的空间，只能截割分解，放置于刀盘下部的包厢内。

经研究，决定从横向、纵向两个方向对溜碴槽实施分解，如图 5-78 所示，共分为 6 个部分。沿横向截割线将溜碴槽分为前（Ⅰ）、后（Ⅱ）两部分。

对于前半部分Ⅰ，沿纵向截割线 A1、A2 分为 3 块，分别为①②③；对于后半部分Ⅱ，沿纵向截割线 B1、B2 分为 3 块，分别为④⑤⑥。截割顺序为：①→③→②→④→⑥→⑤。

截割注意事项：

a. 清理刀盘内的各种可燃物品，包括棉纱、方木等，准备好灭火器；

b. 严格按照标定的截割线截割，保证割下的部分顺利放到刀盘的包厢内；

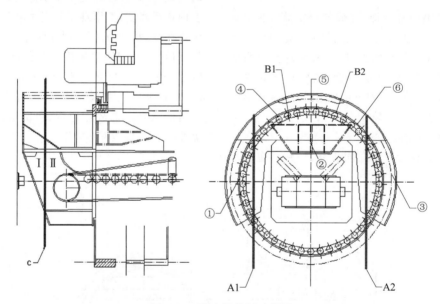

图 5-78　溜碴槽截割示意图

c. 截割缝尽量保持平顺，以方便将来安装焊接；

d. 截割④⑤⑥块过程中，严格控制截割的速度与周边温度，加强通风，避免高温损坏橡胶密封，必要时采取强制降温措施。

② 拆卸迷宫密封与唇形密封，判定原因，制定措施

内迷宫密封、唇形密封结构及位置关系如图 5-79 所示。

a. 在刀盘上焊接支架，拆除迷宫密封，并固定于支架，详细检查迷宫中的油脂状况、磨损情况、有无颗粒状物质等。经检查，未发现异常情况。

b. 拆除另一半迷宫密封，妥善放置于支架上，露出第一道隔环，检查其外形、尺寸、磨损情况。发现该隔环的外圈与密封腔的外径之间存在间隙，其他情况正常。

c. 拆除隔环，以安全的方式放置在支架

上,露出第一道唇形密封。经检查发现该密封存在严重的扭曲以及撕裂。

图 5-79　迷宫密封结构及位置

　　d. 拆除第一道唇形密封,以软绳悬挂在事先设置于刀盘顶部的吊点,依次拆除、检查剩余的三道隔环与两道唇形密封。所有隔环外径与密封腔外径之间均存在一定的间隙,另两道唇形密封未见异常。

　　根据上述问题,现场组织专题会议,研究后判定此次故障的根本原因是当初加工的隔环,在生产过程中质量控制没有达到设计要求,外径偏小,安装后对唇形密封造成不均匀挤压,在重载情况下导致唇形密封扭曲变形进而撕裂,造成齿轮油泄漏到唇形密封腔,与油脂混合,沿迷宫密封排出。

　　为避免开挖扩大洞室,大幅度减小修复用时,且考虑到隔环的加工周期以及不能整体运输到主轴承前部,确定修复方案为:按照原隔环设计方案,设计加工隔环条,将现有隔环切开一条缝,放置于原安装位置,张紧密贴密封腔后,精确测量隔环周长,根据周长差裁切相应长度的隔环条,精确定位并焊接,恢复隔环的原设计直径,更换损坏的唇形密封,重新安装。

　　③ 隔环修复

　　a. 设计隔环条图纸并安排加工。经研究,确定隔环条零件图如图 5-80 所示。

　　b. 对隔环由内向外依次编号①～④并做好标识,分别进行精确截割,要求切口方向正确、小且整齐,之后逐个安装到密封腔内,实施张紧,使隔环密贴密封腔,测量间隙,测量结果如表 5-21 所示。

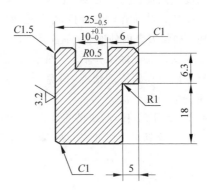

图 5-80　隔环条零件图

表 5-21　隔环间隙测量数据　　mm

隔环序号	间　　隙	隔环序号	间　　隙
1	15.0	3	7.5
2	11.0	4	9.0

　　c. 根据间隙值截割密封条定位点焊后,从密封腔内整体取出隔环,精确焊接打磨。焊接时,必须严格控制焊接电流及焊接工艺,确保隔环不变形。修复后的隔环如图 5-81 所示。

图 5-81　修复后的隔环

　　④ 安装唇形密封与迷宫密封

　　重新安装迷宫密封,去除刀盘上焊接的支架,清理刀盘内的杂物(包括 6 块溜碴槽),之后连续空转刀盘,每次不少于 2h,停机检查迷宫密封溢脂口的油脂溢出情况。经三次试运转与检查,溢脂情况良好,未发现漏油现象。

　　⑤ 安装溜碴槽

　　安装溜碴槽,并在安装位置实施定位焊接。焊接过程中,严格控制焊接工艺,特别是靠近密封的部位,时刻监控周边部件的温度,避免温度过高造成唇形密封、密封条等橡胶件的异常损坏;同时清理焊接区域的棉纱等,避免引燃;加强刀盘内的通风,并备灭火器。

完成安装及焊接工作后,全面检查焊缝的焊接质量以及焊碴清理情况,避免相互转动部件之间发生干涉。

截至 12 月 21 日,溜碴槽安装完成,经三次连续 3h 试运转,一切正常,故障已经完全排除。

(4)实施效果

经过 15 天的紧张工作,快速排除了故障,较某工程邀请国外专家共同处理类似故障耗时 3 个月相比,节约了大量宝贵的施工时间。自 2007 年 12 月 22 日开始恢复掘进,其间主轴承内密封状态持续良好。

5. 辽宁大伙房工程 TBM 2 标段主轴承故障

1)TBM 主机监测手段

(1)通过油样的光谱分析、铁谱分析和污染度分析,了解润滑油中磨损产物的种类,磨损颗粒的形貌、尺寸、含量,并由此判断出机械磨损的严重程度;通过油液理化指标的化验,可以得知油液的劣化情况,由油质的变化推断出故障的某些诱因。根据按需维护、按需保养的要求,及时更换变质的油液。

(2)各种传感器的监测。监测各种运动部件的运转参数和运动状态;位移、压力、温度、流量、油位、压差、转速等参数对故障的诊断有直接和间接的参考作用。此外,主轴承借助于内窥镜可以免除拆卸,直接观测到部件内部零件的损伤情况。

(3)皮带的驱动系统故障多发生在变速箱、联轴器等机械部件上,掘进时当班的机械工程师应注意观察,交接班做好记录。在主驱动和皮带末端,两皮带表面往往存在一定落差,石碴呈不规则运动状态;在主驱动及皮带末端加装摄像机,根据需要自行增减,同时监测皮带与主、从滚筒之间是否夹碴。整备时对皮带托滚进行全面彻底的检查,防止因托滚卡死或轴承失效而引起皮带与托滚间的相对滑动摩擦;对自动调心皮带托滚的侧移调节机构应做手动调试,发现失灵时应立即予以更换。

2)主轴承磨损原因

(1)内、外唇形密封损坏,导致外界石碴(磨料)进入主轴承润滑油腔内,夹杂在轴承或滚子滚道之间。

(2)掘进参数设置不合理,刀盘承受载荷不均匀,偏载。由于掘进过程中推进液压缸推力过大,轴向荷载过大,冲击的反复波动导致运动副(轮齿、保持架之间)疲劳点蚀;磨粒的不断堆积,加剧了滚道磨损以致恶性循环。

(3)润滑系统工作不正常。a. 过滤系统清理、更换不及时,磨粒堆积。b. 流量、温度、压力等运转参数工作不正常,工作载荷产生的热量散发不出去,油液温度过高,导致油液黏度下降,在齿面之间无法形成极压润滑油膜。由于冲击,瞬间摩擦面产生晶粒的胶合,转而黏结、金属转移。

(4)润滑脂系统工作不正常。分配阀没有按照设定脉冲次数供给规定的润滑油脂量,唇形密封之间缺少油脂,导致润滑油外泄量额外增加,一旦满足外界石碴进入的条件,很快污染轴承内腔。

3)减少主轴承磨损的对策

(1)根据不同围岩,采用合理掘进参数。硬岩情况下,缓慢推进掌子面,严密观测电机工作电流,避免冲击;推力不要长期超过额定荷载,也不要低于液压泵站设定值。

(2)定期抽取润滑油液进行理化指标分析,及时更换和清理压力滤芯和回油磁滤芯;如果油液指标不合格,应坚决、及时地更换润滑油液。

(3)严密封堵轴承内、外通道,经常检查轴承观察孔盖板和刀盘内、外密封检查口的密闭性,防止泥浆进入润滑油腔。

(4)保持内、外密封压圈固定螺栓的紧固状态,防止因润滑油脂外挤合成压力过大,挤脱压圈。

(5)经常检查润滑油脂系统的工作情况,调节分配阀合理的脉冲工作次数。

2003 年 7 月 15 日,大伙房 TBM 2 标段决

定拆检主轴承,到辽宁省大伙房水库管理局借用主轴承专用吊具,在此之前的连续几天,每天都能从润滑系统的回油滤芯和磁性滤芯里收集到大量的铜和铁的磨粒,磨损理由有三个:

① 前一段地质较硬,推进缸推力过大,轴承受载条件不合理;

② 转场维修期间,发现四个推进液压缸的缸头均已损坏,可能同样由于大力推进的缘故;

③ 焊接刀盘过程中,可能焊机的搭铁线没有就近连接,而是随意连接在刀盘后部某个连通位置,导致焊接电流穿越轴承的滚子与滚道之间形成闭合回路,若即若离的触点必然由于虚接最终烧结,轴承运行后肯定将磨粒随之带入润滑油系统。大伙房 TBM 2 标段报废轴承如图 5-82 所示。

图 5-82　轴承严重磨损报废

该事例警示我们,主轴承的磨粒监测非常重要,只要跟踪把握主轴承的金属磨损变化规律,就能做到心中有数。因此润滑系统回油磁性滤清器的定期观察显得尤为重要,按照合理的推进环数,每间隔 50 环检查一次比较合理。

6. 辽西北供水工程 TBM 主机故障

1) 主机振动大

(1) 主机振动大的表现

TBM 主机部位振动大,主梁本身无开裂和螺栓松动现象,主梁上的附属结构件(如工作平台、爬梯、扶手、支架等)开裂和螺栓松动、断裂的情况较多;液压管排松动频繁,需要耗费大量人力紧固维护;电气连接线路松动,导致电气故障频发;顶护盾前、后侧液压缸座销子断裂过 3 次;4# 主电机刹车保护罩的螺栓频繁断落,刀盘刹车密封和刹车油管损坏。

(2) 原因分析

① 围岩岩性为石英二长岩,岩石微风化,属中硬岩到坚硬岩,抗压强度 160MPa,TBM 推进压力需要保持在 29~32MPa 才能掘进。

② TBM 掘进时,顶护盾和侧护盾与岩壁之间贴合不紧密、间隙较大,严重影响机头架的固定效果。

③ 刀具质量存在问题,刀圈崩刃、断裂及楔块掉落现象较多,对比其他标段 Robbins TBM 施工情况,本台设备的刀具更换量较大,截至目前已更换近 86 把,平均每掘进 11m 更换 1 把。由于刀具损坏频繁,造成刀盘扭矩较大波动。

(3) 处理措施

按 4 种工况用故障诊断仪对 TBM 的主梁、主电机、机头架、顶支撑和侧支撑进行了振动数据采集,根据刀盘转速 5r/min 工况下主电

机和机头架的振动数据,可以看出:

① 主驱动电机振动值严重超标,但这数值是由主电机自身振动和 TBM 主机的振动叠加所致。此外,与用于兰渝铁路西秦岭隧道的 Robbins TBM 振动数据进行了对比分析,辽西北 TBM 机头架振动值比西秦岭 TBM 的振动值大 10 多倍。

② 定期维护、保养和检查刀具时,必须同时对主机重要结构件(主梁、护盾等)焊缝及连接螺栓进行专项检查并记录,发现问题及时处理。

③ 严格按照规定对 TBM 主机实施连续的状态监测,可以预测即将出现的重大故障,做到防患于未然。

④ 刀盘转速适当降低。根据动量作用公式 $P=Mv$ 可知,刀盘的转速越大,刀盘的冲量就越大;刀盘的冲量越大,则 TBM 主机振动就越大。实际的振动测试数据也说明了这一点。

2) 刀具更换频繁

(1) 问题现象

刀具损坏现象主要为刀圈崩刃、断裂及楔块松脱掉落。跟辽西北供水工程其他标段相比,刀具更换频率明显偏大。

(2) 原因分析

① 推进压力超过 30MPa 时,TBM 主机振动较大,易造成刀具螺栓松动。

② 掘进初期阶段使用的刀具刀圈和螺栓存在质量缺陷。

(3) 处理措施

① 尽可能全部更换为进口高质量刀具。

② 适当增加掘进期间检查刀盘刀具的次数,初次换刀掘进一环后立即再次拧紧螺栓。

③ 根据刀盘滚刀数量和承载力,掘进期间限制推力,避免刀具的过度磨损,适当降低推进速度。

(4) 结论与建议

辽西北供水工程 TBM 掘进初期施工进度不理想,主要原因是主机振动偏大引起的一系列设备问题。此外 TBM 相关设备设计上也存在一定缺陷。这些因素都增加了设备故障率,严重影响了施工进度。通过这些现象,提出以

下几点建议。

① TBM 应在工厂内经过完整的设备调试后再出厂,采取工地组装同步进行设备调试是造成 TBM 始发掘进期间设备故障较多的一个原因。

② TBM 工厂监造期间,需要重点关注顶护盾、侧护盾的加工精度及后配套相关设备的动作是否存在干涉。

③ 加强主机振动监测。平时注意观察、搜集和分析同一机型在不同工况下的振动数值,逐步确定 TBM 在不同工况下的正常振动数值范围。

④ 制定刀盘、刀具定期检查工作制度,根据不同围岩、不同工况及时调整检查刀盘刀具的频率。

⑤ 针对围岩条件认真研究和制定 TBM 的掘进参数并严格执行,同时提高对掘进参数变化的敏感度,对于掘进参数的异常变化要注意观察、整理和分析,及时对刀盘刀具和设备的状态进行检查确认,制定掘进参数异常变化的管理制度和措施。

⑥ 严格培训,使用熟练操作手,规范操作行为。

7. 西藏拉萨市林周县后配套皮带系统故障

本工程采用的全断面岩石隧道掘进机直径 4.2m,全长 177m,编号 m-1669,工程位于西藏拉萨市林周县,海拔 4100m,在掘进初期遇到了许多问题,通过工程技术人员的不断努力,逐一进行了克服。

1) 后配套皮带系统时常断裂

本工程采用连续皮带出碴,连续皮带从主机到洞外碴场可分为 7 段,7 段实行分段控制,在皮带的第二段,即后配套皮带机系统,在 1～4 号台车下方运行,在 4 号台车处有一向上坡道,当皮带运行时,皮带的抖动极易将碴抖出皮带外,加之 3 号台车是喷混台车,喷混回填料会漏到皮带下方。另外,在掘进过程中,岩石遇水,在洞底易形成淤泥。

以上因素的共同作用易导致杂物划到回程皮带,导致皮带断裂无法正常掘进。通过对

淤泥量的统计及对施工工序的调整,针对以上问题,采取在1~5号台车处加轨枕和滑道的方案。轨枕采用12号工字钢,加工成洞壁的弧形;滑道采用12号工字钢,加工成2m一节。轨枕通过锚杆固定,两个轨枕间通过四根滑道连接。应用滑道和轨枕以来,后配套皮带从未出现过大面积划破的现象,确保了掘进作业的正常进行。

2) 后配套台车脱轨

在全断面岩石隧道掘进机作业工程中,后配套台车采用轨道运输方式,轨道循环利用,因台车左、右质量不一致,在掘进作业中会出现后配套台车出轨的现象。针对在掘进过程中台车运动速度慢的特点,通过在台车轨道处加挡板的方式,有效解决了台车脱轨的问题。

由于连续皮带机系统组成子系统多,运输线路长,出现跑偏后运输料会掉落,皮带支吊架会损坏。前期在小圆洞内采取铁链吊装皮带架的方式延伸皮带,但在实际施工中很难保证皮带架水平,且掘进过程中皮带架抖动严重。之后,在皮带架延伸过程中,采用支架的方式进行延伸。在皮带机系统启动过程中,采取先洞外再洞内的方式启动。在皮带机系统制动过程中,采取先洞内后洞外的方式制动。

针对皮带跑偏的问题,主要采取调整托辊、调整托辊架、安装防跑偏托辊的方法进行调整。在采取调整托辊方法时,通过摸索,通常采用方向调整法,即将托辊看作一个方向盘,皮带运行方向看作汽车行驶方向,若皮带跑偏,则将托辊按方向盘纠偏方向调整,将轴调整到相应凹槽内。在采用安装防跑偏托辊的方法时,首先加工托辊支架,同时要确保安装防跑偏托辊支架后,支架不会与皮带接触。

通过上述方法,本工程皮带机系统运行正常可靠。

3) 总结

通过应用实例的分析,提出了具体解决方案,也为全断面岩石隧道掘进机的选型提出了合理化建议。

(1) 在主机和后配套皮带的卸碴口,后配套皮带前部较低,在设计和施工过程中,通过增加滑道等措施,提升后配套皮带,防止皮带损伤。

(2) 全断面岩石隧道掘进机后配套台车通常采用轨道式,且质量分布不均,可在后配套台车处加防跑偏、防脱轨挡板,防止后配套台车脱轨,确保掘进施工正常进行。

(3) 连续皮带机出碴,皮带容易跑偏,可以通过架设防跑偏托辊,或者采用调整托辊的方向进行调整,保证连续皮带机系统运行正常。

8. 掌鸠河引水供水工程 TBM 卡机及护盾变形问题

掌鸠河引水供水工程是总投资39.41亿元人民币的国家重点建设项目,是为解决昆明市城市供水问题而兴建的大型水利工程。该工程从距昆明市约65km的禄劝县云龙水库引水至昆明市,计划于2006年建成供水。上公山隧道是16座总长为85.655km隧道中长度最大、唯一采用TBM施工的隧道。隧道轴向S17.6°E~S18.7°W,长13.769km,设计直径3.00m,采用意大利CMC公司生产的$\phi=3.66$m双护盾1217-303型TBM进行开挖。有压隧道运行期水压为0.17~0.20MPa,埋深一般为100~200m,最小埋深10m,最大埋深368m。2003年4月底开始掘进,计划2005年底贯通。

1) 工程事故概况

2004年2月22日,在桩号4km+356.295m处TBM被迫停机。右支洞受地质构造影响极其严重,岩体很破碎。发现2条与洞轴线基本平行、分别厚20~30cm和5~20cm的糜棱岩带。2004年3月10日,桩号4km+436.424m处TBM卡住,发现后护盾被拉开了。2004年3月11日,桩号4km+439.374m处发生了一次极严重的卡机事故,这次不仅TBM无法正常掘进,而且TBM后护盾被拉开并产生严重挤压变形(顶部出现5~11cm程度不同的垂直变形)。根据变形破坏现象和事故原因概略分析,在现场对隧道卡机段作了如下3个方面调查:

(1) 从桩号4km+340m处开始近100m,管片变形、破裂现象和管片水平接口处向洞内位错现象普遍；水平张裂纹长距离分布；局部地段管片出现片状剥裂、钢筋外露现象。这些现象的发生与洞轴向近垂直的水平地应力较高有关，尤其是右侧应力比较大。

(2) 桩号 4km+439.374m 两侧扩挖支洞掌子面处隧道围岩岩性、形状和构造破碎现象。

(3) 扩挖后钢拱架（包括导洞钢拱架）变形破坏现象。扩挖后隧道右侧钢拱架下部明显向内挤压变形。前导洞右侧钢拱架下部也发生向内挤压变形现象。顶部木支撑受压向左侧折断。钢拱架变形破坏现象表明右侧围岩变形强烈。这说明了岩体蠕变破坏和岩体支护间作用力随时间增加，而由于断层构造影响，其变形和破坏为非对称，这不同于通常设定的对称计算模型。现场调查发现，桩号 4km+439.374m 处于和隧道轴向近平行分布的缓倾角断层带中。主断面倾向右侧，倾角 30°左右。沿主断面分布厚 0.5～1.5cm 断层泥。构造挤压作用使上盘和下盘围岩变成了劈理化的碎裂岩。右侧断层上盘岩层缓倾，岩体破碎；左侧断层下盘岩体陡倾（倾角 60°～70°），亦为劈理化碎裂岩。

上述近 100m 长 3 处卡机段地质调查表明，TBM 均系沿着性质为缓倾角逆断层开挖，隧道变形破坏主动应力来自右侧断层上盘。

2) 岩石成分和力学特征分析

对断层泥样品颗粒试验表明，粉砂和黏粒占大部分，粒度曲线坡度平缓，成分属于粉质轻黏土。对断层泥样品 X 衍射矿物成分测试和物理化学分析结果显示，矿物成分以蒙脱石与其他矿物混合为主，具有弱膨胀性。黏粒组和黏土矿物占相当比重决定着软弱岩黏聚力较大而内摩擦角较小。高地应力和近乎陡立的软弱围岩，说明了此段开挖中围岩蠕变会对 TBM 护盾发生强烈挤压。现场取 6 块粉砂质板岩样品测试抗压强度，结果显示，板理发育其抗压强度最小值为 25.3MPa，最大值为 94.8MPa，平均为 53.4MPa，属软岩到中硬岩。在逆断层处局部地应力增大，软岩和断层岩发生了大变形，其前后影响范围约为 3.5 倍洞径。

在围岩软弱破碎和较高地应力不良工程地质条件下，隧道开挖中具有四周来压和持续大变形的趋势，以及初始变形速率较大的特点。TBM 施工过程中由于地质原因需停机处理前方围岩或掘进速度变缓，围岩的快速大变形不仅会超过护盾与围岩之间的预留变形量，而且 TBM 护盾会受到强烈挤压，从而导致卡机问题的发生。围岩蠕变作用客观上会导致护盾挤压大变形发生。沿着断层带的隧道开挖，由于断层上盘和下盘局部地应力场分布的不均一性，岩体形状和破坏程度的不均一性，隧道支护受到偏应力的影响，导致左右两侧管片变形破坏和护盾受力的不均一性。从 TBM 后部向前部的侧向扩挖，引起后护盾变形量自后向前变小，与旁侧扩挖顺序一致。分析发现，这样的扩挖使 TBM 圆护盾受力状态由平面应变问题转变为单轴受压，在拱顶出现了垂直向大于 5MPa 的集中压应力，而侧向压应力为 0，其结果是护盾顶部垂直向内变形。这与软弱围岩拱顶处变形分析和监测结果基本一致。

3) 工程处理措施

(1) 使 TBM 护盾尽快与围岩脱离接触，阻止大变形的持续快速发展，实际采用人工扩挖和钢拱架支撑、超前导洞等措施，进行大规模的工程处理。

(2) 适当提高辅助液压缸推力，必要时采用高压拉缸，使 TBM 快速通过软弱围岩地段。

(3) 在高地应力区考虑采用环向均匀开挖，以使圆护盾受力均匀。

(4) 当 TBM 通过膨胀性围岩地段时，一定要做好防水止渗工作，要特别注意衬砌管片接缝宽度的控制和止水条安装质量，避免洞内施工用水大量渗漏，导致围岩崩解、软化。

(5) 调整掘进线路，将原线路向西挪动直，以防前面遇到更多断层。

在褶皱、断层和软弱围岩同时存在的复杂地质条件下，围岩的持续挤压作用和大变形会导致 TBM 卡机。地形坡度陡变加剧了应力集中程度，成为卡机事故易发区。现场工程地质调查表明，当 TBM 从破碎带中间穿过时，洞顶、洞底以及两侧的围岩会向洞内发生较大的位移,超过了护盾与围岩之间预留的超挖量。若不事先进行加固处理,围岩将卡住护盾,导致卡机事故的发生,严重影响工程工期。在高地应力区和软弱围岩段,侧向扩挖会使 TBM 受力变为单轴受压而出现护盾不均匀的塑性变形,而采用侧向和顶部同步扩挖可避免这一问题。现有 TBM 隧道开挖技术对复杂地质条件有一定的不适应性,是隧道设计和施工方案选择中首要考虑的战略问题。线路局部调整是为绕避复杂地质条件的技术性策略。

第6章

盾 构 机

6.1 概述

6.1.1 盾构机的定义

盾构掘进机,是盾构施工法中的主要施工机械。在我国,盾构机是特指在泥土和碎石土质进行隧道施工的掘进机械,岩石掘进机通常以 TBM 称呼。

盾构施工法是在地面下暗挖隧道的一种施工方法,它使用盾构机在地下掘进,在防止软基开挖面坍塌或保持开挖面稳定的同时,在机内安全地进行隧道的开挖和衬砌作业。盾构法施工的过程:先在隧道某段的一端开挖竖井或基坑,将盾构吊入安装,盾构从竖井或基坑的墙壁开孔处开始掘进并沿设计洞线推进,直至洞线中的另一竖井或隧道的端点,如图 6-1 所示。

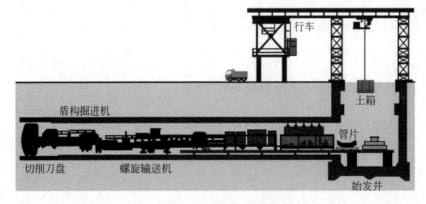

图 6-1 盾构施工法

盾构机适用于土质隧道的暗挖施工,它具有金属外壳,壳内装有整机及部分辅助设备,在盾壳掩护下进行土体开挖、土碴排运、整机推进、管片拼装等作业,它是通过刀具截割土体而使隧道一次成形的机器,如图 6-2所示。

图 6-2 盾构机

6.1.2 盾构机的功用

现代盾构机集光、机、电、液、传感、信息等多种技术于一体,具有开挖切削土体、输送土碴、拼装隧道衬砌、测量、导向纠偏等功能,涉及地质、土木、机械、力学、液压、电气、控制、测量等多门学科技术,而且要按照不同的地质进行"量体裁衣"式的设计制造,可靠性要求极高。盾构机已广泛用于地铁、铁路、公路、市政、水电等隧道工程,具有开挖速度快、质量高、人员劳动强度小、安全性高、对地表沉降影响小和在水下开挖时不影响水面交通等优点,比传统的钻爆法隧道施工(图6-3)具有明显的优势和良好的综合效益。在隧道洞线较长、埋深较大的情况下,用盾构机施工更为经济合理。

图 6-4 机械式盾构机

图 6-3 传统钻爆法隧道施工

6.1.3 盾构机的发展历程

盾构机作为一种安全、快速的隧道掘进机械,经历了四个发展阶段:一是以 Brunel 盾构机为代表的手掘式盾构机;二是以机械式(图6-4)、气压式、网格式盾构机为代表的第二代盾构机;三是以闭胸式盾构机为代表(泥水式、土压式)的第三代盾构机;四是以大直径、大推力、大扭矩、高智能化、多样化为特色的第四代盾构机。目前,应用最广的是泥水盾构机和土压平衡盾构机,如图6-5所示。

盾构机自 1825 年问世至今已有近 200 年的历史,始于英国,发展于日本、德国。近 40 年来,科技工作者通过对土压平衡式、泥水式盾构机中一些关键技术的深入研究和技术创新,如盾构机的有效密封,确保开挖面的稳定,控

图 6-5 土压平衡式盾构机

制地表隆起及塌陷在规定范围之内,刀具的使用寿命,在密封条件下的刀具更换,对一些恶劣地质如高水压条件的处理技术等,使盾构机有了很快的发展。盾构机,尤其是土压平衡盾构机和泥水盾构机在日本由于经济的快速发展及实际工程的需要发展很快。德国的盾构机技术也有独到之处,尤其可以实现在地下施工过程中,在保证密封以及气压高达 0.3MPa 的情况下更换刀盘上的刀具,从而提高盾构机的一次掘进长度的技术。德国还开发了在密封条件下,从大直径刀盘内侧常压空间内更换被磨损刀具的技术。

6.1.4 盾构机的国内发展现状

我国盾构机的开发与应用始于1953年,东北阜新煤矿用手掘式盾构机修建了直径为 2.6m 的疏水巷道。

1962 年 2 月,上海城建局隧道工程公司结

合上海软土地层对盾构机进行了系统的试验研究，研制了1台直径为4.16m的手掘式普通敞胸盾构机，隧道掘进长度68m，试验获得了成功，并采集了大量的盾构施工法数据资料。

1965年3月，由上海隧道工程设计院设计、江南造船厂制造的2台直径为5.8m的网格挤压盾构机，完成了2条平行的隧道，隧道长660m，地面最大沉降达10cm。

1966年5月，中国第一条水底公路隧道——上海打浦路越江公路隧道工程，主隧道采用由上海隧道工程设计院设计、江南造船厂制造的直径为10.22m的网格挤压盾构机施工，辅以气压稳定开挖，在水深为16m的黄浦江底顺利掘进隧道，掘进总长度1322m。

1973年，施工人员采用1台直径为3.6m的水力机械化出土网格盾构机和2台直径为4.3m的网格挤压盾构机，在上海金山石化总厂修建了1条污水排放隧道和2条引水隧道。

1980年，上海市进行了地铁1号线试验段施工，研制了1台直径为6.412m的网格挤压盾构机，采用泥水加压和局部气压施工方法，在淤泥质黏土地层中掘进隧道1130m。

1982年，上海外滩的延安东路北线越江隧道工程1476m圆形主隧道，采用上海隧道股份有限公司设计、江南造船厂制造的直径为11.3m的网格挤压水力出土盾构施工机。

1986年，中铁隧道集团研制出半断面插刀盾构机，并成功用于修建北京地铁复兴门折返线。

1987年，上海隧道股份有限公司研制成功了我国第一台直径为4.35m加泥式土压平衡盾构机，并于1988年1—9月用于上海市南站过江电缆隧道工程施工，穿越黄浦江底粉砂层，掘进长度583m。

1990年，上海地铁1号线工程全线开工，18km区间隧道采用7台由法国FCB公司、上海隧道股份有限公司、上海隧道工程设计院、沪东造船厂联合制造的直径为6.34m土压平衡式盾构机，每台盾构机月掘进200m以上。

1995年，上海地铁2号线24.12km区间隧道开始掘进施工，再次使用原7台土压盾构机，又从法国FMT公司引进2台土压平衡式盾构机，上海隧道公司自行设计制造1台盾构机，2号线共使用了10台土压平衡式盾构机。

2001年，国家科技部将盾构机国产化列入国家"863"计划。通过公开招标，第一批3项设计课题分别由国内盾构机设计、制造与施工的两家优势企业——中铁隧道集团有限公司和上海隧道工程股份有限公司为主承担。

2002年，同样通过公开招标，第二批4项课题（包括试验研究、关键技术攻关、样机研制和标准规范编制等）分别由中铁隧道集团公司和上海隧道工程股份有限公司为主承担。两家国内盾构机设计、制造与施工的优势企业成立了联合攻关组，组织了由浙江大学、同济大学、华中科技大学、东南大学、煤炭科学研究院、北京城建集团、中信重工机械有限责任公司、洛阳九久技术开发有限公司等单位参加的产、学、研结合的课题组。在科技部的引导下，中铁隧道集团有限公司和上海隧道工程股份有限公司在盾构机开发上取得了巨大成就：①适应软土地层的直径为6.3m土压平衡式盾构机的设计和制造有了明显突破，完成了样机的制造，初步形成盾构机制造、安装、调试的成套工艺技术，已具备规模化制造加工的能力；②盾构机隧道掘进关键技术已基本掌握；③研制出了世界上最大的盾构机模拟试验平台；④成功组建了股份制的盾构机设计试验研究中心。

2001年2月，中铁隧道集团成立了盾构机开发机构，2002年8月在河南新乡投资3500多万元建立了盾构机产业化基地，成立了以盾构机研究开发中心、盾构机组装调试中心、盾构机制造维修中心为主要发展方向的中铁隧道股份制造公司。上海隧道工程股份有限公司也在上海建立了盾构机产业化基地。在国家"863"计划的引导下，中铁隧道集团已经完成了直径为6.3m土压平衡式盾构机的结构设计、盾构机控制原理流程图设计、盾构机液压系统、电气系统、流体输送系统以及元器件的选型；完成了盾构机系统刀具的研究设计、开发与制造，完成了盾构机泡沫添加剂、盾尾密封油脂的开发应用研究,并实现了产品化。同时,在盾构机管片研制、新型泡沫剂研制及碴土改良技术、同步注浆技术方面也取得了一定进展,推动了盾构机产业化进程。

2004年5月,中铁隧道集团有限公司成功组装了直径为6.3m土压平衡式盾构机1台,并应用于广州地铁4号线小新区间。

2004年7月15日,中铁隧道集团有限公司研制的刀盘及刀具、液压系统成功应用于上海地铁2号线,进行了工业试验,连续掘进2650m,平均月掘进331m,最高月掘进470m,达到了项目要求的各项指标。

2004年7月28日,上海隧道工程股份有限公司、中铁隧道集团有限公司、上海科技投资公司、浙江大学、同济大学、华中科技大学等共投资2000万元,在上海组建了股份制的盾构机设计试验研究中心。研制出了我国第一台拥有自主知识产权的先进的大型多功能盾构机试验平台,模拟盾构机的直径为1.8m,是世界最大的实物模拟盾构机试验平台,具有土压平衡和泥水平衡互换及刀盘开口率可调功能。

2004年10月下旬,由上海隧道工程股份有限公司牵头负责,成功制造了1台直径为6.3m土压平衡式盾构机(先行号),应用于上海地铁2号线西延伸隧道工程。

2005年3月26日,上海地铁2号线西延伸工程盾构区间隧道成功贯通,标志着中铁隧道集团有限公司承担的国家"863"计划土压平衡式盾构机关键技术研究取得阶段性胜利。

在异形隧道的发展方面,上海隧道工程股份有限公司于1995年开始研究矩形隧道技术(图6-6),1996年研制1台2.5m×2.5m可变网格矩形顶管机,顶进矩形隧道60m,解决了推进轴线控制、纠偏技术、沉降控制、隧道结构等技术难题。

1999年5月,上海地铁2号线陆家嘴车站过街人行地道采用1台3.8m×3.8m组合刀盘矩形顶管机施工,掘进距离124m。近年来,上海隧道工程股份有限公司开展了对双圆隧道和多圆隧道掘进工程的可行性研究。

2003年9月,上海隧道工程股份有限公司

图6-6 矩形盾构机

引进日本双圆盾构机掘进轨道交通8号线,施工中摸索和积累了丰富的经验,为我国异形隧道的发展做了技术储备工作。

据了解,北京地铁采用盾构法施工的掘进量占施工总量的45%。我国近期盾构施工市场主要分布在以下三类城市:以北京、上海、广州等为代表的区域经济龙头城市;以天津、南京、武汉、沈阳、重庆等为代表的人口密集型特大城市;以深圳、青岛、苏州、杭州等为代表的经济发达的大城市。盾构机的选型原则是因地制宜,尽量提高机械化程度,减少对环境的影响。

6.1.5 盾构机的国外发展现状

1818年,法国工程师布鲁诺(Brunel)最早提出了用盾构施工法建设隧道的方法。1825年,他第一次在伦敦泰晤士河下用一个断面高6.8m、宽11.4m的矩形盾构机修建了一条隧道。由于初始未能掌握抵制泥水涌入隧道的方法,隧道施工两次被淹,如图6-7所示。后来他与东伦敦地下铁道公司合作,经过对盾构法施工的改进,用气压辅助施工,才于1843年完成了全长458m的第一条盾构施工隧道。

在盾构机穿越饱和含水地层时,施加压缩空气以防止涌水的"气压法"最先是在1830年由劳德考切兰斯(Lord Cochrance)发明的。1865年,巴尔劳(B. W. Barlow)首次采用圆形盾构机,并用铸铁管片作为隧道的衬砌。

1874年,在英国伦敦地铁隧道的施工中,格雷塞德(James Henry Greathead)综合了以往盾构施工中气压法的技术特点,首创了在盾尾后面的衬砌外围环形空隙中压浆的施工方法,

图 6-7　泰晤士河底隧道施工时涌入水

对盾构施工法的发展起到重大推动作用。

1880—1890 年间,在美国和加拿大间的圣克莱河下用盾构施工法建成了一条直径为 6.4m,长 1800m 的水底铁路隧道。

20 世纪初,盾构施工法已在美、英、德、苏、法等国开始推广,仅在美国纽约就采用气压法建成了 19 条重要的水底隧道。

1939 年,日本正式应用盾构施工法施工新关门隧道的海底部分,如图 6-8 所示。盾构机的外径为 7.182m,隧道总长为 7258m,该工程奠定了日本盾构技术的基础。从 20 世纪 60 年代起,盾构施工法在日本得到迅速发展,70 年代日本及德国针对城市建设区的松软含水地层中因盾构施工引起的地表沉降问题,研制了多种新型的衬砌和防水技术及局部气压式、泥水加压式和土压平衡式等新型盾构机及相应的工艺和配套设备。

图 6-8　日本新关门海底隧道

6.1.6　盾构机的国内外发展趋势

随着高新隧道开挖技术的发展,盾构机控制技术的科技含量越来越高,自动化程度不断

提高,测量定位也越来越准确,遥控技术、激光制导技术以及陀螺仪定位系统已普遍应用于盾构机技术中。盾构施工法施工过程中施工区域地表沉降控制技术日臻成熟,隧道施工的质量也越来越好,应用盾构机进行隧道施工可安全地在地下穿越高大建筑物。

随着地下空间的开发利用和城市市政综合管线的建设,盾构机的断面尺寸具有向超大、微小和异形三个方向发展的趋势。直径为 18m 的盾构机已研制成功,而直径小到 200mm 的微型盾构机已在工程中得到应用。随着城市的发展,地铁施工场地及线路布置将遇到地面及地下建筑物更多的限制,对地下施工提出了更高的要求。为了适应这种变化,以日本为代表的发达国家,研制出了多种新型盾构机,使盾构施工技术得到了较大的发展和进步。近 20 年来,日本先后开发了双圆盾构机、多圆盾构机和球体盾构机,使盾构隧道的截面形式日趋多样化。由于圆形隧道具有结构受力好的优点,95％以上的盾构隧道均采用圆形截面,但圆形截面存在空间利用率低的缺点,因此开发应用隧道截面更为合理的异形盾构隧道掘进技术成为一种新的发展趋势。

进入 21 世纪,我国高速铁路、高速公路、城市地铁、水利工程、过江隧道等众多工程纷纷上马,国内各重型机械制造企业纷纷通过与国外盾构机制造商合作、合资或自主研发及并购国外公司的方式,开始进入盾构机制造领域,中国制造的盾构机产品开始在市场上显现。目前,国内已有近 30 家企业进入盾构机行业,打破了国外盾构机独占市场的局面。有些企业已可单独承接项目,具有自主开发、设计、制造以及施工的能力和水平,正逐步实现盾构机的自主化、本土化、产业化、市场化。但是,盾构机关键部件技术一直被少数几家企业高度垄断,而国内众多地方企业与国外企业合作,实际上成为承担配件制造和组装的代工厂。由于盾构机的"定制化"特点,其制造需要根据不同的地质条件,对盾构机进行不一样的配置,而且自动化、智能化程度非常高,这些核心技术都牢牢掌握在外资企业的手里。

盾构机技术的发展趋势主要反映在以下三个方面：

（1）施工断面多元化，从常规的单圆形向双圆形、三圆形、方形、矩形及复合断面发展；

（2）隧道衬砌新技术，包括压注混凝土衬砌、管片自动化组装、管片接头等技术；

（3）施工新技术，包括进出洞技术、地中对接技术、长距离施工、急曲线施工、扩径盾构施工、球体盾构施工等。

1. 盾构机施工断面多元化

通常，工程费用是与掘削断面面积呈正比例的，此外还受到用地的制约。为了获得符合使用目的的形状，且尽量减少断面面积的隧道，技术人员不断地开发了 MF、DOT、H&V 等多圆形、自由断面、MMST、偏心多轴等异形断面。

垂直双圆形、水平三圆形、局部扩掘形、水平与垂直自由组合形、球形、马蹄形、四圆组合形等多种形式的高性能复合盾构机开始研制与开发，为地铁的区间隧道和车站的暗挖施工建设创造了极好的条件。

第一台水平三圆盾构机在大阪地铁 7 号线新大阪副都中心车站暗挖施工建设中的成功应用，谱写了世界地铁建设史的新篇章。我国上海市的 M8、M6 线地铁建设，从日本购进双圆盾构机，开创了我国"区间双线隧道集约化盾构施工法"的新时代。

传统的盾构机多以圆形断面为主，这是由于圆形断面具有结构受力均匀、施工方便等优点，但是由于隧道功能要求上的多样化和施工用地方面的问题使圆形以外的隧道得到了发展。在城市繁华地带无法使用明挖等施工方法时，采用三圆形盾构机修建地铁车站具有一定的技术、经济效果。

从土地使用上讲，由于国外的土地所有权包括地下的部分属于地面所有者（在日本，地下 50m 范围内的土地使用权属于地面所有者），所以为了避免交涉土地使用权而付出大量的费用，公用设施一般在国有公路的下部设置。这样，当公路狭窄而需要隧道断面较大突出到公路以外时，不得不使用圆形以外的断面，比如椭圆形、矩形、方形等。虽然这些断面的结构受力上不如圆形，但是空间利用上往往优于圆形，这也是异形断面最近被应用的主要理由之一。由于各种使用用途、施工条件的要求，各种断面已发展成为一个大家庭（图 6-9）。有关异形盾构的内容见第 7 章。

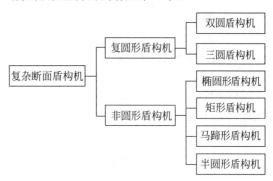

图 6-9　复杂断面盾构机分类

2. 隧道衬砌新技术

盾构隧道衬砌技术的发展主要围绕几个目的，即衬砌施工高速化、自动化，管片制造费用的降低，特殊荷载的承受等。

衬砌施工高速化的代表方法就是压注混凝土施工法。这一方法主要是在盾构尾部直接浇筑混凝土，通过盾构加压千斤顶对混凝土加压来修筑衬砌，无需使用衬砌管片的施工方法。压注混凝土衬砌的结构可根据围岩条件分为钢筋混凝土结构和素混凝土结构两类。钢筋混凝土结构的施工方法是在盾构尾部绑扎钢筋，在盾构机推进的同时压注混凝土，使填充盾尾空隙与混凝土加压同时进行而形成衬砌；而素混凝土结构的施工方法则无须绑扎钢筋。这一施工方法的特点是可以省去管片的制造和组装，并可对混凝土进行加压形成紧贴围岩的衬砌。

衬砌自动化施工主要是对传统的螺栓进行改进，采用嵌入式、楔式、销式、嵌合式接头，可以免去人工紧固螺栓而实现自动化机械施工，在人工费较高的发达国家广泛使用。近年来，尤其是对环向接头，采用销式进行插入的施工实例有所增加。

管片制造费用的降低主要表现在两个方面：一是管片自身制造费用的降低；另一则是螺栓费用的降低。在日本，由于螺栓的费用一般占到管片费用的 30%～40%，所以降低螺栓费用的研究开发相对较多。其中,有用 PC 钢棒代替螺栓的方法,管片设计为凹凸互相嵌合的方法,以及省略螺栓盒内预埋件的方法等,其他还有减少原材料费、模板费、搬运费等各种各样的方法。但是,不管采用哪一种方法都必须保证管片的安全性。

6.2 盾构机的分类

盾构机根据不同的分类方式可以分为不同的种类,见表 6-1。

表 6-1 盾构机的分类

按挖掘土体的方式分类	手掘式盾构机
	半机械式盾构机
	机械式盾构机
按挖掘面的挡土形式分类	开放式盾构机
	部分开放式盾构机
	封闭式盾构机
按加压稳定掘削面形式分类	气压式盾构机
	泥水加压式盾构机
	土压平衡式盾构机
	加水土压盾构机
	泥浆式盾构机
	加泥土压盾构机

6.2.1 按挖掘土体的方式分类

1. 手掘式盾构机

手掘式盾构机是最原始的一类盾构机,其构造简单、配备较少、造价低,目前在地质条件较好的工程中仍广泛使用。

手掘式盾构机的前面是敞开的,顶部装有防止掘削面顶端坍塌的活动前檐和使其伸缩的千斤顶。掘削面上每隔 $2\sim3m$ 设有一道工作平台,可适应各种复杂地层。开挖面可根据地质条件全部敞开,也可采用正面支撑的方式,随开挖随支撑。

施工人员可观察到地层变化情况,遇到桩、孤石等地下障碍物时,比较容易处理,容易进行盾构机纠偏,也便于在曲线段施工。另外,在支撑环柱上安装有正面支撑千斤顶。掘削面从上往下,掘削时按顺序调换正面支撑千斤顶,掘削下来的砂土从下部通过皮带传输机输送给出土台车。掘削工具多为鹤嘴锄、风镐、铁锹等。

手掘式盾构机与封闭式盾构机相比,价格便宜 $20\%\sim40\%$。图 6-10 所示为手掘式盾构机施工示意图。

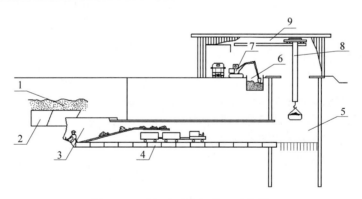

图 6-10 手掘式盾构机施工示意图

1—加固地层；2—原有暗沟；3—盾构机；4—管片；5—竖井；6—碴坑；7—机铲；8—吊车；9—隔声房

2. 半机械式盾构机

半机械式盾构机是在手掘式盾构机的基础上安装掘土机械和出土装置,以代替人工作业的盾构机。掘土装置有铲斗式、切削式和混合式三种形式。

铲斗式适用于黏土和砂砾混合层；切削式适用于硬黏土和硬砂土层；混合式适用于自立性较好的土层。如遇土质坚硬,可安装软岩掘进机的切削头,半机械式盾构机适用范围基本上与手掘式盾构机一样。

半机械式盾构机掘土装置的具体装备形式如下：

（1）铲斗、掘削头等装置装在掘削面的下部；

（2）铲斗装在掘削面的上半部，掘削头装在下半部；

（3）掘削头装在掘削面的中心；

（4）铲斗装在掘削面的中心。

选择哪种形式可根据土质状况、掘削面的自立程度、保证操作人员安全等条件选择。

图6-11示出了铲斗式半机械式盾构机的构造图，其由铲斗、活动前檐、盾体、推进液压缸、管片拼装机和输送机等部件组成。掘土作业由铲斗千斤顶（2只）和机架千斤顶控制，铲斗可作上下、左右及旋转运动。

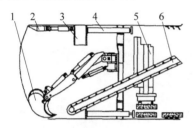

图6-11 铲斗式半机械式盾构机构造示意图

1—铲斗；2—活动前檐；3—盾体；4—推进液压缸；5—管片拼装机；6—链式输送机

掘削时操作人员可直接观察掘削状况。盾构机的顶部与手掘式盾构机相同，装有活动前檐和正面支承千斤顶等部件。

3. 机械式盾构机

机械式盾构机是在手掘式盾构机的切口环部分，安装与盾构机直径大小相同的旋转大刀盘，对土体进行全断面开挖的盾构机，其外形如图6-12所示。

刀盘可分为面板形和轮辐形两种。面板形是通过面板来维持开挖面稳定，并通过开口来解决块石、卵石的排出问题；轮辐形刀盘一般用于开挖面易于稳定的小断面盾构机，针对块石、卵石而使用。

机械式盾构机适用于各类土层，尤其适用于极易坍塌的砂性土层中的长隧道，可连续掘进挖土作业。由刀盘切削产生的土经过刀盘

图6-12 机械式盾构机

上的预留槽口进入土舱，被提升和流入漏斗后，再通过传送带运入出土车。

这类盾构机有作业环境好、省力、省时、省工、效率高、后续设备多等优点，但也存在发生偏差时难纠偏、造价高等不足。

6.2.2 按挖掘面的挡土形式分类

1. 开放式盾构机

开放式盾构机又称敞开工作面盾构机，其英文名称为 open face shield，简称 OF 盾构机。一般适用于开挖面自立稳性强的围岩，如果施工底层自立稳定性不足，就必须采用机械手段使地层稳定。开放式盾构机在地下水位以下的地层或渗漏地层掘进时，必须用井点法降低地下水位，地基可通过注浆或冻结法处理。开放式盾构机适用于各种非黏性和黏性地层，其优点是当隧道工作面部分或全部由岩石或漂石组成时也可以使用，并且可用手工或半机械化掘进非圆形断面。

2. 部分开放式盾构机

部分开放式盾构机即挤压式盾构机，其构造简单、造价低，适用于流塑性高、无自立性的软黏土层和粉砂层。

1）半挤压式盾构机（局部挤压式盾构机）

在盾构机的前端用胸板封闭以挡住土体，避免发生地层坍塌和水土涌入盾构机内部的危险。盾构机向前推进时，胸板挤压土层，土体从胸板上的局部开口处挤入盾构机内，因此可不必开挖，提高掘进效率，改善劳动条件。

这种盾构机称为半挤压式盾构机,或局部挤压式盾构机。

2)全挤压式盾构机

全挤压式盾构机将手掘式盾构机的开挖工作面用胸板封闭起来,把土层挡在胸板外,没有水土涌入及土体坍塌的危险,并省去了出土工序。

3)网格式挤压盾构机

当开放式盾构在地质条件很差的 $N<5$ 的冲积粉砂土、黏土层中掘进时,由于土体的流塑性较大,往往发生土体从掘削面流入盾构机内舱的现象,即引起掘削面坍塌,导致掘削无法正常进行。这种场合下可在盾构机(机内)靠近掘削面的地方设置一道隔板(该隔板上设有多个大小(面积)可调的土砂排放口)把掘削面封闭起来,这种封闭后的盾构机从正面看上去隔板上存在着许多网格。即在挤压式盾构机的基础上加以改进,可形成一种胸板为网格的网格式盾构机(图6-13)。

图 6-13 网格式挤压盾构机

3. 封闭式盾构机

封闭式盾构机即掘削面封闭不能直接看到掘削面,而是靠各种装置间接地掌握掘削面的盾构机。封闭式盾构机分为泥水加压式盾构机和土压平衡式盾构机两种。

6.2.3 按加压稳定掘削面的形式分类

1. 气压式盾构机

这种盾构机是在开敞机械式盾构机的切口环和支承环之间装上隔板,使切口环部分形成一个密封舱,舱中输入压缩空气,以平衡开挖面的土压力,保证正面土体自立而不坍塌。

用盾构法进行隧道施工,首先是要解决切口前开挖面的稳定问题,采用加局部气压使正面土体稳定的方法,从而代替了在隧道内加气压的全气压施工方法。这样,衬砌拼装和隧道内其他施工人员,就可不在气压条件下工作,这无疑有很大的优越性。

2. 泥水加压式盾构机

泥水加压式盾构机是通过有一定压力的泥浆来支撑稳固开挖面,由旋转刀盘、悬臂刀头或水力射流等进行土体开挖,开挖下来的土料与水混合,以泥水状态由泥浆泵进行输运,适用于各种松散地层,有无地下水均可,其结构如图6-14所示。

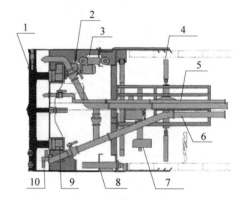

图 6-14 泥水加压式盾构机结构示意图
1—刀盘;2—刀盘旋转用减速电机;3—铰接液压缸;
4—整圆装置;5—送泥管;6—排泥管;7—管片拼装
机;8—推进液压缸;9—主轴承;10—搅拌棒

采用泥水加压式盾构机进行施工的隧道工程均证明了它是一种低沉降的安全的施工方法,在稳定的地层中其优势更加明显。

最初的泥水加压式盾构机要追溯到100多年前的 Greathead 及 Haag 的专利。由于高透水性地层用压缩空气支撑隧道开挖面非常困难,Greathead 于1874年开发了用流体支撑开挖面的盾构机,开挖出的土料以泥水流的方式排出。1896年 Haag 在柏林为德国第一台泥水加压式盾构机申请了专利,该盾构机以液体支撑开挖面,开挖室是有压和密封的。1959年 E. C. Gardner 成功地将以液体支撑开挖面的技术应用于一台用于建造排污隧道的直径为3.35m的盾构机。1960年Schneidereit采用膨润土悬浮液来支撑开挖面,而H. Lorenz的专利提出用加压的膨润土液来稳固开挖面。1967年第一台有切削刀盘并以水力出土、直径为3.1m的泥水加压式盾构机在日本开始使用。在德国,第一台以膨润土悬浮液支撑开挖面的泥水加压式盾构机由Wayss & Freytag开发并投入使用。

3. 土压平衡式盾构机

土压平衡式盾构机(削土加压式盾构机)(图6-15)的开发始于20世纪70年代初。第一台土压平衡式盾构机的外径为3.72m,由日本IHI设计制造,于1974年在东京投入使用。随后,其他一些厂家也开始生产土压平衡式盾构机,产品的名称不完全相同,但从原理上都可归纳为土压平衡系统(earth-pressure balance system,EPBS)。

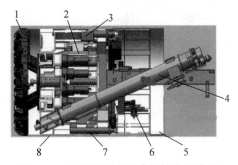

图 6-15　土压平衡式盾构机结构示意图

1—切削刀盘;2—刀盘驱动装置;3—铰接装置;4—螺旋输送机;5—盾尾系统;6—管片拼装机;7—推进装置;8—壳体

土压平衡式盾构机的发展基于挤压式盾构机(闭胸)和泥水式盾构机。挤压式盾构机在其承压隔板上设有面积可调的排土口,开挖面的稳定靠调节孔口大小和排土阻力,使盾构机千斤顶推力和开挖面土压达到平衡来实现。挤压式盾构机适用于具有良好塑性的黏土层,适用地质范围狭窄。

泥水式盾构机在非黏土层中广泛应用,但随着细颗粒土砂百分比的增加,其分离越来越复杂,代价越来越高,悬浮液也须频繁更换,还存在环保问题。特别是在日本主要城市施工

时,由于空间有限,使得安装分离设备较为困难。这些都促进了土压平衡式盾构机的发展。与泥水式盾构机相比,土压平衡式盾构机没有分离装置,施工时的覆土层可以相对较浅。其适用地质范围比挤压式盾构机广,掘进性能也优于挤压式盾构机。

土压平衡式盾构机是一种先进实用的软土隧道掘进机,能适用于各种软土地层,即使含有砾石或卵石也能掘进。它使用混合有改良剂的碴土代替泥水在刀盘后方的土压舱产生与前方土体相同的压力来保持开挖稳定性。由于不需要使用泥水供给系统,因此在地面上设备较少,场地需求远低于泥水式盾构机。且土压平衡式盾构机刀盘形式多样,可适应不同地区的地质,所以近年来在城市地铁建设中应用广泛。

目前,土压平衡式盾构机已基本定型:凡在盾构机密封泥土舱内采用刀盘开挖和用螺旋输送机从密封泥土舱直接排出弃土的盾构机,均称为土压平衡式盾构机。通过大量的工程实践,土压平衡式盾构机大大地显示出技术和经济上的优越性,因而得到了快速的发展和推广。

4. 加水土压盾构机

加水土压盾构机是一种装有面板的封闭型盾构机,如图6-16所示。刀盘的构造与土压平衡式盾构机基本相同;区别在于除了可安装一般掘削刀具外,还装有可截割砾石的刀具。刀盘的开口率取决于预计砾石的最大直径,一般为20%~60%。螺旋输送机排土口处设有排土调整槽,用来送入有压水,确保掘削面稳定。输出泥水经管道排至地表。

5. 泥浆式盾构机

泥浆式盾构机即向掘削面注入高浓度泥浆($\rho=1.4g/cm^3$),靠泥浆压力稳定掘削面。

6. 加泥土压盾构机

加泥土压盾构机是靠向掘削面注入泥土、泥浆和高浓度泥水等润滑材料,借助搅拌翼在密封土舱内将其与切削土混合,使之成为溯流性较好、不透水泥状土,以利于排土和使掘削面稳定的一类盾构机。该类盾构机在掘进施工中可随时调整施工参数,使掘削土量与排土量基本平衡。加泥土压盾构仍由螺旋输送机

排土,碴土由出土车运输。

6.3 按挖掘土体方式分类的盾构机典型产品

6.3.1 手掘网格盾构机

手掘网格盾构机是手掘式盾构机的一种典型代表,既有手掘式盾构机结构简单、人工开挖、便于观察断面地质条件、便于纠偏和造价低等优点,又有网格式盾构机掌子面稳定性好的特点,下面以手掘网格盾构机作为手掘式盾构机的代表进行介绍。

1. 结构和工作原理

1)结构

手掘网格盾构机主要包括5部分,如图6-17

所示。

(1)盾前支护:盾构前端设钢板支护网格,网格分为主次两部分,主网格固定,次网格可拆卸。盾壳前端上部为伸出支护网格的帽檐,对掌子面形成超前支护。

(2)推进系统:主要由数台在盾壳四周且均匀分布的液压千斤顶组成。

(3)管片拼装机:拼装机设于盾构机后部,由液压马达驱动,具有360°回转能力,同时可进行径向、洞轴向移动,以利于隧道混凝土管片安装。

(4)盾尾密封:为防止管片外注浆浆液和地下水进入盾构机,盾尾设置一道钢板密封。

(5)液压系统和电气控制部分。

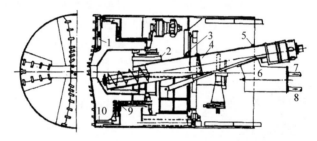

图 6-16　加水土压盾构机结构示意图

1—仿形刀千斤顶;2—供水管;3—检修口;4—螺旋输送机;5—检修口;6—排土调整舱;
7—压水口;8—排泥口;9—供水管;10—自动调压器

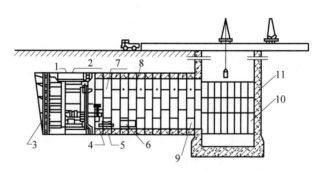

图 6-17　手掘网格式盾构机构造简图

1—手掘式盾构机;2—推进系统;3—盾前支护;4—管片拼装机;5—管片;6—出土小车;
7—注浆孔;8—盾尾密封;9—管片拼装的隧道衬砌结构;10—后盾管片;11—竖井

2)手掘网格盾构机工作原理

利用刚性筒体支承开挖后尚未衬砌的洞室,同时用适当的机构来维护掌子面的稳定,在筒体内完成衬砌,以确保施工安全。手掘网

格盾构机的工作原理是:在盾壳的保护下,人工开挖成洞,网格支撑开挖过程中,视土层的稳定条件,灵活调节网格。当土层坚硬时,开挖后掌子面稳定,取掉次网格,直接在主网格

的大开孔内开挖;当土层软弱或流砂、流泥时,用次网格将开挖面分成若干小孔,各孔分别开挖;必要时,亦可将网格完全封挡。每开挖一定进尺即开启千斤顶,推动盾构机,使之克服外围土体的摩擦力向前推进。当推进尺寸累计达到可以安装一环衬砌拱片时,即在盾壳内拼装拱片。随着盾构机的推进,拼装好的衬砌环从盾壳内脱出,再灌浆充填衬砌外盾壳留下的间隙。

手掘网格盾构机对于途中存在障碍物、断面形状特殊及短距离等情形均较适合。与封闭式盾构机相比,其价格便宜 20%~40%。

2. 工程应用实例

1) 工程概述

洛惠渠五号隧道是洛惠渠大荔灌区 50 万亩农田的输水咽喉,位于大荔县汉村乡义井村,全长 3467m。该隧道在 50 多年的运行中多次发生洞身塌陷事故,被迫对其尾段 1442m 洞身进行加固处理,隧道断面由原设计 3.0m×2.7m 的马蹄形,缩小为 2.2m×2.2m 的马蹄形,从而使过流量骤减,灌区缺水问题日益严重。五号隧道扩建工程是从洞身加固缩小段以上另开岔洞,与原加固隧道共同输水,以恢复其过水能力。

五号隧道从大荔县西北部的铁镰山底部穿过,通过地层为粉质土壤夹 1~2 层细砂、极细砂层,砂层呈不规律的透镜体分布。地下水位高出洞底 5~9m,局部高达 16m,土层扰动后,极易形成流砂、流泥,造成塌方。根据五号隧道长期以来工程施工、加固、运行的经验,新开隧道用人工开挖、支护成洞的常规法很难完成,结合五号隧道的地质特点,并考虑施工单位的经济承受能力,经过外出考察和充分论证,认为用手掘网格盾构机是完成五号隧道施工的最佳选择。经有关部门批准,五号隧道扩建工程盾构施工方案于 1998 年年初开始实施准备,至 1998 年 12 月,先后完成了盾构机的设计制造、盾构机就位竖井施工、衬砌预制拱片生产线建立、盾构机拼装调试,后转入正常运行。采用盾构机的主要结构为:盾构壳体由 40mm 钢板制造而成,总长 4.8m,外径 3.62m,

内径 3.54m。推进系统由 12 台液压千斤顶组成,每台千斤顶的设计推力为 $1×10^3$kN,最大推力为 $1.2×10^3$kN,总推力为 $1.44×10^4$kN。盾构后部设转盘式管片拼装机,拼装由液压马达驱动,具有 360°回转能力,同时可进行径向、洞轴向移动,最大位移分别为 430mm 和 300mm,最大拼装质量 1000t。推进千斤顶和拼装系统共用一个泵站,配置 25cy-14-1B 液压泵,总功率 15kW,并配备相应电气控制。盾尾设置钢板密封一道,盾构机总质量 40t。

2) 主要施工工艺

五号隧道盾构法施工的主要工艺过程可分为以下四部分:

(1) 挖掘。在盾构机前端上部帽檐和中部工作平台的保护下,在盾前进行人工洞室开挖。开挖过程中,视掌子面的地质情况,调整网格间距和封挡板开口面积并控制开挖进尺。

(2) 推进。在掌子面挖掘一定进尺后,立即开启千斤顶,向前推进盾构机,及时对新挖洞形成支护。当掌子面为软、硬土层相间时,只开挖局部硬土,靠推力把软土挤入盾构机。在盾构机推进过程中,随时监测方向,及时通过调节千斤顶组合和局部超挖或欠挖措施进行纠偏,确保盾构机前进方向与设计洞轴线一致。

(3) 拱片拼装。预制的硅拱片,结构如图 6-18 所示,每环宽 50cm,在盾构机推进累计达到一环宽度后,即在盾尾开始拼装拱片。拼装的顺序为先拼标准块,再拼邻接块,最后拼封顶块。转弯段,在外弧侧加垫调节板,其几何尺寸根据转弯半径确定。

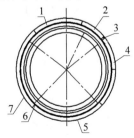

图 6-18 拱片结构图

1—邻接块;2—封顶块;3—橡皮止水;4—邻接块;
5—标准块;6—橡皮止水;7—标准块

（4）回填灌浆。推进和衬砌到一定长度后，即对衬砌外形成的约8cm建筑空隙，及时进行回填灌浆，灌浆材料为水泥和粉煤灰。

盾构施工工艺流程图如图6-19所示。

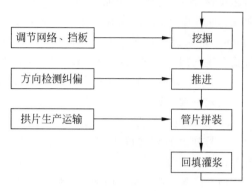

图6-19　盾构施工工艺流程图

3）施工效果

五号隧道实施盾构施工方案后，累计成洞560m，于2000年9月底实现洞线贯通，取得了预期的运用效果，总结如下：

（1）一年多以来，盾构施工经历了穿越大塌方体、流泥流砂层、高水头大水量地层等多种复杂地质条件的考验，实现了安全稳步持续推进。特别是在2000年初以后的施工中，在地质复杂、运距日渐加大的不利条件下，成洞速度仍稳定达到预计的1.5~2.0m/d。

（2）盾构机的设计功能得到了正常发挥。首先，满足了恶劣地质条件下施工的需要，并具有较高的可靠性；其次，也较好地解决了方向控制、隧道转弯等问题。

6.3.2　半机械式盾构机

1. 结构和工作原理

为防止开挖面坍塌，半机械式盾构机装备了活动前檐和半月形千斤顶，以及经常采用液压操作的胸板，胸板置于单独的区域或在盾壳的周围以洪积层的砂辅助支撑隧道工作面。

半机械式盾构机施工开挖及装运石碴都采用专用机械，配备液压挖掘机、臂式掘进机等掘进机械和皮带输送机等出碴机械，或配备具有掘进与出碴双重功能的挖装机械。施工时必须充分考虑确保作业人员的安全，并选用噪声小的设备。

半机械式盾构机一般适用于开挖面可以自立稳定的围岩条件。适合的土质主要是洪积形成的砂砾、砂、固结粉土及黏土，对于软弱的冲积层是不适用的。在使用压气施工、地下水位降低施工、化学加固等辅助施工方面与手掘式盾构机相同。ECL(extrusion concrete lining)盾构工法即挤压混凝土衬砌法，掘进与衬砌同时施工，不使用常规的管片，而是在掘进的同时将混凝土压入围岩与内模板之间，构筑成与围岩紧密结合的混凝土衬砌。由于用现浇混凝土直接衬砌，所以不需要进行常规盾构施工法的管片安装和壁后同步注浆等施工。

配有挖掘机或旋臂掘进机的敞开式盾构机也适于掘进非圆形断面的隧道。图6-20所示的盾构机是日本铁道建设公司高崎建设局在北陆新干线施工时使用的ECL盾构机。隧道断面为马蹄形，隧道长3580m，土质为软岩和中硬岩。

2. 工程应用实例

1988年，在连接伦敦港区到伦敦银行站的双线隧道及一个地铁站的扩大区使用了半机械式盾构机。在建设了内径为4.9m、长为1150m的区间隧道后，在第二个内径为7m的盾构机中安装了挖掘机，建设了一个75m长的扩大区。这两台不同直径的半机械式盾构机是由德国海瑞克公司制造的，采用了同一种挖掘机和管片拼装机。这种半机械式盾构机采用了液压操作的胸板，胸板设在顶部，如图6-21所示。

图 6-20　ECL 盾构机及施工现场

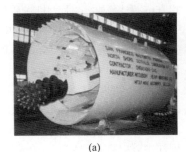

(a)　　　　　　　　　(b)

图 6-21　半机械式盾构机

(a) 悬臂掘进盾构机；(b) 反铲挖掘盾构机

6.3.3　机械式盾构机

1. 结构组成和工作原理

机械式盾构机由壳体、推进系统、开挖和出土系统、管片拼装系统等组成。推进系统由高压油泵和 40 台千斤顶组成，设计总推力为 8000t，总功率为 220kW。开挖和出土系统由盾构机前端的网格挤压切土，转盘和刮板运输机将土送至停放在盾构机尾部的电瓶车上的土箱。由管片拼装机将预制的管片逐块举起，依次序拼装成隧道衬砌。

针对管片成环拼装精度、结构强度和防水性能的高要求，技术人员通过管片结构防水工艺试验，采用了弧形弯螺栓技术，大大提高了管片衬砌接头强度和刚度，使钢筋混凝土管片能承受设计抗爆荷载；同时采用以环氧树脂为基料先柔后刚的接缝涂料，使管片接缝在近 30m 水深压力下得以防水。

机械式盾构机与手掘式盾构机、半机械式盾构机相同，主要用于开挖面可以自立稳定的

洪积地层中。对于开挖面不易自立稳定的冲积地层，应结合压气施工、地下水位降位低施工、化学加固施工等辅助措施而使用。

2. 工程应用实例

1982 年，上海隧道工程建设公司承建长 1476m 的延安东路北线隧道工程，采用上海隧道建设公司设计、江南造船厂制造的直径 11.3m 网格型水力机械出土盾构机，如图 6-22 所示。

图 6-22　网格型水力机械出土盾构机

6.4 按掘削面挡土形式分类的盾构机典型产品

6.4.1 开放式盾构机

1. 结构和工作原理

开放式盾构机又称为敞开式盾构机。敞开式盾构机基本结构由前盾部分、尾盾部分和辅助系统三部分组成,主机长度约 10.24m。主要构件及系统包括盾体、活动前檐、移动挡板、液压铲斗、皮带输送机、管片安装机、推进千斤顶、同步注浆系统、盾尾密封系统、液压系统、电气控制系统等。

敞开式盾构机的工作程序主要有开挖面稳定、挖掘及排土、管片安装及同步注浆、盾构机推进等四步,由不同的装置完成。开挖面稳定装置包括液压活动前檐(防止开挖面顶端土体坍塌)、液压移动挡板(保证开挖面上半断面或土体稳定)和切口下部斜面(保证开挖面下半断面土体坡度,进而保证开挖面下半断面土体稳定);挖掘及排土装置包括液压挖土铲斗和皮带输送机;管片安装及同步注浆装置包括管片安装机和同步注浆设备;盾构机推进装置主要是液压千斤顶系统。

敞开式盾构机与土压平衡盾构机相比,前端没有刀盘,开挖面与内舱之间无封闭隔板,能够直接看到全部开挖面状况,预留浅埋暗挖施工空间;二者的主要区别在于开挖面稳定控制和挖掘方式不同。开放式盾构机的工作原理是:

(1)采用活动前檐防止隧道开挖面拱顶土体坍落,采用液压移动挡板保证开挖面上半断面土体稳定,采用切口下部斜面保持开挖面下半断面土体坡度,进而保证开挖面下半断面土体稳定;

(2)采用机械铲斗对开挖面土方直接挖掘,皮带输送机输送土方到矿车;

(3)采用管片安装机在盾壳保护下进行管片安装,注浆同步进行;

(4)采用安装在前盾支承环梁上的千斤顶进盾构机。

全敞开式盾构机的特点是掘削面敞露,围岩开挖和排土可以同时进行,所以出土效率高。适用于掘削面稳定性好的地层,对于自稳定性差的冲积地层应辅以压气、注浆加固等措施。

2. 工程应用实例

1) 工程概述

上海延安东路隧道北线工程圆形隧道自浦东公园门口 3 号井,经浦东江边的 2 号井过黄浦江,直至浦西江西路以西的 1 号井,全长 1476m,采用网格式水力机械盾构机掘进施工。

圆形隧道的平面自 3 号井中心过 2 号井至黄浦江边,全部是半径为 500m 的左转弯曲线,然后以直线过黄浦江至浦西岸边附近,又以半径为 500m 的右转弯曲线布置,再以直线进入 1 号井,整个平面呈 S 形。圆形隧道的纵剖面自 3 号斜井开始以倾斜度 3‰ 的下坡经 2 号井到江中,然后以半径为 1000m 的竖曲线转换成倾斜度 3‰ 的上坡直至 1 号井,整个纵剖面呈 V 形。

隧道所处土质主要是灰色砂质粉土、灰色淤泥质黏土和粉质黏土。施工过程中盾构机将穿越老河浜、驳岸、码头桩基、黄浦江浅覆土以及浦西密集建筑群和众多地下管线。

网格式水力机械盾构机的施工工艺流程如图 6-23 所示。

2) 工程重点和难点

(1)盾构机穿越的地层复杂。盾构机穿越地层大部分处于灰色砂质粉土、灰色淤泥质黏土和粉质黏土交错的地层中,且隧道还经常处在老河浜下或穿越老河浜、大型下水道等环境中,给施工带来了极大的风险。

(2)盾构机穿越浦西段建筑群。盾构机进入浦西岸边时,首先通过延安东路轮渡码头,然后是老天文台、人行立交桥、密集的房屋建筑和道路下众多的地下管线,尤其是江西路地下,不仅地下管线多,而且隧道本身的埋深很浅,这些都给地面变形控制提出了极高的要求。

(3)小半径 $R=500$m 的长距离曲线段施工。在曲线段的盾构推进中,要求管片环面始终处在曲率半径的径向平面内,保证隧道处在

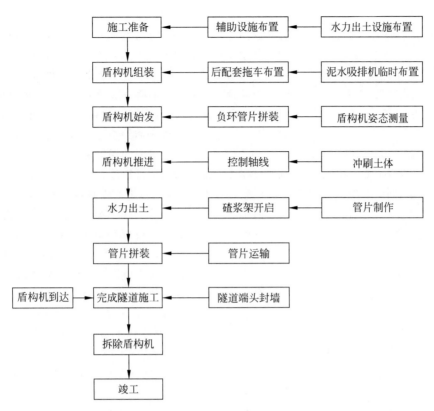

图 6-23　网格式水力机械盾构机施工工艺流程

设计的曲线状态范围。为了便于盾构机纠偏，除了千斤顶编组外，对盾构机正面进土部位亦进行适当的调节。由于盾构机曲线推进时每环都在纠偏，因而对土体的扰动增加，扩大了建筑空隙，故加强了壁后注浆。

（4）盾构机穿越江中浅覆土段。穿越江中浅覆土段时，覆土的类型以灰色淤泥质黏土为主；土质流动性大，覆土厚度浅，掘进过程中，压力波动大，压力控制不合理极易造成江水倒灌隧道，加大了施工的难度。

3）主要技术措施

（1）盾构机穿越复杂地层。

（2）进土闸门的优化设计。盾构机正面装置为带有液压启闭的进土闸门，在精心控制开孔面积和出土量的条件下，可使盾构机具有一定的土压平衡作用。

（3）总推力控制。实际施工的总推力控制在 500～8500kN 范围内，推力过大会引起正面土体的挤压而产生前移和隆起，尤其在盾构机

穿越建筑群和地下管线时必须控制推进力和进土量。

（4）盾构机姿态控制。盾构机姿态包括推进坡度、平面方向和盾构机自身的转角 3 个参数。影响盾构机掘进方向的主要因素有出土量的多少、盾构机正面进土部位的分布、覆土厚度、推进时的注浆部位、土质的分布状况、管片环面和千斤顶作用力的情况等。

（5）出土量控制。出土量的控制是控制地表变形、确保土体稳定的重要因素，一般控制在 90%～95% 范围内。

（6）壁后注浆。壁后注浆主要用于充填建筑空隙，一般其注入量达建筑空隙的 150%，关键地段还应视地表沉降进行二次补压浆。注浆材料以粉煤灰为主，掺入水泥、膨润土和水拌匀。

4）盾构机穿越浦西建筑群施工技术

延安东路隧道北线沿线，尤其是浦西段建筑物密集，地下管线错综复杂，交通繁忙。超

大型盾构机在城市密集建筑区下掘进施工,尤其在软弱黏土层中采用挤压方式施工较为罕见。隧道掘进自东向西穿越 4 条道路,其中中山东路和江西中路为主要交通要道,地下有各类上下水道、煤气管、电缆线等,还要穿越轮渡站、人行天桥、油库、仓库以及鳞次栉比的地面建筑群。

为达到控制地面沉降的目的,采取了"精心施工,加强监测,局部加固"的原则,根据不同的保护要求,制定了经济合理的技术措施。

(1) 严格控制开挖面出土量,减少前期土体损失引起的地层沉降。主要表现在以下几个方面:

① 提高出土计算量的准确度。水力冲切土体混成泥浆,以泥浆的流量和密度计算出土量,其误差是难免的,通过反复摸索、实践,取得经验计算方法。

② 盾构机总推力的控制。推力与正面土体阻力取得平衡,推力应略大于正面阻力、侧面摩擦阻力和盾构机后配套拖车的拖力之和。

③ 网格开口率和出土部分的控制。装备了开口率为 12% 的可调节的液压起闭闸门,以开启进土闸门调节网格的开口率;出土部位以中央出土为主,尤其要控制盾构机正面上半部的出土量,减少超挖量,以减少上方地层的沉降。

④ 推进速度的控制。推进速度以正面土压值和出土量而定。速度过快易隆起,速度过慢易下沉。

⑤ 避免盾构机后退。在拼装管片回缩千斤顶时,易使盾构机后退。停推时间过长,因油路泄漏引起油压下降也易造成盾构机后退。盾构机后退会产生土体损失,势必造成切口上方的土体沉降。

(2) 盾尾空隙及时填补。压浆部位沿盾尾的圆环四周,以上半部为主,压浆量为理论值的 150% 以上,注浆压力为 0.3~0.5MPa。在重要保护区,采取多次注浆工艺进行补浆,以减少因浆液收缩和土体固结引起的沉降。

(3) 施工监测指导掘进施工。盾构机掘进坡度和平面轴线尽可能与设计轴线保持一致,采取"勤测勤纠",纠偏量过大会造成切口后部

的超挖。

(4) 加固措施。从沉降监测分析,盾构机穿越过的土体总有不同程度的沉降,尤其是建筑物本身的荷载,加快了沉降速度,加大了沉降量。针对保护对象的具体情况须采取防洪墙注浆加固的技术措施。盾构机到达前,对防洪墙下部土体的空隙进行充填注浆,当盾构机通过后沿轴线的盾尾上方进行充填压密注浆。通过采取这种措施,防洪墙的沉降有效地控制在 7cm 以内,未发生倾斜和裂缝。

(5) 盾构机穿越江中浅覆土段的施工技术

盾构机过江穿越的土层为淤泥质粉质黏土,隧道顶部最小覆土仅 5.8m。一般盾构法施工最小覆土厚度要求在盾构机直径的 1 倍以上。现有的覆土仅相当于盾构机直径的 51%,尤其是在黄浦江中推进的情况下,覆土厚度小,施工中具有冒顶涌水的风险,因此采取了以下技术措施:

① 在最小覆土处,提前两个月采用水面抛土的办法,抛填黏土 2m,增加覆土厚度。

② 在盾构机正面加设测定土压的探头,随时掌握正面土压的变化情况。

③ 在施工过程中,同时进行江底土层表面高度的测量,及时了解江底因施工引起的隆起或沉降情况,从而调整施工方法。

④ 控制开挖面的进土部位和进土面积,按各项实测资料随时进行调节。实测资料包括土方量、江底沉降量、盾构机姿态调整和推进时的各项施工参数。

⑤ 严格控制进土量,防止超挖。

⑥ 认真操作盾构机,减少地层扰动。

⑦ 增加防止盾构机后退的措施,如液压控制等。

⑧ 对盾构机胸板进行加固,增设水枪,加强冲刷效果。

⑨ 在隧道内上部设置安全通道,在隧道江中段增设大流量排水泵等。

6.4.2　部分开放式盾构机

1. 结构和工作原理

网格式盾构机的构造是在盾构机切口环

的前端设置网格梁,与隔板组成许多小格子的胸板,借助土的凝聚力,用网格胸板对开挖面土体起支撑作用。

当盾构机推进时,土体克服网格阻力从网格内挤入,把土体切成许多条状土块,故发生塑性流动,由土砂排放口挤出。在网格的后面设有提土转盘,将土块提升到盾构机中心的刮板运输机上并运出盾构机,然后装箱外运。网格盾构机只适用于软弱可塑的黏性土层,当地层含水时,尚需要辅以降水、气压等措施,故网格盾构机也称为挤压盾构机。为便于盾构机推进,提高正面支撑的效果,在盾构机的正面设置土体导向板和控制土砂排放口开度(即开放面积与总面积的比值)的闸门,该闸门由千斤顶控制。在推进速度一定的条件下,调节闸门的开度,即可维持掘削面的稳定。土砂排放口的开度大小取决于土质和掘进速度。开度过大,出土量过多,会导致周围地层沉降;相反,开度过小,出土量太少,会导致盾构机挤入地层的阻力增大,使地层发生隆起。所以根据土质条件正确地确定开度,控制土量是挤压式盾构机成功的关键。

挤压式盾构机适用于流塑性高 $N<10$、无自立性的软黏土层和粉砂层。以往的施工经验表明,当土体含砂率在 20% 以下、液化指数在 0.8 以上、黏聚力小于 50kPa 时,土砂排放口的开度一般为 0.2%～0.8%。挤压式盾构机不适于含砂率高的地层和硬地层。另外,对液化指数特高的地层或者流动性过大的地层而言,掘削面的稳定性较差。

挤压式盾构机工法的优点是盾构机构造简单、造价低。由于盾构机是挤入地层的,故盾构机通过时地层隆起,通过后直到被扰乱地层恢复稳态期间,地层呈现沉降。该工法与土压盾构工法、泥水盾构工法相比,沉降量、隆起量均大。这也是该工法的一个致命的弱点。加之该工法的地层适用范围窄,故近年来施工实例极少。

2. 工程应用实例

1) 工程概况

打浦路隧道位于上海市南端浦西的打浦路、浦东的耀华路一线,设计为单管双车道(图 6-24),全长 2736m,车道宽 7.07m,高 4.4m。通行机动车,每小时双向最大通行能力为 1000 辆。于 1966 年 8 月开工,1971 年 6 月建成通车。打浦路隧道穿越黄浦江段的长度为 1322m,采用直径为 10.22m 的网格挤压式盾构机施工(图 6-25),钢筋混凝土钢管片衬砌,每环由 8 块管片拼装而成,管片厚度为 600mm,宽 900mm,管片外径为 10m,内径为 8.8m。

图 6-24　打浦路隧道通车运营

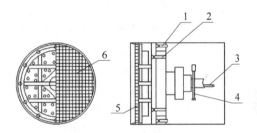

图 6-25　网格挤压式盾构机示意图

1—盾构机千斤顶;2—正面支撑千斤顶;3—刮板运输机;
4—中空回转式拼装机;5—网格剖面;6—网格正面

打浦路隧道主要通过黏性土,浦东有一段穿越粉砂土。隧道沿线地质情况为:地表以下至 17m 为填土、褐黄色粉质黏土、灰色粉质黏土夹有薄层粉砂;地表以下 17～28m,浦西为灰色粉质黏土,浦东为粉砂含水层(盾构机进出 3 号竖井穿此层);地表以下 28～38m 为灰色粉质黏土。

2) 施工情况

1967 年 3 月,网格挤压式盾构机在竖井内完成组装,3 月 22 日始发,由北向南推向 2 号竖井,长度为 262m,在淤泥质黏土层中用网格附加气压施工。江中段位于浦西 2 号竖井和浦东3号竖井之间，长度670m，入江底前先完成江中段气压施工准备。上部最浅覆土厚度仅7m，盾构机推进以附加气压闭胸挤压为主，进而发展为不加气压全闭胸推进。江中段采用这种推进方法，最快推进速度达到每日15环（13.5m/d）。

当推进到浦东岸边3号竖井前60m地方，盾构机前上部出现粉砂含水层，继而盾构机全断面进入粉砂层，盾尾发生涌砂。盾构机即恢复气压施工，但漏水现象仍间断发生，用80000kN最大推力仍不能推进。面对盾构机受阻困境，在加强安全监督情况下辅以人力开挖，历经2个月，使盾构机推进到竖井洞口，同时采用降水稳定土层，将盾构机安全推入3号竖井。盾构机自3号竖井向4号竖井推进时，还要通过390m粉砂含水层地带。采用降水法稳定土层，在盾构机工作面改用水枪冲土开挖和水力排泥，以减轻劳动强度，提高工效。在粉砂层中的平均掘进速度为每日1环。

盾构机6次出、进竖井洞门，其洞口直径均为10m以上。在如此大断面洞门口，盾构机工作面暴露时间较长，使用几种不同方法中，垂直抽拔式钢封门效果最好。

盾构机施工中，施工人员克服了盾构机旋转、盾构机后退、轴线控制、盾尾密封、盾构机进出洞和流砂威胁等重重困难，于1970年4月30日使盾构机安全而准确地进入4号拆卸井，完成了圆形隧道施工任务。盾构机平均推进速度为每日1.7环（1.53m/d）。隧道横向贯通测量误差为1.5cm，竖向误差为0.8cm。按技术设计，圆形隧道江中段采用复合衬砌，实际施工中采用预制装配式钢筋混凝土管片。

打浦路隧道的施工要点为：在切口环的前端安装了一种网格装置来代替通常网格式盾构机的正面支撑系统，当盾构机停止推进，网格起正面支撑作用；当盾构机向前推进时，土体被网格切成条状挤入盾构机内，经转盘式装载机和刮板运输机运出盾构机。网格的大小可根据盾构机推进阻力和地层稳定情况加以调整。网格式盾构机非常适用于强度低的黏性地层，但由于网格不能阻止地下水的流入，因此需辅以降水施工和气压施工。

6.4.3 封闭式盾构机

封闭式盾构机主要包括泥水加压式盾构机和土压平衡式盾构机两种。

1. 泥水加压式盾构机

泥水加压式盾构机（图6-26）就是在机械式盾构机大刀盘后面设置一道隔板，隔板与刀盘之间作为泥水室，在开挖面和泥水室中充满加压的泥水，通过加压作用，保证开挖面土体的稳定。盾构机推进时开挖下来的土体进入泥水室，由搅拌装置进行搅拌，搅拌后的高浓度泥水用流体输送系统送出地面，把送出的浓泥水进行水土分离，然后把分离后的泥水再送入泥水室，不断循环使用，其全部工程均由中央控制台综合管理，可实现施工自动化。其适用于以砂性土为主的洪积地层，也较适用于以黏性土为主的冲积地层，但泥水处理费用较高。

图6-26 泥水加压式盾构机

泥水加压式盾构机施工时稳定开挖面的机理为：以泥水压力抵抗开挖面的土压力和水压力以保持开挖面的稳定，同时，控制开挖面变形和地基沉降；在开挖面形成弱透水性泥膜，保持泥水压力有效作用于开挖面。泥水盾构机施工系靠盾构机的推进力使泥水（水、黏土及添加剂的混合物）充满封闭式盾构机的密封舱（也称泥水舱），并对掘削面上的土体施加一定的压力，该压力称为泥水压力。通常取泥水压力大于地层的地下水压力与土压力之和，所以尽管盾构机刀盘掘削地层,但地层不会坍落,即处于稳态。

在开挖面,随着加压后的泥水不断渗入土体,泥水中的砂土颗粒填入土体孔隙中,可形成渗透系数非常小的泥膜(膨润土悬浮液支撑时形成一滤饼层)。而且,由于泥膜形成后减小了开挖面的压力损失,泥水压力可有效作用于开挖面,从而可防止开挖面的变形和崩塌,并确保开挖面的稳定。

2. 土压平衡式盾构机

土压平衡式盾构机前端有一个全断面切削刀盘,盾构机的中心或下部有长筒形螺旋运输机的进土口,其出土口在密封舱外。所谓土压平衡,就是用刀盘切削下来的土,如同压缩空气或泥水一样充满整个密封舱,并保持一定压力来平衡开挖面的土压力。其适用于变形较大的淤泥、软弱黏土、黏土、粉质黏土、粉砂、粉细砂等土层。

盾构机推进时,其前端刀盘旋转掘削地层土体,切削下来的土体进入土舱。当土体充满土舱时,其被动土压与掘削面上的土、水压基本相同,故掘削面实现平衡(即稳定)。土压平衡式盾构机基本形状如图 6-27 所示。由图可知,这类盾构机靠螺旋输送机将碴土(即掘削弃土)排送至土箱,运至地表。由装在螺旋输送机排出口处的滑动闸门或旋转漏斗控制出土量,确保掘削面稳定。

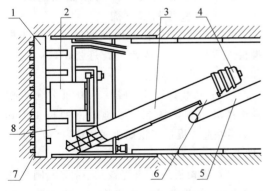

图 6-27　土压平衡式盾构机结构示意图

1—刀盘;2—刀盘油压马达;3—螺旋输送机;4—马达;5—皮带机;6—出土机构;7—面板;8—土舱

6.5　按加压稳定掘削面形式分类的盾构机典型产品

6.5.1　气压式盾构机

1. 早期带密封隔板的局部气压式盾构机

1969 年在下艾力巴地区的北波罗地运河下使用过有水平操作平台的局部气压式盾构,用顶管法顶进直径 3.1m、长 310m 的隧道。在装有 4 个控制千斤顶的盾构后面,有一个带料闸和人闸的钢筋混凝土圆管,推力装置是 12 个推力各为 800kN 的千斤顶及侧墙,作为主交换闸的圆形结构。

同样,为了用顶管法铺设直径为 1.5～3.5m 的管道,德国制造和使用了局部气压式盾构(图 6-28)。操作员坐在 2 个密封隔板之间的紧急备用闸室里,观察工作面,图像通过摄像头传送到荧屏上。在这个紧急备用闸室下面是料闸。

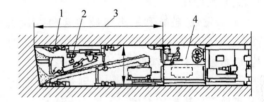

图 6-28　铺设直径 1.5～3.5m 管道时使用的局部气压式盾构机

1—铰接千斤顶;2—摄像机;3—高压区;4—料闸

为了掘进慕尼黑地铁 2 号线东段 2.23km 隧道,奥地利-德国公司"阿尔卑-维斯特伐利亚"(Alpine Westfalia)制造了纵向设铰的盾构机 LSR300/190,外径 7.375m,有局部气压的机头,在局部气压区设置了臂式铣刀工作机构和皮带输送机的前部。超出密封隔板的皮带机尾部有护套保护,护套端头有气压阀门,保证碴土和所含漂石排放到隧道内皮带倒运机上(图 6-29)。密封隔板上有交换闸室,保障必要时人员可以进入工作仓。

2. CSM 拜萨克公司的局部气压式盾构机

从 1984 年起 CSM 拜萨克公司就把自己的努力投向"实现用空气对衡的盾构掘进"的技

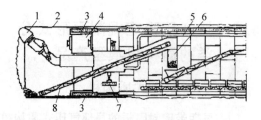

图 6-29   LSR300/190 局部气压式盾构机

1—臂式铣刀工作机构；2—盾壳；3—盾构千斤顶；4—闸室；5—压缩空气管道；6—皮带机护套上的气压阀门；7—管片拼装机；8—皮带运输机

术方向上来，即投向一个众所周知却又不甚把握的命题。

1）将装有臂式工作机构的盾构作为新开发的基础，要求保障：

（1）全断面、机械化开挖各种地层。用带齿的挖掘机铲斗开挖软土沉积地层，包括含漂石的地层；用安装在挖掘机原铲斗部位的铣刀头开挖岩石地层，强度有 60MPa，甚至达 1000MPa。

（2）能用肉眼观察到整个工作面的位置、状态、开挖特征。

（3）发现、破碎和取出坚硬包含物（漂石、孤石）和任何的人工障碍物（钢筋混凝土板、旧基础、木梁和木桩、锚杆等）。

（4）工作人员可以便捷地到达工作面部位，更换工作机构的刀齿。

2）拜萨克公司对于一般的挖掘机式敞开式盾构机的结构作了以下原则性的改进和补充。

（1）在盾构前壳体的支撑环上（其上装有带分配板的液压千斤顶），焊凹形有后壁的密封隔板，隔板把临工作面的工作室从盾构内侧和隧道内侧空间分隔开来。

（2）悬臂工作机构的撑靴，以铰固定在竖放的托盘肋板上，托盘经过轴承固定在圆环上，圆环装在密封隔板的后壁上，靠液压马达挖掘机可以绕盾构纵轴旋转。

（3）在盾构机的下部装有带闸门给料机的螺旋运输机。

（4）切口环的上部装备有数个旋转悬挂式的工作面挡板，用来在盾构机停机时或当工作人员进入工作室从事维修作业时，稳定工作面。

（5）盾构外壳设铰，后体与前体间有密封，这样更容易控制盾构机沿线路推进，当用于弯道时，可以通过控制千斤顶，使后壳体相对于前壳体旋转实现弯道施工。

（6）盾构机上有制备泡沫并向工作室提供泡沫的系统，包括泡沫生成液的储罐、泵、给料管、压缩空气管、泡沫发生器和旋转的弯头形喷雾器，保证能向工作面喷射泡沫。

（7）密封隔板上面装备有观察窗，坐在座位上的操作员可以通过观察窗监督工作面，还装备有用以进入工作室的人闸。

（8）必要时可以把工作机构伸缩臂上的挖掘机铲斗换成带自驱动的铣刀头。

（9）拜萨克公司的很多盾构都有悬臂伸缩式管片卸车机和缆索圆弧形管片拼装机（图 6-30）。

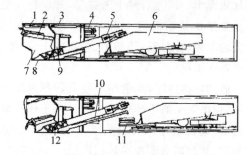

图 6-30   有连带设备的拜萨克公司盾构机图

1—工作面挡板；2—挖掘机；3—弧式拼装机；4—盾构千斤顶；5—螺旋输送机；6—大载重矿车；7—工作仓；8—盾壳；9—挖掘机托盘；10—悬臂伸缩卸管片机；11—衬砌管片；12—密封隔板

3. 威特·豪丹公司和 NFM 公司的局部气压挖掘机式盾构

除拜萨克公司外，在欧洲制造局部气压挖掘机式盾构的还有威特·豪丹公司（苏格兰）和 NFM 公司（法国）。

1989 年和 1990 年，威特·豪丹公司为掘进连接奥尔利机场和巴黎地铁网的长 1115m 的隧道制造并提供了挖掘机式盾构，直径 7.65m（图 6-31）。

这台盾构机除了盾壳铰接、带交换闸室的密封隔板、挖掘机式工作机构和工作面稳定挡板以外，还装置有出碴用盾构皮带输送机，其后端有护套和漏斗式终端碴仓，矿碴从这里倒

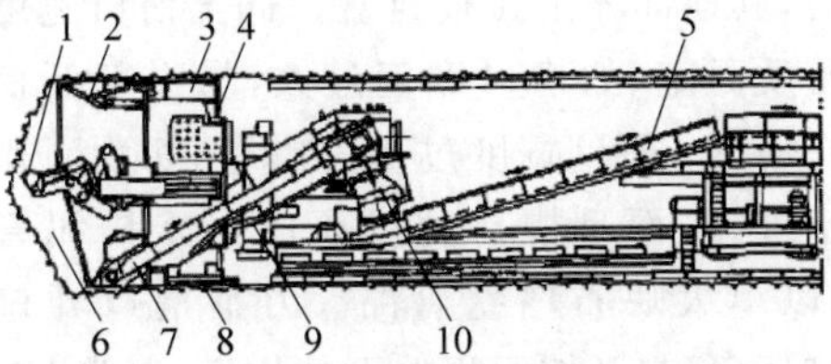

图 6-31　威特·豪丹公司盾构成套设备的
端部纵断面

1—挖掘机；2—工作面挡板；3—盾壳；4—密封隔板和
控制室；5—皮带运输机；6—工作仓；7—螺旋运输机；
8—盾构千斤顶；9—拼装机；10—漏斗式终端碴仓

运到隧道皮带运输机上。盾构皮带机前端设
有集料斗。

在密封隔板上固定着管片拼装机的基座。
管片宽 1.2m，内径 6.82m。隔板上装有控制
室，控制室伸入盾壳支撑环以内的空间。

在盾构后装配有 4 个工艺平台，其上有衬
砌背后注浆机组、液压泵机组、配电箱和把运
送的矿碴从中间皮带运输机转到设在侧面的
运输机，把碴土运往地面。在盾构机和第一节
工艺平台间放置有辊道，用来堆放和运送管
片，用管片拼装机安装到位。

威特·豪丹公司的盾构机推进线路，基本
上在泥灰岩类土和泥灰岩中应用。前者是不
透水和部分透水的，后者在个别地方（由于石
膏侵入而产生大裂隙的地方）是透水层。压力
为 $0.7 \times 10^5 \sim 1.8 \times 10^5$ Pa 时，在部分透水地
层，压缩空气消耗量为 $50m^3/min$。在透水地
层，压缩空气消耗量达到 $100 \sim 200m^3/min$（设
备的生产率准备到 $460m^3/min$）。发生过 4 次
停机事件，长达几个星期，每次都由于涌水达
到 $400m^3/h$（再启动盾构机是在进行了专门的
压浆加固以后）。没有采用过泡沫喷射，推进
的平均进度为 1.81m/班，最高进度是 6m/班。
30 个最好的工作日做成了 226m 隧道（189 环）。
威特·豪丹盾构施工的经验表明，可以在今后
的工程中首选气压法掘进。但是经验也说明，
必须沿隧道设计线路进行仔细的水文地质
勘察。

1997 年 5 月在里昂郊区竣工了内径 4.4m
的输水隧道工程，采用的是 NFM 公司制造的
局部气压盾构，钢筋混凝土高精度管片衬砌。
隧道的埋深（主要在有漂石的砂层）6~25m，静
水压力在 1.5~2.1MPa。

起初盾构配备了 6 个有上层翻转悬挂式工
作面挡板的抽拉闸板，但是经过一段时间后，
对盾构头部进行了改造，抽拉闸板全部取掉，
在切口环的上部仅保留了 3 块工作面挡板。

这台盾构在推进 4.0km 隧道后就停止了，
原计划推进 5.3km。平均两班制日推进量约
为 15m/d，而掘进的月进度达 300~400m/月。

6.5.2　泥水加压式盾构机

1. 工作原理

利用液体支护地层的技术，是多年来石油
工业和地下连续墙施工中常用技术，原则上不
用其他辅助措施，支护的地层稳定性十分可
靠。而泥水加压式盾构机正是利用向密封泥
水舱中输入压力泥浆来支护开挖面土层，使盾
构机在开挖面有效稳定的情况下向前掘进，使
地面变形最小，从而大大提高隧道施工质量和
施工效率。泥浆的主要功用如下：

（1）利用泥浆静压力平衡开挖面土层内的
水、土压力；

（2）在开挖面土层表面，形成一层不透水
泥膜，可使泥浆压力发挥有效的支护作用；

（3）泥浆中的细微黏粒在极短时间内渗入
土层一定深度，有助于改善土层的自承能力，
支护泥浆压力的控制，应与开挖面土层地下水
压相对应，图 6-32 表示支护泥浆压力与土层地
下水压的关系。

由于盾构顶部支护泥浆压力 p_2 大于地下
水压 p_1，即 $p_2 - p_1 = \gamma_w \cdot \Delta h$，所以泥浆内的微
细颗粒会渗入开挖面土层，从而增加了开挖面
土层的稳定性。另外图中还显示，盾构底部泥
浆压力 $p_5 > p_4$，这表明泥浆压力梯度大于自然
水压梯度，即泥浆比重越大对开挖面土层支护
就越稳定。在实际工程中，注入盾构顶部泥浆
压力保持高于地下水压约为 0.02MPa，注入泥
浆重度在 1.05~1.25kN/m³ 之间，排出泥浆重
度在 1.1~1.4kN/m³ 之间。

盾构顶部地下水压 $p_1 = \gamma_w h_2$（γ_w 为水的重度）；

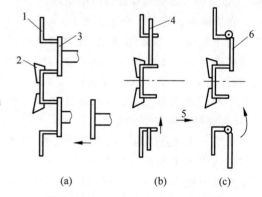

图 6-32　泥浆压力与地下水压的关系
h_1—地下水位至盾构底部高度；h_2—地下水位至盾构顶部高度；h_3—盾构直径；Δh—盾构顶部地下水压头与支护泥浆压差；p_1—盾构顶部地下水压；p_2—盾构顶部泥浆压力；p_3—盾构底部地下水压；p_4—盾构底部泥浆相对自然水压；p_5—盾构底部泥浆压力

盾构顶部泥浆压力 $p_2 = \gamma_w(h_2 + \Delta h)$；

盾构底部地下水压 $p_3 = \gamma_w h_1$；

盾构底部泥浆相对自然水压 $p_4 = \gamma_w(h_1 + \Delta h)$；

盾构底部泥浆压力 $p_5 = \gamma_w(h_2 + \Delta h) + \gamma h_3$
（γ 为支撑泥浆重度）。

2. 机械特征

泥水加压式盾构机大部分机械组成均与一般盾构机要求相同，这里予以省略，仅对刀盘部分加以叙述。

泥水加压式盾构机掘进时，刀盘主要用于开挖土层，同时也起泥浆搅拌作用。而当盾构机停止掘进时，刀盘面即与开挖面土层密贴接触，对土层起支护作用，以增加开挖面土层的稳定性。因此，泥水加压式盾构机的刀盘多采用面板式结构，主要由辐条刀盘架、刀具和面板等组成。辐条也是刀具安装的底架，刀具沿辐条两侧对称布置，以满足刀盘正反两个方向旋转切削的需要。刀具布置要做到使刀盘每旋转一圈，可对全断面进行均匀切削。对于大直径盾构，由于越靠近周边，刀具切削轨迹越长，故须适当增加刀具数量，可使刀盘每转一圈，在同一轨迹上切削 2～3 次，提高切削效率和延长刀具寿命。沿刀具刃口边缘布置进土

槽口，其他部分用面板封盖。进土槽口宽度应按土质而定，如槽口宽度过大，易引起开挖面土层坍塌；槽口宽度过小，会影响切削下来的泥土进入，而且槽口宽度还应小于排泥管口径，以免大块石堵塞管路。刀盘槽口开口率（开口面积与开挖面积的百分比）一般为 8%～10%，砂砾土层开口尺寸稍大，以便大粒径石块进入。

在软弱不稳定易流动土层中开挖，应设置进土槽口关闭装置，当盾构较长时间停止工作（或进行管片拼装）时，不仅要通过压力泥浆支护开挖面，而且要关闭进土槽口，防止泥土流入，避免开挖面土层坍塌。如图 6-33 所示为常用槽口关闭装置示意图，其具体结构要根据刀盘结构和盾构型式加以选择。

图 6-33　进土槽口关闭装置示意图
（a）推顶式；（b）平移式；（c）摇摆式
1—刀盘面板；2—刀具；3—推顶关闭门；4—平移关闭门；5—进土槽口；6—回转关闭门

为了更好地控制开挖面土层稳定，有的盾构机把刀盘设计成可轴向移动，通过刀盘自动轴向移动来配合开挖面土压变化，使刀盘在任何时候紧贴开挖面土层，防止土体坍塌，这种盾构机叫作机械平衡泥水加压盾构机。图 6-34 所示为机械平衡泥水加压盾构机结构示意图，从图中可以看出，推动刀盘轴向移动的液压缸与盾构机推进液压缸动作无直接连带关系，当盾构机向前推进时，随着开挖面土压变化，刀盘可单独自由轴向移动，而刀架则与刀盘前后移动相互关联，可以对进土槽口开度大小进行自动调节，以控制进土量。

当盾构机推进速度大于刀盘开挖需要的速度时，刀盘正面阻力随之增加，则刀盘会自动向后移动（图 6-34（a）），而此时刀具切土槽口自动放大以增加进土量，则刀盘阻力会逐渐减小，直到盾构机推进速度与刀盘开挖需要速度相吻合时，刀盘就会停止后退。

相反，当盾构机推进速度小于刀盘开挖需要的速度时，刀盘正面阻力减小，则刀盘会自动向前移动（图 6-34（b）），而此时刀具切土槽口自动减少以减小进土量，则刀盘阻力会逐渐增加，同样当盾构机推进速度与刀盘开挖需要速度相吻合时，刀盘就会停止前移。因此，机械平衡泥水加压盾构机只要控制调节好供入密封泥水舱中的泥浆压力与土层地下水压相平衡，刀盘就始终处于与土层密贴结合状态，对开挖土层进行稳定的支护，施工安全可靠。

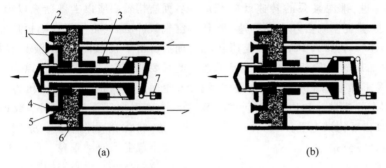

图 6-34　机械平衡泥水加压盾构机示意图

（a）刀盘后移；（b）刀盘前移

1—刀盘；2—盾体；3—盾构机推进油箱；4—刀架；5—泥浆输送仓；6—泥浆；7—刀盘推进油箱

3．泥水系统

泥水加压式盾构机的技术特征就是借助压力泥浆支护开挖面土层，并以泥浆形式排除开挖泥土，同时通过对泥水系统中有关参数的检测和控制，使盾构机掘进顺利进行。根据泥水密封舱构造形式和对泥浆压力控制方式不同，泥水加压式盾构机的泥水系统分为直接控制型和间接控制型两种基本类型。

1）直接控制型（日本型）

图 6-35 是直接控制型泥水系统流程图，P_1

为供泥浆泵，从地面泥浆调整槽将新鲜泥浆打入盾构泥水密封舱，在密封舱与开挖下的泥土混合后，形成厚泥浆，然后由排泥泵 P_2 输送到地面泥水处理场。一般要通过振动筛、旋流器、压滤机或离心机等多级分离处理后，将土砂排除，而稀泥浆流向调整槽，经对泥浆比重和浓度进行调整后，新泥浆又重新打入泥水密封舱循环使用。

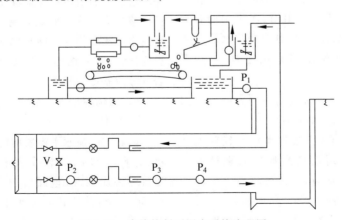

图 6-35　直接控制型泥水系统流程图

可通过压力检测来控制供泥浆泵 P_1 的转速或调节压力控制阀 V 的开度来控制泥水密封舱内的泥浆压力。由于泵的转动惯性稳定性较差,同时由于 P_1 泵安装在地面,控制距离长而产生延迟效应等缺陷,因而主要由控制压力阀 V 的开度来控制泥浆压力。

随着盾构不断推进,进、排泥浆管道就不断延伸,管阻亦随之增大,为了保持管道中泥浆一定的排量,进、排泥浆泵的转速就应相应地改变,因而进、排泥浆泵必须自动调速,当 P_2 泵到达额定转速时,再接入 P_3、P_4 泵(定速泵)。

由于泥水加压式盾构机开挖面工况不能直接观察,但为了保证施工质量,应在进、排泥浆管路上分别安装流量计和比重计,通过检测数据,即可计算出盾构排土量。

开挖排量计算公式为

$$V = \frac{1}{\rho_0 - 1} \int_0^t \left[(\rho_2 - 1)Q_2 - (\rho_1 - 1)Q_1 \right] \mathrm{d}t$$

$$(6-1)$$

式中,V——开挖排土量,m^3;

$\quad t$——掘进时间,min;

$\quad \rho_0$——开挖土密度,t/m^3;

$\quad \rho_1$——供泥浆密度,t/m^3;

$\quad \rho_2$——排泥浆密度,t/m^3;

$\quad Q_1$——供泥浆流量,m^3/min;

$\quad Q_2$——排泥浆流量,m^3/min。

将检测到的排土量与理论掘进排土量进行比较,并使实际排土量控制在一定范围内,就可减小和避免地面变形。

必须注意,泥浆在管路中的流速必须保持在临界值以上,低于临界值时,泥浆中的颗粒会产生沉淀而堵塞管路,尤其是排出泥浆产生堵塞更为严重,在确定临界流速时,其计算式为

$$v_1 = F_1 \sqrt{2gd(\rho/\rho_0 - 1)} \qquad (6-2)$$

式中,v_1——临界流速,m/s;

$\quad F_1$——流速系数(根据颗粒直径和泥浆浓度而定),当颗粒的直径大于 1mm 时,$F_1 = 1.34$;

$\quad g$——重力加速度,m/s^2,取 9.8;

$\quad \rho_0$——母液泥浆密度,t/m^3,一般取 $\rho_0 =$

$1.05 \sim 1.25$;

$\quad \rho$——固体密度,t/m^3;

$\quad d$——管子内径,m。

2)间接控制型(德国型)

图 6-36 所示为间接控制型泥水系统流程图,这种系统的工作特征是由泥浆和空气双重回路组成。在盾构机密封泥水舱内插装一道半隔板,在半隔板前充以压力泥浆,在半隔板后面盾构轴心线以上部分充以压缩空气,形成空气缓冲层,气压作用在隔板后面与泥浆接触面上。由于接触面上气、液具有相同压力,因此只要调节空气压力,就可以确定和保持在全开挖面上相应的泥浆支护压力。当盾构机掘进时,有时由于泥浆的流失,或推进速度的变化,进、排泥浆量将会失去平衡,气、液接触面就会出现上下波动现象。通过液位控制器,根据液位的高低变化来控制供泥浆泵转速,使液位恢复到设定位置,以保持开挖面支护液压的稳定。也就是说,供泥浆泵输出量随液位下降而增加,随液位上升而减小。另外在液位最高和最低处设有限位器,当液位达到最高位时,停止供泥浆泵;当液位降低到最低位时,则停止排泥浆泵。压缩空气机一般设在地面,空气进入井下以后,通过气动调节阀和控制器,把气压调节到支护泥浆需要的压力进入密封隔舱。当密封舱压力波动时,控制器自动操作调节阀,使密封舱空气压力保持在设定值。因此不论盾构掘进与否或液位产生波动时,都可以通过控制空气压力保持稳定。正是由于空气缓冲层的弹性作用,因而当液位波动时,对支护泥浆压力变化无明显影响。显然,间接控制型泥水加压盾构与直接控制型相比,操作控制更为简化,对开挖面土层支护更为稳定,对地表变形控制更为有利。

4. 结构组成

1)壳体

$\phi 14.87 m$ 泥水平衡盾构机壳体由切口环 3 块、支承扇形环 6 块和盾尾壳体 3 块组成,3 块切口环拼成圆环,整圆后的直径尺寸控制在 $14850_{-15}^{\ 0}$ mm 范围内。支承扇形环由下环、下左环、下右环、上左环、上右环和上环共 6 块组

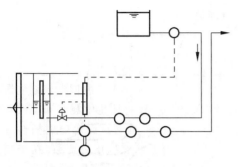

图 6-36　间接控制型泥水系统流程图

图 6-37　盾构掘进机内啮合齿圈大轴承

成。下环装有闸门装置 3 套、搅拌机 2 台、推进液压缸 3 组和进排泥管等；下左环、下右环各装有推进液压缸 3 组；上左环、上右环各装有推进液压缸 3 组，人行闸和材料闸；上环装有推进液压缸 4 组，人行闸和摄像装置，气平衡控制装置等，支承扇形环相互之间的环向结合由 M52、10.9 级螺栓、螺母及定位销连接，结合面螺栓孔两侧需用平面密封胶黏结，支承扇形环安装后，与刀盘驱动的结合环面 ϕ7.33m 处必须光滑平整，支承扇形环连接处高低差必须控制在 0.5mm 以内，所有与气泡仓连接处必须用焊缝封闭，气泡仓与泥水仓连接处必须用焊缝封闭。

2）刀盘

刀盘分成中心盘体、右上扇盘体、左上扇盘体、左下扇盘体、右下扇盘体 5 部分。刀盘组装时以刀盘中心盘体为基准，安装 4 块扇形盘体，用定位块上的螺栓进行定位连接，校正盘面的平整度。切削刀具有 10 把联装中心刀、274 把标准割刀、96 把周边刀、2 把（一用一备）仿形刀，切削刀装配牢固，刀尖必须在盘体端面同一平面。刀具安装完成后，刀盘的最大切削直径为 14870mm。

3）变频电机驱动的刀盘驱动装置

刀盘驱动装置主要作用是将动力传递给大刀盘，驱动刀盘转动，传送推进时所需要的扭矩。ϕ14.87m 泥水平衡盾构机驱动装置主要由箱体、中心回转环、14 台变频电机及减速器、内啮合齿圈大轴承（图 6-37）及 14 只小齿轮的传动装置、传动装置的润滑系统、工作舱与主轴承之间的主密封及其密封油脂注入通道、主密封的水循环冷却通道和中心固定盘体等

部分组成。

刀盘的回转是由 14 台 250kW 变频电机（图 6-38）驱动主轴承中心回转环来保证，变速范围：0～1.4r/min；最大额定扭矩：转速为 0.7r/min 时为 36000kN·m；最大扭矩：43200kN·m；驱动总功率：3500kW；主轴承寿命：10000h；14 台变频器变频范围：5～96Hz；变频电机额定转速：949r/min（48Hz）；最大转速：1898r/min（96Hz）；变频系统的配置为主/从结构。

图 6-38　盾构掘进机变频电机

正常驱动模式下，刀盘可以正反转，首先进行点动，在点动正反转各一圈无异常情况后，可连续运转。调节刀盘转速电位计，可使刀盘转速在 0～1.4r/min 的范围内调速。特殊驱动模式下，刀盘可以正反转，调节刀盘转速电位计，可使刀盘转速在 0～0.2r/min 的范围内进行调速，当刀盘扭矩达到 43200kN·m 时，刀盘停止转动，当刀盘扭矩为 36000～43200kN·m 时，每次回转的时间限定为 30s，此后刀盘停止回转，再次操作需等待 2.5min，

等待刀盘电气驱动系统(马达、变频器、转换器等)的冷却。当刀盘扭矩＜36000kN·m时,刀盘自动转换成正常模式运转。

4) 双联液压缸式推进装置

盾构推进系统的功能是使盾构机向前运动,同时推进液压缸也用于保持管片的定位,防止盾构机后退。φ14.87m泥水平衡盾构机的推进系统由分布在同一圆环上4个区域的19对双联液压缸来执行(图6-39)。

图 6-39　盾构掘进机双联液压缸式推进装置

液压缸的推力通过液压缸的每块靴板传递到管片上,靴板由聚氯乙烯材料制成,具有良好的载荷分配能力,可以增强管片上的摩擦载荷。每对液压缸上均配有行程传感器,可以实时测量液压缸的伸长距离,测量数据可在盾构总控室内显示。

推进液压缸具有两种液压状态操作方式:①拼装模式用于管片拼装,在此状态下,靴板上的压力将减小,但能对管片保持足够的安全压力,以压紧每环间的止水带,在低压状态下,保证盾构机不后退;②推进模式用于盾构机的推进,在此状态下,靴板上的高压在管片上产生推力,推动盾构机前进。

5) 真空吸盘式六自由度管片拼装机

φ14.87m泥水平衡盾构拼装机的功能是对管片进行抓取、装卸和定位操作,以完成整环的拼装,能够进行以下6个自由度的动作(图6-40):平移、回转、管片平台提升、管片平台前后摆动、管片平台左右摆动、管片平台上下摆动。

φ14.87m泥水平衡盾构拼装机平移机构负责拼装机平移轴上带着管片作纵向移动(图6-41),它由2个固定在拼装机支撑梁上的

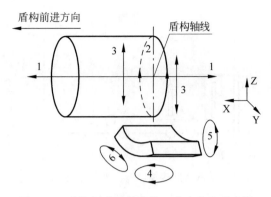

图 6-40　盾构掘进机拼装机6个自由度示意图
1—平移;2—回转;3—管片平台提升;4—管片平台前后摆动;5—管片平台左右摆动;6—管片平台上下摆动

圆柱形导向柱来支撑和导向,纵向移动的动力由2只液压缸提供。拼装机回转采用内齿式回转轴承(交叉滚子型),由2台液压马达驱动小齿轮,带动回转轴承的内齿轮驱动(回转角度为±220°,由行程检测器限制)。回转架(U形)是拼装机的主要结构件,包括两个平行圆柱形导柱。管片提升由2个液压缸驱动;管片抓取平台由回转架支撑;管片夹持平台通过真空吸盘抓取管片,把管片放置到每环上的拼装区域并提供调节管片位置所需的所有动作;管片夹持系统和平台是一个整体,配有2个可插入管片孔中的安全销的真空提升梁。管片的最终定位由3个自由度来保证:相对于纵轴有3个角度的转动能力,位于管片抓取台两侧的2个平衡液压缸和抓取台中央的轴向双节液压缸确保了3点的倾斜(转动和俯仰),这3个液压缸呈三角形分布且可以单独动作,仅动作1个液压缸会引起管片相对于其他2个液压缸的固定点的倾斜。拼装机的回转和平移动作可以进行变速操作。

拼装机的管片抓取采用真空吸盘式(图6-42),将拼装机平台提升到管片上方,慢速降下平台,使真空吸盘紧密贴近管片,启动真空吸盘真空泵(此泵在吸管片时,不能停止)和真空箱真空泵(此泵在真空箱的真空度达到80%时停止),当下列条件满足后才能进行管片抓取操作:①所有吸盘的真空度大于85%;②真空箱的真空度大于80%。

图 6-41　盾构掘进机拼装机 6 个自由度实物图

图 6-42　盾构掘进机拼装机真空吸盘

如果有一个真空吸盘的真空度低于 85%或真空箱的真空度低于 80%,就不能进行抓取管片的操作。

6)管片运输机

管片运输机(图 6-43)主要功能是将管片喂送到管片拼装机下方,由于大型隧道盾构机的管片质量大,定位要灵活正确。管片拼装机通常采用真空吸盘,而采用真空吸盘的管片没有吊装螺纹孔,所以管片运输过程中都需要特殊的吊具。这在隧道中或连接梁等空间相对较大的区域还好办,但从盾构第一节车架到管片拼装机这一区域,因车架上放置大量设备,空间较小,采用特殊的吊具往往高度不够,所以 ϕ14.87m 泥水平衡盾构机配置了 1 台能适应小空间、大运输能力的管片输送机。管片输送机主要用于从管片装卸吊车(负载能力为30t)上卸下管片,可储存 10 块管片或将管片从后部运送到靠近拼装台的前部。同时支撑并将 1#车架的运动横梁从后部运送到靠近拼装台的前部。管片运输机沿着 1#车架底座的活动结构滚动,并通过 2 台牵引千斤顶向 1#车架来拉动和定向。管片运输机是可以伸缩的,行程为 18m,可在 1#车架的活动结构(隧底)上做往复运动。管片运输机主要由支撑框架、伸缩框架(前台和偏移台)、支撑框架的定向设备、液压回路和动力装置(安装在 1#设备台车的第一层上)及辅助设备(前框架、偏移台)组成。

图 6-43　盾构掘进机管片运输机

7)泥水平衡盾构机装置及控制

ϕ14.87m 泥水平衡盾构机采用气体控制开挖面的平衡(图 6-44),泥水输送系统负责把刀盘切削下来的泥土输送到地面的泥水处理装置中去,此种控制方式称为间接控制型。在盾构机的泥水室内装有 1 道半隔板,将泥水室分割成 2 部分,即在半隔板的前面称为泥水仓,在半隔板的后面称为气泡仓。在泥水仓内充满压力泥水,在气泡仓内盾构轴线以上部分加入压缩空气,形成气压缓冲层,气压作用在气泡仓内的泥水液面上。由于在接触面上的气、液具有相同的压力,因此只要调节空气的压力,就可以确定开挖面上相应的支护压力(图 6-45)。当盾构机推进时,由于泥水的流失或盾构机推进速度的变化,进出泥水量将会失去平衡,气泡仓内的泥水液面就会出现上下波动,为维持设定的压力值(与设定的气压值发生偏差,由 Samson 调节器根据在泥水仓内的气压力传感器测得值与设定的气压值比较得出),通过进气或排气改变气压值。当盾构正面土压值增大时,气泡仓内泥水液位升高(高于盾构轴线),由于气泡仓内气体体积减少,压力升高,打开排气阀,降低气泡仓内气体压力,当气体压力达到设定的气压值时,关闭排气阀。当盾构正面土压值减少时,气泡仓内泥水液位降低(低于盾构轴线)。由于气泡仓内气体体积增加,压力降低,进气阀打开,升高气泡仓内气体压力,当气体压力达到设定的土压值时,关闭进气阀。液位传感器可以根据液位的变化控制进泥泵或排泥泵的转速,在保持压力设定值不变的状态下(由 Samson 调节器差分控制系统控制),使气泡仓内泥水液位恢复到盾构轴线位置;当气泡仓内泥水液位达到设定的高低极限位置时,盾构可自动停止推进。

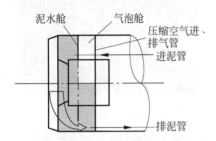

图 6-44　盾构机泥水平衡装置

图 6-45　盾构机泥水平衡控制装置

8) 泥水输送系统

泥水输送系统由送泥管路和排泥管路组成,在盾构机推进过程中,地面泥浆池中的新泥浆通过泥水送泥变速泵和隧道中的 2 个中继接力泵输送到送泥管路中,调节泥水送泥变速泵转速,改变送泥流量可以使气压舱内的泥水量保持平衡。盾构机内通往前舱的送泥管路分为 5 段:2 个在上部通向泥水仓,2 个在下部通向气泡仓,1 个在中央通过中心回转接头通向泥水仓。排泥管路(盾构下部的一条管路)中配备有多个泥水排泥变速泵(图 6-46),这些泵的排泥流量根据排泥密度而定,泥水密度和泥水流量分别由安装在每条管路上的伽马密度仪和电磁流量仪来测定。送泥管路中的泥水量由泥水送泥变速泵控制,排泥流量由

中继接力泵控制。

泥水输送系统的控制共分为 3 种方式:

(1) 手动模式:所有的指令都是手动执行的,操作者调节泵的转速和阀的开度,泥水平衡也是手动控制的。

(2) 半自动模式:操作者手动调节泵的转速和阀的开度,但这些设备的安全保护是自动的,泥水平衡是自动控制的。

(3) 自动模式:显示掘进模式和旁路模式下的流量数据,操作者只能进行停止模式的操作,自动方式中包括以下 5 种操作模式:

① 推进模式:盾构机处于推进状态;

② 旁路模式:盾构机处于待机状态或拼装管片;

③ 接管模式:管路转接;

④ 逆洗模式:送、排泥管路切换,用于清洗泥水管路;

⑤ 周末模式:在长期停止期间使用。

图 6-46　盾构机泥水泵

5. 常用产品的性能指标

1) ϕ11.22m 泥水加压盾构机

1994 年,上海建造延安东路南线过江隧道,首次采用泥水加压盾构机,该盾构机是从日本引进的超大型泥水加压盾构机,其主要技术性能见表 6-2。

延安东路南线隧道盾构掘进段长度为 1130m,过江段长度为 500m,江底最小覆土层厚度为 7m,岸边段最小覆土厚度 4.2m,主要覆土为饱和含水淤泥质黏土、粉质黏土和粉砂等极不稳定的土层。黄浦江两岸隧道沿线建筑物密集、交通繁忙、地下管线错综复杂,施工难度较大。

由于该类盾构机在国内是首次应用,为了确保盾构施工顺利进行,特将前200m隧道作为盾构机试掘进段,通过试掘进,可边掘进边摸索研究出一套适合本工程的参数匹配和工艺操作,有效地控制地表变形。通过工程实践,盾构机在穿越江底最小覆土段时,江底最大沉降量小于22cm,盾构机在穿越岸边最小覆土段时,地表变形小于15mm,工程质量优良。

表6-2　延安东路南线过江隧道超大型泥水加压盾构机性能指标

参　　数	指　　标
盾构直径	11.22m
盾构长度	10.95m
盾构千斤顶	32台
总推力	112200kN
刀盘扭矩	(额定)18550kN·m
	(最大)21815kN·m
刀盘驱动电机	12台
刀盘转速	0～0.47r/min
刀盘功率	900kW

2)φ6.14m泥水加压盾构机

广州地铁1号线区间隧道全长约18km,设16个车站,其中从黄沙站至公园前站5个车站之间4段区间隧道采用了两台泥水加压盾构机施工,盾构机从日本引进,其主要技术性能见表6-3。

表6-3　广州地铁1号线区间隧道泥水加压盾构机技术参数

参　　数	指　　标
盾构直径	6.14m
盾构长度	8.15m
盾构千斤顶	22台
总推力	31360kN
刀盘扭矩	(额定)2420kN·m
	(最大)3626kN·m
刀盘转速	0.95r/min
刀盘传动液压马达	8台
刀盘总功率	6×55kW

盾构掘进隧道通过主要土层为饱和含水砂层和淤泥层,地质条件差且复杂,最明显的特征是上软、下硬,岩性相差悬殊。隧道沿线地面为商业区,建筑物及地下管线密集,施工难度极大。另外由于缺乏经验,致使盾构掘进曾发生局部地表沉陷过大现象,后经加固处理,使工程得以顺利进行,较好地完成了任务。

3)φ14.87m泥水盾构

近年来,由于经济高速发展的需要,国际和国内出现了很多用盾构法施工的大直径(14m以上)隧道工程,如德国汉堡的第四条易北河隧道、大贝尔特隧道,采用φ14.87m泥水盾构机施工的荷兰阿姆斯特丹至巴黎的公路隧道等。

(1)盾构直径14.87m,长11.65m,总长120m。

(2)盾构主机质量:1900t,后配套装置:1420t,总质量:3320t。

(3)推进液压缸:19组双联液压缸,总推力:184300kN,推进速度0～40mm/min。

(4)刀盘额定扭矩:36000kN·m,最大扭矩:43200kN·m,刀盘转速0～1.4r/min,功率3500kW(250kW×14台)。

(5)拼装机转速0～1.5r/min,旋转角度±220°,6个自由度,真空吸盘式。

(6)泥水输送系统:

① 送泥回路管径:20″(500mm),掘进流量:2020m³/h;

② 排泥回路管径:20″(500mm),最大流量:2450m³/h;

(7)气平衡装置容量:210m³,最大进气流量(0.7MPa):14805m³/h,最大排气流量(0.7MPa):12322m³/h。

6. 选用原则

1)适用范围

选用泥水加压平衡式盾构机施工需要大量的水,因此,施工水源要充足,还需要一套泥水处理系统来辅助施工。该工法适合在多种土层中掘进隧道。泥水加压平衡式盾构机的覆土层一般不小于1个刀盘直径大小的厚度,如果超过此范围,需采取特殊技术处理。

2)工艺流程

施工准备(包括泥水系统、同步注浆、中央

控制室等设备安装）→盾构就位、调试→系统总调试→盾构出洞→盾构推进、同步注浆（施工参数的采集与调整）→管片拼装→盾构进洞→拆除盾构、车架及其他设备→竣工。

3）施工要点

泥水盾构的施工要点基本类同于其他盾构，除了一些共性外，还需掌握以下要领：

（1）泥水配合比。出洞初期要配制大量的工作泥浆，工作泥浆的配制分两种，即天然土泥浆和膨润土泥浆。前者成本低，但在天然黏土中或多或少存在些杂质、粉砂等，故质量不太高；后者成本高，但浆液的质量可得到保证。

天然土泥浆配合比（质量比）＝天然黏土：CMC：纯碱：水＝400：2.2：11：700

膨润土泥浆配合比（质量比）＝膨润土：CMC：纯碱：水＝330：2.2：11：870

泥浆质量指标如下：泥浆密度 $1.2g/cm^3$；泥浆黏度 30s（漏斗黏度）；析水率＜5%；颗粒＜74μm。

（2）泥水的检查和调整。在具体施工中，要配置实验室和专门技术人员，每隔 2 环对泥水进行测定，一旦发现泥浆劣化，要及时进行调整。另外，根据不同的土质，也要及时对泥浆加以调整，调整的效果主要看综合资料的反映。因为施工情况是千变万化的，所以调整配合比也不是固定的。

4）切口水压

泥水压力的提高将有利于泥膜的形成，但泥水压力不应无限制地过高或过低，泥膜前后任何压力差绝对值的增大都对开挖不利，要保持这层泥膜始终存在，就必须保持泥水压力与盾构前的水压力平衡。泥水压力的增加会使作用于开挖面的有效支撑压力增加，但不得超过其上限值，泥水压力即切口水压，可通过计算得到，参数的调整仅在此范围内调整。

5）掘进管理

泥水加压平衡盾构掘进是一个均衡、连续的施工过程，因此掘进管理是一个系统管理。作为管理人员，特别是盾构的大脑——中央控制室责任非常重大，在盾构每环掘进前要发出正确无误的指令；在掘进中要密切注意各个施工参数的变化情况；在掘进结束后根据采集到的各种数据进行分析，作出适当的调整，准备下一环的指令。具体工作如下：

（1）掘进前下达指令。①切口水压设定；②送泥水密度、黏度等技术参数设定；③同步注浆量、压力的设定；④推进速度的设定；⑤进泥、排泥流量的设定。

（2）掘进后分析下列参数，然后作出相应的调整：①地面沉降量——切口水压是否要变化；②泵的电压、电流、转速、流量、扬程——设备是否正常运行；③进、排泥流量偏差——判断输送管路是否畅通，是否发生超、欠挖；④千斤顶总推力——泥水压力是否匹配；⑤隧道稳定情况——同步注浆系统是否满足要求；⑥开挖面稳定，掘削量管理，送、排泥泵挖掘，同步注浆状态——推进速度是否适当。

应当指出，上述关系不是简单的相对关系，任何一个指令的产生都要考虑到相互之间的综合关系，有时从环报表上反映的问题很多，这时就要先抓住主要问题逐一化解，切不可全盘调整，一步到位，那样会使问题更加复杂化。

6）泥水处理

泥水处理是通过机械的或化学的方法对输出的泥浆进行处理，其主要目的是 2 个：①将原状土从工作泥浆中分离出来；②将大于74μm 的泥颗粒从一次处理后的泥浆中分离出来。

泥水处理可分为多级处理，一般为 2～4级，其过程为：粗滤→化学处理→旋流器分离→压密。

废弃的劣浆由于仍有相当高的含水量，不能直接装车，经过压滤工艺脱水，变成泥饼方可外运，而水可重复使用。如果对泥浆的要求很高，即对泥浆彻底处理，泥水处理的级数还可提高，但成本也高。

7）注浆管理

推进中应及时充填盾尾处空隙，一般可采用同步双液注浆，对沉降量要求小的范围可作跟踪注浆或补压浆。注浆管理的目的：①防止土体松弛和下沉，减少地表沉降；②保持隧道衬砌的早期稳定；③提高衬砌接缝处的防水性能。

同步注浆材料以双液注浆为例，分 A 液、B 液 2 种，配合比见表 6-4。其他注浆方法类同"土压平衡盾构工法"。

表 6-4　1m³ 注浆材料的原料用量

A 液			B 液	
固化材料 /kg	辅助材料 /kg	稳定剂 /L	水 /L	速凝剂 /L
260	60	2.5～3.0	810	80～90

8）泥水加压平衡盾构机的进、出洞

泥水加压平衡盾构机进、出洞止水密封是盾构机顺利进出洞掘进的基本条件。由于盾构工作井一般在掘进过程中对周围的土体有不同程度的扰动，同时在对洞门处理中，难免对土体带来不稳定因素，有时还存在进出洞盾构覆土较浅等不利工况条件，若不针对性地对洞门圈作处理，盾构机将遇到许多不利情况。因此，施工前必须要遵循泥水加压平衡盾构机的特性，制定必要的进出洞施工工艺，特别要注意以下 3 点：

（1）洞门区加固不宜采用旋喷桩、深层注浆等加固措施，以免造成盾构吸口堵塞，反复清舱、逆洗会引起盾构周边土体流失。

（2）如果盾构开挖面面临的是回填土等杂土，必须使盾构吸口前具有破碎、粉碎装置。

（3）洞圈止水宜采用可调节装置，以便在盾构姿态改变的情况下，及时调整止水体与盾壳的间隙。

6.5.3　土压平衡式盾构机

1. 土压平衡式盾构机组成

土压平衡式盾构机是集机械、电子、液压、激光及控制技术为一体的高度机械化和自动化的大型隧道掘进衬砌成套装备，在公路、铁路、市政、水利、矿山、油气管道以及国防工程建设的隧道施工中具有钻爆法无法比拟的优势。

单圆柱形盾构是土压平衡式盾构机最为常见的一种类型，因其采用自身所挖掘的泥土作为支撑开挖面的介质，施工过程简单，被广泛应用到了各种各样的隧道建设工程中。图 6-47 所示为土压平衡式盾构机的典型组成结构示意图，包括刀盘及驱动系统、推进液压缸、螺旋输送机及皮带传送机、管片拼装机、同步注浆系统、后配套设备等。刀盘驱动系统输出动力经过减速器、齿轮和轴承等传送至刀盘切削土体，切削后的土碴在推进系统的推进力作用下会进入由密封隔板与开挖面土层形成的密封泥土舱内，并将推进作用力传至开挖面以抵抗泥土压力。同时，螺旋输送机及皮带传送系统通过调节转速将一定量的土碴排出土舱，使土舱内的压力与水土压力相平衡，从而减少地表沉降以保持开挖面稳定。当推进一环距离后管片拼装机安装管片，注浆系统完成注浆，将拼装好的管片固定。

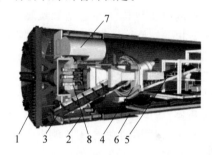

图 6-47　土压平衡式盾构机组成示意图

1—刀盘；2—推进液压缸；3—螺旋输送机；4—管片拼装机；5—皮带输送机；6—待装管片；7—压缩舱；8—主驱动系统

盾体通常分为前盾、中盾和尾盾三部分，这三部分都是管状筒体。前盾和承压隔板用来支撑刀盘驱动，同时使泥土舱与后面的工作空间相隔离，推力液压缸的压力可通过承压隔板作用到开挖面上，起到支撑和稳定开挖面的作用。

盾构的刀盘位于盾构的最前部，是一个带有多个碴槽的切削盘体，刀盘上安装有盘形滚刀和刮刀，用于对岩土层切削。刀盘采用中心支撑方式，由盘体、切削力、仿形刀、传动箱、集中润滑系统组成，由液压马达驱动，液压马达输出动力经减速器、小齿轮、大齿轮及其与刀盘连接轴驱动刀盘转动。掘进时，十字辐条式刀盘直接与开挖面接触并旋转切削土体,切削下来的土体在密封舱内与外加泥和水充分搅拌,使之成为可塑、渗透性极小的泥土,并保持一定的动态平衡压力,控制开挖面土体不塌陷和地面不发生较大降沉。仿形刀主要为转弯或纠偏而设,其作用是创造转弯空间和减少转弯阻力。前盾的后边是中盾,中盾内侧的周边位置装有若干个推进液压缸,通过控制液压缸活塞杆向后伸出可以提供给盾构向前的掘进力,通常这些液压缸按上下左右被分成 A、B、C、D 四组。掘进过程中,在操作室中可单独控制每一组液压缸的压力,这样盾构就可以实现左转、右转、抬头、低头或直行,从而可以使掘进中盾构的轴线尽量拟合隧道设计轴线。

通常土压平衡盾构机安装液压马达(或变频电动机)驱动刀盘和多组液压缸实现盾构推进。盾构的排土机构主要包括螺旋输送机和皮带输送机。螺旋输送机由液压马达驱动,皮带输送机由电机驱动。碴土由螺旋输送机从泥土舱中运输到皮带输送机上,皮带输送机再将碴土向后运输,落入等候的矿车中。中盾的后边是盾尾,盾尾通过被动跟随的铰接液压缸和中盾相连。盾尾的功能是实现盾壳尾部密封和同步注浆,一方面防止地层中的泥水或管片外围的浆液通过盾尾与管片间的间隙进入盾构,另一方面通过盾尾壳体内置的同步注浆管,将注浆泵输送来的混凝土泥水填充到管片外表面的环形空隙处,从而保持盾尾处的压力,防止地表沉陷。

管片拼装机由回转盘体、悬臂梁、提升横梁、举重钳,以及千斤顶等组成。当拼装头在正下方位置时,两个管片拼装机的行走液压缸可以使支撑架、旋转架、拼装头在大梁上沿隧道轴线方向移动;安装在支撑架上的两个液压马达能驱动旋转架和拼装头沿隧道圆周方向左右旋转各 200°;通过伸缩液压缸可以使拼装头上升或下降;拼装头在液压缸的作用下又可以实现水平方向上摆动、竖直方向上摆动以及抓紧和放松管片的功能。这样在拼装管片时,就可以有 6 个自由度,从而可以使管片准确定位。

螺旋输送机采用液压驱动,可根据密封舱内土压力伺服控制,是控制密封舱内保持一定土压与开挖面土压和水压平衡的关键。螺旋输送机还设有断电紧急关闭出口装置,以保证隧道施工的安全。

由于隧道内空间狭小,大部分机电设备安装在盾构的后配套拖车上。拖车车架为门式结构,中间为通道,顶部安装皮带运输机,两侧安装机电设备及盾构操作控制室。拖车和盾构之间的设备桥装有管片起吊的电动葫芦,设备桥的一端连接在盾构上,另一端与拖车连接,同时拖动车架向前推进。后配套拖车上面安装的机电设备包括:液压动力泵站、注浆设备、泡沫设备、膨润土设备、循环水设备和通风设备等。泡沫、泥水注入设备和膨润土装置用来改良土质,以利于盾构的掘进速度、排土量以及保持土压舱的动态压力平衡。

注浆分为衬背同步注浆与管片二次注浆两种,其中衬背同步注浆效果直接影响地表沉降。衬背同步注浆系统可根据地层与地面构筑物状况,进行双液或单液注浆。注浆压力和注浆量均可自由设定与调节。此外,还配有一套注浆管路清洗系统,从而保证衬背注浆系统正常使用。盾尾密封结构型式为三排二室钢丝刷。采用电动油脂泵注入油脂,每推进一环注入一次,可保证盾尾在压力下不渗漏。数据采集与监控系统采用 PLC 系统,可对挖掘数据进行采集、数值运算、逻辑控制、故障报警、实时画面显示与数据输出等管理工作。台车采用门型双轨双轮行走单侧装载型式,共 9 台:1 号台车——操作台车;2 号台车——盾构推进千斤顶、螺旋输送机及仿形刀液压设备台车;3 号台车——刀盘及衬背注浆液压设备台车;4 号台车——油箱、油脂泵台车;5 号台车——电启动盘台车;6 号台车——泥浆泵及储浆罐台车;7～9 号台车——衬背注浆泵、搅拌罐台车。另外,大型盾构还有专门液压驱动的管片运输车、运泥车和辅助运输起重设备等。

2. 土压平衡式盾构机工作原理

土压平衡式盾构机工作原理如图 6-48 所示,它是在普通盾构中部增设一密封隔板(胸板),把盾构开挖面与隧道分开,密封隔板与开挖面土层之间形成一密封泥土舱,刀盘在泥土舱中工作,另外通过密封隔板装有螺旋输送机。当盾构机由推进液压缸向前推进时,由刀盘切削下来的泥土充满泥土舱和螺旋输送机壳体内的全部空间。同时依靠充满的泥土顶住开挖面土层的水土压力,另外可通过调节螺旋输送机的转速控制排土量,通过调节盾构机推进液压缸的推进速度控制开挖量,使盾构机排土量和开挖量保持或接近平衡,以此来保持开挖面地层的稳定、防止地面变形。

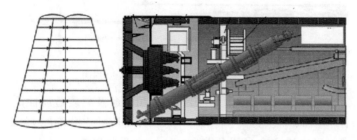

图 6-48　土压平衡式盾构机工作原理图

盾构机在黏性土层中施工时,含砂量如果超过某一限度,泥土的流塑性就明显变差,土仓内的土体因固结作用而被压密,导致碴土难以排送。此时可向密封土仓内注水、泡沫或泥浆等,以改善土体的流塑性。盾构在砂性土层或砂砾土层中施工时,由于砂土或砂砾土的流动性差、摩擦力大、渗透系数高、地下水丰富等原因,密封土仓内压力不易稳定,所以需要进行碴土改良。常用的方法是向开挖的密封土仓里注入膨润土或泡沫剂,然后进行强制搅拌,使砂质土泥土化,具有塑性和不透水性,从而使得密封土仓内的压力容易稳定。

土压平衡式盾构机的刀盘切削面与后面的承压隔板所形成的空间为开挖室或泥土室,刀盘旋转切削下来的土壤通过刀盘上的开口进入泥土室,与泥土室内的可塑土浆混合或搅拌混合。盾构千斤顶的推力通过承压隔板传递到泥土室内的泥土浆上,泥土浆的压力作用于开挖面,以平衡开挖面处的地下水压和土压,从而保持开挖面的稳定。

螺旋输送机从承压隔板的开孔处伸入泥土室进行排土。盾构机的挖掘推进速度和螺旋输送机单位时间的排土量或其旋转速度都会影响泥土室内土浆压力的大小,所以应进行协调控制。

图 6-49 所示为土压平衡式盾构机工作流程图。盾构机施工时,需先在隧道某段的一端开挖竖井或基坑,将盾构吊入安装,盾构从竖井或基坑的墙壁开孔处开始掘进并沿着设计的隧道轴线推进,直至隧道轴线中的另一竖井或隧道的某个交汇点。根据施工条件的不同,将一段连续的掘进过程分为始发、初期掘进、正式掘进及到达掘进四个阶段。盾构机正式掘进时处于稳定的工作周期,即盾构掘进、管片拼装(盾构停)、盾构掘进的循环。出碴列车的运行周期与盾构的工作周期相吻合,即列车进入隧道运送管片时间,加上列车开出隧道运送碴土时间,等于盾构一个掘进周期。盾构法施工主要由稳定开挖面、挖掘(包括排土)和衬砌(包括壁后灌浆)三大要素组成,其工作原理也体现在这几个方面。开挖面的稳定根据土质及地下水等情况的不同有不同的方法,主要有开挖面的自然稳定即敞口放坡、机械式支撑稳定、压缩空气支撑稳定、泥水式支撑稳定以及土压式支撑稳定等,现代盾构大多采用后面两种方法。

3. 土压平衡式盾构机关键技术

土压平衡式盾构机作为一种地面下暗挖隧道的自动化机械,不仅能够实现暗挖,而且安全、掘进速度快、自动化程度高,已经能够应用在各类土质和软岩地层的隧道挖掘。盾构的设计制造涉及土木工程学、力学、机械学、控制科学、信息科学等多学科,是非常复杂的机电液一体化装备,涉及诸多关键技术,属于技术

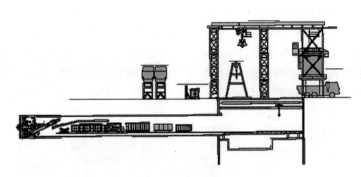

图 6-49　土压平衡式盾构机工作流程图

密集型产品。

1）地质适应性

尽管隧道掘进施工中通常会采用超前探测的方法预知施工前方的地质情况，但土压平衡式盾构机在施工过程中仍可能会穿越一些难以对付的复杂地层。复杂的土层条件和施工中诸多不可预见的因素使掘进机推进过程发生姿态变化，导致盾构偏离设计轴线和不必要的超挖，加剧土体扰动和地表变形，影响开挖速度。在极端地质情况下掘进开挖面有可能失稳，甚至会出现盾构停机现象。另一方面，地质条件的不确定性和复杂性给盾构刀盘和刀具以及相应电液控制系统的设计带来巨大的困难，单一土压平衡式盾构机难以应付混合式地层，需要复合盾构机掘进。因此，良好的地质适应性是盾构机安全顺利开展施工的重要前提。

2）刀盘系统

刀盘刀具是掘进过程中实现破碎剥离岩土、碴土过流、界面支护功能的关键部件。刀盘刀具的设计技术是土压平衡式盾构机的核心技术之一。盾构在地下开挖中会遇到各种不同地层，从淤泥、黏土、砂层到软岩及硬岩等，复杂地质条件下介质物理参数随机变化且差异极大，加之多场耦合作用，使刀具受力性态变化剧烈，刀盘系统的切削工况和受力状态极其复杂。刀具布局、刀盘构型、开口位置、开口率等刀盘拓扑结构直接影响刀盘刀具发热、磨损、切削效率和可靠性，而刀具布局与开口位置的相互制约更增大了刀盘设计的难度。因此，如何保证电液推进系统的可靠性、刀盘

的使用寿命及地质适应性是土压平衡式盾构机设计制造所必须解决的关键问题。

3）控制技术

土压平衡式盾构机是一种典型的多系统复杂机电液集成装备，工作过程中多个系统协同完成隧道任务。掘进装备的刀盘切削、密封舱压力平衡、测量导向、纠偏推进、管片拼装、碴土排送、同步注浆等多个子系统的电液协调控制是实现其安全高效运行的关键。

然而由于隧道施工环境恶劣以及机构设计存在的诸多问题，加之掘进子系统之间存在紧密联系，掘进装备中各子系统间的强耦合作用、非完整约束运动和冗余输入等使系统协调控制极其困难。因此，掌握整套掘进系统中各部分之间的协调控制技术是圆满完成既定施工任务的关键。

此外，作为土压平衡式盾构机的一项核心技术，土压平衡控制与地表变形及开挖面的稳定有很大的联系，土压平衡控制的好与坏将直接影响地表沉降和变形大小。在实际施工中，因土舱压力控制不当导致土压失衡或突发泄漏，造成房屋倒塌、人员伤亡和隧道被掩埋等重大事故在各国均时有发生。

与此同时，土舱压力的控制受到其他多个掘进系统共同作用的制约，以及舱内介质所处的多个物理场耦合的复杂工作环境的影响。因此，对土压平衡式盾构机而言，密封土舱压力平衡控制的精确性和实时性成为装备工作过程中最为重要的一项技术。

4）电液系统

土压平衡式盾构机采用电液控制系统驱

动,具有传递功率大、距离长、负载大幅度随机变化的特点,其控制性能直接关系到掘进的安全和工效,在掘进装备中具有十分重要的地位。随机突变大载荷和大范围功率调节,要求掘进装备控制系统具备优良的动态品质和功率匹配能力,而隧道空间内动力源与执行机构相距上百米,长管道效应造成液压动力传递响应滞后,严重影响系统的动态品质。

在狭小隧道内大功率液压系统散热极其困难,需要采用泵控负载敏感的自适应系统以减少发热,但这会影响负载功率匹配特性,难以兼顾执行机构的能量优化和对突变载荷的快速响应。因此,高效节能的电液控制系统的研制是土压平衡式盾构机掘进装备的设计和制造所面临的一项重要内容。

5)状态监控

土压平衡式盾构机掘进系统的复杂性决定了设备运行状态监控任务的重要性,从水土压力等地质状况到电液控制系统工作参数,乃至各个执行部件的运动变量,盾构的监控点数通常可达数百乃至上千个。在如此纷繁复杂的状态监测工作中,监测系统必须保证每一个被监控变量在数据传输过程中的准确性,最大限度地减小数据监测的失真。同时,监控系统还需将盾构实时运行状态参数显示在盾构机操作室显示屏上,以便操作者可以实时控制和监测故障,从而保障设备正常运行。

监控系统必须克服由于隧道施工的极端恶劣环境给数据传输带来噪声等干扰信号的影响。因此,研制可靠高效的状态监控系统是土压平衡盾构设计和制造中面临的另一个挑战。

6)辅助系统

除动力系统之外,土压平衡式盾构机掘进中还需要多种辅助电液系统的配合,它们通常处于盾构之后,属于后配套设备,包括注浆、管片运输、碴土运输和土质改良等诸多电液子系统,而这些系统的作业时间往往在整个盾构掘进过程中占有相当大的比例。因此,提高掘进辅助系统的工作效率也是盾构控制技术中一项重要的内容。

在众多关键性技术当中,电液系统作为驱动和控制任务的主要承担者,与其他各项技术密不可分,其他各项技术都是以电液控制为前提的。

4. 土压平衡式盾构机典型产品结构组成

以下以海瑞克公司在广州地铁施工中使用的典型土压平衡式盾构机为例进行讲解,如图 6-50 所示。

图 6-50 土压平衡式盾构机总图

1)盾体及刀盘结构

盾构机断面形状为圆形,用钢板成形制成,材料为 S335J2G3 结构钢,主要由以下部分构成:刀盘、主轴承、前体、中体、推进液压缸、铰接液压缸、盾尾、管片安装机,如图 6-51 所示。盾构机的功能:实现对岩土的开挖、推进、一级出碴、管片安装。

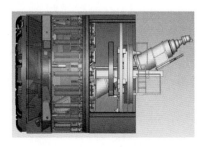

图 6-51 盾构机主机结构图

（1）刀盘

刀盘是盾构机的核心部件,其结构形式、强度和整体刚度都直接影响到施工掘进的速度和成本,并且出了故障维修处理困难。不同的地质情况和不同的制造厂家,刀盘的结构也不相同,其常见的结构有:平面圆角刀盘、平面斜角刀盘、平面直角刀盘,如图 6-52 所示。

强度;⑤刀盘上应配置足够的碴土搅拌装置;⑥刀盘上应配置足够的注入口,各口都装有单向阀,以满足刀具的冷却、润滑和碴土改良要求,如图 6-53 所示。

图 6-52　刀盘

图 6-53　盾构机刀盘

盾构机刀盘应满足以下要求:①刀盘应有足够的强度和刚度;②刀盘应有较大的开口率;③针对地层的变化,能够方便地更换硬岩滚刀和软岩齿刀;④刀盘结构应有足够的耐磨

（2）刀具的配置

刀具的结构、材料及其在刀盘上的数量和位置关系直接影响到掘进速度和使用寿命,刀具形式见表 6-5。

表 6-5　刀具形式

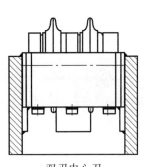	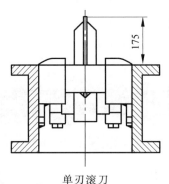	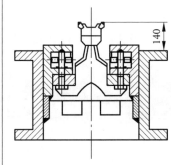
双刃中心刀	单刃滚刀	中心齿刀
用于硬岩掘进,在软土中可以换装齿刀	用于硬岩掘进,刀刃距刀盘面175mm,掌子面与刀盘面间碴土空间大,利于流动,可换装齿刀	用于软土掘进,替换滚刀,更换后可以增加刀盘中心部分的开口率
数量:4 把	数量:31 把	数量:4 把

续表

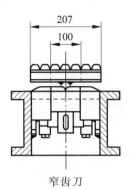

窄齿刀
用于软土掘进。其结构形式
有利于碴土流动进入土仓
数量：19 把

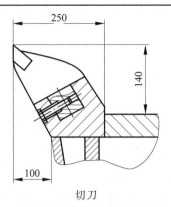

切刀
软土刀具，图示斜面结构利于
软土切削中的导碴作用。同时
可用做硬岩掘进中的刮碴
数量：64 把

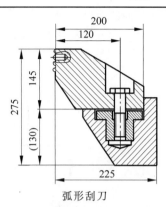

弧形刮刀
刀盘弧形周边软土刀具，斜面
结构，利于碴土流动。同时在硬
岩掘进下可用作刮碴
数量：16 把

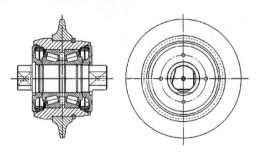

仿形刀
用于局部扩大隧道断面
数量：1 把

① 刀具种类：单刃滚刀（图 6-54）、双刃滚
刀（图 6-55）、三刃滚刀（双刃以上的一般都是
中心滚刀）、齿刀、切刀、刮刀和仿形刀（超挖
刀）。为适应不同的地层，滚刀和齿刀可以互
换，所以它们的刀座相同。

图 6-55　双刃滚刀结构

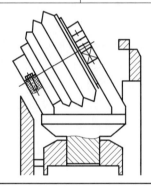

图 6-54　单刃滚刀结构

② 刀具的破岩机理：分软岩切削机理和
硬岩破岩机理。软岩切削机理是刀具对土层

的挤压所产生的剪切力来破坏土层而达到切
削效果。硬岩破岩机理是利用硬质材料的易
脆性质，采用滚刀滚动对岩石挤压产生剪切力
和冲击力来碾碎岩石的机械破岩方法。要实
现连续破岩就要在滚刀上施加一个正压力 P

和一个使滚刀滚动的水平推力。正压力来自于盾构的推进力,水平推力是刀盘转动施加在滚刀轴上与开挖面平行的推力。所以滚刀破

岩要想达到满意效果,必须满足两个条件:工作面的岩层要有一定强度;滚刀的启动扭矩 M 要小。滚刀滚压破岩示意图如图 6-56 所示。

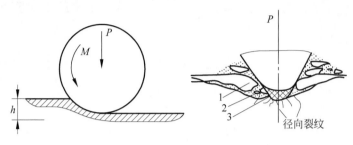

图 6-56 滚刀滚压破岩示意图
1—断裂体;2—碎断体;3—密实体

③ 刀具配置的差异性:表现在滚刀和刮刀的配置数量和高等级组合高度差等方面。刀具的高度差及组合高度差对开挖有如下影响:刀具高对防结泥饼有利;刀具的高度差大有利于破岩。

④ 滚刀与滚刀之间的刀间距:滚刀的刀间距也是影响破岩能力的关键因素。刀间距过大会在两刀之间出现破岩的盲区而形成"岩脊";刀间距过小会将岩体碾成小碎块,降低破岩功效。目前,刀盘边缘部分的刀间距一般都小于 90mm,正面刀具的刀间距一般在 100mm,有的在 115~120mm。

（3）盾构机主要结构
① 前体
前体又叫切口环,是开挖土仓和挡土部分,位于盾构的最前端,结构为圆筒形,前端设有刃口,以减少对底层的扰动。在圆筒垂直于轴线、约在其中段处焊有压力隔板,隔板上焊有安装主驱动、螺旋输送机及人员舱的法兰支座和 4 个搅拌棒,还设有螺旋机闸门机构及气压舱（根据需要）。此外,隔板上还开有安装 5 个土压传感器、通气通水等的孔口。不同开挖形式的盾构机前体结构也不相同,前体结构示意图如图 6-57 所示。

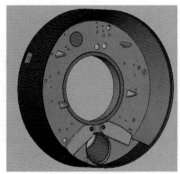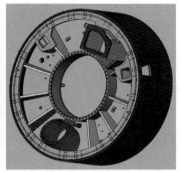

图 6-57 前体结构示意图

② 主驱动装置
主驱动装置由主轴承、8 个液压驱动马达、8 个减速器及主轴承密封组成,轴承外圈通过连接法兰用螺栓与前体固定,内（齿）圈用螺栓和刀盘连接,借助液压动力带动液压马达、减

速器、轴承内齿圈直接驱动刀盘旋转。主轴承设置有三道唇形外密封和两道唇形内密封,外密封前两道采用永久性油脂润滑来阻止土仓内的碴土和泥浆渗入,后一道密封是防止主轴承内的润滑油渗漏。前一道内密封用来阻止

盾体内大气尘土的侵入，后一道密封用来防止主轴承内润滑油的外渗。

③ 中体工作结构

中体又叫支承环，是盾构机的主体结构，承受作用于盾构上的全部载荷，是一个强度和刚性都很好的圆形结构。地层力、所有千斤顶的反作用力、刀盘正面阻力、盾尾铰接拉力及管片拼装时的施工载荷均由中体来承受。中体内圈周边布置有盾构千斤顶和铰接液压缸，中间有管片拼装机和部分液压设备、动力设备、螺旋输送机支承及操作控制台，有的还有行人加、减压舱。中体盾壳上焊有带球阀的超前钻预留孔，也可用于注入膨润土等材料，如图6-58所示。

图 6-58　中体结构示意图

2）主机工作结构

（1）人员舱

人员舱是在需要压缩空气以平衡盾构围岩的水土压力，以保持作业面的稳定作业时使用，实现操作人员在气压状态下检查、更换刀具及排除工作面异物等工作。人员舱分普通（主）舱和紧急舱两种，它们由密封的压力门隔开。普通舱和盾构前体上的中间舱之间用法兰连接，而中间舱直接焊接在压力隔板上。通过隔板上的压力门就可以进入土仓。

普通舱和紧急舱横向连接，舱内舱外都装有时钟、温度计、压力计、电话、记录仪、加压阀、减压阀、溢流排气阀即水路、照明系统。紧急舱用于在压缩空气工作时和出现紧急情况时的出入。

进入人员舱的工作人员必须经过身体检查及专业培训，并取得劳动部门的相关资质，在进行加压和减压作业时要严格遵循加压、减压规程，一般参照美国海军潜水规程操作。

人员舱工作压力：0.3MPa；实验压力：0.45MPa；容纳人数：普通舱3人、紧急舱2人。

（2）推进液压缸

盾构机的推进机构提供盾构机向前推进的动力。推进机构包括30个推进液压缸和推进液压泵站。推进液压缸按照在圆周上的区域分为4组，每组7～8个液压缸。通过调整每组液压缸的不同推力对盾构进行纠偏和调向。液压缸后端的球铰支座顶在管片上提供盾构前进的反力，球铰支座可使支座与管片之间的接触面密贴，以保护管片不被损坏，如图6-59所示。推进液压缸的参数见表6-6。

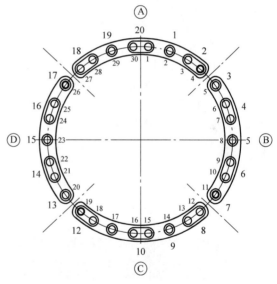

图 6-59　推进液压缸分区示意图

表 6-6　推进液压缸的参数

液压缸数量	30个（单、双缸各10组）
液压缸尺寸	220mm×180mm×2000mm
工作压力	30MPa
最大工作压力	35MPa
总推力	34210kN
最大推力	39890kN
最大伸出速度	80mm/min（空载）
最大缩回速度	1400mm/min

（3）铰接液压缸

为了使盾构机在掘进时能够灵活地进行姿态调整,同时小曲线半径掘进时能够顺利通过,必须减少盾构的长径比。它是通过铰接液压缸把盾构的中体和盾尾相连接来实现的。铰接系统包括 14 个铰接液压缸和预紧式铰接密封。铰接液压缸一般处于保持缩回位置,盾尾在主机的拖动下前进。当盾构转弯时,液压缸也应处于保持缩回位置,盾尾可以根据调向的需要自动调整位置,铰接液压缸的参数见表 6-7。

表 6-7　铰接液压缸参数

液压缸数量	14
液压缸尺寸	180mm×80mm×150mm
工作压力	30MPa
牵引力	7340kN

（4）盾尾及盾尾密封

盾尾主要用于掩护隧道管片拼装工作及盾体尾部的密封,通过铰接液压缸与中体相连,并装有预紧式铰接密封。铰接密封和盾尾密封装置的作用都是防止水、土及压注材料从盾尾进入盾构内。为减小土层与管片之间的空隙,从而减少注浆量及对地层的扰动,盾尾做成圆筒形薄壳体,但又要能同时承受土压和纠偏、转弯时所产生的外力。盾尾的长度必须根据管片的宽度和形状及盾尾密封的结构和道数来决定。另外在盾尾壳体上合理布置了 8 根

盾尾油脂注入管和 4 根同步注浆管,如图 6-60和图 6-61 所示。

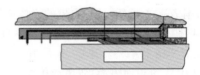

图 6-60　盾尾密封示意图

图 6-61　盾尾结构示意图

由于施工中纠偏的频率较高,盾尾密封要求弹性好,耐磨、防撕裂,能充分适应盾尾与管片间的空隙,盾尾结构一般采用效果较好钢丝刷加钢片压板结构。钢丝刷中充满油脂,既有弹性又有塑性。盾尾密封的道数要根据隧道埋深、水位高低来定,一般为 2～3 道。

（5）螺旋输送机（图 6-62 和图 6-63）

螺旋输送机是土压平衡式盾构机的重要部

图 6-62　螺旋输送机结构示意图

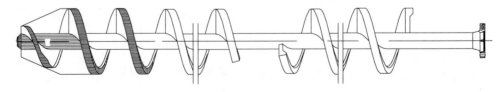

图 6-63　螺旋输送机叶片

件,是掘进碴土排出的唯一通道;掘进时通过螺旋机内形成的土塞形成密封前方土仓内的

压力,有效抵御地下水。螺旋输送机既要出土效率高,又要在喷涌时起到土塞作用,所以螺

旋器的结构分为有心轴式和无心轴式两种,为达到土塞目的,在螺旋带上设一段空段或反向螺旋带,螺旋带的支撑采用单侧轴承悬臂支承法,前端依靠碴土的悬浮力支承和平衡。在螺旋器壳体内和螺旋带的前端均焊有耐磨合金条或耐磨合金粒,以保证其使用寿命。螺旋输送机还设置了前、后端两个闸门,以控制其出土速度和建立、维持密封土仓内的土压平衡。为使前端闸门能够自由关闭,螺旋带可前后伸缩,行程为 1000mm。螺旋机壳体上还设有 4 个注入孔,可注水、泡沫和膨润土以减少出土阻力。有的在排碴口设置碴土与泥水分离装置或容积式排放装置,尽量使泥水不掉下污染隧道。

螺旋输送机由液压马达减速装置驱动,驱动装置与螺旋输送机采用球形铰接,以适应螺旋轴的自由摆动。为防止碴土的侵入,其输出端采用了与主轴承外密封相同的结构,并自动注脂。螺旋机转速可以在 0～22r/min 范围内无级调速,方便控制出土量。调节螺旋输送机的出土速度是控制土仓压力的重要方法之一。

具体参数形式:一端悬浮中心轴式,外径:900mm;导程:600mm;驱动功率:315kW;最大扭矩:215kN·m;转速:0～22.4r/min(无级调速);最大出土能力:$300m^3/h$;最大通过块度:300mm;闸门耐压:0.3MPa(液压式)。

(6) 管片安装机构

管片安装机由大梁、支承架、旋转架及拼装头组成。大梁以悬臂梁的形式安装在盾构中体的支承架上,支承架通过行走轮可纵向移动,旋转架通过大齿圈绕支承架回转,旋转架上装有两个提升液压缸用以实现对拼装头的提升和横向摆动,拼装头以铰接的方式安装在旋转架的提升架上,安装头上装有两个液压缸,用以控制安装头的水平和纵向两个方向上的摆动,结构如图 6-64 所示。管片安装机的控制方式有遥控和线控两种,均可对每个动作进行单独灵活的操作控制。管片安装机通过这些机构的协调动作把管片安装到准确的位置。

图 6-64　管片安装机结构示意图

管片安装机由单独的液压系统提供动力,通过液压马达和液压缸实现对管片前后、上下移动、旋转、俯仰等 6 个自由度的调整,且各动作的快慢可调,从而使管片拼装灵活,就位准确。

管片安装机具体参数:自由度:6;旋转架旋转角度:±200°(旋转速度可调);回转力矩:150kN·m;举升行程×质量×速度:1000mm×12t×(0～80mm/s);纵向移动行程×推力×速度:2000mm×50kN×(0～80mm/s);安装头水平摆动×纵向垂直摆动×横向垂直摆动:±2.5°×±2.5°×±2.0°;驱动功率:55kW;质量:18.6t。

(7) 皮带输送机

皮带输送机用于将螺旋输送机输出的碴土传送到盾构机后配套的碴车里。皮带机由皮带机支架、前随动轮、后主动轮、上下托轮、皮带、皮带张紧装置、皮带刮泥装置和带减速器的驱动电机等组成,安装布置在后配套连接桥和拖车的上面。为安全起见,其上设有 3 处急停开关。

具体参数:驱动形式:电机;皮带机长度:45m;皮带宽度:800mm;皮带运行速度:2.5m/s;最大输送能力:$750m^3/h$;电机功率:30kW。

(8) 拖车

盾构机的拖车属门架结构,用以安放液压泵站、注浆泵、砂浆罐及电气设备等。拖车行走在钢轨上,拖车之间用拉杆相连。每节拖车上的安装设备见表 6-8。

表 6-8　拖车上主要安装设备

拖车号	主要安装设备
连接桥	皮带机随动轮、接碴支架装置、管片吊机
1	控制室、注浆泵、砂浆罐、小配电柜、泡沫发生装置
2	主驱动系统泵站、膨润土罐及膨润土泵
3	主配电柜、泡沫箱及泡沫泵、油脂站
4	两台空压机、风包、主变压器、电缆卷筒
5	内燃空压机、水管卷筒、通风机、皮带机出料装置

皮带机从5节拖车的上面通过,在5号拖车的位置处卸碴。绝大部分的液压管、水管、泡沫管及油脂管从拖车内通到盾构主机。在拖车的一侧铺设有人员通过的通道。拖车和主机之间通过一个连接桥连接,拖车在盾构主机的拖动下前行。

(9)液压系统

盾构机的液压系统包括主驱动系统、推进系统(包括铰接系统)、螺旋输送机液压系统、管片安装机及辅助液压系统。

主驱动系统和螺旋输送机液压系统共用一个泵站,安装在2号拖车上。主驱动系统和螺旋输送机液压系统各自为一个独立的闭式循环系统,这样可以保证液压系统的高效率及系统的清洁。推进系统和管片安装机泵站安装在盾壳内。

盾构机的液压系统元器件全部采用国际知名品牌的产品,泵和马达绝大部分采用力士乐的产品,阀主要采用力士乐、哈威等国际知名公司的产品。合理的设计和可靠的元器件质量,充分保证了液压系统的可靠性。

(10)注脂系统

注脂系统包括三大部分:主轴承密封系统,盾尾密封系统和主机润滑系统。三部分都以压缩空气为动力源,靠油脂泵液压缸的往复运动将油脂输送到各个部位。

主轴承密封系统可以通过控制系统设定油脂的注入量(次/min),并可以从外面检查密封系统是否正常。盾尾密封系统可以通过PLC系统按照压力模式或行程模式进行自动控制

和手动控制,对盾尾密封系统的注脂次数及注脂压力均可以在控制面板上进行监控。

当油脂泵站的油脂用完后,油脂控制系统可以向操作室发出指示信号,并锁定操作系统,直到重新换上油脂。这样可以充分保证油脂系统的正常工作。

(11)碴土改良系统

盾构机配有两套碴土改良系统:泡沫系统和膨润土系统。两者共用一套输送管路,在1号拖车处相接。

(12)泡沫系统

盾构机配有一套泡沫发生系统,用于改良碴土。泡沫系统主要由泡沫泵、高压水泵、电磁流量阀、泡沫发生器、压力传感器、管路组成,工作原理如图6-65所示。

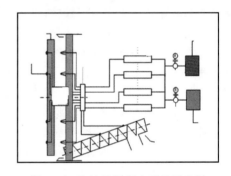

图 6-65　泡沫及膨润土系统示意图

(13)膨润土系统

盾构机还准备加装一套膨润土注入系统。在确定不使用泡沫剂的情况下,关闭泡沫输送管道,同时将膨润土输送管道打开,通过输送泵将膨润土压入刀盘、碴仓和螺旋输送机内,达到改良碴土的目的。

根据实际需要,可以把膨润土箱内装入泥浆注入土仓内。膨润土只应用在一些特殊的工程中。

(14)注浆系统

盾构机采用同步注浆系统,这样可以使管片后面的间隙及时得到充填,有效地保证隧道的施工质量及防止地面下沉。

盾构机配有两台液压驱动的注浆泵,它将砂浆泵入相应的注浆点,通过盾尾的注浆管道将砂浆注入到开挖直径和管片外径之间的环

形间隙。注浆压力可以通过调节注浆泵工作频率而在可调范围内实现连续调整，并通过注浆同步监测系统监测其压力变化。单个注浆点的注入量和注浆压力信息可以在主控室看到。在数据采集和显示程序的帮助下，随时可以储存和检索砂浆注入的操作数据。

5. 常用产品性能指标

1）海瑞克土压平衡式盾构机

海瑞克公司在广州地铁施工中使用的典型土压平衡式盾构机参数见表6-9，主机外形参数见表6-10，刀盘参数见表6-11。

表6-9 土压平衡式盾构机参数

总体外形尺寸	6.28m×7.5m
总质量	520t
装机总功率	1744.6kW
最大掘进速度	80mm/min

表6-10 主机外形参数

主机外形尺寸	7.565m（L）×6.25m（前体）× 6.24m（中体）×6.23m（盾尾）
质量	刀盘57t，前体92t，中体31.4t，盾尾26t，主轴承6.64t，人舱4t，管片安装机18.6t
总质量	约236t（不含各系统设备质量）

表6-11 刀盘参数

外形尺寸	6.13m（刀圈外径）×1.41m总厚（刀盘厚0.58m）
刀盘质量	57000kg
开口率	28%
超挖刀行程	50mm
刀盘转速	0～6.1r/min
最大扭矩	I-4.5kN·m，II-1.97kN·m
脱困扭矩	5.3kN·m

刀盘前端面有8条辐板（开有8个对称的长条孔），其上配有滚刀（齿刀）座、刮刀座和2根搅拌棒，刀盘与驱动装置用法兰连接，法兰与刀盘之间是靠4根粗大的辐条相连。为保证刀盘的抗扭强度和整体刚度，刀盘中心部分、辐条和法兰采用整体铸造，周边部分和中心部分采用先拴接后焊接的方式连接。为保证刀

盘在硬岩掘进时的耐磨性，刀盘的周边焊有耐磨条，面板上焊有栅格状的Hardox耐磨材料。刀盘上装有4路泡沫管，分8个出口，各口都装有单向阀。刀盘上装有塔形滚刀超挖刀1套，配油管2根，其行程为50mm。刀盘上可装双刃滚刀4把，单刃滚刀31把，正面齿刀64把，边缘齿刀16把。

2）φ6.26m复合式土压平衡式盾构机（铰接式）

φ6.26mm复合式土压平衡式盾构机（铰接式）是根据盾构隧道穿越的地层土质条件，由日立造船株式会社设计、秦皇岛天业通联重工股份有限公司制造而成的。本设备集成了下水道、水电站、废水处理、公路隧道、地铁隧道以及控制洪水用的人工地下河流隧道等若干条隧道施工项目中所积累的技术、经验，保证各种各样类型的隧道得以快速、安全地完成。盾构机主体参数见表6-12。

表6-12 盾构机主体参数

1	基本挖掘直径		6.31m
2	盾构机外径（前盾）		6.27m
	盾构机外径（中盾）		6.265m
	盾构机外径（盾尾）		6.26m
3	盾尾内径		6.06m
4	盾尾间隙（单侧）		30mm
5	总长度（不包括工作台和螺旋输送机）		13.85m
6	盾壳	前部厚度	45mm
		中部厚度	32mm
		后部厚度	45mm
		材质（前部和中部）	Q345B
		材质（后部）	Q345B
7	盾尾密封	钢丝刷	3道
		止浆板	1道
		润滑油脂	自动（12个注入口）
8	盾构机身的分割		前盾：整体 中盾：整体 中折盾：整体 盾尾：整体
9	铰接部位装置	铰接角度	最大2.0°
		铰接方向	任意方向
		铰接推力	1768kN

3）φ6.14m 土压平衡式盾构机

（1）结构尺寸

盾构外径 6.14m，盾尾间隙 25mm，从刀盘到盾尾的长度 8.52m，3 层盾尾密封刷。

（2）推进系统

26 个推进液压缸，总推力 39000kN，行程 1700mm，推进速度 6.2cm/min，推进压力分 4 个区，每区可在操作室调整。

（3）刀盘及刀盘驱动

刀盘采用面板式，最大开挖直径 6.14m，刀盘转速 0.2～3r/min，最大扭矩 6327kN·m，驱动功率 1120kW。

（4）螺旋输送机

螺旋输送机叶片直径 800mm，转速 2～15.8r/min，驱动扭矩 60kN·m，最大输出能力 288m³/h（当 $\eta=100\%$ 时）。

（5）拼装机

采用环形齿轮型拼装机，转速 0.78/1.53r/min，回转角 ±220°，水平推力 200kN，平移行程 550mm，垂直提升力 150kN，提升行程 700mm。

4）φ6.34m 土压平衡式盾构机

通过对 φ6.14m 土压平衡式盾构机壳体进行新尺寸的加工，并对相应系统进行改制，改装为 φ6.34m 土压平衡式盾构机。盾构机的改制及修复如下：

（1）刀盘及刀盘驱动的改制及修复

在刀盘盘体外加装钢板，使其外径达到 φ6.34m；刀盘原有的滚刀全部拆卸，新制周边刀、中心刀、弧向刀、羊角刀全部焊接于刀盘；超挖刀沿径向外移 100mm，以满足新开挖直径的超挖要求；增加 24 把周边刀，错开原超挖刀与周边刀的位置在刀盘外圆均匀分布，使最大切削直径达到 φ6.34m。

利用原有的刀盘驱动系统，但是对即将达到使用寿命的盾构刀盘驱动的主轴承进行修复，利用先进的修复工艺、检测手段，使原本达到使用寿命的主轴承可再利用，从而延长盾构机的使用寿命。

（2）盾构壳体及盾尾改制及修复

盾构壳体是保护人员和设备免受周围压力（土、水）影响及支承各类操作设备的构件，是盾构的重要部件。通过对技术和经济分析对比，保留铰接装置，改制前壳体，重新设计制造后壳体及盾尾为最佳实施方案，如图 6-66 所示。

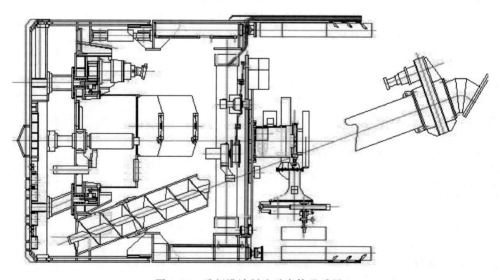

图 6-66　重新设计制造后壳体及盾尾

在原有的前壳体外侧加装钢板，使其外径达到 6.34m；重新设计制造后壳体，使新设计制造的后壳体直径为 6.34m，长度 8.02m，盾壳钢板厚 45mm，盾尾钢板厚 16mm；推进液压缸布置处按上海地铁隧道管片的分块重新布置，增加 4 点外置式同步注浆及盾尾油脂管；螺旋机与胸板连接位置(到中心轴距离)及角度(20°)和原来一样；重新设计盾尾刷，采用 2 道钢丝刷、1 道钢板刷。

(3) 推进系统的改制及修复

深圳地铁隧道采用 $\phi6m$ 管片，上海地铁隧道采用 $\phi6.2m$ 管片，虽然管片的宽度都为 1.2m，但是深圳地铁隧道管片的封顶块采用 2/3 搭接，而上海地铁隧道管片的封顶块采用 1/3 搭接，所有推进系统改制采用长、短行程推进形式。根据上海地铁隧道管片的分块及拼装要求，将原有的液压缸(推力 1500kN、行程 1700mm，封顶块处液压缸除外)作为短行程液压缸，封顶块处更换成重新制造的长行程液压缸(推力 1500kN、行程 2100mm)。根据上海地铁隧道管片的分块，推进液压缸重新布置，数量保持不变(26 个)，利用原有 20 个推进液压缸作为短行程液压缸，封顶块处 6 个更换长行程液压缸。除封顶块处液压缸被替换外，其余原有液压缸向管片方向后移 350mm。

(4) 拼装机

根据上海地铁隧道管片的拼装要求，对原有盾构机上的拼装机进行部分改制。提升液压缸增加行程 100mm，同时增加导向柱长度 100mm；因管片的封顶块搭接长度不同，平移液压缸需加长行程，由原来的 550mm 改为 720mm；由于单块管片的重量不同，拼装机的平衡重新配置，回转机构的回转力矩须提高，其液压系统压力由 21MPa 提高到 23MPa。

(5) 管片起吊机构改制

由于深圳地铁隧道采用的 $\phi6m$ 管片中的最重管片质量为 3t，而上海地铁隧道采用的 $\phi6.2m$ 管片中的最重管片质量为 4t。为确保管片起吊运输安全性，拆除原有起吊机构，重新选配单轨梁、双轨梁的起吊、行走机构，以满足上海地铁隧道管片的起吊安全要求。

(6) 螺旋机、皮带机、辅助系统及其他后配套车架

以上设备大体保持原样，同时更新或改制及再制造部分辅助系统，螺旋机驱动的油压由 21MPa 提高到 23MPa 以满足上海地层的施工技术要求；统一标准集中油脂泵、盾尾油脂泵型号，增强这些辅助设备的通用性，便于施工过程中维修或更换；在推进速度一定的条件下，由于盾构直径的加大，单位时间内的出土量将会增加，所以对皮带机采用增加皮带速度(由 1.2m/s 提高到 1.6m/s)的方法来增加皮带机的出土量；对辅助系统的这些改动能更好地保证盾构机在地铁施工中的使用质量，满足地铁施工要求。

(7) 增加同步注浆系统

由于深圳地铁施工的 $\phi6.14m$ 盾构机采用壁后注浆，无同步注浆系统，而在上海地层施工的盾构必须采用同步注浆，所以，把此盾构改制成在上海地铁施工的 $\phi6.34m$ 盾构，必须增加同步注浆系统。

改制后的盾构机最大切削直径为 6.34m，管片外径为 6.2m，管片环宽为 1.2m，盾构的最大推进速度为 62mm/min，所以，配置的同步注浆泵注浆量达 9.93m³/h(每小时注浆量按 180%计算)，采用 4 点注浆，每一点的注浆量为 2.48m³/h。根据以上计算数据，同步注浆泵采用 2 台 SCHWINGKSP5 液压双杆注浆泵；为保证 1 环管片推进的注浆量，固定浆液筒容量按 5m³ 配置，并带搅拌装置。

(8) 其他部件的互换使用

除以上部件改制外，其他部件利用原有盾构上经检测合格的零部件，对检测合格的零件进行维修、保养直至更换，以保证盾构的质量。

通过以上技术再制造改制的 $\phi6.34m$ 土压平衡式盾构机已完成四条上海地铁隧道区间的施工，其技术指标达到了新盾构的水平，大大降低了施工成本，为企业增加了经济效益。

盾构改制及再制造应用的成功，既是隧道建设的需要，也是提高我国盾构隧道技术的需要。通过不断的实践，将形成一整套完善的盾构改制及再制造工艺，掌握盾构改制及再制造的核心技术，能完成不同型号盾构的改制及再制造，促进标准化的技术研究和拓展，满足各

类施工环境的要求,能增强盾构的实用性。

盾构改制及再制造应用技术是随着世界经济的飞速发展,高新技术的不断涌现,根据其使用情况而加以调整、改制及再制造,体现了一个国家、一个企业的整体技术水平。

6. 选用原则

土压平衡式盾构机适合的岩土条件为黏土到砂、中砾石的范围之间,当压力最大为2MPa时,水渗透系数不应超过10^{-5}m/s。水渗透系数过大时加处理剂会在工作面前面流掉,故不可能建立起支撑土压。大的卵石会卡住螺旋输送机,地层条件变化时施工风险大。所以,土压平衡式盾构设备一般需要根据施工区段的地质情况及施工组织进行专项设计制作。

1) 刀盘基本类型的选择

土压平衡式盾构机采用的刀盘形式主要有胸板式和辐条式两种。胸板式是保持刀盘的面板,在刀头切削位置留洞进土,对前方土体有一定的支撑作用,防止大块土塌方。但开口率小的胸板式刀盘在黏土层容易产生土粘在板上的问题,进土效率较低,所以在黏土层常选用辐条式刀盘或开口率大的胸板式刀盘。

辐条式刀盘将刀具沿径向布置在4～6根辐条上,开口率较大,切削下来的土料很容易进入土仓,在搅拌中也不易粘到辐条背面。在卵石层中施工时,这种刀盘形式有利于卵石、砾石与土体的剥离,减少摩擦,但由于刀盘的刚度降低,增加了地面沉降的风险。

施工条件对刀盘设计有很大影响,不同围岩条件对刀头及盾构各部分磨损、破坏有很大区别。施工总长度较长时要考虑刀盘和刀头的耐久性。更换刀头、修复刀盘的方式宜在中间竖井处进行,或考虑将刀头设计成易于更换结构,如转动式、移动式,或辐条设计成转动式,将刀头退到土仓内更换刀具,比进入刀盘前面更换刀具更安全些。切削刀头的磨损量应进行预测,施工经验表明刀具在不均匀卵石层中磨损的同时容易发生崩角的现象,所以要精心设计刀头的形状并合理控制推进速度。

2) 刀盘的支撑方式

轴承与盾构机前体连接,其支撑方式一般有3种:中心支撑、中间支撑、周边支撑。中心支撑是在轴线位置布置轴承,优点是轴承结构小,密封面积小,容易保证密封质量,但盾构壳体周边的刚度较差,故适用于小直径盾构机。周边支撑是将刀盘支撑在盾构周边壳体结构上,支撑刚度好,但轴承尺寸大,密封结构复杂,适用于大直径盾构。中间支撑介于前两者之间。制造商根据机构布置等因素综合考虑刀盘与支撑方式。

3) 盾构推力的确定

盾构的推力主要由盾构与地层之间的摩擦阻力F_1、刀盘正面土压力F_2、盾尾密封与管片之间的摩擦阻力F_3组成,其他还有变向阻力、切口环前端的惯性阻力、后方台车的牵引阻力等。

$$F_1 = \pi DLc \quad (6\text{-}3)$$
$$F_2 = \pi D^2 P_d/4 \quad (6\text{-}4)$$
$$F_3 = \pi D\mu_c \quad (6\text{-}5)$$

式中,D——盾构机外径,mm;

L——盾构机长度,mm;

c——松弛土的黏着力系数,N/mm^2;

P_d——刀盘中心处侧向土压力,MPa;

μ_c——每米管片长度摩擦阻力(经验值)。

盾构在施工中经常需要纠偏、转向,因此盾构的推力约为计算值的1.5倍。

还有一种计算总推力的经验公式:

$$F_2 = \pi\alpha/4D^2 \quad (6\text{-}6)$$

式中,α——推力系数,取$\alpha=110$。

4) 添加剂注入和搅拌装置

添加剂注入装置由泵、注入孔、控制机构和管路等组成。添加剂的作用是极大地改善土体流动性,减少刀具磨损,降低土体渗透性,降低刀盘扭矩,同时可以延长刀具寿命。搅拌装置由刀盘、盘背搅拌翼、中隔壁上的固定翼或驱动翼组成。搅拌装置使土体产生相对运动,防止土体发生共转、附着、沉淀等现象,使土与添加剂能搅拌较均匀,处于流动状态从而用螺旋输送机输出。添加剂注入位置、口径、口数量需要根据工程地质条件和不同的目的设置,一般在盾构机正前方或外周部分(为进行超挖部分的填充)向土体内注入添加剂,有时在螺旋输送机上也要布置 1～2 处添加剂注浆孔，提高螺旋输送机对压力水的密封性。

添加剂有 4 种类型，即矿物类材料、界面活性材料、高吸水性材料、水溶性高分子材料。施工前要通过技术分析确定使用的添加剂类型，然后才能配备相应的设备，向设备制造商提出注浆方式、浆液类型的要求。在盾构推进的同时进行注浆为同步注浆，推进后迅速注浆为即时注浆。注浆材料有双液浆和单液浆两种，施工单位需要根据围岩的稳定性确定注浆时间和浆液类型。然后在盾构机订货中明确注浆要求，以便配备注浆管道和清洗系统。

5）其他因素

（1）顶进液压缸及铰接液压缸

顶进液压缸行程一般为管片宽度加操作富余量 100～150mm。对于每环管片，最后闭合块的安装从径向或轴向插入，如果采用轴向插入，要求液压缸有较长的行程。对于标准型管片，其最后的封闭块都可以固定在一个位置（例如顶部），此处需要较长液压缸，以满足插入行程。而通用型管片，其管片位置沿圆周总是在变化，所以全部顶进液压缸都要做成长液压缸，具体长度与封闭块厚度、楔形角度有关。

当线路转弯半径小于 250m 时，一般要配铰接液压缸，将盾构的前体与盾尾实现铰接，便于转向。

（2）排土系统

排土系统包括螺旋输送机和皮带输送机。螺旋输送机的扭矩与出土量、盾构机推进速度及地质状况等因素有关，必须具备保持土仓土压力、地下水压力平衡并按照盾构推进量调节排土量的能力。土仓上安装土压力传感器，随时将数据传输到计算机中。操作人员通过螺旋输送机控制土仓压力，螺旋输送机可实现无级调速，其调速范围在 0～19r/min。需要时采用调整出土速度的手段调整压力，通过形成土栓防止地下水涌出，直至关闭出土闸门。

螺旋输送机分为有轴和无轴两种，外壳和螺杆也可根据安装、更换需要设计成几段。选型时必须确切了解目标地层的土质、卵石层的最大颗粒尺寸、地下水等条件，同时考虑盾构直径及隧道内外的条件。有时采用无轴型，便于大直径的粒料通过，其粒料的最大通过尺寸为 $d=D-B$（D 为螺旋壳体内径，B 为螺旋叶片宽度）。由于螺旋输送机中间是空的，似乎对土体出现涌水等异常现象的控制力较差，当土质透水性好时不宜采用。现多数采用有轴型，其粒料的最大通过尺寸为 B。皮带输送机将碴土从螺旋机出料口传送到运碴车中，它的排放能力要大于螺旋机的出土能力。

（3）后配套系统

盾构机的后配套系统安装在几组台车钢架上，通过各种管道将各系统的动力部分和执行部分连接起来。盾构机的后配套系统主要包括冷却系统、顶进及铰接液压缸的液压泵站系统、添加剂泵站系统、壁后注浆泵站系统、主驱动装置的润滑泵、盾尾油脂泵、空气压缩机、高低压配电系统、控制台等，还应配备管片吊车及其轨道、管片储送架，还有测量系统，在后部一定距离布置全站仪，随时监控盾构机的行进过程。

6.5.4　加水土压盾构机

1. 工作原理

当掘削地层为渗水系数大的砂层、砂砾层时，若再利用削土加压土压盾构机，尽管土舱内掘削土可以平衡掘削面上的土压力，但是在输送机的排土口处设置一个排土调整槽，作为阻止地下水涌入的措施，该槽上部设一个加压水注入口，底部设一个泥水排放口。由加压水注入口注入加压水，与掘削面上的水压平衡（阻止地下水涌入），起稳定掘削面的作用。螺旋输送机把土舱内的掘削土运送给排土调整槽，掘削土在槽内与水混合成泥水，随后由管道输送到地表，经地表的土、水分离后，分离水返回排土调整槽循环使用。加水土压盾构机如图 6-67 所示。

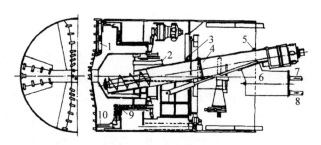

图 6-67　加水土压盾构机
1—仿形刀千斤顶；2—供水管；3—检修口；4—螺旋输送机；5—检修口；
6—排土调整舱；7—压水口；8—排泥口；9—供水管；10—自动调压器

2. 盾构机构造特点

加水土压盾构机是一种装有面板的封闭型盾构机。刀盘的构造与削土加压盾构机基本相同，区别在于除可安装一般掘削刀具外，还装有可截割砾石的刀具。刀盘的开口率按预计砾石的最大直径决定，一般为 20%～60%。螺旋输送机排土口处设有排土调整槽，用来送入有压水，确保掘削面稳定。输出泥水经管道排至地表。

1）选用原则

加水土压式盾构机开挖面稳定的管理是指排土量的管理和加入水压力的管理，要求随时掌握盾构掘进的挖掘土量和排土量的关系，使土舱内的土保持在最佳滞留状态，同时要求加压水的压力与地下水压力平衡。

2）排土率的管理

排土量基本上可由盾构的推进速度和螺旋输送机的转速来控制。排土率可以通过盾构的推进速度和盾构开挖面的面积计算出的挖掘土量，与装在入水管和排泥管上的流量计、密度计所反映的排土量相比较而求得（可用与泥水加压盾构机相同的方法求得）。为使土舱内的掘削土量保持最佳滞留状态，应对总推力、刀盘扭矩、螺旋输送机扭矩等进行测定，通过测定结果的反馈进行最佳管理。

3）加入水压力的管理

加入水压力的管理是以土舱内孔隙水压力的测定结果作为地下水的压力基准值，进而控制排土调整槽中的加入水压力。加入水压力的控制可根据流体输送泵的转速、阀门的开度进行调整。

加入水压力是以开挖面稳定、容易挖掘为准则（最佳加入水压力），依据地层土质条件和掘削情况来制定，但是，在管理上，除考虑以上基本条件之外，还规定了一个以盾构中心水压力为准的上、下容许变动值，并在此范围内进行管理。

6.5.5　泥浆式盾构机

处于饱和土壤中的隧道越来越频繁地采用泥浆式盾构机。这种方法可以控制地面的沉陷，同时通过工作面的连续支护可以减少隧道工作面失稳的危险性。泥浆式盾构采用膨润土悬浮液作为支撑液体，通过空气缓冲垫，可精确地施加液体压力并保持压力稳定。

1. 工程案例概要

南台干线作为联络管将部分雨水储存于和田弥生干管的集水管，于 1996 年 9 月开始施工，首先构筑地下连续墙，内部挖至约 25m 的深度，由此构筑内径 2.4m 及 2m 的圆形管，然后挖至 57m 构筑内径 3.5m 的联络管。

2. 采用泥浆式盾构机的理由

最初的设计方案是南台干线从起始竖井开始，上游为内径 2.4m 的主要干管在分岔点的中间竖井部分合流，成为内径 3.5m 的管渠。但是由于向两个不同方向开挖盾构，中间竖井需要较大的空间，而且开挖深度要达到约 30m，坑壁支撑施工法的规模变大，施工费也高。另外预计将来还要在善福寺川进行桥梁的改建工程，要求缩小施工占地面积。

鉴于上述情况,决定采用设中间竖井的施工方法,对上下独立盾构和纵向双联分岔式泥浆盾构两个方案进行了比较。结果由于纵向双联分岔式泥浆盾构工期能缩短约 3 个月工期,而上下独立盾构下部盾构的深度深、施工费大等原因,决定采用纵向双联分岔式泥浆盾构施工法。

3. 泥浆式盾构机施工

1) 施工环境

起始井用地为 $1518m^2$,周围为高级公寓、普通住宅。南台线及主要支管从竖井开始向下约 150m 以纵向双联的状态开挖,在分岔点分为两个方向。其后南台干线在宽度 4～7m 的区道下方穿过,进入方南大街在营团丸内线的下方 10.53～8.88m 并行约 50m,横穿神田川到达终点竖井。另一条管线主要支管在宽度 4m 的区道下方穿过,在营团丸内线的下方 15.23m 横穿,通过方南大街的商业街下方,横穿神田川到达终点。这些管线中有 9 处急转弯($R=15～30m$)。

2) 土质条件

竖井附近的土质全部为非常细的细砂层,没有明显的不透水层。南台干线的覆土为 15～24m,土质从起始部为非常紧密的细砂、砾石细砂、粉质细砂。主要支管的覆土为 18～27m,土质从起始部为砾石细砂、粉质细砂。孔隙水压力基本接近静水压力在 0.15～0.19MPa 范围。细砂的透水系数为 $10^{-3}cm/s$,砾石的透水系数为 $10^{-2}cm/s$。

3) 纵向双联分岔式泥浆盾构机的结构

纵向双联分岔式泥浆盾构机,$\phi3.29m$ 的上部盾构(南台干线)和 $\phi2.89m$ 的下部盾构(主要干线)之间以隔板连接。各盾构机具有中折装置,通过中折装置在 2 个盾构机形成相对的中折角度差来控制方向。另外,从盾构机内部卸掉连接销可以在地下分岔。

上下盾构之间隔板部分的地层,以下部盾构机的仿形切土刀进行切削。因此,为了使下部盾构机的仿形切土刀和上部盾构机的切削刀头不接触,在上下盾构的开挖面有 200mm 的错位,上部盾构机的腔室下面有缺口,用于收纳下部盾构机的仿形切土刀。

纵向双联同时开挖时,下部盾构机有必要部分承担上部盾构机的移动流体的运输,因此,排泥能力为普通的同径泥浆式盾构机的 1.5 倍。

4) 内衬管片

掘进工程采用的内衬管片上部完全分离。上部盾构的一般部位使用外径 3150mm、厚度 125mm、宽度 1000mm,具有 2 根主梁的钢制管片,跨河部位使用具有 3 根主梁的钢制管片。$R=15m$ 的曲线部位使用外径 3100mm、厚度 125mm、宽度 300mm、斜度 64mm 的管片。

同样,下部盾构的一般部位使用外径 2750mm、厚度 125mm、宽度 1000mm,具有 2 根主梁的钢制管片,跨河部位使用具有 3 根主梁的钢制管片。$R=15m$ 的曲线部位使用外径 3100mm、厚度 125mm、宽度 300mm、斜度 56mm 的管片。管片分为 6 段,管片密封条层使用吸水膨胀型的密封条。

上下管片在设计上有 300mm 的间隔,但由于该部位的地层已经被仿形切土刀切削,下部的管片有可能因浮力而隆起。所以,在上部管片环的底部采用附有袋的管片,以确保上下管片环的间隔。

4. 双联分岔式泥浆盾构机性能指标（表 6-13）

表 6-13　双联分岔式泥浆盾构机性能指标

盾构机构		上部盾构	下部盾构
一般部位	外径	3150mm	2750mm
	厚度	125mm	125mm
	宽度	1000mm	1000mm
主梁的钢制管片		2 根	2 根
跨河部位的钢制管片		3 根	3 根
曲线部位		$R=15m$	$R=15m$
管片	外径	3100mm	3100mm
	厚度	125mm	125mm
	宽度	300mm	300mm
	斜度	64mm	56mm

5. 选用原则

1) 泥浆支撑原理计算模型

均质地层中工作面的稳定性是通过加载有棱柱体的楔块的极限平衡来评价的(图 6-68)。滑动面 *ABFE* 的临界倾斜角 ω 是用迭代法确定的(使安全系数最小化)。该滑动机理是由 llorn 提出的,并研究了浅埋隧道工作面失稳过程中所观察到的滑面形态。

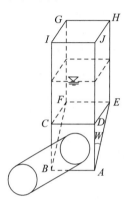

图 6-68 滑动机理

假定 Mohr-Coulomb 失稳条件和排水条件,即所有计算都是根据有效应力进行计算的,而棱柱体的荷载是根据筒仓理论进行计算的。除此之外,在平衡方程中,还要考虑楔体的沉埋质量,沿滑面 *ADE*、*BCF* 和 *ABFE* 的法向力和剪切力以及泥浆支撑力等,应特别注意泥浆支撑力的计算。为了防止朝向开挖面的蠕变流动,泥浆压力必须高于土壤中的地下水压力。由于该压力差的存在(图 6-69),泥浆才会渗入土壤。泥浆稳定力取决于泥浆渗入地层的范围,泥浆渗入范围越小,支撑力将越大。

在最佳操作条件下,在隧道工作面上将形成过滤层,其作用类似薄膜的作用,从而可以抑制悬浮液渗入地层。支撑力是由于泥浆和地下水之间静水压力差(所谓的"薄膜模型")而形成的。当悬浮液含有集结的固体物质时就会形成过滤层,集结的固体物质是在注入泥浆的初期被滤出的。通常情况下,由于与被开挖的土壤拌合,所以在泥浆中存在着悬浮物,且悬浮液中可添加一些骨料。

对于渗透性特别高的土体或者当泥浆抗

剪力很低时,膨润土将渗入到地层中的一定范围内,最终渗入的深度 e_{max} 可通过下面的经验方程(德国工业标准 4126)进行估算:

$$e_{max} = \Delta p d_{10}/2\tau_f \qquad (6\text{-}7)$$

式中,Δp——超量泥浆压力;
d_{10}——土体有效粒径;
τ_f——泥浆屈服强度。

因此,泥浆渗入范围可通过最终的土壤粒度进行控制。悬浮液的屈服强度 τ_f 主要取决于膨润土的含量。当泥浆渗入土体时,还要施加一个惯性力,该力应等于压力梯度。泥浆支承力可通过对楔体悬浮液饱和范围内的惯性力进行积分而确定。

2) 数值实例

通过一座无黏结性地层中的隧道的数值算例来说明泥浆渗入对工作面稳定性的影响。在给定几何数据、剪切参数和单位质量(图 6-69)的情况下,安全系数取决于超量压力 Δp 和渗入深度,亦即方程中的有效土壤粒径 d_{10} 和泥浆屈服强度 τ_f。

图 6-69 数值实例数据

因此可将安全系数表示成有效粒径 d_{10} 的函数(图 6-70)。在示意图横坐标上,同时给出了砾石和砂石的粒径范围,例如,$d_{10} = 0.6mm$,表示含有少许泥砂或黏土成分,级配不好的中砂。图 6-70 中曲线 A、B 和 C 表示不同的泥浆屈服强度 τ_f(亦即膨润土含量)和不同的超量压力 Δp。

在此主要考察曲线 A。在 d_{10} 小于中砂粒径的土体中,可忽略薄膜模型的误差(安全系数 1.5),即泥浆起到封闭工作面的作用。在粗砂($d_{10} = 0.6 \sim 2.0mm$)范围内,安全系数陡降。但是应注意到 d_{10} 值高于 0.6mm 的土体很少出现。若在细小砾石范围内为有效粒径,其安全系数变成 1;而在较粗的亚层土中,则会发生掌子面的失稳。

那么,问题是通过提高超量压力或膨润土含量,隧道工作面稳定性增加的程度将如何。对曲线 A 和 B(图 6-70)进行比较表明,增大超量压力可提高安全因素,但这仅仅是在较细的土层中。当有效粒径约大于 2mm(即无细粒成分、级配不良的砾石)时,提高液体压力将引起更大的渗透和液体损失。

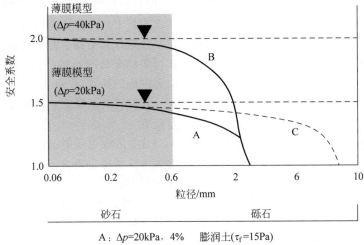

A: $\Delta p=20\text{kPa}$,4% 膨润土($\tau_f=15\text{Pa}$)

B: $\Delta p=40\text{kPa}$,4% 膨润土($\tau_f=15\text{Pa}$)

C: $\Delta p=20\text{kPa}$,7% 膨润土($\tau_f=80\text{Pa}$)

图 6-70 安全系数作为有效粒径的函数

泥浆渗入地层较深,说明安全风险性并不能通过增大液体压力得到补偿。在极粗且级配不良的土体中,稳定工作面的重要方法——控制泥浆压力变得效果很差。

但是,在这一实例中,选用了较高含量的膨润土,因此,由膨润土浆支承的土壤的粒径范围将提高一个量级(比较图 6-70 中的曲线 A 和 C)。另外还应注意到,对于细粒土来说,膨润土含量的影响很小。因此,也可采用膨润土含量很低的泥浆。由于开挖土体比较容易分离并能更好地加以处理,所以这样的悬浮液是有利的。如果地层由细粒成分变化很大的各种岩土层组成,那么膨润土含量的选择会很困难。

3)时间效应

在开挖间歇时间,渗透距离随时间而逐渐增大。由于支承力随渗透距离增大而降低,因此安全系数也将逐渐降低。这一效应的量化是以渗透时间的解析计算为基础的。

图 6-71 给出了图 6-69 实例中作为时间函数的安全系数。当 $t=0$ 时,渗透深度为零,并且安全系数为薄膜模型的最大值(对于 $\Delta p=40\text{kPa}$ 的情况,安全系数约为 2)。在临界时间期限 t_{cr} 以后,初始安全系数变为零,亦即在 t_{cr} 时达到了极限平衡。因此,t_{cr} 反映了由泥浆支承的隧道工作面的自稳时间。很明显,渗透性对自稳时间起着决定性的影响,渗透性越低,渗入越慢,因而稳定性损失也越慢。

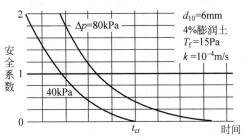

图 6-71 安全系数与时间的函数关系

通过分析,证明自稳时间与渗透性的倒数成正比,其关系用双对数曲线图(图 6-72)中的直线表示。在该实例中,假定渗透系数低于 10^{-4}m/s,那么在开挖停顿期间隧道工作面的自稳时间将达几个小时。在渗透性很高的地层(如 $k=10^{-2}\text{m/s}$)中,几分钟内工作面就将失稳。

为了使工作面保持稳定（安全系数大于1），支承力应该不小于某一最小值，因此，渗入距离应不超过临界最大值 e_{cr}。在粗颗粒和级配不良土壤中的开挖间歇时间，一定时间后渗入距离即可达到该临界值（图 6-72）。但是，在连续开挖期间，泥浆的渗入是与工作面上地层的切削同时进行的，亦即渗入量可通过开挖得到部分补偿。因此，连续开挖比间歇开挖更有利。

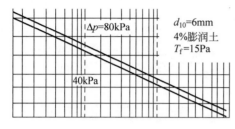

图 6-72　自稳时间与渗透系数的函数关系

关于掘进速度对泥浆渗入量的影响，现已公布了相关分析判断的详细材料。渗入距离可由掘进速度与土壤渗透性之比 v/k 控制。掘进速度越快，渗入地层的泥浆越少，因而，支承力越大，安全系数也将越大。特别是，如果掘进速度高于临界值 v_{cr}，那么就达不到临界渗入深度，亦即工作面将保持稳定，自稳时间与渗透系数的函数关系如图 6-72 所示。

图 6-73 示出了图 6-69 实例中作为渗透系数函数的临界掘进速度。因此，在渗透性系数 $k = 10^{-3}$ m/s 的土壤中，掘进速度至少应为 17mm/min。掘进速度越快，安全系数越大；掘进速度较低时，隧道工作面将出现不稳定。

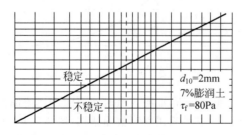

图 6-73　临界掘进速度与渗透系数的函数关系

6.5.6　加泥土压盾构机

1．工作原理

加泥土压盾构机，是靠向掘削面注入泥土、泥浆和高浓度泥水等润滑材料，借助搅拌翼在密封土舱内将其与切削土混合，使之成为流塑性较好和不透水泥状土，以利于排土和使掘削面稳定的一类盾构机。掘进施工中可随时调整施工参数，使掘削土量与排土量基本平衡。盾构机仍由螺旋输送机排土，碴土由出土车运输。

这类盾构主要用于在软弱黏土层、易坍塌的含水砂层及混有卵石的砂砾层等地层中的隧道掘进施工。

2．加泥土压盾构机的特点

与削土加压式盾构机相比较，加泥土压盾构机是无面板的辐条式盾构，密封土舱内设有泥土注入装置和泥土搅拌装置、排土装置等与前者相同。这类盾构机特点如下：

（1）可改善切削土的性能。在砂土或砂砾地层中，土体的流塑性差，开挖面有地下水渗入时还会引起崩塌。盾构机有向切削土加注泥土等润滑材料并进行搅拌的功能，可使其成为溯流性好、不透水的泥状土。

（2）以泥土压稳定开挖面。泥状土充满密封舱和螺旋输送机后，在盾构推进力的作用下可使切削土对开挖面形成被动土压力，与开挖面上的水、土压力相平衡，以使开挖面保持稳定。

（3）泥土压的监测和控制系统。在密封舱内装有土压计，可随时监测切削土的压力，并自动调控排土量，使之与掘削土量保持平衡。

3．选用原则

加泥土压盾构机适用的土质为冲积砂砾、水、淤泥、黏土等固结度较低的软地基、洪积地基以及软硬相叠地基等，从土质面积来看它的适用范围最广。但是，在高水压地基中，仅仅用螺旋输送机往往难以满足施工要求，所以有必要考虑安装各种压力送料装置，改良挖掘地质的性状等措施。

1）添加材料

添加材料一般采用由黏土、膨润土 CMC、高吸水性树脂及发泡剂等材料制成的泥浆液。切削土体为软弱黏性土时，可不注入泥浆，但在砂土和砂砾等地层中则必须注入泥浆。泥浆中泥土的含量可大致采用表 6-14 所示的数据。

表 6-14 不同土质时泥浆浓度和使用量

土质类别	泥浆浓度/(%)	使用量/(L/m³)
砂土层	15～30	≤300
砂砾层	30～50	≤300
白色砂质沉积层	20～30	≤200
砂质粉土层	5～15	≤100

在掘进施工中，加泥量应根据刀盘扭矩、螺旋输送机转速、推进速度和排土量等随时进行调整。

2）运行管理

为使掘削面保持稳定，掘进施工中应对排土量和土压进行管理和控制。排土量可按下述两种方法计算：

（1）测出空车和载重车的重量，据此算出排土量。

（2）根据盾构推进量和螺旋输送机的转速，按下式计算排土量：

$$Q = \eta A N p \tag{6-8}$$

式中，Q——排土量，m³；

η——排土效率；

A——螺旋输送机断面面积，m²；

N——转速，r/s；

p——螺旋翼片的间距，m。

由于刀盘不设面板，掘削面完全由密封舱内的泥土压支撑，故土压可通过安装在密封舱内的土压计直接进行测量和管理。通常需使土压 P 处于以下范围：

$$P_a + P_w < P < P_p + P_w \tag{6-9}$$

式中，P_a——主动土压力，MPa；

P_p——被动土压力，MPa；

P_w——地下水压力，MPa；

通常先根据地质勘测结果确定土压力 P_0，同时制定土压的上、下限，其允许范围为$(P_0 - \Delta P) \sim (P_0 + \Delta P)$。

6.6 复合盾构机

6.6.1 复合盾构机的结构组成及工作原理

1. 刀盘系统

用于软土地层隧道施工的泥水、土压平衡式盾构机及用于硬岩地层隧道施工的 TBM 盾构机是当前的两种主流盾构机形式，应用最为广泛。但对于复合地层隧道施工来说，单纯用于软土或是硬岩的盾构机显然不能满足使用需要。

为应对复合地层，必须要重新设计盾构机刀盘，使刀盘兼具两种主流盾构机刀盘的特点，能同时切削砾石和软土，并便于使用，稳定、可靠。盾构机刀盘的切削刀具主要分为两类：用于硬岩地层的盘面滚刀及用于软土地层的切削刀。上海的地理特征为冲积平原，属于软土地层，因此上海的地铁盾构施工都使用软土切削刀具布置刀盘，而在北方一些岩石地层施工的盾构机则使用盘面滚刀。

两种刀具对应两种地层，但事实上，不同地区都有各自的地层特点，并不局限于硬岩、软土这两种典型地层，更多的是软硬复合地层，砂砾、黏土、岩石等交错混杂。在这种情况下，继续使用单一用途的刀盘显然不能满足施工要求。

就国内的发展状况而言，各大城市都在计划或进行城市地铁、闹市区的地下通道、越江隧道建设，要满足这些不同地域的地下掘进工程，适用于复合地层的盾构机无疑是必需的。复合刀盘的刀具布置同时使用滚刀与刮刀两种刀具，滚刀负责碾压破碎岩石，刮刀则负责刮削软土，如图 6-74 和图 6-75 所示。

滚刀与刮刀按一定规律交错布置在刀盘上，这样可以保证在切削复合地层时，两种刀具按各自的分工切削砾石和软土，克服地层中岩、土含量不断变化的施工难题。因为滚刀与刮刀都须独立完成对两种地质的切削，所以在设计上必须同时遵循刀具全断面布置的基本原则，即保证在刀盘切削范围内，任意区域都

图 6-74　盘面滚刀

图 6-75　刮刀

能同时被滚刀轨迹及刮刀轨迹覆盖,并且切削范围越大的轨迹,刀具布置越密。如图 6-76 所示的辐条式结构刀盘,在辐条中间布置滚刀,两侧安装刮刀。各辐条之间以组成圈状的环形钢板加固,从内至外共有 4 圈环板。当刀盘旋转切削土体时,最外侧的环板会与周围土体不断接触摩擦,因此在刀盘最外侧安装耐磨条,起到保护外圈环板、保证盘体结构稳定的作用。

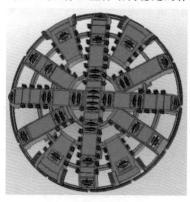

图 6-76　复合盾构机刀盘

2. 螺旋输送机

在土压平衡式盾构机施工中,当盾构机处于推进状态时,由螺旋输送机运送土舱中不断被刀盘切削下来的土,同时可以调整螺旋输送机的旋转速度控制其出土量,以及盾构机的推进速度,来维持盾构切口环的土舱压力与开挖面水土压力互相平衡的效果。例如,当盾构的土舱压力小于开挖面水土压力时,可以在维持原有螺旋输送机出土量的情况下,通过增加盾构机的推进速度或在保持原有推进速度下,减少螺旋输送机的出土量来使土舱压力上升。压差特别大时,可同时调整螺旋输送机的出土量和盾构机的推进速度,使其尽快达到平衡效果。

螺旋输送机采用轴向出土,总长度为 11m。其驱动方式有两种:一种是利用液压马达驱动,另一种是利用带有变频装置的电动机驱动。为了能够达到土压平衡的目的,无论是采用哪一种动力,都必须使螺旋机的排土转速保持在一定的范围内,且可以随时调节。

螺旋输送机驱动机构的安装见图 6-77,先将减速器用螺栓固定在减速器支架上,再通过液压马达驱动减速器小齿轮,由小齿轮带动外齿式三排圆柱滚子组合转盘轴承,并使用高强度螺栓将轴承与外壳连接。最后通过高强度螺栓将螺杆座与三排圆柱滚子组合转盘轴承连接,由轴承旋转带动螺杆及螺杆座旋转。在外壳减速器安装的部位开有测速孔,可通过安装测速传感器检测减速器转速。施工时根据出土量的要求,使用比例阀调整减速器转速,使螺旋输送机转速控制在要求范围内。

螺杆座旋转时与驱动槽体之间存在相对运动,形成间隙。在螺旋输送机排土时,碴土不断被挤压,会由此间隙进入到驱动机构内部,所以要在间隙处装入密封圈以防止泥砂磨损轴承使螺旋输送机传动失效。如图 6-78 所示的驱动密封,首先在前壳体与中壳体之间的缝槽间隙形成一道迷宫密封,阻挡大颗粒碴土进入。中壳体与螺杆座的间隙处则安装三道密封圈,密封圈的叶缘方向由驱动内部朝外安装,可通过密封圈自身的机械结构阻挡外界水

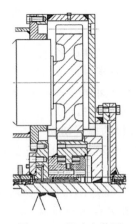

图 6-77　驱动安装图

土压力。每两道密封圈间的密封压板上开有加油脂孔,用来加注密封油脂。在加注油脂时,由于内部压力逐渐升高,油脂会顺着叶缘方向朝外流出,使每一道密封圈的内部压力高于外部压力。当第一道密封圈损坏时,后两道的密封内部压力也能阻止水土进入驱动内部。此外,泥砂还会因为密封圈光滑面与壳体黏结处存在轴向窜动而进入驱动机构。所以密封圈在安装时需要涂抹黏结剂与槽体黏结,并要避免其黏结处存在轴向窜动现象。

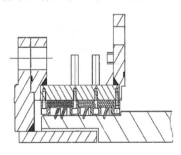

图 6-78　驱动密封

密封圈叶缘朝向需要由内向外安装。装配密封圈时,为了保护密封圈叶缘不会在装入壳体时翻折损坏,影响密封效果,需要顺着密封圈叶缘方向装入壳体中。如图 6-79 所示,在密封圈光滑面涂抹黏结剂并使用压板将其固定在中壳体上,保证其光滑面黏结处不会有轴向窜动,避免土砂从密封圈平面端和外壳黏合处进入驱动内部。为了保证黏结剂的黏合效果,需要使用反应型黏结剂,避免使用挥发型黏结剂。在密封圈装入壳体前先将密封圈叶

缘空隙处涂上润滑脂,当螺旋机正常工作时,可在中壳体与后端槽体的 8 个 G3/8″螺纹孔中通入集中润滑油脂。再将已装入三道密封圈的中壳体与后端壳体从外壳两边插入,并用螺栓与外壳连接(注意必须顺着密封圈叶缘的方向装入,避免密封圈在装入时叶缘受到损坏)。最后,将前壳体与后壳体分别安装到位即可。

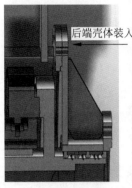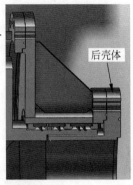

图 6-79　密封圈的安装

密封圈压板油脂孔可以加注油脂,此外还能定时检验密封圈内部情况,确认是否达到预期效果。螺旋机在使用一段时间后,可以定期将两油脂管中的任意一个拆卸下来,往另一个油脂管中加注油脂。正常情况下,当内部压力升高时,无油脂管的油脂孔中会流出密封油脂。然而,当密封损坏,有流水、砂石等流入密封圈内部时,便会随着密封油脂一起从油脂孔中流出。这样现场观察人员便能及时发现无法达到密封性能的密封圈,以此可以检验每道密封圈的密封性能。当发现密封圈无法控制流土、砂石等侵入时,要及时采取措施,避免轴承损坏。

例如,某螺旋输送机螺杆叶片直径 790mm,采用中心轴式,螺杆及螺杆座的结构包括螺杆芯轴、螺旋叶片、螺杆座等部件。地质探测报告显示,螺旋输送机输送的地下物质主要包括砾石、泥砂等,对扭矩要求高、磨损性强的颗粒物质。为了增加螺旋叶片的耐磨性,避免螺旋叶片的磨损,需要在螺旋叶片上加装焊接耐磨板、支撑块提高硬度,耐磨板主要由两块硬质合金钢与底座组成,如图 6-80 所示。一个螺距,同一个面的耐磨板数量为 18 件,支撑块 18

件。螺旋叶片前 4 个螺距耐磨板正反安装并且交错,后 4 节螺距安装在迎土面上。

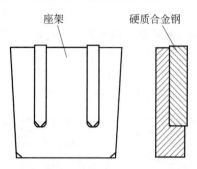

座架　　　　　硬质合金钢

图 6-80　耐磨板结构示意图

螺旋输送机通常安装在切口环土舱隔板后,进土口处筒体用螺栓与预先焊在盾构机隔

板上的螺旋输送机套筒相连。再使用拉杆与筒体后端的吊攀连接。拉杆的另一端则与盾构机壳体相连。拉杆两端安装铰链螺母,使用时可以旋转铰链螺母调整拉杆的总长度,可控制螺旋输送机的水平角度。这样便把螺旋机固定在盾构机壳体中。

3．盾构机的模式切换

双模式盾构机主要为具备土压平衡模式(EPB)和硬岩掘进模式(TBM 模式)的盾构,如图 6-81 和图 6-82 所示。在双模式盾构机中必备的装置主要包含切削刀盘、刀盘驱动装置、铰接装置、推进装置、管片拼装机、盾尾密封系统。

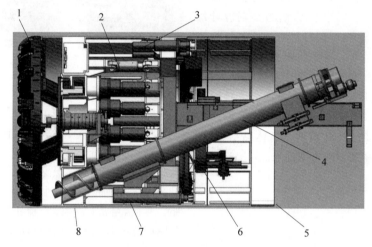

图 6-81　土压平衡模式盾构机

1—切削刀盘；2—刀盘驱动装置；3—铰接装置；4—螺旋输送机；5—盾尾系统；
6—管片拼装机；7—推进装置；8—壳体

图 6-82　硬岩掘进模式盾构机

1）TBM模式转换到EPB模式

（1）当盾构机推进到软土层时，停止推进，排空土舱残余岩土。

（2）拆除皮带输送机、皮带输送机支撑法兰、中心集土槽。

（3）撤去刀盘背面刮板。

（4）安装搅拌棒，更换软土地层刀具。

（5）安装中心回转接头及配管。

（6）撤去皮带机用平台及连接件，一同撤去电缆卷盘。

（7）安装螺旋机及机内平台、后方工作平台。

（8）电缆卷盘移位、恢复掘进。

2）EPB模式转换到TBM模式

（1）当盾构机推进到全断面岩层时，停止推进，排空土舱和螺旋输送机内的土。

（2）拆除螺旋输送机、中心回转接头、搅拌棒EPB模式组件。

（3）更换适用于硬岩的地层刀具。

（4）安装刮土板、中心集土槽、皮带输送机等TBM模式组件。

6.6.2　常用产品性能指标

1.珠海号盾构机

珠海号盾构机是由日本三菱公司设计、制造的直径为6340mm的复合式盾构机。该盾构机已经在深圳地铁1号线（罗湖—国贸区间）、7.12B标（耀华路—长清路下、长清路—13号折返段—耀华路上）、北京轨道交通亦庄线工程（肖村桥站—小红门站）、北京轨道交通亦庄线工程（宋家庄出入线段）等工程掘进施工，总工程量达到4919m。

该盾构机为复合型双模式盾构机，具有EPB模式和TBM模式。刀盘可以在软土和硬岩中互换。

EPB模式是利用安装在盾构机最前面带有滚刀、齿刀（撕裂刀）或先行刀等刀具的全断面切削刀盘，将正面土体切削下来的土送入刀盘后面的密封舱内，并使舱内具有适当压力与开挖面水土压力平衡，以减少盾构机推进对地层土体的扰动，从而控制地表变形。在出土时

由安装在密封舱下部的螺旋运输机向排土口连续排土。软土刀盘如图6-83所示。

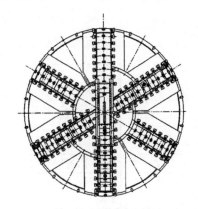

图6-83　软土刀盘

TBM模式是在微风化硬岩中掘进时，采用硬岩掘进模式，选用滚刀和切削刀来挤压破碎和切削岩体。硬岩刀盘如图6-84所示。

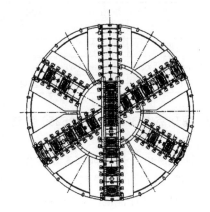

图6-84　硬岩刀盘

珠海号盾构机的主要性能参数见表6-15。

表6-15　珠海号盾构机主要性能参数

项　目	性　能　参　数
外径	6340mm
内径	6250mm
盾尾间隙	25mm
长度	约8870mm（从刀盘至盾尾）
盾尾密封	3层盾尾刷
分块数	6块
额定推力	3000kN
最大推力	3900kN
推进液压缸（长）	1500kN×2100mm×6只

续表

项　　目	性　能　参　数
推进液压缸(短)	1500kN×1700mm×20 只
推进速度	0～6cm/min
铰接千斤顶	200kN×190mm×16 只
纠偏角度	1.5°
刀盘类型	面板式
转速	0～3r/min
额定扭矩	500kN·m
最大扭矩	620kN·m
回转方向	顺时针、逆时针
仿形刀千斤顶	200kN×100mm×1 只
人行闸类型	2 人
数量	1
尺寸	约 1500mm×3500mm
螺旋输送机壳体内径	800mm
速度	0～15.8r/min
扭矩	6.5kN·m
能力	288m³/h(当 η＝100％时)
驱动方式	液压马达驱动
螺旋闸门类型	闸板式
螺旋闸门驱动方式	液压缸驱动
螺旋闸门千斤顶	65kN×850mm×2 只

2. 海瑞克 S-392、S-393φ6250 型复合盾构机

　　海瑞克 S-392、S-393φ6250 型复合盾构机曾用于成都地铁建设。成都地质是典型的富水砂卵石地层,卵石含量高,漂石粒径大,卵石强度高,地下水丰富,透水性好,地层条件比较独特,盾构工法的应用面临重重困难。在刀具的选用上既要考虑大粒径卵石的破碎,同时刀具的高度组合、刀具类型都需要考虑碴土流动性等影响掘进效率的因素。成都地铁 1 号线刚开始掘进时,刀具的失效速度和更换频率远超预想,掘进不足 100m 即需更换一次刀具,这给地面环境保护、工程造价控制带来相当不利的影响。复合盾构机的主要技术参数见表 6-16。

表 6-16　海瑞克复合盾构机主要技术参数

项　　目	技　术　参　数
刀盘开挖直径	6280mm
刀盘额定扭矩	470kN·m

续表

项　　目	技　术　参　数
刀盘最大扭矩	530kN·m
刀盘转速	0～6r/min
推进系统最大推力	3400kN
推进系统额定推力	2700kN
推进速度	0～80mm/min
行程	2200mm
螺旋输送机型号	DN800
转速	0～22r/min
额定扭矩	19kN·m
最大扭矩	22kN·m
出土量	285m³/h
拼装机平移距离	2000mm
拼装机提升高度	1000mm
皮带机出土量	400m³/h

3. 盾构机选型原则

　　盾构机的选型主要依据盾构工程招标文件和岩土工程勘察报告,按照适用性、可靠性、先进性、经济性相统一的原则进行。为实施工程,盾构机选型必须满足以下几点要求:

　　(1)满足本项目复杂的地质条件、隧道参数的施工要求;

　　(2)适应工程环境,确保工程安全;

　　(3)其配置需满足工期要求;

　　(4)满足保护环境的要求。

6.7　盾构机的维护保养和常见故障排除

6.7.1　盾构机安全使用规程

1. 一般操作注意事项

　　(1)注意所有正在工作中的机器、设备、部件等。

　　(2)注意防止机器突出部位,如边角、螺栓头和螺帽等造成伤害。

　　(3)在实际操作上岗前,要对操作人员进行安全操作的教育培训。

　　(4)不要让无关人员进入盾构机的工作区域。

　　(5)除了操作人员可以操作设备以外,其

他人员一律不准操作设备开关。

（6）不要接触后配套台车的车轮。

（7）不要在压力表上施加异常振动,否则会导致玻璃破碎并产生液压油飞溅。

（8）禁止松动已连接到旋转接头、液压马达、液压缸上的液压软管或管路。定期检查它们是否已松动,否则要用规定的扭矩拧紧。

（9）保护好油箱的通气装置,防止水溅到上面,导致液压油失效。

（10）液压系统的用油为有机酯类油,不要使用有机酯类油和矿物油以外的油类。

2．掘进注意事项

（1）不要将手和脚放在推进液压缸撑靴板和管片之间,尤其是掘进过程中,在已选液压缸中再增加推进液压缸时,要特别注意。

（2）当在控制室以外的地方操作盾构机时,例如临时推进时,如果不检查确认机器状态,有可能使某个施工员困在闸门或推进液压缸处。要安装监视器和内部通话系统以便检查分离的工作区域,操作前操作人员应当与施工员联系并检查他们的安全状态。

（3）当用湿手操作控制盘时,或操作盘变脏时,会有触电的危险,因此要保持操作盘的清洁并用干燥的手进行操作。

（4）地层塌方可能会严重影响到周围环境并威胁到附近的操作人员。为使塌方的可能性降到最低,需实施以下操作:①控制开挖面的土压力;②控制切削土量和排土量;③控制土体改良用的添加剂量;④防止盾构机后移;⑤控制选择的推进液压缸数量;⑥控制推进液压缸的压力;⑦检查主推进液压缸的增设方法;⑧严格按要求控制注浆量。

（5）盾构机掘进期间有可能出现突然翻转,因此操作人员在进入掘进中的盾构机时一定要注意,不要因为盾构机突然翻转而摔倒。尤其要注意高空作业时一定要系好安全带。

（6）打开人闸之前,充分确认好开挖面不会塌方,同时不会发生涌水。打开闸门时必须谨慎,并要有监督人员在场。

（7）考虑好火灾或其他紧急情况下会发生的意外情况,准备好救急逃生对策,保证逃生

通道畅通。

（8）掘进时后备台车有可能发生出轨或翻倒,并可能发生伤害事故。因此要确认后备台车不妨碍管片,并在轨道上正常运行。同时检查轨道,确保轨道上没有泥土、砂聚集或散落的工具。

（9）为防止电气火灾,不要随意更改热继电器的设定等。

（10）当设备出现异常声响或异味时,该设备有可能会飞散,有可能会引起伤害事故。因此如果察觉到设备有异常噪声或异味时,应立即停止掘进,并修理好设备。

3．管片运输注意事项

（1）在运输管片时,有可能撞到或碰到正在组装管片的施工人员,因此运输管片的操作人员应当确认前方和后方有无人员。同时在移动管片之前给出一个信号,以使施工人员远离危险区域。

（2）当管片运输车通过台车旁边时,有可能会撞到或碰到施工人员,此时应当给出信号。另外运输车的操作人员应当确认前方和后方有无人员。

（3）当管片抓取插销没有放好时,会发生管片的坠落事故并可能导致施工人员受伤,因此在举起管片之前应当确认插销是否插好。

（4）由于人员进入吊装物下方时可能会导致严重的损害或伤害,因此禁止任何人进入吊装物下方。

（5）管片在运输过程中如果发生摇摆会碰到人,因此要确认周围没有人员。同时由于突然的运动会使管片产生摇摆,因此要平稳运输,避免突然运动。

（6）当提起或放下管片时,管片会发生摇摆的危险,并夹伤操作人员的手或脚,因此要平稳工作,周围不要有工作人员。

（7）如果在运输路途上有障碍物时,会发生碰撞并导致受伤事故,因此不要在管片运输路途上放置任何障碍物。

（8）管片吊运是通过双梁系统实现的,本操作属于起重运输作业,要严格遵守起重运输作业规范,重物运动轨迹范围内严禁站人,严

禁起吊超重物品,严禁起吊重心未知及非管片类物品。

4. 管片拼装注意事项

(1)当拼装机在旋转时,应远离拼装机旋转的区域,并且不要靠近它的辅助设备,否则有可能使手或脚被夹在旋转的部分内,比如拼装环或拼装机用管线卷筒等。

(2)当管片抓取插销没有插好时,会在管片旋转时导致插销的松动或脱出,使得管片跌落。这时如果有人员被压在下面,会造成严重的伤害事故。因此要确认管片抓取插销插好,并确认其在旋转时不会脱出。

(3)当操作拼装机时,如果有软管被缠绕到周围设备上会导致损害,有可能还会导致拼装机和管片跌落,并可能导致人员被压在管片下方而造成严重的伤害,因此要确认软管不会与任何设备或物体相缠绕。

(4)如果连接到拼装机的旋转马达上的液压管路受到损害,会导致拼装机失去控制并危及相关人员,因此要每天检查,确保液压管路没有损害或漏油现象。

(5)如果拼装机的控制箱潮湿或弄脏,会发生电击事故,而使操作人员受伤,因此要用干净的手操作控制箱,同时保持操作箱的干燥和清洁。

(6)当进行位置调整时,有可能发生手或脚在管片间被夹住的事故,因此在操作拼装机前要检查施工人员的安全。

(7)当固定拧紧顶部管片时,有可能发生螺栓掉落并伤及下面的施工人员,因此在进行这项操作时要确保下面没有人。

(8)为进行管片拼装,要将推进液压缸伸出或缩回,当有施工人员处在推进液压缸和管片之间时,其手或脚就可能会被夹住,因此拼装机和推进液压缸的操作人员应当给出动作的信号,并检查施工人员的安全。

(9)当插入管片抓取插销时,有可能在轴销和悬挂部件间夹住手指,因此开始这项操作之前,操作人员应当给出信号并确认施工人员的安全。

(10)管片拼装属于起重作业,要严格遵守起重操作规程,作业区域内下方不得站人,在确保管片与拼装机夹持装置已插销牢靠并无自由晃动的前提下方可实施拼装作业。

5. 产生瓦斯气体时注意事项

(1)当瓦斯的浓度超过爆炸极限时就有发生爆炸的危险,因此要严格遵循以下事项:①禁止带火源下隧道,如明火、火柴、打火机等;②禁止进行明火作业或电气焊;③穿着的工作服应当防静电;④将隧道内的可燃物存放于一个指定区域;⑤确认检查时要将所有的电气设备电源关掉;⑥需要的时候使用绝缘工具。

(2)忽视产生瓦斯气体时的应急措施准备会增加危险并带来伤害,因此要遵守以下事项:①当探测到的瓦斯气体浓度超过规定值时,要发出警报以提醒施工人员;②准备应急装备(应急灯、导向灯、手电筒和氧气呼吸器等);③保持紧急状态下的逃生路线畅通。

(3)忽视对瓦斯气体浓度进行探测时会增加瓦斯爆炸的危险程度,因此要使用固定的量测设备经常对瓦斯气体浓度进行监视,同时配备便携式瓦斯浓度探测设备,放置在指定的位置。

(4)当通风设备不足时,就不能稀释或排除产生的瓦斯气体,因此要检查通风设备的排风能力是否充足。

(5)瓦斯气体有通过盾尾密封渗入到盾构机内部的危险,因此为防止渗漏,要在盾尾密封圈之间加入充足的密封材料,同时可采用如化学注浆等方法来压制气体的产生。

(6)管片的拼装精度较差时,会有瓦斯气体渗透的危险,因此要提高管片的拼装精度并尽可能避免错误。

6. 进入土仓时注意事项

(1)进入土仓时如果忘记切断开关和电源,会导致施工人员有被卷入的危险并造成严重伤害,因此一定要在进入土仓时确认切断所有通向土仓内机器(刀盘、螺旋机等)的电源和开关。

(2)如果忽视准备空气供应和通风设备,土仓内的空气会受到污染,从而可能造成缺氧和窒息,因此要准备空气供应和通风设备。

(3) 如果产生有害气体,如甲烷、硫化氢、低氧气体或高温蒸汽等,当忽视气体探测时,会产生气体中毒,因此要重视气体探测。

(4) 如果人闸前面的门打开时未确认土仓内是否有水,会使施工人员难以疏散,从而造成损害或伤害,因此在打开土仓隔板的门之前要通过打开球阀确认工作面上是否出水。

(5) 土仓有发生坍塌而造成人员伤害的危险,因此有关人员必须密切监视开挖面的状况,检查是否存在潮气或流水,并给出指示。

(6) 在土仓内开展明火作业有可能由于起火或缺乏氧气造成人身伤害,因此必须遵守如下事项:①事先听取工作指挥人员的指令;②检查是否存在可燃性气体以及达到什么程度;③不要带可燃材料进入土仓,同时用不燃材料覆盖已经带入土仓的可燃材料;④准备灭火器、水或砂;⑤安装空气补给和通风设备;⑥检查逃生通道。

(7) 进入土仓时一定要戴安全帽,穿长筒靴和安全鞋,高空作业时必须系安全带。在机器内部,突出物很容易碰到人或缠绕衣物,因此尽量穿不易被缠到或钩到的衣服。

7. 后配套台车注意事项

(1) 盾构机往前移动时,后配套台车也要往前移动,此时有可能发生手指或身体一部分被车轮或别的部分挤住的危险,因此在掘进施工时,不要倚靠在台车的车轮或框架上。

(2) 当台车向前移动时,轨道上或周围有任何物体都会造成台车脱轨、倾倒并压伤施工人员,因此要确认轨道上或周围没有障碍物。

8. 液压油温度注意事项

盾构机在运行时,油的温度应保持在60℃或更低,如果超过60℃,则应暂停机器使其温度降到60℃或更低。

9. 电气设备和测量设备注意事项

(1) 绝对不要更换控制盘内提供的热继电器、过流保护器的设定值。

(2) 要保护电气设备和测量设备不受水和壁后注浆材料侵袭。

(3) 在操作盾构机时,保持连接在台车上

的电缆处于松弛状态,以防电缆受到拉伸荷载的作用。

(4) 要特别注意电缆的保护外套。

(5) 在操作按钮开关和各种测量器具时,应事先将手洗干净。

(6) 脸部和身体不要靠近电机风扇,否则吹出来的空气会将灰尘带入眼睛。

10. 壁后注浆注意事项

(1) 注意壁后注浆压力,注浆压力过高会导致盾尾密封翻转以及浆液侵入盾尾拼装区域。

(2) 注意A、B液压力的匹配。

11. 始发出洞注意事项

(1) 在将刀盘放到始发机座上之前,注意检查并保证刀尖、仿形刀刀头等不与任何物体相接触。

(2) 破壁时保证其尺寸比刀盘外径足够大,如果盾构机与前壁面接触,会导致刀头碎裂、位置偏差,以及推进阻力增大等。

(3) 当破壁及桩切断完成后,要清除切除工具和混凝土碴土以及残留的钢筋头等金属件;清理金属部件、工具等。

(4) 将盾构机推向洞口密封垫时要注意:①推进时做到不使刀盘旋转;②将刀盘圆周的刀头(包括仿形刀)和注浆保护刀用玻璃丝、废布或胶带覆盖起来,以保护洞口密封胶垫不被刀头割坏。

(5) 在改良后的地层中始发或推进时应注意:①当采用化学注浆进行地基改良时,在化学浆液完成化学反应后再进行盾构机的推进。化学浆液如果在土仓或排出管道中反应固化,会导致驱动扭矩增加。②在改良后具有高压缩强度的地层中实施掘进时,注意速度要慢。③在壁后注浆时,采用不含有任何杂质异物的注浆材料。

12. 掘进途中进行地基改良时注意事项

(1) 当清除前方障碍物、更换盾尾密封操作时,不可避免地要实施化学注浆来进行地基改良,此时要特别注意不要使化学浆液黏附到土仓内侧、盾尾密封及盾构机外圈等部位。化学浆液黏附到这些部位时会造成刀盘转动失灵、

盾尾密封损坏、增加推力以及调整线形失败等。

（2）不要将障碍物，如注浆管、冷冻管及探测装置等遗留在开挖面上。

13. 向后方运动时注意事项

（1）当根据开挖面和土仓隔板间的土压力、水压力可以预测到盾构机将要向后方运动时，必须要在拼装管片时将盾构机用推进液压缸顶住。

（2）在盾构机长时间停止推进的时候，由于推进液压缸的液压油内部渗漏和液压阀门处液压油渗漏，会使推进液压缸回缩。在这种情况下，要在盾尾主环支架和管片之间放置支撑物体以支撑盾构机。

14. 皮带输送机注意事项

（1）不要在皮带上放置碴土之外的任何物体。

（2）在完成每一天的掘进工作后，不要在皮带上遗留任何物体，包括碴土。

（3）如果检查中发现输送机框架铰接部位不直，就要调整铰接部件使其成为一条直线。

（4）如果调整皮带机的线形后发现皮带曲起，可以松动拉紧装置的螺母进行调整，使转向滚筒向前或向后。

（5）启动操作皮带输送机前，要确认好没有异常情况，并且首先空载以使其预热。

（6）操作过程中，禁止触摸任何转动或运动中的部件（如主滑轮、拉紧装置、反向滚轮、导向轮、承载辊子等）。

（7）当皮带输送机下的顶板上有过多沉积物时，松动螺栓后将其取出并清除，动作要谨慎而慢，以防止猛烈地与操作人员身体接触。

（8）提醒周围的施工人员后启动皮带输送机，尤其是要提醒后配套台车顶部的人员。

6.7.2 盾构机的维护保养

1. 维护注意事项

（1）配线操作时如果不断开电路的断路器，就会导致电击，因此工作之前要确认切断断路器。

（2）如果一台机器正在被检查，而操作人员不知道这一情况而启动该机器，会使得检查

人员受困并可能受伤，因此必须在操作前与所有的施工人员进行联系。

（3）如果在修复油箱漏油或类似故障时使用了溶剂，就有起火的危险，此时要注意防火。

（4）为防止高空作业时发生摔伤，必须使用并正确佩戴安全带，同时检查确认脚手架安全。

（5）在打开电气操作盘的门检查时，门上的终端设备有可能接触到检查人员的背部而造成电击，因此检查时要将门固定好。

（6）当有土压力作用在盾构机的情况下回缩推进液压缸时，有使盾构机向后运动的危险，进而夹伤手或脚，此时要在盾构机机身和管片之间加上支撑后再进行推进液压缸回缩。

（7）为了能处理应付各种意外，在隧道内进行检查时应当有一人以上配合进行。

（8）如果拆开软管前不将其中的压力释放掉，高压油就会喷出来，有可能进入眼睛使眼睛受伤，因此在执行这一作业前必须仔细地将压力释放。

（9）泄漏出来的油如果不及时清理，就会有人踩上而滑倒，并可能受伤，因此在有油泄漏的情况下必须进行清除，同时定期检查所有的接头以防止油的渗漏。

（10）控制阀内进入任何异物（如灰尘）时都会导致其不正常工作并出现人员受伤。例如没有指令动作的液压缸会自行动作而夹伤工作人员手或脚，因此要确认没有任何异物或水混入油中，并定期检查更换过滤设备。

（11）不要随意更改压力控制阀的设定压力，否则会对其他机器造成损害并可能引起伤害事故。

（12）如果在启动电机时手动操作接触器，有可能造成短路并引起火灾，因此不要强制使接触器吸合。

（13）如果有水进入电动机，可能会造成电击并产生致命伤害，因此不要让水进入电动机。

（14）如果电动机超负荷运转，有可能对其造成损害并造成火灾，因此不要更改负荷设定，也不要去除互锁。

（15）如果电机内部的风扇被盖住了，会造

成电机内部不能冷却,对电机造成伤害并引起火灾,因此要确认风扇处的空气流通。

(16)当设备的插座超过负荷能力时会引起火灾,因此不要使设备的容量超过插座的负荷能力。

2.盾构机长时间停机时的维护

当盾构机由于某种原因不可避免地要停机较长一段时间(1周以上)时,必须按照下述指示对盾构机进行充分地检查调节:

(1)当停机时间超过1周时,为了防止在重新推进后各个泵被卡住和液压回路生锈,重新操作每个泵设备时,应先使其空转10~20min。

(2)重新推进工作前要进行以下工作:

① 润滑油和油脂。按照操作手册中关于注油和润滑油脂的指示进行操作。特别注意油箱内的油液面高度和每个旋转设备中润滑油脂的多少。要在每个销钉连接的部分及滑动部分添加润滑油脂,同时对目前正使用的液压油进行取样分析,检查其中的水和异物的含量。

② 电气线路。当机器停机较长一段时间后,电缆的损坏较易被忽略,但正是这一忽略易造成事故。在重新工作前要仔细检查是否存在漏电、电连接脱开等现象。

③ 移动物体部件的障碍物。重新开始推进之前,必须检查确定每个可移动的部件(拼装装置、液压缸等)在其移动行程范围内是否存在障碍物。

6.7.3　盾构机常见故障诊断与排除方法

1.液压缸

液压缸的主要故障诊断与排除方法见表6-17。

表 6-17　液压缸主要故障诊断与排除方法

故障现象	故障原因	排除方法
液压缸不能伸出或缩回	泵自身的故障	检查泵
	操作阀没有动作,油一直流回油箱	当阀门动作时,检查阀芯行程
		修理或更换O形密封圈等
	液压缸自身故障	更换密封,并且修理损坏的机械部件
	从溢流阀处漏油	修理溢流阀
液压缸伸出或缩回不平稳	操作阀机能不合理	检查操作阀
	泵的排油能力下降	检查泵
	液压缸自身故障	更换密封,并且修理损坏的机械部件
液压油压力显著上升	液压油液位不合适	补充液压油
	溢流阀设定的压力过高	调节设定压力,并冷却压力油
液压油泄漏	液压油黏度太低	冷却液压油
	密封壳体损坏	维修密封壳体
	密封圈本身和O形密封圈槽有缺陷	检查密封圈表面和O形密封圈槽,若有问题及时修复
	管接头变松	重新拧紧接头

2.液压泵

液压泵的主要故障诊断与排除方法见表6-18。

3.液压马达

液压马达的主要故障诊断与排除方法见表6-19。

4.油脂单元

油脂单元的主要故障诊断与排除方法见表6-20。

表 6-18　液压泵主要故障诊断与排除方法

故障现象	故障原因	排除方法
马达过载	转速和压力超过设定的值	重新设置,使得转速和压力达到原来设定的值
	在使用调整器的情况下,由于不适当的调节,导致过高的设定压力	重新调整调节器
	某个部件上的轴承损坏,导致泵的工作效率显著降低	更换轴承
	转动部分咬死和黏合	更换损坏部分
泵的排油能力下降,出口压力不能上升	油的黏度过高	控制黏度到正常值,提高油的温度
	管路中含有空气	排除空气
	吸油过滤器阻塞	清洁或更换滤芯
	泵的旋转方向不正确	重新连接电机电源线,使之按正确的方向转动
	泵转速过快	纠正到规定的转速
	泵转速比规定的速度低	纠正到规定的转速
	推进压力过低	调整推进压力
	管路阀和传动器处漏油	排除漏油
	溢流阀故障或压力调节器松动	更换溢流阀或重新设定压力,检查每个液压回路设备的漏油情况
	柱塞与连杆之间有不正常的过大间隙	更换柱塞组件,检查气穴现象
	柱塞和连杆之间出现故障	更换柱塞组件
	电磁阀电路出现故障	检修电路
		更换电磁阀
	密封不正常磨损	更换密封
	调整器出现故障	修理调整器
密封油泄漏	壳体压力过高	检查泄漏油管的长度以及是否被阻塞,若存在问题及时处理
	驱动轴偏离中心	使之重新回到中心位置
	密封圈边缘混入灰尘或有裂纹	更换油脂密封圈
	轴或工作杆有缺陷	检查驱动轴
	轴故障	全面修理或更换密封圈
		更换新油
从底座表面漏油	壳体压力过高	减小压力
	底座表面故障	整修底座表面
	壳体缺陷	维修或更换壳体
	螺栓松动或没有拧紧	重新拧紧螺栓
从螺堵和管路连接处漏油	密封圈缺少或损坏	更换密封圈
	螺堵松动或紧固扭矩不够	用足够的扭矩紧固
	底座表面故障	整修底座表面
	管接头螺纹接头部分有裂缝	更换接头,检查波动压力、振动等

续表

故障现象	故障原因	排除方法
泵出现不正常噪声	泵的气穴现象	按照规定处理
	柱塞和与连杆之间出现故障	更换柱塞和连杆
	泵的轴承出现故障和损坏	更换轴承
	在柱塞与连杆之间有过大的间隙	更换柱塞组件
	溢流阀问题	更换溢流阀
	转速过快	纠正转速到正常值
	泵安装错误导致振幅过大和共鸣发生	重新正确安装

表 6-19　液压马达主要故障诊断与排除方法

故障现象	故障原因	排除方法
马达不能转动	过载	减少载荷
	压力不能上升,没有流量	检查整个液压回路(管路阀、泵等)
	油液黏度不合适	以适当黏度的油液代替
	混入灰尘、废弃的液压油,由于气穴现象而引起内部部件的抱死或黏滞	从马达底部拆下泄漏油堵头,并检查是否有金属颗粒存在
马达的转速与设定的不一样	流量不够	检查液压泵的排量以及管路阀是否漏油;若漏油,及时采取措施
	油液黏度低,大量漏油	在操作中使用适当黏度和温度的油
	内部部件不正常磨耗	更换部件
漏油	裂缝和油脂密封圈磨损	更换油脂密封圈
		检查并重新整修密封圈接触表面
	密封油回流	若泄油压力过高,检查泄油管路,减少泄油压力至 0.1MPa 或更低
	螺栓松动造成从O形密封圈处漏油	以适当的紧固扭矩紧固螺栓
		更换O形密封圈
	O形密封圈缺陷造成漏油	更换O形密封圈
有不正常的噪声	空气滞留在液压回路和马达中	彻底将空气排出,在空载以及充满液压油的情况下启动马达
	马达的气穴现象	操作马达使之不产生负压
	在吸油管路中混入空气	检查并紧固管接头
温度不正常的升高	油箱中油量不足	补充油液
	马达抱死	检查马达,排除故障
	超压	调节到设定的压力

表 6-20　油脂单元主要故障诊断与排除方法

故障现象	故障原因	排除方法
泵不能启动	动力关闭	接通供电开关并操作启动电机
		用检测器检查基本电压情况,若存在问题及时调整
	电机线路断开	检查并修理电机线路

续表

故障现象	故障原因	排除方法
警报输出 (对启动开关反复进行关、启操作后,泵也不能启动,就会发出警报)	油脂桶空	向油脂桶中补充油脂
	电机过载	检查、修理
	活塞磨损(包括混入异物、缺乏润滑油)	更换活塞
	活塞坏掉 (混入异物)	更换活塞和连接活塞杆
	减速器磨损 (缺少齿轮、缺少润滑油)	更换减速器
	电机线路断开(电压只作用于三相中的两相)	检查和修理电机线路 修理电机
警报蜂鸣器发出响声 (对启动开关反复进行关、启操作后,泵能启动,但还是有警报输出,此后泵不再工作)	油脂阻塞	
	电机反转	交换三相电压中的两相
	泵中混入空气	关闭油标尺口的塞子
		净化油箱使空气排出
	由于油脂太硬造成油脂吸入失败	用软一点的油脂替换
	管线连接不正确	检查和修理管线
	从主管线和支管线处漏油	检查和修理管线
警报蜂鸣器发出响声 (对启动开关反复进行关、启操作后,泵能启动,但是警铃再次发出响声,此后泵停止工作)	在主要干管和支线管路中混入了大量空气	将一些接头处的管线断开,并在操作泵的过程中将空气从管线中排出
	在保护定时器上设置了不当的时间	设定注脂时间+5min(GT3定时器)
	限位开关故障或者接线错误	检查限位开关(尝试用手将它推下)或者作必要的修理
	在安全阀中混入灰尘	彻底检修以便清除灰尘
	方向阀出现故障	彻底检修
	活塞黏滞	
	由于磨损引起的间隙或运动	
	由于气缸和活塞的磨耗引起排放速度降低或者排放压力减少	调节或更换气缸和活塞间的薄垫片
泵运行产生很高的噪声或不正常的噪声	泵磨耗	更换减速器和油脂泵泵体
	润滑油油量不足	补充润滑油
泵压力量测指示器出现显著的闪亮	主管线和支管线中混入空气	将一些接头处管线断开,并使泵在清除空气和空载的情况下启动
水积聚在油箱中	补充的润滑油性能不符	检查润滑油并和厂家联系
	水溅到泵上	给泵覆盖上保护盖
	检查阀故障	做好彻底检查和清洗工作或者更换检查阀
一些分配阀的分支不能动作	分支杆被阻塞	检查并改进
	油脂管被破坏	检查和修理油脂管
	压力控制阀的压力改变量太低	调节压力
	由于混入灰尘导致分配阀黏滞	彻底检修、清洗或更换
所有的分配阀不能动作	在这种情况下有警报输出,参见前面相关部分	

第7章

异形断面隧道盾构

在隧道工程施工中,特别是公路、轨道交通隧道,实际使用面积通常为非圆隧道,当使用普通的圆形大直径的盾构掘进机,断面下部的开挖空间并没有得到充分利用,常用的处理方法是将多余空间再使用建筑材料填满,这种施工方法效率较低。因此运用异形盾构掘进机设备进行隧道非圆断面施工更加合理,可减少开挖面积,减少切削土量、澄土处理量和回填土量,从而提高效率和空间利用率,降低造价,使隧道施工技术更趋先进,在实际的隧道施工中具有十分重要的意义。

7.1 异形断面隧道盾构工法

隧道按其端面形式主要分为圆形隧道与异形隧道。圆形隧道全断面掘进技术日趋成熟,得到国内外广泛应用,与传统掘进方式相比效率得到很大提高。其隧道稳定性好、施工性能佳,但在某些应用领域中会出现无用断面区(即死区),导致断面浪费、不经济,限制了盾构有效利用地下空间。

近年来,可构筑非圆经济型断面隧道的特种盾构工法(也称异形盾构工法)悄然兴起。异形隧道包括矩形隧道、马蹄形隧道及拱形隧道等,与圆形隧道相比具有空间利用率高、功能匹配性强、可减少土方开挖、减少能耗等优点。异形盾构的出现改变了异形隧道只能采用明挖法、矿山法等传统工法,解决了高风险、高污染和低效率等问题。

2017年,我国在建和规划的超过40000km的隧道里程中,异形隧道占70%以上,总投资超过10万亿元,广泛应用于国防、能源、交通、水利、城市立体开发等重大领域(图7-1)。

图 7-1 异形隧道应用

7.1.1 圆形隧道改进的异形盾构工法

1. 圆形盾构隧道基础上人工扩挖法修建异形断面

当异形断面隧道长度相对圆形盾构施工总长占据很小的比例时，专门为长度相对较短的异形断面区段制造或购买一台异形盾构机不切合实际。因此在这种需修建扩挖的异形断面施工时，通常采用在圆形盾构施工完成后用传统方法进行扩挖的施工方法。即在全部或部分暗挖区间以圆形盾构法施工先行贯通，在已经形成的区间隧道基础上再用不同方式对车站、渡线室、联络通道等特殊异形断面进行扩挖。这样不仅可大幅缩短建设周期，提高地铁工程的建设质量，确保施工期间的安全，减小对周围环境的影响，而且能通过圆形盾构掘进机的长距离应用，产生规模效益，从总体上较大幅度地降低工程造价。图7-2是以盾构隧道为拱座基础修建单拱结构的示意图，它的特点是用盾构修建两侧隧道，在隧道内部模筑混凝土拱座，然后用若干小型盾构修筑上部拱式结构体，在上部结构体的保护下采用人工开挖，此方法是典型的盾构隧道基础上进行人工扩挖修建异形断面的实例之一。

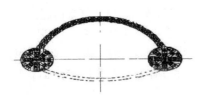

图7-2 盾构隧道为拱座基础修建单拱结构示意图

2. 局部扩大盾构工法

局部扩大盾构工法又称扩径盾构施工法，是对原有圆形盾构隧道上的部分区间进行直径扩展。施工时，先依次撤除原有部分衬砌，挖去部分围岩，修建能够设置扩径盾构的空间作为其始发基地。随着衬砌的撤除，原有隧道的结构、作用荷载和应力将发生变化，所以必须在原有隧道开孔部及附近采取加固措施。扩径盾构在撤除衬砌的空间里组装完成后便

可进行掘进，为使推力均匀作用于围岩，需要设置合适的反力支承装置。当盾体尾部围岩抗力不足时，需要采用增加围岩强度的措施，也可设置将推力转移到原有管片上的装置。扩径盾构的施工工艺主要包括：一次盾构掘进，修建一次盾构基地；圆周盾构掘进，完成扩径盾构出发基地；组装扩径盾构，扩径盾构掘进，完成扩径等。

扩径盾构在国外也是一项先进的施工技术，正获得越来越广泛地运用。显然，扩径部位是特殊的异形断面，该部位的应力状态非常复杂。

如图7-3所示，局部扩大盾构工法就是在隧道任意位置对局部断面进行扩大的一种施工方法，其主要施工过程如下：

（1）正常段施工。首先进行等断面正常段隧道的施工，在局部断面扩大部分设置特殊管片，在正常段和特殊段管片之间同时设置导向环。

（2）圆周盾构反力支墩施工。拆除特殊段下部的预制扇形衬砌块，设置围护结构后进行土体开挖，必要时可对局部土体进行加固，浇筑圆周盾构掘进时的反力支墩。

（3）扩大部盾构的反力承台制作。在扩大部基础内的导向环片上安装圆周盾构后，边掘进边拼装圆周管片，最后形成扩大部盾构的反力承台（始发基地）。

（4）扩大部盾构安装和掘进。在始发基地内安装扩大部盾构，进行扩大部隧道开挖。

局部扩大盾构法可根据用途在任何位置以任意长度对隧道进行局部扩大，局部扩大后的断面形状仍然是圆形，故其力学性能保持圆形断面的良好特性，也可进行左右和上下全方位偏心局部扩大。较开挖式施工法相比，工程费用和工期可以在一定程度上减少。无须设置施工场地和工作井，对周边环境的影响小。

局部扩大盾构工法需注意以下事项：

（1）扩径盾构机长应尽可能缩短，以缩小出发基地的规模。根据原有隧道内的运输设施，对出发基地内的组装大小及质量进行分割。

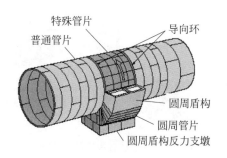

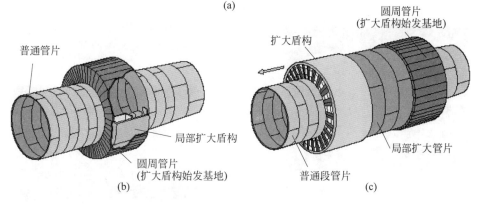

图 7-3　局部扩大盾构工法施工原理示意图
（a）反力支墩和扩大部盾构反力承台施工；（b）扩大部盾构安装；（c）扩大部盾构掘进

（2）开挖面作业空间会影响盾构开挖作业效率，需从考虑作业高效性角度决定，最小开挖高度不小于 30cm。

（3）配备能够迅速进行扩径管片组装和原有管片拆卸的装置。由于修建扩径盾构出发基地时，应依次拆除部分衬砌和挖去部分围岩，修建能够设置扩径盾构的空间，这将导致原有隧道的结构作用荷载和应力发生变化，所以需在原有隧道开孔部及其附近加固隧道外，通过测量掌握衬砌应力，在监视围岩状态的同时谨慎施工。图 7-4 是扩径盾构机及其修建的扩径隧道图片。

图 7-4　局部扩大盾构机施工

3．H&V 盾构施工法

H&V 盾构施工法（图 7-5），即水平和垂直变化的盾构施工法（horizontal varition & vertical varition），盾构由具有铰接构造的多个圆形盾构组成，通过使数个前盾各自向相反的方向铰接，给盾构施加旋转力，进行螺旋形掘进，可从一个横向平行的盾构连续变换到纵向平行盾构。H&V 盾构施工法可同时开挖多条隧道（图 7-6），推进方式有像绳子一样互相纠缠在一起的螺旋式推进和让其中的某一个断面从中独立出去的分叉式推进两种方式。可根据隧道的施工条件和用途在地下自由地掘进和改变隧道断面形式和走向，可以随时根据设计条件不断地改变断面形状，开挖成螺旋形曲线双断面。两条隧道的衬砌各自独立，由于两条隧道作为一个整体来施工，可解决两条隧道邻近施工的干扰和影响问题。

H&V 盾构施工法具有如下特点：

（1）特制的铰接式改向装置，对盾构姿态及方向的控制比较容易；各盾构驱动装置和开挖装置相互独立，可根据不同土质情况对开挖

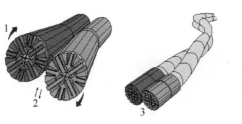
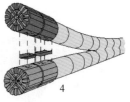

图 7-5　H&V 盾构施工法

1—螺旋方向；2—铰接方向；3—横纵区间；4—分叉

图 7-6　H&V 盾构施工法的施工隧道

面分别进行管理，也可自由选择泥水式盾构机或土压式盾构机进行开挖。

（2）隧道断面在地下可自由过渡和转换，无须设置工作井，因此对缩短工期和降低成本有利。

（3）可根据需要自由选择断面形式，但保留了单圆盾构良好的力学特性。

（4）线形设计时可不受周边障碍物限制。

7.1.2　非圆隧道的异形盾构工法

1.　球体盾构施工法

球体盾构亦称直角盾构（图 7-7），刀盘部分设计为球体，可以进行转向，其特点是刀盘装在球体上，球体能相对盾壳旋转。球体盾构可以任意方向掘进，垂直向上或向下、水平或任意倾斜方向。球体盾构施工法又称直角方向连续掘进施工法，主要是在难以保证盾构竖井的用地或需要进行直角转弯时使用。球体盾构施工法分为"纵-横"和"横-横"两种。采用球体盾构有可能用一台盾构在地下进行任意方向的长时间连续切削，当刀头磨损时，可通过球体旋转将刀头转至后方，施工人员直接进入盾构更换刀头。挖大深度隧道时，可用球体盾构向下掘进，到达所需深度时，球体转 90°变

成水平切削，最后还能向上掘削从地中钻出。施工中不需挖又大又深的基坑，但切削控制较为困难。

图 7-7　$\phi3.94\text{m}\times\phi2.68\text{m}$ 球体盾构掘进机

球体盾构施工法利用球体本身可自由旋转的特点，将一球体内藏于先行主机盾构内部，在球体内部又设计一个后续次机盾构；待先行盾构完成前期开挖后，利用球体的旋转改变隧道推进方向，进行后期隧道的开挖。球体盾构又分为纵横式连续推进球体盾构（图 7-8）、横横式连续推进球体盾构和长距离开挖球体盾构（图 7-9）。

以纵横式球体盾构为例，简要介绍其特点如下：

（1）因竖向工作井和横向盾构隧道是连续推进的，故该型盾构无须考虑盾构进出洞时土体加固处理和漏水等技术问题，提高了大深度工作井和隧道施工安全性和施工速度，对缩短施工工期起到了积极作用。

（2）竖向工作井施工时，对周围环境和地基沉降的影响较一般施工法要小。

（3）竖向工作井内部空间和井壁厚度都可减小，节省工作井工程费用。

（4）隧道推进过程中开挖刀具的交换和维修非常方便，更适用于长距离隧道的开挖。

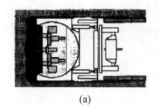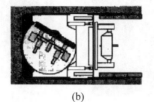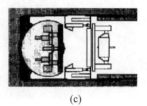

(a)　　　　　　　　　(b)　　　　　　　　　(c)

图 7-8　纵横式连续推进球体盾构的开挖

（a）竖向工作井开挖；（b）球体旋转；（c）横向隧道开挖

(a)　　　　　　　　　(b)　　　　　　　　　(c)

图 7-9　长距离开挖球体盾构刀具交换示意图

（a）刀盘回缩收藏；（b）球体旋转；（c）刀具交换

2. 双圆盾构工法

如图 7-10 所示，双圆盾构（double-O-tube-method，DOT）工法属于多圆盾构（multi-circular face，MF）工法的一种。不同于 MF 工法，双圆盾构工法是利用泥水加压盾构的切削器轮辐形状，将 2 个切削器用同一个平面内的齿轮装配成盾构来开挖隧道的工法，且邻接切削器不产生接触冲突，相互之间按相反方向旋转，进行同步控制。

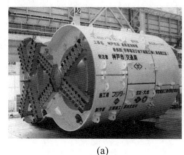

(a)　　　　　　　　　　　　　　(b)

图 7-10　双圆盾构

DOT 工法开挖空间小，故与盾构相配套的竖井施工深度和宽度都可以相应减小。隧道断面形式多样化，其中圆形断面可进行左右、上下等任意组合，以便与周边状况和工程条件相匹配。图 7-11 是采用双圆盾构开挖的异形断面隧道。

3. 多圆盾构施工法

多圆盾构施工法是将几只圆形盾构机的切削刀盘，按前后错开，并使一部分重叠的盾构机，以此构筑多圆形断面的隧道施工法

图 7-11　双圆盾构开挖的隧道

(图 7-12)。通过将圆形作各种各样的组合,可以构筑成多种多样断面的隧道。MF 盾构可以采用泥水式、土压平衡式两种类型,适用于地铁车站、地铁车道、地下停车场、共同沟的施工,其缺点是结构较为复杂,制造困难。

图 7-12　多圆盾构掘进机

多圆盾构工法隧道与其他施工方法建造的隧道或盾构法施工的一个大的单圆隧道和两个独立的中等大小的单圆隧道相比,主要具有以下优点:

(1) 开挖断面最小,能有效利用地下空间。

(2) 减少相邻两条隧道单独施工时的相互影响。

(3) 适用于狭窄街道、建筑物密集区域施工双线隧道。

(4) 在深埋的条件下,以较快速度和较低工程造价建造地铁车站(图 7-13)。因此,在高楼林立、街道狭窄、地下管道密集的地段建造双线隧道,或在原有地下构筑物附近(如多条地

铁交汇的枢纽站)建造有上下方向制约的地铁区间隧道、车站的工程中,多圆盾构工法施工有着独特的优点,有时甚至是其他施工方法无法替代的。

图 7-13　三圆盾构掘进和拼装地铁车站

4. 自由断面盾构法

自由断面盾构法是在一个普通圆形盾构主刀盘的外侧设置数个规模比主刀盘小的行星刀盘,如图 7-14 所示。随着主刀盘的旋转,行星刀盘在外围作自转的同时绕主刀盘公转,行星刀盘公转轨道由行星刀盘扇动臂的扇动角度确定。通过对行星刀盘扇动臂的调节,可开挖各种非圆形断面隧道。换言之,通过对行星刀盘公转轨道的设计,可选择如矩形断面、椭圆形断面、马蹄形断面和卵形断面等非圆形断面。自由断面盾构法尤其适用于地下空间受限制的场合,如穿梭于既成管线和水道之间的中小型隧道工程。

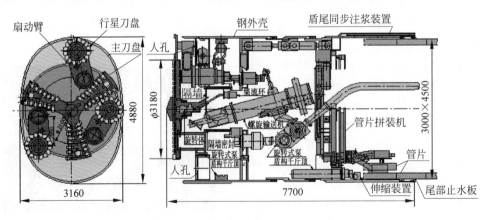

图 7-14　自由断面盾构构造示意图

该工法可开挖多种非圆断面隧道,可选择细长型断面以有效利用宽度或深度受限制的地下空间;可根据不同使用目的合理选择不同断面。例如,共同沟和电力管线等选择矩形断面,公路和铁路隧道则选择马蹄形断面等。

5. 偏心多轴盾构施工法

偏心多轴(DPLEX)盾构施工法,是在数台驱动主轴的前端垂直于主轴方向固定一组曲柄轴,在曲柄轴上再支承切削器(刀架),当其在同一平面内按圆弧运动方向旋转驱动轴时,切削器机架作平行环运动,能够掘削和这个切削器(刀架)形状大致相似的隧道断面。因此,只要是变换切削器机架的形状,就可以筑造出矩、椭圆形、马蹄形、带有突起的圆形以及圆环形等多种多样断面的隧道。缺点是刀架结构复杂,不易制造。

开挖圆形断面和矩形断面的偏心多轴盾构刀盘示意图如图 7-15 所示。图中所示的矩形断面切削器转动刀架上,配置着切削刀头。所有的刀头作同一半径的圆周运动,可以切削长方形范围内的土体。采用这种掘削机构的切削刀头,并不是按以往的一个方向掘削,而是将可以按上下、左右方向上掘削的十字盖钣刀头作为主刀头,同时配置可掘削两个方向的盖钣刀头以掘削全断面。

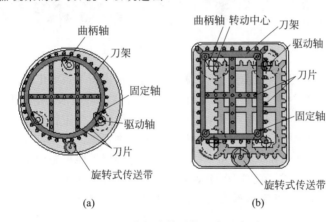

图 7-15　偏心多轴盾构刀盘示意图
(a) 圆形断面;(b) 矩形断面

偏心多轴盾构施工法具有以下特性:

(1) 对任意断面均可掘削。改变切削器的形状,就可以掘削成圆形、矩形、马蹄形等任意断面形状隧道。为此,结合隧道使用目的可以选定最为合理的断面形状,可容易对付地下的制约条件,以控制建设过程中的副产品的产生。

(2) 切削器扭矩小。由于切削器的旋转半径较小,因此掘削器扭矩值较小,使切削器的装备扭矩、输出值可以变小。数台驱动部分可以成为紧凑的机组,对搬运、装配和解体较容易,特别是对大断面的盾构机的运行更加有利。

(3) 切削器刀头的磨耗小。切削器的旋转半径较小,所有刀头的滑动距离可以比较短,因此切削器刀头的磨耗最小,可以完成比以往的盾构机掘进距离长 3~4 倍的工作。

(4) 可全断面机内注浆。由于切削器驱动部分非常紧凑,可以做到从机内进行全断面的地基加固。可以在小半径曲线范围内撤出地层中的障碍物。此外,由于可以装备较大尺寸的人孔构造,对障碍物的撤除可以做得安全、可靠。

6. 摆动型盾构工法

摆动型盾构工法(wagging catter shield method),是具有通过切削器刀头在一定的角度内,一面作往复运动、一面掘进的新型掘削机构的盾构工法。摆动型盾构是通过油压千斤顶切削器摆动机构,并兼用切削器辐条伸缩机构,专门对付非圆形断面掘削的盾构机种。

为避开在繁华街道路面正下方的埋设物，在浅覆土的场合下，用非开挖手段设置人行连络通道，人们开始探究合理的矩形盾构机，这也是摆动型盾构工法开发的起源。

对以往圆形盾构机而言，多数使用电动机驱动，在盾构机内部的机器配置复杂，加上驱动用马达突出在隧道轴线方向上，使整个盾构机机身长度难以缩短。

摆动型盾构采用少量的摆动千斤顶来驱动切削器刀头，使得盾构机的内部布置趋于简捷化，能缩短盾构机机长。因此，具有使始发工作井小型化和对小半径曲线适用性提高等优点。在兼用了伸缩自如的超挖切刀后，可用于圆形、矩形和复圆形在内的各种形状的盾构隧道(图 7-16)。特别是矩形隧道，无间隙地配置数台旋转切削器，相对于以往的矩形盾构工法，掘削机构更加简单。

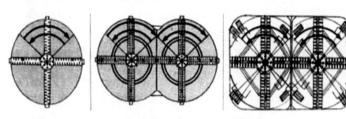

图 7-16　掘削形状不同的摆动型掘削机构

对于扁平形断面，采用钢筋混凝土(RC)衬砌结构的管片衬砌，一次衬砌后再施工二次衬砌，作成复合结构(S+RC)方式及高刚性的钢结构(S 或者 DC)的管片结构方式。与以往的圆形断面相比，由于盾构机和掘削土量均小，达到了降低工程费用的要求。此外，由于能抑制整个断面高度的降低，可以完成覆土较浅的隧道建造。

摆动型盾构工法的关键技术介绍如下：

1）切削器摆动机构

切削器摆动方式是通过介于扭矩力臂的油压千斤顶的伸缩，使切削器刀头在大约 95°的范围内摆动驱动。相对于以往的马达和齿轮的高精度结构，作为由油压千斤顶、连杆和销轴组成的驱动结构，可以使机构精简(图 7-17)。

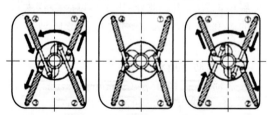

图 7-17　切削器摆动机构

切削器刀头输出扭矩，对于旋转切削器方式是固定的，而对于切削器摆动方式，每次摆动角度输出扭矩是变化的。

如图 7-18 所示的油压千斤顶配置，靠近摆动尾端的输出扭矩值降低。对于砂砾层、黏着性高的洪积黏性土等，以及在矩形掘削的角隅部位等特别需要扭矩的地方，必须作成辅助方式。为了降低这些部分的输出扭矩，有时需采用辅助千斤顶方式。在摆动到一定角度阶段时，增加辅助千斤顶油压，使输出扭矩随之增加。

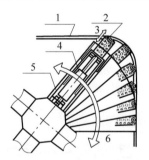

图 7-18　超挖切刀动作状态

1—盾构机外壳钢板；2—超挖切削器；3—伸缩；4—油压千斤顶；5—切削器摆动式刀盘；6—摆动

2）超挖转动刀具

在矩形和异形断面的掘削中，使用切削器辐条摆动掘削，掘削不到的区域通过内藏油压千斤顶等伸缩式的超挖转动刀具掘削，超挖刀具相当于往常的仿形切刀。为了能高速且作经常性伸缩，轴承、土砂密封和润滑密封等耐久性构件采用的是耐久性材料。

超挖转动刀具是驱使油压千斤顶配合切削器刀头的摆动角度伸缩,其端头的切刀沿着盾构机外壳板外形线进行掘削(图7-18)。

3) 道钉式刀头

在非圆形的摆动型盾构工法中,使用的是长冲程式超挖转动刀具,要求具有比普通切削刀具更高耐久性和可靠性。在这种刀具上设置的刀头随伸缩动作完成掘进方向、摆动方向和半径方向上的三次掘削,如图7-19所示。

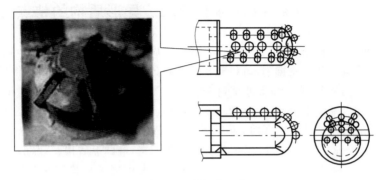

图 7-19　道钉式刀头

道钉式刀头具有五角锥状的外形,顶端角锥的各棱线上镶嵌有超硬质刀刃,是一种伸缩时具备贯入切削功能,摆动时具备前后切入切削功能的高性能切削刀头。

4) 拼装器

在矩形和异形断面盾构隧道中,由于每块管片形状是不尽相同的,仅靠过去拼装器上的转动、升降、滑动的动作,是不可完成拼装的。特别是在矩形盾构隧道中,角隅部分管片的左右滑动、侧倾转弯等功能,是要附加在拼装器上的。如图7-20所示,作成横向长和竖向长那样的异形断面盾构机,要求开发出能附加高功能的拼装器。

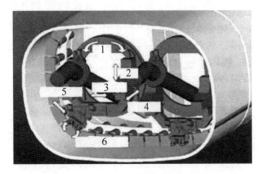

图 7-20　矩形盾构机用拼装器

1—转动;2—升降;3—左右滑动;4—前后滑动;
5—左右微微滑动;6—侧倾变曲

5) 制止土压力变动装置

随着超挖转动刀具的伸缩行进,在切削器刀具密封舱内发生了体积变化,特别是对于在大型超挖转动刀具伸缩场合下,有可能发生大的密封舱内土压力的变动。为了制止这种现象,特开发了保证开挖面稳定、制止舱内土压力变动装置。该装置是通过设置在盾构机隔墙上的伸缩活塞,将超挖刀具伸长时容纳活塞体积的变化予以抵消。由于和超挖刀具联动,因此抑制土压力变动的效果是比较明显的。

7.1.3　异形盾构的其他工法

1. 行星切削式盾构施工法

行星切削式盾构的切削刀盘由1个辐条形刀盘和2个与其相交的呈树叶状的行星刀盘组成,其转动由行星机构实现,行星刀盘与行星轮连接。掘削式行星刀盘的转向与辐条形刀盘的转向相反,行星刀盘上安装有能够各方向切削的刀头。通过控制安装在主刀盘和行星刀盘上的4个副刀盘,可以多掘削上下左右各100mm。通过选择行星刀盘的形状及辐条形刀盘和行星刀盘之间的速比进行掘削,即可获得正五角形、椭圆形、矩形等各种断面形状的隧道。行星切削式盾构的缺点是结构非常复杂,制造成本高。

2. 变形断面盾构施工法

变形断面盾构通过主刀和超挖刀相结合,其中主刀用于掘进圆形断面的中央部分,超挖刀用于掘进周围部分。根据主刀的每个旋转相位,通过自动控制系统调节液压千斤顶的伸缩行程进行超挖,调节超挖刀的振幅,可施工任意断面形状的截面。

3. 椭圆断面盾构施工法

将圆形断面盾构刀盘倾斜掘削,就得到椭圆形断面的隧道。这种隧道与圆形断面隧道相比,可减少开挖面,掘削土量、碴土处理量和回填土量少,效率高、经济性好。同时,由于掘削面是倾斜的,开挖面土体稳定性好,但缺点是刀盘倾斜后受力不平衡。

4. 机械式盾构对接技术(MSD 法)

机械式盾构对接技术(mechanical shield docking,MSD),是指采用机械式盾构对接的一种地下接合的盾构施工法。通过在 2 台盾构的前缘设置对接装置,有效地解决了地中接合的难题。MSD 法施工时,一台为发射盾构,另一台为接收盾构。发射盾构一侧安装可前后移动的圆形钢套,而在接收盾构一侧的插槽内设置抗压橡胶密封止水条。

5. 箱形盾构施工法

箱形盾构的刀盘由滚筒形刀盘和盘形刀盘组成,盘形刀盘配置在滚筒形刀盘之间,可以实现全断面掘削。掘削刀尖在掘削面具有均匀的切削速度,不存在圆形盾构那样的中心部与外周之间的速度差,能保持开挖面的稳定。箱形盾构刀盘上安装有侧边掘削刀,刀盘相对于盾壳可以偏转,通过转向千斤顶可以像圆形盾构那样进行曲线隧道施工。

改变刀盘形状和刀盘回转轴的方向,可以掘削出矩形断面以外的轴对称的各种断面形状的隧道。箱形盾构可以分离和合并使用,分别用于地铁车站的施工和地铁车站之间隧道的掘削,在用地有限制的区域可以使隧道转移至上面或下面结构,形成自然的线形。采用中、小尺寸的箱形盾构,根据工期选择盾构的台数,分别采用分块施工或整体施工的方法,

先完成隧道外周部和隔墙的施工,然后掘削内部,完成大断面的隧道施工。箱形盾构能够实现隧道断面的有效利用,可适用于大断面、大深度的地下空间开发。缺点是适用范围较小,不利于推广。

7.2　异形盾构的特点

盾构掘进机已广泛用于地铁、铁路、公路、市政、水电等隧道工程。盾构根据其断面形状可分为单圆盾构、复圆盾构(多圆盾构)、非圆盾构。复圆盾构可分为双圆盾构和三圆盾构及多圆盾构等;非圆盾构可分为矩形盾构、类矩形盾构、椭圆形盾构、马蹄形盾构、半圆形盾构等。其中复圆盾构和非圆盾构统称为异形盾构。异形盾构的分类见表 7-1。

表 7-1　异形盾构的分类

类型	项　　目
复圆盾构	双圆盾构、三圆盾构、多圆盾构等
非圆盾构	矩形盾构、类矩形盾构、椭圆形盾构、马蹄形盾构、半圆形盾构等

7.2.1　异形盾构的功用及特点

盾构掘进机问世至今,主要是以圆形盾构掘进机为主,然而随着地下空间不断深入开发和利用,人们对隧道的功能提出了新的要求和隧道断面的多样化需求。人们发现利用圆形盾构掘进机加工异形断面隧道,如门洞形、椭圆形、弓形、矩形等时,往往会造成断面利用率低、空间浪费等弊端。而采用异形断面盾构更加合理,可减少开挖面积,减少切削土量、澄土处理量和回填土量,从而提高效率和空间利用率,降低造价,使隧道施工技术更趋先进。

1. 异形盾构的功用

行业内把隧道分为圆形和异形隧道,圆形掘进机(TBM 和圆形断面盾构)技术已经比较成熟,推动了圆形隧道在城市轨道交通等领域的快速发展。但对隧道结构而言,异形断面具有空间利用率高、功能匹配性强等显著优点,可以减少土方开挖和空间浪费,降能耗、减成

本、提效率。十年前,异形隧道建设只能采用明挖法、矿山法等传统工法,存在高风险、高污染、低效率等重大社会环境经济问题。异形盾构掘进机的原理就是挖掘符合爆破法和新奥法施工的隧道断面,用异形截面来消除圆形截面的缺点。在实际的隧道施工中,运用异形盾构掘进施工成本要明显低于圆形盾构,具体比较如下:

(1) 由于开挖面缩小,岩石挖掘的成本降低了 20%～30%,电力和换刀时间成本也有所降低;

(2) 隧道衬砌周长减少 15%～20%;

(3) 路基和铁路站台以下空间不必回填和夯实,从而加快施工速度;

(4) 复杂盾构机的初期造价较高;

(5) 衬砌管片数较多。

2. 异形盾构的工作特点

基于先进制造的异形掘进机的开发,是一种可实现异形隧道施工机械化、自动化、信息化作业的大国重器。近几年,国内外异形盾构研究领域已经填补了多项世界空白。异形盾构的研发,首先要突破三大难题。

(1) 开挖成形难。相比圆形盾构掘进机单一刀盘回转切削,异形盾构掘进机其形状不规则,全断面切削难度大,如图 7-21 所示。

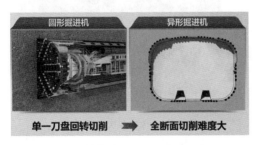

图 7-21 圆形和异形断面切削难度对比

(2) 位姿控形难。相比圆形盾构掘进机轴线偏转单维度控制,异形盾构掘进机存在轴线偏转、姿态滚转等多维度协同控制难题,如图 7-22 所示。

(3) 拼装定型难。相比圆形单曲率管片唯一圆心回转拼装,异形多曲率管片运动轨迹复杂,拼装机构设计难点多,如图 7-23 所示。

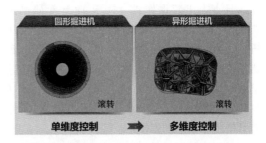

图 7-22 圆形和异形断面切削滚转控制对比

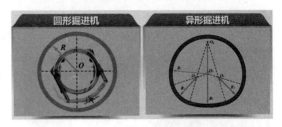

图 7-23 圆形和异形断面管片拼装难度对比

设计与研发异形断面盾构是当前各国迫切需要研究解决的重大问题。我国企业针对三大难题主要采用协同开挖系统、多维度位姿测控技术,以及多曲率管片拼装装备等解决策略,并且取得重大成果,如图 7-24 所示。

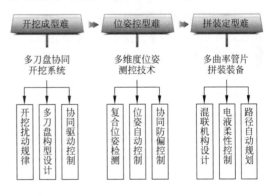

图 7-24 异形盾构的研发策略

7.2.2 异形盾构国内外发展

国际方面,1965—1968 年,日本名古屋和东京都采用了 4.29m×3.09m 手掘式矩形盾构,掘进 2 条长 534m 和 298m 的共同沟;1981 年日本名古屋中部电力公司采用的 5.23m×4.38m 手掘式矩形盾构,掘进 1 条长 374m 的电力隧道。

日本大丰建设株式会社于1995年研制成功第一台4.38m×3.98m矩形偏心多轴土压盾构,利用曲轴连杆传动原理,带动矩形刀盘切削土砂。偏心多轴盾构与单圆盾构相比,除了可以切削任意截面的隧道外,还具有刀盘切削扭矩小、驱动马达动力小、不用大轴承、周边刀具磨损小、制造成本低等优点。

图7-25是日本小松建机制作的矩形盾构,它用于日本京都地铁施工。该机型是世界上首个用于地铁施工的矩形盾构,刀盘采用两个双十字伸缩回转驱动液压缸结构。

图7-25　日本小松产矩形盾构

国内早先进行地下矩形断面的构筑物施工,一般采用开挖浇筑、开挖埋设预制构件、气压沉箱和箱涵顶进等方法,上述方法在城市地下施工中不同程度上受到了环境、工况、施工长度、质量和掘进精度等条件的限制。

针对这些问题,国内一些专业从事地下施工的企业开始对矩形掘进机隧道施工技术展开了研究,并取得成功。我国异形盾构施工技术起步虽晚,但自20世纪90年代以来得到了较大发展。上海隧道股份有限公司于1995年开始研究矩形隧道技术,1996年研制了1台2.5m×2.5m的可变网络矩形顶管掘进机,顶进矩形隧道60m,解决了推进轴线控制、纠偏技术、沉降控制、隧道结构等技术难题。1995年5月上海隧道股份有限公司自行研制成功国内第一台3.8m×3.8m矩形组合刀盘土压平衡盾构,在浦东地铁2号线陆家嘴车站5号出入口,掘进120m,建成了2条截面3.0m×3.0m,长62m的地下人行通道,使我国在异形断面隧道的开发研究方面开始进入世界先进

行列。该设备又在昆山、上海蕴草洪和人民广场等地的人行通道施工中得到应用。图7-26是贯通的矩形断面形状的地下人行通道。

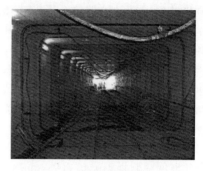

图7-26　贯通的地下人行通道

上海的M8线地铁隧道工程由上海隧道股份有限公司与日本大丰建设株式会社合作施工,采用双圆隧道盾构掘进技术,是我国第一条双圆隧道实际应用工程。中国第一台双圆土压平衡盾构如图7-27所示,在上海隧道股份有限公司机械厂总装成功。这台双圆盾构的总装成功,不仅标志着上海隧道股份有限公司在应用新技术、新设备、新工艺和新材料方面跨出了一大步,更标志着中国隧道施工综合技术向前挺进了一大步。

图7-27　双圆土压平衡盾构

2004年1月6日,由上海隧道股份有限公司承建的中国第一条地铁双圆隧道胜利贯通。上海隧道股份有限公司历经5年艰苦磨砺,掌握了双圆盾构关键技术和推进技术,为地铁隧道建设提供了新的工法。双圆盾构施工不仅节约了地下有限的土地资源,而且对高楼林立、地下障碍物较多的上海地区地铁施工具有较为实用的使用价值。更为瞩目的是,双圆盾构一次推进可同时建造两条隧道,大大节省了

施工时间,对上海地区轨道交通网尚未完成的十多条地铁线路的早日建成具有积极意义。

双圆盾构技术是上海隧道股份有限公司科技创新、研制异形盾构的一个突破,它的成功推进对我国大城市道路发展,尤其是减少城市高架道路,加大地下公路和地下高速公路的建设提供一个可行的技术手段,其使用价值将在今后城市地下空间的建设中进一步显现。

截至2017年,中铁隧道公司等单位已经研发了多种异形盾构,研制出世界首台异形管片拼装机,攻克了多曲率异形管片拼装新技术,拼装所用时间与圆形掘进机相当,精准度提高40%。解决了三单到三多的三大世界难题,研制出超大断面矩形、马蹄形等多种世界首台异形掘进机,形成了系统的设计、制造、生产管理体系,建立了成套生产线,成为全球最大异形掘进机制造基地。填补了行业空白,全面攻克了难度远大于圆形盾构的异形盾构掘进机技术难关,现在适应性、精度等技术指标方面,全面超越国外知名品牌圆形掘进机。

7.2.3　异形盾构的结构组成

异形盾构的结构特点是根据要开挖的隧道断面形状专门设计,有些结构是由施工工法决定的,一些异形盾构结构特点可以参考7.1节异形断面隧道盾构工法的介绍。

1. 复圆盾构

复圆盾构主要包括双圆盾构、三圆盾构及多圆盾构等,基本组成是相似的,这里主要以双圆盾构为例进行介绍。

土压平衡式双圆盾构是在一个平面上配置两个相同直径的圆形刀盘的加泥式土压平衡盾构。作为一种土压式掘进机,它利用两个辐条式的刀盘切削前方的土体,切削下来的土体进入土舱,借助千斤顶的支护力使土舱内的土体产生一定的土压,以平衡开挖面前方的水土压力。在施工过程中,要求在土舱内的土压保持平衡的同时进行掘进,因此需要根据监测到的土压对千斤顶的推进速度和螺旋排土器的转速进行调整,从而尽量减少盾构掘进对周围土体的扰动。

双圆盾构机主要组成系统包括:刀盘切削系统,驱动推进系统,加泥与注浆系统,螺旋输送机系统,管片吊运与拼装系统,监控系统及综合管理系统等。施工的主要工序包括:施工准备,施工测量,土压力设定,盾构掘进,衬砌管片安装,同步注浆,盾构出洞,盾构设备拆除、吊出等。

(1) 刀盘切削系统为盾构机最为重要的系统之一,其主要功能是将盾构机前方的土体切削、搅拌,便于排土,同时也起到减小盾构推进阻力、保持开挖面土体稳定等重要作用。刀盘结构一般采用辐条加面板式,驱动采用电驱动或液压驱动。

(2) 驱动推进系统是盾构机前进的唯一动力。主要功能为以已拼管片作为支撑点,克服盾构机前方土体压力及其他阻力,使盾构机向前掘进;完成一环的推进后,可通过液压缸的伸缩进行新一环管片的拼装及固定;通过调节四个区域千斤顶的油压来控制盾构前进的方向。推进系统以液压为动力,通过液压缸产生向前的推进力。

(3) 螺旋输送机系统的主要功能是将刀盘切削下来的土从土仓内排出,并通过自动控制螺旋机转速来控制出土量,达到土仓内土压平衡的目的,即土仓内的进土量与出土量相等,维持盾构刀盘正面的土压力,将地面沉降控制到最小。螺旋输送机一般采用有杆式结构,驱动方式采用液压驱动,通过改变电液控制泵的控制电流来改变泵的输出流量,从而改变螺旋机液压缸的转速。筒体后部出土口处设有液压缸驱动的闸门,该闸门在断电情况下通过所配备的储能器紧急关闭闸门。

(4) 管片拼装机系统的主要功能是通过拼装机上具有的4个自由度动作进行管片的拼装。由于管片拼装机必须具有独立旋转的功能,所以一般设有独立的密封液压缸,并配备电缆卷筒进行电气控制。管片拼装机的回转驱动方式采用液压驱动,并配备失压制动器,其他动作采用液压缸驱动。

(5) 管片吊运系统的主要功能是将管片从管片运输小车上吊下运输至管片拼装位置。

管片吊运系统在车架内采用单梁电动葫芦驱动,在盾构机本体与车架之间采用双梁电动葫芦驱动。

2.非圆盾构

非圆盾构可分为矩形盾构、类矩形盾构、椭圆形盾构、马蹄形盾构、半圆形盾构等,接下来以矩形盾构为例进行介绍。

从使用功能看,公路隧道、铁路隧道、地铁隧道、人行地道、地下共同沟的断面形式以矩形最为合适和经济。与圆形断面相比,矩形断面的有效使用面积节约了45%以上,与双圆隧道相比,矩形断面有效使用面积节约了35%左右。随着隧道施工技术的提高,形成了局部气压、泥水加压(或附带气平衡)和土压平衡式等新型掘进机技术,掘进机刀盘也开发出反铲式、条幅式、面板式、大刀盘式、多刀盘式、组合刀盘式(带仿形刀)、滚刀式和偏心多轴式等类型,使矩形隧道施工有了更进一步的技术支持和安全保障。

矩形盾构机的基本结构形式与其他类型的盾构机相同,但是异形断面中的矩形断面切削,远比圆形断面复杂,其难点主要在于刀盘形式的设计。目前矩形刀盘的主要结构形式为以下三种。

1)组合刀盘式

在盾构机的端部装有若干台小刀盘,由多台小刀盘共同切削土体,切削面积一般能达到整个断面面积的60%~70%,小刀盘可单独运转。

2)中心大刀盘式

由一台大刀盘和多把伸缩刀(或仿形刀)组成切削刀组,大刀盘及仿形刀能实现正反转。中心大刀盘配多把仿形刀或伸缩刀的形式,结构对称、受力均匀,对土体扰动小,有利于机头的顶进,但传动系统较复杂。另外,这种刀盘只适应正方形断面。

3)多偏心轴式

刀盘上的每把刀具利用平行双曲柄机构的运动原理,以各自的支撑点为圆心,曲轴中心距为半径,作平面圆周运动。圆周运动与轴向方向的推进运动,合成实现了刀盘全断面的

切削掘进。由于此刀盘以多轴偏心驱动刀盘构成仿形切削系统,驱动装置较为复杂。

7.3 异形盾构产品及应用

7.3.1 复圆形盾构产品

1.组合多圆盾构

图7-28、图7-29分别展示了复圆盾构中的双圆盾构和三圆盾构,图7-30为组合多圆盾构。现有日本三菱公司的MF(复数刀盘盾构)和DOT(双刀盘盾构)盾构机,一次能把纵向截面、横向截面组合的隧道切削完成,这样可降低施工成本,并且能够自由组合各个刀盘的旋转方向和旋转速度。双圆盾构施工技术已引入我国,并已成功应用于上海轨道交通杨浦线和六号线的建设。与单圆盾构施工双线隧道相比,双圆盾构具有许多优势,它能够一次完成双线隧道,施工速度快,土方挖掘量少,隧道断面面积利用率高。双圆盾构正逐渐成为地铁隧道、道路隧道等地下工程施工的主流形式。

图7-28 双圆盾构

图7-29 三圆盾构

上海轨道交通六号线双圆隧道的单圆外径为6300mm,隧道衬砌每环宽1200mm,在两个单圆相交处采用海鸥块管片拼装。隧道覆土厚度为6.5~11.2m,掘进所在地层主要为砂

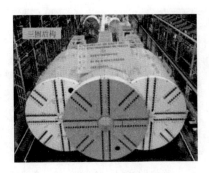

图 7-30　组合多圆盾构

质粉土夹粉质黏土、淤泥质粉质黏土和灰色淤泥质黏土，上覆土主要有杂填土和粉质黏土。

施工采用条幅式土压平衡双圆盾构机，单圆外径 6520mm，两圆圆心距 4600mm，切削面积 58.37m²。在长度方向上，双圆盾构机由切口环、支承环和盾尾三个部分组成，总长 7145mm，可进行转弯半径 300m 以上的曲线隧道推进。影响双圆盾构隧道地表沉降的施工参数主要有土仓压力、推进速度、出土量、同步注浆压力、注浆量和注浆开始时间。另外，其他一些施工参数，如盾构姿态和坡度、仿形刀超挖量、管片拼装质量等也对地面变形产生一定的影响。

2. 多圆盾构

拥有很特殊铰接机构的多圆盾构机如图 7-31 所示，是跨时代的盾构施工技术。左右独立的刀盘能向各自相反的方向弯曲，盾构机能螺旋状挖掘，这样，在隧道横向掘进即可改变成向纵向挖掘。多圆盾构机在日本和上海的城市地铁施工中都发挥了非常积极的作用。现在国内已经有多家企业可以根据工程要求设计和生产多圆盾构。

图 7-31　多圆盾构

7.3.2　非圆异形盾构产品

1. 异形截面盾构

图 7-32 所示为异形截面盾构外形图，由于采用了在截面中央挖掘圆形的主刀盘和在外周挖掘的摆动刀盘，所以可以挖掘椭圆形、矩形、马蹄形等任意截面形状，以椭圆形为主。摆动刀盘根据主刀盘的旋转相位自动控制液压缸的行程，这样就能挖掘任意截面了。

图 7-32　异形截面盾构

2. 矩形盾构

矩形盾构是最常见的异形隧道盾构掘进机，也有施工企业称为顶管机。图 7-33 为上海隧道工程集团研制的矩形盾构。图 7-34 是日本日立公司生产的矩形盾构。

图 7-33　上海隧道工程集团研制的矩形盾构

图 7-34　日本日立公司生产的矩形盾构

中国首台超大断面矩形盾构截面尺寸为 10.4m×7.5m,是我国盾构生产厂家自主研发生产的。2013 年 12 月 13 日,中铁装备自主研制的当时世界最大矩形顶管机在郑州经开区下线(图 7-35),用于郑州中州大道下穿隧道工程。

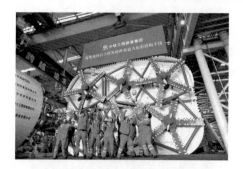

图 7-35　中国首台超大断面矩形盾构在
中铁装备下线

这台土压平衡矩形盾构,采用双螺旋机出土,矩形刀盘尺寸为 10.12m×7.47m(图 7-36),配备 6 组电机驱动,总驱动功率 180kW,扭矩 1444kN·m,最大转速 1r/min,可进行全断面切削;主轴承结构为滑动轴承加滚动轴承形式,盾体采用前铰接结构形式,主轴承和减速器设计寿命均大于 8000h。

图 7-36　落位的 CTE 10.12×7.47 大矩形盾构

同时下线的还有另一台稍小断面的土压平衡矩形盾构,也采用 6 个小刀盘共同组成一个大刀盘的形式,刀盘尺寸为 7.42m×5.42m(图 7-37),总驱动功率 90kW,扭矩 3576kN·m,最大转速 1.34r/min。一大一小两台矩形盾构共同投入郑州市红专路下穿中州大道隧道工程,总共进行了 4 次始发,4 次接收,2 次转场,2 次拆机撤场。

矩形盾构刀盘采用 6 个小刀盘共同组成

图 7-37　落位的 CTE7.42×5.42 小矩形盾构

一个大刀盘的创新组合方式,每个刀盘的转动方向均可独立控制,刀盘控制采用“上下对称,左右对称”的原则,有四种掘进模式可供选择,详见图 7-38。当顶管机发生滚转时,可通过 6 个或其中的多个刀盘同向转动使顶管获得某个方向的反扭矩,达到辅助滚转纠偏目的。

1) 典型案例一

郑州红专路下穿中州大道隧道设计标准为城市次干路,起始点位于红专路道路中心线,沿红专路向东,下穿中州大道,终点位于红专路与龙湖外环路交叉口处。隧道工程道路设计为双向四车道,单车道宽度为 3.5m,隧道机动车道顶管段、明挖暗埋段、U 形槽段净宽均为 2m×8.75m;两侧非机动车道顶管段、明挖暗埋段、U 形槽段净宽均为 6m。下穿隧道全长 801m,按只通行中小型客车设计,机动车道隧道设计净空不小于 4.5m,行车道宽度为 3.5m,道路侧向余宽不小于 0.5m;非机动车道隧道设计净空不小于 3.5m,长 720m,其中敞口段 383m,明挖暗埋段 232m,顶管段 105m。下穿隧道全长 801m,机动车道隧道长 680m,其中敞口段 343m,明挖暗埋段 232m,顶管段 105m。下穿隧道受中州大道管线及两侧道路影响,隧道设计最大埋深仅 4.2m,爬坡段最大纵坡 3.99%,横坡为 1.5%。平曲线最小半径 200m,竖曲线最小半径,凸形一般值 600m,凹形一般值 700m,设计速度均为 40km/h。地层主要为以杂填土、粉土、粉质黏土为主,局部有少量细砂等,地下水位埋深较浅,埋深为 2~6m,年变幅为 1.0~2.5m,赋存于第四系的松散沉积物中,单井出水量 500~1000m³/d。

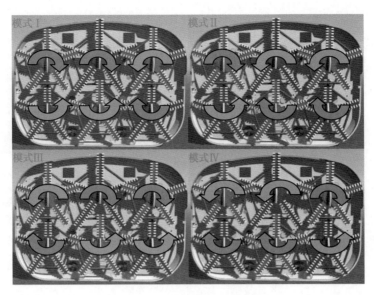

图 7-38 六刀盘控制的四种模式

该工程采用的土压平衡式矩形顶管技术，既具有了顶管机施工难度低、施工风险小、地层扰动少的特点，又具有了土压平衡盾构掘进速率高、开挖面稳定、地表沉降小的优点。相比圆形隧道，矩形隧道具有空间利用率高等优势，特别适用于下穿隧道、出入口通道等工程。采用矩形顶管技术不需要进行大面积的开挖作业，可以大幅度减少施工占地面积，并且大大减小了隧道的埋深，提高浅层地下空间的利用率，节约 35％ 以上的地下空间。所以，虽然郑州中州大道的地底正进行世界上最大、最长的矩形隧道工程，但地面上的交通仍然畅通无阻。图 7-39 是工程贯通时的情景。

图 7-39 郑州市红专路下穿中州大道隧道
顺利贯通

该项目攻克顶管姿态控制、纠偏措施、铰接纠偏、双螺旋机出土、六刀盘操控、注浆纠偏、小间距推进控制等关键控制技术，成功破解了顶管断面超大、覆土超浅、隧道间距小、距离管线近、推进长度长等施工难题，为今后国内同样尺寸的隧道建设提供了宝贵经验，也将我国矩形顶管施工提高到世界水平。

2）典型案例二

2015 年 12 月 25 日，由中铁工程装备集团有限公司自主研发制造的"开拓号"世界超大断面矩形盾构在大连乾亿制造基地下线。

该矩形盾构开挖断面宽 10.42m，高 7.55m，打破了 2014 年在郑州中州大道过街隧道使用的断面宽 10.12m、高 7.47m 的世界最大矩形断面记录，为当前世界之最。"开拓号"矩形盾构应用于天津地铁 11 号线黑牛城内江路站出入口过街通道施工，施工方为中铁隧道集团有限公司，如图 7-40 所示。

该矩形盾构在设计上采用两层六刀盘布置形式，相邻刀盘的切削区域相互交叉，断面开挖覆盖率达到 95％，由于采取了多刀盘小范围掘进方式，对地层扰动少。

3. 类矩形盾构

2015 年 11 月 30 日，由上海隧道工程股份有限公司自主研制的世界最大断面类矩形盾

图 7-40　最大断面矩形盾构应用于天津黑牛城道过街通道(中铁隧道集团施工)

构(11.83m×7.27m)在宁波轨道交通 3 号线顺利始发,这是中国制造并具有自主知识产权的世界首台超大断面类矩形盾构,标志着我国在类矩形盾构技术方面取得重大突破并处于世界领先行列,如图 7-41 和图 7-42 所示。

图 7-41　11.83m×7.27m 类矩形盾构出厂

图 7-42　11.83m×7.27m 类矩形盾构始发现场

典型案例介绍:11.83m×7.27m 类矩形盾构于宁波轨道交通 3 号线一期工程进行工程验证。盾构从地铁 3 号线陈婆渡站始发,掘进至外塘河外的工作井,地质主要为淤泥、黏土、粉质黏土和淤泥质粉质黏土,总长约 429m,盾构段 318.6m,顶埋深 2.5~10.46m,最大纵坡 39.5%,最小平面半径 400m。施工期间,盾构需下穿 102m 的房屋建筑群区间、50m 的外塘河和 30m 的浅覆土曲线段,开掘出一条宽约 11.5m、高约 7m 近似长方形的双向双线地铁隧道。同时,技术人员将对类矩形盾构的全断面切削、轴线控制、地表沉降控制、隧道变形控制、综合管控、始发和到达等技术进行验证和完善,并对类矩形隧道衬砌的建筑限界、结构性能、接头性能、防水性能及抗震减噪效果等开展进一步的研究。通过验证之后,该盾构将推广应用于宁波轨道交通 4 号线工程。图 7-43 为类矩形盾构内部构造,图 7-44 为带立柱式衬砌结构。

图 7-43　11.83m×7.27m 类矩形盾构内部构造

图 7-44 带立柱式衬砌结构

11.83m×7.27m 类矩形盾构是目前世界上最大断面的土压平衡类矩形盾构,主要由拼装系统、螺旋机出土系统、推进系统、铰接系统、驱动系统、刀盘系统等组成。刀盘采用 11.83m×7.27m 的类矩形全断面切削组合刀盘,由同一平面相交的两个 X 圆形大刀盘和后置偏心多轴刀盘组合而成。通过采用同平面相交双刀盘协调驱动技术、GPS 实时映像检测技术、多电机驱动技术、传动系统性能预测及故障预警技术,可实现双刀盘互相不干涉交错旋转,满足全断面长距离掘进需求。

盾构铰接系统采用上海隧道工程股份有限公司制造的郑州超大断面矩形盾构(10.4m×7.5m)的新一代主动铰接技术,并在原有基础上进行了改进,提高了密封的可靠性,可实现上下纠偏角度±1.5°,左右纠偏角度±1.1°和最小转弯半径 250m 的急转弯。

管片拼装系统采用自主研发的环臂式轨迹自动控制管片拼装机,克服了拼装机回转空间小、管片超出拼装机回转拼装范围、拼装机与盾构其他部件安装不协调等难题,可实现 6 个自由度拼装,具有广泛的异形断面适应性。

盾构采用两种衬砌方案:在常规区间采用设立柱的钢筋混凝土管片,在特殊段可采用无立柱的钢管片。同时,衬砌接头形式采用预埋铸铁手孔的短直螺栓连接和弯螺栓连接两种形式,密封垫采用遇水膨胀材料与三元乙丙橡胶制造而成,可有效增大类矩形盾构管片的极限承载力和防水能力,避免管片结构变形、开裂受损、接缝错动和渗水现象的发生。

此外,盾构采用综合管控系统集成各类盾构参数和施工信息,实现系统关联和分析报警,并具有视频监控和远程监控功能。盾构采用防背土装置、土压调节装置和出土计量系统。出土计量系统采用高精度皮带秤和轨道智能土量检测系统,检测出土量,并与综合管控系统进行数据交互,实现盾构施工的"土量平衡控制",可有效控制地表沉降,如图 7-45 所示。

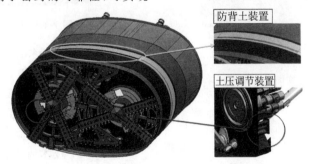

图 7-45 防背土装置和土压调节装置

该项目组围绕类矩形全断面切削盾构技术进行突破创新,自主研制出世界首台 11.83m×7.27m 类矩形盾构(图 7-46),申请国家发明专利 40 项、软件著作权 4 项,攻克了类矩形全断面盾构总体设计和系统集成技术、类矩形盾构同平面相交双刀盘协调驱动技术、带立柱拼装功能的多自由度管片拼装技术和类矩形大断面极曲线主动铰接技术等关键技术,建立了适应地下空间集约化利用、高标准环境保护、空间使用灵活的类矩形盾构技术体系,揭示了类矩形盾构法隧道变形规律及施工环境影响规律,为类矩形盾构在行业内和国内的推广提供了技术支撑和借鉴,对我国轨道交通建设和新型城镇化的可持续发展具有重要意义。

图 7-46　宁波轨交 3 号线 11.83m×7.27m
类矩形盾构

4．马蹄形盾构

2015 年 11 月 3 日，中铁工程装备集团有限公司与蒙华铁路公司、铁道第三勘察设计院、中铁四局联合，共同研发马蹄形土压平衡盾构，应用于蒙华铁路白城隧道项目，这是国内自主研制的首台超大断面马蹄形土压平衡盾构（11.9m×10.95m），也是世界首台超大断面马蹄形土压平衡盾构，于 2016 年 6 月下线，如图 7-47 所示。

图 7-47　中国首台超大断面马蹄形土压平衡盾构
（11.9m×10.95m）

这台马蹄形土压平衡盾构开挖断面尺寸为 11.9m×10.95m，盾体采用梭式结构，双螺旋输送机出土。刀盘采用 9 个小刀盘共同组成一个马蹄形断面的创新组合方式，可进行全断面切削；刀盘控制采用"上下对称，左右对称"的原则，有调试、掘进、维保等 3 种模式可供选择；当盾构发生滚转时，可通过多个刀盘同向转动使盾构获得反方向的扭矩，以达到滚转纠偏的目的。

典型案例介绍：白城隧道为蒙西至华中煤运通道工程的重要干线，为浩勒报吉（内蒙）三

门峡（河南）段的穿山隧道，全长为 3345m，最大埋深 81m，最大坡度 −11‰，是时速 120km 双线电气化铁路隧道。地质以粉砂、细砂、砂质新黄土为主，无地下水，隧道围岩级别为Ⅴ、Ⅵ级，其中Ⅴ级隧道长 2730m，Ⅵ级隧道长 305m。

该项目攻克了全断面多刀盘联合分步开挖技术及适应性技术，超大断面马蹄形管片的高效拼装技术，密闭加压可变容积液压泵源技术，盾尾间隙实时测量技术，超大马蹄形变曲率断面土压平衡技术等关键难点。该设备的成功研制将形成具有我国自主知识产权的超大马蹄形盾构设计和施工技术（图 7-48），实现异形盾构装备的自主化和智能化，为我国高端设备进军国际市场提供强有力的工程案例。

图 7-48　马蹄形盾构

5．偏心多轴盾构

偏心多轴盾构是根据异形断面施工规范和工法专门研制的异形盾构（图 7-49）。该工法可根据隧道断面形状要求，将刀架设计成矩形、圆形、圆环形、椭圆形或马蹄形。

6．MMST 技术盾构

MMST 施工技术复数微小的盾构机是复数的小截面盾构机的组合，首先只挖掘大断面隧道的外框，等外框的框架建成以后，使用通用重型机械挖掘和排出残留的内部的砂土。它是非开挖大断面隧道的施工技术，能使公路隧道、铁路站台、地下停车场等地下大型空间的建设费用变得非常经济实惠。

(a)　　　　　　　　　　(b)

图 7-49　偏心多轴盾构实物图

（a）圆形断面；（b）矩形断面

7.4　异形盾构的选型

7.4.1　异形盾构选型原则

盾构法施工是目前隧道施工的一种重要的、先进的工法。由于盾构法施工不同于传统的人工开挖、明挖施工、浅埋暗挖等工法，主要依靠盾构设备这个载体，因此盾构设备选型是施工成败的一个重要环节，是盾构施工的关键。异形盾构机和其他全断面掘进机一样，是非通用设备，是根据工程需求和特殊要求量身定做的，应当根据具体情况选用盾构机。异形盾构机一般按照适用性、可靠性、先进性、经济性相统一的原则进行选型，这几个方面互为补充、相互统一。

（1）适用性原则：根据工程水文地质要求和环境接口要求、施工行业要求，选择适合本工程施工的盾构设备。

（2）可靠性原则：根据工程施工要求，如地表沉降要求、施工防水要求、管片衬砌要求和环境保护要求等，选择施工可靠的设备。

（3）先进性原则：根据盾构行业发展情况，综合比较选择先进的盾构设备，以利于施工企业的集中管理和工人的人性化操作。

（4）经济性原则：结合工程特点，根据市场比较，选择综合性价比高的盾构设备，满足工程造价的需要。

7.4.2　异形盾构选型依据及步骤

1. 选型依据

盾构机选型应以工程地质、水文地质为主要依据，综合考虑周围环境条件、隧道断面形状、尺寸、施工长度、埋深、线路的曲率半径、沿线地形、地面及地下构筑物等环境条件，以及周围环境对地面变形的控制要求等因素，同时参考国内外已有盾构工程实例及相关的盾构技术规范、施工规范及相关标准，对盾构类型、驱动方式、功能要求、主要技术参数以及辅助设备的配置等进行研究。选型时的主要依据如下：

（1）工程地质、水文地质条件：颗粒分析及粒度分布、单轴抗压强度；含水率；砾石直径；液限及塑限；黏聚力；内摩擦角；土粒相对密度；孔隙率及孔隙比；地层反力系数；压密特性；弹性波速度；孔隙水压；渗透系数；地下水位（最高、最低、平均）；地下水位的流速和流向；河床变迁情况等。

（2）设计参数：隧道平纵断面形状、隧道长度和尺寸等。

（3）周围环境条件：地上及地下建筑物分布；地下管线埋深及分布；沿线河流、湖泊、海洋的分布；沿线交通情况；施工场地条件；气候条件；水电供应情况等。

（4）隧道施工工程筹划及节点工期要求。

（5）宜用的辅助工法。

（6）技术经济比较。

2．选型主要步骤

（1）在对工程地质、水文地质、周围环境、工期要求、经济性等充分研究的基础上选定异形盾构的类型；对敞开式、闭胸式盾构进行比选。

（2）根据地层的渗透系数、颗粒级配、地下水压、环保、辅助施工方法、施工环境、安全等因素对土压平衡盾构和泥水盾构进行比选。

（3）根据详细的地质勘探资料，对异形盾构各主要功能部件进行选择和设计，如刀盘驱动形式、刀盘结构形式、刀具种类与配置、螺旋输送机的形式与尺寸、沉浸墙的结构、泥浆门的形式、破碎机的布置与形式、送泥管的直径等。并根据地质条件等确定盾构的主要参数，包括：刀盘直径、开口率、转速、扭矩、驱动功率；推力；掘进速度；螺旋输送机功率、直径、长度；送排泥管直径；送排泥泵功率、扬程等。

（4）根据地质条件选择与盾构掘进速度相匹配的异形盾构后配套施工设备。

7.4.3 异形盾构选型的具体内容

异形盾构的基本工作原理还是以全断面隧道盾构的基本原理为主，只不过根据异形断面的施工要求在结构细节有所变化，因此在原理上还是遵循普通盾构的要求。

1．土压平衡和泥水平衡的选择

土压平衡盾构是依靠推进液压缸的推力给土舱内的开挖土碴加压，土压作用于开挖面使其稳定，主要适用于粉土、粉质黏土、淤泥质粉土、粉砂层等黏稠土壤的施工。掘进时，由刀盘切削下来的土体进入土舱后由螺旋输送机输出，在螺旋机内形成压力梯降，保持土舱压力稳定，使开挖面土层处于稳定。盾构向前推进的同时，螺旋机排土，使排土量等于开挖量，即可使开挖面的地层始终保持稳定。

当碴土中的含砂量超过某一限度时，泥土的溯流性明显变差，土舱内的土体因固结作用而被压密，导致碴土难以排送，需向土舱内添加膨润土、泡沫或聚合物等添加剂，以改善土体的溯流性。

对于砂卵石地层，由于粉砂土及黏土含量少，开挖面在刀盘的扰动下易坍塌，采用一般的土压平衡盾构机已经不能满足这种地层的需要，必须采取辅助措施，注入足够数量的添加剂，进行碴土改良，或者选择泥水平衡式盾构机。

泥水平衡盾构利用循环悬浮液的体积对泥浆压力进行调节和控制，采用膨润土悬浮液（俗称泥浆）作为支护材料。开挖面的稳定是将泥浆送入泥水舱内，在开挖面上用泥浆形成不透水的泥膜，通过泥膜表面扩张作用，以平衡作用于开挖面的土压力和水压力。

开挖的土砂以泥浆形式输送到地面，通过泥水处理设备进行分离，分离后的泥水进行质量调整，再输送到开挖面。泥水平衡盾构机从某种意义上说，在隧道掌子面平衡方面比土压平衡盾构机优越。

一般来说，细颗粒含量多，碴土容易形成不透水的流塑体，容易充满土舱的每个部位，在土舱中可以建立压力，平衡开挖面的土体。而粗颗粒含量高的碴土溯流性差，实现土压平衡困难。目前常用的盾构类型与颗粒级配的关系曲线如图7-50所示。图中左边白色区域为卵石砾石粗砂区，是泥水平衡盾构适用的颗粒级配范围。右边白色区域为细砂淤泥黏土区，为土压平衡盾构适用的颗粒级配范围。

异形盾构隧道施工另外一个重要选型依据就是隧道围岩水文地质因素，围岩渗水系数是盾构选型常用的一个参数指标。如图7-51所示，盾构类型的选取与地层渗透性有关，可以按照这个原则进行选型。当地层的渗透系数小于 10^{-7} m/s 时，可选用土压平衡盾构；当渗透系数在 $10^{-7}\sim10^{-4}$ m/s 时，可选用泥水平衡盾构，在碴土改良的情况下，也可选用土压平衡盾构。当地层的渗透系数大于 10^{-4} m/s 时，宜选用泥水平衡盾构。实际上，由于泥水平衡盾构的场地要求较高，施工费用相对复杂，虽然其对地层适应性较广，但实际中能使用土压平衡盾松的，很少选用泥水平衡盾构。

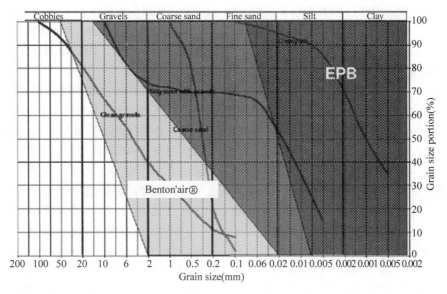

图 7-50　盾构类型与颗粒级配的关系曲线

地层渗透性与盾构选型

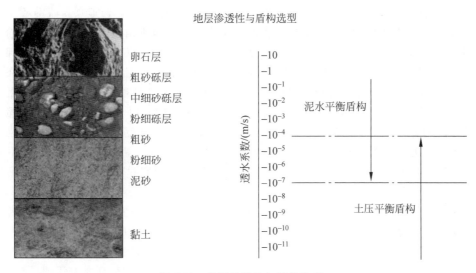

图 7-51　地层渗透性与盾构选型

2．面板式和辐条式的选择

刀盘主要具有开挖、支撑掌子面和搅拌三大功能,其结构形式一般有面板式和辐条式两种。

(1)面板式:优点是开口率较低,软土层开口率一般在 45％左右,复合地层开口率在 30％左右。强度高,易于刀具布置,对正面土体支撑效果较好,土压波动小。缺点是传感器对正面土体的压力反映不够准确,碴土进入土仓相对困难。

(2)辐条式:优点是开口率高,碴土易进入土仓,不易形成泥饼,刀盘不易被堵,正面土压能较准确地反映。缺点是正面土压波动较大,容易引起地表沉降,刀盘比较薄弱,不易满足复合地层刀具的布置和刀盘本身刚度的要求。

泥水平衡盾构一般采用面板式刀盘,土压平衡盾构则根据土质条件的不同可采用面板式和辐条式刀盘。对于辐条式刀盘,在辐条之间安装可拆卸的面板即变为复合式刀盘。

目前复合式盾构开口率基本趋于一致,在30%左右,重点保证刀盘中心开口率,刀盘总质量在56t左右;软土盾构刀盘在20t左右。

3. 刀具的配置方式

刀具的布置方式需要充分考虑工程地质情况,进行针对性设计,不同的工程地质特点,采用不同的刀具配置方案,以获得良好的切削效果和掘进速度。根据地质条件特点,大致分为四种地层:软弱土地层;砂层、砂卵石地层;风化岩及软硬不均地层;单纯的纯硬岩地层。

(1)软弱土地层:如南京、上海、杭州等地,其地质条件主要以淤泥、黏土和粉质黏土为主,在软弱土地层一般只需配置切削型刀具,如切刀、周边刮刀、中心刀、先行刀和超挖刀。以南京地铁盾构为例,刀盘采用面板式结构,装有1把鱼尾形中心刀,120把切刀,16把周边刮刀及1把仿形刀。切刀安装在开口槽的两侧,覆盖了整个进碴口的长度,刮刀安装在刀盘边缘。由于刀盘需要正反旋转,因此切刀也在正反方向布置,为了提高切刀的可靠性,在每个轨迹上至少布置2把。在周边工作量相对较大,磨损后对盾构切口环尺寸影响较大时,在正反方向各布置了8把刮刀。考虑刀盘的受力均匀性,刀具布置具有对称性。刀具安装采用螺栓固定,便于更换。在切刀或刮刀的刃口和刃口背面镶嵌有合金和耐磨材料,以延长刀具的使用寿命,切刀的破岩能力为20MPa,可以顺利地通过进出洞端头的加固地层。

(2)砂层、砂卵石地层:如北京、成都其地质条件主要以砂、卵石地层为主,如遇到粒径较大的砾石或漂石,应配置滚刀进行破碎。在砂、砂卵石地层施工时,需设置(宽幅)切刀、周边刮刀、先行刀(重型撕裂刀)、中心刀、仿形刀等刀具。切刀是主刀具,用于开挖面大部分断面的开挖;周边刮刀也称保径刀,用于切削外周的土体,保证开挖断面的直径;先行刀在开挖面沿径向分层切割,预先疏松土体,降低切刀的冲击荷载,减少切削力矩;同时重型撕裂刀用于破碎强度较低和粒径较小的卵石和砾石;中心刀用于开挖面中心断面的开挖,起到定心和疏松部分土体的作用;仿形刀用于曲线开挖和纠偏;滚刀用于破碎粒径较大的砾石或漂石。

(3)风化岩及软硬不均地层:如广州、深圳是上软下硬、地质不均的复合地层,且局部岩石的单轴抗压强度较高(150～200MPa),除配置切削型刀具(宽幅切刀、先行刀)外,还需配置滚刀,因而刀盘结构相对复杂。开挖时首先用滚刀进行破岩,且滚刀的超前量应大于切刀的超前量,在滚刀磨损后仍能避免切刀破岩,确保切刀的使用寿命。在曲线半径小的隧道掘进时,为了保证盾构的调向,避免盾壳被卡死,需要有较大的开挖直径,因此刀盘上需配置滚刀型的仿形刀(或超挖刀,超挖量50mm左右)。

(4)单纯的纯硬岩地层:如秦岭1线隧道,隧道断面范围内以混合片麻岩和混合花岗岩两种岩石为主,刀具全部选用滚刀,无任何齿刀。有时,在刀盘面板周边开口处配备刮碴刮刀板。在复合地层施工中,刀具配置的差异性主要体现在滚刀和先行刀的配置数量和刀具的高度、组合高度差等方面。刀具高对防止泥饼的形成有利,高度差大有利于破岩。滚刀的刀间距过大和过小都不利于破岩,间距过大,滚刀间会出现"岩脊"现象,间距过小,滚刀间会出现小碎块现象,降低破岩功效。在复合地层中周边滚刀的间距一般小于90mm,正面滚刀的间距为100～120mm(参照国内外施工实例,岩石强度高时,滚刀的间距应控制在70～90mm的范围内比较合理),滚刀总刃数在40左右(一般选择单刃滚刀)。图7-52为刀盘和刀具配置的选择方案。

4. 螺旋机的选择

伸缩式螺旋机的防水和防卡功能较为有利,在砂卵石和地下水较少的可用带式螺旋机,如图7-53所示。

5. 刀盘驱动选择

对于选择变频电机还是液压马达可以参考表7-2。

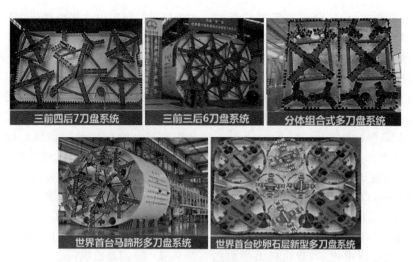

图 7-52　刀盘和刀具配置的选择方案

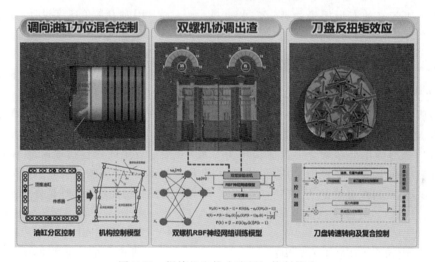

图 7-53　螺旋机和推力液压缸控制策略

表 7-2　变频电机与液压马达的性能比较

传动方式	传动效率	发热量	隧道内工作环境	质量	短时冲击和过载承受能力	故障率	复合地层中使用	调速范围
变频电机驱动	高	小	好	轻	一般	少	少	宽
液压马达驱动	较低	较大	较差	较重	略好	少	多	较宽

6. 推进千斤顶设置

目前盾构机直径主要分两个主流,即以上海为代表的软土盾构,其管片外径为 6200mm,内径为 5500mm,以广州为代表的复合地层盾构,其管片外径为 6000mm,内径为 5400mm。近年来,昆明、福州、厦门采用了复合式盾构,但其直径又采用了软土地层的尺寸,与其他城市的通用性较小。由于管片拼装分为通缝、左右曲错缝和通用管片,故封顶块位置不同,所以拼装千斤顶的布置和长度也有所不同。

7. 盾构机锥度和注浆管内外置的选择

软土地层中盾构机前后直径一致,注浆管

和盾尾油脂管外置,而复合地层需要设置锥度,前边大,后边小,注浆管和盾尾油管内置。

8. 主动铰接和被动铰接选择

主动铰接缺点:液压缸设计荷载达32000kN以上,而被动铰接千斤顶只需8000kN,所以主动铰接质量大、造价高(主动铰接靠前,被动铰接比较靠后)。

主动铰接优点:弯道推进时受力好;弯曲角度可达9°,而被动铰接只能达到3°,但一般线路半径在300m以上,2°已足够;另外,主动铰接可以在主推进系故障时作为辅助推进使用。

可以根据这些特点进行铰接形式的选择。同时,对于现代化隧道施工,盾构机类型的选择时,环保要求应该引起施工界的高度重视,比如盾构施工带来的有形污染物、噪声、水源污染等各个环节应综合考虑。

7.4.4 异形盾构关键参数的计算

1. 推力计算

异形盾构推力的确定决定盾构机掘进速度的快慢、破岩效果是否理想,因此盾构推力是异形盾构选型的主要参数之一。盾构推力一般包含盾体和土体的摩擦力、刀盘推进力、盾尾密封摩擦力、后配套拖拉力、压力舱(土舱或泥水舱)反力。一般盾构总推力可以按照下式进行计算。

压力模式(适合土压和泥水盾构):

$$\sum F = F_M + F_C + F_S + F_t + F_{yp} \qquad (7-1)$$

敞开模式(适合土压盾构):

$$\sum F = F_M + F_C + F_S + F_t \qquad (7-2)$$

式中,$\sum F$——总推力;

F_M——盾体和土体的摩擦力;

F_C——刀盘推力;

F_S——盾尾密封摩擦力;

F_t——后配套牵引力;

F_{yp}——压力模式下压力舱反力。

2. 扭矩及刀盘功率计算

异形盾构扭矩的合理选择决定了盾构掘进的高效率,是盾构主驱动功率重要因素之一,是盾构选型中一个主要参数。盾构在土层

中推进时的扭矩包含切削扭矩、刀盘的旋转阻力矩、刀盘所受推力荷载产生的反力矩、盾尾密封装置所产生的摩擦力矩、刀盘前端面的摩擦力矩、刀盘后面的摩擦力矩、刀盘开口的剪切力矩、土压腔内的搅动力矩。随着土舱(泥水舱)和掌子面碴土改良技术的发展,在土层开挖中刀盘的扭矩可以得到大幅度的降低。扭矩的理论计算是一个比较复杂的过程,对待不同的断面形状要进行具体的分析。

确定完扭矩后,就可以进行驱动功率的计算:

$$P = \eta T \omega \qquad (7-3)$$

式中,η——传动部件总的机械效率;

T——刀盘扭矩;

ω——刀盘转动角速度(咨询盾构厂家脱困时刀盘角速度设计,如果采用变频电机则与变频电机基频有关)。

3. 盾尾间隙的计算

盾尾间隙的大小直接关系到盾构施工管片衬砌质量的好坏、防水效果是否符合标准,因此盾尾间隙在盾构施工中是一个非常重要的参数,特别是小曲线段的掘进,盾尾间隙合理选择尤为重要。盾尾间隙包括理论最小间隙、管片允许拼装误差、盾尾制造误差、盾尾结构变形、盾尾密封的结构要求等。计算公式如下:

$$b = b_1 + b_2 + b_3 + b_4 + b_5 + b_6 \qquad (7-4)$$

式中,b——实际盾尾间隙,mm;

b_1——理论最小盾尾间隙,mm;

b_2——管片精度和管片拼装误差,mm,一般取 4~5mm;

b_3——盾尾制造误差,取厂家设计值,mm;

b_4——盾尾变形因素引起的间隙,mm,一般取 3~5mm;

b_5——盾尾安装尺寸,mm,咨询盾构厂家确定;

b_6——其他因素引起的间隙,mm,一般取 5mm。

7.5 维护及故障排除

7.5.1 维护保养

为了保证异形盾构机安全高效地工作,使

设备的完好率和利用率达到较高的水平,必须加强对盾构机的维护保养。

(1)盾构机维修保养采用日常巡检保养和定期停机维修保养相结合的方式,每天进行日常巡检保养,每周停机 24h 进行强制性集中维修保养。

(2)维修保养工作必须制订维保计划,根据既订计划和保养内容,对设备进行月保、季保、年保。有计划地对设备进行全面的检查,评估其状态,并相应地作出保养计划。

(3)维修保养采取责任工程师签认制度,所有维修保养工作内容都要有书面记录,并且由责任工程师检查签认。对电气和液压系统的任何修改(包括临时接线等)都要做详细记录,签字并存档。

(4)对设备进行清洁、紧固、润滑、调整、防腐等保养,预防故障发生。①清洁,清洁电机、阀、配电柜等;②紧固,对结构连接松动处、管线泄漏处紧固;③润滑,检测润滑系统是否正常,对需手动润滑的部位进行手动润滑;④调整,对盾构机不合理的地方进行调整整改;⑤防腐,防止盾构机的电气液压元件受腐蚀。

(5)对设备进行巡检,及时发现设备存在的问题,巡检内容按照盾构机巡检表进行。

(6)间断监测,借助辅助工具对设备进行温度、压力、油液、电流、振动等状态监测,及时发现设备问题。

(7)维保工作还应当注重安全管理:①只有当机器停止操作时才能进行维保工作;②断开要维护的电气部件的开关,并确保维护期间不会工作;③在液压系统维护之前必须关闭相关阀门和降压,必须防止液压缸的缩回和液压马达的意外运行。意外泄漏的高压油有可能会造成人员的伤亡。

1. 机械部分主要部件维护保养

盾构机内机械设备的主要部件是电机、喂片机、管片拼装机、吊机行车及液压泵等。机械部分的维护保养,要根据主要机械部件的特点来进行。①管片拼装机机械维护:采用润滑脂油嘴对枢轴承进行润滑;对摇动轴承、转向轮、安装器进行转接;真空箱放水的时候,检查

液压马达齿轮箱油位有没有需要补充的情况。②液压泵的维护:对异常噪声的情况进行检查;是否存在泄漏情况;轴承的温度以及密封的情况;对液压泵和电机进行认真地清洁。③喂片机保养:检查提升轮子在运转状态下情况。

2. 液压系统维护保养

引起液压元件磨损的主要原因是油污染故障,从而造成液压系统的工作性能逐步变坏。根据相关统计,盾构机液压系统的各种故障中,70%以上的原因是油液污染。大约75%以上是固体颗粒污染导致。所以,深入研究盾构机液压系统中的污染原因具有重要意义。采取一定的污染控制方法,减少液压污染形成的停机时间,不断提高盾构中设备的完好率。

液压油在工作中的温度过高,是造成液压系统工作元件不利的一个重要原因,会导致液压油加速氧化,所以最好把油温控制在 65℃ 以下。盾构机液压系统的工作温度,要控制在 80℃ 以下。液压系统中的冷却器性能是控制工作温度的重点,在整个液压系统油量合理控制中有着重要的意义。

还要对液压油进行定期更换,更换液压油的时候,一定要将旧液压油全部放净,使整个液压系统保持清洁,最后注入新的液压油。对滤油器开展检查即净化的定时检查。液压系统油液的污染度,伴随外界的污染颗粒不断侵入,以及不同磨损颗粒数的增加逐步增大,随着过滤比的增大而减小,所以选择合理的过滤比能降低系统的污染度。

3. 气动部件的维护保养

气动部件维护保养的时候,①事先对易发生故障的场所进行注意,将管理手册准备好,开展定期检查。②熟悉气动元件在结构和原理以及使用方法的注意事项。③检查气动原件使用前提条件的恰当性。④及时对元件寿命和使用条件进行检查。⑤在气动部件日常维护的时候,要注意排放冷凝水,检查润滑油及空压机的管道系统,主要的部分是空压机、储气罐以及管道系统。⑥在设备停机的时候,需要把冷却水快速排放掉,再查看自动排水器的其他部分是否正常工作。⑦分水过滤器中

的水杯不要存水过量。⑧在提供冷却水的时候,检查是否有异常的声音及异常的发热。⑨检查润滑油位置的正确性,检查油雾器中的滴油量、油色和油量,不能混入灰尘以及水分等,实现油品的纯净度。

4. 电气部件的维护保养

泥水平衡盾构机主要是将电力作为动力源,采用 PLC、计算机、控制按钮、变频器、液压、气动等实现隧道掘进不同环节的自动化。盾构在施工过程中有注浆、推进、导向等过程,箱涵及管片的运送,还有管片拼装等一系列环节,这些过程都是采用传感器检测和监控,使用 PLC 同部分的主控按钮,实现盾构施工的高自动化。电气系统的日常保养工作有以下几项:①检查控制柜冷却系统的工作情况,同时关闭一切电柜门;②检查流量计的情况;③检查不同阀组中电气的连接情况;④对于设备中容易进水的地方,检查其传感器的保护是否正常;⑤检查电气部件的控制面板和充电器等工作情况。

7.5.2 故障排除

1. 管片拼装机

1) 管片安装机不能旋转、不能前后移动,其他功能都正常

(1) 控制管片安装机旋转和移动的 PLC 模块故障,模块的熔断器损坏或模块内部损坏都将引起管片安装机不能工作。处理办法:若是熔断器损坏,将其更换即可;若是 PLC 模块故障,首先检查是不是接头松动或是断开了,若是,将其连接好后检查工作情况,如果还是不能工作,可能是 PLC 模块烧坏了,更换 PLC 模块即可。

(2) 真空吸盘上的传感器故障同样引起管片安装机不能工作,检查与传感器连接的销子是否有问题,一般情况都是销子内的弹簧失效,不能继续使用,更换后即可使用。另外,销子磨损严重造成销子上感应信号灯失灵,传感器不能有效接收到信号。解决办法是更换定位销或用砂纸打磨光滑使定位销上信号灯能正常显示。

(3) 管片安装机制动传感器故障,制动传感器没压力显示或压力为负值都会造成安装机不能旋转,只需更换传感器就能排除故障。

(4) 安装机行走到设备梁边缘,接触到限位传感器使安装机不能旋转,只需将安装机后移一点,然后将限位传感器复位即可。

2) 管片拼装机只能向 1 个方向旋转

有些拼装机采用旋转编码器检测拼装机的旋转角度,与拼装机旋转相关的传感器有 3 个:零位接近开关、角度接近开关和方向传感器。由于程序及机器停靠具体位置的原因,会造成只能向一个方向旋转。

解决办法:①在拼装机零位输入点给 PLC 一个 24V 直流电压信号,人为给 PLC 一个零位输入信号,然后顺时针、逆时针旋转,在拼装机零位摆动两下即可。②交换顺时针、逆时针旋转的比例控制阀的插头,顺时针、逆时针旋转,在安装机零位摆动两下,让 PLC 接收到零位输入信号即可。

2. 刀座与面板磨损

在正常掘进时,滚刀、弧形刮刀和切刀对刀座与刀盘面板有保护作用,避免它们直接与掌子面接触而产生磨损。当滚刀、弧形刮刀和切刀在硬岩段因损坏或严重磨损而无法起到屏障作用时,弧形刮刀刀座、切刀刀座、滚刀刀座和刀盘面板不可避免地与硬岩直接接触,因为它们的材质远不如滚刀刀圈的材质,耐磨性能差,所以往往在 1~2 环之间就会造成严重的磨损或损坏。

磨损刀座的现场处理方法视刀座磨损(损坏)的程度而定:①对磨损不严重的刀座,采用焊接的方法进行修复;②对磨损严重的刀座,采用简单的焊接不能恢复原有刀座的尺寸,只能采用其他的维修方法。以刮刀刀座为例,其他的维修方法目前主要有两种:一种是将新刮刀直接焊接在磨损的刀座上;另一种是将旧刀座割除,在原位置上焊接新的刀座。两种方法各有千秋,但总的说来,第一种方法只能作为应急手段,在剩余区段长度不是很长(以外国维修的经验,一般不超过 20 环)时,可以采用,若超过 20 环,应采用第二种方法。采用第二种方法进行维修时,有以下几个方面需要注意:

1) 地层的稳定性

维修时,割除与焊接的工作量很大,需耗

费大量的时间,在地层稳定性较弱的地层,为确保安全,需采用旋喷、压密注浆或者两者相结合的方式对地层进行加固,使其在较长一段时间内保持稳定。

2) 施工场地

城市地铁隧道施工,受很多条件的限制,尤其在施工场地方面的限制。地表有高层建筑、立交桥与繁华的商业街,地下各种各样的管线纵横交错,如何安全、快速地进行地层加固,又不影响居民的正常生活秩序,需提前做好沿线地质水文情况的调查及相关场地与时间的协调工作。

3) 配件供货周期

刮刀刀座不属于易损件,库存量一般都很小,而且刮刀刀座损坏都是大面积的全部损坏,所需数量较大,且刀座供货、加工周期较长,需提前做好配件购买或加工的联系工作。

3. 液压推进系统的泄漏

液压推进系统的泄漏,是推进系统最常见的液压故障,分为外漏与内漏两种,直接影响到元件的性能,影响液压系统的正常运行。

1) 故障原因

(1) 油接头安装质量差,没有密封好,造成漏油;

(2) 油接头因液压管路长时间振动而松动,产生漏油;

(3) 油接头处密封圈质量差,过早老化,使密封失效,造成漏油;

(4) 油温过高使液压油的黏度太小,造成漏油;

(5) 系统压力持续增高,使密封圈损坏失效;

(6) 系统的回油背压高,使不受压力的回油管路产生泄漏;

(7) 处于压力油路的溢流阀、换向阀等内泄严重。

2) 预防措施

(1) 选用黏度合适的液压油,保证良好的黏温性能;

(2) 定期检查泵、阀、液压缸等元件运动部位的配合间隙,保证间隙适当;

(3) 安装各种接头时,紧固螺母一定要与接头上的螺纹配合恰当;

(4) 要保证油封和密封件的质量,材质、几何形状和精度符合设计要求;

(5) 使用冷却系统,使油温保持在低于50℃的工作温度内;

(6) 保证系统工作压力小于35MPa,避免系统长期在较高压力下工作;

(7) 增大回油管路的管径,减少回油管路的弯头数量,使回油畅通;

(8) 阀件、密封油箱油接头等结构的设计要合理。

3) 处理方法

(1) 将松动的油接头进行复紧,对位置狭小的油接头,要采用特殊的扳手复紧;

(2) 将损坏漏油的油接头、O形圈进行更换;

(3) 清洗、检查溢流阀、换向阀等有关阀件。

4. 头部周期性下降

盾构机在推进过程中,由于泥土仓实际土压力值低于理论值,使盾构机头部周期性地下降,造成盾构机"磕头"。处理方法:实际操作中,应使泥土仓土压力值略高于理论值,并在推进时按工况条件和地质情况在盾构机正面加入发泡剂、膨润土和水等改良土体的添加剂,改良开挖面的土体。施工过程中要根据隧道的埋深、所在位置的土层状况和地层变形量等信息的反馈,对土压力设定值、推进速度和注浆量等施工参数及时进行调整。

5. 注浆管路上的控制阀对操作无响应

选中注入口阀,注入口阀通常会在短时间内开闭,如果超过一段时间也没有全闭、全开时,要考虑以下原因:

(1) 空气驱动阀(1~2s):供给空气压力、流量低的情况下,注入口阀处的同步注浆材料凝固。

(2) 注入口阀(1s):注入口阀开闭用液压泵停止,注入口阀处的同步注浆材料凝固。

(3) 电动球阀(9~10s):注浆材料凝固,电磁阀电源没有合闸。当空气压力、流量低下时,应启动空压机补充气压;如果压力正常,还不能驱动,则拆开对应的管路,检查注浆材料是否凝固,如果凝固,则应清除管路中的凝固材料,对管路进行清洗,保证管路通畅。

参 考 文 献

[1] 张铸.TBM 工作原理及设备选型[J].科技情报开发与经济,2007,17(9):264-265.

[2] 程俊武.数据采集系统在隧道掘进机 TBM 施工中的应用[J].公路隧道,2011,03:52-54.

[3] 马立明,李申山,田亚雷.隧道掘进机供电系统结构与组成分析[J].矿山机械,2010,38(15):17-20.

[4] 肖海晖.论隧道掘进机施工通风技术[J].山西水利科技,2016,03:46-50.

[5] 王晓霞.TBM 维修保养管理模式设计[J].铁道建筑,2005,09:63-65.

[6] 何良波.浅谈 TBM 绿色管理与绿色维修保养技术[J].铁道建筑技术,2009,11:43-44.

[7] 孙莉.选择修复工艺的原则[J].农业装备与车辆工程,2005,05:25-26.

[8] 饶云意.单对水平支撑 TBM 支撑推进协调一性研究[D].杭州:浙江大学,2016.

[9] 姚成玉,赵静一,杨成刚.液压气动系统的疑难故障分析与排除[M].北京:化学工业出版社,2009.

[10] 李侃,赵静一.重型平板车液压系统与发动机功率匹配研究[J].中国机械工程,2009,20(6):745-749.

[11] 李侃,赵静一.基于 CAN 总线的全液压自行式平板车转向协调控制[J].仪器仪表学报(增刊),2008(8):468-471.

[12] 李侃,赵静一.全液压自行走平板车电液调平系统研制[J].仪器仪表学报(增刊),2008(8):531-534.

[13] 张国碧,李家稳,郭建波.我国地铁的发展现状[J].山西建筑,2010,36(33):13-15.

[14] 齐梦学.双护盾掘进机在不良地质洞段的施工方法探讨[J].现代隧道技术,2017(4):9-15.

[15] 李玉健,肖明,熊清蓉,等.隧道掘进机开挖的围岩-支护系统联合承载数值分析[J].武汉大学学报(工学版),2011,44(3):339-344.

[16] 桑文才.双护盾岩石掘进机施工隧道回填灌浆方法[J].山西水利科技,2010(2):26-28.

[17] 苏睿,刘晓翔,高文山,等.西秦岭铁路隧道TBM 掘进同步衬砌施工技术探讨[J].隧道建设,2010,30(2):125-127,161.

[18] 邓乐,毋琳.煤矿锚杆钻机的现状与发展方向[J].中州煤炭,1999(5):7-8.

[19] 陈荣君,梁明东,黄中东.浅析锚杆钻机的现状及其发展[J].煤矿机电,2001(4):28-30.

[20] 李义刚.浅谈锚杆钻机国产化[J].内蒙古石油化工,2006,32(8):121-123.

[21] 欧阳俊.我国锚杆钻机现状及发展方向[J].煤矿机械,1998(1):1-2.

[22] 潘淑璋,郑午,郑治川,等.MZ150 型全液压多功能锚杆钻机的研制[J].探矿工程,1999(2):6-8.

[23] 李军,付永领,王占林.一种新型机载一体化电液作动器的设计与分析[J].北京航空航天大学学报,2003(12):1101-1104.

[24] 杨华勇,赵静一.土压平衡盾构电液控制技术[M].北京:科学出版社,2013.

[25] 吴根茂,邱敏秀,王庆丰,等.实用电液比例技术[M].杭州:浙江大学出版社,2005.

[26] 龚国芳,胡国良,杨华勇.盾构推进液压系统控制分析[J].中国机械工程,2007(12):1391-1395.

[27] 胡国良,龚国芳,杨华勇,等.盾构掘进机模拟试验台液压系统集成及实验分析[J].农业机械学报,2005(12):33-36.

[28] 胡国良,龚国芳,杨华勇.盾构模拟试验平台监控系统[J].农业机械学报,2007(1):164-167.

[29] 候典清,龚国芳,施虎.盾构推进系统突变载荷顺应特性研究[J].浙江大学学报(工学版),2013,47(2):1-6.

[30] 邢彤,龚国芳,胡国良,等.盾构刀盘驱动的电液比例控制系统的设计与实验[J].煤炭学报,2006(4):520-524.

[31] 邢彤,龚国芳,胡国良,等.基于系统重组的盾构刀盘驱动液压系统设计与试验[J].农业机械学报,2006(5):125-128,157.

[32] 邢彤,龚国芳,杨华勇.盾构刀盘驱动扭矩计算模型及实验研究[J].浙江大学学报(工学版),2009,43(10):1794-1800.

[33] 周明连.YMB 液压锚杆钻机的改进与试验研究[J].矿山机械,1994(4):2-4.

[34] ZHAO J Y, GUO R, WANG Z Y. The developing of independent suspension andits electro-hy draulic control system of heavy platform vehicle [J]. Journal of North Eastern University,2008,29(S2):237-240.

[35] GUO R, LI N, ZHAO J Y. Research and prospect on electronic key control technology of ieselengine for heavy transport vehicle [C]. 2010 WASE International Conference on Information Engineering,2010.

[36] HU S, GONG G F, YANG H Y. Drive system design and error analysis of the 6 degrees of freedom segment erector of shield tunneling shield[J]. Frontiers of Mechanical Engineering,2011(3):369-376.

[37] HU S, GONG G F, YANG H Y. Pressure and speed control of electro-hydraulic drive for shield tunneling machine[C]. IEEE/ASME International Conferenceon Advanced Intelligent Mechatronics,2008,314-317.

[38] HU S,GONG G F, YANG H Y. Simulative study on variable frequency controlled hydraulic system for shield cutter head drive [C]. 6th International Fluid Power Conference,2008,330-332.

[39] YANG H Y, SHI H, GONG G F. Earth pressure balance control for EPB shield[J]. Science in China Series E:Technological Sciences,2009,52(10):2840-2848.

[40] YANG H Y, SHI H, GONG G F. Motion control of thrust system for shield tunneling machine [J]. Journal of Central South University of Technology, 2010, 17 (3): 537-543.

[41] YASUMASA S. The segment auto carrier system for the shield works [C]. Proceedings of the International Congress International Tunnelling Association,1990,

220-224.

[42] YANG H Y, SHI H, GONG G F. Electro-hydraulic proportional control of thrust system for shield tunneling machine[J]. Automation in Construction,2009,18(7):950-956.

[43] HUA Y,GUO L H,GUO F G. Earth pressure balance control for a test rig of shield tunneling machine using electrohydraulic proportional techniques [A]. The 5th International Fluid Power Conference,Aachen,Germany,2006:107-118.

[44] 党亥生.手掘网格盾构工程应用简析[J].水利科技与经济,2004,26(4):307-309.

[45] А. Г. 瓦利耶夫,О. В. 叶戈洛夫,萨莫依洛夫.挖掘机式局部气压盾构[J].地铁与轻轨,2002,03:58-63.

[46] 上海隧道工程股份有限公司.泥水加压平衡盾构工法(YJGF02-98)[J].施工技术,2001,02:48-49.

[47] 刘仁鹏,刘方京.泥水加压盾构综述[J].世界隧道.2000,06:1-5.

[48] 史佩栋.三连型泥浆式盾构隧道掘进机问世[J].西部探矿工程,1994,04:22.

[49] 洪代玲.在泥浆式和土压平衡式盾构隧道工程中的工作面稳定性[J].世界隧道,1997,06:18-21.

[50] 朱虹.首创纵向双联分岔式泥浆盾构[J].市政工程国外动态,2000(3):9-11.

[51] 杨华勇,龚国芳,胡国良.采用比例流量压力复合控制的盾构掘进机液压推进系统[P].中国专利,ZL2004100116939.3,2006.

[52] 杨华勇,施虎,龚国芳.一种采用液压变压器的节能型盾构液压控制系统[P].中国专利,ZL200810059077.0,2009.

[53] 杨华勇,施虎,龚国芳,等.盾构推进系统突变载荷快速响应液控直调机构[P].中国专利,ZL200910099291.3,2011.

[54] 杨华勇,施虎,龚国芳,等.采用马达串并联混合驱动的盾构刀盘液压系统[P].中国专利,ZL200810122371.1,2011.

[55] 邢彤.盾构刀盘液压驱动与控制系统研究[D].杭州:浙江大学,2008.

[56] 胡国良,胡爱闽,龚国芳,等.盾构管片拼装机液压控制系统[J].工程机械,2009,11(38):53-57.

[57] 杨扬,龚国芳,胡国良,等.PLC 在模拟盾构推进液压系统中的应用[J].液压与气动,2005(5):45-47.

[58] 孙继亮,彭天好,胡国良,等.盾构掘进姿态的 PLC 控制[J].工程机械,2005,36(7):25-27.

[59] 余佑官,龚国芳,胡国良.应用 ActiveX 的模糊 PID 控制及其在监控组态中的应用[J].现代制造工程,2006(4):41-42.

[60] 施虎,龚国芳,杨华勇,等.ϕ3m 试验盾构刀盘驱动液压系统设计及仿真分析[J].液压与气动,2008(10):33-37.

[61] 胡国良,刘乐平,龚国芳,等.盾构刀盘主驱动闭式液压系统[J].煤矿机械,2007(9):148-151.

[62] 邢彤,龚国芳,杨华勇.变转速泵控液压技术在盾构中的应用研究[J].液压与气动,2008(5):21-24.

[63] 邢彤,龚国芳,杨华勇.大闭环控制的盾构刀盘液压驱动系统研究[C].第五届全国流体传动与控制学术会议暨 2008 年中国航空学会液压与气动学术会议,2008.

[64] 邢彤,龚国芳,胡国良,等.盾构刀盘驱动的电液比例控制系统设计与实验研究[J].煤炭学报,2006,31(4):520-524.

[65] 邢彤,龚国芳,杨华勇.盾构刀盘驱动液压系统的实验研究[J].液压与气动,2006(6):1-3.

[66] 胡国良,胡爱闽,龚国芳,等.土压平衡盾构地层适应性设计理论和方法研究[J].中国机械工程,2008(16):1916-1919.

[67] 施虎,龚国芳,杨华勇,等.盾构掘进机推进力计算模型研究[J].浙江大学学报(工学版),2011(1):126-131.

[68] 杨扬,龚国芳,胡国良,等.基于 AMESim 和 MATLAB 的盾构推进液压系统仿真[J].机床与液压,2006(6):119-120.

[69] 邢彤,杨华勇,龚国芳.盾构液压系统多泵优化组合驱动技术[J].浙江大学学报(工学版),2009,43(3):511-516.

[70] 邢彤,杨华勇,龚国芳.盾构刀盘驱动液压系统效率对比研究[J].浙江大学学报(工学版),2010,44(2):358-363.

[71] 施虎,龚国芳,杨华勇,等.盾构掘进机推进压力控制特性分析[J].工程机械,2008(5):23-26.

[72] 胡国良,刘乐平,龚国芳,等.盾构推进系统同步控制仿真与试验研究[J].中国机械工程,2008(10):1197-1201.

[73] 胡国良,周新建,龚国芳,等.盾构推进液压系统的设计及试验研究[J].工程机械,2007(3):44-47.

[74] 杨扬,龚国芳,胡国良,等.模拟盾构推进液压系统的设计和研究[J].机床与液压,2006(11):90-92,98.

[75] 庄欠伟,龚国芳,杨华勇.盾构机推进液压系统比例压力流量复合控制仿真[C].第四届全国流体传动与控制学术会议,2006.

[76] 杨扬,龚国芳,胡国良,等.模拟盾构试验平台推进电液控制系统的研究[J].液压与气动,2006(1):3-5.

[77] 杨扬.模拟盾构推进系统的设计和研究[D].杭州:浙江大学,2006.

[78] 庄欠伟,龚国芳,杨华勇,等.盾构液压推进系统结构设计[J].工程机械,2005(3):47-50.

第4篇

其他机械及辅助设备

本篇在前面 3 篇的基础上,介绍隧道施工中的一些常用辅助设备,这些设备在隧道施工过程中的技术特点及其结构特征有独特之处,并且这些设备在隧道施工中特别是微型隧道施工同样发挥着巨大的作用,在使用过程中需要工程人员特别关注。例如,第 8 章结合顶管设备在管道铺设中的应用,具体介绍了顶管机的分类、选型、产品介绍及维护保养等方面的内容,并且介绍了我国创新技术的大型顶管机及其应用。第 9 章围绕隧道(洞)开挖过程中的防水板铺设机械、拱架安装设备、除尘设备、井下作业车、装碴运输机械、隧道式架桥机,以及盾构管片模具等方面具体介绍。这些辅助施工机械的应用极大地提高了工作效率,为施工过程中工料运输、管片安装提供了重要保障,同时也大大减少了施工环境对施工人员的伤害。

第8章

顶 管 机

8.1 概述

顶管施工法是先在工作井内设置支座和安装主千斤顶,所需铺设的管道紧跟在工具管后,在主千斤顶推力的作用下工具管向土层内掘进,掘出的泥土由土泵或螺旋输送机排出,或以泥浆的形式通过泥浆泵经管道排出。推进一节管道后,主千斤顶缩回,吊装上另一节管道,继续推进。如此往复,直至管道铺设完毕。管道铺设完毕后,工具管从接收井吊至地面。

顶管施工借助主顶液压缸及管道间中继等的推力,把工具管或掘进机从工作井内穿过土层一直推到接收井内吊起。其中利用到气压平衡、泥水平衡和土压平衡理论。顶管施工技术是一种非开挖地下管道施工方法,能很方便地穿越公路、铁路、房屋、河流等铺设地下管道,并且污染小,对交通影响小,开挖土方少,机械化程度高,被认为是一种现代化的管路铺设方法,越来越多的地下管道工程采用这一施工方法。顶管机实物图如图 8-1 所示。

微型隧道技术(micro tunneling)为小口径顶管技术,所适用的管道内径小于 900mm,它集合了遥测、遥控、人工智能等先进技术,在应用中,工人无须入洞,管道即可在水下、建筑物下顺利铺设或置换。

图 8-1 顶管机实物图

1. 国内外发展概况

顶管施工技术被认为最早始于 1896 年美国的北太平洋铁路铺设工程的施工中。1948年日本第一次采用顶管施工方法,在尼崎市的铁路下顶进了一根内径 600mm 的铸铁管,顶距只有 6m。顶管施工技术在"二战"中兴起于美国,"二战"后在英国、德国和日本迅速发展。20 世纪 60—70 年代,顶管施工技术在美国、欧洲、日本得到了较大的改进,奠定了现代顶管施工技术的基础。

顶管技术在中国的发展始于 1956 年的上海。1984 年前后,我国的北京、上海、南京等地先后开始引进国外先进的机械式顶管设备,使我国的顶管技术上了一个新台阶。国内顶管机经历了技术引进、研发、发展等几个时期,从最初的手掘式顶管机、气压平衡式顶管机到目前的水压、土压平衡式顶管机,不断吸收国外先进技术进行改进,到目前已经拥有一批具有自主知识产权的自主品牌,并在一些技术领域,如纠偏、测量等方面取得了一定的成绩,达到或接近国际先进水平。如上海管道工程股份有限公司研制的 $\phi2200$ 型泥水平衡式顶管机，其纠偏装置采用模块化结构，采用背景噪声抑制功能和微型可编程控制器，管理计算机有多个页面可供选择，能全面反映各项施工参数，运用触摸屏进行操作；北京市市政工程研究院研制的 $\phi2150$ 型加泥式土压平衡式顶管机，其纠偏系统设计独特，运行状况集中显示和控制，并采用激光靶跟踪和倾角仪测斜的动态方位误差监控系统，使监测和操作工作更直观便利。

目前，国外顶管机产品大都具有刀盘破碎系统设计合理、地层土质针对性较强、采用精确激光纠偏导向系统、计算机控制程度高等技术特点。同时，国外顶管机朝着大负载精确控制、高响应、连续控制、计算机 CAN 数字通信总线控制、遥控控制、多功能化、微型化等趋势发展。我国顶管机的市场需求越来越大，尤其是对能够在复杂地质条件作业的多功能顶管机的需求将更加广泛。

由于顶管机具有输出力大、质量轻、远距离操作等特点，因此广泛使用在电力维护、穿越公路等非开挖工程。顶管机管道铺设还可用于城市地下空间的地下水道、电力通信管道、燃气热力管道、大型排除污水管道、大型引水管道等管道工程。顶管机能够适用于各种复杂的工程地质和水文地质条件。因为顶管施工法对工程地质和水文地质条件的依赖性较低，因此在地下管线密布地区不宜采用明挖法施工，地下水发育、围岩稳定性差，不能采用钻爆法施工时，采用顶管法施工是较为经济合理的施工方法。由于它能穿越公路、铁路、桥梁、高山、河流、海峡和地面任何建筑物，采用该技术施工，能节约一大笔征地拆迁费用，减少对环境污染和道路的堵塞，具有显著的经济效益和社会效益。

2. 主要特点

1）优点

（1）安全性高。顶管施工法除竖井以外，几乎没有地面上的作业，不受地面交通、建筑物、河流等环境影响，可全天候施工。顶管施工是在钢壳的支护下进行的，因此可安全地进行开挖和衬砌等作业。顶管机的推进管道、背衬灌浆等作业都是重复循环进行的，因此施工管理简单。

（2）环保。顶管机对地面交通无影响，噪声、振动等的危害小，对周围环境干扰少。

（3）经济性高。管道工程费用与覆盖土层的深浅有关，适合埋深、长大型管道施工。在确保掘进面安定的情况下，即使地质条件恶劣以及遇到地下设施等障碍，也比明挖工法经济性高。

（4）效率高。背衬注浆以及推进中的监控等全部实现了机械化、自动化控制，劳动强度低，施工精度高，掘进速度快。当今的顶管机是集机械、电气、液压、测量、控制、注浆、排泥等多项技术于一体，专用于铺设地下管道工程的主要技术设备。

（5）适应土质范围广，软土、黏土、砂土、砂砾土、硬土均适用。

（6）破碎能力强，破碎粒径大，个数多。

（7）采用低速大扭矩传动方式，刀盘切削力较大，过载系数能达到 3 以上。

（8）施工精度高，可上、下、左、右方向纠偏，最大纠偏角度达 2.5°，并可作较长距离顶进。

（9）有独立、完善的土体注水、注浆系统，可对挖掘面土体进行改良，从而扩大适用范围。

（10）结构紧凑，使用、维修、保养简单，在工作坑、接收坑中便于拆除。

2）缺点

（1）组装、解体、运输费用高，刀具磨损维修费用昂贵。

（2）重复使用率较低，一般掘进 5km 就要进行大修。

（3）形式的选择由工程地质条件、水文地质条件、管道断面尺寸等因素确定，因此，一般不能任意将在其他管道施工用的顶管机重复使用。需根据地质情况制造加工，不能代用。

（4）当覆盖层较浅时，在顶管机的推进过程中很难防止地表沉陷，防护措施要求高。

（5）竖井附近由于顶管的作业会产生噪声和振动，特别是泥水处理设备振动筛的低频振动,应加强管理。

（6）在曲线段施工时,因为顶管机是曲线推进,会造成急转弯处施工困难。

8.2 顶管机的分类及工作原理

8.2.1 顶管机的分类

顶管机的分类方法较多,工程上常用的有以下4种。

1. 按顶管口径分类

顶管机按所顶进的管子口径大小分为大口径顶管机、中口径顶管机、小口径顶管机和微型顶管机四种。大口径顶管机多指直径在2m以上的顶管机,人可以在其中直立行走。中口径顶管机的管径多为$1.2\sim1.8m$,人在其中需弯腰行走,大多数顶管机为中口径顶管机。小口径顶管机的直径为$500\sim1000mm$,人只能在其中爬行,有时甚至爬行都比较困难。微型顶管机的直径通常在400mm以下,最小的只有75mm。

2. 按一次顶进的长度分类

一次顶进的长度指顶进工作坑和接收工作坑之间的距离,根据这个距离的大小,可以将顶管机分为普通距离顶管机和长距离顶管机。顶进距离长短的划分目前尚无明确规定,长距离顶管机过去多指一次顶进长度100m左右的顶管机。目前,一次顶进长度达到千米以上的顶管机已屡见不鲜,可把500m以上的顶管机称为长距离顶管机。

3. 按管材分类

根据顶管所使用的材料,可将顶管机分为钢筋混凝土顶管机、钢管顶管机、其他管材的顶管机。

4. 按工作面平衡理论分类

根据工作面平衡理论,顶管机可分为泥水平衡式顶管机、土压平衡式顶管机、矩形顶管机等。其中泥水平衡式顶管机施工技术是以含有一定量黏土且具有一定相对密度的泥水充满顶管机的泥水舱,并对其施加一定的压力,以平衡地下水压力和土压力的一种顶管施工方法。土压平衡式顶管机施工技术是以顶管机土舱内泥土的压力来平衡顶管机所处土层的土压力和地下水压力的一种顶管施工方法。

8.2.2 顶管机的工作原理

1. 泥水平衡式顶管机

泥水平衡式顶管机可在地下水压力较高及土质变化范围较大的条件下使用,一般管径在1350mm以下。

1）结构组成

泥水平衡式顶管机是在机械式顶管机的前部设置隔板,在刀盘切削洞体时给泥水施加一定的压力,在使开挖面保持稳定的同时,将切削土以流体的方式输送出去。下面对其主要结构进行说明。

（1）切削机构

泥水平衡式顶管机的切削机构与机械式顶管机相同,由切削刀盘和安装在前端的切削刀头构成。搅拌机构设置在泥土室内,以防止泥土室吸入口的堵塞及稳定开挖面。

（2）搅拌机构

搅拌机构包括切削刀盘（刀头、轮辐、中间横梁）、在泥土室下方的排泥口及入口附近设置的搅拌装置和铣刀背面的搅拌叶片。

（3）排送泥水机构及控制机构

排送泥水机构及控制机构由以下几部分组成：

① 将配置的泥水由设置在泥土室上方的送泥管输送到开挖面,控制开挖面水压的送泥管路；

② 将切削的土砂由设置在泥土室下部的排泥管向处理设备输送的排泥管路；

③ 作业停止或管路接长时等用的旁通管路；

④ 控制开挖面水压的开挖面水压保持管路；

⑤ 循环管路（依施工条件而定）。

（4）砾石处理装置

在切削砾石层时,被切削下来的石碴中会夹杂有大块砾石,因此应根据排泥设备（泥浆泵、排泥管）的能力设置砾石处理装置。砾石处理装置有设置在泥土室内和设置在排泥管中两种方式。因此,在选择砾石处理装置时,应根据砾石的粒径大小、砾石的数量、顶管的直径和砾石处理能力等因素考虑确定。

（5）泥水处理装置

泥水处理装置的功能是将排送到地面上的泥水经一次分离装置分离后，将砾石、砂等分离出去，将凝结剂加入到剩余的淤泥、黏土等土砂中使之形成团状块，然后经机械或其他强制方法进行脱水分离出去。

（6）配泥机构

配泥机构的功能是在分离土砂后遗留下来的泥水里加入泥土、添加剂等，并调整为适当的比重、浓度、黏性等，然后再将配置好的泥水输送到开挖面，形成再循环使用。

（7）开启装置

切削刀盘的长条切口处设有开启装置，根据土质的不同调节其开口大小，当作业停止时将长条切口全部关闭。

2）工作原理

泥水平衡式顶管机是在加入添加剂、膨润土、黏土以及发泡剂等使切削土塑性液化的同时，将切削刀盘切削下来的土砂用搅拌机搅拌成泥水状，使其充满开挖面与管道隔墙之间的全部开挖面，使开挖面稳定。添加剂注入装置由添加剂注入泵及设置在切削刀盘或泥土室内的添加剂注入口等组成。注入装置、注入口径个数应根据土质、顶管直径和机械构造等考虑选择。添加剂的注入量、注入压力应根据切削刀盘扭矩的变化，对洞体内浸透量、排土出碴状态以及泥土室内的泥土压力等情况进行控制。切削刀盘的正面形状有 2 种：一是面板形式，这种形式的顶管机是以泥土压力和面板共同维持开挖面的稳定；二是不设面板的轮辐形，这种形式的顶管机是以泥土压力和轮辐结合以保持开挖面的稳定。面板形的顶管机，在面板上设有切口开闭装置，顶管机在停止作业时关闭切口，以防止开挖面坍塌，同时切口可以用来调节土砂的排出量。轮辐可以减轻铣刀的实际负荷扭矩，增大排出开挖土砂的效果。选择哪一种形式要考虑开挖面的安全性、泥水室内维修保养、切削刀头的更换难易程度，以及排除障碍物作业的安定性等因素。

普通泥水平衡式顶管机适用土层较广，但最"可靠、经济、环保"的施工土层是粉性土和渗透系数较小的砂性土。如果泥水平衡式顶管机用于黏粒含量较高的土层，泥水分离困难，废泥浆较多，对环境污染较大。用于渗透系数较大的砂性土，进水管中的运载液如果是泥水，则要提高比重，随着渗透系数的继续增加，运载液宜改用特殊的化学泥浆，但会大大提高施工成本。

3）技术特点和性能指标

以 TPN 型泥水平衡式顶管机为例，其技术特点如下：

（1）适用土质范围广，软土、黏土、砂土、砂砾土、硬土均可使用。

（2）破碎能力强，破碎粒径大，个数多。

（3）具有独立的注水、注浆系统和刀盘清洗装置，尤其适合 N 值较大的硬土。

（4）顶进速度快，最快顶进速度为 120mm/min。

（5）施工精度高，上、下、左、右可纠偏，最大纠偏角度达 2.5°，并可作较长距离顶进。

（6）采用地面操作系统，安全、直观、方便。

（7）结构紧凑，使用维修保养简单，在工作坑、接收坑中便于拆除。

TPN 型泥水平衡式顶管机的性能指标见表 8-1。

表 8-1　TPN 型泥水平衡顶管机的性能指标

序号	参数	顶管直径/mm				
		$\phi600$	$\phi800$	$\phi1000$	$\phi1200$	$\phi1350$
1	功率/kW	11	15	22	30	37
2	纠偏角度/(°)	2.5	2.5	2.5	2.5	2.5
3	纠偏液压缸推力/(kN/只)	100	220	360	420	420
4	液压系统功率/kW	0.55	0.75	0.75	1.5	1.5
5	进排浆管直径/mm	3	4	4	4	4
6	可破碎岩石直径/mm	200	300	350	400	450
7	控制方式	地面集中控制				

2. 土压平衡式顶管机

1) 结构组成

土压平衡式顶管机包括使开挖面稳定的切削机构、搅拌切削土的混合搅拌机构、排出切削土的排土机构和给切削土一定压力的控制机构。

（1）切削机构

土压平衡式顶管机的切削机构与机械式顶管机相同，具有切削刀盘和在切削刀盘前面安装的切削刀头。

（2）混合搅拌机构

混合搅拌机构设置的目的是使切削的土砂产生相对运动，防止切削土附着和沉淀。混合搅拌机构包括切削刀盘（刀头、轮辐、中间横梁）、铣刀背面的搅拌叶片、设置在螺旋搅拌机轴上的搅拌叶片、在隔墙上或在泥土室的隔墙上设置的搅拌叶片和单独驱动的搅拌叶片等。

（3）排土机构和控制机构

排土机构和控制机构设置的目的是为了使切削土的排土量与顶管机掘进速度相匹配。排土机构主要是螺旋输送器，而控制排土量的机构有闸门、排土口加压装置。

2) 工作原理

先由工作井中的主顶进液压缸推动顶管机前进，同时刀盘旋转切削土体，切削下的土体进入密封土仓和螺旋输送机并被挤压，形成一定的土压；再通过螺旋输送机的旋转，输送出切削的土体。通过控制螺旋输送机的出土量或顶管机的前进速度，可以控制密封土仓内的土压力值，使此土压力与切削面前方的静止土压力和地下水压力保持平衡，从而保证开挖面的稳定，防止地面的沉降或隆起。

3) 技术特点

（1）适用土质范围广，软土、黏土、砂土、砂砾土、硬土、回填土均可适用。

（2）具有土压与泥水两种排泥方式，可根据不同的地质情况转换。

（3）采用机内与地面集中控制系统，安全、直观、方便。

土压平衡式顶管机的适应性强，适用的土质范围广。在遇到砂土时，可用加泥的方式对砂土进行改良，使它变成具有良好塑性、流动性和不透水性的土，并可在80%管外径的浅覆土条件下使用。土压平衡式顶管机的控制要比泥水平衡式顶管机的控制容易。土压平衡式顶管机的平衡性能是最可靠的，最适用于地面沉降要求严格、覆盖层较薄的浅埋管道。土压平衡式顶管机采用干出泥的方式，对环境污染最小，但适用土层仅为淤泥和流塑性的黏性土。虽然适用土层少，但这些土层正是沿海城市浅埋管道常遇到的土层，所以应用范围仍然很广。

3. 矩形顶管机

1) 工作原理

矩形顶管机工作原理是通过大刀盘及仿形刀对正面土体的全断面切削，改变螺旋机的旋转速度及顶进速度来控制排土量，使土压仓内的土压力值稳定并控制在所设定的压力值范围内，从而达到开挖切削面土体稳定的目标。

2) 技术特点

（1）利用土压平衡原理进行全断面切削，完成矩形断面的隧道施工，对周围土体扰动小。可用于建造过街地道、高速公路穿越、地铁车站、地铁、海底隧道以及在闹市区、古文物保护区、植被保护区等不适宜进行开挖的市政给排水、电力、电信、石油、天然气等管线的铺设等。

（2）在同等截面积下，矩形隧道比圆形隧道可更有效地利用空间，减少地下掘进土方，在城市隧道中人行地道、电缆沟、综合管廊等市政隧道工程尤以矩形最为经济。

（3）不需再进行地面铺平工序，不仅省时，而且可以降低工程造价20%左右。

（4）对原有的各类地下管线、道路交通、水运以及地面的各类建筑无影响，施工时无噪声、无环境污染。

（5）通过 PLC 程序控制器及各类传感器等随时监测施工状况，使整个施工过程处于受控状态，从而有效控制矩形隧道顶进轴线、转角偏差及地面沉降。

（6）同圆形顶管机相比，矩形顶管机实现全断面的切削较难，对纠偏、自转、背土、管口连接等处理要求很高。

矩形顶管施工法适用于黏土、淤泥质黏土、粉质砂土、砂质粉土及强风化岩等地层中施工,如图 8-2 所示。

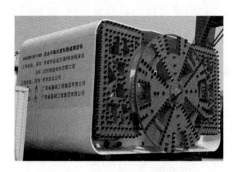

图 8-2　矩形顶管机实物图

8.3　顶管机的选型与计算

1. 顶管机的选型

不同工程地质条件下可供选择的顶管设备也不相同。针对不同的地质特点以及施工方自身的需求,只有选择与之相适应的顶管设备类型,才能保证工程施工的顺利进行和设备利用的最大化。在施工时一旦选错了机型和工法,不仅影响施工进度,而且易发生开挖面坍塌、地层沉降和塌陷、涌水等事故。

顶管施工应主要根据土质情况、地下水位、施工要求等,在保证工程质量、施工安全等的前提下,合理选用顶管机型。目前顶管设备选型主要考虑穿越地层渗透性系数、岩土颗粒大小以及穿越工程周边条件。当穿越地层为渗透系数较大的大砂层、砂砾层时,宜选用泥水平衡式顶管机;当穿越地层为渗透系数较小的黏性土层时,应选用土压平衡式顶管机。同样,地层中粉粒和黏粒的总量达到 40% 以上时,通常会选用土压平衡式顶管机;相反则选择泥水平衡式顶管机比较合适。当顶管穿越周边环境安全等级较高时,泥水平衡式顶管机为最优选择。

为合理选择顶管机型,应首先获得和分析如下相关技术资料:

(1) 根据所提供的工程地质钻孔柱状图和地质纵剖面图,了解顶管机所要穿过的有代表性的地层条件,同时研究特殊的地层条件和可能遇到的施工问题。

(2) 详细分析顶管机所要穿越的各类地层的土壤参数(表 8-2),然后依据下列几条进行顶管机的选型:

① 按土颗粒组成和土的塑性指数,可确定顶管机穿越最具代表性的地层及其最基本的地质依据。

表 8-2　顶管机头选型的主要土壤参数

参数性质	地层参数	符号	单位	说　明
土的固有特征	颗粒组成	—	%	$C_u = d_{60}/d_{10}$ $I_P = W_L - W_P$
	限位粒径	d_{60}	mm	
	有效粒径	d_{10}	mm	
	不均匀系数	C_u[①]	—	
	液限	W_L	%	
	塑限	W_P	%	
	塑性指数	I_P	%	
土的状态特征	含水量	w	%	$I_L = (w - W_P)/I_P$
	饱和度	S_r[②]	%	
	液性质数	I_L[③]	—	
	孔隙比	e	—	
	渗透系数	K	m/s	
	土的天然重度	γ	kN/m³	

续表

参数性质	地 层 参 数	符号	单位	说　　明
土的力学性质特征	不排水抗剪强度	S_u	kPa	$S_t = q_u/q_0$ $E_s = (1+e_1)/a$
	黏聚力	C	kPa	
	内摩擦角	φ	(°)	
	标准贯入指数	N	—	
	原状土无侧限抗压强度	q_u	kPa	
	重塑土无侧限抗压强度	q_0	kPa	
	灵敏度	S_t④	—	
	压缩系数	a	—	
	压缩模量	E_s	kPa	

注：① $C_u > 10$ 为级配不均匀土，$C_u < 5$ 为级配均匀土。

　　② S_r 值将砂性土分为 3 种状态：$S_r \leqslant 50\%$，稍湿的；$50 < S_r \leqslant 80\%$，很湿的；$S_r > 80\%$，饱和土。

　　③ I_L 值将黏性土分为 5 种状态：$I_L \leqslant 0$，坚硬状态；$I_L \leqslant 0.25$，硬塑状态；$I_L \leqslant 0.75$，可塑状态；$I_L \leqslant 1$，软塑状态；$I_L > 1$，流塑状态。

　　④ 黏性土的灵敏度分为 3 种：$S_t = 2 \sim 4$，低灵敏度；$S_t = 4 \sim 6$，中灵敏度；$S_t > 8$，高灵敏度。

② 根据土的有效粒径 d_{10} 和土的渗透系数 K 等，可确定是否采用人工降水的方法疏干地层。

③ 在环境保护要求很高的砂性土层中进行顶管施工，当地下水压力 > 98kPa，黏粒含量 $< 10\%$，渗透系数 > 10cm/s，并有严重流砂时，宜采用泥水平衡或开挖面加高浓度泥浆的土压平衡的顶管机施工。

④ 按土的稳定系数 N_t 的计算和对地面沉降的控制要求选择顶管机的结构形式，以及地面沉降控制技术措施，其计算公式如下：

$$N_t = \frac{\gamma h + q}{S_u} n \qquad (8-1)$$

式中，γ——土的重度，kN/m³；

　　　h——地面至机头中心的高度，m；

　　　q——地面超载，kPa；

n——折减系数，一般取 1；

S_u——土的不排水抗剪强度，kPa。

当 $N_t \geqslant 6$，且地面沉降控制要求很高时，因正面土体流动性很大，需采用封闭式顶管机头。

当 $4 < N_t < 6$，地面沉降控制要求不很高时，可考虑采用挤压式或网格式顶管机。

当 $N_t \leqslant 4$，地面沉降控制要求不高时，可考虑采用手掘式顶管机。

饱和含水地层中，特别是含水砂层、复杂困难地层或临近水体，需充分掌握水文地质资料。为防止开挖面涌水或塌方，应采取防范和应急措施。

综上所述，可参照表 8-3 选择顶管机和相应的施工方法。

表 8-3　顶管机和相应施工方法的选择

编号	顶管机形式	适用管道内径 D/mm	管顶覆土厚度 H/m	地层稳定措施	适用地层	适用环境
1	手掘式	900～4200	$\geqslant 3$ 或 $\geqslant 1.5D$	1. 遇砂性土用降水法疏干地下水；2. 管道外周注浆形成泥浆套	黏性或砂性土，在软塑和流塑黏土中慎用	允许管道周围地层和地面有较大变形，正常施工条件下变形量为 10～20cm
2	挤压式	900～4200	$\geqslant 3$ 或 $\geqslant 1.5D$	1. 适当调整推进速度和进土量；2. 管道外周注浆形成泥浆套	软塑和流塑性黏土，软塑和流塑的黏性土夹薄层粉砂	允许管道周围地层和地面有较大变形，正常施工条件下变形量为 10～20cm

续表

编号	顶管机形式	适用管道内径 D/mm	管顶覆土厚度 H/m	地层稳定措施	适用地层	适用环境
3	网格式（水冲）	1000～2400	≥3 或≥1.5D	适当调整开口面积，调整推进速度和进土量，管道外周注浆形成浆套	软塑和流塑性黏土，软塑和流塑的黏性土夹薄层粉砂	允许管道周围地层和地面有较大变形，精心施工条件下地面变形量可小于15cm
4	斗铲式	1800～2400	≥3 或≥1.5D	气压平衡工作面土压力，管道周围注浆形成泥浆套	地下水位以下的砂性土和黏性土，但黏性土的渗透系数应不大于10^{-4}cm/s	允许管道周围地层和地面有中等变形，精心施工条件下地面变形量可小于10cm
5	多刀盘土压平衡式	900～2400	≥3 或≥1.5D	胸板前密封舱内土压平衡地层和地下水压力，管道周围注浆形成泥浆套	软塑和流塑性黏土，软塑和流塑的黏性土夹薄层粉砂，黏质粉土中慎用	允许管道周围地层和地面有中等变形，精心施工条件下地面变形量可小于10cm
6	刀盘全断面切削土压平衡式	900～2400	≥3 或≥1.5D	胸板前密封舱内土压平衡地层和地下水压力，以土压平衡装置自动控制，管道周围注浆形成泥浆套	软塑和流塑性黏土，软塑和流塑的黏性土夹薄层粉砂，黏质粉土中慎用	允许管道周围地层和地面有较小变形，精心施工条件下地面变形量可小于5cm
7	加泥式机械土压平衡式	600～4200	≥3 或≥1.5D	胸板前密封舱内混有黏土浆液的塑性土压力平衡地层和地下水压力，以土压平衡装置自动控制，管道周围注浆形成泥浆套	地下水位以下的黏性土、砂质粉土、粉砂。地下水压力>200kPa，渗透系数≥10^{-3}cm/s时慎用	允许管道周围地层和地面有较小变形，精心施工条件下地面变形量可小于5cm
8	泥水平衡式	250～4200	≥3 或≥1.5D	胸板前密封舱内的泥浆压力平衡地层和地下水压力，以泥浆平衡装置自动控制，管道周围注浆形成泥浆套	地下水位以下的黏性土、砂性土，渗透系数>10^{-1}cm/s，地下水流速较大时，严防护壁泥浆被冲走	允许管道周围地层和地面有很小变形，精心施工条件下地面变形量可小于3cm
9	混合式	250～4200	≥3 或≥1.5D	上述方法中两种工艺的结合	根据组合工艺而定	根据组合工艺而定
10	挤密式	150～400	≥3 或≥1.5D	将泥土挤入周围土层而成孔，无需排土	松软可挤密地层	允许管道周围地层和地面有较大变形

注：表中的 D、H 值可根据具体情况进行适当调整。

2. 顶管机的顶进力计算

顶管机的顶进力可按下式计算(亦可采用当地的经验公式确定):

$$P = f\gamma D_1 \left[2H + (2H + D_1)\tan^2 \left(45° - \frac{\varphi}{2} \right) + \frac{\omega}{\gamma D_1} \right] \times L + P_s \quad (8\text{-}2)$$

式中,P——计算的总顶进力,kN;

γ——管道所处土层的重度,kN/m³;

D_1——管道的外径,m;

H——管道顶部以上覆盖土层的厚度,m;

φ——管道所处土层的内摩擦角,(°);

ω——管道单位长度的自重,kN/m;

L——管道的计算顶进长度,m;

f——顶进时,管道表面与其周围土层之间的摩擦系数,取值见表8-4;

P_s——顶进时顶管机的迎面阻力,kN。

表8-4 顶进管道与其周围土层的摩擦系数 f

土层类型	湿	干
黏土、亚黏土	0.2~0.3	0.4~0.5
砂土、亚砂土	0.3~0.4	0.5~0.6

1) 采用敞开式顶管法施工

顶管掘进机的切入阻力可按下式计算:

$$P_s = \pi D_s t_s p_s \quad (8\text{-}3)$$

式中,P_s——切削阻力,kN;

D_s——顶管机外径,m;

t_s——切削工具管的壁厚,m;

p_s——单位面积土的端部阻力,kPa,取值见表8-5。

表8-5 不同地层的单位面积土的端部阻力 p_s

kPa

土层类型	p_s
软岩,固结土	12000
砂砾石层	7000
致密砂层	6000
中等密度砂层	4000
松散砂层	2000
硬-坚硬黏土层	3000
软-硬黏土层	1000
粉砂层,淤积层	400

2) 采用封闭式土压力平衡顶管法施工

迎面阻力可以用如下经验公式计算:

$$P_s = 13.2\pi D_s N \quad (8\text{-}4)$$

式中,N——土的标准贯入指数。

3) 曲线顶进

应分别计算其直线段和曲线段的顶进力,然后累加即得总的顶进力。直线段的顶进力仍然按照上述公式计算,而曲线段的顶进力则可按照下面的公式进行计算:

$$F_n = K^n F_0 + \frac{F' \left[K^{(n+1)} - K \right]}{K - 1} \quad (8\text{-}5)$$

式中,F_n——顶进力,kN;

K——曲线顶管的摩擦系数,$K = \dfrac{1}{\cos\alpha - k\sin\alpha}$,其中,$\alpha$ 为每一根管节所对应的圆心角(°),k 为管道和土层之间的摩擦系数,$k = \tan\dfrac{\varphi}{2}$;

n——曲线段顶进施工所采用的管节数量;

F_0——开始曲线段顶进时的初始推力,kN;

F'——作用于单根管节上的摩阻力,kN。

在曲线段的顶进力计算完毕后,如要接着计算随后的直线段顶进力,可按下述公式进行计算:

$$F_m = F_n + fL \quad (8\text{-}6)$$

式中,F_m——曲线段后的直线段顶进力,kN;

L——直线段的顶进长度,m。

8.4 国产顶管机典型产品简介

国内顶管机经历了技术引进、研发、发展等几个时期,从最初的手掘式顶管机、气压平衡式顶管机到现在的水压、土压平衡式顶管机,不断吸收国外先进技术,目前已经拥有一批具有自主知识产权的品牌,并在一些技术领域如纠偏、测量等方面取得了一定的成绩,达到或接近国际先进水平。

目前国内顶管机规模较大、技术力量雄厚的生产企业主要有上海管道工程股份有限公司、北京市市政工程研究院、中铁一局市政环保工程总公司等,这几家公司的产品基本上都具有自动控制、机电液一体化、激光定位导航以及自动纠偏等功能。另有其他一些在技术力量、产品质量、生产规模等方面均有不足的生产厂家,其产品主要靠低价占有市场。

1. NPD 型多边形偏心破碎泥水平衡式顶管机

NPD 型多边形偏心破碎泥水平衡式顶管机的技术性能与特点如下:

(1)具有自主知识产权,是目前国内最先进的顶管机。它不仅用于国内,而且出口到埃及、新加坡、俄罗斯等国家。

(2)适用于多种口径和各种土质,顶进速度快,施工后地面沉降小,操作方便,主轴密封可靠,使用寿命长。

(3)本机刀盘作偏心转动时对泥土、石块形成第一次压碎,而多边形刀盘的每一个边与多边形泥土仓壳体的每一个边形成第二次更强大的破碎功能。

(4)在多边形泥土仓内设有数个高压水喷嘴,高压水可对黏土进行截割、粉碎。所以,它能适用于一般泥水平衡式顶管机所不能适用的黏聚力很大的固结性黏土。

2. TP 系列大刀盘土压平衡式顶管机

TP 系列大刀盘土压平衡式顶管机的技术性能与特点如下:

(1)TP 系列大刀盘土压平衡式顶管机是一种适用土质范围广的中、大型口径顶管机,具有对土体进行改良的功能,即通过加泥可把原来不具有塑性、流动性和透水性土体变成具有较好塑性、流动性和不透水性土体。

(2)既适用于 $N=0$ 的淤泥,也适用于 $N=50$ 的砂砾和卵石层。

(3)施工后地面沉降小,弃土的处理简单,可在管外径0.8倍以上的浅覆土层中施工。由于本机的开口率达100%,因此土仓内显示的土压力更精确。

3. DK 型单刀盘土压平衡式顶管机

DK 型单刀盘土压平衡式顶管机的技术性能与特点如下:

(1)在软土、硬土中都可以采用,是全土质的顶管掘进机。

(2)复土深度要求不高,最小为 1.5 倍的管径。

(3)通过合理的注浆形式,可改良土体,保持控制面稳定,地面沉降变形极小。

(4)废土的运输和处理方便、简单,作业环境好、操作安全。

(5)适合大口径、长距离顶管。

4. JD 系列矩形顶管机

JD 系列矩形顶管机技术性能与特点如下:

(1)JD 矩形顶管机采用土压平衡原理,对地层扰动较小,有效利用空间,减小断面,减少覆土厚度,减少引坡段长度,配套设备少,能大幅减少工作井场地。

(2)弃土由碴土泵或螺旋输送机排出,以泥浆的形式输出。

(3)施工不影响交通及地面建筑,无噪声,无污染。

(4)局限性,断面尺寸有限,只能直线、小纵坡顶进。

(5)需要根据客户技术要求,专业设计,定制生产。

8.5 顶管机的安全使用

1. 顶管机的安装

(1)安装前,要全面检查设备配套部件是否齐全。

(2)安装工作坑要平整、夯实,能够承载该机的工作压力。

(3)设备安装时,应在机长指挥下进行。人员要明确分工,各自了解自己的职责,熟悉周围环境及指挥信号和联络方式。

(4)联合作业的配套设备要布局合理,与本机所需功率相匹配,引入机组的照明电源,保证机械和人身的安全。

(5)必须配备熟悉顶管机管、用、养、修各个环节的专业技术人员,和经过培训合格的司机,以保证钻进的正常作业。

2. 开机操作前的检查

(1)顶管机各部分润滑油量应充足,各连接螺栓应无松动,各操作仪表正常。

（2）液压系统油量应达到标准，所有选择阀操作杆应处于中间位置，油管应无漏油现象。

（3）电气系统的电线应无松动和其他反常现象，电气仪表功能应正常。

（4）润滑系统的油量应充足，油质、润滑应正常。

（5）各控制手柄的操作和控制设备应正常。

（6）确认机组各部已按厂家规定，逐项全面检查无误后，方可开动机器。通过调试达到设备开挖方向正确，再按程序投入作业。

3. 使用注意事项

（1）编制作业计划安排，并组织实施。

（2）机组人员要高度集中精力从事操作，认真监视各仪表指示数据、工作机构是否灵敏正常。

（3）在作业过程中，应注意观察排土量。

（4）顶管施工时，注意观察纠偏测量和校正装置，每隔一定时间应测量标高和中心线。发现偏差，除及时校正外，应每顶进一个行程正式测量校正一次。

（5）作业完毕后，拆除设备并清洗干净，对设备各部位进行保养。

8.6 顶管机的维护保养和常见故障排除

1. 顶管机的维护保养

1) 保养和维护原则

顶管机的保养与维修必须坚持"预防为主、状态检测、强制保养、按需维修、养修并重"的原则，并由专业技术人员进行保养与维修。必须按照使用说明书的要求和施工计划，对顶管机和配套设备进行保养与维修，并须做好记录。在顶管机长期停止掘进期间，仍应定期进行维护保养。

2) 拆装

拆装顶管机的目的主要是为了完工后的转场、维护保养，并为新的施工任务做好准备。顶管机完成管道施工任务后，应把延伸轨道铺设好，用主顶液压缸把旋转挖掘系统推出作业面到基坑处停放好，拆卸前一定要搭建工作平

台和防护栏杆，钢壳两侧圆形坡土还需安装踏板，以防工作人员从上面滑下来。

拆卸时，首先要把测量仪器的接线和组装的零件拆下来，然后拆除旋转挖掘系统的总电缆和容易损坏的传感器（如报警和测量定位传感器等）。拆卸时一定要按电器拆装规范进行。在完成上述拆卸工作后，应将旋转挖掘系统整体吊出基坑，运到检修地点。

当旋转挖掘系统重新投入施工时，首先要把旋转挖掘系统的轨道按照施工标准做好，然后用吊装设备把旋转挖掘系统平稳地放在铺设好的轨道上。上述安装工作完成后，再安装电缆、线路和传感器等附属装置。

顶管机其他工作系统的拆装，应当按照不同系统（如主顶系统、泥土输送系统、注浆系统、电气系统等）的拆装要求进行。

3) 更换切削刀头

旋转挖掘系统在每次拆卸时，都要更换磨损严重超标的切削刀头，并根据将要施工地层的土质条件选择切削刀头的形状、材质，安排切削刀头的布置方式。切削刀头分为刀柄和刀尖两部分，刀柄的材质多为经过热处理的中碳钢，刀尖的材质多为硬质合金或工具钢。切削刀头的外形有前角和后角之分，应根据土质条件确定切削刀头的前角和后角。比如，硬土层应选择较大的前、后角（前角约 $30°$，后角约 $10°$）；砾石层应选择较小的前、后角（前角约 $5°$，后角约 $5°$）。

在切削刀盘上除装设切削刀头外，还在超出切削刀盘直径的圆周方向设置了超挖刀、仿形刀等切削刀头。采用超挖刀的目的是减少旋转挖掘系统外壳的磨损和提高操作性，即减少顶管机的偏摆和推进阻力。但缺点是增加了背衬水泥砂浆的灌注量。

4) 切削刀盘的维护保养

每次拆、装旋转挖掘系统时，都要检查、保养、修理切削刀盘的土砂密封件，并做好各部轴承的润滑工作。为了防止土砂、泥水等侵入切削刀盘的轴承，在切削刀盘旋转轴与座孔之间装有数道土砂密封件及轴承润滑装置。土砂密封件的结构需要依据覆盖层深度、地下水压力、

添加剂压力、工期长短、管道长度、密封件安装位置、密封层数及润滑方式等因素确定。

5) 切削刀盘的扭矩检测

在对旋转挖掘系统完成大修或技术改造后,要对切削刀盘扭矩进行检测。

切削刀盘的扭矩要根据地质条件以及旋转挖掘系统的形式、构造和直径等因素确定。一般需要考虑以下几种要素:

(1) 切削土壤、砾石等的切削阻力矩;

(2) 切削刀盘与土壤的摩擦阻力矩;

(3) 土砂的搅拌、提升阻力矩;

(4) 轴承摩擦阻力矩;

(5) 密封摩擦阻力矩;

(6) 减速器的机械摩擦、传动等阻力矩。

然而以上几种阻力矩在实际计算中很难确定,特别是切削阻力矩,因受土砂性质、成分、含水量等条件的影响,计算尤为困难。因此多采用以下的近似计算:

$$T = \alpha D^3 \tag{8-7}$$

式中,T——旋转挖掘所需扭矩,N·m;

　　D——旋转挖掘系统外径,m;

　　α——扭矩系数,N/m²。

扭矩系数 α 与旋转挖掘系统的形式、土质条件等有关,一般取平均值。机械掘进式顶管机的 $\alpha = 0.8 \sim 1.4$,土压平衡式顶管机的 $\alpha = 1.4 \sim 2.3$,泥水平衡式顶管机的 $\alpha = 0.9 \sim 1.5$。

2. 顶管机的故障诊断与排除

1) 纠偏系统无动作

(1) 故障现象

一台直径为 1800mm 的泥水加压式顶管机(可扩容到 2000mm),旋转挖掘机系统总长 4705mm,刀盘扭矩为 354kN·m,刀盘转速为 2.3r/min,驱动功率为 303kW。纠偏液压缸行程为 85mm,纠偏液压缸推力为 980kN。该顶管机顶管 200m 时,纠偏系统失灵,不能产生纠偏动作,致使施工无法进行。

(2) 原因分析

该顶管机旋转挖掘系统的纠偏系统采用电液一体化的操作系统,液压原理如图 8-3 所示,由液压油箱、滤油器、进油滤油网、电动机、液压泵、单向阀、溢流阀、压力表、电磁换向阀、液压锁、过载溢流阀、泥水舱电磁换向阀、泥水舱门溢流阀、纠偏液压缸等部件组成。液压泵将液压油传递到控制阀,根据所需的纠偏情况传递到纠偏液压缸,但由于纠偏液压缸工作压力达不到所需的 20MPa(只能达到 16MPa),系统压力偏低,纠偏液压缸不能正常纠偏作业。

根据图 8-3 分析,造成纠偏液压系统压力偏低的原因有以下几种:

① 溢流阀失灵;

② 电磁换向阀磨损严重,产生内泄;

③ 纠偏液压缸内泄;

④ 进油滤网堵塞;

⑤ 液压泵功率下降。

(3) 故障排除

① 调整溢流阀压力,没有明显效果;采用换位法把其他部位相同型号的溢流阀换上去进行调试,也不见效果,说明溢流阀良好。

② 检查电磁换向阀,未发现漏油、阀芯松动以及挡位不清等现象,说明电磁换向阀也良好。

③ 对纠偏液压缸进行试压检测,压力正常,未发现内泄。

④ 把进油滤油网卸下来检查,未发现堵塞现象。

最后判断液压泵功率下降是故障的主要原因。把纠偏液压系统停下来,切断电源,从油箱中拆出液压泵,更换了同型号液压泵后试机运行,系统压力可以达到 26MPa,纠偏系统工作正常。

2) 纠偏系统不能向左纠偏

(1) 故障现象

一台直径为 2000mm 的土压平衡式顶管机,检修电器操作、液压以及排土等系统后,在进行全方位调整试机过程中,发现旋转挖掘系统的纠偏系统向左没有动作,其他方向都正常。

(2) 故障排除

① 采用换位法将左面与右面的电磁换向阀进行换位,结果还是左面不能纠偏;再将左面与右面的液压缸进行换位调试,仍然是左面不能纠偏。通过以上换位调试,说明纠偏系统的液压回路良好。

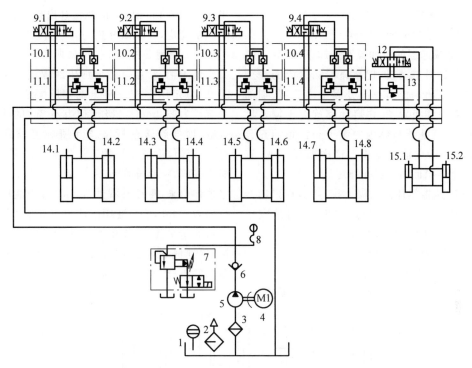

图 8-3　纠偏液压系统原理图

1—液压油箱；2—液压油滤油器；3—进油滤油网；4—电动机；5—液压泵；6—单向阀；7—溢流阀；8—压力表；9.1,9.2,9.3,9.4—电磁换向阀；10.1,10.2,10.3,10.4—液压锁；11.1,11.2,11.3,11.4—过载溢流阀；12—泥水舱电磁换向阀；13-泥水舱门溢流阀；14.1,14.2,14.3,14.4,14.5,14.6,14.7,14.8—纠偏液压缸；15.1,15.2—执行液压缸

② 把旋转挖掘系统的前端摆动部分与后端随动部分解体分开,发现前钢壳与后钢壳连接处的管道防水胶圈老化变形,影响纠偏系统向左面动作。

更换了前钢壳与后钢壳连接处老化变形的管道防水胶圈,试机后纠偏系统向左面动作正常。

3）液压泵站换向阀失灵

（1）故障现象

在广州污水管道施工中,顶管机的液压泵站在连续工作 1h 之后,换向阀不能按要求顺利换向,时好时坏。

（2）故障排除

这台液压泵站的液压回路比较简单,采用的是 4WE16G/EW220 型电磁换向阀,当工作1h 之后,电磁阀就发热,不能正常换向。拆下电磁换向阀,测绘电磁换向阀底座,参照底座尺寸查找到一种型号为 4WMM16G50 的手动

换向阀,安装后工作正常。

4）螺旋泥土输送机减速器箱体内进泥土

（1）故障现象

一台直径为 3000mm 的土压平衡式顶管机,承担将直径为 3000mm 的钢管顶进 1km 的工程施工任务。旋转挖掘系统掘进到 800m时,发现螺旋泥土输送机的减速器箱体内有泥土。

（2）原因分析

造成这一故障有两种原因：一是螺旋轴轴颈的密封环严重磨损,轴颈密封不良,导致泥土从螺旋轴轴颈处进入减速器箱体内；二是由于螺旋泥土输送机土压大于减速器箱体内压力,导致泥土进入减速器箱体内。但是螺旋轴轴颈的密封环是施工前才更换的新件,不会磨损那么快。因此土压大于减速器箱体内压力为故障主要原因。经了解,操作人员在开机掘进时,没有把泥土舱闸门打开,所以泥土舱压力过高,最终导致泥土进入减速器箱体内。

（3）故障排除

排除该故障分两个步骤：

① 将减速器的放油螺塞拆卸下来，启动螺旋泥土输送机电动机，把减速器箱体内的泥土从放油口排出。排出一部分泥土之后，从加油口加入双曲线齿轮油，再启动螺旋泥土输送机电动机，使减速器箱体内的泥土与齿轮油充分混合，然后从放油口排出。这样循环作业，直到把减速器箱体内的泥土排尽。

② 减速器箱体内的泥土排尽后，在减速器箱体内加入柴油，清洗减速器齿轮，清洗完毕后按标准量加入双曲线齿轮油。

5）主顶液压缸爬行

（1）故障现象

一台直径为 3.6m 的土压平衡式顶管机，当顶进到 600m 时，主顶液压缸出现爬行现象，油压不稳定，液压油发热。

（2）原因分析

该工程采用功率为 2.2kW、油箱容积 200L、额定压力 31.5MPa 的液压泵站。使用 8 个直径为 280mm、二级行程为 6.8m 的伸缩液压缸，顶推旋转挖掘系统和所施工的管材前行。二级伸缩液压缸的工作状况是：最初的伸缩为一级，一级全伸出来以后，二级液压缸随之再伸出来，每级行程约 3.4m，每个液压缸总行程为 6.8m，8 个液压缸为一个组合（并联）。主顶液压推进系统由液压泵、进油滤网、电动机、单向阀、溢流阀、压力表、换向阀和液压缸等部件组成，如图 8-4 所示。

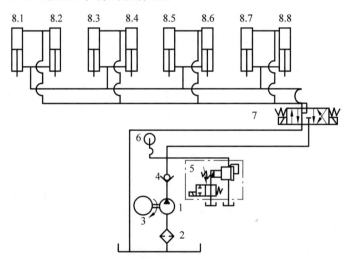

图 8-4　主顶液压推进系统组成

1—液压泵；2—进油滤网；3—电动机；4—单向阀；5—溢流阀；6—压力表；7—换向阀；8.1～8.8—二级伸缩液压缸

根据液压系统分析，造成液压缸爬行动作和压力不稳定的原因有：

① 溢流阀失灵；

② 液压泵因磨损严重产生内泄；

③ 液压缸内泄。

（3）故障排除

将通往液压缸的油路切断，开动液压泵站短时间"憋压"，压力达到 28MPa，说明液压泵 1、溢流阀 5 良好。判断故障的主要原因是液压缸内泄，经测试，确定 8.2、8.8 号两个液压缸内泄。更换了两个型号相同的液压缸，全部液压缸工作正常，液压缸爬行、油压不稳定以及液压油发热的故障排除。

第9章

隧道施工辅助机械

9.1 防水板铺设台车

9.1.1 概述

1. 定义

防水板铺设台车是专为隧道施工中铺设防水板、土工布及绑扎钢筋而设计的作业台车。在台车上通过装配卷扬机提升系统,实现防水板铺设的机械化作业,可有效降低作业人员的劳动强度,具有使用安全可靠、生产效率高等特点。

2. 研究现状

防水工作是隧道施工中的一项重要工作内容,防水工作的施工质量和效率会直接影响整个工程进展。隧道渗水、漏水的长期作用,特别是具有侵蚀性的地下水,对衬砌和隧道内设备的侵蚀及冻胀影响严重。因此,做好防排水,做到不渗不漏,是保证隧道长期安全运营的重要因素。在现代隧道防水工程中,铺设防水板作为隧道防排水设计的首选措施,其施工过程中需要在隧道断面上铺设防水板等防水材料,以达到防止隧道内渗水、漏水的目的。

隧道防水卷材的铺设包含土工布和防水板的铺设,其中以防水板的铺设施工最为关键。防水板铺设施工是在初期支护基础工序之后、二次衬砌之前。以沪昆铁路梨子坪隧道项目为例,防水板施工采用无钉铺设工艺。施工采用传统的简易台架人工进行铺设,一般6~8人/组,3~4h施工1个幅宽循环(宽度3m含土工布铺设固定及防水板的铺设焊接),2幅防水板的搭接使用自动爬行焊机进行焊接。人工进行防水板铺设施工关键工序为铺设—支撑—焊接。各工序作业人员劳动强度大,铺设速度慢。防水板铺设质量主要依赖于工人的技术水平,随意性大。防水板铺设的质量问题会影响衬砌的质量,从而引起隧道渗水、漏水等问题,降低隧道的使用寿命。

国内隧道在采用简易台架人工铺设时,首先需要裁剪卷材,根据隧道的横断面轮廓裁剪相应的防水板料;然后在隧道拱顶部的 PE 泡沫塑料垫衬上标出隧道纵向中心线,铺设时需要使防水板的横向中心线与该中心线重合,从拱顶开始向两侧垂直铺设,在铺边的同时与塑料圆垫片热熔焊接。这样不仅需要事先裁剪防水板,而且还需要制作专门用来安装防水板的钢拱架。另外,在安装时,操作人员在钢拱架上操作,不仅需要整平防水板,还需要校对防水板与衬垫的中心线,非常浪费工时,操作不够安全。基于以上问题,国内外研究方向主要集中在铺设设备研制上。国外防水板铺设设备已在隧道防水施工中有了一定推广。国内在防水板铺设台车上也有研制,但在使用中存在诸多问题而没有得到有效推广,因此对隧道工程机械加大研制和推广力度是十分必要的。

9.1.2 防水板铺设台车的工作原理与结构组成

1. 工作原理

隧道防水板铺设台车上设置有与隧道断面相似的仿轮廓面铺设轨道,以液压马达等作为动力。铺设装置沿铺设轨道行走的同时使防水卷材沿隧道轮廓面环向展开,然后使用辐射状的伸缩支撑液压缸进行有效支撑,从而实现防水卷材的机械化自动铺设和支撑。工人在作业平台上进行固定或焊接,结束后缩回支撑液压缸。

2. 结构组成

防水板铺设台车的基本组成部分基本相同,大都有传统模板台车的影子。这里以其中一种为例进行说明。图 9-1 所示为某种新型台车,是在传统模板台车的基础之上进行改进优化而得的,这台设备主要包括以下几个组成部分。

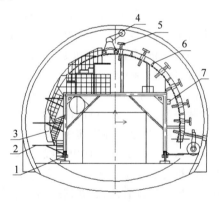

图 9-1　防水板铺设台车结构示意图
1—自动行走系统;2—铺设台车;3—铺设轨道;4—铺设装置;5—支撑装置;6—液压系统;7—电气系统

1) 自动行走系统

铺设台车自动行走功能提高了设备的机动性。考虑到二次衬砌模板台车行走亦需铺轨,铺设台车自动行走系统和模板台车使用同一轨道(即相同轨距),避免重复铺轨。对于有特殊坡度需求的施工现场,要对自动行走系统进行牵引力核算,确保行走系统的安全可靠。

2) 铺设台车

铺设台车包括铺设台架、作业平台、升降支腿、通风管道、爬梯、防水卷材安装平台等。

(1) 铺设台架:是铺设装置的主要承重部分,因此台架整体必须有足够的强度和刚度及抗冲击性能,以保证作业时的安全、平稳;台架设计时须考虑最大车辆通过净空间和减小掌子面空气回流的阻力。

(2) 作业平台:供作业人员对土工布打射钉和防水板的焊接,必要时可设置翻转平台,便于作业人员接近超挖的轮廓面。

(3) 升降支腿:可在一定程度上适应超、欠挖的轮廓面。

(4) 通风管道:用于铺设风管,设计时需要施工方对风管的铺设位置、有效断面直径等进行详细的技术交底。

(5) 爬梯:供作业人员上下台架,且同侧的爬梯用于连通上、中、下 3 层作业平台。

(6) 防水卷材安装平台:用于防水卷材的放置和安装。

3) 铺设轨道

铺设轨道是铺设装置铺设时的仿轮廓面行走轨道,可以保证防水板和开挖面铺设的贴合度。为便于运输和装配,铺设轨道一般设计分割为可互换的数段。

铺设轨道连接铺设装置和铺设台架,在铺设和支撑作业时承重较大,其本身的刚度和强度应该能够满足使用要求。

4) 铺设装置

铺设装置是实现防水卷材沿轮廓面展开的装置,驱动其进行往复运动的动力装置是液压马达。

铺设装置依靠行走轮使其沿铺设轨道行走,为了避免两侧马达不同步,在轨道的侧部设置了侧导向轮。

铺设臂用来安装、固定防水卷材,调整液压缸用于铺设半径的微调。车架为铺设装置的主框架,是承载主体。

5) 支撑装置

支撑装置是防水卷材沿轮廓面的动力支撑,沿铺设轨道圆周呈辐射状分布,由液压缸、球铰橡胶撑靴、安装座等组成。球铰橡胶撑靴适用于凹凸不平的隧道毛轮廓面,有效地避免了支撑过程中对防水卷材的硬损伤。

6）液压系统

液压系统是完成铺设台车支腿升降和实现防水卷材支撑的关键系统。液压系统的设计类比了二次衬砌用钢模板台车的液压系统。

需要说明的是：保护防水卷材支撑油路所需工作压力较小，而支腿油路所需的工作压力较高些。在满足使用要求的情况下，综合考虑各种因素，液压系统的额定压力调定为6.3MPa，支腿分系统工作压力调定为5.5MPa，支撑分系统工作压力调定为2MPa，铺设分系统工作压力调定为6.3MPa。铺设行走牵引采用静液压双制动，确保铺设作业的安全性。

7）电气系统

电气系统采用PLC控制，较继电器控制方式更稳定、可靠，查找故障更加方便、准确。设置本地或无线遥控操作模式，更适应复杂工况下的隧道作业。

防水板铺设平台的工作原理和基本构成几乎相同，但是同中有异，在动力来源以及行走方式等方面可能存在差别，但这些都不影响正常工作。

9.1.3　防水板铺设台车的选用原则

防水板宜采用专用台车铺设，台车应满足以下要求：

（1）防水板专用台车应与模板台车的行走轨道为同一轨道；轨道的中线和轨面标高误差应小于±10mm。

（2）台车前端应设有初期支护表面及衬砌内轮廓检查刚架，并有整体移动（上下、左右）的微调机构。

（3）台车上应配备能达到隧道周边任一部位的作业平台。

（4）台车上应配备辐射状的防水板支撑系统。

（5）台车上应配备提升（成卷）防水板的卷扬机和铺放防水板的设施。

（6）专用台车上应设有激光（点）接收靶。

9.1.4　防水板铺设台车在工程中的实际运用

本节通过介绍中铁十二局集团二公司在野马梁隧道出口研制开发的新一代防水板铺设台车，对该工程机械进一步进行讲解。

1. 工程概况

原神高速公路是山西省"三纵十二横十二环"高速公路网主骨架的第三横。在65km线路中，野马梁隧道左、右线各长5512m，难度和长度均列全线第一。其中Ⅳ、Ⅴ级围岩占90%以上，隧道围岩多变，施工穿越6条地质断裂带，并存在岩爆、涌水、瓦斯、乱掘段等不良地层，属于特长高风险隧道，为头号重点控制性工程。野马梁隧道设计为双向四车道，地下水丰富，隧道洞身衬砌防水设计为：全隧初期支护与二次衬砌之间拱部及边墙部位铺设防水板及无纺布（分离式）防水；全隧二次衬砌拱部、边墙混凝土抗渗等级不低于P10；防水板用ECB或EVA，厚度1.5mm，要求纵向无焊缝，环向搭接宽度不小于15cm；无纺布的单位质量大于400g/m²，达到《土工合成材料短纤针刺非织造土工布》(GB/T 17638—2017)相关指标要求。

2. 研制情况

防水板铺设台车主要由台架主体、行走装置、弧形轨道、铺设装置、旋转平台、横移装置、提升装置等组成，如图9-2及图9-3所示。

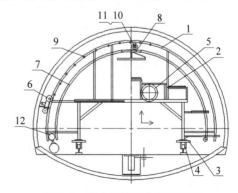

图9-2　防水板铺设台车正面图

1—弧形轨道；2—台架主体；3—横移装置；4—行走装置；5—通风管支架；6—铺设装置；7—弧形轨道二；8—旋转平台；9—支撑座；10—导线装置；11—电缆卷筒；12—固定式电动葫芦

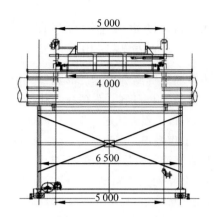

图 9-3　防水板铺设台车侧面图(单位：mm)

1) 台架主体

台架主体由 22 号工字钢组成,螺栓连接,其尺寸充分考虑了行车高度及通风管布置,净空高度 5.5m,宽度 8m,台架结构强度满足要求,确保施工安全。

2) 行走装置

本设备的行走装置为轨行式,电力驱动。其轨距与二衬台车、二衬养护台车轨距相同,免除了重复铺设轨道的麻烦,同时减少了对隧道内施工的影响。

3) 弧形轨道

弧形轨道有两条:一条为铺设防水板装置的行走轨道(图 9-2 中 1),半径 5.99m,由 H 型钢弯制而成,背面焊有链条控制行走方向,两道轨道间距离为 5m。另一条为操作平台的行走轨道(图 9-2 中 7),半径 5.32m,由 H 型钢弯制而成,背面焊有链条控制行走方向。

4) 铺设装置

铺设装置由驱动电机、变速箱、连接滚轮、布料杆及螺旋撑杆组成。驱动电机、变速箱、连接滚轮有两套,分别安装在两道弧形轨道上,通过滚轮与弧形轨道 H 型钢翼板咬合,之间用布料杆连接,形成整体,同步运动,布料杆从防水板(无纺布)卷材中间圆孔穿过。由于布料杆距离隧道初支面较远,工人无法操作,可以利用螺旋撑杆调节距离。铺设装置带动防水板(无纺布)沿初支面运动,逐渐铺开防水板(无纺布),工人紧跟进行焊接(打设垫片)防水板(无纺布),如图 9-4 所示。

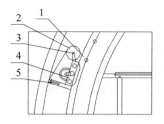

图 9-4　铺设装置示意图

1—弧形轨道；2—防水板(无纺布)；3—布料杆；4—爬行装置；5—螺旋撑杆

5) 旋转平台

旋转平台是工人进行作业的操作平台,由爬行装置、吊篮、自动平衡系统、伸缩装置及保险系统组成。爬行装置通过滚轮与 H 型钢翼板咬合,齿轮在弧形轨道背面的链条上转动实现沿初支面运动。爬行装置为两套,分别安装在两道弧形轨道上,中间以圆钢连接,圆钢上挂有吊篮。吊篮装有自动平衡系统,无论吊篮在何位置,始终保持水平。吊篮装有保险装置以确保其运行安全。吊篮一旦发生异常,保险装置立即将吊篮锁住,不再有任何动作。旋转平台与铺设装置各自独立运行,方便工人上下进行操作。工人在吊篮里可进行钉设无纺布、焊接防水板等操作。吊篮下部可伸缩,如果吊篮距离初支面较远,可伸出吊篮完成作业,如图 9-5 所示。

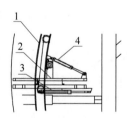

图 9-5　旋转平台图

1—弧形轨道；2—操作平台；3—伸缩装置；4—自动平衡系统

6) 提升装置

提升装置为安装在弧形轨道下侧的电动葫芦,防水板卷材运至台车下方,可以利用电动葫芦吊起卷材,然后安装到布料杆上。

7) 横移装置

横移装置可以使台车整体左右移动 40cm,

增加台车的适用性。

3．施工工艺流程及操作要点

1）工艺流程

施工过程一般包括基面检查处理、台车移位、材料准备、无纺布铺设固定、防水板铺设固定焊接、防水板焊缝焊接及充气检查。先铺无纺布，一次纵向铺设12m，后铺防水板。

2）施工操作要点

（1）铺设防水板之前先检查基面，确保基面平顺，无钢筋头等尖锐物。隧道断面净空符合设计及规范要求，欠挖处理干净。

（2）铺设轨道，移动台车就位。

（3）将无纺布卷材运至台车下方，用电动葫芦吊起无纺布，将布料杆穿过无纺布孔芯，然后安装在铺设装置上。

（4）启动铺设装置，在铺设装置运行过程中，逐渐铺开无纺布并适当调节无纺布横向及径向位置，使无纺布两幅间搭接宽度符合要求。

（5）启动旋转平台，与铺设装置保持适当距离，进行无纺布的固定工作。

（6）重复以上动作，完成无纺布、防水板的铺设，最后进行防水板焊接。

（7）按照要求检查焊缝充气，同时仔细检查防水板有无漏焊、焊穿等现象，及时进行处理。

另外，在防水板台车的使用过程中，针对施工的各个环节，要进行跟踪记录。

4．防水板台车的使用效果

（1）使用简易台架铺设防水板，材料需要工人搬运到台车上。材料总质量约880kg，工人上下搬运、摊开铺设劳动强度大，加上隧道内温度较高，施工环境差，加重了工人的体力消耗。采用新研制的防水板台车，除打设铆钉、焊接防水板由工人手工操作外，其余操作均使用机械完成，大大减轻了工人劳动强度。

（2）使用防水板铺设台车前，铺设一个循环防水板336m²需要时间接近5h，现在仅需要3.5h，每循环节省1.5h，大大提高了施工进度。

（3）使用防水板铺设台车后，作业人员数量由原来的5人减少为3人，节约了施工成本。

（4）采用简易台车作业，作业平台下悬空，工人很不安全，加上装载机配合作业，不但增加了施工协调难度，同时机械伤害隐患较大。使用新研制的防水板铺设台车，操作平台上装有护栏，平台设有保险自锁装置，平台可自动调平，铺设装置径向可调整防水板距隧道内壁轮廓面的距离，保证了作业工人的安全。

实践证明，在隧道中采用新研制的防水板铺设台车施工是科学、合理的，安全、质量和进度均能得到有效保证。新研制的防水板台车已经投入使用，克服了简易台车的诸多弊端，取得一定的效果。但是，台车在结构和功能上仍然存在一些问题，需要在今后的工作中不断改进。在台车的改进工作中，应该在不干涉旋转平台运行的情况下，增加固定平台的数量，合理布置平台间距，使之能进行钢筋的绑扎，同时防水板台车还可以作为防水板铺设的辅助作业平台，保证施工生产的顺利进行。

9.2 拱架安装车

9.2.1 概述

1．定义

拱架安装车就是在隧道施工过程中进行拱架运输、安装和初期支护的工程机械。安装车按照臂架的不同形式可分为运行臂架式拱架安装车和固定臂架式拱架安装车；按照底盘的不同形式可分为轮胎式拱架安装车、履带式拱架安装车和汽车式拱架安装车。

2．国内外研究动态

在隧道施工中，当围岩软弱破碎严重时，须及时安装拱架作为初期支护，以控制围岩变形，防止坍塌。拱架一般采用型拱架和格栅钢架两种结构，并与锚杆和喷射混凝土构成联合支护。型拱架一般由工字钢或H型钢弯制而成；格栅钢架则由建筑用钢筋组成框架结构，再焊接而成。

1）国内研究现状

在我国最新颁布的《装备制造业调整和振兴规划》中明确提出，要全面提高重大装备的设计制造技术水平,为满足我国重大工程建设和重点产业调整振兴需要,适应交通、能源、水利、房地产等行业发展需要,大力发展大型、新型施工机械。随着高等级公路、铁路建设规模的扩大和建设标准的提高,迫切需要在隧道施工中采用机械化配套施工,以往依靠增加劳动力数量进行隧道施工的经济性将不复存在,机械化配套施工对于提升我国隧道施工水平意义深远。随着隧道施工量的快速增加,对隧道施工质量的要求越来越高,隧道的开挖、支护急切要求实现机械化配套施工来保证施工进度和施工质量。拱架的架设是软弱围岩施工中经常使用的支护方式之一。

考虑隧道建设过程中的经济性和缓解就业压力,国内的隧道施工中普遍使用大量劳动力代替机械化设备进行施工。目前国内拱架的安装主要采用人工搬运的方式架设。图 9-6 为某隧道施工情况,由十几个工人安装拱架,劳动强度非常大,而且施工效率低,对施工进度影响很大。

图 9-6 采用人工方式安装拱架

有些隧道中借助辅助设备安装拱架,图 9-7 是借助装载机或者搭建临时台架的方式安装拱架。借助装载机安装拱架虽然减轻了劳动强度,但存在很大的安装隐患;而采用搭建临时台架的方式会增加工作量,影响施工进度,不能及时进行支护。由于国内大型施工机械的设计制造水平的限制,很多隧道施工设备采用进口设备。但是由于国内软弱围岩隧道施工和国外施工差别较大,国外设备很多技术参数不能满足国内的施工要求,所以拱架安装

施工很少采用进口设备。

图 9-7 借助装载机安装拱架

2) 国外研究现状

欧洲、美国、日本等发达国家的基础设施大规模建设开始于 20 世纪七八十年代,在基础设施的大规模建设中对工程机械的需要量巨大,也促进了对工程机械的研究与开发。由于欧洲等西方发达国家劳动力成本较高,为了节省施工过程中的劳动力成本,很多施工过程中的特种装备被研制和应用。国外的隧道施工已经是全机械化作业,有配备齐全的隧道非标施工设备。开挖、支护、打锚杆、喷混凝土、出碴等各工序都配置了配套的全机械化作业生产线,机械化程度较高,且配套完整。在 20 世纪 80 年代,欧洲的工程机械设计制造水平随着基础设施的建设步伐有了大幅度提高,针对不同领域的专业大型工程设备进行开发,针对隧道施工中存在的影响施工进度的施工步骤进行重点突破。在软弱围岩施工中,安装拱架的专业设备被普遍使用。欧洲、日本等国在 90 年代已经掌握台车设计制造技术,并且根据施工要求不断改善台车性能,把先进的控制技术应用到台车上。比较有代表性的有芬兰 Normet 公司生产的 Himec9915BA 型和 UTILIFT2000 型四臂拱架安装台车,台车上有两个机械臂和一个吊篮臂,可以在驾驶室工作台上操作控制,也可以使用有线遥控器操作,操作灵活方便,安装过程省时省力,能大大提高整个工程的施工进度。拱架安装过程是半自动化的施工,工人只需要在吊篮上安装连接螺栓,这样就大大降低了劳动强度,也保证了施工过程的安全性。日本古河机械金属株式会社生产的

MCH1220Z型安装台车是集拱架安装和混凝土喷浆于一体的综合性支护设备,采用这些大型专用设备可以大幅度提高施工效率。

3. 发展趋势和存在的问题

1) 发展趋势

目前来看,虽然我国拱架安装车有了很大的飞跃,但相比其他国家产品的性能和作业能力还有差距,并且好多零部件还需要从国外引进,成本很高。从研发和技术的角度来看,接下来的发展趋势是:通过先进的创新技术改善工作稳定性,采用最先进的行走方式减轻整车质量来优化底盘结构,应用现代控制技术节能减排等。要引进的先进技术包括:

(1) 智能化与信息化为一体的综合控制技术;

(2) 对抗恶劣环境的增强其施工可靠性技术;

(3) 安全防护与监控技术;

(4) 施工过程中对机械工程的节能减排技术;

(5) 高强度复合材料加工及应用技术。

2) 存在的问题

对于拱架安装车来说安全性是最主要的,国内拱架安装车主要存在以下问题:

(1) 稳定性较差,比如在施工过程中由于吊篮荷载过大、支腿自动回缩、支撑面倾斜或风力等导致安装车失稳发生倾翻;

(2) 在带有载荷的情况下,工作臂在不同方位、不同角度、不同臂长变化时工作平台承受的最大载荷是变化的,在作业过程中稍有不慎就会导致倾翻;

(3) 在摩擦系数较小的斜坡上停车导致侧滑发生倾翻等。

如何防止车体发生倾翻,保持车体的稳定性,从而做到安全作业是非常重要的,以上问题都是需要重点解决的。

9.2.2 拱架安装车研制的关键技术

1. 拱架安装机械手设计关键技术

拱架安装机械手是拱架安装车的工作装置,其设计的合理与否直接关系到整车的工作性能与生产成本。安装机械手需承受自身质量、拱架质量、抓取拱架瞬间引起的动载以及地面波动引起的动载等,同时能够实现铁路隧道全断面开挖条件下的拱架安装,这要求机械手的结构应有较高的强度、刚度以及较大的工作范围。由于拱架安装的垂直度允许偏差为$\pm 2°$,这要求小臂的调平机构的调平偏差小于$2°$。在拱架安装机械手的设计阶段,可利用虚拟样机和有限元等手段对其进行运动学和动力学上的分析,以提高设计的成功率,缩短研制周期,从而实现设计的经济性与合理性。

2. 液压系统设计关键技术

为保证液压系统良好的微操作性,拱架安装机械手的液压系统采用压力流量复合控制供油,工作装置各动作采用负载敏感的比例阀控制,从而实现拱架在空中平稳、准确的对接。在小臂的静液压调平机构设计中,为防止密封和接头处泄漏影响调平性能,设计有补油装置;液压系统也考虑了安全保护设计,当随动液压缸和平衡液压缸的对应腔在运动过程中出现不匹配现象时,油路安全阀打开卸荷,以保证相应零部件的安全。

3. 电控系统设计关键技术

为实现手控、遥控一体设计,电控系统采用可编程控制系统,既可在驾驶室中手动控制机械手的安装工作,也可在工作平台上或远离开挖面进行遥控操作。由于恶劣的隧道施工环境以及较高的定位精度要求,需对电控系统进行热设计、抗干扰设计、防爆设计以及"三防"设计,保证电控系统的高可靠性。

4. 多功能化研究

对拱架安装车进行多功能化设计,使其能够完成不同的作业功能,从而以较小的成本实现较高的应用价值。拱架安装车的多功能化设计主要包括以下两方面:

(1) 夹持器多功能化设计,使其满足型拱架和格栅钢架的安装要求;

（2）增加混凝土喷射系统，在工作平台上安装混凝土喷射臂，以完成混凝土喷射作业。

9.2.3 拱架安装车的结构组成

本节以洛阳聚科特种工程机械有限公司生产的拱架安装车为例，介绍拱架安装车的结构组成。

1. 主要工作机构

拱架安装车采用液压挖掘机底盘提供稳定可靠的平台，改造挖掘机小臂提供运动机构安装基础，研制其他工作机构实现工件的翻转、圆周运动、左右摆动以及工件的抓取与夹紧，研制工作吊篮提供工作平台。夹持机构包括夹具回转马达、开合液压缸、倾斜液压缸；吊篮机构由吊篮回转平台、伸缩臂、伸缩液压缸、水平液压缸、变幅液压缸、作业平台等组成；新增控制部分包括液压系统和电气系统；夹具可迅速更换，实现花拱、工字拱架安装的切换。

2. 主要组成部分的结构特点

拱架安装车由行走机构、回转平台及其上夹持机构、液压动力单元、液压控制单元、载人吊篮及其上集中控制单元构成。

1）行走机构

该拱架安装车采用履带底盘行走机构，适用于恶劣的施工环境；采用进口发动机，保证其可靠性能，主要负责行进功能并提供动力源；其后部增加了配重，以平衡机械抓手抓举工件时造成的重力转矩。

2）回转平台及其上夹持机构

该拱架安装车利用底盘上部中心位置的回转平台，安装大臂和夹持机构。夹持机构包含大、小臂和活动抓手，随回转平台进行360°回转。通过大小臂实现活动抓手的远近高低调整，通过活动抓手的夹具完成工件的抓举工作，通过活动抓手的回转轴承和摆动用液压缸实现工件的旋转摆动等位置调整。除回转轴承使用液压马达驱动以外，其余部分的运动均采用液压缸驱动。

3）液压动力单元和液压控制单元

液压动力单元和液压控制单元为整台设备所有的液压部件提供动力并进行控制，主要由液压泵、油箱、滤油器、控制阀、操作杆等组成。

4）电气系统

电气系统采用集成控制方式，吊篮、夹具各项控制均可在吊篮内操作。

5）载人吊篮

载人吊篮的升降由一个三段伸缩的液压臂控制，安装在回转平台右前侧的回转支撑上，回转支撑负责吊篮的左右位置调整，其上装有限位装置，以防止设备碰撞；吊篮上设有平衡液压缸和自动水平仪，负责吊篮的平衡调整，其上的控制单元方便安装操作人员控制自身位置，保证安全。

3. 试车效果

该拱架安装车的样机适用于高速铁路隧道半断面或全断面施工时拱架安装；三台阶施工时受限条件较多，难以适用；大断面隧道全断面施工时由于花拱刚度差、挠度大，而该样机只有一个夹具，抓起花拱后摆动、变形大，定位困难。

该拱架安装车采用履带式挖掘机底盘，单臂、单栏进行拱架安装，并具有一机多用功能，是一种新型施工机械。工业性试验表明：拱架安装机可减少施工人员数量，有效降低劳动强度，在施工质量、效益等方面具有一定优势，尤其适用于两台阶、大断面隧道拱架安装。

9.2.4 拱架安装车常用产品的性能参数

1. 洛阳聚科特种工程机械有限公司生产的拱架安装车

洛阳聚科特种工程机械有限公司生产的拱架安装车的整体尺寸见图9-8和表9-1，主要性能参数见表9-2～表9-4。

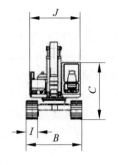

图 9-8　拱架安装车整体尺寸示意图

表 9-1　整体尺寸参数　　　mm

项　　目	参数	项　　目	参数
整体长度 A	9740	后端回转半径 F	2750
整体宽度 B	2800	前后轮中心距 G	3370
整体高度（至驾驶室顶）C	3130	履带长度 H	4170
高度（至大臂顶部）D	2980	履带宽度 I	600
尾部离地间距 E	1060	上车架宽度 J	2800

表 9-2　夹持机构主要性能参数

项　　目	参　　数
夹具旋转范围	360°
夹具侧摆范围	左：52°，右：58°
最大举升高度	10800mm
平伸最远距离	10500mm
抓取最大质量	1000kg
系统最大压力	16MPa
系统流量	20L/min
控制电压	24V
夹具张口	170mm；花拱夹具：500mm

表 9-3　吊篮机构主要性能参数

项　　目	参　　数
伸缩臂节数	4 节
平伸最远距离	14500mm
最大举高	13000mm
吊篮回转范围	左：20°，右：120°
系统工作压力	16MPa
系统流量	20~25L/min
系统推荐功率	15kW
起重力矩	4000kN·m
自重	1300kg
吊篮最大载重	220kg

表 9-4　底盘部分主要性能参数

项　　目	参数	项　　目	参数
液压泵最大流量	220L/min	冷却系统	22L
先导泵最大流量	20L/min		
旋转速度	12.5r/min	发动机油箱	22L
后端回转半径	2750mm	液压油箱	146L
行走速度	5km/h	液压系统	250L
最大爬坡角度	70%（35°）	燃油箱	370L
发动机功率	118kW	发动机转速	200r/min

2. 日本爱知公司生产的 HYL5073JGKA 型高空作业台车

HYL5073JGKA 型高空作业台车由日本爱知公司生产，其主要性能参数见表 9-5。

表 9-5　HYL5073JGKA 型高空作业台车主要性能参数

项　　目	参　　数
整车外形尺寸（长×宽×高）	5730mm×1900mm×3200mm
工作斗额定载重	1000kg
最大作业高度	11600mm
最大工作平台高度	9900mm
最大作业半径	7200mm
底盘型号	庆铃 NKR77LLPACJAY
发动机型号	4KH1-TC
发动机功率	96kW
乘员人数	2

9.3　隧道施工除尘设备

9.3.1　概述

1. 应用背景

隧道施工过程中无论采用何种施工方式

都会产生大量灰尘,在隧道开挖、弃碴装车运输、喷射混凝土等施工环节中产生的、在空气中能较长时间悬浮的固体微粒统称为粉尘。这些粉尘严重影响隧道施工和管理人员的健康。粉尘引起的职业危害为尘肺病。就目前的医学水平来讲,尘肺病还是一种只可预防而不能治愈的"不治之症"。预防尘肺病的关键是做好防尘工作,防止生产过程中粉尘飞扬,尽量降低粉尘浓度,缩小粉尘的影响范围。

隧道工作面粉尘的主要来源可分为以下四种:

(1) 原始粉尘,在开采前因地质作用和地质变化等原因而生成的粉尘,存在于岩体的层理、节理和裂隙之中。

(2) 爆破产尘,在炸药爆炸的压力作用下,岩石中伴随大量裂隙的出现而产生的粉尘。

(3) 工艺产尘,岩体在钻孔、弃碴装运等过程中受摩擦、碰撞、挤压等作用而产生的粉尘。

(4) 在喷射混凝土施工中,高压气流吹出水泥和细砂产生的大量粉尘。

在隧道施工中爆破产尘和工艺产尘是粉尘的主要来源,占总产尘量的 $80\%\sim90\%$,而其他尘源产尘量仅占 $10\%\sim20\%$。

例如,在 TBM 掘进时主要产生灰尘的环节如下:①刀具切削岩石;②碴土从出碴口落入皮带机;③皮带机接头处及滚筒处;④碴土从出碴口落入碴车;⑤高压风输送豆粒石(仅限于单护盾 TBM)。

粉尘除了危害人体健康外,还有其他的危害。当悬浮粉尘达到一定浓度时,如有能点燃爆炸的热源,那么粉尘将产生危害极大的爆炸。粉尘爆炸所产生的高温和高压,会生成大量有毒有害气体,不但严重危及矿井内工作人员的生命安全,同时还破坏井巷,对井巷内的设备造成致命的损毁,严重时甚至对整个矿井造成不可修复的毁坏,对人员的救援以及生产的恢复带来极大的困难。有些精密仪表及微电机等混入粉尘会造成磨损,减少设备的使用寿命。大型风机叶轮转速很高,通过的风速可达每秒几十米,风流中的粉尘对叶片磨损很严重,一般需要对入风流进行过滤净化。可见,对除尘设备的研究是十分必要的。

2. 粉尘防治措施

按粉尘防治机理的不同,大致可将防治措施分为减、降、排、除和阻 5 类。①减尘,即在掌子面喷洒水、湿钻、湿喷及水封爆破;②降尘,即在运输设备装载点和转载点喷雾或洒水、喷雾水幕净化空气、喷雾泡沫降尘及在水中加湿润剂;③排尘,即采用风机通风、选取最佳风速,或设置隔尘帘幕、机械密封罩、回风巷风门等;④除尘,即通过设备强制除尘,包括过滤式除尘器、干式捕尘器和湿式除尘器等;⑤阻尘,即佩戴防尘帽、防尘口罩等。目前,我国主要采取以风、水为主的综合防尘技术措施,即一方面用水将粉尘润湿捕获,另一方面借助风流将粉尘排出井外。

1) 喷雾降尘

喷雾降尘是向浮游于空气中的粉尘喷射水雾,通过增加尘粒的重量,达到降尘目的。这一技术的关键是喷嘴要能形成具有良好降尘效果的雾流。美国等发达国家在确定雾流参数方面进行了大量研究,并建立了喷嘴检验中心,保证喷嘴的生产质量和使用效果。

2) 通风除尘

通风除尘方法分为全矿井通风排尘和局部通风除尘两种。全矿井通风排尘是指稀释与排出矿井空气中粉尘的一种除尘方法。矿井内各个产尘点在采取了其他防尘措施后,仍会有一定量的粉尘进入矿井空气中,其中绝大部分是小于 $10\mu m$ 的微细粉尘,如果不及时通风稀释与排出,粉尘会不断积聚而造成矿井内空气的严重污染,危害矿工的身心健康。

矿井内的各生产环节,尽管采取了多项防尘措施,但也难以使各作业地点粉尘浓度达到卫生标准,有些作业环节的粉尘浓度甚至严重超标,所以,个体防护是综合防尘工作中不容忽视的一个重要方面。个体防护的防尘用具主要包括防尘面罩、防尘帽、防尘呼吸器、防尘口罩等,其目的是使佩戴者既能呼吸净化后的洁净空气,又不影响正常操作。目前,个体防护用具有自吸式防尘口罩、过滤式送风防尘口罩、气流安全帽等。这些防护用具重点突出,使用面广,对保护矿工的健康起到了积极的作用。个体防护虽然是综合防尘工作中不容忽视的一个重要方面,但它是一项被动的防尘措施。

9.3.2　喷雾降尘设备

1. 喷雾降尘理论

液体经过喷嘴破碎分散为细小的液滴颗粒后进入空气介质的过程称为喷雾。影响雾化的因素较多,如液体本身的特性、喷嘴的形状、喷口压力与环境气压差值以及气体介质的特性,它们相互影响、相互作用,共同决定了液体的雾化效果。现阶段较为普遍认同的喷雾降尘理论有射流破碎理论和液膜破碎理论。

1) 射流破碎理论

英国人瑞利较早地提出了射流破碎理论。他认为气体和液体的速度差会引起射流的小扰动,当这个扰动振幅增长至未受扰动射流直径的一半左右时,这个射流会因为不稳定而破碎为小液滴。

这个理论有一个很大的局限,就是只考虑了液体表明张力是阻止液体破碎的唯一的力,而忽略了液体的黏性力。

2) 液膜破碎雾化理论

喷嘴喷射出的液体容易变成液膜,一般认为液膜是非常不稳定的,很容易形成扰动波。当波动增长至半个波长或整个波长时,液膜就会被扰动波撕裂,随后在液面张力的作用下迅速收缩成破碎的小液滴。

高压喷雾降尘是国内外煤矿中广泛使用的降尘技术,水雾小颗粒与尘粒的凝结概率较高是降尘率高的主要原因。在水压驱动下,水流经喷嘴时破碎为细小的水滴颗粒,并携带有高能量,形成水射流。喷出的雾是一种非淹没连续型的水射流。因为介质是高压水流,可以通过参数调整将其携带的高能量用于水滴的破碎,从而获得良好的雾化效果。当喷雾压力介于 $0.5\sim1\mathrm{MPa}$ 时,水流在喷出时会吸入空气,破碎成小液滴;当压力介于 $3\sim5\mathrm{MPa}$ 时,喷雾在出口边缘处的附面层会变为湍流,压力越大,破碎段越长,水滴颗粒也越小。

有关资料表明,雾粒粒径过大时,会导致分散性差;当雾滴直径是粉尘颗粒直径的几倍时,粉尘会绕过雾滴,发生逃逸,难以捕获;水的液滴直径越小、流速越大以及煤尘的密度越大,则喷雾的捕集效率越高。但是,液滴的粒度也会受液滴本身蒸发时间的限制。数据表明,随着水滴粒度的变小,蒸发时间会变短。但在井下实际的高湿环境中,实际的液滴蒸发会大大增加。因此,在相同的流量下,液滴粒度越小,实际的降尘效果也越好。特别是对于危害性更大的呼吸性粉尘而言,水液滴的粒度越小,可以减少工作面空气中更多的呼吸性粉尘。对于高压喷雾来说,其出口的液滴粒度在 $50\sim60\mu\mathrm{m}$,只能降低空气中的大颗粒粉尘,并不能有效降低呼吸性粉尘。因此有的单位研制出了汽水雾化装置,其出口的液滴粒度直径为 $15\sim35\mu\mathrm{m}$,是最适合降低呼吸性粉尘的雾滴粒径。在一定压力下,以气体介质作为能量的载体,通过挤压、加速或剪切等方式冲击或撕裂液体介质,使液体破碎为细小的液滴,这就是压气雾化液体原理。根据该原理来设计研制气水雾化系统,即利用压缩空气驱动声波振荡器,从而产生高频声波,利用高频声波将水高度雾化,使其达到最适合降低呼吸性粉尘的雾滴粒径,可以大大提高粉尘的捕集率。

2. 喷雾降尘系统的组成

喷雾降尘系统是由喷嘴、过滤器筛、定时控制阀、主机、传感器、增压泵、管路等组成的。

压力水通过喷雾器(又称喷嘴),在旋转及冲击的作用下,使水流雾化成细微的水滴喷射于空气中。它的捕尘作用有:

(1) 在雾体作用范围内,高速流动的水滴与浮尘碰撞接触后,尘粒被湿润,在重力作用下下沉;

(2) 高速流动的雾体将其周围的含尘空气吸引到雾体内湿润下沉;

(3) 将已沉落的尘粒湿润黏结,使之不易飞扬。

喷雾控制系统一般是利用固定在电气设备上的电流互感器、继电器等控制电磁阀开关,从而实现喷雾洒水系统的远距离自动控制。

其实,喷雾降尘装置在喷雾动作(即喷与

不喷)的控制方面已经进入了一个较先进的阶段,主要有光电式、风电式、声电式、触控式等。

3. 主要喷雾降尘装置的工作原理

目前工程中使用的主要喷雾降尘装置有定点喷雾降尘装置和移动式喷雾降尘装置两种。

1) 定点喷雾降尘装置

定点喷雾降尘一般是在尘源点安装喷雾头,通过从喷雾头射出来的高压水雾润湿粉尘颗粒而使其快速沉降的方法。目前巷道内定点喷雾降尘装置主要有以下几种。

(1) 手动喷雾装置

手动喷雾装置就是通过水管、泵等起压装置产生一定压力的水流,经过滤装置净化后,由人工背负并控制开关和阀,进行喷雾降尘。该方法简单易用,但劳动强度高,效率低下,对工人身体健康危害大,故现在已经逐渐停止使用。

(2) 联动喷雾装置

联动喷雾装置是指定点喷雾降尘装置的启动开关与整个煤矿生产的某一部分或某几部分实现连接后,启动一项或几项生产之后,将通过联动环节带动喷雾系统启动,实现自动喷雾。联动喷雾法广泛应用在某些采掘位置的降尘水幕以及带式输送机转载点处的喷雾降尘。

目前,我国煤矿巷道定点喷雾降尘使用较多的是 ZP-1 型自动喷雾降尘装置。该装置由传动轮、齿轮泵、液压缸、旁通销、供水阀支承体等部件组成。

当该装置的驱动轮与运动物体接触时,带动齿轮泵转动,推动活塞顶杆打开供水阀,实现自动喷雾;当运动物体停止运动时,供水阀关闭,停止喷雾。该装置配上不同的部件,可组成适应不同尘源的自动喷雾降尘装置,主要有 3 种:PZA 型用于带式输送机转载处;FZK型用于翻罐笼处;KZA型用于大巷重车运输处。

自动喷雾降尘装置具有以下优点:

① 喷水量有一定的依据,它根据设备运转的快慢——线速度控制喷水量;

② 实现了设备运转与喷雾洒水一体化;

③ 根据各点的不同情况优化了喷头的高度、倾斜角度与喷头数量等参数,提高了喷雾降尘效果;

④ 主机自身不带动力,靠运转设备带动实现自动喷雾,节约能源,且无防爆要求。

但由于受其结构和工作原理的限制,它在某些场合不适用,如在回风巷中;而且价格较贵,容易出现故障,维修不便。此外,它虽然在喷水量和喷雾效果方面较以前有了一些改进和进步,但其依据不合理,应以国家卫生标准中作业场所空气中粉尘浓度标准为依据。

(3) KHC7 矿用自动防尘洒水装置

KHC7 矿用自动防尘洒水装置对比前几种喷雾装置主要是加入了传感器控制喷雾,并能与调度室等监测地联网控制,从而在功能上较其他定点喷雾装置先进。该装置主要由检测信号的传感器、转换以及控制回路、控制喷雾的电磁阀和洒水组件等四个部分组成。

传感器主要在线实时检测爆破信号和煤流信号,根据这些信号源的强弱来输出相应的控制信号,以便控制电磁阀实行不同的自动喷雾降尘水量,通过准确控制来节约能量和水资源。传感器是针对煤矿行业开发研制的,即使在苛刻的矿井工作环境下也能保证工作状态稳定,不会因矿井特有的粉尘和潮湿而失效。同时也不会因机械传动的磨损而受到较大影响,稳定性和可靠性较好。

该装置的控制回路能够与矿井的生产调度系统或安全监测系统连接,实现由地面中心站、调度室等的远程在线控制。该装置还能在水幕处设置人员、运输设备等的进出控制球阀,人员及运输设备等的进出不会因喷雾而淋湿。

KHC7 型矿用自动防尘洒水装置的缺点是传感器所有能检测到的信号类型有限,不能应用于某些特殊巷道环境,整套装置成本较高。另外,通过传感器检测碰撞以及声浪强度判断粉尘浓度来控制喷雾水量这一依据还需要完善。

(4) 基于粉尘浓度分析的喷雾降尘装置

在经过了众多煤矿巷道定点喷雾装置的分析改进后,也出现了基于粉尘浓度分析的定点喷雾装置,该装置的组成如图 9-9 所示。

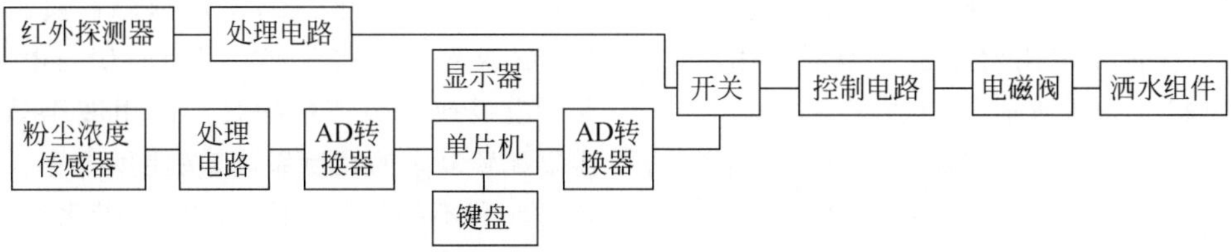

红外探测器 → 处理电路

粉尘浓度传感器 → 处理电路 → AD转换器 → 单片机 ← 键盘 / 显示器, 单片机 → AD转换器 → 开关 → 控制电路 → 电磁阀 → 洒水组件

图 9-9　基于粉尘浓度分析的定点喷雾降尘装置组成框图

该装置的信号采集器使用了粉尘浓度传感器，并不是对碰撞及声浪强度进行检测，而是对巷道空气中的粉尘浓度进行直接监测，再通过处理电路控制洒水组件的启停与水量。由于喷雾降尘装置是基于粉尘浓度的测量控制，所以该装置能够不受场合的限制，增加了适用性和广泛性。

这种喷雾系统能够使用监控现场浓度与设定浓度的差值方式来控制电磁阀喷水流量，从而在最大限度地节约水资源和能量的基础上保证巷道内粉尘浓度在安全值内，能满足不同的卫生标准要求，保护工人身体健康，保持标准下的最优化的巷道工作环境。

另外，这种装置能通过红外线检测装置判断有无人员通过水幕，从而保证人员通过时水幕的停止与启动，大大增加了便利性。

该装置的控制核心为性价比高、稳定性强的单片机，利用程序可集成固化来方便集中控制各个装置的各个部分。此外单片机也有利于大批量的生产。

该装置的键盘和显示器部分则能根据不同煤矿对粉尘浓度要求的不同，方便地设定矿井中要保持的粉尘浓度以及人工直观观察到粉尘浓度变化。同时，如同 KHC7 型自动防尘洒水装置，该装置的单片机也可以实现远程生产调度和完全监控的功能。但粉尘浓度传感器在检测理论上（如计算公式、修正系数等）还需进一步完善，整套装置的抗干扰性、稳定性、精确度也需要进一步提高。

2）移动式喷雾降尘装置

使用手动喷雾装置，人工背负胶管对巷道进行冲洗会加大工人的劳动量且效率低下，实施期间影响巷道通行，降低巷道利用效率。以上定点喷雾装置的喷雾水幕对两道水幕间区域的除尘效果不佳，并且易造成巷道一侧干燥、一侧积水的恶劣环境。

为了不影响大巷的正常工作，又能在大巷运输的同时进行降尘，并且减少行车时的二次扬尘污染，以及对大巷进行全断面、均匀的降尘，出现了一种能够拖挂在运输设备之后进行降尘的移动式喷雾降尘装置。

图 9-10 为自动喷雾洒水车的结构示意图。该车可以拖挂在电机车后，由其牵引顺着巷道移动。大巷架空线为该车前部下方的直流电机提供电能，直流电机带动吸水泵，从水箱底部开始抽水，压力水通过洒水车内的总出水管，从相连的四根带控制水门的出水管流向相应四根喷雾杆，然后喷射出去，冲洗巷道积尘。

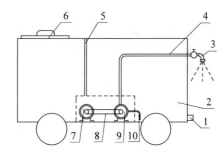

图 9-10　自动喷雾洒水车示意图
1—排水口；2—水箱；3—喷头；4—喷雾杆；5—引线孔；6—集电弓；7—直流电机；8—传送带；9—喷水泵；10—吸水口；

该洒水车结构简单，但需要电能驱动喷雾，并且电能需要从电网上获取，存在失爆隐患，并且需要人工启停设备，不易操作。

有些洒水车是由绞车提升牵引力而获得在巷道内的移动能力。这样的洒水车装置有蓄电瓶，由蓄电瓶给直流电机提供电源，然后由直流电机带动齿轮驱动水泵产生负压，将水箱内的水抽出并在移动过程中通过喷雾头喷向巷道周围。该装置装有水位控制器和控制回路,以保证水箱内水不足时及时断电,其工作原理如图 9-11 所示。

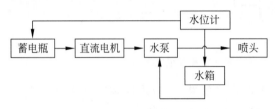

图 9-11　洒水车工作原理

该装置由于靠绞车牵引,故使用局限较大,只适用于斜巷喷雾降尘。使用的蓄电池需要往复充电,降低使用效率,也存在着失爆风险,并且需要控制回路以确保在水箱无水时不会烧泵,从而增加了系统的复杂度,降低了稳定性。

在控制方面,除了与以上机械结构相似的洒水车以外,还有使用遥控器对车上洒水装置实行遥控的一种洒水车。司机可以通过遥控装置遥控该车的洒水作业并监视水箱内的水位以保证水位过低时及时停机,掌握水泵的工作状态。

后来出现了一种往复式牵引洒水车,主要由传动部分、泵体部分、离合部分、箱体部分和喷雾部分组成。还有加载了液压控制回路及水路控制回路的多功能洒水车,主要靠液压马达带动水泵抽水形成喷雾洒水。

在实际应用中,巷道洒水车具有以下优点:

(1) 喷射范围大,可覆盖整个巷道断面,喷洒均匀,冲洗积尘效果好,可随时对大巷进行冲洗,一般不影响其他车辆正常通行,使用方便。

(2) 代替了人工作业,减少了工人体力劳动,也使安全有了保证,简化了工序,提高劳动效率。

(3) 使用洒水车后能够不再设置防尘工,节约了人工费用,取消了原巷道内的防尘管路和零部件购置费用,提高了经济效益。

目前国内研究的巷道洒水车一般使用电为动力,或用电弓引入电能,或在车上装载蓄电池为水泵、加压泵或液压马达等提供动能,但电动力存在失爆隐患。另外一种便是靠车

轮转动带动水泵实现转动传递。一般需要水位监测装置以便在水不足时及时切断电源,避免对电机或水泵造成损害。而用液压马达则需要配置复杂的控制系统,在使用上存在着安全隐患和不稳定性,不宜推广。因此,现有的喷雾洒水车需要进行改进优化,改善易用性,使其具有更高的推广价值。

4. 喷嘴的类型、选型与布置

1) 喷嘴的类型

由于雾化过程的复杂性,对雾化和喷嘴的研究依赖于诸如流体力学、气体动力学、两相流体动力学和数值方法等学科的发展。目前除了部分理论研究外,绝大部分是试验研究。迄今发展了各种不同类型的喷嘴,目前普遍应用的喷嘴主要有以下几种类型。

(1) 压力式雾化喷嘴:通过小孔将液体喷出,实现压力势能向动能的转换,从而获得相对于周围气体较高的流动速度,通过气液之间强烈的剪切作用实现液体的雾化。这种类型的喷嘴按照有螺旋芯和无螺旋芯分为平头喷嘴和离心式喷嘴两种。

(2) 旋转式雾化喷嘴:又叫作机械式喷嘴。液体通过高速旋转的圆盘、圆杯或具有径向孔的甩液盘将液体甩出,形成液膜,在表面张力的作用下实现液体的雾化。旋杯式喷嘴即属于这种类型。

(3) 气动雾化喷嘴:利用气体介质与液体介质之间的相互挤压、加速或剪切作用,将液体雾化,主要包括气体辅助雾化喷嘴、气爆化喷嘴、气泡雾化喷嘴等几种形式。

(4) 超声波或哨声雾化喷嘴:利用压电陶瓷或簧片哨产生超声波或机械超声,利用超声的空化现象实现液体的雾化,主要包括超声雾化喷嘴、哨声雾化喷嘴等形式。

2) 喷嘴的选型与布置

喷嘴是喷雾系统实现高效降尘的关键元件,其技术性能的好坏直接影响到喷雾降尘效果。文献分析表明,喷雾降尘效率随着水压力的提高而显著上升。因此,根据我国喷雾设备现状,结合高压喷雾降尘的最低水压要求,确定喷雾水压力为 7~10MPa。大量实践证明,

在该水压下高压喷雾能获得比较理想的降尘效果。

在供水压力一定的情况下,每只喷嘴所产生的雾粒粒径大小基本上是定值。然而,在金属矿石装卸环境中金属粉尘粒径大小不一,这就必须将不同结构类型的喷嘴组合起来使用,形成由多种粒径的雾滴组合而成的雾化体。

矿尘喷雾降尘的一般要求是:每个喷嘴喷雾粒度小且分布均匀;扩散角为 $60°\sim90°$;水压在 $7\sim15$MPa 时,流量为 $5\sim10$L/min;对喷嘴的形式、布置等应进行仔细的设计和选择,设计的原则以能产生 $150\sim200\mu$m 的水滴为宜。提高降尘效果的途径是提高雾粒的运动速度,缩小粒度,增加雾滴的密度。因为水滴喷射速度高其动能也大,与粉尘碰撞时,有利于克服水的表面张力而将粉尘湿润捕捉。水滴越细微,在空气中分布的密度也就越大,雾粒与尘粒接触的机会也越多。但是,雾粒的粒径也不宜过小,否则很容易蒸发而影响降尘效果。因此,各种不同粒径的雾滴对各种粒径的粉尘具有不同的效果,雾滴粒径与粉尘粒径之间存在着最佳的对应捕捉关系,需要进一步深入地试验和研究。

5. 常用的设备参数

1) MO-30 型降尘喷雾炮

该产品由河南凯莲清洁设备有限公司生产,主要技术参数见表 9-6。

表 9-6 MO-30 型降尘喷雾炮的主要技术参数

项 目	数 值
质量	300kg
转速	2840r/min
射程	30m
控制	手动/自动/遥控
总功率	6kW
俯仰角度	$-10°\sim+45°$
水平转角	340°,可调
防护等级	IP55
水雾颗粒直径	$30\sim150\mu$m
工作环境温度	$-20\sim+50°$C
喷雾流量	$1\sim3$t/h,可调
噪声标准	80dB(A)

2) AOTU-135 型多功能喷雾抑尘车

该产品由昆明奥图环保设备股份有限公司生产,主要技术参数见表 9-7。

表 9-7 AOTU-135 型多功能喷雾抑尘车的主要技术参数

项 目	参 数
总功率	55kW
风机类型及功率	射流风机,45kW
液泵类型及功率	分体式耐磨柱塞泵 7.5~11kW
液泵压力	1.0~2.0MPa
喷雾射程	130m
水平旋转角度	$-160°\sim+160°$
俯仰角度	$-10°\sim+45°$
覆盖面积	57000m²
雾粒大小	$\geqslant20\mu$m
喷雾流量	66~200L/min
喷头材质	不锈钢
风量	1700m³/min
风压	1150Pa
防护等级	IP55
使用环境温度	$-30\sim+50°$C
控制方式	手动/遥控
遥控距离	≤100m
喷头数量	双环:47+51
外形尺寸:长×宽×高	2400mm×2000mm×2360mm
底座尺寸:长×宽	1616mm×1195mm
整机质量	2150kg
动力配置	100kW柴油发电机组或市电
启动方式	软启动/变频

9.3.3 通风排尘设备

通风是现在隧道施工中降尘的重要措施之一,也是隧道内供氧、排烟、降温、排除有害气体的主要措施。

隧道通风作为一项主要技术,已经在隧道施工中不断地得到积累和提高。针对不同隧道工程的不同特点进行隧道通风设计,使之在隧道施工中满足需要、提高进度、节约成本等方面发挥作用,仍是值得我们不断深入研究的一个课题。

1. 隧道内通风效果标准

根据隧道施工规范及有关部门劳动卫生

标准的规定,隧道(非瓦斯)洞内作业确定采用以下标准:

(1)洞内空气成分:体积计氧气含量不应低于20%,二氧化碳不得大于0.5%。

(2)有害气体允许浓度:空气中一氧化碳浓度不得超过$30mg/m^3$(24ppm),施工人员进入开挖面时,浓度可允许到$100mg/m^3$(80ppm),但必须在30min内降至$30mg/m^3$,氮氧化合物不得超过0.00025%,质量浓度不超过$5mg/m^3$。

(3)洞内温度:隧道内气温不宜超过28℃。

(4)洞内风量:每人供给新鲜空气不少于$3m^3/min$,内燃机械每千瓦供风量不小于$3m^3/min$。

(5)洞内风速:钻爆法施工,不小于0.15m/s。

2．主要通风机类型

隧道通风可分为自然通风和机械通风两种方式。隧道施工机械的通风方式主要有压入式、抽(排)式、混合式和巷道式。通风机主要类型有轴流风机和射流风机两种。

1)轴流风机

(1)定义

轴流风机指气体进入叶轮的方向与气体脱离叶轮的方向在同一水平线上的风机,适合于相对风量较大,静压不是太大的场合。轴流风机通风效果良好,与传统通风技术相比投入资金少,施工效率得到提高。

轴流风机又叫局部通风机,它不同于一般的风机,它的电机和风叶都在一个圆筒里,外形就是一个筒形,用于局部通风,安装方便,通风换气效果明显、安全,可以接风筒把风送到指定的区域。

轴流风机又可分为动叶可调式、动叶不可调式等,风机直径从200mm到5m不等,叶轮设计、控制系统和布局选择形式也是多种多样,可用于冶金、化工、轻工、食品、医药及民用建筑等场所通风换气或加强散热之用。若将机壳去掉,亦可用做自由风扇,也可在较长的排气管道内间隔串联安装,以提高管道中的风压。

(2)结构组成

轴流风机主要由轮毂、叶片、转轴、外壳、集风器、流线体、导流器、扩散筒及进风口和叶

轮组成。进风口由集风器和流线体组成,叶轮由轮毂和叶片组成。叶轮与转轴固定在一起形成通风机的转子,转子支承在轴承上。当电动机驱动通风机叶轮旋转时,就有相对气流通过每一个叶片。图9-12示出了轴流风机的基本结构。

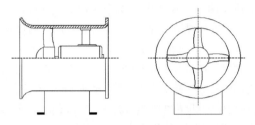

图9-12　轴流风机结构示意图

(3)工作原理

轴流风机叶片的工作方式与飞机的机翼类似。但是,后者是将升力向上作用于机翼上并支撑飞机的重量,而轴流风机则固定位置并使空气移动。气流由集风器进入轴流风机,经前导叶获得预旋后,在叶轮动叶中获得能量,再经后导叶将一部分偏转的气流动能转变为静压能,最后气体流经扩散筒,将一部分轴向气流的动能转变为静压能后输入到管路中。

叶轮与转轴一起组成了通风机的回转部件,通常称为转子。叶轮是轴流风机对气体做功的唯一部件,叶轮旋转时叶片冲击气体,使空气获得一定的速度和风压。轴流风机的叶轮由轮毂和叶片组成,轮毂和叶片的连接一般为焊接结构。叶片有机翼形、圆弧板形等多种,叶片从根部到叶顶通常是扭曲的,有的叶片与轮毂的连接是可调的,可以改变风机的风量和风压。一般叶片数为4~8个,其极限范围为2~50个。

集风器(吸风口)和流线体组成光滑的渐缩形流道,其左右将气体均匀地导入叶轮,减少入口风流的阻力损失。

前导流器的作用是使气流在入口处产生负旋转,以提高风机的全压。此外,前导流器常做成可转动的,通过改变叶片的安装角度可以改变风机的工况。后导流器的作用是扭转从叶轮流出的旋转气流,使一部分偏转气流动

能转变为静压能,同时可减少因气流旋转而引起的摩擦和旋涡损失动能。

在轴流风机的出口,气流轴向速度很大。扩散筒的作用是将一部分轴向气流的动能转变为静压能,使风机流出的气体静压能进一步提高,同时减少出口突然扩散损失。轴流风机的横截面一般为翼形剖面,叶片可以固定位置,也可以围绕其纵轴旋转。叶片与气流的角度或者叶片间距既可以是不可调的,也可以是可调的。能够改变叶片的角度或间距是轴流风机的主要优势之一。小叶片间距产生较低的流量,而增加间距则可产生较高的流量。先进的轴流风机能够在风机运转时改变叶片间距(这与直升机旋翼颇为相似),从而相应地改变流量,因此称为动叶可调(VP)轴流风机。

（4）基本分类

轴流风机的基本分类见表9-8。

表 9-8　轴流风机的基本分类

按材质分类	钢制风机、玻璃钢风机、塑料风机、PP 风机、PVC 风机、铝风机、不锈钢风机等
按用途分类	防爆风机、防腐风机、防爆防腐风机等
按使用要求分类	管道式风机、壁式风机、岗位式风机、固定式风机、防雨防尘式风机、电机外置式风机等

（5）选型计算

轴流风机选型五要素:风量、风压等参数要求;安装位置、安装形式、室内还是室外;输送的气体成分;使用工况;配件等其他要求。

① 需风量的计算。作业面需风量的确定依据为以下几个方面分别进行计算后的结果。排除作业面一次爆破所产生的有害气体及烟尘所需风量 Q_1(单位:m^3/min):

$$Q_1 = \frac{7.8}{t} \times 3 \times [G(AL)^2] \quad (9\text{-}1)$$

式中,t——计划爆破后通风效果达到标准的时间,min,一般 $t \leqslant 30min$;

$\quad\quad G$——一次爆破用药量,kg;

$\quad\quad A$——开挖断面面积,m^2;

$\quad\quad L$——炮烟抛掷长度,m。

按洞内同时作业人员所需风量 Q_2(单位:m^3/min):

$$Q_2 = 3Kn \quad (9\text{-}2)$$

式中,n——洞内同时工作的施工人员数量;

$\quad\quad K$——风量备用系数,一般 $K > 1.1$。

按最低风速要求确定的需风量 Q_3(单位:m^3/min):

$$Q_3 = 60v_{min}S \quad (9\text{-}3)$$

式中,v_{min}——最小允许风速,m/s;

$\quad\quad S$——隧道横向净断面面积,m^2。

施工内燃机械设备所需通风量 Q_4(单位:m^3/min):

$$Q_4 = Ha \quad (9\text{-}4)$$

式中,H——施工机械总功率,kW;

$\quad\quad a$——施工机械平均工作效率。

在有高地温条件时,应考虑稀释或降温所必需的新鲜空气,须视隧道所处的地温情况和掘进进程通过通风降温试验确定作业面需风量。

取以上几种控制因素计算需风量的最大值作为风管的末端风量 Q,再以末端风量 Q 计算通风机的系统风量 Q_m:

$$Q_m = \frac{QL}{(1-\beta) \times 100} \quad (9\text{-}5)$$

式中,Q_m——系统风量,m^3/min;

$\quad\quad Q$——作业面需风量,m^3/min,$Q = \max(Q_1, Q_2, Q_3, Q_4)$;

$\quad\quad \beta$——百米漏风率,取决于通风管的材质、接头数量和质量,一般取 $2\% \sim 3\%$;

$\quad\quad L$——通风距离,m。

② 通风设计系统风压计算。为保证将新鲜空气输送到掌子面并在其出口保证一定风速,通风机应有足够的风压以克服管道系统阻力 $H_阻$(单位:MPa):

$$H_阻 = \sum H_动 + \sum H_局 + \sum H_沿 \quad (9\text{-}6)$$

式中,$H_动$——动压,MPa;

$\quad\quad H_局$——局部压力损失,MPa,一般按分段沿程压力损失估算;

$\quad\quad H_沿$——沿管道的压力损失,MPa,按下式计算:

$$H_沿 = \frac{\alpha g p L Q^2}{3S} \quad (9\text{-}7)$$

式中,α——风管摩擦阻力系数,$\alpha = 3 \times 10^{-4}$;

$\quad\quad g$——重力加速度,m/s^2;

p——通风管内周长,m;

L——风管长度,m;

Q——系统通风量,m³/s;

S——风管截面面积,m²,根据隧道横向净断面面积选择,尽量取大。

动压 $H_{动}$ 一般大于 30MPa,或按下式计算:

$$H_{动} = 0.5\rho v \tag{9-8}$$

式中,ρ——空气密度,kg/m³;

v——末端管口风速,m/s。

当计算出系统通风量和系统风压后,就可以选择风机型号和隧道通风方案。

(6)维护与保养

轴流风机的维护与保养要注意以下几个问题:

① 使用环境应经常保持整洁,风机表面保持清洁,进、出风口不应有杂物,定期清除风机及管道内的灰尘等杂物。

② 风机只能在完全正常情况下方可运转,同时要保证供电设施容量充足、电压稳定,严禁缺损运行。供电线路必须为专用线路,不应长期用临时线路供电。

③ 在运行过程中发现风机有异常声音、电机严重发热、外壳带电、开关跳闸、不能启动等现象,应立即停机检查。为了保证安全,不允许在风机运行中进行维修,检修后应试运转5min 左右,确认无异常现象再开机运转。

④ 根据使用环境条件,不定期对轴承补充或更换润滑脂(电机封闭轴承在使用寿命期内不必更换润滑油脂)。为保证风机在运行过程中良好的润滑,每次加油时间间隔不超过1000h,封闭轴承和电机轴承用 ZL-3 锂基润滑油脂填充其内外圈的 1/3,严禁缺油运转。

⑤ 风机应储存在干燥的环境中,避免电机受潮。风机在露天存放时,应有防御措施。在储存与搬运过程中应防止风机磕碰,以免风机受到损伤。

(7)主要性能参数

SDF 系列隧道式轴流风机主要用于地下铁路通风换气,亦可用于铁路隧道、山洞及地下工程和建筑物的通风换气,是一种高压力、低噪声、高效率轴流风机,主要性能参数见表 9-9。

表 9-9 SDF 系列隧道式轴流风机的主要性能参数

型号	叶轮直径 /mm	通风量 /(m³/h)	全压 /Pa	转速 /(r/min)	装机容量 /kW	噪声 /dB(A)
3.5	350	4000	343	2900	0.75	74
4	400	5000	343	2900	0.75	75
4.5	450	6500	343	2900	1.1	76
5	500	8000	343	1450	1.1	77
5.6	560	12000	441	1450	2.2	81
6.3 Ⅰ	630	17000	490	1450	3	83
6.3 Ⅱ	630	18000	490	1450	3	83
7	700	26000	588	1450	5.5	87
8 Ⅰ	800	30000	441	1450	5.5	85
8 Ⅱ	800	30000	539	1450	7.5	86
9 Ⅰ	900	35000	588	960	7.5	88
9 Ⅱ	900	40000	588	1450	11	90
10 Ⅰ	1000	40000	490	960	7.5	87
10 Ⅱ	1000	48000	538	960	11	89
10 Ⅲ	1000	50000	636	1450	11	90
11.2	1120	60000	636	960	18.5	91

2) 射流风机

（1）定义

射流风机是一种特殊的轴流风机，主要用于公路、铁路及地铁等隧道的纵向通风系统中，提供全部的推力；也可用于半横向通风系统或横向通风系统中的敏感部位，如隧道的进、出口，起诱导气流或排烟等作用。随着射流通风技术的应用与发展，我国在长距离隧道的竖井分段式纵向通风系统中，也已开始采用射流风机作为辅助调压设备，通过它对气流的调节作用，便于通风系统的优化。射流风机通风的基本机理是：风机出口的高速气流与隧道内的空气具有很大的速度差，形成一股射流，该射流边界和低速气体形成的自由剪切层很快卷起形成旋涡，使两种流体迅速混合，将高速气流的动量传递给隧道内气体，带动隧道内气体流动。该过程与风机出口速度的分布有关。

（2）结构组成与原理

射流风机由轴流风机加消声器组成，射流风机的结构如图9-13所示。

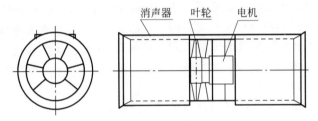

图 9-13　射流风机结构

虽然射流风机由轴流风机组成，但射流风机的工作原理与竖井轴流风机有很大区别。竖井轴流风机安放在竖井内，风机的出口与风道相连，风机通过叶片产生压力，推动风井内的空气流动，因此该类轴流风机向系统提供一定的压力与流量，如图9-14所示。射流风机的出口不是同管道相连，射流风机安放在一个空间中，高速气流由射流风机的出口射出，此高速气流带动周围的空气向前流动，在隧道中形成通风，如图9-15所示。由于射流风机是通过其高速射流带动周围空气流动，因此风机产生的射流速度越高，带动隧道内空气流动的能力越大。

图 9-14　轴流风机工作原理示意图

（3）执行标准

① 产品标准：《一般用途轴流通风机技术条件》（GB/T 13274—1991）；《通风机基本型式、尺寸参数及性能曲线》（GB/T 3235—1999）；

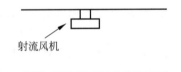

图 9-15　射流风机工作原理示意图

《风机和罗茨风机噪声测量方法》（GB/T 2888—2008）；《通风机噪声限值》（JB/T 8690—2014）；《通风机能效限定值及能效等级》（GB 19761—2009）。

② 工程标准：《工业通风机现场性能试验》（GB/T 10178—2006）；《风机、压缩机、泵安装工程施工及验收规范》（GB 50275—2010）；《通风与空调工程施工质量验收规范》（GB 50243—2016）；《工业建筑供暖通风与空气调节设计规范》（GB 50019—2015）。

（4）选型与计算准则

① 每组风机之间的纵向距离：如果隧道中每组风机之间具有足够的距离，则喷射气流会有充分的逐渐减速，如果喷射气流减速不完全，将会影响到下一级风机的工作性能。一般情况下，每组风机之间的纵向间距取为隧道截面水力当量直径的 10 倍或 10 倍以上，也可以

取风机空气动压的 1/10 作为风机纵向间距（m），同一组风机之间的中心距至少取为风机直径的 2 倍。隧道中的射流风机布置并不一定具有同一间距，只要风机之间具有足够的纵向间距，风机就可以尽可能地布置在靠近隧道洞口的位置；如果风机轴向安装位置允许存在一定倾斜，风机之间的纵向距离就可以减少，从而可以提高安装系数。

② 隧道中空气流速、风机与壁面及拱顶的接近度：风机推力是在空气静止条件下，根据风机的空气动量变化而测定的。如果风机进口的空气处于运动状态，则风机中空气动量的变化值必然减小。如果射流风机的安装位置靠近隧道壁面或拱顶，则空气射流与壁面或与拱顶之间必然产生附加摩擦损失。

③ 风机尺寸：射流风机耗电量与推力之比与风机出口风速有关，对于给定的推力要求，出口风速越高，耗电量越大。因此，为了降低运行成本，应尽可能选用大直径、低转速或叶片角度小的风机。对于给定的风机尺寸，如果降低其推力，必然导致风机数量的增加，从而增加风机本身的投资，但此时风机出口风速也随之降低，使得消声器得以取消或减小其长度。

④ 可逆运转风机：可逆运转风机与单向风机相比，效率略低，且噪声稍高，但此类风机可以使隧道的运营具有较大的选择性。如在特别需要的情况下，单向隧道可以用作双向运营，在着火时，风机可以反转排烟。

⑤ 射流风机选型准则：当隧道顶部空间允许时，选择所能安装的最大尺寸的射流风机。大尺寸射流风机所能提供的推力比小尺寸射流风机大。在总推力相同的条件下，选用大尺寸射流风机时，风机的数量将比选小尺寸风机少，因而可以降低射流风机的总投资。通常每组射流风机都设有就地控制箱。风机数量减少后，就地控制箱的数量也相应减少。射流风机所用耐火电缆十分昂贵，风机数量的减少可以大大降低耐火电缆的费用。由于风机数量的减少，还将节省设备的安装、运行管理、维护等费用。

与轴流风机一样，选用射流风机时也需要进行需风量和风压的计算，得出需风量以及风压之后就能进行风机的选择与布置了。

3）常用设备型号

隧道式通风机分单向射流风机 SDS 和双向射流风机 SDS（R）两种类型，SDS（R）型隧道射流风机有电子式和机械式两种切换方式，可在 30s 内正反转切换到风机额定转速。

SDS 隧道射流风机是采用先进技术和工艺所研制开发的新产品，其外壳由美国进口专用机床旋压翻边成形，叶轮段内壁经机加工，既保证机壳的同轴度和强度，又保证叶片径向间隙，表面涂装处理，外形美观及防腐性能优良。内置鼠笼全封闭式射流通风机配套电机，并设法兰安装盘，电机绝缘等级为 H 级，防腐等级为 IP55。

下面案例说明通风机型号的含义。

例 1：SDS-6.3-2P-4-4°表示直径为 630mm 的射流风机，转速 2900r/min，4 叶片，安装角 4°。

例 2：SDS（R）-6.3-2P-4-4°表示直径为 630mm 的可逆式射流风机，转速 2900r/min，4 叶片，安装角 4°。

9.4 轮式重载液压转运设备

9.4.1 概述

1. 简介

轮式重载液压转运设备是建立在分体式连采机搬运车技术基础上，由燕山大学申请立项的大型多节分体式重载运输设备，旨在研发一种具有高速度、高效率、超运力的巷道无轨胶轮辅助运输平台。由于分体式连采机搬运车自身具有的结构特点，可将运输车做成模块化，并将多节运输车串联，组成运输车组。其中，两车的液压管路连接采用液压胶管配合快换接头的方式，使得拆卸非常方便。

燕山大学与连云港天明机械集团合作研发的 WC80Y 型巷道分体式连采机搬运车，是世界上首台 80t 级液压重型分体式运输设备。它的问世，解决了连采机搬运车运输速度慢、搬运工况复杂、可通过性差等难题,适用于世界绝大多数井下作业的重型设备运输。

该连采机搬运车考虑到巷道内空间狭小问题,提出分体式软连接方案。前车为移动泵站,后车为具有超低平台的平板运输车,其轮胎直径仅有 0.558m,整车车身长度仅为 0.75m。动力源车通过液压软管、电缆线向运输车提供动力与控制信号,并在前、后车之间设置连杆,防止液压软管和电缆被拉断。前车具有两个驾驶舱,前驾驶舱控制动力源车的行走及转向,后驾驶舱控制运输车的行走及转向,前、后车通过两个驾驶员相互协调完成行走及转向工况。在实际行走工况中,前、后车之间的拉杆几乎不受力。

分体式结构不但满足了巷道窄小、低矮的实际工况,又提升了连采设备搬运车的转向灵活度,更减小了连采机登上搬运车的高度。

2. 国内发展概况

在国内,与采掘设备的发展速度相比,巷道无轨辅助运输技术发展相对缓慢,只有小部分比较大型的国有煤矿采用了现代化的巷道无轨辅助运输设备,大部分煤矿由于资金有限等原因还停留在相对原始的传统运输阶段,仍在使用传统辅助运输方式,即矿用绞车、电机车多区段接力运输方式。由地下矿井车场移动至井下工作面,必须经过多次中转,安全性偏低、工作人员工作量偏高、工作效率低,这导致传统的巷道辅助运输设备不能适应煤矿生产对采掘设备快速安装和快速运输的必然要求。此外,传统的辅助运输方式的可靠性和安全性明显不足,导致其发生事故的概率大大增加。这种情况直接影响了矿井生产效率的提高和经济技术指标的改善。

国内巷道无轨辅助运输设备的发展起步比较晚,起点比较低。在 20 世纪 70 年代之前,国内几乎未见对于巷道无轨辅助运输设备的相关研究,直至 20 世纪 70 年代后期才开始对无轨辅助运输设备进行相关的研究。然而,由于巷道工作环境复杂,运输距离长,且国内大部分巷道无轨辅助运输设备不够完善,存在各种各样的问题,以至于运输事故率偏高,工作

人员把大量体力和时间消耗在运输途中,巷道辅助运输的劳动力占煤矿生产环节总劳动力的 30% 以上,有些煤矿甚至达到一半,在一定程度上制约了我国矿井的现代化步伐。

由于这种情况的出现,我国对巷道无轨辅助运输设备的发展提出了迫切的需求。直到 20 世纪 90 年代初,国内一些大型煤炭企业和相关研究单位开始引进国外先进的无轨辅助运输装备。神华集团神东煤矿从澳大利亚引进了 6 台承载量 17 座和 5t 的客货两用车和多功能运输车,从英国进口了 2 台承载量 25t 的液压支架运输车;兖矿集团济三矿在建矿的初期就配备了 24 台无轨胶轮车。

在实际使用中,这些先进设备的投产使用极大地提高了国内煤矿行业采掘的工作效率。然而这些进口巷道无轨辅助运输设备普遍吨位偏低,而且相较国产设备而言存在购置费用高、配件供应时间长等问题,因此巷道无轨辅助运输设备在国内市场中难以得到推广,导致其普及存在一定的困难。

因此,国内相关科研技术单位开始对巷道无轨辅助运输设备进行相关的研究工作。在引进国外先进设备的基础上,消化其先进技术,结合国内矿井的特点,开发出更适合于在国内矿井使用的巷道无轨辅助运输设备。从 1992 年开始,中国煤炭科工集团太原研究院先后研制了多种类型的巷道无轨辅助运输车辆。

2000 年,常州自动化研究院开发出 2 台用于载货的轻型胶轮车,同时研制出了汽车改装型客货两用胶轮车,随后又推出了一系列国产胶轮车。另外,这几年北京矿冶研究总院、北京科技大学和燕山大学等科研院所和高等院校也结合自身技术优势在国产无轨运输设备的研究中取得了很大的进展。

尽管如此,相对于国外先进生产企业,国内的无轨运输设备研究还比较落后,存在载质量小、速度慢和巷道适应性差等问题。从 2006 年 3 月开始,燕山大学与江苏天明机械集团为神华煤矿研制了巷道液压动力运输车,与履带式搬运车相比,对巷道的适应性大为提高。针对巷道转弯半径及空间尺寸的限制,应用大型

自行式液压载重车的设计方法,采用动力源车与平板运输车的分体式结构,两车的驱动系统为全液压驱动,均采用独立转向系统,连接杆只是起到检测分体车之间相对位姿的作用和液压胶管支架与安全杆的作用,不起牵引作用。在一般路况条件下采用分体车协调转向自动化控制方式,大大提高了运输效率。通过两个驾驶员分别操作前、后车的方式解决了井下复杂条件下的转向协调问题和障碍规避问题,载重大于80t,满载速度可达到6km/h,投入使用后受到神华煤矿的赞誉,产品已经初步形成了系列化并且具有多种吨位。系列化的分体式巷道液压动力运输车如图9-16~图9-19所示。

图9-16 第一代分体式巷道液压动力运输车

图9-17 第二代分体式巷道液压动力运输车

图9-18 第三代分体式巷道液压动力运输车

2008—2010年,生产企业开始陆续增加,但生产企业所具备的研发能力有限,国内还没有形成统一的行业标准,因而所研制的产品参

图9-19 第四代分体式巷道液压动力运输车

差不齐,质量和安全性能没有保障。所以,对于国内特种设备生产厂商来说,应在消化吸收国外先进技术的同时,结合国内矿井特点,向着产品系列化、规模化、技术支持和专业化以及高可靠性的趋势发展。

3. 国外发展概况

为适应时代发展对巷道辅助运输设备所提出的新需求,美国、澳大利亚、德国等煤矿开采大国从20世纪四五十年代开始着手对本国巷道辅助运输设备存在的问题进行相关的研究。短短20年后,这些国家已先后根据自己国家的特色,建立起相应的煤矿辅助运输系统,在提高煤矿采掘效率的同时,节约了大量的资金,带来了可观的经济效益。如今,经过几十年的发展,许多国家研制出了多种针对不同矿下开采设备的运输车辆,主要包括液压支架搬运胶轮车、铲板式支架搬运车、悬吊式支架搬运胶轮车等。

到20世纪90年代初期,在一些煤矿开采技术先进的国家,无轨辅助运输设备已经得到了广泛的应用,已有65%以上的煤矿采用。无轨辅助运输设备的普及不但缩短了工作周期,提高了工作效率,在一定程度上减少了人力物力的消耗,为企业带来了巨大的经济效益和社会效益。

国外大概有几十家特种运输设备厂商具有批量生产巷道无轨辅助运输设备的能力。其中,澳大利亚森内卡公司、英国艾姆科公司、美国朗艾道公司、南非博得公司等都是世界著名的生产厂商,这些生产厂商所生产的系列化产品在其品种和规格上已经相当成熟,产品大多应用了当代最新的控制技术和计算机技术。这些先进技术的应用使得国外的巷道无轨辅助运输设备不仅具有良好的动力性能和经济性能,还大大提高了运输效率,更好地满足了煤矿生产的要求。

9.4.2　轮式重载液压转运设备的分类及常见型号

1. 大坡度支架搬运车

大坡度支架搬运车(6 驱框架式)以防爆柴油机为动力,可在爆炸性气体环境中安全运行,主要用于工作面和工作面之间或者工作面和地面之间液压支架的长距离运输。除行走外,它还具有自动装卸支架的功能,同时也可用于运输其他辅料,具有自重轻、重心低、运行平稳、装卸方便快捷、转运速度快、井下适应性好等优点,是目前搬运液压支架的主要设备。

6 驱框架式大坡度支架搬运车(图 9-20)的重载爬坡最大角度为 16°。首次研制 4/6 驱自动/手动切换技术,可根据负载切换驱动方式,满足了重载大坡度牵引力的要求,集成静液压制动、轮边制动及减速器制动三种制动方式,实现工作制动、驻车制动、紧急制动三合一安全制动。首创一套一键式解锁系统,实现了快速解除制动。主要有 WC50Y(6 驱)、WC55Y(6 驱)和 WC60Y(6 驱)三种型号。

图 9-20　6 驱框架式大坡度支架搬运车

4 驱框架式大坡度支架搬运车(图 9-21)的最大爬坡度 14°,采用静液压传动,无极调速,可自动适应负载变化,具备视频监控系统,自动润滑系统、气动加油系统。主要有 WC40Y(4 驱)、WC50Y(4 驱)和 WC55Y(4 驱)三种型号。

图 9-21　4 驱框架式大坡度支架搬运车

2. 重载平板动力车

重载平板动力车(图 9-22)主要用于掘进机、锚杆机、破碎机等重型设备的搬运,采用动力车+连接杆+自驱载货平台构成动车组的总体布局方案,具有车辆载重大、转弯半径小、承载平台低等优点,通过液压缓降登车桥保证了设备装卸的平稳安全。主要有 WC80Y(A)、WC80Y(B)和 WC150Y 三种型号。

图 9-22　重载平板动力车

3. 铲板式搬运车

铲板式搬运车(图 9-23)主要用于摇臂、防爆电机、机尾等重型设备的搬运,具有重心低、运行平稳、转运速度快等特点,采用四轮驱动,液力机械传动。

图 9-23　铲板式搬运车

9.4.3　轮式重载液压转运设备的典型结构及工作原理

1. 重载液压动车组整体结构

1) 动力源车基本结构

动力源车主要包括动力部分与驾驶室(图 9-24)。驾驶室有两个,沿前后对角设置。在路况较好的巷道环境下使用转向协调控制模式,只需单人操作前驾驶室。在井下巷道比较复杂的工况中采取双人驾驶的模式,动力源车由前驾驶室的操作人员控制,平板运输车由后驾驶室的操作人员控制,保证分体车的实时安全。

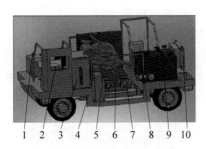

图 9-24　动力源车的结构组成

1—燃油箱；2—前驾驶室；3—补水箱；4—车架；
5—水洗箱；6—分动箱；7—液压泵；8—后驾驶
室；9—液压油箱；10—风冷式冷却器

2）平板运输车车架基本结构

平板运输车车架承载连采机、液压支架等大型采煤设备的全部载荷。车架由主梁、侧梁、端梁焊接而成，成网格式结构，这种结构具有足够的刚度，材料选择 Q345C 合金钢。车架上面焊接 12mm 厚钢板，并铺设橡胶层，保证采煤设备在车架上不产生滑移。

3）转向结构

动力源车采用半八字转向模式，如图 9-25 所示。第一轴线上的两个轮组可以转向，第二轴线不能转向。第一轴线通过梯形四连杆机构连接，合理设置四连杆机构绞接点的位置，使转向过程中内侧轮组转向角度大于外侧轮组转向角度且成一定的几何关系，第一轴线的两个轮组与第二轴线的两个轮组转向中心基本重合。因此，动力源车转向过程中各轮组以较小的误差保持纯滚动，可以减少轮胎的磨损，降低转向过程中的行驶阻力。

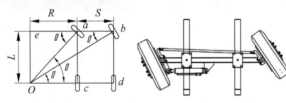

图 9-25　动力源车转向模式与转向机构

平板运输车采用全八字转向模式，如图 9-26 所示，其转向结构如图 9-27 所示。平板运输车有四个轴线，四个轴线都可以转向。第一轴线与第四轴线采用蝴蝶板驱动转向，通过合理设置绞接点位置可以使得转向时外侧轮组大于内侧轮组并成一定的几何关系，转向中心近似重合。第二轴线与第三轴线采用平行四连杆机构驱动转向，转向时外侧轮组与内侧轮组的转向角度相等，考虑到第二轴线与第四轴线在转向过程中装箱角度在较小范围内变化，所以它们的转向中心不重合的程度比较小。因此，平板运输车在转向过程中各轮组以较小的误差保持纯滚动，可以减少轮胎的磨损，降低转向过程中的行驶阻力。

4）悬挂机构

平板运输车有 4 个轴线，每个轴线有 2 个悬挂，共有 8 个悬挂。悬挂主要由悬挂架、平衡臂、悬挂液压缸、摆动轴和轮辋组成，驱动桥内安装液压马达减速器。摆动轴能自动适应横

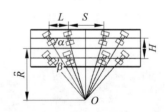

图 9-26　平板运输车全八字转向模式

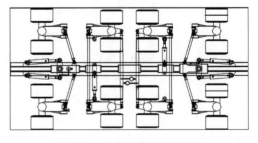

图 9-27　平板运输车转向结构

坡的要求，保证每个轮胎所受的承载力相同，避免轮胎过早磨损。

5）支腿机构

在平板运输车四个角分别设置了液压支

腿,在连采机等自行走采煤设备登车和下车时与悬挂共同支撑重量,防止倾覆。液压支腿系统装有液压锁,保证支腿安全工作。

2．重载液压动车组液压系统

1）驱动液压系统

轮式重载液压动车组载重大、行驶速度快、可靠性要求高,要求液压系统具有能源利用率高、大流量、系统简单的特点。因此,动车组选用变量泵＋变量马达的容积调速闭式回路,液压闭式系统,液压泵与马达的进油管路回油管路直接相连,工作液体在液压系统中封闭传动。闭式系统的特点如下:

（1）集成度较高,结构紧凑,连接管路简单,提高了系统的可靠性。

（2）与空气接触少,减少了油液中空气的含量,降低了系统中气蚀发生的概率,可以提高液压系统的使用寿命。

（3）容积调速回路相对于节流调速回路能量损失较小,液压系统效率大大提高。

（4）油箱容量小,减小了液压系统的体积,方便布置。

（5）散热困难,油温难以控制。但补油泵与冲洗阀的使用可以将闭式系统的温升控制在合理的范围内,保证液压系统良好的运行环境。

轮式重载液压动车组工况复杂,行驶路面多为上坡、下坡与不平整路面,负载变化比较大,驱动液压系统吸收了大部分的发动功率,负载的大幅变化极易引起驱动液压系统吸收功率过大而使发动机熄火。因此,需要能够根据外负载变化自动调节液压泵与驱动马达的排量从而改变吸收功率,不致引起发动机熄火。采用 DA 控制的变量柱塞泵加 HA 控制的变量柱塞马达的驱动液压系统配置方式,可以使整个系统保持在合理的工作压力范围内,系统为具有合理负荷率的、高效的、高生产率的、成本合理的传动装置。驱动系统配置原理如图 9-28 所示。

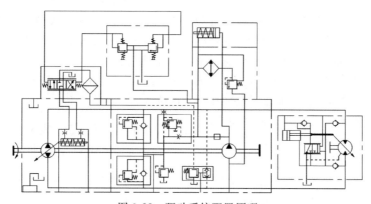

图 9-28　驱动系统配置原理

驱动液压系统采用双泵联合供油,若某一单泵发生故障后,车速降低,仍可继续行驶。驱动系统有较高的效率,最低效率接近 70%。在平整路面工况,满载速度可达 6km/h。

2）电液转向系统

重载液压动车组每个分体单元都有两个轴线,每个轴线有两个轮组,各个轮组之间转角的理想关系是其转向中心同心,如图 9-29 所示。此时同一轴线的轮组只有垂直于轴线的力,没有沿轴线的力,在这种条件下轮组作纯滚动,轮胎磨损小,行驶阻力小。根据理论分析,同一轴线的轮组之间应满足阿克曼公式:

$$\cot\alpha - \cot\beta = \frac{M}{L} \qquad (9-9)$$

转向指令输入控制器,控制器通过式(9-9)计算出轴线的转向角度,控制电液比例阀的动作。转向液压系统液压缸由电液比例阀控制,其上安装位移传感器,传感器将数据实时反馈给控制器,形成闭环控制。高精度的协调转向控制需要运算速度快的控制器与响应快速的电液比例阀,转向液压系统控制框图如图 9-30 所示。

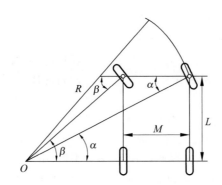

图 9-29 轮胎式车辆转向原理图

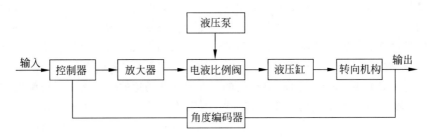

图 9-30 转向液压系统控制框图

3）悬挂液压系统

平板运输车采用液压悬挂，悬挂液压缸为柱塞缸，悬挂上升时利用液压力实现，下降时依靠平板运输车自重。悬挂液压系统通过液压球阀的组合实现车辆 3 点支撑或 4 点支撑方式。在恶劣路面行驶时，悬挂液压系统的压力波动比较剧烈，对液压管路造成很大冲击，应用管路防爆阀来避免软管破裂引起的事故。

4）支腿液压系统

连载机登车或下车时，液压悬挂提升，使平板运输车高度与登车桥一致，同时液压支腿伸出，与液压悬挂共同支撑平板运输车与载荷。液压支腿增加了大型采煤设备登车时平板运输车的稳定性。液压支腿的伸出与缩回没有同步性的要求，同侧的液压支腿共用一片多路阀，回路中用双向液压锁固定支腿液压缸的位置。

9.4.4 轮式重载液压转运设备常用产品的性能指标

轮式重载液压动车组具体产品参数见表 9-10。

表 9-10 产品参数

产品型号	整车质量/kg	额定载荷/kN	外形尺寸/(mm×mm×mm)	结构形式	传动方式	驱动形式	运行速度/(km/h)	最大爬坡度/(°)
WC50Y（6 驱）	30000	500	9835×3550×1650	中央铰接	静液压传动	6×6	满载 12，空载 24	16
WC55Y（6 驱）	30000	550	9835×3550×1650	中央铰接	静液压传动	6×6	满载 12，空载 20	16
WC60Y（6 驱）	32000	600	9835×3550×1650	中央铰接	静液压传动	6×6	满载 12，空载 18	16
WC40Y（4 驱）	28000	400	9850×3550×1650	中央铰接	静液压传动	6×4	满载 16，空载 24	14

续表

产品型号	整车质量/kg	额定载荷/kN	外形尺寸/(mm×mm×mm)	结构形式	传动方式	驱动形式	运行速度/(km/h)	最大爬坡度/(°)
WC40Y（4驱窄机型）	28000	400	9850×3050×1650	中央铰接	静液压传动	6×4	满载16，空载24	14
WC50Y（4驱）	30000	500	9850×3550×1650	中央铰接	静液压传动	6×4	满载16，空载20	14
WC55Y（4驱）	32000	550	9850×3550×1650	中央铰接	静液压传动	6×4	满载16，空载20	14
WC80Y（A）	24600	800	14450×3060×2000	动力车+连接杆+自驱平板车	静液压传动	20×14	满载6，空载9	10
WC80Y（B）	26000	800	14850×3140×2300	动力车+连接杆+自驱平板车	静液压传动	20×18	满载5，空载9	14
WC150Y	40000	1500	18650×3200×2300	动力车+连接杆+自驱平板车	静液压传动	28×28	满载6，空载10	14
WC40E	40000	400	9616×2660×2060	中央铰接	液力-机械	四轮驱动	满载0～20，空载0～22	14
WC50E	50000	500	10050×2900×2060	中央铰接	液力-机械	四轮驱动	满载0～20，空载0～22	14
WC55E	55000	550	10050×2900×2060	中央铰接	液力-机械	四轮驱动	满载0～20，空载0～22	14

9.5　装碴运输机械

9.5.1　概述

装碴运输是隧道作业的基本工序之一。在隧道掘进中，装碴运输作业在一定条件下会成为影响掘进速度的重要因素。运输作业是把开挖的土石在一定时间内装车，运到洞外，把石碴丢弃到指定的地点，并把洞内施工所需要的机具材料运入洞内指定场所。由施工统计资料可知，运输作业在整个循环时间中占很大的比重，有的可占到40%～50%或更多。迅速装运石碴，可使钻爆作业加快进度，加速了整个循环作业，提高了施工进度。

9.5.2　装碴运输机械的分类及常见型号

1. 装碴机械

装碴方式有人力装碴和机械装碴。机械装碴速度快，可缩短作业时间，目前在隧道施工中常用，但是仍需配适当数量的人工辅助作业。人力装碴劳动强度大，速度慢，仅在短隧道缺乏机械或断面小而无法使用机械装碴时才考虑采用。

隧道用的装碴机又称装岩机，要求外形尺寸小，坚固耐用，操作方便，生产效率高。它是用于隧道挖掘、矿山工程、水利工程等的施工机械。

装碴机械按其扒碴机构形式可分为：铲斗

式、耙爪式、立爪式、挖斗式。其中,铲斗式装碴机为间歇性非连续装碴机,有翻斗后卸、前卸和侧卸三种卸碴方式。而耙爪式、立爪式和挖斗式装碴机是连续装碴机,均配备刮板(或链板)转载后卸机构。

装碴机的走行方式有轨道走行和轮胎走行两种。轨道走行式装碴机须铺设走行轨道,因此其工作范围受到限制;而轮胎走行式装碴机移动灵活,工作范围不受限制。但在有水土质围岩的隧道中有可能出现打滑和下陷。

装碴机的选择应充分考虑围岩及坑道条件、工作宽度及其与运输车辆的匹配和组织,以充分发挥各自的工作效能,缩短装碴时间。

1) 铲斗式装碴机

铲斗式装碴机多采用轮胎走行,也有采用履带走行或轨道走行的。轮胎走行的铲斗式装碴机多采用铰接车身,燃油发动机驱动和液压控制系统。轮胎走行铲斗式装碴机如图 9-31 所示。

图 9-31 轮胎走行铲斗式装碴机

铲斗式装碴机具有构造简单、操作方便的特点,但工作宽度一般只有 1.7～3.5m,长度较短,须将轨道延伸至碴堆,且一进一退间歇装碴,箕斗容量小,工作能力较低,主要用于小断面或规模较小的隧道中。

2) 耙爪式装碴机

耙爪式装碴机多采用履带走行,电力驱动,是一种连续装碴机,其前方倾斜的受料盘上装有一对由曲轴带动的扒碴耙爪,如图 9-32 所示。装碴时,受料盘插入岩堆,同时两个耙爪交替将岩碴扒入收料盘,并由刮板输送机将岩碴装入机后的运输车内。

因受耙爪扒碴限制,岩碴块度较大时,其

图 9-32 耙爪式装碴机

工作效率降低,故主要用于块度较小的岩碴及土的装碴作业。

3) 立爪式装碴机

立爪式装碴机多采用轨道走行,也有采用轮胎走行或履带走行的,以采用电力驱动、液压控制得较好。立爪式装碴机实物如图 9-33 所示。

图 9-33 立爪式装碴机

装碴机前方装有一对扒碴立爪,可以将前方或左右两侧的石碴扒入受料盘,其他同耙爪式装碴机。立爪扒碴对岩碴的块度大小适应性强,轨道走行时,其工作宽度可达到 3.8m,工作长度可达到轨端前方 3.0m。

4) 挖斗式装碴机

挖斗式装碴机的扒碴机构为自由臂式挖掘反铲,其他同耙爪式装碴机,并采用电力驱动和全液压控制系统,配备有轨道走行和履带走行两套走行机构。立定时,工作宽度可达 3.5m,工作长度可达轨道前方 7m 多,且可以下挖 2.8m 和兼作高 8.34m 范围内清理工作面及找顶工作。挖斗式装碴机实物如图 9-34 所示。

图9-34　挖斗式装碴机

2．运输机械

隧道施工的洞内运输（出碴和进料）分为有轨运输和无轨运输两种。

1）有轨运输

有轨运输是铺设小型轨道，用轨道式运输车出碴和进料。轨道运输多采用电瓶车或内燃机车牵引，斗车或梭式矿车运碴。它既可适用于小断面开挖的隧道，也适用于大断面开挖的隧道，尤其适用于3000m以上的长隧道运输，是一种适应性较强的和较为经济的运输方式。

有轨运输基本上不排出有害气体，空气污染较轻，设备构造简单，容易制作，占用空间小且固定。但是轨道铺设较复杂，维修工作量大，调车作业复杂，开挖面延伸轨道影响正常装碴作业。

有轨运输较普遍采用的出碴车辆有斗车、梭式矿车、槽式列车、电瓶车和内燃机车等。

（1）斗车

斗车结构简单，使用方便，应用最为广泛，可适用于多种条件下各种物料的装载运输。根据其容量大小可分为容量小于3m³的小型斗车和容量大于3m³的大型斗车。小型斗车轻便灵活、满载率高、调车方便，可采用机械牵引，也可以采用人力牵引，它主要用作小断面坑道，如斜井平行导坑的运输车辆。大型斗车单车容量较大，较大的可达20m³，须用动力机车牵引，并采用驼峰机构侧卸或翻车机构卸碴，同时配套使用大型装碴机械装碴才能保证快速装运。采用大型斗车，可以减少装碴调车次数，缩短装碴运输作业时间，但是对轨道线

路条件要求较高。图9-35和图9-36分别为翻斗式斗车和侧卸式斗车实物图。

图9-35　翻斗式斗车

图9-36　侧卸式斗车

（2）梭式矿车

梭式矿车采用整体式车体，下设两个转向架，车厢底部设有刮板式或链式转载机构，便于将整体车厢装满和转载或向后卸碴。可以单车运输，也可组成列车运输；可以在栈桥上单轨道卸碴，也可以在双轨线路上向侧面卸碴。它对装碴机械的配套条件要求不高，能保证快速运输，但车体结构和机械系统较复杂，机械购置费和使用费较高。如图9-37所示为小型梭式矿车，其容积为4～14m³。

图9-37　小型梭式矿车

（3）槽式列车

槽式列车是由一个接碴车、若干个仅有两

侧侧板而没有前后挡板的斗车单元和一个卸碴车串联组成的长槽形列车,在其底板处安装有贯通整个列车的风动链板式输送带,实物如图9-38所示。

图 9-38　槽式列车

常用的轨道运输牵引机车分电瓶车和内燃机车两类,主要用于坡度不大的隧道运输牵引。当采用小型斗车和坡度较缓的短隧道施工时,还可以采用人力推送。

（4）电瓶车

蓄电池电机车俗称电瓶车,具有体积小、占用空间小、不排放有害气体、不需要架设供电线路、使用较安全等特点,但也存在需要有专门的充电设备、充电工作比较麻烦、牵引力有限等不足。电瓶车的主要组成结构如图9-39所示。图9-40所示为XK25-192G型防爆蓄电池式电机车,其主要技术参数见表9-11。

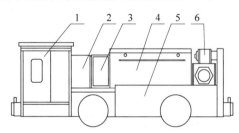

图 9-39　电瓶车结构示意图

1—驾驶室；2—变流器；3—电阻柜与电控柜；4—蓄电池箱；5—车架；6—空气压缩机

图 9-40　XK25-192G 型防爆蓄电池式电机车

表 9-11　XK25-192G 型防爆蓄电池式电机车主要技术参数

性 能 项 目	参　　　数
黏重	25t
蓄电池组额定电压	192V
蓄电池容量	560A·h
小时牵引力	28.14kN
速度	5.09km/h
电动机小时制功率	22kW×2kW
最大速度	5.6km/h

（5）内燃机车

内燃机车具有较大的牵引动力,配合大型斗车可以加快出碴速度。但在机车运行中会排除有害气体,需要安装废气净化装置或配备强大的通风设施,故隧道施工中一般不采用。

隧道内用于机车牵引的道路,宜采用38kg/m或38kg/m以上的钢轨,轨距一般为600mm或750mm。图9-41所示为JMY240F型内燃机车,其主要技术参数见表9-12。

图 9-41　JMY240F 型内燃机车

表 9-12　JMY240F 型内燃机车主要技术参数

机 车 用 途	调 车 式
机车功率	175kW
机车构造速度	20km/h
最低持续速度	6km/h
最低持续速度时的牵引力	50.14kN
启动牵引力	64.68kN
机车整备质量	20t
轴质量	10t
轴径	840mm
轨距	1435mm
轴列式	0-2-0

续表

机车用途	调车式
通过最小曲线半径	30mm
传动方式	液力传动
车钩型号	KD5
车钩高度	880mm
制动机型号	JZ-7型单独制动机
机车标称电压	DC24V
机车外形尺寸(长×宽×高)	7120mm×2565mm×3050mm

2）无轨运输

无轨运输是采用各种无轨运输车出碴和进料。其优点是机动灵活，不需要铺设轨道，适用于弃碴场离洞口较远和道路坡度较大的场合。缺点是由于多采用燃油发动机驱动，作业时会在整个洞中沿程排出废气，污染洞内空气，故一般适用于大断面开挖和中等长度以下的隧道。当隧道较长时，应充分考虑洞内空气污染问题，采取有效的通风措施。

可供隧道施工用的无轨运输车品种很多，多为燃油（柴油）式动力、轮胎走行的自卸卡车，载重2～25t不等。为适应在隧道内运输，有的还采用了铰接车身或双向驾驶的坑道专用车辆。以下介绍两种常用的无轨胶轮车。

（1）后翻自卸防爆无轨胶轮车，采用四轮驱动，前、后车架中央铰接，可以保证前、后车架垂直方向摆转±10°，主要用于运输物料与碎石等，包括WCJ10E、WCJ8E、WCJ5E等型号，如图9-42所示。

图9-42　后翻自卸防爆无轨胶轮车

（2）平推自卸防爆无轨胶轮车，采用四轮驱动，前、后车架中央铰接，可以保证前、后车架垂直方向摆转±10°，平推自卸，由液压系统实现转向机推卸，主要有WCJ10E（A）、WCJ8E（A）、WCJ5E（A）等型号，如图9-43所示。

图9-43　平推自卸防爆无轨胶轮车

9.5.3　装碴运输机械的典型结构及工作原理

1. YZ-LDZ150型斜井液压凿岩履带式挖斗装碴机

1）产品简述

YZ-LDZ150型斜井液压凿岩履带式挖斗装碴机是一种实现全液压凿岩、扒碴、装碴、运碴的机组。该机组用支腿式液压凿岩机前面凿岩施工，后面用LDZ150型履带式扒碴机扒碴、装碴，平行作业，大大提高了作业效率。整个机组共用一组动力源，所有执行原件的驱动全部由液压油驱动。两台至三台支腿式液压凿岩机经由快速接头及高压油管与机组液压系统相连接，按系统统一程序指令控制。前梭槽采用四连杆浮动装置，适用于各种不平底板工况。整机爬坡能力为斜坡夹角28°，适用于3m×3m及以上的断面平巷及大坡度斜井巷道的施工。

液压凿岩机能源单一，凿速快、能耗低，并无油雾，大大改善了作业环境。该机组配用深圳市普隆重工有限公司自行研制的PL-YYT26型液压凿岩机，钻凿硬度$f=16$的花岗岩一字钎头，直径为40mm的炮眼，钻速达854～960mm/min。由于是独立外回转，扭矩50N·m，且可调。在煤矿岩巷施工，钻速可达1m/min，且不易卡钎，耗能≤15kW。

2）技术参数

YZ-LDZ150型斜井液压凿岩履带式挖斗装碴机的主要技术参数见表9-13。

表 9-13 YZ-LDZ150 型斜井液压凿岩履带式挖斗装碴机的主要技术参数

型号	YZ-LDZ150
外形尺寸(长×宽×高)	7900mm×2000mm×2300mm
装载能力	150m³/h
最大爬坡度	28°
装碴宽度	4200mm(标准臂) 5800mm(加长臂)
扒取高度	3100mm
卸碴高度	1800～2500mm
下挖深度	800mm
行走速度	1.5km/h
刮板链速度	0.5m/s
电机总功率	(45+0.75)kW
液压油箱容积	260L
额定工作压力	18MPa
履带板内侧宽度	1000mm
离地高度	260mm
接地比压	0.07MPa
噪声	97dB(A)
整机质量	11.5t

2. ZWY-180/78L 型履带式挖掘装载机

ZWY-180/78L 型履带式挖掘装载机主要适用于煤矿、非煤矿山、铁路隧道、工程斜巷及平巷煤岩的掘进装载作业,是煤矿耙斗机、侧卸装载机、小型挖机、立爪装载机、电动铲运机的理想替代品,具有效率高、耙装能力强、爬坡能力强、可靠性高、适合中小断面作业等特点。适应工作面坡度≤32°,现场使用最大坡度(甘肃铁路隧道)达到 42°。本机采用独特的反铲系统(包括铲斗、小臂、大臂、动臂)来扒取(挖掘)岩石,并通过自身的刮板运输机构输送到梭式矿车、侧卸式矿车、1t 或 3t 矿车、地下卡车上。铲斗可清理工作面的砂浆和泥砂,运输槽刮板可将砂浆和泥砂运输到运碴设备中去。本机的主要特点如下:

(1)拥有较佳的液压系统作业模式,采用负载传感液压操作和先导阀控制形式;

(2)配备进口柱塞变量泵和履带行走驱动马达;

(3)具有先进的油过滤系统,配备油箱空气干燥装置、加油过滤装置、回油磁性过滤系统、吸油过滤装置;

(4)借助较佳的液压系统,均衡分配油量,令铲斗、小臂、大臂、动臂进行灵活、快捷、高效的作业;

(5)配置智能化组合监控仪,采用多语言与符号显示,能直观准确地监控工作状态,设有故障检测保护装置、油温报警装置、行程超限报警装置、主泵压力监控装置、油路堵塞报警装置、电机缺相保护装置、降压启动装置、油温显示装置;

(6)工作平稳,冲击力小,整机结构紧凑、性能可靠,可在潮湿有积水的巷道里工作,可以全断面装岩,不留死角,并且可以开挖巷道两边的水沟,无需人工辅助清底装岩。

9.5.4 装碴运输机械常用产品性能指标

常用装碴运输机械的主要性能参数见表 9-14。

表 9-14 装碴运输机械主要性能参数

产品型号	整车质量/kg	额定载荷/kN	外形尺寸/(mm×mm×mm)	结构形式	传动方式	驱动形式	运行速度/(km/h)
WCJ5E	7650	50	6925×1950×2000	中央铰接	液力-机械	4×4	0～35
WCJ8E	9000	80	6925×1950×2000	中央铰接	液力-机械	4×4	0～35
WCJ10E	9500	100	6925×1950×2000	中央铰接	液力-机械	4×4	0～35
WCJ5E (A)	8500	50	7125×1950×2000	中央铰接	液力-机械	4×4	0～35
WCJ8E (A)	9500	80	7125×1950×2000	中央铰接	液力-机械	4×4	0～35
WCJ10E (A)	10500	100	7450×1950×2000	中央铰接	液力-机械	4×4	0～35

9.5.5　装碴运输机械的维护及保养

扒碴机往往在环境较为恶劣的情况下工作,又由于材料、工艺、零件老化和人为因素等影响,扒碴机在使用中不可避免地会出现各种各样的故障。而在施工过程中如果工程机械发生故障,不但会影响正常的施工进度、造成不必要的经费损失,同时还会减少扒碴机的使用寿命。

1. 设备故障排除

1) 发动机功率足够,运转正常,但机器速度缓慢,挖掘无力

(1) 扒碴机的液压泵为柱塞变量泵,工作一定时间后液压泵内的原件,如缸体、柱塞、配流盘等不可避免地过度磨损,造成大量内漏,故流量不足,油温过高,不能建立起高压,所以动作缓慢、挖掘无力。对于这种情况,须卸下液压泵,送交公司调试部,对液压泵进行数据检测,确认问题所在,更换不能继续使用的配件,修复可以使用的配件,重新组装液压泵后,再上调试实验台,匹配各系列软参数,如压力、流量、扭矩、功率等。

(2) 扒碴机有一个重要液压元件多路分配阀,上面有主安全阀、二次阀、射流阀、补油阀等。这些安全阀的设定压力达不到标准压力也会导致挖掘无力。对于这种情况,须卸下多路分配阀,在调试台上进行调试,重新设定所有安全阀的压力。

(3) 扒碴机上的液压泵均配有先导齿轮泵,此泵主要是参与液压泵的变量和作为先导油打开多路分配阀的阀杆使其换向,若此齿轮泵磨损过度,则不能建立起一定的压力或齿轮泵上安全阀设定的压力不够,就会导致液压泵始终处于低流量状态,阀杆也不能完全换向,这样就会出现此类问题。对于这种情况,需更换先导齿轮泵或重新设定先导安全阀。

2) 发动机动力足够,但出现闷车(憋车)现象

若液压泵功率大于发动机的功率就会出现闷车现象。此时需要将液压泵上实验台进行检测调试,把液压泵的功率降至发动机功率的95%及以下。

3) 分配器漏油

造成这种故障的原因主要有两个:

(1) 密封件磨损,主要是液压缸行程经常行进到极限造成的,此时需要更换密封件并注意控制液压缸的行程。

(2) 液压油水分过大,此时需要更换液压油。

4) 扒碴机渗漏

造成这种故障的原因主要有三个:

(1) 机器的接头出现松动现象,此时要做好接头的紧固,拧紧接头。

(2) 密封垫或者是密封圈失效造成渗漏,要求做好垫圈或密封垫的更换。

(3) 机器上的焊缝产生渗漏,此时需要对发生渗漏的部分进行补焊。

2. 安全使用

(1) 严格按扒碴机操作规程进行操作,避免超负荷工作。

(2) 如果发现挖掘机液压无力和动作缓慢,检查油泵是否损坏,如老化,则应通知机修工更换;检查滤清器、油泵至油箱管路中是否有堵塞现象,并加以排除;检查液压油是否过热,散热器和风扇是否正常。

(3) 如果液压管噪声太大,可能原因是液压油路中有气泡,应检查液压泵、油箱之间的管路是否漏气,油箱里的液压油是否太少,并分别加以排除。

(4) 不准使扒斗直接撞击运输槽,否则将造成槽体严重变形。不允许使用扒斗侧面扒石料,避免工作机构因承受过大侧向力而变形,加剧相关轴套的磨损。

(5) 扒碴机必须有专人操作,非操作人员不准乱开、乱动。非工作时间挖斗应落地,严禁悬空停放。

(6) 作业前必须检查三相电源是否均衡,各相电压应指示正常(380V),严禁缺相启动电机。

(7) 作业前须经空载运转和无负荷操作,待油温不低于20℃时方可进行作业,当油温高于80℃时应排查原因。

(8) 在作业或调试时,扒斗所及范围内严禁站人,禁止接触转动部位。一旦出现故障或

有异常杂声,应立即停止作业进行检查,并切断总电源。

(9)严禁私自调整安全阀压力,以免损坏液压元件或影响性能。

(10)操作手柄卡滞时,不得硬行操作,应检查排除卡滞现象。

(11)输送架升起,人在输送架下进行维修作业时,必须在输送架下有可靠的安全支撑,以防输送架突然落下伤人。

(12)在需要外力拖动扒碴机时,须脱开连接轴套;进行作业时,必须使连接轴套复位,拧紧紧固螺丝使其固定。

3. 维护保养

(1)应经常保持机器的完整与清洁。特别在潮湿有水渗漏的巷道,要用橡胶板或帆布遮盖住油箱,不准有水渗漏到油箱内。设备维修时也要特别注意,严禁雨水及脏物污染油路系统。

(2)应经常检查并拧紧各部位的螺栓、螺母,链条销脱落后应及时补上。

(3)经常检查各液压元件及管路连接处,消除渗漏,检查高压软管是否有破损,如损坏要及时更换。

(4)经常检查油面高度及油温。油面若低于油标应及时补充液压油,油温若超过55℃应暂停使用。

(5)定期(每1000h)或在感到液压系统工作压力异常时检查并调整各油路工作压力。

(6)液压油第一次在工作200(120)h后更换,同时更换回油滤芯、清洗吸油滤芯及空气滤芯。第二次在工作1000(300)h后更换,以后每工作1000(500)h更换一次,同时更换回油滤芯、清洗吸油滤芯和空气滤芯,并将油箱及管路清洗干净。

(7)使用6个月后应经常检查支重轮、拖链轮、引导轮及履带链节的磨损情况。当单面磨损量大于5mm后应及时更换。

(8)应经常检查履带板连接螺栓及行星减速液压马达连接螺栓有无脱落及松动现象,如有问题要及时处理。

(9)对卡在履带链中的硬质石块及其他坚硬物应及时清除。

(10)检查各处润滑点并按要求每24h注油一次。

9.6　隧道式架桥机

9.6.1　概述

我国将在2020年前建设完成12000km的四纵四横的高速铁路客运专线,实现客运快速化。但这些专线所经过的地段有许多为高山大川,地形复杂,必然会出现多处的桥隧相连区段,这在"十一五"期间正在建设的9条客运专线中的石太、郑西、武广、甬台温、温福等线中就已经出现。隧道式架桥机即架桥机应用在隧道施工过程中,对隧道进行内外架梁、桥间转移、通过隧道、在隧道进出口和隧道中间架梁,做到100%随行随架,便捷自如地走到哪里架到哪里,不分隧道内外,达到既规范又自如。

9.6.2　隧道式架桥机的典型结构及工作原理

以JQ900型下导梁架桥机为例,说明隧道式架桥机的结构和工作原理。

铁路客运专线JQ900型下导梁架桥机在2007年共有10余台投入客运专线的架梁施工作业,是最具代表性和影响力的架梁专用设备。JQ900型下导梁架桥机与KSC900型运梁台车配合完成箱梁的运架作业,适用于客运专线20m、24m、30m双线整孔预制混凝土箱梁的架设。它除了能够进行标准梁段的架设外,还能够进行首末孔箱梁的架设,曲线段箱梁架设,变跨架设,跨连续梁、结合梁、连续刚构梁等既有桥梁的架设,简支变连续梁架设等工况的施工。可通过运梁台车驮运实现桥间短途运输,经简单拆解后,由运梁台车驮运可实现整体通过线路上的既有隧道进行转场作业。

JQ900型下导梁架桥机由提升机、下导梁、运架桥机台车、纵移天车、液压系统及电气控制系统等组成。其工作原理为利用下导梁作运输通道,提升机的喂梁支腿、前支腿承载后,中支腿展翼,KSC900型运梁台车将混凝土箱梁运送至提升机腹腔内,中支腿收翼承载,喂梁支腿卸载,提升机将混凝土箱梁提离运梁台车,运梁台车退出,利用纵移天车、托辊将导梁纵移一跨,让出被架混凝土箱梁梁体空间,提升机将混凝土箱梁直接落放至墩顶上就位安装。

1. 提升机

提升机由主梁、前支腿、中支腿、喂梁支腿、起升机构及前吊点等组成。提升机喂梁支腿采用L形箱梁结构支承提升机自重,中支腿为可展翼的开启式支腿,用于支承架桥机架梁荷载。通过喂梁支腿和后支腿之间的交替支承,900t运梁台车可将混凝土箱梁直接运送到提升机腹腔内的下导梁上,解决了超宽混凝土箱梁喂入起重机腹腔内的难题,实现了喂梁功能与架梁功能分离。提升机一跨简支定点架梁,简化了提升机结构,降低了起重机支反力,提高了整机稳定性。

提升机起升机构由前、后起重小车组成。为降低整机高度,起重小车横梁和定滑轮组均采用鱼腹式结构,具有起升、纵向、横向三维动作功能,能保证待架梁的准确定位安装。吊钩总成与吊具通过铰接变八吊点为四吊点,通过设置平衡轮变四吊点为三吊点,解决了起吊混凝土箱梁时超静定的难题,确保了梁体受载均匀和起升机构的安全。活动液压缸前吊点由起重横梁、提升液压缸、纵移装置组成,用于协助纵移天车实现下导梁首孔进入桥位和末孔脱离桥位。

2. 下导梁

下导梁由2片箱梁纵梁和桁架式加长段组成,通过中间横梁连接,构成一个整体简支受力结构,提供架桥机喂梁和架梁机纵移过孔通道。下导梁共设2个纵移托辊,可在导梁下轨道上自驱动行走,通过电气系统控制和纵移天车同步驱动,纵移下导梁过孔。

3. 运架桥机台车

运架桥机台车由独立的前、后两组单线双轨台车组成,可沿布置于下导梁正中的轨道运行,通过前、后台车支承前支腿,后台车支承中支腿的方式驮运提升机纵移过孔。

4. 纵移天车

纵移天车为横跨起升系统的具有三维动作的龙门起重装置,可沿主梁全长运行,用于架桥机变跨,调头时安装后支腿、中支腿、前支腿、起升系统和纵移下导梁,及下导梁横向微调适应曲线架设。

5. 液压系统

根据液压缸的分布,液压系统设置有前支腿泵站、后支腿泵站、纵移天车泵站,3个泵站均独立操作。其工作原理是:动力源由手动变量泵与先导式电磁溢流阀组成,通过手动调节泵的流量获得满意的液压缸速度,通过溢流阀调节系统工作压力并实现系统压力卸荷,使系统在低压状态工作,避免能量无为损耗。电磁换向阀控制液压缸的伸缩、运输液压马达的停止;分流-集流阀控制不同液压缸的相同流量来实现液压缸同步;液控单向阀便于销定液压缸的位置。执行机构主要由液压缸及行程开关等组成,用于实现动作转换。

6. 电气控制系统

JQ900型下导梁架桥机采用了先进的计算机控制技术和控制理论设计,以可编程控制器(PLC)为核心进行控制。执行机构分别由前支腿泵站、后支腿泵站、纵移天车泵站、运架桥机台车、卷扬机变频柜5个子系统组成。各子系统的电气控制以远程I/O方式与主PLC扫描器相连。架桥机起升系统的控制操作,采用控制台操作和无线遥控操作相结合方式,提升机前、后端共设有4台摄像机,控制室可全方位观测到架梁作业过程。架桥机在线控制设备较多,架梁作业中对受控设备间的速度、高度、相对位移等要求有一定的一致性,即受控设备间需同步,包括纵移天车与托辊间的同步、四吊点(即卷扬机)间的同步、2台运架桥机台车间的同步。

设计时走行轮均使用变频电机,采用变频技术无级调速,在纵移天车上安装角度传感器,控制电机上安装脉冲信号旋转编码器,实时监控同步情况,出现偏差后系统自动调整速度,形成一个闭环控制系统,从而实现设备间的同步。架桥机各机构的每个动作都设有限位装置,或为压力阀(如负载限位、液压缸限位),或为电子机械限位。当限位动作时,相应的动作就会停止,即当架桥机安全装置动作或系统出现故障时,该系统就拒绝操作,控制室故障指示灯闪烁、蜂鸣器报警。如果重要的安全设置(如液压缸限位器、质量限制器)出现报警,由于系统设置了联锁条件,整个系统会拒绝作业,只有当故障排除后,才能通过控制按钮复位,继续作业。

9.6.3 隧道式架桥机常见型号及产品性能指标

1. TTYJA 型 900t 流动式架桥机

TTYJA 型 900t 流动式架桥机主要用于高速铁路、客运专线双线整孔箱梁的提运、架设,仅由一台主机即可实现运梁、架梁作业功能,架梁作业过程不需采取任何锚定措施,属于运架一体机。本机能运梁通过时速 250km、350km 的隧道,同时可满足时速 250km 隧道的紧邻隧道口、隧道内架梁的施工要求,其作业方法和程序与无隧道工况完全相同;预留时速 200km 双线隧道的隧道内运梁和紧邻隧道口、隧道内架梁作业的功能;在不需要任何辅助设施的情况下,可利用设备自身功能和辅具,进行工地转移、调头,也可以通过单跨及多跨连续现浇梁段,架设该梁段的前后箱梁,如图 9-44 所示。

图 9-44　TTYJA 型 900t 流动式架桥机

TTYJA 型 900t 运架一体机由主梁、支腿等金属结构,提升机构,行走机构,动力和电液控制系统等组成。导梁机由导梁、1 个固定支腿、3 个滚轮支腿、架梁小车、前吊架等组成。该产品的技术参数见表 9-15。

表 9-15　运架一体机主要技术参数

项　目	参　数
额定起重	900t(不含吊具)
适应梁型	高速铁路、客运专线 20m、24m、32m 双线整孔箱梁
爬坡能力	±30‰(满载运梁)
架梁适应最大纵坡	±25‰(满载架梁)
走行最小转弯半径	180m
架梁最小曲线半径	2000m
隧道口至桥台胸墙距离	0m 或隧道内

续表

项　目	参　数
整机质量	约 580t
整机外形尺寸(长×宽×高)	94.8m×7.4m×8.7m
工作状态最大风力	6 级
非工作状态最大风力	12 级
综合作业效率	4.5h/孔(运距 5km)
重载平地走行速度	3km/h
空载平地走行速度	6km/h

TTYJA 型 900t 流动式架桥机的创新点如下:

(1)此型运架一体机采用提梁、运梁、架设三合一的设计模式;

(2)与既有的运架一体机相比,本机无需下导梁及整机以外的任何辅助机具即可顺利

架梁,自重轻,形式简单,作业程序简便,工作效率高,作业安全易于保证;

(3)运架一体机运梁作业时,可提运双线整孔箱梁顺利通过时速250km和时速350km隧道,并且可在隧道口和隧道内架梁;

(4)该机由于没有下导梁,运架一体机可方便地进行桥梁的首末孔架设,以及进隧前最后一孔和出隧后第一孔梁的架设;

(5)整机变跨操作方便,对作业环境适应性强;

(6)该机在架梁过程中,任何部位均不需要锚固,减少了架梁作业量,提高了作业安全性;

(7)整机作业程序简便易行,稳定性好,安全可靠。

2. TTSJ 型 900t 隧道内外通用架桥机

针对国内外高铁桥梁建造现有技术和设备所面临的落伍状态,开发了一种在高速铁路隧道内外都能方便完成架梁作业的"隧道内外通用架桥机组"。这种架桥机组在任何工况中均无需对整机结构构造和机电配置做任何拆解调整,即无需任何"瘦身"动作就可以进行隧道内外架梁、桥间转移、通过隧道、在隧道进出口和隧道中间架梁,做到100%随行随架。

本架桥机的主结构由两跨式双主梁、坦式吊梁天车、前支腿、后支腿、辅支腿、后端行走支腿和配套矮式运梁车组成,如图9-45所示。主要技术参数见表9-16。

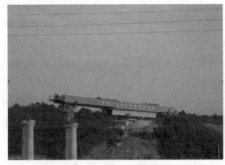

图 9-45　TTSJ 型 900t 隧道内外通用架桥机

表 9-16　TTSJ 型 900t 隧道内外通用架桥机主要技术参数

项　目	参　数
架设梁跨	20m、24m、32m
最大承载质量	900t
适应曲线半径	$R \geqslant 1500m$
架设坡度	$i \leqslant 20‰$
起升高度	$H = 8m$
驮运速度	$0 \sim 2km/h$
架设平均进度	5孔/日
机组总质量	架梁机自重650t,矮式车自重350t,总重1000t
机组总功率	架梁机功率300kW,矮式车功率$2 \times 440kW$,总功率为1180kW

TTSJ 型 900t 隧道内外通用架桥机有以下创新点:

(1)本产品提供了一种高速铁路隧道内外通用架桥机组及其架梁工艺,解决了在特殊地区(如山区地形、桥隧相连复杂工况下)的架梁难题。在隧道内外和隧道进出口架梁,架桥机组无需拆卸、瘦身和复位,可随行随架,极大提升了施工效率和安全性。

(2)集架梁、运梁功能于一体,又可达到运架分离、运架平行作业,工效高,机动性好,运梁方便,安全节能。

(3)在各构成部位采用新设计,确保整体断面轮廓尺寸在任何工况下与隧道界面不相干涉,达到在隧道内架梁的目的。

(4)架桥机组中的矮式运梁车设计了凹体形结构,使运梁车具有超低高度的载重地板,在承载箱形混凝土梁时得以顺利通过隧道。

(5)架桥机组中的坦式吊梁天车经优化设计,比常规架桥机吊梁天车高度大为降低,使整机在承载状态下能顺利通过隧道。

9.6.4 隧道式架桥机组装流程及安全注意事项

京石梁场位于石家庄正定县境内,场内架梁设备有 900t 提梁机 1 台,900t 运梁车 1 台,900t 架桥机 1 台,日架梁能力 3 片/d。在京石梁场内有路基直达桥头,由于京石梁场运梁通道处在 220kV 高压线下,高压线距路顶面净高14m,给架桥机拼装上桥调试带来困难。经过现场勘查和分析,采用梁场内低位拼装,运梁车低位驮运架桥机上运梁通道过高压线,越过高压线后架桥机在桥头顶升过孔进入待架状态,保证了按期架设箱梁,满足施工要求。

TLJ900 型架桥机由天业通联重工股份有限公司与铁道建筑研究设计院联合研制,属国际领先机型,主要用于时速 200~350km 铁路客运专线,20m、24m、32m 双线整孔预应力箱形混凝土梁的架设工程,能与运梁车配合完成箱梁的架设作业。架桥机的拼装有高位拼装和低位拼装,其中 TLJ900 型架桥机的低位拼装运梁车驮运顶升适用于在有路基和过隧道等情况,在京石梁场得到了有效的验证,通过低位的拼装和运梁车驮运,最高效地进入架梁状态,从而保证工期的实现。架桥机除了能够进行标准架梁作业外,还能满足首末跨架设、曲线架设、变跨架设、跨连续梁、结合梁、连续钢构等,既有桥梁架设,简支变连续梁架设等工况的施工。

1. 架桥机低位拖运的总体安装方案

根据京石梁场场地和运梁通道情况,采用在场内低位组装架桥机,利用架桥机自身的顶升装置和临时顶升架自顶升 3m 后,架桥机两侧装临时支撑架。运梁车进入架桥机下,进行支撑力系转换撤出临时支撑架,运梁车驮运架桥机至桥头后利用临时支腿与顶升架配合,将架桥机顶升到工作高度,退出运梁车,架桥机桥头过孔进入待架状态。

2. 架桥机的低位组装流程

(1) 在梁场依次安装各节主梁,前后横联及前支撑梁,后顶升支架,重约 200t。

(2) 地面组装三节悬臂梁及折叠铰,重约 35t。

(3) 地面组装下导梁天车,重约 8t,吊放至悬臂梁轨道上。

(4) 安装主梁后节、后平台、卷扬机、电控平台。

(5) 安装前后吊梁行车、后支腿上横梁、后马鞍等。

(6) 安装前支腿(折叠状态)、辅支腿(低位状态)。

(7) 安装电气控制系统、液压系统。

(8) 穿钢丝绳。

(9) 调试,空运转。

(10) 利用架桥机后顶升支架和辅支腿顶起架桥机 3.5m,在后支腿两端加临时支撑架,收起后顶升支架,运梁车进入到架桥机下,再利用后顶升支架顶起架桥机,撤除临时支撑架,将架桥机和运梁车锚固。

(11) 驮运至桥头,将下导梁安装于支腿上(事先将支腿运至桥下,25t 汽车吊配合安装)。

(12) 解除架桥机与运梁车的锚固,辅支腿以下导梁为支点,后顶升支架以运梁车上驮梁小车为支点,起升架桥机至设计高度。

(13) 将架桥机前支腿恢复到原设计状态;25t 汽车吊配合安装后支腿立柱、临时支腿,下降架桥机使前后支腿受力,运梁车返回梁场驮运后支腿下横梁及台车等。

(14) 运梁车将后支腿下横梁等运至架桥机下,用架桥机吊梁行车卸车并组装好;再次顶升后顶升支架液压缸,卸下临时支腿,安装后支腿下横梁及台车等。

(15) 运梁车将顶升支架及前支撑梁、临时支腿等运回梁场,并准备运梁。

(16) 铺设架桥机纵移轨道,架桥机过孔。

(17) 检查各部,准备架梁。

3. 起重工作一般注意事项

(1) 要做到吊装前的安全技术交底,施工人员必须做到四个明确:工程任务明确,施工方法明确,吊装物体的重量明确,安全注意事项明确。

(2) 吊装工作中,必须坚守工作岗位,做到思想集中,听从分配,严禁吵闹和闲谈。

（3）需要进入运行区域工作时，必须取得有关人员和部门的同意，办理必要的作业票。

（4）进入运行区域工作时，应遵守运行制度，不能碰摸按钮和各种控制设备。

（5）禁止在运行的管道、设备以及不坚固的建筑物上捆绑滑子、链条葫芦和卷扬机等作为起吊重物的承力点。

（6）各种重物放置要稳妥，以防倾倒和滚动。

（7）遵守安全规程，进入施工现场要戴安全帽，工作前不得饮酒。

4. 高空作业的安全注意事项

（1）参加高空作业的人员须经医生检查，合格者才能进行高空作业。

（2）凡在离地面 2m 以上的地方进行工作，均应视为高空作业，应遵守高空作业有关规定，要戴好安全带方能进行工作。

（3）安全带在使用前，要进行认真检查，并且定期进行负荷试验，合格者方能使用。

（4）上高空作业，必须穿软底鞋，严禁穿拖鞋、硬底鞋及塑料鞋等。

（5）安全带应挂在结实牢固的构件上，受力点在人身重心上部。

（6）进行高空作业前，应预先搭高脚手架，或采取隔离措施，防止坠落。

（7）在高空搭设的脚手架上的跳板，一定要两头绑牢，防止翘头。

（8）高空作业所带工具、材料应放在工具袋内，并拴好安全绳。较大的工具应将安全绳拴在牢固的构件上，不应随便乱放，以防坠落。

（9）高空作业人员不准随意往上、下扔抛工具和物件。

（10）在进行高空作业时，除有关人员外，其他人员不许在工作地点的下面逗留和通过。

工作地点下面应设拦绳等，以防落物伤人。

（11）禁止登在不牢固的结构上进行高空作业。为了防止误登，应在这种结构的必要地点挂上警告牌。

9.7　盾构管片模具

9.7.1　概述

盾构管片模具是用钢结构制造，由 1 块底板、4 块侧板、2 个上盖所组成的用于隧道管片生产的专用性混凝土预制件模具。不同隧道需要不同的管片，进而需要不同的管片模具。因此要求管片模具制造商的设计人员能够根据各个隧道的不同特点，设计出具有针对性的模具。管片模具也有比较高的精度要求，一块管片的长度根据隧道直径的大小会达到数米，根据隧道工程的要求管片模具的精度要求以 0.1mm 计。同时管片模具也有便于运输的特点，已经被广泛用于各种地铁工程、高速铁路及隧道工程中，如图 9-46 所示。

图 9-46　标准管片模具

9.7.2　盾构管片模具的典型结构及工作原理

1. 型号命名

盾构管片模具的标注方法如图 9-47 所示。

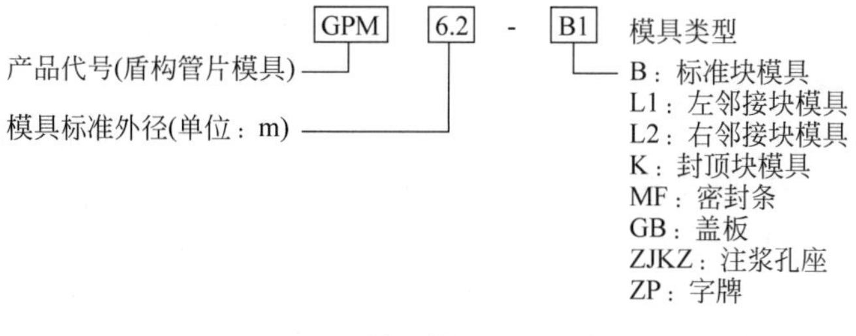

```
            GPM   6.2  -  B1    模具类型
                                B：标准块模具
产品代号(盾构管片模具)              L1：左邻接块模具
                                L2：右邻接块模具
模具标准外径(单位：m)              K：封顶块模具
                                MF：密封条
                                GB：盖板
                                ZJKZ：注浆孔座
                                ZP：字牌
```

图 9-47　管片模具标注示例

2．外观

外表面均涂覆处理，涂覆层均匀美观，有牢固的附着力；结构外形尺寸及安装尺寸，元件的焊接、装配、编号等符合产品图样及有关标准的要求。

3．结构

1）主体结构

盾构管片模具主体由底模、两侧侧模、两端端模经附件连接组成。

2）开合方式

侧模采用平移式开合，可更好地避免咬边；端模采用铰链式翻转开合，开合角度大，便于模具的清理。端模翻转由分离丝杠实现，操作省力简便，安全可靠。

3）定位方式

盾构管片模具在侧模与底模之间、端模与底模之间、侧模与端模之间均使用了定位机构。定位采用圆锥定位的方式，确保了定位的准确性，以实现模具尺寸的高精度。定位机构采用调质处理，以提高机构的刚性及耐磨性。

4）紧固机构

紧固螺栓采用梯形螺纹，既可保证螺纹旋紧的精度，又可减少旋合圈数，使紧固机构稳定可靠，操作迅捷。紧固螺栓制造等级按国标10.9级制造，可提高稳定性和使用寿命。合理的紧固方式和紧固点位置的选择，既可保证模具闭合时的尺寸精度，又可减少紧固螺栓的数量，降低操作人员的劳动强度，提高工作效率。所有紧固机构及分离丝杠的六方螺帽都采用统一规格，使工人更换操作更加方便。

5）盖板

每件盖板均附加定位紧固机构，保证反复操作仍能精确定位。

6）密封

模具在侧板与底板、侧板与端板、端板与底板、盖板与侧/端板间均装有橡胶密封条。在不同的位置采用了相同形式的密封结构，以达到最好的统一效果，便于更换和互换。密封材料选用高弹性、耐油、耐磨、耐高温的橡胶材料，可以提高密封效果和使用寿命。

9.7.3　盾构管片模具的操作规范

为了规范盾构管片模具生产现场的生产秩序，稳定管片质量，提高盾构管片模具使用寿命，特制定本规程。生产中的每个工序必须严格执行一定的规程，禁止违规操作。

1．工序名称：管片脱模

（1）模具蒸养完毕后，可进行脱模操作。

（2）依照先中间、后两端的顺序，依次旋开侧模与底模间的紧固定位螺栓，再分别旋开侧模两端与端模间的紧固螺栓，最后拉动侧模，通过安装在侧模与底模间的平移机构打开侧模，距离以可自由吊出管片并能清理到底模与侧模间定位机构为宜。两个侧模可同时进行该步骤。严禁先旋开端模的分离丝杠。侧模打开之后，旋动端模开合丝杠，打开端模。端模的打开角度以可自由吊出管片并能清理端模与底模密封胶条为宜。两个端模可同时进行该步骤。

（3）对于封顶块模具，先依次旋开侧模两端与端模间的紧固螺栓，然后旋动侧模开合丝杠打开侧模，打开角度以可自由吊出管片并能清理侧模与底模密封胶条为宜。然后旋动端模开合丝杠打开端模，打开角度以可以自由吊出管片并能清理端模与底模密封胶条为宜。

（4）吊出管片。进行此步骤时所有人员应离开模具2m以外，避免因管片脱模吊运出现意外时造成人员伤亡。

2．工序名称：模具清理

（1）必须使用专用的工具，如刮刀、棉纱、压缩空气装置等。凝固在模具型腔表面的积灰或杂物使用刮刀等硬质工具刮掉，要注意刃口与尖角需与模具型腔表面形成较小的夹角向前缓慢推进，避免划伤模具型腔表面。悬浮物则可用棉纱擦抹或用压缩空气吹走。刮刀与棉纱配合使用，直至表面清洁。

（2）使用刮刀等硬质工具清理密封条周边时，要小心操作，避免损坏密封条，影响密封效果。

（3）对于影响模具合模尺寸的部位必须严格清理，不允许存有积灰或杂物。这些部位包括侧模与底模的相互贴合接触面，端模与底模的相互贴合接触面,侧模与端模的相互贴合接触面,侧模、端模的弯芯棒插孔,各个定位机构的结合面等。

(4)侧模、端模的凸榫下缘因视线受阻极易忽视,操作人员必须认真清理。

(5)清理时要小心模具的刃口或尖角,避免划伤身体。

(6)清理结束后,将侧模、端模、底模型腔表面及芯棒伸入模具型腔内部的圆弧端,均匀涂抹脱模剂。

(7)盖板内表面也是型腔的一部分,必须认真清理。在振捣结束,模具走出振捣工位,用钢丝刷仔细清理盖板内表面,清理结束后涂抹脱模剂。

模具清理不干净、不彻底,会导致合模不严,影响管片的尺寸精度,必须加以重视。

3.工序名称:模具合模

(1)按照先端模、后侧模的合模顺序,旋动端模开合丝杠,关闭端模到正确位置。必须旋紧开合丝杠,不允许有松动。两个端模可同时进行该步骤。

(2)推动侧模通过平移机构,将其推至合模状态,依照先中间、后两端的顺序依次旋紧侧模与底模间的紧固螺栓,再分别旋紧侧模两端与端模间的紧固螺栓,所有紧固螺栓不允许有松动。两个侧模可同时进行该步骤。

(3)对于封顶块模具,先旋动端模开合丝杠,使端模合到正确位置,然后旋动侧模开合丝杠,使侧模合到正确位置,最后依次旋紧两端侧模与端模间的紧固螺栓,不允许有松动。

错误的侧模紧固螺栓旋紧顺序会造成振捣时螺栓松动,导致模具变形和管片尺寸精度超差,因此必须按照本规程规定的顺序进行旋紧。

4.工序名称:尺寸检验

(1)根据模具合模后的尺寸精度要求,使用内径千分尺对模具合模后的宽度进行检验。

(2)检验不合格的模具首先检查原因并进行相应处理,然后再次合模进行尺寸检验,直至合格为止。

(3)尺寸检验前应对检测范围进行观察,若有积灰或杂物,必须清理干净后再进行检验。

5.工序名称:装钢筋笼

(1)将钢筋笼用四钩吊具吊装,缓慢将钢筋笼移动至模具正上方0.5m左右高度,禁止野蛮快速移动,以免钢筋笼撞人或与模具磕碰。

(2)装夹各种垫块、管片附件、预埋件,然后由钢筋笼两端的操作工摆正钢筋笼,手扶缓缓落入模具内,严禁磕碰模具边缘以免造成模具损伤。

(3)需要从模具内在钢筋笼上焊接附件时,要控制好电流,避免过大的飞溅,灼伤模具内表面。

6.工序名称:装芯棒

(1)把即将使用的芯棒用钢丝刷擦净并涂抹脱模剂,等待使用。

(2)检查芯棒上O形密封圈是否磨损严重,若严重,立即更换,避免漏浆。

(3)将芯棒由插孔插入型腔,加套塑料套管、钢垫圈等附件,然后将芯棒前端锥部手扶插入手孔盒面板孔内。调整芯棒使其前端与手孔盒面板贴合紧密,严格禁止锤击芯棒尾部的操作。注意区分不同规格的芯棒。

(4)将小飞机两翼挂入两侧挂耳的槽内,然后拉动小飞机拉手,将小飞机前端顶尖顶入芯棒尾部的顶尖孔,顶紧芯棒。

(5)按上述步骤将整台模具的所有芯棒装好并用小飞机顶紧。

(6)检查整台模具的所有芯棒部位,看是否有遗漏。

7.工序名称:扣装盖板

(1)由两个操作人员从两侧同时用力将盖板扣装到模具上表面,旋紧盖板的紧固定位螺栓。

(2)旋紧其余全部盖板紧固螺栓。

(3)检查盖板与模具上表面的间隙,若出现透光的间隙,需进一步加力旋紧螺栓,直至间隙消除。

8.工序名称:落料振捣

(1)模具移动至振捣工位。

(2)确认振捣台处于正常工作状态后,打开料斗门进行落料。然后打开振捣台的气源进行振捣,直至振捣充分。落料要与振捣相配合,严禁出现因落料过快致使混凝土外溢的现象。

（3）振捣完毕后关闭气源球阀。

9．工序名称：盖板清理

（1）模具振捣完毕后，依次旋开盖板紧固螺栓。

（2）拆卸紧固螺栓时必须正常操作，严禁使用直接锤击、棍撬等野蛮方式进行拆卸。

（3）将盖板掀起。

（4）盖板掀起后用钢丝刷、刮板等工具认真清理盖板内表面，注意不要损坏密封胶条。

10．工序名称：收水养护

（1）取出芯棒的操作一定要掌握好合理的时间段，太早容易造成混凝土塌落，太晚则造成弯芯棒拔出困难。

（2）取下所有弯芯棒顶紧用的小飞机，并放入侧模上的存放盒内，禁止随地乱扔或置于模具其他位置，以免造成小飞机丢失。

（3）使用自制工具将弯芯棒撬出 30～50mm，取出弯芯棒。

（4）使用清水和钢丝刷对弯芯棒表面进行清洗、擦拭。

（5）擦拭干净后，将芯棒放置于模具专用挂环上。

9.7.4　盾构管片模具的保养与维修

1．维护保养

模具预计使用寿命，一方面在设计结构、材料选择、热处理安排、加工方面给予保证，另一方面就要求在长时间的使用过程中进行有效的保养和维护。要保证模具与水泥接触的表面保持清洁，所有机械部件保持清洁并上油，所有移动转动部位保持清洁并上油。

1）紧固定位机构的保养

模具的侧模和底模、侧模和端模安装有紧固定位机构，其作用是保证模具的端模、侧模准确回位和保持型腔尺寸。紧固定位机构的工作部分（定位锥和定位套的配合面、螺栓螺母的螺纹旋和部分）是不允许有夹杂和锈蚀的，应当在每次合模前进行检查并做清理。另外每周要进行涂油保护，润滑油选用 3 号锂基润滑脂。

2）密封胶条的维护保养

模具的侧模、端模、盖板部位的密封胶条在清理模具时应认真清理，不能有混凝土黏结，清理后要均匀涂抹脱模剂，不允许用柴油及汽油进行清洗，不能用尖锐物体清理密封胶条，发现损坏要及时更换。

3）模具型腔面的保养

模具型腔是由精密数控加工设备加工而成的，在使用过程中不能用尖锐物体撞击、碰撞型腔表面。不要在剧烈晃动时放置钢筋笼，避免晃动的钢筋笼对模具造成撞击，损伤型腔表面。端模与底模、端模与侧模、侧模与底模的接触面是对合模尺寸有影响的部位，必须严格清理，不允许有积灰或杂物。生产间隔若超出一周的时间，需将钢模用油脂封存，并覆盖苫布。

4）模具行走小车的保养

模具在行走小车的 4 个钢轮内装有 8 个型号为 NJ208E 的轴承，轮轴处安装有油杯，每月应当加注 3 号锂基润滑脂对其保养。振捣工位应保证车轮与导轨脱离。

5）端模和侧模转轴的保养

模具端模和侧模的转轴处安装有油杯，每周应当加注 3 号锂基润滑脂对其保养，防止转轴磨损和锈蚀影响模具精度和工作效率。

6）紧固螺栓和开合丝杠的保养

模具上的紧固螺栓和开合丝杠在潮湿环境下长时间工作容易锈蚀，影响模具精度，降低工作效率，因此，要求每周加注 3 号锂基润滑脂润滑防锈。

7）盖板（有该部件时）的维护

盖板的定位碗要及时清理，里面不能有杂物、混凝土，避免盖板不能正常复位，导致盖板变形。

2．故障与维修

一般情况下模具尺寸正差过大的问题是由端模与底模、端模与侧模、侧模与底模的接触面和定位机构上的夹杂未清理干净造成的。处理时，首先检查上述位置是否有夹杂，若要彻底清理，重新合模检查。

参 考 文 献

[1] 侯祥明.浅析盾构技术[J].科技信息:科学教研,2007(18):103-103.

[2] 黄田忠.基于异形断面盾构刀盘的模拟试验台的设计与研究[D].沈阳:东北大学,2014.

[3] 奚鹰.盾构掘进机异形断面隧道切削机构的理论研究[D].上海:同济大学,2006.

[4] 涂晓明.双圆盾构隧道开挖面破坏机理研究[D].北京:中国地质大学,2013.

[5] 储健,沈惠平,邓嘉鸣,等.矩形工作断面盾构刀盘设计[J].机械设计与研究,2016(2):160-165.

[6] 范海龙.浅谈地铁盾构机的选型[J].机械工程与自动化,2013(5):223-224.

[7] 李凤远.盾构选型和关键参数选择探讨[J].建筑机械化,2008(8):40-43.

[8] 吴运斌,卓秀清.基于盾构机主要部件的日常维护措施研究[J].中国机械,2014(20):36-36.

[9] 李勇强.维尔特盾构机的维护保养及常见设备故障统计分析[J].江西建材,2017(6):285-286.

[10] 刘平,戴燕超.矩形顶管机的研究和设计[J].市政技术,2005(2):92-95.

[11] 赵明.顶管机及顶管施工技术(上)[J].工程机械与维修,2010(8):106-110.

[12] 赵明.顶管机及顶管施工技术(下)[J].工程机械与维修,2010(9):130-132.

[13] 王承德.顶管机的选择[J].特种结构,2008(5):89-91.

[14] 张亚红.土压平衡顶管机在大直径曲线段隧道施工中的应用研究[J].中州煤炭,2016(7):78-81.

[15] 陈奇志.拱北隧道超大管幕工程顶管机选型与应用技术[J].国防交通工程与技术,2015(3):67-69.

[16] 顾国明.泥水式土压平衡顶管机研制[J].建筑机械化,2006(1):24-26,29.

[17] 管振祥.电气化铁路隧道防水板铺设技术[J].石家庄铁道学院学报,2003(16):29-31.

[18] 张少华,赵华,卓越.新型隧道防水卷材铺设装置的研制[J].隧道建设,2012(32):127-130.

[19] 闫艳辉,王柏松.一种新型防水板铺设台车[J].机械工程师,2016(1):194-196.

[20] 李湘陵.野马梁隧道防水板铺设台车的研制与应用[J].机械管理开发,2016(3):72-74.

[21] 刘海江.钢拱架安装车作业稳定性研究[D].石家庄:石家庄铁道大学,2015.

[22] 蒲青松,罗克龙.隧道拱架安装车的技术研究[J].建筑机械化,2012(33):51-53.

[23] 李艳.钢拱架安装台车的设计与研究[D].洛阳:河南科技大学,2011.

[24] 康宝生.一种新型隧道施工用拱架安装机[J].隧道建设,2011(31):624-628.

[25] 庞耀垄.隧道施工爆破后的粉尘防治方法分析[J].交通标准化,2010(10):112-114.

[26] 陈乾麟.井下巷道气-液喷雾拖车的研究[D].太原:太原理工大学,2012.

[27] 代君伟.钻孔粉尘超声雾化除尘技术及机理研究[D].徐州:中国矿业大学,2008.

[28] 孟君.综合工作面气水喷雾粉尘防治技术及管理研究[D].北京:中国矿业大学,2013.

[29] 吴国珉.典型有色金属矿山矿井通风系统优化与防尘技术研究[D].长沙:中南大学,2008.

[30] 姚贵英,闫克楠,刘凯.新型喷雾装备的研究[J].煤矿机械,2014(35):163-164.

[31] 陈霖.巷道综合喷雾降尘技术研究[D].西安:西安科技大学,2008.

[32] 陈志强.钻爆法隧道施工粉尘防治的研究[D].济南:山东大学,2008.

[33] 许仙亮.关角隧道施工机械配套与通风技术研究[D].兰州:兰州交通大学,2015.

[34] 高孟理,武金明.隧道通风中射流风机的调压作用分析[J].兰州铁道学院学报,1998,17(1):1001-1008.

[35] 李景银.公路隧道射流风机设计和选型综述[J].公路,2004(3):141-144.

[36] 戴国平,王日升,尚春鸽.射流风机在公路隧

道中的应用及选型[J].公路,2001(12):66-69.

[37] 杨洪梅.公路隧道纵向通风系统射流风机选型计算[J].风机技术,2000(2):17-19.

[38] 纪弘祥.巷道轮式重载液压动车组协调转向建模分析与理论研究[D].秦皇岛:燕山大学,2013.

[39] 布丹.巷道轮式重载液压动力车组协调行走技术研究[D].秦皇岛:燕山大学,2015.

[40] 段玉虎.巷道轮式重载液压动力车组协调转向液压与控制技术研究[D].秦皇岛:燕山大学,2015.

[41] 赵静一.大型自行式液压载重车[M].北京:化学工业出版社,2010.

[42] 赵静一,王智勇,覃艳明,等.TLC900型运梁车电液转向控制系统的仿真与试验分析[J].机械工程学报,2007,18(7):878-881.

[43] 赵静一,耿冠杰,陈逢雷,等.80t连采设备快速搬运车的故障诊断及系统优化[J].液压与气动,2010(2):49-52.

[44] 赵静一,康绍鹏,程斐,等.自行式载重车自适应悬架组群系统顺应性[J].中国机械工程,2016(22):3103-3110.

[45] 郭锐,张铁建,赵静一.巷道分体式重载运输车转向协调与跟随试验研究[J].机械设计与制造,2016(7):89-92.

[46] 郭锐,宁超,赵静一,等.矿井复杂环境下的分体式重型运输车转向控制研究[J],机械工程学报,2016,52(6):116-123.

[47] 张春辉,赵静一,田兴,等.基于模糊控制半主动油气悬挂系统在铰接式自卸车中的应用[J].中国机械工程,2014,25(18):2550-2555.

隧道典型产品

风电塔筒模具

综合管廊模具

盾构管片模具

综合管廊模具

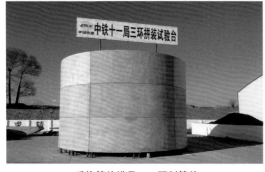

盾构管片模具——预制管片

综合管廊模具——预制管片

资料来源：秦皇岛天业通联重工科技有限公司

综合管廊移动护盾机

管片运输车

土压平衡盾构机

挖装机

喷浆机

资料来源：秦皇岛天业通联重工科技有限公司

运、架、提组合作业

运梁车驮梁出隧道

运梁车低位驮运架桥机过隧道

无导梁一体机隧道口架梁

提梁机放梁至运梁车

运梁车驮运架桥机出隧道

隧道内外通用超低位运架组合（一）

隧道内外通用超低位运架组合（二）

无导梁运架一体机高效过隧道

无导梁运架一体机跨线架桥梁

资料来源：秦皇岛天业通联重工科技有限公司

两孔连作桥机
——平河堤公铁两用跨海大桥

桥面吊机用于跨海大桥

跨缆吊机用于跨海大桥

世界最大跨度节段拼装架桥机——苏通大桥

世界最大吨位移动模架造桥机——广州环江黄埔大桥

世界最大桥梁装备——科威特Doha-Link跨海大桥(一)

世界最大桥梁装备——科威特Doha-Link跨海大桥(二)

世界最大桥梁装备——科威特Doha-Link跨海大桥(三)

世界最大桥梁装备——科威特Doha-Link跨海大桥(四)

资料来源：秦皇岛天业通联重工科技有限公司

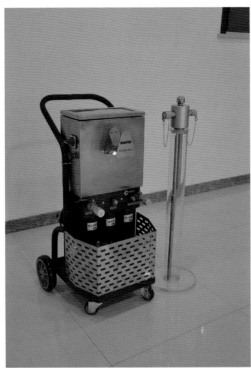

MFD型油桶自循环过滤

适用范围： 矿物液压及润滑油、磷酸酯液压油

流量规格： 20L/min

过滤精度： 吸油过滤精度100μm，精过滤3μm、5μm精度可选

电源参数： AC 380V 2.75KW

其他参数： 黏度范围≤100cst（40℃）质量：65kg

功能描述： 可对标准型200L油桶内新油进行封闭式循环过滤，经2h循环后，可使油桶内油液清洁度≤NAS4级，并实时监测油液滤前/滤后清洁度（NAS1638、ISO4406、SAE4059），油中水溶解度。

装置MFO系列液压油净化、监测装置

适用范围： 矿物液压油、汽轮机油

流量规格： 20L/min

过滤精度： 吸油过滤精度100μm，精过滤精度3μm

电源参数： AC 380V 2.75KW

其他参数： 黏度范围≤68cst（40℃）质量：160kg

功能描述： 该设备采用聚结分离滤芯，可过滤分离油液中固体颗粒污染物、油中溶解水，并实时监测油液滤前/滤后清洁度（NAS1638、ISO4406、SAE4059），油中溶解水含量，油中水溶解度和油品品质指数。

资料来源：山西麦克雷斯液压有限公司

新加坡地铁汤申线项目泥水平衡盾构机（ϕ6.67m）

汕头苏埃海底隧道项目超大直径泥水平衡盾构机（ϕ15.03m）

武汉地铁项目泥水平衡盾构机（ϕ6.50m）

京沈客专望京隧道项目大直径泥水平衡盾构机（ϕ10.90m）

资料来源：中铁工程装备集团有限公司

大原铁路枢纽西南环线项目大直径土压平衡盾构机（φ12.14m）

武汉大东湖深隧项目土压平衡盾构机（φ4.16m）

国内首台土压平衡盾构机（φ6.40m）

北京轨道交通新机场线项目土压平衡盾构机（φ9.04m）

资料来源：中铁工程装备集团有限公司

兰州水源地建设项目双护盾岩石隧道掘进机（φ5.48m）

云南大瑞铁路高黎贡山隧道项目岩石隧道掘进机（φ9.03m）

吉林引松项目敞开式岩石隧道掘进机（φ8.03m）

黎巴嫩大贝努特供水隧道项目岩石隧道掘进机（φ3.53m）

资料来源：中铁工程装备集团有限公司

天津黑牛城项目世界最大矩形顶管机(10.42m×7.57m)

世界首台马蹄形盾构机(11.9m×10.95m)

新加坡汤申线地铁项目矩形顶管机(7.62m×5.645m)

管廊U形敞口盾构机(12.9m×9.2m×9.4m)

成都人民南路下穿项目矩形顶管机(6.02m×4.52m)

郑州中州大道项目矩形顶管机(10.12m×7.27m)

资料来源：中铁工程装备集团有限公司

TUC3016A混凝土湿喷机械手

额定喷射能力:30m³/h;最大作业范围:前方15m，高度16m,宽度30m。

混凝土湿喷机械手主要由行走底盘、喷射臂、电液控制系统、泵送系统，速凝剂系统等组成。其工作原理是利用压缩空气将按一定比例配比的水、水泥、砂子、石子和速凝剂的拌合物，通过管路压送到喷嘴处，以较高的速度喷射到受喷面上，从而在受喷面上形成混凝土支护层。

湿喷混凝土工艺具有如下优点:

(1) 提高了混凝土喷射质量，避免了人工干喷工艺由于速凝剂和混凝土配比不均，以及人员操作原因产生的混凝土结构疏密不一问题。

(2) 降低了混凝土的反弹率，减少了施工浪费，因此工程成本有所降低。

(3) 减轻了操作人员的劳动强度，极大降低了由于施工现场的粉尘浓度严重超标对工人健康带来严重的危害风险。

目前湿喷混凝土工艺在水电涵洞、交通隧道、地下仓储等施工中已得到广泛应用。

资料来源：河北途程隧道装备有限公司

湿喷机械手喷护坡现场

湿喷机械手洞口施工现场

湿喷机械手隧道内施工现场

湿喷机械手喷浆效果

湿喷机械手正在喷浆作业(一)

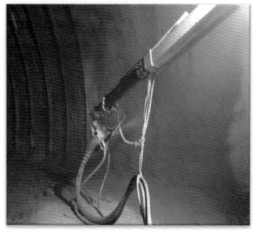

湿喷机械手正在喷浆作业(二)

资料来源：河北途程隧道装备有限公司

土压平衡式6m盾构机

盾 构 机 主 要 参 数

参数	单位	6.2m盾构	6m盾构
盾尾管片空隙内径	mm	6260	6050
最小曲率半径	m	340	340
管片外径	mm	6200	6000
管片宽度	m/m	1.2/1.5	1.2/1.5
开挖直径	mm	6380	6290
盾构机外径	mm	6350	6260
盾体总长度	mm	8449	8665
推进速度	cm/min	0~8	0~8
总推力	kN	38500	38500
分区压力单独调节		是	是
开口率	%	52~55	52~55/32~35
单台电机功率	kW	75	75
刀盘扭矩	kN·m	5918	5724~2020
刀盘转速	r/min	0-0.97-1.48	0-1.25-3.5
主驱动冷却		风冷	风冷
最大超挖量	mm	100	150
刀盘类型		辐条面板式刀盘	复合式刀盘

资料来源：天业通联（天津）有限公司

中铁三局二公司　自有盾构机维修改造下线仪式

中铁九局集团　沈阳项目盾构机下井

资料来源：天业通联（天津）有限公司

盾构机生产车间

厄瓜多尔水电站建设用TBM

资料来源：天业通联（天津）有限公司

新加波项目用盾构机

10.22m土压平衡盾构机

资料来源：天业通联（天津）有限公司

本产品是斜盘轴向柱塞马达、阀组与行星减速机构组成的履带驱动装置。

特点：马达内置防反转阀、停车制动装置及高低两档转换装置，具有传动比范围大、结构紧凑、工作效率高、可靠性强、体积小、运行平稳、噪声低等优点。同时具有多级安全保护、使用寿命长等优点。

应用领域：工程机械、桩工机械、矿山机械等行业。

液压行走装置

本产品是斜盘轴向柱塞马达、阀组与行星减速机构组成的回转驱动装置。

特点：内部装有两级缓冲安全阀、补油阀、回转延时阀和停车制动器等装置，可选装防逆转阀，保证了回转装置运转平稳、结构紧凑、工作效率高、可靠性强。

应用领域：起重机、挖掘机、塔机、船舶卸货装置、林业设备等需要回转驱动的设备。

液压回转装置

资料来源：工业强基示范企业──青岛力克川液压机械有限公司